普通高等教育新工科创新系列教材
科学出版社“十三五”普通高等教育本科规划教材

理论力学
（第二版）

主　编　王永岩

U0197503

科学出版社
北京

内 容 简 介

本书结合教育部新工科创新人才培养理念，按理论力学课程教学基本要求(多学时)和各高校中长学时实际执行教学大纲综合编写。编写中收集了国内多所院校多年来理论力学教学改革的共识，适当提高了理论讲述起点，精简了学时，加强了基本概念、基本理论和基本方法的讲述。在讲述中采用了由浅入深、由简单到复杂、由特殊到一般、由质点到质点系、由矢量到代数量循序渐进的次序。选编了有关“理论力学试题库”中部分优秀试题作为本书的习题和思考题，各章后均设有本章小结，习题附有答案，方便读者自学、归纳、总结和复习。

本书利用现代教育技术和互联网信息技术，将全书平面图形和对应知识点以及重点难点制作成300多个精美动画，通过二维码技术在书中关联相关数字化资源，帮助读者建立生动形象的力学概念，更直观地理解力学分析过程，从而培养工科学生完备的力学思维模式。

本书可作为力学、机械、土建、交通、材料、化工、水利、采矿、冶金等各专业本科生中长学时理论力学教材或教学参考书，也可供相关专业及有关工程技术人员参考。

图书在版编目(CIP)数据

理论力学/王永岩主编. —2版. —北京：科学出版社，2019.1

普通高等教育新工科创新系列教材·科学出版社“十三五”普通高等教育本科规划教材

ISBN 978-7-03-057826-6

Ⅰ.①理… Ⅱ.①王… Ⅲ.①理论力学－教材 Ⅳ.①O31

中国版本图书馆CIP数据核字(2018)第129204号

责任编辑：邓 静 毛 莹 / 责任校对：郭瑞芝
责任印制：霍 兵 / 封面设计：迷底书装

科学出版社出版
北京东黄城根北街16号
邮政编码：100717
http://www.sciencep.com

北京市密东印刷有限公司印刷
科学出版社发行 各地新华书店经销

*

2007年8月第 一 版 开本：787×1092 1/16
2019年1月第 二 版 印张：28
2022年12月第十六次印刷 字数：716 000

定价：79.00元

(如有印装质量问题，我社负责调换)

前　　言

本书结合教育部新工科创新人才培养理念，按理论力学课程教学基本要求(多学时)和全国各高校中长学时实际执行教学大纲综合编写。书中原理、定理等知识点讲解图和例题图均制作成精美动画，通过扫描书中二维码，读者即可看到整个运动及力学分析的全貌，方便读者阅读和理解。

考虑到当前理论力学教学改革及今后发展的需要，我们将多年来国内各院校理论力学教学改革的共识编入此书。本书是新工科理论力学课程数字化资源建设的新形态教材，具有以下几个特点：

(1) 本书适当提高了理论力学教学的起点，合并和缩减了部分章节中一些不必要的、重复的内容，同时考虑到本课程的系统性，为了方便学生学习和复习，有些内容精简得当地编入了本书。本书在平面特殊力系、点的运动学和质点动力学、动量定理等部分内容与传统教学内容相比都做了较大精简和改动。在讲述中，采用了由浅入深、由简单到复杂、由特殊到一般、由质点到质点系、由矢量到代数量循序渐进的次序，便于学生理解和掌握。

(2) 加强了基本概念、基本理论和基本方法的讲述。对一些重要概念和定理的讲述提高了要求。对于平面一般力系、点的合成运动、刚体平面运动及动力学普遍定理和达朗贝尔原理等重点内容均作了重点讲述。为加深学生对基本概念的理解，提高分析问题及解决问题的能力，在例题讲述中着重阐述了分析问题的思路和解决问题的方法及步骤，并注意在重点章节设置一些有助于开发学生思维能力的多解法例题。

(3) 在本书的习题和思考题中，除一些基本的习题外，重点选编了“理论力学试题库”和中外习题集中的部分优秀、新颖、适中的习题和思考题。为加强学生对基本概念、基本理论和基本方法的理解，本书适当地提高了思考题选编的比例。为方便学生自学、归纳、总结和复习，各章后均设有本章小结，习题附有答案。

(4) 为选用本书作为教材的老师提供精美课件和习题练习册的电子版，以支持教师的本科教学工作。本书配有在线课程(网址为 http://www.icourses.cn/sCourse/course_3321.html)，方便师生学习和参考。

参加本书编写的人员有：王永岩(绪论、第 7～19 章)、李剑光(第 1 章)、苏荣华(第 2 章)、张永利(第 3、4 章)、张智慧(第 5、6 章)，书中所有定理、原理和例题讲解图均由理论力学国家级教学团队王永岩、李剑光、朱惠华、王艳春、秦楠、苏传奇设计制作完成。最后由王永岩统稿、修改和定稿，并将“理论力学试题库”中的部分优秀试题选编入各章后的习题和思考题中。

本书由首届国家级教学名师、北京理工大学梅凤翔教授详细审阅，在此表示衷心的感谢。

限于编者水平，书中难免有疏漏和不妥之处，恳请读者批评指正。

作　者

2018 年 3 月

作 者 简 介

王永岩 男，1956 年 12 月生，博士、教授、博士生导师，首届国家级教学名师，首批国家高层次特支计划（万人计划）领军人才。1982 年于辽宁工程技术大学本科毕业并获力学、矿建双学士学位；1983～1985 年在东北大学攻读硕士；1998～2001 年在辽宁工程技术大学攻读博士，并获“辽宁省优秀博士论文奖”和“国家优秀博士论文提名奖”；1995 年破格晋升为教授；2001 年被聘为博士生导师。主要研究方向：计算力学结构仿真及预测，岩石力学与矿压控制，机械振动及控制，虚拟工程。主讲“理论力学”国家精品课程等 20 余门，已培养近百名博士、硕士研究生，主编出版《动态子结构方法及其应用》《理论力学》《材料力学》《工程力学》《结构力学》《有限元》《振动力学》《弹性力学》《流体力学》等力学系列教材、专著、课堂教学软件和英汉双语电子教程 25 部，共 1000 多万字。在国内外核心刊物上发表论文近 200 篇。主持国家自然科学基金和教育部教改项目等 20 余项，有 23 项教学成果在全国 28 个省、市 253 所高等院校和国外 47 所大学使用，受到好评。主持的项目获国家教学成果二等奖 1 项，省级教学成果特等奖 1 项，省级教学成果一等奖 6 项，省级教学成果二等奖 3 项，省科技进步二等奖 2 项，市科技进步一等奖 2 项，国家行业二、三等奖 4 项。先后被评为省突出贡献专家、省科技工作者、省优秀教师、省“五一”奖章和市十大杰出青年、市青年科技先锋、市专业技术拔尖人才和市特等劳模等荣誉称号，获国务院政府特殊津贴，2003 年被评为首届“国家级教学名师”，2014 年被评为首批国家高层次特支计划（万人计划）领军人才。

目　录

第 2 篇 运动学

第 3 篇 动力学

绪　论

1. 理论力学的研究对象和内容

理论力学是研究物体机械运动一般规律的一门科学。

所谓机械运动，就是物体在空间的相对位置随时间的变化。它是宇宙间一切物质运动的最简单形式。例如，机器的运转、车辆的行驶、人造卫星的飞行、建筑物的振动等，都是机械运动。除机械运动外，物质还有发光、发热、发生电磁现象、化学过程以及人的思维活动等各种不同形式的运动。这些运动比较复杂，但总是与机械运动存在着或多或少的联系，而且它们在一定条件下可以相互转化。

物体的机械运动存在着一般规律，这些一般规律就是理论力学的研究对象。

理论力学的研究内容是以伽利略和牛顿所建立的基本定律为基础的，属于古典力学的范畴。而古典力学则是研究速度远小于光速的宏观物体的运动规律。因此，古典力学的应用范围是有局限性的。但是，古典力学仍然具有很强的生命力。除了大量的工程技术问题，还包括一些尖端科学技术问题，其中许多是宏观物体，它们运动的速度也远小于光速，有关它们的力学问题应用古典力学研究，不仅方便，而且能有足够的精度，所以古典力学至今仍有很大的实用价值，并且还在不断地发展。

理论力学的内容共分为以下三个部分：

静力学——研究物体在力系作用下的平衡规律，同时也研究力的一般性质及力系的简化方法等；

运动学——研究物体机械运动的几何性质，而不研究引起物体运动的原因；

动力学——研究受力物体的运动与作用力之间的关系。

2. 理论力学的学习目的及研究方法

理论力学是一门理论性较强的技术基础课。它是工程结构、机械设备、控制与自动化、航空航天技术等的重要理论基础，工程技术人员只有掌握一定的理论力学知识，才能为解决工程实际问题打下一定的基础。

理论力学所研究的是力学中最普遍、最基本的规律。它是很多工科专业课程，如材料力学、机械原理、机械零件、结构力学、弹性力学、流体力学、机械振动等一系列后续课程的重要基础。

此外，学习理论力学也有助于学习和掌握新的科学技术，有助于建立辩证唯物主义的世界观，培养正确的分析问题和解决问题的能力，为以后解决生产实际问题、从事科学研究工作打下基础。

理论力学的研究方法应遵循人类认识过程的客观规律，即从观察、实践和科学实验出发，经过分析、抽象、归纳和总结，建立力学最基本的概念和规律，从而建立力学模型，并利用数学工具推导演绎，得出正确的结论和定理，从而将实践中大量的感性认识上升为理性认识，形成力学理论。然后再回到实践中去验证该理论的正确性，并指导实践。

从实践到理论，再由理论回到实践，如此循环往复，每一次循环都使原来的理论有进一步的提高和完善，理论力学就是沿着这条道路不断向前发展的。

3. 理论力学发展简史

一切科学的发展过程都与社会生产的发展紧密联系，力学的发展充分证实了这一点。力学是最早形成并获得发展的科学之一。远古人类通过劳动积累经验创造了一些简单工具，并不断改进，从经验中获得知识，形成了人们认识力学规律的最初起点。人类开始研究力学理论大约可追溯到 2400 多年以前，在叙述我国古代伟大学者墨翟(公元前 468—前 382)学说的《墨经》中，有一部分涉及力的概念和杠杆平衡原理的初步认识。古希腊自然科学家阿基米德(公元前 287—前 212)在他的著作《论比重》中，总结了古代积累起来的静力学知识，建立了有关杠杆平衡、重心、液体中浮体的平衡等理论，奠定了静力学的基础。

但是，从阿基米德以后直到公元 14 世纪的漫长时期，由于封建和神权的长期统治，生产力停滞不前，力学及其他科学也得不到发展。直到 15 世纪后期进入了文艺复兴时期，由于商业资本的兴起，生产发展很快，手工业、航海、建筑及军事技术等方面提出的问题，推动了力学和其他科学迅速发展。意大利著名艺术家、物理学家列奥纳多·达·芬奇(1452—1519)研究了物体沿斜面运动和滑动摩擦的问题，并在研究平衡问题时引出了力矩的概念。波兰科学家尼古拉·哥白尼(1473—1543)创立了宇宙的太阳中心学说，引起科学界宇宙观的革命。在这个基础上，德国学者约翰·开普勒(1571—1630)提出了行星运动三定律，为牛顿发现万有引力定律打下了基础。意大利著名科学家伽利略(1564—1642)通过实验手段确定了自由落体运动规律，并明确提出了惯性定律及加速度的概念。

由伽利略开始建立动力学基本定律，经法国学者笛卡儿(1596—1650)、荷兰学者惠更斯(1629—1695)等的努力，后来由英国伟大科学家牛顿(1643—1727)总其大成。牛顿在 1687 年出版的名著《自然哲学的数学原理》一书中提出动力学的三个基本定律，并且从这些定律出发将动力学作了系统的叙述。此外，他还发现万有引力定律，推动了天体力学的发展。

在力学史上，17 世纪是动力学基础建立时期，18、19 世纪是其发展成熟时期，这段时期，一方面是西方工业革命后生产水平的迅速提高为力学的发展提出了许多新的问题，同时数学的发展也为力学朝分析方向发展提供了有利的条件，使得力学向着更严谨、更完整的学科体系发展。瑞士数学家约翰·伯努利(1667—1748)首先提出了虚位移原理，瑞士数学力学家列奥纳多·欧拉(1707—1783)在他的名著《力学》中给出了用微分方程表示的分析方法来解决质点运动问题。法国科学家达朗贝尔(1717—1785)在他的著作《动力学专论》中给出了一个解决动力学问题的普遍原理即达朗贝尔原理，从而奠定了非自由质点系动力学的基础。力学在分析方向的最大进展是法国数学、力学家拉格朗日(1736—1813)在他的巨著《分析力学》里，把虚位移原理与达朗贝尔原理结合起来，导出了非自由质点系的运动微分方程，即著名的第二类拉格朗日方程。拉格朗日也是天体力学的奠基人之一，天体力学的很大一部分奠基工作是由他和同时代的学者拉普拉斯(1749—1827)共同完成的。

19 世纪初到 19 世纪中叶，由于机器的大量使用，功和能的概念在科学技术中得到了发展。在这段时期发现了能量守恒和转化定律，因此力学的发展在许多方面与理论物理紧密地结合在一起。在古典力学分析方法发展的同时，几何法也在不断地发展。法国学者布安索(1777—1859)创立了几何静力学体系，英国数学家、物理学家哈密顿(1805—1865)提出了哈密顿函数、正则方程和哈密顿原理。这时力学也出现了许多分支，运动学成为理论力学的一个独立部分也是在这一时期，刚体的定点运动动力学、微振动理论、运动稳定性和变质量力学等均形成了重要的专题。19 世纪末到 20 世纪初期，随着物理学和其他学科的迅速发展，出现了许多以牛顿定律为基础的古典力学无法解释的问题，使得牛顿力学的普遍性受到了怀疑。伟大的物理学家爱因斯坦(1879—1955)创立了相对论力学，否定了绝对空间和绝对时间的概念，为力学这一学科的发展做出了划时代的贡献。

20 世纪以来，由于工业建设、现代国防技术和其他新技术的发展，力学的模型越来越复杂，力学的领域不断扩大，形成了大批新的边缘学科。分析力学、运动稳定性理论、非线性振动、有理力学、陀螺理论以及飞行力学等方面都有很大的发展。

力学的发展史内容极为丰富，以上仅简述了与本书相关的部分，详细的介绍可参阅有关力学史的专门著作。

第1篇 静力学

静力学是研究物体在力系作用下平衡规律的科学。

力系是指作用于物体上的一群力。

平衡是指物体相对于惯性参考系处于静止或做匀速直线运动的状态。在一般工程问题中，通常将与地球相固结的参考系当作惯性参考系，若物体相对于地球保持静止或匀速直线运动，就称此物体处于平衡状态。如房屋，桥梁，堤坝，做匀速直线运行的火车、汽车、飞机等都是处于平衡状态。平衡是物体运动的一种特殊形式。

在静力学中，将研究以下三个问题。

1. 物体的受力分析

分析某个物体总共受力的个数，以及每个力的作用线位置、大小和方向。

2. 力系的等效替换与力系的简化

力系的等效替换，是指作用在物体上的一个力系用另一个与它等效的力系来代替。这两个力系互为等效力系。进行力系等效替换的目的是用一个简单力系等效地替换一个复杂力系，称之为力系的简化。

通过力系的简化，可以把对复杂力系作用效果的研究转化为对较简单力系的作用效果的研究，从而使问题得到简化。例如，飞行中的飞机受到升力、牵引力、重力、空气阻力等作用，也就是说，飞机正是受到这样一群力的作用而运动的，显然，通过对这样一群复杂力进行分析来确定飞机的运动规律是十分困难的。如果用一个简单的等效力系来代替这群复杂的力，然后再进行运动分析就容易多了。

3. 建立各种力系的平衡条件

力系的平衡条件是指物体处于平衡状态时，作用于物体上的力系必须满足的条件。满足平衡条件的力系称为平衡力系。

力系的平衡条件，在静力学中具有重要的意义。它在理论上给出了各种力系平衡时具有的独立平衡方程的个数，这为分析和解决实际问题起到了指导作用。

力系的平衡条件在工程实践中也有着十分重要的意义。在设计建筑物的构件、工程结构和做匀速运动的机械零件时，可做近似计算，通常将低速或加速度较小的运动构件也视为平衡，对其进行受力分析，再应用平衡条件及相应的平衡方程进行受力计算，以便作为构件强度和刚度设计的依据。因此，力系的平衡条件是建筑工程、机械工程中静力学分析和计算的理论依据和基础。此外，力系的简化理论和物体受力分析的方法也是研究动力学的基础。

第1章 静力学公理与物体的受力分析

本章将介绍作为静力学理论基础的几个公理和研究静力学首先遇到的几个基本概念，以及对物体进行受力分析的方法。

1.1 静力学的基本概念

1. **刚体**

刚体是在力的作用下，其内部任意两点之间的距离始终保持不变的物体，或者称之为在任何情况下永不变形的物体。它是一个理想化的模型。实际上，物体在力的作用下都会产生程度不同的变形，称之为内效应，但是当这些微小变形对研究的问题不起主要作用时，可以忽略不计。从另一个角度来讲，理论力学主要研究物体的宏观运动状态的变化，即外效应，所以刚体这个理想化的模型将会作为主要力学模型出现在静力学、运动学和动力学中。应当指出，刚体的概念是建立在变形不影响研究的主要方向前提下的一种科学的抽象。当问题的方向转向研究物体的变形时(如材料力学等)，则无论其变形何等微小，均应视为弹性体或变形体。

2. **力的概念**

力是物体间相互的机械作用，这种作用使物体的机械运动状态发生变化。

自然界中存在着各种各样的力，人们在生活和生产中逐渐产生了力的概念。早在2400多年前，我国春秋时代的墨翟就在《墨经》中说过，“力，形之所以奋也。”这句话的意思是，力是物体运动的原因。虽然墨翟给力下的定义还不够完善，但却标志着人类最早对力的认识。

在自然界中，力可以说是无处不在，如水压力、土压力、摩擦力、万有引力等。它们的物理本质虽然不同，但是可以产生相同的效应，即力的效应。力使物体的运动状态发生改变的效应，称之为运动效应或外效应。力使物体产生变形的效应，称为变形效应或内效应。其实，变形也是物体内部运动状态变化的结果，因其具有特殊性，所以与通常所说的运动状态的改变区别开来。力的变形效应将在研究变形体力学问题的各学科中加以讨论，在理论力学中主要讨论力的外效应。

实践证明，力的效应取决于力的大小、方向和作用点，称为力的三要素。力的大小可以用弹簧秤或测力计来测定。本书采用力的单位是国际单位制中的牛顿或千牛顿，用代号牛(N)或千牛(kN)表示，其换算关系为$1\text{kN}=10^3\text{N}$。

力的方向用方位和指向合成来表明。力的作用点是力的作用位置的抽象。实际上物体相互作用的位置并不是一个点而是物体的一部分面积或体积，当作用面积或体积很小时，人为

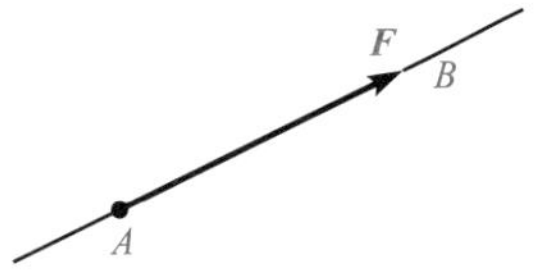

图 1-1

地将其抽象或简化为点，称为**力的作用点**。这种作用于该点的力称为**集中力**，过力作用点的方位线称为**力的作用线**。当力的作用范围不能抽象化为点时为**分布力**。这种分布力在理论力学中可用与之等效的集中力来替换。

综上所述，根据力的三要素和力符合矢量运算法则，将力定义为矢量，且为**定位矢量**，可用一有向线段来表示，如图 1-1 所示。线段的长度按一定比例尺表示力的大小，线段的方位和箭头的指向表示力的方向，线段的起点或终点表示力的作用点，而与线段重合的直线表示力的作用线。常用 $\boldsymbol{F}$ 表示力的矢量，而用 F 表示力的大小。

1.2 静力学公理

静力学公理是人们关于力的基本性质的概括和总结，它是静力学全部理论的基础。

公理是人类经过长期实践和经验积累而得到的结论，它被反复的实践所验证，是无需证明而为人们所公认的结论。

公理 1 二力平衡公理

作用于刚体上的两个力，使刚体平衡的必要与充分条件是：这两个力的大小相等、方向相反且在同一直线上，如图 1-2 所示。

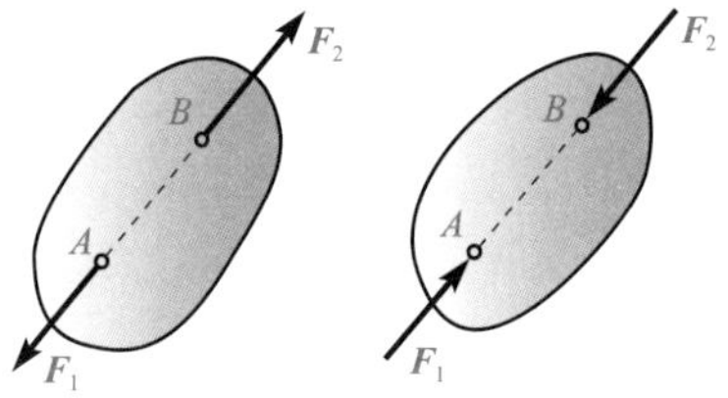

图 1-2

公理 1 揭示了作用于刚体上的最简单力系的平衡条件，同时也给了最简单的平衡力系。值得指出的是，这个平衡条件对于非刚体是不充分的。例如，软绳受两个等值反向的拉力作用可以平衡，而受两个等值反向共线的压力作用则不能平衡。

只受两个力作用并处于平衡的物体称为二力体或二力构件，如果物体是个杆件，也称二力杆。由公理 1 知，二力构件不论其形状如何，其所受的两个力的作用线必沿两力作用点的连线且等值、反向。

公理 2 加减平衡力系公理

在作用于刚体上的任意力系上添加或减去任何平衡力系，并不改变原力系对于刚体的作用效应。

公理 2 揭示了**任何平衡力系均不能改变刚体的运动状态**，因此添加或减去任何平衡力系才能不改变原力系对于刚体的作用效应。公理 2 对于力系简化是很重要的理论依据。

推论 1 力的可传性

作用于刚体某点的力，可以沿其作用线移至同一刚体内任意一点，而不改变它对刚体的作用效应。

证明：设有力 $\boldsymbol{F}$ 作用于刚体上的 A 点，如图 1-3(a)所示。根据加减平衡力系公理，可在力的作用线上任取一点 B，并加上两个力 $\boldsymbol{F}_1$ 和 $\boldsymbol{F}_2$。使 $\boldsymbol{F}=\boldsymbol{F}_2=-\boldsymbol{F}_1$，如图 1-3(b)所示。注意到 $\boldsymbol{F}$ 和 $\boldsymbol{F}_1$ 是一个平衡力系，减去该平衡力系，则只剩下作用于 B 点的一个力 $\boldsymbol{F}_2$，如图 1-3(c)所示。显然它与作用于刚体上 A 点的力 $\boldsymbol{F}$ 等效。由此可见，对于刚体而言，力的作用点已变得不重要了，它已被作用线所代替。因此，作用于刚体上的力的三要素是：力的大小、方向和作用线。

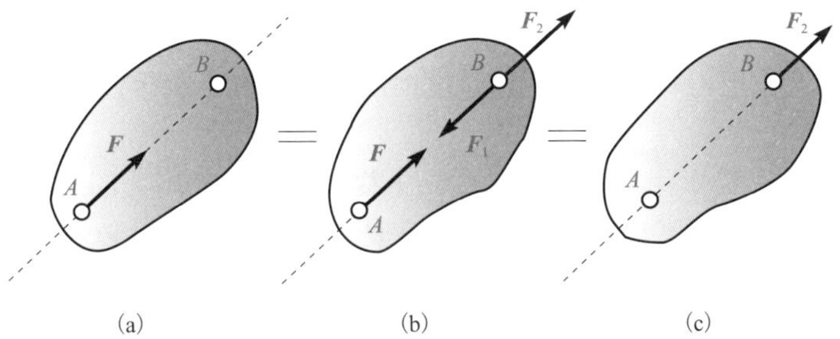

图 1-3

1-3

力的可传性证明了作用在刚体上的力矢可沿其作用线在刚体内滑动，我们称之为滑动矢量。值得指出的是，力的可传性只限于在力所作用的刚体内沿力作用线滑动，而不能由一个刚体移至另一个刚体，因为这将意味着改变力的作用对象。

公理 3　力的平行四边形法则

作用于物体上同一点的两个力，可以合成一个合力。合力作用点也在该点，合力的大小和方向由这两个力为邻边所构成的平行四边形的对角线确定，如图 1-4(a)所示。或者说，合力矢等于这两个力矢的几何和，即

$$\boldsymbol{R} = \boldsymbol{F}_1 + \boldsymbol{F}_2 \tag{1-1}$$

这个公理给出了最简单力系合成的法则，同时也为力系的简化奠定了基础。

由图 1-4(b)和(c)可见，求合力矢 $\boldsymbol{R}$ 时，可不必作出整个平行四边形，只要使两分力首尾相接，保持矢序一致，则 AD 就代表合力矢 $\boldsymbol{R}$ 。所构成的$\triangle ABD$ 或$\triangle ACD$ 称为力三角形，这种方法称为力的三角形法则。

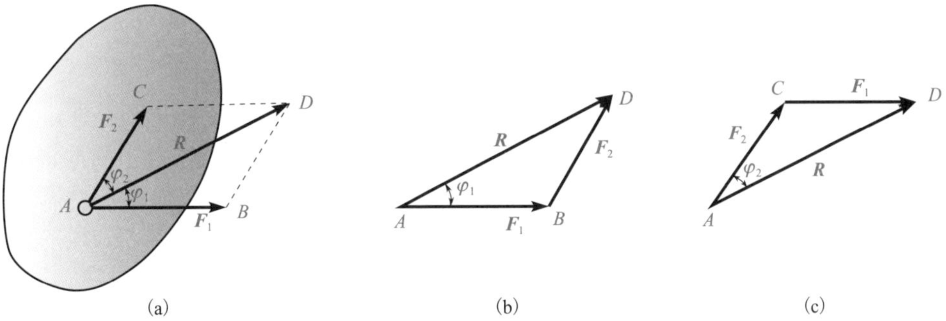

图 1-4

1-4

推论 2　三力平衡汇交定理

刚体受三力作用而平衡时，若其中任意两个力的作用线汇交于一点，则余下的另一个力的作用线也必汇交于同一点，且这三个力的作用线在同一平面内。

证明：如图 1-5 所示，在刚体的 A_1 、 A_2 、 A_3 三点上分别作用三个相互平衡的力 $\boldsymbol{F}_1$ 、 $\boldsymbol{F}_2$ 、 $\boldsymbol{F}_3$ 。由力的可传性，将 $\boldsymbol{F}_1$ 和 $\boldsymbol{F}_2$ 移到汇交点 B 处，再根据力的平行四边形法则求得 $\boldsymbol{F}_1$ 和 $\boldsymbol{F}_2$ 的合力 $\boldsymbol{R}$ ，则三力平衡被简化为 $\boldsymbol{R}$ 与 $\boldsymbol{F}_3$ 的二力平衡，由二力平衡公理知 $\boldsymbol{R}$ 和 $\boldsymbol{F}_3$ 的作用线重合而必过 B 点，且三条力的作用线共面。于是定理得证。

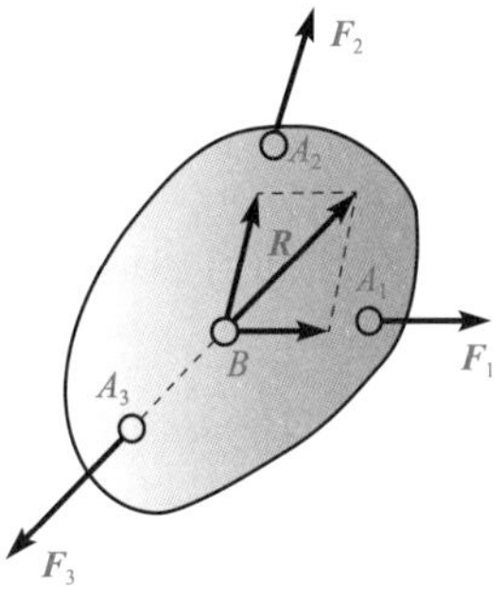

图 1-5

1-5

公理 4　作用与反作用定律

两物体间的相互作用力与反作用力总是同时存在，且大小相等，方向相反，作用线重合，分别作用在两个物体上。

公理 4 是牛顿第三定律，它概括了自然界中物体间相互作用力的关系，表明一切力总是成对出现的。已知作用力则可知其反作用力，它是分析物体受力时必须遵循的原则。

公理 4 强调指出，作用力与反作用力分别作用于两个物体上，因此绝不可以认为作用力与反作用力相互平衡，这是公理 4 与公理 1 的本质区别。下面分析如图 1-6(a)所示放置于光滑水平面上的物块。该物块受重力 $\boldsymbol{P}$ 和支承平面给出的反力 $\boldsymbol{N}$ 的作用而平衡。如图 1-6(b)所示，其中 $\boldsymbol{P}=-\boldsymbol{P}'$，$\boldsymbol{P}$ 和 $\boldsymbol{P}'$ 互为作用力与反作用力，同理 $\boldsymbol{N}$ 与 $\boldsymbol{N}'$ 也是作用力与反作用力。而 $\boldsymbol{N}$ 与 $\boldsymbol{P}$ 是作用于同一物体上的一对平衡力，且满足二力平衡公理。另外值得指出的是，不论物体静止或运动，该公理都成立。

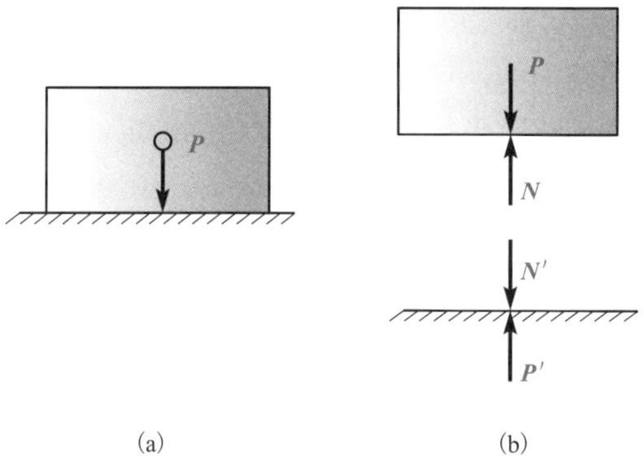

图 1-6

公理 5　刚化原理

变形体在力系作用下处于平衡，若将此变形体刚化为刚体，其平衡状态不变。

公理 5 指出了变形体可以被刚化的条件是变形体在力系作用下能保持平衡，否则不能将其简化为刚体。例如，绳索在等值、反向共线的两个拉力作用下可以处于平衡状态，将绳索刚化为刚体，则平衡状态将保持不变。反之，若绳索受到两个等值、反向、共线的压力作用则不能平衡，这时绳索就不能刚化为刚体。因此，变形体的刚化是有条件的。

总之，通过公理 5 可以把任何已处于平衡态的变形体刚化为刚体，进而应用刚体静力学理论加以分析。

1.3　约束与约束反力

在空间自由运动而获得任意位移的物体称为自由体，如在空中飞行的飞机、火箭、人造卫星等。相反，位移受到某些限制的物体称为非自由体。对非自由体的某些位移预先施加的限制条件称为约束。这种限制条件通常是通过与周围物体相接触而构成的，一般情况下，也习惯地把对非自由体的某些位移构成限制条件的周围物体也称为约束或约束体。例如，停在跑道上的飞机是非自由体，跑道对飞机就构成了约束，给飞机一个限制下沉的条件。由于约束限制了非自由体某些方向的运动，因而必须承受这些方向传来的力。与此同时，约束也产生相反方向的反作用力作用于物体上。这种约束对于物体的作用称为约束反作用力或简称为约束反力。约束反力的方向总是与非自由体受约束限制的位移方向相反，且总是被动的。为区别起见，通常将约束反力以外的力统称为主动力，如已知载荷、气体压力等。

下面介绍几种工程实际中常见的约束类型。

1. 光滑接触面约束

当两物体接触面上的摩擦力可以忽略时，即可理想化为光滑接触。这时，不论接触面形状如何，只能阻止接触点沿着通过该点的公法线趋向接触面的运动。所以，光滑接触面约束的约束反力作用在接触点处，沿接触面在该点的公法线，并为压力(指向物体)，如图 1-7 所示。图 1-8 是啮合的齿轮齿面的受力情形。这种约束反力常称为法向反力，通常用 $\boldsymbol{N}$ 表示。图 1-7 中的 $\boldsymbol{N}_A$、图 1-8 中的 $\boldsymbol{N}_B$ 均称为法向约束反力。

1-7

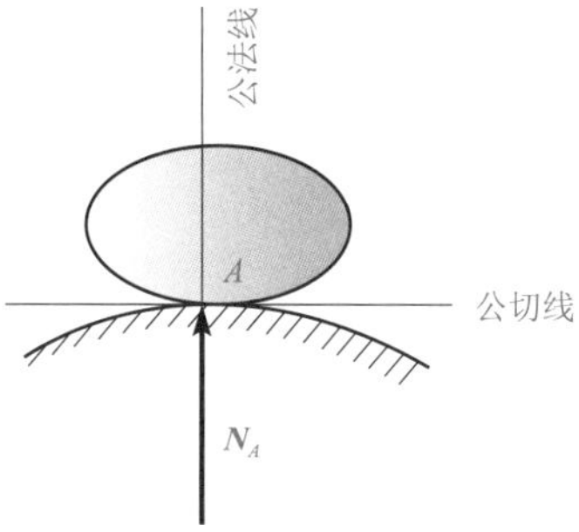

图 1-7

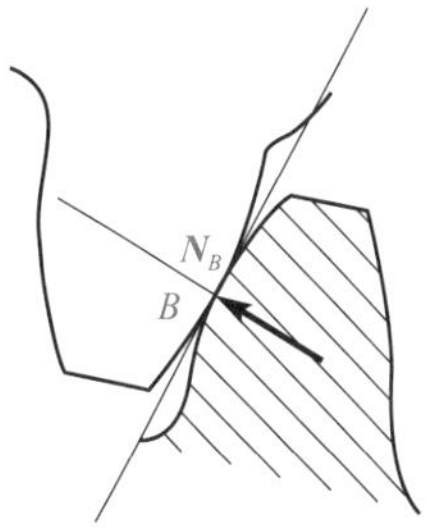

图 1-8

在工程中，如桥梁、大跨度的屋架结构中经常采用滚动支座，也称为辊轴支座或活动铰支座。图 1-9(a)所示的是用于桥梁上的滚动支座，这种支座由一组滚子与支撑平面接触以承受上部的梁传来的载荷。这些滚子可以沿支撑面滚动，以便调解温度变化引起的桥梁跨度的伸长和缩短。显然这种滚动支座的约束性质与光滑接触面约束相同，其约束反力必垂直于支撑面。常用图 1-9(b)所示的简图来表示滚动支座，用图 1-9(c)所示的形式表示滚动支座 A 的约束反力 $\boldsymbol{N}_A$。

1-9

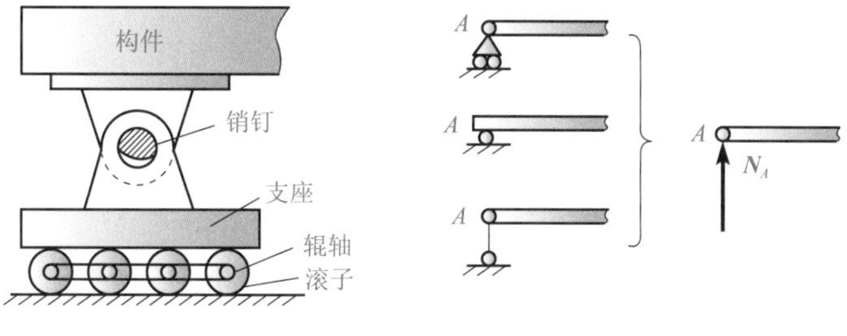

(a)　(b)　(c)

图 1-9

2. 柔性体约束

柔绳、链条或皮带构成的约束称为柔性体约束，这类约束被理想化为柔软而只承受拉力的索状物，简称柔索。它给物体的约束反力只能是沿柔索的拉力(背离物体)，且作用在接触点或假想截割处，如图 1-10 所示，通常用 $\boldsymbol{T}$ 表示。

1-10

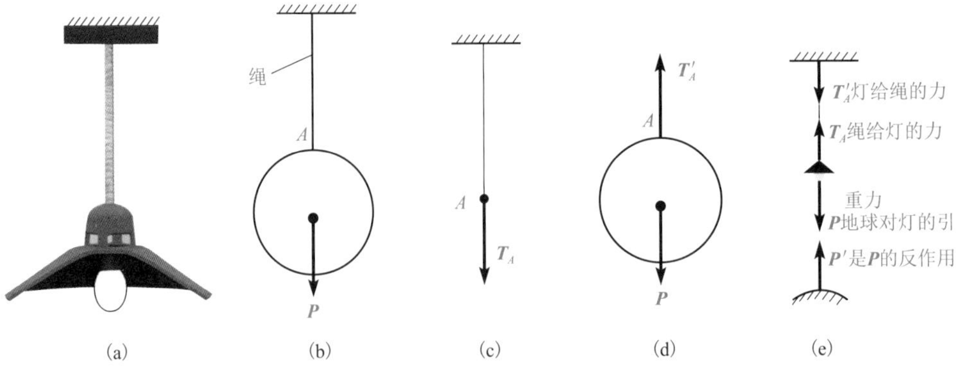

图 1-10

1-11

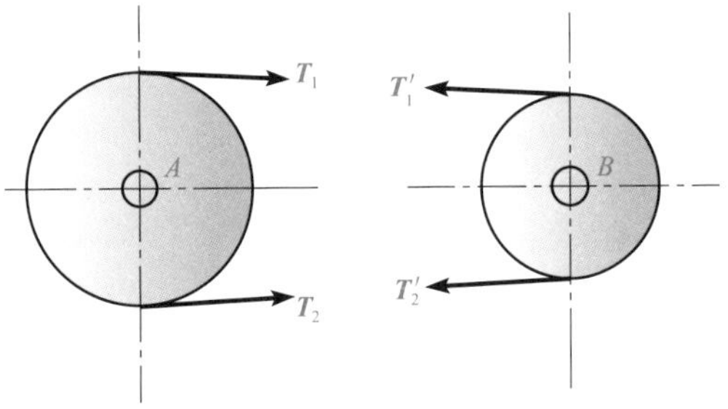

图 1-11

链条和皮带只能承受拉力。当它们绕过轮子时，约束反力沿轮缘的切线向外，如图 1-11 所示。

3. **光滑圆柱铰链约束**

两个零件被钻上同样大小的孔，并用圆柱形销钉连接起来，略去摩擦，我们称这种约束为光滑圆柱铰链约束。这类约束有圆柱形铰链、固定铰支座和向心轴承等。

1)圆柱形铰链和固定铰支座

圆柱形铰链简称圆柱铰，是连接两个构件的中间体。圆柱铰连接简称铰接，图 1-12(a)表示两个可动件被铰接的情形。图 1-12(c)是它的简图。由于这类约束的特点是只能限制物体的任意径向移动，而不限制物体绕圆柱销的转动，由于圆柱销与圆孔是光滑面接触约束，则如图 1-12(b)所示，约束反力应是过接触点、沿接触线的公法线的压力。由于接触点的位置不能预先确定，因此，约束反力的方向也不能预先确定。所以光滑圆柱铰链约束的约束反力是过铰链中心、方向待定的压力。通常用两个正交分力 $\boldsymbol{X}_A$ 和 $\boldsymbol{Y}_A$ 表示，如图 1-12(d)所示。

1-12

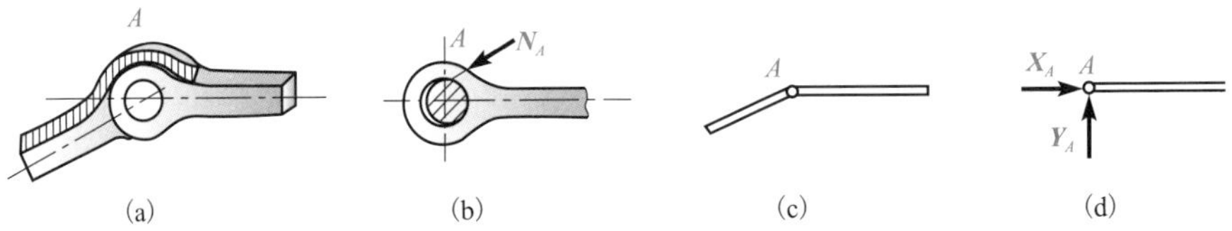

图 1-12

用光滑圆柱销把结构与底座连接，并固定于支承物上而构成的支座称为固定铰支座，如图 1-13(a)所示。这种约束通常用 1-13(b)所示的简图表示。由于销钉与构件接触点的不确定，所以固定铰支座给予构件的约束反力也是过铰链中心、方向待定的压力。通常用两个正交分力 $\boldsymbol{X}_A$ 和 $\boldsymbol{Y}_A$ 表示，如图 1-13(c)所示。

2)向心轴承

图 1-14(a)为轴承装置，由轴和向心轴承组成。由于轴与轴承接触点不能预先确定，轴承对轴的约束反力仍为过轴心、方向待定的压力。亦可用过轴心的两个大小未知的正交分力 $\boldsymbol{X}_A$ 和 $\boldsymbol{Y}_A$ 表示，如图 1-14(b)和(c)所示。

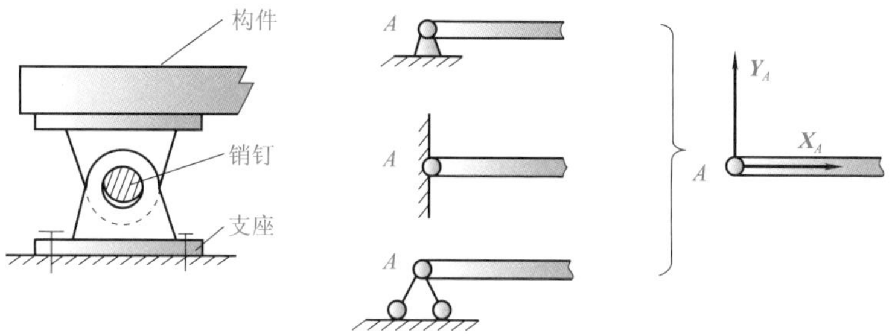

图 1-13

1-13

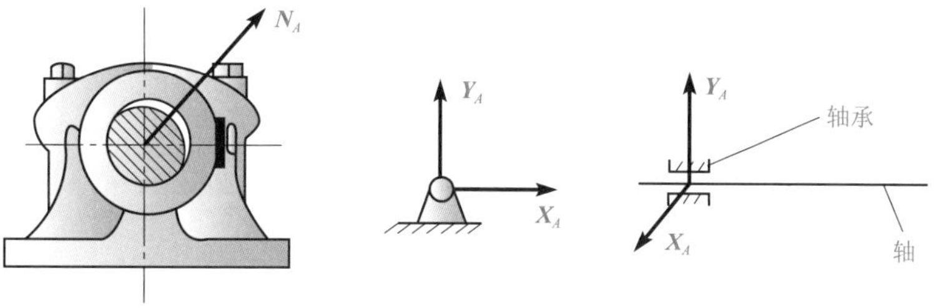

图 1-14

1-14

1.4　物体的受力分析与受力图

解决力学问题时，首先要选定需要进行研究的物体，即选择研究对象；然后根据已知条件、约束类型并结合基本概念和公理分析它的受力情况，这个过程称为受力分析。为了便于分析和计算，需要把研究对象的约束全部解除，并把它从周围物体中分离出来用简图表示。这种被解除约束的研究对象称为分离体，分离体的简图称为分离体图；将作用于分离体上的所有外力以力矢形式表示在分离体图上，这种描述研究对象所受外力的简图称为受力图。受力图能形象而清晰地表达研究对象的受力情况。

恰当地选取研究对象，正确地画出受力图是解决力学问题的关键步骤之一。受力图的画法可以概括为以下几个步骤：

(1)根据题意(按指定要求或综合分析已知条件和所求)恰当地选取研究对象；再用简明的轮廓将研究对象单独画出，即取分离体。

(2)画出分离体所受的全部主动力。

(3)在研究对象上原来存在约束(与其他物体相联系、相接触)的地方，按照约束类型逐一画出全部约束反力。

上述步骤仅仅是一个大略的过程，在实际操作中还应具体问题具体分析。例如，有时要分析平衡的可能位置和可能运动趋势，对二力平衡构件的识别，应用三力平衡汇交定理判定某个约束反力的特征等。

在受力分析中，还常常利用作用与反作用定律来描述物体间的相互作用，因此在做受力分析时，要严格保证研究对象与其他物体间的相互作用力符合作用与反作用定律。研究对象内部，物体间的相互作用力称为研究对象的内力。受力图是只描述研究对象所受全部外力的简图，因此，除特殊情况外，内力不应出现在受力图上。下面举例说明。

【例 1-1】 已知结构如图 1-15(a)所示，A 点是固定铰支座，AB 为不计自重的刚杆，BC 是绳，重为 $\boldsymbol{W}$ 的圆管 O 放在杆 AB 与墙 AC 之间，若略去摩擦，试画出圆管 O 和 AB 杆的受力图。

1-15

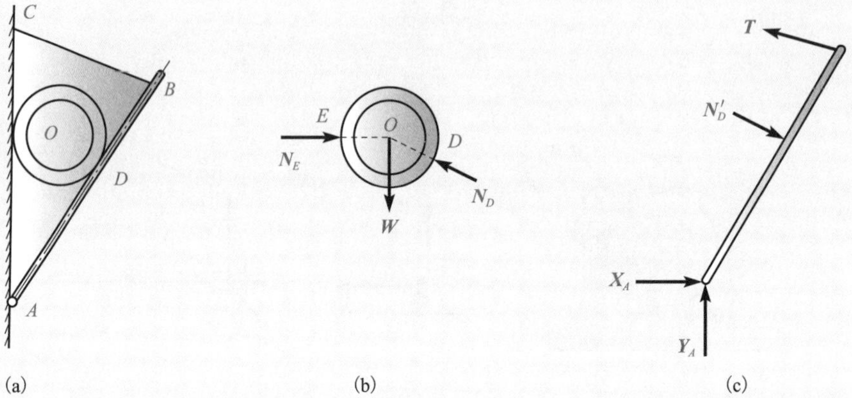

图 1-15

解 (1)以圆管 O 为研究对象，画出分离体图，先画出主动力 $\boldsymbol{W}$，再根据 D、E 处为光滑接触面约束，画出杆对管的约束反力 $\boldsymbol{N}_D$ 和墙对管的约束反力 $\boldsymbol{N}_E$，其受力图如图 1-15(b)所示。

(2)以 AB 杆为研究对象，画出分离体图，A 处为固定铰支座约束，画上其约束反力为一对过 A 点的正交分力 $\boldsymbol{X}_A$ 和 $\boldsymbol{Y}_A$，B 处受绳索约束，画上拉力 $\boldsymbol{T}$，D 处为光滑接触面约束，以法向反向 $\boldsymbol{N}'_D$ 表示，$\boldsymbol{N}'_D$ 与 $\boldsymbol{N}_D$ 是作用力与反作用力关系，其受力图如图 1-15(c)所示。

另外，对于 AB 杆的受力图还可以根据它只受三力作用而平衡的特点，可以根据三力平衡必汇交的原理直接将 A 点约束反力的方位确定而用 $\boldsymbol{N}_A$ 代替图中的 $\boldsymbol{X}_A$ 和 $\boldsymbol{Y}_A$，请读者自行画出。

【例 1-2】 一个由 A、C 两处为固定铰支座，B 点用光滑圆柱铰链铰接的，不计自重的刚性拱结构如图 1-16(a)所示，已知主动力 $\boldsymbol{F}$，试分析 AB 构件及整体平衡的受力情况。

解 (1) AB 构件受力分析。取 AB 构件的分离体，并画上主动力 $\boldsymbol{F}$。A、B 两点同属光滑圆柱铰链约束，一般情况可以用过铰链中心的两个正交分力来分别表示两点的约束反力，但考虑到 BC 构件满足二力平衡公理，属二力构件，因此 B、C 两点约束反力必沿 BC 且等值反向，如图 1-16(b)所示。再根据作用力与反作用力定律，即可确定 AB 构件上 B 点约束反力 $\boldsymbol{R}'_B$。A 点约束反力可以用两个正交分力 $\boldsymbol{X}_A$ 和 $\boldsymbol{Y}_A$ 表示，如图 1-16(c)所示。因为 AB 构件受三力作用而平衡，亦可根据三力平衡必汇交原理画成如图 1-16(d)所示的受力图。

(2)分析 ABC 整体受力情况。先将整体从约束中分离出来并单独画出。画出主动力 $\boldsymbol{F}$，C 点约束反力可由 BC 为二力构件直接判定沿 B、C 两点连线，用 $\boldsymbol{R}_C$ 表示。A 点约束反力可用两正交分力 $\boldsymbol{X}_A$ 和 $\boldsymbol{Y}_A$ 表示，如图 1-16(e)所示。也可以根据整体属三力平衡结构、三力平衡必

汇交原理确定 A 点约束反力，请读者自行绘制。值得注意的是，公共铰接点 B 处的受力属于研究对象内部的相互作用力，即内力，不应表现在受力图上。

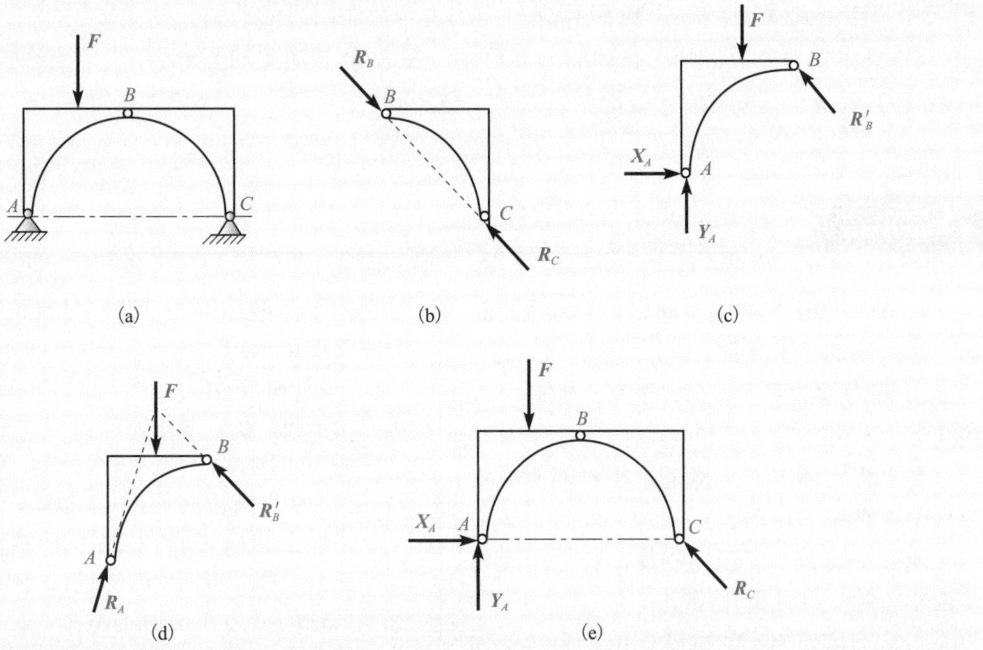

图 1-16

1-16

通过本例的分析可以看出，在受力分析的过程中，应首先根据已知条件识别出二力构件，并按二力平衡公理确定相应的约束反力。在研究对象满足三力平衡必汇交原理的情况下，亦可应用该原理确定待定约束反力的作用线。

【例 1-3】 如图 1-17(a)所示，梯子的两部分 AB 和 AC 在 A 点铰接，又在 D、E 两点用水平绳连接。梯子放在光滑水平面上，若不计自重，当受到作用于 AB 中点 H 处的铅直载荷 $\boldsymbol{P}$ 作用时，试分别画出 AB、AC 及整体的受力图。

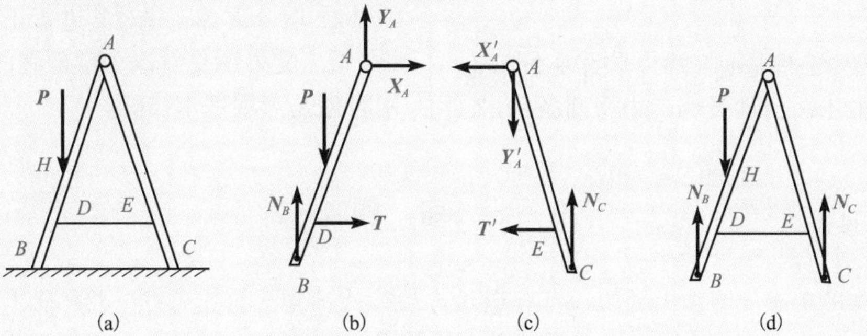

图 1-17

1-17

解 (1)梯子 AB 部分的受力分析。画出 AB 的分离体图，添加主动力 $\boldsymbol{P}$，B 处为光滑接触面约束，画出法向反力 $\boldsymbol{N}_B$，D 处为绳索约束，沿绳画出拉力 $\boldsymbol{T}$，A 处属光滑铰链约束，用两个正交分力 $\boldsymbol{X}_A$ 和 $\boldsymbol{Y}_A$ 表示其方向待定的约束反力，如图 1-17(b)所示。

(2)梯子 AC 部分受力分析，如图 1-17(c)所示。C 处受到光滑面约束反力 $\boldsymbol{N}_C$ 作用，在 E 处受到绳的拉力 $\boldsymbol{T}'$(可视为 $\boldsymbol{T}$ 的反作用力)。A 处属光滑圆柱铰链约束，用两个正交分力 $\boldsymbol{X}'_A$ 和 $\boldsymbol{Y}'_A$ 表示。注意到 $\boldsymbol{X}_A$ 和 $\boldsymbol{X}'_A$、$\boldsymbol{Y}_A$ 和 $\boldsymbol{Y}'_A$ 保持作用力与反作用力的关系。

(3)整体受力分析。画出整体的分离体图，在 H 处添加主动力 $\boldsymbol{P}$，B、C 两处添加法向约束反力 $\boldsymbol{N}_B$ 和 $\boldsymbol{N}_C$，绳和 A 处均属内力，一概不画。

本章小结

1．静力学研究的基本问题：①力系的简化；②力系的平衡条件。

2．静力学的基本概念：平衡、刚体、力、约束。

在工程实际中，平衡是指相对地面静止或做匀速直线的运动。

刚体是受力不变形的物体，它是理论力学中物体的一种抽象化模型。

力是物体间相互的机械作用。力对于物体有两种效应：运动效应和变形效应，理论力学中只研究运动效应。由力的可传性可以证明，作用于刚体的力是滑动矢量。

约束是对非自由刚体施加的限制条件。静力学中只考虑约束反力的作用，限制运动的作用将在运动学和动力学中考虑。

约束对非自由体施加的力称为约束反力。约束反力的方向与该约束所能阻碍的运动方向相反。

3．静力学公理是研究静力学的理论基础。

(1)二力平衡公理又称二力平衡条件，它是刚体平衡最基本的规律，是推证力系平衡条件的理论依据。

(2)加减平衡力系公理是力系简化的重要理论依据。该公理和力的可传性原理(推论1)只适用于刚体。

(3)力的平行四边形法则阐明了作用在一个物体上的最简单的力系的合成规则。

三力平衡汇交定理(推论 2)阐明了刚体受不平行的三力作用而平衡时，三力作用线之间的关系，常常用来确定未知反力作用线的位置。

(4)作用与反作用定律反映了力是物体间相互的机械作用，力总是成对出现的，作用力与反作用力的关系是：等值、反向、共线，且分别作用在两个物体上。

(5)刚化原理阐明了变形体抽象成刚体模型的条件，并指出刚体平衡的必要与充分条件只是变形体平衡的必要条件。

4．取分离体，并对其进行正确的受力分析，画出受力图是解决力学问题的关键步骤，同时也是一项基本技能。

思 考 题

1.1　作用在某一物体上的力，可否通过力的可传性传至相邻的另一物体上？

1.2　桌子压地板，地板以反作用力作用于桌子，二力大小相等，方向相反且共线，所以桌子才能维持平衡，这种说法正确吗？为什么？

1.3　能否在图 1-18 所示曲杆 A、B 两点处各加一个力，而使曲杆保持平衡？并在图上画出所加的力。

1.4　可否在图 1-19 所示直杆上的 B 点加一个力使它平衡？为什么？

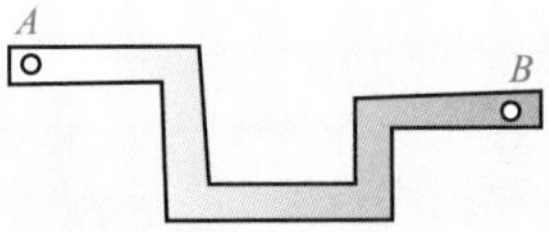

图 1-18

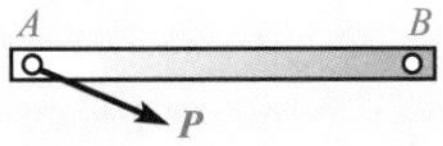

图 1-19

1.5　下面几种说法是否正确？为什么？

(1)合力一定比分力大。

(2)同一平面内作用线不汇交于同一点的三个力一定不平衡。

(3)同一平面内作用线汇交于一点的三个力一定平衡。

1.6　指出图 1-20 中所示两种情况下，D 上的约束反力有何不同？能否直接判定 A 处的约束反力作用线？

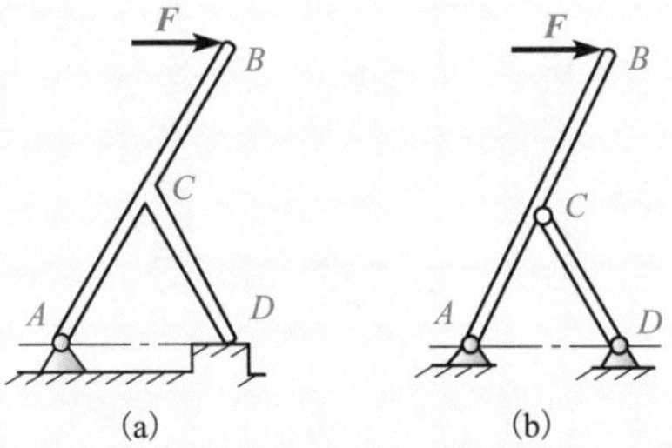

图 1-20

1.7　图 1-21(a) ~ (i)中各物体的受力图是否正确，若有错应如何改正？

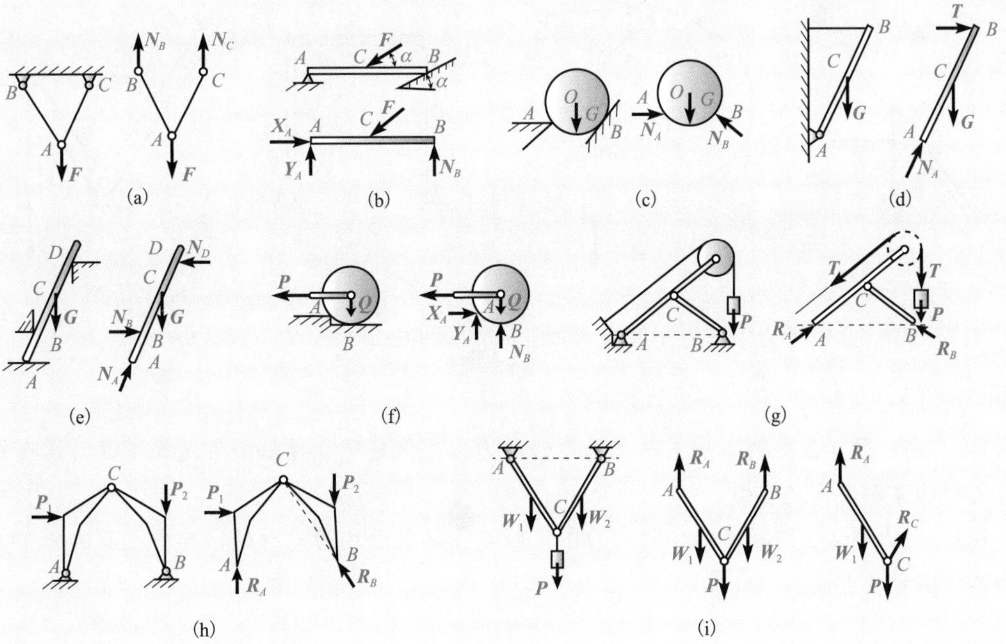

图 1-21

习 题

1-1 画出题 1-1 图中各物体的受力图。假定所有接触面都是光滑的，其中没有画上重力矢的物体都不考虑重量。

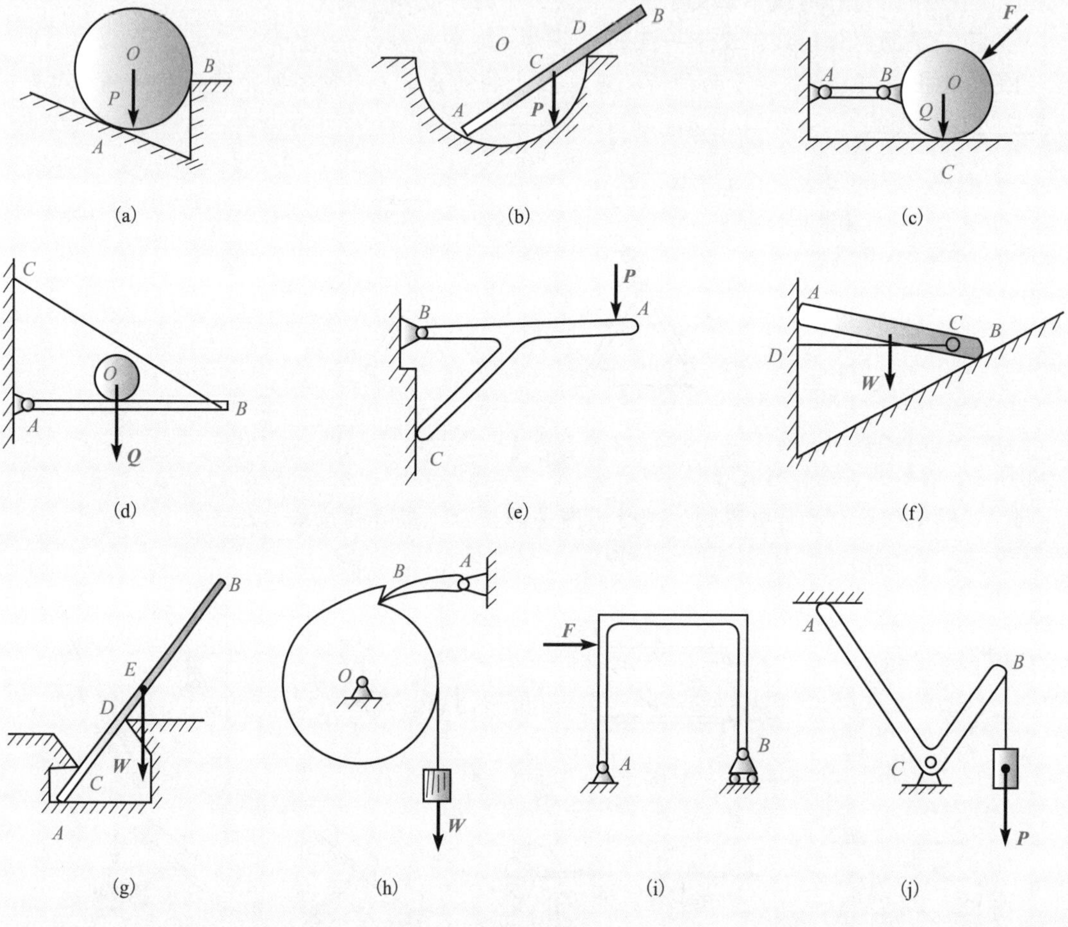

题 1-1 图

1-2 画出题 1-2 图刚体系中每个物体的受力图。假定所有接触面都是光滑的，没有画上重力矢的物体都不考虑重量。

1-3 画出题 1-3 图指定物体的受力图。假定各接触面均为光滑的，其中没有画出重力矢的物体均不考虑重量。

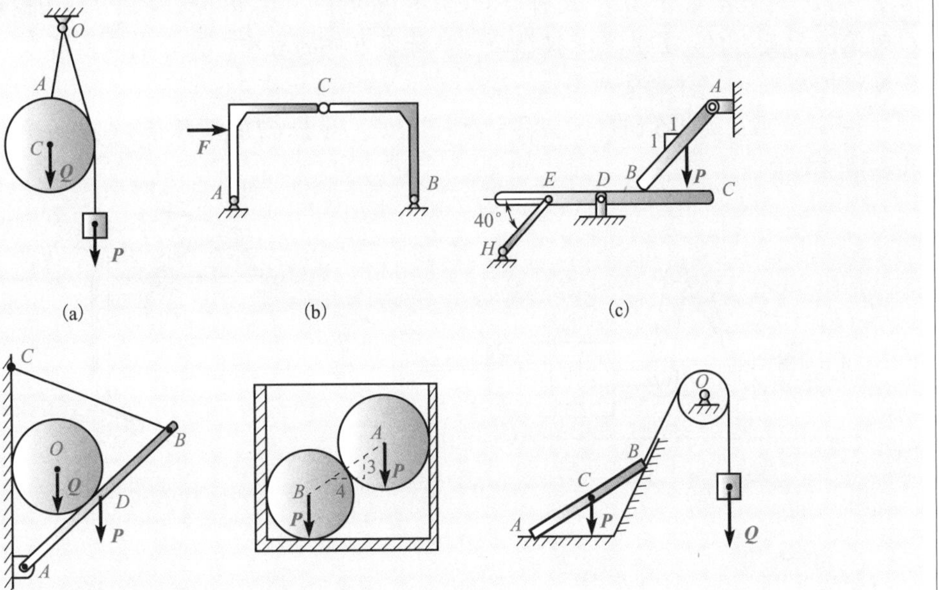

(a)　(b)　(c)
(d)　(e)　(f)

题 1-2 图

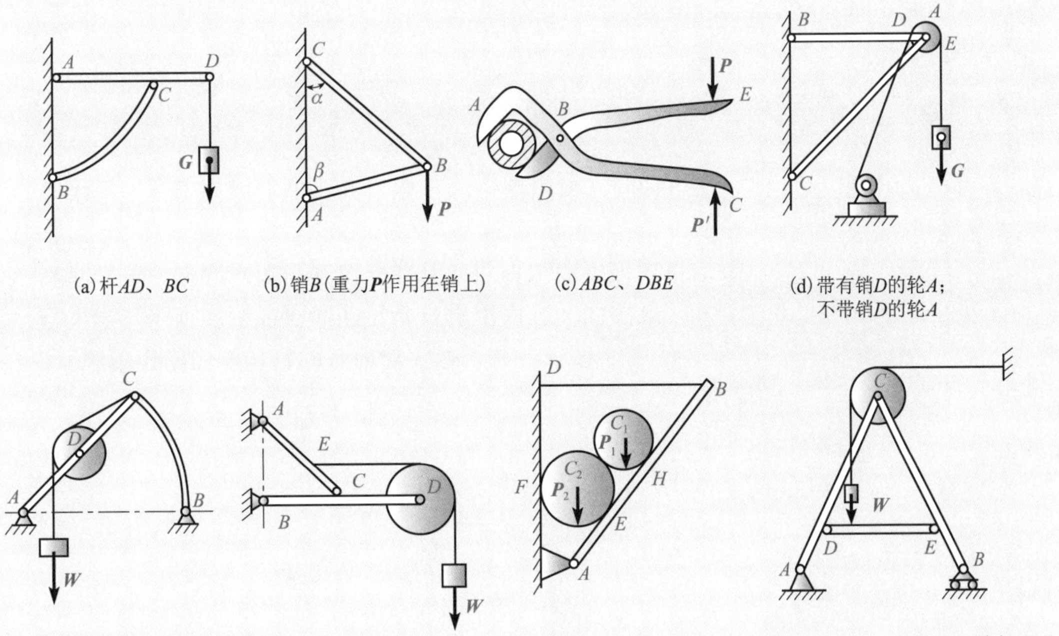

(a) 杆 AD、BC　(b) 销 B（重力 $\boldsymbol{P}$ 作用在销上）　(c) ABC、DBE　(d) 带有销 D 的轮 A；不带销 D 的轮 A

(e) 轮 D、杆 AC、杆 BC　(f) 轮 D、杆 AC、杆 BD　(g) 轮 C_1、轮 C_2、杆 AB　(h) 轮 C、轮 BC、杆 DE、三脚架 ABC

题 1-3 图

1-4 液压夹具如题 1-4 图所示，已知油缸中油压合力为 $\boldsymbol{P}$，沿活塞杆 AD 的轴线作用于活塞。机构通过活塞杆 AD、连杆 AB 使杠杆 BOC 压紧工件。设 A、B 均为圆柱形销钉连接，O 为铰链支座，C、E 为光滑接触面。不计各零件的自重，试分别画出活塞 AD、滚子 A、压板杠杆 BOC 和整体的受力图。

1-5 试画出题 1-5 图所示夹具中杠杆 ABC、导杆 CDE 及压板 FGH 的受力图。不计摩擦及各零件的自重。

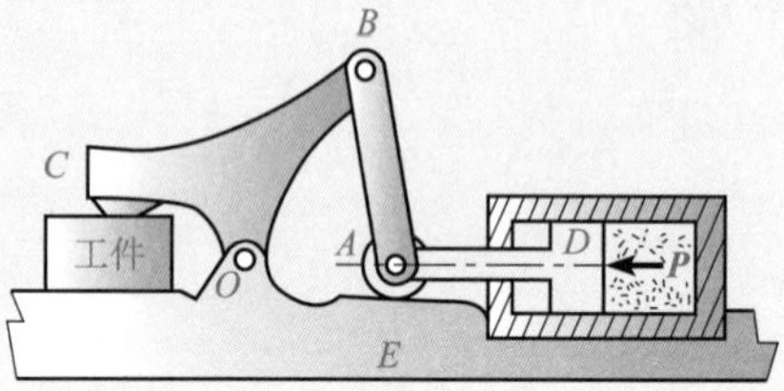

题 1-4 图

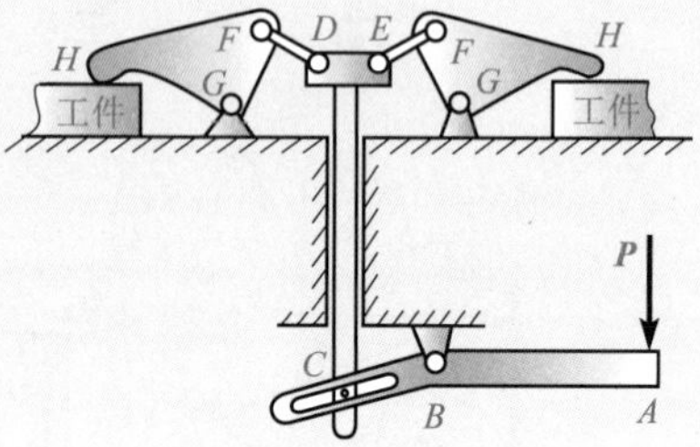

题 1-5 图

第2章 平面特殊力系

前面已经指出，静力学主要是研究力系的简化问题和平衡问题。力系有各种不同的类型，不同类型的力系的简化结果和平衡条件也不相同。按照力系中各力的作用线是否在同一平面内来分，可将力系分为平面力系和空间力系两类；按照力系中各力的作用线是否相交来分，力系又可分为汇交力系、平行力系和一般力系。各种类型的力系在工程实际中都会遇到，以平面力系应用较多，它比空间力系简单，又是研究空间力系的基础。平面力系按力系中诸力分布有否特殊性可分为平面特殊力系和平面一般力系。平面特殊力系包括平面汇交力系、平面力偶系和平面平行力系。

平面汇交力系，是各力的作用线位于同一平面内且汇交于一点的力系(图 2-1)。

平面力偶系，是由若干个作用面共面的力偶组成的力偶系(图 2-2)。

平面平行力系，是各力的作用线位于同一平面内且相互平行的力系(图 2-3)。

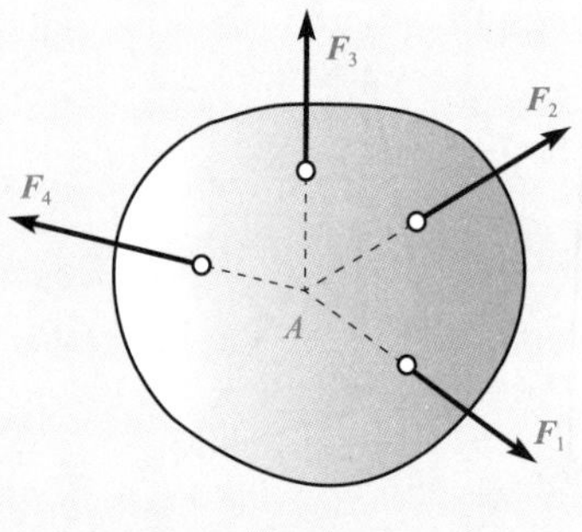

图 2-1

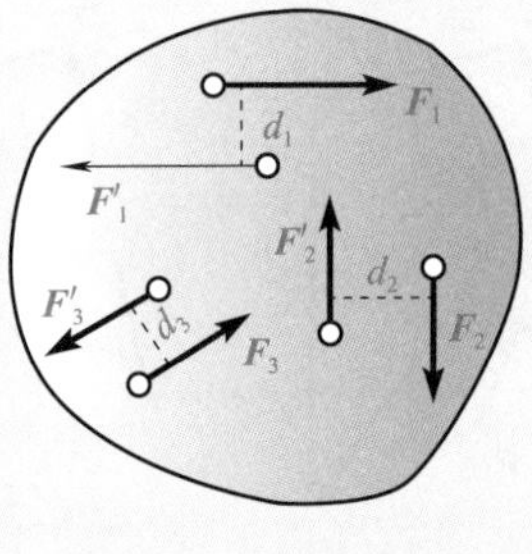

图 2-2

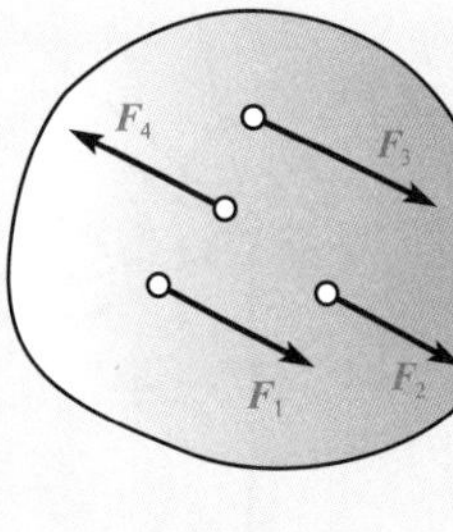

图 2-3

2-1～2-3

本章研究平面特殊力系的合成和平衡问题。着重讨论力多边形法则，力偶的性质，平面汇交力系、平面力偶系和平面平行力系的平衡条件和平衡方程及其应用。平面特殊力系的研究，一方面可以解决工程中关于这类静力学问题，另一方面也为研究更复杂的平面一般力系打下基础。

2.1 平面汇交力系合成和平衡的几何法

平面汇交力系是一种最简单的力系，在起重重物、支架和桁架中经常遇到。例如，图 2-4(a)所示起重机的挂钩受 $\boldsymbol{T}_1$、$\boldsymbol{T}_2$ 和 $\boldsymbol{T}_3$ 三个力的作用(图 2-4(b))，显然这三个力组成一平面汇交力系。

2-4

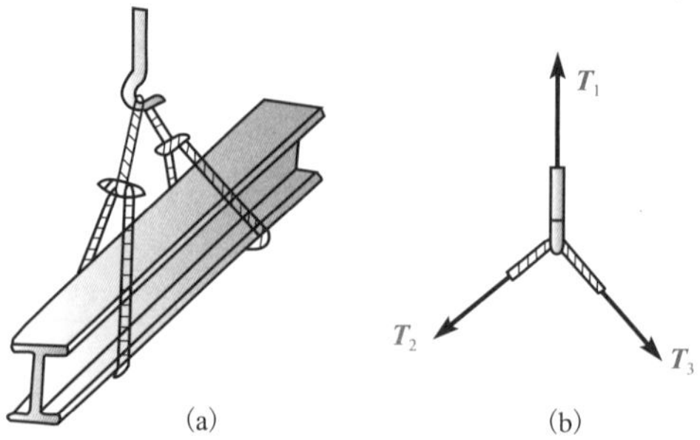

(a) (b)

图 2-4

2.1.1 平面汇交力系合成的几何法

设有作用于刚体上汇交于同一点 **A** 的四个力 $\boldsymbol{F}_1$、$\boldsymbol{F}_2$、$\boldsymbol{F}_3$、$\boldsymbol{F}_4$，按力的可传性，将各力的作用点沿其作用线移至汇交点 **A**（图 2-5(a)）；然后在图 2-5(a) 上连续作力的平行四边形，即先由平行四边形法则求出力 $\boldsymbol{F}_1$ 与 $\boldsymbol{F}_2$ 的合力 $\boldsymbol{R}_{12}$，再同样求出力 $\boldsymbol{R}_{12}$ 与 $\boldsymbol{F}_3$ 的合力 $\boldsymbol{R}_{123}$，以此类推，最后得到一个作用线也过力系汇交点 A 的合力 $\boldsymbol{R}$，用矢量式表示为

$$\boldsymbol{R}=\boldsymbol{F}_1+\boldsymbol{F}_2+\boldsymbol{F}_3+\boldsymbol{F}_4$$

2-5

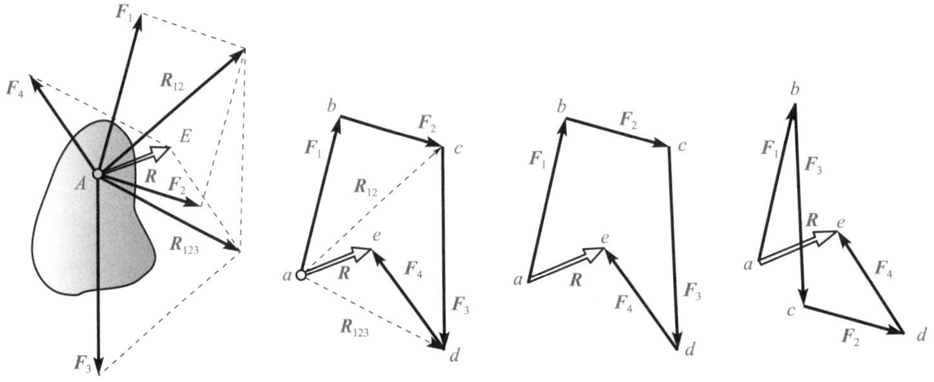

(a) (b) (c) (d)

图 2-5

显然，上述求平面汇交力系合力的做法比较麻烦，下面介绍另一种比较简便的方法，即力多边形法。

如图 2-5(b) 所示，可连续应用力的三角形法则将各力依次合成，即从任选点 a 按一定比例尺作矢量$\overrightarrow{ab}$表示力矢 $\boldsymbol{F}_1$，在其末端 b 作矢量$\overrightarrow{bc}$表示力矢 $\boldsymbol{F}_2$，则虚线$\overrightarrow{ac}$表示力 $\boldsymbol{F}_1$ 与 $\boldsymbol{F}_2$ 的合力矢 $\boldsymbol{R}_{12}$，再从点 c 作矢量$\overrightarrow{cd}$表示力矢 $\boldsymbol{F}_3$，则虚线$\overrightarrow{ad}$表示力 $\boldsymbol{R}_{12}$ 与 $\boldsymbol{F}_3$ 的合力矢 $\boldsymbol{R}_{123}$，最后从点 d 作矢量$\overrightarrow{de}$表示力矢 $\boldsymbol{F}_4$，则矢量$\overrightarrow{ae}$表示力 $\boldsymbol{R}_{123}$ 与 $\boldsymbol{F}_4$ 亦即力 $\boldsymbol{F}_1$、$\boldsymbol{F}_2$、$\boldsymbol{F}_3$ 和 $\boldsymbol{F}_4$ 的合力矢 $\boldsymbol{R}$，其大小和方向可由图 2-5(b) 上量出，其作用线显然是通过汇交点 A。实际上，作图时力矢 $\boldsymbol{R}_{12}$ 与 $\boldsymbol{R}_{123}$ 可不必画出，只要把各力矢依次首尾相接，则由第一个力矢 $\boldsymbol{F}_1$ 的起点 a 向最末一个力矢 $\boldsymbol{F}_4$ 的终点 e 作矢量$\overrightarrow{ae}$即得合力矢 $\boldsymbol{R}$，如图 2-5(c) 所示。

各力矢折线与合力矢构成的多边形 $abcde$ 称为**力多边形**，表示合力矢的边$\overrightarrow{ae}$称为力多边形的封闭边，用力多边形求合力 $\boldsymbol{R}$ 的几何作图规则称为**力的多边形法则**，这种方法称为几何法。图 2-5(a)称为位置图，表示各力的作用位置。图 2-5(b)、(c)、(d)称为力矢图，表示各力矢的大小和方向，并说明各力矢与合力矢的关系，但各力矢并不表示其作用位置。需要指出：①在力多边形中，各力矢首尾相接，环绕同一方向，而合力矢是反向封闭力多边形；②若力系中各力的合成顺序改变，则力多边形的形状也改变，但所得的合力矢 $\boldsymbol{R}$ 却是一样的，即合力矢 $\boldsymbol{R}$ 与各分力矢的作图顺序无关(图 2-5(c)、(d))。

上述方法推广到平面汇交力系有 n 个力的情形，可得结论如下：平面汇交力系合成的结果是一个合力，合力的作用线通过力系的汇交点，合力矢等于原力系中所有各力的矢量和，可由力多边形的封闭边来表示。即

$$\boldsymbol{R}=\boldsymbol{F}_1+\boldsymbol{F}_2+\cdots+\boldsymbol{F}_n=\sum_{i=1}^{n}\boldsymbol{F}_i \tag{2-1a}$$

或简写为

$$\boldsymbol{R}=\sum\boldsymbol{F} \tag{2-1b}$$

2.1.2　平面汇交力系平衡的几何条件

根据平面汇交力系合成的几何法可知，力系合成的结果只能是一个力，即力系的合力，它对刚体的作用与原力系等效。若合力为零，则表明刚体在力系作用下处于平衡状态，即力系是一平衡力系；反之，若合力不为零，则刚体不能处于平衡状态，即力系不是平衡力系。于是得出结论：平面汇交力系平衡的必要与充分条件是合力等于零。即

$$\boldsymbol{R}=0 \tag{2-2a}$$

对于力多边形来说，合力等于零意味着代表合力矢的封闭边成为一个点，即第一个力矢的起点与最末一个力矢的终点恰好重合，各分力矢所构成的折线恰好封闭，这种情况称为力多边形自行封闭。所以，平面汇交力系平衡的必要与充分的几何条件是：力多边形自行封闭，或力系中各力的矢量和等于零，即

$$\sum\boldsymbol{F}=0 \tag{2-2b}$$

用几何法求合成和平衡问题时，可图解或应用几何关系求解。图解的精确度取决于作图的精确度，要注意选取适当的比例尺。求解平衡问题时，根据力矢序规则和自行封闭的特点可以求解两个未知量，并确定未知力的指向。

【例 2-1】　平面刚架在 B 点受一水平力 $\boldsymbol{P}$，如图 2-6(a)所示。设 $P=20\text{kN}$，不计刚架本身的重量，求 A、D 处的反力。

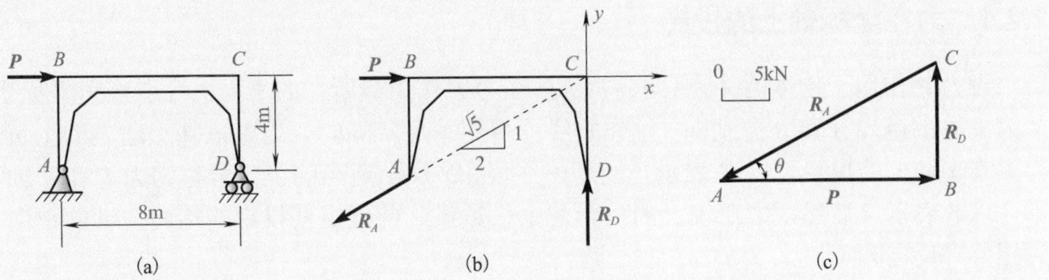

图 2-6

2-6

解　取刚架为研究对象。刚架在水平力 $\boldsymbol{P}$、辊轴支座 D 的反力 $\boldsymbol{R}_D$ 和铰支座 A 的反力 $\boldsymbol{R}_A$ 作用下平衡，受力图如图 2-6(b)所示。根据铰支座的性质，$\boldsymbol{R}_A$ 的方向本属未定，但因刚架只

受三个力，而 $\boldsymbol{P}$ 与 $\boldsymbol{R}_D$ 交于点 C，由三力平衡汇交定理知，$\boldsymbol{R}_A$ 的作用线必沿 A、C 连线。这是一个平面汇交力系的平衡问题。

(1)由几何关系求解。

根据平面汇交力系平衡的几何条件，力矢 $\boldsymbol{P}$、$\boldsymbol{R}_A$ 和 $\boldsymbol{R}_D$ 应组成一个封闭的力三角形，力 $\boldsymbol{R}_A$、$\boldsymbol{R}_D$ 的指向可按力矢序规则确定，如图 2-6(c)所示。

由于力三角形 abc 与 $\triangle ABC$ 相似，故

$$\frac{P}{BC}=\frac{R_D}{AB}=\frac{R_A}{CA}$$

式中，$BC=8\text{m}$，$AB=4\text{m}$，$CA=4\sqrt{5}\text{m}$。计算得 $R_D=10\text{kN}$，$R_A=22.4\text{kN}$，$\theta=\arctan\dfrac{1}{2}=26°34'$，$\boldsymbol{R}_D$、$\boldsymbol{R}_A$ 的方向如图 2-6(c)所示。

(2)图解法。

选取比例尺如图 2-6(c)所示，按比例尺由已知力 $\boldsymbol{P}$ 开始作封闭力三角形 abc，$\boldsymbol{R}_A$、$\boldsymbol{R}_D$ 指向由力矢序规则确定。由图 2-6(c)量得 $R_D=10\text{kN}$，$R_A=22.4\text{kN}$，$\theta=26°34'$。

通过上述例题，可总结出几何法求解平面汇交力系平衡问题的主要步骤如下：

(1)选取研究对象，并画出分离体简图。

(2)画受力图。先画出主动力，再根据约束类型画出约束反力，注意三力平衡汇交定理的应用。

(3)作力多边形或力三角形。选取适当的力比例尺，作出平衡力系的封闭力多边形或封闭力三角形。必须注意，作图时总是从已知力开始，根据首尾相接的力矢序规则和封闭的特点，就可以确定未知力的大小和方向。

(4)求出未知量。按力比例尺量出力多边形中未知力的大小，必要时可用量角器量出其方向角。若是力三角形，也可以用三角公式计算未知力的大小和方向。

2.2 平面汇交力系合成和平衡的解析法

几何法的优点是简便直观，但较难控制解答的精确度。研究平面汇交力系合成和平衡的另一种方法是解析法，它是以力在坐标轴上的投影为基础来进行计算的，为此先介绍力在坐标轴上的投影。

2.2.1 力在坐标轴上的投影

设力 $\boldsymbol{F}$ 作用于物体的 A 点(图 2-7(a))，在力 $\boldsymbol{F}$ 作用线所在的平面内任取直角坐标系 Oxy，从力矢 $\boldsymbol{F}$ 的两端 A 和 B 分别向 x 轴作垂线，得到垂足 a 和 b，线段 ab 加上适当的正负号称为力 $\boldsymbol{F}$ 在 x 轴上的投影，以 X 表示。同理，线段 $a'b'$ 加上适当的正负号称为力 $\boldsymbol{F}$ 在 y 轴上的投影，以 Y 表示。显然，力在轴上的投影是个代数量，并规定其投影的指向与轴的正向相同时为正值，反之为负值。

当已知力 $\boldsymbol{F}$ 的大小和力 $\boldsymbol{F}$ 与 x、y 轴正向间夹角 α、β 时，根据上述投影的定义，有

$$X=F\cos\alpha,\quad Y=F\cos\beta \tag{2-3}$$

即力在某轴上的投影等于力的大小乘以力与该轴正向间夹角的余弦。该定义对于力的投影值是正或负的情况都同样适合，也适合任何一种矢量在轴上的投影。

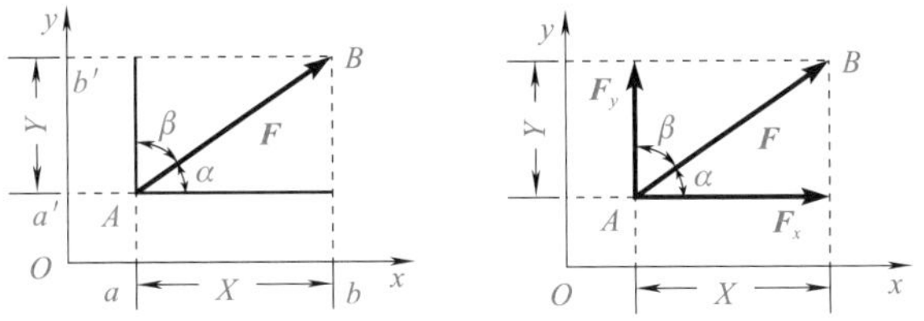

(a)　　(b)

图 2-7

2-7

反之，当已知力 $\boldsymbol{F}$ 在坐标轴上的投影 X 和 Y 时，则力 $\boldsymbol{F}$ 的大小和方向余弦为

$$F=\sqrt{X^2+Y^2}\text{，}\quad \cos\alpha=\frac{X}{F}\text{，}\quad \cos\beta=\frac{Y}{F} \tag{2-4}$$

力 $\boldsymbol{F}$ 的方向也可以由式(2-5)确定为

$$\theta=\arctan\left|\frac{Y}{X}\right| \tag{2-5}$$

式中，θ 是力 $\boldsymbol{F}$ 与 x 轴所夹的锐角，须根据投影 X 和 Y 的正负号判定力 $\boldsymbol{F}$ 的指向。

必须指出，力的投影与力的分量(分力)是两个不同的概念。力的投影是代数量，由力 $\boldsymbol{F}$ 可确定其投影 X 和 Y，但是由投影 X 和 Y 只能确定力 $\boldsymbol{F}$ 的大小及方向(力矢 $\boldsymbol{F}$)，不能确定其作用位置。而力的分量(分力)是力沿该方向的分作用，是矢量，由分量能完全确定力的大小、方向和作用位置。只有在直角坐标系中，力在轴上投影的绝对值才和力沿该轴的分量(分力)的大小相等，而投影的正负号可表明该分量的指向。因此，力 $\boldsymbol{F}$ 沿平面直角坐标轴分解(图 2-7(b))的表达式为

$$\boldsymbol{F}=\boldsymbol{F}_x+\boldsymbol{F}_y=X\boldsymbol{i}+Y\boldsymbol{j} \tag{2-6}$$

式中，$\boldsymbol{i}$、$\boldsymbol{j}$ 为沿坐标轴 x 和 y 正向的单位矢量。

2.2.2　合力投影定理

由上述内容知道，如果能求出平面汇交力系的合力在直角坐标轴上的投影，则根据式(2-4)或式(2-5)即可求出合力的大小和方向。求合力的投影的理论基础是合力投影定理。

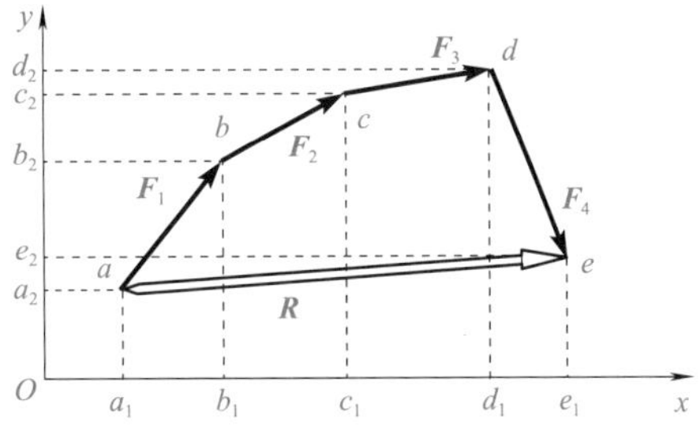

图 2-8

2-8

设有平面汇交力系由力 $\boldsymbol{F}_1$、$\boldsymbol{F}_2$、$\boldsymbol{F}_3$、$\boldsymbol{F}_4$ 组成，作力多边形 $abcde$，封闭边 $\overline{ae}$ 表示该力系的合力矢 $\boldsymbol{R}$(图 2-8)。取坐标系 Oxy，将所有力矢都投影到 x 轴和 y 轴上，由图 2-8 容易看出

$$a_1e_1=a_1b_1+b_1c_1+c_1d_1+d_1e_1$$

$$a_2e_2=a_2b_2+b_2c_2+c_2d_2-d_2e_2$$

即

$$R_x=X_1+X_2+X_3+X_4$$

$$R_y=Y_1+Y_2+Y_3+Y_4$$

将上述合力投影与各分力投影的关系式推广到 n 个力组成的平面汇交力系中，有

$$\left.\begin{aligned}R_x&=X_1+X_2+\cdots+X_n=\sum X\\R_y&=Y_1+Y_2+\cdots+Y_n=\sum Y\end{aligned}\right\} \tag{2-7}$$

即合力在任一轴上的投影，等于各分力在同一轴上的投影的代数和，称为合力投影定理。

2.2.3 平面汇交力系合成和平衡的解析法

对给定的平面汇交力系，可根据合力投影定理计算出合力 $\boldsymbol{R}$ 在直角坐标轴上的投影 R_x 和 R_y，然后由式(2-4)确定合力的大小和方向余弦为

$$\left.\begin{aligned} R=\sqrt{R_x^2+R_y^2}=\sqrt{\left(\sum X\right)^2+\left(\sum Y\right)^2} \\ \cos\alpha=\frac{R_x}{R},\qquad \cos\beta=\frac{R_y}{R} \end{aligned}\right\} \tag{2-8}$$

式中，α、β 是合力 $\boldsymbol{R}$ 分别与 x、y 轴正向间的夹角。合力的方向也可用其与 x 轴所夹的锐角 θ 表示为

$$\theta=\arctan\left|\frac{R_y}{R_x}\right|=\arctan\left|\frac{\sum Y}{\sum X}\right| \tag{2-9}$$

应用式(2-9)时须根据 R_x 和 R_y 的正负号确定合力 $\boldsymbol{R}$ 的指向。

应用式(2-7)、式(2-8)、式(2-9)计算合力的大小和方向的方法，称为平面汇交力系合成的解析法或投影法。

由式(2-2a)、式(2-8)知，平面汇交力系平衡的必要与充分条件是

$$R=\sqrt{\left(\sum X\right)^2+\left(\sum Y\right)^2}=0$$

亦即

$$\left.\begin{aligned} \sum X=0 \\ \sum Y=0 \end{aligned}\right\} \tag{2-10}$$

因此，用解析式表示的平面汇交力系平衡的必要与充分条件是：力系中所有各力在作用面内两个任选的坐标轴上投影的代数和分别等于零。式(2-10)又称为平面汇交力系的平衡方程。

利用平衡方程求解平衡问题时，受力图中未知力的指向可以任意假设，若计算结果为正值，表示假设的指向就是实际指向；若为负值，表示假设的指向与实际指向相反。

【例 2-2】 在刚体的 A 点作用有四个平面汇交力(图 2-9(a))，其中 $F_1=2\text{kN}$，$F_2=3\text{kN}$，$F_3=1\text{kN}$，$F_4=2\text{kN}$，方向如图 2-9 所示。用解析法求该力系的合成结果。

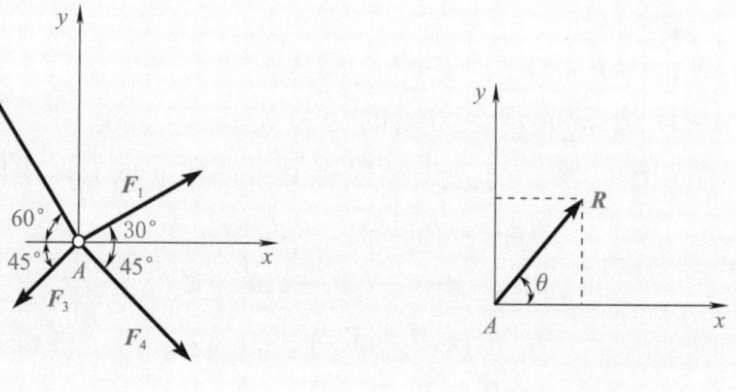

2-9

(a) (b)

图 2-9

解　取坐标系 Axy，合力在坐标轴上的投影为

$$R_x = \sum X = 2\cos 30° - 3\cos 60° - 1\times\cos 45° + 2\cos 45° = 0.94(\text{kN})$$

$$R_y = \sum Y = 2\sin 30° + 3\sin 60° - 1\times\sin 45° - 2\sin 45° = 1.48(\text{kN})$$

由此求得合力 $\boldsymbol{R}$ 的大小及与 x 轴所夹的锐角为

$$R = \sqrt{(\sum X)^2 + (\sum Y)^2} = \sqrt{0.94^2 + 1.48^2} = 1.75(\text{kN})$$

$$\theta = \arctan\left|\frac{\sum Y}{\sum X}\right| = \arctan\frac{1.48}{0.94} = 57.6°\text{(第 I 象限)}$$

作用线过汇交点 A，如图 2-9(b)所示。

【例 2-3】　用解析法求解例 2-1。

解　选取刚架为研究对象，受力图如图 2-10 所示。图中 $\boldsymbol{R}_A$ 及 $\boldsymbol{R}_D$ 的指向都是假设的。取坐标系 Axy，列平衡方程为

$$\sum X = 0,\quad P + \frac{2}{\sqrt{5}}R_A = 0 \qquad (1)$$

$$\sum Y = 0,\quad R_D + \frac{1}{\sqrt{5}}R_A = 0 \qquad (2)$$

由式(1)求得 $R_A = -\sqrt{5}P/2 = -22.4\text{kN}$；代入式(2)，得 $R_D = P/2 = 10\text{kN}$。R_A 为负值，表明 R_A 的实际指向与假设的指向相反；R_D 为正值，表明 R_D 的实际指向与假设的指向相同。

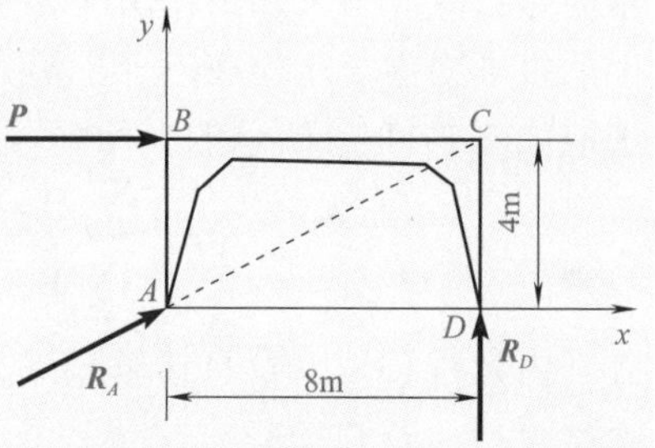

图 2-10

2-10

【例 2-4】　简易起重机如图 2-11(a)所示，杆 AB、AC 两端均为光滑铰链，A 处的销钉与定滑轮固连；绕过滑轮的钢索悬吊重量 $G = 2\text{kN}$ 的重物；杆 AB 垂直于杆 AC。若忽略各杆和滑轮的重量，又假定各接触处都是光滑的，试求杆 AB、AC 所受的力。

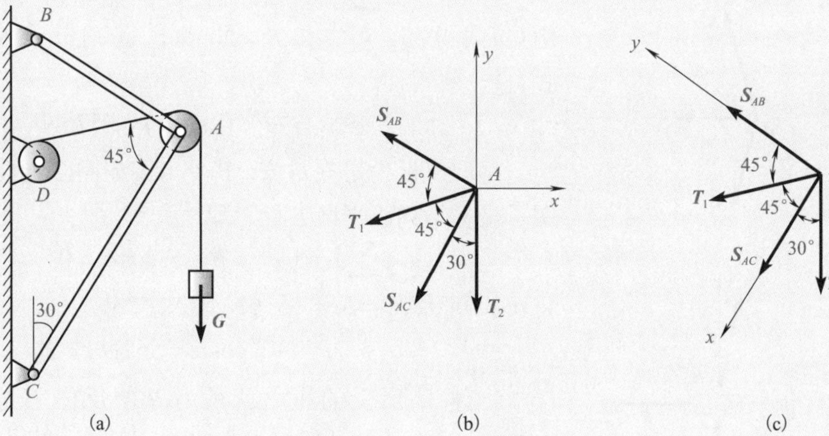

图 2-11

2-11

解　选滑轮 A（带销钉）为研究对象。在钢索张力和杆 AB、AC 给予的力作用下处于平衡。由于不计摩擦，钢索两端张力相等，且 $T_1 = T_2 = G$。杆 AB、AC 均为二力杆，假设它们均受拉力。若不计滑轮尺寸，则滑轮 A 的受力图如图 2-11(b)所示。取坐标系 Axy，列平衡方程

$$\sum X = 0, \quad -S_{AB}\cos 30^\circ - T_1\cos 15^\circ - S_{AC}\sin 30^\circ = 0 \tag{1}$$

$$\sum Y = 0, \quad S_{AB}\sin 30^\circ - T_1\sin 15^\circ - S_{AC}\cos 30^\circ - T_2 = 0 \tag{2}$$

由式(1)乘$\sin 30^\circ$，加上式(2)乘$\cos 30^\circ$，并代入$T_1 = T_2 = G = 2\text{kN}$，可得

$$S_{AC} = -2(\cos 15^\circ \sin 30^\circ + \sin 15^\circ \cos 30^\circ + \cos 30^\circ) = -3.15(\text{kN})$$

代入式(1)，得

$$S_{AB} = \frac{-T_1\cos 15^\circ - S_{AC}\sin 30^\circ}{\cos 30^\circ} = \frac{-2\cos 15^\circ - (-3.15)\sin 30^\circ}{\cos 30^\circ} = -0.41(\text{kN})$$

S_{AC}和S_{AB}均为负值，说明力$\boldsymbol{S}_{AC}$和$\boldsymbol{S}_{AB}$的方向均与假设的方向相反，即杆AC和AB均受压力作用。

在上面的计算中需求解联立方程，比较麻烦，这是由于坐标轴(投影轴)选取不当。坐标轴应尽量取在与未知力作用线相垂直的方向，使每个未知力只在一个轴上有投影，在另一轴上的投影为零，这样在一个平衡方程中只有一个未知量，不必解联立方程。例如，对上题可选取如图2-11(c)所示的坐标轴，列出平衡方程

$$\sum X = 0, \quad S_{AC} + T_1\cos 45^\circ + T_2\cos 30^\circ = 0 \tag{3}$$

$$\sum Y = 0, \quad S_{AB} + T_1\sin 45^\circ - T_2\sin 30^\circ = 0 \tag{4}$$

分别由方程(3)、(4)直接解出$S_{AC} = -3.15\text{kN}$，$S_{AB} = -0.41\text{kN}$。可见，这个计算过程就简单多了。

【例2-5】 图2-12(a)表示一简单的压榨设备，当在A点加力$\boldsymbol{F}$时，物体M就会受到比$\boldsymbol{F}$大若干倍的力挤压。设$F = 200\text{N}$，求当$\alpha = 10^\circ$时物体M所受的压力(各杆及压板的重量不计)。

解 首先取点A(销钉)为研究对象，受力图如图2-12(b)所示。取坐标系Axy，列平衡方程

$$\sum X = 0, \quad F + S_1\sin\alpha + S_2\sin\alpha = 0 \tag{1}$$

$$\sum Y = 0, \quad -S_1\cos\alpha + S_2\cos\alpha = 0 \tag{2}$$

2-12

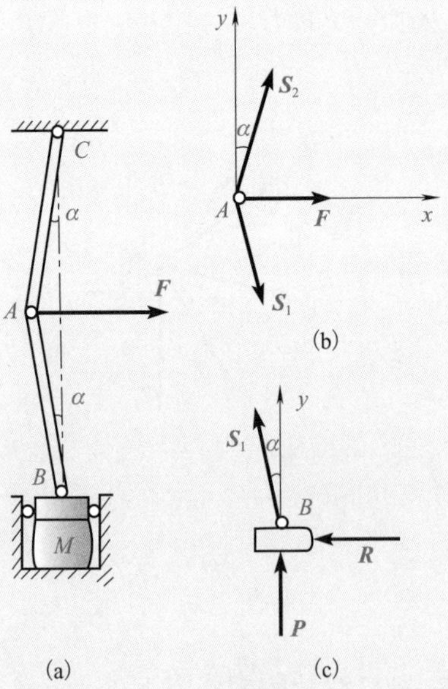

图2-12

由(2)式得$S_1 = S_2$。将$F = 200\text{N}$，$\alpha = 10^\circ$及$S_1 = S_2$代入式(1)，解得

$$S_1 = S_2 = -F/(2\sin\alpha) = -576\text{N}$$

再取压板为研究对象，其受力图如图2-12(c)所示。按图示坐标轴列出平衡方程，即

$$\sum Y = 0, \qquad P + S_1'\cos\alpha = 0$$

将$\alpha = 10^\circ$及$S_1' = S_1 = -576\text{N}$代入，得

$$P = -S_1'\cos\alpha = 567\text{N}$$

物体M所受的压力就是力$\boldsymbol{P}$的反作用力，也等于567N。从上面的计算可见，将M逐渐压缩而α越来越小时，压力将越来越大。

由上述例题可看出，用解析法求解平面汇交力系平衡问题的一般步骤为：

（1）选取研究对象。

（2）画受力图。

（3）选取坐标系（投影轴），列平衡方程。

（4）解平衡方程，求出未知量。由于平面汇交力系只有两个独立平衡方程，故选一次研究对象只能求解两个未知量。

2.3　力对点的矩与合力矩定理

力对物体的运动效应有两种基本形式：移动和转动。其中物体的转动效应是用力对点的矩来度量的。

2.3.1　力对点的矩

用扳手拧紧螺钉（图 2-13）时可以发现，作用于扳手一端的力 $\boldsymbol{F}$ 使扳手绕 O 点的转动效应不仅与力 $\boldsymbol{F}$ 的大小有关，而且与 O 点到力 $\boldsymbol{F}$ 作用线的垂直距离 d 有关。若施力方向与图 2-13 所示的力 $\boldsymbol{F}$ 方向相反，扳手将按相反的方向转动，使螺钉松动。

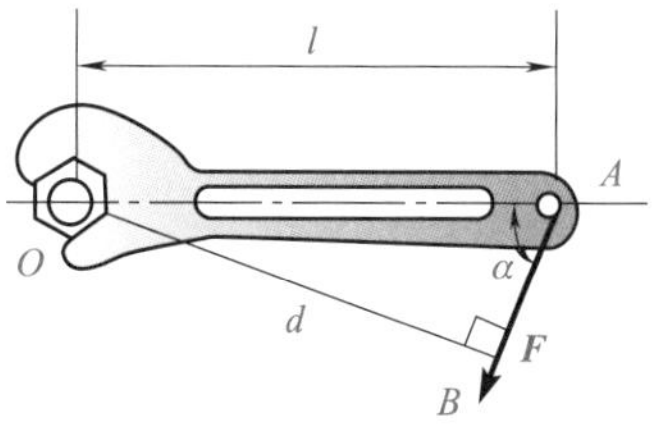

图 2-13

2-13

由此可见，力 $\boldsymbol{F}$ 使物体绕点 O 转动的效果取决于：①力 $\boldsymbol{F}$ 的大小和方向；②点 O 到力 $\boldsymbol{F}$ 的作用线的垂直距离 d。

因而在平面问题中，将乘积 Fd 加上适当的符号，作为力 $\boldsymbol{F}$ 使物体绕点 O 转动效应的度量，称为**力 $\boldsymbol{F}$ 对点 $\boldsymbol{O}$ 的矩**，简称力矩，记为 $m_O(\boldsymbol{F})$，即

$$m_O(\boldsymbol{F}) = \pm Fd \tag{2-11}$$

点 O 称为**矩心**，垂直距离 d 称为**力臂**。力矩的概念可以推广到普遍的情形，具体应用时，作用于物体上的力可以对平面内的任一点取矩。在平面问题中力矩的定义如下：

力对点的矩是一代数量，它的绝对值等于力的大小与力臂的乘积，它的正负可按如下方法确定：力使物体逆时针方向转动时为正，反之为负。

由图 2-13 容易看出，力 $\boldsymbol{F}$ 对点 O 的矩的大小也可用 $\triangle OAB$ 面积的两倍表示，即

$$m_O(\boldsymbol{F}) = \pm 2S_{\triangle OAB} \tag{2-12}$$

在国际单位制中，力矩的单位是牛・米（N・m）或千牛・米（kN・m）。力矩的量纲是 $[\mathrm{M}][\mathrm{L}]^2[\mathrm{T}]^{-2}$。根据以上所述，不难得出下述**力矩的性质**：

（1）力 $\boldsymbol{F}$ 对于 O 点的力矩不仅取决于 $\boldsymbol{F}$ 的大小，同时还与矩心的位置有关。矩心位置不同，力矩随之而异。

（2）力 $\boldsymbol{F}$ 对于任一点的矩，不因该力的作用点沿其作用线移动而改变（因为力及力臂的大小均未改变）。

（3）力的大小等于零或力的作用线通过矩心时，力矩等于零。

（4）互成平衡的两个力对同一点的矩的代数和等于零。

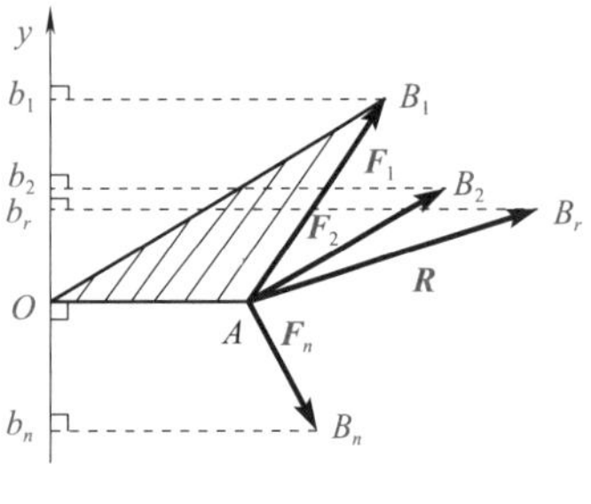

图 2-14

2-14

2.3.2 合力矩定理

定理 平面汇交力系的合力对于平面内任一点的矩等于力系中所有各分力对于同一点的矩的代数和。即

$$m_O(\boldsymbol{R})=\sum_{i=1}^{n} m_O(\boldsymbol{F}_i) \tag{2-13}$$

证明 设在刚体上点 A 作用一平面汇交力系 $\boldsymbol{F}_1, \boldsymbol{F}_2, \cdots, \boldsymbol{F}_n$，如图 2-14 所示，$\boldsymbol{R}$ 为力系的合力。任选一点 O 为矩心，连接 OA，过点 O 作轴 $Oy \perp OA$。现在分别计算 $\boldsymbol{F}_1, \boldsymbol{F}_2, \cdots, \boldsymbol{F}_n$ 及 $\boldsymbol{R}$ 各力对 O 点的矩。

根据式(2-12)可得出

$$\left.\begin{aligned} m_O(\boldsymbol{F}_1) &= 2\triangle OAB_1 = Ob_1 \cdot OA \\ m_O(\boldsymbol{F}_2) &= Ob_2 \cdot OA \\ \vdots \quad & \quad \vdots \quad \vdots \\ m_O(\boldsymbol{F}_n) &= -Ob_n \cdot OA \\ m_O(\boldsymbol{R}) &= Ob_r \cdot OA \end{aligned}\right\} \tag{1}$$

又根据合力投影定理，知

$$Ob_r = Ob_1 + Ob_2 + \cdots + (-Ob_n)$$

上式两端乘以 OA，得

$$Ob_r \cdot OA = Ob_1 \cdot OA + Ob_2 \cdot OA + \cdots + (-Ob_n) \cdot OA$$

将式(1)代入得

$$m_O(\boldsymbol{R}) = m_O(\boldsymbol{F}_1) + m_O(\boldsymbol{F}_2) + \cdots + m_O(\boldsymbol{F}_n)$$

即

$$m_O(\boldsymbol{R})=\sum_{i=1}^{n} m_O(\boldsymbol{F}_i)$$

于是定理得证。对于有合力的更普遍的力系，这一定理也是成立的，将在后面有关章节中分别论证。由此可见，合力矩定理建立了合力对点的矩与分力对同一点的矩的关系。

【例 2-6】 作用于齿轮的啮合力 $P_n = 1000\text{N}$，节圆直径 $D = 160\text{mm}$，压力角 $\alpha = 20^\circ$（图 2-15(a)），求啮合力 $\boldsymbol{P}_n$ 对于轮心 O 之矩。

解 (1)应用力矩计算公式。

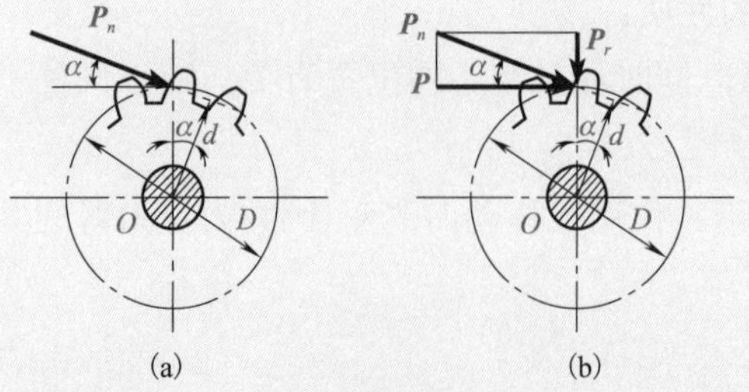

图 2-15

2-15

由图 2-15(a)中几何关系可知力臂 $d=\dfrac{D}{2}\cos\alpha$，则

$$\begin{aligned} m_O(\boldsymbol{P}_n) &= -P_n d \\ &= -1000 \times \frac{0.16}{2} \cos 20^\circ \\ &= -75.2(\text{N} \cdot \text{m}) \end{aligned}$$

(2)应用合力矩定理。

将啮合力 $\boldsymbol{P}_n$ 正交分解为圆周力 $\boldsymbol{P}$ 和径向力

$\boldsymbol{P}_r$ (图 2-15(b))，则

$$P = P_n \cos\alpha,\quad P_r = P_n \sin\alpha$$

根据合力矩定理，则

$$m_O(\boldsymbol{P}_n) = m_O(\boldsymbol{P}) + m_O(\boldsymbol{P}_r) = -(P_n \cos\alpha)\frac{D}{2} + 0$$

$$= -1000\cos 20^\circ \times \frac{0.16}{2} = -75.2(\mathrm{N \cdot m})$$

可见节圆半径不是啮合力 $\boldsymbol{P}_n$ 的力臂，而是圆周力 $\boldsymbol{P}$ 的力臂。工程中齿轮的圆周力和径向力是分别给出的，因此第二种方法应用较为普遍。

2.4　平面力偶理论

同力一样，力偶也是组成力系的基本元素。平面力偶系是平面特殊力系的一种表现形式。本节将要介绍力偶的概念及性质，讨论平面力偶系的合成结果与平衡条件。下面首先讨论两个平行力的合成问题。

2.4.1　两个平行力的合成

设在刚体上点 A、B 分别作用两个同向平行力 $\boldsymbol{F}_1$ 和 $\boldsymbol{F}_2$，如图 2-16 所示，求其合成结果。

首先，我们分别在 A、B 两点并沿着连线 AB 加上一对等值、反向、共线的平衡力 $\boldsymbol{T}$ 和 $\boldsymbol{T}'$；然后将力 $\boldsymbol{F}_1$ 与 $\boldsymbol{T}$ 合成为 $\boldsymbol{R}_1$，力 $\boldsymbol{F}_2$ 与 $\boldsymbol{T}'$ 合成为 $\boldsymbol{R}_2$。于是，两个平行力 $\boldsymbol{F}_1$、$\boldsymbol{F}_2$ 与两个汇交力 $\boldsymbol{R}_1$、$\boldsymbol{R}_2$ 等效。设 $\boldsymbol{R}$ 为汇交力 $\boldsymbol{R}_1$、$\boldsymbol{R}_2$ 的合力，则

$$\boldsymbol{R} = \boldsymbol{R}_1 + \boldsymbol{R}_2 = (\boldsymbol{F}_1 + \boldsymbol{T}) + (\boldsymbol{F}_2 + \boldsymbol{T}')$$

由于 $\boldsymbol{T} + \boldsymbol{T}' = 0$，故

$$\boldsymbol{R} = \boldsymbol{F}_1 + \boldsymbol{F}_2 \tag{2-14}$$

即两平行力的合力等于该两力的矢量和，合力的代数值就等于该两力的代数和。

当两个力同向时，合力的大小为

$$R = F_1 + F_2 \tag{2-15}$$

合力的方向与这两个力的方向相同。

当两个力反向时(图 2-17)，合力的大小为

$$R = |F_1 - F_2| \tag{2-16}$$

合力的方向与较大力的方向相同。

合力作用线位置，可根据合力矩定理确定。对于平面内任一点 O，有

$$m_O(\boldsymbol{R}) = m_O(\boldsymbol{R}_1) + m_O(\boldsymbol{R}_2) = m_O(\boldsymbol{F}_1) + m_O(\boldsymbol{T}) + m_O(\boldsymbol{F}_2) + m_O(\boldsymbol{T}')$$

由于 $m_O(\boldsymbol{T}) + m_O(\boldsymbol{T}') = 0$，故

$$m_O(\boldsymbol{R}) = m_O(\boldsymbol{F}_1) + m_O(\boldsymbol{F}_2) \tag{2-17}$$

即两平行力合力对平面内任一点的矩等于该两力对同一点矩的代数和。应用式(2-17)可求得合力作用线对平面内任一点的距离。设 C 为合力作用线与两平行力作用点连线的交点，当两个力同向时(图 2-16)，根据式(2-17)有

2-16、2-17

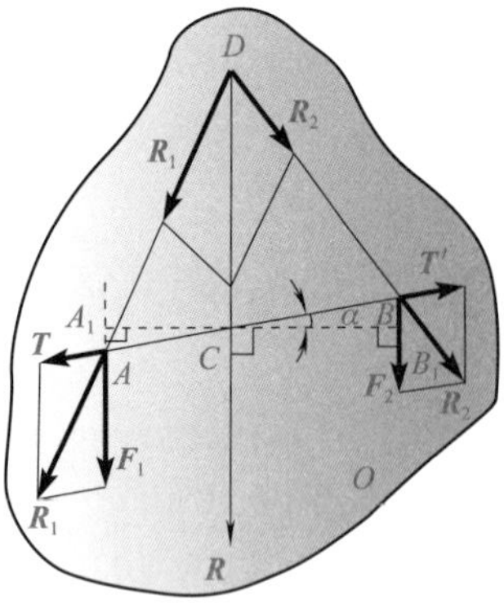

图 2-16

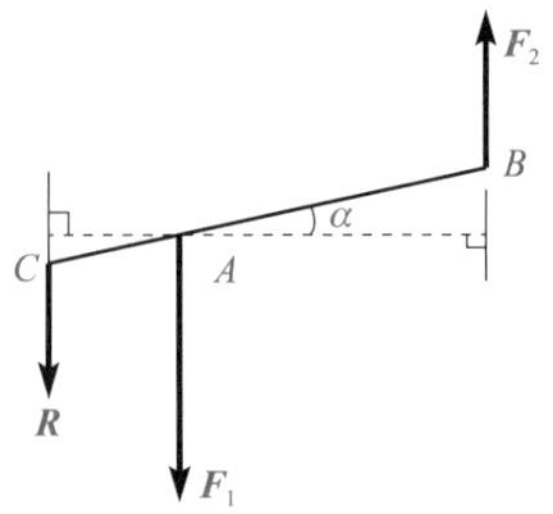

图 2-17

$$0 = F_1 \cdot AC \cdot \cos\alpha - F_2 \cdot BC \cdot \cos\alpha$$

于是得

$$\frac{AC}{BC} = \frac{F_2}{F_1} \tag{2-18}$$

即两同向平行力合力作用线内分两力作用线间的任意线段，内分比与两力的大小成反比。

当两个力反向时(设 $F_1 > F_2$)，如图 2-17 所示，同理可得

$$0 = -F_1 \cdot AC \cdot \cos\alpha + F_2 \cdot BC \cdot \cos\alpha$$

或

$$\frac{AC}{BC} = \frac{F_2}{F_1} \tag{2-19}$$

即两反向平行力合力作用线外分两力作用线间的任意线段，外分比与两力的大小成反比。

综上所述，可得结论如下：

(1) 两个同向平行力合成得一合力，合力的大小等于两分力大小之和，方向与两分力相同；合力作用线内分两分力作用线间的任意线段，内分比与两分力大小成反比。

(2) 两个大小不等的反向平行力合成得一合力，合力的大小等于两分力大小之差，方向与较大的分力方向相同；合力作用线外分两分力作用线间任意线段，外分比与两分力大小成反比。

2.4.2 力偶及其性质

在两个平行力合成时，有大小相等、方向相反但不共线的两个力 $\boldsymbol{F}$ 及 $\boldsymbol{F}'$，如图 2-18 所示，则根据式(2-16)和式(2-19)可得：$R = F - F' = 0$，$AC \to +\infty$，即 $\boldsymbol{F}$ 与 $\boldsymbol{F}'$ 两个力没有合力。另一方面，该两力不共线，因而也不能成平衡。力学上把这样**两个大小相等、方向相反但不共线的平行力作为一个整体来考虑，称为力偶**。两力作用线之间的垂直距离 d 称为**力偶臂**。两力作用线决定的平面称为**力偶作用面**。通常用记号($\boldsymbol{F}$，$\boldsymbol{F}'$)表示力偶。

在生产实践和日常生活中，经常遇到力偶对物体作用的情形。例如，汽车司机用双手操纵方向盘(图 2-19(a))，钳工用丝锥攻丝(图 2- 19(b))以及人们用两个手指拧水龙头、钟表发条、钥匙等，都是在物体上加大小相等、方向相反、不共线的两个平行力，即加上力偶。实践表明，**力偶对刚体只产生转动效应**。

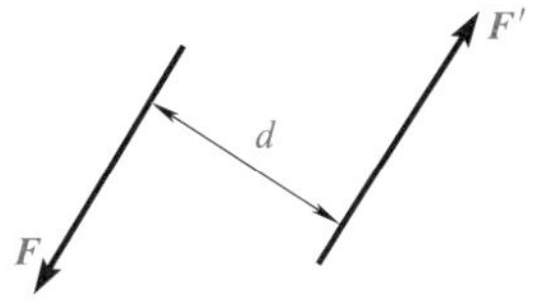

图 2-18

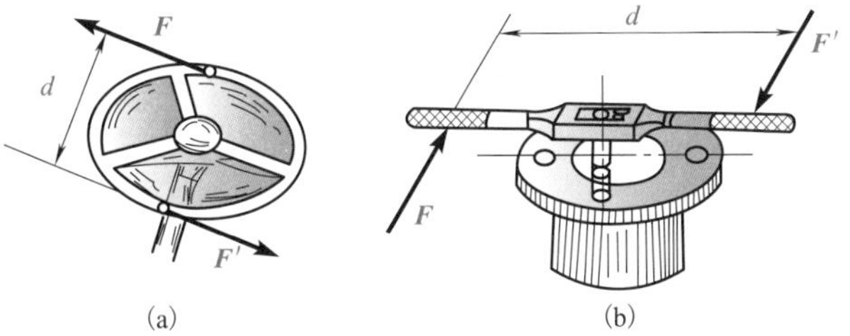

图 2-19

2-18、2-19

力偶是两个具有特殊关系的力的组合，具有与单个力完全不同的性质。下面就对力偶的一些重要性质分别加以说明。

性质 1　力偶没有合力，既不能用一个力代替，也不能与一个力平衡，本身又不平衡，是一个力学基本量。

如果在力偶作用面内任取一投影轴，则有：力偶在任一轴上的投影恒等于零。

性质 2　力偶对其所在平面内任一点的矩恒等于力偶矩，而与矩心的位置无关。因此力偶对刚体的效应用力偶矩度量。

2.3 节指出，力的转动效应是用力矩度量的，而力偶是两个力的组合，因此力偶的转动效应可以用力偶的两个力对于某点的矩的代数和来度量。如图 2-20 所示，在力偶（$\boldsymbol{F}$，$\boldsymbol{F}'$）的作用面内任取 O 点为矩心，设 O 点与力 $\boldsymbol{F}'$ 的距离为 ξ，则力偶（$\boldsymbol{F}$，$\boldsymbol{F}'$）对于 O 点的矩为

$$m_O(\boldsymbol{F},\boldsymbol{F}') = m_O(\boldsymbol{F}) + m_O(\boldsymbol{F}') = F(\xi + d) - F'\xi = Fd$$

可见，力偶中的两个力对于力偶作用面内任一点矩的代数和只与力的大小 F 和力偶臂 d 有关，而与矩心位置无关。因此在平面问题中，将乘积 Fd 加上适当的正负号，作为力偶使刚体转动效应的度量，称为力偶矩，用 m 或 m（$\boldsymbol{F}$，$\boldsymbol{F}'$）表示，即

$$m = \pm Fd \tag{2-20}$$

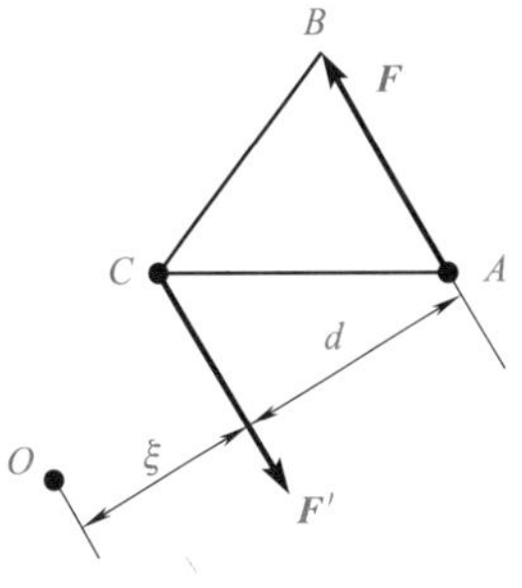

图 2-20

2-20

力偶矩的符号规定与力矩相同，即力偶使刚体逆时针方向转动时取正号，反之取负号。

力偶矩的单位也与力矩相同，在国际单位制中是牛·米(N·m)或千牛·米(kN·m)。

另外，与力矩相同，力偶矩的大小可以用△CAB 的面积来表示(图 2-20)，即

$$m = \pm 2S_{\triangle CAB} \tag{2-21}$$

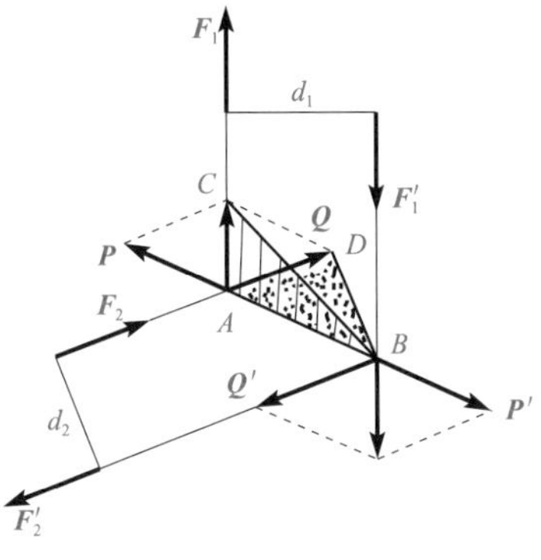

图 2-21

性质 3　在同一平面内的两个力偶，只要其力偶矩(包括大小和转向)相等，则此两力偶彼此等效。这就是平面力偶的等效定理。

证明　如图 2-21 所示，设在同平面内有两个力偶（$\boldsymbol{F}_1,\boldsymbol{F}_1'$）和（$\boldsymbol{F}_2,\boldsymbol{F}_2'$）作用，且 $m(\boldsymbol{F}_1,\boldsymbol{F}_1') = m(\boldsymbol{F}_2,\boldsymbol{F}_2')$，现证明这两个力偶等效。将力 $\boldsymbol{F}_1$ 和 $\boldsymbol{F}_1'$ 分别沿它们的作用线移到点 A 和 B，然后分别沿连线 AB 和力偶（$\boldsymbol{F}_2,\boldsymbol{F}_2'$）的两力作用线方向分解，得到 $\boldsymbol{P}$、$\boldsymbol{Q}$、$\boldsymbol{P}'$、$\boldsymbol{Q}'$ 四个力，显然这四个力与原力偶（$\boldsymbol{F}_1,\boldsymbol{F}_1'$）等效。由于两个力平行四边形全等，于是力 $\boldsymbol{P}$ 与 $\boldsymbol{P}'$ 构成一对平衡力，可以除去；力 $\boldsymbol{Q}$ 与 $\boldsymbol{Q}'$ 构成一个新力偶（$\boldsymbol{Q}$，$\boldsymbol{Q}'$），

2-21

与原力偶$(\boldsymbol{F}_1,\boldsymbol{F}_1')$等效。连接 CB、DB，根据式(2-21)计算力偶矩，有

$$m(\boldsymbol{F}_1,\boldsymbol{F}_1') = -2S_{\triangle ACB}, \qquad m(\boldsymbol{Q},\boldsymbol{Q}') = -2S_{\triangle ADB}$$

由于$\triangle ACB$与$\triangle ADB$同底等高，所以

$$m(\boldsymbol{F}_1,\boldsymbol{F}_1') = m(\boldsymbol{Q},\boldsymbol{Q}')$$

即力偶$(\boldsymbol{F}_1,\boldsymbol{F}_1')$与$(\boldsymbol{Q}, \boldsymbol{Q}')$等效时，它们的力偶矩相等(定理的必要性得证)。

由假设知$m(\boldsymbol{F}_1,\boldsymbol{F}_1') = m(\boldsymbol{F}_2,\boldsymbol{F}_2')$，因此有

$$m(\boldsymbol{F}_2,\boldsymbol{F}_2') = m(\boldsymbol{Q},\boldsymbol{Q}')$$

即

$$-F_2 d_2 = -Q d_2, \quad \boldsymbol{F}_2 = \boldsymbol{Q}, \quad \boldsymbol{F}_2' = \boldsymbol{Q}'$$

可见，力偶$(\boldsymbol{F}_2,\boldsymbol{F}_2')$与$(\boldsymbol{Q}, \boldsymbol{Q}')$相等。由于力偶$(\boldsymbol{F}_1,\boldsymbol{F}_1')$与$(\boldsymbol{Q}, \boldsymbol{Q}')$等效，所以力偶$(\boldsymbol{F}_1,\boldsymbol{F}_1')$与$(\boldsymbol{F}_2,\boldsymbol{F}_2')$等效(定理的充分性得证)。

由上述等效定理的推证，得出推论如下：

(1)力偶可以在其作用面内任意移转，而不影响它对刚体的效应。

(2)只要力偶矩保持不变，可以同时改变力偶中力的大小和力偶臂的长度，而不改变它对刚体的效应。

由上述推论可知，在研究有关力偶的问题时，只需考虑力偶矩，而不必论究其力之大小，臂之长短。正因为如此，所以在力学中和工程上常常在力偶所在的平面内画“$\curvearrowleft m$”或“$m\curvearrowright$”来表示力偶，其中字母m表示力偶矩的大小，箭头表示力偶在平面内的转向。

2.4.3 平面力偶系的合成及平衡条件

作用在刚体同一平面内的许多力偶称为平面力偶系。

设在刚体同一平面内作用有三个力偶$(\boldsymbol{F}_1,\boldsymbol{F}_1')$、$(\boldsymbol{F}_2,\boldsymbol{F}_2')$、$(\boldsymbol{F}_3,\boldsymbol{F}_3')$，它们的力偶臂分别为$d_1$、$d_2$、$d_3$，如图 2-22(a)所示，并用$m_1$、$m_2$、$m_3$分别表示这三个力偶的力偶矩，即$m_1 = F_1 d_1$，$m_2 = F_2 d_2$，$m_3 = -F_3 d_3$，现求其合成结果。

2-22

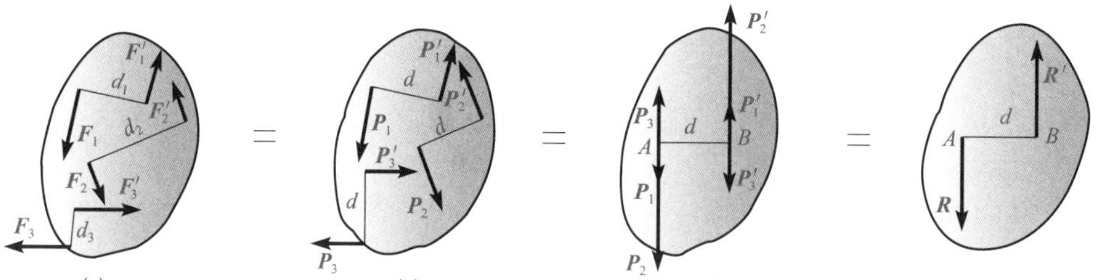

图 2-22

根据推论(2)，将三个力偶化为力偶臂均等于d的等臂力偶$(\boldsymbol{P}_1,\boldsymbol{P}_1')$、$(\boldsymbol{P}_2,\boldsymbol{P}_2')$、$(\boldsymbol{P}_3,\boldsymbol{P}_3')$，如图 2-22(b)所示。它们的力偶矩分别与原力偶的力偶矩相等，即$m_1 = P_1 d$、$m_2 = P_2 d$、$m_3 = -P_3 d$。然后，任取一线段$AB = d$，利用推论(1)，将力偶$(\boldsymbol{P}_1,\boldsymbol{P}_1')$、$(\boldsymbol{P}_2,\boldsymbol{P}_2')$、$(\boldsymbol{P}_3,\boldsymbol{P}_3')$分别移转，使它们的力偶臂与$AB$重合，从而化平面力偶系为两共线力系，如图 2-22(c)所示。化简A、B两点的共线力系得到力$\boldsymbol{R}$和$\boldsymbol{R}'$，如图 2-22(d)所示。由于

$$R = P_1 + P_2 - P_3, \quad R' = P_1' + P_2' - P_3'$$

所以，力$\boldsymbol{R}$与$\boldsymbol{R}'$的大小相等、方向相反、作用线平行但不共线，组成一力偶$(\boldsymbol{R}, \boldsymbol{R}')$，该力偶与原平面力偶系等效，称为合力偶。合力偶矩为

$$m = Rd = (P_1 + P_2 - P_3)d = P_1 d + P_2 d - P_3 d = m_1 + m_2 + m_3$$

若有 n 个力偶，仍可用上述方法合成。于是得出结论：平面力偶系合成的结果是一个合力偶，合力偶矩等于原力偶系中各力偶的力偶矩的代数和，即

$$m = \sum m_i \tag{2-22}$$

从上述的合成过程可知，若两共线力系分别平衡，即 $R = R' = 0$，则原平面力偶系是平衡力系，此时合力偶矩一定为零，即各力偶矩代数和为零是平面力偶系平衡的必要条件。反之，若合力偶矩为零，则原力偶系必定是平衡力系，即各力偶矩代数和为零是平面力偶系平衡的充分条件。由此可知，平面力偶系平衡的必要与充分条件为：力偶系中所有各力偶的力偶矩的代数和为零，即

$$\sum m_i = 0 \tag{2-23}$$

式(2-23)称为平面力偶系的平衡方程。

【例 2-7】　用多轴钻床在水平放置的工件上同时钻四个直径相同的孔(图 2-23)，每个钻头的主切削力在水平面内组成一力偶，各力偶矩的大小为 $m_1 = m_2 = m_3 = m_4 = 15\text{N}\cdot\text{m}$，转向如图 2-23 所示，求工件受到的总切削力偶矩和在 A、B 处固定工件的螺栓上所受的水平力。

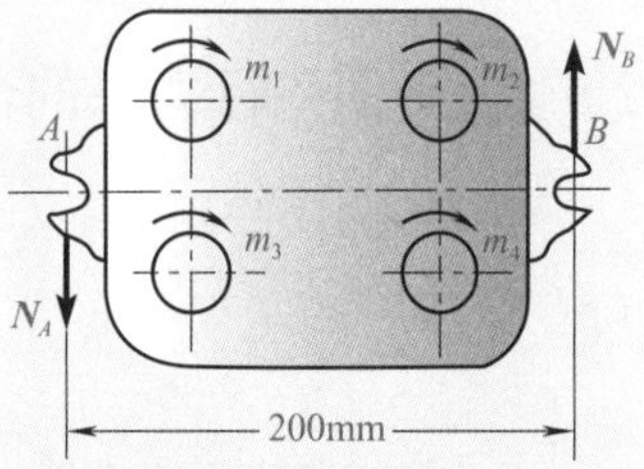

图 2-23

2-23

解　作用于工件上的切削力偶有四个，各力偶矩的大小相等，转向相同，且在同一平面内，由平面力偶系的合成理论，工件受到的总切削力偶矩为

$$m = -m_1 - m_2 - m_3 - m_4 = -4\times 15 = -60\ (\text{N}\cdot\text{m})$$

负号表示合力偶的转向为顺时针方向。

选取工件为研究对象。工件在水平面内受四个力偶和两个螺栓的水平反力的作用下平衡。因为力偶只能与力偶平衡，故两个螺栓的水平反力 $\boldsymbol{N}_A$ 和 $\boldsymbol{N}_B$ 必组成一个力偶。由平面力偶系的平衡方程可知

$$\sum m_i = 0,\qquad N_A \times 0.2 - m_1 - m_2 - m_3 - m_4 = 0$$

解得

$$N_A = \frac{m_1 + m_2 + m_3 + m_4}{0.2}$$

所以

$$N_A = N_B = \frac{15+15+15+15}{0.2} = 300(\text{N})$$

螺栓所受的水平力是 $\boldsymbol{N}_A$ 和 $\boldsymbol{N}_B$ 的反作用力，大小也等于 300N。

【例 2-8】　在梁 AB 上作用一力偶，其力偶矩 $m = 100\text{kN}\cdot\text{m}$，转向如图 2-24(a)所示，梁长 $l = 5\text{m}$，不计自重，求支座 A、B 的约束反力。

解　取梁 AB 为研究对象。作用于梁上的力有已知力偶 m 和支座 A、B 的反力，反力 $\boldsymbol{R}_B$ 的作用线沿铅垂方向。根据力偶只能与力偶平衡的性质，可知反力 $\boldsymbol{R}_A$ 及 $\boldsymbol{R}_B$ 必组成一个力偶，因此 $\boldsymbol{R}_A$ 的作用线也沿铅垂方向，受力分析如图 2-24(b)所示。由平面力偶系的平衡方程知

$$\sum m_i = 0,\qquad R_A l - m = 0$$

解得

$$R_A = R_B = \frac{m}{l} = \frac{100}{5} = 20(\text{kN})$$

方向如图 2-24 所示。

2-24

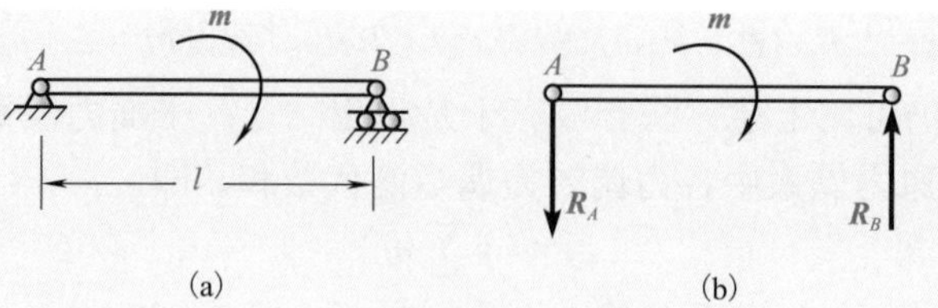

图 2-24

2.5 平面平行力系的合成与平衡

各力作用线在同一平面内且相互平行的力系称为平面平行力系。它是平面特殊力系的又一种表现形式。

2.5.1 平面平行力系的合成

设在刚体上作用一平面平行力系 $\boldsymbol{F}_1$、$\boldsymbol{F}_2$、$\boldsymbol{F}_3$、$\boldsymbol{F}_4$、$\boldsymbol{F}_5$，如图 2-25(a)所示，现求其合成结果。

2-25

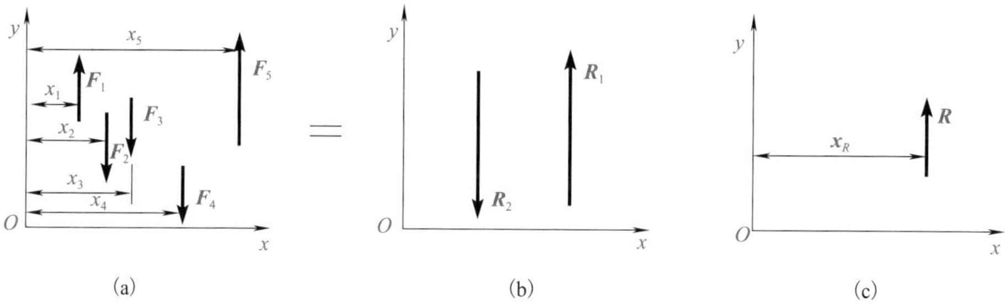

图 2-25

根据 2.4 节讲述的两个平行力合成的理论知，力 $\boldsymbol{F}_1$ 与 $\boldsymbol{F}_5$ 合成为一个合力 $\boldsymbol{R}_1$（图 2-25(b)），且

$$\boldsymbol{R}_1 = \boldsymbol{F}_1 + \boldsymbol{F}_5, \quad m_O(\boldsymbol{R}_1) = m_O(\boldsymbol{F}_1) + m_O(\boldsymbol{F}_5)$$

点 O 为力系所在平面内的任一点。将另外三个同向力 $\boldsymbol{F}_2$、$\boldsymbol{F}_3$ 和 $\boldsymbol{F}_4$ 依次两两合成，得到合力 $\boldsymbol{R}_2$（图 2-25(b)），且容易得出

$$\boldsymbol{R}_2 = \boldsymbol{F}_2 + \boldsymbol{F}_3 + \boldsymbol{F}_4, \quad m_O(\boldsymbol{R}_2) = m_O(\boldsymbol{F}_2) + m_O(\boldsymbol{F}_3) + m_O(\boldsymbol{F}_4)$$

于是，原平面平行力系 $\boldsymbol{F}_1$、$\boldsymbol{F}_2$、$\boldsymbol{F}_3$、$\boldsymbol{F}_4$、$\boldsymbol{F}_5$ 与两个平行力 $\boldsymbol{R}_1$、$\boldsymbol{R}_2$ 等效。

$$\boldsymbol{R}_1 + \boldsymbol{R}_2 = (\boldsymbol{F}_1 + \boldsymbol{F}_5) + (\boldsymbol{F}_2 + \boldsymbol{F}_3 + \boldsymbol{F}_4) = \sum \boldsymbol{F}_i$$

$$m_O(\boldsymbol{R}_1) + m_O(\boldsymbol{R}_2) = m_O(\boldsymbol{F}_1) + m_O(\boldsymbol{F}_5) + m_O(\boldsymbol{F}_2) + m_O(\boldsymbol{F}_3) + m_O(\boldsymbol{F}_4) = \sum m_O(\boldsymbol{F}_i)$$

(1) 当 $\boldsymbol{R}_1 \neq -\boldsymbol{R}_2$ 时，原力系的合成结果是一合力 $\boldsymbol{R}$（图 2-25(c)），大小和方向为

$$\boldsymbol{R} = \boldsymbol{R}_1 + \boldsymbol{R}_2 = \sum \boldsymbol{F}_i \tag{2-24}$$

由于各力作用线平行，因此也可用下列代数式确定合力的大小和方向，取图 2-25 所示的坐标系，令 y 轴与各力线平行，并且规定沿 y 轴正向的力为正，反向的力为负，则 $Y_i = F_i$，式(2-24)成为

$$R = \sum F_i = \sum Y_i \tag{2-25}$$

合力的大小等于各分力的代数和的绝对值，方向与各分力平行，指向由代数和的符号决定：正号表示 $\boldsymbol{R}$ 与 y 轴同向，负号表示 $\boldsymbol{R}$ 与 y 轴反向。

合力作用线的位置由合力矩定理确定，即

$$m_O(\boldsymbol{R}) = m_O(\boldsymbol{R}_1) + m_O(\boldsymbol{R}_2) = \sum m_O(\boldsymbol{F}_i) \tag{2-26}$$

设合力 $\boldsymbol{R}$ 及各分力的作用线与坐标原点 O 的距离分别为 x_R 及 $x_1, x_2, \cdots, x_5$，则力 $\boldsymbol{R}$ 及各分力对 O 点的矩分别为 Rx_R 及 $F_1x_1, F_2x_2, \cdots, F_5x_5$，代入式(2-26)有

$$Rx_R = F_1x_2 + F_2x_2 + \cdots + F_5x_5 = \sum F_ix_i$$

由此得

$$x_R = \frac{\sum F_ix_i}{R} = \frac{\sum F_ix_i}{\sum F_i} \tag{2-27}$$

(2) 当 $\boldsymbol{R}_1 = -\boldsymbol{R}_2 (\sum F_i = 0)$ 时，原力系的合成结果是一合力偶，合力偶矩 m 可表示为

$$m = m_O(\boldsymbol{R}_1) + m_O(\boldsymbol{R}_2) = \sum m_O(\boldsymbol{F}_i)$$

或

$$m = \sum F_ix_i \tag{2-28}$$

应当注意，在式(2-25)、式(2-27)、式(2-28)中，F_i 都是代数量。

对于由 n 个力组成的平面平行力系，仍可用上述方法合成。于是得出结论：对于一个平面平行力系，如果力系中各力的代数和不等于零 $(\sum F_i \neq 0)$，则该力系的合成结果是一个合力，合力作用线与各分力作用线平行，合力的大小和方向由各分力的代数和确定(式(2-25))，合力作用线的位置根据合力矩定理确定(式(2-27))；反之，该力系的合成结果是一个合力偶，合力偶矩等于原力系中各力对平面内任一点矩的代数和。

2.5.2　平面平行力系的平衡条件

根据上述的合成过程知，平面平行力系总可以与两个平行力 $\boldsymbol{R}_1$ 和 $\boldsymbol{R}_2$ 等效。由公理 1 知，力 $\boldsymbol{R}_1$ 与 $\boldsymbol{R}_2$ 平衡的必要与充分条件是：二力等值、反向、共线，即 $\boldsymbol{R}_1 = -\boldsymbol{R}_2 (\sum F_i = 0)$ 和 $m_O(\boldsymbol{R}_1) + m_O(\boldsymbol{R}_2) = \sum m_O(\boldsymbol{F}_i) = 0$ 两个条件同时满足。因此平面平行力系平衡的必要与充分条件是：力系中各力的代数和等于零，同时，各力对平面内任一点矩的代数和也等于零。即

$$\left.\begin{aligned} \sum F_i = \sum Y_i = 0 \\ \sum m_O(\boldsymbol{F}_i) = 0 \end{aligned}\right\} \tag{2-29}$$

式(2-29)又称为平面平行力系的平衡方程。

平面平行力系的平衡方程，也可以用两个取矩方程的形式表示，即

$$\left.\begin{aligned} \sum m_A(\boldsymbol{F}_i) = 0 \\ \sum m_B(\boldsymbol{F}_i) = 0 \end{aligned}\right\} \tag{2-30}$$

式中，A、B 两点的连线必须不与各力线平行。

【例 2-9】 水平梁 AB 受按三角形分布的载荷作用，如图 2-26 所示。载荷的最大值为 q，梁长为 l。试求其合成结果。

2-26

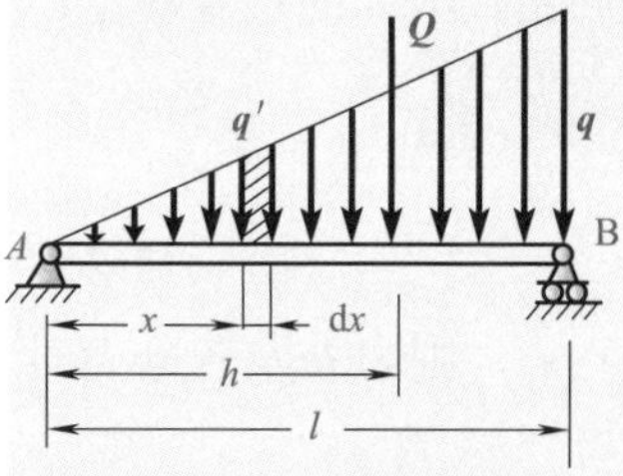

图 2-26

解 水平梁受的分布载荷组成一平面平行力系，由于各力方向相同，因此合成结果是一个合力 $\boldsymbol{Q}$，合力的方向铅直向下。下面先来求合力的大小 Q。

在梁上距 A 端为 x 的长度 $\mathrm{d}x$ 上，分布力的大小为 $q'\mathrm{d}x$，其中 q' 为该处的载荷强度。由图 2-26 可知，$q'=\dfrac{x}{l}q$。因此，分布载荷的合力大小为

$$Q=\int_0^l q'\mathrm{d}x=\frac{1}{2}ql$$

再来求合力作用线的位置。设合力 $\boldsymbol{Q}$ 的作用线距 A 端的距离为 h，则由合力矩定理得出

$$-Qh=\int_0^l -q'\cdot x\cdot \mathrm{d}x$$

式中，$-q'\cdot x\cdot \mathrm{d}x$ 是梁上距 A 端为 x 的长度 $\mathrm{d}x$ 上的分布力对 A 点的矩。将 Q 与 q' 的值代入上式并积分，得 $h=2l/3$。

【例 2-10】 塔式起重机如图 2-27 所示。机架重 $P=700\text{kN}$，重力作用线通过塔架的中心。最大起重量 $W=200\text{kN}$，最大悬臂长为 12m，轨道 AB 的间距为 4m。平衡块重量 Q，到机身中心线距离为 6m。试问：①保证起重机在满载和空载时都不致翻倒，平衡块的重 Q 应是多少？②当平衡块重 $Q=180\text{kN}$ 时，求满载时轨道 A、B 给起重机轮子的反力。

2-27

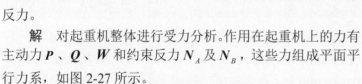

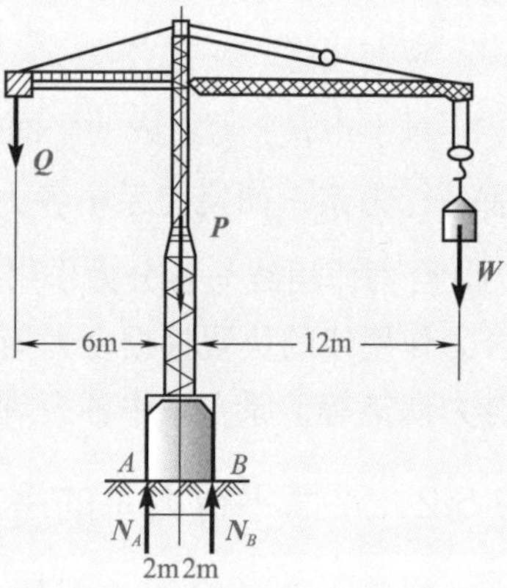

图 2-27

解 对起重机整体进行受力分析。作用在起重机上的力有主动力 $\boldsymbol{P}$、$\boldsymbol{Q}$、$\boldsymbol{W}$ 和约束反力 $\boldsymbol{N}_A$ 及 $\boldsymbol{N}_B$，这些力组成平面平行力系，如图 2-27 所示。

(1) 求起重机在满载和空载时都不致翻倒的平衡块重 Q 的大小。

首先考虑满载的情形。要保证起重机在满载时平衡而不向右倾倒，则必须满足平衡方程

$$\sum m_B(\boldsymbol{F})=0,\quad Q(6+2)+P\cdot 2-W(12-2)-N_A(2+2)=0$$

和限制条件 $N_A\geqslant 0$，由此解得

$$Q\geqslant\frac{10W-2P}{8}$$

代入数值后得 $Q\geqslant 75\text{kN}$。

再考虑空载时的情形。此时 $W=0$，要保证起重机在空载时平衡而不向左倾倒，则必须满足平衡方程

$$\sum m_A(\boldsymbol{F})=0,\quad Q(6-2)-P\cdot 2+N_B(2+2)=0$$

和限制条件 $N_B\geqslant 0$，由此解得

$$Q\leqslant\frac{2P}{4}$$

代入数值后得 $Q\leqslant 350\text{kN}$。

因此平衡块重量Q应满足以下的关系：

$$75\text{kN} \leqslant Q \leqslant 350\text{kN}$$

由于起重机实际工作时不能处于极限状态，因此只有当平衡块重量Q满足$75\text{kN} < Q < 350\text{kN}$时，才能保证起重机是稳定的。

(2) 当$Q = 180\text{kN}$时，求满载（$W = 200\text{kN}$）情况下轨道A、B给起重机轮子的反力$\boldsymbol{N}_A$、$\boldsymbol{N}_B$。根据平面平行力系的平衡方程，有

$$\sum m_A(\boldsymbol{F}) = 0,\ Q(6-2) - P\cdot 2 - W(12+2) + N_B \cdot 4 = 0 \quad (1)$$

$$\sum F_i = 0,\ -Q - P - W + N_A + N_B = 0 \quad (2)$$

由式(1)解得

$$N_B = \frac{14W + 2P - 4Q}{4} = 870\text{kN}$$

代入式(2)得

$$N_A = 210\text{kN}$$

本章小结

本章研究平面特殊力系，它包括平面汇交力系、平面力偶系和平面平行力系。

1. 平面汇交力系合成的结果是一个合力，合力等于力系中各力的矢量和，即

$$R = \sum \boldsymbol{F}_i$$

合力作用线通过各力作用线的汇交点。

(1) 在几何法中，合力的大小和方向由力多边形的封闭边确定。

(2) 在解析法中，合力的大小和方向由下式确定：

$$R = \sqrt{R_x^2 + R_y^2} = \sqrt{\left(\sum X\right)^2 + \left(\sum Y\right)^2}$$

$$\cos\alpha = \frac{\sum X}{R},\ \cos\beta = \frac{\sum Y}{R}$$

2. 平面汇交力系平衡的必要与充分条件是合力为零。即

$$\boldsymbol{R} = \sum \boldsymbol{F} = 0$$

(1) 平衡的几何条件：平面汇交力系的力多边形自行封闭。

(2) 平衡的解析条件：平面汇交力系的各力在两个坐标轴上投影的代数和分别等于零，即

$$\sum X = 0,\quad \sum Y = 0$$

利用这两个平衡方程，可求解两个未知量。

3. 力矩是度量力对于物体的转动效应的物理量。在平面问题中，力矩是个代数量，由下式确定：

$$m_O(\boldsymbol{F}) = \pm Fd$$

若力臂d不易确定，则用

$$m_O(\boldsymbol{F}) = m_O(\boldsymbol{F}_x) + m_O(\boldsymbol{F}_y)$$

合力矩定理适合于任何一种力系。

4. 力偶是力学中的一个基本力学量。

(1) 力偶是由两个等值、反向、作用线不重合的平行力组成。它对刚体只产生转动效应，用力偶矩来度量。在平面问题中，力偶矩是一个代数量，由下式确定：

$$m = \pm Fd$$

(2) 力偶在任何坐标轴上的投影恒等于零。力偶对任一点的矩是一个常量，恒等于力偶矩。

(3) 力偶没有合力，力偶不能与一个力相平衡，只能与另一个力偶相平衡。力偶最主要的性质是等效性，在保持力偶矩不改变的条件下，可任意改变力偶中力之大小和力偶臂之长短，并且力偶可在其作用面内任意移转。

(4) 平面力偶系的合成结果是一合力偶，合力偶矩等于各分力偶矩的代数和，即

$$m=\sum m_i$$

(5) 平面力偶系的平衡方程为

$$\sum m_i=0$$

利用该方程可求解出一个未知量。

5. 平面平行力系合成的结果与力系中各力的代数和$\sum F_i$是否等于零有关。

(1) 当$\sum F_i\neq 0$时，合成为一合力，合力的大小、方向及作用线位置由下式确定：

$$R=\sum F_i=\sum Y_i,\quad x_R=\frac{\sum F_i x_i}{R}$$

(2) 当$\sum F_i=0$时，合成为一合力偶，合力偶矩为

$$m=\sum m_O(\boldsymbol{F}_i)=\sum F_i x_i$$

(3) 平面平行力系的平衡方程有以下两种。

一矩式：

$$\begin{cases}\sum F_i=\sum Y_i=0\\ \sum m_O(\boldsymbol{F}_i)=0\end{cases}$$

二矩式：

$$\begin{cases}\sum m_A(\boldsymbol{F}_i)=0\\ \sum m_B(\boldsymbol{F}_i)=0\end{cases}$$

AB 连线不与各力线平行。

利用这两组方程可求解出两个未知量。

思 考 题

2.1 力在两坐标轴上的投影与力沿两坐标轴方向分解的意义是否相同？试以图 2-28 分析说明。

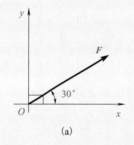

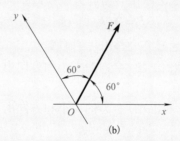

图 2-28

2.2 在图 2-29(a)、(b)、(c)、(d)、(e)、(f) 所示的六个力系中，哪些是平衡力系。

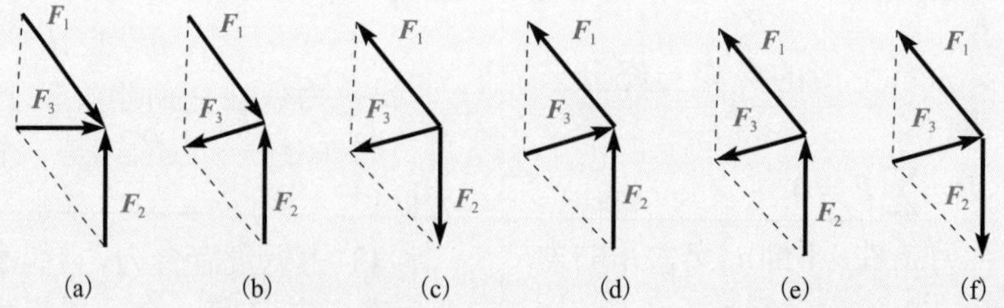

图 2-29

2.3 在平面汇交力系的平衡方程$\sum X=0$，$\sum Y=0$中，x轴和y轴是否要求一定相互垂直，不垂直是否可以？ 如果可以，它的夹角是否应有什么限制？

2.4 如图 2-30 所示，圆轮由轴承O支承，在拉力$\boldsymbol{T}$和矩为$m=Tr$的力偶作用下处于平衡。这是否说明力偶可以与一个力平衡？

2.5　图2-31(a)中刚体受四个力$\boldsymbol{F}_1$、$\boldsymbol{F}_2$、$\boldsymbol{F}_3$、$\boldsymbol{F}_4$的作用，其力多边形自行封闭且为一平行四边形，如图2-31(b)所示，问刚体是否平衡？为什么？

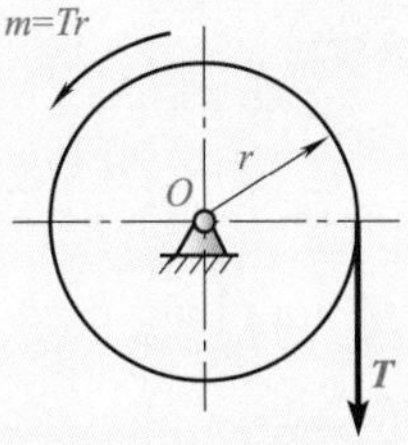

图2-30

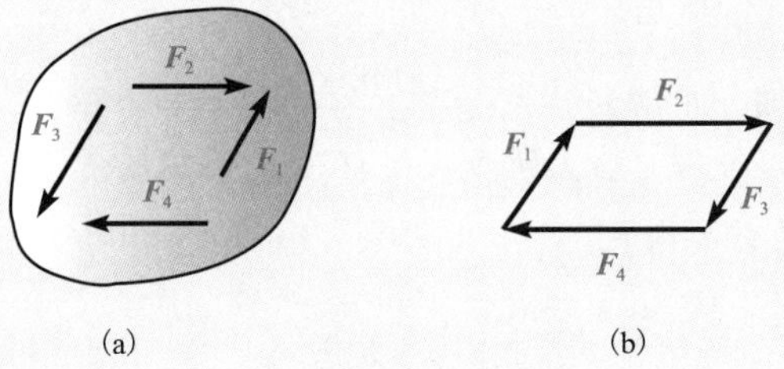

图2-31

2.6　试比较力对点的矩和力偶矩有何异同。

2.7　如图2-32所示，有人利用“力偶可以在其作用平面内任意移转”的性质，将图2-32(a)变为图2-32(b)。这样做是否正确？为什么？

2.8　AB杆受两铅垂杆和一斜杆支持，三个支杆用铰链相接。如在AB杆的两端分别作用大小相等、方向相反的力$\boldsymbol{P}$、$\boldsymbol{P}'$，如图2-33所示。试判断三个支杆的内力(各杆自重不计)。

2.9　如图2-34所示为一平面平行力系，在力系平面内取坐标系Oxy，x与y轴都不与各平行力平行或垂直，平衡方程是否可写成$\sum X=0$，$\sum Y=0$？为什么？

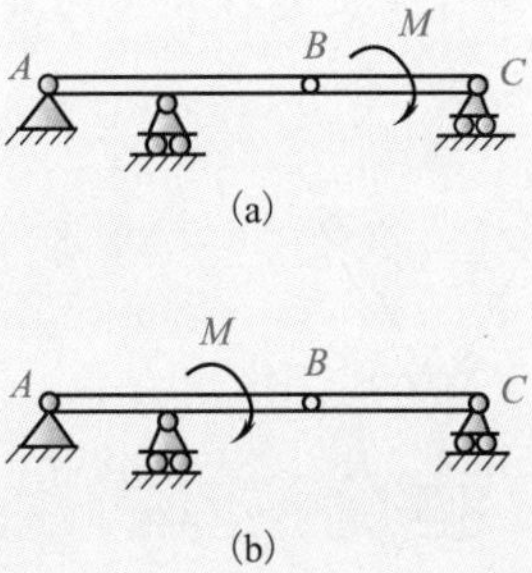

图2-32

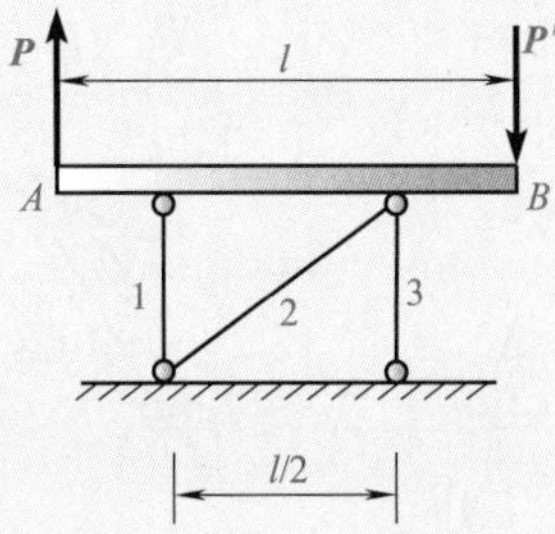

图2-33

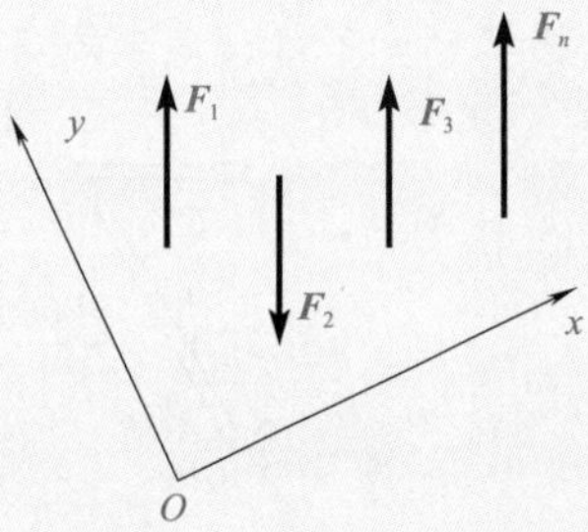

图2-34

2.10　画出下列指定构件的受力图(图2-35)，要求确定出各约束反力的方向，不计自重及摩擦。

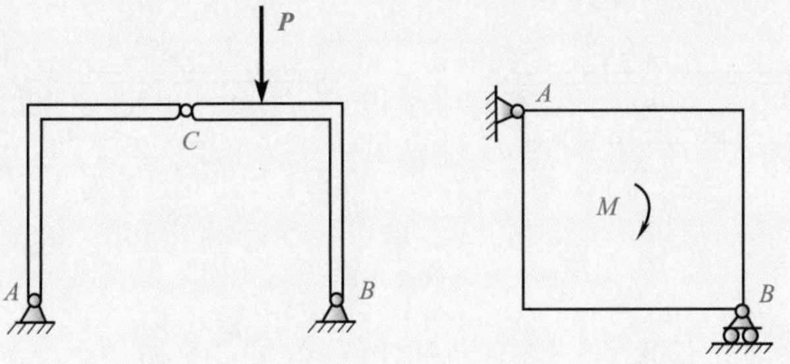

(a)构件AC、BC　　(b)板AB

图2-35

2.11　当平面平行力系的平衡方程写成$\sum m_A=0$，$\sum m_B=0$时，需要有什么限制条件？为什么？

习 题

2-1 用解析法求题 2-1 图所示力系的合力。

2-2 题 2-2 图所示固定环受三条绳的作用，已知 $P_1=1\text{kN}$，$P_2=2\text{kN}$，$P_3=1.5\text{kN}$，求该力系的合成结果。

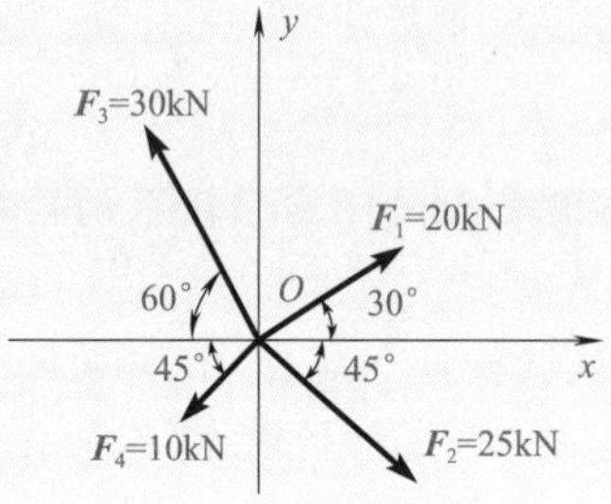

题 2-1 图

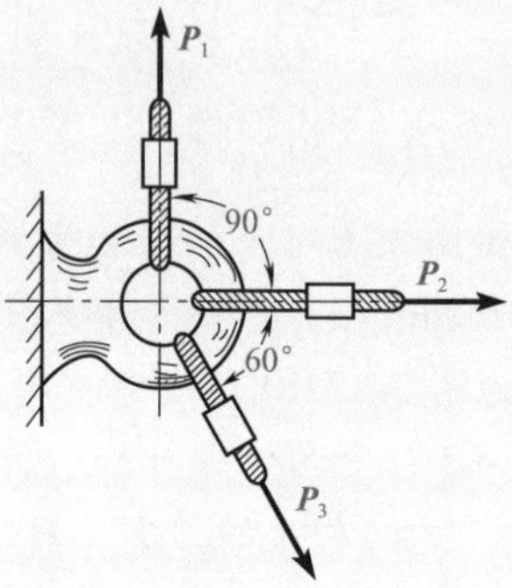

题 2-2 图

2-3 各支架均由杆 AB 和 AC 组成，A、B、C 均为铰链，在销钉 A 上悬挂重量为 W 的重物，杆重不计。试求题 2-3 图所示四种情况下，杆 AB 和杆 AC 所受的力。

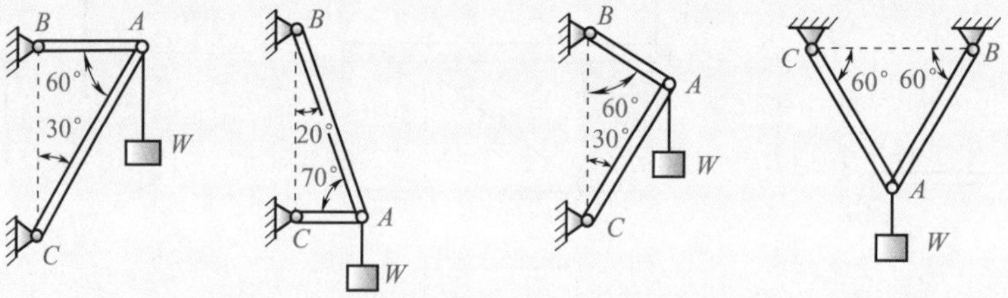

(a) (b) (c) (d)

题 2-3 图

2-4 题 2-4 图所示简支梁受集中载荷 $P=20\text{kN}$，求图示两种情况下支座 A、B 的反力。

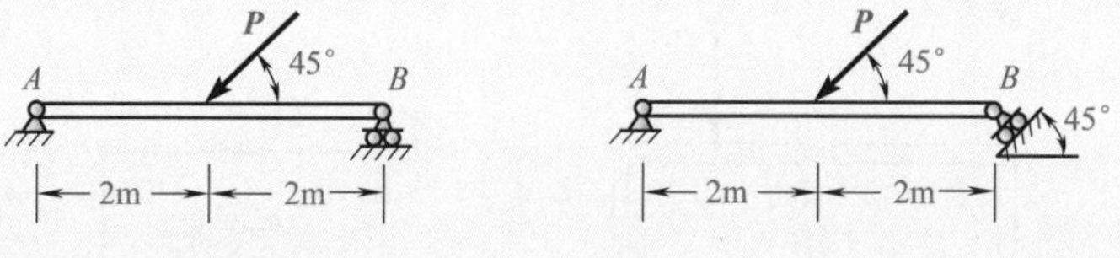

(a) (b)

题 2-4 图

2-5 压路机的碾子重 20kN，半径 $r=40\text{cm}$，如题 2-5 图所示。如用一通过其中心的水平力 $\boldsymbol{P}$ 将此碾子拉过高 $h=8\text{cn}$ 的石块，问此水平力至少要多大？如果要使作用的力为最小，问应沿哪个方向拉？并求此最小力的大小。

2-6 电动机重 5kN，放在水平梁 AC 的中央，梁的 C 端以撑杆 BC 支持，如题 2-6 图所示。忽略梁和撑杆的重量，求撑杆 BC 所受的力。

2-7　题 2-7 图所示起重机架可借绕过滑轮 A 的绳索将重 $W=20\text{kN}$ 的物体吊起，滑轮 A 用不计自重的杆 AB、AC 支承。不计滑轮的大小和重量，试求杆 AB 和 AC 所受的力。

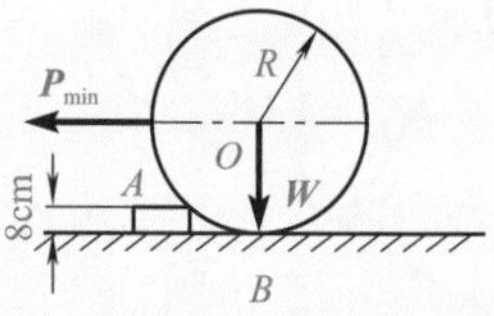

题 2-5 图

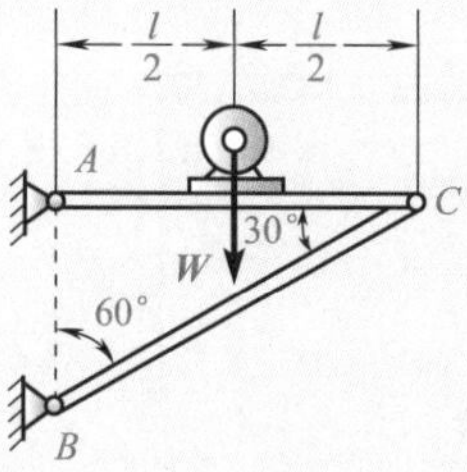

题 2-6 图

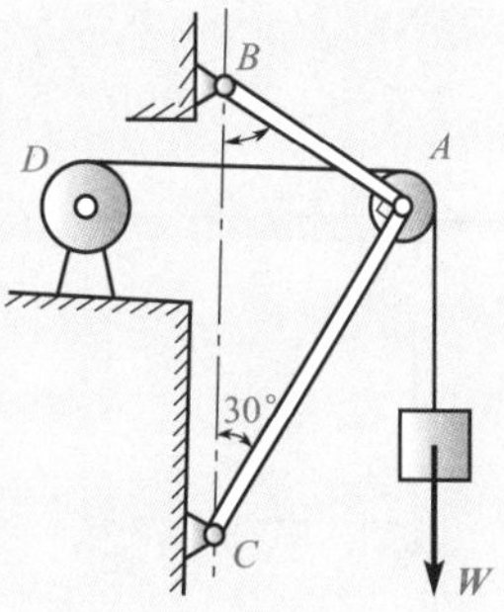

题 2-7 图

2-8　吊桥 AB，长 L，重 W（重力可看成作用在 AB 中点），一端用铰链 A 固定于地面，另一端用绳子吊住，绳子跨过光滑滑轮 C，并在其末端挂一重物 Q，且 $AC=AB$，如题 2-8 图所示。求平衡时吊桥 AB 的位置(用 α 表示)和 A 处的反力。

2-9　题 2-9 图为弯管机的夹紧机构的示意图。已知压力缸直径 $D=120\text{mm}$，压强 $p=6\text{N}/\text{mm}^2$。试求在 $\alpha=30^\circ$ 位置时所能产生的夹紧力 Q。设各杆重量和各处摩擦不计。

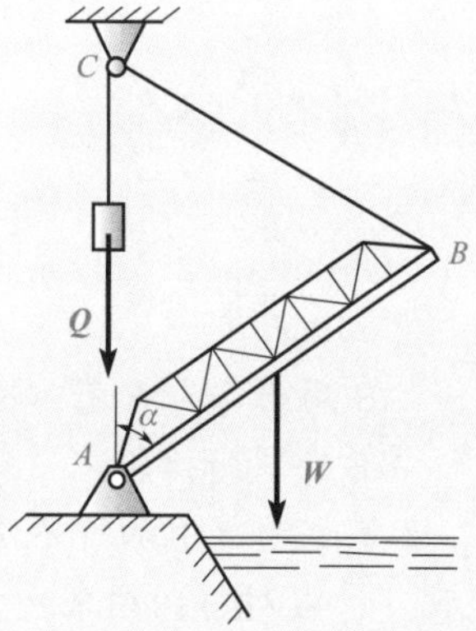

题 2-8 图

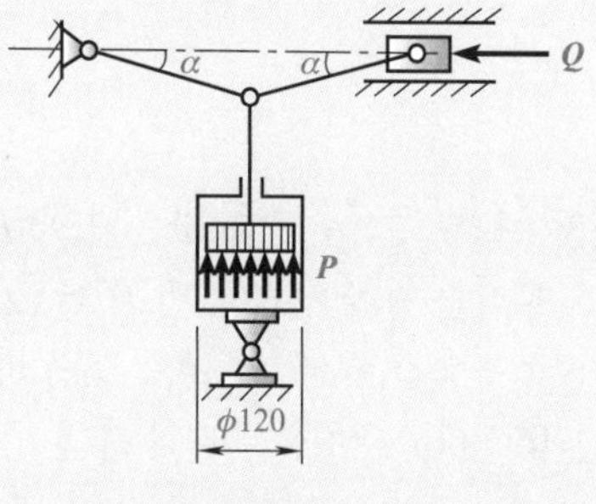

题 2-9 图

2-10　大小相等、重量均为 19.6N 的两个光滑小球 I 和 II，在题 2-10 图所示两光滑平面间处于平衡。求两球受到的反力和两球之间相互作用的力。

2-11　题 2-11 图所示为铰接四边形机构 $ABCD$。在铰链 A 上作用着力 $\boldsymbol{Q}$，在铰链 B 上作用着力 $\boldsymbol{P}$。如果不计杆重，求在图示位置平衡时，力 $\boldsymbol{P}$ 和 $\boldsymbol{Q}$ 大小间的关系。

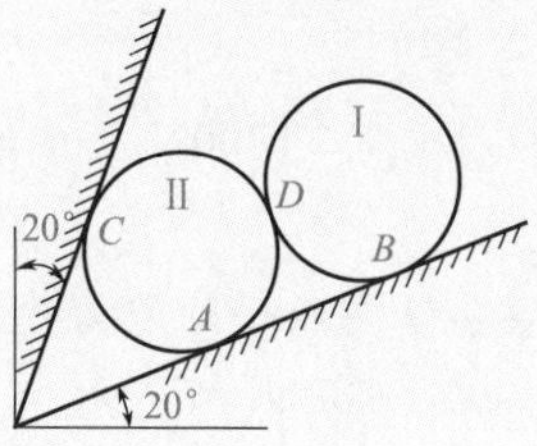

题 2-10 图

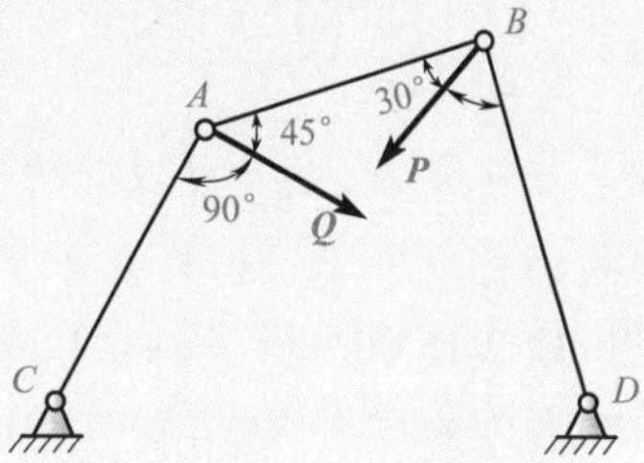

题 2-11 图

2-12 题 2-12 图所示结构上作用一水平力 $\boldsymbol{P}$，试求 A、C、E 三处的支座反力。

2-13 题 2-13 图所示混凝土管搁置在倾角为 30° 的斜面上，用撑架支承，水泥管子重量 $Q=5\text{kN}$。设 A、B、C 处均为铰接，且 $AD=DB$，而 AB 垂直于斜面。撑架自重及 D、E 处摩擦不计，求杆 AC 及铰 B 的约束反力。

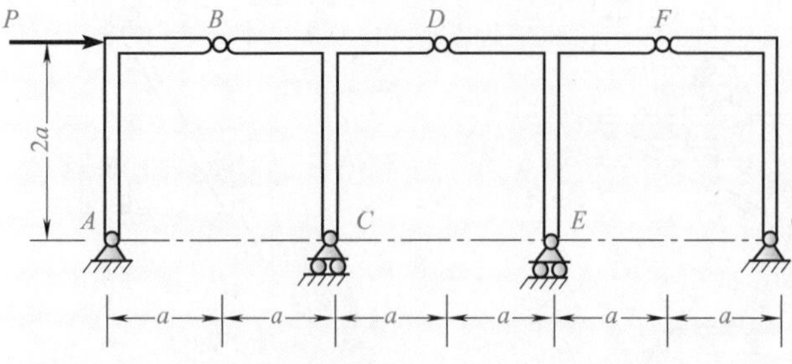

题 2-12 图

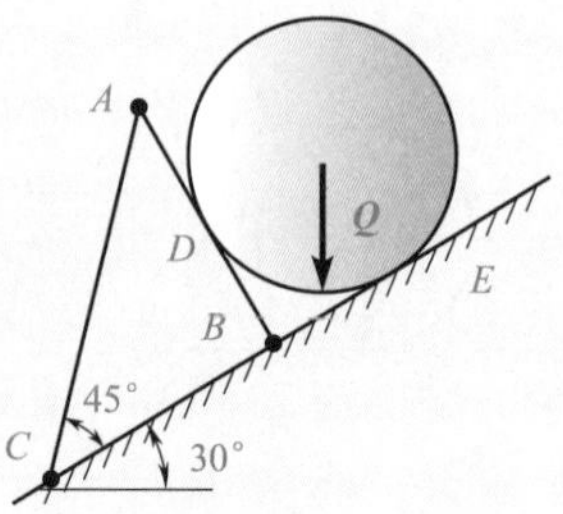

题 2-13 图

2-14 试计算题 2-14 图中力 $\boldsymbol{P}$ 对于点 O 的矩。

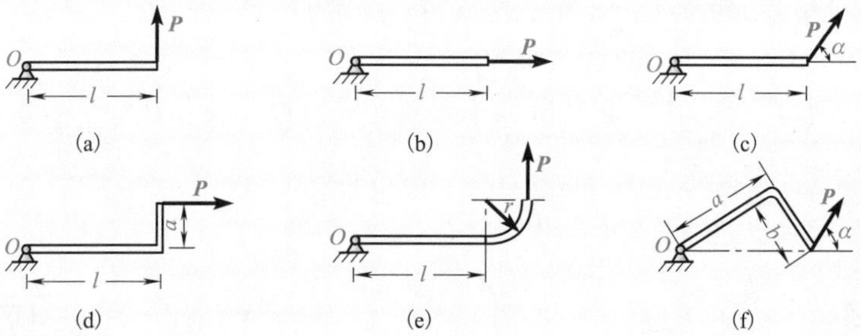

题 2-14 图

2-15 如题 2-15 图所示，已知 $P=100\text{N}$，试分别在 A、B 两点将力 $\boldsymbol{P}$ 沿水平与铅直方向分解，再用合力矩定理求力 $\boldsymbol{P}$ 对 O 点的矩，并将这两种计算方法进行比较。

2-16 一力偶矩为 M 的力偶作用在直角曲杆 ADB 上。如果这曲杆用两种不同的方式支承如题 2-16 图(a)和(b)，不计杆重，求每种支承情况下支座 A、B 对杆的约束反力。

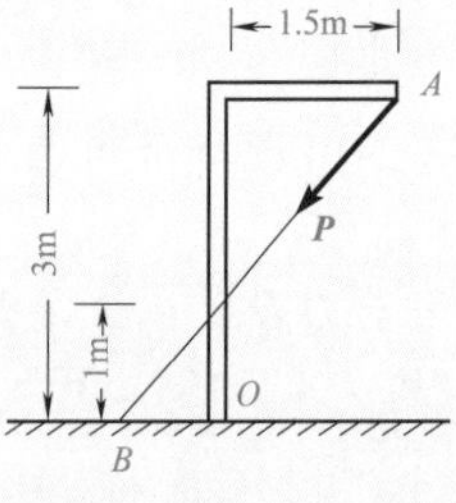

题 2-15 图

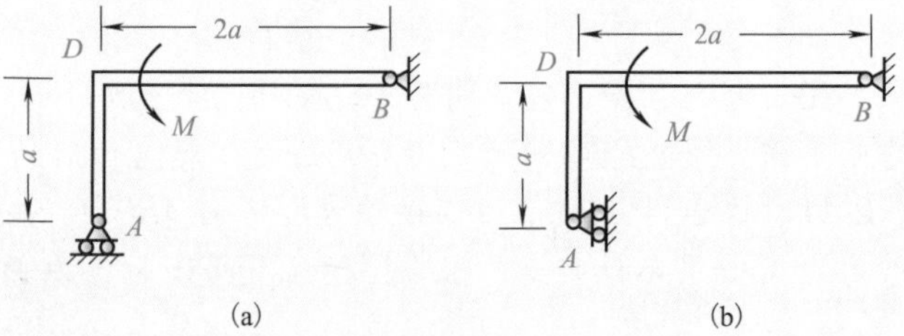

题 2-16 图

2-17 外伸梁 AC 的尺寸及受力如题 2-17 图所示。已知 $Q=Q'=1200\text{N}$，$m=400\text{N}\cdot\text{m}$，$a=1\text{m}$，梁的自重不计。求支座 A、B 的约束反力。

2-18 题 2-18 图所示多轴钻床在水平工件上钻孔时，每个钻头的切削刀刃作用于工件的力在水平面内构成一力偶。已知切削力偶矩大小分别为 $m_1=m_2=10\text{kN}\cdot\text{m}$，$m_3=20\text{kN}\cdot\text{m}$，求工件受到的合力偶的力偶矩。若工件在 A、B 两处用螺栓固定，$l=200\text{mm}$，求螺栓所受的水平力。

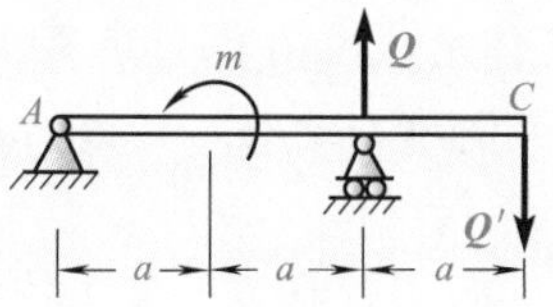

题 2-17 图

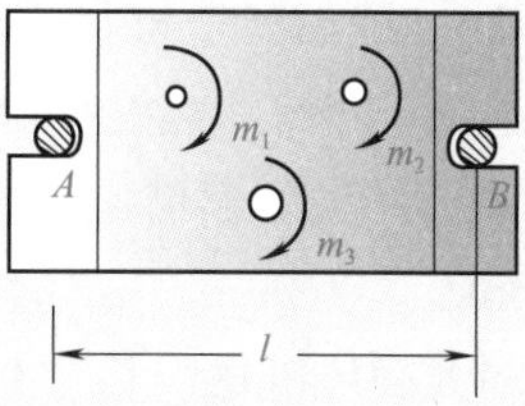

题 2-18 图

2-19　在题 2-19 图所示结构中，已知 $P=P'=3.96\text{kN}$，构件自重不计，求支座 A、C 的约束反力。

2-20　在题 2-20 图所示支架中，杆件 AC 受到一个矩为 M 的力偶作用，其他尺寸如图示，不计各杆自重，求支座 A、B 的约束反力。

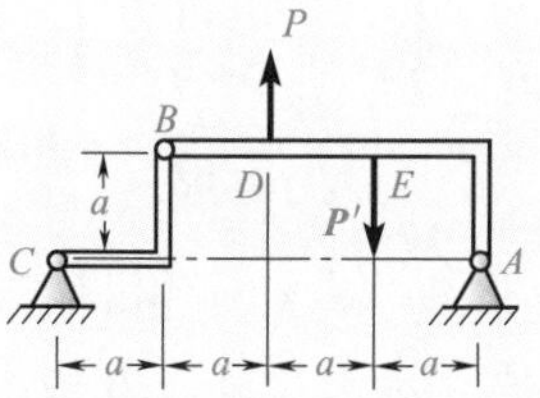

题 2-19 图

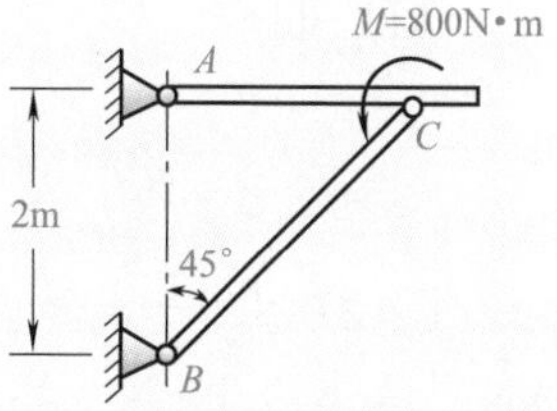

题 2-20 图

2-21　曲柄连杆机构如题 2-21 图所示。已知曲柄 $OA=a$，其上作用着力偶矩为 M 的力偶。试求在图示位置($OA\perp OB$)平衡时，力 $\boldsymbol{P}$ 的大小和支座 O 处反力。

2-22　四连杆机构 $OABO_1$ 在题 2-22 图所示位置平衡，已知 $OA=40\text{cm}$，$O_1B=60\text{cm}$，作用在曲柄 OA 上的力偶矩大小为 $m_1=1\,\text{N}\cdot\text{m}$，不计杆重；求力偶矩 m_2 的大小及连杆 AB 所受的力。

2-23　试计算题 2-23 图中主动力系中各力对点 A 之矩的和。

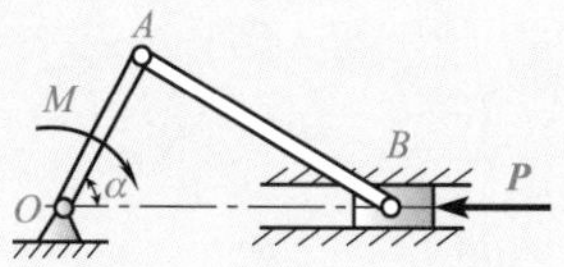

题 2-21 图

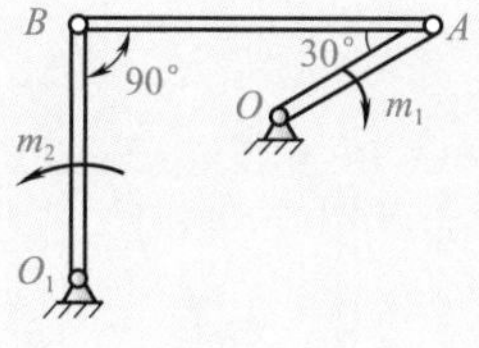

题 2-22 图

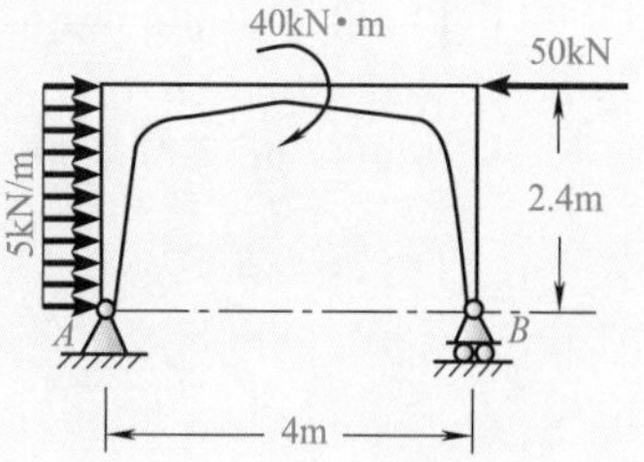

题 2-23 图

2-24　试计算题 2-24 图中各平行分布载荷的合力和它对于 A 点的矩。

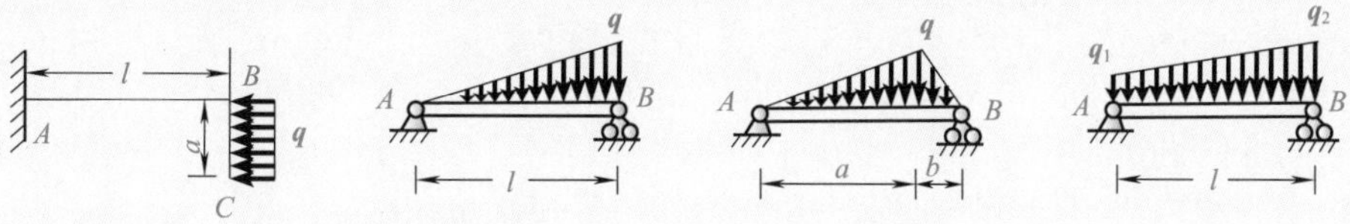

(a)　(b)　(c)　(d)

题 2-24 图

2-25 题 2-25 图所示为行动式起重机，已知轨距 $b=3\text{m}$，机身重 $G=500\text{kN}$，其作用线至右轨的距离 $e=1.5\text{m}$，起重机的最大荷载 $P=250\text{kN}$，其作用线至右轨的距离 $l=10\text{m}$。欲使起重机满载时不向右倾倒，空载时不向左倾倒，试确定平衡重 Q 之值，设其作用线至左轨的距离 $a=6\text{m}$。

2-26 杆件 AB 受载荷 $\boldsymbol{P}$ 和 $\boldsymbol{Q}$ 作用，如题 2-26 图所示。如不计杆重，求保持杠杆在图示位置平衡时，①a 与 b 的比值；②C 点的支反力。

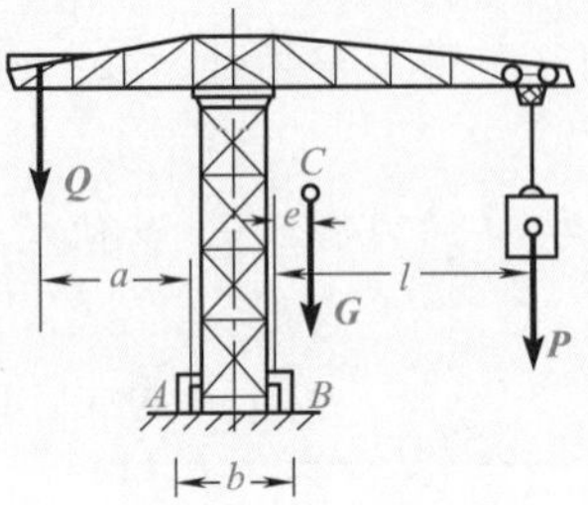

题 2-25 图

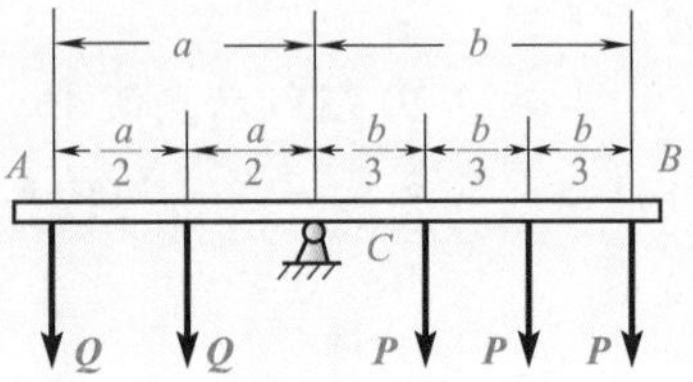

题 2-26 图

2-27 如题 2-27 图所示，起重机重 50kN，搁置在水平梁上，其重力作用线沿 CD，起吊重量 $P=10\text{kN}$，梁重为 30kN，其重力作用点在梁 AB 的中点。求支座 A、B 的反力。

2-28 试求题 2-28 图所示外伸梁 AB 的支座反力。已知：$l=1.5\text{m}$，$P=50\text{kN}$，$q=20\text{kN/m}$。

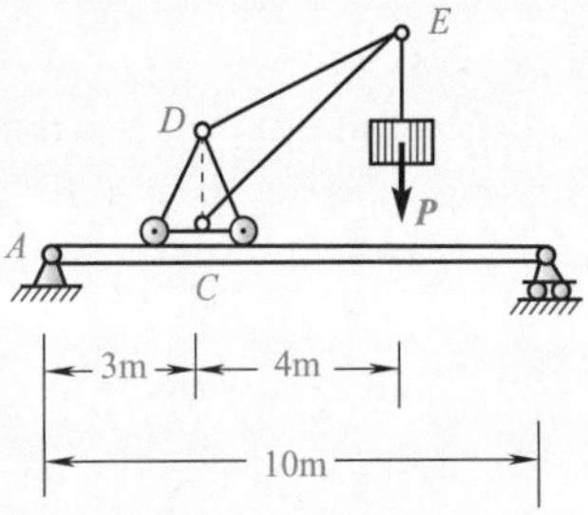

题 2-27 图

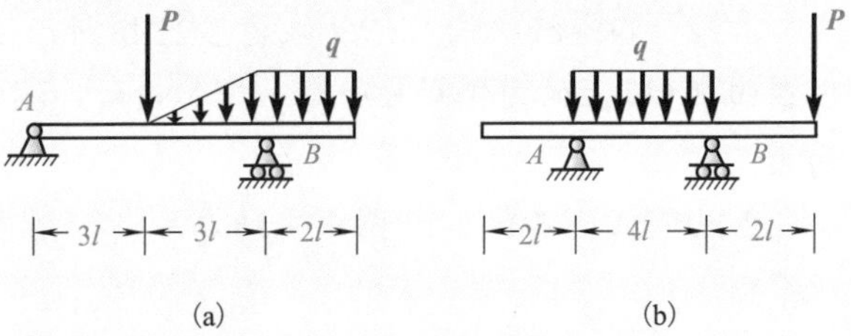

题 2-28 图

第3章 平面一般力系

在实际工程中，有很多结构或机构，其厚度尺寸比其他两方向的尺寸小得多，且各个构件的轴线都在同一平面内，这样的结构或机构称为平面结构(或机构)。如图 3-1 所示的屋架，就是一个平面结构；图 3-2 所示的曲柄连杆机构，也是一个平面机构。

在一般情况下，作用在平面机构上的力也都分布在平面机构所在的平面内，且作用线既不平行，也不汇交于一点。这种力的作用线在同一平面内，且既不汇交于一点又不互相平行的力系，称为平面一般力系或平面任意力系。如图 3-1 所示，作用在屋架上的铅垂载荷 $\boldsymbol{P}$、与屋架垂直的风载 $\boldsymbol{Q}$、屋架两端的支反力 $\boldsymbol{R}$ 和 $\boldsymbol{N}$，就构成了一个平面一般力系；图 3-2 所示的曲柄连杆机构中，主动力 $\boldsymbol{P}$、力偶 m 及支反力 $\boldsymbol{X}_A$、$\boldsymbol{Y}_A$ 和 $\boldsymbol{N}$，也构成了一个平面一般力系。

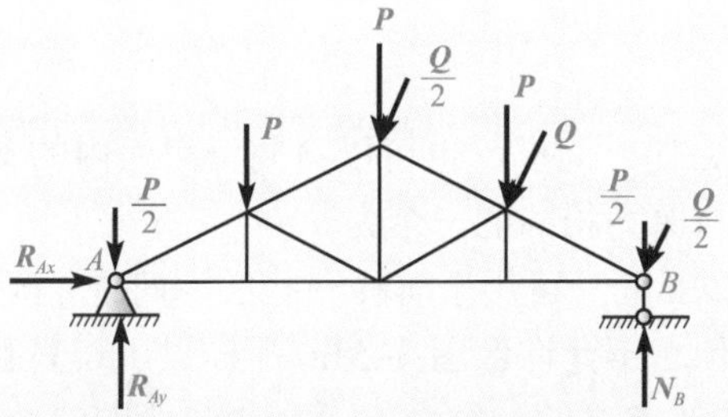

图 3-1

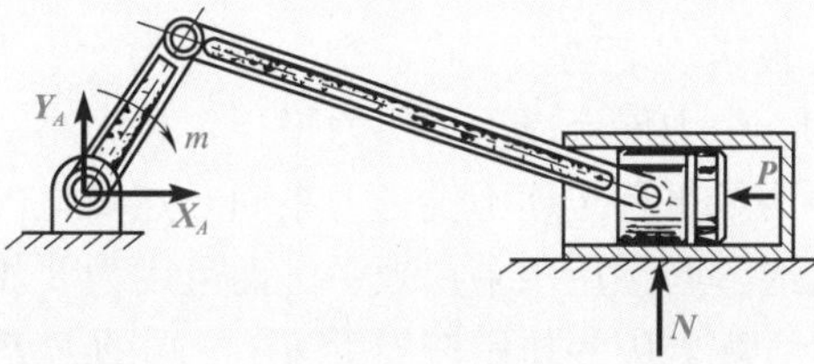

图 3-2

3-1～3-3

有些结构所受的力本来不是平面力系，但因为结构及其载荷都有相同的对称面，于是，就可以将这样的结构简化成受平面力系作用的平面结构。如图 3-3 所示的桥式起重机，它所受的力就可以简化成平面一般力系。

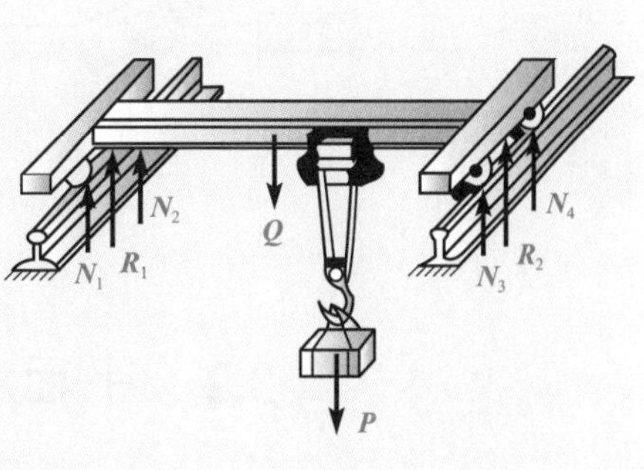

图 3-3

平面一般力系的合成比平面特殊力系的合成要复杂些，因为力的作用线在平面内任意分布。在本章中，将研究如何将平面一般力系简化成为平面特殊力系的组合，即平面汇交力系和平面力偶系的组合，然后再对它们进行讨论。

3.1 力线平移定理

为了研究平面一般力系对刚体的作用性质和效应，常常需要将力系向已知点简化，简化的依据是“力线平移定理”。

力线平移定理 作用在刚体上 A 点的力 $\boldsymbol{F}$，可以平行移动到同一刚体内的任一指定点 B，但必须同时在该力与指定点所决定的平面内附加一个力偶，这个附加力偶的矩等于原力 $\boldsymbol{F}$ 对指定点 B 的矩。这样，平移前的一个力与平移后的一个力和一个力偶对刚体的作用效果相同。

证明 设力 $\boldsymbol{F}$ 作用于刚体的 A 点，如图 3-4(a)所示。在同一刚体内任取一点 B，并在 B 点加一对平衡力 $\boldsymbol{F}'$ 和 $\boldsymbol{F}''$，并令 $\boldsymbol{F}'=\boldsymbol{F}=-\boldsymbol{F}''$，如图 3-4(b)所示。显然，三个力 $\boldsymbol{F}$、$\boldsymbol{F}'$、$\boldsymbol{F}''$ 与原力 $\boldsymbol{F}$ 是等效的；而这三个力又可视为过 B 点的一个力 $\boldsymbol{F}'$ 和作用在点 B 与力 $\boldsymbol{F}$ 决定平面内的一个力偶 $(\boldsymbol{F},\boldsymbol{F}'')$，如图 3-4(c)所示。所以，作用在点 A 的力 $\boldsymbol{F}$ 就与作用在点 B 的力 $\boldsymbol{F}'$ 与力偶矩为 m 的力偶 $(\boldsymbol{F}',\boldsymbol{F}'')$ 等效。

$$m=F\cdot d=m_B(\boldsymbol{F})$$

证毕。

3-4

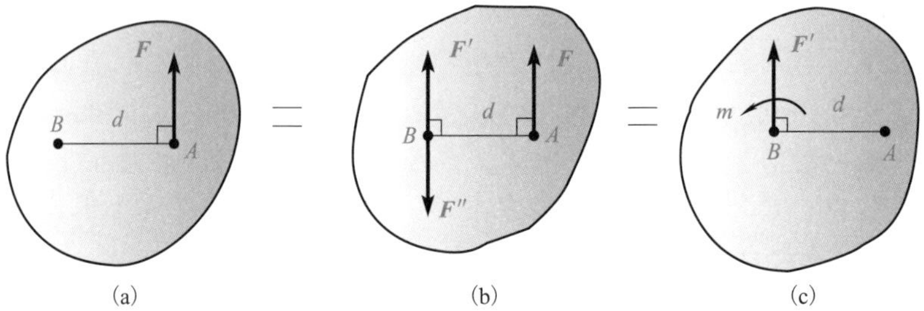

图 3-4

根据该定理，可将一个力分解为一个力和一个力偶；同样，也可以将同一平面内的一个力和一个力偶合成为与原力平行，且大小、方向都与原力相同的一个力。

力线平移定理不仅是力系向一点简化的理论依据，而且可用来解释一些实际问题。例如，攻丝时，必须用两手握扳手，而且用力要相等。为什么不允许像图 3-5(a)那样只用一只手扳动扳手呢？因为作用在扳手 AB 一端的力 $\boldsymbol{F}$，与作用在点 C 的一个力 $\boldsymbol{F}'$ 和一个力偶矩为 m 的力偶等效，如图 3-5(b)所示。这个力偶使丝锥转动，而力 $\boldsymbol{F}'$ 是使丝锥折断的主要原因。

3-5

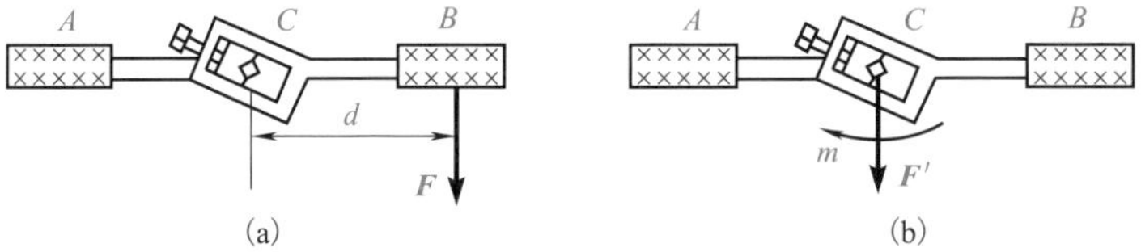

图 3-5

3.2 平面一般力系向一点的简化

当刚体受平面一般力系作用时，自然可按平行四边形规则或两平行力合成的方法将力系中各力两两合成，直至求得最后的合成结果，但这样做极其烦琐。现在介绍一种较为简便并具有普遍意义的简化方法——力系向一点简化。

设在刚体上作用一平面一般力系 $\boldsymbol{F}_1,\boldsymbol{F}_2,\cdots,\boldsymbol{F}_n$，如图 3-6(a)所示，现在根据力线平移定理将该力系中的各个力分别向平面内的任意一点 O 平移，**点 O 称为简化中心**。这样，每一个力都等效于作用于 O 点的一个力和该力系作用面内的一个附加力偶，如图 3-6(b)所示。对整个

3-6

力系来说，原力系就等效地分解成了两个特殊力系：一个是汇交于 O 点的平面汇交力系 $\boldsymbol{F}_1',\boldsymbol{F}_2',\cdots,\boldsymbol{F}_n'$；另一个是作用于该平面内的力偶系即 $m_1,m_2,\cdots,m_n$ 的附加力偶系。

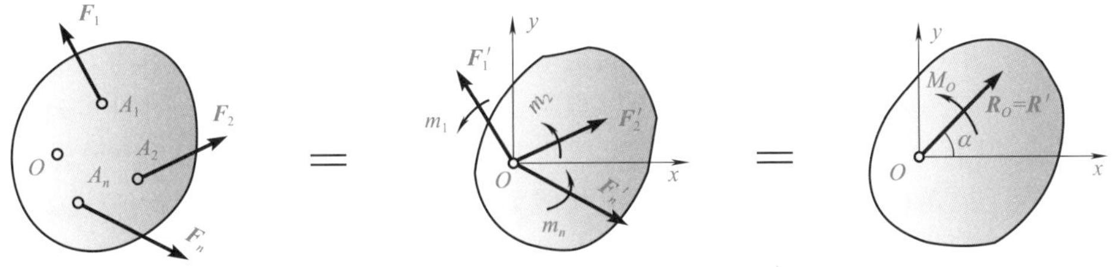

(a)　(b)　(c)

图 3-6

平面汇交力系中，各力的大小和方向分别与原力系中相对应的各力相同，即

$$\boldsymbol{F}_1'=\boldsymbol{F}_1,\quad \boldsymbol{F}_2'=\boldsymbol{F}_2,\quad \cdots,\quad \boldsymbol{F}_n'=\boldsymbol{F}_n$$

各附加力偶的力偶矩分别等于原力系中各力对简化中心 O 的矩，即

$$m_1=m_O(\boldsymbol{F}_1),\quad m_2=m_O(\boldsymbol{F}_2),\quad \cdots,\quad m_n=m_O(\boldsymbol{F}_n)$$

将平面汇交力系合成，得到作用在点 O 的一个力，其大小和方向用 $\boldsymbol{R}_O$ 表示(图 3-6(c))，即

$$\boldsymbol{R}_O=\boldsymbol{F}_1'+\boldsymbol{F}_2'+\cdots+\boldsymbol{F}_n'=\boldsymbol{F}_1+\boldsymbol{F}_2+\cdots+\boldsymbol{F}_n=\sum \boldsymbol{F}_i=\boldsymbol{R}' \tag{3-1}$$

将附加力偶系合成，得到一个力偶，力偶矩用 M_O 表示(图 3-6(c))，即

$$M_O=m_1+m_2+\cdots+m_n=m_O(\boldsymbol{F}_1)+m_O(\boldsymbol{F}_2)+\cdots+m_O(\boldsymbol{F}_n)=\sum m_O(\boldsymbol{F}_i) \tag{3-2}$$

矢量和 $\sum \boldsymbol{F}_i=\boldsymbol{R}'$ 称为原力系的主矢量，简称主矢；代数和 $\sum m_O(\boldsymbol{F}_i)=M_O$ 称为原力系对于 O 点的主矩。这样，上述结果就可叙述为：平面一般力系向作用面内任一点(简化中心)简化的一般结果是一个力和一个力偶，该力作用于简化中心，其力矢等于原力系中各力的矢量和，即等于原力系的主矢；该力偶在原力系作用面内，其矩等于原力系中各力对简化中心的矩的代数和，即等于原力系对简化中心的主矩。

应当指出，作用于简化中心的力 $\boldsymbol{R}'$ 一般并不是原力系的合力，矩为 M_O 的力偶一般也不是原力系的合力偶，因为单独的 $\boldsymbol{R}'$ 或 M_O 并不与原力系等效，只有 $\boldsymbol{R}'$ 与 M_O 一起才与原力系等效。

当选取不同的简化中心时，由于原力系中各力的大小与方向一定，它们的矢量和也是一定的，因此说力系的主矢与简化中心的位置无关；但力系中各力对于不同的简化中心的矩不同，一般说来它们的代数和也不同，所以说力系的主矩一般与简化中心的位置有关。因而，对于主矩，必须指明简化中心的位置，符号 M_O 的下标表示简化中心为 O 点。

主矢 $\boldsymbol{R}'$ 的大小和方向也可以用解析法计算。选取直角坐标系如图 3-6 所示，则有

$$R_x'=x_1+x_2+\cdots+x_n=\sum X,\qquad R_y'=y_1+y_2+\cdots+y_n=\sum Y$$

于是，主矢 $\boldsymbol{R}'$ 的大小和方向为

$$\left.\begin{aligned} R'&=\sqrt{R_x'^2+R_y'^2}=\sqrt{\left(\sum X\right)^2+\left(\sum Y\right)^2}\\ \alpha&=\arctan\left|\frac{R_y'}{R_x'}\right|=\arctan\left|\frac{\sum Y}{\sum X}\right| \end{aligned}\right\} \tag{3-3}$$

式中，α 为主矢 $\boldsymbol{R}'$ 与 x 轴所夹的锐角，须根据 $\sum Y$ 与 $\sum X$ 的符号确定 $\boldsymbol{R}'$ 的指向。

下面应用力系向一点简化理论，分析固定端(插入端)支座的约束反力。

在此之前，已经研究了多种约束，这些约束都只提供一个或两个约束反力，现在来看看下面的约束，图 3-7 所示的房屋支柱的下端，图 3-8 所示的夹在刀架和卡盘上的车刀及工件，约束处都是固定不可动的，这种约束称为固定端约束。固定端约束可用通用的力学模型——悬臂梁来表示，如图 3-9(a)所示，插入端各点所受力的分布规律很复杂，如图 3-9(b)所示，但总可以将其视为一个平面一般力系，然后将其向 A 点简化，由平面一般力系向一点简化的结果可知：插入端这一平面力系可以简化成为一个约束反力 $\boldsymbol{R}_A$ 和一个约束反力偶 M_A，如图 3-9(c)所示，为了便于求解，一般都将 $\boldsymbol{R}_A$ 表示为两个正交分力 $\boldsymbol{X}_A$ 和 $\boldsymbol{Y}_A$，如图 3-9(d)所示。显然，约束反力 $\boldsymbol{X}_A$ 和 $\boldsymbol{Y}_A$ 分别限制了构件的左右和上下移动，而约束反力偶 M_A 则限制了构件绕 A 点的转动。

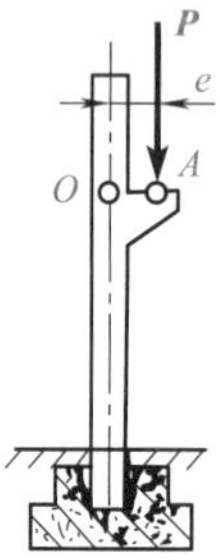

图 3-7

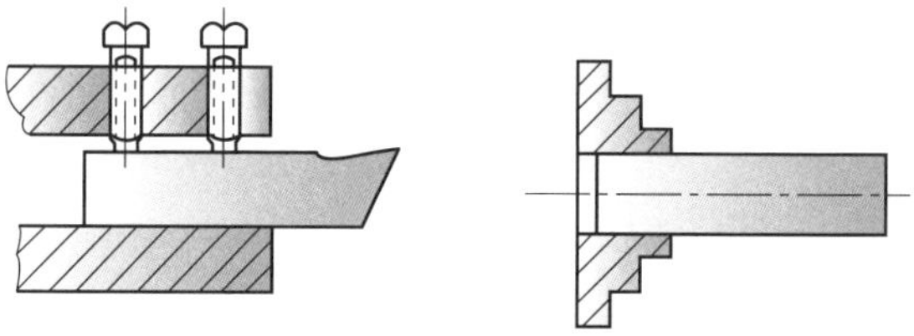

(a) (b)

图 3-8

3-7～3-9

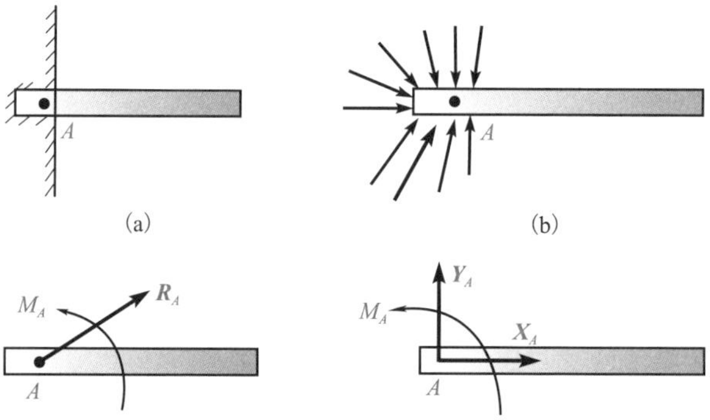

(a) (b) (c) (d)

图 3-9

3.3 平面一般力系的简化结果与合力矩定理

由 3.2 节知道，平面一般力系向其作用面内任意一点简化后，一般得到一个力和一个力偶，但这并不是平面一般力系简化的最后结果(合成结果)。下面结合力系的主矢和主矩这两个量可能出现的四种情况做进一步讨论。

① $\boldsymbol{R}'=0,\ M_O\neq 0$；② $\boldsymbol{R}'\neq 0,\ M_O=0$；③ $\boldsymbol{R}'\neq 0,\ M_O\neq 0$；④ $\boldsymbol{R}'=0,\ M_O=0$。

1. 平面一般力系简化为一个力偶的情形

若 $\boldsymbol{R}'=0,\ M_O\neq 0$，则原力系只与一个力偶等效，该力偶就是原力系简化的最后结果，称为原力系的合力偶，合力偶矩等于力系对简化中心的主矩，即 $m = M_O$。在这种情况下，力系的主矩与简化中心的位置无关；亦即，不论力系向哪一点简化，都是力偶矩相同的一个力偶。

2. 平面一般力系简化为一个合力的情形与合力矩定理

(1) 若 $\boldsymbol{R}' \neq 0,\ M_O = 0$，则原力系只与一个力等效，这个力就是原力系的合力。所以原力系简化的最后结果是一个作用线过简化中心的合力，合力矢等于力系的主矢，即

$$\boldsymbol{R} = \boldsymbol{R}' = \sum \boldsymbol{F}_i$$

(2) 若 $\boldsymbol{R}' \neq 0,\ M_O \neq 0$，则原力系与作用线过简化中心的一个力和一个同平面的力偶等效。此种情况下原力系可继续简化为一个合力 $\boldsymbol{R}$（图 3-10）。只要将矩为 M_O 的力偶用两个力 $\boldsymbol{R}$、$\boldsymbol{R}''$ 等效表示，且令 $\boldsymbol{R} = \boldsymbol{R}' = -\boldsymbol{R}''$，如图 3-10(b) 所示。由于 $\boldsymbol{R}''$ 与 $\boldsymbol{R}'$ 等值、反向、共线，为一对平衡力，可以除去，于是得到了一个作用于 O' 点的力 $\boldsymbol{R}$，如图 3-10(c) 所示，这个力 $\boldsymbol{R}$ 就是原力系的合力。合力矢等于原力系的主矢，即 $\boldsymbol{R} = \boldsymbol{R}' = \sum \boldsymbol{F}_i$，合力作用线与简化中心 O 的距离 $d = \dfrac{|M_O|}{R} = \dfrac{|M_O|}{R'}$。合力作用点 O' 应在 O 点的哪一侧，须根据力 $\boldsymbol{R}$ 对 O 点的矩的转向与 M_O 的转向一致的原则来判定。

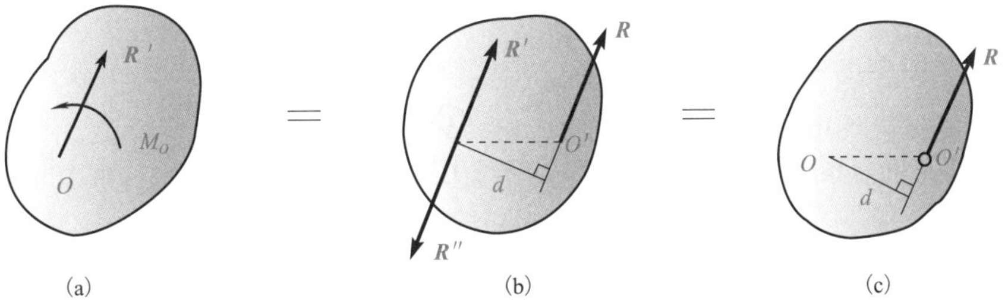

图 3-10

3-10

在上面的等效转化过程中，由于 $m(\boldsymbol{R}, \boldsymbol{R}'') = M_O$，而

$$m(\boldsymbol{R}, \boldsymbol{R}'') = Rd = m_O(\boldsymbol{R}), \qquad M_O = \sum m_O(\boldsymbol{F}_i)$$

故

$$m_O(\boldsymbol{R}) = \sum m_O(\boldsymbol{F}_i) \tag{3-4}$$

因点 O 是任意选择的，所以式(3-4)表明：平面一般力系的合力对作用面内任一点的矩等于力系中各力对同一点的矩的代数和。这就是平面一般力系的合力矩定理。这个定理无论在理论推导方面还是在实际应用方面，都具有重要的意义。

3. 平面一般力系平衡的情形

若 $\boldsymbol{R}' = 0,\ M_O = 0$，则原力系是平衡力系。这种情形将在 3.4 节中讨论。

【例 3-1】 图 3-11 所示的重力坝，取 1m 长的坝身进行研究，自重 $P_1 = 9000\text{kN}$，左侧水压的合力 $P_2 = 4500\text{kN}$，右侧水压的合力为 $P_3 = 180\text{kN}$，$\varphi = 20°$，各力的作用点及方向如图 3-11 所示，设合力作用线与坝底交于 A 点，求 A 到 O 点的距离 x_A。

解 本题只求合力作用线的位置，不必求出合力的大小和方向。因为合力 $\boldsymbol{R}$ 的作用线过 A 点，所以 $m_A(\boldsymbol{R}) = 0$。由合力矩定理得

$$m_A(\boldsymbol{R}) = \sum m_A(\boldsymbol{F}) = (x_A - 6.4)P_1 - 10P_2 - (P_3 \sin\varphi)(12 - x_A) = 0$$

即 $$9000(x_A-6.4)-10\times4500-180\times\sin20^\circ\times(12-x_A)=0$$

解得 $x_A=11.4\text{m}$。

3-11

3-12

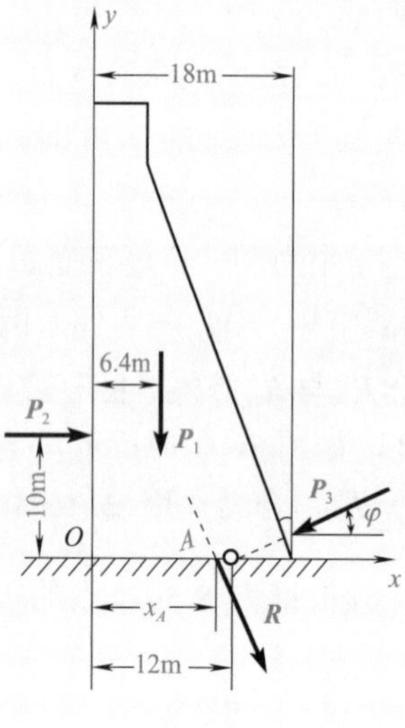

图 3-11

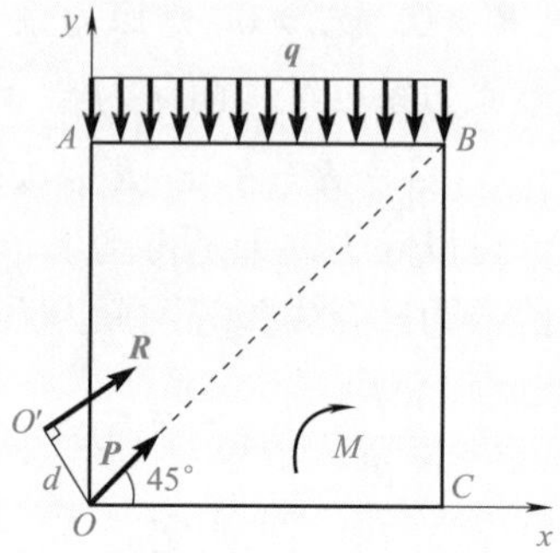

图 3-12

【例 3-2】 图 3-12 所示的正方形$OABC$，边长$l=2\text{m}$，受平面力系作用。已知：$q=50\text{N}/\text{m}$，$P=400\sqrt{2}\text{N}$，$M=150\text{N}\cdot\text{m}$。试求力系合成的结果，并画在图上。

解 (1)首先将力系向O点简化，求其主矢与主矩。主矢$\boldsymbol{R}'$在x轴和y轴上的投影分别为

$$R'_x=P\cos45^\circ=400\text{N}$$

$$R'_y=P\sin45^\circ-ql=400\sqrt{2}\sin45^\circ-50\times2=300(\text{N})$$

$$R'=\sqrt{R'^2_x+R'^2_y}=\sqrt{400^2+300^2}=500(\text{N})$$

合力$\boldsymbol{R}$与x轴的夹角为

$$\theta=\arctan\frac{R_y}{R_x}=\arctan\frac{300}{400}=36^\circ52'\ (\text{第 I 象限})$$

力系对O点的主矩为

$$M_O=-M-ql\times\frac{l}{2}=-150-50\times2\times1=-250(\text{N}\cdot\text{m})$$

(2)因$\boldsymbol{R}'\neq0$, $M_O\neq0$，所以原力系合成结果是一个合力，合力$\boldsymbol{R}$的大小和方向与力系的主矢相同。合力作用线到O点的距离为$d=|M_O/R|=0.5\text{m}$，因为$M_O<0$，所以，O'在O点的左侧，如图 3-12 所示。

3.4 平面一般力系的平衡条件与平衡方程

由 3.3 节可知平面一般力系的简化结果中，有一种重要的情形，即主矢与主矩都为零。也就是简化而得的汇交力系和力偶系分别平衡，当然，与二者的组合等效的原平面一般力系也是平衡的。所以，$\boldsymbol{R}'=0,\ M_O=0$是平面一般力系平衡的充分条件。另外，如果平面一般力系平衡，则向任意一点简化而得的汇交力系和力偶系也必然分别平衡，即$\sum\boldsymbol{F}=0$，

$\sum m_O(\boldsymbol{F})=0$ 同时成立，因此，$\boldsymbol{R}'=0,\ M_O=0$ 也是平面一般力系平衡的必要条件。

综上可知，平面一般力系平衡的必要与充分条件是：力系的主矢和力系对任一点的主矩都为零。此条件可以用解析式表示为

$$\left.\begin{aligned}\sum X=0\\ \sum Y=0\\ \sum m_O(\boldsymbol{F})=0\end{aligned}\right\}\tag{3-5}$$

方程组(3-5)称为平面一般力系的平衡方程，它有三个独立方程，只能求出三个未知量。式(3-5)中的投影轴（x 轴和 y 轴）以及矩心 O 都是任选的，在实际应用中，应注意它们的选法，为减少方程中未知量的数目，通常将矩心选在未知力的交点处，投影轴尽可能与未知力垂直，这样做的目的是尽可能使方程组的求解得到简化。

平面一般力系的平衡方程，除了式(3-5)这种基本形式(或简称一矩式)外，还有如下两种形式。

1. 二矩式平衡方程

$$\left.\begin{aligned}\sum X=0\\ \sum m_A(\boldsymbol{F})=0\\ \sum m_B(\boldsymbol{F})=0\end{aligned}\right\}\quad (A\text{ 与 }B\text{ 两点的连线不垂直于 }x\text{ 轴})\tag{3-6}$$

式(3-6)的必要性是显而易见的，现就其充分性加以说明。若第二个方程满足，则原力系不可能简化为力偶，但可能简化为合力，如图 3-13 所示，其作用线恰好过 A 点，同理，若第三个方程也能满足，则原力系仍然可能简化为合力，其作用线沿 A、B 的连线。如图 3-13 所示，如果力系简化成了合力，且又满足第一个方程，那么，合力作用线 AB 必须垂直于 x 轴，而给定的条件是：AB 不垂直于 x 轴，所以，若力系同时满足式(3-6)的三个平衡方程，则该力系就不能简化为合力。即原力系既不能简化为力偶，也不能简化成合力，它必然是平衡力系。

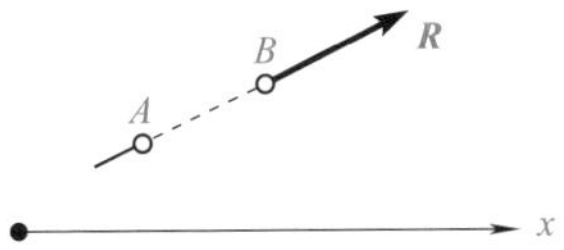

图 3-13

2. 三矩式平衡方程

$$\left.\begin{aligned}\sum m_A(\boldsymbol{F})=0\\ \sum m_B(\boldsymbol{F})=0\\ \sum m_C(\boldsymbol{F})=0\end{aligned}\right\}\quad (C\text{、}A\text{、}B\text{ 三点不共线})\tag{3-7}$$

由二矩式充分性的说明可知，原力系若同时满足式(3-7)的方程，则力系不能简化成力偶，若有合力，其合力作用线也必须过 A、B、C 三点，而给定的条件是 A、B、C 三点不在同一直线上(图 3-14)，所以，原力系也不可能简化为合力，它只能是平衡力系。

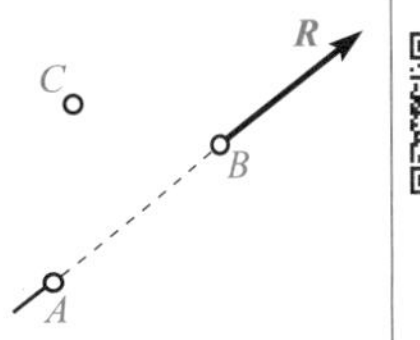

图 3-14

3-13、3-14

在解答实际问题时，可以根据具体情况，采用不同形式的平衡方程，并适当地选取投影轴和矩心，以简化计算。

【例 3-3】 图 3-15(a)所示的悬臂式起重机，A、B、C 处为铰接。AB 梁自重 $W_1=1\text{kN}$，提起重物 $W_2=8\text{kN}$，BC 杆重不计，求支座 A 的反力和 BC 杆所受的力。

3-15

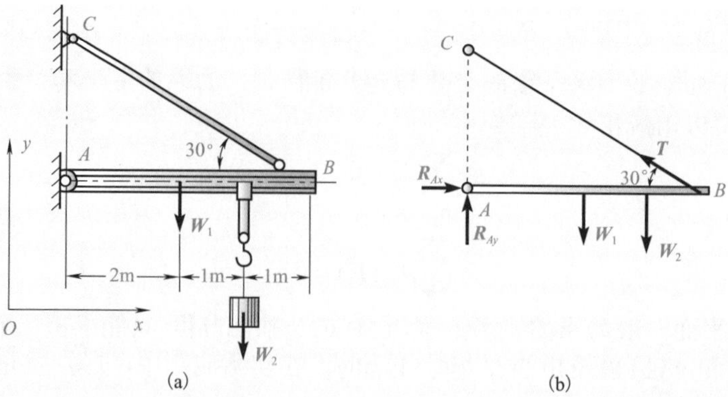

图 3-15

解 取梁 AB 为研究对象。梁 AB 的受力图如图 3-15(b)所示。BC 为二力杆，它的约束反力 $\boldsymbol{T}$ 沿 B、C 两点的连线方向。这是一个平面一般力系的平衡问题，有三个未知量 $\boldsymbol{R}_{Ax}$、$\boldsymbol{R}_{Bx}$ 和 $\boldsymbol{T}$。选坐标轴如图所示，列平衡方程

$$\sum X = 0,\ R_{Ax} - T\cos 30^\circ = 0 \tag{1}$$

$$\sum Y = 0,\ R_{Ay} - W_1 - W_2 + T\sin 30^\circ = 0 \tag{2}$$

$$\sum m_A(\boldsymbol{F}) = 0,\ 4T\sin 30^\circ - 2W_1 - 3W_2 = 0 \tag{3}$$

由式(3)可解得 $T = 13\text{kN}$，将 T 值代入式(1)、式(2)可得 $R_{Ax} = 11.26\text{kN},\ R_{Ay} = 2.5\text{kN}$。

【例 3-4】 如图 3-16(a)所示，梯子 AB，长为 $2a$ 米，重为 P 牛顿，重心在其中点 C。梯子搁在光滑墙角上，借绳 DO 维持平衡，α 与 β 均为已知。今有一重为 Q 牛顿的人站在梯子上距 B 端为 b 米的 E 点。试求各处的约束反力。

解法一 取梯子为研究对象。受力分析如图 3-16(b)所示。选坐标系 Oxy，列出平衡方程

$$\sum X = 0,\quad N_B - T\cos\beta = 0 \tag{1}$$

$$\sum Y = 0,\quad N_A - T\sin\beta - P - Q = 0 \tag{2}$$

$$\sum m_O = 0,\quad 2aN_A\cos\alpha - 2aN_B\sin\alpha - aP\cos\alpha - bQ\cos\alpha = 0 \tag{3}$$

此组方程必须联立求解。由式(1)和式(2)，得

$$N_B = T\cos\beta,\quad N_A = P + Q + T\sin\beta$$

代入式(3)得
$$T = \left(\frac{P}{2} + \frac{2a-b}{2a}Q\right)\frac{\cos\alpha}{\sin(\alpha-\beta)}$$

从而可得
$$N_A = P + Q + \left(\frac{P}{2} + \frac{2a-b}{2a}Q\right)\frac{\cos\alpha\sin\beta}{\sin(\alpha-\beta)},\quad N_B = \left(\frac{P}{2} + \frac{2a-b}{2a}Q\right)\frac{\cos\alpha\sin\beta}{\sin(\alpha-\beta)}$$

3-16

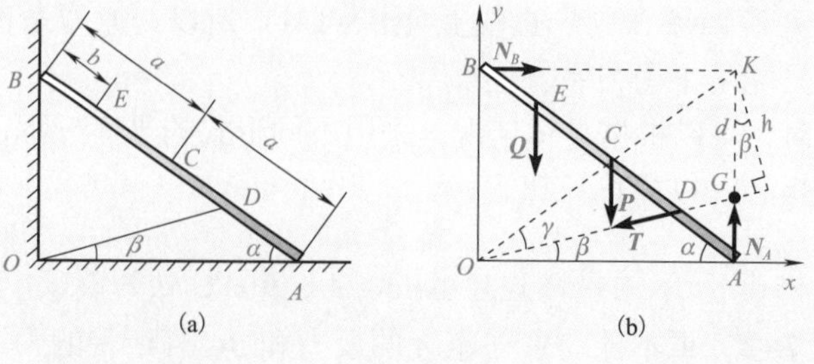

图 3-16

解法二　为避免联立求解，可分别取两个未知力的交点 K 和 G 为矩心，得力矩平衡方程

$$\sum m_K = 0, \quad aP\cos\alpha + (2a-b)Q\cos\alpha - hT = 0 \tag{4}$$

其中力臂

$$h = OK\sin\gamma = 2a\sin(\alpha-\beta)$$

$$\sum m_G = 0, \quad aP\cos\alpha + (2a-b)Q\cos\alpha - dN_B = 0 \tag{5}$$

其中力臂

$$d = KG = \frac{h}{\cos\beta} = \frac{2a\sin(\alpha-\beta)}{\cos\beta}$$

由上可见，灵活选用矩心，可直接由式(4)和式(5)逐一求得 T 和 N_B。

【例 3-5】　图 3-17 所示为一可沿路轨移动的塔式起重机。已知机身重 $W = 500\text{kN}$，重心在 E 点；最大起重量 $P = 250\text{kN}$，$e = 1.5\text{m}$，$b = 3\text{m}$，$l = 10\text{m}$。在左边距左轨 x 处附加一平衡重 Q，试确定使起重机在满载及空载时均不致翻倒的 Q 与 x 之值。

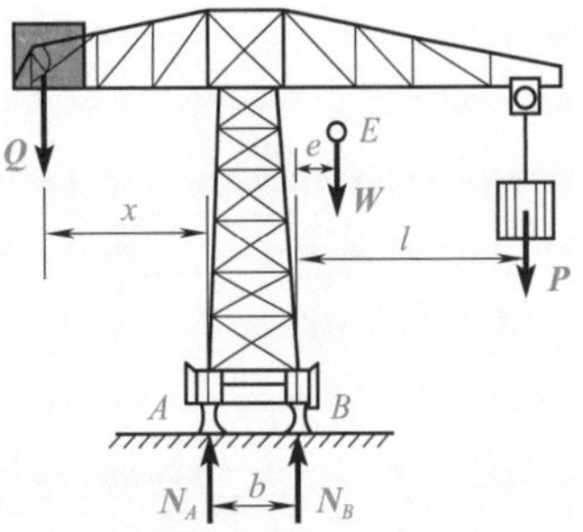

图 3-17

3-17

解　首先考虑起重机在满载时的情况。这时，作用于起重机上的力有 $\boldsymbol{W}$、$\boldsymbol{P}$、$\boldsymbol{Q}$，以及路轨的反力 $\boldsymbol{N}_A$、$\boldsymbol{N}_B$；这是一个平面平行力系的平衡问题。如果起重机在图 3-17 所示的位置将要发生翻倒，则轮 A 与轨道即将脱离接触，即 $N_A = 0$。反之，要使起重机不翻倒，就必须使 $N_A > 0$。因此，只需写出一个力矩方程 $\sum m_B(\boldsymbol{F}) = 0$ 解出 N_A，并令 $N_A > 0$，即可解得不致翻倒的条件。列平衡方程

$$\sum m_B(\boldsymbol{F}) = 0, \quad Q(x+b) - Pl - We - N_A \cdot b = 0$$

即

$$N_A = \frac{Q(x+b) - (Pl + We)}{b}$$

令 $N_A > 0$ 得

$$Q(x+b) > Pl + We \tag{1}$$

其次考虑空载时的情形。这时，作用于起重机的力有 $\boldsymbol{W}$、$\boldsymbol{Q}$、$\boldsymbol{N}_A$ 及 $\boldsymbol{N}_B$。为使起重机不致在这种情况下翻倒，必须满足 $N_B > 0$。为此，列平衡方程

$$\sum m_A(\boldsymbol{F}) = 0, \ N_B b + Qx - W(b+e) = 0$$

即

$$N_B = \frac{W(b+e) - Qx}{b}$$

令 $N_B > 0$ 得

$$Qx < W(b+e) \tag{2}$$

解式(1)及式(2)得

$$\frac{Pl + We}{x+b} < Q < \frac{W(b+e)}{x} \tag{3}$$

且

$$\frac{Pl + We - Qb}{Q} < x < \frac{W(b+e)}{Q} \tag{4}$$

将已知数据代入式(3)及式(4)，得

$$\frac{3250}{x+3} < Q < \frac{2250}{x} \tag{3$'$}$$

$$\frac{3250 - 3Q}{Q} < x < \frac{2250}{Q} \tag{4$'$}$$

由式(3′)和式(4′)解得

$$x < 6.75\text{m}, \quad Q > 333.3\text{kN} \tag{5}$$

只有满足式(5)，才有可能满足式(3)或式(4)；如果不满足式(5)，则式(3)或式(4)将无法满足，亦即无解。$x=6.75\text{m}$ 及 $Q=333.3\text{kN}$ 是两个临界值，它们使式(3)或式(4)成为等式，这两种情况是极不安全的。因此应取 $x<6.75\text{m}$，$Q>333.3\text{kN}$。另外，x 及 Q 值除了满足条件(5)外，还必须满足条件(3)或(4)；而不是两者都可以任意取值的。一旦取定一个量的值之后，另一个量的值就应由式(3′)或式(4′)决定。

例如，若取 $x=4.5\text{m}$，代入式(3′)，则 Q 必须满足不等式：$433.3\text{kN}<Q<500\text{kN}$。

若取 $Q=450\text{kN}$，代入式(4′)，则 x 必须满足不等式：$4.22\text{m}<x<5\text{m}$。

【例 3-6】 一端固定的悬臂梁 AB 如图 3-18(a)所示，作用于梁上的均布载荷集度为 $\boldsymbol{q}$，梁的自由端受一集中力偶矩 m 和集中力 $\boldsymbol{P}$ 的作用，梁长为 l，试求 A 端反力。

解 取梁 AB 研究对象，画出梁 AB 的受力图，如图 3-18(b)所示，注意 A 端反力有 $\boldsymbol{X}_A$、$\boldsymbol{Y}_A$ 和 m_A，一定不要丢掉 m_A。列平衡方程

$$\sum X=0,\quad X_A=0$$

$$\sum Y=0,\quad Y_A-ql-P=0,\ Y_A=P+ql$$

$$\sum m_A(\boldsymbol{F})=0,\quad m_A-ql\frac{l}{2}-Pl-m=0,\ m_A=m+Pl+\frac{1}{2}ql^2$$

3-18

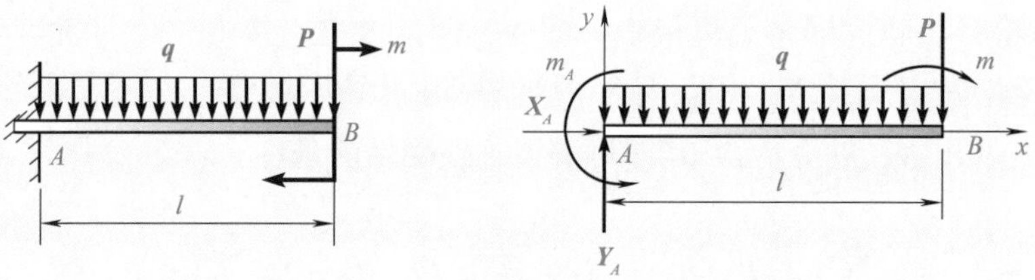

(a) (b)

图 3-18

3.5 物体系统的平衡

在研究平衡问题时，总会遇到由多个物体通过约束而组合在一起的问题，这样组合在一起的物体系统称为物系。物系平衡，组成物系的每个构件也必然平衡。研究物系平衡时，在一般情况下，只单独以整体为研究对象或者只以系统内的某一部分为研究对象，都不能求出全部的未知量。在这种情况下，就要选取多个研究对象进行研究，若研究对象选择得不恰当，就会使受力分析复杂化、方程式的数目增多，从而给解题带来困难，如果研究对象选择得好，就会使问题的求解简洁明了。因此，对于复杂的物系问题，解题时最好先拟一个解题步骤，选好研究对象后列出平衡方程并判断是否可解，对于不能解出的未知量，看它与周围的哪些物体有关，再依次选取局部或整体为研究对象，通过中间未知量的纽带作用，使整个问题得以解决。

【例 3-7】 图 3-19(a)所示的结构由两部分组成，其约束和载荷如图所示。已知：$Q=10\,\text{kN}$，$P=20\,\text{kN}$，均布载荷 $p=5\,\text{kN/m}$，线性分布载荷的最大值 $q=6\,\text{kN/m}$，试求 A 和 B 处的约束反力。

分析　如果以整体为研究对象，共有四个未知量，问题不能求解，必须再取分离体进行研究，本题先取从属部分为对象进行研究。

解　(1) 以 CD 为研究对象，其受力图如图 3-19(b) 所示。列平衡方程

$$\sum m_C(\boldsymbol{F})=0,\quad N_B-\frac{1}{2}q\times\frac{4}{3}-0.5Q=0$$

则 $N_B=\dfrac{2}{3}q+0.5Q=\dfrac{2}{3}\times 6+0.5\times 10=9(\text{kN})$

(2) 以整体为研究对象，其受力图如图 3-19(a) 所示。列出平衡方程

$$\sum X=0,\quad X_A=0$$

$$\sum Y=0,\quad Y_A+N_B-P-Q-p\times 1-\frac{1}{2}q\times 1=0$$

$$Y_A=20+10+5+\frac{6}{2}-9=29(\text{kN})$$

$$\sum m_A(\boldsymbol{F})=0$$

$$M_A+3N_B-0.5P-2.5Q-1.5p-\frac{5}{3}q=0$$

$$M_A=25.5(\text{kN}\cdot\text{m})$$

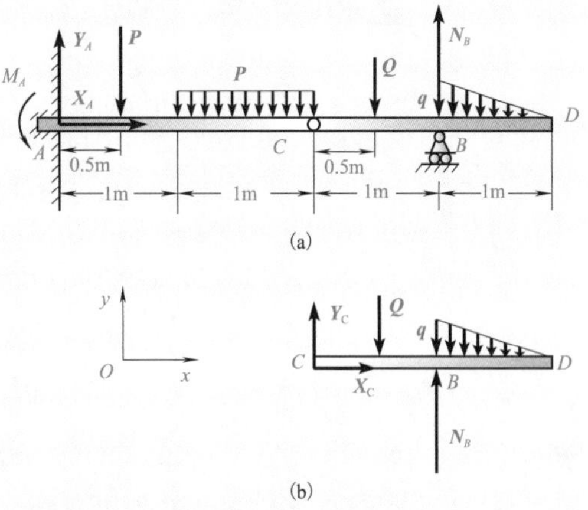

图 3-19

3-19

根据上述分析求解过程，下面给出对物系问题的解题步骤：

(1) 根据实际结构的性质，将实际结构抽象为力学模型。

(2) 对力学模型进行受力分析。

① 弄清欲求问题的力学关系，明确研究对象；

② 画出研究对象的分离体图；

③ 根据约束性质，画出分离体的受力图。

(3) 恰当地选取投影轴(坐标系)、取矩点，恰当地选择平衡方程的形式，列出尽可能少的平衡方程。

(4) 解平衡方程，求出未知量。为减小误差，要先求出未知量的代数表达式，然后代入数值，最后求出结果。

【例 3-8】　图 3-20(a) 所示的平面机架，C 为铰链连接，各杆自重不计。已知 $P=14\text{kN}$，$M=28\text{kN}\cdot\text{m}$，$q=1\text{kN/m}$，$L_1=3\text{m}$，$L_2=2\text{m}$，$\theta=45°$。试求支座 A、B 的约束反力。

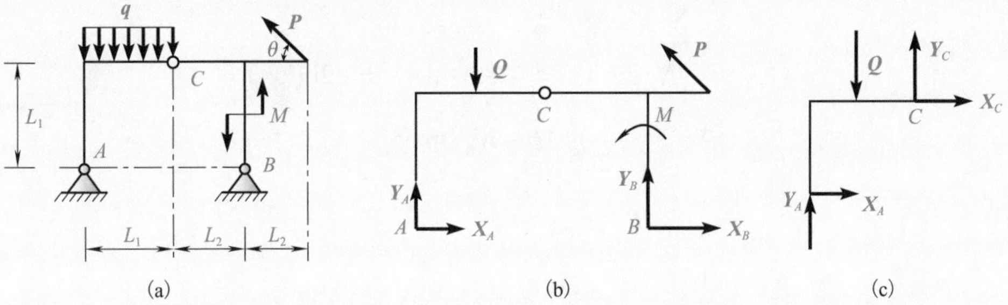

3-20

图 3-20

分析 图 3-20(a)是一个静定结构，有两个构件组成，共四个未知外反力，这样，除以整体为研究对象外，还必须再取分离体进行研究，

解 (1)以整体为对象，其受力图如图 3-20(b)所示。列平衡方程

$$\sum m_A(\boldsymbol{F})=0,\quad 5Y_B-\frac{q}{2}L_1^2+M+P\cos 45^\circ L_1+P(L_1+2L_2)\sin 45^\circ=0$$

$$Y_B=\frac{1}{5}\left[\frac{1}{2}qL_1^2-M-P\cos 45^\circ L_1-P(L_1+2L_2)\sin 45^\circ\right]$$

$$=\frac{1}{5}\left[\frac{3^2}{2}-28-14\times 3\sin 45^\circ-14\times(3+4)\sin 45^\circ\right]$$

$$=-24.5(\text{kN})\quad(\text{负号表示}\boldsymbol{Y}_B\text{的实际方向与所设的方向相反})$$

$$\sum Y=0,\quad Y_A+Y_B+P\sin 45^\circ-qL_1=0$$

$$Y_A=-Y_B-P\sin 45^\circ+qL_1=24.5-14\sin 45^\circ+3=17.6(\text{kN})$$

$$\sum X=0,\quad X_A+X_B-P\cos 45^\circ=0 \tag{1}$$

(2)以 A 段为研究对象，列平衡方程

$$\sum m_C(\boldsymbol{F})=0,\quad X_AL_1-Y_AL_1+\frac{1}{2}qL_1^2=0$$

$$X_A=Y_A-\frac{1}{2}qL_1=17.6-\frac{3}{2}=16.1(\text{kN})$$

将 X_A 代入式(1)得 $X_B=P\cos 45^\circ-X_A=14\cos 45^\circ-16.1=-6.2(\text{kN})$

即 $X_A=16.1\text{kN},\quad Y_A=17.6\text{kN};\quad X_B=-6.2\text{kN},\quad Y_B=-24.5\text{kN}$

【例 3-9】 组合梁如图 3-21(a)所示，各杆重不计。已知 $AB=BC=CD=CE=1\text{m}$，$P=10\text{kN}$，$q_B=2\text{kN/m}$。试求 CE 杆的内力和 A 点反力。

解 (1)以 BCD 为研究对象，其受力图见图 3-21(b)，则有

$$\sum m_B(\boldsymbol{F})=0,\quad -2P+N_C=0$$

即

$$N_C=2P=20\text{kN}$$

(2)取节点 E 为研究对象，其受力图见图 3-21(c)，则有

$$\sum Y=0,\quad N_B\sin 45^\circ-N_C=0$$

$$N_B=\frac{N_C}{\sin 45^\circ}=\frac{20}{\sin 45^\circ}=28.3(\text{kN})$$

(3)以 $ABCD$ 为对象，其受力图见图 3-21(d)所示，则有

$$\sum X=0,\quad X_A+N_B\sin 45^\circ=0$$

$$X_A=-N_B\sin 45^\circ=-28.3\sin 45^\circ=-20(\text{kN})$$

$$\sum Y=0,\ Y_A-\frac{1}{2}q_BAB-N_B\sin 45^\circ+N_C-P=0$$

$$Y_A=\frac{1}{2}q_BAB+N_B\sin 45^\circ-N_C+P$$

$$=\frac{1}{2}\times 2\times 1+28.3\sin 45^\circ-20+10=11(\text{kN})$$

$$\sum m_A(\boldsymbol{F})=0$$

$$M_A-\frac{2}{3}AB\frac{1}{2}ABq_B-N_B\sin 45^\circ AB+N_C AC-P\cdot AD=0$$

$$M_A=\frac{1}{3}q_B(AB)^2+N_B\sin 45^\circ AB-N_C\cdot AC+P\cdot AD$$

$$=\frac{1}{3}\times 2+28.3\sin 45^\circ-20\times 2+10\times 3=10.67(\text{kN}\cdot\text{m})$$

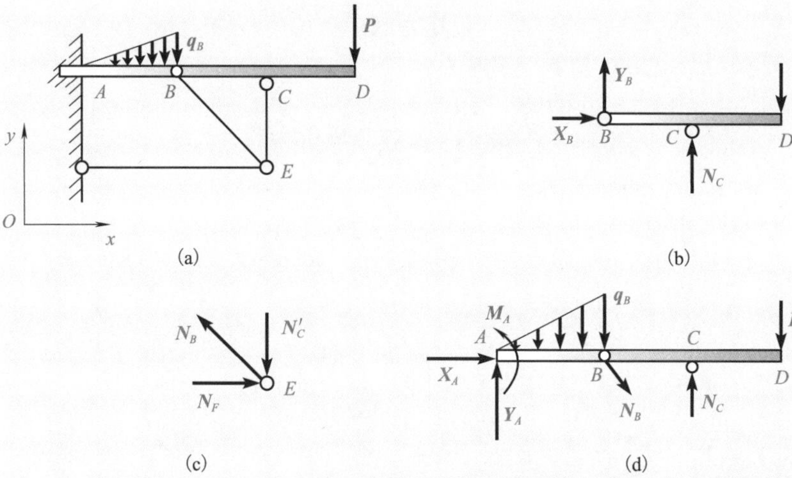

图 3-21

3-21

【例 3-10】　图 3-22(a)所示结构，已知物块重为Q，尺寸如图示，不计杆及轮重，求A、B处反力。

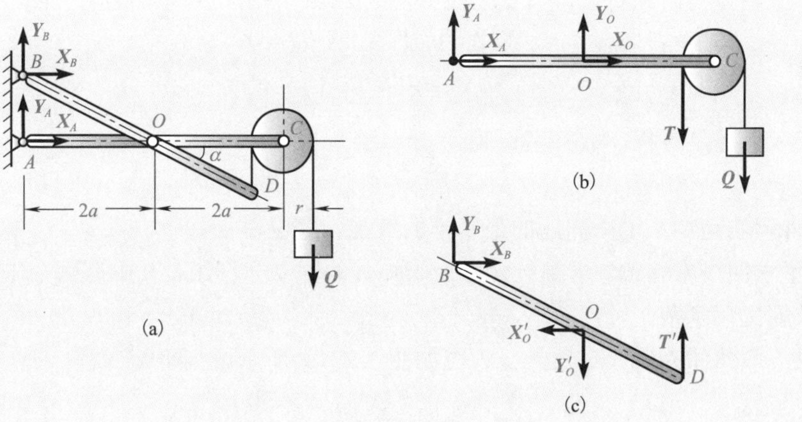

图 3-22

3-22

解法一　拆开结构后，对构件逐个进行受力分析，求出题目所求未知力。先选BD杆为研究对象，受力图如图 3-22(c)所示。

列平衡方程

$$\sum X=0,\quad X_B-X'_O=0 \tag{1}$$

$$\sum Y=0,\quad Y_B-Y'_O+T'=0 \tag{2}$$

$$\sum m_B(\boldsymbol{F})=0,\quad -X'_O 2a\tan\alpha-Y'_O 2a+T'(4a-r)=0 \tag{3}$$

以上三个方程共有四个未知数，无法求解。

再选 AC 杆、滑轮和重物系统为研究对象，其受力分析如图 3-22(b) 所示。列平衡方程

$$\sum X=0,\quad X_A+X_O=0 \tag{4}$$

$$\sum Y=0,\quad Y_A+Y_O-T-Q=0 \tag{5}$$

$$\sum m_A(\boldsymbol{F})=0,\quad 2a\cdot Y_O-(4a-r)T-(4a+r)Q=0 \tag{6}$$

以上共六个方程，六个未知数，可解。由方程(6)，并利用 $T=Q$ 的条件，得

$$Y_O=4Q$$

由方程(3)，并利用 $T'=T=Q$ 及 Y_O，得

$$X'_O=-\left(2+\frac{r}{2a}\right)\cot\alpha\cdot Q$$

由方程(1)，将 X'_O 代入，得

$$X_B=X_O=-\left(2+\frac{r}{2a}\right)\cot\alpha\cdot Q$$

由方程(4)，将 $X_O=X'_O$ 代入，得

$$X_A=-X_O=\left(2+\frac{r}{2a}\right)\cot\alpha\cdot Q$$

由方程(2)，将 $Y'_O=Y_O$、$T'=T=Q$ 代入，得

$$Y_B=Y'_O-T'_O=3Q$$

由方程(5)，将 Y_O 及 $T=Q$ 代入，得

$$Y_A=-Y_O+T+Q=-2Q$$

验算：取整体为研究对象，其受力图如图 3-22(a) 所示。列平衡方程

$$\sum Y=0,\ Y_B+Y_A-Q=0$$

$$\sum X=0,\ X_A+X_B=0$$

将各答案代入后满足方程，故答案正确。

讨论：

(1) 这种解法是物系平衡问题的最基本的解法，容易掌握。

(2) 为了求四个未知数，求解包含六个未知数的联立方程组，其中有两个未知数是题目不要求的，求解比较复杂。

解法二 取整体为研究对象，受力图如图 3-22(a) 所示。列平衡方程

$$\sum X=0,\quad X_A+X_B=0 \tag{1}$$

$$\sum Y=0,\quad Y_A+Y_B-Q=0 \tag{2}$$

$$\sum m_A(\boldsymbol{F})=0,\quad -2a\tan\alpha\cdot X_B-(4a+r)Q=0 \tag{3}$$

以上三个方程共四个未知数，联立解方程(1)与(3)，可得出 X_A、X_B。方程(2)包含了 Y_A、Y_B 两个未知数，无法求解。需要再选研究对象，建立补充方程。

取 AC 杆、滑轮和重物系统为研究对象，受力图如图 3-22(b) 所示。列平衡方程

$$\sum m_O(F)=0,\quad -2aY_A-(2a-r)T-(2a+r)Q=0 \tag{4}$$

以上共有四个方程，四个未知数，可解。由方程(3)得

$$X_B = -\left(2 + \frac{r}{2a}\right)\cot\alpha \cdot Q$$

由方程(1)得

$$X_A = -X_B = \left(2 + \frac{r}{2a}\right)\cot\alpha \cdot Q$$

由方程(4)，并利用 $T = Q$ 条件，得

$$Y_A = -2Q$$

由方程(2)，将 Y_A 代入，得

$$Y_B = Q - Y_A = 3Q$$

讨论：

(1)先选整体为研究对象，是为了避免 O 点内力暴露出来，因 O 点内力不是本题要求的。再选 AC 系统为研究对象，是为了补充求 Y_A 的平衡方程。滑轮和重物不从杆上拆下，也是为了避免暴露出滑轮轴 C 的内力。取 O 点力矩方程是为了避免在平衡方程中出现内力 X_O、Y_O，方程(4)中除 Y_A 外，全是已知数。

由于研究对象与平衡方程选取得恰当，四个未知数正好用了四个方程，与解法一比较，少用了两个平衡方程。

(2)为了找补充方程，也可取 BD 为研究对象。列平衡方程

$$\sum m_O(\boldsymbol{F}) = 0,\ -2a\tan\alpha \cdot X_B - 2aY_B + (2a - r)T' = 0$$

式中包含了 X_B，而且几何关系较复杂，解起来就麻烦了。

【例 3-11】 结构如图 3-23(a)所示，不计各件自重，B、C 处为铰接。已知：$BE = EC$，$a = 40\text{cm}$，$r = 10\text{cm}$，$P = 50\text{N}$，$Q = 100\text{N}$，试求 A 处的约束反力。

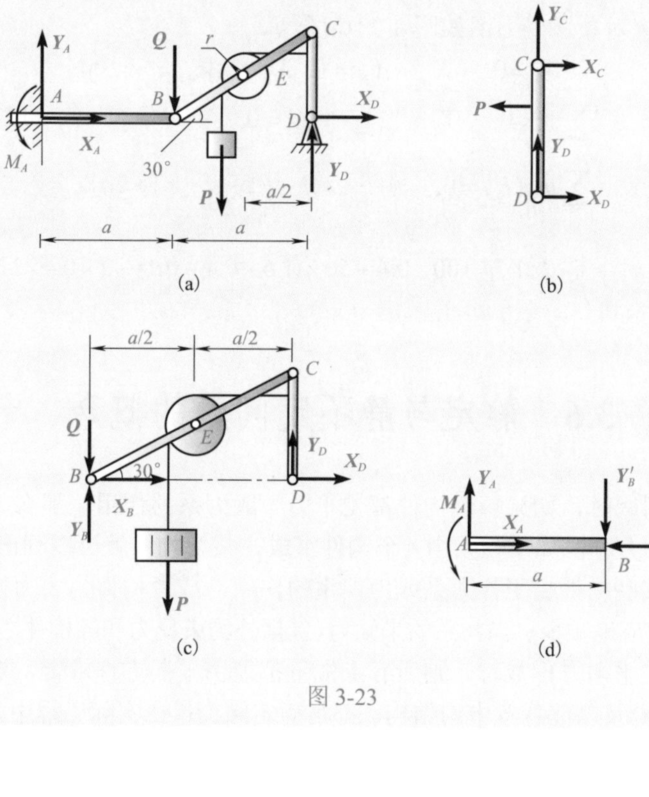

图 3-23

3-23

解法一 (1)取 CD 杆为研究对象，其受力图如图 3-23(b)所示。

$$\sum m_C(\boldsymbol{F})=0,\ X_D a\tan 30^\circ - P\left(\frac{a}{2}\tan 30^\circ - r\right)=0$$

$$X_D = P\left(\frac{a}{2}\tan 30^\circ - r\right)\Big/(a\tan 30^\circ) = 50\times(20\tan 30^\circ - 10)/(40\tan 30^\circ) = 3.35(\text{N})$$

(2)取 BCD、滑轮及重物为研究对象，受力图如图 3-23(c)所示。

$$\sum m_B(\boldsymbol{F})=0,\quad Y_D a - P\left(\frac{a}{2}-r\right)=0,\ Y_D=12.5\text{N}$$

$$\sum X=0,\quad X_B+X_D=0,\ X_B=-X_D=-3.35\text{N}$$

$$\sum Y=0,\quad Y_B+Y_D-P-Q=0,\ Y_B=P+Q-Y_D=50+100-12.5=137.5(\text{N})$$

(3)取 AB 杆为研究对象，受力图如图 3-23(d)所示。

$$\sum X=0,\quad X_A-X_B=0,\quad X_A=X_B=-3.35\text{N}$$

$$\sum Y=0,\quad Y_A-Y_B=0,\quad Y_A=Y_B=137.5\text{N}$$

$$\sum m_A(\boldsymbol{F})=0,\quad M_A-aY_B=0,\quad M_A=aY_B=55\text{N}\cdot\text{m}$$

上面的解法中，先从从属结构 CD 杆开始，共取了三个分离体，求出了四个题目不需求解的未知量：X_D、Y_D、X_B、Y_B。那么，能否不求出中间未知量 X_B 和 Y_B，就可以求出 A 点反力呢？回答是肯定的。

解法二 (1)同解法一的第一步(1)。

(2)受力图如图 3-23(c)所示。

$$\sum m_B=0,\quad Y_D\cdot a-P\left(\frac{a}{2}-r\right)=0,\ Y_D=12.5\text{N}$$

(3)以整体为研究对象，受力图如图 3-23(a)所示。

$$\sum X=0,\quad X_A+X_D=0,\ X_A=-X_D=-3.35\text{N}$$

$$\sum Y=0,\quad Y_A+Y_D-P-Q=0,\ Y_A=P+Q-Y_D=137.5\text{N}$$

$$\sum m_A(\boldsymbol{F})=0,\quad M_A-aQ-P\left(\frac{3}{2}a-r\right)+2aY_D=0$$

$$M_A=aQ+P\left(\frac{3}{2}a-r\right)-2aY_D=100\times0.4+50\times(1.5\times0.4-0.1)-2\times0.4\times12.5=55(\text{N}\cdot\text{m})$$

3.6 静定与静不定问题的概念

研究物系平衡问题时，如果每个构件都受平面一般力系的作用，那么，每个构件都可以列出三个独立的平衡方程，如果物系由 n 个构件组成，整个物系就可以列出 $3n$ 个独立的平衡方程。如果物系中某些构件受平行力系或力偶系的作用，或者构件为二力杆，那么，独立平衡方程的数目还将相应地减少。当物系的未知力(包括外约束反力和各构件之间的相互作用力)总数少于或等于独立平衡方程数时，则所有未知量都能由平衡方程求得，这样的问题称为静定问题，如图 3-24(a)及以前各章中的结构，都是静定结构；在实际工程中，常常为了提高结构的刚度和坚固性而为结构增加多余约束，从而导致结构的未知量数目多于独立的平衡方程数，因此，未知量就不能全部由平衡方程求得，这样的问题称为静不定问题或超静定问题。如图 3-24(b)、(c)所示，都是超静定结构。而总未知量数与独立平衡方程数之差，称为结构的静不定(或超静定)次数。如图 3-24(b)和(c)的结构，分别为一次和三次超静定的。

3-24

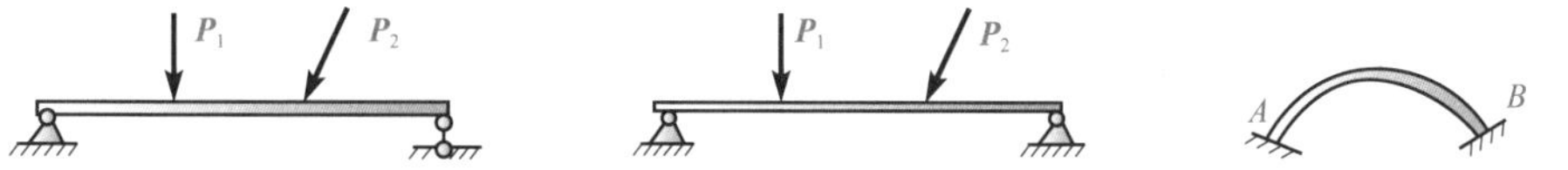

(a) (b) (c)

图 3-24

刚体静力学是不能独立地解决静不定问题的，只有借助变形体力学(如材料力学和结构力学等)，才能给出静不定问题的全部解答。但学完本节，要会判断结构是否静定，会求静不定次数。

3.7 平面简单桁架的内力分析

1 平面桁架简介

在工程实际中，铁路的桥梁、油田的井架、起重机、电视塔等的一些结构都采用了桁架结构，如图 3-25(a)、(b)所示。

3-25

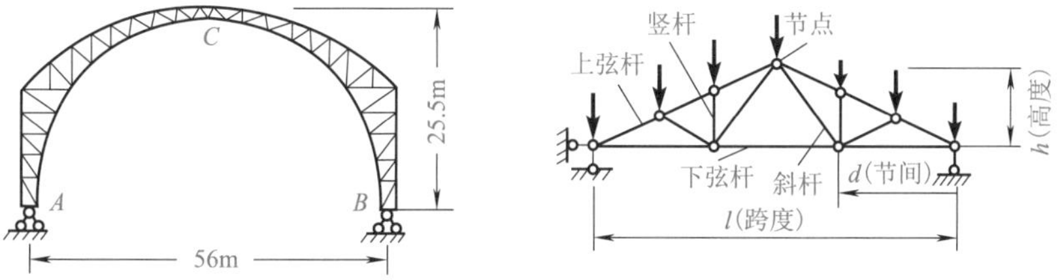

(a) (b)

图 3-25

所谓桁架，就是由一些杆件彼此在两端铰接而成的一种几何形状不变的结构。

工程中，桁架上面的杆称为上弦，下面的杆称为下弦，连接上下弦的竖直杆件称为竖杆，连接上下弦的倾斜杆件称为斜杆，竖杆与斜杆统称为腹杆。杆件的汇交点称为节点(或结点)，下弦杆两节点间的距离称为节间，两支座间的距离称为跨度。各杆件都处于同一平面内的桁架，称为平面桁架。

桁架的优点是：杆件主要承受拉力或压力。这样可以充分发挥材料的作用，减轻结构的重量，节省材料。

为了简化桁架的计算，工程实践中常常采用如下几个假设：

(1)桁架的杆件都是直杆；

(2)杆件之间用光滑铰链连接；

(3)桁架的外载荷都作用在节点上，而且在桁架的平面内；

(4)桁架的杆重不计，或者将杆重平均分配在杆两端的节点上。

满足上面四个假设的桁架叫理想桁架。由四个假设知，理想桁架中的杆均为二力杆。理论力学中只研究理想桁架。实际工程中的桁架与上述假设多有偏差，但进一步分析证明，把它们作为理想桁架进行分析，基本符合实际。

如果从桁架中除去一杆，桁架就不能保持其几何形状不变，而成为几何形状可变体系，这样的桁架称为无余杆桁架，如图 3-26(a)所示。无余杆桁架是静定结构。与此相对应的是有余杆桁架：如果除去桁架中的某几根杆，它也不会变成几何可变结构，如图 3-26(b)所示。

3-26

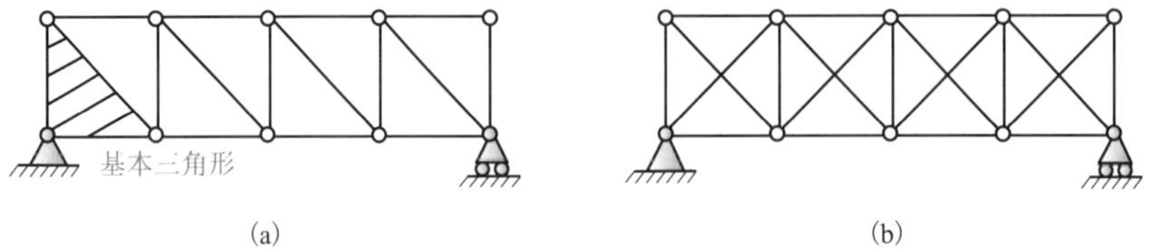

图 3-26

无余杆桁架是以基本三角形为基础，如图 3-26(a)，每增加一个节点需要增加两根杆件，这样构成的桁架又称为平面简单桁架。基本三角形由三杆、三铰构成。可以证明，平面简单桁架是静定结构。下面给出其证明。

证明 设桁架中总杆数为 m，总结点数为 n。那么，根据简单桁架的组成规则，结构在基本三角形的基础上，增加的杆件数为 $(m-3)$，增加的铰链数为 $(n-3)$，而桁架组成时，每增加两根杆，就要增加一个铰链，所以有下式成立：

$$m-3=2(n-3)$$

即

$$m=2n-3 \tag{3-8}$$

结构中有 m 个未知量，n 个节点，可列出 $2n$ 个平衡方程，结构中还有三个未知的外反力。由此可知，未知力的个数与平衡方程数相等，故整个结构为静定结构。

由上可见，平面简单桁架的组成规则还提供了一种判断静定与静不定(或超静定)的方法。

2. 两种桁架杆件内力的计算方法：节点法和截面法

1) 节点法

以节点为研究对象，求桁架各杆内力的方法即为节点法。

【例 3-12】 桁架结构如图 3-27(a)所示，试求 5 杆和 7 杆的内力。

分析 图 3-27(a)中，有 $m=13$ 个杆件，$n=8$ 个节点满足式(3-8)，所以，桁架为平面简单桁架。

解 (1) 以整体为研究对象，求出外反力：$\boldsymbol{N}_A$、$\boldsymbol{R}_{Bx}$ 和 $\boldsymbol{R}_{By}$，如图 3-27(b)所示，由于结构和外载都对称，所以反力也对称，故有

$$\boldsymbol{R}_{Bx}=0$$

$$\boldsymbol{R}_{By}=N_A=\frac{30+60+60+60+30}{2}=120(\text{kN})$$

(2) 求 5 杆内力。(5 杆与 D 铰和 E 铰相连，E 铰上有 5 根杆，而 D 铰上有 4 根杆，D 点又靠近结构边缘，所以，选 D 为研究对象较简便。D 点有 4 个未知力，只有通过其他节点求出两个杆的内力，才能求出 5 杆的内力。)

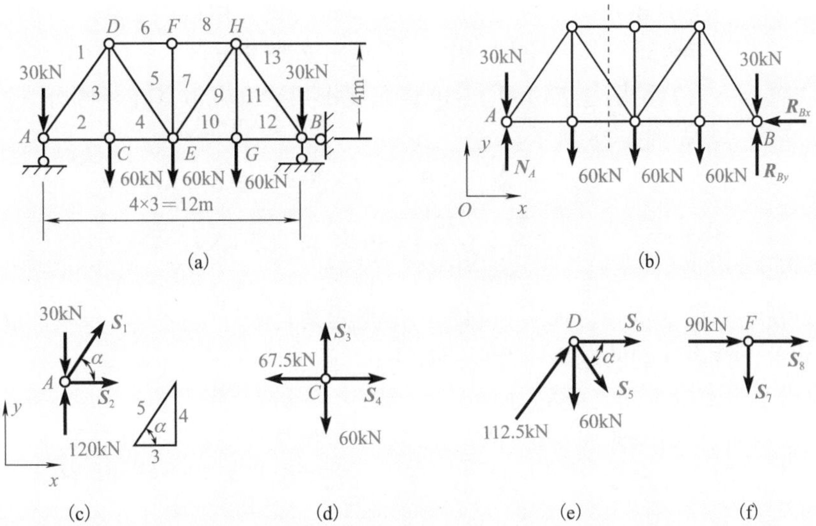

图 3-27

3-27

以 A 点为研究对象，见图 3-27(c)，则有

$$\sum Y = 0, \quad N_A + S_1 \sin\alpha - 30 = 0$$

$$S_1 = \frac{30 - N_A}{\sin\alpha} = (30 - 120) \times \frac{5}{4} = -112.5\text{kN} \quad (\text{压力})$$

以 C 点为研究对象，见图 3-27(d)，则有

$$\sum Y = 0, \quad S_3 - 60 = 0, \quad S_3 = 60\text{kN}$$

以 D 点为研究对象，见图 3-27(e)，则有

$$\sum Y = 0, \quad -S_5 \sin\alpha - 60 + 112.5 \sin\alpha = 0, \quad S_5 = 37.5\text{kN}\ (\text{拉力})$$

(3) 求 7 杆内力，以 F 点为对象，见图 3-27(f)，则有

$$\sum Y = 0, \quad S_7 = 0$$

像 7 杆这样，在外载作用下内力为零的杆称为**零内力杆**(或零力杆)。零力杆的判断方法：通过一个节点的三个杆件中，若有两个杆在同一直线上，且节点无外载，那么，第三个杆一定为零力杆；若一个节点只有两个不在一条直线上的杆，且节点不受外载作用，那么，这两个杆都是零力杆。解题时，先找出零力杆，将有助于问题的求解。

节点法的解题步骤和要点：

(1) 一般先求出桁架的支座反力。

(2) 分析要求解的问题，找出已知量与未知量之间的关系，明确研究路线，对路线上的点逐个进行平衡分析，解决要研究的问题。

(3) 判断杆件内力是拉力还是压力，指向节点的为压力，背离节点的为拉力。

2) 截面法

假想用截面将桁架截开，取其一部分为研究对象，进行平衡分析，求出某个杆的内力，这就是截面法。

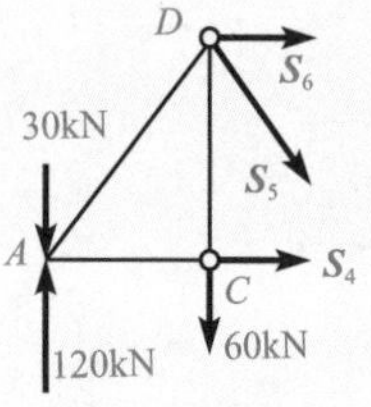

图 3-28

3-28

【例 3-13】 仍以例 3-12 的结构为例，用截面法求 5 杆的内力。

解 (1)与例 3-12 相同，先求出支座反力 $\boldsymbol{N}_A$。

(2)用图 3-27(b)所示的虚线将桁架截开，取其左半部分进行研究，如图 3-28 所示。

$$\sum Y=0,\ \ 120-30-60-S_5\sin\alpha=0$$

$$S_5=\frac{30}{\sin\alpha}=30\times\frac{5}{4}=37.5(\text{kN})\quad\text{(拉力)}$$

比较节点法与截面法可知，如果只想求桁架里的某几个杆的内力，一般情况下都是采用截面法比较简单。截面法的解题步骤及要点如下：

(1)用解析法求出桁架的支座反力。

(2)假想用截面(平面或曲面)将桁架截成两部分。被截杆中，必须包含欲求内力杆，并且，未知内力的杆数一般不能多于 3 个。取一部分为研究对象，并画出被截杆的内力，通常设为拉力。

(3)列出研究对象的平衡方程，通常用力矩式比较简单，求出未知力。

(4)判断出杆的内力是拉力还是压力。在设为拉力时，结果是正为拉力，负为压力。

【例 3-14】 平面结构如图 3-29(a)所示，不计各杆自重，已知 $P=100\text{kN}$，$L_1=1\text{m}$，$L_2=2\text{m}$，$L_3=3\text{m}$，试求固定端 A 处反力和 DE 杆的内力。

解 (1)先将桁架取出作为研究对象，画出受力图，如图 3-29(b)所示。

$$\sum m_E(\boldsymbol{F})=0,\ N_C L_2+4L_1P=0$$

$$N_C=\frac{-4PL_1}{L_2}=-\frac{4\times 100}{2}=-200(\text{kN})$$

再以整体为研究对象，受力图如图 3-29(c)所示。

$$\sum X=0,\quad X_A-P=0,\quad X_A=P=100\text{kN}$$

$$\sum Y=0,\quad Y_A+N_C=0,\quad Y_A=-N_C=200\text{kN}$$

$$\sum m_A(\boldsymbol{F})=0,\quad M_A+2L_2N_C+P(4L_1+L_3)=0$$

$$M_A=-2L_2N_C-P(4L_1+L_3)=800-100\times(4+3)=100(\text{kN}\cdot\text{m})$$

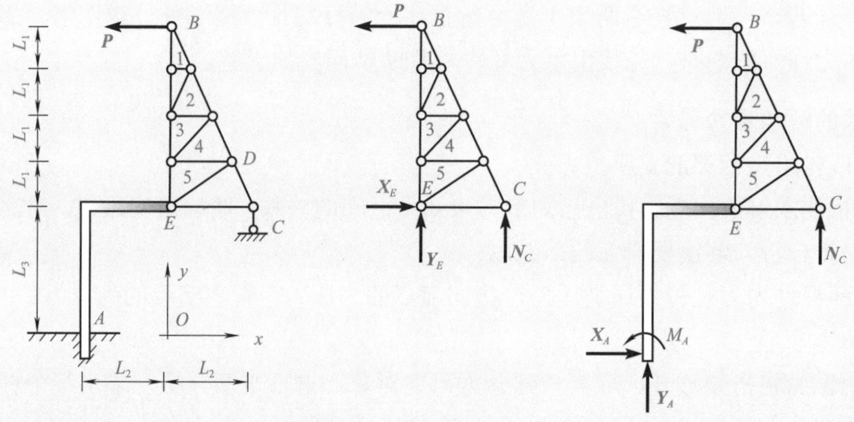

图 3-29

3-29

(2) 求 DE 杆的内力。由图 3-29(a) 可知，1 杆是零力杆，于是，2 杆也是零力杆，类推下去，可知 DE 杆也是零力杆。

在桁架问题的分析中，一般“节点法”常用于桁架的设计问题，而“截面法”常用于某些杆件内力的校核问题。

本章小结

1. 力线平移定理：为保证作用效果不变，在刚体内平移一个力的同时，必须附加一力偶，其矩等于原来的力对新作用点之矩。

力线平移定理是力系向一点简化的理论基础。

2. 平面一般力系向作用面内任意一点简化后，一般情况下可得到一个力和一个力偶。该力等于力系的主矢 $\boldsymbol{R}'$，即 $\boldsymbol{R}'=\sum \boldsymbol{F}$，它作用于简化中心 O 点；该力偶的力偶矩等于力系对 O 点的主矩，即 $M_O=\sum m_O(\boldsymbol{F})$。

力系的主矢与简化中心的位置无关，力系的主矩一般与简化中心的位置有关。

3. 平面一般力系简化的最后结果(合成结果)有三种情形(表 3-1)。

4. 平面一般力系平衡的必要与充分条件是力系的主矢和对任意一点的主矩同时为零。即

$$\boldsymbol{R}'=\sum \boldsymbol{F}=0,\quad M_O=\sum m_O(\boldsymbol{F})=0$$

平衡条件的解析表达式称为平衡方程，它有以下三种形式。

(1) 一矩式：

$$\sum X=0,\quad \sum Y=0,\quad \sum m_O(\boldsymbol{F})=0$$

(2) 二矩式：

$$\sum X=0,\ \sum m_A(\boldsymbol{F})=0$$
$$\sum m_B(\boldsymbol{F})=0$$

AB 连线不垂直于 x 轴。

(3) 三矩式：

$$\sum m_A(\boldsymbol{F})=0$$
$$\sum m_B(\boldsymbol{F})=0$$
$$\sum m_C(\boldsymbol{F})=0$$

A、B、C 三点不共线。

5. 物系平衡的特点是物系中每个构件都平衡。独立平衡方程数大于或等于未知量的数目时为静定问题；独立平衡方程数小于未知量的数目时为静不定问题。

6. 桁架：由二力杆铰接而成的几何形状不变的结构。求解各杆内力，通常用如下两种方法。

(1) 节点法：以节点为研究对象，应用平面汇交力系的平衡条件求桁架内力。注意：每次所研究的节点，未知力数不能多于两个。

(2) 截面法：假想把桁架在欲求内力的杆处截成两部分，取一部分为研究对象，应用平面一般力系的平衡条件，求出欲求杆的内力。注意：每次截断的杆中，未知内力数不得多于三个。

表 3-1

主　矢	主　矩	合成结果	说　明
$R'\neq 0$	$M_O=0$	合力	合力作用线过简化中心
	$M_O\neq 0$		合力作用线距简化中心的距离 $d=\lvert M_O\rvert/R'$
$R'=0$	$M_O\neq 0$	力偶	此力偶为原力系的合力偶。在这种情况下，主矩与简化中心的位置无关
	$M_O=0$	平衡	原力系为平衡力系

思 考 题

3.1 试用力的平移定理说明图 3-30(a)、(b)两图中力 $\boldsymbol{F}$ 与力 $\boldsymbol{F}_1$、$\boldsymbol{F}_2$ 对轮的作用有何不同？在轴承 A、B 处的约束反力有何不同？已知 $F_1 = F_2 = F/2$，轮的半径均为 r。

3.2 已知平面任意力系向某点简化得到一合力，试问能否另选一适当简化中心，把力系简化为一力偶？反之，如已知平面任意力系向某一点简化得到一力偶，试问能否另选一适当简化中心，把力系简化为一合力？为什么？

3.3 某平面一般力系由 n 个力组成，如图 3-31 所示。若该力系满足方程：$\sum m_A(\boldsymbol{F}) = 0$，$\sum m_B(\boldsymbol{F}) = 0$，$\sum Y = 0$，问该力系一定是平衡力系吗？ 为什么？

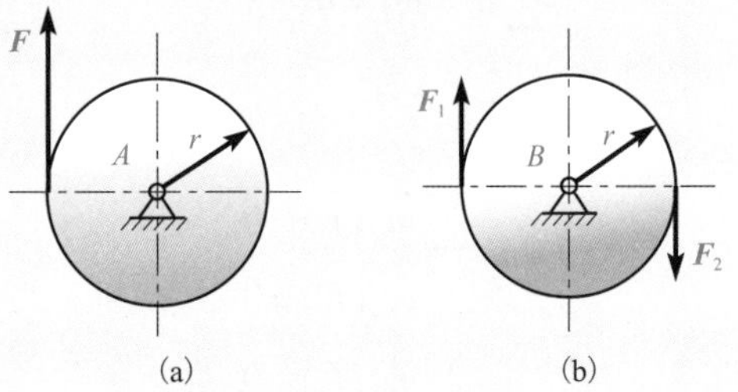

图 3-30

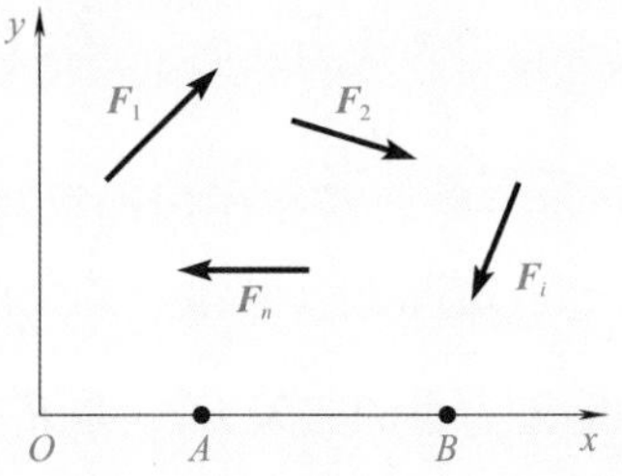

图 3-31

3.4 某平面一般力系，若分别满足表 3-2 所列的各种条件，试判断该力系合成的最后结果可能是什么？

表 3-2

力系满足的条件	$\sum X = 0$	$\begin{cases}\sum X = 0 \\ \sum Y = 0\end{cases}$	$\begin{cases}\sum X = 0 \\ \sum m_A(\boldsymbol{F}) = 0\end{cases}$	$\begin{cases}\sum m_A(\boldsymbol{F}) = 0 \\ \sum m_B(\boldsymbol{F}) = 0\end{cases}$
合成的可能结果				
力系满足的条件	$\sum X = 0$, $\sum m_A(\boldsymbol{F}) = 0$, $\sum m_B(\boldsymbol{F}) = 0$		$\sum m_A(\boldsymbol{F}) = 0$, $\sum m_B(\boldsymbol{F}) = 0$, $\sum m_C(\boldsymbol{F}) = 0$	
合成的可能结果				

3.5 刚体在 A、B、C、D 四点各作用一力，其力多边形组成一个封闭的矩形，如图 3-32 所示，试问刚体是否平衡？为什么？

3.6 力系如图 3-33 所示，且 $F_1 = F_2 = F_3 = F_4$。问力系向点 A 和 B 简化的结果分别是什么？二者是否等效？

3.7　在三铰刚架的 D、H 处各作用一铅直力 $\boldsymbol{P}$，$DC=CH$，如图 3-34 所示。求 A、B 支座反力时，是否可将两铅直力合成，以作用于 C 点而大小等于 $2P$ 的一个铅直力来代替？为什么？

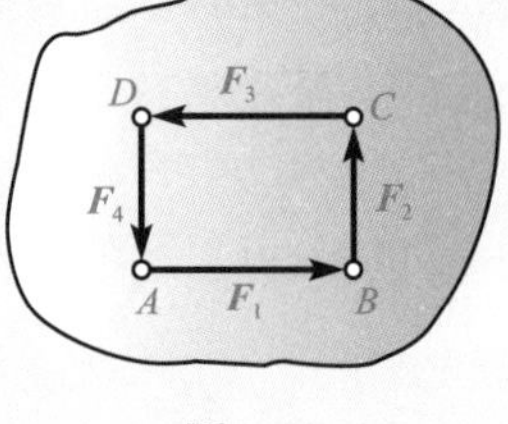

图 3-32

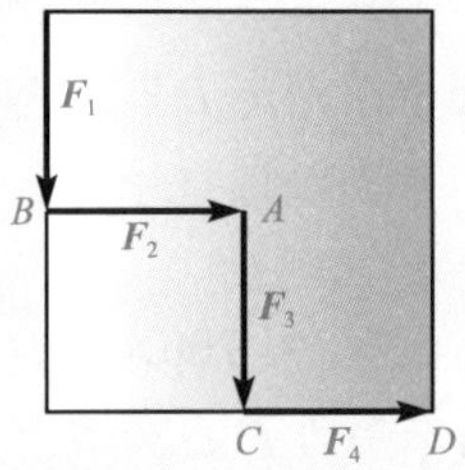

图 3-33

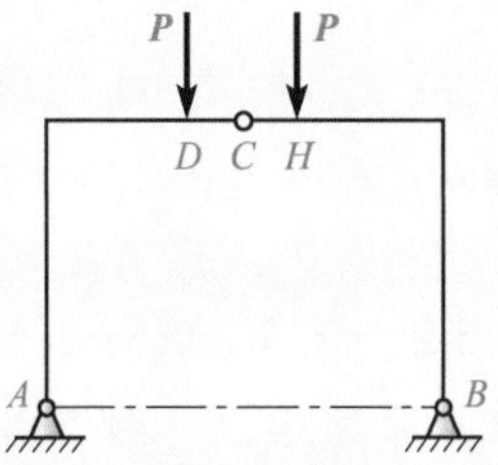

图 3-34

3.8　试用最简便的方法定出图 3-35 中各结构在 A 处的约束反力方向。

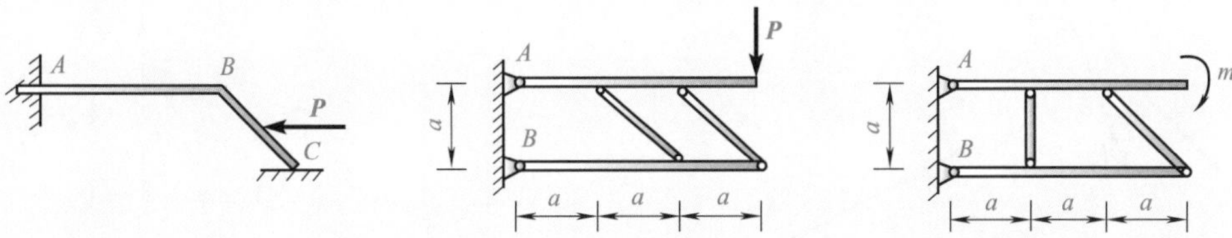

(a)　(b)　(c)

图 3-35

3.9　试判断图 3-36 中各结构是静定的还是静不定的？

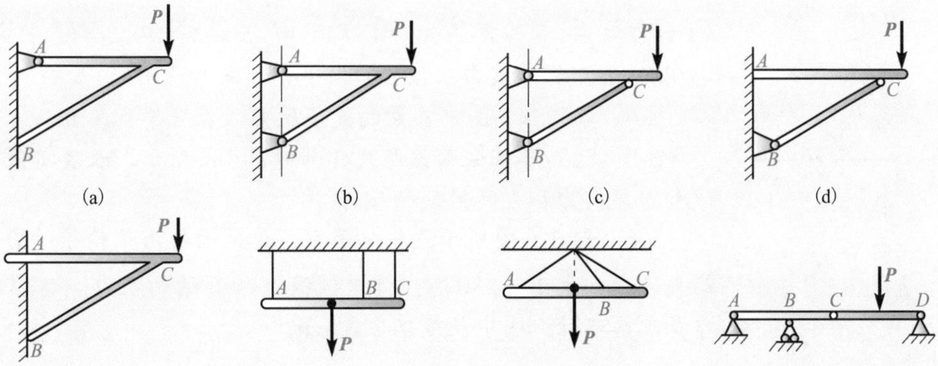

(a)　(b)　(c)　(d)

(e)　(f)　(g)　(h)

图 3-36

3.10　找出图 3-37 所示桁架中内力为零的杆件。

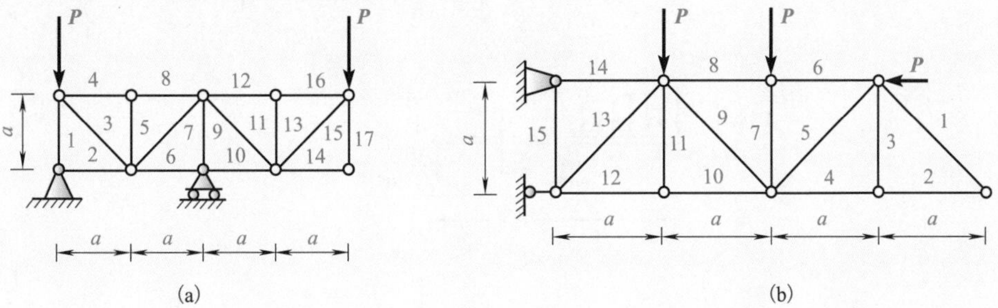

(a)　(b)

图 3-37

习　题

3-1 已知题 3-1 图所示各力的大小分别为 $P_1 = 150\text{N}$，$P_2 = 200\text{N}$，$P_3 = 300\text{N}$，组成力偶的力 $F = F' = 200\text{N}$，力偶臂为 8cm，方向如图所示。试求：①各力向 O 点简化的结果；②力系合力的大小及作用位置距 O 点的垂直距离 d。

3-2 题 3-2 图所示一平面力系，已知 $P = 200\text{N}$，$Q = 100\text{N}$，$m = 300\text{N}\cdot\text{m}$。欲使力系的合力 R 通过点 O，问作用于已知点的水平力 $\boldsymbol{F}$ 应为多大？

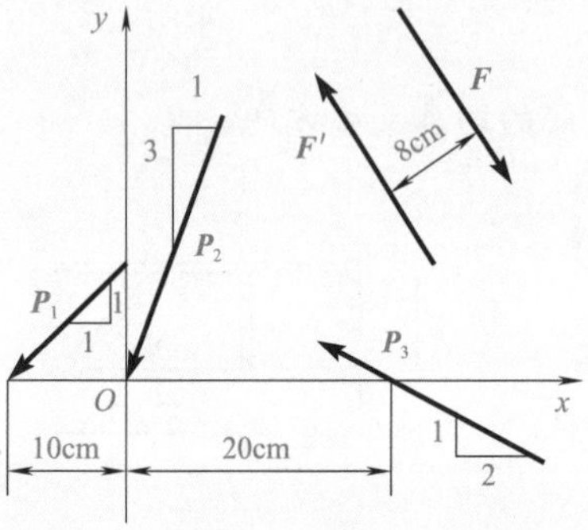

题 3-1 图

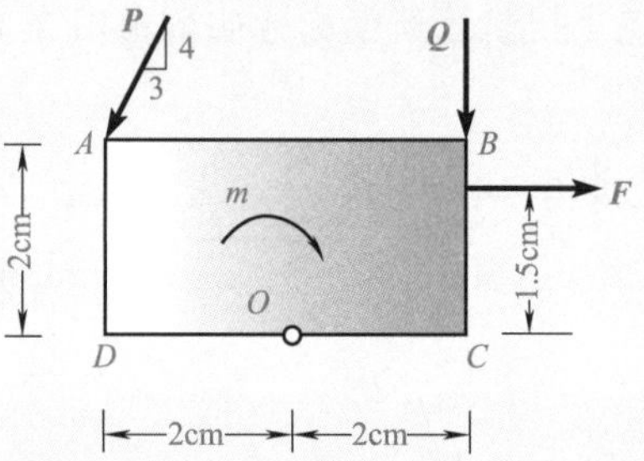

题 3-2 图

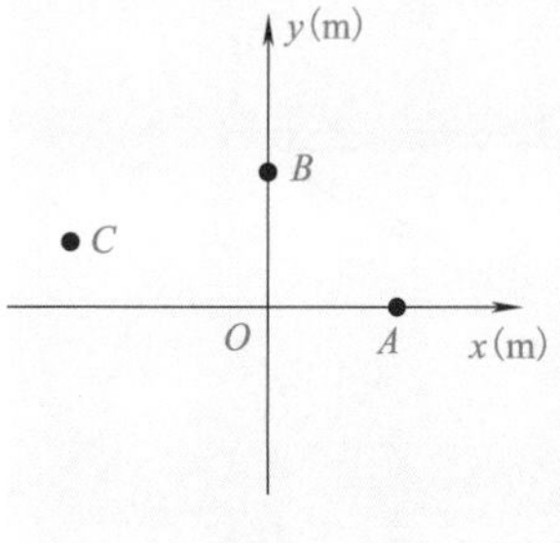

题 3-3 图

3-3 如题 3-3 图所示，已知一平面力系对 $A(3,0)$、$B(0,4)$ 和 $C(-4.5,2)$ 三点的主矩分别为：$M_A = 20\text{kN}\cdot\text{m}$，$M_B = 0, M_C = -10\text{kN}\cdot\text{m}$。试求该力系合力的大小、方向和作用线。

3-4 求题 3-4 图中各梁的支座反力，长度单位为 m。

3-5 已知各刚架荷载及尺寸如题 3-5 图所示，长度单位为 m，试求支座反力和中间铰处的反力。

3-6 题 3-6 图所示飞机起落架，设地面作用于轮子的力 N_D 是铅直方向，大小为 30kN。试求铰链 A 和 B 的约束力。起落架本身重量忽略不计。图中长度单位是 cm。

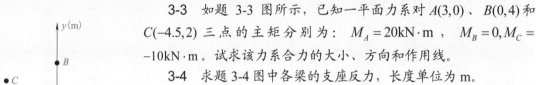

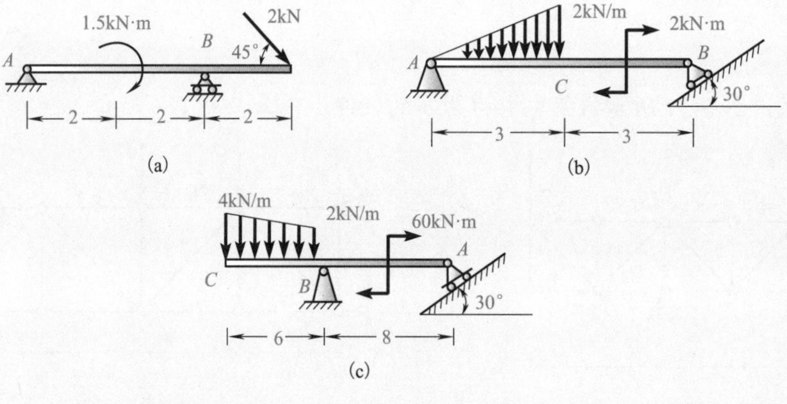

题 3-4 图

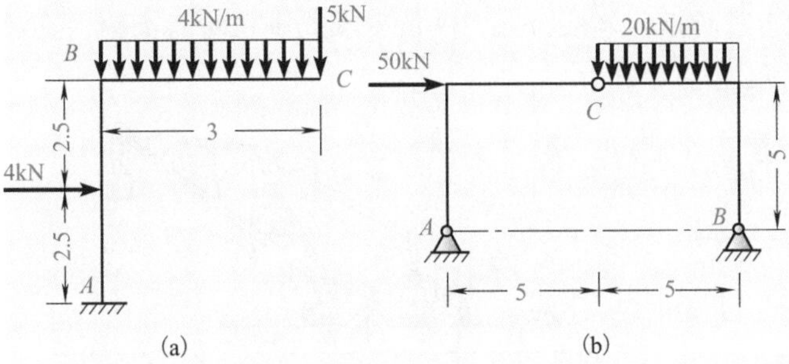

题 3-5 图

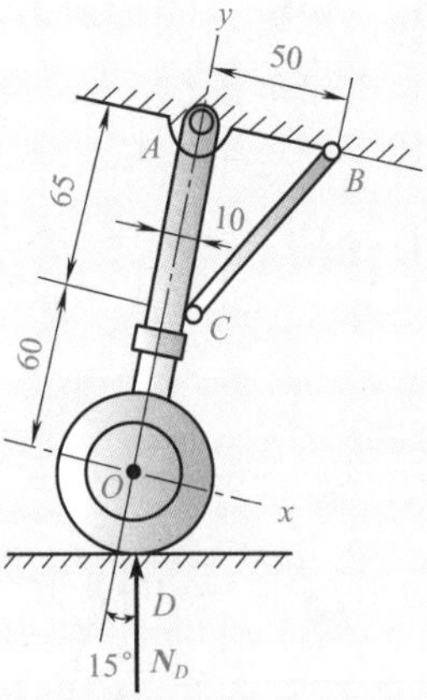

题 3-6 图

3-7　如题 3-7 图所示，悬臂梁 AB 一端砌在墙内，在自由端装有滑轮用以吊起重物。设重物 D 的重量是 G，AB 长 b。求匀速吊起重物时固定端的反作用力。不计梁自重。

3-8　如题 3-8 图所示，均质水平梁 AB 重为 $\boldsymbol{P}$，其 A 端插入墙内，重为 $\boldsymbol{P}$ 的铅直梁 BC 和 AB 梁铰接，C 端支承在铅直活动的支座上，设在 BC 梁上作用有矩为 M 的力偶，且 $AB = BC = a$，求 A、B 两点的支座反力。

3-9　如题 3-9 图所示，水平梁 AB 重为 $\boldsymbol{P}$，长等于 $2a$，其 A 端插入墙内，B 端与重量为 $\boldsymbol{Q}$ 的杆 BC 铰接，C 点靠在光滑的铅直墙上，$\angle ABC = \alpha$，试求 A、C 两点的反力。

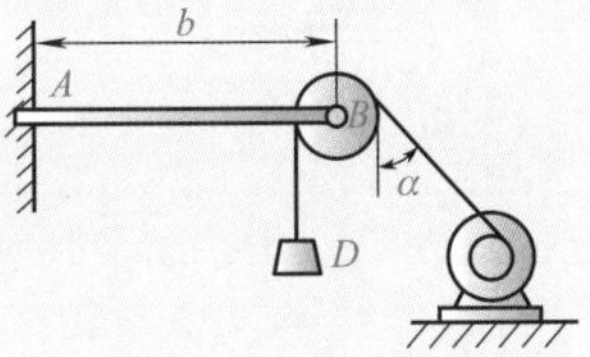

题 3-7 图

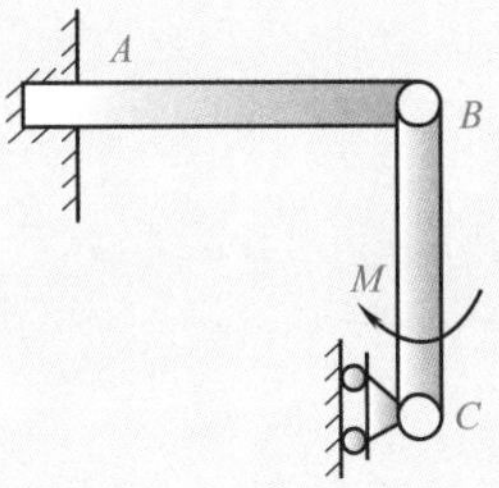

题 3-8 图

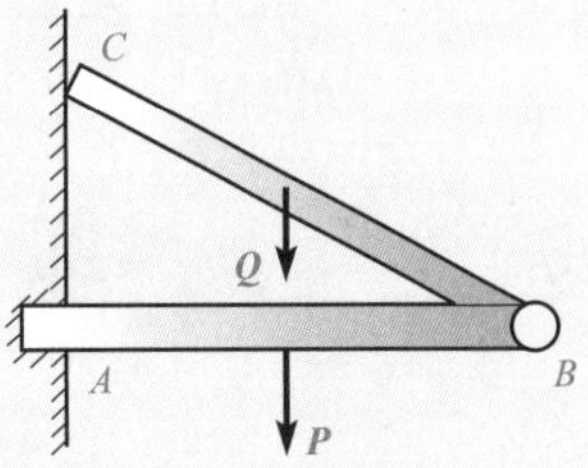

题 3-9 图

3-10　试求题 3-10 图中静定多跨梁的支座反力和中间铰处的反力，各梁的载荷和尺寸如图所示。长度单位为 m。$q = 5\text{kN/m}$，$M = 20\text{kN}\cdot\text{m}$。

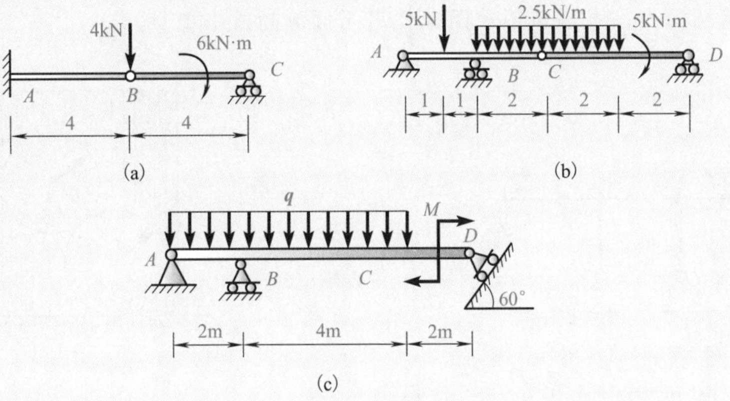

题 3-10 图

3-11 如题 3-11 图所示，起重机放在连续梁上，重物重 $P=10\text{kN}$，起重机重 $Q=50\text{kN}$，其重心位于铅垂线 CE 上，梁自重不计，求支座 A、B 和 D 的反力。

3-12 一汽车式起重机，车重 $Q=26\text{kN}$，起重机伸臂重 $G=4.5\text{kN}$，起重机旋转及固定部分重 $W=31\text{kN}$。各部分尺寸如题 3-12 图所示，单位为 m。设伸臂在起重机对称面内，且放在最低位置，求此时车不致翻倒的最大起重重量 P。

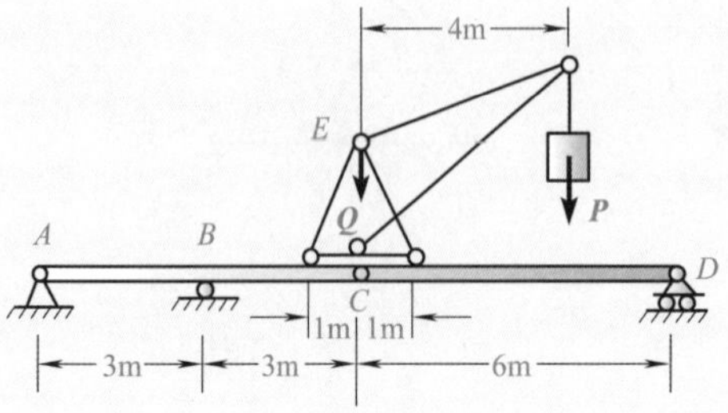

题 3-11 图

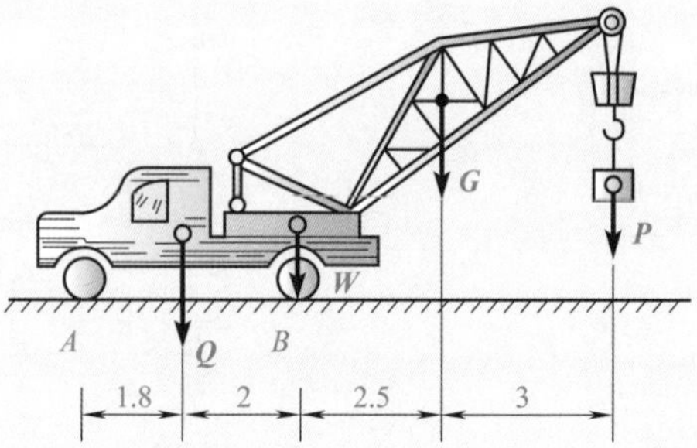

题 3-12 图

3-13 钢架 ABC 和梁 CD，支承与荷载如题 3-13 图所示。已知 $P=5\text{kN}$，$q=200\text{N/m}$，$q_0=300\text{N/m}$，求支座 A、B 的反力。

3-14 题 3-14 图所示结构由折梁 AC 和直梁 CD 构成，各梁自重不计，已知：$q=1\text{kN/m}$，$M=27\text{kN}\cdot\text{m}$，$P=12\text{kN}$，$\theta=30°$，$L=4\text{m}$。试求：①支座 A 的反力；②铰链 C 的约束反力。

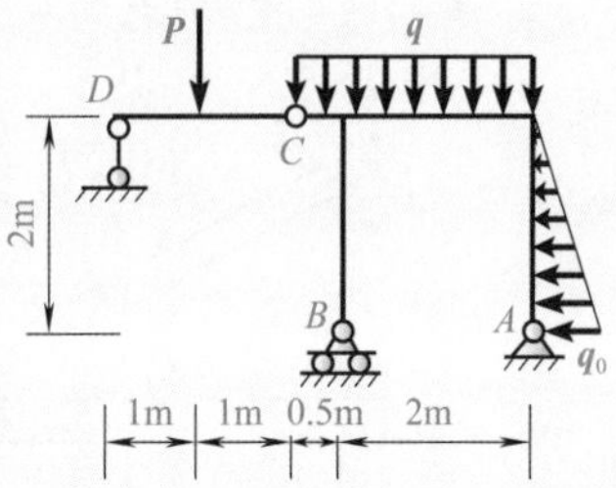

题 3-13 图

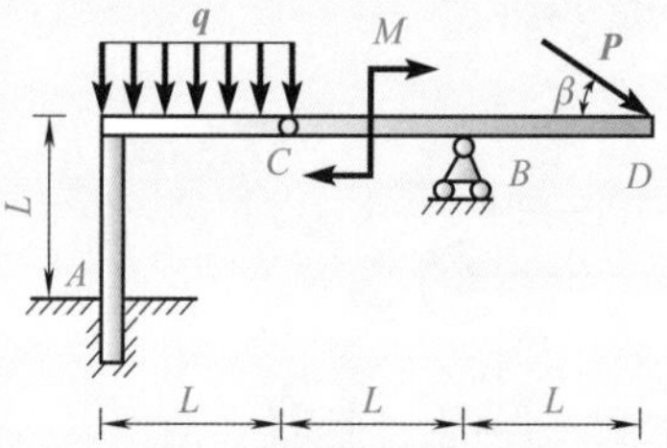

题 3-14 图

3-15 三铰钢架的几何尺寸如题 3-15 图所示。在 A 与 B 处分别作用两个力偶，其力偶矩 $m_1=1000\text{N}\cdot\text{m}$，$m_2=500\text{N}\cdot\text{m}$，求铰链 C 所受的力。

3-16 如题 3-16 图所示，相同的两个均质圆球半径为 r，重为 $\boldsymbol{P}$，放在半径为 R 的中空而两端开口的直圆筒内，求圆筒不致因球作用而倾倒的最小重量。

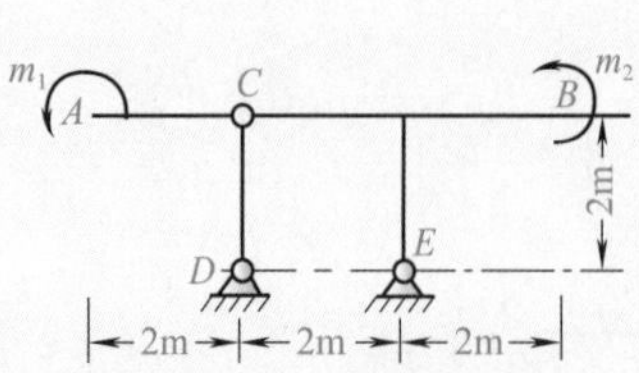

题 3-15 图

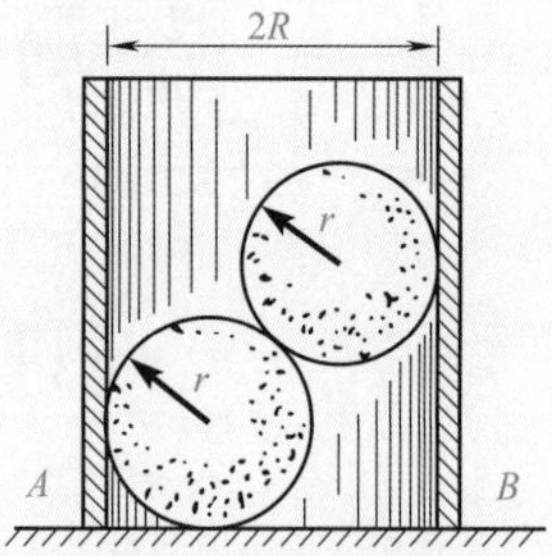

题 3-16 图

3-17　梯子的两部分 AB 和 AC 在 A 点铰接，又在 D、E 两点用水平绳连接，如题 3-17 图所示。梯子放在光滑的水平面上，其一边作用有铅直力 $\boldsymbol{P}$，尺寸如图所示。如不计梯重，求绳的拉力 $\boldsymbol{S}$。

3-18　如题 3-18 图所示，两根长度均为 $2a$ 的梁 AB 和 BC 彼此用铰链 B 连接，梁 AB 的 A 端插入水平面内，梁 BC 的 B 端搁在水平活动支座上，两根梁的重量均为 $\boldsymbol{P}$，与水平面的夹角均为 $60°$，设在 BC 梁的中点作用一个与它垂直的力 $\boldsymbol{Q}$，在梁 AB 中点水平拉一绳索 EF 并跨过定滑轮，在绳的另一端系有重为 $\boldsymbol{G}$ 的物体。若不计滑轮的摩擦，试求支座 A、C 及铰链 B 的反力。

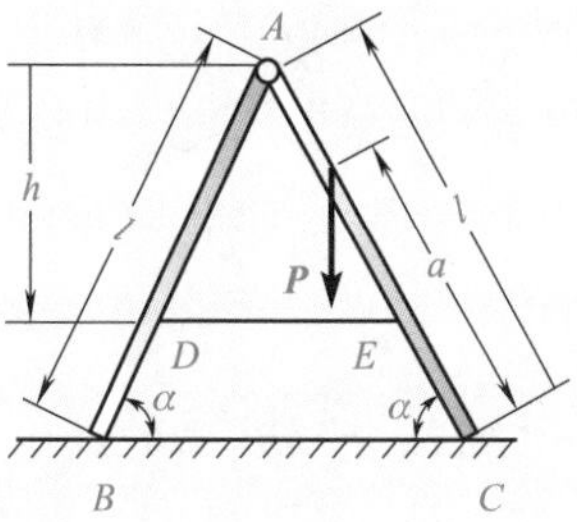

题 3-17 图

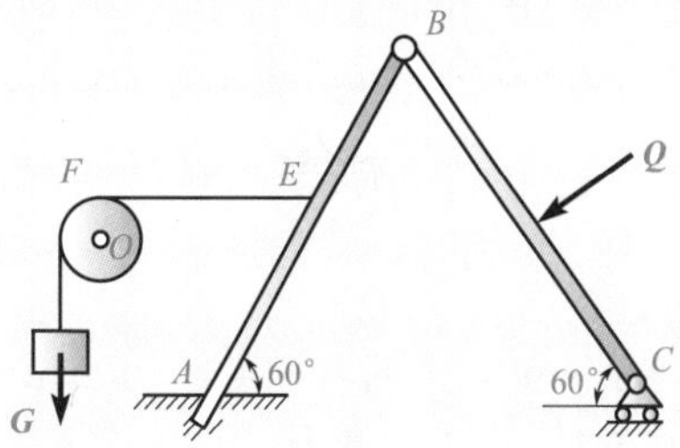

题 3-18 图

3-19　如题 3-19 图所示机架上挂一重为 $\boldsymbol{P}$ 的物体，各构件尺寸如图，不计滑轮及各杆自重和摩擦，求 A、C 两支座的反力。

3-20　钢筋切断机构如题 3-20 图所示，如果在 M 点需要的切断力为 $\boldsymbol{Q}$ 时，试问在 B 点需加多大的水平力 $\boldsymbol{P}$？

3-21　在题 3-21 图所示结构中，杆 AB 与 CD 通过中间铰链 B 相连接，重为 $\boldsymbol{Q}$ 的物体通过绳子绕过滑轮 D 水平地连接于杆 AB 上，各构件自重不计，尺寸如图，试求 A、B、C 三点的约束反力。

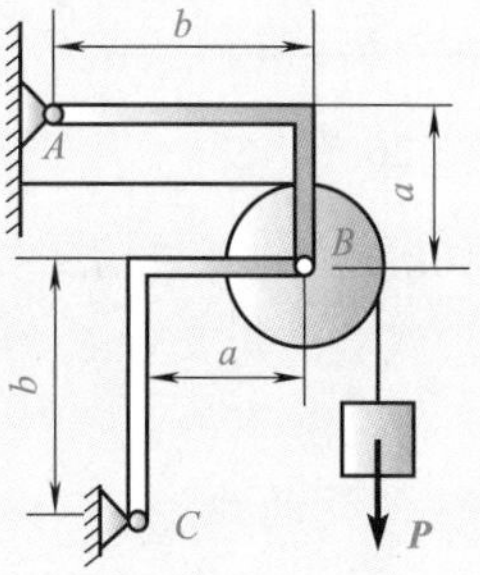

题 3-19 图

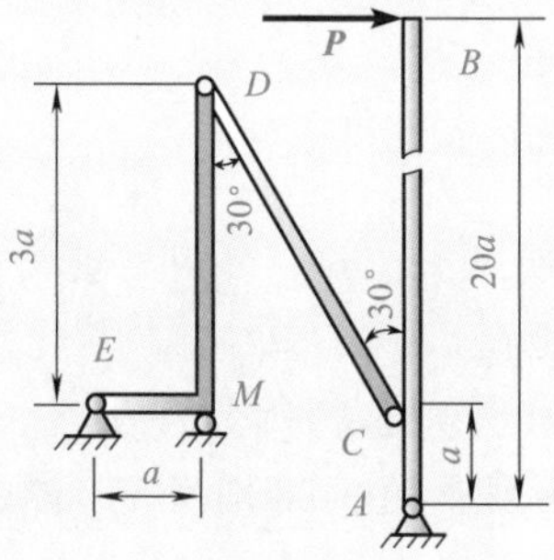

题 3-20 图

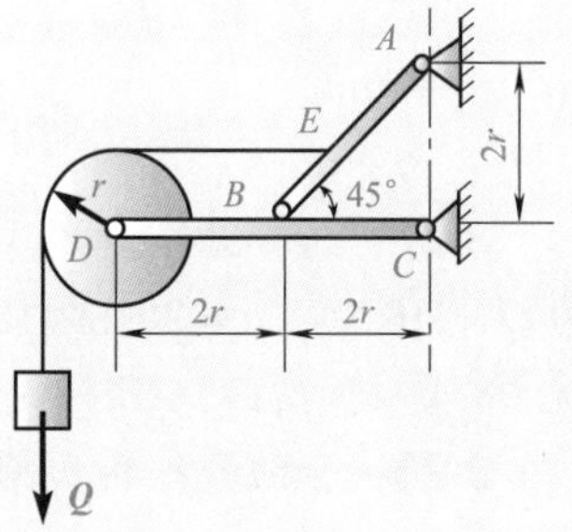

题 3-21 图

3-22　物体 $\boldsymbol{P}$ 重为 12kN，由三根杆件 AB、BC 和 CE 所组成的构架及滑轮 E 支持，如题 3-22 图所示。已知 $AD = DB = 2\text{m}$，$CD = DE = 1.5\text{m}$，各杆和滑轮的自重不计，求支座 A 和 B 的反力及杆 BC 的内力。

3-23　牛头刨机构由于运动速度较小，可近似地按静力平衡问题分析其受力情况。刨床的主动件 OA，通过套筒 A、杆 BC 及摇杆 O_1B 带动装有刨刀的滑块 C 沿水平导轨运动；套筒 A 可沿 BC 杆滑动。已知切削力 $P = 300\text{N}$，$OA = 50\text{mm}$，$O_1B = 90\text{mm}$，$BC = 340\text{mm}$，在题 3-23 图所示位置 $\alpha = 15°$，$\beta = 7°$，试求此时作用在曲柄 OA 上的主动力矩 M。各处摩擦均略而不计，自重不计。

3-24 题 3-24 图所示破碎机传动机构，活动夹板 AB 长为 60cm，假设破碎时矿石对活动夹板作用力沿垂直于 AB 方向的分力 $P = 1\text{kN}$，$BC = CD = 60\text{cm}$，$AH = 40\text{cm}$，$OE = 10\text{cm}$。试求图示位置时电机对杆 OE 作用的力偶矩 m。

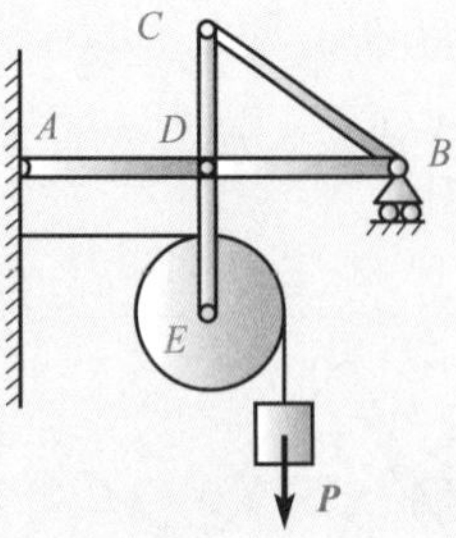

题 3-22 图

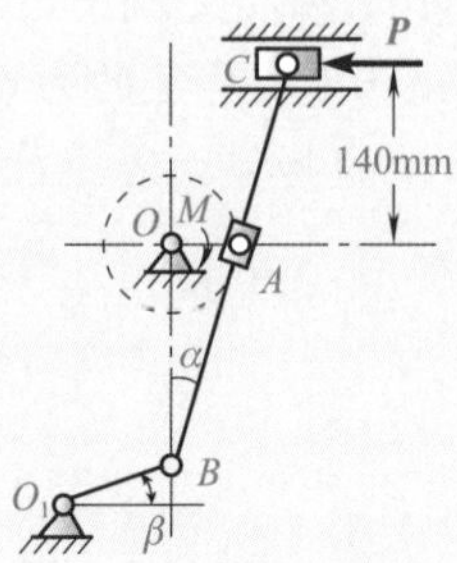

题 3-23 图

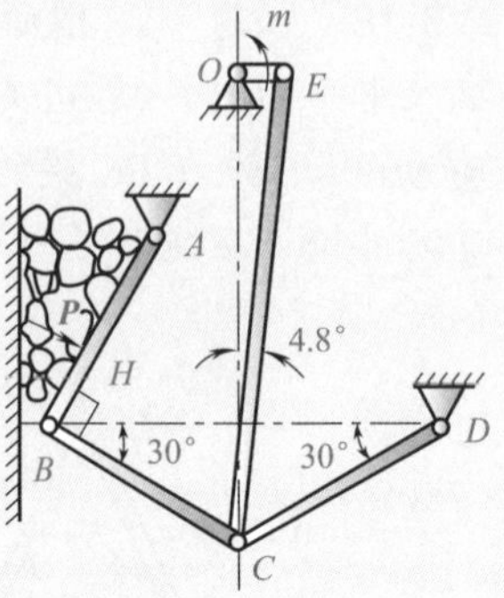

题 3-24 图

3-25 题 3-25 图所示结构由三根杆件 AB、AC 和 DF 所组成，杆 DF 上的销子可在杆 AC 的槽内滑动，求在水平杆 DF 的端点 F 处作用一铅垂力 $\boldsymbol{P}$ 时，杆 AB 上的 A、D 和 B 三点所受的力。

3-26 题 3-26 图所示平面结构，自重不计。已知：q、M、P、L。求支座 A、D 的反力。

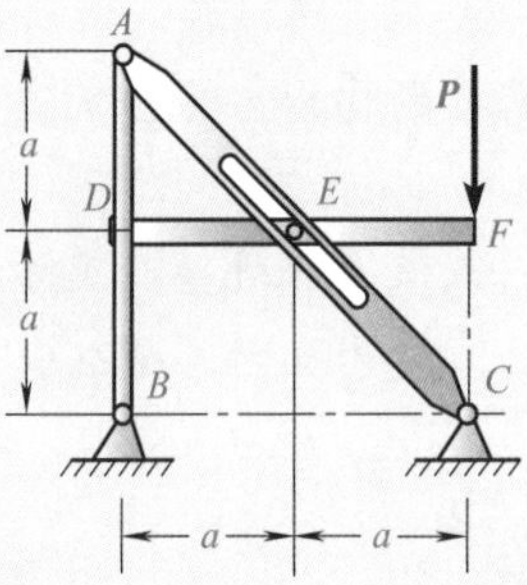

题 3-25 图

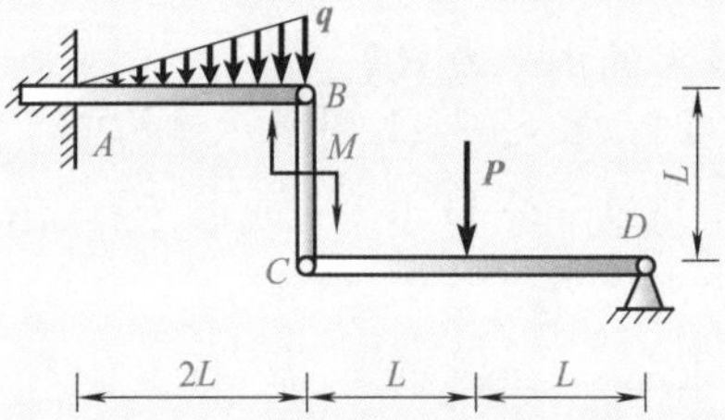

题 3-26 图

3-27 杆件结构如题 3-27 图所示。已知：作用在 E 处的力 $P = 10\text{kN}$，作用在 AB 中点的力 $Q = 20\text{kN}$，$a = 20\text{cm}$，且 $AB \perp BD$，$AG = GC$，不计各杆重量。试求：①支座 C、D 的反力；②销钉 A 对 AB 杆的作用力；③ BD 杆所受的力。

3-28 一组合结构，尺寸及荷载如题 3-28 图所示，求杆 1、2、3 所受的力。

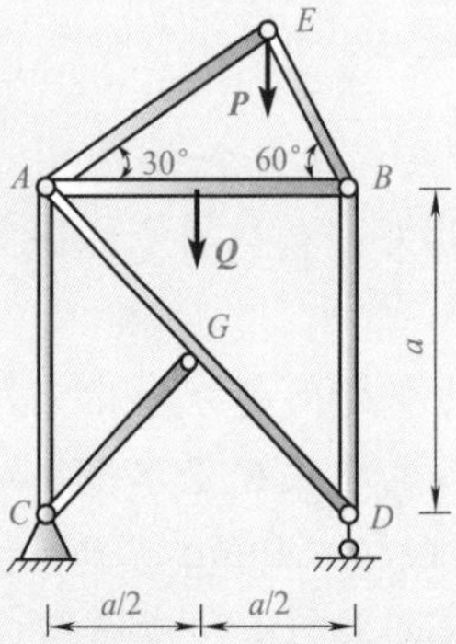

题 3-27 图

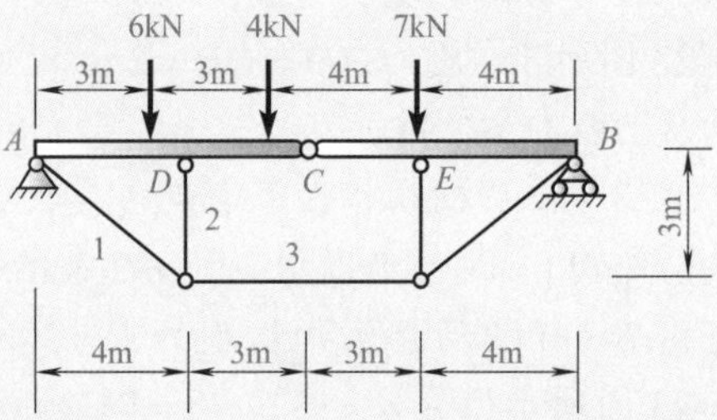

题 3-28 图

3-29　用节点法计算题 3-29 图所示桁架各杆件的内力。已知：$P_1 = 40\text{kN}$，$P_2 = 10\text{kN}$。

3-30　用截面法求题 3-30 图所示桁架中指定杆件的内力，图中长度单位为 m，力的单位为 kN。

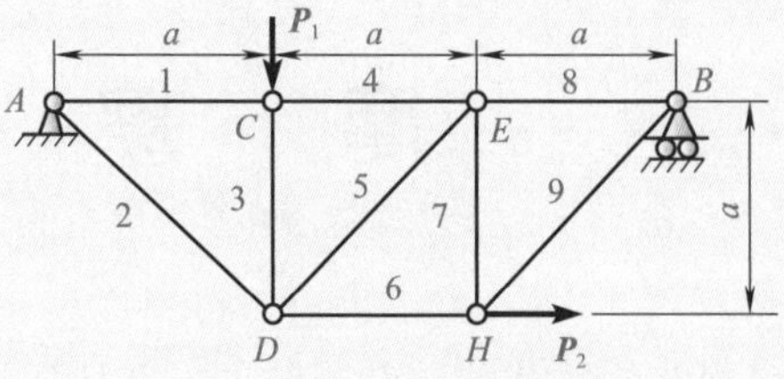

题 3-29 图

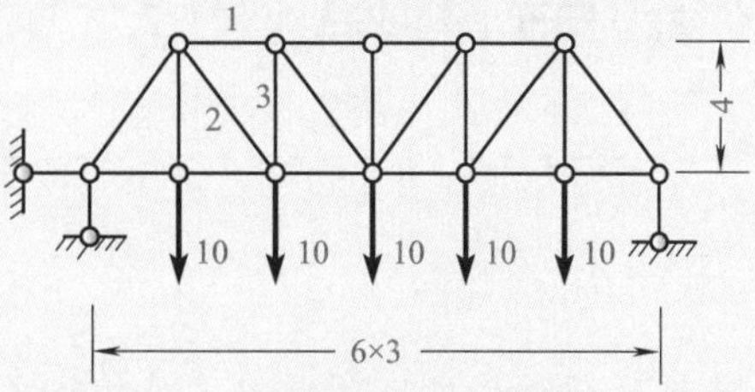

题 3-30 图

3-31　试用最简捷的方法求题 3-31 图所示桁架指定杆件的内力。

3-32　在题 3-32 图所示平面桁架中，已知：$P = 10\text{kN}$，$L = 3\text{m}$。试求杆 1、2、3 的内力。

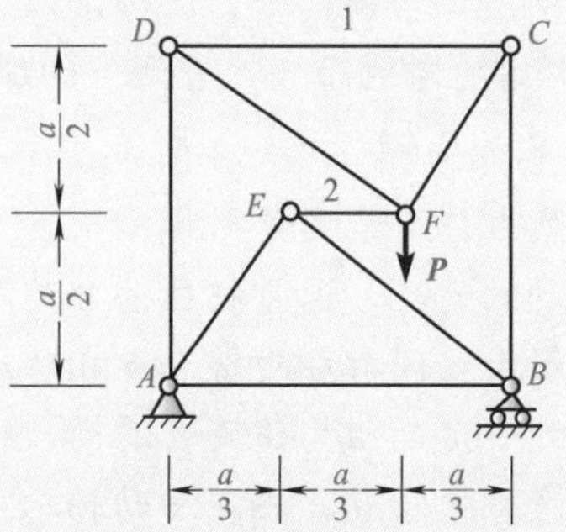

题 3-31 图

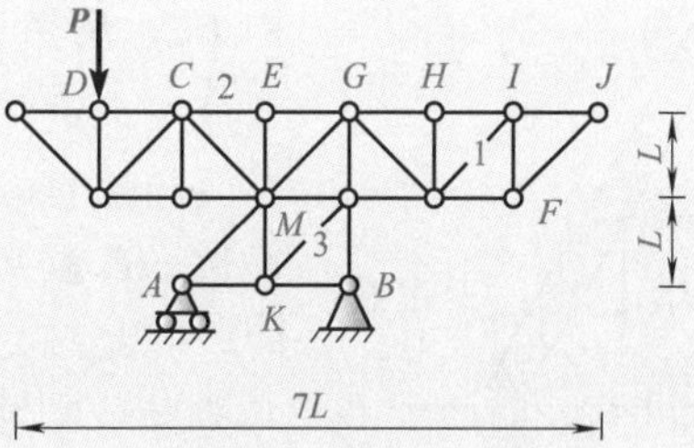

题 3-32 图

3-33　题 3-33 图所示结构的各杆自重不计，已知：$P = 20\text{kN}$，$q_A = 2\text{kN/m}$，$r = 0.5\text{m}$，$L_1 = 1\text{m}$，$L_2 = 3\text{m}$。试求：① 支座 A 的反力；② 1、2 杆内力。

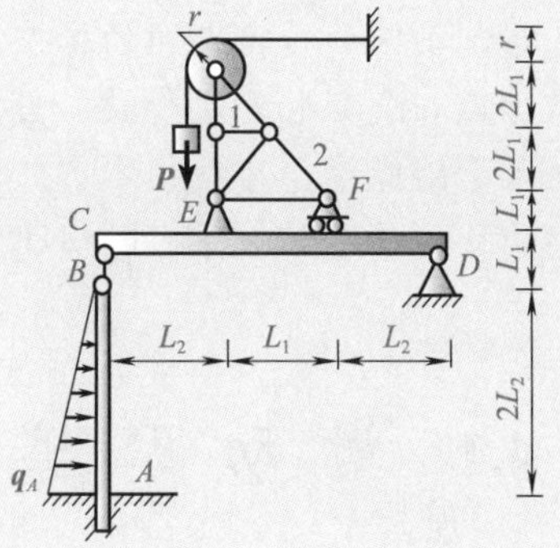

题 3-33 图

第4章 摩　擦

在前面讲述的所有问题中，将物体之间的接触面都看成光滑的。而实际上，在现实问题中绝对光滑的接触面是不存在的，或多或少都存在着阻力，这种阻力是由于物体之间的相对运动(或相对运动趋势)产生的，我们称为**摩擦**。当摩擦阻力相对于物体上的其他作用较小时，摩擦便可忽略不计；当摩擦阻力接近于物体上的其他作用甚至较大时，这时的摩擦已从次要矛盾上升为主要矛盾，成为所研究问题当中重要的甚至是决定性的因素，必须加以考虑。例如图 4-1 所示的梯子，如果不考虑墙与地面 A、B 两点的摩擦力 $\boldsymbol{F}_A$ 和 $\boldsymbol{F}_B$，该梯子就不可能平衡。又如车辆行驶、摩擦传动等，都是依靠摩擦来进行工作的，所以摩擦力必须予以考虑。

4-1

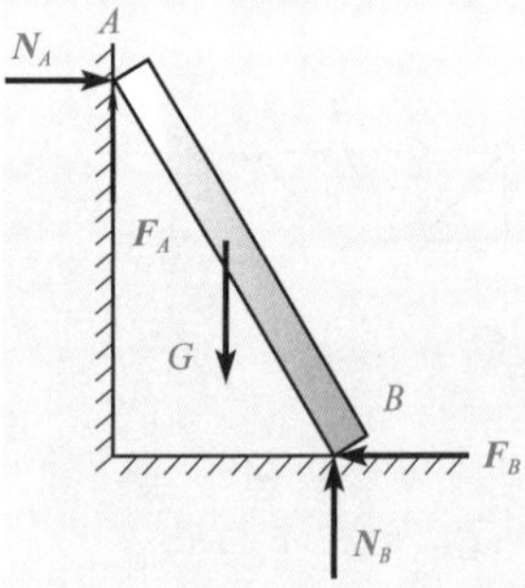

图 4-1

按照接触物体之间相对运动的情况，通常把摩擦分为滑动摩擦和滚动摩擦两类。当两物体接触面之间有相对滑动或相对滑动趋势时，在接触处的公切面内将受到一定的阻力阻碍其滑动，这种现象称为**滑动摩擦**。例如，活塞在汽缸中滑动，轴在滑动轴承中转动，都有滑动摩擦。当两物体之间有相对滚动或相对滚动趋势时，在接触处产生的对滚动的阻碍称为**滚动摩擦**(或**滚动摩阻**)。例如，车轮在地面上滚动，滚珠轴承中的滚球在轴承中滚动，都有滚动摩擦。

无论在工程上还是在日常生活当中，摩擦都有其有利的一面。轧钢机是靠摩擦带动和轧制钢的，有些机器上的制动器是靠制动件和转轮之间的摩擦工作的，传送带也是靠摩擦来运送东西的。没有摩擦，人就不能行走，汽车也无法行驶。当然，摩擦也有其有害的一面。在各种机器的运转中，摩擦既消耗大量的能量，又磨损零部件，降低机器的使用寿命，给生产和生活带来巨大影响。研究摩擦的目的就是掌握摩擦的规律，充分利用其有利的一面，同时尽量减少或避免其不利的一面。

4.1 滑动摩擦

1. 静滑动摩擦力和静滑动摩擦定律

4-2

当两物体接触面之间具有相对滑动趋势，但尚未进入滑动状态时，沿接触面相互产生的切向阻力称为**静滑动摩擦力**(简称**静摩擦力**)。它的方向与两物体相对滑动趋势的方向相反。静摩擦力也是一种对物体的约束反力，这种约束反力与第 1 章讲过的其他约束反力有所不同，它的大小是随着不同的情况而变化的。例如图 4-2 所示，将一重量为 $\boldsymbol{W}$ 的物块放于粗糙的水平面上，并施

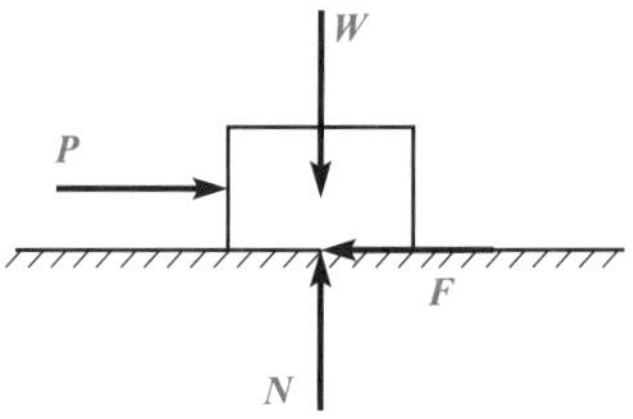

图 4-2

加水平向右的力 $\boldsymbol{P}$，其大小由零逐渐增大。当 $P=0$ 时，因物块处于平衡状态，没有运动趋势，则摩擦力为零；当 $\boldsymbol{P}$ 逐渐增大，在未达到使物块产生滑动的某一值时，物块虽有滑动的趋势，但仍保持静止。此时物体受到的约束除法向反力 $\boldsymbol{N}$ 以外，还有一摩擦力 $\boldsymbol{F}$，它的大小可由平衡方程来确定，即

$$\sum X=0,\quad P-F=0$$

由此得到 $F=P$，静摩擦力的大小随水平力 $\boldsymbol{P}$ 的增大而增大。

但摩擦力 $\boldsymbol{F}$ 实际上不能无限增大，当力 $\boldsymbol{P}$ 超过某一值时，物块将开始滑动，这说明摩擦力有一最大值 $\boldsymbol{F}_{max}$，静摩擦力的值处于零与该最大值之间，即

$$0\leqslant F\leqslant F_{max} \tag{4-1}$$

此最大值 $\boldsymbol{F}_{max}$ 称为**最大静摩擦力**。

实验证明，最大静摩擦力与接触面间的法向约束反力 $\boldsymbol{N}$ 成正比，即

$$F_{max}=fN \tag{4-2}$$

该式称为**静滑动摩擦定律**或**库仑摩擦定律**。式中的比例系数 f 称为**静滑动摩擦系数**(简称**静摩擦系数**)，是一无量纲量。它与接触物体的材料和表面情况(如粗糙度、温度和湿度等)有关，在一般情况下与接触面积大小无关。表 4-1 给出了工程上常见的几种材料的静摩擦系数。

表 4-1　滑动摩擦系数

材料名称	静摩擦系数		动摩擦系数	
	无润滑	有润滑	无润滑	有润滑
钢—钢	0.15	0.1～0.12	0.15	0.05～0.1
钢—软钢			0.2	0.1～0.2
钢—铸铁	0.3		0.18	0.05～0.15
钢—青铜	0.15	0.1～0.15	0.15	0.1～0.15
软钢—铸铁	0.2		0.18	0.05～0.15
软钢—青铜	0.2		0.18	0.07～0.15
铸铁—铸铁		0.18	0.15	0.07～0.12
铸铁—青铜			0.15～0.2	0.07～0.15
青铜—青铜		0.1	0.2	0.07～0.1
皮革—铸铁	0.3～0.5	0.15	0.6	0.15
橡皮—铸铁			0.8	0.5
木材—木材	0.4～0.6	0.1	0.2～0.5	0.07～0.15

需要注意的是，这些摩擦系数都是近似值，由实验测得，可以满足一般的工程需要，但由于影响摩擦系数的因素很复杂，因此，如果需要比较准确的数值，必须在具体条件下进行实验测定。

同时，式(4-2)所表示的关系也是近似的，它并没有反映出摩擦现象的复杂性，但由于公式简单，计算方便，所以在工程实际中应用广泛。

根据静摩擦定律可以知道，要想改变最大静摩擦力，只要相应地改变正压力或摩擦系数即可。例如，夹紧钳只要增大夹紧力，即增大对工件的正压力，使得摩擦力变大，从而可以达到更牢固地固定工件的目的；火车在下雪后行驶时，要在铁轨上洒细沙，以增大摩擦系数，等等。

2. **动滑动摩擦力和动滑动摩擦定律**

当两物体接触面间具有相对滑动时，沿接触面相互产生的切向阻力称为动滑动摩擦力(简称动摩擦力)。

实验证明，动摩擦力 $\boldsymbol{F}'$ 的大小与接触面间的法向约束反力 $\boldsymbol{N}$ 成正比，即

$$F' = f'N \tag{4-3}$$

这称为动滑动摩擦定律。式中 f' 是个无量纲的比例系数，称为动滑动摩擦系数(简称动摩擦系数)，其值与接触物体的材料及表面情况有关。表 4-1 也给出了工程上常见几种材料的动摩擦系数的值。在一般情况下，动摩擦系数稍小于静摩擦系数，即

$$f' < f$$

对于不同材料的物体，动摩擦系数随相对滑动的速度变化规律而不同。大多数材料的动摩擦系数随相对滑动速度的增大而减小。当速度变化不大时可认为它是常量。

动摩擦力 $\boldsymbol{F}'$ 的方向与接触点处的相对滑动速度的方向相反。

4.2 摩擦角和自锁

1. **摩擦角**

当有摩擦时，支承面对物体的约束反力包括法向反力 $\boldsymbol{N}$ 与摩擦力 $\boldsymbol{F}$，这两个反力的矢量和 $\boldsymbol{R} = \boldsymbol{N} + \boldsymbol{F}$ 称为支承面的全约束反力，它的作用线与接触面的公法线成 φ 角，如图 4-3(a)所示。摩擦力 $\boldsymbol{F}$ 的大小在 $0 \leqslant F \leqslant F_{max}$ 内变化时，φ 也会相应地发生变化。当物块处于平衡的临界状态时，静摩擦力达到最大值 $\boldsymbol{F}_{max}$，φ 也达到最大值 φ_m，如图 4-3(b)所示。全约束反力与法线间的夹角最大值 φ_m 称为**摩擦角**。显然

$$\tan\varphi_m = F_{max} / N = fN / N = f \tag{4-4}$$

即摩擦角的正切等于静摩擦系数。

由此可以看出，摩擦角与摩擦系数一样，都是表示材料的性质和接触面间情况的量。

当物块的滑动趋势方向改变时，全约束反力 $\boldsymbol{R}_{max}$ 的方位也随之改变，从而 $\boldsymbol{R}_{max}$ 的作用线在空间形成一个以接触点为顶点的圆锥面，如图 4-3(c)所示，称为**摩擦锥**。如果物块与支承面间沿任何方向的摩擦系数都相同，即摩擦角都相等，则摩擦锥将是一个顶角为 $2\varphi_m$ 的正圆锥。

4-3

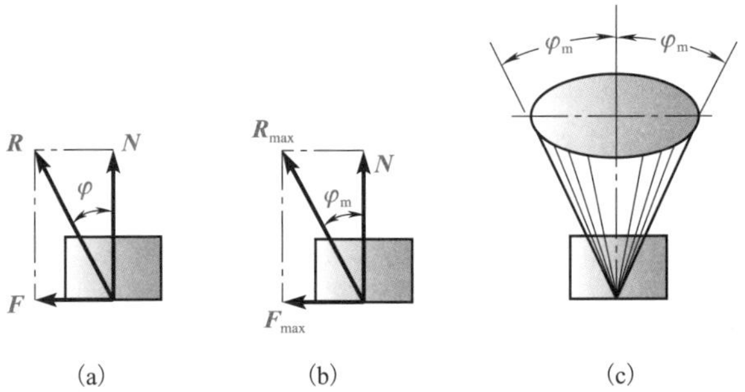

图 4-3

2. 自锁现象

物块平衡时，静摩擦力 **F** 的值在 $0 \leqslant F \leqslant F_{max}$ 内变化，所以全约束反力与法线间的夹角 φ 也在 0 与摩擦角 φ_m 之间变化，即

$$0 \leqslant \varphi \leqslant \varphi_m$$

由于静摩擦力不可能超过最大值，因此全约束反力的作用线不可能超出摩擦角。可见作用在物块上全部主动力的合力 **Q** 的作用线只要位于摩擦角内，无论其值多么大，总会有一个全约束反力与之平衡，使物块保持静止(图 4-4(a))，这种现象称为自锁。工程实际中的螺旋千斤顶、螺钉、楔块以及机械中的夹具等都是根据自锁原理设计的。

当全部主动力的合力 **Q** 的作用线在摩擦角 φ_m 之外时，则无论这个力怎样小，都不能有一个全约束反力与之平衡，因而物块不可能保持平衡(图 4-4(b))。

下面介绍一种利用摩擦角的概念测定静摩擦系数的试验方法。如图 4-5 所示，将要测定的两种材料分别做成斜面和物块，把物块放在斜面上，斜面的倾角 α 由零开始逐渐增大，直到物块刚下滑时为止。此时，从量角器上读到的 α 角就是要测定的摩擦角 φ_m，从而由 $f = \tan\varphi_m$ 即可获得要测定的摩擦系数 f。其原理是，物块在平衡时仅受到重力 **P** 和全约束反力 $\boldsymbol{R}_A$ 作用，这两个力必然大小相等、方向相反、作用线共线。当这种平衡达到临界状态时，即物块刚开始滑动时，全约束反力达到极限值 $\boldsymbol{R}_{max}$，它与法线间的夹角等于摩擦角 φ_m，即 $\alpha = \varphi_m$。则由

$$f = \tan\varphi_m = \tan\alpha$$

便可求出摩擦系数 f。

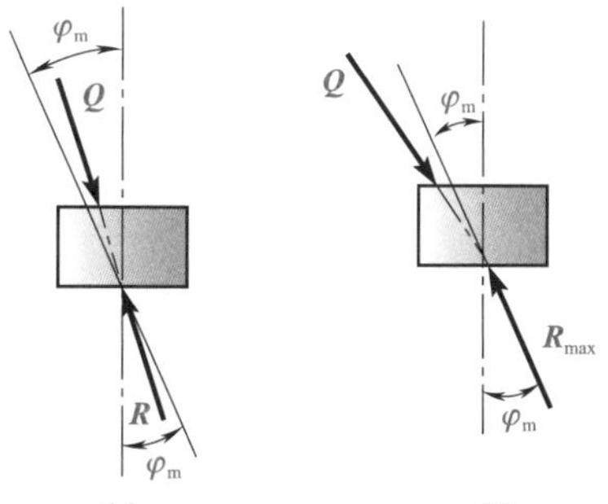

图 4-4

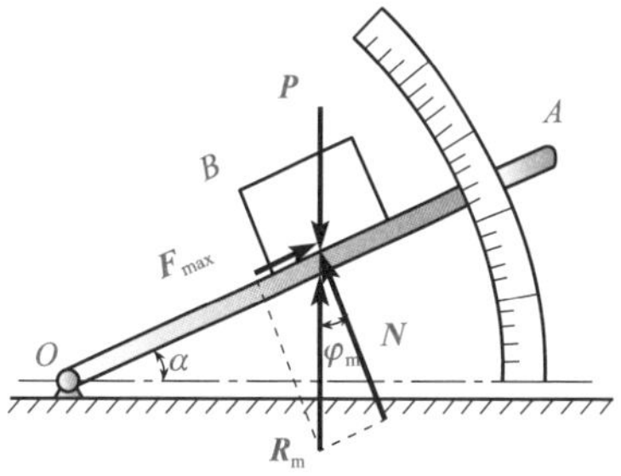

图 4-5

4-4

4-5

4.3　考虑摩擦时的平衡问题

求解带有摩擦的平衡与前面所研究的平衡问题没有原则上的差别。需要注意的问题是，摩擦力的大小是处于零与最大值之间的值，即 $0 \leqslant F \leqslant F_{max}$。在一般情况下，摩擦力的大小必须由平衡方程求解，只有平衡达到临界状态时摩擦力才等于它的最大值，即 $F_{max} = fN$。

另外，处于临界状态的摩擦力的方向总是与相对滑动趋势的方向相反，不能任意假定。

下面举例说明考虑摩擦的平衡问题的解法。

【例 4-1】 重 **Q** 的物块放在倾角 α 大于摩擦角 φ_m 的斜面上(图 4-6(a))，另加一水平力 **P** 使物块保持静止。求 **P** 的值。

4-6

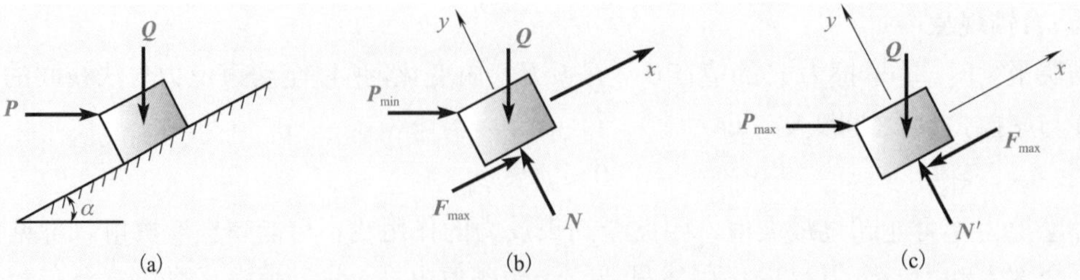

图 4-6

解 由分析可知，如 $\boldsymbol{P}$ 太小，物块将向下滑，如 $\boldsymbol{P}$ 太大，又将推动物块向上滑，使得物块保持静止的 $\boldsymbol{P}$ 值一定在某个最小值 $\boldsymbol{P}_{\min}$ 和某个最大值 $\boldsymbol{P}_{\max}$ 之间。

先求能维持物块不致下滑而又处于临界状态的 $\boldsymbol{P}_{\min}$。此时物块有下滑的趋势，所以摩擦力应沿斜面向上，且达到最大值 $\boldsymbol{F}_{\min}$。受力分析见图 4-6(b)。列出平衡方程

$$\sum X = 0, \quad P_{\min}\cos\alpha + F_{\max} - Q\sin\alpha = 0 \tag{1}$$

$$\sum Y = 0, \quad N - P_{\min}\sin\alpha - Q\cos\alpha = 0 \tag{2}$$

另外，还能补充一个方程，即

$$F_{\max} = fN = \tan\varphi_{\mathrm{m}} N \tag{3}$$

解三个联立方程，可得

$$P_{\min} = \frac{\sin\alpha - f\cos\alpha}{\cos\alpha + f\sin\alpha}Q = \tan(\alpha - \varphi_{\mathrm{m}})Q \tag{4}$$

再求不致使物块向上滑的 $\boldsymbol{P}$ 的最大值 $\boldsymbol{P}_{\max}$。此时摩擦力方向沿斜面向下，且达到最大值 $\boldsymbol{F}_{\max}$。受力分析见图 4-6(c)。列出平衡方程

$$\sum X = 0, \quad P_{\max}\cos\alpha - F_{\max} - Q\sin\alpha = 0 \tag{5}$$

$$\sum Y = 0, \quad N' - P_{\max}\sin\alpha - Q\cos\alpha = 0 \tag{6}$$

补充方程

$$F_{\max} = fN' = \tan\varphi_{\mathrm{m}} N' \tag{7}$$

可解得

$$P_{\max} = \frac{\sin\alpha + f\cos\alpha}{\cos\alpha - f\sin\alpha}Q = \tan(\alpha + \varphi_{\mathrm{m}})Q \tag{8}$$

综合上面两个结果，可以得到使物块保持静止的力 $\boldsymbol{P}$ 为

$$\tan(\alpha - \varphi_{\mathrm{m}})Q \leqslant P \leqslant \tan(\alpha + \varphi_{\mathrm{m}})Q \tag{9}$$

【例 4-2】 矿井升、降罐笼的安全装置(图 4-7(a))可简化为图 4-7(b)所示的计算简图。已知侧壁与滑块间的摩擦系数 $f = 0.5$，问机构尺寸比例应为多少才能确保安全制动。

解 为确保安全制动，该装置在制动时，滑块 A、B 在连杆 AC、CB 所传递的压力作用下，应能自锁。选 A 块为研究对象，受力如图 4-7(c)所示，由自锁条件 $\alpha < \varphi_{\mathrm{m}}$，则

$$\tan\alpha = \frac{2}{L}\sqrt{l^2 - \left(\frac{L}{2}\right)^2} < \tan\varphi_{\mathrm{m}} = f = 0.5$$

解得 $\dfrac{l}{L} < 0.559$，又由于 $AC > \dfrac{AB}{2}$，故

$$l > L/2 \quad 或 \quad l/L > 0.5$$

因此，为确保机构安全，机构的尺寸比例应为 $0.5 < \dfrac{l}{L} < 0.599$。

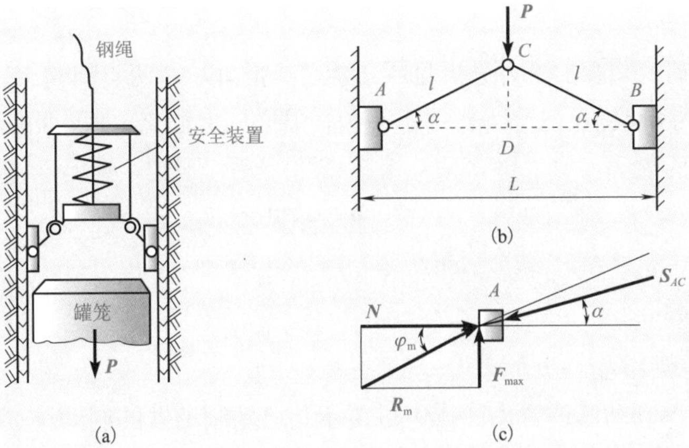

图 4-7

【例 4-3】　攀登电线杆用的脚套钩如图 4-8(a)所示。已知电线杆直径为d，脚套钩上与电线杆的两接触点A、B间的铅垂距离为h，摩擦系数为f。试求为使脚套钩不打滑，脚踏力$\boldsymbol{P}$距电线杆中心线的距离l应为何值？

解　由经验可知，l值越大，脚套钩越不容易打滑，只要求出使脚套钩不打滑时l的最小值l_{min}，则$l \geqslant l_{min}$即为所求结果，当l达到最小值时，平衡处于临界状态，此时各处的摩擦力均达到最大值。下面用两种方法求l_{min}。

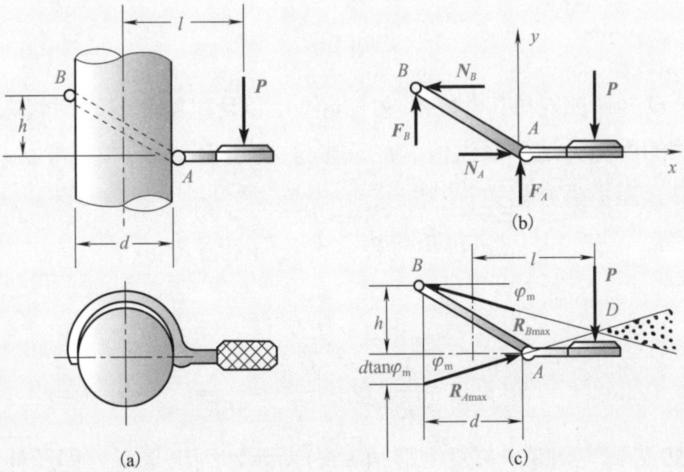

图 4-8

(1) 解析法。

取脚套钩为研究对象，受力分析见图 4-8(b)。列出平衡方程

$$\sum X = 0,\quad N_A - N_B = 0 \tag{1}$$

$$\sum Y = 0,\quad F_{A\max} + F_{B\max} - P = 0 \tag{2}$$

$$\sum m_A(\boldsymbol{F}) = 0,\quad N_B h - F_{B\max} d - P\left(l_{\min} - \frac{d}{2}\right) = 0 \tag{3}$$

补充方程

$$F_{A\max} = fN_A,\quad F_{B\max} = fN_B \tag{4}$$

联立方程，解得$l_{min} = \dfrac{h}{2f}$，即脚套钩保持不打滑的$l \geqslant \dfrac{h}{2f}$。

4-7

4-8

(2) 几何法。

仍取脚套钩为研究对象，受力分析见图 4-8(c)，把 A、B 两点的约束用全约束反力 $\boldsymbol{R}_{A\max}$ 和 $\boldsymbol{R}_{B\max}$ 代替。由于脚套钩在三个力作用下平衡，根据三力汇交定理，此三力交于一点 D。由几何关系可得

$$\tan\varphi_{\mathrm{m}}=\frac{\dfrac{h+d\tan\varphi_{\mathrm{m}}}{2}}{l_{\min}+\dfrac{d}{2}}$$

考虑到 $\tan\varphi_{\mathrm{m}}=f$，则得 $l_{\min}=h/2f$。

【例 4-4】 摩擦制动器装置如图 4-9(a) 所示。已知制动器的制动块 C 与滑轮表面间的摩擦系数为 f，作用在滑轮上的力偶其力偶矩为 m，尺寸如题 4-9(a) 图所示。求制止滑轮逆时针转动所需的最小力 $P_{\min}$。

4-9

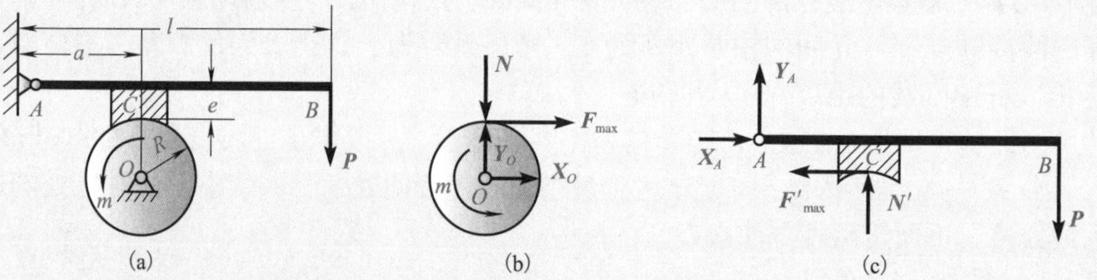

图 4-9

解 先以滑轮 O 为研究对象，考虑滑轮刚能停止转动时的临界平衡状态，力 P 的值最小，而制动块 C 与滑轮的摩擦力达到最大值。注意摩擦力的方向应与相对滑动趋势方向相反。受力分析见图 4-9(b)。列平衡方程为

$$\sum m_O(\boldsymbol{F})=0,\quad m-F_{\max}R=0 \tag{1}$$

补充方程为

$$F_{\max}=fN \tag{2}$$

联立解得

$$F_{\max}=\frac{m}{R},\ N=\frac{F_{\max}}{f}=\frac{m}{fR} \tag{3}$$

再以制动杆 AB 为研究对象，受力如图 4-9(c) 所示，列出平衡方程及补充方程

$$\sum m_A(\boldsymbol{F})=0,\quad N'a-F'_{\max}e-P_{\min}l=0 \tag{4}$$

$$F'_{\max}=fN' \tag{5}$$

可解得

$$P_{\min}=\frac{N'(a-fe)}{l} \tag{6}$$

将式(3)中的 $N=\dfrac{m}{fR}$ 代入式(6)中的 N'，得

$$P_{\min}=\frac{m(a-fe)}{fRl}$$

而 P 力的平衡范围应为 $P\geqslant\dfrac{m(a-fe)}{fRl}$。

4.4　滚动摩阻的概念

当两物体间具有相对滚动（或相对滚动趋势）时，彼此间产生的对滚子的阻碍称为滚动摩阻。下面简要说明这种滚动摩阻的形成原因及特性。

将一半径为 R、重为 W 的轮子放在水平面上，在轮心 O 加一水平力 P（图 4-10（a））。

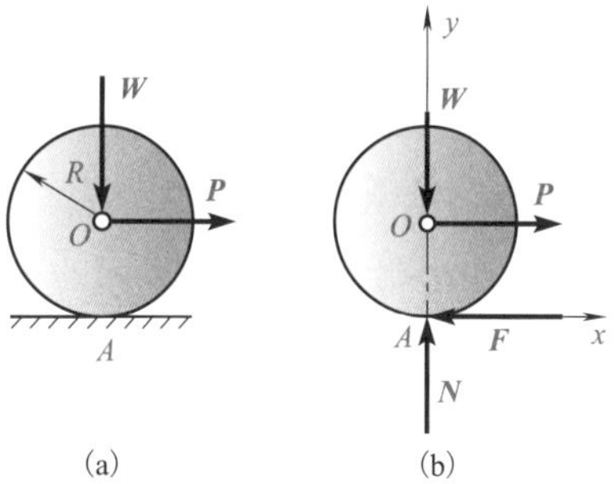

图 4-10

当力 P 不大时，滚子仍将保持静止。由滚子的受力情况可知，滚子受到的力有：法向反力 N，它与 W 等值反向；静滑动摩擦力 F，它与 P 等值反向（图 4-10（b））。如果水平面对滚子的反力仅有 F 和 N，则滚子不可能保持平衡，因为 F 不仅不能阻止滚子滚动，反而与力 P 组成一个力偶，使滚子发生滚动。但实际上当力 P 较小时，滚子能够保持平衡。其原因是滚子和水平面并不是刚体，它们在力的作用下都会发生变形，如图 4-11（a）所示。它们之间接触处并不是一个点，而是一段弧线，轮子在接触面上受分布力作用，当将这些力向 A 点简化时，可得到一个合力 R（这个合力 R 可分解为摩擦力 F 和正压力 N）和一个力偶，其力偶矩为 M，如图 4-11（b）所示。这个矩为 M 的力偶称为滚动摩阻力偶（简称滚阻力偶）。它与主动力偶（P，F）相平衡，方向与滚动的趋势方向相反。

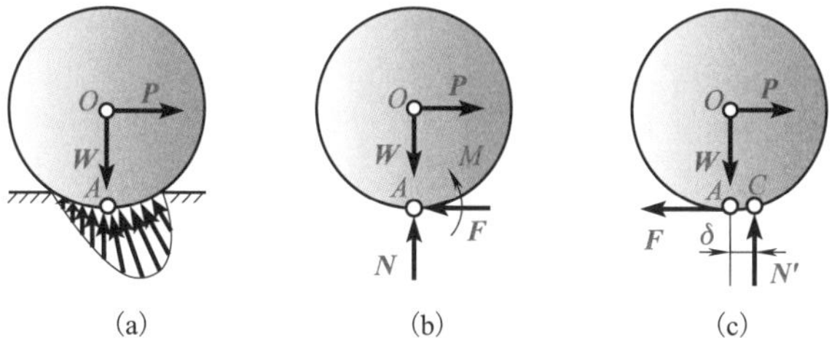

图 4-11

4-10、4-11

与静滑动摩擦力相似，滚阻力偶矩 M 也随着主动力偶矩的增加而增大，当 $P\cdot R$ 增加到某个值时，轮子处于将滚未滚的临界平衡状态。此时，滚阻力偶矩达到最大值 M_{max}，若 $P\cdot R$ 再增大一点，轮子就会滚动。由此可知，滚阻力偶矩 M 的大小应介于零与最大值之间，即

$$0 \leqslant M \leqslant M_{max} \tag{4-5}$$

实验证明，最大滚阻力偶矩 M_{max} 与支承面的法向反力 N 的大小成正比，即

$$M_{max} = \delta N \tag{4-6}$$

这就是滚动摩阻定律。其中 δ 称为滚动摩阻系数。它具有长度的量纲，单位是 mm 或 cm。

滚动摩阻系数用实验测定，它与滚子和支承面的材料的硬度和温度有关，与滚子的半径无关。表 4-2 是几种常见材料的滚动摩阻系数的值。

表 4-2 滚动摩阻系数 δ

材料名称	δ /mm	材料名称	δ /mm
铸铁与铸铁	0.5	软钢与钢	0.05
钢质车轮与钢轨	0.5	有滚珠轴承的料车与钢轨	0.09
木与钢	0.3～0.4	无滚珠轴承的料车与钢轨	0.21
木与木	0.5～0.8	钢质车轮与木面	1.5～2.5
软木与软木	1.5	轮胎与路面	2～10
淬火钢珠对钢	0.01		

滚动摩阻系数具有力偶臂的物理意义。当将作用于 A 点的法向反力 $\boldsymbol{N}$ 和滚阻力偶矩 $M_{\max}$ 合成为作用于 C 点的力 N 时，由图 4-11(c) 容易得出

$$\delta = \frac{M_{\max}}{N}$$

当轮子滚动时，滚阻力偶矩近似等于 $M_{\max}$。

应该指出，由于滚动摩阻系数很小，工程中大多数情况下可忽略滚动摩阻。

【例 4-5】 已知圆轮重 $\boldsymbol{P}$，半径为 R，轮与倾角为 α 的斜面的滚动摩阻系数为 δ (图 4-12(a))。若不考虑圆轮与斜面相对滑动，求使轮在斜面上保持静止的 $\boldsymbol{Q}$ 值。

4-12

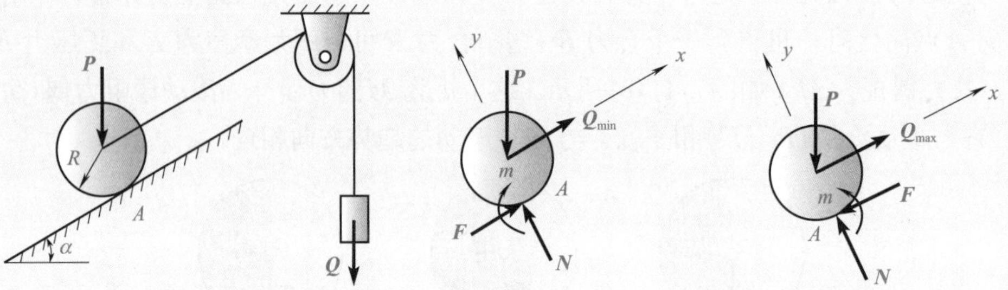

(a) (b) (c)

图 4-12

解 经分析可知，$\boldsymbol{Q}$ 值较小时，圆轮将有向下滚动的趋势；$\boldsymbol{Q}$ 值较大时，圆轮将有向上滚动的趋势。则使圆轮保持静止的 $\boldsymbol{Q}$ 值是在某个范围之内，即 $Q_{\min} \leqslant Q \leqslant Q_{\max}$。

先求 $Q_{\min}$。此时，圆轮有向下滚动的趋势，且已到达临界状态。滚动摩阻力偶转向为顺时针。受力图见图 4-12(b)，列平衡方程

$$\sum Y = 0, \quad N - P\cos\alpha = 0 \tag{1}$$

$$\sum m_A(\boldsymbol{F}) = 0, \quad -m - Q_{\min}R + P\sin\alpha R = 0 \tag{2}$$

补充方程

$$m = \delta N \tag{3}$$

联立式(1)、式(2)、式(3)，解得 $Q_{\min} = \dfrac{P}{R}(R\sin\alpha - \delta\cos\alpha)$。

再求 $Q_{\max}$。此时滚动摩阻的转向为逆时针，且达到临界状态。受力分析见图 4-12(c)，列出平衡方程

$$\sum Y = 0, \quad N - P\cos\alpha = 0 \tag{4}$$

$$\sum m_A(\boldsymbol{F}) = 0, \quad m - Q_{\max}R + P\sin\alpha R = 0 \tag{5}$$

补充方程
$$m=\delta N \tag{6}$$
联立式(4)、式(5)、式(6)，解得$Q_{\max}=\dfrac{P}{R}(R\sin\alpha+\delta\cos\alpha)$。

因此，使圆轮静止的$\boldsymbol{Q}$值为$\dfrac{P}{R}(R\sin\alpha-\delta\cos\alpha)\leqslant Q\leqslant\dfrac{P}{R}(R\sin\alpha+\delta\cos\alpha)$。

本章小结

1. 静摩擦力的大小随主动力改变，应根据平衡方程确定。当物体处于平衡的临界状态时，静摩擦力达到最大值，因此静摩擦力随主动力变化的范围在零与最大值之间，即
$$0\leqslant F\leqslant F_{\max}$$
最大静摩擦力的大小由静摩擦定律决定，即
$$F_{\max}=fN$$
式中，f为静摩擦系数；N为法向约束反力。

静摩擦力的方向与接触面间的相对滑动的趋势方向相反。

2. 动摩擦力的大小为
$$F'=f'N$$
式中，f'为动摩擦系数，一般情况下略小于静摩擦系数；N为法向反力。

动摩擦力的方向与接触面间的相对滑动的速度方向相反。

3. 摩擦角φ_{m}为全约束反力与法线间夹角的最大值，且有
$$\tan\varphi_{\mathrm{m}}=f$$
式中，f为静滑动摩擦系数。

4. 作用在物体上全部主动力的合力的作用线位于摩擦角之内，无论其值有多大，总会有一个全约束反力与之平衡，使物体保持静止，这种现象称为自锁。

5. 两物体接触处产生的对相对滚动或相对滚动趋势的阻碍称为滚动摩阻，它的表现形式是滚动摩阻力偶M。

物体平衡时，滚动摩阻力偶矩随主动力偶矩的大小变化，变化范围为
$$0\leqslant M\leqslant M_{\max}$$
其中
$$M_{\max}=\delta N$$
这就是滚动摩阻定律。式中，δ为滚动摩阻系数，单位是mm或cm；$\boldsymbol{N}$为接触面的法向反力。

思　考　题

4.1　重量为$\boldsymbol{P}$的物块，搁置在粗糙水平面上。已知物块与水平面间的摩擦角$\varphi_{\mathrm{m}}=20^\circ$，当受到一斜侧推力$Q=P$作用时，如图4-13所示，$\boldsymbol{Q}$与法线间的夹角$\alpha=30^\circ$，试问此物块所处状态如何？

4.2　如图4-14所示，两物块A和B叠放在水平面上，它们的重量分别为G_A和G_B。设A和B间的摩擦系数为f_1，B与水平面间的摩擦系数为f_2，试问施水平拉力$\boldsymbol{P}$拉动物块B，对于图示(a)(b)两种情况，哪一种省力？

4.3　重为$\boldsymbol{G}$的物块放在倾角为α的斜面上，因摩擦而静止。若在物块上施加一个垂直向下的足够大的力$\boldsymbol{P}$，如图4-15所示。问能否达到使物块下滑的目的？

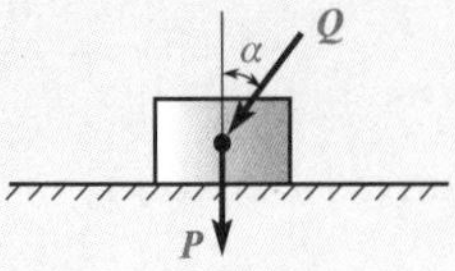

图 4-13

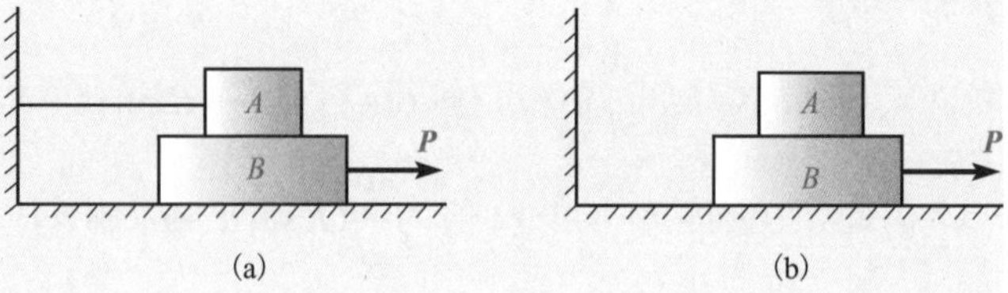

图 4-14

4.4 已知物块重 $Q=100\text{N}$，斜面的倾角 $\alpha=30°$，物块与斜面间的摩擦系数 $f=0.38$。求物块与斜面间的摩擦力？并问，此时物块在斜面上是静止还是下滑(图 4-16(a))？如要使物块沿斜面向上运动，求加于物块并与斜面平行的力(图 4-16(b))。

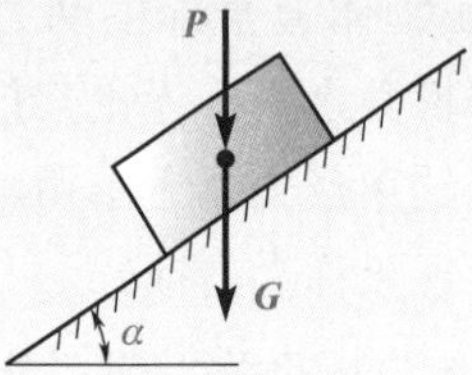

图 4-15

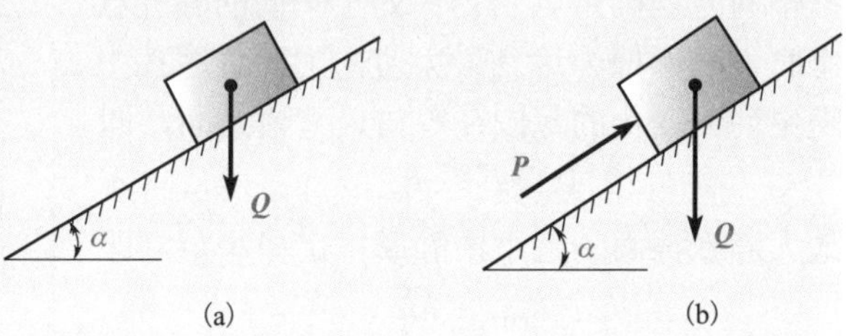

图 4-16

4.5 物体受到支承面的全反力(摩擦力与法向反力的合力)与支承面法线间的夹角称为摩擦角。这种说法是否正确？为什么？

4.6 骑自行车时，前后两轮的摩擦力各向什么方向？为什么？

4.7 如图 4-17 所示，用钢楔劈物，接触面间的摩擦角为 φ。劈入后欲使楔不滑出，问钢楔两个平面间的夹角应该多大？楔重不计。

4.8 汽车行驶时，前轮受汽车车身施加的一个向前推力 $\boldsymbol{P}$ (图 4-18(a))，而后轮受一主动主偶矩为 M(图 4-18(b))。试画出前、后轮的受力图。

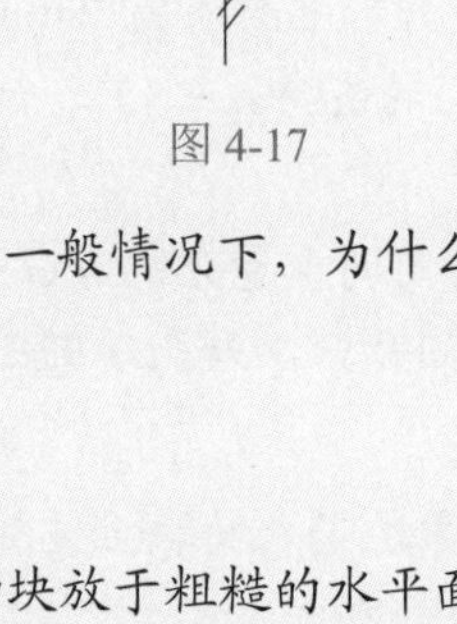

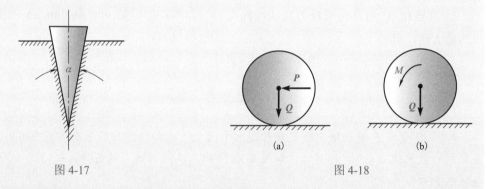

图 4-17

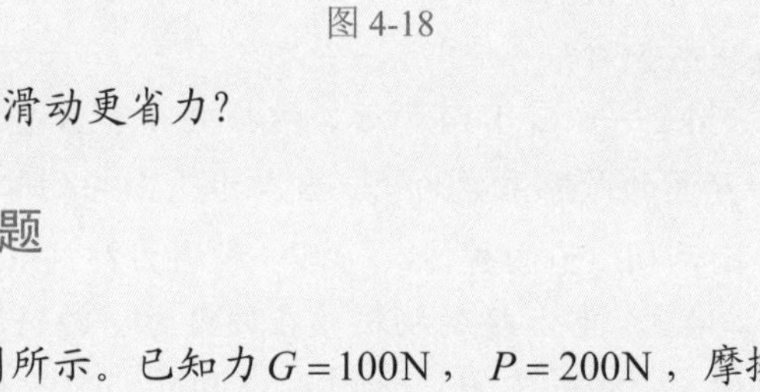

图 4-18

4.9 在一般情况下，为什么轮子滚动要比它滑动更省力？

习 题

4-1 物块放于粗糙的水平面上，如题 4-1 图所示。已知力 $G=100\text{N}$，$P=200\text{N}$，摩擦系数 $f=0.3$。试求图中三种情况下的摩擦力。

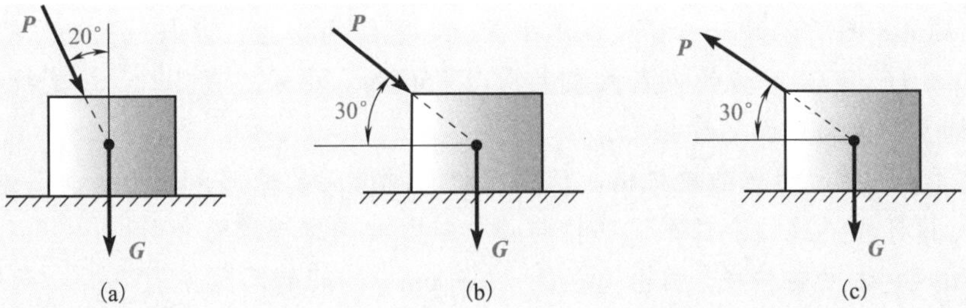

题 4-1 图

4-2　题 4-2 图所示物块 M 与铅垂墙壁间摩擦系数 $f=0.3$，试求使物块维持平衡的角 α。物块自重不计。

4-3　重量为 50kN 的物块，放在粗糙的斜面上，如题 4-3 图所示。已知 $\alpha=25°$，斜面与滑块间的摩擦系数 $f=0.20$。求①使物块向上滑动；②阻止物块向下滑动，所需力 $\boldsymbol{P}$ 的最小值及方向。

4-4　简易升降混凝土吊筒装置如题 4-4 图所示。混凝土和吊筒共重 25kN，吊筒与滑道间的摩擦系数为 0.3。试分别求出重物上升和下降时绳子的拉力。

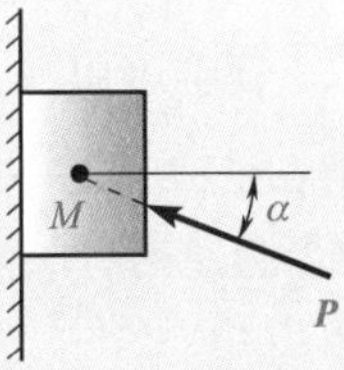

题 4-2 图

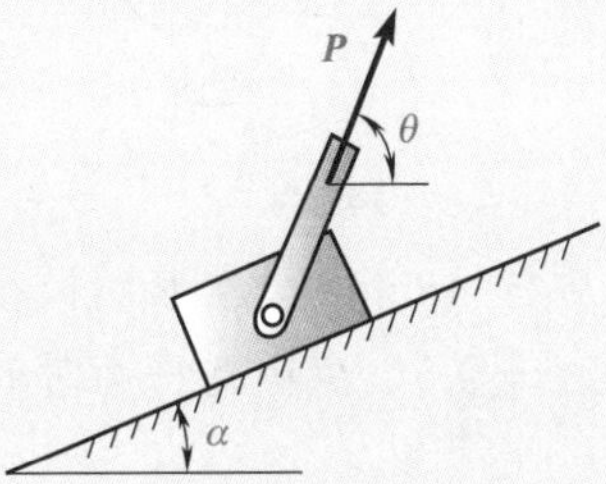

题 4-3 图

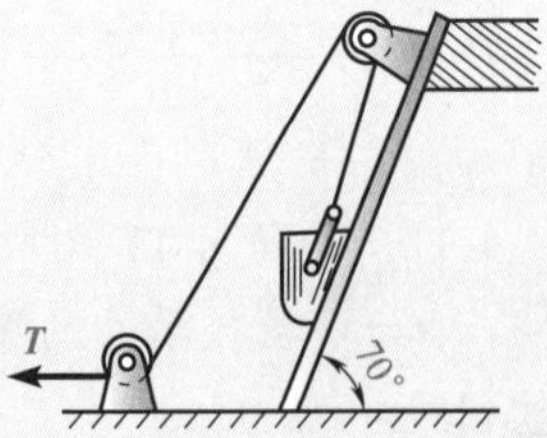

题 4-4 图

4-5　如题 4-5 图所示，物体 A 重 $P=10\text{N}$，与斜面间摩擦系数 $f=0.4$，①设物体 B 重 $Q=5\text{N}$，试求 A 与斜面间的摩擦力的大小和方向；②若物体 B 重 $Q=8\text{N}$，则物体与斜面间的摩擦力方向如何？大小多少？

4-6　如题 4-6 图所示，板 AB 长 l，A、B 两端分别搁在倾角 $\alpha_1=50°$，$\alpha_2=30°$ 的两斜面上。已知板端与斜面的摩擦角 $\varphi_m=25°$。欲使物块 M 放在板上而板保持水平不动，试求物块放置范围。板重不计。

4-7　如题 4-7 图所示，重为 $\boldsymbol{W}$ 的轮子放在水平面上，并与垂直墙壁接触。已知各接触面的摩擦系数均为 f，求使轮子开始转动时所需的力偶矩 M。

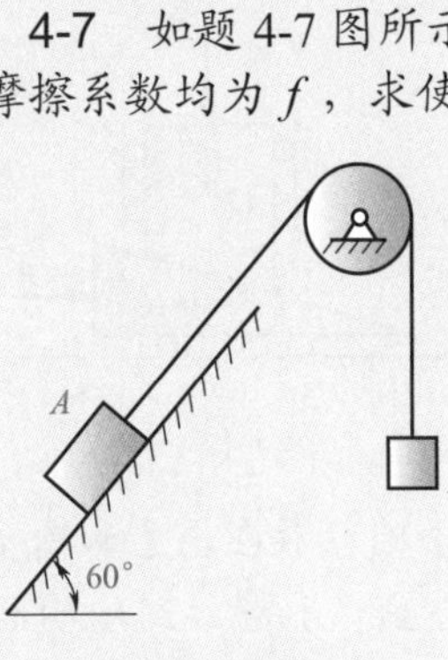

题 4-5 图

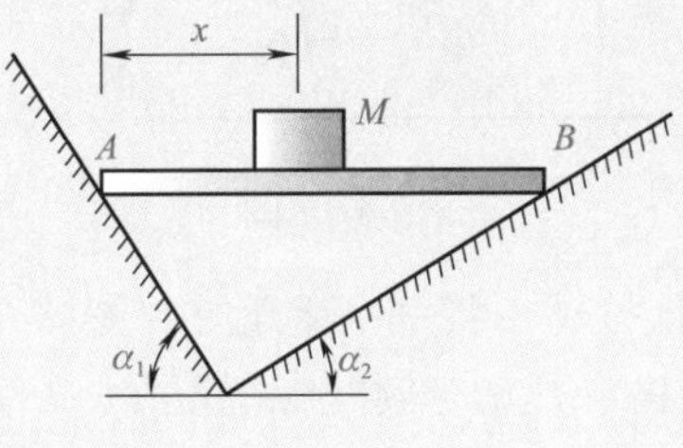

题 4-6 图

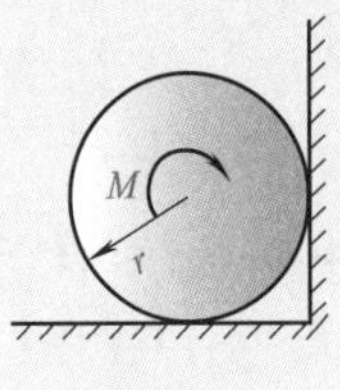

题 4-7 图

4-8 如题 4-8 图所示为一折梯放在水平面上，它的两脚 A、B 与地面的摩擦系数分别为 $f_A=0.2$，$f_B=0.6$，AC 一边的中点放置重物 $Q=500\text{N}$，梯子重量不计。求①折梯能否平衡；②若平衡，计算两脚与地面的摩擦力。

4-9 题 4-9 图所示为一凸轮机构，已知推杆与滑道间的摩擦系数为 f，滑道宽度为 b。问 a 多大时，推杆才不致被卡住？设凸轮与推杆接触处的摩擦忽略不计。

4-10 压延机由两轮构成，两轮的直径 $d=50\text{cm}$，轮间的间隙 $a=0.5\text{cm}$，两轮反向转动，如题 4-10 图所示。已知烧红的铁板与铸铁轮间的摩擦系数 $f=0.1$，问能压延的铁板的厚度 b 是多少？

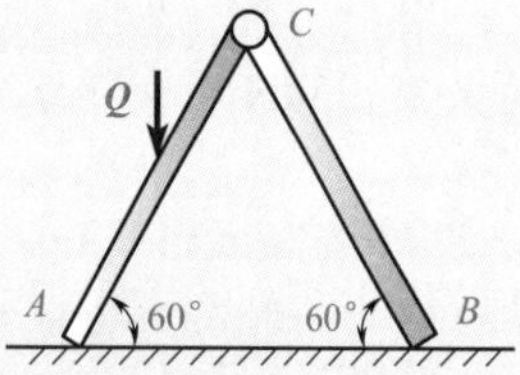

题 4-8 图

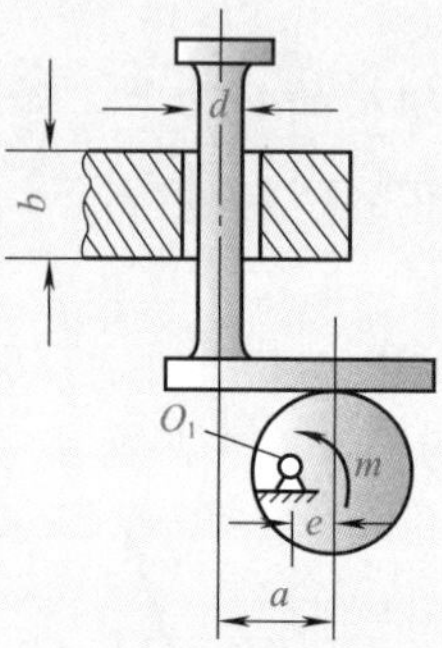

题 4-9 图

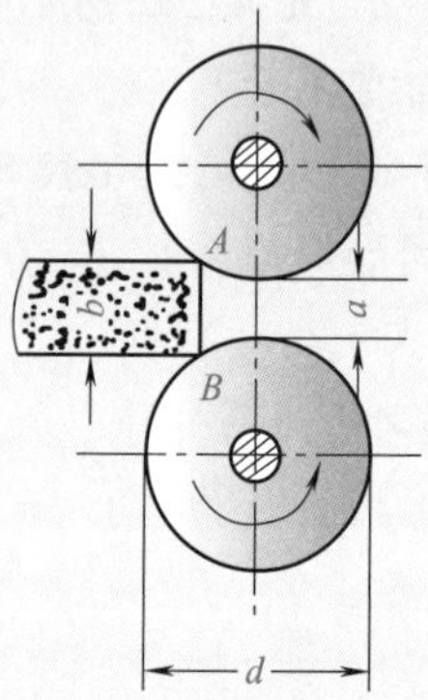

题 4-10 图

4-11 如题 4-11 图所示，均质杆 AB 和 BC 在 B 端铰接，A 端铰接在墙上，C 端则受墙阻挡，墙与 C 端接触处的摩擦系数 $f=0.5$。试确定平衡时的最大角度 θ。已知两杆长度相等，重量相同。

4-12 如题 4-12 图所示，在尖劈 C 上作用一铅垂向下的力 $\boldsymbol{Q}$，用以推动重物 A 和 B。设重物 A 和 B 的重量相等，各为 200kN，不计尖劈 C 的重量，并且所有接触面间的摩擦角均为10°。求开始推动重物时 $\boldsymbol{Q}$ 力的值。

4-13 尖劈顶重装置如题 4-13 图所示。尖劈 A 的顶角为 α，在 B 块上受重物 $\boldsymbol{Q}$ 的作用。A 块和 B 块之间的摩擦系数为 f（其他有滚珠处表示光滑）。如不计 A 块和 B 块的重量，求①顶住重物所需 $\boldsymbol{P}$ 力的值；②使重物不向上移动所需的 $\boldsymbol{P}$ 力的值。

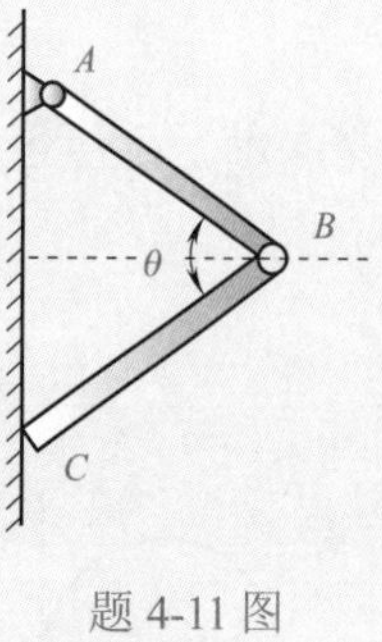

题 4-11 图

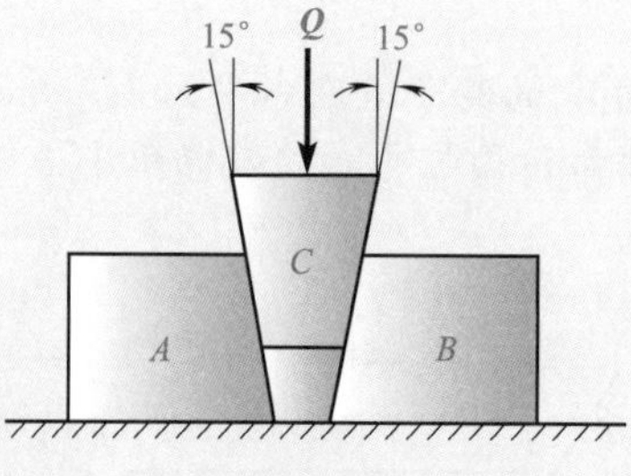

题 4-12 图

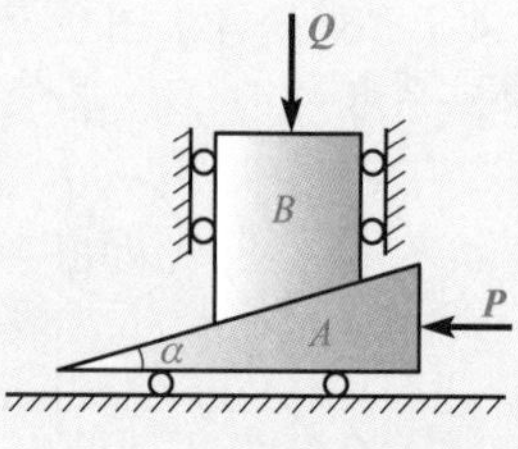

题 4-13 图

4-14 为防止轮子 A 顺时针转动，将一个重量可以忽略不计的小圆柱放在轮子和墙壁之间，如题 4-14 图所示。已知接触处 B 和 C 静摩擦系数都是 $f=0.3$，A 轮心到墙的距离 $a=225\text{mm}$，轮子半径 $R=200\text{mm}$，现在轮上施加任意数值的顺时针转矩，试确定能阻止轮子转动的圆柱体的最大半径 r。

4-15 砖夹的宽度为25cm，曲杆 AGB 与 $GCED$ 在 G 点铰接，尺寸如题4-15图所示。设砖重 $Q=120\text{N}$，提起砖的力 $\boldsymbol{P}$ 作用在砖夹的中心线上，砖夹与砖间的摩擦系数 $f=0.5$，试求距离 b 为多大才能把砖夹起。

4-16 题4-16图所示物块 A 和 B 通过铰链与无重水平杆 CD 连接。物块 B 重200kN，斜面的摩擦角 $\varphi_{\text{m}}=15°$，斜面与铅垂面之间的夹角为30°。物块 A 放在水平面上，与水平面的摩擦系数 $f=0.4$。不计杆重。求欲使物块 B 不下滑，物块 A 的最小重量。

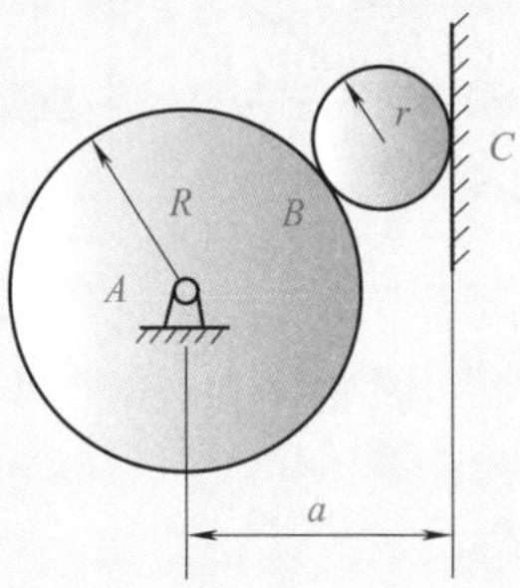

题4-14图

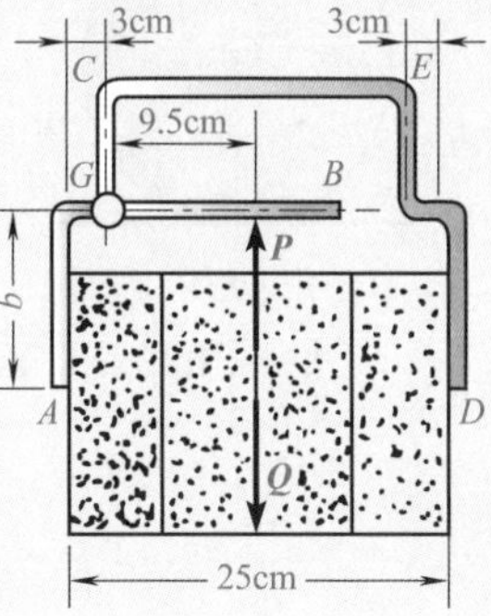

题4-15图

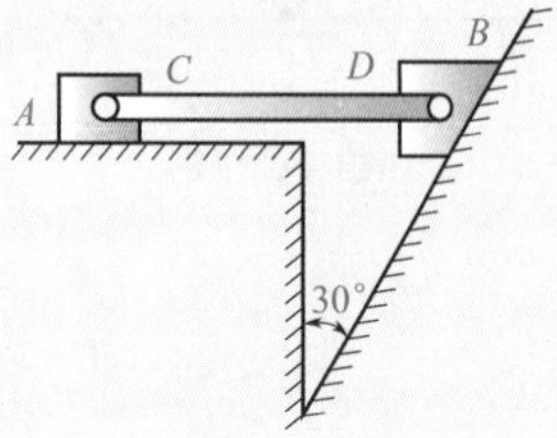

题4-16图

4-17 如题4-17图所示，均质杆 OC 长4m，重500N；轮重300N，与杆 OC 及水平面接触处的摩擦系数分别为 $f_A=0.4,\ f_B=0.2$。设滚动摩擦不计，求拉动圆轮所需的 $\boldsymbol{Q}$ 的最小值。

4-18 如题4-18图所示，两木板 AO 和 BO 用铰链连接在 O 点。两板间放有均质圆柱，其轴线 O_1 平行于铰链的轴线；这两轴线都是水平的，并在同一铅垂面内。由于 A 点和 B 点作用相等而反向的水平力 $\boldsymbol{P}$，使木板紧压圆柱。已知：圆柱的重量为 $\boldsymbol{Q}$，半径为 r，圆柱对木板的摩擦系数为 f，$\angle AOB=2\alpha$，$AB=a$。问力 $\boldsymbol{P}$ 的数值应适合何种条件，圆柱才能处于平衡？

4-19 如题4-19图所示，圆柱直径为60cm，重量为300kN，在 $\boldsymbol{P}$ 力作用下沿水平方向匀速滚动。已知滚动摩擦系数 $\delta=0.5\text{cm}$，$\boldsymbol{P}$ 力与水平线的夹角为30°，求 $\boldsymbol{P}$ 力的大小。

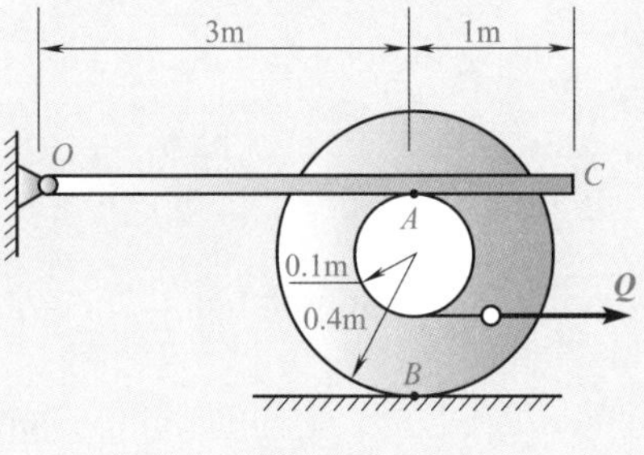

题4-17图

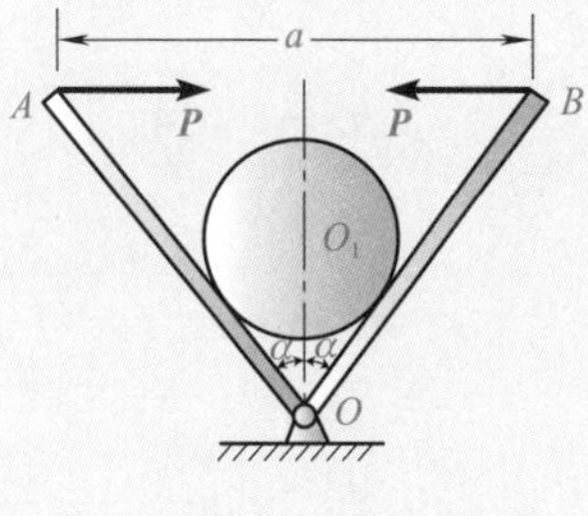

题4-18图

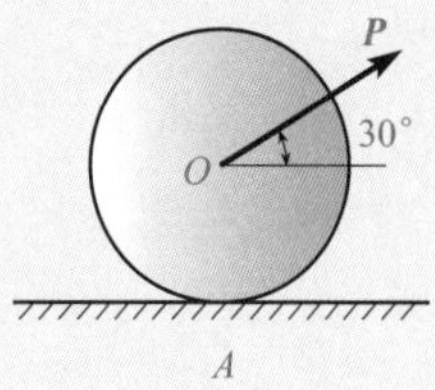

题4-19图

4-20 如题4-20图所示，一半径为 R 的轮静止在水平面上，其重为 $\boldsymbol{P}$。在轮中心有一凸出的轴，其半径为 r，并且轴上缠有细绳，此绳跨过光滑的滑轮 A，在端部系一重为 $\boldsymbol{Q}$ 的物体。绳的 AB 部分与铅垂线成 α 角。求轮与水平面接触点 C 处的滚动摩擦力偶矩、滑动摩擦力和法向反作用力。

4-21 如题4-21图所示，一轮半径为 R，在其铅垂直径的上端 B 点作用水平力 $\boldsymbol{Q}$。轴与水平面间的滚动摩擦系数为 δ。问水平力 $\boldsymbol{Q}$ 使轮只滚动而不滑动时，轮与水平面的滑动摩擦系数 f 需要满足什么条件？

4-22 如题 4-22 图所示，重为 $\boldsymbol{Q}$、半径为 R 的均质圆柱放在与水平面成夹角 α 的斜面上，吊有物体 P 的柔绳跨过滑轮 A 系于圆柱轴 C 上。已知圆柱与斜面间的滚动摩阻系数为 δ。问①圆柱与斜面的滑动摩擦系数为多少方能保证圆柱滚动而不滑动？②在此情况下，维持圆柱在斜面上平衡的物体 P 的最大和最小重量为多少？

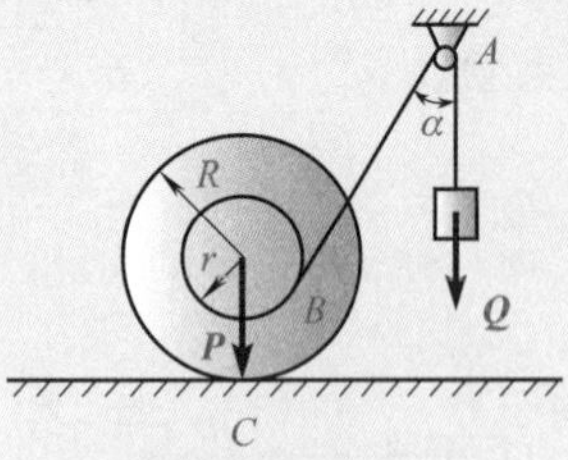

题 4-20 图

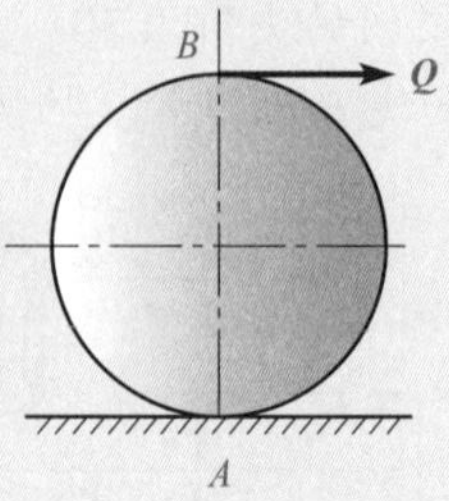

题 4-21 图

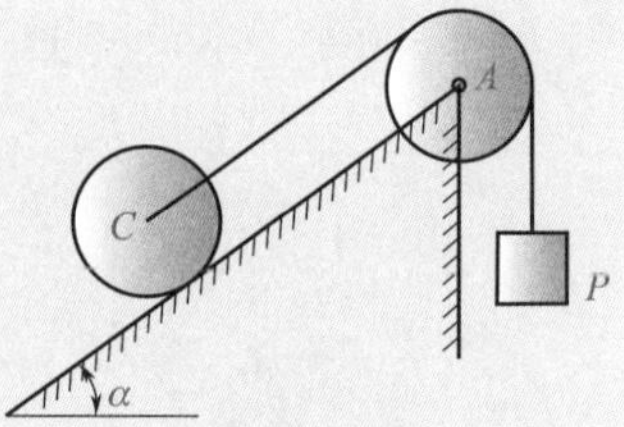

题 4-22 图

第5章 空间力系

空间力系是各力的作用线分布在空间的力系。与平面力系一样，空间力系也可分为空间汇交力系、空间力偶系和空间一般力系。

本章将研究空间力系的合成和平衡条件。从理论上看，研究空间力系相当于对静力学作一个总结，由此对力系的简化和平衡有一个全面和完整的认识。从实际应用上看，诸如车床主轴、变速箱传动轴、起重所用的绞车等工程结构和机械构件都受空间力系作用，设计这些结构时，需用空间力系的简化和平衡理论进行计算。

在本章中首先研究空间汇交力系和空间力偶系，然后应用力线平移定理，将空间一般力系分解为这两个基本力系，据此来简化原力系，并导出平衡条件和平衡方程。

5.1 空间汇交力系

5.1.1 力在直角坐标轴上的投影与分解

1. **一次投影法(直接投影法)**

设空间直角坐标系的三个坐标轴如图 5-1(a)所示，已知力 $\boldsymbol{F}$ 与三轴正向间的夹角分别为 α、β、γ，则力在各轴上的投影分别等于

$$X = F\cos\alpha, \quad Y = F\cos\beta, \quad Z = F\cos\gamma \tag{5-1}$$

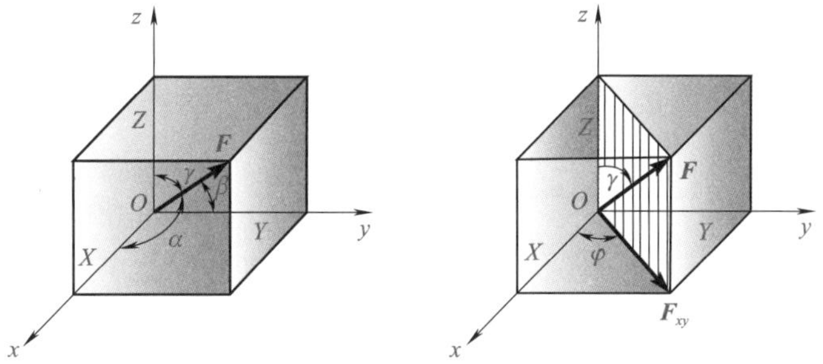

(a) (b)

5-1

图 5-1

2. **二次投影法(间接投影法)**

当力与坐标轴正向间的夹角不易确定时，可先将 $\boldsymbol{F}$ 分解到坐标面上，得 $\boldsymbol{F}_{xy}$，然后再将 $\boldsymbol{F}_{xy}$ 投影到 x 轴、y 轴上，如图 5-1(b)所示，则力 $\boldsymbol{F}$ 在三个坐标轴上的投影分别为

$$X = F\sin\gamma\cos\varphi, \quad Y = F\sin\gamma\sin\varphi, \quad Z = F\cos\gamma \tag{5-2}$$

5-2

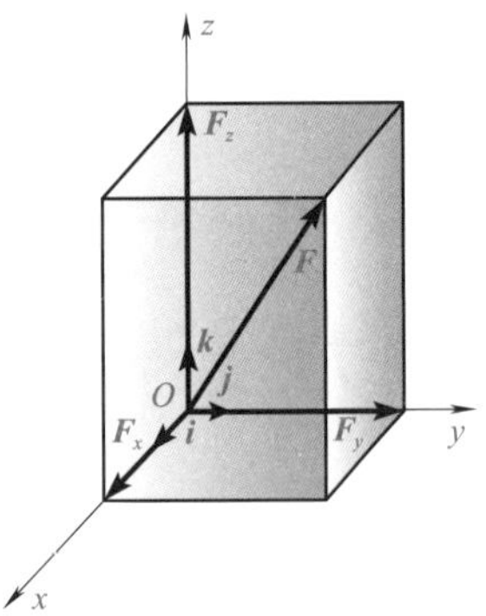

图 5-2

3. 力沿直角坐标轴的分解

若以 $\boldsymbol{F}_x$、$\boldsymbol{F}_y$、$\boldsymbol{F}_z$ 表示力沿直角坐标轴的正交分量，则 $\boldsymbol{F}$ 为

$$\boldsymbol{F}=\boldsymbol{F}_x+\boldsymbol{F}_y+\boldsymbol{F}_z \tag{5-3}$$

如图 5-2 所示，在直角坐标系中，力在轴上的投影与力沿轴分解的分力可表示为

$$\boldsymbol{F}_x=X\boldsymbol{i},\quad \boldsymbol{F}_y=Y\boldsymbol{j},\quad \boldsymbol{F}_z=Z\boldsymbol{k} \tag{5-4}$$

式中，$\boldsymbol{i}$、$\boldsymbol{j}$、$\boldsymbol{k}$ 分别表示各坐标轴方向的单位矢量。将式(5-4)代入式(5-3)可得

$$\boldsymbol{F}=X\boldsymbol{i}+Y\boldsymbol{j}+Z\boldsymbol{k} \tag{5-5}$$

式(5-5)称为力沿直角坐标轴的解析表达式，其单位矢量前的系数为力 $\boldsymbol{F}$ 在相应轴上的投影。

如果已知力 $\boldsymbol{F}$ 在三个轴上的投影，则可求得该力的大小和方向为

$$\left.\begin{aligned}&F=\sqrt{X^2+Y^2+Z^2}\\&\cos\alpha=\frac{X}{F},\quad \cos\beta=\frac{Y}{F},\quad \cos\gamma=\frac{Z}{F}\end{aligned}\right\} \tag{5-6}$$

式中，α、β、γ 为力 F 与 x、y、z 轴正向间的夹角。

因此，在求力在直角坐标轴上的投影时，也可先将力沿轴分解，求出分力大小，冠以适当的正、负号，即为力在轴上的投影。例如，$X=\pm F_x$，若 F_x 与 x 轴正向相同，则取“+”，反之取“−”。

5.1.2 空间汇交力系的合成

与平面汇交力系的合成相同，空间汇交力系也可用力多边形法则求其合力，合力的作用线过各力的汇交点。所以空间汇交力系的合力等于各分力的矢量和，合力的作用线通过汇交点。其矢量式为

$$\boldsymbol{R}=\boldsymbol{F}_1+\boldsymbol{F}_2+\boldsymbol{F}_3+\cdots+\boldsymbol{F}_n=\sum_{i=1}^{n}\boldsymbol{F}_i \tag{5-7}$$

在空间汇交力系的情形下，其力多边形是空间的，画图不方便。实际解题时，通常采用解析法。根据合力投影定理，则有

$$R_x=\sum_{i=1}^{n}X_i,\quad R_y=\sum_{i=1}^{n}Y_i,\quad R_z=\sum_{i=1}^{n}Z_i \tag{5-8}$$

求出 R_x、R_y、R_z 后，则合力 $\boldsymbol{R}$ 的解析表达式为

$$\boldsymbol{R}=R_x\boldsymbol{i}+R_y\boldsymbol{j}+R_z\boldsymbol{k} \tag{5-9}$$

合力 $\boldsymbol{R}$ 的大小、方向由式(5-10)计算

$$\left.\begin{aligned}&R=\sqrt{R_x^2+R_y^2+R_z^2}\\&\cos\alpha=\frac{R_x}{R},\quad \cos\beta=\frac{R_y}{R},\quad \cos\gamma=\frac{R_z}{R}\end{aligned}\right\} \tag{5-10}$$

式中，α、β、γ 为合力 $\boldsymbol{R}$ 与 x 轴、y 轴、z 轴正向间夹角。

【例 5-1】 在某刚体上作用有四个力，其作用线汇交于同一点，该四个力的解析表达式为 $\boldsymbol{F}_1=\boldsymbol{i}+2\boldsymbol{j}+\boldsymbol{k}(\text{kN})$，$\boldsymbol{F}_2=2\boldsymbol{i}-2\boldsymbol{j}+3\boldsymbol{k}(\text{kN})$，$\boldsymbol{F}_3=5\boldsymbol{i}+7\boldsymbol{j}-2\boldsymbol{k}(\text{kN})$，$\boldsymbol{F}_4=-4\boldsymbol{i}+\boldsymbol{j}+2\boldsymbol{k}(\text{kN})$ 试求此力系合力的大小和方向。

解
$$R_x=\sum X=1+2+5-4=4(\text{kN})$$
$$R_y=\sum Y=2-2+7+1=8(\text{kN})$$
$$R_z=\sum Z=1+3-2+2=4(\text{kN})$$

将 R_x、R_y、R_z 代入式(5-10)得合力的大小和方向为

$$R=\sqrt{4^2+9^2+4^2}=10.6(\text{kN})$$

$$\cos\alpha=\frac{4}{10.6}=0.38,\ \alpha=68^\circ;\ \cos\beta=\frac{9}{10.6}=0.85,\ \beta=32^\circ;\ \cos\gamma=\frac{4}{10.6}=0.38,\ \gamma=68^\circ$$

5.1.3　空间汇交力系的平衡

由于空间汇交力系可以合成为一个合力，因此，空间汇交力系平衡的必要和充分条件是此力系的合力等于零，即

$$\boldsymbol{R}=\sum_{i=1}^{n}\boldsymbol{F}_i=0 \tag{5-11}$$

合力等于零，则式(5-8)中的右边均为零，即

$$\sum_{i=1}^{n}X_i=0,\quad \sum_{i=1}^{n}Y_i=0,\quad \sum_{i=1}^{n}Z_i=0 \tag{5-12}$$

由此可得空间汇交力系平衡的必要和充分解析条件是力系中各力在三个坐标轴上投影的代数和分别等于零。式(**5-12**)称为空间汇交力系的平衡方程。

求解空间汇交力系平衡问题的步骤与平面汇交力系问题相同，只不过需多列一个平衡方程，可求解三个未知量。

【例 5-2】　三角支架由三杆 AB、AC、AD 用球铰 A 连接而成，分别用球铰支座 B、C 和 D 固定在地面上，如图 5-3(a)所示。设铰 A 上悬挂一重物，已知其重量为 $W=500\text{N}$。结构尺寸为：$a=2\text{m}$，$b=3\text{m}$，$c=1.5\text{m}$，$h=2.5\text{m}$。杆重不计，求各杆所受的力。

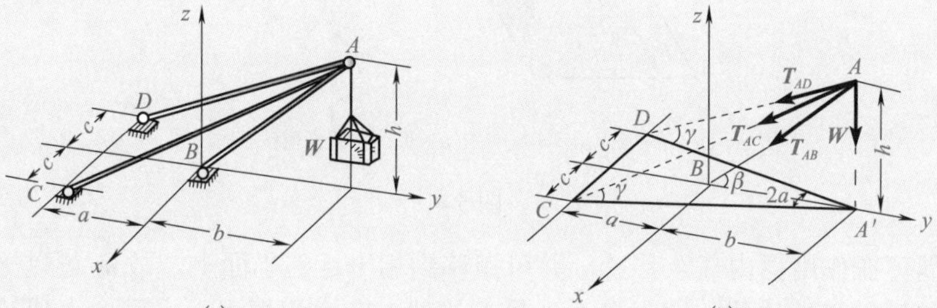

(a)　　(b)

图 5-3

5-3

解　选球铰 A 为研究对象。AB、AC 和 AD 均为二力杆，主动力 $\boldsymbol{W}$ 和各杆的约束力都通过铰的中心，各杆假定受拉，由此得球铰 A 的受力图如图 5-3(b)所示。显然，$\boldsymbol{W}$、$\boldsymbol{T}_{AB}$、$\boldsymbol{T}_{AC}$、$\boldsymbol{T}_{AD}$ 构成一空间汇交力系。取坐标轴如图 $Bxyz$ 所示。建立平衡方程如下：

$$\sum X=0,\ -T_{AD}\cos\gamma\sin\alpha+T_{AC}\cos\gamma\sin\alpha=0$$
$$\sum Y=0,\ -T_{AB}\cos\beta-T_{AD}\cos\gamma\cos\alpha-T_{AC}\cos\gamma\cos\alpha=0$$
$$\sum Z=0,\ -T_{AB}\sin\beta-T_{AC}\sin\gamma-T_{AD}\sin\gamma-W=0$$

式中

$$\alpha=\arctan\frac{c}{a+b}=\arctan\frac{1.5}{5}=16^\circ42',\quad \beta=\arctan\frac{h}{b}=\arctan\frac{2.5}{3}=39^\circ48'$$

$$\gamma=\arctan\frac{h}{\sqrt{(a+b)^2+c^2}}=\arctan\frac{2.5}{\sqrt{5^2+1.5^2}}=25^\circ36'$$

代入数据后，可求得$T_{AC}=T_{AD}=869\text{N}$，$T_{AB}=-1950\text{N}$，负号表示杆受压力。

5.2 空间力偶系

在第 2 章中，我们研究了力偶的一些基本性质，得知它对物体的外效应是由力偶矩的大小和转向来度量的，力偶矩可视为代数量。而且在不改变力偶矩的大小和转向时，力偶可在作用面内任意移转；也可以同时改变力偶中力的大小和力偶臂的长短，而不改变力偶对刚体的作用。但在空间问题时，由于各力偶的作用面方位不同，对刚体的作用效果也不同。显然，要确定空间力偶对刚体的作用效果，除了力偶矩的大小、转向外，还必须确定出力偶的作用面。因而力偶矩必须用矢量表示。

1. 力偶矩用矢量表示

设有力偶$(\boldsymbol{F},\boldsymbol{F}')$，现用一矢量$\boldsymbol{m}$来表示它的力偶矩大小、转向和力偶所在的平面。$|\boldsymbol{m}|$表示力偶矩的大小$(Fh)$，矢量的方位与力偶作用面的法线方位相同，矢量的指向与力偶转向的关系符合右手螺旋规则；即以力偶的转向为右手螺旋的转动方向，则螺旋前进的方向就是矢量的指向，如图 5-4(b)所示。或从矢量的末端看去，力偶的转向是逆时针转向，如图 5-4(a)所示。由此可知，空间力偶对刚体的作用完全由力偶矩矢$\boldsymbol{m}$所决定。

5-4

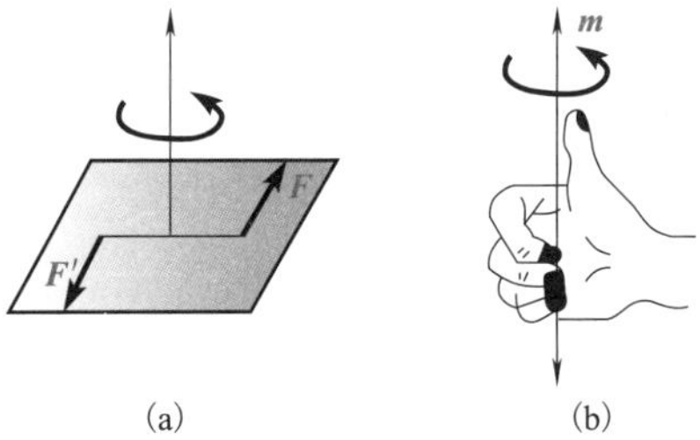

(a) (b)

图 5-4

由于力偶可在作用面内任意移转，并可搬移到相平行的平面上，故$\boldsymbol{m}$可以平行移动，而不必确定该矢量的初端位置，它为自由矢量。显然，在空间情形下，两个力偶等效的条件可表示为：两个力偶的力偶矩矢相等，即$\boldsymbol{m}_1=\boldsymbol{m}_2$。

2. 空间力偶系的合成

力偶作用面不在同一平面(或平行平面)的力偶系，称为空间力偶系。由于力偶矩矢为自由矢量，所以在合成时可将各力偶矩矢的初端都移在同一点上，仿照空间汇交力系的合成方法(将$\boldsymbol{m}$类比为$\boldsymbol{F}$)，可以得出：空间力偶系的合成是一个合力偶，合力偶矩等于各分力偶矩的矢量和，即

$$\boldsymbol{M}=\boldsymbol{m}_1+\boldsymbol{m}_2+\cdots+\boldsymbol{m}_n=\sum_{i=1}^{n}\boldsymbol{m}_i \tag{5-13}$$

实际计算时，将式(5-13)分别在直角坐标轴上投影，可得

$$\left.\begin{aligned} M_x &= m_{1x} + m_{2x} + \cdots + m_{nx} = \sum_{i=1}^{n} m_{ix} \\ M_y &= m_{1y} + m_{2y} + \cdots + m_{ny} = \sum_{i=1}^{n} m_{iy} \\ M_z &= m_{1z} + m_{2z} + \cdots + m_{nz} = \sum_{i=1}^{n} m_{iz} \end{aligned}\right\} \tag{5-14}$$

求出合力偶矩矢的三个投影 M_x、M_y、M_z 后，合力偶矩矢的解析表达式为

$$\boldsymbol{M} = M_x \boldsymbol{i} + M_y \boldsymbol{j} + M_z \boldsymbol{k}$$

合力偶矩矢的大小和方向为

$$\left.\begin{aligned} & M = \sqrt{M_x^2 + M_y^2 + M_z^2} \\ & \cos\alpha = \frac{M_x}{M}, \quad \cos\beta = \frac{M_y}{M}, \quad \cos\gamma = \frac{M_z}{M} \end{aligned}\right\}$$

式中，α、β、γ 为 $\boldsymbol{M}$ 与直角坐标轴 x、y、z 正向间的夹角。

【例 5-3】 三个力偶如图 5-5 所示。已知 $m_1 = 20\text{N}\cdot\text{m}$，$m_2 = 10\text{N}\cdot\text{m}$，$m_3 = 50\text{N}\cdot\text{m}$，求合力偶矩矢量的大小和方向。

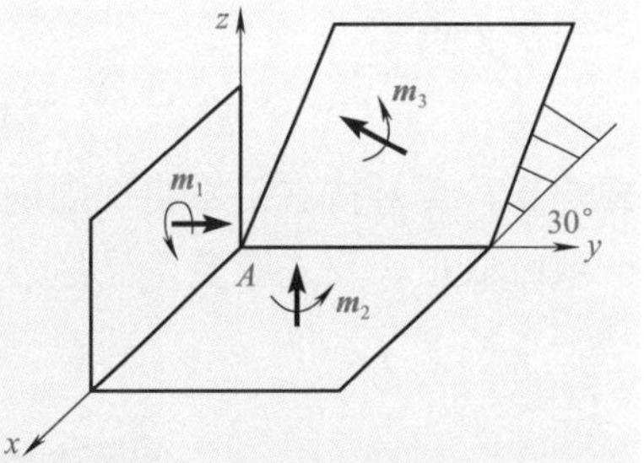

图 5-5

解 将作用在三个面上的力偶用力偶矩矢 $\boldsymbol{m}_1$、$\boldsymbol{m}_2$、$\boldsymbol{m}_3$ 表示，并将它们的始端平行移到 A 点，根据式(5-14)，求得

$$m_x = \sum m_x = m_3 \sin 30^\circ = 25\text{N}\cdot\text{m}$$
$$m_y = \sum m_y = m_1 = 20\text{N}\cdot\text{m}$$
$$m_z = \sum m_z = m_2 + m_3 \cos 30^\circ = 53.3\text{N}\cdot\text{m}$$

可求得合力偶矩为

$$M = \sqrt{25^2 + 20^2 + 53.3^2} = 62.2(\text{N}\cdot\text{m})$$
$$\alpha = \arccos\frac{M_x}{M} = \arccos\frac{2.5}{62.2} = 66^\circ 18'$$
$$\beta = \arccos\frac{M_y}{M} = \arccos\frac{20}{62.2} = 71^\circ 15'$$
$$\gamma = \arccos\frac{M_z}{M} = \arccos\frac{53.3}{62.2} = 30^\circ 40'$$

3. **空间力偶系的平衡**

由于空间力偶系可以用一个合力偶来等效，因此可得到：空间力偶系平衡的必要和充分条件是合力偶矩为零，也即各分力偶矩的矢量和等于零。即

$$\sum \boldsymbol{m} = 0 \tag{5-15}$$

由式(5-14)可知，要使式(5-15)成立，必须同时满足

$$\sum m_x = 0, \quad \sum m_y = 0, \quad \sum m_z = 0 \tag{5-16}$$

式(5-16)称为空间力偶系的平衡方程，即空间力偶系平衡的必要和充分条件是各力偶矩矢在三个坐标轴上投影的代数和分别等于零。显然，空间力偶系只有三个独立平衡方程，只能求解三个未知量。

5-5

5.3 力对轴的矩与力对点的矩

在空间问题中，经常需要度量力使物体绕某轴转动的作用效果。因此，必须了解力对轴的矩的概念与计算。

1. **力对轴的矩**

在平面问题中，力 $\boldsymbol{F}$ 对 O 点之矩实际上是指力对垂直于此平面(由 O 点和力作用线确定的平面)的 z 轴之矩，如图 5-6(a)所示。此时力 $\boldsymbol{F}$ 的作用线与 z 轴在空间相互垂直。显然，平面中的力 $\boldsymbol{F}$ 对 O 点之矩实际上度量了空间中力 $\boldsymbol{F}$ 对 z 轴的转动效应。空间问题中，由于力与轴并不总是垂直的，因而需将上述概念加以推广。如图 5-6(b)所示，下面考察力 $\boldsymbol{F}$ 使刚体绕 z 轴转动的效应，将力 $\boldsymbol{F}$ 分解为两个力，分力 $\boldsymbol{F}_z$ 平行于 z 轴，它对刚体绕 z 轴无任何转动效应；分力 $\boldsymbol{F}_{xy}$ 在垂直于 z 轴的平面内($\boldsymbol{F}_{xy}$ 为力 $\boldsymbol{F}$ 在垂直于 z 轴的平面上的投影)。因此，力 $\boldsymbol{F}$ 使刚体绕 z 轴的转动效应可用 $\boldsymbol{F}_{xy}$ 对 O 点之矩来度量。由此可定义：**力对轴之矩是力使刚体绕此轴转动效应的度量，它等于此力在垂直于轴的任一平面上的投影对轴与平面交点之矩。**数学表达式为

$$m_z(\boldsymbol{F}) = m_O(\boldsymbol{F}_{xy}) = \pm F_{xy}h = \pm 2S_{\triangle OAB} \tag{5-17}$$

式中正、负号按右手螺旋规则确定，即**右手四指沿力的指向握轴，伸直的大拇指与轴的正向一致时取正，反之取负**。显然力对轴之矩是代数量，其单位为牛顿·米(N·m)。

5-6

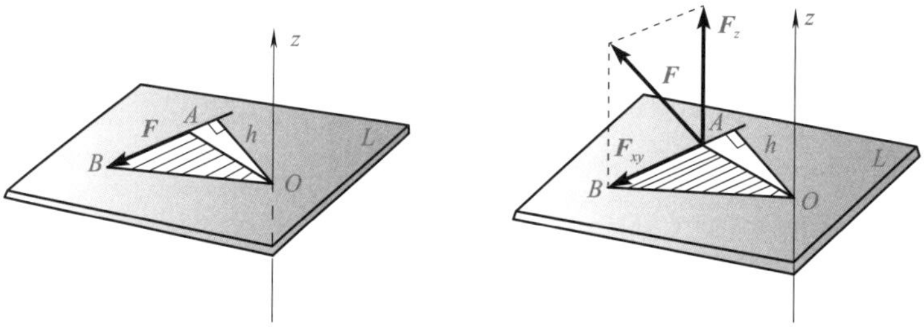

(a) (b)

图 5-6

根据定义，当力 $\boldsymbol{F}$ 与轴相交($h=0$)或与轴平行($F_{xy}=0$)时，力对轴之矩等于零。或者说，当力 $\boldsymbol{F}$ 与轴共面时，力对轴之矩等于零。当力沿其作用线移动时，由于 $\boldsymbol{F}_{xy}$ 与 h 不变，故力对轴之矩不变。

根据力对轴之矩的定义以及平面中合力矩定理，可以导出力对轴之矩的解析表达式，如图 5-7 所示，设力 $\boldsymbol{F}$ 的作用点 A 的坐标为 x、y、z，它在坐标轴上的投影为 X、Y、Z，则力 $\boldsymbol{F}$ 对坐标轴 x、y、z 之矩分别为

$$m_x(\boldsymbol{F}) = yZ - zY,\quad m_y(\boldsymbol{F}) = zX - xZ,\quad m_z(\boldsymbol{F}) = xY - yX \tag{5-18}$$

【例 5-4】 如图 5-8 所示，已知 P、R、L、α、β，求力 $\boldsymbol{P}$ 对各坐标轴之矩($\boldsymbol{P}$ 在过轮缘上作用切平面内)。

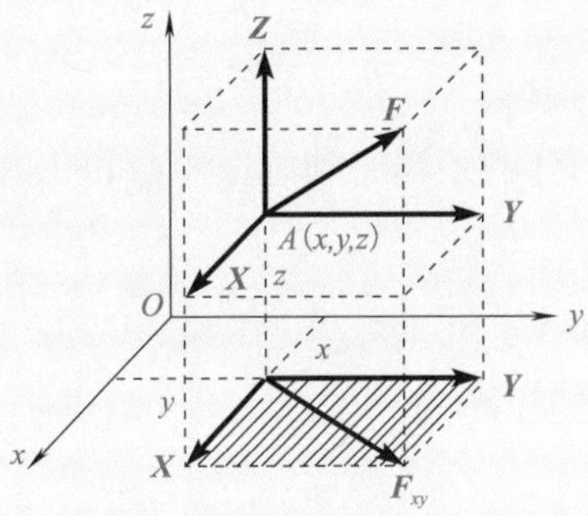

图 5-7

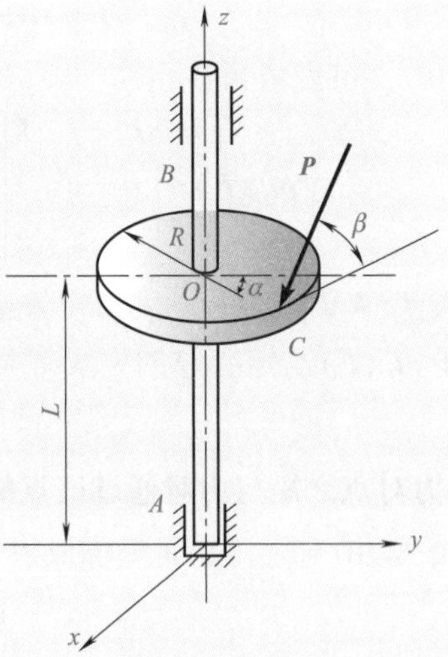

图 5-8

5-7

5-8

解　力 $\boldsymbol{P}$ 对 z 轴之矩可用式(5-17)计算，将力投影在与 xAy 平行的圆盘平面内，然后对 O 点取矩，可得

$$m_z(\boldsymbol{P}) = -PR\cos\beta$$

力 $\boldsymbol{P}$ 对 x 轴、y 轴之矩可用式(5-18)来求，其中有 $C(R\sin\alpha, R\cos\alpha, L)$，$X = P\cos\beta\cos\alpha$，$Y = -P\cos\beta\sin\alpha$，$Z = -P\sin\beta$，将 X、Y、Z 及 C 点坐标代入式(5-18)，可求得

$$m_x(\boldsymbol{P}) = P(L\cos\beta\sin\alpha - R\cos\alpha\sin\beta)$$
$$m_y(\boldsymbol{P}) = P(L\cos\alpha\sin\beta + R\sin\alpha\cos\beta)$$

2. **力对点之矩的矢量表示**

在平面问题中，用代数量表示力对点之矩，足以概括它的全部要素。但在空间问题中，由于各力的作用线在空间分布，力的作用线与矩心确定的平面也就有不同的方位。方位不同，即使力矩大小一样，作用效果也将完全不同。因此，在空间问题中，力对点之矩必须表明：①力 $\boldsymbol{F}$ 与矩心 O 所确定的平面的方位；②在此平面内力 $\boldsymbol{F}$ 绕矩心 O 的转向；③力 $\boldsymbol{F}$ 的大小与力臂的乘积，即力矩的大小 (Fh)。由此可见，空间中力对点之矩必须用矢量表示。

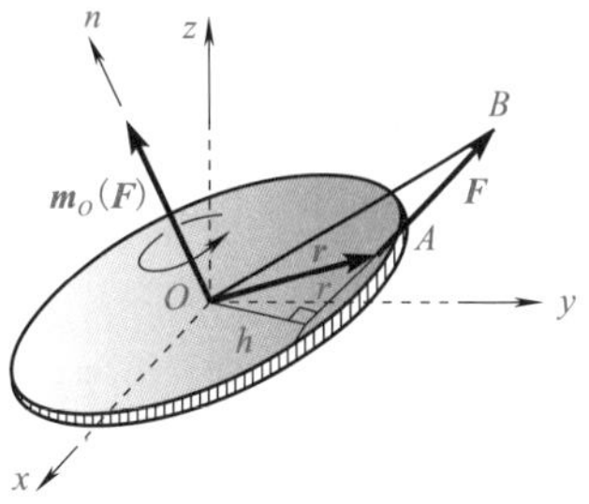

图 5-9

5-9

如图 5-9 所示，下面来确定力 $\boldsymbol{F}$ 对 O 点之矩。从矩心 O 沿平面的(力 $\boldsymbol{F}$ 与 O 点确定的平面)法线作一个矢量，矢量的模表示力矩的大小，矢量的指向按右手螺旋规则确定，即四指蜷曲表示力矩转向，拇指表示力矩矢量的指向。或从力矩矢量末端俯视，力 $\boldsymbol{F}$ 绕矩心 O 是逆时针转向。若用 $\boldsymbol{m}_O(\boldsymbol{F})$ 表示力 $\boldsymbol{F}$ 对 O 点之矩的矢量，从矩心 O 至力的作用点 A 作矢径 $\boldsymbol{r}$，矢积 $\boldsymbol{r}\times\boldsymbol{F}$ 就表明了力对点之矩的全部要素。因此，力 $\boldsymbol{F}$ 对 O 点之矩表示为

$$\boldsymbol{m}_O(\boldsymbol{F}) = \boldsymbol{r}\times\boldsymbol{F} \tag{5-19}$$

即力对点之矩等于矩心到该力作用点的矢径与该力的矢量积。

若以矩心 O 为坐标原点，建立空间直角坐标系。力的作用点坐标为 $A(x,y,z)$，矢径 $\boldsymbol{r}$ 和力 $\boldsymbol{F}$ 可表示为

$$\boldsymbol{r} = x\boldsymbol{i} + y\boldsymbol{j} + z\boldsymbol{k}, \quad F = X\boldsymbol{i} + Y\boldsymbol{j} + Z\boldsymbol{k}$$

则式(5-19)又可表示为

$$\boldsymbol{m}_O(\boldsymbol{F}) = \begin{vmatrix} \boldsymbol{i} & \boldsymbol{j} & \boldsymbol{k} \\ x & y & z \\ X & Y & Z \end{vmatrix} = (yZ - zY)\boldsymbol{i} + (zX - xZ)\boldsymbol{j} + (xY - yX)\boldsymbol{k} \tag{5-20}$$

式中，$\boldsymbol{i}$、$\boldsymbol{j}$、$\boldsymbol{k}$ 的系数分别为力矩矢量在 x、y、z 轴上的投影。

由于 $\boldsymbol{m}_O(\boldsymbol{F})$ 与矩心 O 的位置有关，故力矩矢量 $\boldsymbol{m}_O(\boldsymbol{F})$ 的始端必须画在矩心 O 上。它为定位矢量。

3. 力对点之矩与力对通过该点的轴之矩的关系

由式(5-20)可知，力对坐标原点之矩矢在三个轴上的投影为

$$[\boldsymbol{m}_O(\boldsymbol{F})]_x = yZ - zY$$
$$[\boldsymbol{m}_O(\boldsymbol{F})]_y = zX - xZ$$
$$[\boldsymbol{m}_O(\boldsymbol{F})]_z = xY - yX$$

将此式与式(5-18)做比较，可得

$$\left.\begin{aligned} [\boldsymbol{m}_O(\boldsymbol{F})]_x &= m_x(\boldsymbol{F}) \\ [\boldsymbol{m}_O(\boldsymbol{F})]_y &= m_y(\boldsymbol{F}) \\ [\boldsymbol{m}_O(\boldsymbol{F})]_z &= m_z(\boldsymbol{F}) \end{aligned}\right\} \tag{5-21}$$

式(5-21)说明：**力对点之矩在通过该点的某轴上的投影等于力对该轴的矩**。该式建立了力对点的矩与力对轴的矩之间的关系。此关系也可由力对点的矩在轴上的投影和力对轴之矩的定义直接证明。证明如下：

5-10

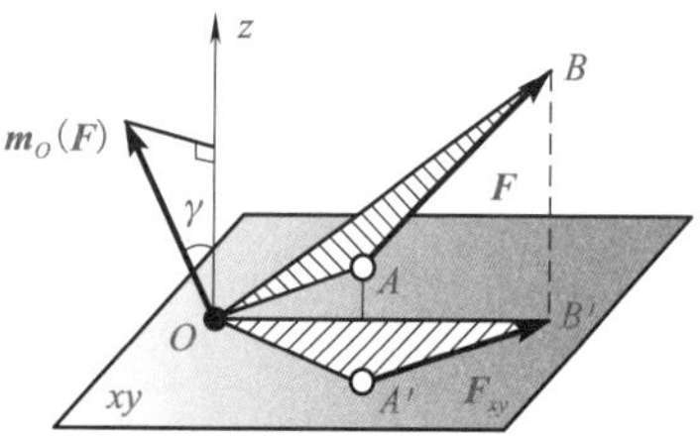

图 5-10

设 $\boldsymbol{F}$ 作用于刚体上的 A 点，任取一点 O，如图 5-10 所示，则 $\boldsymbol{F}$ 对 O 点之矩矢的大小为

$$|\boldsymbol{m}_O(\boldsymbol{F})| = 2S_{\triangle OAB}$$

$\boldsymbol{F}$ 对通过 O 点的任一 z 轴之矩的大小为

$$|m_z(\boldsymbol{F})| = 2S_{\triangle OA'B'}$$

由几何关系可知

$$S_{\triangle OAB}|\cos\gamma| = S_{\triangle OA'B'}$$

式中，γ 为两个三角形平面间的夹角，即 $\boldsymbol{m}_O(\boldsymbol{F})$ 矢量与 z 轴间的夹角。上式两端同乘 2 即得

$$|\boldsymbol{m}_O(\boldsymbol{F})||\cos\gamma| = |\boldsymbol{m}_z(\boldsymbol{F})| \tag{5-21a}$$

考虑正负号的关系，可得

$$|\boldsymbol{m}_O(\boldsymbol{F})|\cos\gamma = m_z(\boldsymbol{F}) = [\boldsymbol{m}_O(\boldsymbol{F})]_z$$

证毕。

利用点矩与轴矩的关系，就可用力对坐标轴之矩来表达力对坐标原点的矩矢量。设已求得力对三个坐标轴的矩为 $m_x(\boldsymbol{F})$、$m_y(\boldsymbol{F})$、$m_z(\boldsymbol{F})$，则力 $\boldsymbol{F}$ 对坐标原点的矩 $\boldsymbol{m}_O(\boldsymbol{F})$ 为

$$\boldsymbol{m}_O(\boldsymbol{F}) = m_x(\boldsymbol{F})\boldsymbol{i} + m_y(\boldsymbol{F})\boldsymbol{j} + m_z(\boldsymbol{F})\boldsymbol{k} \tag{5-22}$$

力 $\boldsymbol{F}$ 对坐标原点的矩的大小和方向为

$$\left.\begin{aligned}&m_O(F)=\sqrt{[m_x(F)]^2+[m_y(F)]^2+[m_z(F)]^2}\\&\cos\alpha=\frac{m_x(F)}{|m_O(F)|},\quad \cos\beta=\frac{m_y(F)}{|m_O(F)|},\quad \cos\gamma=\frac{m_z(F)}{|m_O(F)|}\end{aligned}\right\}\tag{5-23}$$

式中，α、β、γ 分别为 $\boldsymbol{m}_O(\boldsymbol{F})$ 与 x、y、z 轴正向间的夹角。

反之，在有些情况下，也可通过求力对点之矩矢在轴上的投影来求力对轴之矩。

【例 5-5】 如图 5-11 所示，已知 $Q=10\sqrt{2}\text{N}$，求力 $\boldsymbol{Q}$ 对 x_1 轴（AB）之矩。

解 本题用轴矩定义式和解析式均不易计算，而 $\boldsymbol{m}_A(\boldsymbol{Q})$ 和 $\boldsymbol{m}_A(\boldsymbol{Q})$ 与 x_1 轴的夹角又非常明显。因此，可利用轴矩与点矩的关系来求力 $\boldsymbol{Q}$ 对 x_1 轴的矩为

$$|\boldsymbol{m}_A(\boldsymbol{Q})|=4Q=40\sqrt{2}\text{N}\cdot\text{m}$$

方向沿 z 轴正向。可得

$$m_{x1}(\boldsymbol{Q})=[\boldsymbol{m}_A(\boldsymbol{Q})]_{x1}=|\boldsymbol{m}_A(\boldsymbol{Q})|\cos 45^\circ=40\text{N}\cdot\text{m}$$

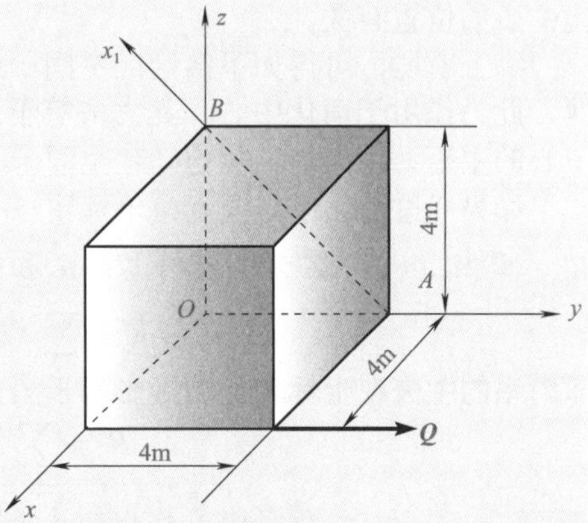

图 5-11

5-11

5.4 空间一般力系向一点的简化

与平面一般力系的简化方法相同，用力线平移定理，将空间一般力系的每个力向任一点(简化中心)平移，同时附加一个相应的力偶，此时附加力偶的力偶矩用矢量表示。这样就可将原来的空间一般力系（$\boldsymbol{F}_1,\boldsymbol{F}_2,\cdots,\boldsymbol{F}_n$）等效替换成一个空间汇交力系（$\boldsymbol{F}_1',\boldsymbol{F}_2',\cdots,\boldsymbol{F}_n'$）和一个空间力偶系，其力偶矩矢量为 $\boldsymbol{m}_1,\boldsymbol{m}_2,\cdots,\boldsymbol{m}_n$，如图 5-12 所示。其中有

$$\boldsymbol{F}_1'=\boldsymbol{F}_1,\quad \boldsymbol{F}_2'=\boldsymbol{F}_2,\quad \cdots,\quad \boldsymbol{F}_n'=\boldsymbol{F}_n$$

$$\boldsymbol{m}_1=\boldsymbol{m}_O(\boldsymbol{F}_1),\quad \boldsymbol{m}_2=\boldsymbol{m}_O(\boldsymbol{F}_2),\quad \cdots,\quad \boldsymbol{m}_n=\boldsymbol{m}_O(\boldsymbol{F}_n)$$

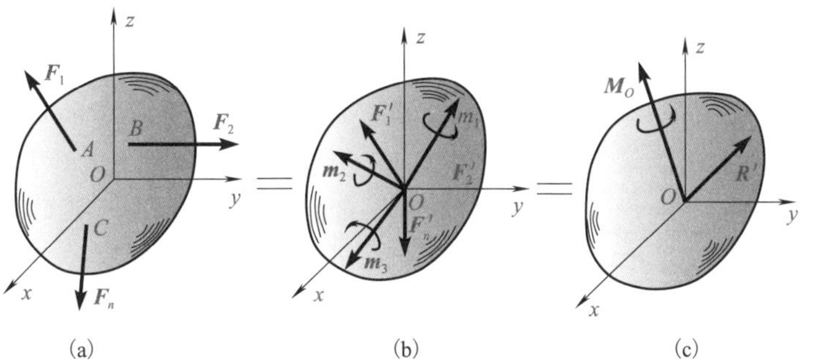

(a) (b) (c)

图 5-12

5-12

对于汇交力系($F_1', F_2', \cdots, F_n'$)可合成为一个力 $\boldsymbol{R}'$，作用于简化中心，且

$$\boldsymbol{R}' = \sum \boldsymbol{F}' = \sum \boldsymbol{F} \tag{5-24}$$

对于力偶系，可合成为一个力偶，其力偶矩矢为

$$\boldsymbol{M}_O = \sum_{i=1}^{n} \boldsymbol{M}_i = \sum_{i=1}^{n} \boldsymbol{m}_O(\boldsymbol{F}_i) \tag{5-25}$$

与平面力系相同，空间力系各力的矢量和 $\sum \boldsymbol{F}$ 也称为力系的主矢，它与简化中心的位置无关。各力对简化中心之矩的矢量和 $\sum \boldsymbol{m}_O(\boldsymbol{F})$ 也称为力系的主矩(这里是矢量)，它一般与简化中心的位置有关。

综上所述，可得如下结论：**空间一般力系向一点(简化中心)简化，可得一个力和一个力偶，此力作用于简化中心，其力矢等于原力系的主矢。此力偶的力偶矩矢等于原力系对简化中心的主矩。主矢与主矩是确定空间一般力系对刚体作用的两个基本物理量。**

如果通过简化中心作直角坐标系 $Oxyz$，则力系的主矢和主矩可用解析式表示。如以 R_x'、R_y'、R_z' 和 X、Y、Z 分别表示主矢 $\boldsymbol{R}'$ 和原力系中任一力在坐标轴上的投影，则可得

$$R_x' = \sum X, \quad R_y' = \sum Y, \quad R_z' = \sum Z \tag{5-26}$$

即力系的主矢在坐标轴上的投影等于力系中各力在同一轴上投影的代数和。并可求得

$$\boldsymbol{R}' = (\sum X)\boldsymbol{i} + (\sum Y)\boldsymbol{j} + (\sum Z)\boldsymbol{k} \tag{5-27}$$

$$\left.\begin{aligned} & R' = \sqrt{(\sum X)^2 + (\sum Y)^2 + (\sum Z)^2} \\ & \cos(\boldsymbol{R}', \boldsymbol{i}) = \frac{\sum X}{R'}, \quad \cos(\boldsymbol{R}', \boldsymbol{j}) = \frac{\sum Y}{R'}, \quad \cos(\boldsymbol{R}', \boldsymbol{k}) = \frac{\sum Z}{R'} \end{aligned}\right\} \tag{5-28}$$

同理，如用 M_{Ox}、M_{Oy}、M_{Oz} 分别表示主矩 $\boldsymbol{M}_O$ 在坐标轴上的投影，x、y、z 表示任一力的作用点坐标，根据点矩与轴矩的关系，可得

$$\left.\begin{aligned} M_{Ox} &= [\sum \boldsymbol{m}_O(\boldsymbol{F})]_x = \sum m_x(\boldsymbol{F}) = \sum (yZ - zY) \\ M_{Oy} &= [\sum \boldsymbol{m}_O(\boldsymbol{F})]_y = \sum m_y(\boldsymbol{F}) = \sum (zX - xZ) \\ M_{Oz} &= [\sum \boldsymbol{m}_O(\boldsymbol{F})]_z = \sum m_z(\boldsymbol{F}) = \sum (xY - yX) \end{aligned}\right\} \tag{5-29}$$

根据三个投影，可得

$$\boldsymbol{M}_O = M_{Ox}\boldsymbol{i} + M_{Oy}\boldsymbol{j} + M_{Oz}\boldsymbol{k} \tag{5-30}$$

$$\left.\begin{aligned} & M_O = \sqrt{M_{Ox}^2 + M_{Oy}^2 + M_{Oz}^2} \\ & \cos(\boldsymbol{M}_O, \boldsymbol{i}) = \frac{M_{Ox}}{M_O}, \quad \cos(\boldsymbol{M}_O, \boldsymbol{j}) = \frac{M_{Oy}}{M_O}, \quad \cos(\boldsymbol{M}_O, \boldsymbol{k}) = \frac{M_{Oz}}{M_O} \end{aligned}\right\} \tag{5-31}$$

通过空间一般力系向一点简化的结果可以说明力系对刚体作用的总效果。以飞机为例(图 5-13)，飞机飞行时受到重力、升力、推力、阻力等力组成的空间一般力系作用。将此力系向飞机的重心 O 点简化，可得一力 $\boldsymbol{R}'$ 和一力偶，力偶矩矢为 $\boldsymbol{M}_O$，将此力 $\boldsymbol{R}'$ 和力偶矩矢 $\boldsymbol{M}_O$ 进行分解，如图 5-13 所示。力 $\boldsymbol{R}'$ 决定重心 O 的运动，其中，$\boldsymbol{R}_x'$ 为有效推进力；$\boldsymbol{R}_y'$ 为有效升力；$\boldsymbol{R}_z'$ 为侧向力。力偶矩 $\boldsymbol{M}_O$ 决定飞机绕重心 O 的转动，其中，$\boldsymbol{M}_{Ox}$ 为滚转力矩；$\boldsymbol{M}_{Oy}$ 为偏航力矩；$\boldsymbol{M}_{Oz}$ 为俯仰力矩。

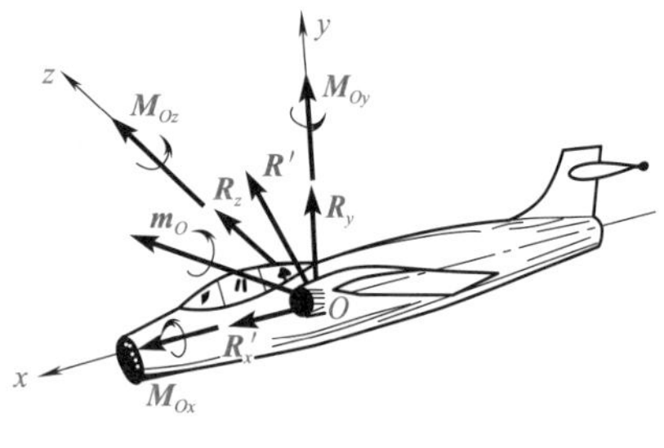

图 5-13

5-13

5.5　空间一般力系简化结果的讨论

空间一般力系向一点简化得到的一力和一力偶，还可以进一步简化为最简单的力系。这需根据力系的主矢和对简化中心的主矩的情形来确定。现分别加以讨论。

1. 力系可简化为一个合力偶的情形

当力系的主矢 $\boldsymbol{R}'=0,\boldsymbol{M}_O\neq 0$ 时，说明原力系与一个力偶等效。此时原力系可合成为一个合力偶，力偶矩矢等于原力系对简化中心的主矩。在这种情况下，主矩与简化中心的位置无关。

2. 力系可简化为一个合力的情形与合力矩定理

若力系向一点简化，得到 $\boldsymbol{R}'\neq 0,\boldsymbol{M}_O=0$，说明原力系与一个力等效，这时力系可简化为一个合力。合力的作用线通过简化中心，其大小和方向等于原力系的主矢。当简化中心位于合力作用线上时，就会出现这种情形。

若力系向一点简化，得到 $\boldsymbol{R}'\neq 0,\boldsymbol{M}_O\neq 0$，但 $\boldsymbol{R}'\perp \boldsymbol{M}_O(\boldsymbol{R}'\cdot\boldsymbol{M}_O=0)$，说明得到的一个力和一个力偶是共面的，如图 5-14 所示。故可将此力和此力偶进一步合成，得到作用于 O' 点的一个力 $\boldsymbol{R}$，此力与原力系等效，即为原力系的合力，其大小和方向等于原力系的主矢。其作用线到简化中心 O 的距离为

$$d=\frac{|\boldsymbol{M}_O|}{R'}$$

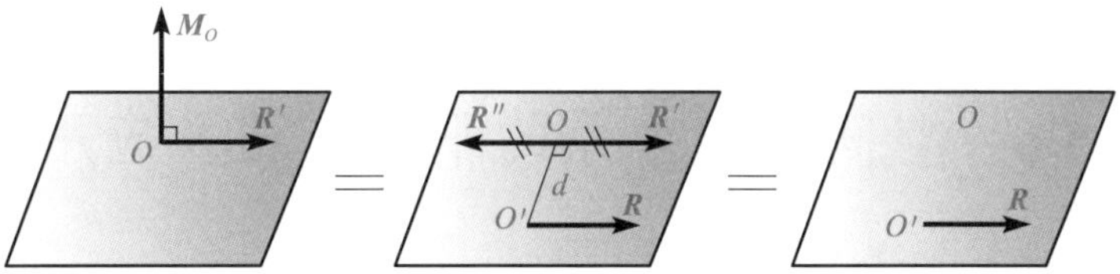

图 5-14

5-14

由图 5-14(b)可知，力偶 $(\boldsymbol{R},\boldsymbol{R}'')$ 的矩矢 $\boldsymbol{M}_O$ 等于合力 $\boldsymbol{R}$ 对点 O 的矩矢，即

$$\boldsymbol{M}_O=\boldsymbol{m}_O(\boldsymbol{R})$$

又由式(5-25)得

$$\boldsymbol{M}_O=\sum\boldsymbol{m}_O(\boldsymbol{F})$$

比较上面两式，可得

$$\boldsymbol{m}_O(\boldsymbol{R})=\sum\boldsymbol{m}_O(\boldsymbol{F}) \tag{5-32}$$

式(5-32)表明：空间一般力系的合力对任一点之矩等于各分力对同一点之矩的矢量和。

将式(5-32)投影到过 O 点的任一轴上，再考虑到点矩与轴矩的关系，可得

$$m_x(\boldsymbol{R})=\sum m_x(\boldsymbol{F}) \tag{5-33}$$

即空间一般力系的合力对任一轴之矩等于各分力对同一轴之矩的代数和。以上两式统称为空间一般力系的合力矩定理。

因此，当力系向 O 点简化，得到 $\boldsymbol{R}'\neq 0,\boldsymbol{R}'\cdot\boldsymbol{M}_O=0$ 时，力系简化的最后结果是一个合力。

3. **力系可简化为一个力螺旋的情形**

当力系向一点简化时，$\boldsymbol{R}'\neq 0, \boldsymbol{M}_O\neq 0$ 且 $\boldsymbol{R}'$ 与 $\boldsymbol{M}_O'$ 并不垂直而成任一角 α，这是最一般的情形，如图 5-15(a)所示。我们将 $\boldsymbol{M}_O$ 沿与 $\boldsymbol{R}'$ 平行和垂直的方向分解为两个分矢量 $\boldsymbol{M}_O'$ 和 $\boldsymbol{M}_O''$，如图 5-15(b)所示。其中，$M_O' = M_O\cos\alpha$，$M_O'' = M_O\sin\alpha$。

$\boldsymbol{M}_O''$ 与 $\boldsymbol{R}'$ 可进一步合成作用在 O' 点的一个力 $\boldsymbol{R}$，且 $\boldsymbol{R}=\boldsymbol{R}'$，$OO' = \dfrac{M_O\sin\alpha}{R'}$。由于力偶矩矢为自由矢量，将 $\boldsymbol{M}_O'$ 平移到 O' 点，使它与 $\boldsymbol{R}$ 重合，如图 5-15(c)所示。此种情形简化的最终结果就是一个力 $\boldsymbol{R}$ 和一个力偶 $\boldsymbol{M}_O'$（$\boldsymbol{R}$ 与 $\boldsymbol{M}_O'$ 重合）。**由一个力和在与之垂直平面内的一个力偶所组成的力系称为力螺旋**。当力螺旋中的力与力偶矩矢同向时，称为**右手螺旋**；反之，称为**左手螺旋**。力的作用线称为力螺旋的**中心轴**。所以，当力系向一点简化得到 $\boldsymbol{R}'\neq 0, \boldsymbol{R}'\cdot\boldsymbol{M}_O\neq 0$ 时，简化的最终结果是一个力螺旋。它是最简单的力系。

5-15

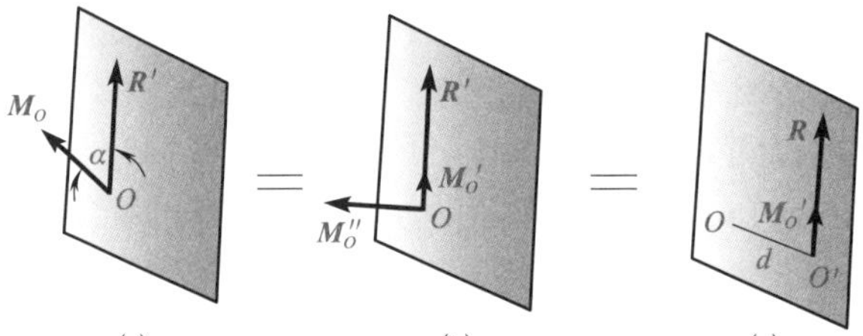

(a) (b) (c)

图 5-15

当力系向一点简化得到 $\boldsymbol{R}'=0, \boldsymbol{M}_O=0$ 的情形是空间一般力系平衡的情形，将在 5.6 节讨论。

5.6 空间一般力系的平衡方程及应用

5.6.1 空间一般力系的平衡方程

由空间一般力系的简化结果可得到：**空间一般力系平衡的必要和充分条件是力系的主矢和对任一点的主矩都等于零**，即

$$\boldsymbol{R}'=0,\quad \boldsymbol{M}_O=0$$

由式(5-28)和式(5-31)知，要使上式成立，必须有

$$\left.\begin{array}{l}\sum X=0,\quad \sum Y=0,\quad \sum Z=0\\ \sum m_x(\boldsymbol{F})=0,\quad \sum m_y(\boldsymbol{F})=0,\quad \sum m_z(\boldsymbol{F})=0\end{array}\right\}\tag{5-34}$$

式(5-34)称为空间一般力系的平衡方程。它表明：**空间一般力系平衡的必要和充分条件是力系中各力在直角坐标系的各坐标轴上投影的代数和以及对各轴之矩的代数和分别等于零。**

研究一刚体平衡时，由于空间力系最多只有六个独立的平衡方程，只能求解六个未知量。若未知量数目超过六个，则为静不定问题。

空间一般力系是最普遍的力系，其余各种力系均为它的特例。对于平衡问题，其他力系的平衡方程均包含在此六个方程中。现以空间平行力系为例来说明，其余情况读者可自行推导。

设物体受一空间平行力系作用而平衡，如图 5-16 所示。令 z 轴与力系中各力的作用线平行。显然，各力对 z 轴的矩等于零，又各力与 x 轴、y 轴都垂直，各力在这两轴上的投影也等于零。因而，在 x 轴和 y 轴上的投影方程以及对 z 轴的取矩方程就成了零等于零的恒等式，无

意义。因此，空间平行力系就只有下面三个独立平衡方程：

$$\left.\begin{aligned}\sum Z=0\\ \sum m_x(\boldsymbol{F})=0\\ \sum m_y(\boldsymbol{F})=0\end{aligned}\right\}\qquad(5\text{-}35)$$

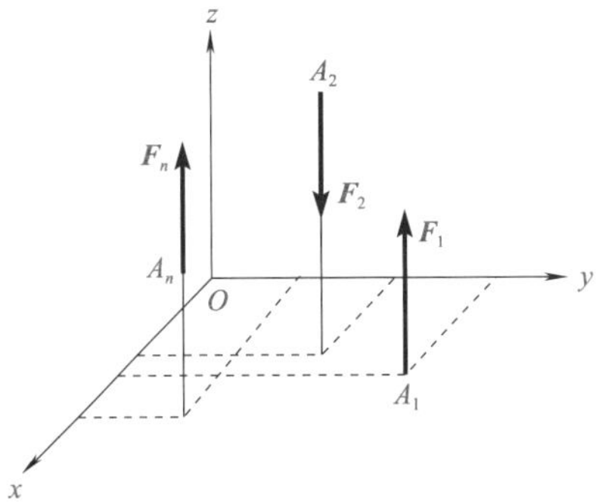

图 5-16

5-16

与平面一般力系相同，空间一般力系的平衡方程也有其他形式，如四矩式、五矩式、六矩式。根据所解题目不同，可方便选取。只不过这些形式的平衡方程的限制条件较复杂，这里不再多述。但其最基本的形式还是式(5-34)。空间一般力系的独立平衡方程的个数最多只有六个，但并不是说除了特殊力系就都有六个独立平衡方程，要视具体情况具体分析。例如，平行于 xOy 平面的力系，因为 $\sum Z\equiv 0$，则只有五个独立的平衡方程。

5.6.2 空间约束类型

当刚体受空间一般力系作用而处于平衡时，每个约束的未知量可能有一个至六个。确定每种约束的未知量个数及反力(或反力偶)的基本方法是：观察物体在空间的六种(沿三轴移动和绕三轴转动)可能的运动中，有哪几种运动被约束所阻碍，有阻碍就有约束反力。阻碍几种运动就有几个未知量，阻碍移动为反力，阻碍转动为反力偶。如带有销子的夹板 5-17(a)，夹板只能绕 y 轴转动，其余五种均被限制，故反力的未知量有五个，分别为 $\boldsymbol{R}_{Ox}$、$\boldsymbol{R}_{Oy}$、$\boldsymbol{R}_{Oz}$、$\boldsymbol{M}_x$、$\boldsymbol{M}_y$，如图 5-17(b)所示。

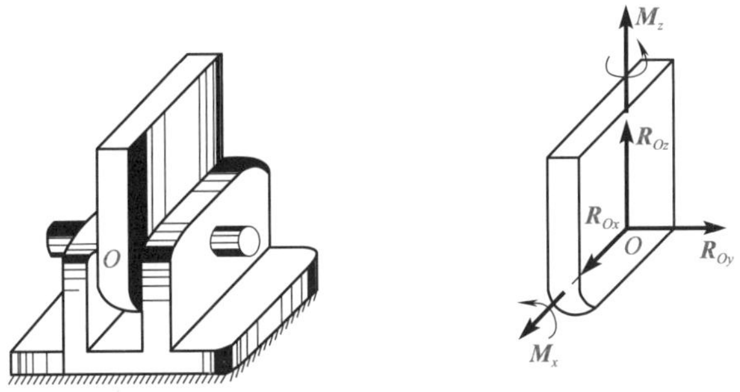

(a) (b)

图 5-17

5-17

对于光滑面，柔性体，链杆约束与第 1 章的分析相同。表 5-1 列出了常见的几种约束，简化记号以及可能作用于物体的约束反力。

表 5-1 空间约束的类型及其约束反力举例

约束反力未知量		约束类型
1	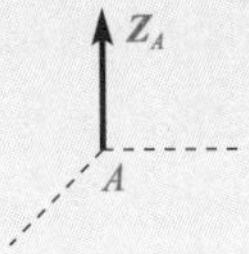	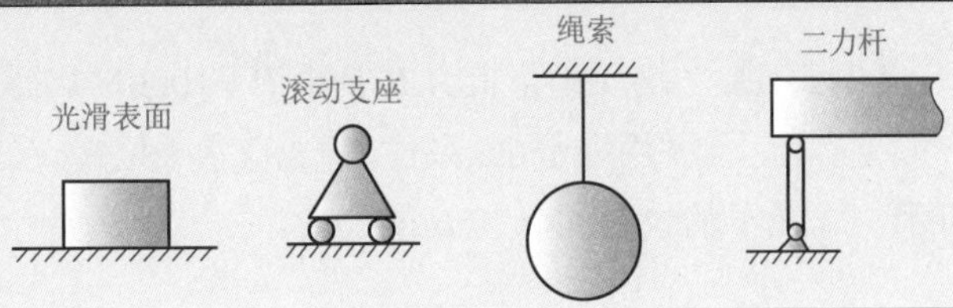

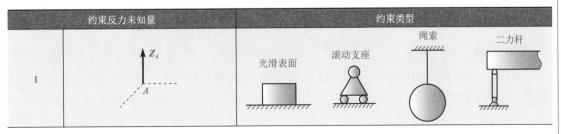

续表

约束反力未知量		约束类型
2	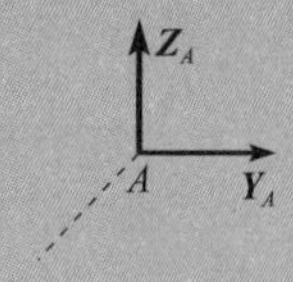	径向轴承 圆柱铰链 铁轨 蝶铰链 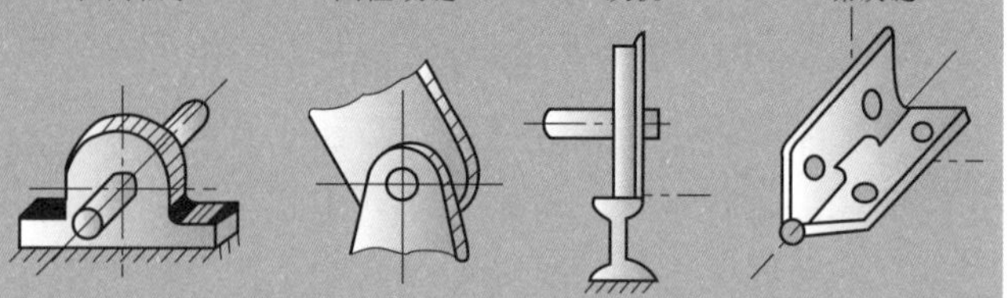
3	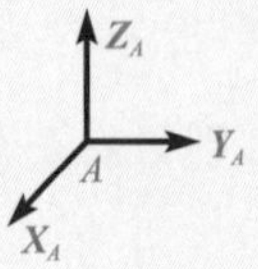	球形铰链 止推轴承 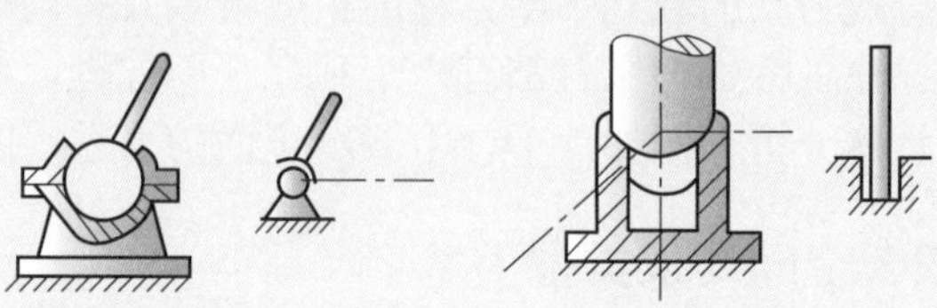
4	(a) (b) 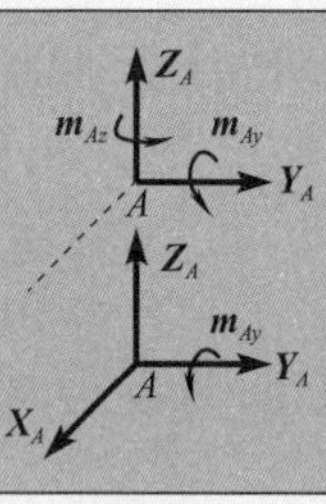	导向轴承 万向接头 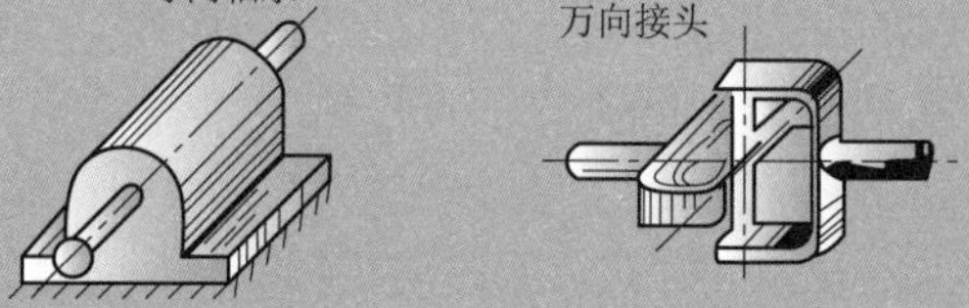
5	(a) (b) 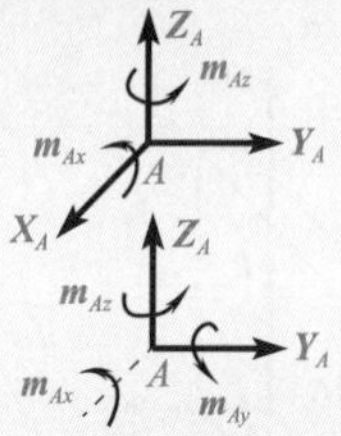	带有销子的夹板 导轨 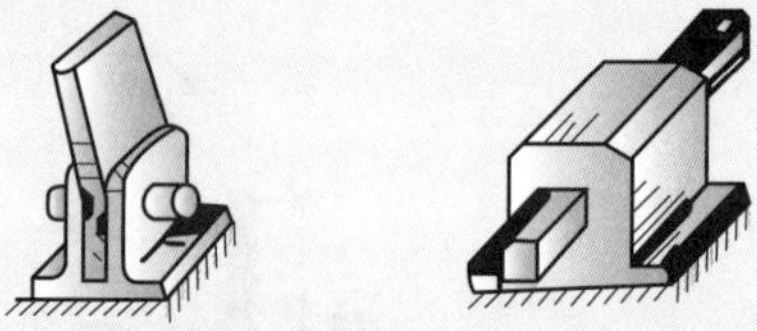
6	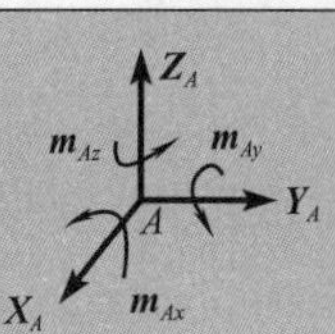	空间的固定端支座 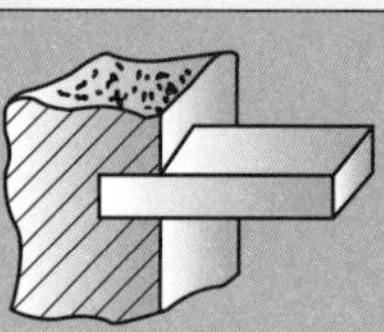

5.6.3 空间力系平衡问题举例

求解空间力系平衡问题与求解平面力系平衡问题相似。其解题步骤仍然是选研究对象，画受力图，列平衡方程，求解未知量。下面以例题来说明。

【例 5-6】 均质矩形板 $ABCD$ 重 $P=1000\text{N}$，重心在 G 点。矩形板用球铰 A 和圆柱形铰 B 固定在墙上，并用绳子 CE 系住，静止在水平位置。已知 $\angle ECA=\angle BAC=\alpha=30^\circ$，如图 5-18(a) 所示。求绳子的拉力和 A 与 B 的反力。

解 选矩形板 $ABCD$ 为研究对象。它受到球铰 A 的反力 $\boldsymbol{X}_A$、$\boldsymbol{Y}_A$、$\boldsymbol{Z}_A$，圆柱铰 B 的反力 $\boldsymbol{X}_B$、$\boldsymbol{Z}_B$，绳子的拉力 T 以及重力 P 的作用而平衡，受力图如图 5-18(b) 所示。

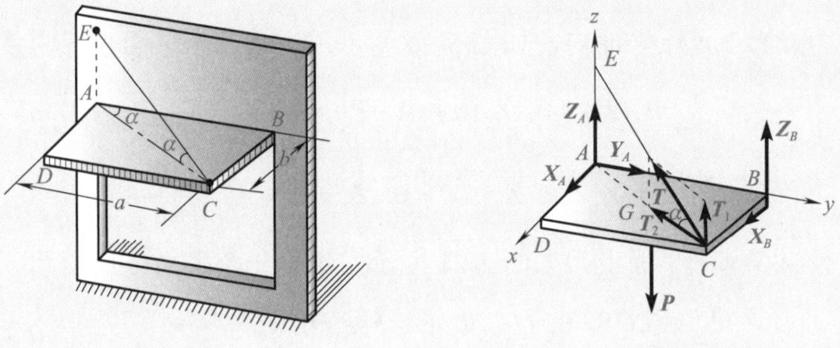

(a) (b)

图 5-18

5-18

设矩形板两边的长度各为 a 和 b 。将 $\boldsymbol{T}$ 分解为 $\boldsymbol{T}_1$ 和 $\boldsymbol{T}_2$。于是可列出平衡方程为

$$\sum m_y(\boldsymbol{F})=0,\quad P\frac{b}{2}-T_1b=0,\quad T_1=\frac{P}{2},\quad T=\frac{T_1}{\sin 30^\circ}=P=1000\text{N}$$

$$\sum m_z(\boldsymbol{F})=0,\quad -X_Ba=0,\quad X_B=0$$

$$\sum m_x(\boldsymbol{F})=0,\quad Z_Ba-P\frac{a}{2}+T_1a=0,\quad Z_B=0$$

$$\sum X=0,\quad X_A+X_B-T_2\sin 30^\circ=0,\quad X_A=T_2\sin 30^\circ=T\cos 30^\circ\sin 30^\circ=433\text{N}$$

$$\sum Z=0,\quad Z_A+Z_B+T_1-P=0,\quad Z_A=P-T_1-Z_B=500\text{N}$$

$$\sum Y=0,\quad Y_A-T_2\cos 30^\circ=0,\quad Y_A=T_2\cos 30^\circ=T\cos 30^\circ\cos 30^\circ=750\text{N}$$

【例 5-7】 绞车的轴安装于水平位置，如图 5-19 所示。传动带在垂直于图平面的水平方向，拉力 T_1 为 T_2 的两倍，胶带轮半径为 r_1，鼓轮半径为 r_2 不计自重，已知 P、r_1、r_2、a、b、c，求匀速提升重物时，皮带的拉力以及轴承 A、B 处的反力。

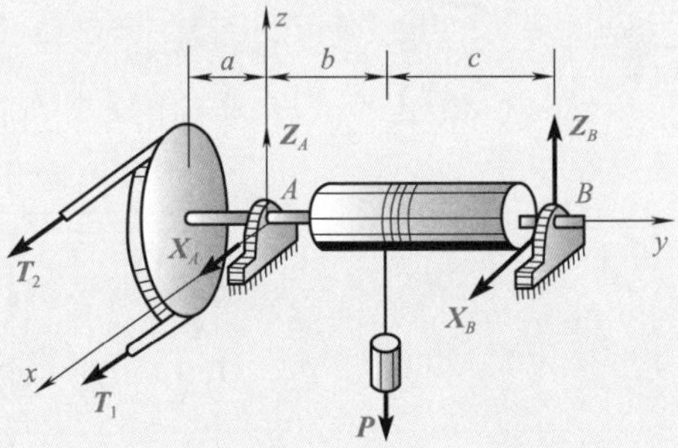

图 5-19

解 因系统各部分都做匀速运动，则作用于系统上的力必成平衡。选整体为研究对象，受力图及坐标轴如图 5-19 所示。列平衡方程为

$$\sum m_y(\boldsymbol{F})=0,\quad P\,r_2+(T_2-T_1)r_1=0,\quad T_2=\frac{T_1}{2}=\frac{Pr_2}{r_1}$$

$$\sum m_z(\boldsymbol{F})=0,\quad (T_2+T_1)a-X_B(b+c)=0,\quad X_B=\frac{a}{b+c}(T_2+T_1)=\frac{3Pr_2a}{(b+c)r_1}$$

$$\sum m_x(\boldsymbol{F})=0,\quad z_B(b+c)-Pb=0,\quad Z_B=\frac{Pb}{b+c}$$

$$\sum X=0,\quad X_A+X_B+T_1+T_2=0,\quad X_A=-X_B-(T_1+T_2)=\frac{a+b+c}{b+c}\cdot\frac{3P\,r_2}{r_1}$$

$$\sum Z=0,\quad Z_A+Z_B-P=0,\quad Z_A=P-Z_B=\frac{Pc}{b+c}$$

在工程实际中计算轴类系统的受力时有时将系统受到的各力分别投影到三个坐标平面上，得到三个平面力系。这样可把空间问题转化成平面问题来处理，现以本例来说明这种方法。

(1)先将各力投影在 yAz 平面内，如图 5-20 所示，这是一个平面平行力系，列平衡方程

$$\sum m_A(\boldsymbol{F})=0,\ Z_B(b+c)-Pb=0,\ Z_B=\frac{Pb}{b+c}$$

$$\sum Z=0,\ Z_A+Z_B-P=0,\ Z_A=P-Z_B=\frac{Pc}{b+c}$$

(2)将各力投影在 xAz 平面上，如图 5-21 所示，这是一个平面任意力系，列平衡方程

$$\sum m_A(\boldsymbol{F})=0,\ (T_1-T_2)r_1-Pr_2=0,\ T_2=\frac{T_1}{2}=\frac{Pr_2}{r_1}$$

5-19～5-22

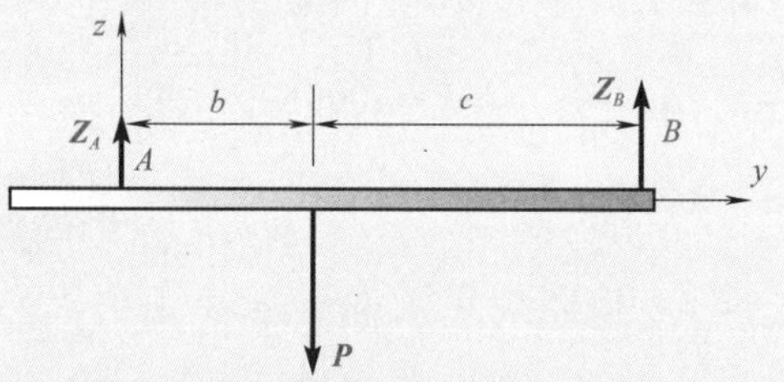

图 5-20

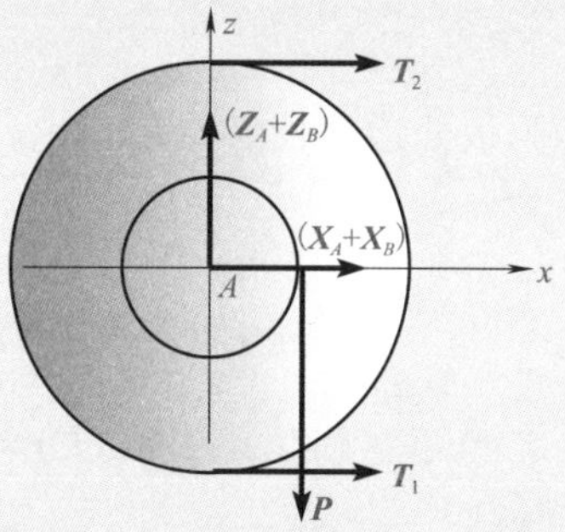

图 5-21

(3)将各力投影在 xAy 平面上，如图 5-22 所示，这是一个平面平行力系，列平衡方程

$$\sum m_B(\boldsymbol{F})=0,\ X_A(b+c)+(T_1+T_2)(a+b+c)=0,\ X_A=-\frac{a+b+c}{b+c}\cdot\frac{3P\,r_2}{r_1}$$

$$\sum X=0,\ X_A+X_B+(T_1+T_2)=0,\ X_B=-(T_1+T_2)-X_A=\frac{3Par_2}{(b+c)r_1}$$

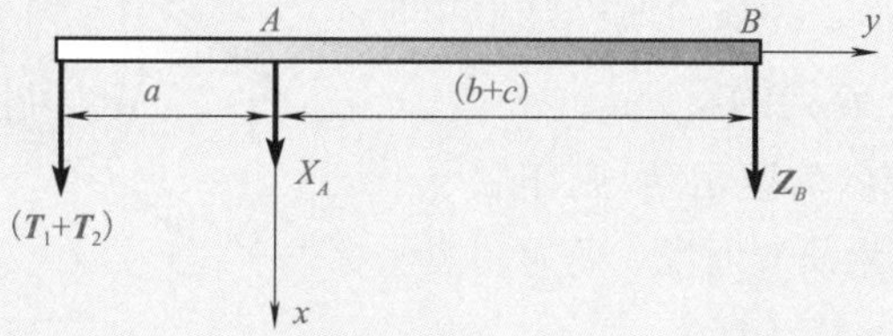

图 5-22

在将空间力系转化成三个平面力系处理时，可先画出三个平面上的投影图，通过选取适当的取矩点和投影轴，列出求相应未知量的平衡方程，以避免列出不独立的平衡方程。

【例 5-8】 如图 5-23 所示，刚架 ABC 的 A 端固定在基础上，C 端装有一电动机。已知电机的重量 $P=500\text{N}$，由于负荷的阻力在轴上作用有一外力偶，其力偶矩 $M=10\text{kN}\cdot\text{cm}$。在刚架的 D 点作用一水平力 $\boldsymbol{F}$，$F=300\text{N}$。设 $a=30\text{cm}$，$b=5\text{cm}$，$c=20\text{cm}$。略去刚架的重量，试求固定端 A 的约束反力。

解 选整体为研究对象。A 为固定端，作用在支架上的力为空间力系，故 A 端有六个未知量。刚架的受力图如图 5-23 所示。列平衡方程为

$$\sum X = 0,\ R_x - F = 0,\ R_x = F = 300\text{N}$$

$$\sum Y = 0,\ R_y = 0$$

$$\sum Z = 0,\ R_z - P = 0,\ R_z = P = 500\text{N}$$

$$\sum m_x(\boldsymbol{F}) = 0,\ m_x = 0$$

$$\sum m_y(\boldsymbol{F}) = 0,\ m_y - M - Pa - Fc = 0,\ m_y = M + Pa + Fc = 10 + 0.5\times 30 + 0.3\times 20 = 31(\text{kN}\cdot\text{cm})$$

$$\sum m_z(\boldsymbol{F}) = 0,\ m_z - Fb = 0,\ m_z = Fb = 0.3\times 5 = 1.5(\text{kN}\cdot\text{cm})$$

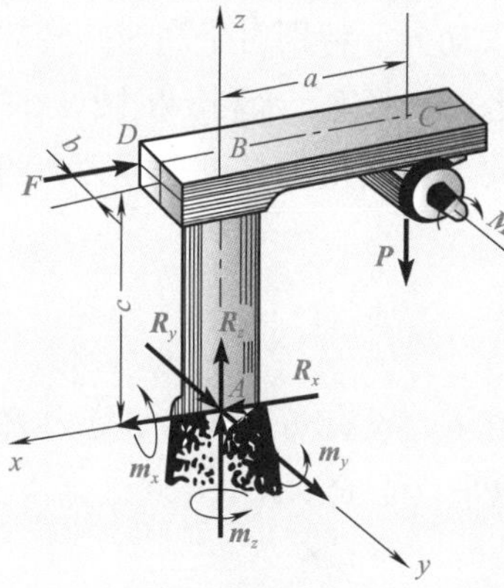

图 5-23

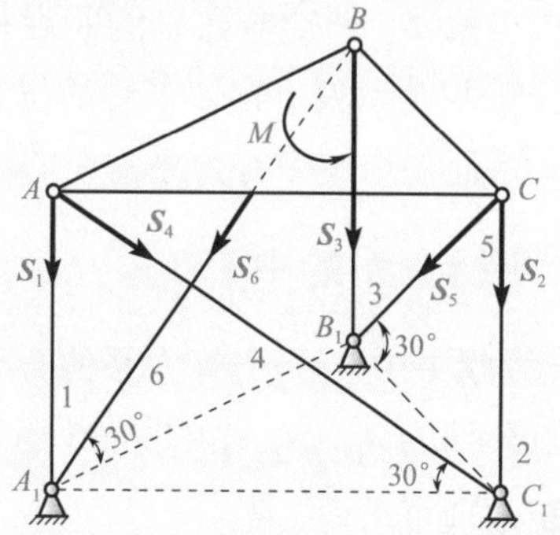

图 5-24

5-23

5-24

【例 5-9】 如图 5-24 所示，边长为a的等边三角形板 ABC 由三根铅垂杆 1、2、3 和三根与水平面成30°角的斜杆 4、5、6 撑在水平位置。在板的平面内作用一力偶，其矩为M。不计板及杆的重量，求各杆内力。

解 选等边三角形板 ABC 为研究对象。各杆均为二力杆，设它们均受拉力。板的受力图如图示。列平衡方程为

$$\sum m_{A_1A}(\boldsymbol{F}) = 0,\ M + S_5\cos 30^\circ \cdot a\sin 60^\circ = 0$$

$$S_5 = -\frac{4M}{3a} \qquad \text{（负号说明杆受压）}$$

$$\sum m_{B_1B}(\boldsymbol{F}) = 0,\ M + S_4\cos 30^\circ \cdot a\sin 60^\circ = 0$$

$$S_4 = -\frac{4M}{3a} \qquad \text{（负号说明杆受压）}$$

$$\sum m_{C_1C}(\boldsymbol{F}) = 0,\ M + S_6\cos 30^\circ \cdot a\sin 60^\circ = 0$$

$$S_6 = -\frac{4M}{3a} \qquad \text{（负号说明杆受压）}$$

$$\sum m_{AC}(\boldsymbol{F}) = 0,\ (S_3 + S_6\sin 30^\circ)a\sin 60^\circ = 0,\ S_3 = -S_6\sin 30^\circ = \frac{2M}{3a}$$

$$\sum m_{CB}(\boldsymbol{F}) = 0,\ (S_1 + S_4\sin 30^\circ)a\sin 60^\circ = 0,\ S_1 = -S_4\sin 30^\circ = \frac{2M}{3a}$$

$$\sum m_{AB}(\boldsymbol{F}) = 0,\ (S_2 + S_5\sin 30^\circ)a\sin 60^\circ = 0,\ S_2 = -S_5\sin 30^\circ = \frac{2M}{3a}$$

从本例的求解可看出，选取适当的取矩轴，可避免解联立方程。在求解空间力系的平衡问题时，也可采用其他形式的平衡方程。

5.7 平行力系的中心和物体的重心

重心是力学中一个重要的概念。在工程实际中，重心的位置对物体的平衡或运动状态有重要影响。例如，起重机重心的位置若超出某一范围，工作时就不能保证平衡；飞机的重心若超前，则增加起飞和着陆的困难，若偏后，飞机就不能稳定飞行；转动机械的重心若不在转轴上，转动起来则将引起轴的强烈振动和轴承处的很大动力。特别对于高速旋转的机械，重心的微小偏移，将会导致轴的断裂和轴承的损坏。因此，在土建、水利、机械设计等部门，常要求计算并实际测定物体重心的位置。求物体重心的问题，实质上是求平行力系的合力问题，为此下面先介绍平行力系的中心。

5.7.1 平行力系的中心

平行力系的中心是平行力系的合力通过的一个确定点 C。设有两个同向平行力 $\boldsymbol{P}_1$ 和 $\boldsymbol{P}_2$，其作用点分别为 A_1、A_2，如图 5-25 所示。其合力作用线也平行于 $\boldsymbol{P}_1$、$\boldsymbol{P}_2$。并通过 A_1A_2 上的 C，由合力矩定理可求得

$$\frac{A_1C}{CA_2}=\frac{P_2}{P_1}$$

将 $\boldsymbol{P}_1$、$\boldsymbol{P}_2$ 绕各自的作用点同向转 α 角，而合力 $\boldsymbol{R}$ 也转 α 角，且转向相同。合力仍与各力平行，C 点位置不变。将此性质推广到几个平行力的情形。因此可得：如果平行力系有合力，则合力作用线上必有一确定的点 C，点 C 的位置仅与各平行力的大小和作用点的位置有关，而与各平行力的方向无关，C 点称为平行力系的中心。

现在来推导平行力系中心的坐标公式。关键要利用 C 点的位置不随各力的方向转动而改变这一性质。

设有一同向平行力系 $\boldsymbol{P}_1,\boldsymbol{P}_2,\cdots,\boldsymbol{P}_n$ 分别作用于刚体的 $A_1(x_1,y_1,z_1),A_2(x_2,y_2,z_2),\cdots,A_n(x_n,y_n,z_n)$。设平行力系中心 C 的坐标为 (x_C,y_C,z_C)，如图 5-26 所示。平行力系的合力大小为 R，即

5-25

5-26

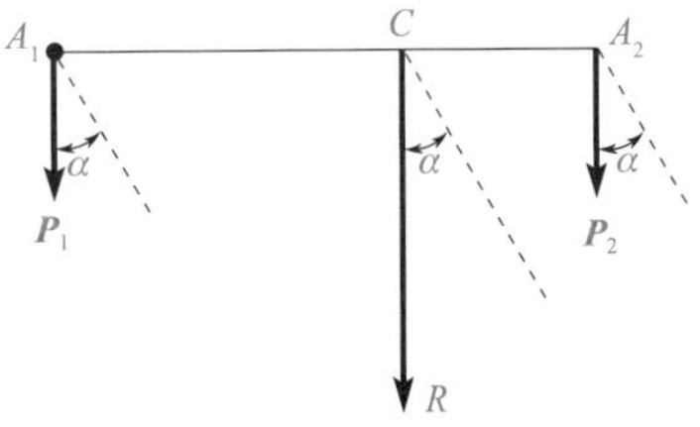

图 5-25

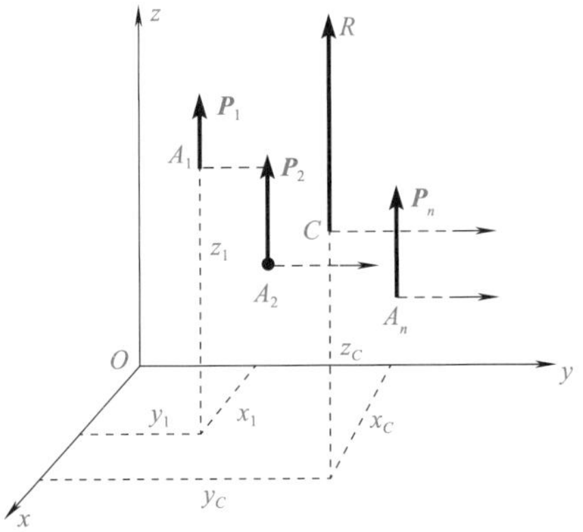

图 5-26

$$R = \sum_{i=1}^{n} P_i$$

$$m_x(\boldsymbol{R}) = \sum_{i=1}^{n} m_x(\boldsymbol{P}_i), \quad Ry_C = \sum_{i=1}^{n} P_i y_i$$

$$m_y(\boldsymbol{R}) = \sum_{i=1}^{n} m_y(\boldsymbol{P}_i), \quad Rx_C = \sum_{i=1}^{n} P_i x_i$$

再将各力绕各自作用点按同转向转动90°，如图 5-26 中虚线所示。

$$m_x(\boldsymbol{R}) = \sum_{i=1}^{n} m_x(\boldsymbol{P}_i), \quad Rz_C = \sum_{i=1}^{n} P_i z_i$$

由此可求得平行力系中心 C 的坐标为

$$x_C = \frac{\sum P_i x_i}{R}, \quad y_C = \frac{\sum P_i y_i}{R}, \quad z_C = \frac{\sum P_i z_i}{R} \tag{5-36}$$

5.7.2 重心的坐标公式

物体的重力是地球对此物体的引力，地球对物体各部分的引力的作用线相交于地心。但由于地球尺寸远大于地面上的一般物体，距地心又很远，因此将物体各部分的这些重力视为空间平行力系是足够精确的。而此平行力系的中心就是此物体的重心。假想将物体分割成许多微小部分，每一微小部分受的重力为 ΔG_i，其作用点为 $A_i(x_i, y_i, z_i)$，如图 5-27 所示。由式(5-36)可得重心 C 的坐标近似公式为

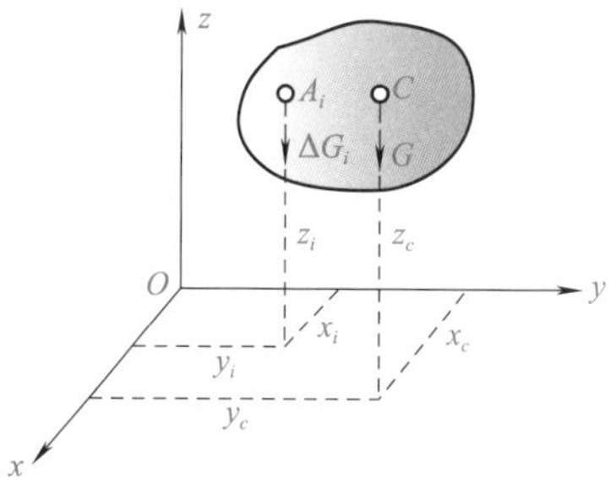

图 5-27

$$x_C = \frac{\sum_{i=1}^{n} \Delta G_i x_i}{G}, \quad y_C = \frac{\sum_{i=1}^{n} \Delta G_i y_i}{G}, \quad z_C = \frac{\sum_{i=1}^{n} \Delta G_i z_i}{G} \tag{5-37}$$

式中，$G = \sum_{i=1}^{n} \Delta G_i$，它是物体的重量。

物体分割得越多，每一小部分体积就越小，求得的重心位置就越准确。在极限情况下（$n \to \infty$），可用积分运算来求出重心的精确位置。今以 γ_i 表示第 i 个小部分每单位体积的重量，ΔV_i 表示第 i 个微小体积，则 $\Delta G_i = \gamma_i \Delta V_i$，代入式(5-37)并取极限，可得

$$x_C = \frac{\int_V x\gamma \mathrm{d}V}{G}, \quad y_C = \frac{\int_V y\gamma \mathrm{d}V}{G}, \quad z_C = \frac{\int_V z\gamma \mathrm{d}V}{G} \tag{5-38}$$

式中，$G = \int_V \gamma \mathrm{d}V$，式(5-38)称为重心 C 坐标的精确公式。

对于均质物体，γ = 恒量，式(5-38)变为

$$x_C = \frac{\int_V x \mathrm{d}V}{V}, \quad y_C = \frac{\int_V y \mathrm{d}V}{V}, \quad z_C = \frac{\int_V z \mathrm{d}V}{V} \tag{5-39}$$

式中，$V = \int_V \mathrm{d}V$，它是物体的体积。由此式确定的 C 又称为物体的几何中心(形心)。由此可见，均质物体的重心仅取决于物体的几何形状，而与其密度无关。对于均质物体而言，重心与形心是重合的。

对于均质薄壳体(物体厚度相等，并比其他二维尺寸小得多)，如图 5-28 所示，则其重心公式为

$$x_C=\frac{\int_S x\mathrm{d}S}{S},\quad y_C=\frac{\int_S y\mathrm{d}S}{S},\quad z_C=\frac{\int_S z\mathrm{d}S}{S} \tag{5-40}$$

式中，S 为薄壳面积。

对于等截面均质细长杆(截面尺寸远小于长度尺寸的物体)，如图 5-29 所示，则其重心公式为

$$x_C=\frac{\int_L x\mathrm{d}L}{L},\quad y_C=\frac{\int_L y\mathrm{d}L}{L},\quad z_C=\frac{\int_L z\mathrm{d}L}{L} \tag{5-41}$$

式中，$L=\int_L \mathrm{d}L$，它是曲杆的长度。在薄壳和曲杆的情形时，重心一般不在物体上。

5-27～5-29

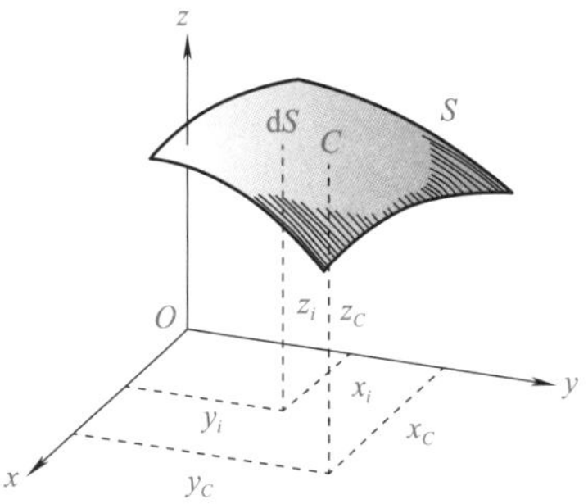

图 5-28

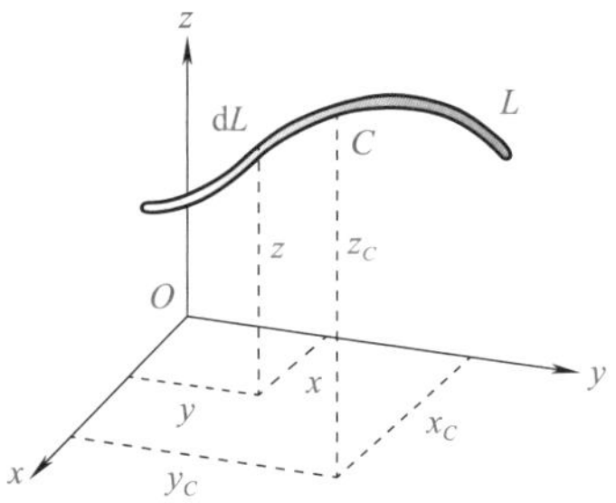

图 5-29

5.7.3 确定重心的方法

对于有对称面、对称轴、对称中心的物体，由式(5-39)可明显看出，重心就在对称面内、对称轴上、就是对称中心。这样可减少计算。

1. **积分法**

对于几何形状简单，分割后每一小单元的体积(面积、弧长)与坐标的函数关系式易于写出的均质物体，通常采用积分的方法来确定重心的坐标。举例如下。

5-30

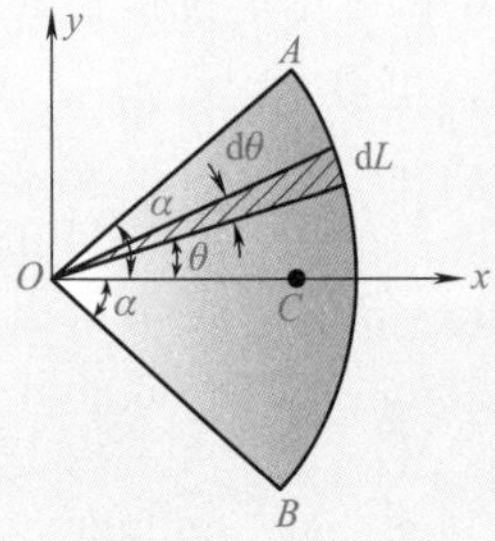

图 5-30

【例 5-10】 求半径为 R、顶角为 2α 的均质圆弧的重心，如图 5-30 所示。

解 以顶点 O 作为坐标原点，作轴 Ox 平分圆弧。显然 Ox 是对称轴，所以圆弧的重心在 Ox 轴上，即 $y_C=0$。取圆弧上任意微小线段 $\mathrm{d}L=R\mathrm{d}\theta$，该小段重心的 $x=R\cos\theta$，代入式(5-41)，则重心的横坐标

$$x_C=\frac{\int_L x\mathrm{d}L}{L}=\frac{\int_{-\alpha}^{\alpha}R^2\cos\theta\mathrm{d}\theta}{2\alpha R}=\frac{R\sin\alpha}{\alpha}$$

【例 5-11】 求高度为 h 的均质正圆锥体的重心，如图 5-31 所示。

解 以顶点 O 为原点，通过底面中心 C_0 的轴 Ox 是对称轴，显然重心在此轴上，只要确定出 x_C 即可。将圆锥分割成许多平行于底面的薄片(视为小圆柱体)，薄片的体积

$\mathrm{d}V = \pi\left(\dfrac{R}{h}x\right)^2 \mathrm{d}x$，重心 x，则正圆锥体的重心的横坐标

$$x_C = \frac{\int_V x\mathrm{d}V}{\int_V \mathrm{d}V} = \frac{\int_0^h x\pi\left(\frac{R}{h}x\right)^2 \mathrm{d}x}{\int_0^h \pi\left(\frac{R}{h}x\right)^2 \mathrm{d}x} = \frac{3}{4}h$$

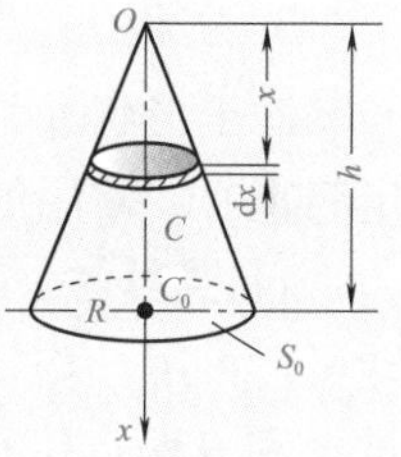

图 5-31

5-31

对于简单形体的重心可在有关手册中查到，需要时直接查找即可。

2. 组合法

对于由若干个简单形体组成的复杂形体，往往可以不经过积分运算，而通过一些简单方法求得重心的坐标。举例说明如下：

【例 5-12】 试求图 5-32 所示均质面积重心的位置。已知 $a = 20\text{cm}$，$b = 25\text{cm}$，$c = 40\text{cm}$。

解 此复合形体可以分割成Ⅰ、Ⅱ、Ⅲ三块矩形。建立图示坐标轴，由于 Ox 轴是对称轴，有 $y_C = 0$，只需求 x_C。这三块矩形的面积和重心的横坐标分别为

$$S_1 = 250\text{cm}^2,\quad x_1 = 12.5\text{cm}$$
$$S_2 = 100\text{cm}^2,\quad x_2 = 2.5\text{cm}$$
$$S_3 = 250\text{cm}^2,\quad x_3 = 12.5\text{cm}$$

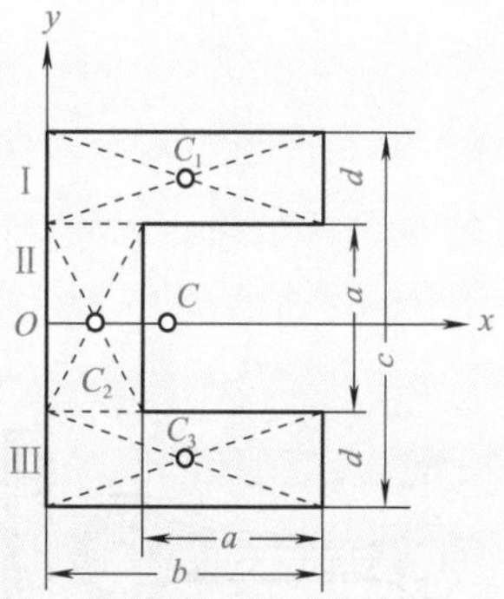

图 5-32

5-32

代入式(5-40)得重心的坐标(此时用取和形式)为

$$x_C = \frac{S_1x_1 + S_2x_2 + S_3x_3}{S_1 + S_2 + S_3} = 10.8\text{cm}$$

将复杂形体分割成若干个简单形体，而利用求和形式的坐标公式求出整个物体的重心位置的方法称为组合法或分割法。

如果物体被挖去一部分，求重心仍可用分割法，只是将切去部分的重量(体积、面积)取负值，这时所采用的方法称为负体积法或负面积法，如下例。

【例 5-13】 求图 5-33 所示阴影图形的形心。已知 $R = 20\text{cm}$，$r = 4\text{cm}$，$b = 2\text{cm}$。

解 取图示坐标，由于图形关于 y 轴对称。故有 $x_C = 0$，将此图形分为三部分：半径为 R 的半圆Ⅰ，半径为 $r + b$ 的半圆Ⅱ和半径为 r 的小圆Ⅲ。小圆Ⅲ是从半圆Ⅰ和半圆Ⅱ的组合中挖去的部分，其面积应取负值，各部分的面积和形心 y 坐标为

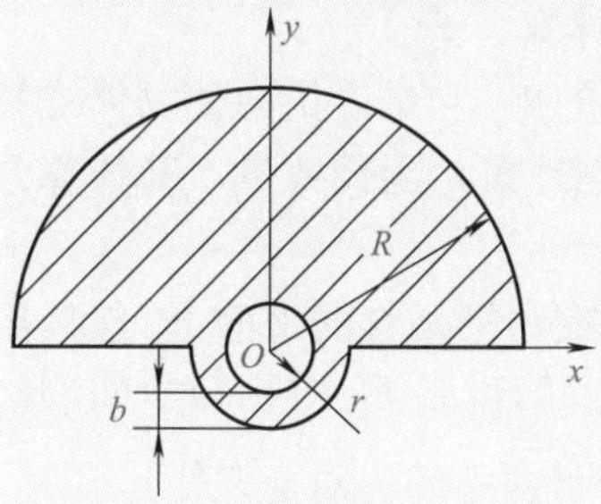

图 5-33

5-33

$$S_1 = \frac{1}{2}\pi R^2 = 628\text{cm}^2,\quad y_1 = \frac{4R}{3\pi} = 8.5\text{cm}$$

$$S_2 = \frac{1}{2}\pi(r+b)^2 = 56.5\text{cm}^2,\quad y_2 = -\frac{4(r+b)}{3\pi} = -2.5\text{cm}$$

$$S_3 = -\pi r^2 = -50.3\text{cm}^2,\quad y_3 = 0$$

代入得

$$y_C = \frac{S_1y_1 + S_2y_2 + S_3y_3}{S_1 + S_2 + S_3} = 8.2\text{cm}$$

3. 实验法

对于形状非常复杂，应用组合法或负面积法计算都很困难的物体，常采用各种实验法测定其重心。常用的方法有悬挂法和称重法。

(1)悬挂法。对于具有对称面的物体，其重心必在对称面内，故只需确定对称平面的重心即可。可用一均质薄板按一定比例制成对称平面形状，将任意两点 A 、 B 依次悬挂起来，通过 A 和 B 两点铅垂线的交点 C 即为此物体的重心，如图 5-34 所示。一般需悬挂三次，第三次作为校核用。

5-34

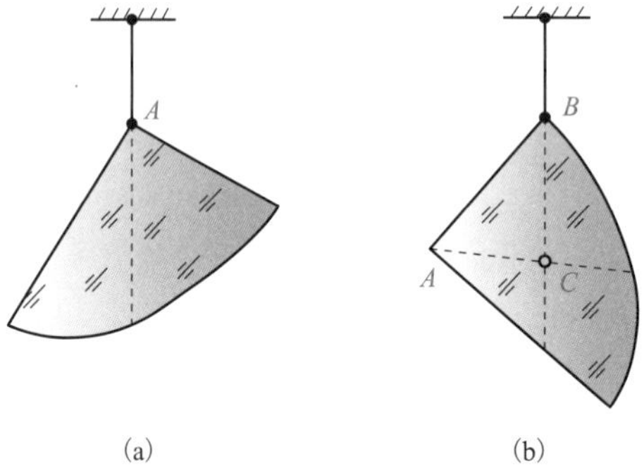

图 5-34

5-35

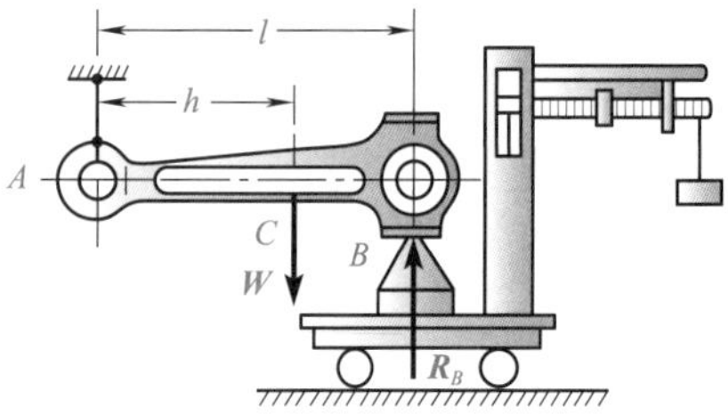

图 5-35

(2)称重法。对于形状复杂且体积较大的物体，常用称重法确定重心位置。如图 5-35 所示的连杆，它具有对称轴，只需确定重心在此轴上的位置 h 。称得连杆重量 W ，测得连杆长度 L，然后将连杆 A 端悬挂不动， B 端放在一磅秤上，测得 B 端反力 $\boldsymbol{R}_B$ 的大小。然后由平衡方程

$$\sum m_A(\boldsymbol{F})=0,\quad R_B L - Wh = 0$$

即可求得

$$h=\frac{R_B L}{W}$$

本章小结

1. 力在空间直角坐标轴上投影的计算。

(1)一次投影法。当已知力 $\boldsymbol{F}$ 与三轴正向间的夹角时用此法，如图 5-1(a)，则投影为

$$X = F\cos\alpha,\quad Y = F\cos\beta,\quad Z = F\cos\gamma$$

(2)二次投影法。当已知力 $\boldsymbol{F}$ 和夹角 γ、φ 时用此法，如图 5-1(b)，则投影为

$$X = F\sin\gamma\cos\varphi$$
$$Y = F\sin\gamma\sin\varphi$$
$$Z = F\cos\gamma$$

2. 力矩的计算。

(1)力对轴的矩。它是度量力使物体绕某轴转动效应的物理量，为代数量，其计算方法如下：

① 力投影在与轴垂直的平面上，然后用力 $\boldsymbol{F}$ 在此平面上的投影 $\boldsymbol{F}_{xy}$ 对轴与平面的交点 O 取矩(此为平面中的力对点之矩)，即

$$m_z(\boldsymbol{F}) = m_O(\boldsymbol{F}_{xy}) = \pm F_{xy}h$$

式中正负号按右手螺旋规则确定。

② 将力沿坐标轴分解，然后根据合力矩定理计算，即

$$m_x(\boldsymbol{F}) = yZ - zY$$
$$m_y(\boldsymbol{F}) = zX - xZ$$
$$m_z(\boldsymbol{F}) = xY - yX$$

式中，x、y、z 为力 $\boldsymbol{F}$ 作用线上一点的坐标；X、Y、Z 为力矢在各轴上的投影。

③ 轴矩为零的条件是轴与力的作用线共面，也可采用其他的分解方法将力分解，然后用合力矩定理求解。

(2) 力对点的矩。它是矢量(定位矢量)，垂直于力的作用线与矩心确定的平面，指向按右手螺旋规则确定，即用右手四指沿力的方向去握过矩心的平面法线，大拇指指向就是力矩的指向。力对点矩的矢积表示式为

$$\boldsymbol{m}_O(\boldsymbol{F}) = r \times F = \begin{vmatrix} \boldsymbol{i} & \boldsymbol{j} & \boldsymbol{k} \\ x & y & z \\ X & Y & Z \end{vmatrix}$$

式中，矩心 O 为坐标原点；X、Y、Z 为力在轴上的投影；x、y、z 为力作用线上任一点的坐标。

(3) 力对点的矩与力对轴的矩之间的关系为

$$[\boldsymbol{m}_O(F)]_x = m_x(\boldsymbol{F})$$
$$[\boldsymbol{m}_O(\boldsymbol{F})]_y = m_y(\boldsymbol{F})$$
$$[\boldsymbol{m}_O(\boldsymbol{F})]_z = m_z(\boldsymbol{F})$$

3. 平行力系的坐标公式为

$$x_C = \frac{\sum Fx}{\sum F}, \quad y_C = \frac{\sum Fy}{\sum F}, \quad z_C = \frac{\sum Fz}{\sum F}$$

C 点的位置与各平行力的大小、作用点有关，而与各平行力的方向无关。

4. 物体的重心。

重心的坐标公式直接代平行力系中心的坐标公式。对于均质物体，重心与形心重合。重心在物体内占有确定的位置，与物体在空间的摆放位置无关。

5. 空间一般力系的简化与平衡。

(1) 空间一般力系向任一点 O 简化得一个作用在 O 点的力 $\boldsymbol{R}'$ 和一个力偶，力偶矩矢为 $\boldsymbol{M}$，其矢量关系为

$$\boldsymbol{R}' = \sum \boldsymbol{F}, \quad \boldsymbol{M}_O = \sum \boldsymbol{m}_O(\boldsymbol{F})$$

(2) 空间一般力系简化的最终结果，先向任一点 O 简化，再根据 $\boldsymbol{R}'$ 与 $\boldsymbol{M}_O$ 的特性确定其最终结果，见表 5-2。

表 5-2　空间一般力系简化的最终结果

主　矢	主　矩		最终结果	说　明
$\boldsymbol{R}' = 0$	$\boldsymbol{M}_O = 0$		平衡	
	$\boldsymbol{M}_O \neq 0$		合力偶	在这种情形下，主矩与简化中心位置无关
$\boldsymbol{R}' \neq 0$	$\boldsymbol{M}_O = 0$		合力	合力作用线通过简化中心
	$\boldsymbol{M}_O \neq 0$	$\boldsymbol{R} \perp \boldsymbol{M}_O$	合力	合力作用线距简化中心 $d = \frac{\lvert\boldsymbol{M}_O\rvert}{R'}$
	$\boldsymbol{M}_O \neq 0$	$\boldsymbol{R} \mathbin{/\!/} \boldsymbol{M}_O$	力螺旋	中心轴过简化中心
	$\boldsymbol{M}_O \neq 0$	$\boldsymbol{R}'$ 与 $\boldsymbol{M}_O$ 成任意角 α	力螺旋	中心轴距简化中心 $d = \frac{\lvert\boldsymbol{M}_O\rvert \sin\alpha}{R'}$

(3) 空间一般力系的平衡条件和平衡方程。

① 空间一般力系平衡的必要与充分条件是力系的主矢和对任一点的主矩分别等于零，即

$$\boldsymbol{R}'=0,\quad \boldsymbol{M}_O=0$$

② 空间任意力系平衡方程的基本形式为

$$\sum X=0,\quad \sum Y=0,\quad \sum Z=0$$

$$\sum m_x(\boldsymbol{F})=0$$
$$\sum m_y(\boldsymbol{F})=0$$
$$\sum m_z(\boldsymbol{F})=0$$

6. 几种特殊力系的平衡方程(基本形式)。特殊力系平衡方程的基本形式参见表 5-3。

表 5-3 几种特殊力系的平衡方程

名称	平衡方程	独立方程数
空间汇交力系	$\sum X=0$ $\sum Y=0$ $\sum Z=0$	3
空间力偶系	$\sum m_x(\boldsymbol{F})=0$ $\sum m_y(\boldsymbol{F})=0$ $\sum m_z(\boldsymbol{F})=0$	3
空间平行力系 （$\boldsymbol{F}_i\ /\!/\ \boldsymbol{k}$）	$\sum Z=0$ $\sum m_x(\boldsymbol{F})=0$ $\sum m_y(\boldsymbol{F})=0$	3
平面一般力系 （xOy 面内）	$\sum Z=0$ $\sum Y=0$ $\sum m_O(\boldsymbol{F})=0$	3

思 考 题

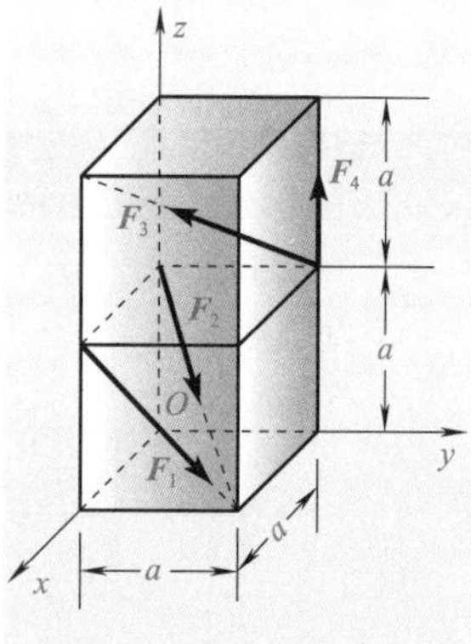

图 5-36

5.1 图 5-36 中四个力的大小均为 10kN，a 为 5cm。

(1) 试问哪个力对哪个坐标轴的矩为零？

(2) 计算力 $\boldsymbol{F}_1$ 对各坐标轴之矩，并写出 $\boldsymbol{m}_O(\boldsymbol{F}_1)$ 的解析表达式。

(3) 利用 $\boldsymbol{m}_O(\boldsymbol{F})=\boldsymbol{r}\times\boldsymbol{F}$，计算力 $\boldsymbol{F}_3$ 对 O 点之矩矢 $\boldsymbol{m}_O(\boldsymbol{F}_3)$。

5.2 有力 $\boldsymbol{F}$ 和 z 轴，如果力在轴上的投影和力对轴之矩 M_z 是下列情况：① $Z=0,\ M_z\neq0$；② $Z\neq0,\ M_z=0$；③ $Z\neq0,\ M_z\neq0$；④ $Z=0,\ M_z=0$。试判断每种情况下，力 $\boldsymbol{F}$ 的作用线与 z 轴的关系。

5.3 试证明力偶对某轴之矩等于力偶矩矢在此轴上的投影。

5.4 空间一般力系向 A 点简化，得到 $\boldsymbol{R}'\neq0;\ \boldsymbol{M}_A\neq0$。问是否可找到一点 B，使 $\boldsymbol{M}_B=\boldsymbol{M}_A$。

5.5 一空间平行力系的主矢 $\boldsymbol{R}'\neq0$，则此力系简化的最终结果是什么？可能是力螺旋吗？为什么？

5.6 如果一力系向任一点简化的主矩都相等，则该力系可能是什么力系？

5.7 若①空间力系中各力的作用线分别位于两个平行的平面内；②空间力系中各力的作用线分别汇交于两个固定点。试分析每种情况独立的平衡方程的个数。

5.8 空间一般力系向三个相互垂直的坐标平面投影，得到三个平面一般力系，每个平面一般力系都有三个独立的平衡方程，这样力系就共有九个平衡方程，那么能否求解九个未知量？为什么？

5.9 传动轴若用两个止推轴承支持，每个轴承有三个未知力，共六个未知量，而空间一般力系恰好有六个独立的平衡方程，问可否求解。

5.10 刚体重力是各微体重力的合力，由力的可传性，刚体重力可沿合力作用线移至线上任一点，那么刚体的重心是否也可移到作用线上任一点呢？为什么？

5.11 如果均质物体有一个对称面，则重心必定在对称面内；有一根对称轴，则重心必定在对称轴上。为什么？

5.12 如果组合体由两种不同材料组成，用分割法求重心时，应注意哪些？

5.13 如图5-37所示，均质折杆 ABC，已知其 $AB=a$，$BC=2a$，$\angle ABC=90^\circ$，试问平衡时 φ 为多少？

5.14 图5-38平面阴影是由 $r=120\text{mm}$ 的圆去掉一个三角形而得到，为使重心仍在圆心处，可在 x 轴上再去掉一个小圆。问小圆的圆心应在何处？小圆的半径应为多少？

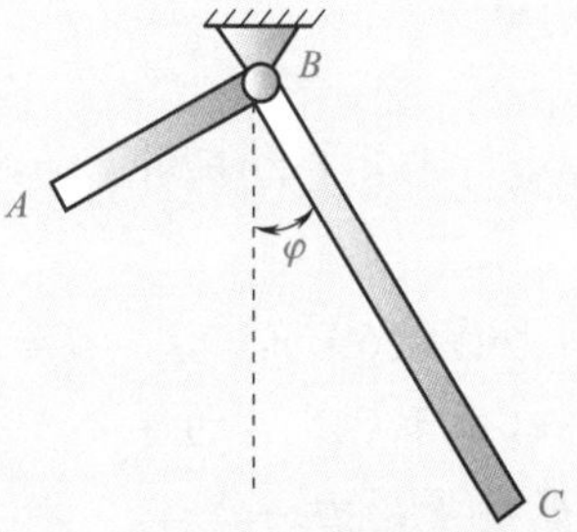

图5-37

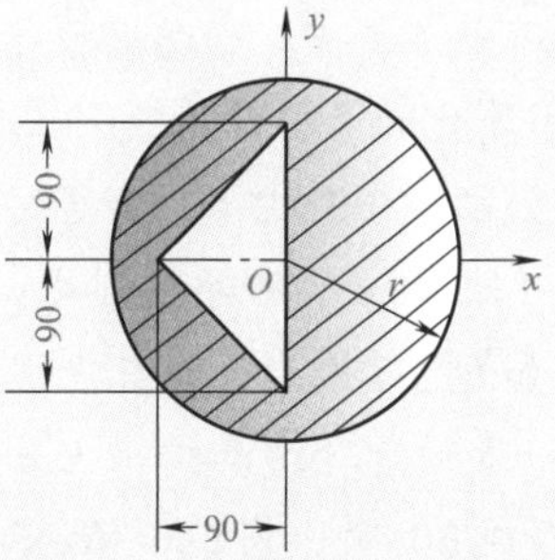

图5-38

习　题

5-1 在正方体的顶角 A 处和 B 处，分别作用有力 $\boldsymbol{Q}$ 和 $\boldsymbol{P}$，如题5-1图所示。求①此二力 x、y、z 轴上的投影；②此二力在各坐标平面上的投影。

5-2 如题5-2图所示，$a=1\text{m}$，$F_1=F_1'=2\text{kN}$，$F_2=F_2'=2\sqrt{2}\text{kN}$，$F_3=F_3'=6\text{kN}$。试求合力偶矩矢量的大小和方向。

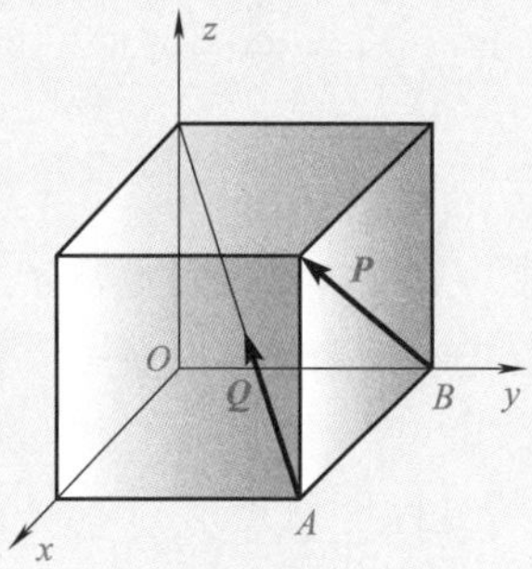

题5-1图

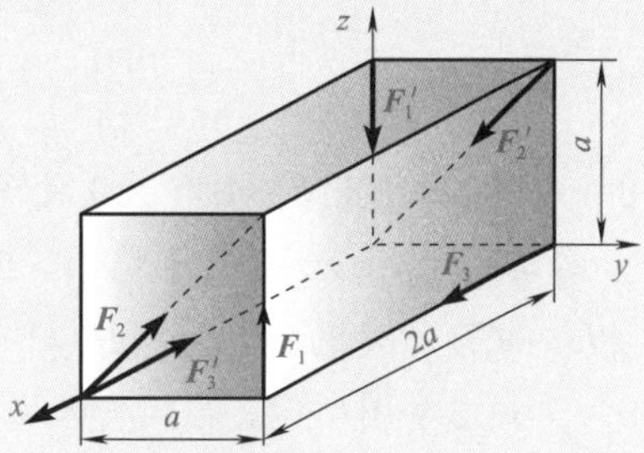

题5-2图

5-3 平板 $OABD$ 上作用一平行力系，如题5-3图所示，问 x、y 为何值时，才能使力系的合力作用线通过板中心 C。

5-4 如题5-4图所示，作用于手柄端的力 $F=1000\text{N}$，图中单位为cm，试求力 $\boldsymbol{F}$ 对 x、y、z 轴之矩。

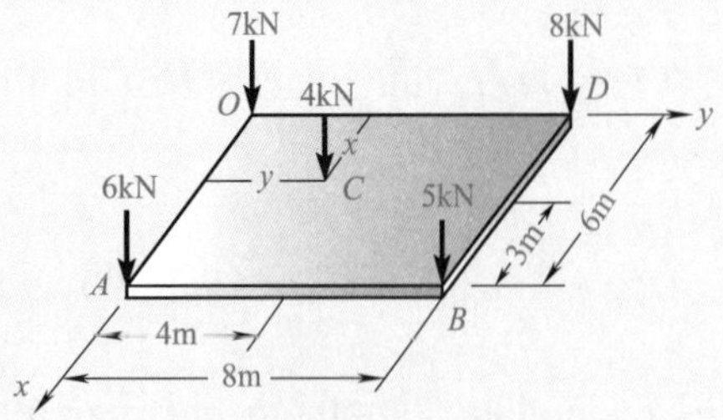

题 5-3 图

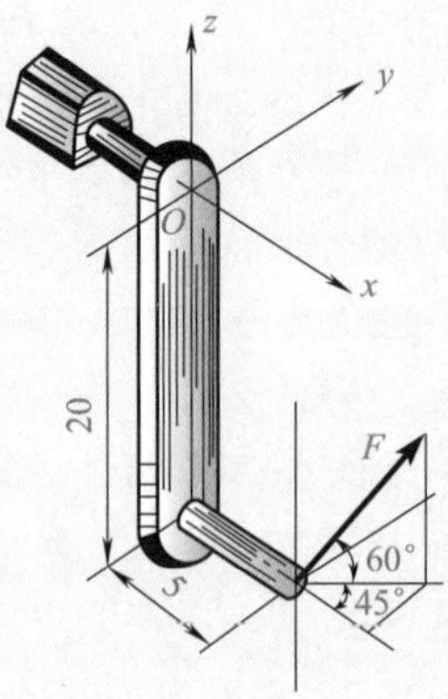

题 5-4 图

5-5 若题 5-1 中，正方体边长为 1m，$Q=500\text{N}$，$P=1000\text{N}$。试将此力系向坐标原点简化，并问简化的最终结果是什么？

5-6 如题 5-6 图所示，力 $\boldsymbol{F}$ 在 yOz 平面内，且 $F=1\text{kN}$。试求①力 $\boldsymbol{F}$ 对 x 轴之矩；②力 $\boldsymbol{F}$ 对 x_1 轴之矩；③力 $\boldsymbol{F}$ 对 x_2 轴之矩。

5-7 如题 5-7 图所示，三脚架 AD、BD、CD 各与水平面成 60° 角，且 $AB=BC=AC$，绳索绕过 D 处的滑轮由卷扬机 E 牵引将重物 G 吊起。卷扬机位于 $\angle ACB$ 的等分线上，且 DE 线与水平面成 60° 角。当 $G=30\text{kN}$ 被等速地提升时，求各脚所受的力。

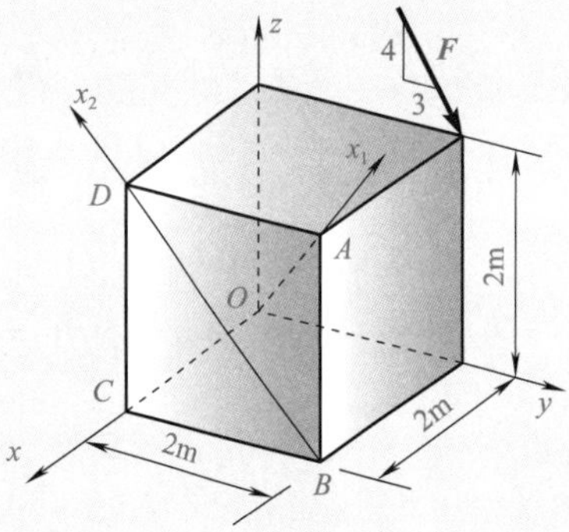

题 5-6 图

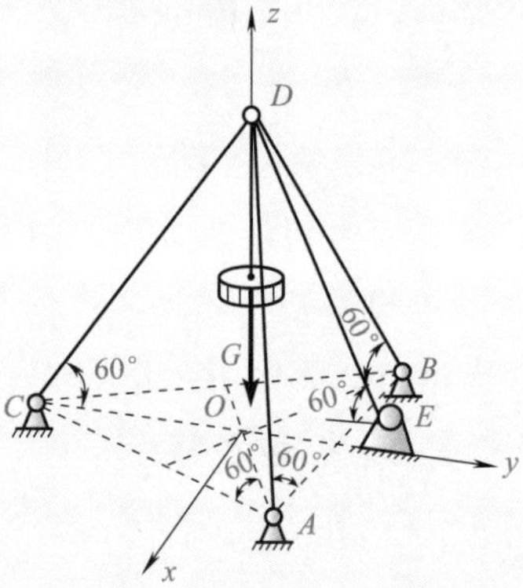

题 5-7 图

5-8 重物 $Q=10\text{kN}$，由杆 AD 及绳索 BD 和 CD 所支持。A 端以铰链固定，A、B、C 三点在同一铅垂墙上，OD 垂直于墙面，且 $OD=20\text{cm}$，其他尺寸如题 5-8 图所示。试求杆 CD 及绳索 BD、CD 所受的力(不计 AD 杆重量)。

5-9 如题 5-9 图所示，空间桁架由六杆 1、2、3、4、5、6 构成，在节点 A 上作用一力 $\boldsymbol{P}$，此力在矩形 $ABCD$ 平面内，且与铅直线成 45° 角。等腰三角形 EAK、FBM 和 NDB 在顶点 A、B 和 D 处均为直角，$\Delta EAK \cong \Delta FBM$，又 $EC=CK=FD=DM$。若 $P=10\text{kN}$，求各杆的内力。

5-10 如题 5-10 图所示，三圆盘 A、B、C 的半径分别为 15cm、10cm、5cm。三轴 OA、OB、OC 在同一平面内，且 $\angle AOB=90^\circ$。在这三圆盘上分别作用力偶，组成各力偶的力作用在轮缘上，它们的大小分别等于 10N、20N 和 P。若这三圆盘构成的物系是自由的，求能使此物系平衡的力 $\boldsymbol{P}$ 的大小和 α 角。

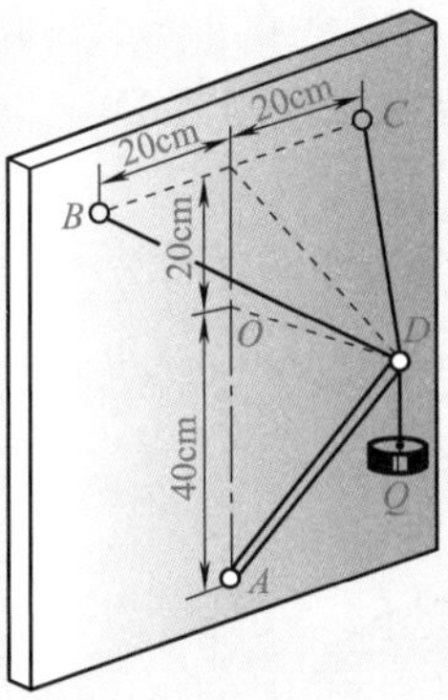

题 5-8 图

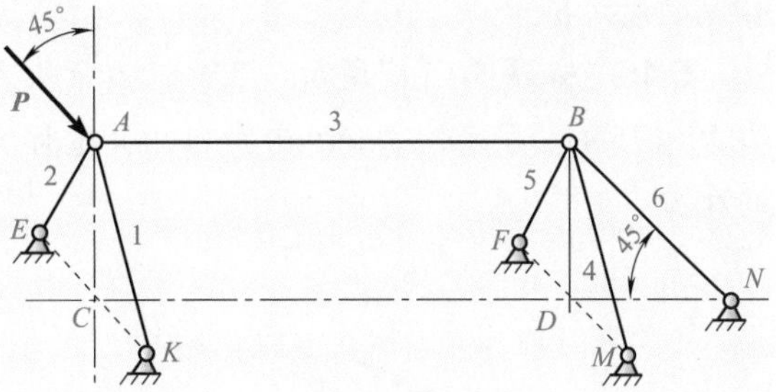

题 5-9 图

5-11　如题 5-11 图所示，三轮车连同上面的货物共重 G，$G = 3\mathrm{kN}$，重力作用线通过点 C，求三轮车静止时各轮对水平地面的压力。

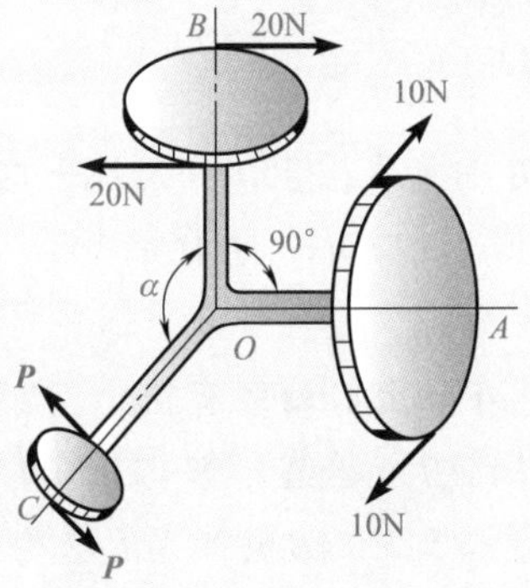

题 5-10 图

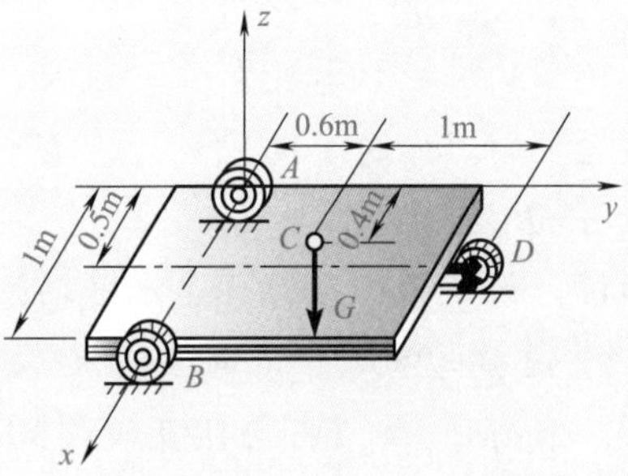

题 5-11 图

5-12　曲杆 $ABCD$ 有两个直角，$\angle ABC = \angle BCD = 90^\circ$，且平面 ABC 与平面 BCD 垂直。杆的 D 端铰支，A 端受轴承支持，如题 5-12 图所示。在曲杆的 AB、BC 和 CD 上作用三个力偶，力偶所在平面分别垂直于 AB、BC 和 CD 三线段。若 $AB = a, BC = b, CD = c$，且已知 m_2 和 m_3，求使曲杆处于平衡的力偶矩 m_1 和支座反力。

5-13　具有两直角的曲轴放在轴承 A 和 B 上，C 端用铅直绳 CE 拉住，而在自由端 D 上作用一铅直力 $\boldsymbol{P}$，尺寸如题 5-13 图所示。求绳的拉力和轴承 A、B 的反力。

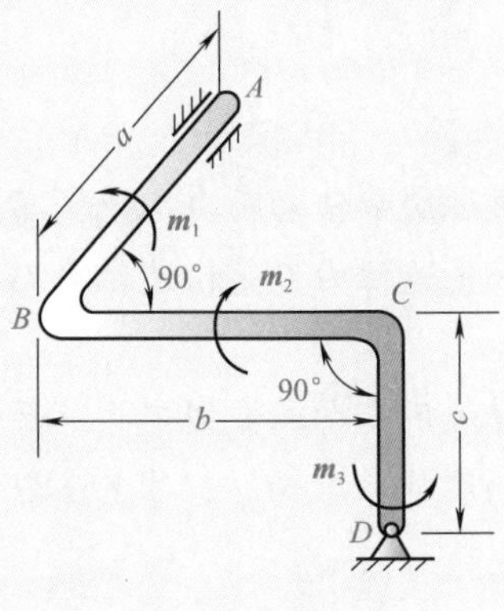

题 5-12 图

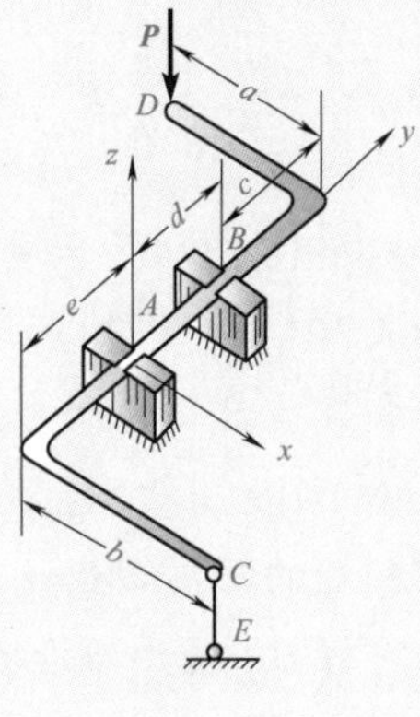

题 5-13 图

5-14 三脚圆桌的半径$r=50\text{cm}$，重$Q=600\text{N}$，三脚A、B和C形成一等边三角形，如题 5-14 图所示。若在中线CD上距圆心为a的M点处作用铅直力$P=1500\text{N}$，求使圆桌不致翻倒的最大a。

5-15 如题 5-15 图所示，已知镗刀杆头上受切削力$P_z=500\text{N}$，径向力$P_x=150\text{N}$，轴向力$P_y=75\text{N}$，刀尖位于Oxy平面内，其坐标$x=75\text{mm}$，$y=200\text{mm}$。试求镗刀杆左端O处的反力。

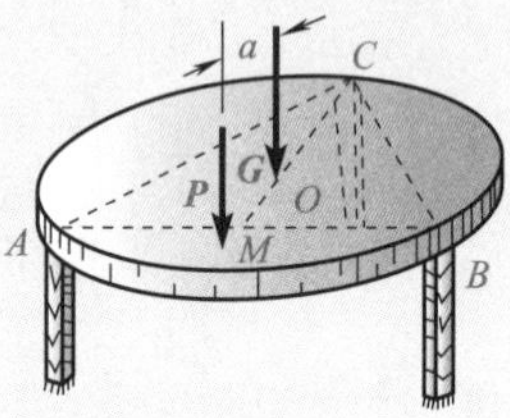

题 5-14 图

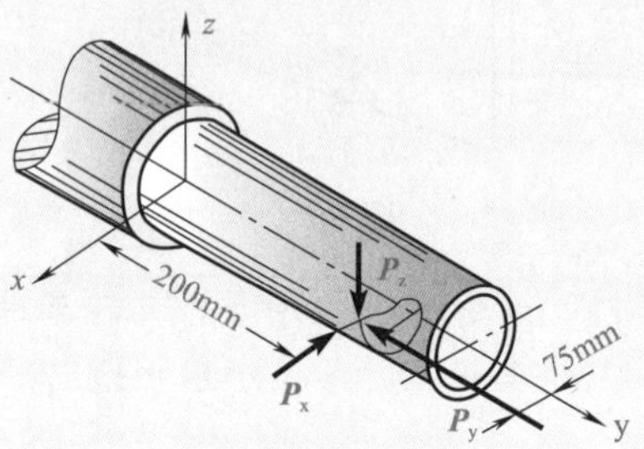

题 5-15 图

5-16 均质矩形薄板重$Q=200\text{N}$，用球铰A和蝶铰B固定在墙上，并用绳子CE维持在水平位置平衡，如题 5-16 图所示。E与A在同一铅直线上，$\angle ECA=\angle BAC=30^\circ$。求绳子的拉力和$A$、$B$处的反力。

5-17 如题 5-17 图所示，水平轴放在轴承A和B上，在轴上C处装有轮子，其半径等于 20cm，重锤$Q=250\text{N}$，在轴上D处装有杆DE，此杆与轴AB相垂直，$P=1000\text{N}$，其余尺寸如图。平衡时，杆DE与铅直线成30°角。求重锤P的重心到轴AB的距离L以及A、B处的反力。

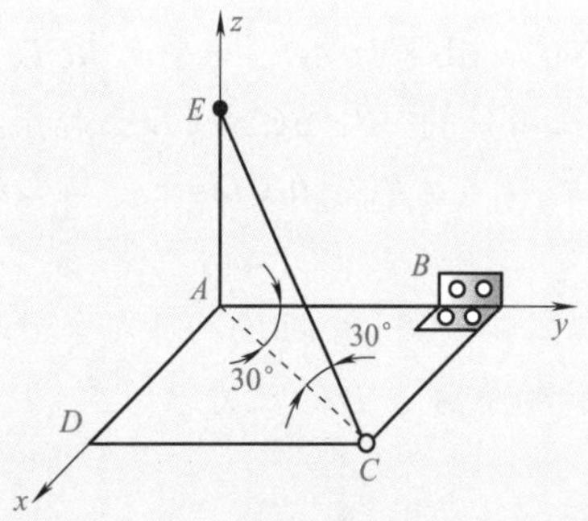

题 5-16 图

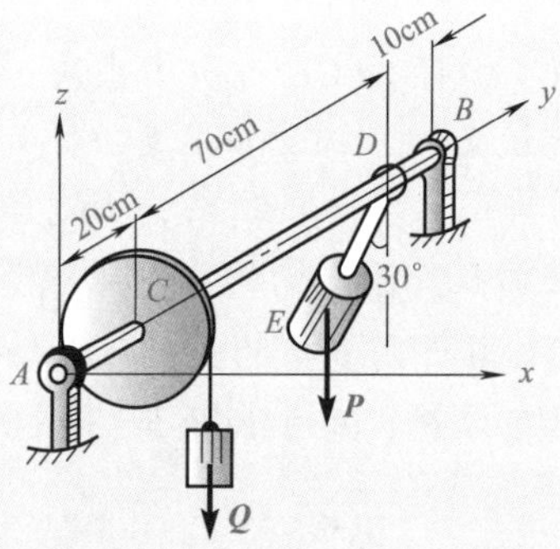

题 5-17 图

5-18 如题 5-18 图所示，重$G=10\text{N}$的圆柱被电机通过皮带传动而匀速地提高。皮带两边都和水平面成30°角。已知$r=10\text{cm}$，$R=20\text{cm}$，皮带紧边拉力T_1是松边拉力T_2的两倍。求皮带的拉力和A、B处的反力。图中长度单位为 cm。

***5-19** 如题 5-19 图所示，均质杆AB长L，重G，A端用光滑球铰固定于地面，B搁在铅直墙上，A到墙的距离$OA=a$。杆的端点B和墙之间的摩擦系数为f。求OB与铅直线的偏角α多大时，杆BA将开始沿墙壁滑动。

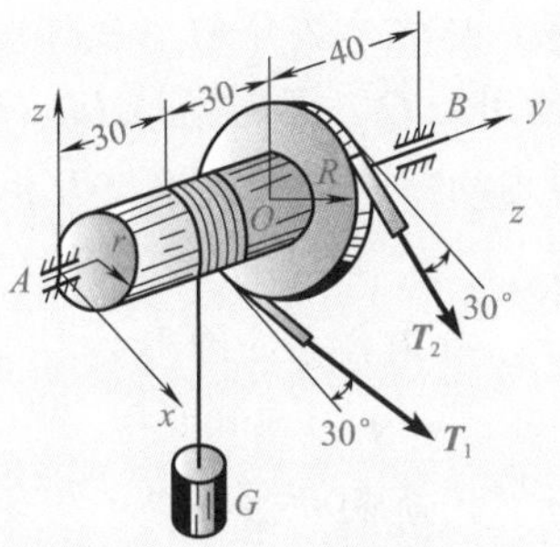

题 5-18 图

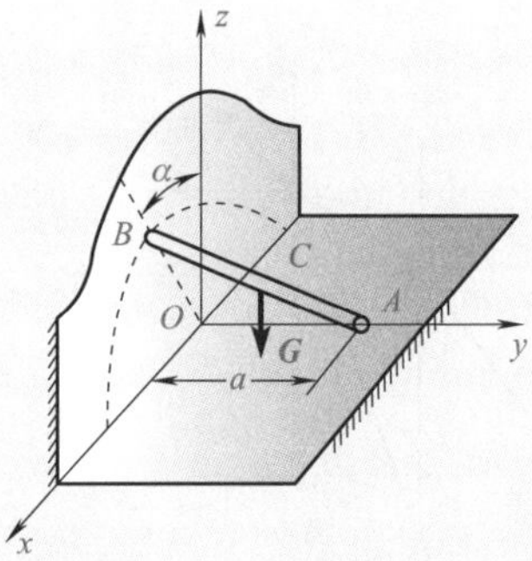

题 5-19 图

5-20　题 5-20 图所示的对称三脚架铰接在水平面上。等长的杆 BD 和 BE 在同一铅垂平面内，且 $\angle DBE = 90°$。均质杆 AB 与水平面的倾角 $\alpha = 30°$，重 $Q = 1\text{kN}$，在杆 AB 的中点 C 作用着大小等于 20kN 的力 $\boldsymbol{P}$，力在铅垂平面 ABF 内，且与铅直线成角 $\beta = 60°$。求支座 A 的反力以及杆 BD 和 BE 内力的大小(不计 BD 与 BE 杆的重量)。

*5-21　两根均质杆 AB 和 BC 分别重为 P 和 Q，其端点 A、C 为球铰支于水平面上，另一端 B 铰相连并靠在光滑铅直墙上，墙面与 AC 平行，如题 5-21 图所示。如果 AB 与水平线交成 $45°$ 角，$\angle BAC = 90°$，试求 A、C 的反力以及墙对 B 点的反力。

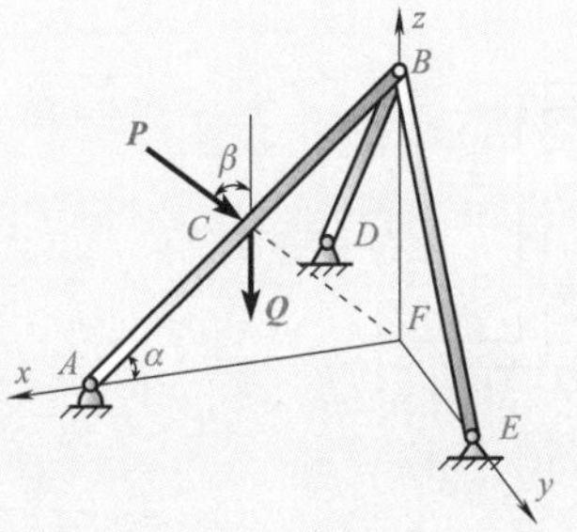

题 5-20 图

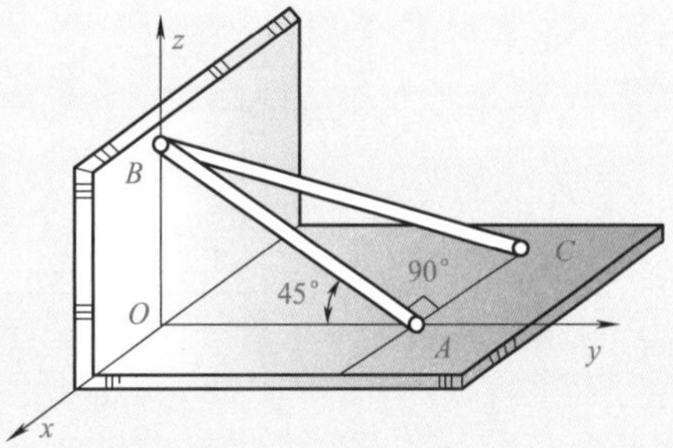

题 5-21 图

*5-22　正方形板 $ABCD$ 由六根直杆支撑，尺寸如题 5-22 图所示。在板上 A 点处沿 AD 边作用一水平力 $\boldsymbol{P}$，不计板及各杆重量，求各杆的内力。

5-23　货车重 $Q = 10\text{kN}$，利用题 5-23 图所示绞车匀速地沿斜面提升。绞车的鼓轮重 G，$G = 1\text{kN}$，直径 $d = 24\text{cm}$，它的轴铅直地安装在止推轴承 A 和径向轴承 B 上。十字杠杆的四个臂各长 1m，在每臂的端点作用着周向力，大小都等于 P。设 y 轴水平向左，z 轴铅直向上为正。试求力 $\boldsymbol{P}$ 的大小以及两轴承中的反力。

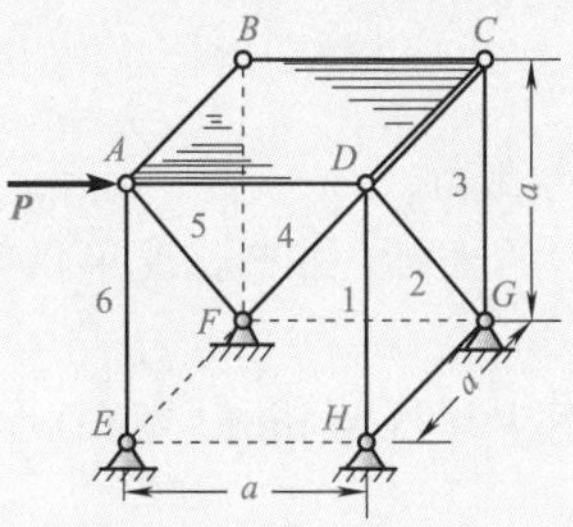

题 5-22 图

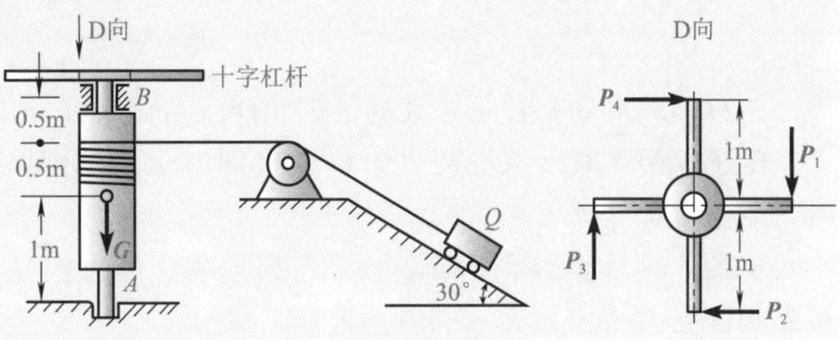

题 5-23 图

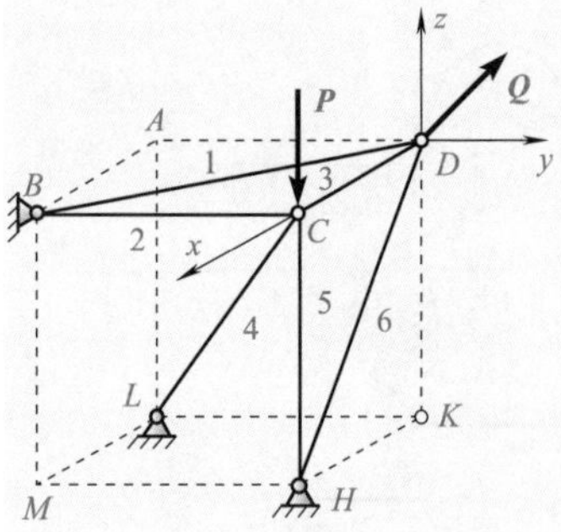

题 5-24 图

*5-24 杆系同铰链连接，位于立方体的边与对角线上，如题 5-24 图所示。在节点 D 作用力 $\boldsymbol{Q}$，沿对角线 LD 方向。在节点 C 作用力 $\boldsymbol{P}$，沿 CH 边铅垂向下。如铰链 B、L 和 H 是固定的，求各杆内力(不计杆重)。

5-25 如题 5-25 图所示，确定各平面图形的形心。图中单位为 cm。

5-26 如题 5-26 图所示，用负面积法确定下列均质物体的重心。① $R = OA = 30\text{cm}$，$\angle AOB = 60°$；② $R = 10\text{cm},\ a = 4\text{cm},\ r = 3\text{cm}$；③ $R = 30\text{cm},\ r_1 = 25\text{cm},\ r_2 = 10\text{cm}$。

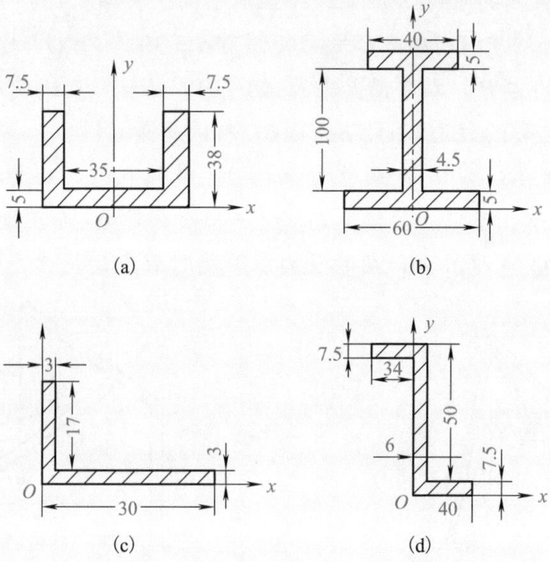

题 5-25 图

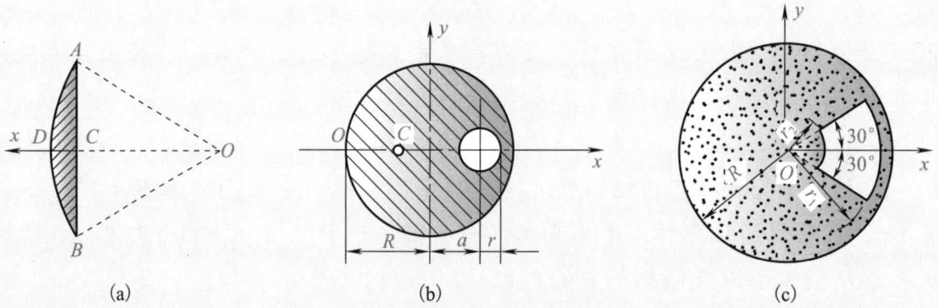

题 5-26 图

5-27 均质细长杆被弯成题 5-27 图所示的形状，试求其重心坐标。

5-28 两混凝土基础尺寸如题 5-28 图所示，试分别求其重心的坐标。图中长度单位为 m，按均质物体计算。

5-29 如题 5-29 图所示，确定下列均质物体的重心坐标。图中单位为 mm，图(a)中两薄板互相垂直。

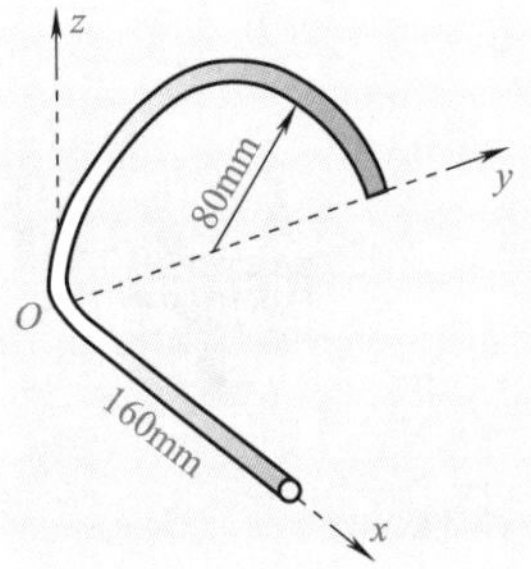

题 5-27 图

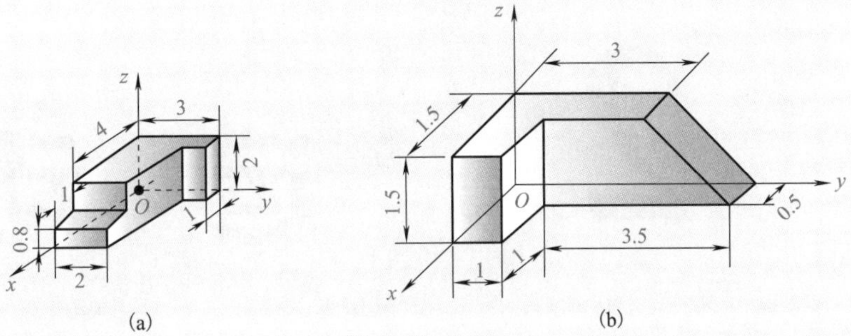

题 5-28 图

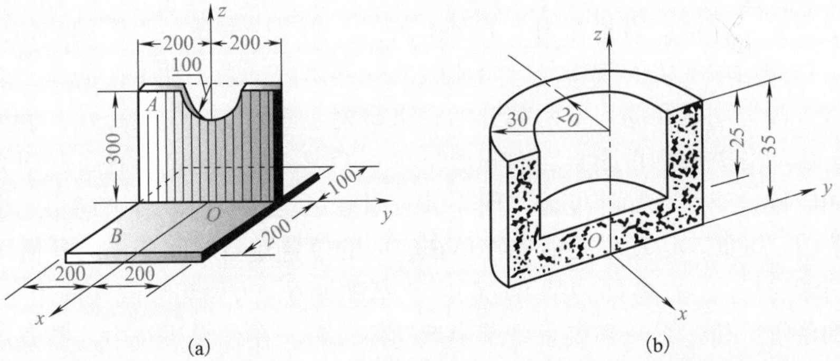

题 5-29 图

第2篇 运动学

静力学中研究了物体在力系作用下的平衡条件。如果平衡条件不满足，物体的运动状态将发生改变。物体运动变化的规律是一个比较复杂的问题，为了便于由简单到复杂地认识这些规律，通常分为运动学和动力学两部分内容来研究。在运动学中只是从几何方面研究物体的运动，而与运动有关的物理因素如力和质量等不考虑。亦即运动学任务是研究物体运动的几何性质，如轨迹、速度、加速度等，而不涉及引起运动的原因。若考虑引起运动的原因则属于动力学范围。因此，运动学是研究物体在空间的位置随着时间变化的几何性质的科学。

学习运动学的目的，一方面为学习动力学打基础，另一方面可以直接应用于工程实际中，如对自动控制系统、传递系统和仪表系统中运动的分析。在传递系统中，需要对传动机构进行必要的运动分析，以便能达到预定的运动要求。

辩证唯物主义认为，宇宙是物质的，而物质是运动的。物质与运动是不可分割的，即运动是绝对的。但机械运动的描述则是相对的，例如，对无风天铅垂下落的雨滴，相对于行驶中的车辆上的人，其运动是向后倾斜落下，而相对于一立在地面上的人，则其运动是直线向下滴落。因此，讨论任何一个物体在空间的位置和运动情况，都必须选择一个参考物体，简称参考体，与参考体固连的坐标系称为参考系。在一般的工程问题中，如不做特别说明，通常取与地面固连的坐标系为参考系，为方便将该坐标系称为静坐标系或定坐标系。

按照相对论的研究，时间、空间与物体运动的速度具有一定的依赖关系。但这种依赖关系只有当物体的运动速度接近于光速时才明显地显示出来，而在一般工程问题中，物体的运动速度远小于光速，属于古典力学范畴，所以空间和时间对于物体运动在数量上的依赖关系可以忽略不计。即在古典力学范畴内，认为空间和时间是独立的。

在运动学中，要区别两个概念：瞬时 t 和时间间隔Δt。瞬时 t 是指物体在运动过程中的某一时刻。时间间隔 Δt 则是两个瞬时之间相隔的秒数。如已知两个瞬时分别为 t_1 和 t_2，则时间间隔 $\Delta t = t_2 - t_1$。

运动学的力学模型为点和刚体。点是动力学中要讨论的质点。因运动学中不考虑质量，所以称为“点”或“动点”。刚体是指由无数个点所组成的不变形的系统。点和刚体都是对实际物体的抽象化。研究一个物体的运动时，当物体的几何尺寸和形状不起主要作用时，可把它抽象化为一个点。例如，人造地球卫星，当研究它沿其轨道运行的规律时，可将其抽象化为一个点；若研究其飞行姿态，则应将其抽象化为刚体。在运动学中，我们将先研究点的运动学，由于刚体可看成由无数个点所组成，所以点的运动学又是研究刚体运动学的基础。

第6章

点的运动学

点的运动学是研究动点在空间的位置随着时间而变化的规律，即研究点的运动方程、运动轨迹、运动速度和加速度。

运动方程的研究是指研究动点在运动过程中其空间位置随时间而变化的规律。即在具体坐标系中，研究动点的坐标位置与时间 t 之间的函数关系。

运动轨迹的研究是指研究动点在空间所经过的路线。即在具体坐标系中，由运动方程所反映的曲线。

动点的速度是描述某瞬时动点运动的快慢程度和方向的物理量；动点的加速度是描述某瞬时动点的速度大小及方向随时间变化情况的物理量。

上述内容的研究可以采取不同的坐标系。本章分别介绍矢径法、直角坐标法和自然坐标法。为了应用方便，对公式的推导采用矢量分析方法。

6.1　点的运动矢量分析方法

1. 运动方程和轨迹

设动点 M 在空间沿某一曲线运动，任取一固定点 O 为参考点，则 M 点在空间的位置可用矢径为

$$\boldsymbol{r}=\overrightarrow{OM}$$

表示，如图 6-1 所示。当点 M 运动时，矢径 $\boldsymbol{r}$ 的大小和方向都随时间变化，它是时间的单值连续函数，即

$$\boldsymbol{r}=\boldsymbol{r}(t) \tag{6-1}$$

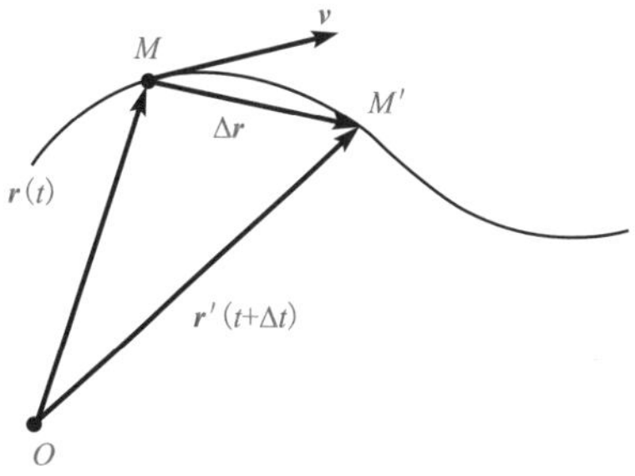

图 6-1

6-1

式(6-1)为以矢量表示的点的运动方程。

当动点运动时，其矢径端点在空间所描绘出的曲线就是动点的运动轨迹。

2. 点的速度

动点 M 沿曲线运动时，每一瞬时点的速度用矢量表示，矢量的大小表示动点沿轨迹运动的快慢，矢量的指向表示运动的方向。

设某瞬时 t，动点 M 的位置由矢径 $\boldsymbol{r}(t)$ 确定，如图 6-1 所示，经过时间间隔 Δt 后，即在瞬时 $t'=t+\Delta t$ 时，动点 M 运动到 M' 位置，其矢径为 $\boldsymbol{r}'(t+\Delta t)$。则其矢径的增量为

$$\Delta\boldsymbol{r}=\boldsymbol{r}'(t+\Delta t)-\boldsymbol{r}(t)$$

称为动点 M 在时间间隔 Δt 内的位移，位移为矢量。单位时间内的位移即 $\dfrac{\Delta\boldsymbol{r}}{\Delta t}$ 称为动点 M 在时

间间隔 Δt 内的平均速度，以 $\boldsymbol{v}^*$ 表示，即

$$\boldsymbol{v}^* = \frac{\Delta \boldsymbol{r}}{\Delta t} = \frac{\boldsymbol{r}'(t+\Delta t)-\boldsymbol{r}(t)}{\Delta t} \tag{6-2}$$

其方向沿位移 $\Delta \boldsymbol{r}$ 方向，当 $\Delta t \to 0$ 时，平均速度 $\boldsymbol{v}^*$ 的极限值便是动点 M 在瞬时 t 的速度，以 $\boldsymbol{v}$ 表示为

$$\boldsymbol{v} = \lim_{\Delta t \to 0}\frac{\Delta \boldsymbol{r}}{\Delta t} = \frac{\mathrm{d}\boldsymbol{r}}{\mathrm{d}t} = \dot{\boldsymbol{r}} \tag{6-3}$$

即动点的速度矢量等于该点的矢径对时间的一阶导数。其方向为 $\Delta \boldsymbol{r}$ 的极限方向，即沿轨迹的切线并与该点运动的方向一致(图 6-1)。

3. **点的加速度**

加速度是表示每一瞬时速度矢量对时间的变化率。设动点 M 在某瞬时 t 的速度矢量为 $\boldsymbol{v}$，在 $t+\Delta t$ 时刻的速度为 $\boldsymbol{v}'$，如图 6-2(a)所示，则动点 M 的速度矢量在 Δt 时间间隔内的增量为

$$\Delta \boldsymbol{v} = \boldsymbol{v}' - \boldsymbol{v}$$

其比值 $\frac{\Delta \boldsymbol{v}}{\Delta t}$ 表示动点 M 在 Δt 时间间隔内的平均加速度。用 $\boldsymbol{a}^*$ 来表示，有

$$\boldsymbol{a}^* \frac{\Delta \boldsymbol{v}}{\Delta t} = \frac{\boldsymbol{v}'-\boldsymbol{v}}{\Delta t}$$

其方向与速度矢量的增量 $\Delta \boldsymbol{v}$ 方向相同。

6-2

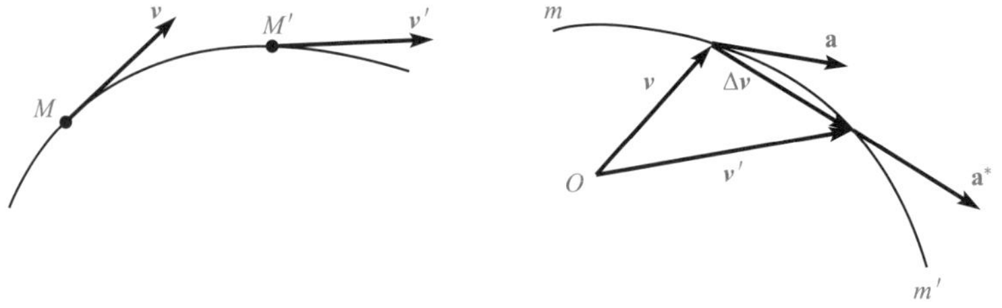

(a) (b)

图 6-2

当 $\Delta t \to 0$ 时，平均加速度 $\boldsymbol{a}^*$ 的极限值便是动点 M 在瞬时 t 的加速度，以 $\boldsymbol{a}$ 表示，有

$$\boldsymbol{a} = \lim_{\Delta t \to 0}\frac{\Delta \boldsymbol{v}}{\Delta t} = \frac{\mathrm{d}\boldsymbol{v}}{\mathrm{d}t} = \frac{\mathrm{d}^2\boldsymbol{r}}{\mathrm{d}t^2} = \ddot{\boldsymbol{r}} \tag{6-4}$$

即动点的加速度矢量等于该点的速度矢量对时间的一阶导数，或等于该点的矢径对时间的二阶导数。其方向沿速度矢端曲线的切线，如图 6-2(b)所示。

矢量分析方法通常应用于理论公式的推导，在具体计算时一般采用直角坐标法或自然坐标法比较方便。

6.2 点的运动的直角坐标法

1. **运动方程和轨迹**

动点 M 在空间的位置还可以由直角坐标系 $Oxyz$ 的三个坐标 x、y、z 唯一地确定(图 6-3)。当动点 M 运动时，坐标 x、y、z 随着时间变化，它们都是时间 t 的单值连续函数，即

$$x = f_1(t),\quad y = f_2(t),\quad z = f_3(t) \tag{6-5}$$

方程组(6-5)为动点在直角坐标系中的运动规律，称为直角坐标系表示的点的运动方程。如果已知函数 $f_1(t)$、$f_2(t)$、$f_3(t)$，则动点 M 在任一瞬时的位置便可以确定。给定不同的时间 t 值，依次可以描出对应的 (x, y, z) 点，连接这些点则可以得到动点 M 的轨迹。

如果将动点 M 的矢径表示成分量形式，则

$$\boldsymbol{r} = x\boldsymbol{i} + y\boldsymbol{j} + z\boldsymbol{k} \tag{6-6}$$

式中，$\boldsymbol{i}$、$\boldsymbol{j}$、$\boldsymbol{k}$ 分别为三个坐标轴方向的单位矢量(图 6-3)。

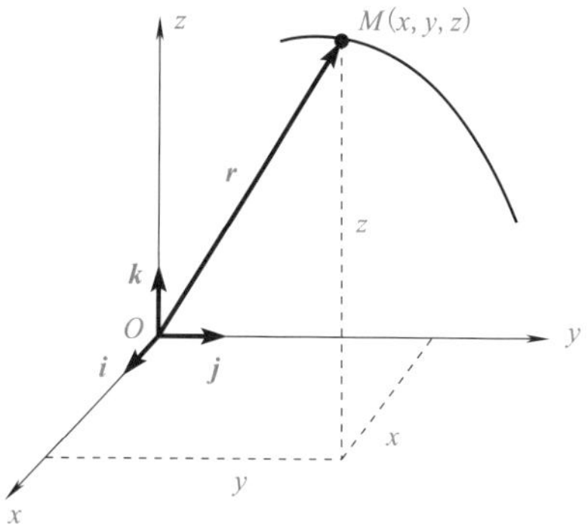

图 6-3

6-3

2. 点的速度

动点 M 在空间运动时，由矢量分析法(式 6-3)知其速度矢量为

$$\boldsymbol{v} = \frac{\mathrm{d}\boldsymbol{r}}{\mathrm{d}t} = \dot{\boldsymbol{r}}$$

将式(6-6)代入上式，得

$$\boldsymbol{v} = \frac{\mathrm{d}\boldsymbol{r}}{\mathrm{d}t} = \frac{\mathrm{d}x}{\mathrm{d}t}\boldsymbol{i} + \frac{\mathrm{d}y}{\mathrm{d}t}\boldsymbol{j} + \frac{\mathrm{d}z}{\mathrm{d}t}\boldsymbol{k} \tag{6-7}$$

设速度在三个坐标轴上的投影为 v_x、v_y、v_z，则速度的分量表达式为

$$\boldsymbol{v} = v_x\boldsymbol{i} + v_y\boldsymbol{j} + v_z\boldsymbol{k} \tag{6-8}$$

比较式(6-7)与式(6-8)得

$$v_x = \frac{\mathrm{d}x}{\mathrm{d}t},\quad v_y = \frac{\mathrm{d}y}{\mathrm{d}t},\quad v_z = \frac{\mathrm{d}z}{\mathrm{d}t} \tag{6-9}$$

即动点的速度在直角坐标轴上的投影等于该点相应的坐标对时间的一阶导数。

速度的大小为

$$v = \sqrt{v_x^2 + v_y^2 + v_z^2} \tag{6-10}$$

其方向由方向余弦来确定，即

$$\cos(\boldsymbol{v}, \boldsymbol{i}) = \frac{v_x}{v},\quad \cos(\boldsymbol{v}, \boldsymbol{j}) = \frac{v_y}{v},\quad \cos(\boldsymbol{v}, \boldsymbol{k}) = \frac{v_z}{v} \tag{6-11}$$

3. 点的加速度

设动点 M 的加速度在直角坐标轴上的投影为 a_x、a_y、a_z，则加速度的分量表达式为

$$\boldsymbol{a} = a_x\boldsymbol{i} + a_y\boldsymbol{j} + a_z\boldsymbol{k} \tag{6-12}$$

又由式(6-4)知

$$\boldsymbol{a} = \frac{\mathrm{d}\boldsymbol{v}}{\mathrm{d}t}$$

将式(6-8)代入上式中，则得

$$\boldsymbol{a} = \frac{\mathrm{d}\boldsymbol{v}}{\mathrm{d}t} = \frac{\mathrm{d}v_x}{\mathrm{d}t}\boldsymbol{i} + \frac{\mathrm{d}v_y}{\mathrm{d}t}\boldsymbol{j} + \frac{\mathrm{d}v_z}{\mathrm{d}t}\boldsymbol{k} \tag{6-13}$$

由式(6-12)与式(6-13)得

$$a_x = \frac{\mathrm{d}v_x}{\mathrm{d}t} = \frac{\mathrm{d}^2 x}{\mathrm{d}t^2}, \quad a_y = \frac{\mathrm{d}v_y}{\mathrm{d}t} = \frac{\mathrm{d}^2 y}{\mathrm{d}t^2}, \quad a_z = \frac{\mathrm{d}v_z}{\mathrm{d}t} = \frac{\mathrm{d}^2 z}{\mathrm{d}t^2} \tag{6-14}$$

因此，动点的加速度在直角坐标轴上的投影等于该点相应坐标对时间的二阶导数。

加速度 $\boldsymbol{a}$ 的大小和方向余弦分别为

$$a = \sqrt{a_x^2 + a_y^2 + a_z^2} \tag{6-15}$$

$$\cos(\boldsymbol{a},\boldsymbol{i}) = \frac{a_x}{a}, \quad \cos(\boldsymbol{a},\boldsymbol{j}) = \frac{a_y}{a}, \quad \cos(\boldsymbol{a},\boldsymbol{k}) = \frac{a_z}{a} \tag{6-16}$$

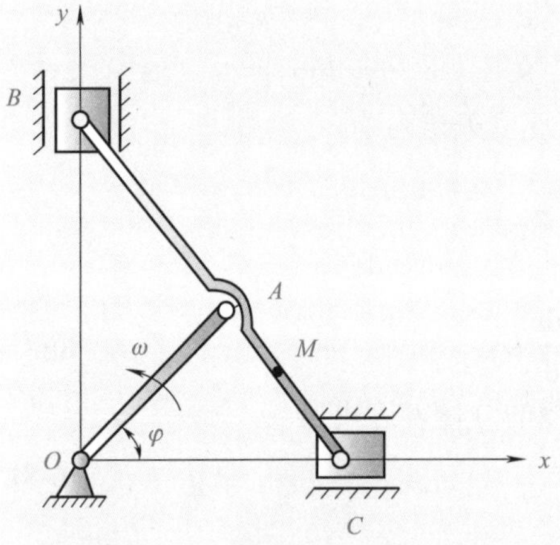

图 6-4

6-4

【例 6-1】 椭圆规尺如图 6-4 所示，长 $BC = 2l$，A 为 BC 的中点。曲柄长 $OA = l$ 以等角速度 ω 绕 O 轴转动，其端点 A 以铰链与 BC 连接。BC 两端可在相互垂直的滑槽中运动。当运动开始时，曲柄 OA 在水平位置。如果 $MA = b$，求尺上 M 点的运动方程和轨迹。

解 选取直角坐标系 Oxy 如图 6-4 所示，则点 M 的运动方程为

$$x = OA\cos\varphi + AM\cos\varphi = (l+b)\cos\omega t$$
$$y = CM\sin\varphi = (l-b)\sin\omega t$$

消去时间 t 得 M 点的轨迹方程

$$\frac{x^2}{(l+b)^2} + \frac{y^2}{(l-b)^2} = 1$$

这是以 $l+b$ 和 $l-b$ 为半轴的椭圆方程。

【例 6-2】 机车以等速 v_0 沿直线轨道行驶。机车车轮的半径为 R，如图 6-5 所示。如车轮只滚动而不滑动，取轮缘上 M 点在轨迹上的起始位置为坐标原点，并将轨道取为 x 轴，求 M 点的运动方程及其轨迹。又当该点与轨道接触时，求该点的速度和加速度。

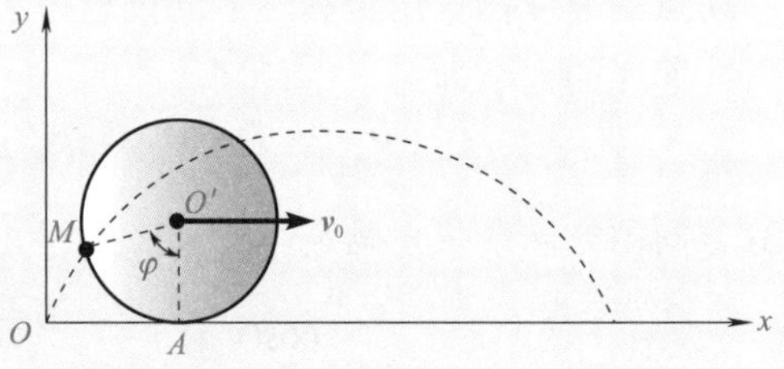

图 6-5

6-5

解 经时间 t 后 M 点的坐标为

$$x = v_0 t - R\sin\varphi,\ y = R - R\cos\varphi$$

因车轮只滚不滑，所以 $\varphi = \dfrac{v_0 t}{R}$，将其代入上式得 M 点运动方程为

$$x = v_0 t - R\sin\left(\frac{v_0}{R}t\right),\ y = R\left[1-\cos\left(\frac{v_0}{R}t\right)\right]$$

由此可见 M 点的轨迹为摆线，消去时间 t 可得 M 点的轨迹方程。

M 点的速度在 x、y 坐标轴上的投影为

$$v_x = v_0 - v_0\cos\left(\frac{v_0}{R}t\right),\ v_y = v_0\sin\left(\frac{v_0}{R}t\right)$$

速度的大小和方向分别为

$$v=\sqrt{v_x^2+v_y^2}=v_0\sqrt{2\left[1-\cos\left(\frac{v_0}{R}t\right)\right]}$$

$$\cos(\boldsymbol{v},\boldsymbol{i})=\frac{v_x}{v}=\frac{1-\cos\left(\frac{v_0}{R}t\right)}{\sqrt{2\left[1-\cos\left(\frac{v_0}{R}t\right)\right]}}=\sqrt{\frac{1-\cos\left(\frac{v_0}{R}t\right)}{2}}$$

$$\cos(\boldsymbol{v},\boldsymbol{j})=\frac{v_y}{v}=\frac{\sin\left(\frac{v_0}{R}t\right)}{\sqrt{2\left[1-\cos\left(\frac{v_0}{R}t\right)\right]}}$$

M 点的加速度在 x、y 坐标轴上的投影为

$$a_x=\frac{\mathrm{d}v_x}{\mathrm{d}t}=\frac{v_0^2}{R}\sin\left(\frac{v_0}{R}t\right),\quad a_y=\frac{\mathrm{d}v_y}{\mathrm{d}t}=\frac{v_0^2}{R}\cos\left(\frac{v_0}{R}t\right)$$

加速度的大小及方向分别为

$$a=\sqrt{a_x^2+a_y^2}=\frac{v_0^2}{R}$$

$$\cos(\boldsymbol{a},\boldsymbol{i})=\frac{a_x}{a}=\sin\left(\frac{v_0}{R}t\right),\quad \cos(\boldsymbol{a},\boldsymbol{j})=\frac{a_y}{a}=\cos\left(\frac{v_0}{R}t\right)$$

当 M 点与轨道接触时，$\varphi=0$ 或 $2n\pi$（n 为正整数），则此时 M 点的速度和加速度分别为

$$v_x=v_y=0,\quad a_x=0,\quad a_y=\frac{v_0^2}{R},\quad a=a_y=\frac{v_0^2}{R}$$

【例 6-3】 如图 6-6 所示，M 点在空间做螺旋线运动，其运动方程为

$$x=r\cos(\omega t),\quad y=r\sin(\omega t),\quad z=ut$$

其中，r、u、ω 为常数。求 M 点的运动轨迹、速度和加速度。

解 (1) 求点的运动轨迹。从方程组中消去时间 t，得

$$x^2+y^2=r^2,\quad x=r\cos\frac{\omega z}{u}$$

第一个方程表示半径为 r、中心轴与 z 轴重合的圆柱面。第二个方程表示一个曲面，这两个曲面的交线为一空间螺旋线，即为 M 点的轨迹，如图 6-6 所示。

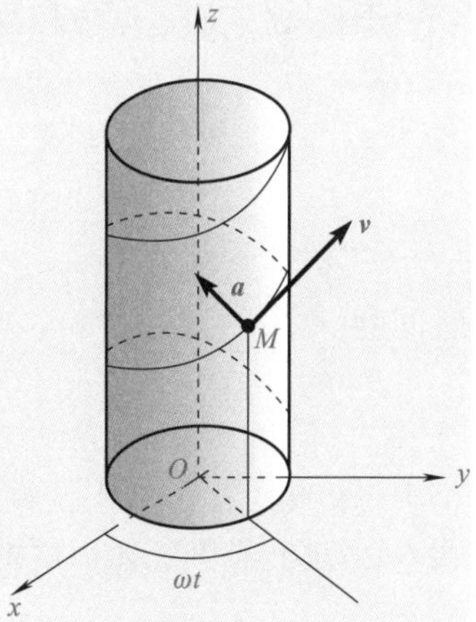

图 6-6

6-6

(2) 求点的速度。

$$v_x=-r\omega\sin(\omega t),\quad v_y=r\omega\cos(\omega t),\quad v_z=u$$

速度的大小和方向为

$$v=\sqrt{v_x^2+v_y^2+v_z^2}=\sqrt{r^2\omega^2+u^2}$$

$$\cos(\boldsymbol{v},\boldsymbol{i})=\frac{v_x}{v}=\frac{-r\omega\sin(\omega t)}{\sqrt{r^2\omega^2+u^2}},\quad \cos(\boldsymbol{v},\boldsymbol{j})=\frac{v_y}{v}=\frac{r\omega\cos(\omega t)}{\sqrt{r^2\omega^2+u^2}},$$

$$\cos(\boldsymbol{v},\boldsymbol{k})=\frac{v_z}{v}=\frac{u}{\sqrt{r^2\omega^2+u^2}}$$

(3)求点的加速度。

$$a_x = -r\omega^2\cos(\omega t),\quad a_y = -r\omega^2\sin(\omega t),\quad a_z = 0$$

加速度的大小和方向为

$$a = \sqrt{a_x^2 + a_y^2 + a_z^2} = r\omega^2$$

$$\cos(\boldsymbol{a},\boldsymbol{i}) = \frac{a_x}{a} = -\cos(\omega t),\quad \cos(\boldsymbol{a},\boldsymbol{j}) = \frac{a_y}{a} = -\sin(\omega t),\quad \cos(\boldsymbol{a},\boldsymbol{k}) = \frac{a_z}{a} = 0$$

由此可见，点的加速度大小为一常量，其方向随时间而变，加速度矢量在水平面内，指向 z 坐标轴。

6-7

【例 6-4】如图 6-7 所示，点 M 自 $h = 20\text{m}$ 高处沿斜面滑下，斜面的倾角 $\alpha = 30°$。当 M 点脱离斜面时，其速度 $v_0 = 4\text{m/s}$。设忽略空气阻力，重力加速度 $g = 9.8\text{m/s}^2$。求 M 点的运动方程、落到地面的距离 OA 和经过的时间。

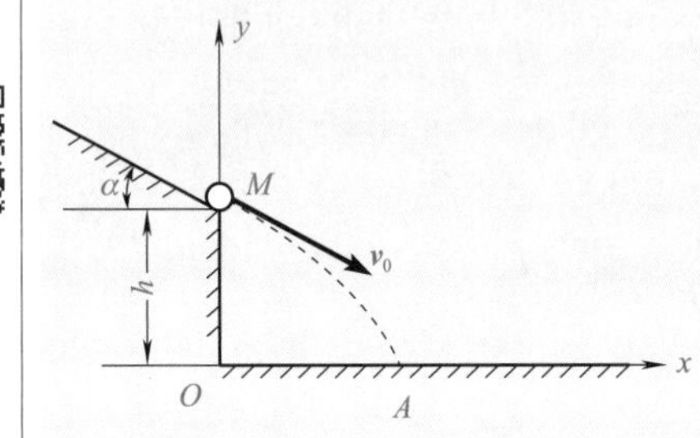

图 6-7

解 取坐标轴如图 6-7 所示。根据题意知：$a_x = 0$，$a_y = -g$，所以

$$\frac{\mathrm{d}v_x}{\mathrm{d}t} = a_x = 0,\quad \frac{\mathrm{d}v_y}{\mathrm{d}t} = a_y = -g$$

通过积分得

$$v_x = v_0\cos\alpha,\ v_y = -gt - v_0\sin\alpha$$

$$\frac{\mathrm{d}x}{\mathrm{d}t} = v_x = v_0\cos\alpha,\ \frac{\mathrm{d}y}{\mathrm{d}t} = v_y = -gt - v_0\sin\alpha$$

$$\int_0^x \mathrm{d}x = \int_0^t v_0\cos\alpha\,\mathrm{d}t,\ \int_h^y \mathrm{d}y = \int_0^t(-gt - v_0\sin\alpha)\mathrm{d}t$$

于是 M 点的运动方程为

$$x = v_0 t\cos\alpha,\quad y = h - v_0\sin\alpha - \frac{1}{2}gt^2$$

即

$$x = 2\sqrt{3}t = 3.46t\ (\text{m}),\quad y = 20 - 2t - 4.9t^2\ (\text{m})$$

当 M 点落到地面时，$y = 0$，代入运动方程中得 $0 = 20 - 2t - 4.9t^2$，于是 M 点落地经过的时间为

$$t = \frac{-2 \pm \sqrt{4 + 4\times 4.9\times 20}}{2\times 4.9}$$

舍去负根得

$$t = 1.83\text{s}$$

代入运动方程中得 M 点落地距离为 $OA = 3.46\times 1.83 = 6.33(\text{m})$。

6.3 点的运动的自然坐标法

点的运动状态与其运动轨迹的几何形状有关。例如，动点以同一速度沿固定曲线运动，在曲线的不同位置，尽管其速度大小不变，但速度的方向却改变。自然法就是以点的轨迹曲线为坐标(弧坐标)来描述点的运动，并建立一个与点的轨迹有关的坐标系(自然轴系)来描述点的速度和加速度。这种方法适用于轨迹已知时。

6.3.1 弧坐标与自然轴系

1. 弧坐标与运动方程

设动点 M 的空间轨迹曲线如图 6-8 所示。在曲线上任选一点 O 为参考点(坐标原点)，并取某一侧为正向，则动点 M 的位置可以由弧长确定，$S=OM$。弧长 S 便称为动点 M 在轨迹曲线上的弧坐标。当点 M 运动时，弧长 S 随着时间变化，为时间 t 的单值连续函数，即

$$S=f(t) \tag{6-17}$$

式(6-17)即为用弧坐标表示的点的运动方程。若给定一个瞬时 t，便可以求出相应的位置。

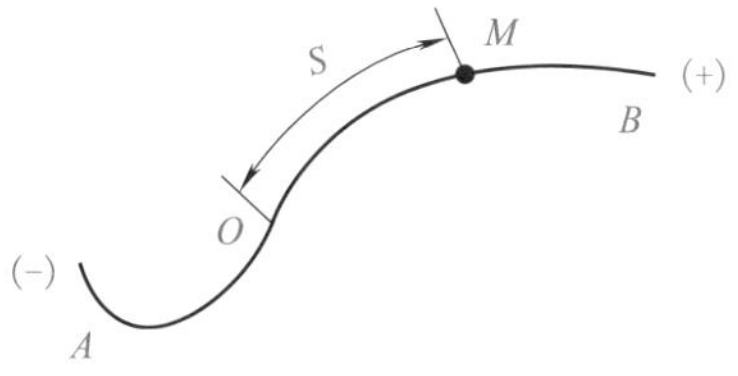

图 6-8

6-8

2. 自然轴系

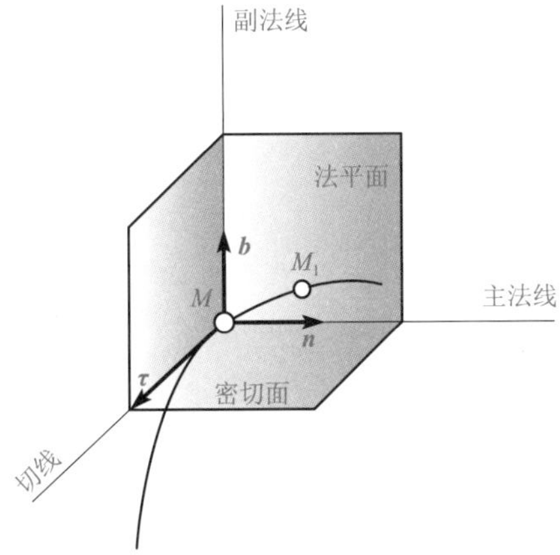

图 6-9

由轨迹曲线上一点的切线、主法线与副法线所构成的正交坐标系称为**自然轴系**，如图 6-9 所示。它与前面的直角坐标系不同，由于随着动点位置的改变，轨迹上的切线、主法线与副法线的方位不断变化，因而轨迹曲线上各点的自然轴的方位是不同的。

6-9

取切线上的单位矢量 $\boldsymbol{\tau}$，指向与弧坐标的正方向一致。在曲线上取一与 M 点相邻的 M_1 点，二者的切线可确定一个平面，当 M_1 点趋于 M 点时，该平面的极限平面便称为曲线在 M 点的**密切面**。通过 M 点作一垂直于切线的平面，该平面称为**法平面**。两个平面的交线为曲线在 M 点的**主法线**，取单位矢量 $\boldsymbol{n}$，正向指向凹侧。通过 M 点作垂直于密切平面的直线得**副法线**，取单位矢量 $\boldsymbol{b}$，与 $\boldsymbol{\tau}$、$\boldsymbol{n}$ 之间的关系满足右手法则，即

$$\boldsymbol{b}=\boldsymbol{\tau}\times\boldsymbol{n} \tag{6-18}$$

如果动点的轨迹为平面曲线，则曲线所在的平面就是密切面，曲线的法线就是主法线，此时，不必讨论法平面或副法线。

6.3.2 点的速度

由 6.1 节中式(6-3)知，动点 M 的速度 $\boldsymbol{v}$ 是矢量，其方向沿轨迹的切线如图 6-10 所示。由式(6-3)知

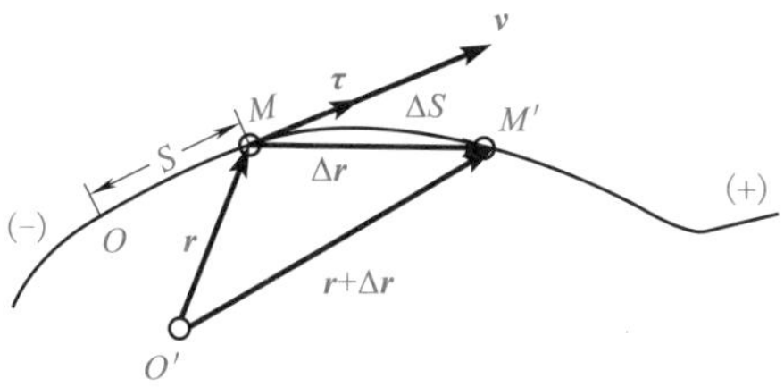

图 6-10

$$\boldsymbol{v}=\lim_{\Delta t\to 0}\frac{\Delta \boldsymbol{r}}{\Delta t}=\lim_{\Delta t\to 0}\left(\frac{\Delta \boldsymbol{r}}{\Delta s}\cdot\frac{\Delta s}{\Delta t}\right)=\lim_{\Delta t\to 0}\frac{\Delta s}{\Delta t}\cdot\lim_{\Delta t\to 0}\frac{\Delta \boldsymbol{r}}{\Delta s}$$

其中
$$\lim_{\Delta t\to 0}\frac{\Delta s}{\Delta t}=\frac{\mathrm{d}s}{\mathrm{d}t}=v$$

当 $\Delta t\to 0$ 时 $\Delta s\to 0$，则
$$\lim_{\Delta t\to 0}\frac{\Delta \boldsymbol{r}}{\Delta s}=\frac{\mathrm{d}\boldsymbol{r}}{\mathrm{d}s}=\boldsymbol{\tau}$$

所以，M 点的速度为
$$\boldsymbol{v}=\frac{\mathrm{d}s}{\mathrm{d}t}\boldsymbol{\tau}=v\boldsymbol{\tau} \tag{6-19}$$

6-10

即动点速度的大小等于弧坐标对于时间的一阶导数，其方向沿轨迹的切线方向。当$\dfrac{\mathrm{d}s}{\mathrm{d}t}>0$时，指向与$\boldsymbol{\tau}$相同，反之，指向与$\boldsymbol{\tau}$相反。

6.3.3 点的加速度

因为动点M的加速度等于动点的速度对时间的导数，所以

$$\boldsymbol{a}=\frac{\mathrm{d}\boldsymbol{v}}{\mathrm{d}t}=\frac{\mathrm{d}}{\mathrm{d}t}(v\boldsymbol{\tau})=\frac{\mathrm{d}v}{\mathrm{d}t}\boldsymbol{\tau}+v\frac{\mathrm{d}\boldsymbol{\tau}}{\mathrm{d}t} \tag{6-20}$$

式(6-20)中，右端第一项$\dfrac{\mathrm{d}v}{\mathrm{d}t}=\dfrac{\mathrm{d}^2s}{\mathrm{d}t^2}$，反映的是速度大小变化的加速度，其方向沿轨迹的切线方向(与$\boldsymbol{\tau}$共线)，称为**切向加速度**，记为$\boldsymbol{a}_\tau$，即

$$\boldsymbol{a}_\tau=\frac{\mathrm{d}v}{\mathrm{d}t}\boldsymbol{\tau}=\frac{\mathrm{d}^2s}{\mathrm{d}t^2}\boldsymbol{\tau} \tag{6-21}$$

6-11

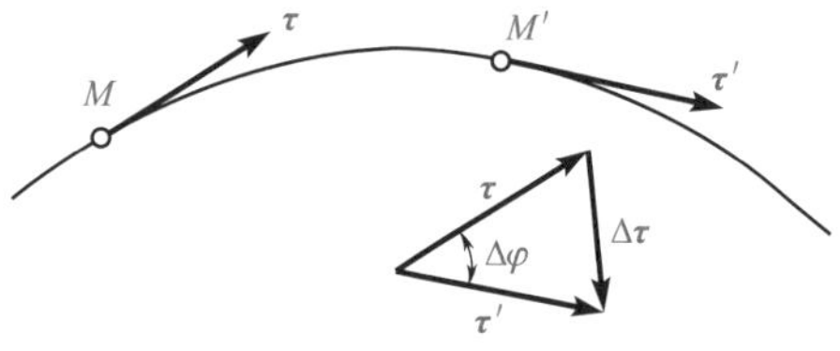

图 6-11

式(6-20)中右端第二项$v\dfrac{\mathrm{d}\boldsymbol{\tau}}{\mathrm{d}t}$反映的是速度方向变化的加速度，记为$\boldsymbol{a}_n$，即

$$\boldsymbol{a}_n=v\frac{\mathrm{d}\boldsymbol{\tau}}{\mathrm{d}t}=v\lim_{\Delta t\to0}\frac{\Delta\boldsymbol{\tau}}{\Delta t}=v\lim_{\Delta t\to0}\left(\frac{\Delta\boldsymbol{\tau}}{\Delta s}\cdot\frac{\Delta s}{\Delta t}\right)$$

因为
$$\lim_{\Delta t\to0}\frac{\Delta s}{\Delta t}=\frac{\mathrm{d}s}{\mathrm{d}t}=v$$

所以
$$\boldsymbol{a}_n=v^2\lim_{\Delta t\to0}\frac{\Delta\boldsymbol{\tau}}{\Delta s}$$

由图 6-11 知
$$|\Delta\boldsymbol{\tau}|=|\boldsymbol{\tau}'-\boldsymbol{\tau}|=2|\boldsymbol{\tau}|\sin\frac{\Delta\varphi}{2}=2\sin\frac{\Delta\varphi}{2}$$

当$\Delta t\to0$时$\Delta s\to0$，$\sin\dfrac{\Delta\varphi}{2}\approx\dfrac{\Delta\varphi}{2}$，又$|\boldsymbol{\tau}|=1$，于是$|\Delta\boldsymbol{\tau}|\approx\Delta\varphi$，则

$$\lim_{\Delta t\to0}\left|\frac{\Delta\boldsymbol{\tau}}{\Delta s}\right|=\lim_{\Delta t\to0}\frac{2\sin\dfrac{\Delta\varphi}{2}}{\Delta s}=\lim_{\substack{\Delta s\to0\\ \Delta\varphi\to0}}\frac{\sin\dfrac{\Delta\varphi}{2}}{\dfrac{\Delta\varphi}{2}}\cdot\frac{\Delta\varphi}{\Delta s}=\frac{\mathrm{d}\varphi}{\mathrm{d}s}=\frac{1}{\rho}$$

式中，ρ为曲线在M点的曲率半径。当$\Delta t\to0$时，$\Delta\varphi\to0$，则$\Delta\boldsymbol{\tau}$和$\boldsymbol{\tau}$之间的夹角$\left(\dfrac{\pi}{2}-\dfrac{\Delta\varphi}{2}\right)\to\dfrac{\pi}{2}$，并指向曲率中心，即沿主法线$\boldsymbol{n}$的方向，所以称$\boldsymbol{a}_n$为**法向加速度**。即

$$\boldsymbol{a}_n=\frac{v^2}{\rho}\boldsymbol{n} \tag{6-22}$$

因而，点的加速度也称全加速度，可写成

$$\boldsymbol{a}=\boldsymbol{a}_\tau+\boldsymbol{a}_n=\frac{\mathrm{d}v}{\mathrm{d}t}\boldsymbol{\tau}+\frac{v^2}{\rho}\boldsymbol{n} \tag{6-23}$$

由此可见，点的加速度在副法线$\boldsymbol{b}$上的投影恒为零，即全加速度在密切平面内。全加速度的大小为

$$a=\sqrt{a_\tau^2+a_n^2} \tag{6-24}$$

它与主法线间夹角为

$$\alpha = \arctan\frac{|a_\tau|}{a_n} \tag{6-25}$$

当切向加速度 $\boldsymbol{a}_\tau$ 的指向与速度 $\boldsymbol{v}$ 的指向相同时(图 6-12(a)),点做加速度运动;当它们的方向相反时(图 6-12(b)),点做减速运动。

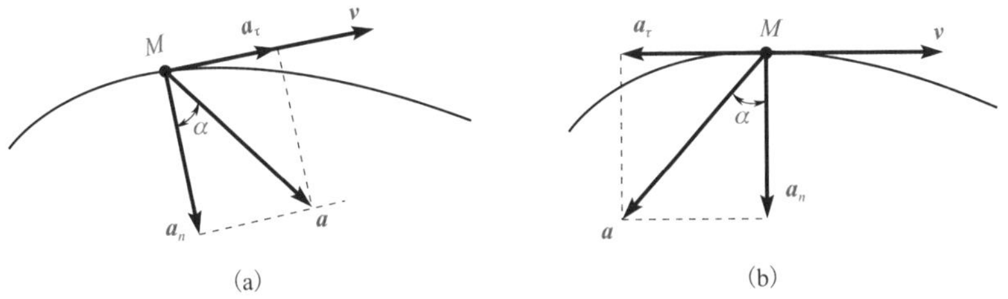

图 6-12

6-12

如果动点的切向加速度的代数值保持不变,即 $a_\tau =$ 常量时,则动点做匀变速曲线运动。由

$$\frac{\mathrm{d}v}{\mathrm{d}t} = a_\tau = \text{常量}$$

积分得

$$v = v_0 + a_\tau t \tag{6-26}$$

即

$$\frac{\mathrm{d}s}{\mathrm{d}t} = v_0 + a_\tau t$$

再积分得

$$s = s_0 + v_0 t + \frac{1}{2}a_\tau t^2 \tag{6-27}$$

消去时间 t 得

$$v^2 - v_0^2 = 2a_\tau(s - s_0) \tag{6-28}$$

式中,v_0 和 s_0 分别为 $t = 0$ 时点的速度和弧坐标。

式(6-26)、式(6-27)和式(6-28)与点做匀变速直线运动的公式完全相似。

此外,在某些问题如天体运行研究中,对行星或人造地球卫星运动的研究,通常采用柱坐标或者球坐标法比较方便,此方法略。

【例 6-5】 如图 6-13 所示,飞轮以转角 $\varphi = 2t^2$ 的规律绕 O 轴转动。t 的单位为秒(s),φ 的单位为弧度(rad),飞轮半径为 $R = 50\text{mm}$。求飞轮边缘上 M 点的速度和加速度。

解 已知 M 点做圆周运动。若取 M_0 点为弧坐标的原点,正方向如图 6-13 所示,则点 M 的运动方程为

$$s = R\varphi = 100t^2 \text{ mm}$$

点 M 的速度大小为

$$v = \frac{\mathrm{d}s}{\mathrm{d}t} = 200t \text{ mm/s}$$

其方向沿 M 点的切线方向,并指向轨迹的正向。

点 M 的加速度为

$$a_\tau = \frac{\mathrm{d}v}{\mathrm{d}t} = 200\text{mm/s}^2, \quad a_n = \frac{v^2}{\rho} = \frac{(200t)^2}{50} = 800t^2 \text{ mm/s}^2$$

故全加速度大小为　$a = \sqrt{a_\tau^2 + a_n^2} = 200\sqrt{1+16t^4}\text{mm/s}^2$

方向为

$$\alpha = \arctan\frac{|a_\tau|}{a_n} = \arctan\frac{1}{4t^2}$$

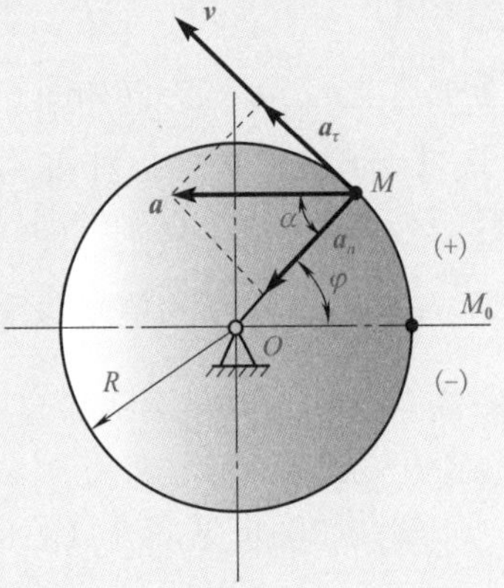

图 6-13

6-13

由此可见，随着时间t的增加，α角变小，当时间t很大时，全加速度的方向趋于主法线。

【例 6-6】 列车沿曲线轨道匀加速行驶，如图 6-14 所示。在M_1点处速度$v_1 = 18\text{km/h}$，经过路程$s = 1\text{km}$后到达M_2点，在M_2点处速度$v_2 = 54\text{km/h}$。轨道在M_1和M_2处的曲率半径分别为$\rho_1 = 600\text{m}$和$\rho_2 = 800\text{m}$。求列车从M_1到M_2所需的时间以及在M_1与M_2两处的全加速度。

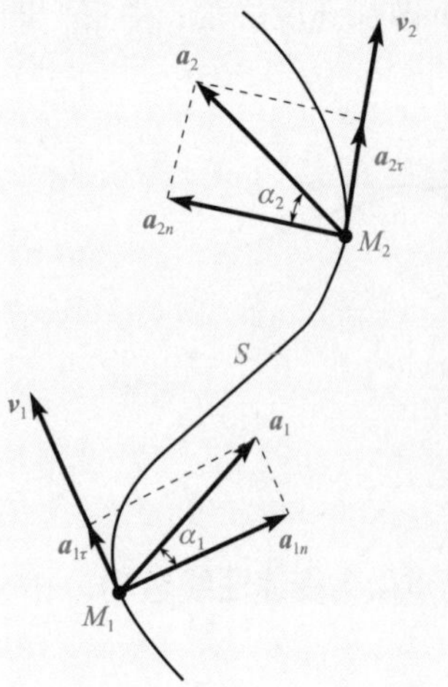

图 6-14

6-14

解 因列车做匀变速运动，故切向加速度a_τ等于常量，且与速度方向一致，由式(6-28)得

$$v_2^2 - v_1^2 = 2a_\tau(s - s_0)$$

若取M_1点为参考点(弧坐标原点)，则$s_0 = 0$。于是

$$a_\tau = \frac{v_2^2 - v_1^2}{2s}$$

因为
$$v_1 = \frac{18\times10^3}{3600} = 5(\text{m/s}),\quad v_2 = \frac{54\times10^3}{3600} = 15(\text{m/s})$$

所以
$$a_\tau = \frac{15^2 - 5^2}{2\times1\times10^3} = 0.1(\text{m/s}^2)$$

又由式(6-26)得从M_1点到M_2点所需时间为$t = \dfrac{v_2 - v_1}{a_\tau} = \dfrac{15-5}{0.1} = 100(\text{s})$。

列车在M_1处的加速度为

$$a_{1\tau} = a_\tau = 0.1(\text{m/s}^2),\quad a_{1n} = \frac{v_1^2}{\rho} = \frac{5^2}{600} = 0.042(\text{m/s}^2)$$

全加速度
$$a_1 = \sqrt{a_{1\tau}^2 + a_{1n}^2} = \sqrt{(0.1)^2 + (0.042)^2} = 0.108(\text{m/s}^2)$$

$$\alpha_1 = \arctan\frac{|a_{1\tau}|}{a_{1n}} = \arctan\frac{0.1}{0.042} = 67.2^\circ$$

列车在M_2处的加速度为

$$a_{2\tau} = a_\tau = 0.1(\text{m/s}^2),\quad a_{2n} = \frac{v_2^2}{\rho} = \frac{15^2}{800} = 0.281(\text{m/s}^2)$$

全加速度
$$a_2 = \sqrt{a_{2\tau}^2 + a_{2n}^2} = \sqrt{(0.1)^2 + (0.281)^2} = 0.298(\text{m/s}^2)$$

$$\alpha_2 = \arctan\frac{|a_{2\tau}|}{a_{2n}} = \arctan\frac{0.1}{0.281} = 19.6^\circ$$

全加速度$\boldsymbol{a}_1$、$\boldsymbol{a}_2$的方向如图 6-14 所示。

【例 6-7】 曲柄摇杆机构如图 6-15 所示。曲柄长$OA = 10\text{cm}$，绕O轴转动，转角φ与时间t的关系为$\varphi = \dfrac{\pi}{4}t(\text{rad})$，$t$的单位为秒；摇杆长$O_1B = 24\text{cm}$，距离$OO_1 = 10\text{cm}$。试求$B$点的运动方程、速度及加速度。

6-15

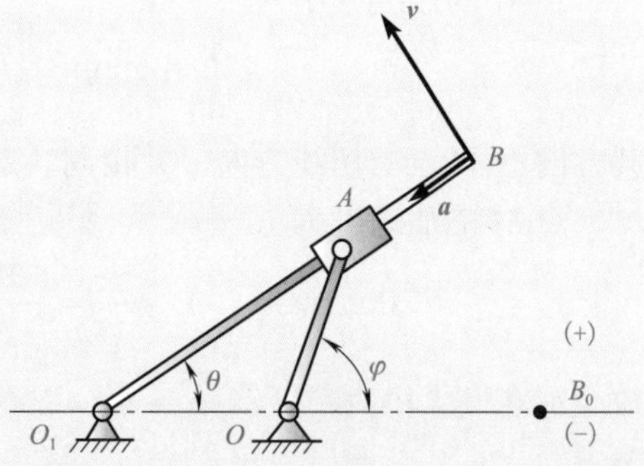

图 6-15

解 如图可见，B点的运动轨迹为以O_1点为圆心，O_1B为半径的圆弧。当$t = 0$时，$\varphi = 0$，$\theta = 0$，B点在B_0处，取B_0点为弧坐标参考点，正、负方向如

图 6-15 所示。则 B 点的弧坐标为

$$S=\overset{\frown}{B_0B}=O_1B\cdot\theta$$

由于 $\triangle OAO_1$ 是等腰三角形，所以 $\varphi=2\theta$，故

$$S=O_1B\times\frac{\varphi}{2}=24\times\frac{\frac{\pi}{4}t}{2}=3\pi t\ \text{cm}$$

上式即为自然法表示的 B 点的运动方程。

由此可得 B 点的速度和加速度为

$$v=\frac{\mathrm{d}s}{\mathrm{d}t}=3\pi=9.42(\text{cm/s}),\quad a_\tau=\frac{\mathrm{d}v}{\mathrm{d}t}=\frac{\mathrm{d}^2s}{\mathrm{d}t^2}=0,\quad a_n=\frac{v^2}{\rho}=\frac{(3\pi)^2}{24}=3.70(\text{cm/s}^2)$$

全加速度为
$$a=a_n=3.70\text{cm/s}^2$$

其速度和加速度方向如图 6-15 所示，由此可见 B 点做匀速圆周运动。

本章小结

1. 点的运动学是研究动点在空间相对于某参考体(或参考系)的几何位置随时间变化的规律，包括点的运动轨迹、运动方程、速度和加速度等。在研究方法上可采用矢量法、直角坐标法和自然法。

(1) 矢量法。

点的运动方程：$\boldsymbol{r}=\boldsymbol{r}(t)$

点的运动轨迹：矢径的矢端曲线。

点的速度矢量：$v=\dfrac{\mathrm{d}\boldsymbol{r}}{\mathrm{d}t}$

点的加速度矢量：$\boldsymbol{a}=\dfrac{\mathrm{d}\boldsymbol{v}}{\mathrm{d}t}=\dfrac{\mathrm{d}^2\boldsymbol{r}}{\mathrm{d}t^2}$

(2) 直角坐标法。

点的运动方程为

$$x=f_1(t),\quad y=f_2(t),\quad z=f_3(t)$$

点的运动轨迹：从上式中消去时间参数 t 可得到轨迹方程。

点的速度：$v_x=\dfrac{\mathrm{d}x}{\mathrm{d}t}$，$v_y=\dfrac{\mathrm{d}y}{\mathrm{d}t}$，$v_z=\dfrac{\mathrm{d}z}{\mathrm{d}t}$，

$v=\sqrt{v_x^2+v_y^2+v_z^2}$；

$\cos(\boldsymbol{v},\boldsymbol{i})=\dfrac{v_x}{v}$，$\cos(\boldsymbol{v},\boldsymbol{j})=\dfrac{v_y}{v}$，

$\cos(\boldsymbol{v},\boldsymbol{k})=\dfrac{v_z}{v}$

点的加速度：

$a_x=\dfrac{\mathrm{d}v_x}{\mathrm{d}t}=\dfrac{\mathrm{d}^2x}{\mathrm{d}t^2}$，$a_y=\dfrac{\mathrm{d}v_y}{\mathrm{d}t}=\dfrac{\mathrm{d}^2y}{\mathrm{d}t^2}$，

$a_z=\dfrac{\mathrm{d}v_z}{\mathrm{d}t}=\dfrac{\mathrm{d}^2z}{\mathrm{d}t^2}$，

$a=\sqrt{a_x^2+a_y^2+a_z^2}$；

$\cos(\boldsymbol{a},\boldsymbol{i})=\dfrac{a_x}{a}$，$\cos(\boldsymbol{a},\boldsymbol{j})=\dfrac{a_y}{a}$，

$\cos(\boldsymbol{a},\boldsymbol{k})=\dfrac{a_z}{a}$

(3) 自然法。

点的运动方程：$S=f(t)$；点的运动轨迹为已知。

点的速度：$\boldsymbol{v}=\dfrac{\mathrm{d}s}{\mathrm{d}t}\boldsymbol{\tau}$

点的加速度：$\boldsymbol{a}=\boldsymbol{a}_\tau+\boldsymbol{a}_n=a_\tau\boldsymbol{\tau}+a_n\boldsymbol{n}$

其中
$$a_\tau=\frac{\mathrm{d}v}{\mathrm{d}t}=\frac{\mathrm{d}^2s}{\mathrm{d}t^2},\quad a_n=\frac{v^2}{\rho}$$

加速度大小：$a=\sqrt{a_\tau^2+a_n^2}$

加速度方向：$\tan(\boldsymbol{a},\boldsymbol{n})=\dfrac{|a_\tau|}{a_n}$

2. 常见特殊运动的运动特征和主要公式见表 6-1。

表 6-1

特殊运动	特征	主要公式
匀速直线运动	$a=0$	$v=$ 常量, $s=s_0+vt$
匀变速直线运动	$a_\tau=$ 常量 $a_n=0$	$v=v_0+a_\tau t$ $s=s_0+v_0t+\frac{1}{2}a_\tau t^2$ $v^2=v_0^2+2a_\tau(s-s_0)$
匀速曲线运动	$a_\tau=0$ $a_n=\frac{v^2}{\rho}$	$v=$ 常量 $s=s_0+ut$
匀变速曲线运动	$a_\tau=$ 常量 $a_n=\frac{v^2}{\rho}$	$v=v_0+a_\tau t$ $s=s_0+v_0t+\frac{1}{2}a_\tau t^2$ $v^2=v_0^2+2a_\tau(s-s_0)$

思 考 题

6.1 $\frac{d\boldsymbol{v}}{dt}$ 和 $\frac{dv}{dt}$，$\frac{d\boldsymbol{r}}{dt}$ 和 $\frac{dr}{dt}$ 有何不同?

6.2 某瞬时动点的速度等于零，这时的加速度是否也等于零?

6.3 动点做直线运动，某瞬时速度为 $v=6\text{m/s}$，问这时的加速度是否为 $a=\frac{dv}{dt}=0$？为什么？如果动点做匀速曲线运动，加速度是否等于零?

6.4 动点做曲线运动，如图 6-16 所示。试就以下三种情况画出加速度方向：①在 M_1 处点做匀速运动；②在 M_2 处点做加速运动；③在 M_3 处点做减速运动。

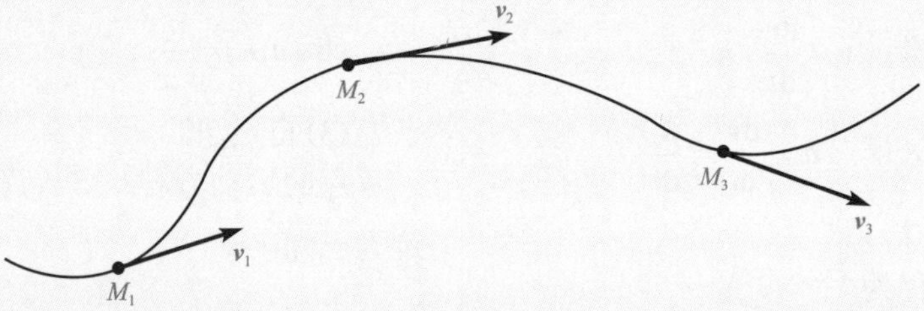

图 6-16

6.5 如图 6-17 所示的机构。问皮带上的 A、B 两点的速度和加速度是否分别等于轮子上的 A'、B' 两点的速度和加速度？为什么？假设轮与皮带间无相对滑动。

6.6 动点 M 沿螺旋线由外向内运动，如图 6-18 所示。已知其弧坐标 $S=kt$（$k=$ 常量），问点的加速度是越来越大、还是越来越小？该点的运动快慢有何变化?

6.7 如图 6-19 所示，点做曲线运动，点的加速度矢量为恒矢量，即 $\boldsymbol{a}_1=\boldsymbol{a}_2=\boldsymbol{a}_3$。问点是否做匀变速运动?

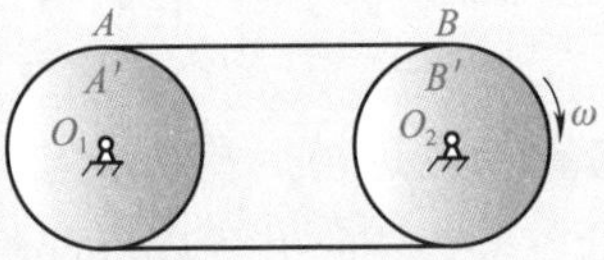

图 6-17

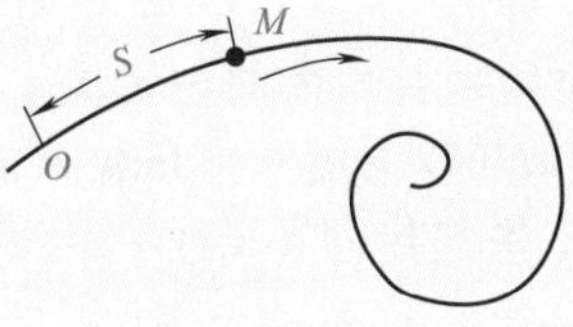

图 6-18

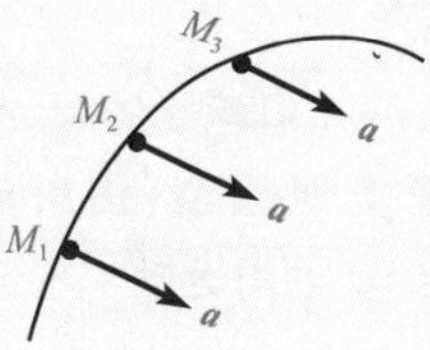

图 6-19

6.8　在什么情况下点的切向加速度等于零？什么情况下点的法向加速度为零？什么情况下两者都为零？

习　题

6-1　已知点的运动方程为

(1) $x = 2t^2 + 4$；　$y = 3t^2 - 3$

(2) $x = a(\sin(\omega t) + \cos(\omega t))$；　$y = b(\sin(\omega t) - \cos(\omega t))$

求它们的轨迹方程。

6-2　如题 6-2 图所示，滑块 B 按 $S = a + b\sin(\omega t)$ 规律沿水平线做简谐振动，其中 a、b 为常量，与滑块 B 铰接的杆 AB 长为 l，且以等角速度 ω 绕 B 点转动，其转动方程为 $\varphi = \omega t$。求点 A 的运动轨迹。

6-3　题 6-3 图所示曲线规，当 OA 杆绕 O 点转动时，B 点画出一曲线。已知 $OA = AM = l$，$CB = DB = AC = AD = a$，OA 杆转动方程 $\varphi = \omega t$，求 B 点的运动方程和轨迹方程。

6-4　题 6-4 图所示曲柄连杆机构，曲柄 OC 以等角速度 ω 绕 O 轴逆时针转动，并带动 AB 杆运动。已知 $AC = OC = r$，$BC = l$，且 $l > r$。求 B 点的运动方程和轨迹方程。

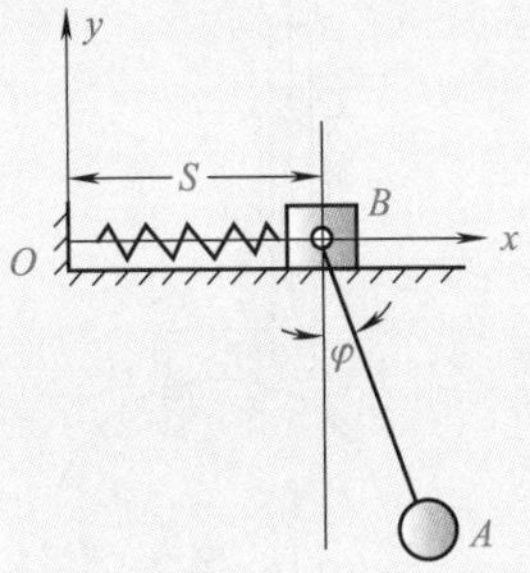

题 6-2 图

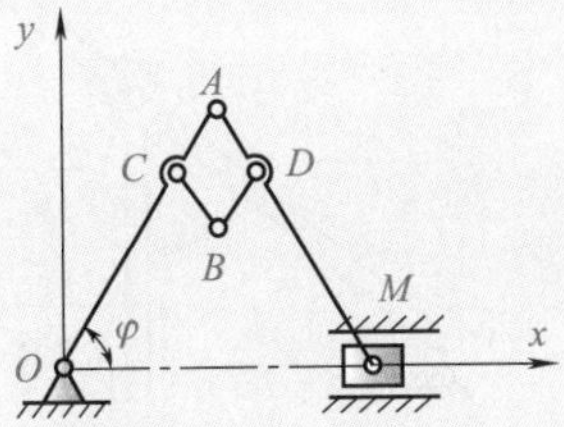

题 6-3 图

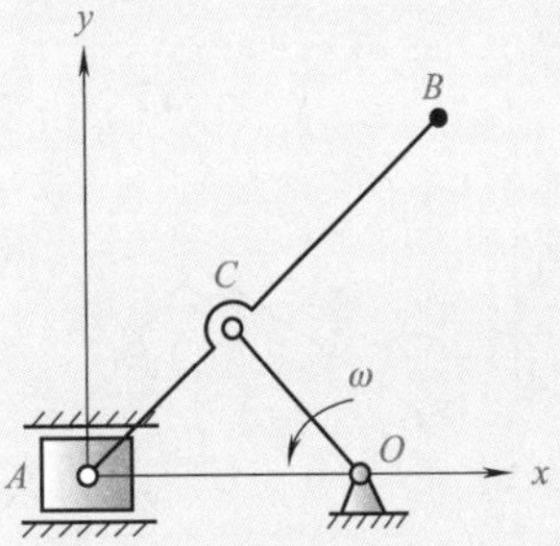

题 6-4 图

6-5　动点做平面曲线运动，沿 x 轴方向的运动方程为 $x = 3t^2 - 2t$，其中 x 单位为 m，t 单位为 s，如果已知动点的加速度沿 y 轴方向的分量为 $a_y = 8t$，当 $t = 0$ 时，$v_y = 0, y = 0$，求当 $t = 1\text{s}$ 时，点的速度和加速度。

6-6　如题 6-6 图所示，绕过定滑轮 C 的绳索，一端挂有重物 M，另一端 A 被人拉着沿水平方向运动，其速度为 1m/s。A 点距地面保持常量 $h = 1\text{m}$，滑轮 C 距地面高度 $H = 9\text{m}$，其半径忽略不计。当运动开始时重物在地面上 M_0 处，绳 AC 段在铅垂位置 A_0C 处。求重物 M 上升的运动方程和速度，以及重物 M 到达滑轮处所需的时间。

6-7 列车在半径为900m的曲线轨道上行驶，速度为100 km/h，因故急刹车，在刹车后6s内速度均匀减至60 km/h。求开始刹车时列车的加速度。

6-8 如题6-8图所示，半圆形凹轮以匀速 $v_0 = 1\text{cm/s}$ 沿水平方向向左运动。带动活塞杆 AB 沿铅直方向运动。当运动开始时，活塞杆的 A 端位于轮的最高点上。如凸轮的半径 $R = 8\text{cm}$，求活塞 B 的运动方程和速度，并作出其运动图和速度图。

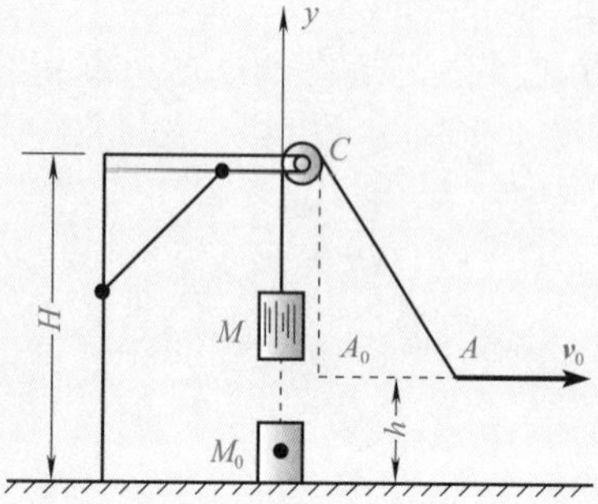

题6-6图

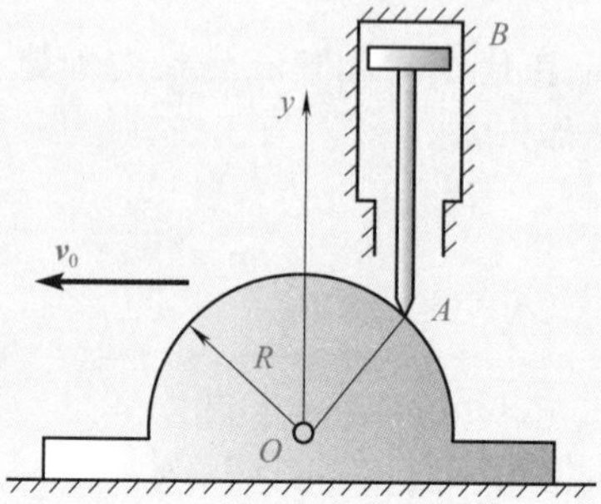

题6-8图

6-9 动点 M 由 A 至 B 沿直线运动，其速度与时间的关系曲线如题6-9图所示。求 A、B 两点距离和动点 M 的运动图及加速度图。

6-10 如题6-10图所示，摇杆机构的滑杆 AB 以速度 $\boldsymbol{u}$ 向上匀速运动，摇杆长 $OC = a$，初始瞬时 $\varphi = 0$，试分别用自然法和直角坐标法建立摇杆上 C 点的运动方程，并求此点在 $\varphi = \dfrac{\pi}{4}$ 时速度的大小。

6-11 如题6-11图所示，偏心轮的半径为 R，以 $\varphi = \omega t$（ω 为常量)规律绕 O 轴转动，偏心距 $OC = a$，凸轮带动顶杆 AB 沿铅直线运动。求顶杆的运动方程。

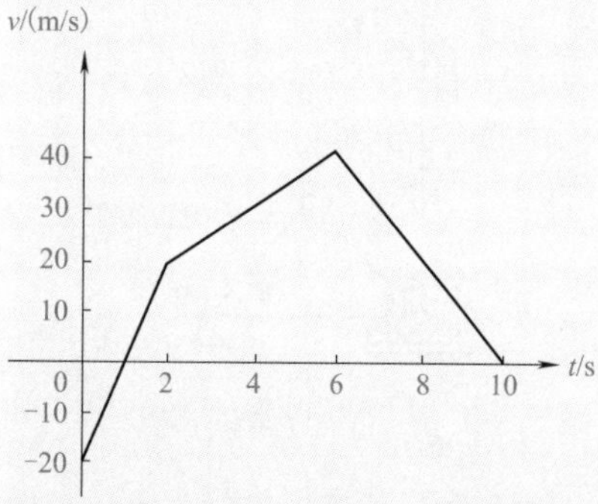

题6-9图

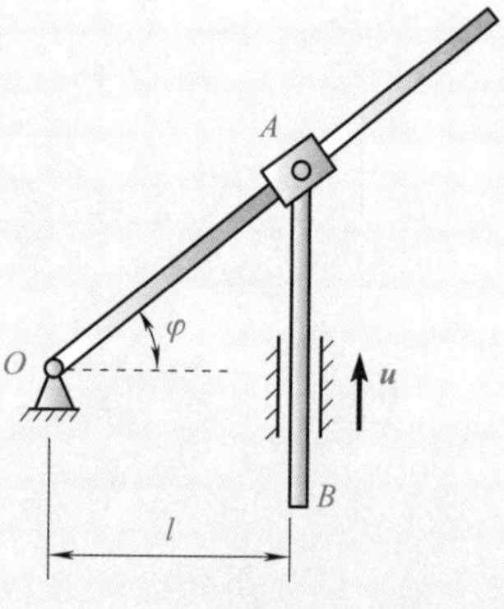

题6-10图

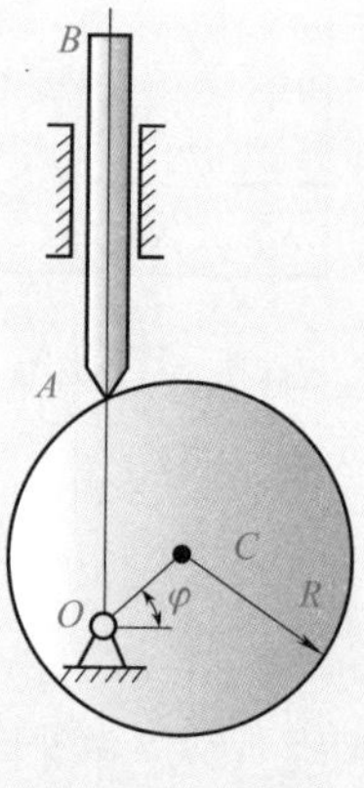

题6-11图

6-12 如题6-12图所示，雷达在距离火箭发射台 b 处观察铅垂上升的火箭发射，测得 $\theta = kt$（k 为常量)。求火箭的运动方程及当 $\theta = \dfrac{\pi}{6}$ 和 $\dfrac{\pi}{3}$ 时火箭的速度和加速度。

6-13 如题6-13图所示，牛头刨床的曲柄滑道机构，曲柄 OA 以等角速度 ω 绕 O 轴顺时针方向转动。摇杆可绕 O_1 轴摆动，通过滑块 B 带动滑枕做水平往复运动。已知 $OA = r$，点 O_1 到滑枕的距离为 l，$OO_1 = 3r$，且 OO_1 铅直，运动开始时，曲柄铅垂向上。求滑枕的速度和加速度。

6-14　如题 6-14 图所示，杆 AB 以等角速度 ω 绕 A 点转动，并带动套在水平杆 OC 上的小环 M 运动。运动开始时 AB 杆在铅垂位置。设 $OA=h$，求小环 M 沿 OC 杆滑动的速度以及小环 M 相对于 AB 杆的运动速度。

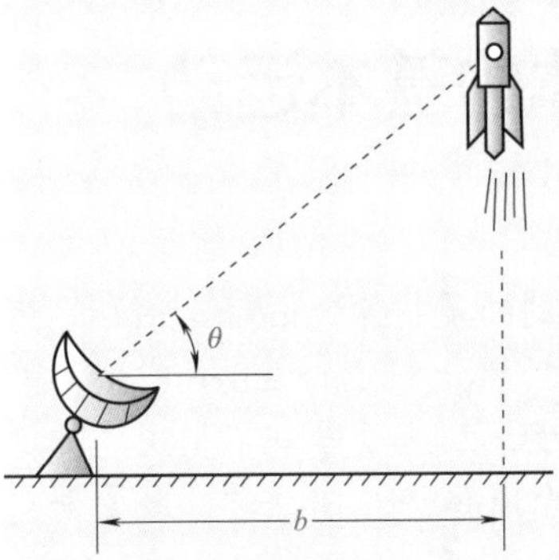

题 6-12 图

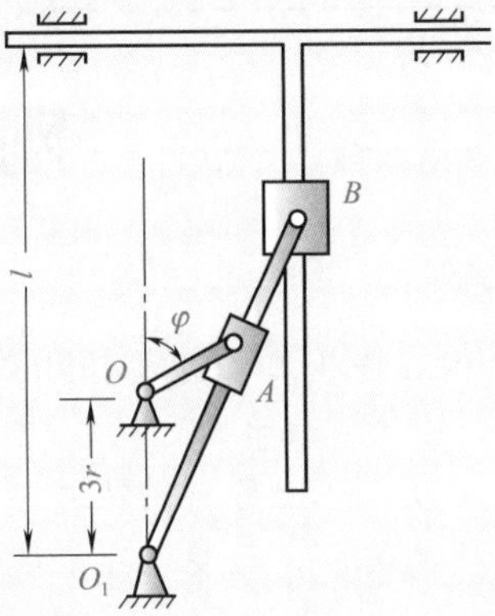

题 6-13 图

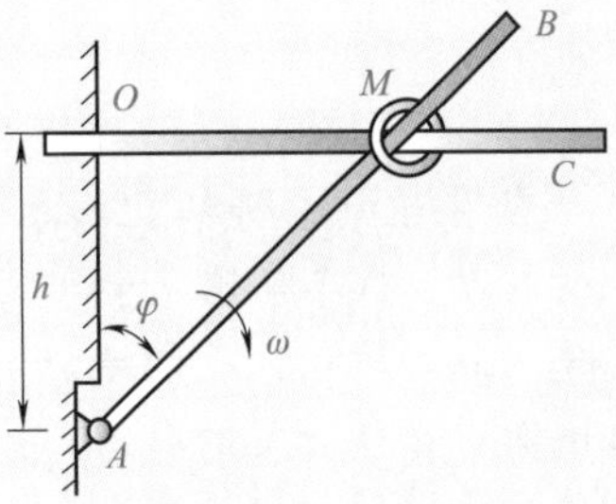

题 6-14 图

6-15　皮带运输机如题 6-15 图所示，其上一石子以速度 $v=0.5\text{m/s}$ 运动。石子在轮Ⅱ上转到 OA 处脱离皮带，此时重力加速度在 OA 上的投影等于石子的法向加速度。设轮Ⅱ半径 $R=0.25\text{m}$，求 OA 与铅垂线的夹角 α 以及石子的运动方程。

6-16　单摆如题 6-16 图所示，摆线长 $l=1\text{m}$，在平衡位置 O 点附近做往复摆动，已知 M 点的运动方程 $s=2\sin(\pi t)$（s 单位为 cm，t 单位为 s）。求在 $t=0$ 及 $t=1\text{s}$ 时 M 点的速度和加速度。

6-17　如题 6-17 图所示，半径 $R=0.5\text{m}$ 的鼓轮上绕一绳索，绳的一端挂有重物，重物以 $S=0.6t^2$ 规律下降并带动鼓轮转动，其中 S 单位为 m，时间单位为 s。求运动开始 1s 后，鼓轮边缘上最高点 M 的加速度。

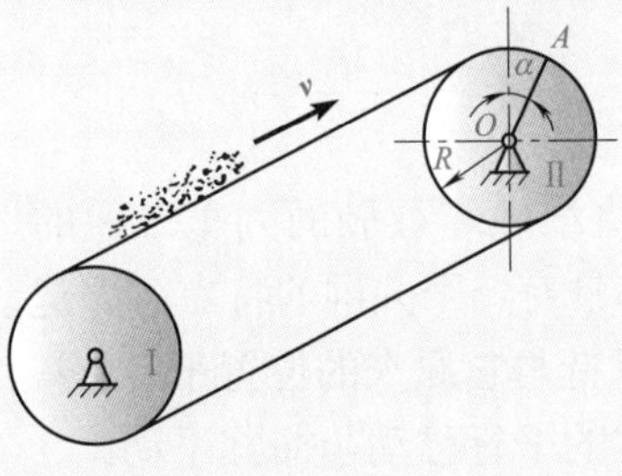

题 6-15 图

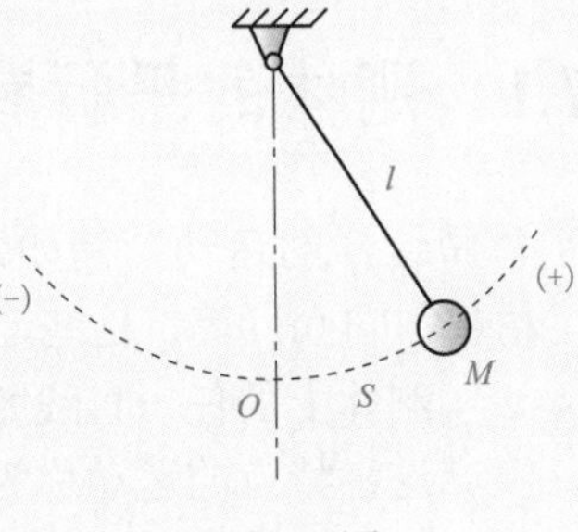

题 6-16 图

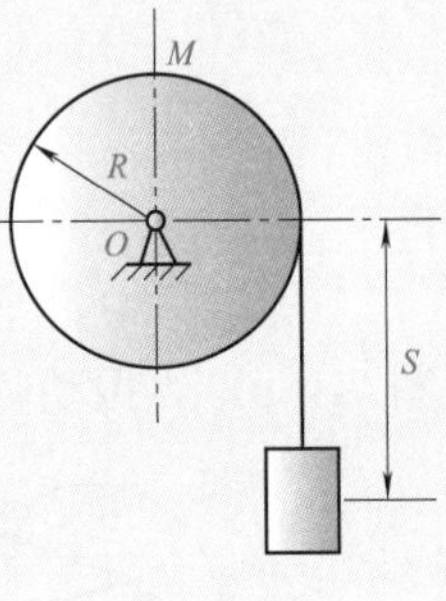

题 6-17 图

6-18　如题 6-18 图所示一座仓库，高 $h=25\text{m}$，宽 $b=40\text{m}$，在距仓库为 l、离地面高 $a=5\text{m}$ 的 A 处抛一石块，欲将石块抛过屋顶，问距离 l 为多大时初速度 v_0 为最小？取重力加速度 $g=10\text{m/s}^2$。

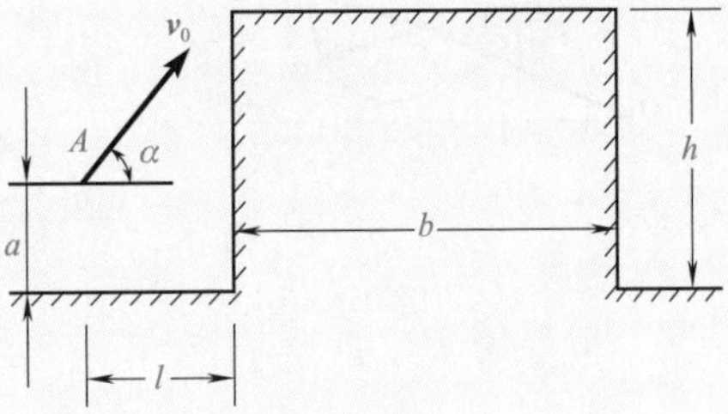

题 6-18 图

6-19　动点 M 做平面曲线运动，其速度在 x 轴上的投影恒为常量 c，试证明在此情形下，动点 M 的加速度大小为

$$a=\frac{v^2}{c\rho}$$

式中，v 为动点 M 速度的大小，ρ 为轨迹的曲率半径。

第 7 章 刚体的基本运动

在第 6 章中研究了点的运动，但在许多工程实际中常常见到的是物体的运动，例如，齿轮的转动、机车车轮及车厢的运动、振动筛筛子的运动等(图 7-1)都是刚体的运动，它们不能抽象为点的运动，一般地讲，这些运动物体上各点的轨迹、速度、加速度等都不相同，但彼此间都存在着一定的联系，研究刚体的运动，既要研究描述整个刚体的几何性质，又要研究刚体上各点的几何性质。

7-1

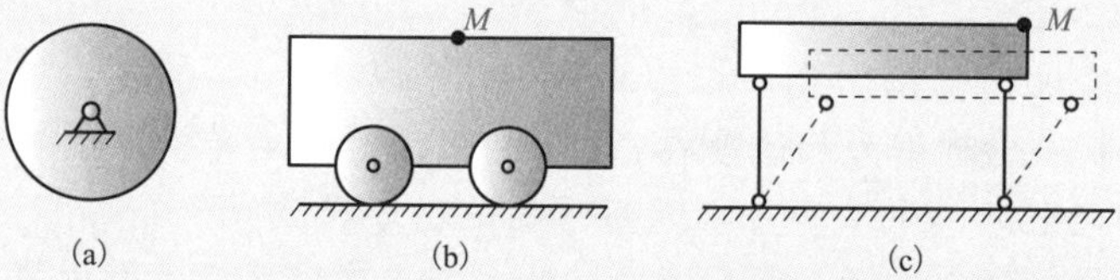

图 7-1

刚体运动的形式是多样的，本章研究刚体的两种基本运动：**平行移动和定轴转动**。这两种基本运动也是刚体的两种最简单的运动，不仅在工程实际中有着广泛的意义，而且也是研究刚体复杂运动的基础。

7.1 刚体的平行移动

在工程实际中，常常遇到刚体做这样的运动，例如，沿直线轨道行驶的列车车厢的运动(图 7-1(b))、振动筛筛子的运动(图 7-1(c))等，这些运动都具有一个共同的特点，即**运动刚体上的任一直线始终保持与它原来的位置平行**，具有这种特点的运动称为**刚体的平行移动**，简称平动。

7-2

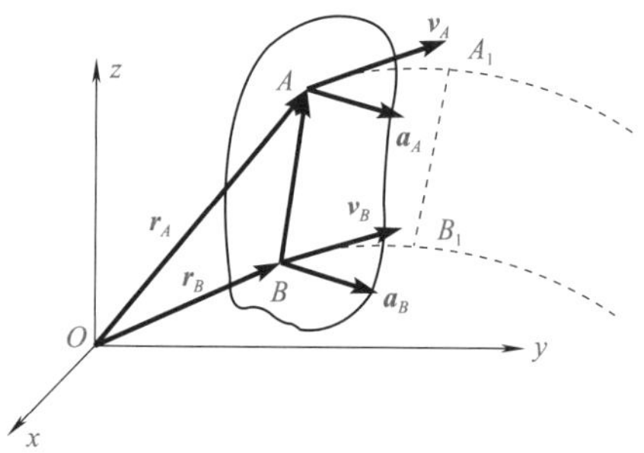

图 7-2

刚体平动时，如果体内任一点的轨迹都是直线，称为**直线平动**(图 7-1(b)，M 点)。如果任一点的轨迹都是曲线，则称为**曲线平动**(图 7-1(c)，M 点)。

设一刚体做平动，如图 7-2 所示，在平动刚体上任选两点 A 和 B，以 $\boldsymbol{r}_A$ 和 $\boldsymbol{r}_B$ 分别表示 A、B 两点相对于 O 点的矢径，此二矢量的矢端曲线就是 A、B 两点的运动轨迹，则

$$\boldsymbol{r}_A = \boldsymbol{r}_B + \boldsymbol{r}_{BA} \tag{7-1}$$

当刚体平动时，线段 AB 的长度和方向始终保持不变，所以 $\boldsymbol{BA}$ 矢量为常矢量($\boldsymbol{r}_{BA}=$常矢量)。因此，如果将 B 点的轨迹移动一距离 r_{BA} 就与 A 点的轨迹完全重合，这就是说，**刚体平动时，其上任意两点的轨迹形状完全相同，且互相平行**。

将式(7-1)对时间求一阶、二阶导数，并注意到$\boldsymbol{r}_{BA}$ = 常矢量，可得

$$\frac{\mathrm{d}\boldsymbol{r}_A}{\mathrm{d}t}=\frac{\mathrm{d}\boldsymbol{r}_B}{\mathrm{d}t}; \quad 即 \quad \boldsymbol{v}_A=\boldsymbol{v}_B \tag{7-2}$$

$$\frac{\mathrm{d}^2\boldsymbol{r}_A}{\mathrm{d}t^2}=\frac{\mathrm{d}^2\boldsymbol{r}_B}{\mathrm{d}t^2}; \quad 即 \quad \boldsymbol{a}_A=\boldsymbol{a}_B \tag{7-3}$$

由于 A 、B 两点是任选的，所以平动刚体在同一瞬时各点的速度、加速度是相同的。

由上可知，当刚体做平动时，刚体内各点的运动规律都相同，因此，整个刚体的平动，可用刚体内任一点的运动来确定。于是，刚体平动时的运动学问题可以归结为点的运动学问题来研究。

【例 7-1】 摇筛机构如图 7-3 所示，已知 $O_1A=O_2B=40\text{cm}$ ，$O_1O_2 \underline{/\!/} AB$，杆 O_1A 按 $\varphi=\frac{1}{2}\sin\left(\frac{\pi}{4}t\right)(\text{rad})$ 的规律摆动，求当 $t=2\text{s}$ 时，筛面中点 M 的速度和加速度。

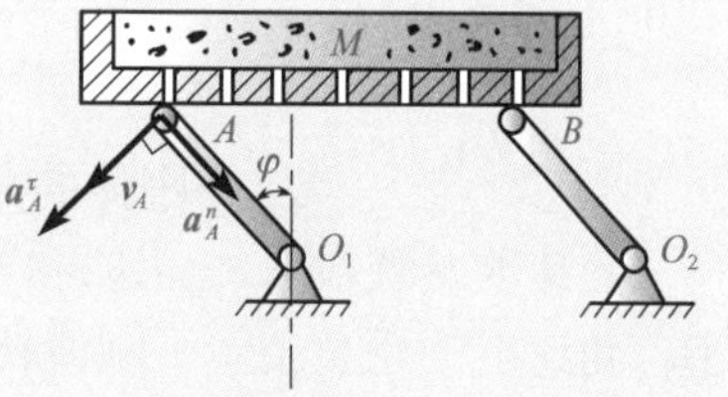

图 7-3

7-3

解　由于杆 $O_1A=O_2B$ 且 $O_1O_2 \underline{/\!/} AB$，所以筛子 AB 在运动中始终平行于 O_1O_2，故筛子 AB 做平动。

由于平动刚体上各点的速度和加速度都相等，故只需求出点 A（或点 B）的速度和加速度即可。

因 A 点的运动方程为　$S=O_1A\cdot\varphi=\frac{40}{2}\sin\left(\frac{\pi}{4}t\right)$

则 A 点的速度为　$v_A=v_M=\frac{\mathrm{d}s}{\mathrm{d}t}=20\cdot\frac{\pi}{4}\cos\left(\frac{\pi}{4}t\right)$

当 $t=2\text{s}$ 时，有　$v_M=v_A=0$

A 点的切向加速度　$a_A^\tau=a_M^\tau=\frac{\mathrm{d}v_A}{\mathrm{d}t}=-\frac{5\pi^2}{4}\sin\left(\frac{\pi}{4}t\right)$

当 $t=2\text{s}$ 时，有　$a_M^\tau=a_A^\tau=-\frac{5\pi^2}{4}\text{cm/s}^2$

A 点的法向加速度为　$a_A^n=a_M^n=\frac{v^2}{O_1A}=0$

7.2　刚体的定轴转动

在工程中，常见的飞轮、机床主轴、电动机的转子等运动有这样的一个共同特点，即它们运动时，在体内(或体外)有一条直线始终保持不动，这种运动称为刚体的定轴转动，简称转动，该固定不变的直线称为转轴，显然，刚体转动时，体内不在转动轴上的各点都在垂直于转动轴的平面内做圆周运动，它们的圆心全在转轴上。

下面来研究定轴转动刚体的运动规律。

设有一刚体绕固定轴 Oz 转动，如图 7-4 所示，为了确定这个刚体在任一瞬时的位置，通过固定轴 Oz 作两个半平面 I 和 II，半平面 I 固定不动，半平面 II 固结在转动刚体上，随同刚体一起转动，定轴转动刚体在任一瞬时的位置可由这两个半平面间的夹角 φ 完全确定，φ 角

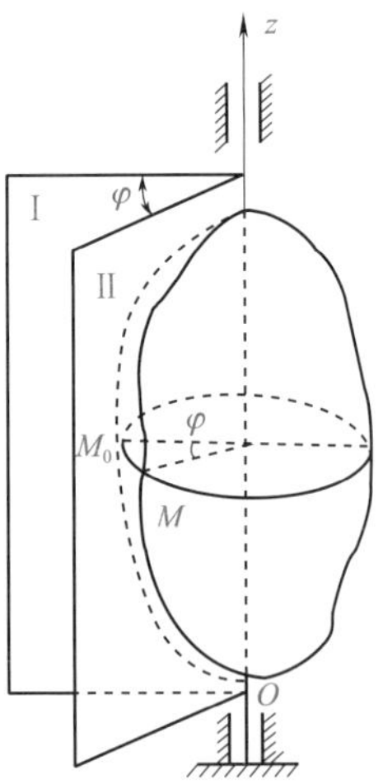

图 7-4

7-4

称为转角，以弧度(rad)表示，转角 φ 是一个代数量，其符号通常规定为：从 z 轴正向看去，按逆时针转动取的转角为正值，反之为负值。当刚体转动时，转角 φ 是时间的单值连续函数，即

$$\varphi = \varphi(t) \tag{7-4}$$

这就是刚体定轴转动的转动方程。

为了描述刚体转动的快慢程度，引入了角速度的概念，转角 φ 随时间 t 的变化率称为角速度，设在 Δt 时间间隔内，转角的改变量为 $\Delta\varphi$，则刚体在 Δt 时间内的平均角速度为

$$\omega^* = \frac{\Delta\varphi}{\Delta t}$$

当 $\Delta t \to 0$ 时，ω^* 的极限即为刚体在瞬时 t 的角速度，以 ω 表示，即

$$\omega = \lim_{\Delta t \to 0} = \frac{\Delta\varphi}{\Delta t} = \frac{\mathrm{d}\varphi}{\mathrm{d}t} = \dot{\varphi} \tag{7-5}$$

即刚体的角速度等于转角对时间的一阶导数。

角速度是代数量，当 $\omega > 0$ 时，转角 φ 随时间增加而增大，反之，转角 φ 随时间增加而减小。角速度的正负表示了刚体转动的转向。

角速度的单位是弧度/秒(rad/s)，在工程中当刚体做匀速转动时，常用转速 n 表示转动的快慢程度，其单位是转/分(r/min)，角速度与转速之间的换算关系为

$$\omega = \frac{2\pi n}{60} = \frac{\pi n}{30} \tag{7-6}$$

为了描述角速度的变化规律，引入了角加速度的概念，角速度对时间的变化率称为角加速度。设在 Δt 时间间隔内，角速度的改变量为 $\Delta\omega$，则刚体在这段时间内的平均角加速度为

$$\varepsilon^* = \frac{\Delta\omega}{\Delta t}$$

当 $\Delta t \to 0$ 时，ε^* 的极限即为刚体在 t 瞬时的角加速度，以 ε 表示，即

$$\varepsilon = \lim_{\Delta t \to 0} = \frac{\Delta\omega}{\Delta t} = \frac{\mathrm{d}\omega}{\mathrm{d}t} = \frac{\mathrm{d}^2\varphi}{\mathrm{d}t^2} = \ddot{\varphi} \tag{7-7}$$

即刚体的角加速度等于角速度对时间的一阶导数或等于转角对时间的二阶导数。

角加速度也是代数量，当 $\varepsilon > 0$ 时，表示角加速度的转向与转角的正向一致，当 $\varepsilon < 0$ 时，则相反。如果 ε 与 ω 同号，则角速度的绝对值随时间增大而增大，刚体做加速转动，反之，刚体做减速转动。

刚体的定轴转动与点的曲线运动完全相似，刚体的转角 φ、角速度 ω、角加速度 ε 分别对应于点的弧坐标 s、速度 $\boldsymbol{v}$ 及切向加速度 $\boldsymbol{a}_\tau$，所以对于匀变速转动(ε = 常数)时，则有

$$\left.\begin{aligned} \omega &= \omega_0 + \varepsilon t \\ \varphi &= \varphi_0 + \omega_0 t + \frac{1}{2}\varepsilon t^2 \\ \omega^2 - \omega_0^2 &= 2\varepsilon(\varphi - \varphi_0) \end{aligned}\right\} \tag{7-8}$$

对于匀速转动(ω = 常数)时，则有

$$\varphi = \varphi_0 + \omega t \tag{7-9}$$

式中，φ_0、ω_0 分别是初始转角和初始角速度。

7.3　定轴转动刚体内各点的速度和加速度

当刚体做定轴转动时，其上任一点 M 在垂直于转轴的平面内做圆周运动，圆心在转轴上，半径 R 即为点 M 到转轴的距离，并称 R 为转动半径，由于 M 点的运动轨迹已知，故可用自然法来确定 M 点的运动，取固定半平面 I 与圆周的交点 O' 为弧坐标的原点(图 7-5)，点 M 的弧坐标 S 与转角 φ 的关系为

$$S = R\varphi \tag{7-10}$$

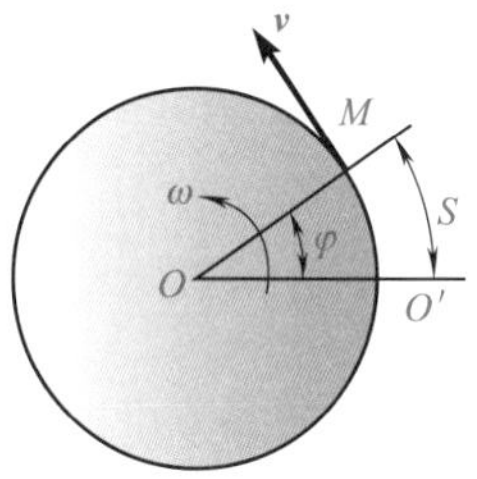

图 7-5

7-5

由第 6 章可知，点 M 的速度大小为

$$v = \frac{\mathrm{d}S}{\mathrm{d}t} = \frac{R\mathrm{d}\varphi}{\mathrm{d}t} = R\omega \tag{7-11}$$

即刚体转动时，刚体上任一点的速度的大小等于该点到转轴的距离与刚体角速度的乘积，其方向沿该点圆周的切线，并指向转动的一方。

同一瞬时，刚体内各点的速度的大小与转动半径成正比，其分布规律如图 7-6(a)所示。由于 M 点做圆周运动，所以 M 点的加速度在轨迹的切线和主法线上的投影分别为

$$a_\tau = \frac{\mathrm{d}v}{\mathrm{d}t} = R\frac{\mathrm{d}\omega}{\mathrm{d}t} = R\varepsilon,\quad a_n = \frac{v^2}{\rho} = \frac{(R\omega)^2}{R} = R\omega^2 \tag{7-12}$$

$\boldsymbol{a}_\tau$ 垂直于 OM ，指向与 ε 的转向一致。而当 ε 与 ω 转向相同时，刚体做加速度转动，切向加速度 $\boldsymbol{a}_\tau$ 与速度 $\boldsymbol{v}$ 的指向相同(图 7-7(a))；当 ε 与 ω 转向相反时，刚体做减速转动，则 $\boldsymbol{a}_\tau$ 与 $\boldsymbol{v}$ 的指向相反(图 7-7(b))。$\boldsymbol{a}_n$ 的方向总是指向圆心 O ，即指向转动轴。M 点的全加速度的大小及其与半径 OM 的夹角为

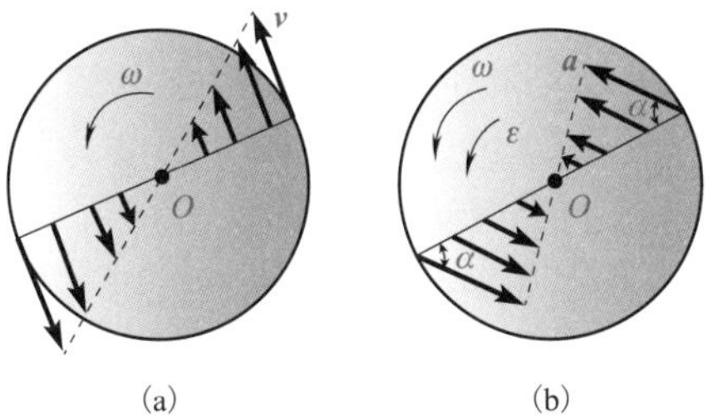

(a)　(b)

图 7-6

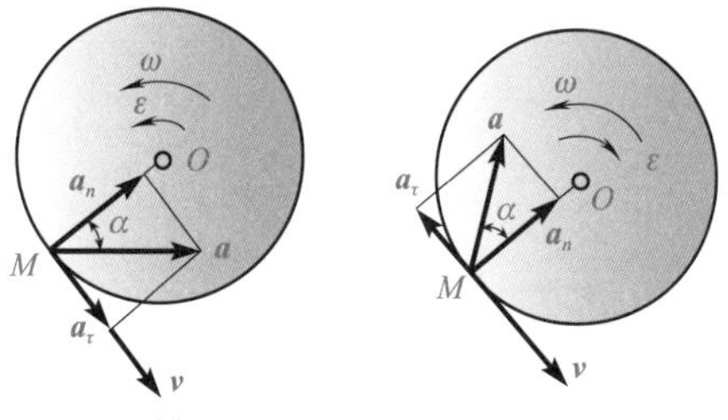

(a)　(b)

图 7-7

7-6

7-7

$$\left.\begin{aligned} a &= \sqrt{a_\tau^2 + a_n^2} = \sqrt{(R\varepsilon)^2 + (R\omega^2)^2} = R\sqrt{\varepsilon^2 + \omega^4} \\ a &= \arctan\frac{|a_\tau|}{a_n} = \arctan\frac{R|\varepsilon|}{R\omega^2} = \arctan\frac{|\varepsilon|}{\omega^2} \end{aligned}\right\} \tag{7-13}$$

由式(7-13)可知，在同一瞬时，转动刚体内各点的全加速度的大小与转动半径成正比，其方向与转动半径的夹角 α 相同，而与转动半径无关，如图 7-6(b)所示。

【例 7-2】　图 7-8 为卷筒提升重物装置示意图，已知卷筒半径 $R = 0.2\mathrm{m}$ ，其转动方程为 $\varphi = 3t - t^2$ (φ 以 rad 计，t 以 s 计)，试求 $t = 1\mathrm{s}$ 时，卷筒边缘上任一点 M 及重物 A 的速度和加速度。

解 (1)求卷筒转动角速度和角加速度。

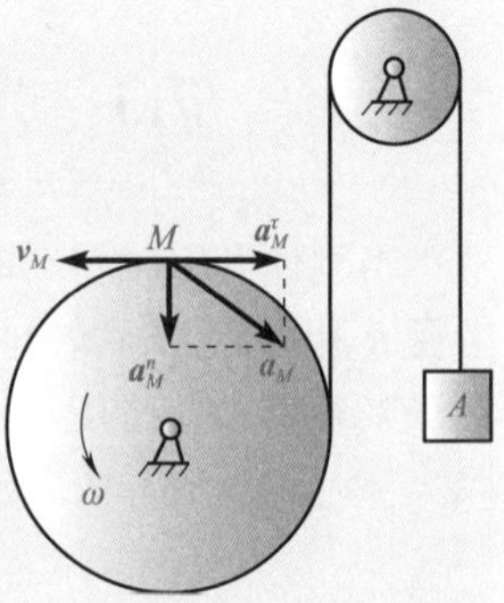

图 7-8

由转动方程对时间分别求一阶、二阶导数得

$$\omega=\frac{\mathrm{d}\varphi}{\mathrm{d}t}=3-2t,\quad \varepsilon=\frac{\mathrm{d}^2\varphi}{\mathrm{d}t^2}=-2$$

7-8

将 $t=1\mathrm{s}$ 代入上式得 $\omega=3-2\times1=1(\mathrm{rad/s}),\varepsilon=-2\mathrm{rad/s^2}$。这里 ε 和 ω 符号相反，可知卷筒做减速转动。

(2)求卷筒上任一点 M 的速度和加速度。

$$v_M=R\omega=0.2\times1=0.2(\mathrm{m/s})$$
$$a_M^\tau=R\varepsilon=0.2\times(-2)=-0.4(\mathrm{m/s})$$
$$a_M^n=R\omega^2=0.2\times1^2=0.2(\mathrm{m/s})$$

它们的方向如图 7-8 所示，M 点的全加速度的大小以及与半径 OM 的夹角为

$$a_M=\sqrt{(a_M^\tau)^2+(a_M^n)^2}=\sqrt{(-0.4)^2+(0.2)^2}=0.48(\mathrm{m/s^2})$$

$$\alpha=\arctan\frac{|\varepsilon|}{\omega^2}=\arctan\frac{2}{1}=63°26'$$

(3)求重物 A 的速度和加速度。

因为不计钢丝绳的伸长，且钢绳与卷筒间无相对滑动，所以重物 A 下降的距离与卷筒边缘上任一点 M 在同一时间内所走过的弧长应相等，故 A 点的速度为

$$v_A=v_M=0.2\mathrm{m/s}$$

A 点的加速度与 M 点的切向加速度相等，即

$$a_A=a_M^\tau=-0.4\mathrm{m/s^2}$$

$\boldsymbol{a}_A$ 的方向铅垂向上。

由于 $\boldsymbol{a}_A$ 与 $\boldsymbol{v}_A$ 符号相反，所以重物 A 做减速运动。

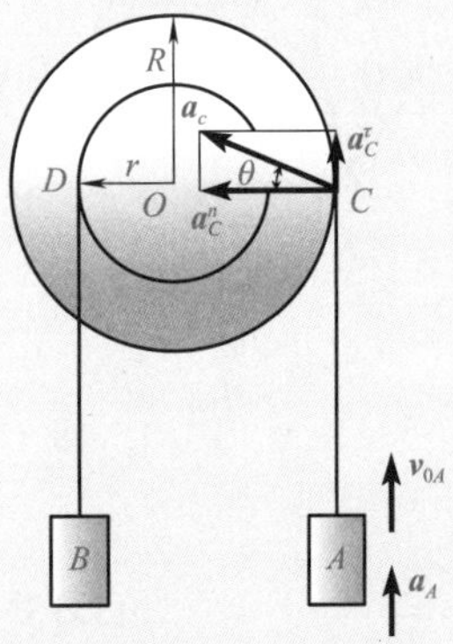

图 7-9

7-9

【例 7-3】 重物 A 和 B 以不可伸长的绳子分别绕在半径 $R=0.5\mathrm{m}$ 和 $r=0.3\mathrm{m}$ 的滑轮上(图 7-9)，已知重物 A 以匀加速度 $a_A=1\mathrm{m/s^2}$ 和初速度 $v_{0A}=1.5\mathrm{m/s}$ 向上运动，试求：

①滑轮在 3s 内转过的转数；②重物 B 在 3s 内的行程；③重物 B 在 $t=3\mathrm{s}$ 时的速度；④当 $t=0$ 时滑轮边缘上 C 点的加速度。

解 (1)由于绳子不可伸长，所以点 C 的速度和切向加速度的大小分别等于 A 的速度和加速度的大小，即

$$v_{0C}=v_{0A}=1.5\mathrm{m/s},\quad a_C^\tau=a_A=1\mathrm{m/s^2}$$

可见滑轮的初角速度为 $\omega_0=\dfrac{v_{0C}}{R}=\dfrac{1.5}{0.5}=3(\mathrm{rad/s})$

滑轮的角加速度为 $\varepsilon=\dfrac{a_C^\tau}{R}=\dfrac{1}{0.5}=2(\mathrm{rad/s^2})$ (常数)

当 $t=3\mathrm{s}$ 时，有 $\varphi=\omega_0t+1/2\varepsilon t^2=3\times3+1/2\times2\times3^2=18(\mathrm{rad})$

滑轮在 3s 内转过的转数为 $n=\dfrac{\varphi}{2\pi}=\dfrac{18}{2\times3.14}=2.86$ (转)

(2)重物 B 在 3s 内的行程为

$$s=r\varphi=0.3\times18=5.4(\mathrm{m})$$

(3) 重物 B 在 3s 时的速度为

$$\omega = \omega_0 + \varepsilon t = 3 + 2 \times 3 = 9(\mathrm{rad/s}), \quad v_B = v_D = r\omega = 0.3 \times 9 = 2.7(\mathrm{m/s})$$

(4) $t = 0$ 时滑轮上 C 点的加速度为

$$a_C^\tau = a_A = 1\,\mathrm{m/s^2}, \quad a_C^n = R\omega_0^2 = 0.5 \times 3^2 = 4.5(\mathrm{m/s^2})$$

$$a_C = \sqrt{(a_C^\tau)^2 + (a_C^n)^2} = \sqrt{1^2 + 4.5^2} = 4.61(\mathrm{m/s^2})$$

$$\tan\theta = a_C^\tau / a_C^n = 1/4.5 = 0.222$$

所以 $\theta = 12.5^\circ$ (图 7-9)。

7.4　绕定轴转动刚体的传动问题

在工程实际中，常常利用轮系的传动来改变机械的转速，最常见的是齿轮系的传动和皮带轮系的传动。

7.4.1　齿轮传动

现以一对啮合的圆柱齿轮为例来研究两个齿轮的传动问题，圆柱齿轮传动分为外啮合(图 7-10)和内啮合(图 7-11)两种。

7-10

7-11

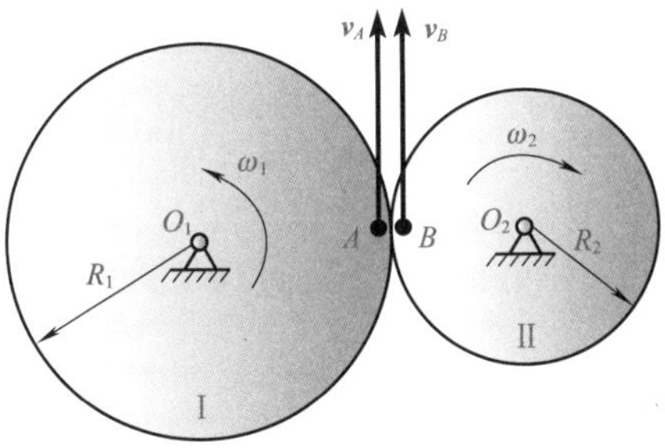

图 7-10

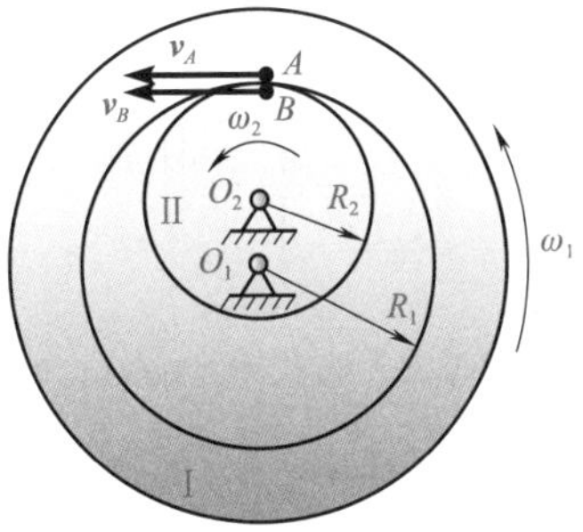

图 7-11

设两个齿轮各绕固定轴 O_1 和 O_2 转动，已知其啮合圆半径分别为 R_1 和 R_2，齿数分别为 Z_1 和 Z_2，角速度分别为 ω_1 和 ω_2 (或转速各为 n_1 和 n_2)。令 A 和 B 分别是两个齿轮啮合圆的接触点，因两圆之间没有相对滑动，因此

$$v_A = v_B, \quad \omega_1 R_1 = \omega_2 R_2, \quad \frac{2\pi n_1}{60} R_1 = \frac{2\pi n_2}{60} R_2$$

或

$$\frac{\omega_1}{\omega_2} = \frac{n_1}{n_2} = \frac{R_2}{R_1} \tag{7-14}$$

由于齿轮在啮合圆上的齿距相等，且齿数与半径成正比，即

$$\frac{Z_1}{Z_2} = \frac{2\pi R_1}{2\pi R_2} = \frac{R_1}{R_2} \tag{7-15}$$

设轮 I 是主动轮，轮 II 是从动轮，在工程中，通常把主动轮的角速度(或转速)与从动轮的角速度(或转速)之比 $\dfrac{\omega_1}{\omega_2}\left(或\dfrac{n_1}{n_2}\right)$ 称为传动比，以 i_{12} 表示，即

$$i_{12} = \pm\frac{\omega_1}{\omega_2} = \frac{n_1}{n_2} = \frac{R_2}{R_1} = \frac{Z_2}{Z_1} \tag{7-16}$$

式中，正号表示主动轮与从动轮转向相同(内啮合)，负号表示转向相反(外啮合)，这就是计算传动比的基本公式。由此可知，**处于啮合中的两定轴齿轮的角速度(或转速)与两齿轮的齿数(或半径)成反比。**

7.4.2 皮带轮传动

在工程中，常常见到电动机通过皮带使变速箱的轴转动，如图 7-12 所示，在此皮带轮系中，设主动轮和从动轮的半径分别为 r_1 和 r_2，角速度分别为 ω_1 和 ω_2，如不考虑皮带厚度，并假定皮带与皮带轮之间无相对滑动，则

$$r_1\omega_1 = r_2\omega_2$$

所以皮带轮的传动比公式为

$$i_{12} = \frac{\omega_1}{\omega_2} = \frac{r_2}{r_1} \tag{7-17}$$

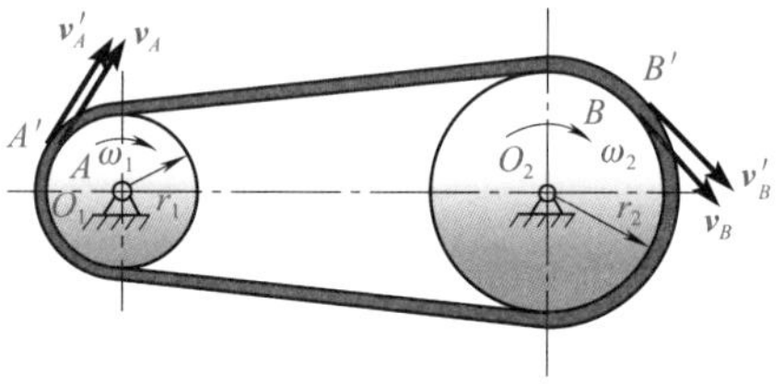

图 7-12

即两轮的角速度与其半径成反比，转动方向相同。这个结论与圆柱齿轮传动完全一样，事实上，式(7-16)不仅适用于圆柱齿轮传动，也适用于圆锥齿轮传动、摩擦轮传动、皮带轮传动和链轮传动等。

7-13

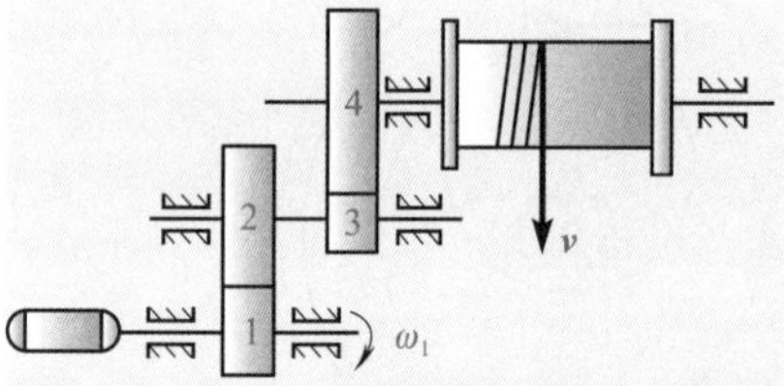

图 7-13

【例 7-4】 在卷扬机的传动中(图 7-13)，电动机通过齿轮Ⅰ带动齿轮Ⅱ，再通过与齿轮Ⅱ固结在同一轴上的齿轮Ⅲ带动与齿轮Ⅳ固结在同一轴上的卷筒转动。已知卷筒直径 $D = 0.4\text{m}$，电动机转速 $n = 958\text{r/min}$，各齿轮齿数分别为 $z_1 = 17$、$z_2 = 80$、$z_3 = 19$、$z_4 = 81$，求钢丝绳速度 $\boldsymbol{v}$ 的大小。

解 电动机的角速度为

$$\omega_1 = \frac{\pi n}{30} = \frac{\pi\times 958}{30} = 100.3(\text{rad/s})$$

各对齿轮的传动比为

$$i_{12} = -\frac{z_2}{z_1} = -\frac{80}{17},\quad i_{23} = 1,\quad i_{34} = -\frac{z_4}{z_3} = -\frac{81}{19}$$

则总传动比为

$$i_{14} = \frac{\omega_1}{\omega_2} = i_{12}i_{23}i_{34} = \left(-\frac{80}{17}\right)\times 1\times\left(-\frac{81}{19}\right) = 20.06$$

从而得卷筒的角速度为

$$\omega_4 = \frac{\omega_1}{i_{14}} = \frac{100.3}{20.06} = 5.00(\text{rad/s})$$

ω_1 与 ω_2 同号，表明电动机与卷筒转向相同。最后，得钢丝绳的速度为

$$v = \frac{D}{2}\omega_4 = \frac{0.4}{2}\times 5.00 = 1(\text{m/s})$$

【例 7-5】 图 7-14 为一带式输送机，已知由电动机带动的主动轮 I 的转速 $n_1 = 1200\text{r/min}$，其齿数 $z_1 = 24$，齿轮III和IV用链条传动，其齿数 $z_3 = 15$，而 $z_4 = 45$，轮 V 的直径 $d_5 = 46\text{cm}$，如希望输送带的速度 v 约为 2.4m/s，求轮 II 应有的齿数 z_2。

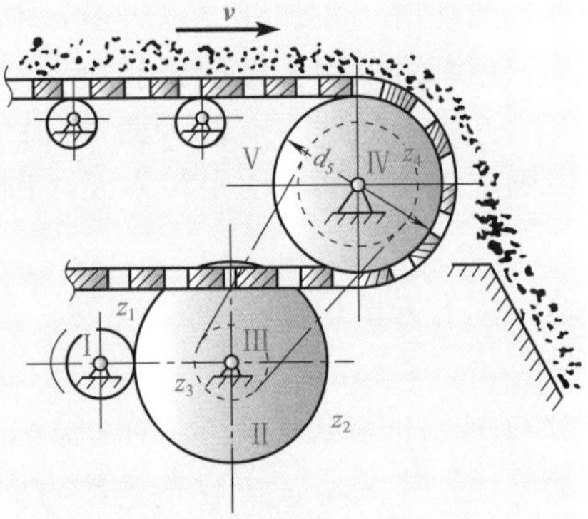

图 7-14

7-14

解　由于齿轮传动和链条传动转动的角速度与其齿数都成反比，即

$$\frac{\omega_1}{\omega_2} = \frac{z_2}{z_1}, \quad \frac{\omega_3}{\omega_4} = \frac{z_4}{z_3}$$

而轮 II 与轮III固连在一起有 $\omega_3 = \omega_2$，于是

$$\frac{\omega_1}{\omega_4} = \frac{z_2 z_4}{z_1 z_3}$$

已知 $n_1 = 1200\text{r/min}$，则

$$\omega_1 = \frac{2n_1\pi}{60} = \frac{2\times 1200\pi}{60} = 40\pi(\text{rad/s})$$

又因轮IV与轮 V 固连在一起有 $\omega_4 = \omega_5$，所以轮IV的角速度与输送带速度的关系为

$$v = \frac{d_5\omega_5}{2} = \frac{d_5}{2}\omega_4 \quad 或 \quad \omega_4 = \frac{2v}{d_5} = \frac{2\times 240}{46} = \frac{240}{23}(\text{rad/s})$$

将 ω_1 和 ω_4 的值代入上式，即可求出轮 II 的齿数

$$z_2 = \frac{\omega_1}{\omega_4}\frac{z_1 z_3}{z_4} = \frac{40\pi}{240/23}\times 24\times\frac{15}{45} = 96.3$$

但齿轮的齿数必须为整数，因此可选取 $z_2 = 96$，这时输送带的速度将为 2.4m/s，满足要求。

7.5　角速度和角加速度的矢量表示与点的速度和加速度的矢积表示

绕定轴转动刚体的角速度可以用矢量表示，角速度矢 $\boldsymbol{\omega}$ 的大小等于角速度的绝对值，即

$$|\boldsymbol{\omega}| = |\omega| = \left|\frac{\mathrm{d}\varphi}{\mathrm{d}t}\right|$$

角速度矢 $\boldsymbol{\omega}$ 沿轴线，它的指向表示刚体转动的方向，并按右手螺旋法则确定，右手的四指代表转动的方向，拇指代表角速度矢 $\boldsymbol{\omega}$ 的指向，如图 7-15(a) 所示。角速度矢的起点可在转轴上任意选取，即角速度矢是滑移矢量。设沿 z 轴正向的单位矢量是 $\boldsymbol{k}$，则绕定轴转动刚体的角速度矢可写为

$$\boldsymbol{\omega} = \omega\boldsymbol{k} = \frac{\mathrm{d}\varphi}{\mathrm{d}t}\boldsymbol{k} \tag{7-18}$$

式中，ω 是角速度的代数值，当 $\omega > 0$ 时，$\boldsymbol{\omega}$ 与 $\boldsymbol{k}$ 同向，即 $\boldsymbol{\omega}$ 指向 z 轴正向，当 $\omega < 0$ 时，$\boldsymbol{\omega}$ 指向 z 轴负向(图 7-15(b))。对式(7-18)求导数，并注意单位矢量 $\boldsymbol{k}$ 是常矢量，则得角加速度矢量

$$\boldsymbol{\varepsilon} = \frac{\mathrm{d}\boldsymbol{\omega}}{\mathrm{d}t} = \frac{\mathrm{d}\omega}{\mathrm{d}t}\boldsymbol{k} = \varepsilon\boldsymbol{k} \tag{7-19}$$

即角加速度矢 $\boldsymbol{\varepsilon}$ 等于角速度矢 $\boldsymbol{\omega}$ 对时间的一阶导数。

角速度、角加速度以矢量 $\boldsymbol{\omega}$ 和 $\boldsymbol{\varepsilon}$ 表示，则转动刚体上任一点的速度、切向加速度和法向加速度都可以用矢量积表示。

在轴上任选一点 O 为原点，作点 M 的矢径 $\boldsymbol{r}=OM$ (图 7-16)，$\boldsymbol{r}$ 与 z 轴的夹角为 θ，点 M 做圆周运动，其转动半径为 R，圆心为转轴上 O_1 点，则 M 点的速度 $\boldsymbol{v}$ 可表示为

$$\boldsymbol{v}=\boldsymbol{\omega}\times\boldsymbol{r} \tag{7-20}$$

这是因为矢量积 $\boldsymbol{\omega}\times\boldsymbol{r}$ 的大小为

$$|\boldsymbol{\omega}\times\boldsymbol{r}|=|\boldsymbol{r}||\boldsymbol{\omega}|\sin\theta=R\omega$$

恰为 M 点的速度的大小，而 $\boldsymbol{\omega}\times\boldsymbol{r}$ 的方向垂直于矢量 $\boldsymbol{\omega}$ 与 $\boldsymbol{r}$ 组成的平面 OMO_1，由右手螺旋法则可知，其指向与点 M 的速度方向一致，这就表明：**转动刚体内任一点的速度，可由刚体的角速度矢量与该点矢径的矢量积表示。**

7-15

7-16

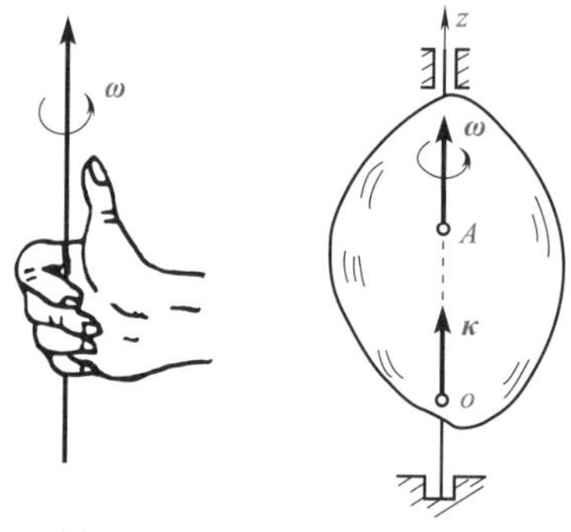

(a) (b)

图 7-15

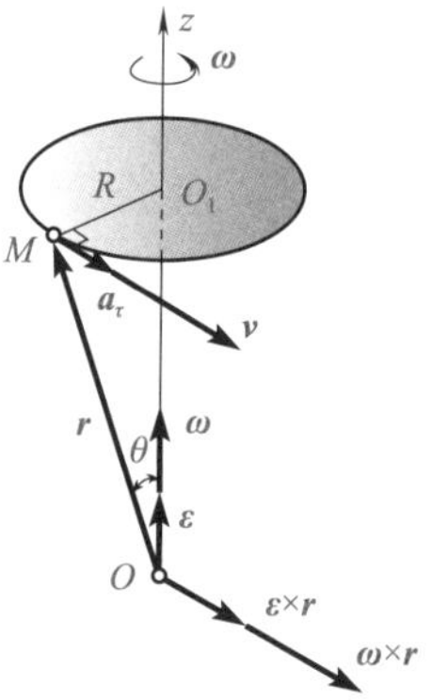

图 7-16

为了求得点 M 的加速度 $\boldsymbol{a}$ 与角速度 $\boldsymbol{\omega}$ 和角加速度 $\boldsymbol{\varepsilon}$ 的关系，取式(7-20)对于时间求导数得

$$\boldsymbol{a}=\frac{\mathrm{d}\boldsymbol{v}}{\mathrm{d}t}=\frac{\mathrm{d}(\boldsymbol{\omega}\times\boldsymbol{r})}{\mathrm{d}t}=\frac{\mathrm{d}\boldsymbol{\omega}}{\mathrm{d}t}\times\boldsymbol{r}+\boldsymbol{\omega}\times\frac{\mathrm{d}\boldsymbol{r}}{\mathrm{d}t}$$

因为 $\dfrac{\mathrm{d}\boldsymbol{\omega}}{\mathrm{d}t}=\boldsymbol{\varepsilon}$，$\dfrac{\mathrm{d}\boldsymbol{r}}{\mathrm{d}t}=\boldsymbol{v}$，所以有

$$\boldsymbol{a}=\boldsymbol{\varepsilon}\times\boldsymbol{r}+\boldsymbol{\omega}\times\boldsymbol{v} \tag{7-21}$$

式(7-21)右边第一项的大小为 $|\boldsymbol{\varepsilon}\times\boldsymbol{r}|=\varepsilon r\sin\theta=R\varepsilon$，恰为 M 点的切向加速度 $\boldsymbol{a}_\tau$ 的大小。矢积 $\boldsymbol{\varepsilon}\times\boldsymbol{r}$ 的方向与切向加速度 $\boldsymbol{a}_\tau$ 的方向相同(图 7-16)，于是切向加速度可写为

$$\boldsymbol{a}_\tau=\boldsymbol{\varepsilon}\times\boldsymbol{r} \tag{7-22}$$

这就表明：**转动刚体内任一点 M 的切向加速度等于刚体的角加速度矢量与该点矢径的矢量积。**

7-17

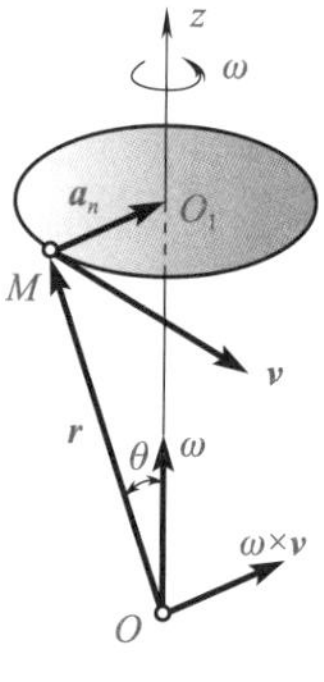

图 7-17

式(7-21)右边第二项的大小为 $|\boldsymbol{\omega}\times\boldsymbol{v}|=\omega v\sin 90^\circ=\omega R\omega=R\omega^2$，恰为 M 点的法向加速度 $\boldsymbol{a}_n$ 的大小。矢积 $\boldsymbol{\omega}\times\boldsymbol{v}$ 的方向与法向加速度方向相同(图 7-17)，于是法向加速度可写为

$$\boldsymbol{a}_n=\boldsymbol{\omega}\times\boldsymbol{v} \tag{7-23}$$

这就表明：**转动刚体内任一点 M 的法向加速度矢量等于刚体的角速度矢量与该点速度矢量的矢量积。**

可见式(7-21)就是转动刚体内任一点的全加速度矢量分解为切向加速度矢量和法向加速度矢量的矢量表达式。

本章小结

刚体的平动和刚体的绕定轴转动是刚体各种运动形式中最简单、最基本的运动，故称为刚体的基本运动。

1．刚体的平动。

(1) 定义：刚体运动时，如刚体上任意一条直线始终与其初始位置平行，刚体的这种运动称为平行移动，简称平动。

(2) 平动刚体的特点：①刚体上各点的轨迹相同；②每一瞬时，刚体上各点的速度、加速度相同。

(3) 运动规律：根据平动刚体的特点，刚体的平动可以归结为一个点的运动来研究，因此，可用点的运动学方法来研究平动刚体的轨迹、速度、加速度等运动规律。

(4) 刚体平动分为直线平动和曲线平动，刚体平动时，当各点轨迹为直线时，称刚体作直线平动，当各点轨迹为曲线时，称刚体做曲线平动。

2．刚体定轴转动。

(1) 定义：刚体运动时，如果刚体上有一条直线始终不动，则这种运动称为定轴转动，这条固定的直线称为转轴。

(2) 特点：①转轴上各点的速度、加速度为零；②不在转轴上的各点都在垂直于转轴的各自平面内做圆周运动，圆心都在转轴上，但各点的轨迹不一定相同；③不在转轴上各点的速度、加速度不一定相同。

(3) 角量 ω、ε 与线量 v、a_n、a_τ、a 的关系，点的圆周运动方程为

$$s = s(t) = R\varphi$$

$$v = \mathrm{d}s/\mathrm{d}t = R\omega$$

$$\boldsymbol{v} = \boldsymbol{\omega} \times \boldsymbol{r} \quad (\text{矢量积})$$

$$a_\tau = \frac{\mathrm{d}^2 s}{\mathrm{d}t^2} = \frac{\mathrm{d}v}{\mathrm{d}t} = R\varepsilon$$

$$a_n = v^2/R = R\omega^2$$

$$a = R\sqrt{\varepsilon^2 + \omega^4}$$

$$\theta = \arctan(|\varepsilon|/\omega^2)$$

$$\boldsymbol{a} = \boldsymbol{a}_\tau + \boldsymbol{a}_n = \boldsymbol{\varepsilon} \times \boldsymbol{r} + \boldsymbol{\omega} \times \boldsymbol{v}$$

$$\boldsymbol{a}_\tau = \boldsymbol{\varepsilon} \times \boldsymbol{r}$$

$$\boldsymbol{a}_n = \boldsymbol{\omega} \times \boldsymbol{v}$$

(4) 刚体定轴转动与点的运动类比关系见表 7-1。

3．轮系的传动比

$$i_{12} = \frac{\omega_1}{\omega_2} = \frac{n_1}{n_2} = \frac{R_2}{R_1} = \frac{z_2}{z_1}$$

上式不仅适用于齿轮和摩擦轮传动，也适用于皮带轮传动和链轮传动。

表 7-1

刚体的定轴转动		点曲线运动	
转动方程	$\varphi = \varphi(t)$	运动方程	$s = s(t)$
角速度	$\omega = \frac{d\omega}{dt}$	速度	$v = \frac{\mathrm{d}s}{\mathrm{d}t}$
角加速度	$\varepsilon = \frac{\mathrm{d}\omega}{\mathrm{d}t} = \frac{\mathrm{d}^2\varphi}{\mathrm{d}t^2}$	切向加速度	$a_\tau = \frac{\mathrm{d}v}{\mathrm{d}t} = \frac{\mathrm{d}^2 s}{\mathrm{d}t^2}$
匀速转动	$\omega = $ 常量　$\varphi = \varphi_0 + \omega t$	匀速运动	$v = $ 常量　$s = s_0 + vt$

续表

刚体的定轴转动		点曲线运动	
匀变速转动 $\varepsilon=$常量	$\omega=\omega_0+\varepsilon t$ $\varphi=\varphi_0+\omega_0 t+\frac{1}{2}\varepsilon t^2$ $\omega^2=\omega_0^2+2\varepsilon(\varphi-\varphi_0)$ ω 与 ε 同号：加速转动 ω 与 ε 异号：减速转动	匀变速运动 $a_\tau=$	$v=v_0+a_\tau t$ $s=s_0+v_0 t+\frac{1}{2}a_\tau t^2$ $v^2=v_0^2+2a_\tau(s-s_0)$ v 与 a 同号：加速运动 v 与 a 异号：减速运动

思考题

7.1 如果刚体上每一点的轨迹都是圆，则刚体一定做定轴转动，这句话对吗，为什么？

7.2 飞轮做匀速转动，若半径增大一倍，则边缘上点的速度和加速度是否也增大一倍？若飞轮半径不变，而转速增大一倍，则是否边缘上点的速度和加速度也增大一倍？

7.3 有这样一种说法：刚体做平动时，体内各点的轨迹一定是直线或平面曲线，刚体绕定轴转动时，各点的轨迹一定是圆。请问这种说法对吗？为什么？

7.4 杆 AB 放在圆弧槽内，并在圆弧槽平面内运动，如图 7-18(a)所示。杆 CD 用两根等长的连杆 O_1C 和 O_2D 挂在图示平面内运动，且 $O_1C=O_2D$，如图 7-18(b)所示。试问杆 AB 和 CD 各做什么运动？

7.5 一绳缠绕在鼓轮上，绳端系一重物，重物以速度 $\boldsymbol{v}$ 和加速度 $\boldsymbol{a}$ 向下运动，如图 7-19 所示，试问绳上 A、D 两点与轮缘上 B、C 两点的速度和加速度有何不同？

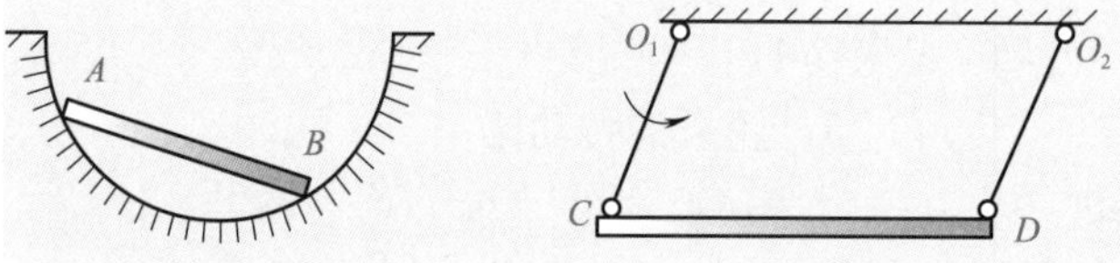

(a) (b)

图 7-18

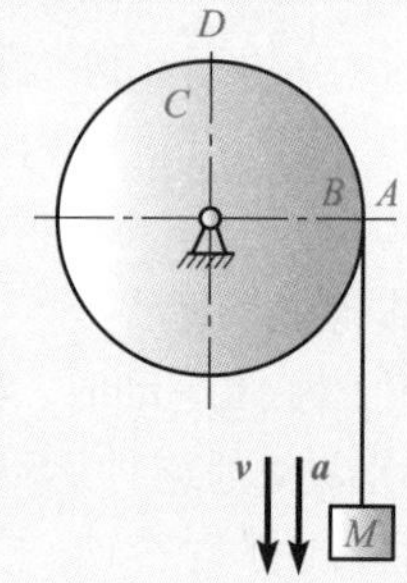

图 7-19

7.6 齿条 AD 沿水平方向按规律 $s=at^2$(m) 由静止开始运动，并带动齿轮Ⅱ和Ⅰ旋转，齿轮Ⅰ上固结一鼓轮(鼓轮与齿轮Ⅰ同半径)，在鼓轮上缠绕一根下端悬挂重物 B 的不可伸长的绳子，如图 7-20 所示，求重物 B 的速度 $\boldsymbol{v}_B$ 和加速度 $\boldsymbol{a}_B$。

7.7 汽车经过十字路口如图 7-21 所示，在转弯时由 A 点至 B 点这段路程中，若已知车体尾部 C、D 两点的速度大小分别为 v_C 和 v_D，C、D 之间的距离为 d，则汽车绕定轴 O 转动的角速度是：

(A) $\omega=\dfrac{v_D}{d}$　　(B) $\omega=\dfrac{v_C+v_D}{d}$　　(C) $\omega=\dfrac{v_D-v_C}{d}$

(D) $\omega=\dfrac{v_C-v_D}{d}$　　(E) $\omega=\dfrac{v_C}{d}$

7.8　如图 7-22 所示，鼓轮的角速度按以下方法计算是否正确，为什么？

因为 $\tan\varphi = \dfrac{x}{R}$，所以 $\omega = \dfrac{d\varphi}{dt} = \dfrac{d}{dt}\left(\arctan\dfrac{x}{R}\right)$。

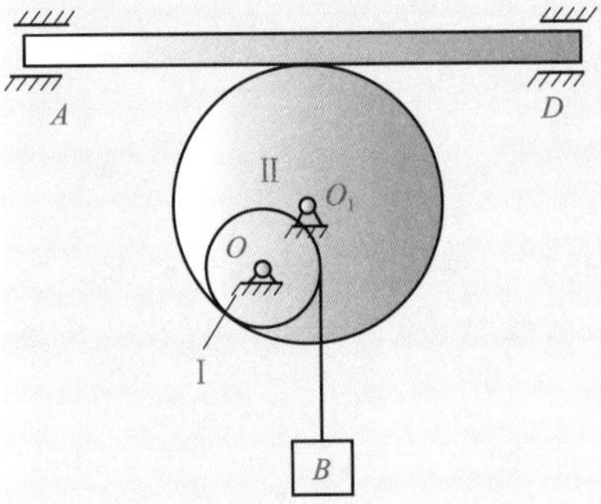

图 7-20

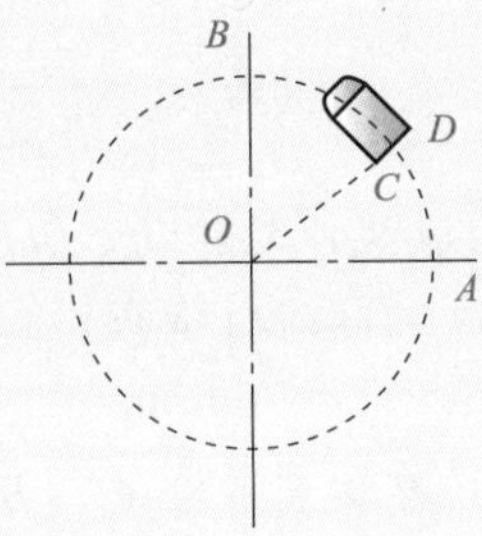

图 7-21

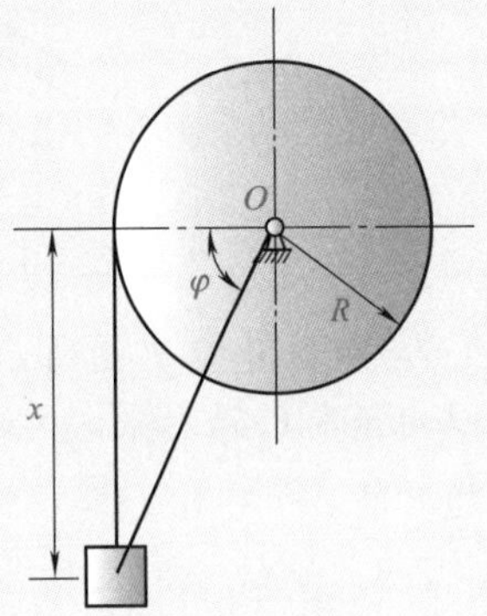

图 7-22

习　题

7-1　试画出题 7-1 图中刚体上 M、N 两点的轨迹及其在图示位置时的速度和加速度。

7-2　题 7-2 图为搅拌机结构示意图，已知 $O_1A = O_2B = R$，$O_1O_2 = AB$，杆 O_1A 以不变的转速 n(r/min)转动，试分析杆件 BAM 上的 M 点的运动轨迹以及 M 点的速度和加速度。

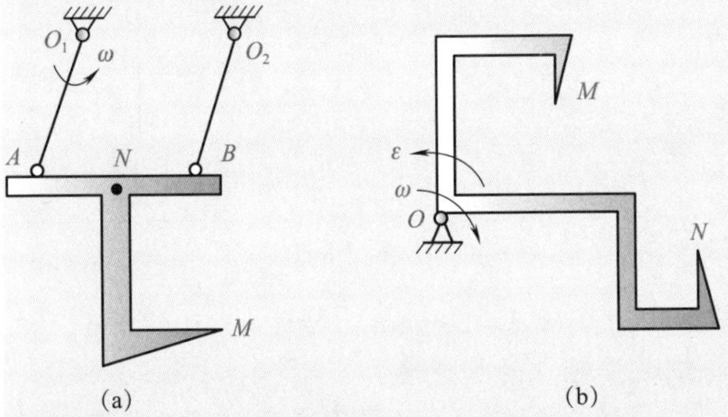

题 7-1 图

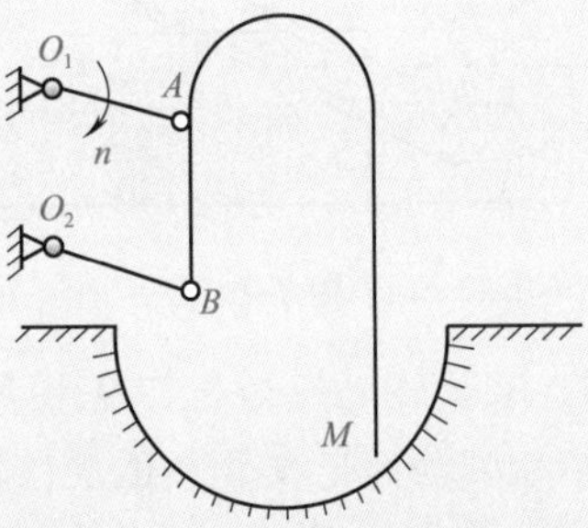

题 7-2 图

7-3　折杆 $OABC$（折角均为直角）如题 7-3 图所示，绕图示平面图形上的 O 点以角速度 $\omega = 4t(\text{rad/s})$ 顺时针转动，已知 $OA = 15\text{cm}$，$AB = 10\text{cm}$，$BC = 5\text{cm}$，折杆从静止开始运动，求 $t = 1\text{s}$ 时杆转过的角度(rad)，杆端 C 点的速度和加速度。

7-4　提升机的鼓轮半径 $R = 0.5\text{m}$，其上绕以钢丝绳，绳端系一重物，若鼓轮的角加速度的变化规律如题 7-4 图所示，当运动开始时，转角 φ_0 与角速度皆为零，求重物的最大速度和在 20s 内重物提升的高度。

7-5　设电扇断电后做匀减速转动，当电扇转速为 $n = 600\text{r/min}$ 时断电，后经过 60 转停止转动，试求停止转动前的匀减速过程所经过的时间 t，并求角加速度的大小。

7-6　轮 O 绕固定轴转动，其加速度从零开始与时间成正比地增大，经过 5 分钟后，轮 O 转动的角速度达到了 $\omega = 600\pi\ \text{rad/s}$，试求：①轮 O 在 5min 内转过的圈数；②轮 O 的转动方程。

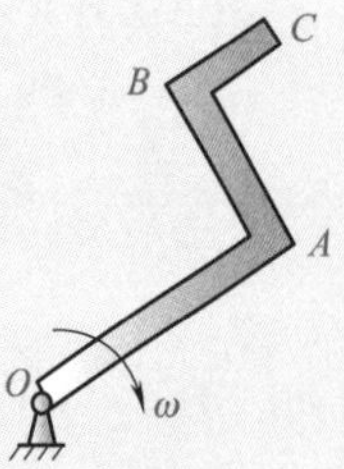

题 7-3 图

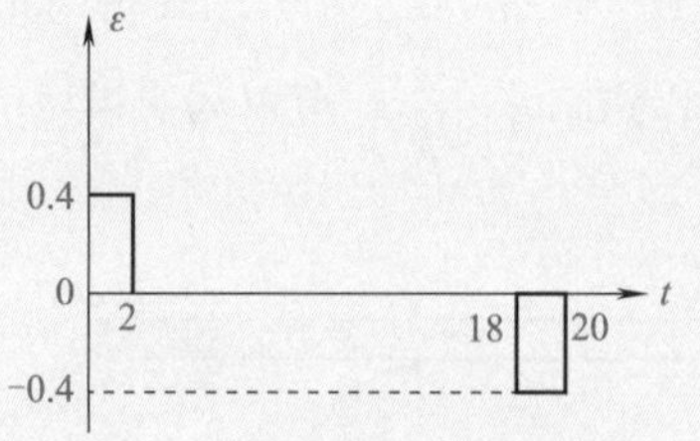

题 7-4 图

7-7 如题 7-7 图所示，槽杆 OA 绕 O 轴转动，AB 槽内嵌有刚连于滑块上的销钉 B，滑块以匀速率 v_0 沿水平向右运动，设 $t=0$ 时 OA 恰在铅直位置，求槽杆 OA 的转动方程及其角速度随时间 t 的变化规律。

7-8 如题 7-8 图所示，电动绞车由皮带轮 A、B 和鼓轮 C 组成，鼓轮 C 和皮带轮 B 刚性地固定在同一轴上，各轮半径分别为 $r_1=30\text{cm}$，$r_2=75\text{cm}$，$r_3=40\text{cm}$，轮 A 的转速为 $n=100\text{r}/\text{min}=$ 常数。设皮带轮和胶带之间无相对滑动，试求重物 M 上升的速度和胶带上 CD、DF 段上各点的加速度。

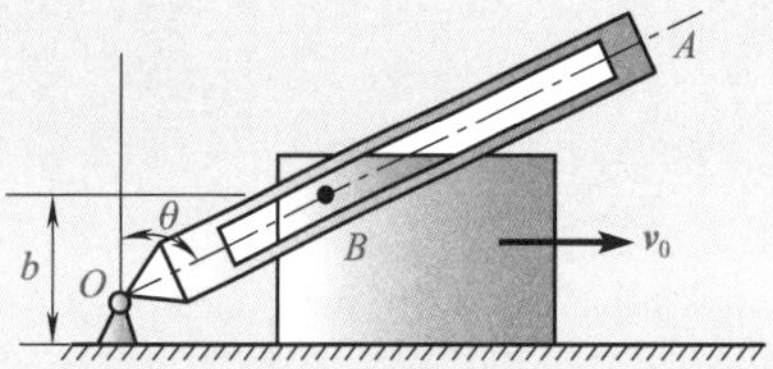

题 7-7 图

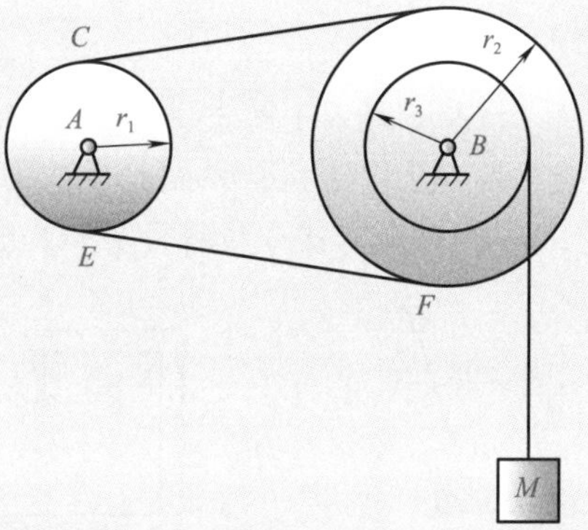

题 7-8 图

7-9 滚子传送带如题 7-9 图所示，已知滚轮的直径 $d=200\text{mm}$，转速 $n=50\text{r}/\text{min}$。试求：①钢板运动的速度和加速度；②求轮上与钢板接触点的加速度。

7-10 题 7-10 图为刨床上的曲柄摇杆机构，曲柄长 $OA=r$，以匀角速度 ω_0 转动，其 A 端用铰链与滑块相连，滑块可沿摇杆 O_1B 的槽内滑动，已知 $OO_1=b$，试求摇杆的运动方程及角速度方程。

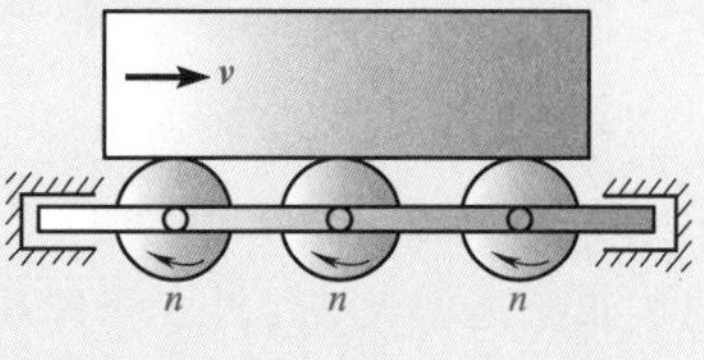

题 7-9 图

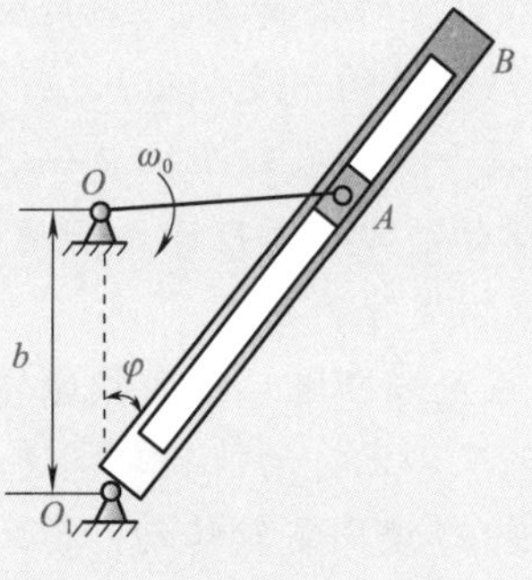

题 7-10 图

7-11　已知转动滑轮上悬挂重物 Q 如题 7-11 图所示，重物下降的速度、加速度分别为 $\boldsymbol{v}$ 和 $\boldsymbol{a}$，试求定轴转动的 OA 杆上 A、B 两点的速度和加速度。

7-12　如题 7-12 图所示，已知偏心凸轮机构的圆盘半径为 R，偏心距 $OC=e$，凸轮以匀角速度 ω 转动，试写出导板 AB 的运动方程、速度方程和加速度方程。

7-13　已知刚体的转动方程为 $\varphi=1.5t^2-4t$（φ 以 rad 计，t 以 s 计），试求 $t=1\text{s}$ 和 $t=2\text{s}$ 时，该刚体的转动特性，并求 $t=3\text{s}$ 时距转轴 0.2m 处点的速度和加速度的大小及该点在 3s 内所经过的路程。

7-14　一鼓轮由静止开始转动，其角加速度 $\varepsilon=2t^2$，问需要多少时间鼓轮的角速度达到 $\omega=18\text{rad/s}$？又问在这段时间内鼓轮转了多少转？

7-15　如题 7-15 图所示，摩擦传动机构的主动轮 I 的转速为 $n=600\text{r/min}$，它与轮 II 的接触点按箭头所示的方向移动，距离 d 按规律 $d=10-0.5t$ 变化，d 的单位为 cm，t 的单位为 s。摩擦轮的半径 $r=5\text{cm}$，$R=15\text{cm}$。求：①以距离 d 表示轮 II 的角加速度；②当 $d=r$ 时，轮 II 边缘上一点的全加速度的大小。

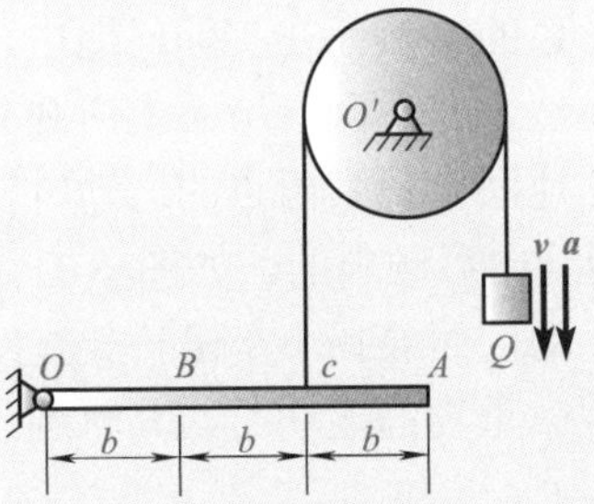

题 7-11 图

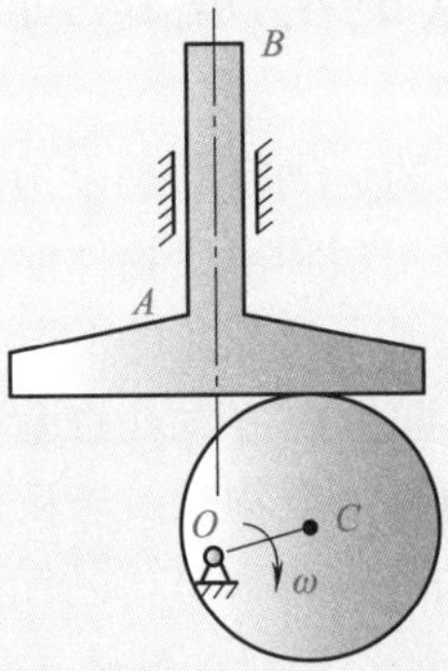

题 7-12 图

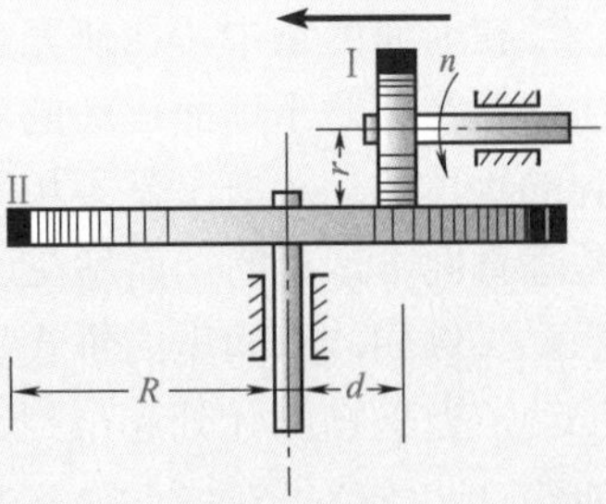

题 7-15 图

7-16　题 7-16 图所示仪表机构中，已知各齿轮的齿数为 $z_1=6$，$z_2=24$，$z_3=8$，$z_4=32$，齿轮 5 的半径为 $R=4\text{cm}$。如齿条 BC 下移 1cm，求指针 OA 转过的角度 φ。

7-17　题 7-17 图为一个牛头刨床机构，当曲柄 OA 绕 O 轴转动时，通过滑块 A 带动摇杆 O_1B 绕 O_1 轴往复摆动，同时，通过销钉 B 带动滑枕 CD 来回运动，已知 $OA=20\text{cm}$，$l=40\text{cm}$，$h=80\text{cm}$，$\omega=5\text{rad/s}$ 试求滑枕 CD 的速度和加速度，并确定其速度的最大值。

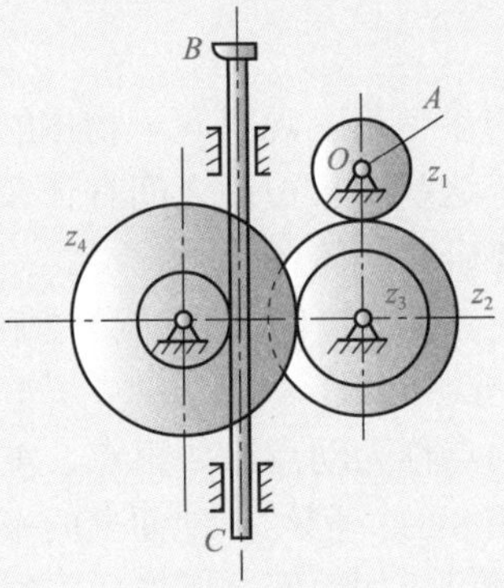

题 7-16 图

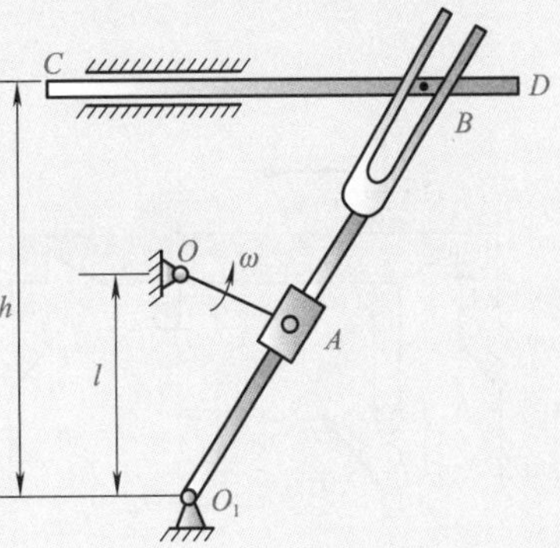

题 7-17 图

第 8 章 点的合成运动

本章应用运动合成与分解的方法来研究点的运动，从而建立同一点相对不同参考系的运动之间的联系，运动合成与分解的方法和理论被广泛地应用于工程中的运动分析问题，它是研究复杂运动的理论基础。

8.1 点的合成运动的概念

在前面两章中，在研究点和刚体的运动时都是以地面为参考系的，然而在实际问题中，往往要在相对于地面运动的参考系上观察和研究物体的运动。显然，在不同参考系上所观察到的物体的运动情况是不相同的，例如，在无风的情况下，站在地面上观察雨点的运动时，是垂直向下运动的，而站在运动的车厢里观察雨点的运动时，则是向后倾斜的，如图 8-1 所示。又例如，车间里的桥式吊车，当起吊重物时，若桥架静止不动，而卷扬小车沿桥架直线平动，当重物由 A 处起吊到 A' 处过程中(图 8-2)，站在地面上观察重物的运动时，其轨迹为曲线 $\overset{\frown}{AA'}$ 或位于卷扬小车上观察物体的运动时，则轨迹为直线 $\overrightarrow{A_1A'}$ 。

8-1

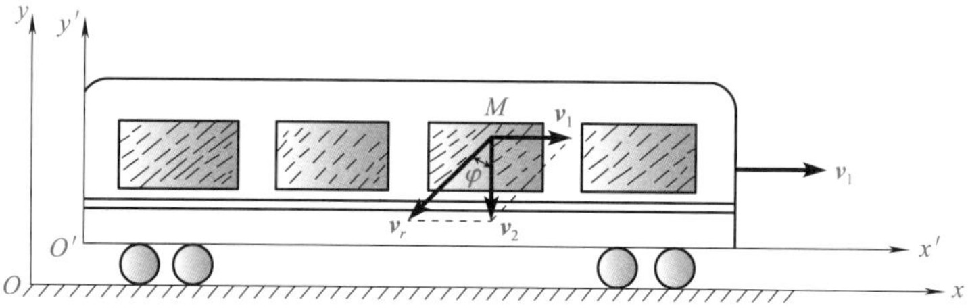

图 8-1

8-2

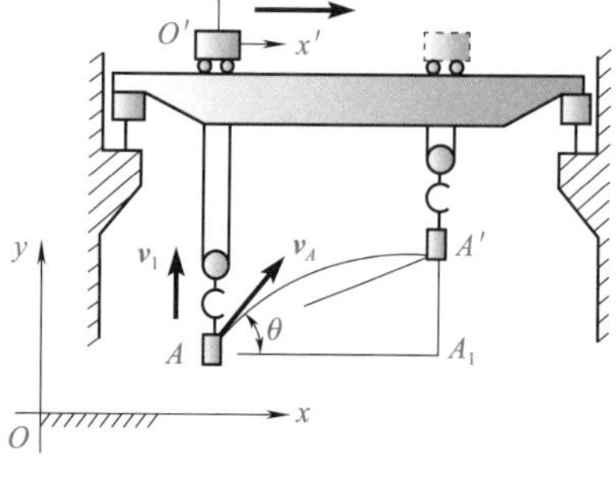

图 8-2

因此在不同的参考系上观察同一物体的运动时会出现不同的现象，这些现象彼此之间有什么差别和联系？这正是本章要研究的问题。

为了便于研究，下面以图 8-1、图 8-2 和图 8-3 为例来介绍有关概念。

通常所考虑的点称为**动点**，如雨点、重物或在车厢内运动的人（图 8-3）；固结于地面上的坐标系称为**静坐标系**(简称**静系**)，如地面、桥架；固结在相对地面运动物体上的坐标系称为**动坐标系**(简称**动系**)，如车厢 $(O'x'y')$ 、卷扬小车 $(O'x'y')$ ；**动点相对于静系的**

运动称为绝对运动，如雨点相对地面的运动、卷扬机吊起重物相对于桥架(或地面)的运动、在车厢内走动的人相对于地面的运动。动点相对于动系的运动称为相对运动，如雨点或车厢内走动的人相对车厢的运动、重物相对卷扬小车的运动；而动系相对于静系的运动称为牵连运动，如车厢相对地面的运动、卷扬小车相对桥架(或地面)的运动。

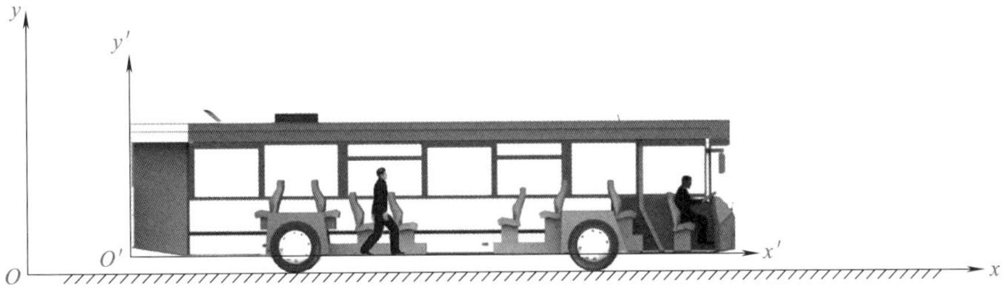

图 8-3

8-3

必须指出，动点的绝对运动和相对运动都是点的运动，它可能是直线运动，也可能是曲线运动，而牵连运动则是与动系固连的刚体的运动，它可能是平动，也可能是定轴转动或其他较为复杂的运动。

动点相对于静系运动的轨迹、速度和加速度分别称为动点的绝对轨迹、绝对速度和绝对加速度，并分别以 $\boldsymbol{v}_a$ 和 $\boldsymbol{a}_a$ 表示动点的绝对速度和绝对加速度。

动点相对于动系的轨迹、速度和加速度分别称为动点的相对轨迹、相对速度和相对加速度，并分别以 $\boldsymbol{v}_r$ 、$\boldsymbol{a}_r$ 表示动点的相对速度和相对加速度。某瞬时，在动系上与动点重合的那一点叫作牵连点，牵连点相对于静系的速度和加速度称为动点的牵连速度和牵连加速度，并分别以 $\boldsymbol{v}_e$ 和 $\boldsymbol{a}_e$ 表示。如图 8-3 中，任一瞬时，车厢上与走动的人脚重合的点是牵连点，该点的速度和加速度即为牵连速度和牵连加速度。

当动系做平动时，动系中各点具有相同的速度和加速度，因此可取动系中任一点的速度和加速度作为动点的牵连速度和牵连加速度，当动系的运动不是平动时，动系中各点的速度和加速度各不相同，这时必须以某瞬时在动系上与动点 M 重合的点牵连点的速度和加速度作为动点 M 在此瞬时的牵连速度和牵连加速度。

【例 8-1】　设直圆管 OA 绕固定轴 O 匀速转动(图 8-4)，其角速度为 ω，直管 OA 中有一小球 M 以匀速 u 沿管向外运动，试分析小球的三种运动、三种速度和牵连加速度。

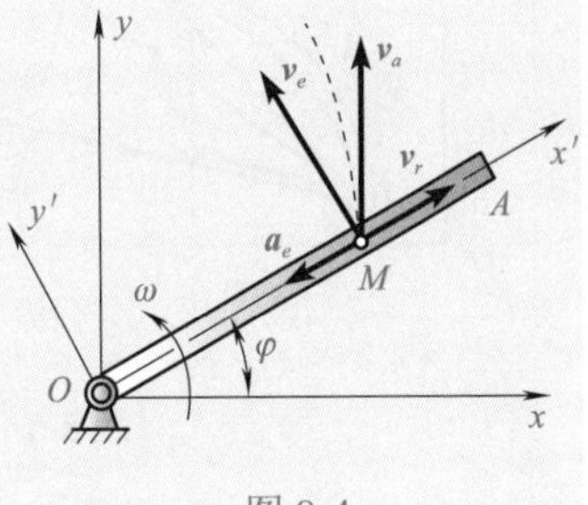

图 8-4

8-4

解　首先要确定一个动点和两个参考系(静系和动系)，然后才能分析三种运动及它们的速度和加速度。

动点：小球 M 。

动系：固结在圆管 OA 上的坐标系($O'x'y'$)。

静系：固结在地面上的坐标系 Oxy 。

绝对运动：小球 M 相对于地面所做的平面曲线运动。

相对运动：小球 M 沿圆管 OA 轴线所做的直线运动。

牵连运动：圆管 OA 绕 O 轴的定轴转动。

绝对速度 $\boldsymbol{v}_a$ ：小球 M 相对于地面运动的速度，方向与绝对轨迹相切。

相对速度 $\boldsymbol{v}_r$ ：小球 M 相对于圆管运动的速度，大小为 $v_r = u$ ，方向沿圆管 OA 轴线，指向 A 点。

牵连速度 $\boldsymbol{v}_e$：图示瞬时 t，在圆管 OA 壁上与小球 M 相重合的点(牵连点)相对于地面的速度，大小为 $v_e = OM \cdot \omega = ut \cdot \omega$，方向垂直于 OM 指向顺着角速度 ω 的转向。

牵连加速度 $\boldsymbol{a}_e$：在图示瞬时 t，在圆管 OA 内壁上与小球 M 相重合的点(牵连点)相对于地面的加速度，大小为 $a_e = OM \cdot \omega^2 = ut \cdot \omega^2$，方向指向 O 点。

由上述分析可以看出，如果没有牵连运动，则动点的相对运动就是它的绝对运动；反之，如果没有相对运动，则动点随同动系的运动就是它的绝对运动。可见，动点的绝对运动既取决于动点的相对运动，也取决于动系的牵连运动，它是这两种运动的合成，因此这种类型的运动就称为**点的合成运动**，或称**点的复合运动**。

既然点的运动可以合成，那么反过来，点的运动也可以分解，常可以把点的复杂运动分解为几个简单的运动，先研究这些简单的运动，然后再把它们合成。如上述桥式起重机，可把动点 A 的绝对运动——平面曲线运动分解为两个直线运动(动系小车相对地面(静系)的直线平动(牵连运动)和重物 A 相对于小车的直线运动(相对运动))，这种研究方法，无论在理论上或工程实际中都具有重要的意义。

研究点的合成运动的主要问题，就是研究绝对运动、相对运动和牵连运动，研究这三种运动的关系及这三种运动的速度和加速度之间的关系。研究如何由已知动点的相对运动与牵连运动求出它的绝对运动，或者如何将已知的绝对运动分解为相对运动和牵连运动等。

8.2 点的速度合成定理

速度合成定理将建立动点的绝对速度、相对速度和牵连速度之间的关系。

设有一动点 M (可看成小球)沿物体 P 上一曲线槽 $\overparen{AB}$ 内运动，物体 P 又相对于静坐标系 Oxy 运动(图 8-5)，取动坐标系 $O'x'y'$ 固连于物体 P 上，随物体 P 一起运动。

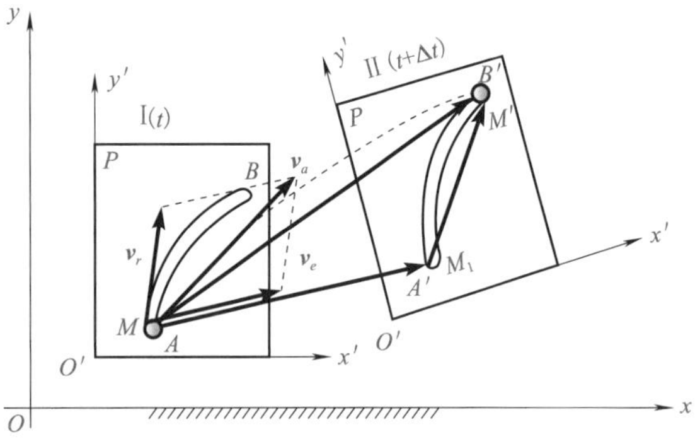

图 8-5

8-5

设在瞬时 t，物体 P 位于 I 的位置，动点 M (小球)在曲线槽 $\overparen{AB}$ 上的 M 点，经过时间间隔 Δt 后，物体运动到位置 II，槽 $\overparen{AB}$ 也随同物体 P 运动到 $\overparen{A'B'}$ 位置，同时动点 M (小球)又沿槽 $\overparen{A'B'}$ 运动到 M' 点。

在瞬时 t 和瞬时 $t+\Delta t$，动点分别在 M 和 M' 处，则动点的绝对轨迹为 $\overparen{MM'}$，其绝对位移为 $\overrightarrow{M_1M'}$。动点的相对轨迹为 $\overparen{M_1M'}$，其相对位移为 $\overrightarrow{M_1M'}$。若无相对运动，则动点因受到动坐标系的牵连于是在 $t+\Delta t$ 瞬时位于 M_1 点，则曲线 $\overparen{MM_1}$ 为动点牵连轨迹，$\overrightarrow{MM_1}$ 为牵连位移。

由图中的矢量关系可得

$$\overrightarrow{MM'} = \overrightarrow{MM_1} + \overrightarrow{M_1M'}$$

由于这些位移都是在同一时间间隔 Δt 内完成的，故可以用 Δt 除上述两端并取其极限，则得

$$\lim_{\Delta t \to 0} \frac{\overrightarrow{MM'}}{\Delta t} = \lim_{\Delta t \to 0} \frac{\overrightarrow{MM_1}}{\Delta t} + \lim_{\Delta t \to 0} \frac{\overrightarrow{M_1 M'}}{\Delta t}$$

$\lim_{\Delta t \to 0} \frac{\overrightarrow{MM'}}{\Delta t}$ 为 t 瞬时动点的绝对速度，以 $\boldsymbol{v}_a$ 表示，其方向沿绝对轨迹 $\widehat{MM'}$ 在 M 点处的切线方向。

$\lim_{\Delta t \to 0} \frac{\overrightarrow{MM_1}}{\Delta t}$ 为瞬时动点的牵连速度，即在该瞬时动坐标系中与动点重合点的速度，以 $\boldsymbol{v}_e$ 表示，其方向沿牵连轨迹 $\widehat{MM_1}$ 在 M 点处的切线方向。

$\lim_{\Delta t \to 0} \frac{\overrightarrow{M_1 M'}}{\Delta t}$ 为瞬时动点的相对速度，以 $\boldsymbol{v}_r$ 表示，其方向沿相对轨迹 $\widehat{M_1 M'}$ 在 M 点处的切线方向。

于是，上面等式可写成

$$\boldsymbol{v}_a = \boldsymbol{v}_e + \boldsymbol{v}_r \tag{8-1}$$

即在任一瞬时动点的绝对速度等于其牵连速度与相对速度的矢量和，这就是点的速度合成定理。

式(8-1)表明，动点的绝对速度 $\boldsymbol{v}_a$ 可以由牵连速度 $\boldsymbol{v}_e$ 与相对速度 $\boldsymbol{v}_r$ 所构成的平行四边形的对角线来确定，这个平行四边形称为速度平行四边形。

应用速度合成定理不但能求解点的速度合成或分解问题，而且式(8-1)是一个平面矢量方程，有三个速度的大小和方向共六个量，在这六个量中，若已知其中任意四个量，便可求出另外两个未知量。

应该指出，在推导速度合成定理时，并未限制动系做什么样的运动，因此这个定理适用于牵连运动是任何运动的情况，即动参考系可作平动、转动或其他任何较为复杂的运动。

【例 8-2】　如图 8-1 所示，火车车厢以速度 $\boldsymbol{v}_1$ 沿直线轨道行驶，雨滴 M 的速度 $\boldsymbol{v}_2$ 铅直向下，求雨滴相对于车厢运动的速度。

解　(1)先确定动点、动系和静系。

取雨滴 M 为动点，地面为静系，车厢为动系。

(2)分析三种运动。

雨滴相对地面铅垂向下的速度是动点的绝对速度，即 $\boldsymbol{v}_a = \boldsymbol{v}_2$；牵连运动是车厢的平动，而平动刚体上各点的速度都相等，即为 $\boldsymbol{v}_1$，因此在动系(车厢)上与动点雨滴 M 重合点(牵连点)的速度就是牵连速度，即 $\boldsymbol{v}_e = \boldsymbol{v}_1$，雨滴相对车厢的速度是动点的相对速度 $\boldsymbol{v}_r$，它的大小和方向都是未知的。

(3)由速度合成定理画速度矢量图求解。

由速度合成定理知

$$\boldsymbol{v}_a = \boldsymbol{v}_e + \boldsymbol{v}_r$$

作出速度平行四边形(图 8-1)，由图可得相对速度的大小为

$$v_r = \sqrt{v_1^2 + v_2^2}$$

方向由与铅垂线的夹角 φ 确定为

$$\tan\varphi = \frac{v_1}{v_2}$$

可见，对于在车厢中的观察者，雨滴 M 是斜着向后下来的，雨滴在车厢旁边擦痕的倾角为 φ，车厢速度 v_1 越大，倾角 φ 也越大。

【例 8-3】 在图 8-2 的桥式吊车中，若已知小车向右运行的速度 $v_2 = 1.2\text{m/s}$，起吊重物垂直上升的速度 $v_1 = 0.4\text{m/s}$，试求重物的绝对速度 $\boldsymbol{v}_a$。

解 以重物 A 为动点，小车为动系，地面为静系，因为动系小车为平动，故 $\boldsymbol{v}_e = \boldsymbol{v}_2$，动点 A（重物）相对小车的垂直上升是相对速度，故 $\boldsymbol{v}_r = \boldsymbol{v}_1$，重物 A（动点）相对地面的运动是绝对运动，绝对速度的大小和方向都是未知数。

8-6

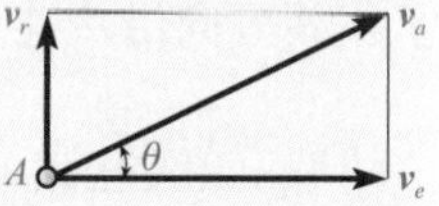

图 8-6

由速度合成定理知

$$\boldsymbol{v}_a = \boldsymbol{v}_e + \boldsymbol{v}_r$$

画出速度矢量图(图 8-6)，则动点绝对速度的大小为

$$v_a = v_A = \sqrt{v_e^2 + v_r^2} = \sqrt{v_2^2 + v_1^2} = \sqrt{1.2^2 + 0.4^2} = 1.27(\text{m/s})$$

绝对速度的方向由 θ 确定为

$$\tan\theta = \frac{v_1}{v_2} = \frac{0.4}{1.2} = 0.33$$

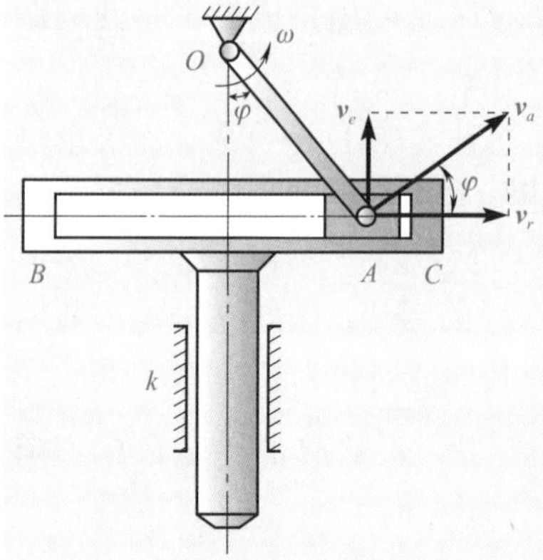

图 8-7

8-7

【例 8-4】 图 8-7 表示一曲柄滑道连杆机构，长为 r 的曲柄 OA 绕 O 轴转动时，滑块 A 可在滑道中滑动。以带动滑道连杆 BC 在 k 滑槽中上下运动，设曲柄以匀角速度 ω 转动。求转至图示位置 φ 时连杆的速度。

解 按题意滑道连杆 BC 在铅垂滑槽 k 中做平动，其上各点具有相同的速度，则与 A 点重合点的速度，也是连杆 BC 的速度。

取滑块 A 作为动点，静坐标系固连于地面，动坐标系固连于滑道连杆上，这样，动点的绝对运动是以 O 为圆心、以 r 为半径的圆周运动，即 $v_a = r\omega$，方向如图 8-7 所示，相对运动为滑块 A 在滑槽中的往复直线运动，则相对速度为水平方向，其大小未知，牵连运动就是滑道连杆的上下平动，则在图示瞬时牵连速度的方向为铅垂而大小未知。

由速度合成定理，作 $\boldsymbol{v}_a = \boldsymbol{v}_e + \boldsymbol{v}_r$ 的平行四边形，即可求得图示位置连杆的速度

$$v_e = v_a \sin\varphi = r\omega\sin\varphi$$

【例 8-5】 在图 8-8 所示刨床的曲柄摆杆机构中，曲柄 OM 长 $r = 20\text{cm}$，以转速 $n = 30\text{r/min}$ 做逆时针方向转动，曲柄转轴 O 与摆杆转轴 A 之间的距离 $OA = 30\text{cm}$，试求当曲柄在图示位置(曲柄 OM 垂直于 OA)时，摆杆 AB 的角速度 ω_A。

8-8

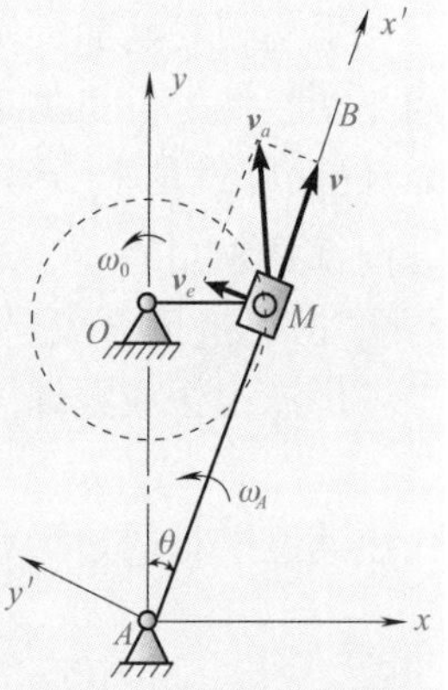

图 8-8

解 (1)运动分析。曲柄 OM 转动，通过滑块 M 带动摆杆 AB 摆动，滑块相对摆杆运动，因此，取滑块 M 为动点，基座为静系，摆杆为动系，则绝对运动为 M 绕 O 的圆周运动，相对运动为 M 沿摆杆

滑槽的直线运动，牵连运动为导杆绕轴 A 的定轴转动。

(2) 速度分析。曲柄的角速度为

$$\omega_0 = \frac{\pi}{30}n = \frac{\pi}{30}\times 30 = \pi(\mathrm{rad/s})$$

则动点的绝对速度为

$$v_a = r\omega_0 = 20\pi\mathrm{cm/s}$$

$\boldsymbol{v}_a$ 的方向垂直 OM 向上，动点的相对速度 $\boldsymbol{v}_r$ 的大小未知，其方向沿 AB 导槽，牵连速度 $\boldsymbol{v}_e$ 垂直于 AB 杆，其大小待求。

应用速度合成定理 $\boldsymbol{v}_a = \boldsymbol{v}_e + \boldsymbol{v}_r$，按照已知条件作速度矢量平行四边形，由几何关系可求得 M 点的牵连速度为

$$v_e = v_a \sin\theta = v_a \frac{OM}{AM}$$

则摆杆的角速度为

$$\omega_A = \frac{v_e}{AM} = v_a\frac{OM}{AM^2} = v_a\frac{OM}{OM^2+OA^2} = 20\pi\cdot\frac{20}{20^2+30^2} = 0.967(\mathrm{rad/s})$$

【例 8-6】 矿砂从传送带 A 落到另一传送带 B 上，如图 8-9 所示，站在地面上观察矿砂下落的速度 $v_1 = 4\mathrm{m/s}$，方向与铅直线成 30° 角，求矿砂相对于传送带 B 的速度。已知传送带 B 水平传动，它的速度 $v_2 = 3\mathrm{m/s}$。

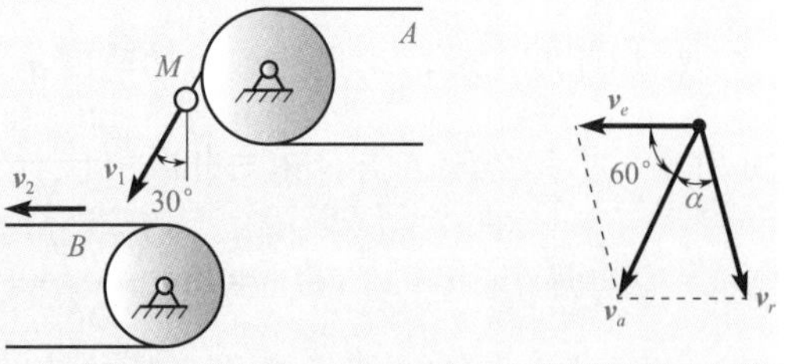

图 8-9

8-9

解　(1) 运动速度分析。以矿砂 M 为动点，动参考系固定在传送带上，矿砂相对地面的速度 v_1 为绝对速度，牵连速度应为动参考系上与动点相重合的那一点的速度，可设想动参考系为无限大，因其做平动，所以各点速度均为 v_2，则 v_2 即为动点的牵连速度。

(2) 由速度合成定理求解未知量。根据已知条件，作速度平行四边形，由几何关系求得

$$v_r = \sqrt{v_e^2 + v_a^2 - 2v_e v_a\cos 60^\circ} = 3.6\mathrm{m/s}$$

v_r 与 v_a 的夹角为

$$\alpha = \arcsin\left(\frac{v_e}{v_r}\sin 60^\circ\right) = 46^\circ 12'$$

8.3　牵连运动为平动时点的加速度合成定理

8.2 节已经得到了点的速度合成定理，在加速度之间是否也有类似的关系？下面分别就牵连运动为平动和定轴转动两种不同情况分别讨论。本节首先研究牵连运动为平动的情况。

设动点 M 沿相对轨迹曲线 $\overset{\frown}{AB}$ 运动，而 $\overset{\frown}{AB}$ 被设为动系，并随动系一起在空间平动，如图 8-10 所示。

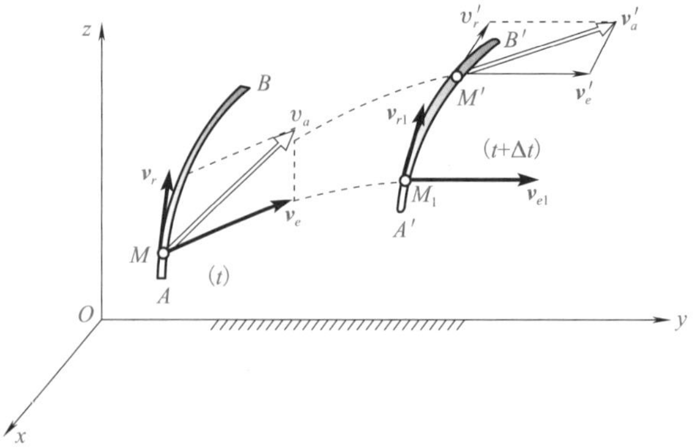

8-10

图 8-10

在瞬时 t，动点在 M 位置，其绝对速度为 $\boldsymbol{v}_a$，相对速度为 $\boldsymbol{v}_r$，牵连速度为 $\boldsymbol{v}_e$，由速度合成定理可知

$$\boldsymbol{v}_a = \boldsymbol{v}_e + \boldsymbol{v}_r$$

在瞬时 $t+\Delta t$，动点位于 M'，其绝对速度 $\boldsymbol{v}_a'$、相对速度 $\boldsymbol{v}_r'$ 与牵连速度 $\boldsymbol{v}_e'$ 之间的关系为

$$\boldsymbol{v}_a' = \boldsymbol{v}_e' + \boldsymbol{v}_r'$$

由加速度定义，动点的绝对加速度 $\boldsymbol{a}_a$ 可表示为

$$\begin{aligned}\boldsymbol{a}_a &= \lim_{\Delta t\to 0} = \frac{\boldsymbol{v}_a' - \boldsymbol{v}_a}{\Delta t} = \lim_{\Delta t\to 0}\frac{(\boldsymbol{v}_e' + \boldsymbol{v}_r') - (\boldsymbol{v}_e + \boldsymbol{v}_r)}{\Delta t} \\ &= \lim_{\Delta t\to 0}\frac{\boldsymbol{v}_e' - \boldsymbol{v}_e}{\Delta t} + \lim_{\Delta t\to 0}\frac{\boldsymbol{v}_r' - \boldsymbol{v}_r}{\Delta t}\end{aligned} \tag{1}$$

下面讨论式(1)中等号右端各项的情况，将绝对运动分解为牵连运动和相对运动两部分来研究，在讨论牵连加速度时，设动点在曲线上没有相对运动，则经过 Δt 时间，动点由 M 位置到达 M_1 位置，牵连速度由 $\boldsymbol{v}_e$ 变为 $\boldsymbol{v}_{e1}$，故牵连加速度 $\boldsymbol{a}_e$ 可表示为

$$\boldsymbol{a}_e = \lim_{\Delta t\to 0} = \frac{\boldsymbol{v}_{e1} - \boldsymbol{v}_e}{\Delta t} \tag{2}$$

由于牵连运动是平动，在同一瞬时动坐标系上各点的速度都相同，即 $\boldsymbol{v}_e' = \boldsymbol{v}_{e1}$，则式(1)等号右端的第一项可写为

$$\lim_{\Delta t\to 0}\frac{\boldsymbol{v}_e' - \boldsymbol{v}_e}{\Delta t} = \lim_{\Delta t\to 0}\frac{\boldsymbol{v}_{e1} - \boldsymbol{v}_e}{\Delta t} = \boldsymbol{a}_e \tag{3}$$

在讨论动点的相对加速度时，不考虑曲线的牵连运动，在 Δt 内，动点将由 $A'B'$ 上 M_1 位置到达 M' 位置，相对速度由 $\boldsymbol{v}_{r1}$ 变为 $\boldsymbol{v}_r'$，故相对加速度 $\boldsymbol{a}_r$ 表示为

$$\boldsymbol{a}_r = \lim_{\Delta t\to 0}\frac{\boldsymbol{v}_r' - \boldsymbol{v}_{r1}}{\Delta t} \tag{4}$$

当牵连运动为平动时，对动点的相对运动毫无影响，故有 $\boldsymbol{v}_r = \boldsymbol{v}_{r1}$，则式(1)等号右端的第二项可写为

$$\lim_{\Delta t\to 0}\frac{\boldsymbol{v}_r' - \boldsymbol{v}_r}{\Delta t} = \lim_{\Delta t\to 0}\frac{\boldsymbol{v}_r' - \boldsymbol{v}_{r1}}{\Delta t} = \boldsymbol{a}_r \tag{5}$$

考虑到以上式(2)～式(5)，于是式(1)可表示为

$$\boldsymbol{a}_a = \boldsymbol{a}_e + \boldsymbol{a}_r \tag{8-2}$$

即牵连运动为平动时，在任一瞬时，动点的绝对加速度等于其牵连加速度与相对加速度的矢量和。

牵连运动为平动时点的加速度合成定理比较简单，在形式上与点的速度合成定理完全一样，它还可用速度分量求导的方法直接导出。如图 8-11 所示，设动点 M 沿固连于动系 $O'x'y'z'$ 的曲线 $\overset{\frown}{AB}$ 运动，而曲线 $\overset{\frown}{AB}$ 同时又随同动系一起平动，因为动系为平动，所以固连于动系上的曲线 $\overset{\frown}{AB}$ 上与动点 M 的重合点(牵连点)的速度，即牵连速度可用动系原点 O' 的速度表示，因此

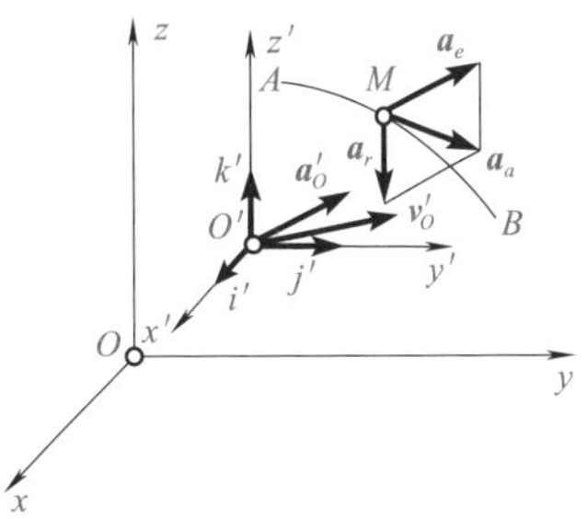

图 8-11

8-11

$$\boldsymbol{v}_e = \boldsymbol{v}_{O'}$$

由速度合成定理知

$$\boldsymbol{v}_a = \boldsymbol{v}_e + \boldsymbol{v}_r$$

将 $\boldsymbol{v}_r$ 矢量的坐标分量表达式代入上式得

$$\boldsymbol{v}_a = \boldsymbol{v}_{O'} + \frac{\mathrm{d}x'}{\mathrm{d}t}\boldsymbol{i}' + \frac{\mathrm{d}y'}{\mathrm{d}t}\boldsymbol{j}' + \frac{\mathrm{d}z'}{\mathrm{d}t}\boldsymbol{k}'$$

取上式对于时间的一阶导数，即得动点的绝对加速度 $\boldsymbol{a}_a$。因为动坐标系做平动，动坐标系各轴的方向均不改变，所以动坐标系的单位矢量 $\boldsymbol{i}'$、$\boldsymbol{j}'$、$\boldsymbol{k}'$ 是常矢量，其导数应等于零，于是动点的绝对加速度为

$$\boldsymbol{a}_a = \frac{\mathrm{d}\boldsymbol{v}_a}{\mathrm{d}t} = \frac{\mathrm{d}\boldsymbol{v}_{O'}}{\mathrm{d}t} + \frac{\mathrm{d}^2x'}{\mathrm{d}t^2}\boldsymbol{i}' + \frac{\mathrm{d}^2y'}{\mathrm{d}t^2}\boldsymbol{j}' + \frac{\mathrm{d}^2z'}{\mathrm{d}t^2}\boldsymbol{k}'$$

式中，$\dfrac{\mathrm{d}\boldsymbol{v}_{O'}}{\mathrm{d}t} = \boldsymbol{a}_{O'} = \boldsymbol{a}_e$，是动点的牵连加速度；$\dfrac{\mathrm{d}^2x'}{\mathrm{d}t^2}\boldsymbol{i}' + \dfrac{\mathrm{d}^2y'}{\mathrm{d}t^2}\boldsymbol{j}' + \dfrac{\mathrm{d}^2z'}{\mathrm{d}t^2}\boldsymbol{k}' = \boldsymbol{a}_r$，是动点的相对加速度，所以可以得到与式(8-2)完全相同的结果，即

$$\boldsymbol{a}_a = \boldsymbol{a}_e + \boldsymbol{a}_r$$

与速度合成定理一样，式(8-2)是平面矢量式，可以推得两个代数方程式，即

$$\left.\begin{aligned} a_{ax} &= a_{ex} + a_{rx} \\ a_{ay} &= a_{ey} + a_{ry} \end{aligned}\right\} \tag{8-3}$$

当绝对运动和相对运动为曲线运动时，应用式(8-3)更为方便。

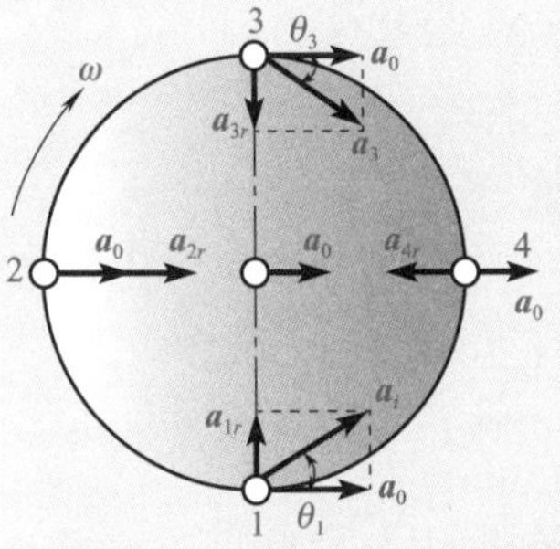

图 8-12

【例 8-7】 轮船做直线平动，加速度为 $\boldsymbol{a}_0$，船上的涡轮机以角速度 ω 做匀速转动，其转轴与轮船前进的方向垂直(图 8-12)，试求涡轮机转子上点 1、2、3 和 4 的绝对加速度。

8-12

解 分别将转子上各指定点作为动点，将动坐标系固结在船上，则牵连运动为平动，由牵连运动为平动时加速度合成定理，各点的绝对加速度由牵连加速度与相对加速度所合成。这时，各点的牵连加速度均相同并等于轮船的加速度 $\boldsymbol{a}_0$，而各点的相对加速度均只有法向部分，故指向转轴，其大小为

$$a_r = a_r^n = R\omega^2$$

各指定点的加速度分量如图 8-11 所示，显然其绝对加速度分量为

1 点：$a_1 = \sqrt{a_0^2 + R^2\omega^4}$，　$\theta_1 = \arctan\dfrac{R\omega^2}{a_0}$。

2 点：$a_2 = a_0 + R\omega^2$，　水平向右。

3 点：$a_3=\sqrt{a_0^2+R^2\omega^4}$， $\theta_3=\arctan\dfrac{R\omega^2}{a_0}$ 。

4 点：$a_4=a_0-R\omega^2$， 水平向右或向左，由 a_4 之为正或为负而定。

【例 8-8】 凸轮在水平面上向右做减速运动，如图 8-13(a)所示，求杆 AB 在图示位置时的加速度，设凸轮半径为 R，图示瞬时的速度和加速度分别为 $\boldsymbol{v}$ 和 $\boldsymbol{a}_0$。

8-13

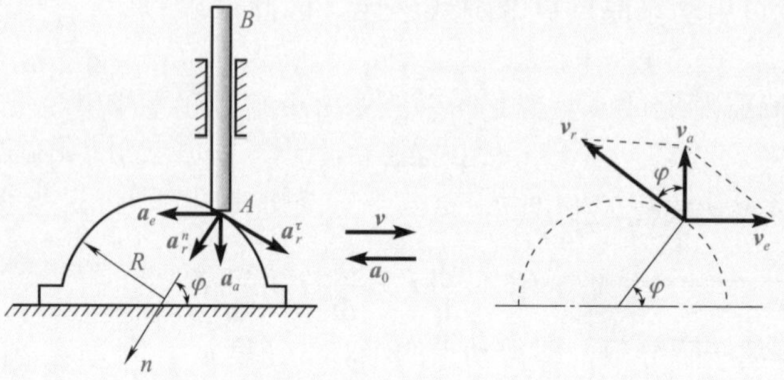

(a) (b)

图 8-13

解 取杆上的 A 点为动点，动参考系与凸轮固连，静参考系与机架或地面固连，则动点的绝对运动是铅垂的直线运动，相对运动轨迹为凸轮轮廓曲线，由于牵连运动为平动，故点的加速度合成定理为

$$\boldsymbol{a}_a=\boldsymbol{a}_e+\boldsymbol{a}_r$$

式中，$\boldsymbol{a}_a$ 为所求的加速度，已知它的方向沿直线 AB，但指向与大小尚待确定。

点 A 的牵连加速度为凸轮上与动点重合的那一点的加速度，即

$$\boldsymbol{a}_e=\boldsymbol{a}_0$$

点 A 的相对加速度分为两个分量，切向分量 $\boldsymbol{a}_r^\tau$ 的大小和指向均为未知，法向分量 $\boldsymbol{a}_r^n$ 的方向如图示，大小为

$$\boldsymbol{a}_r^n=v_r^2/R$$

式中，相对速度 $\boldsymbol{v}_r$ 可由速度合成定理求出，其方向如图 8-12(b)所示，大小为

$$v_r=\frac{v_e}{\sin\varphi}=\frac{v}{\sin\varphi}$$

则

$$a_r^n=\frac{1}{R}\frac{v^2}{\sin^2\varphi}$$

加速度合成定理可写为

$$\boldsymbol{a}_a=\boldsymbol{a}_e+\boldsymbol{a}_r^\tau+\boldsymbol{a}_r^n$$

假设 $\boldsymbol{a}_a$ 和 $\boldsymbol{a}_r^\tau$ 的指向如图 8-13(a)示，为计算 $\boldsymbol{a}_a$ 的大小，将上式投影到法线上，得

$$a_a\sin\varphi=a_e\cos\varphi+a_r^n$$

解得

$$a_A=a_a=\frac{1}{\sin\varphi}\left(a_0\cos\varphi+\frac{v^2}{R\sin^2\varphi}\right)=a_0\cot\varphi+\frac{v^2}{R\sin^3\varphi}$$

8.4 牵连运动为转动时点的加速度合成定理

第 8.3 节证明了牵连运动为平动时的加速度合成定理，当牵连运动为转动时，上述式(8-2)的加速度合成定理是否还适用？下面分析一个特例。

设圆盘以匀 ω 绕定轴 O 顺时针转动，同时盘上圆槽内有一动点 M 以大小不变的相对速度 $\boldsymbol{v}_r$ 顺时针做圆周运动(图 8-14)，那么 M 点对于静系的绝对加速度应是多少？

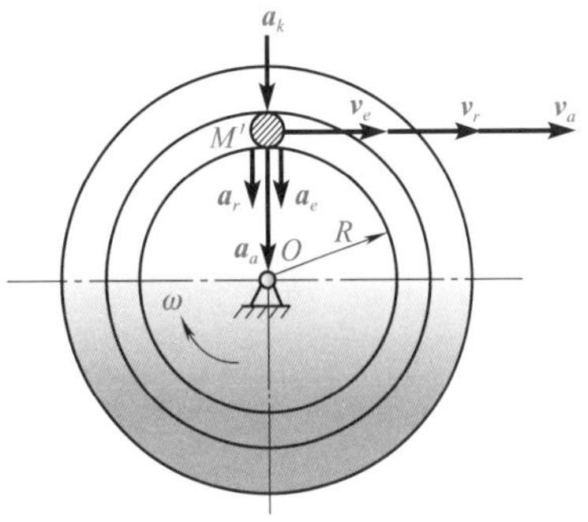

图 8-14

8-14

选 M 为动点，动系固连于圆盘上，则 M 点的牵连运动为匀速转动，其牵连速度和牵连加速度为

$$v_e = \omega R, \quad a_e = \omega^2 R \quad (\text{方向如图})$$

相对运动为匀速圆周运动，其相对速度和相对加速度为

$$v_r = \text{常数}, \quad a_r = \frac{v_r^2}{R} \quad (\text{方向如图})$$

由速度合成定理可求出绝对速度的大小为

$$v_a = v_e + v_r = R\omega + v_r = \text{常数}$$

即绝对运动也为匀速圆周运动，其绝对加速度为

$$a_a = \frac{v_a^2}{R} = \frac{(R\omega + v_r)^2}{R} = R\omega^2 + \frac{v_r^2}{R} + 2\omega r_r = a_e + a_r + 2\omega v_r$$

方向指向圆心 O 点。

从上式中可看出，当牵连运动为转动时，动点的绝对加速度 $\boldsymbol{a}_a$ 并不等于牵连加速度 $\boldsymbol{a}_e$ 和相对加速度 $\boldsymbol{a}_r$ 的矢量和，还多了一项 $2\omega v_r$，该项是由牵连转动与相对运动相互影响而产生的，下面来推证牵连运动为转动时点的加速度合成定理。

设直管 OA 绕 O 轴以匀角速度 ω 转动，一小球 M 沿直管做直线变速运动，动坐标系 $Ox'y'$ 固连在直管上，如图 8-15(a)所示。

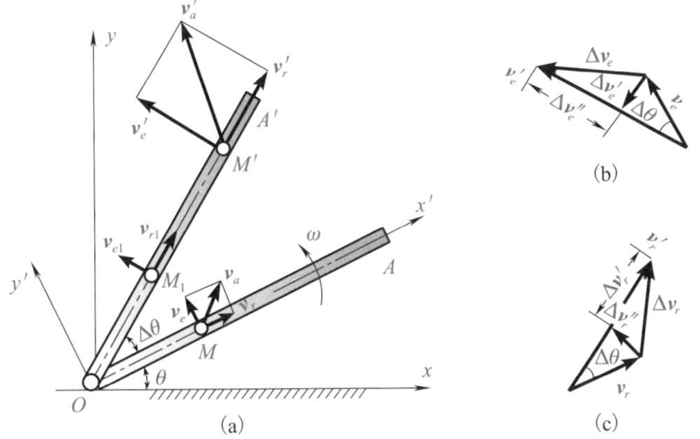

图 8-15

8-15

取小球为动点，在瞬时 t，动点在 M 位置的牵连速度为 $\boldsymbol{v}_e$，相对速度为 $\boldsymbol{v}_r$，绝对速度为 $\boldsymbol{v}_a = \boldsymbol{v}_e + \boldsymbol{v}_r$，在瞬时 $t + \Delta t$ 时，直管 OA 转过 $\Delta\theta$ 角，动点沿直管由 M 点运动到 M' 点，此时其牵连速度为 $\boldsymbol{v}_e'$，相对速度为 $\boldsymbol{v}_r'$，绝对速度为

$$\boldsymbol{v}_a' = \boldsymbol{v}_e' + \boldsymbol{v}_r'$$

从图 8-15 中可以看到，动点从瞬时 t 到瞬时 $t+\Delta t$，它的牵连速度、相对速度的大小和方向都发生了变化，下面分别研究 $\boldsymbol{v}_e$ 和 $\boldsymbol{v}_r$ 的变化增量。

作牵连速度矢量三角形如图 8-15(b)，作出 $\boldsymbol{v}_e$、$\boldsymbol{v}_e'$ 和 $\Delta\boldsymbol{v}_e$，再从 $\boldsymbol{v}_e'$ 矢量上截取等于 $\boldsymbol{v}_e$ 的一段长度，并将 $\Delta\boldsymbol{v}_e$ 分解为 $\Delta\boldsymbol{v}_e'$ 和 $\Delta\boldsymbol{v}_e''$，即

$$\Delta\boldsymbol{v}_e = \Delta\boldsymbol{v}_e' + \Delta\boldsymbol{v}_e''$$

式中，$\Delta\boldsymbol{v}_e'$ 表示动点牵连速度由于牵连转动而引起的方向改变量，与相对运动无关（$\Delta\boldsymbol{v}_e' = \boldsymbol{v}_{e1} - \boldsymbol{v}_e$）；$\Delta\boldsymbol{v}_e''$ 表示动点牵连速度由于相对运动而引起的大小改变量，与相对速度 $\boldsymbol{v}_r$ 有关（$\Delta\boldsymbol{v}_e'' = \boldsymbol{v}_e' - \boldsymbol{v}_{e1}$），因为相对运动改变了动点牵连点的位置。

同样作出相对速度矢量三角形如图 8-15(c)，即先作出 $\boldsymbol{v}_r$、$\boldsymbol{v}_r'$ 和 $\Delta\boldsymbol{v}_r$，再从 $\boldsymbol{v}_r'$ 矢量上截取等于 $\boldsymbol{v}_r$ 的一段长度，将 $\Delta\boldsymbol{v}_r$ 分解为 $\Delta\boldsymbol{v}_r'$ 和 $\Delta\boldsymbol{v}_r''$，即

$$\Delta\boldsymbol{v}_r = \Delta\boldsymbol{v}_r' + \Delta\boldsymbol{v}_r''$$

式中，$\Delta\boldsymbol{v}_r'$ 表示相对速度大小的改变量，与牵连转动无关（$\Delta\boldsymbol{v}_r' = \boldsymbol{v}_r' - \boldsymbol{v}_{r1}$）；$\Delta\boldsymbol{v}_r''$ 表示由于牵连转动而引起的相对速度方向的改变量，与牵连转动 ω 的大小有关（$\Delta\boldsymbol{v}_r'' = \boldsymbol{v}_{r1} - \boldsymbol{v}_r$）。

根据加速度的定义，动点 M 在瞬时 t 的绝对加速度为

$$\begin{aligned}
\boldsymbol{a}_a &= \lim_{\Delta t\to 0}\frac{\boldsymbol{v}_a' - \boldsymbol{v}_a}{\Delta t} = \lim_{\Delta t\to 0}\frac{(\boldsymbol{v}_e' + \boldsymbol{v}_r') - (\boldsymbol{v}_e + \boldsymbol{v}_r)}{\Delta t} \\
&= \lim_{\Delta t\to 0}\frac{(\boldsymbol{v}_e' - \boldsymbol{v}_e) + (\boldsymbol{v}_r' - \boldsymbol{v}_r)}{\Delta t} = \lim_{\Delta t\to 0}\frac{\Delta\boldsymbol{v}_e + \Delta\boldsymbol{v}_r}{\Delta t} \\
&= \lim_{\Delta t\to 0}\frac{\Delta\boldsymbol{v}_e'}{\Delta t} + \lim_{\Delta t\to 0}\frac{\Delta\boldsymbol{v}_e''}{\Delta t} + \lim_{\Delta t\to 0}\frac{\Delta\boldsymbol{v}_r'}{\Delta t} + \lim_{\Delta t\to 0}\frac{\Delta\boldsymbol{v}_r''}{\Delta t}
\end{aligned}$$

下面分别讨论上式中各项的物理意义：

第一项的大小为

$$\lim_{\Delta t\to 0}\left|\frac{\Delta\boldsymbol{v}_e'}{\Delta t}\right| = \lim_{\Delta t\to 0}\left|v_e\cdot\frac{\Delta\theta}{\Delta t}\right| = \left|OM\cdot\omega^2\right| = a_e$$

当 $\Delta t\to 0$ 时，$\Delta\theta\to 0$，所以此项极限位置垂直于 $\boldsymbol{v}_e$，其方向沿直管指向 O 点，这正是 t 瞬时在动系上与动点重合点的加速度，即动点的牵连加速度 $\boldsymbol{a}_e$。

第二项的大小为

$$\lim_{\Delta t\to 0}\left|\frac{\Delta\boldsymbol{v}_e''}{\Delta t}\right| = \lim_{\Delta t\to 0}\left|\frac{\boldsymbol{v}_e' - \boldsymbol{v}_{e1}}{\Delta t}\right| = \lim_{\Delta t\to 0}\left|\frac{OM'\cdot\omega - OM\cdot\omega}{\Delta t}\right| = \omega\lim_{\Delta t\to 0}\left|\frac{M_1M'}{\Delta t}\right| = \omega v_r$$

这一项是表明相对运动的存在使牵连速度的大小发生改变的加速度，是附加加速度的一部分，方向与 $\boldsymbol{v}_e$ 相同，即垂直于 $\boldsymbol{v}_r$。

第三项的大小为

$$\lim_{\Delta t\to 0}\left|\frac{\Delta\boldsymbol{v}_r'}{\Delta t}\right| = \left|\frac{\mathrm{d}\boldsymbol{v}_r}{\mathrm{d}t}\right| = a_r$$

它是对应于相对速度 $\boldsymbol{v}_r$ 大小改变的加速度，方向总是沿着直管(相对运动轨迹)，可见该项是在固连于直管的动系上观察到的相对速度的变化，故该项就是动点的相对加速度 $\boldsymbol{a}_r$。

第四项的大小为

$$\lim_{\Delta t\to 0}\left|\frac{\Delta\boldsymbol{v}_r''}{\Delta t}\right| = \lim_{\Delta t\to 0}\left|\boldsymbol{v}_r\cdot\frac{\Delta\theta}{\Delta t}\right| = \left|\omega\boldsymbol{v}_r\right|$$

这一项表明由于牵连转动而引起相对速度 $\boldsymbol{v}_r$ 方向改变的加速度，是附加加速度的另一部分，当 $\Delta t \to 0$ 时，$\Delta\theta \to 0$，所以该项极限位置垂直于 $\boldsymbol{v}_r$。

上述的第二项和第四项所表示的加速度分量的大小、方向均相同，可以合并为一项，并用 $\boldsymbol{a}_k$ 来表示，$\boldsymbol{a}_k$ 称为科里奥利加速度，简称科氏加速度，它的方向垂直于相对速度 $\boldsymbol{v}_r$，指向顺 ω 转动的一边，其大小为

$$\left|\boldsymbol{a}_k\right| = 2\omega v_r \tag{8-4}$$

所以，当牵连运动为转动时，加速度合成定理为

$$\boldsymbol{a}_a = \boldsymbol{a}_e + \boldsymbol{a}_r + \boldsymbol{a}_k \tag{8-5}$$

即当牵连运动为转动时，动点的绝对加速度等于它的牵连加速度、相对加速度和科氏加速度三者的矢量和。

应当说明的是，式(8-5)是一个平面矢量方程，应用时常常需要把它变成投影方程来求解。

在一般情况下(动系的转轴与 $\boldsymbol{v}_r$ 不垂直的情况下)，科氏加速度 $\boldsymbol{a}_k$ 的计算可以用矢积表示为

$$\boldsymbol{a}_k = 2\boldsymbol{\omega} \times \boldsymbol{v}_r \tag{8-6}$$

其大小为

$$a_k = 2\omega v_r \sin\theta \tag{8-7}$$

式中，θ 是矢量 $\boldsymbol{\omega}$ 与 $\boldsymbol{v}_r$ 间的夹角，科氏加速度的方向由右手法则确定，如图 8-16 所示，即四指由 $\boldsymbol{\omega}$ 方向转向 $\boldsymbol{v}_r$ 方向，这时大拇指的指向就是 $\boldsymbol{a}_k$ 的方向。$\boldsymbol{a}_k$ 的方向垂直于矢量 $\boldsymbol{\omega}$ 和 $\boldsymbol{v}_r$ 所确定的平面。

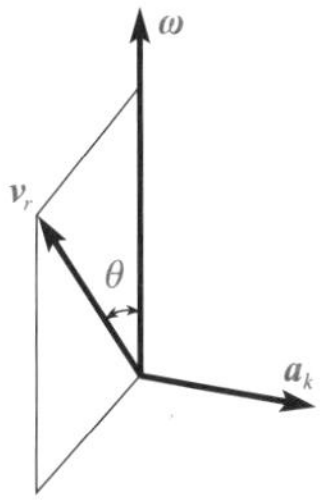

图 8-16

8-16

当 $\theta = 0°$ 或 $180°$ 时($\boldsymbol{\omega} /\!/ \boldsymbol{v}_r$)，$a_k = 0$；当 $\theta = 90°$ 时($\boldsymbol{\omega} \perp \boldsymbol{v}_r$)，$a_r = 2\omega v_r$。

【例 8-9】　图 8-17 所示的圆盘绕定轴 O 以匀角速度 $\omega = 4\text{rad/s}$ 转动，滑块 M 按 $x' = 2t^2$ 的规律沿径向滑槽 OA 滑动，单位为厘米、秒，求当 $t = 1\text{s}$ 时滑块 M 的绝对加速度。

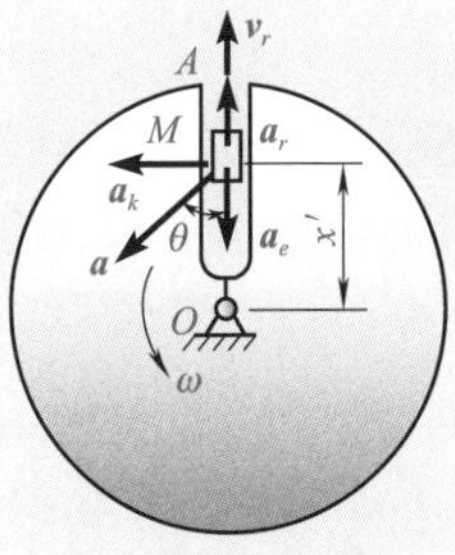

图 8-17

8-17

解　由滑块 M 的相对运动方程 $x' = 2t^2$，可得其相对速度大小为

$$v_r = \frac{\mathrm{d}x'}{\mathrm{d}t} = 4t$$

当 $t = 1\text{s}$ 时，$v_r = 4\text{cm/s}$，其方向沿滑槽而背向轴心 O，而滑块 M 的相对加速度大小为

$$a_r = \frac{\mathrm{d}^2 x'}{\mathrm{d}t^2} = 4\text{cm/s}^2$$

其方向沿滑槽而背向轴心 O。

滑块的牵连运动是随同圆盘一起转动，当 $t = 1\text{s}$ 时，滑块在滑槽中的位置 $x' = 2t^2 = 2\text{cm}$。故滑块的牵连加速度大小为

$$a_e = x'\omega^2 = 2 \times 4^2 = 32(\text{cm/s}^2)$$

其方向沿滑槽指向轴心。

科氏加速度的大小为

$$a_k = 2\omega v_r = 2 \times 4 \times 4 = 32(\text{cm/s}^2)$$

其方向根据右手法则得知与滑槽垂直指向左方。

由牵连运动为转动时加速度合成定理($\boldsymbol{a}_a = \boldsymbol{a}_e + \boldsymbol{a}_r + \boldsymbol{a}_k$)，可知滑块 M 的绝对加速度的大

小为

$$a=\sqrt{(a_e-a_r)^2+a_k^2}=\sqrt{(32-4)^2+32^2}=\sqrt{1808}=42.5(\mathrm{cm/s^2})$$

绝对加速度的方向与滑槽的夹角为

$$\theta=\arctan\frac{a_k}{a_e-a_r}=\arctan\frac{8}{7}=48°49'$$

【例 8-10】 图 8-18(a)为一汽阀的凸轮机构，凸轮以匀角速度 ω 绕 O 轴转动，图示瞬时，$OA=r$，凸轮轮廓曲线在 A 点的法线 $n-n$ 与 OA 的夹角为 θ，A 点的曲率半径为 ρ，试求此瞬时顶杆的速度和加速度。

8-18

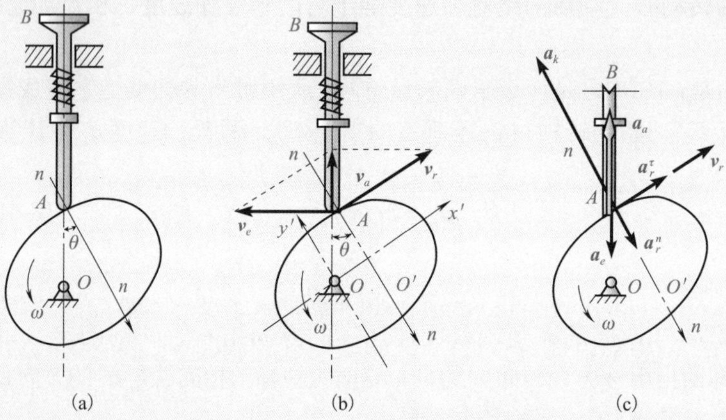

图 8-18

解 选取顶杆上的 A 点为动点，动系选在凸轮上，静系固连在机架(地面上)。由于顶杆做平动，故顶杆上 A 点的速度和加速度就是顶杆 AB 的速度和加速度。

分析三种运动可知，绝对运动是沿铅直方向的直线运动；相对运动是沿凸轮边缘的曲线运动；牵连运动是绕 O 轴的定轴转动，而牵连速度 $\boldsymbol{v}_e$ 就是在动系凸轮上与动点 A 相接触点的速度，方向垂直于 OA，大小为 $r\omega$。

由以上分析作出速度矢量图(图 8-18(b))得

$$v_e=r\omega,\quad v_a=v_e\tan\theta=r\omega\tan\theta,\quad v_r=\frac{v_e}{\cos\theta}=\frac{r\omega}{\cos\theta}$$

下面分析加速度的情况。

绝对加速度： $\boldsymbol{a}_a$ 大小未知，方向铅直向上。

相对加速度： $a_r^n=v_r^2/\rho$（方向指向曲率中心 O' 点）；$\boldsymbol{a}_r^\tau$ 的大小未知，方向垂直于 AO'。

牵连加速度： $a_e^n=\omega^2 r$（方向指向轴心 O 点）；$a_r^\tau=0$。

科氏加速度： $a_k=2\omega v_r$，方向沿 $O'A$。

由牵连运动为转动时的加速度合成定理(图 8-18(c))得

$$\boldsymbol{a}_a=\boldsymbol{a}_e^n+\boldsymbol{a}_e^\tau+\boldsymbol{a}_r^n+\boldsymbol{a}_r^\tau+\boldsymbol{a}_k$$

将上式向法线 $n-n$ 投影得 $$-a_a\cos\theta=a_e\cos\theta+a_r^n-a_k$$

即 $$a_a=-\frac{1}{\cos\theta}\left(r\omega^2\cos\theta+\frac{(r\omega)^2}{\rho}\sec^2\theta-2r\omega^2\sec\theta\right)=-r\omega^2\left(1+\frac{r}{\rho}\sec^3\theta-2\sec^2\theta\right)$$

本章小结

1. 本章用合成法研究了同一物体对于不同参考坐标系的运动要素间的关系，点的绝对运动为点的牵连运动和相对运动合成的结果，这三种运动之间的关系如图 8-19 所示。

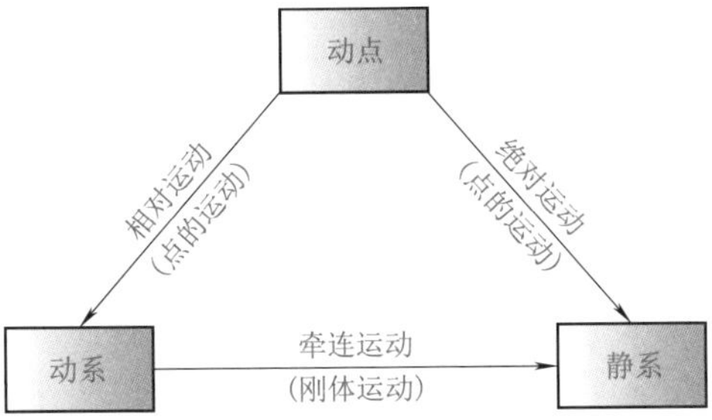

图 8-19

2．点的速度合成定理。

动点每一瞬时的绝对速度等于其牵连速度与相对速度的矢量和，即

$$\boldsymbol{v}_a = \boldsymbol{v}_e + \boldsymbol{v}_r$$

此定理对任何形式的牵连运动都适用。

3．点的加速度合成定理。

当牵连运动为平动时，动点每一瞬时的绝对加速度等于其牵连加速度和相对加速度的矢量和，即

$$\boldsymbol{a}_a = \boldsymbol{a}_e + \boldsymbol{a}_r$$

当牵连运动为转动时，动点每一瞬时的绝对加速度等于其牵连加速度、相对加速度和科氏加速度的矢量和，即

$$\boldsymbol{a}_a = \boldsymbol{a}_e + \boldsymbol{a}_r + \boldsymbol{a}_k$$

式中，科氏加速度

$$\boldsymbol{a}_k = 2\boldsymbol{\omega} \times \boldsymbol{v}_r$$

其大小为

$$a_k = 2\omega v_r \sin\theta$$

方向由右手法则确定。

4. 在解题时，要正确地选择一个动点、两个参考系，分析清楚三种运动，画出速度、加速度矢量图。要注意动点和动系应分别选择在两个不同的运动物体上，动点和动系必须有相对运动，且相对运动轨迹已知或可直观看出，对于一般机构问题，动点常选在主动件与被动件的连接点上，而对接触类机构问题，动点常常选在运动中在构件上不动的点上(例 8-8 和例 8-10)，速度合成公式为一平面矢量方程，一般用几何法求解，而加速度合成公式常用解析法求解。牵连速度和牵连加速度是某瞬时动坐标系内和动点相重合的点的速度和加速度。

思　考　题

8.1　有人说：相对运动、牵连运动和绝对运动都是指同一个点的运动，因而它们可能是直线运动，也可能是曲线运动，这种说法正确吗？为什么？

8.2　在已知某瞬时，动坐标系上一点 M_0 与动点 M 相重合，试回答下列各题：①动点 M 的绝对速度与点 M_0 的绝对速度有什么关系？②动点 M 对于点 M_0 的相对速度如何决定？③点 M_0 的绝对速度是动点 M 的什么速度？

8.3　牵连运动为平动和转动时，速度合成定理有没有区别？为什么？

8.4　科氏加速度是怎样形成的，在点的合成运动问题中，什么情况下有科氏加速度？其大小和方向如何确定？在什么情况下它为零？当牵连运动为平动时，为什么没有科氏加速度 $\boldsymbol{a}_k$？

8.5　在图 8-20 中若取 M 点为动点，地面为静系，某运动物体为动系，试做运动分析，并在图示位置画出动点的绝对速度、相对速度和牵连速度。

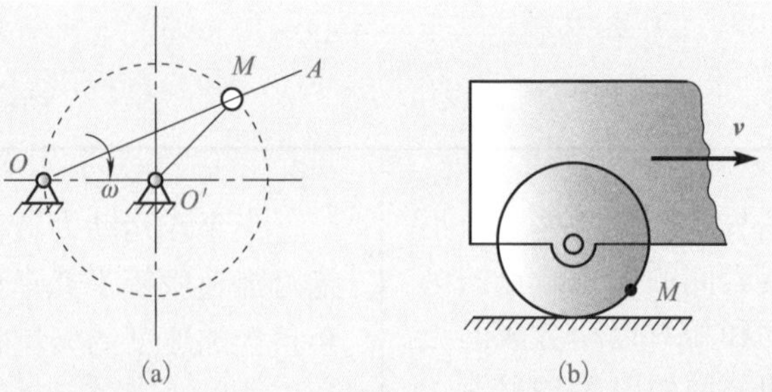

图 8-20

8.6　小车以匀速度 $\boldsymbol{v}$ 沿直线轨道行驶(图 8-21)，车上一个半径为 R 的飞轮以匀角速度 ω 转动，则轮缘上一点 M 的绝对加速度的大小为多少？

8.7　矩形板 $ABCD$ 以匀角速度 ω 绕固定轴 z 转动(图 8-22)，点 M_1 和点 M_2 分别沿板的对角线 BD 和边线 CD 运动，在图示位置时相对于板的速度分别为 v_1 和 v_2，则点 M_1 的科氏加速度为多少？

8.8　试举例说明在何种情况下，将会出现 $\boldsymbol{a}_e=\boldsymbol{a}_e^{\tau}+\boldsymbol{a}_e^{n}$ 的情况或 $\boldsymbol{a}_r=\boldsymbol{a}_r^{\tau}+\boldsymbol{a}_r^{n}$ 的情况，能否将牵连速度 $\boldsymbol{v}_e$ 对时间取一次导数而得出 $\boldsymbol{a}_e^{\tau}$？为什么？

8.9　杆 OA 以角速度 ω_1 和角加速度 ε_1 绕 O 轴转动，圆轮相对于杆 OA 以角速度 ω_2 和角加速度 ε_2 绕 A 轴转动，机构尺寸如图 8-23 所示，若取圆轮边缘上的 B 点为动点(此瞬时 BA 垂直于 OA)，动系固连于杆 OA 上，求动点 B 的牵连速度、牵连加速度和科氏加速度。

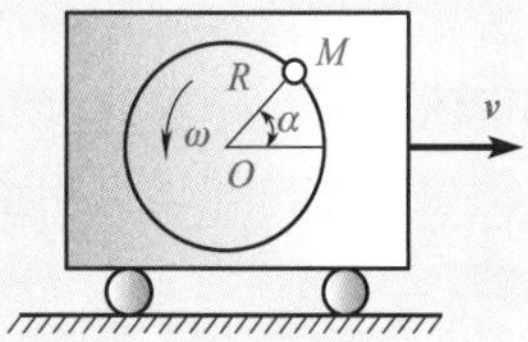

图 8-21

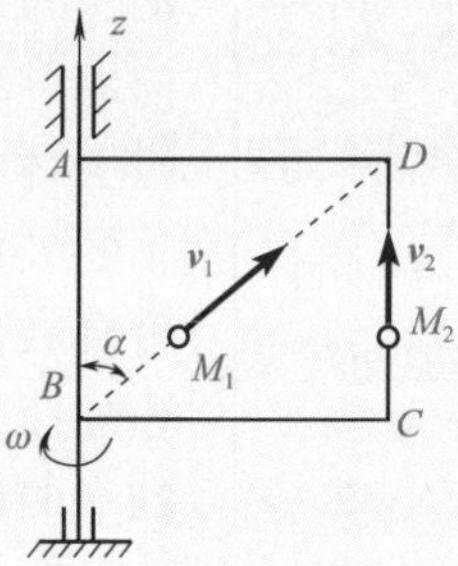

图 8-22

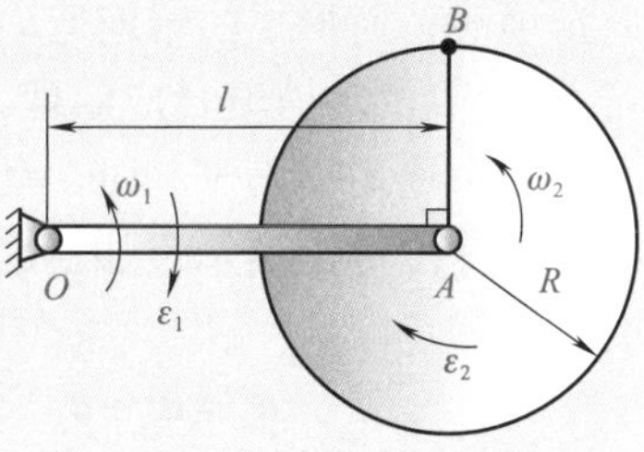

图 8-23

习　题

8-1　如题 8-1 图所示，为卸取颗粒材料，在运输机胶带上装置了固定挡板，材料沿挡板的运动速度 $v=0.14\mathrm{m/s}$，挡板与运输机纵轴的夹角 $\alpha=60^\circ$，胶带速度 $u=0.6\mathrm{m/s}$，求颗粒材料相对于胶带的速度 $\boldsymbol{v}_r$ 的大小及方向。

8-2　如题 8-2 图所示，河的两岸互相平行，一船由 A 点沿与岸垂直的方向驶向对岸，经 10min 到达对岸，这时船到达对岸 B 点下游 120m 处的 C 点，为使船从 A 点出发能到达对岸的 B 点处，船应逆流并保持与 AB 线成某一角度航行，在此情况下，船经过 12.5min 到达对岸，求河宽 l、船对水的相对速度 $\boldsymbol{u}$ 和水流速度 $\boldsymbol{v}$ 的大小。

8-3　如题 8-3 图所示，离心调速器以匀角速度 ω_1 向外张开，已知 $\omega=10\mathrm{rad/s}$，$\omega_1=1.2\mathrm{rad/s}$，球柄长 $l=50\mathrm{cm}$，悬挂球柄的支点到铅垂转轴的距离 $e=5\mathrm{cm}$，球柄与铅垂线的夹角 $\alpha=30^\circ$，求此时重球的绝对速度的大小。

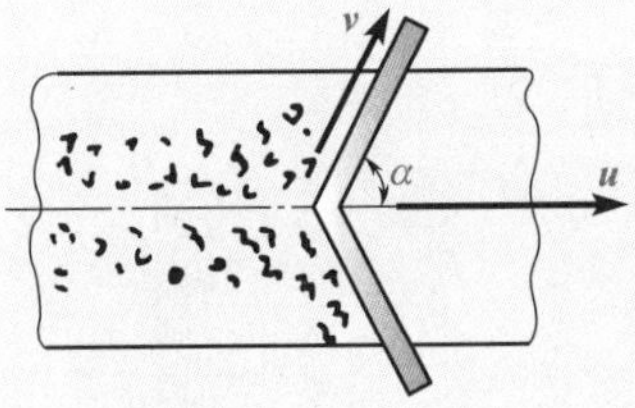

题 8-1 图

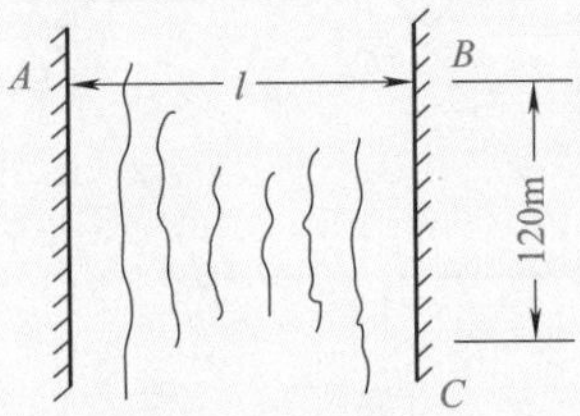

题 8-2 图

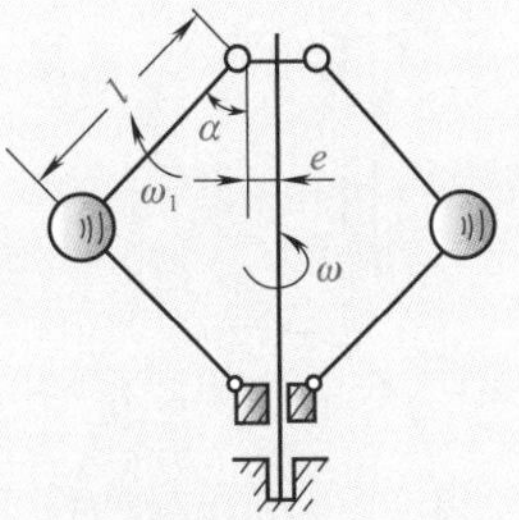

题 8-3 图

8-4　如题 8-4 图所示，矿砂从传送带 A 落到另一传送带 B 上，其绝对速度 $v_1 = 4\mathrm{cm/s}$，方向与铅直线成 $30°$ 角，设传送带 B 与水平面成 $15°$ 角，其速度 $v_2 = 2\mathrm{cm/s}$，求此时矿砂对于传送带 B 的相对速度，并问当传送带 B 的速度为多大时，矿砂的相对速度才能与它垂直？

8-5　在题 8-5 图所示滑道摇杆机构中，已知 $O_1O = 20\mathrm{cm}$，试求当 $\theta = 20°$、$\varphi = 27°$ 且 $\omega_1 = 6\mathrm{rad/s}$ 时摇杆 O_1A 的角速度 ω_2。

8-6　如题 8-6 图所示，L 形杆 OAB 以角速度 ω 绕 O 轴转动，$OA = l$，OA 垂直于 AB，通过套筒 C 推动杆 CD 沿铅直导槽运动，在图示位置时，$\varphi = 30°$，试求杆 CD 的速度。

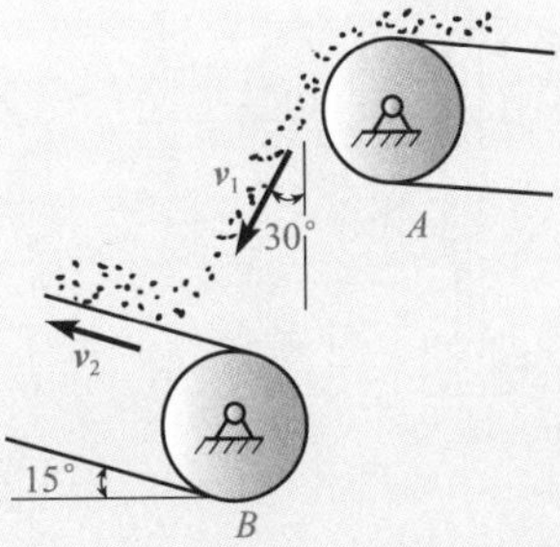

题 8-4 图

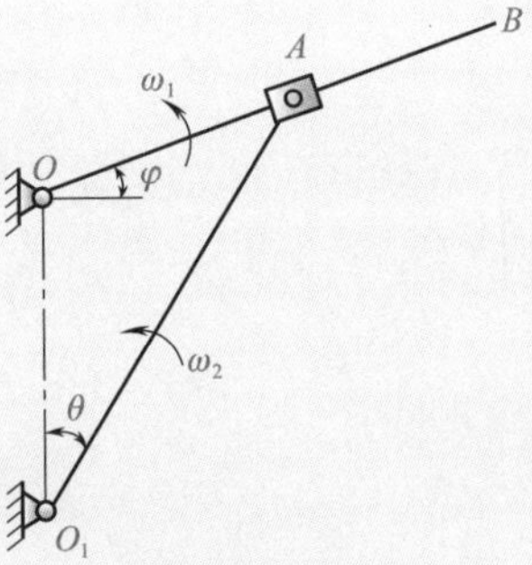

题 8-5 图

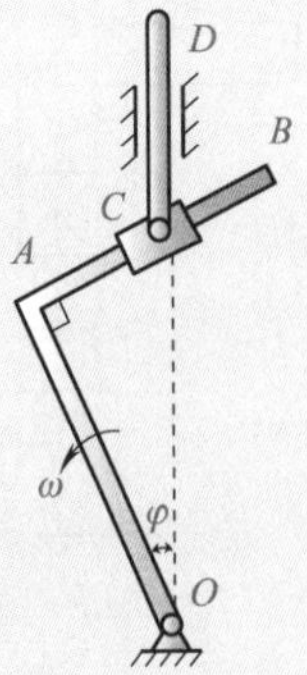

题 8-6 图

8-7　如题 8-7 图所示，偏心凸轮的偏心 $OC = e$，半径 $AC = r = \sqrt{3}e$，以匀角速度 ω_0 绕 O 轴转动，图示位置时，$OC \perp CA$，求从动杆 AB 的速度。

8-8　题 8-8 图所示机构中，已知 $AB = O_1O_2$ 且 $AB \mathbin{/\!/} O_1O_2$，$AO_1 = BO_2 = r$，$O_3C = r_0$，求当 O_1A 以匀角速度 ω 转至图示位置时杆 O_3C 的角速度。

8-9　题 8-9 图所示机构中，套筒 A 与曲柄 OA 铰接，穿过套筒的杆 O_1B 绕固定轴 O_1 转动，而在 B 点铰接一个小圆滚(半径不计)，曲柄 OA 以匀角速度 ω 转动，其中 $O_1B = 2l$，$OA = \dfrac{l}{2}$，当 OA 在图示铅垂位置时，$\theta = 30°$，试求图示瞬时导杆 E 的速度。

8-10　如题 8-10 图所示，塔式起重机悬臂水平，并以 $\dfrac{\pi}{2}\mathrm{rad/min}$ 的角速度绕铅直轴匀速转动，起重机悬臂上的跑车按 $s = 10 - \dfrac{1}{3}\cos(3t)$（$s$ 以 m 计，t 以 s 计）相对悬臂水平向外运动，设悬挂重物以匀速 $u = 0.5\mathrm{m/s}$ 相对小车铅直上升，求当 $t = \dfrac{\pi}{6}\mathrm{s}$ 时重物的绝对速度。

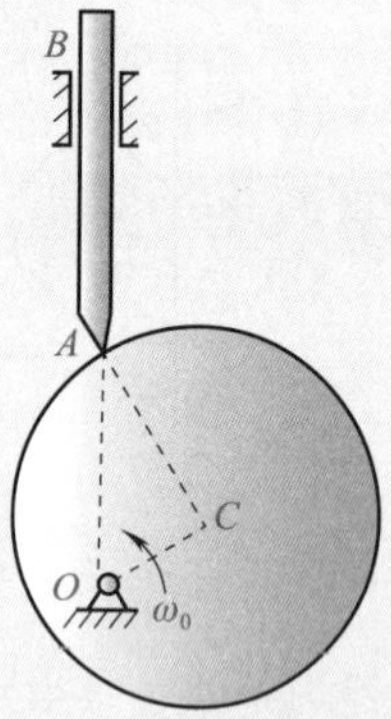

题 8-7 图

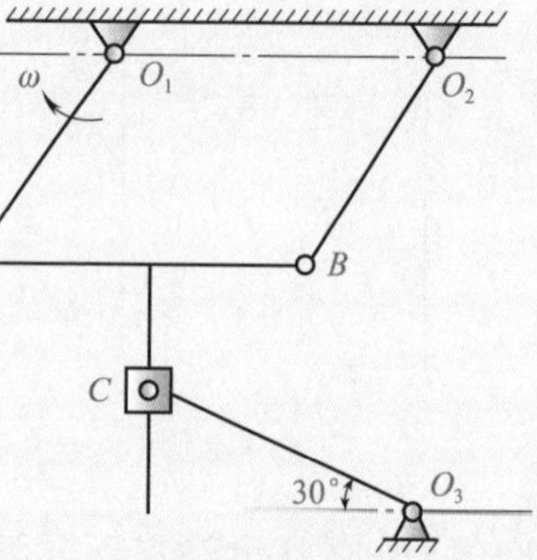

题 8-8 图

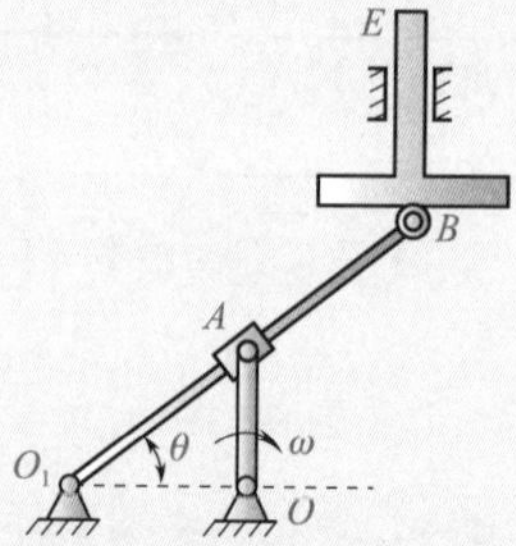

题 8-9 图

8-11 如题 8-11 图所示，已知摇杆 OC 经过固定在齿条 AB 上的销子 K 带动齿条上下平动，齿条又带动半径为 10cm 的齿轮绕 O_1 轴转动，若在图示位置时摇杆的角速度 $\omega=0.5\text{rad/s}$，求此时齿轮的角速度。

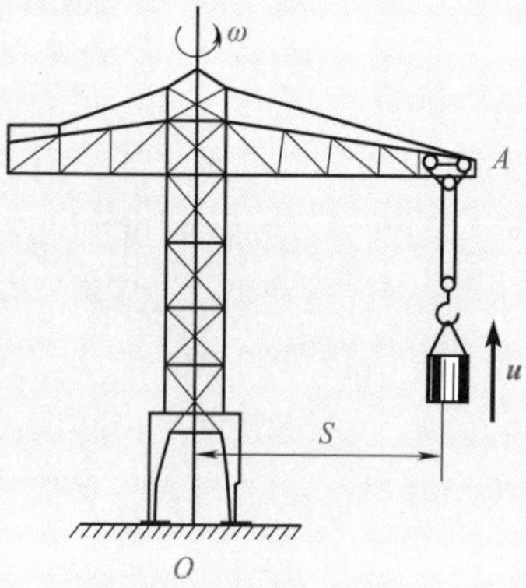

题 8-10 图

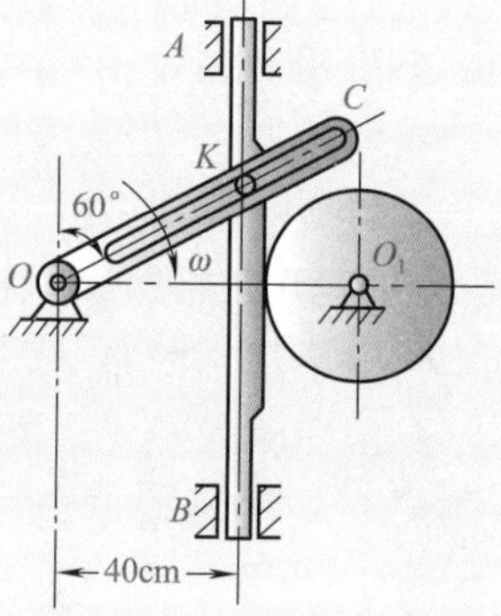

题 8-11 图

8-12 如题 8-12 图所示，已知 $OA=r$，以匀角速度 ω 绕 O 轴转动，图示瞬时，$OA=AB=2r$，$\angle OAO_1=\alpha$，$\angle O_1BC=\beta$，求图示瞬时，① O_1D 杆的角速度；② BC 杆的速度。

8-13 如题 8-13 图所示，二细杆 AB 和 CD 相交成 α 角，细杆 AB 以速度 $\boldsymbol{v}_1$ 沿垂直于 AB 的方向朝下运动，而细杆 CD 以速度 $\boldsymbol{v}_2$ 沿垂直于 CD 的方向朝右下方运动。求套在这两根细杆交点处的小环 M 的速度。

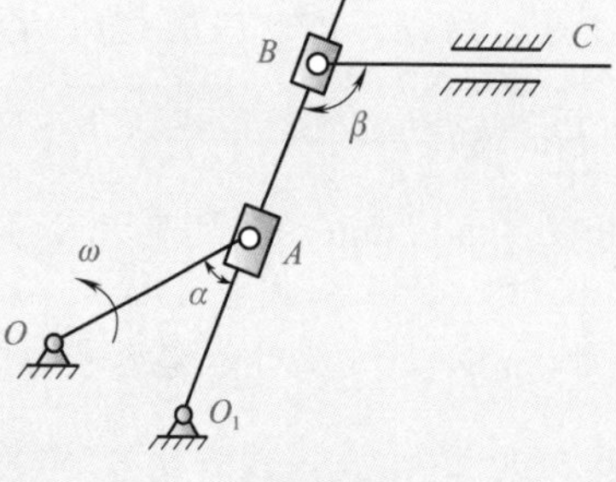

题 8-12 图

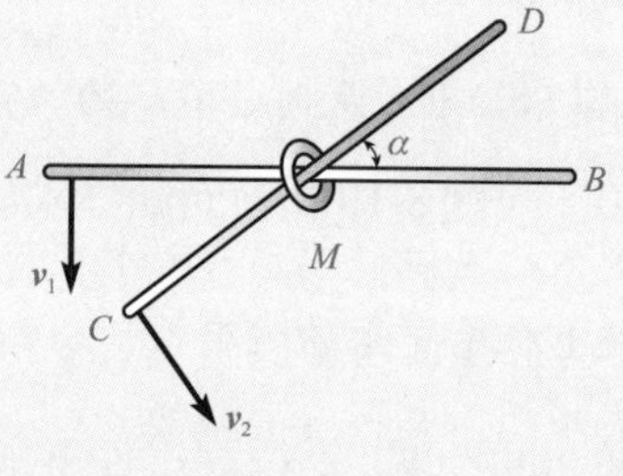

题 8-13 图

8-14　如题 8-14 图所示，小车以匀加速度 $a_0 = 49.2\text{cm/s}^2$ 水平向右运动，车上有一半径为 $R = 20\text{cm}$ 的圆轮绕 O 轴按 $\varphi = t^2$ (rad/s) 规律转动，在 $t = 1\text{s}$ 时，轮缘上 A 点的位置如图所示，求此时 A 点的绝对加速度。

8-15　题 8-15 图所示铰连四边形机构中，$O_1A = O_2B = 10\text{cm}$，又 $O_1O_2 = AB$，且杆 O_1A 以匀角速度 $\omega = 2\text{rad/s}$ 绕 O_1 轴转动，AB 杆上有一套筒 C，此套筒与 CD 杆相铰接，机构的各部件都在同一铅垂面内，求当 $\varphi = 60°$ 时，CD 杆的速度及加速度。

8-16　题 8-16 图所示斜面 AB 与水平面成 45° 角，以 10cm/s^2 的加速度沿 Ox 轴方向向右运动。物块 M 以 $10\sqrt{2}\text{cm/s}^2$ 的匀相对加速度沿斜面下滑，斜面与物块的初始速度都是零。物块的初始位置：$x = 0, y = h$，求物块的绝对运动方程、运动轨迹、速度和加速度。

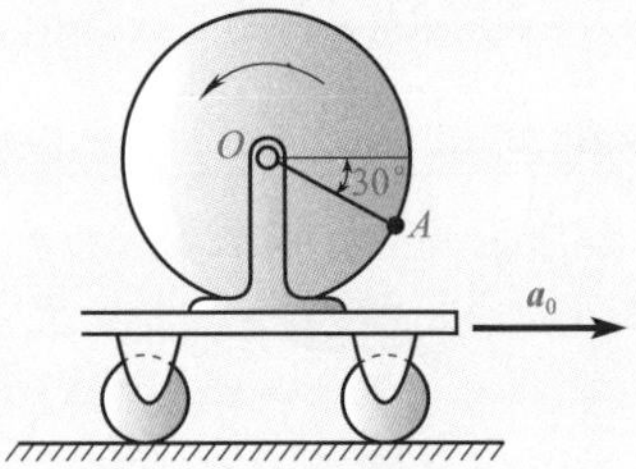

题 8-14 图

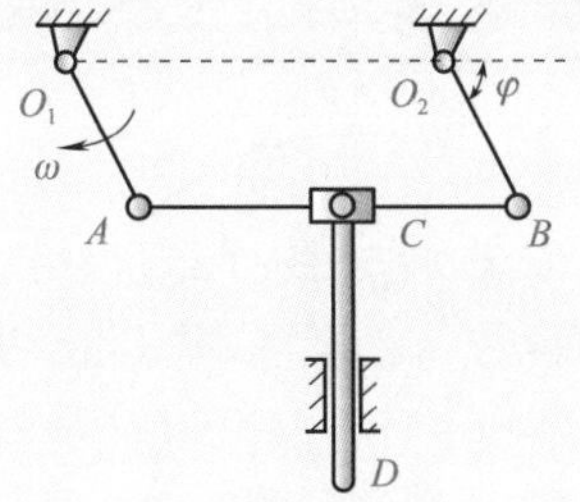

题 8-15 图

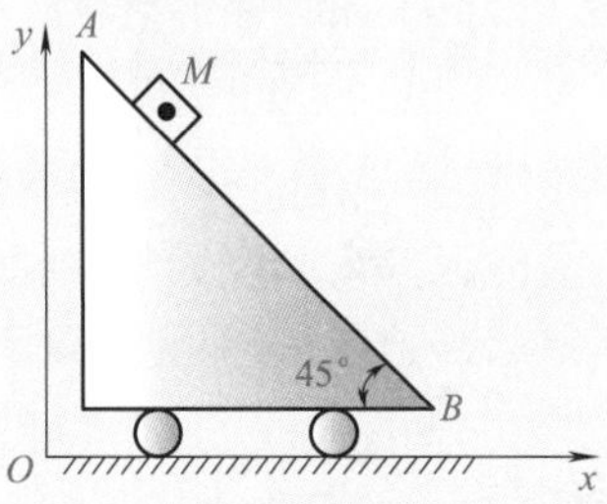

题 8-16 图

8-17　如题 8-17 图所示，曲柄 OA 长 0.4m，以匀角速度 $\omega = 0.5\text{rad/s}$ 绕轴 O 逆时针转动，曲柄的 A 端推动滑杆 BC 沿铅垂方向运动，试求当曲柄 OA 与水平线的夹角 $\varphi = 30°$ 时滑杆 BC 的速度和加速度。

8-18　如题 8-18 图所示，杆以匀角速度 $\omega = 5\text{rad/s}$ 绕 O 轴转动，滑块 A 以相对速度 $v_r = 0.5\text{m/s}$ 沿杆向外移动。求滑块运动至距轴 O 为 0.2m 处时的加速度。

8-19　在题 8-19 图所示机构中，滑槽 OBC 以等角速度 ω_0 绕 O 轴转动，已知 $OB = a$，在图示瞬时，滑道平行于 OB，且 $\angle BOA = 45°$，$\angle OBC = 90°$，试求滑块 A 的速度和加速度。

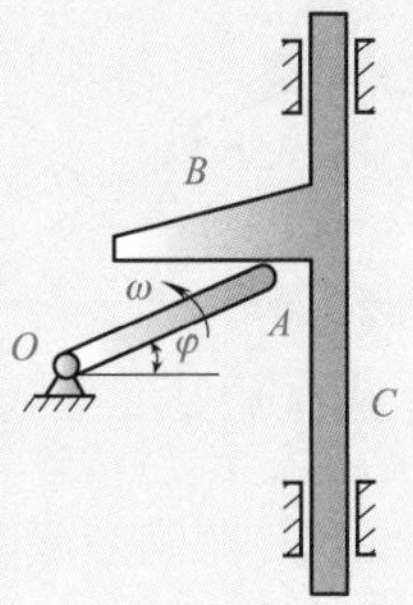

题 8-17 图

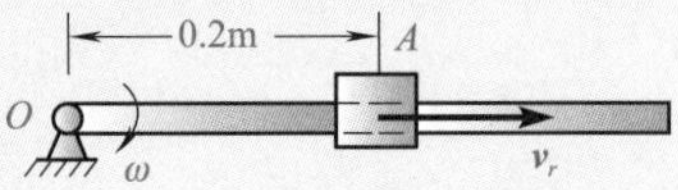

题 8-18 图

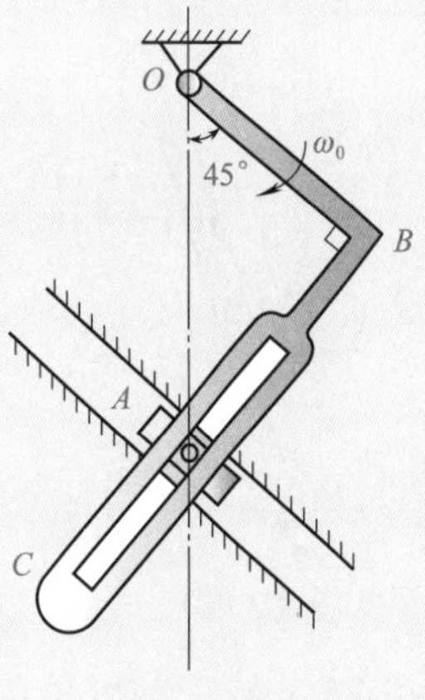

题 8-19 图

8-20　如题 8-20 图所示，杆 OA 绕定轴 O 转动，圆盘绕动轴 A 转动，已知杆长 $l = 20\text{cm}$，圆盘半径 $r = 10\text{cm}$，在图示位置时，杆的角速度及角加速度分别为 $\omega = 4\text{rad/s}$、$\varepsilon = 3\text{rad/s}^2$，圆盘相对于杆 OA 的角速度及角加速度分别为 $\omega_r = 6\text{rad/s}$、$\varepsilon_r = 4\text{rad/s}^2$。求圆盘上 M_1 和 M_2 点的绝对速度及绝对加速度。

8-21 汽车A和B，分别沿半径为$R_A=900\text{m}$和半径为$R_B=1000\text{m}$的圆形轨道运动，其速度分别为$v_A=v_B=72\text{km/h}$，如题8-21图所示，求当$\theta=0^\circ$和$\theta=20^\circ$时，汽车B对汽车A的相对速度和相对加速度。

8-22 如题8-22图所示，圆盘绕水平轴AB转动，其角速度$\omega=2t(\text{rad/s})$，盘上M点沿半径按$OM=r=4t^2$的规律运动，速度单位为cm/s。OM与AB轴成60°倾角，求当$t=1\text{s}$时M点的绝对加速度。

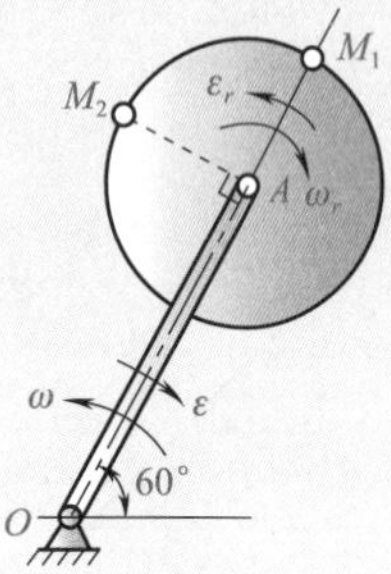

题8-20图

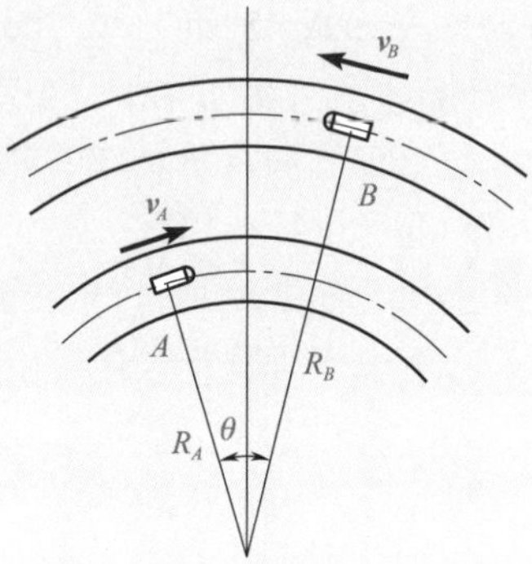

题8-21图

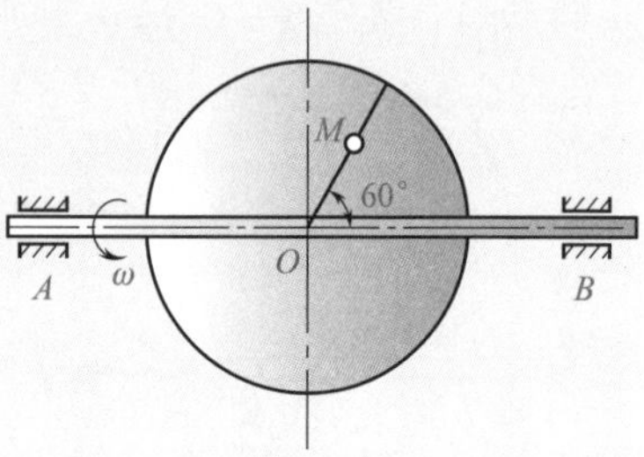

题8-22图

8-23 题8-23图所示曲柄摇杆机构中曲柄长$OA=12\text{cm}$，以匀角速度$\omega=7\text{rad/s}$绕O轴转动，通过滑块A使摇杆O_1B绕O_1轴摆动，如$OO_1=20\text{cm}$，求当$\varphi=0^\circ$和90°时，摇杆的角速度及角加速度。

8-24 题8-24图所示机构中，已知曲柄以匀角速度ω绕O轴转动，$OA=R$，在图示位置$\alpha=30^\circ$，DCB杆为一体，且CB段铅垂，DC段在倾角为30°的滑道内滑动，试求此瞬时DCB构件上B点的速度和加速度。

8-25 如题8-25图所示，半圆盘B按$s=t^3\text{cm}$的规律从O'点开始向右运动，推动OA杆绕O轴转动，已知半圆盘的半径为$R=3\text{cm}$，求$t=2\text{s}$时，OA杆的角速度和角加速度。

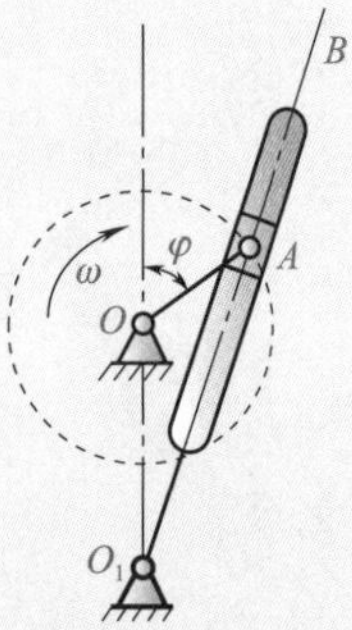

题8-23图

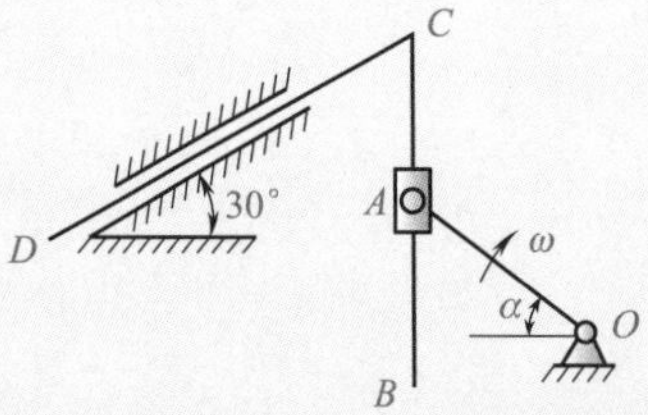

题8-24图

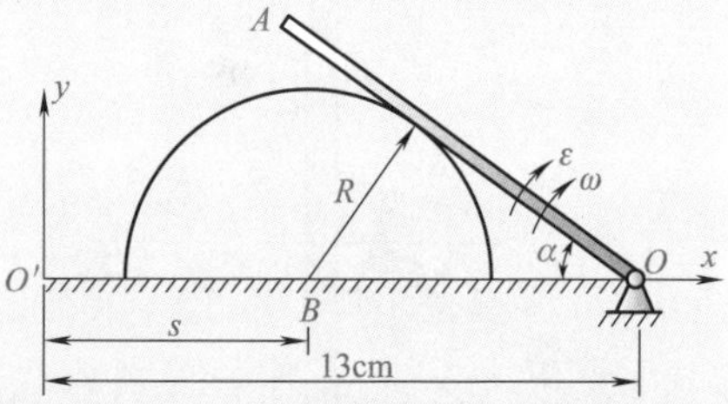

题8-25图

8-26 如题8-26图所示，小环M沿半径为R的固定不动的大圆环以大小不变的速度u运动，直角曲杆OAB穿过小环M，由于小环M的运动使曲杆OAB绕O轴转动，已知$OA=\sqrt{3}r$，$R=2r$，求图示位置OAB的角速度ω和角加速度ε。设小环M逆时针方向运动。

8-27 刨床机构中主动轮O转速为$n=30\text{r/min}$，$OA=150\text{mm}$，其他尺寸如题8-27图所示，求当OA与铅垂线OO_1垂直时，摇杆O_1D的角速度、角加速度和滑块B的速度和加速度。

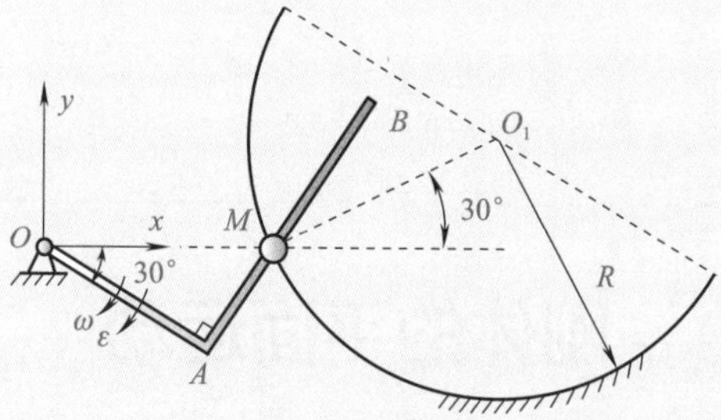

题 8-26 图

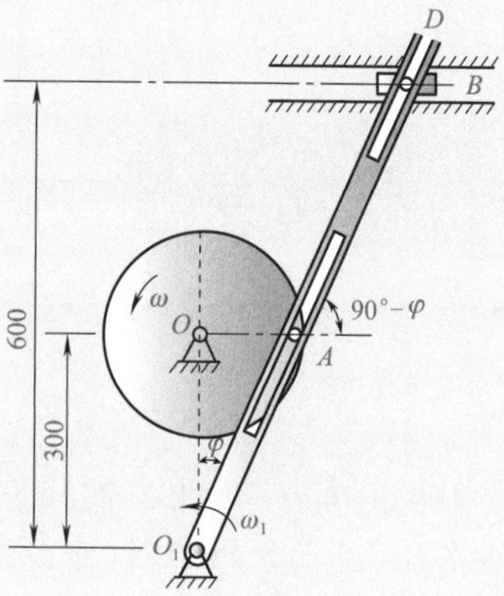

题 8-27 图

*8-28　如题 8-28 图所示，半径为 r 的圆轮 O_1 以匀角速度 ω 绕 O 轴转动，并带动杆 O_2A 绕 O_2 轴转动，在图示位置时，OO_1 与水平线间的夹角为 60°，O_2A 杆处于水平位置，且杆与轮的接触点 B 到 O_2 的距离 $O_2B=\sqrt{3}r$，求图示位置 O_2A 杆的角速度 ω_1 和角加速度 ε_1。

*8-29　如题 8-29 图所示，销钉 M 能在直角杆 BCD 的铅垂槽内滑动，同时又能在杆 OA 的直槽中滑动，若杆 BCD 以匀速 v_1 向右运动，杆 OA 以匀角速度 ω 绕 O 轴做顺时针转动，在图示位置，$\theta=45°$，$OM=l°$，试求销钉 M 的绝对速度和绝对加速度。

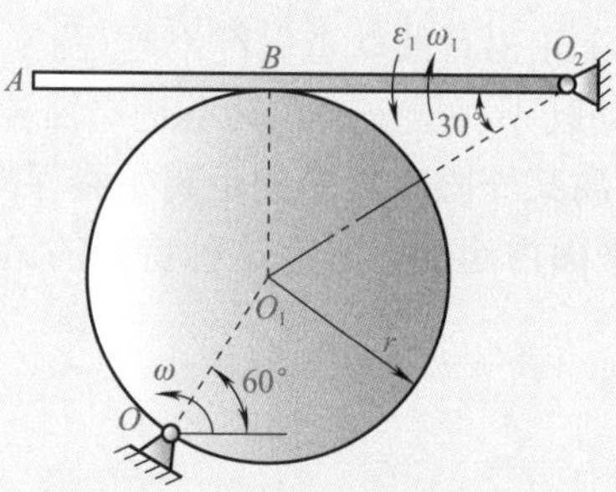

题 8-28 图

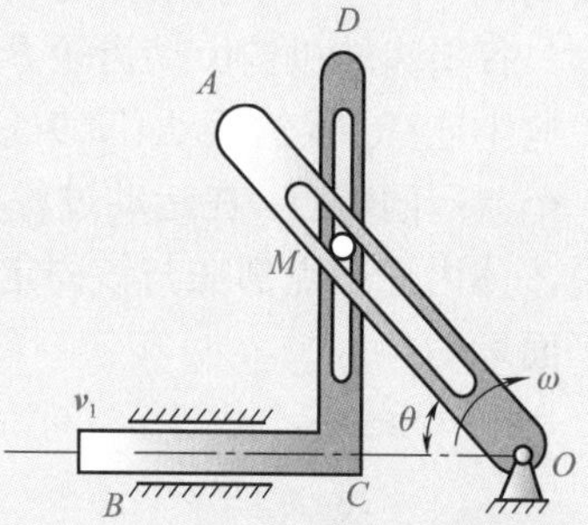

题 8-29 图

第9章 刚体的平面运动

本章研究刚体的一种比较复杂的运动——刚体的平面运动。刚体的平面运动可简化为平面图形S在自身平面内的运动，平面图形S的运动又可分解为随基点的平动和绕基点的转动。

除了研究刚体本身的运动之外，本章还将研究平面图形S上各点的运动，确定平面图形上任一点速度的三种方法：基点法(合成法)、速度投影法和速度瞬心法，求平面图形上各点加速度的方法：基点法(合成法)、加速度投影法和加速度瞬心法。

9.1 刚体平面运动的概述

在第 7 章中已经讨论了刚体的两种基本的运动，即刚体的平动和转动。在工程实际中，还常常碰到刚体的一种较复杂的运动，即刚体的平面运动。

例如，行星齿轮机构中动齿轮B的运动(图 9-1)，车轮沿直线轨道做纯滚动(图 9-2)，曲柄连杆机构中连杆AB的运动(图 9-3)，这些刚体的运动既不属于平动，又不是定轴转动，但它们有一个共同的特点：在运动过程中，刚体上任一点离某一固定平面的距离始终保持不变，也就是说，体内任一点都在与该固定平面平行的某一平面内运动，具有这种特点的运动称为刚体的平面运动。

9-1～9-3

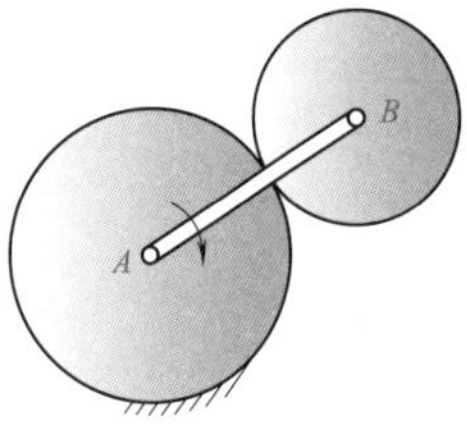

图 9-1

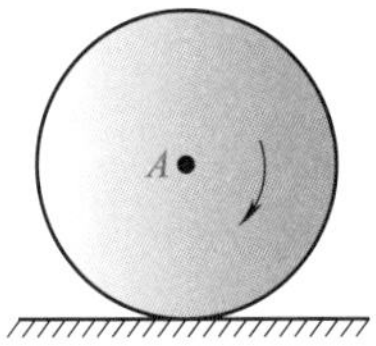

图 9-2

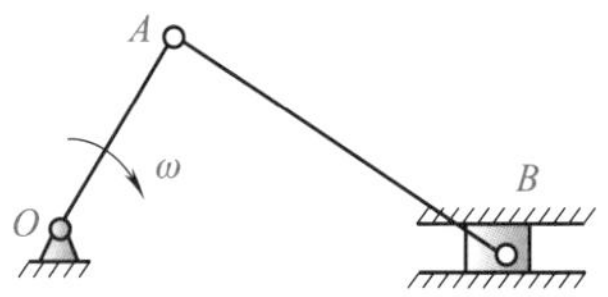

图 9-3

9-4

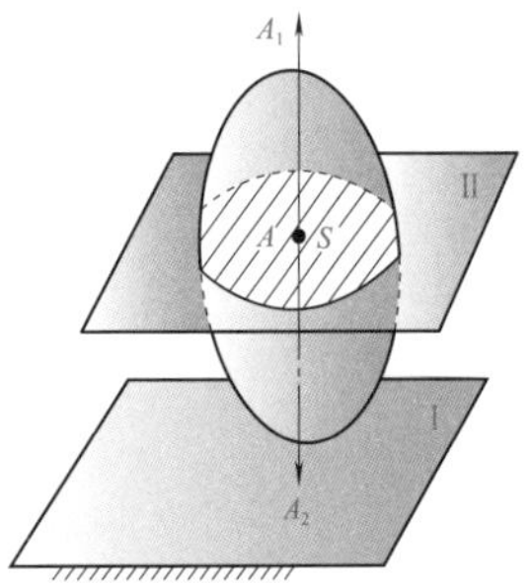

图 9-4

根据刚体平面运动的特点，可以作一平面Ⅱ与固定平面Ⅰ平行，Ⅱ与刚体相截得到一平面S(图 9-4)。当刚体运动时平面图形S将始终在平面Ⅱ内运动，于是刚体上作任一垂直于平面图形S的线段A_1A_2始终保持与自身平行，即线段A_1A_2做平动，因而线段上各点的运动完全相同。这样，线段与平面图形S的交点A的运动可以代表整个线段的运动，因而平面图形S的运动就可代表整个刚体的运动。于是，可以得到这样的结论：刚体的平面运动可以简化为平面图形S在其自身平面内的运动。

9.2 平面运动的分解与刚体的平面运动方程

下面来研究平面运动的分解。在图形 S 上任取两点 A 和 B，并连接 AB（图 9-5），则该线段的位置可以代表图形 S 的位置。设图形 S 从位置Ⅰ运动到位置Ⅱ，我们可以证明：平面图形 S 总是可以经过一次平动和一次转动，由位置Ⅰ到达位置Ⅱ。以线段 AB 和 A_1B_1 分别表示图形在位置Ⅰ和位置Ⅱ的情况，显然当线段由位置 AB 运动到位置 A_1B_1 时可以视为由两步实现：第一步先使线段 AB 平移至 A_1B_2，第二步使 A_1B_2 绕 A_1 点转过角位移 $\Delta\varphi$，最后到达 A_1B_1 位置。这就证明了平面运动可分解为平动和转动，也就是说，平面运动可视为平动和转动的合成运动。

为了描述图形 S 的运动，在固定平面内选取静坐标系 Oxy，并在图形 S 上任选一基点 A，再以基点 A 为原点取动坐标系 $Ax'y'$（图 9-6），并使动坐标轴的方向始终与静坐标轴的方向保持平行，于是我们可将平面运动视为随以基点 A 为原点的动坐标系 $Ax'y'$ 的平动(牵连运动)，以及绕基点 A 的转动(相对运动)的合成运动。根据刚体平动的特点，得知基点的运动代表刚体的平动，其运动方程为 $x_A = f_1(t)$，$y_A = f_2(t)$；由于动坐标轴的方向在运动过程中始终不变，所以绕基点 A 的转动可代表刚体的转动部分，其转动方程为 $\varphi = f_3(t)$。由于平面运动可视为平动与转动的合成，所以刚体的平面运动方程为

$$x_A = f_1(t),\quad y_A = f_2(t),\quad \varphi = f_3(t) \tag{9-1}$$

在上述讨论中，图形 S 内基点 A 的选取是可以任意的，平面图形 S 内任一点都可以作为基点。若选择不同的点作为基点，则对平面运动的平动部分和转动部分的运动规律有何影响？现说明如下：

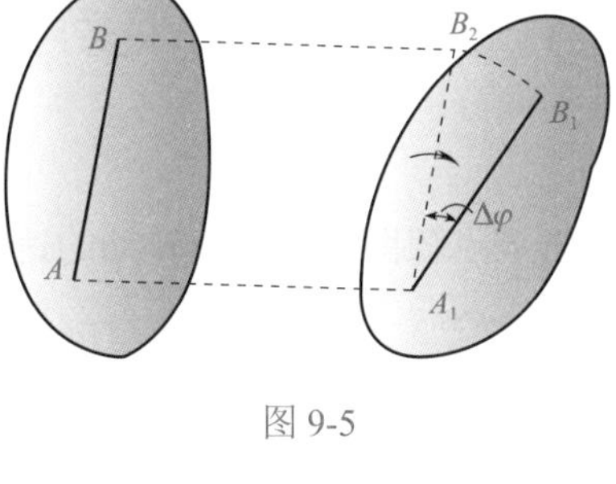

图 9-5

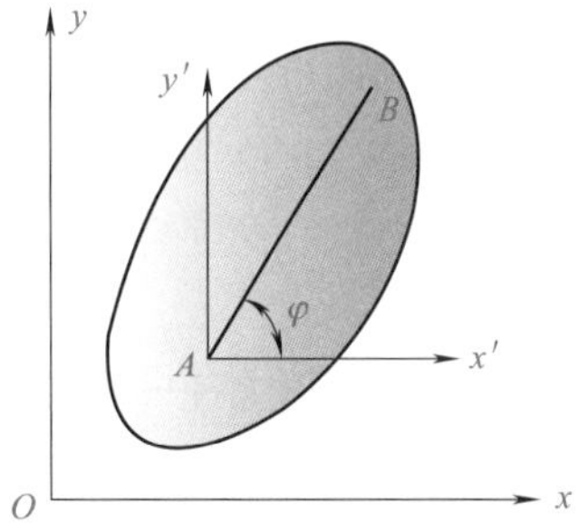

图 9-6

9-5

9-6

设平面图形 S 在 Δt 时间内从位置Ⅰ运动到位置Ⅱ(图 9-7)。由图示可知选择不同的基点 A 和 B，则平动的位移 $\overline{AA'}$ 和 $\overline{BB'}$ 是不同的，显然，随该两点平动的速度和加速度也是不相同的；但对于绕不同的基点(如 A 和 B 点)转过的角位移 $\Delta\varphi$ 和 $\Delta\varphi'$ 的大小和转向总是相同的，即 $\Delta\varphi' = \Delta\varphi$。于是有

$$\lim_{\Delta t\to 0}\frac{\Delta\varphi'}{\Delta t} = \lim_{\Delta t\to 0}\frac{\Delta\varphi}{\Delta t},\quad \omega' = \omega$$

$$\frac{\mathrm{d}\omega'}{\mathrm{d}t} = \frac{\mathrm{d}\omega}{\mathrm{d}t},\quad \varepsilon' = \varepsilon$$

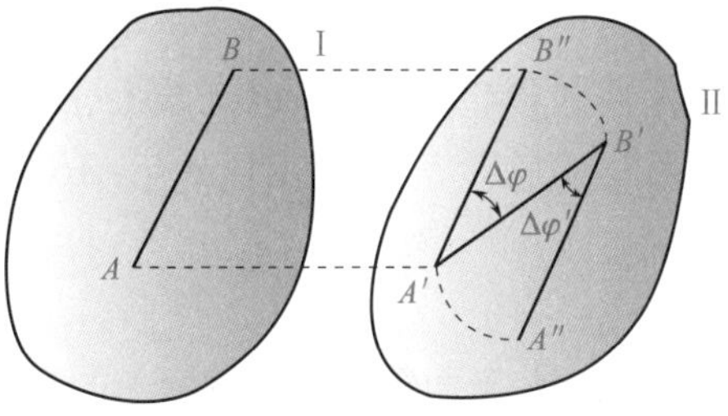

图 9-7

9-7

由此可知，平面运动的平动部分的运动规律

与基点的选择有关，而其转动部分的运动规律与基点的选择无关。即在同一瞬时，图形绕任一基点转动的角速度和角加速度都是相同的。因此在平面运动中图形绕基点转动的角速度和角加速度以后可以直接称为图形的角速度和角加速度，而无须指明它们是对哪个基点而言的。

但必须指出，虽然基点可以任意选取，但在解决实际问题时，通常选取运动情况已知的点作为基点。

9.3 平面图形内各点的速度

由第 9.2 节知，平面图形 S 在其平面内的运动可看成随同基点的平动和绕基点的转动的合成运动，现在我们利用这个关系来研究平面图形内各点的速度。

9.3.1 基点法(合成法)

设已知在某一瞬时平面图形内某一点 A 的速度 $\boldsymbol{v}_A$ 及图形的角速度 ω (图 9-8)，求图形内任一点 B 的速度 $\boldsymbol{v}_B$。为此，取 A 点为基点，将固结于 A 点的坐标系的平动视为牵连运动，B 点随同图形绕 A 点的转动视为相对运动。于是可利用速度合成定理公式

$$\boldsymbol{v}_a = \boldsymbol{v}_e + \boldsymbol{v}_r$$

来求 B 点的速度。由于牵连运动为平动，故 B 点的牵连速度 $\boldsymbol{v}_e$ 就等于基点 A 的速度 $\boldsymbol{v}_A$，即

$$\boldsymbol{v}_e = \boldsymbol{v}_A$$

而 B 点的相对速度 $\boldsymbol{v}_r$ 就是由于平面图形绕基点 A 转动而有的速度，即 B 点随图形绕基点转动的速度，设以 $\boldsymbol{v}_{BA}$ 表示，即

$$\boldsymbol{v}_r = \boldsymbol{v}_{BA}$$

$\boldsymbol{v}_{BA}$ 的大小等于 $AB \cdot \omega$，其方位垂直于 AB，指向与 ω 的转向一致。

9-8

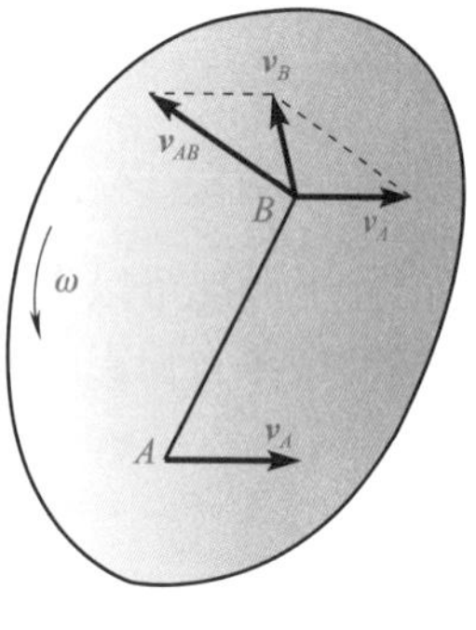

图 9-8

由速度合成定理，B 点的绝对速度为

$$\boldsymbol{v}_B = \boldsymbol{v}_A + \boldsymbol{v}_{BA} \tag{9-2}$$

式(9-2)表明：**平面图形上任一点的速度等于基点的速度与该点随图形绕基点转动的速度的矢量和**。这种求解速度的方法称为速度合成法，又称基点法。这一方法是求解平面运动图形内任一点速度的基本方法。

9.3.2 速度投影法

由于基点是任意选择的，所以式(9-2)实际上表明了平面图形上任意两点速度之间的关系。这种关系还可以表示为下述的另一种形式。

9-9

将式(9-2)投影到 AB 连线上(图 9-9)。因 $\boldsymbol{v}_{BA}$ 垂直于 AB，它在此连线上的投影等于零，所以 $\boldsymbol{v}_B$ 在 AB 上的投影等于 $\boldsymbol{v}_A$ 在 AB 上的投影，即

$$[\boldsymbol{v}_B]_{AB} = [\boldsymbol{v}_A]_{AB} \tag{9-3}$$

上式表明：**平面图形上任意两点的速度在该两点连线上的投影彼此相等**。这一关系称为速度投影定理。应用该定理求解平面图形上任一点

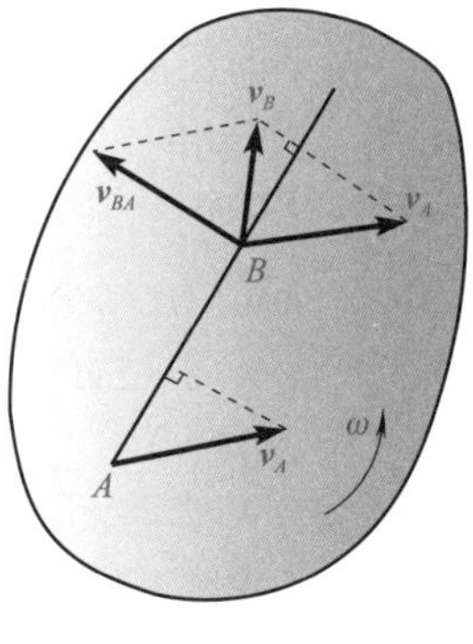

图 9-9

速度的方法，称为速度投影法。

速度投影定理只适用于刚体，因为 A 和 B 是刚体上的两点，它们之间的距离应保持不变，所以这两点的速度在 AB 方向的分量必须保持相等，且方位一致，否则，AB 线段不是伸长，便是缩短。还须注意，该定理不仅适用于刚体做平面运动，而且也适用于刚体做其他任意运动。

【例 9-1】 椭圆规尺的 A 端以速度 $\boldsymbol{v}_A$ 沿 x 轴的负方向运动(图 9-10)，已知 $AB=l$，求 $\varphi=30^\circ$ 时，B 端的速度以及 AB 的角速度。

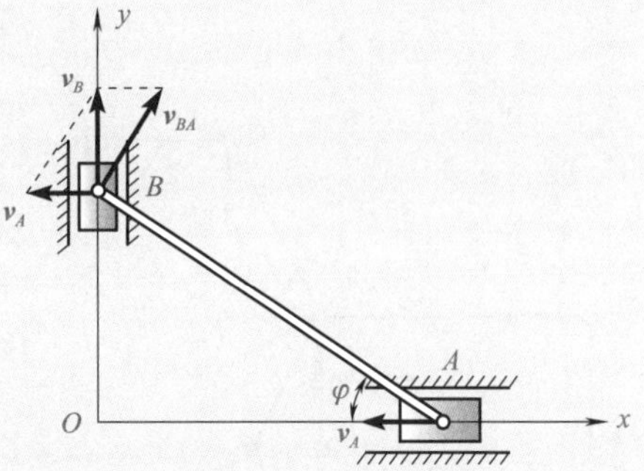

图 9-10

9-10

解 本题求两个未知量，所以可采用基点法求解，但若采用速度投影法，只能求出 B 端的速度，AB 的角速度无法求出，因为速度投影法只能求解一个未知量。

在本题中已知 $\boldsymbol{v}_A$ 的大小和方向以及 $\boldsymbol{v}_B$ 的方向(B 端沿 y 轴做直线运动)，且 $\boldsymbol{v}_{BA}$ 的方向垂直于 AB，所以已知四个要素，可作速度平行四边形(图 9-10)。作图时，应注意使 $\boldsymbol{v}_B$ 在平行四边形的对角线上。

由图中的几何关系可得

$$\boldsymbol{v}_B=\boldsymbol{v}_A\cot\varphi,\quad \boldsymbol{v}_{BA}=\frac{\boldsymbol{v}_A}{\sin\varphi}$$

设 ω 为 AB 的角速度，所以 $v_{BA}=AB\cdot\omega$，由此，得

$$\omega=\frac{v_{BA}}{AB}=\frac{v_{BA}}{l}=\frac{v_A}{l\sin\varphi}$$

将 $\varphi=30^\circ$ 代入上式，得

$$v_B=\sqrt{3}v_A,\quad \omega=\frac{2v_A}{l}$$

【例 9-2】 四连杆机构(图 9-11)，已知曲柄 $OA=r$，以 $\omega=4\text{rad/s}$ 转动，连杆 $AB=\sqrt{3}r$，摆杆 $BC=2r$，当 OA 杆铅垂时，$\angle OAB=120^\circ$，且 $AB\perp BC$。试求该瞬时 ω_{BC} 和 ω_{AB}。

解 求摆杆 BC 的角速度，须求出 B 点的速度 v_B；求连杆 AB 的角速度，须求相对转动角速度 v_{BA}。为此，本题可采用基点法求解，取 A 点为基点，有

$$\boldsymbol{v}_B=\boldsymbol{v}_A+\boldsymbol{v}_{BA}$$

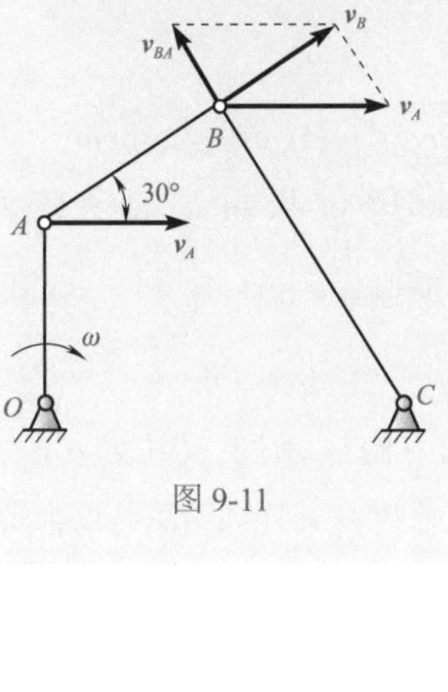

图 9-11

9-11

基点 A 点的速度大小和方向，以及 B 点的速度方向，$\boldsymbol{v}_{BA}$ 的速度方向都已知，可作速度平行四边形，由图中的几何关系，求得

$$v_B=v_A\cos30^\circ=r\omega\times\frac{\sqrt{3}}{2}=\frac{\sqrt{3}}{2}r\omega$$

$$v_{BA}=v_A\sin30^\circ=\frac{1}{2}r\omega$$

于是 BC 杆和 AB 杆的角速度为

$$\omega_{BC}=\frac{v_B}{BC}=\frac{\frac{\sqrt{3}}{2}r\omega}{2r}=\frac{\sqrt{3}}{4}\omega=\frac{\sqrt{3}}{4}\times 4=\sqrt{3}(\mathrm{rad/s})$$

$$\omega_{AB}=\frac{v_{BA}}{AB}=\frac{\frac{1}{2}r\omega}{\sqrt{3}r}=\frac{\sqrt{3}}{6}\omega=\frac{\sqrt{3}}{6}\times 4=\frac{2}{3}\sqrt{3}(\mathrm{rad/s})$$

【例 9-3】 图 9-12 所示一平面铰接机构。已知 OA 杆长为 $\sqrt{3}r$，角速度为 $\omega_0=\omega$，CD 杆长为 r，角速度 $\omega_D=2\omega$，它们的转向如图示。在图示位置，OA 杆与 AB 杆垂直，BC 与 AB 的夹角为 60°，CD 与 AB 平行。试求该瞬时 B 点的速度 $\boldsymbol{v}_B$。

9-12

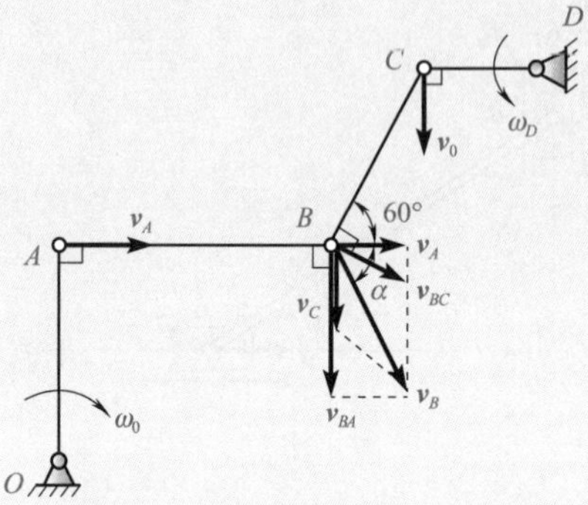

图 9-12

解 (1) 由基点法求解。

机构中的 OA 和 CD 杆做定轴转动，AB 和 BC 杆做平面运动。则 A、C 点的速度为

$$v_A=OA\cdot\omega_0=\sqrt{3}r\omega,\ \ v_C=CD\cdot\omega_0=2r\omega$$

方向如图 9-12 所示。

因 B 是 AB 上的一个点，故取 A 为基点，有

$$\boldsymbol{v}_B=\boldsymbol{v}_A+\boldsymbol{v}_{BA} \tag{1}$$

式中，$\boldsymbol{v}_B$ 的大小和方向、$\boldsymbol{v}_{BA}$ 的大小均为未知量，仅用式(1)求不出 $\boldsymbol{v}_B$。所以，考虑到 B 也是 BC 上的一个点，取 C 为基点，有

$$\boldsymbol{v}_B=\boldsymbol{v}_C+\boldsymbol{v}_{BC} \tag{2}$$

比较式(1)和式(2)，有

$$\boldsymbol{v}_A+\boldsymbol{v}_{BA}=\boldsymbol{v}_C+\boldsymbol{v}_{BC} \tag{3}$$

式(3)中的 $\boldsymbol{v}_A$、$\boldsymbol{v}_C$ 已经求出，而 $\boldsymbol{v}_{BA}$、$\boldsymbol{v}_{BC}$ 的方向分别垂直 AB 和 BC，若能求出 $\boldsymbol{v}_{BA}$ 或 $\boldsymbol{v}_{BC}$，则由式(1)或式(2)便可求出 $\boldsymbol{v}_B$。为此将式(3)中各矢量向 BC 轴上投影，得到

$$v_A\cos 60^\circ-v_{BA}\cos 30^\circ=-v_C\cos 30^\circ$$

解得

$$v_{BA}=\frac{\cos 60^\circ}{\cos 30^\circ}v_A+v_C=\frac{1}{\sqrt{3}}\times\sqrt{3}r\omega+2r\omega=3r\omega$$

由式(1)得

$$v_B=\sqrt{v_A^2+v_{BA}^2}=\sqrt{(\sqrt{3}r\omega)^2+(3r\omega)^2}=2\sqrt{3}r\omega$$

由图 9-12 所示，v_B 与 AB 的夹角 α 的余弦为

$$\cos\alpha=\frac{v_A}{v_B}=\frac{\sqrt{3}r\omega}{2\sqrt{3}r\omega}=\frac{1}{2}，所以 \alpha=60^\circ。$$

9-13

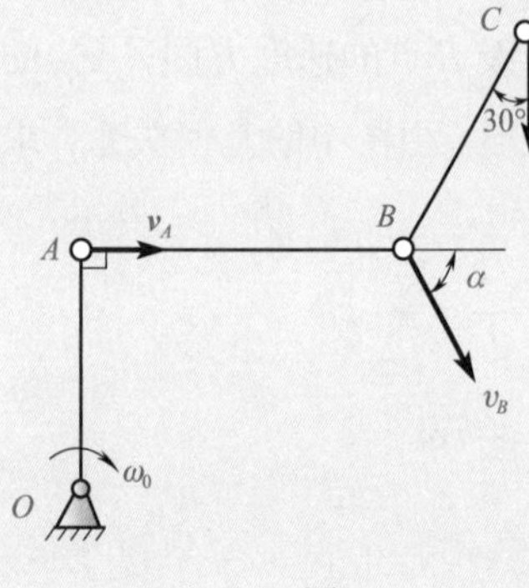

图 9-13

(2) 由速度投影法求解。

假设 B 点的速度 $\boldsymbol{v}_B$ 的方向与 AB 的夹角为 α，如图 9-13 所示。将 A 和 B 点速度在其连线 AB 上投影得

$$v_A=v_B\cos\alpha \tag{4}$$

将 B 和 C 点速度在其连线 CB 上投影得

$$v_C \cos 30° = v_B \cos(120° - \alpha) \tag{5}$$

将前面求出的 $\boldsymbol{v}_A$ 和 $\boldsymbol{v}_C$ 的值分别代入式(4)、式(5)得

$$\sqrt{3} r\omega = v_B \cos\alpha \tag{6}$$

$$2r\omega \cdot \cos 30° = v_B \cos(120° - \alpha) \tag{7}$$

比较式(6)和式(7)得

$$\cos\alpha = \cos(120° - \alpha)$$

所以 $\alpha = 60°$，代入式(4)得

$$v_B = 2\sqrt{3} r\omega$$

这个结果与用基点法求得的结果相同。

9.3.3 瞬时速度中心法(速度瞬心法)

应用基点法求平面图形上任一点速度时，一般选速度已知的点为基点，于是平面图形上任一点的速度，等于基点的速度与该点随图形绕基点转动的速度的矢量和。用这种方法求平面图形上点的速度有时还不很方便，因为每一点的速度都要由两部分合成。若选取速度为零的点作为基点，这样计算可简化。于是，自然会想到，在某一瞬时图形是否有一点速度等于零？如果存在的话，该点如何确定？下面就来研究这些问题。

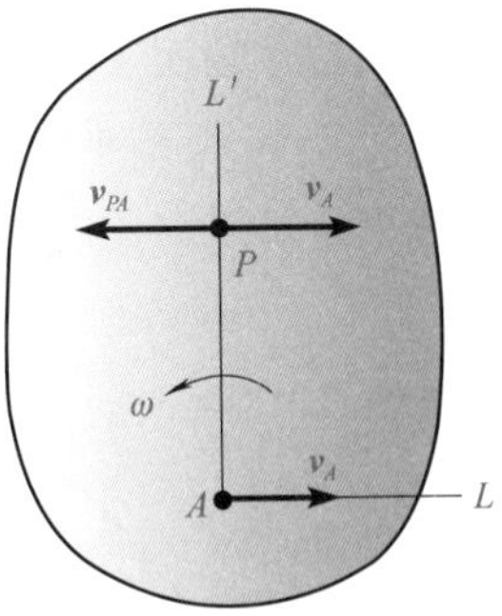

图 9-14

9-14

设在某瞬时，已知图形上 A 点的速度为 $\boldsymbol{v}_A$，图形的角速度为 ω，转向如图 9-14 所示。

沿速度 $\boldsymbol{v}_A$ 的方向取半直线 AL，将该半直线绕 A 点顺 ω 的转向转过 $90°$ 至 AL' 的位置，在 AL' 上取长度 $AP = \dfrac{v_A}{\omega}$ 确定一点 P，则 P 点的速度在该瞬时等于零。因为，若取 A 点为基点，则 P 点的速度应为

$$\boldsymbol{v}_P = \boldsymbol{v}_A + \boldsymbol{v}_{PA}$$

因为 $\boldsymbol{v}_{PA}$ 与 AP 垂直，从图中可见，$\boldsymbol{v}_A$ 与 $\boldsymbol{v}_{PA}$ 在同一直线上且方向相反，故 $\boldsymbol{v}_P$ 的大小为

$$v_P = v_A - AP \cdot \omega = v_A - \frac{v_A}{\omega} \cdot \omega = 0$$

即在该瞬时，图形上 P 点的速度等于零。该点称为平面图形在此瞬时的瞬时速度中心，简称**速度瞬心**。若取速度瞬心 P 点为基点，由式(9-2)，则在此瞬时图形上任一点的速度就等于该点随图形绕 P 点转动的速度。至于转动的角速度 ω 就是图形的角速度。当图形的瞬心确定后，图形上任一点的速度就很容易求出。例如，图 9-15 所示图形上 A、B 两点的速度分别为

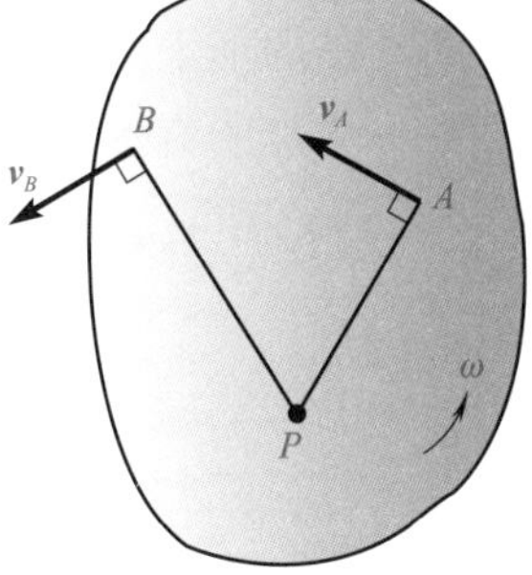

图 9-15

9-15

$$\boldsymbol{v}_A = \boldsymbol{v}_P + \boldsymbol{v}_{AP} = \boldsymbol{v}_{AP}, \quad \boldsymbol{v}_B = \boldsymbol{v}_P + \boldsymbol{v}_{BP} = \boldsymbol{v}_{BP}$$

它们的大小分别为

$$v_A = PA \cdot \omega, \quad v_B = PB \cdot \omega$$

$\boldsymbol{v}_A$ 和 $\boldsymbol{v}_B$ 的方位分别垂直于 PA 和 PB，它们的指向顺着 ω 的转

向指向前方。由此可见，图形上任一点速度的大小与该点到速度瞬心的距离成正比，任一点速度的方向垂直于该点与速度瞬心的连线。

在图 9-15 所示瞬时，沿 PA 线段上各点速度分布规律与刚体定轴转动时体内沿转动半径上各点速度分布规律相同。因此，平面图形在任一瞬时的运动可以视为绕速度瞬心的瞬时转动，而速度瞬心又称为平面图形的瞬时转动中心。

必须指出，速度瞬心可以在平面图形内，也可以在图形外，且速度瞬心的位置是随时间而不断变化的。因此，在不同的瞬时，平面图形具有不同的速度瞬心。

利用速度瞬心求解平面图形上点的速度的方法，称为速度瞬心法。此法求平面图形上任一点的速度时是十分方便的。应用此法的关键在于如何确定速度瞬心的位置。下面介绍几种确定速度瞬心位置的方法。

1. 已知某瞬时平面图形上 A、B 两点速度 $\boldsymbol{v}_A$ 、 $\boldsymbol{v}_B$ 的方向，且 $\boldsymbol{v}_A$ 与 $\boldsymbol{v}_B$ 不平行

由于图形上任一点速度的方向必垂直于该点与速度瞬心的连线，因此，过 A、B 两点分别作速度 $\boldsymbol{v}_A$ 和 $\boldsymbol{v}_B$ 的垂线，其交点 P 即为图形在该瞬时的速度瞬心(图 9-16)。

在特殊情况下，若 $\boldsymbol{v}_A$ 与 $\boldsymbol{v}_B$ 大小相等，方向相同， A、B 两点连线与矢量 $\boldsymbol{v}_A$ 、 $\boldsymbol{v}_B$ 不垂直，则此时 $\boldsymbol{v}_A$ 、 $\boldsymbol{v}_B$ 的垂线互相平行(图 9-17)。这样，图形的瞬心将落到无穷远处，该瞬时图形的角速度将等于零，即

$$\omega = \frac{v_A}{AP} = \frac{v_B}{\infty} = 0$$

9-16、
9-17

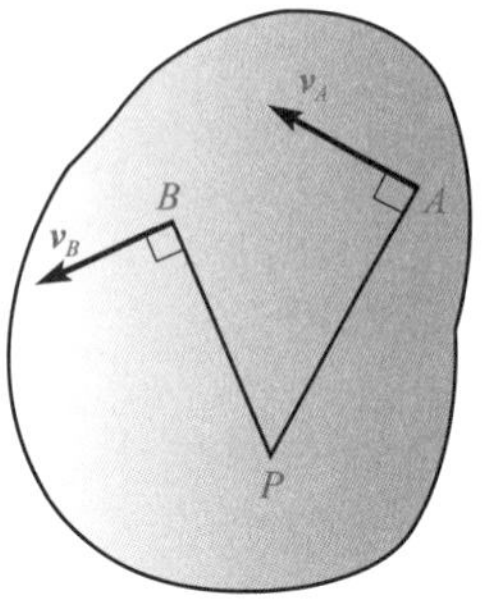

图 9-16

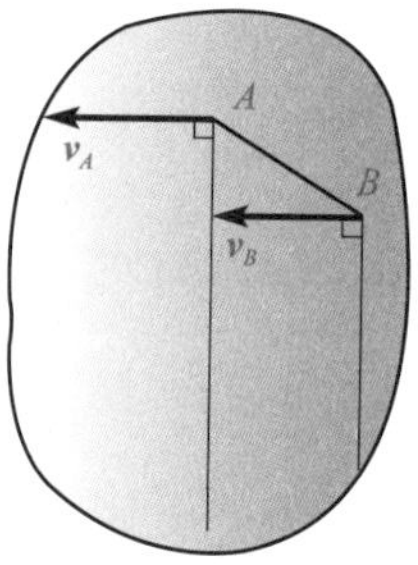

图 9-17

故图形上各点的速度都相等。这种情况称为**瞬时平动**。此瞬时各点的速度相等，但加速度不相等，这与刚体平动时的情况不一样。

2. 已知某瞬时图形上 A、B 两点速度 $\boldsymbol{v}_A$ 、 $\boldsymbol{v}_B$ 的大小，它们的方向都与 AB 连线垂直

因为直线 AB 既垂直于 $\boldsymbol{v}_A$，又垂直于 $\boldsymbol{v}_B$，所以瞬心 P 必在该直线上。瞬心 P 到 A 点和 B 点的距离与 $\boldsymbol{v}_A$ 和 $\boldsymbol{v}_B$ 的大小成正比，利用这个关系，可以确定瞬心的位置。在图形上按一定的比例画出速度矢量 $\boldsymbol{v}_A$ 和 $\boldsymbol{v}_B$， 则瞬心 P 在通过直线 AB 和过矢量 $\boldsymbol{v}_A$ 和 $\boldsymbol{v}_B$ 端点的直线的交点上(图 9-18)。其中，图 9-18(a)表示 $\boldsymbol{v}_A$ 和 $\boldsymbol{v}_B$ 同向的情况，图 9-18(b)表示 $\boldsymbol{v}_A$ 和 $\boldsymbol{v}_B$ 反向的情况。

这种情况下，图形的角速度可由下式计算：

$$\omega = \frac{v_A}{PA} = \frac{v_B}{PB}$$

对于图 9-18(a)所示的情况，有

$$\omega = \frac{|v_A - v_B|}{AB}$$

对于图 9-18(b)所示的情况，有

$$\omega = \frac{v_A + v_B}{AB}$$

ω 的转向可根据 $\boldsymbol{v}_A$ 的指向和瞬心 P 点的位置确定。

在特殊情况下，若 $\boldsymbol{v}_A = \boldsymbol{v}_B$（图 9-18(c)），显然，此时速度瞬心在无穷远处，图形做瞬时平动。

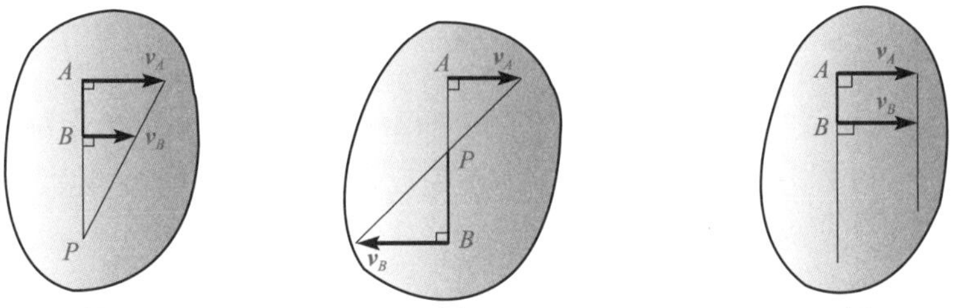

(a) (b) (c)

图 9-18

9-18

3. **当平面图形沿一固定面做无滑动的滚动时(图 9-19)，图形与固定面的接触点 P 就是图形的速度瞬心**

因为在该瞬时，点 P 相对于固定面的速度为零，显然它的绝对速度也等于零。例如，车轮沿直线轨道做纯滚动时，轮缘上的各点相继与地面接触而成为车轮在不同时刻的速度瞬心(图 9-20)。

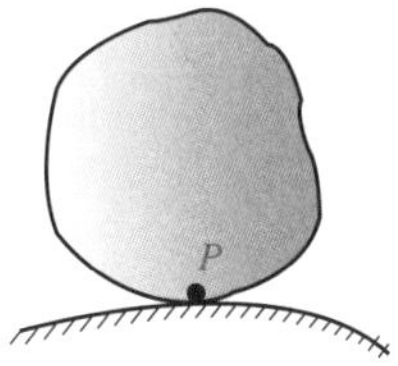

图 9-19

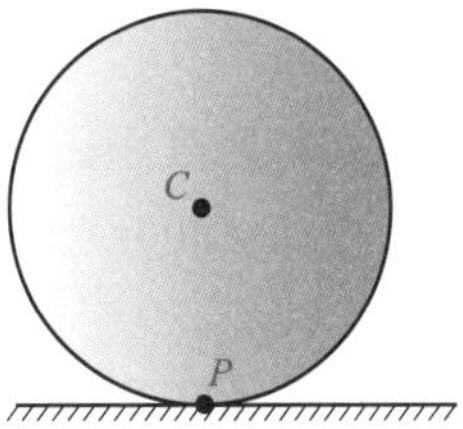

图 9-20

9-19

9-20

以上阐述了在几种不同情况下确定图形速度瞬心的方法。但必须强调指出，图形在某一瞬时的速度瞬心只是在该瞬时它的速度为零，而它的加速度一般不为零，所以在下一个瞬时它的速度就不再为零了。因此，速度瞬心的位置都是随时间而变化的，在不同的瞬时，图形具有不同的速度瞬心。图 9-20 所示轮子做纯滚动时，接触点是速度瞬心，而在不同的瞬时，接触点在轮子上的位置和轨道上的位置都是不同的。各瞬时在平面图形上所形成的轨迹称为动瞬心轨迹，在固定面上所形成的轨迹则称为静瞬心轨迹。

【例 9-4】 滚压机构的滚子沿水平直线轨道做纯滚动(图 9-21)。已知曲柄 $OA = 15\text{cm}$，转速 $n = 60\text{r/min}$，滚子半径 $R = 15\text{cm}$。求当曲柄与水平面夹角 $\alpha = 60°$ 时(且此时曲柄与连杆垂直)，滚子的角速度与滚子中心 B 点的速度。

解 该机构中，曲柄 OA 做定轴转动，连杆 AB 及滚子 B 均做平面运动。

由已知条件可求得 A 点的速度 $\boldsymbol{v}_A$ 的大小和方向。欲求滚子中心 B 点的速度可通过分析连杆 AB 的运动求得。由于 $\boldsymbol{v}_A$ 垂直于曲柄 OA，$\boldsymbol{v}_B$ 沿水平直线 OB，因此过 A、B 两点分别作 $\boldsymbol{v}_A$ 和 $\boldsymbol{v}_B$ 的垂线，其交点 P_1 就是连杆 AB 在图示位置时的速度瞬心。

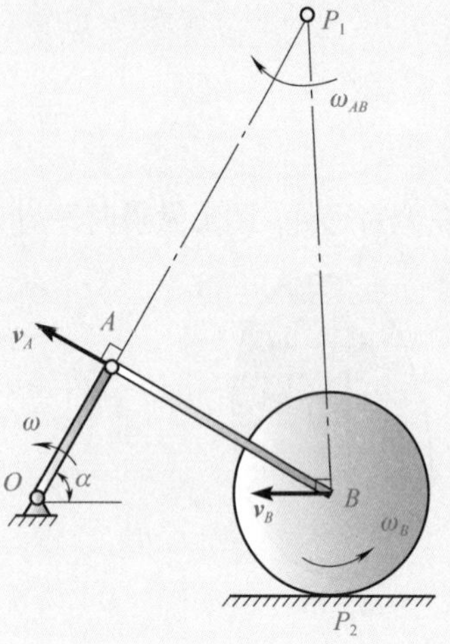

图 9-21

9-21

由题设知，曲柄 OA 的角速度为

$$\omega = \frac{n\pi}{30} = \frac{60\pi}{30} = 2\pi(\mathrm{rad/s})$$

而 A 点的速度为

$$v_A = OA \cdot \omega = 15 \times 2\pi = 30\pi(\mathrm{cm/s})$$

所以连杆 AB 的角速度 ω_{AB} 可由 $\boldsymbol{v}_A$ 求得，其大小为

$$\omega_{AB} = \frac{v_A}{P_1A}$$

因此，B 点的速度为

$$v_B = P_1B \cdot \omega_{AB} = P_1B \cdot \frac{v_A}{P_1A} = 30\pi \times \frac{2}{\sqrt{3}} = 108.8(\mathrm{cm/s})$$

方向如图 9-21 所示。

由于滚子沿水平直线做纯滚动，所以滚子与水平面的接触点 P_2 就是滚子的速度瞬心。于是，滚子的角速度为

$$\omega_B = \frac{v_B}{R} = \frac{108.8}{15} = 7.25(\mathrm{rad/s})$$

转向为逆时针。

【例 9-5】 曲柄肘杆压床如图 9-22 所示。已知曲柄 OA 的转速 $n = 300\mathrm{r/min}$，$OA = 0.15\mathrm{m}$，$AB = 0.76\mathrm{m}$，$BC = BD = 0.53\mathrm{m}$。当曲柄与水平线成 30° 时，连杆 AB 处于水平位置，而肘杆 BC 与铅垂线成 30°。试求机构在图示位置时连杆 AB、BD 的角速度以及冲头 D 的速度。

9-22

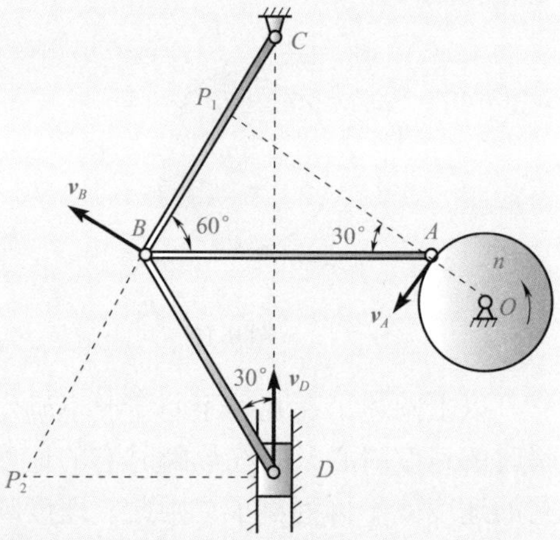

图 9-22

解 该机构中，曲柄 OA 和肘杆 BC 均做定轴转动，连杆 AB 和 BD 均做平面运动。欲求各连杆的角速度和冲头 D 的速度，必须从运动已知的曲柄 OA 开始，依次分析各相邻杆件连接点的运动，并分别找出连杆 AB 和 BD 的速度瞬心。

根据题意，曲柄 OA 的角速度为

$$\omega = \frac{n\pi}{30} = \frac{300\pi}{30} = 10\pi(\mathrm{rad/s})$$

A 点的速度大小为

$$v_A = OA \cdot \omega = 0.15 \times 10\pi = 1.5\pi(\mathrm{m/s})$$

其方向如图。

连杆 AB 上的 A 点的速度 $\boldsymbol{v}_A$ 已求得，B 点速度的方位可根据 B 点也是做定轴转动的肘杆上的一点而得到，即 $\boldsymbol{v}_B$ 的方位垂直于 BC。分别过 A、B 两点作直线与该点的速度垂直，其交点 P_1 即为连杆 AB 的速度瞬心。于是，连杆 AB 的角速度

$$\omega_{AB}=\frac{v_A}{P_1A}=\frac{1.5\pi}{AB\sin 60^\circ}=\frac{1.5\pi\times 2}{0.76\times\sqrt{3}}=7.16(\text{rad/s})$$

其转向为顺时针。

由此可求得 B 点的速度大小为

$$v_B=P_1B\cdot\omega_{AB}=AB\cos 60^\circ\times\frac{1.5\pi}{AB\sin 60^\circ}=\frac{1.5\pi}{\sqrt{3}}=2.72(\text{m/s})$$

其方向如图示。

再研究连杆 BD。连杆 BD 上 B 点的速度已知，D 点的速度 $\boldsymbol{v}_D$ 的方位沿滑槽的中心线，于是可求出连杆 BD 在图示瞬时的速度瞬心 P_2。因而连杆 BD 的角速度

$$\omega_{BD}=\frac{v_B}{P_2B}$$

其转向为逆时针方向。

由此便求得冲头 D 的速度大小为

$$v_D=P_2D\cdot\omega_{BD}=\frac{P_2D}{P_2B}v_B$$

其指向为铅垂向上。

由图示的几何关系，不难看出 $\triangle P_2BD$ 为等边三角形，所以 $P_2B=P_2D=BD$。于是可得

$$\omega_{BD}=\frac{v_B}{P_2B}=\frac{v_B}{BD}=\frac{1.5\pi}{\sqrt{3}\times 0.53}=5.13(\text{rad/s})$$

$$v_D=\frac{P_2D}{P_2B}v_B=v_B=2.72\text{m/s}$$

【例 9-6】　图 9-23 所示为外啮合行星齿轮机构。已知固定齿轮半径为 R，行星齿轮半径为 r，曲柄 OA 以匀角速度 ω_0 绕 O 转动，并带动行星轮在固定齿轮上做纯滚动。试求图示位置时，行星轮上 M_1、M_2、M_3 和 M_4 各点的速度。

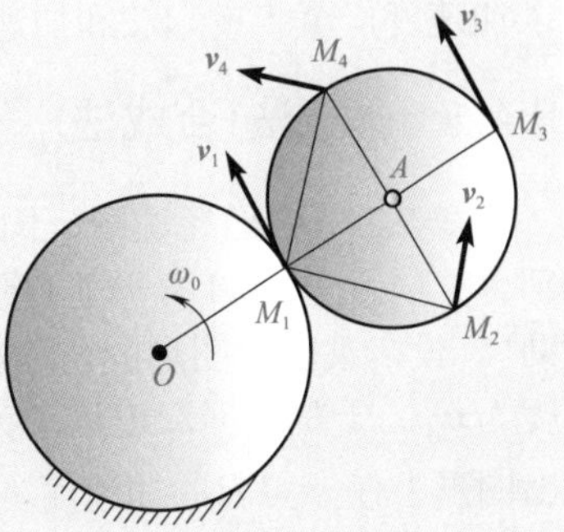

图 9-23

9-23

解　曲柄 OA 做定轴转动，行星轮做平面运动，轮心 A 点的速度可由曲柄转动来确定，有

$$v_A=OA\cdot\omega_0=(R+r)\omega_0 \tag{1}$$

因行星轮沿固定齿轮做纯滚动，故接触点 M_1 为速度瞬心，即 $\boldsymbol{v}_1=0$，设行星轮的角速度为 ω，则轮心 A 点的速度也可表示为

$$v_A=M_1A\cdot\omega=r\omega \tag{2}$$

由式(1)和式(2)相等，得

$$\omega=\frac{R+r}{r}\omega_0$$

其转向与 ω_0 相同。

M_2、M_3、M_4各点的速度分别为

$$v_3 = 2r \cdot \omega = 2(R+r)\omega_0, \quad v_2 = v_4 = \sqrt{2}r\omega = \sqrt{2}(R+r)\omega_0$$

各速度的方向如图 9-23 所示。

从以上各例题可知，在用速度瞬心法研究平面机构运动时，关键在于正确地找出每个做平面运动构件的速度瞬心。但必须注意，在每一瞬时，每个做平面运动的构件都有自己的速度瞬心和角速度，决不能混淆。而当一个构件的角速度和速度瞬心的位置确定后，则该构件上任一点的速度就可完全确定。这种求解速度的方法比基点法要方便得多。因此，在工程实际中经常应用速度瞬心法来研究平面机构的运动。

现将用速度瞬心法求解平面运动机构上各点速度的步骤归纳如下：

(1)首先根据已知条件分析图中各个刚体的运动情况。分清哪些刚体做平动，哪些刚体做转动，哪些刚体做平面运动。

(2)从所求的未知量开始分析，并注意两刚体的连接点，通过研究这样的点的运动，有助于解决相邻刚体的运动。

(3)根据已知条件，找出各平面运动刚体的速度瞬心的位置及角速度，最后求出所求未知量。

9.4 平面图形内各点的加速度

本节介绍求平面图形上任一点加速度的方法。与求速度的方法相同，求加速度也可以采用基点法、投影法和加速度瞬心法。但采用最普遍的是基点法，所以本节重点介绍用基点法求加速度，至于投影法和加速度瞬心法也做一简单的叙述。

9.4.1 基点法(合成法)

9-24

在 9.2 节中已经说明，平面图形S(图 9-24)的运动可以分解为两部分：①随基点A的平动(牵连运动)；②绕基点A的转动(相对运动)。设在某瞬时图形的角速度为ω，角加速度为ε；基点A的加速度为$\boldsymbol{a}_A$。于是根据牵连运动为平动时的点的加速度合成定理，可求出图形上任一点B的加速度，即

$$\boldsymbol{a}_a = \boldsymbol{a}_e + \boldsymbol{a}_r$$

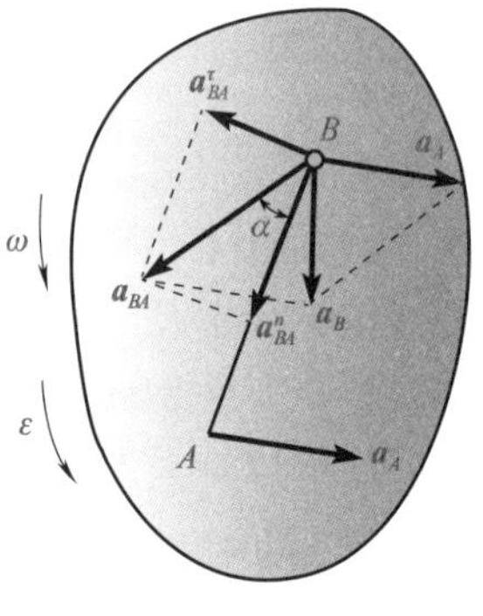

图 9-24

由于牵连运动为平动，所以$\boldsymbol{a}_e = \boldsymbol{a}_A$，而$B$点的相对加速度$\boldsymbol{a}_r$则为绕基点$A$转动的加速度，它由相对切向加速度和相对法向加速度两部分组成，即

$$\boldsymbol{a}_r = \boldsymbol{a}_{BA} = \boldsymbol{a}_{BA}^{\tau} + \boldsymbol{a}_{BA}^{n}$$

于是，由加速度合成定理可得如下公式：

$$\boldsymbol{a}_B = \boldsymbol{a}_A + \boldsymbol{a}_{BA}^{\tau} + \boldsymbol{a}_{BA}^{n} \tag{9-4}$$

即平面图形内任一点的加速度等于基点的加速度与该点绕基点转动的切向加速度和法向加速度的矢量和。

在式(9-4)中，相对切向加速度的大小为

$$a_{BA}^{\tau} = AB \cdot \varepsilon$$

方位与直线AB垂直，并与角加速度ε转向一致。

相对法向加速度的大小为

$$a_{BA}^{n} = AB \cdot \omega^{2}$$

方位沿直线 BA，并总是指向基点 A。于是，相对加速度的大小为

$$a_{BA} = AB\sqrt{\omega^{4} + \varepsilon^{2}}$$

当图形加速转动时，$\boldsymbol{a}_{BA}^{\tau}$ 与 v_{BA} 同向；当图形减速转动时，$\boldsymbol{a}_{BA}^{\tau}$ 与 v_{BA} 反向。相对加速度 $\boldsymbol{a}_{BA}$ 与 AB 间的夹角可由下式求得

$$\tan\alpha = \frac{a_{BA}^{\tau}}{a_{BA}^{n}} = \frac{\varepsilon}{\omega^{2}}$$

式(9-4)是一个矢量方程，每一个矢量有两个要素(大小和方向)，这样四个矢量共有八个要素，需知其中六个，才能求出其余两个。但是，由于 $\boldsymbol{a}_{BA}^{\tau}$ 和 $\boldsymbol{v}_{BA}$ 的方位始终是已知的。所以只要知道其余四个要素，问题即可得到解决。

【例 9-7】 半径为 R 的车轮沿直线轨道做纯滚动(图 9-25)。已知轮心 O 点的速度 $\boldsymbol{v}_0$ 及加速度 $\boldsymbol{a}_0$，求车轮与轨道的接触点 P 的加速度。

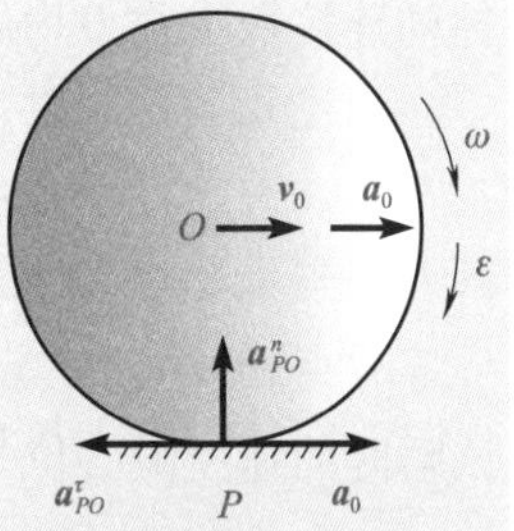

图 9-25

9-25

解 因为车轮沿直线轨道做纯滚动，所以车轮与轨道接触点 P 为车轮的速度瞬心。由速度瞬心法可求得轮子的角速度为

$$\omega = \frac{v_0}{R}$$

ω 的转向可由 $\boldsymbol{v}_0$ 的方向决定，如图 9-25 所示为顺时针方向。上式为 ω 与 v_0 的函数关系式，在任何瞬时该式都成立。由此可求得车轮的角加速度为

$$\varepsilon = \frac{\mathrm{d}\omega}{\mathrm{d}t} = \frac{1}{R}\frac{\mathrm{d}v_0}{\mathrm{d}t}$$

因轮心 O 做直线运动，所以 $\dfrac{\mathrm{d}v_0}{\mathrm{d}t} = a_0$，因而得

$$\varepsilon = \frac{a_0}{R}$$

其转向由 $\boldsymbol{a}_0$ 的指向确定。

现以 O 为基点求 P 点的加速度。由式(9-4)有

$$\boldsymbol{a}_P = \boldsymbol{a}_0 + \boldsymbol{a}_{PO}^{\tau} + \boldsymbol{a}_{PO}^{n}$$

而

$$\boldsymbol{a}_{PO}^{\tau} = R\varepsilon = R\frac{a_0}{R} = a_0,\quad a_{PO}^{n} = R\omega^{2} = \frac{v_0^{2}}{R}$$

$\boldsymbol{a}_{PO}^{\tau}$ 和 $\boldsymbol{a}_{PO}^{n}$ 的方向如图 9-25 所示。

因 $\boldsymbol{a}_{PO}^{\tau}$ 与 $\boldsymbol{a}_0$ 大小相等，方向相反，互相抵消，故有

$$a_P = a_{PO}^{n} = \frac{v_0^{2}}{R}$$

其方向与 $\boldsymbol{a}_{PO}$ 相同，由 P 指向 O。

本题用实例说明了速度瞬心 P 的加速度并不为零。因此，切不可将速度瞬心 P 作为加速度为零的一点来求平面图形内其他各点的加速度。

【例 9-8】 图 9-26(a)所示为四连杆机构。已知曲柄 OA 长 r，连杆 AB 长 $2r$，摇杆 O_1B 长 $2\sqrt{3}r$。在某一瞬时，机构运动到图示位置，点 O、B 和 O_1 位于同一水平线上，而曲柄 OA 位于铅垂位置。若曲柄的角速度为 ω_0，角加速度 $\varepsilon_0=\sqrt{3}\omega_0^2$，求点 B 的速度和加速度。

9-26

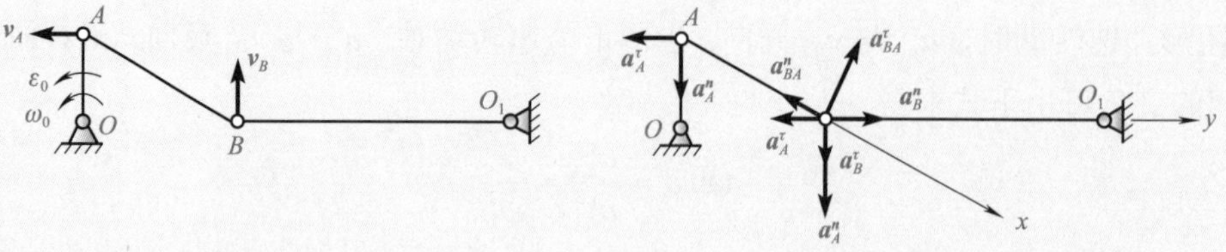

(a) (b)

图 9-26

解 曲柄 OA 和摇杆 O_1B 分别绕点 O 和 O_1 做定轴转动，连杆 AB 做平面运动。此外，两杆件的连接点 A 与 B 均做圆周运动。

由已知条件，求得点 A 的速度大小为

$$v_A=r\omega_0$$

其方向垂直于 OA，指向同 ω_0 的转向。

B 点速度 $\boldsymbol{v}_B$ 的方位垂直于 O_1B，利用速度瞬心法可求得 ω_{AB} 及 $\boldsymbol{v}_B$。由图可知，连杆 AB 在该瞬时的速度瞬心位于点 O，故连杆 AB 的角速度为

$$\omega_{AB}=\frac{v_A}{r}=\frac{r\omega_0}{r}=\omega_0$$

方向为逆时针。

于是，B 点的速度大小为

$$v_B=OB\cdot\omega_{AB}=\sqrt{3}r\omega_0$$

其方向与 ω_{AB} 的转向一致，即垂直于 O_1B 向上。

现求 B 点的加速度。由已知条件求得点 A 的加速度为

$$\boldsymbol{a}_A=\boldsymbol{a}_A^\tau+\boldsymbol{a}_A^n$$

并且，$a_A^\tau=r\varepsilon_0=\sqrt{3}r\omega_0^2$，$a_A^n=r\omega_0^2$，方向如图 9-26(b)所示。

以 A 点为基点求平面图形上 B 点的加速度，因 B 点做圆周运动，故其加速度有 $\boldsymbol{a}_B^\tau$ 和 $\boldsymbol{a}_B^n$ 两项，则式(9-4)为

$$\boldsymbol{a}_B^\tau+\boldsymbol{a}_B^n=\boldsymbol{a}_A^\tau+\boldsymbol{a}_A^n+\boldsymbol{a}_{BA}^\tau+\boldsymbol{a}_{BA}^n$$

并且，$a_B^n=v_B^2/O_1B=\dfrac{\sqrt{3}}{2}r\omega_0^2$；$a_{BA}^n=AB\cdot\omega_{AB}^2=2r\omega_0^2$；而所有加速度的方位都已知，因此，上式中只有两个未知量，即 $\boldsymbol{a}_B^\tau$ 和 $\boldsymbol{a}_{BA}^\tau$ 的大小，故可求解。

根据题意，只需确定 $\boldsymbol{a}_B^\tau$，故将该矢量方程的两边分别投影于垂直于未知量 $\boldsymbol{a}_{BA}^\tau$ 的 x 方向，有

$$a_B^\tau\sin30^\circ+a_B^n\cos30^\circ=-a_A^\tau\cos30^\circ+a_A^n\sin30^\circ-a_{BA}^n$$

由此求得 $a_B^\tau=-7.5r\omega_0^2$，负号表示切向加速度 $\boldsymbol{a}_B^\tau$ 的实际指向与假设方向相反。

从而 B 点的加速度大小为

$$a_B=\sqrt{(a_B^\tau)^2+(a_B^n)^2}=\sqrt{57}r\omega_0^2$$

$\boldsymbol{a}_B$ 的方向可由下式确定为

$$\tan(\boldsymbol{a}_B, \boldsymbol{a}_B^n) = \frac{|a_B^\tau|}{a_B^n} = 8.66$$

在本题中，如果还要求出连杆 AB 的角加速度，只需将上述矢量方程向 y 方向投影，有

$$a_B^n = -a_A^\tau - a_{BA}^n \cos 30^\circ + a_{BA}^\tau \cos 60^\circ$$

求得 $a_{BA}^\tau = 5\sqrt{3} r\omega_0^2$，其方向如图示。

于是连杆 AB 的角加速度大小为

$$\varepsilon_{AB} = \frac{a_{BA}^\tau}{AB} = 4.33\omega_0^2$$

其转向为逆时针。

【例 9-9】 套筒 A 铰接于 AB 杆的 A 端，并套在固定的铅直杆 ED 上。铰连于 C 的固定套筒套在 AB 杆上，固定套筒 C 可绕 C 轴转动。已知杆 AB 长 60cm，当 $\varphi = 30^\circ$ 时，$AC = 40\text{cm}$，套筒 A 的速度 $v_A = 40\text{cm/s}$，加速度 $a_A = 8\text{cm/s}^2$（图 9-27（a））。试求该瞬时 AB 杆上 B 端的加速度 $\boldsymbol{a}_B$。

9-27

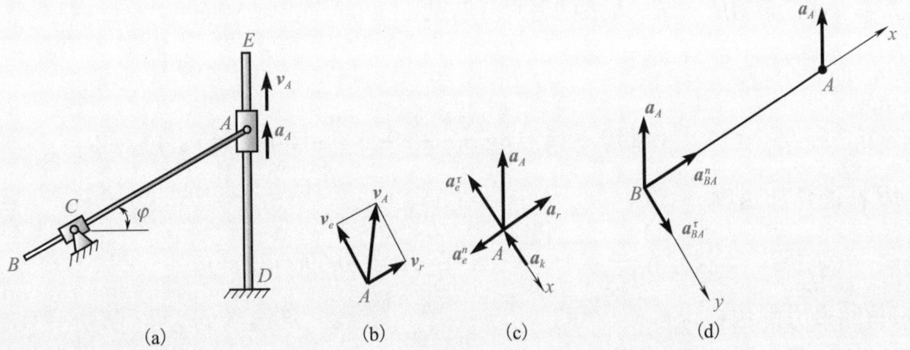

图 9-27

解 套筒 A 做直线平动，套筒 C 做定轴转动，AB 杆做平面运动。根据式(9-4)，B 点的加速度为

$$\boldsymbol{a}_B = \boldsymbol{a}_A + \boldsymbol{a}_{BA}^\tau + \boldsymbol{a}_{BA}^n$$

式中，$\boldsymbol{a}_A$ 的大小和方向已知，$\boldsymbol{a}_{BA}^\tau$ 和 $\boldsymbol{a}_{BA}^n$ 的方向可以确定，所以八个要素中，已知四个要素，还有四个要素未知，所以欲求 $\boldsymbol{a}_B$ 的大小和方向，必须先求出 AB 杆的角速度和角加速度。为此，用点的复合运动的方法求 AB 杆的角速度和角加速度。

取套筒 A 为动点（AB 杆上的 A 点），套筒 C 为动系，于是，绝对运动为直线运动，相对运动为沿 AB 方向的直线运动，牵连运动为定轴转动。

由速度合成定理得

$$\boldsymbol{v}_a = \boldsymbol{v}_e + \boldsymbol{v}_r$$

作速度平行四边形（图 9-27（b））。由几何关系求得

$$v_e = v_A \cos\varphi = 40 \times \frac{\sqrt{3}}{2} = 20\sqrt{3}(\text{cm/s})$$

于是 AB 杆的角速度大小为

$$\omega_{AB}=\frac{v_e}{CA}=\frac{20\sqrt{3}}{40}=\frac{\sqrt{3}}{2}(\text{rad/s})$$

其转向为逆时针。

相对速度 $\boldsymbol{v}_r$ 的大小为

$$v_r=v_A\sin\varphi=40\sin 30^\circ=20(\text{cm/s})$$

方向如图示。

根据动系为转动时的加速度合成定理有

$$\boldsymbol{a}_a=\boldsymbol{a}_e+\boldsymbol{a}_r+\boldsymbol{a}_k=\boldsymbol{a}_e^\tau+\boldsymbol{a}_e^n+\boldsymbol{a}_r+\boldsymbol{a}_k$$

作加速度矢量图(图 9-27(c))。

上述矢量方程中，只有 $\boldsymbol{a}_e^\tau$ 的大小和 $\boldsymbol{a}_r$ 的大小未知，其余量都可以求得。为了求 $\boldsymbol{a}_e^\tau$ 的大小，将该矢量方程投影于垂直于 $\boldsymbol{a}_r$ 方向的 x 轴，得

$$-a_A\cos 30^\circ=-a_e^\tau-a_k$$

式中，$a_k=2\omega_{AB}v_r=2\times\frac{\sqrt{3}}{2}\times 20=20\sqrt{3}(\text{cm/s}^2)$，其方向由 $\boldsymbol{\omega}\times\boldsymbol{v}_r$ 的矢积表示，即 $\boldsymbol{v}_r$ 顺 ω_{AB} 的转向转过 $\frac{\pi}{2}$，垂直于 AB，指向如图 9-27(c)所示。

于是 $\boldsymbol{a}_e^\tau$ 的大小为

$$a_e^\tau=a_A\cos 30^\circ-a_k=8\times\frac{\sqrt{3}}{2}-20\sqrt{3}=-16\sqrt{3}(\text{cm/s}^2)$$

所以，AB 杆的角加速度

$$\varepsilon_{AB}=\frac{a_e^\tau}{CA}=\frac{-16\sqrt{3}}{40}=-\frac{2}{5}\sqrt{3}=-0.69(\text{rad/s}^2)$$

负号表示与图设方向相反。

现在可应用基点法求 B 点的加速度，将矢量式 $\boldsymbol{a}_B=\boldsymbol{a}_A+\boldsymbol{a}_{BA}^\tau+\boldsymbol{a}_{BA}^n$ 分别投影于 x 、y 轴，得

$$a_{Bx}=a_A\sin 30^\circ+a_{BA}^n=8\times\frac{1}{2}+AB\omega_{BA}^2=4+45=49(\text{cm/s}^2)$$

$$a_{By}=-a_A\sin 30^\circ+a_{BA}^\tau=\frac{\sqrt{3}}{2}\times 8+AB\varepsilon_{BA}=-48.5(\text{cm/s}^2)$$

于是，B 点加速度的大小为

$$a_B=\sqrt{a_{Bx}^2+a_{By}^2}=68.9\text{cm/s}^2$$

9.4.2 投影法

若平面图形 S 在运动过程中某瞬时的角速度为零，角加速度为 ε，则式(9-4)可写成

$$\boldsymbol{a}_B=\boldsymbol{a}_A+\boldsymbol{a}_{BA}^\tau$$

由于 $\boldsymbol{a}_{BA}^\tau$ 垂直于 AB 连线，所以 $\boldsymbol{a}_{BA}^\tau$ 在 AB 上的投影恒等于零，于是上式在 AB 连线上投影，即得

$$[\boldsymbol{a}_B]_{AB}=[\boldsymbol{a}_A]_{AB} \tag{9-5}$$

式(9-5)表明，若平面图形在运动过程中某瞬时的角速度等于零，则该瞬时图形上任意两点的加速度在这两点连线上的投影相等。

如果已知图形上某点加速度的大小和方向，又知道另一点的加速度的方向，应用式(9-5)，就可以求出另一点的加速度的大小。应用加速度投影法，有时还是比较方便的。但必须注意，式(9-5)是投影方程，所以应用式(9-5)只能求解一个未知量。

【例 9-10】 滚压机构的滚子沿水平面做纯滚动。曲柄 OA 长 10cm，滚子半径 $R=10\text{cm}$，当曲柄运动到铅直位置时，角速度 $\omega_0=3\text{rad/s}$，角加速度 $\varepsilon_0=2\text{rad/s}^2$，试求该瞬时滚子的角速度和角加速度（$\alpha=30°$）。

解 由于机构在图 9-28 所示瞬时，杆 AB 做瞬时平动，所以 $\boldsymbol{v}_B=\boldsymbol{v}_A$，$AB$ 杆的角速度 $\omega_{AB}=0$，于是 B 点速度的大小为 $v_B=OA\cdot\omega_0=10\times3=30(\text{cm/s})$，方向水平往左。又因为滚子在水平面上做纯滚动，所以滚子与水平面的接触点为滚子在该瞬时的速度瞬心，于是滚子的角速度大小为

$$\omega=\frac{v_B}{R}=\frac{30}{10}=3(\text{rad/s})$$

方向如图 9-28(a)所示。

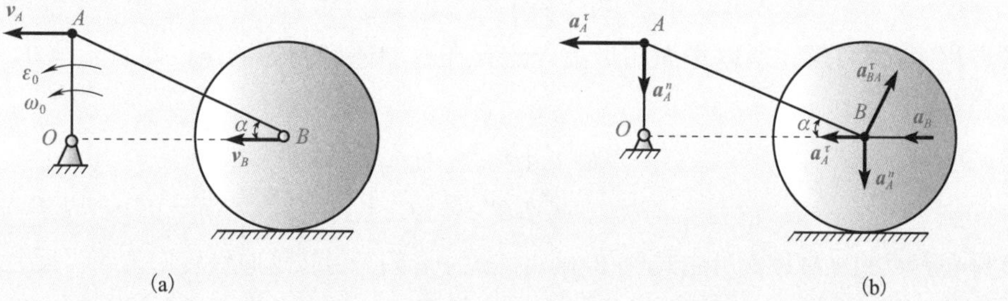

图 9-28

由于杆 AB 的角速度为零，所以可应用加速度投影法求 B 点的加速度，即

$$[\boldsymbol{a}_B]_{AB}=[\boldsymbol{a}_A]_{AB}=[\boldsymbol{a}_A^\tau]_{AB}+[\boldsymbol{a}_A^n]_{AB}$$

$$-a_B\cos\alpha=-a_A^\tau\cos\alpha+a_A^n\sin\alpha$$

$$a_B=a_A^\tau-a_A^n\tan\alpha=10\times2-10\times3^2\times\tan30°=-32(\text{cm/s}^2)$$

负号说明 $\boldsymbol{a}_B$ 的方向与假设的方向相反。

于是滚子的角加速度

$$\varepsilon=\frac{a_B}{R}=\frac{-32}{10}=-3.2(\text{rad/s}^2)$$

实际上滚子的角加速度为顺时针转向。

9.4.3 瞬心法

分析平面图形上点的加速度问题一般采用基点法，很少采用瞬心法。下面介绍求加速度瞬心的两种方法：解析法和几何法。

1. 解析法

刚体做平面运动时，任一瞬时都存在着加速度为零的点，该点称为加速度瞬时中心，简称加速度瞬心，用点“P”表示。

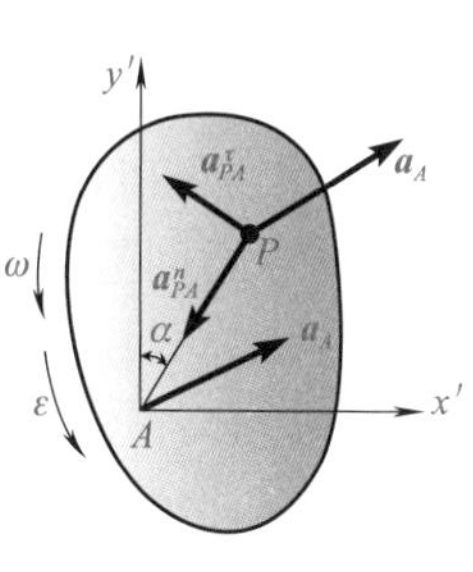

图 9-29

如图 9-29 所示，设某瞬时平面图形上 A 点的加速度为 $\boldsymbol{a}_A$，图形的

角速度为ω，角加速度为ε，则图形上一定存在一点P，P点在平动坐标系$Ax'y'$中的位置为(x', y')，该点的加速度$\boldsymbol{a}_P = 0$。

由基点法可知

$$\boldsymbol{a}_P = \boldsymbol{a}_A + \boldsymbol{a}_{PA}^{\tau} + \boldsymbol{a}_{PA}^{n} = \boldsymbol{a}_A + \boldsymbol{\varepsilon} \times \overrightarrow{AP} - \omega^2 \overrightarrow{AP} \tag{1}$$

因为$\boldsymbol{a}_{PA}^{n}$与$\overrightarrow{AP}$反向，所以式(1)右边第三项前加负号。

将式(1)投影于x'、y'轴得

$$[\boldsymbol{a}_P] = a_{Ax'} - a_{PA}^{\tau}\cos\alpha - a_{PA}^{n}\sin\alpha = a_{Ax'} - \varepsilon y' - \omega^2 x'$$

$$[\boldsymbol{a}_P]_{y'} = a_{Ay'} + a_{PA}^{\tau}\sin\alpha - a_{PA}^{n}\cos\alpha = a_{Ay'} + \varepsilon x' - \omega^2 y'$$

即

$$\left.\begin{aligned} \omega^2 x' + \varepsilon y' &= a_{Ax'} - a_{px'} \\ -\varepsilon x' + \omega^2 y' &= a_{Ay'} - a_{py'} \end{aligned}\right\} \tag{2}$$

式中，$x'y'$的系数行列式为

$$\begin{vmatrix} \omega^2 & \varepsilon \\ -\varepsilon & \omega^2 \end{vmatrix} = \omega^4 + \varepsilon^2 > 0$$

故方程组(2)有解，所以平面图形上一定存在着加速度为零的点，即有$a_P = 0$，于是方程组(2)可写为

$$\left.\begin{aligned} \omega^2 x' + \varepsilon y' &= a_{Ax'} \\ -\varepsilon x' + \omega^2 y' &= a_{Ay'} \end{aligned}\right\} \tag{9-6}$$

加速度瞬心P点的坐标位置可由式(9-6)确定。式中ε的符号按逆时针转向为正，反之为负。

2. **几何法**

确定加速度瞬心的几何法也称加速度瞬心图解法，较为复杂，而且对于不同的已知条件，确定方法也各有不同。可参见有关专题论著，本书不再赘述。

本章小结

本章研究了刚体的平面运动的特性，以及做平面运动刚体内任一点的速度和加速度。

1．刚体平面运动的概念。

刚体运动时，其上任一点离某一固定平面的距离始终保持不变，称刚体做平面运动。

刚体的平面运动可以简化为平面图形在其自身平面内的运动，而平面图形的运动又可分解为随同基点的平动(牵连运动)和绕基点的转动(相对运动)。应当注意，随图形平动的速度和加速度与基点的选择有关，而图形绕基点转动的角速度和角加速度与基点的选择无关。

确定平面图形S的位置需用三个参数x_A、y_A、φ表示(A点为基点)。刚体的平面运动方程为

$$x_A = f_1(t),\quad y_A = f_2(t),\quad \varphi = f_3(t)$$

由刚体的平面运动方程可求得各点的运动方程，再对时间t求导，还可求得各点的速度和加速度。$\dot{\varphi}$为图形的角速度，$\ddot{\varphi}$为平面图形的角加速度。

2．求平面图形上任一点的速度。

(1)基点法(合成法)。

平面图形上任一点B点的速度等于基点A的速度与该点绕基点相对转动速度的矢量和，即

$$\boldsymbol{v}_B = \boldsymbol{v}_A + \boldsymbol{v}_{BA}$$

(2) 速度投影法。

平面图形上任意两点 A 和 B 的速度在这两点连线上的投影相等，即

$$[\boldsymbol{v}_B]_{AB} = [\boldsymbol{v}_A]_{AB}$$

上述关系也称速度投影定理。

(3) 速度瞬心法。

平面图形上任一点 M 速度的大小等于图形的角速度与 M 点到速度瞬心 P 的距离（点 M 的转动半径）的乘积，即

$$v_M = MP \cdot \omega$$

其方向垂直于转动半径并指向 ω 转动的一方。

应用此法的关键是求速度瞬心的位置，速度瞬心的位置将随时间而改变。而瞬心的位置应由已知条件来确定，不能任意选取。在某瞬时，速度瞬心的速度等于零，但其加速度不等于零。确定速度瞬心的方法有以下几种：

①已知两点速度方向不平行，则速度瞬心在两速度垂线的交点上。

② 已知两点速度方向平行，且与两点连线垂直，则速度瞬心在两点连线和两速度矢端连线的交点上。

③ 已知两点速度方向平行，指向相同，大小相等，则速度瞬心在无穷远处，这时，图形做瞬时平动，图形在该瞬时的角速度等于零，而角加速度一般不等于零，注意瞬时平动和平动的区别。

④ 图形沿某固定面做纯滚动，则速度瞬心 P 在接触点处。

3．求平面图形上任一点的加速度。

确定平面图形上任一点的加速度，本书也介绍了三种方法，即基点法、投影法和瞬心法，但一般采用基点法。

用基点法（合成法）得到平面图形上任一点 B 的加速度等于基点 A 的加速度与该点绕基点相对转动的切向加速度和法向加速度的矢量和，即

$$\boldsymbol{a}_B = \boldsymbol{a}_A + \boldsymbol{a}_{BA}^{\tau} + \boldsymbol{a}_{BA}^{n}$$

思　考　题

9.1　请判断下列做平面运动的图形（图 9-30）上所示的速度是否正确？

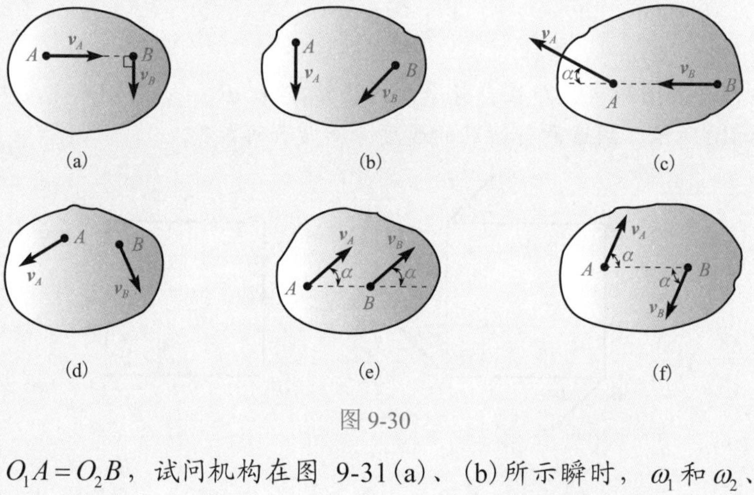

图 9-30

9.2　已知 $O_1A = O_2B$，试问机构在图 9-31(a)、(b) 所示瞬时，ω_1 和 ω_2、ε_1 和 ε_2 是否相等？

9.3　已知某瞬时图形上 O 点的加速度为 $\boldsymbol{a}_0$，图形的角速度 $\omega = 0$，角加速度为 ε_0，试指出图形上过 O 点并垂直于 $\boldsymbol{a}_0$ 的直线 mn 上各点加速度的方向（图 9-32）。

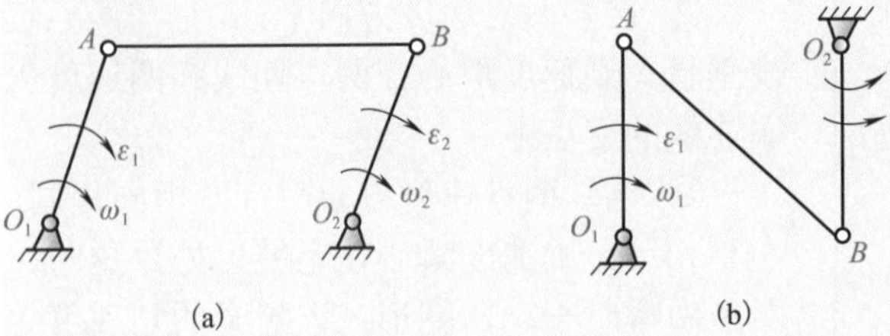

图 9-31

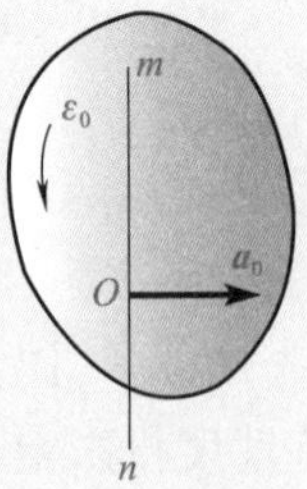

图 9-32

9.4　指出图 9-33 所示的机构中，哪些杆件做平面运动，并画出做平面运动构件的速度瞬心的位置，角速度转向及 M_1、M_2 各点的速度方向(各轮子均为纯滚动)。

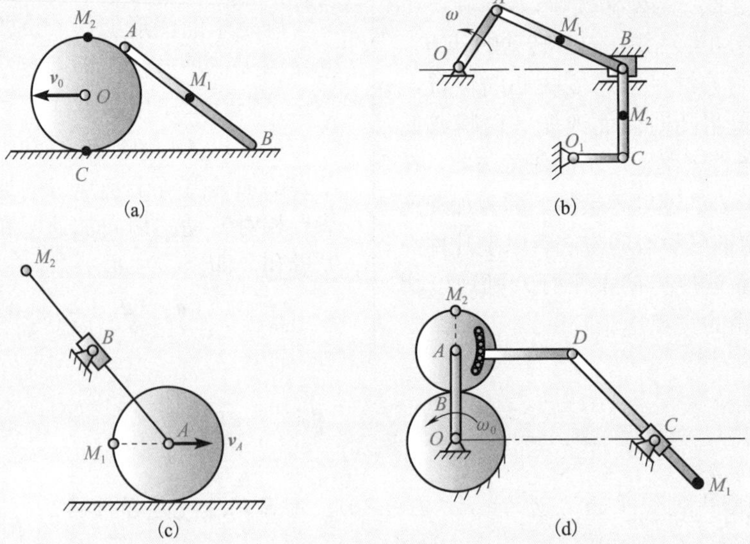

图 9-33

9.5　正方形平面图形 *ABCD* 在自身平面内运动，*A*、*B*、*C*、*D* 四点速度大小相等，方向如图 9-34(a)和(b)所示。问这两种情况的速度分布是否可能？

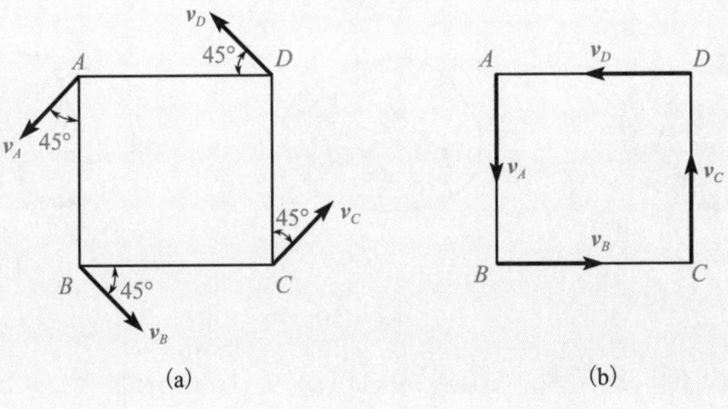

图 9-34

9.6　车轮沿曲面做纯滚动，如图 9-35 所示。已知在某瞬时轮心 *C* 的速度 $\boldsymbol{v}_C$ 和加速度 $\boldsymbol{a}_C$。试问车轮的角加速度是否等于 $\dfrac{\boldsymbol{a}_C\cos\alpha}{R}$？速度瞬心 *I* 的加速度的大小和方向如何确定？

9.7　两个相同的绕线盘，用同一速度 $\boldsymbol{v}$ 拉动，设轮在水平面上做纯滚动，试问哪种情况滚得快(图 9-36)?

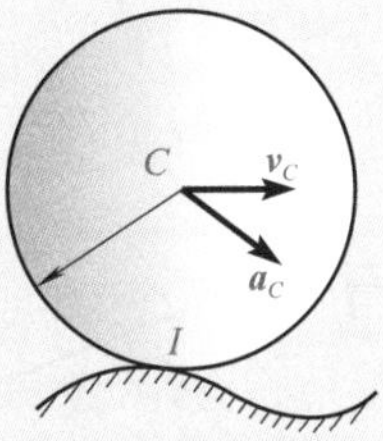

图 9-35

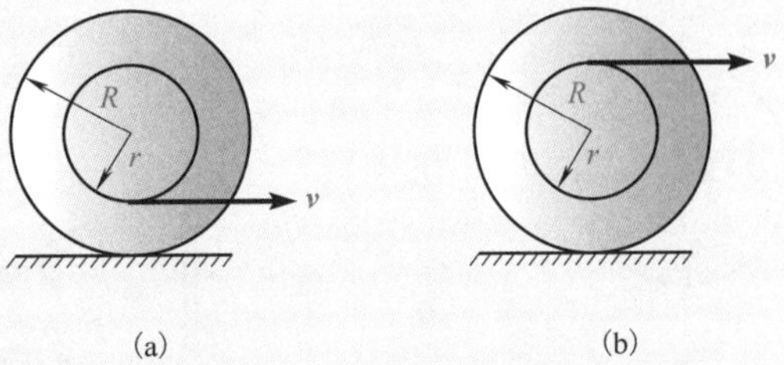

图 9-36

习　题

9-1　如题 9-1 图所示，滑块 A 以匀速 $\boldsymbol{v}_A$ 在固定水平杆 BC 上滑动，从而带动杆 AD 沿半径为 R 的固定圆盘上滑动。求在图示位置时杆 AD 的角速度(用 $\boldsymbol{v}_A$、R、θ 表示)。

9-2　如题 9-2 图所示，半径为 r 的齿轮由曲柄 OA 带动，沿半径为 R 的固定齿轮滚动。曲柄 OA 以匀角加速度 ε 绕 O 轴转动，运动开始时，角速度 $\omega_0=0$，转角 $\varphi_0=0$，试求动齿轮以 A 为基点的平面运动方程。

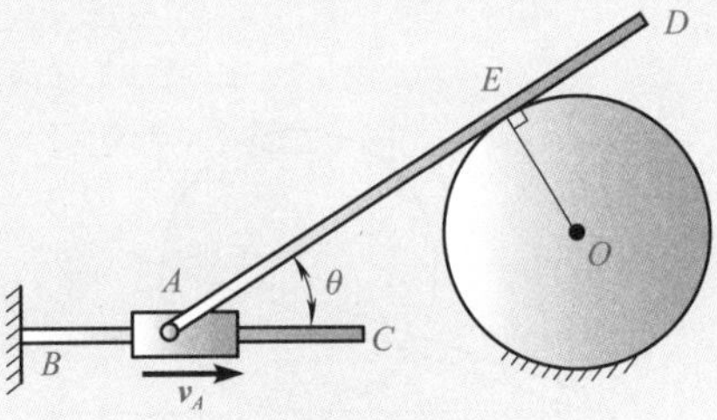

题 9-1 图

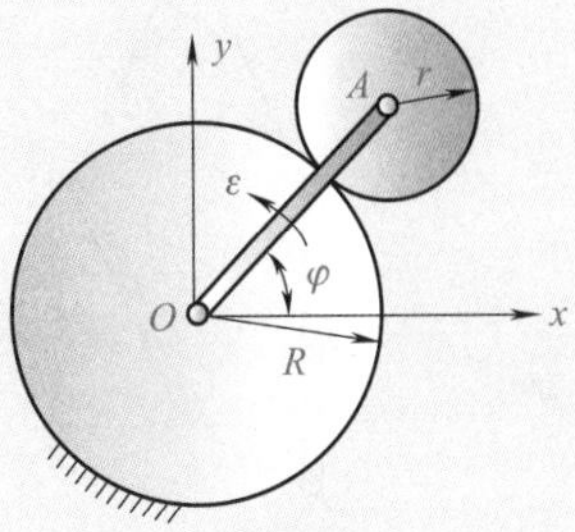

题 9-2 图

9-3　如题 9-3 图所示，圆柱 A 缠以细绳，绳的 B 端固定在天花板上，圆柱由静止下落，其轴心的速度 $v=\dfrac{2}{3}\sqrt{3gh}$，其中 g 为常数，h 为圆柱轴心到初位置的距离；圆柱的半径为 r。试求该圆柱的平面运动方程。

9-4　如题 9-4 图所示，在四连杆机构 $OABC$ 中，$OA=BC=\dfrac{1}{2}AB$，曲柄 OA 以匀角速度 $\omega=3\text{rad/s}$ 转动。当 OA 转动到与 OC 垂直时，CB 恰好在 OC 的延长线上，试求该瞬时 AB 杆的角速度 ω_{AB} 和曲柄 CB 的角速度 ω_1。

9-5　如题 9-5 图所示，曲柄 OA 以匀角速度 $\omega=6\text{rad/s}$ 转动，带动直角平板 ABC 和摇杆 BD 运动。已知 $OA=10\text{cm}$，$AC=15\text{cm}$，$BC=45\text{cm}$，$BD=40\text{cm}$，机构运动到图示位置($OA\perp AC, BD\,/\!/\,AC$)时，试求该瞬时点 A、B、C 的速度、平板的角速度 ω_A 以及摇杆 BD 的角速度 ω_{BD}。

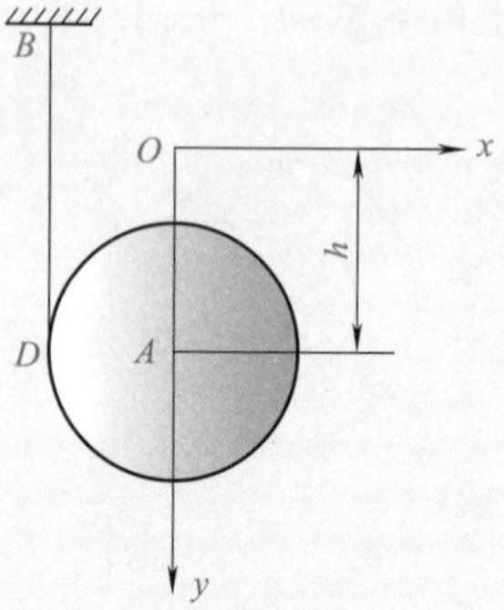

题 9-3 图

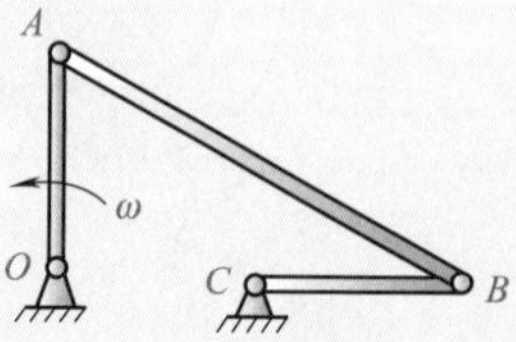

题 9-4 图

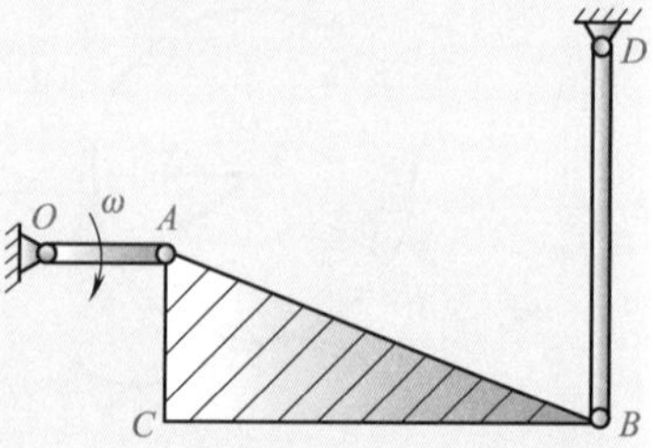

题 9-5 图

9-6 如题 9-6 图所示，菱形平板 $ABCD$ 与杆 AA_1 和 BB_1 铰接，两杆分别绕 A_1 轴和 B_1 轴转动。已知 $AB = BD = 20\text{cm}$，在图示位置时，$AA_1 \perp BB_1$，板的角速度 $\omega = 1.5\pi\text{rad/s}$，试求该瞬时菱形平板四个顶点的速度。

9-7 如题 9-7 图所示，长 $l = 1.5\text{m}$ 的杆 AB，一端铰接在半径 $r = 0.5\text{m}$ 的轮缘上，另一端可沿地面滑动，轮子在地面上做纯滚动，已知轮心 C 速度 $v_C = 20\text{m/s}$。试求当半径 CA 在水平位置时杆上 B 点的速度以及轮子和杆的角速度。

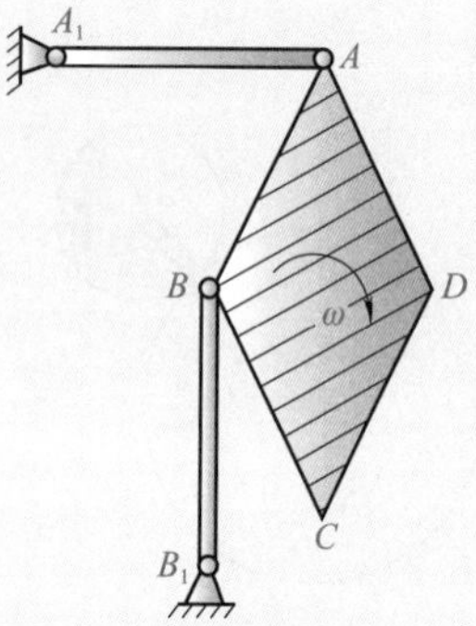

题 9-6 图

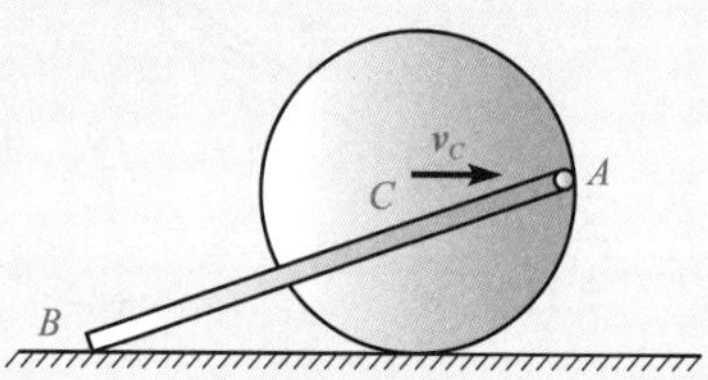

题 9-7 图

9-8 如题 9-8 图所示，轧碎机的活动夹板 AB 长为 60cm，由曲柄 OE 借助杠杆组带动而绕轴 A 摆动。曲柄 OE 长 10cm，以转速 100r/min 做逆时针匀速转动，BC 和 CD 长均为 40cm。机构在图示位置时，$AB \perp BC$，C 点恰在 O 点的正下方，试求该瞬时夹板 AB 的角速度。

9-9 如题 9-9 图所示，两平行的齿条朝相反方向运动，其速度分别为 $v_1 = 40\text{cm/s}$，$v_2 = 10\text{cm/s}$，带动齿轮 D 运动。试求齿轮上水平直径的两个端点 C 和 D 的速度。

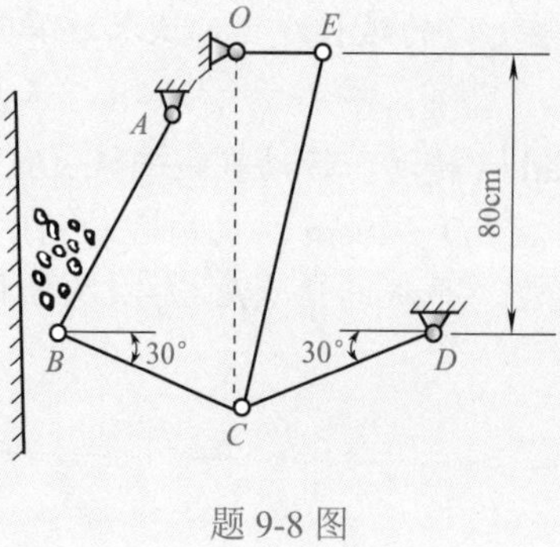

题 9-8 图

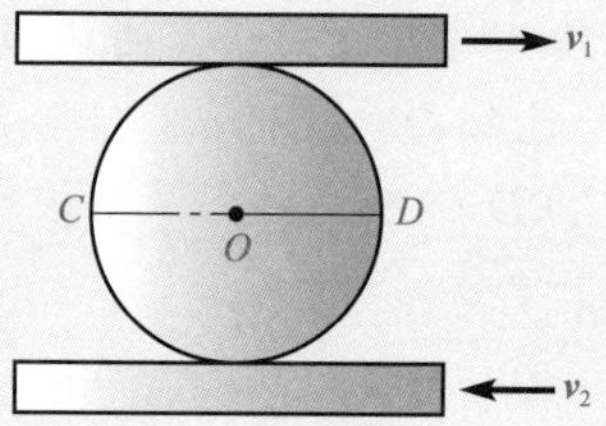

题 9-9 图

9-10　如题 9-10 图所示，曲柄机构在其连杆 AB 的中点 C 上以铰链与 CD 连接，而 CD 杆又与 DE 杆连接，DE 杆可绕 E 转动。已知 O、A、B 成一水平线时，曲柄 OA 的角速度为 $\omega = 8\text{rad/s}$，$OA = 0.25\text{m}$，$DE = 1\text{m}$，$\angle CDE = 90^\circ$，试求该瞬时 DE 杆的角速度。

9-11　如题 9-11 图所示筛动机构中，筛子的摆动是由曲柄连杆机构带动。已知曲柄 OA 的转速 $n = 40\text{r/min}$，$OA = 30\text{m}$，当筛子 BC 运动到与 O 点在同一水平线上时，$\angle BAO = 90^\circ$。试求该瞬时筛子 BC 的速度。

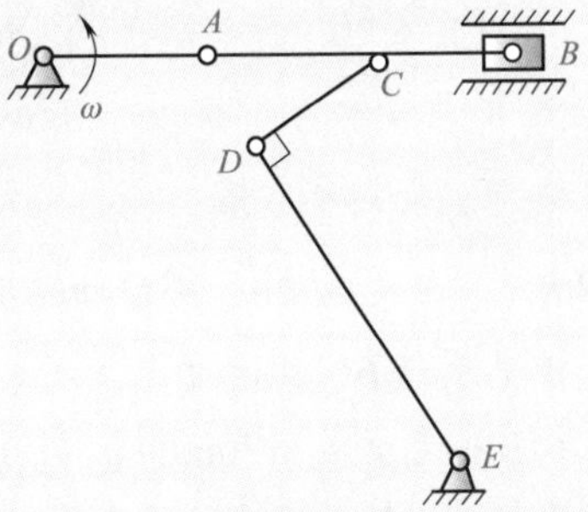

题 9-10 图

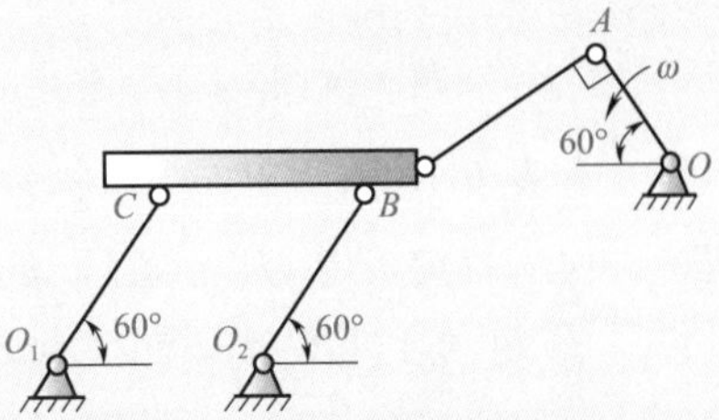

题 9-11 图

9-12　如题 9-12 图所示，楔块 M 以速度 $v = 12\text{cm/s}$ 向右运动，带动圆盘并使圆盘的轴 O 向上运动，楔块与盘间无相对滑动。设 $\alpha = 30^\circ$，圆盘半径 $r = 4\text{cm}$，试求圆盘的角速度以及轴 O 和 B 点的速度。B 点与切点 A 在同一直径上的对称位置。

9-13　如题 9-13 图所示五连杆机构，各杆间均用铰链连接，已知 $OA = 30\text{cm}$，$O_1B = 20\text{cm}$，$OO_1 = 40\text{cm}$。当机构在图示位置时，OA 和 O_1B 都垂直于 OO_1，CO_1 和 AC 共线，$BC \parallel O_1O$，且 OA 杆的角速度 $\omega = 2.5\text{rad/s}$，O_1B 的角速度 $\omega_2 = 3\text{rad/s}$，转向如图示。试求该瞬时 C 点的速度。

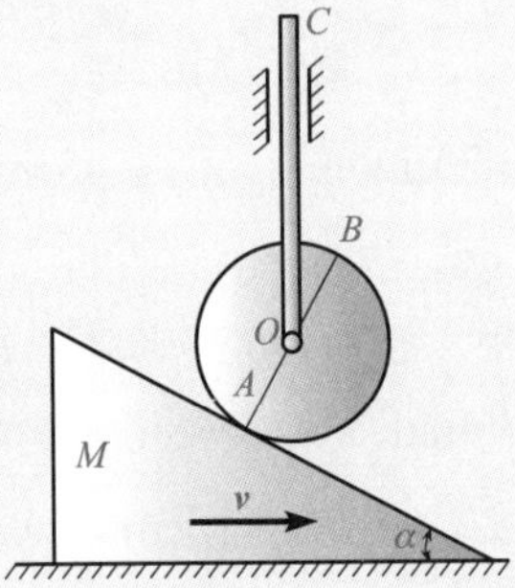

题 9-12 图

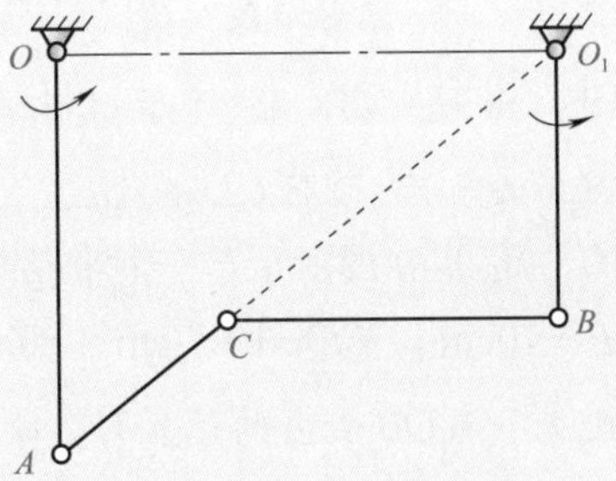

题 9-13 图

9-14　在题 9-14 图所示行星传动机构中，曲柄 OA 以匀角速度 ω_0 绕 O 轴转动，使与齿轮 A 固结在一起的 BD 杆运动。BE 杆与 BD 杆在 B 点铰接，BE 杆在绕 C 转动的套筒 C 内滑动。已知固定齿轮的半径 $R = 2r$，动齿轮的半径为 r，且 $AB = \sqrt{5}r$，试求在 BE 杆上与套筒 C 重合的一点的速度 $\boldsymbol{v}_C$。在该瞬时，曲柄 OA 在铅垂位置，BE 杆与水平线成 φ 角。

9-15　如题 9-15 图所示，曲柄连杆机构带动摇杆 O_1C 摆动。在连杆上装有两个滑块，滑块 B 在水平槽内滑动而滑块 D 在摇杆 O_1C 的槽内滑动，以使摇杆绕 O_1 轴摆动。已知曲柄 $OA = 5\text{cm}$，绕 O 轴转动的角速度 $\omega = 10\text{rad/s}$，在图示位置时，曲柄铅垂，摇杆与水平线成 60° 角，$O_1D = 7\text{cm}$，试求该瞬时摇杆的角速度。

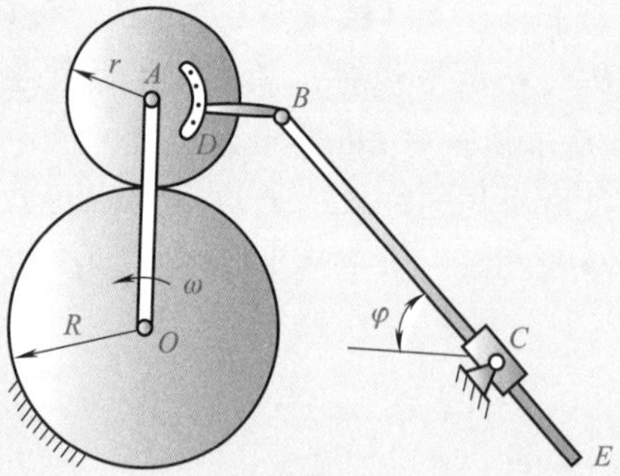

题 9-14 图

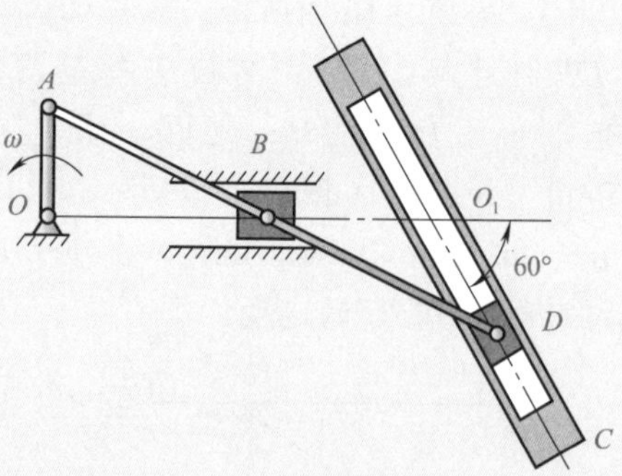

题 9-15 图

9-16 如题 9-16 图所示，平面机构的曲柄 OA 长为 $2a$，以匀角速度 ω_0 绕 O 轴转动。在图示位置时，$AB=OB$，且 $OA\perp AD$，试求该瞬时套筒 D 相对于杆 BC 的速度。

9-17 如题 9-17 图所示配气机构中，曲柄 OA 以匀角速度 $\omega=20\text{rad/s}$ 转动。已知 $OA=40\text{cm}$，$AC=20\sqrt{37}\text{cm}$，$CB=20\sqrt{37}\text{cm}$，试求当曲柄 OA 在两铅垂位置与两水平位置时，配气机构中气阀推杆 DE 的速度。

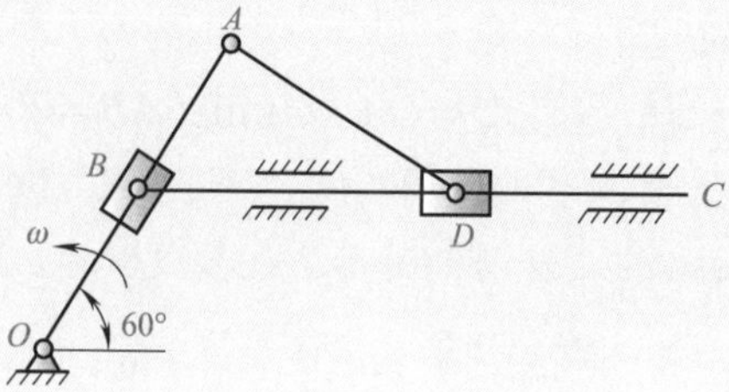

题 9-16 图

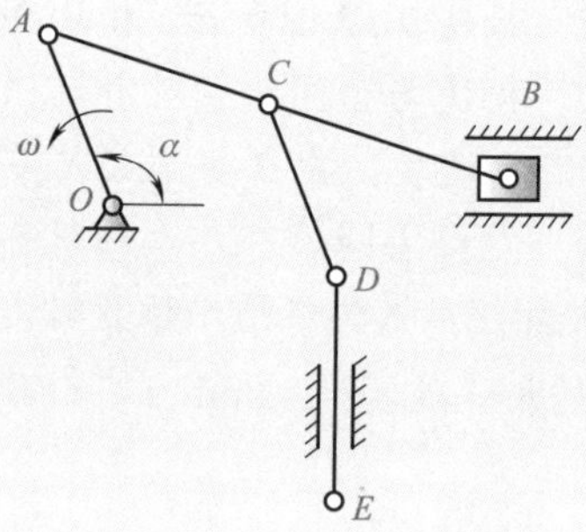

题 9-17 图

9-18 如题 9-18 图所示机构中滑块 A 的速度 $v_A=20\text{cm/s}$，$AB=40\text{cm}$，试求当 $AC=CB$、$\alpha=30^\circ$ 时杆 CD 的速度。

9-19 题 9-19 图所示为一种将运动传递到空气泵的机构。已知 OB 线水平，DF 线铅垂，$OA=DE=10\text{cm}$，$EF=10\sqrt{3}\text{cm}$，曲柄 OA 以匀角速度 $\omega_0=4\text{rad/s}$ 绕 O 轴逆时针转动。当曲柄转动到图示与 OB 垂直的位置时，滑块 B 在 DF 的延长线上，且 $BD=10\text{cm}$，试求该瞬时杆 EF 的角速度以及点 F 的速度。

9-20 如题 9-20 图所示，曲柄 OA 以匀角速度 $\omega=3\text{rad/s}$ 绕轴 O 转动，并带动等边三角形平板 ABC 做平面运动；板上点 B 与杆 O_1B 铰接，点 C 与套筒铰接，而套筒可在绕轴 O_2 转动的杆 O_2D 上滑动。已知 $OA=AB=O_2C=100\text{cm}$，当 OA 水平、AB 与 O_2D 铅直、O_1B 与 BC 在同一直线上时，试求 O_2D 杆的角速度。

9-21 如题 9-21 图所示，滑块 A 用铰固定在 AB 杆的一端，杆 AB 穿过可绕定轴 O 转动的套筒。已知 $OE=30\text{cm}$，$v_A=80\text{cm/s}$，试求当 $\alpha=60^\circ$ 时套筒的角速度。

9-22 在题 9-22 图所示放大机构中，杆 I 和 II 分别以速度 $\boldsymbol{v}_1$ 和 $\boldsymbol{v}_2$ 沿箭头方向运动，其位移分别以 x 和 y 表示。如杆 II 和 III 间的距离为 a，试求杆 III 的速度和滑道 IV 的角速度。

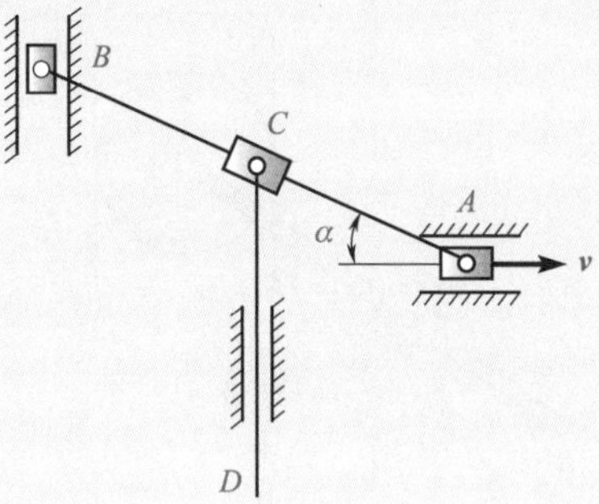

题 9-18 图

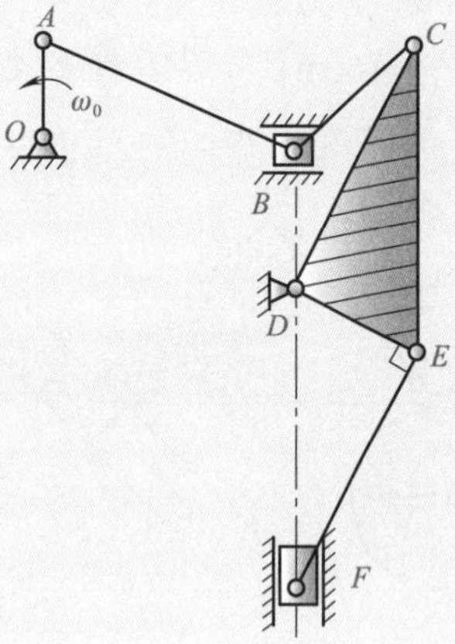

题 9-19 图

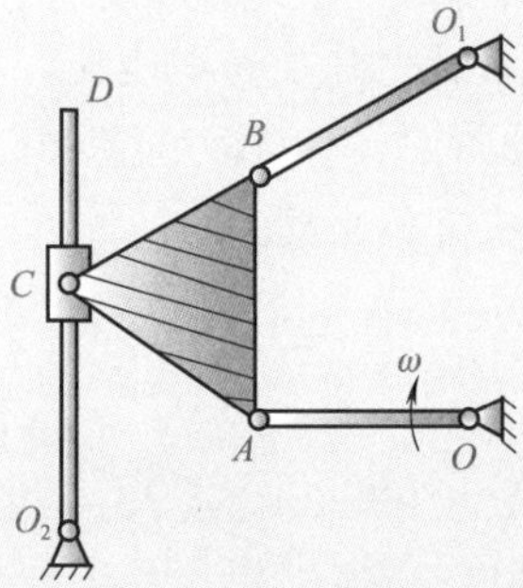

题 9-20 图

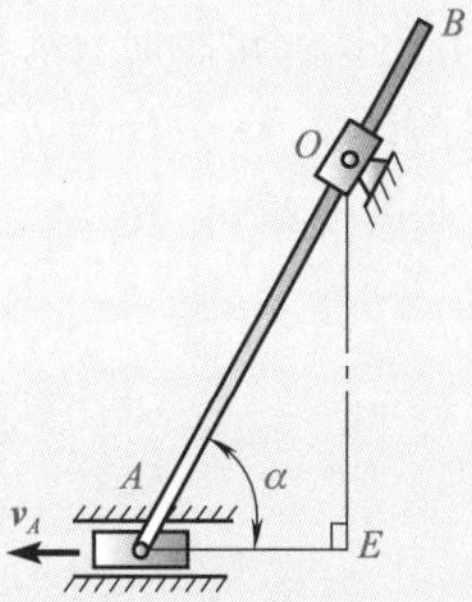

题 9-21 图

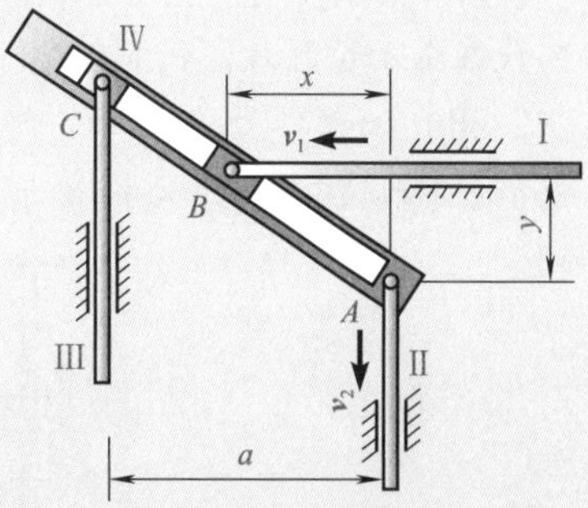

题 9-22 图

9-23　如题 9-23 图所示，长为 l 的曲柄 OA 以匀角速度 ω_0 转动，杆 EC 以匀速 $\boldsymbol{v}_0$ 向左运动，并带动 DF 杆在固定槽内运动。在图示瞬时，$AD = DC = l$，试求该瞬时杆 DF 在铅垂槽内运动的速度。

9-24　如题 9-24 图所示，半径为 r 的轮子由绕过小滑轮 A 的重物 B 牵引在固定直线轨道上做纯滚动，某瞬时轮心 C 点的速度为 $\boldsymbol{v}_C$，加速度为 $\boldsymbol{a}_C$，试求该瞬时轮缘上 D 点的速度和加速度。

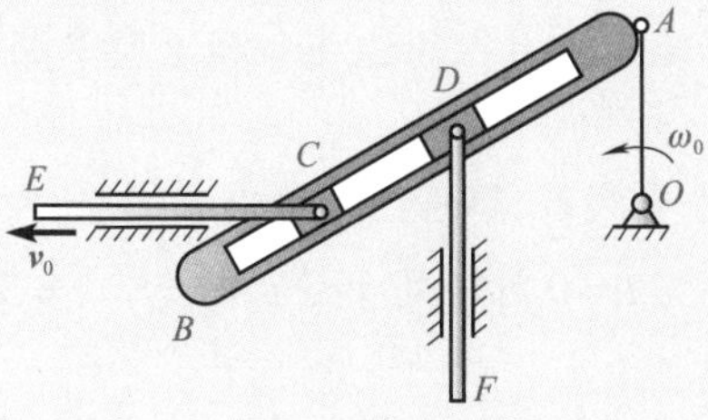

题 9-23 图

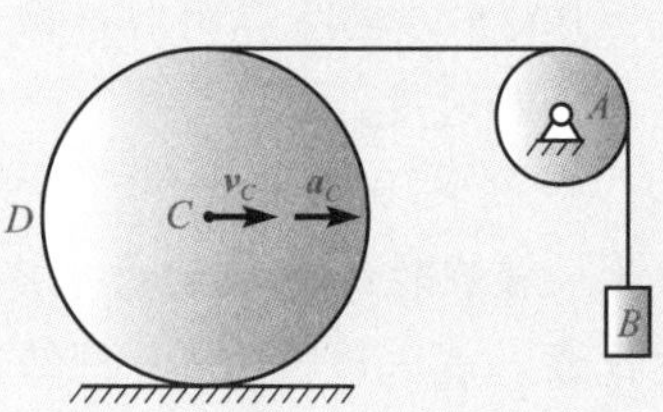

题 9-24 图

9-25　题 9-25 图所示圆盘沿水平直线轨道做纯滚动，其半径为 r。等腰直角三角形平板 ABC 的顶点 A 用铰链固结于圆盘边缘上的 A 点，三角形的斜边长 $AB = 4r$，滑块 B 可在倾角 $\varphi = 45^\circ$ 的斜槽内滑动。设圆盘中心 O 以等速 $\boldsymbol{u}$ 向左运动，某瞬时 A、O 在同一铅垂线上，AB 处于水平位置，试求该瞬时 C 点的速度和加速度。

9-26 题 9-26 图所示机构中，AB 杆一端与齿轮中心 A 铰接，齿轮沿齿条向上滚动，其中心速度 $v_A = 16\mathrm{cm/s}$，AB 杆套在可绕 O 轴转动的套管内，并沿管内滑动。试求在图示瞬时 AB 杆的角速度及角加速度。已知 AB 杆长 20cm。

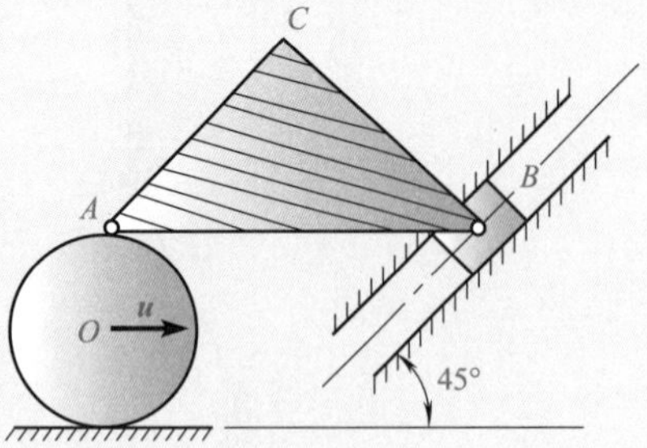

题 9-25 图

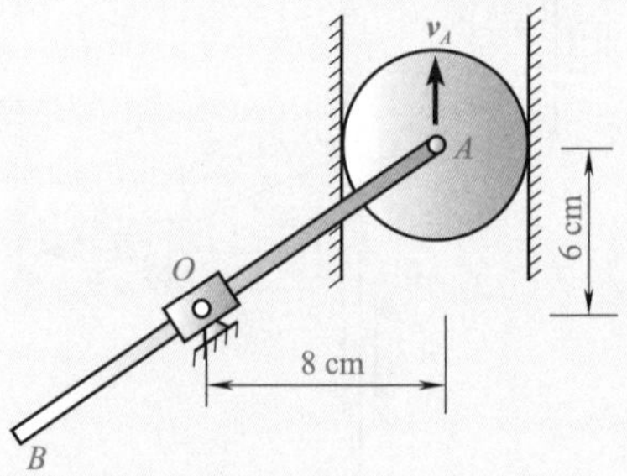

题 9-26 图

9-27 如题 9-27 图所示，长 $l = 1\mathrm{m}$ 的杆 AB 铰接于套筒 A 上，并穿过一个绕 O 摆动的套筒 O。设在图示位置时，$v_A = 0.8\mathrm{m}$，$a_A = 0$，试求该瞬时 AB 杆的端点 B 点的速度和加速度。

9-28 如题 9-28 图所示，滑块 A 以匀速 v_A 在半径为 R 的圆槽内滑动，杆 AB 穿过绕定轴转动的套筒 B，并与滑块铰接于 A。试求图示瞬时 AC 杆的角速度及角加速度。

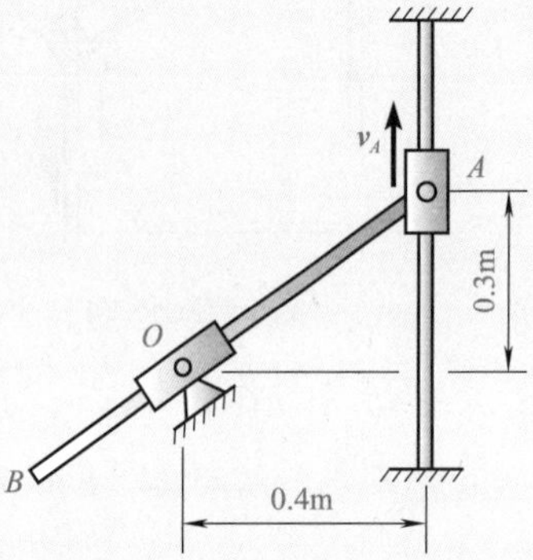

题 9-27 图

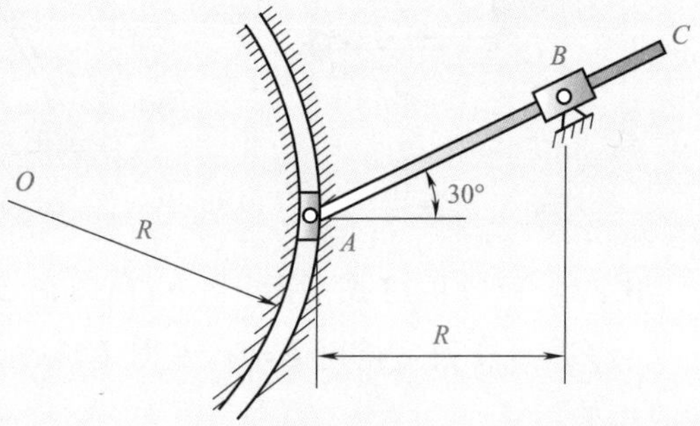

题 9-28 图

9-29 如题 9-29 图所示，半径 $r = 0.5\mathrm{m}$ 的轮子沿水平直线轨道做纯滚动，AB 杆和轮 O 用销钉 A 铰接，B 端插入绕 O_1 轴转动的套筒中。当 $\varphi = 45°$，$l = 1\mathrm{m}$ 时，轮心 O 的速度 $v_0 = 1\mathrm{m/s}$，加速度 $a_0 = 1\mathrm{m/s^2}$，试求该瞬时，轮 O 的角速度、角加速度，A 点的速度和加速度以及 AB 杆的角速度和角加速度。

9-30 如题 9-30 图所示，半径 $r = 1\mathrm{m}$ 的轮子沿水平直线轨道做纯滚动，$a_C = 0.5\mathrm{m/s^2} =$ 常量，借助于铰接在轮缘 A 点上的套筒带动杆 OB 转动，当 $t = 0$ 时轮处于静止状态，$t = 3\mathrm{s}$ 时机构在图示位置，试求该瞬时 OB 杆的角速度和角加速度。

9-31 在题 9-31 图所示机构中，AB、CD 两杆分别可绕 A 点和 C 点做定轴转动，圆轮可绕轮心 B 相对于 AB 杆转动，CD 为水平，AB 与水平夹角为 α，圆轮与 CD 在 E 点接触，且 $CE = l$，轮半径为 R，$AB = l$，并以匀角速度 ω 转动，试求该瞬时 CD 杆的角速度和角加速度。

9-32 如题 9-32 图所示，圆盘轮心 A 以匀速 v_A 沿水平直线轨道做纯滚动，杆 AB 套在可绕 O 点转动的套筒内，A 点与圆盘中心铰链连接，已知 $OD = 10\mathrm{cm}$，$v_A = 5\mathrm{cm/s}$，试求图示瞬时 D 点的速度和加速度。

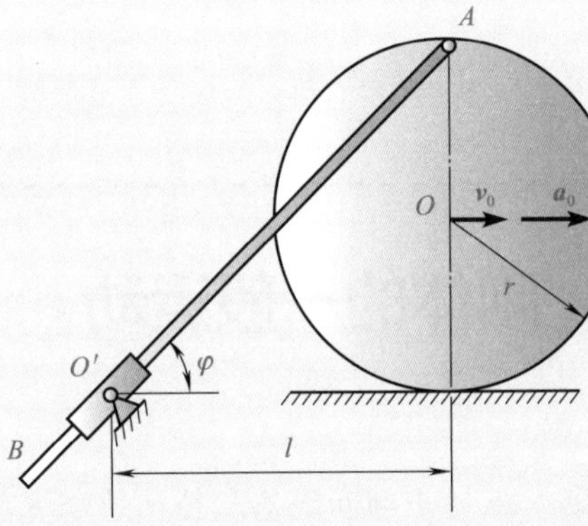

题 9-29 图

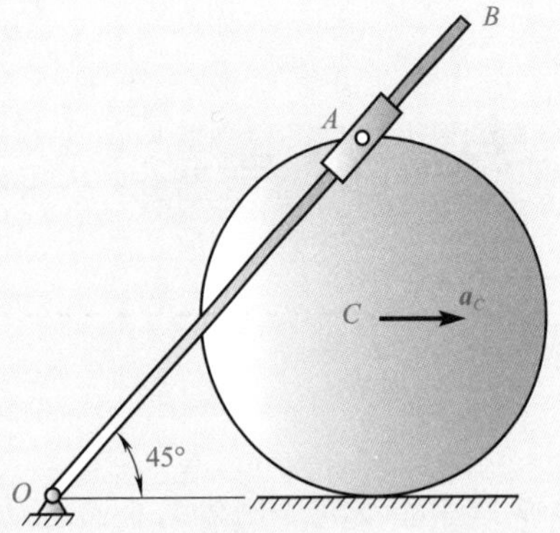

题 9-30 图

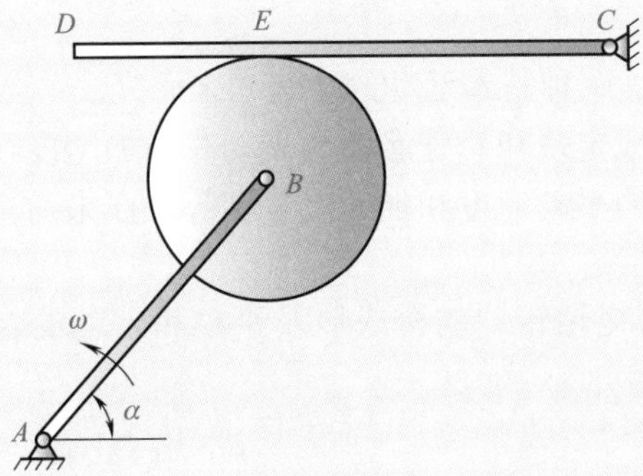

题 9-31 图

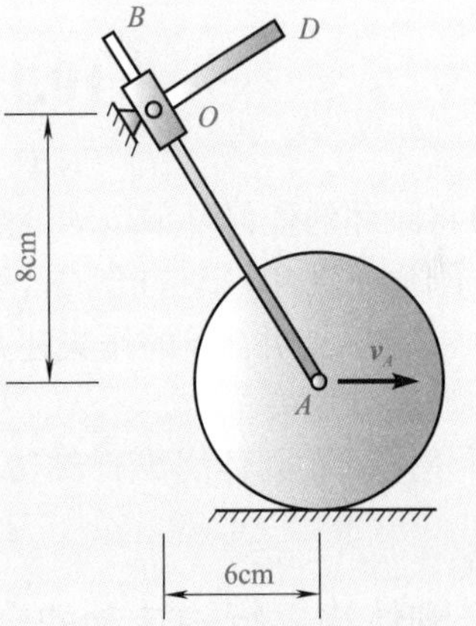

题 9-32 图

第 10 章

刚体的一般运动

第 9 章中，研究了刚体的平面运动，它可以视为随基点的平动和绕基点转动的合运动。本章研究刚体的一般运动，它包括刚体的合成运动、刚体的定点运动和自由刚体的运动等。

10.1　刚体的合成运动

本节将刚体的任何复杂运动分解为平动和转动这两种基本运动的合运动来研究。

对于刚体平动和平动的合成，利用点的速度合成定理和牵连运动为平动时的加速度合成定理，非常容易证明合成的结果还是平动，合成后的平动速度和加速度分别等于原来两个平动速度和加速度的矢量和。

下面分别研究刚体绕平行轴转动的合成，绕相交轴转动的合成以及平动和转动的合成问题。

10.1.1　刚体绕平行轴转动的合成

刚体绕平行轴转动的合成问题在机械中经常遇到。例如，图 10-1 所示的行星圆柱齿轮机构，行星轮做平面运动，若以轮心 O_2 为基点，建立一个平动坐标系后，行星轮的运动可分解为平动和转动。但是将行星轮的运动分解为转动和转动，有时更为方便。

设平面图形 S（图 10-2）以角速度 ω_r 绕轴 O_2 相对于 O_1O_2 杆转动，O_1O_2 杆又以角速度 ω_e 绕固定轴 O_1 转动，O_1、O_2 轴互相平行。下面研究图形 S 绕该两平行轴转动的合成结果。现分以下三种情况讨论。

10-1、10-2

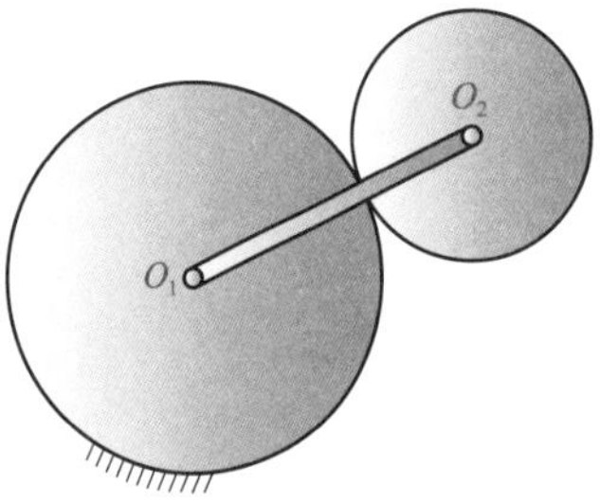

图 10-1

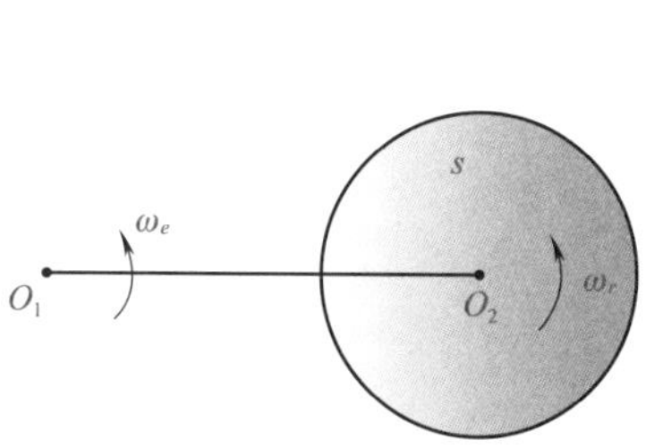

图 10-2

1. **两个同向转动的合成**

设 ω_e 和 ω_r 的转向相同，均为逆时针（图 10-3）。将动坐标系 $O_1x'y'$ 固结在 O_1O_2 杆上，则图形 S 绕 O_2 轴的转动为相对运动，ω_r 为相对角速度；O_1O_2 杆绕固定轴 O_1 的转动为牵连运动，牵连角速度为ω_e。

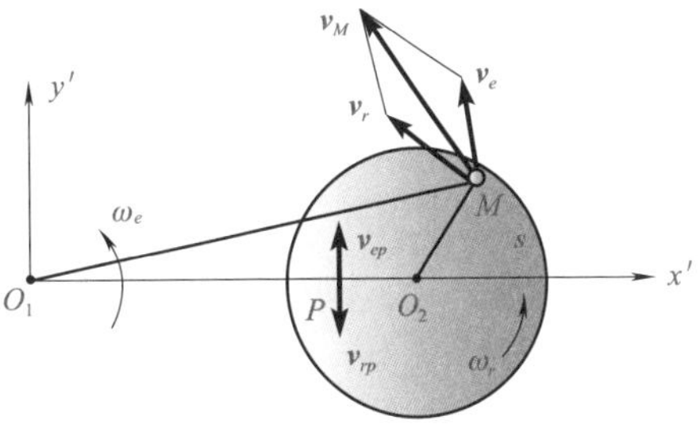

图 10-3

10-3

现求图形S相对于静坐标系的运动，即绝对运动。为此，在图形S上任取一点M来考察。由速度合成定理，M点的绝对速度为

$$\boldsymbol{v}_M=\boldsymbol{v}_e+\boldsymbol{v}_r$$

式中，牵连速度$v_e=O_1M\cdot\omega_e$，方向垂直于O_1M；相对速度$v_r=O_2M\cdot\omega_r$，方向垂直于O_2M，指向分别如图 10-3 所示。

设在O_1O_2的连线上(在O_1、O_2之间)取一点P，并使

$$\frac{O_2P}{O_1P}=\frac{\omega_e}{\omega_r} \tag{10-1}$$

则P点的牵连速度$\boldsymbol{v}_{ep}$和相对速度$\boldsymbol{v}_{rp}$的大小相等，即

$$v_{ep}=O_1P\cdot\omega_e=O_2P\cdot\omega r=v_{rp}$$

式中，$\boldsymbol{v}_{ep}$和$\boldsymbol{v}_{rp}$的方向相反，故P点的绝对速度为

$$\boldsymbol{v}_P=\boldsymbol{v}_{ep}+\boldsymbol{v}_{rp}=\boldsymbol{v}_{ep}-\boldsymbol{v}_{ep}=0$$

可知，P点就是图形S的速度瞬心，通过点P且与轴O_1、O_2平行的轴称为瞬时轴，简称瞬轴。在瞬时轴上各点的速度都等于零。

现在求图形绕瞬时轴转动的角速度ω_a的大小和转向。

因O_2点的速度$\boldsymbol{v}_{O_2}$既可以由O_1O_2绕O_1轴转动来求，也可以由图形S绕P点转动来确定，所以$v_{O_2}=O_1O_2\cdot\omega_e=O_2P\cdot\omega_a$，故

$$\omega_a=\frac{O_1O_2}{O_2P}\omega_e=\frac{O_2P+O_1P}{O_2P}\omega_e=\omega_e+\frac{O_1P}{O_2P}\omega_e$$

利用式(10-1)，得

$$\omega_a=\omega_e+\omega_r \tag{10-2}$$

由图 10-3，根据$\boldsymbol{v}_{O_2}$的指向，容易确定ω_a的转向与ω_e、ω_r的转向相同。

由此可得结论：刚体绕两平行轴的同向转动可合成为绕瞬轴的转动，瞬轴与原两轴共面且平行，在两轴之间，到两轴的距离与两角速度大小成反比；绝对角速度等于牵连角速度与相对角速度之和，其转向与后两者相同。

2. 两个反向转动的合成

设牵连角速度ω_e和相对角速度ω_r的转向相反(图 10-4)，并设$\omega_e<\omega_r$。

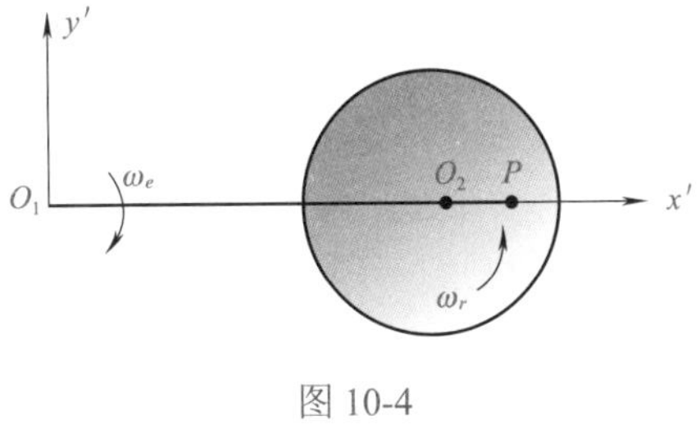

图 10-4

与前面的分析相似，不难看出图形S的瞬心P在O_1O_2的延长线上，且在点O_2的外侧，有

$$\frac{O_2P}{O_1P}=\frac{\omega_e}{\omega_r}$$

10-4

图形的绝对角速度

$$\omega_a=\omega_r-\omega_e \tag{10-3}$$

ω_a的转向与ω_r相同。

若 $\omega_e > \omega_r$，则点 P 在 O_2、O_1 的延长线上，且在 O_1 点的外侧，且图形的绝对角速度的大小为

$$\omega_a = \omega_e - \omega_r \tag{10-4}$$

ω_a 的转向与 ω_e 相同。

于是得结论：刚体绕两平行轴的反向转动可合成为绕瞬轴的转动，瞬轴与原两轴共面且平行，在两轴之外，偏于较大的角速度矢的一侧，到两轴的距离与两角速度的大小成反比；绝对角速度等于两角速度之差，其转向与较大的角速度相同。

3. **转动偶**

在两个反向转动合成的情况下，若牵连角速度 ω_e 和相对角速度 ω_r 的大小恒相等，则这样两个转动的组合称为转动偶。由式(10-3)和式(10-4)这种合成运动的绝对角速度 $\omega_a = 0$。

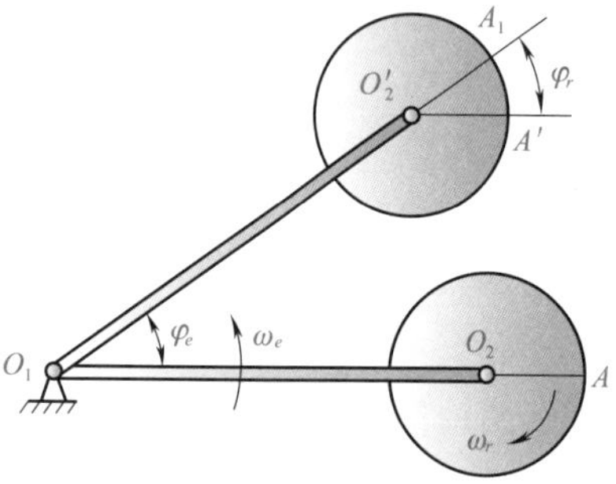

图 10-5

10-5

在转动偶的情况下，图形做平动。这点容易证明，只需考察图形上任一线段位移的情况。例如，在图 10-5 中，考察图形上的 O_2A 线段。令其初始位置在 O_1O_2 的延长线上，经过时间间隔 Δt 以后，杆 O_1O_2 转过 φ_e 角，若无相对运动(图形与杆 O_1O_2 固结)，则 O_2A 线段将转动到 $O_2'A_1$ 位置。但实际上，图形同时相对于杆 O_1O_2 反转角 φ_r，线段到达 $O_2'A'$ 位置。由于 $\omega_e = \omega_r$，经过同一时间间隔，显然转过的角度相等，即 $\varphi_e = \varphi_r$。所以 $O_2'A' \mathbin{/\!/} O_2A$。由此可证明图形做平动。

【例 10-1】 系杆 O_1O_2 以角速度 ω_0 绕固定轴 O_1 顺时针转动，并带动半径为 r_2 的行星齿轮在半径为 r_1 的固定大齿轮上滚动(图 10-6)。试求行星齿轮的绝对角速度 ω_{2a} 以及它相对于系杆的角速度 ω_{2r}。

10-6、10-7

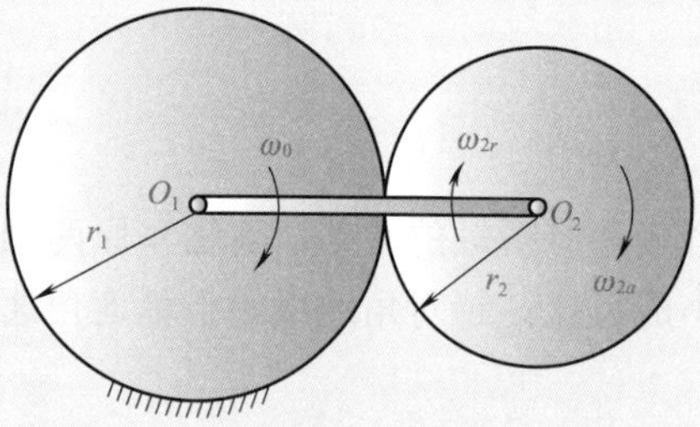

图 10-6

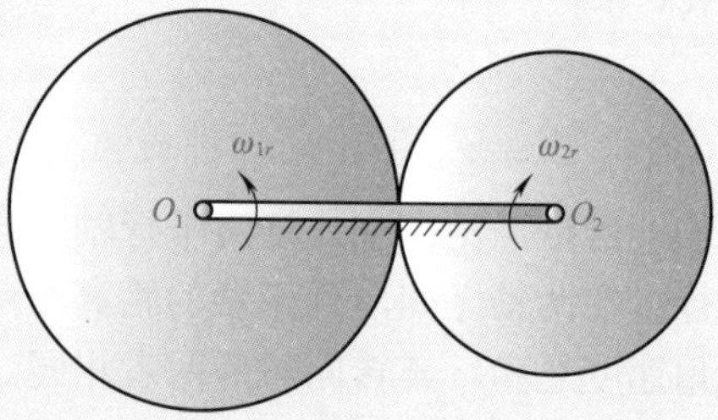

图 10-7

解 行星齿轮的运动可视为绕两平行轴转动的合成运动。系杆 O_1O_2 绕 O_1 轴的转动是牵连运动，其牵连角速度 $\omega_e = \omega_0$。行星齿轮与固定大齿轮的啮合点 P 是行星齿轮的速度瞬心。瞬心 P 在两个平行轴 O_1 和 O_2 之间，根据式(10-1)，有

$$\omega_{2r} = \frac{O_1P}{O_2P}\omega_e = \frac{r_1}{r_2}\omega_0$$

瞬心 P 内分 O_1O_2，所以行星齿轮为同向转动的合成，ω_{2r} 为顺时针方向。

根据式(10-2)，行星轮的绝对角速度

$$\omega_{2a}=\omega_{2e}+\omega_{2r}=\omega_0+\frac{r_1}{r_2}\omega_0=\frac{r_1+r_2}{r_2}\omega_0$$

ω_{2a} 的转向为顺时针方向，如图示。

本题也可用另一种方法求解。研究两个齿轮相对系杆 O_1O_2 的运动，若站在系杆上观察两轮的运动，则两轮分别以 ω_{1r} 和 ω_{2r} 绕轴 O_1 和 O_2 做定轴转动，如图 10-7 所示。根据定轴轮系传动比的公式，它们的相对角速度有如下关系：

$$\frac{\omega_{2r}}{\omega_{1r}}=\frac{r_1}{r_2}$$

因此，有

$$\omega_{2r}=\frac{r_1}{r_2}\omega_{1r}=\frac{r_1}{r_2}\omega_0$$

这个结果与前面求得的一样，对于系杆带动多个齿轮转动的较复杂的齿轮传动机构问题，常常采用这种方法求相对角速度。

【例 10-2】　半径分别为 r_1、r_2 和 r_3 的齿轮Ⅰ、Ⅱ和Ⅲ依次互相啮合(图 10-8)。轮Ⅰ固定不动，轮Ⅱ和Ⅲ装在曲柄 O_1O_3 上，可分别绕 O_2、O_3 转动。设曲柄以角速度 ω_1 做逆时针向转动，试求齿轮Ⅱ和Ⅲ相对于曲柄转动的角速度 ω_2 和 ω_3 以及它们的绝对角速度 ω_{2a} 及 ω_{3a}。

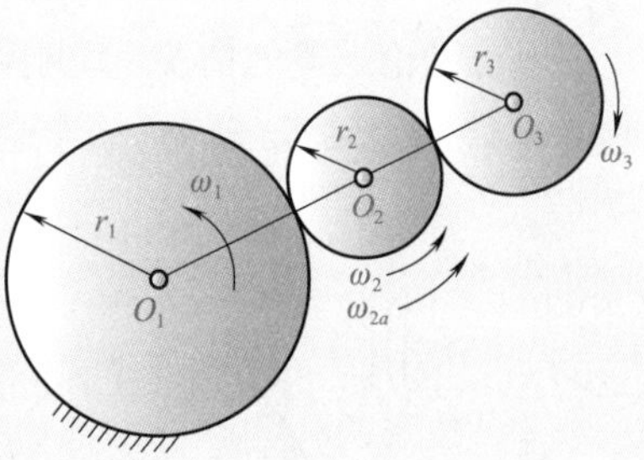

图 10-8

10-8

解　先求齿轮Ⅱ的相对角速度 ω_2 和绝对角速度 ω_{2a}。

齿轮Ⅱ的运动是随曲柄绕 O_1 的转动和相对曲柄绕 O_2 的转动合成的结果。所以，曲柄的角速度 ω_1 为牵连角速度。由于齿轮Ⅰ和Ⅱ互相啮合，而齿轮Ⅰ固定不动，所以啮合点 A 的速度为零，而 A 点在 O_1、O_2 之间，因此 ω_2 的转向应与 ω_1 相方同，为逆时针方向，根据式(10-1)有

$$\frac{\omega_2}{\omega_1}=\frac{O_1A}{O_2A}=\frac{r_1}{r_2}$$

故

$$\omega_2=\frac{r_1}{r_2}\omega_1$$

另外，ω_2 还可以这样来求，若站在曲柄上观察两轮的运动，齿轮Ⅰ和Ⅱ相对于曲柄分别绕 O_1、O_2 做定轴转动，由定轴转动齿轮传动公式可立即得到上式。

轮Ⅱ的绝对角速度可由式(10-2)求得

$$\omega_{2a}=\omega_1+\omega_2=(1+r_1/r_2)\omega_1$$

下面再求轮Ⅲ的相对角速度和绝对角速度 ω_{3a}。

由于轮Ⅱ和Ⅲ相对曲柄做定轴转动，其相对角速度分别为 ω_2 和 ω_3，根据齿轮传动公式可得

$$\frac{\omega_2}{\omega_3}=\frac{r_3}{r_2}$$

故
$$\omega_3=\frac{r_2}{r_3}\omega_2=\frac{r_1}{r_3}\omega_1$$
其转向为顺时针方向。

根据式(10-3)，轮III的绝对角速度为
$$\omega_{3a}=\omega_3-\omega_1=\left(\frac{r_1}{r_3}-1\right)\omega_1$$
若$r_3=r_1$，可得
$$\omega_3=\omega_1,\quad \omega_{3a}=0$$
这表明，在$r_1=r_3$的条件下，ω_3和ω_1组成一转动偶，齿轮III做平动。

10.1.2 刚体绕相交轴转动的合成

图 10-9 所示陀螺一方面以某一角速度绕其自身的回转轴z'转动，而回转轴z'又以另一个角速度绕一固定轴z转动，则陀螺相对于固定坐标系的运动可以看成绕相交两个轴z'和z转动的合成。

现在讨论一般的情况。设刚体以角速度ω_r绕动轴Oz'转动(相对运动)，而动轴Oz'又以角速度ω_e绕固定轴Oz转动(牵连运动)(图 10-10)，试求刚体对固定轴的运动(绝对运动)。

10-9、10-10

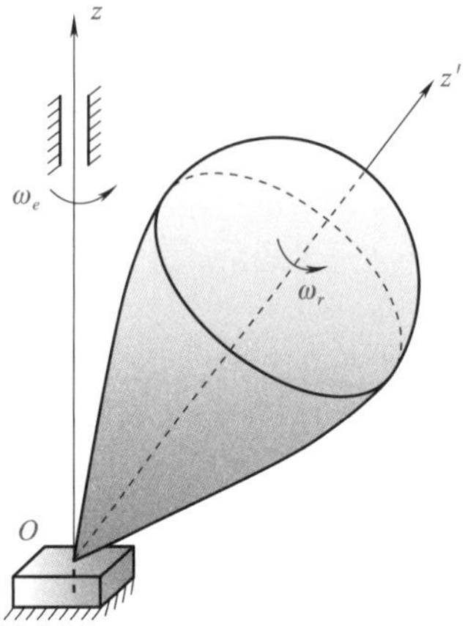

图 10-9

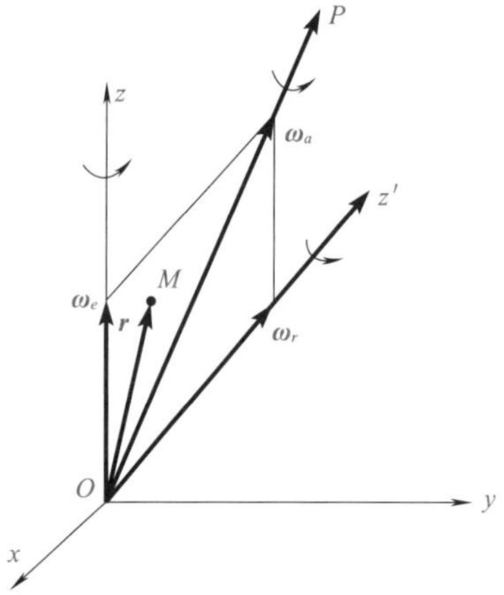

图 10-10

取刚体内任一点M。设M点相对于点O(轴z和z'的交点)的矢径为$\boldsymbol{r}$，则M点的牵连速度为$\boldsymbol{v}_e=\boldsymbol{\omega}_e\times\boldsymbol{r}$，相对速度为$\boldsymbol{v}_r=\boldsymbol{\omega}_r\times\boldsymbol{r}$，则$M$点的绝对速度为
$$\boldsymbol{v}_a=\boldsymbol{\omega}_e\times\boldsymbol{r}+\boldsymbol{\omega}_r\times\boldsymbol{r}=(\boldsymbol{\omega}_e+\boldsymbol{\omega}_r)\times\boldsymbol{r}$$
以$\boldsymbol{\omega}_e$和$\boldsymbol{\omega}_r$为邻边作平行四边形，则合矢量必沿其对角线OP。由于OP线上所有各点的矢径$\boldsymbol{r}$与合矢量$\boldsymbol{\omega}_e+\boldsymbol{\omega}_r$共线，所以它们的矢积必等于零，即$(\boldsymbol{\omega}_e+\boldsymbol{\omega}_r)\times\boldsymbol{r}=0$，这表明$OP$线上所有各点的速度等于零，因此，$OP$是刚体的瞬时转动轴，即刚体在该瞬时可以看成绕$OP$线转动。

设刚体绕瞬时轴转动的角速度为$\boldsymbol{\omega}_a$，$\boldsymbol{\omega}_a$沿OP线，于是M点的速度可以表示为
$$\boldsymbol{v}_a=\boldsymbol{\omega}_a\times\boldsymbol{r}$$
由此有

$$\boldsymbol{\omega}_a \times \boldsymbol{r} = (\boldsymbol{\omega}_e + \boldsymbol{\omega}_r) \times \boldsymbol{r}$$

因为$\boldsymbol{\omega}_a$与合矢量$(\boldsymbol{\omega}_e + \boldsymbol{\omega}_r)$均沿$OP$，方向也相同，所以

$$\boldsymbol{\omega}_a = \boldsymbol{\omega}_e + \boldsymbol{\omega}_r \tag{10-5}$$

于是得结论：当刚体同时绕两相交轴转动时，合运动为绕瞬时轴的转动，瞬时轴与以两个角速度矢为邻边的平行四边形的对角线相重合；绕瞬时轴转动的角速度等于绕两轴转动角速度的矢量和。

若刚体绕相交于一点的 $\boldsymbol{n}$ 个轴转动，其角速度分别为$\omega_1, \omega_2, \cdots, \omega_n$，连续应用上述结论，可知这 $\boldsymbol{n}$ 个转动可以合成为绕一瞬时轴转动，绕瞬时轴转动的角速度等于绕各轴转动的角速度的矢量和。即

$$\boldsymbol{\omega}_a = \boldsymbol{\omega}_1 + \boldsymbol{\omega}_2 + \cdots + \boldsymbol{\omega}_n = \sum \boldsymbol{\omega}_i \tag{10-6}$$

【例 10-3】　行星锥齿轮B与固定锥齿轮A相啮合，可绕动轴OO_2转动，而动轴以角速度$\boldsymbol{\omega}_e$绕定轴OO_1转动(图 10-11(a))。求锥齿轮B相对于动轴OO_1的角速度$\boldsymbol{\omega}_r$。

10-11

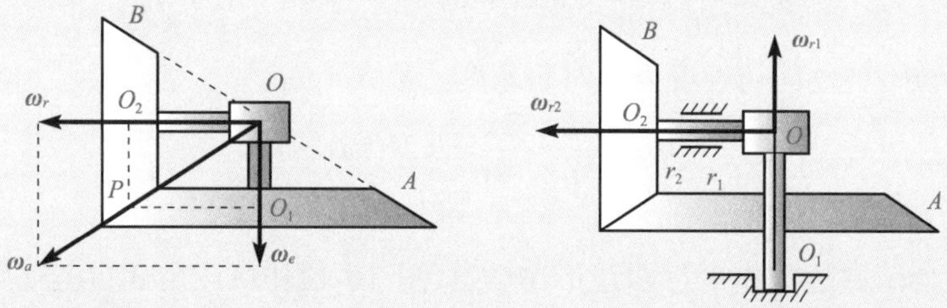

(a)　　(b)

图 10-11

解　由图 10-11(a)知，两锥齿轮啮合点P的速度等于零，所以，O、P两点的连线为瞬时轴。已知相对角速度$\boldsymbol{\omega}_r$沿着动轴OO_2，牵连角速度矢的大小已知，方向沿OO_1，于是可画矢量平行四边形，以绝对角速度$\boldsymbol{\omega}_a$为对角线。设两齿轮在啮合点P处的半径分别为R_1和R_2，于是

$$\frac{\omega_r}{OO_2} = \frac{\omega_e}{OO_1}$$

或

$$\omega_r = \frac{OO_2}{OO_1}\omega_e = \frac{R_1}{R_2}\omega_e$$

本题还可以这样来求解，研究齿轮A和B相对于动轴OO_2的运动(图 10-11(b))，两齿轮相对于动轴OO_2的角速度分别为$\boldsymbol{\omega}_{r2}$和$\boldsymbol{\omega}_{r1}$，则传动比为

$$\frac{\omega_{r2}}{\omega_{r1}} = \frac{R_1}{R_2}$$

将$\omega_{r1} = \omega_e$代入上式得

$$\omega_{r2} = \frac{R_1}{R_2}\omega_e$$

【例 10-4】　正方形架每分钟绕 AB 轴转两圈，圆盘每分钟绕BC轴转两周，轴BC与正方形架的对角线重合(图 10-12(a))。试求圆盘的绝对角速度。

解　圆盘绕相交于B点的BA和BC两轴转动，故为一转动合成问题。

动轴BC绕固定轴BA转动的角速度为牵连角速度，其大小为

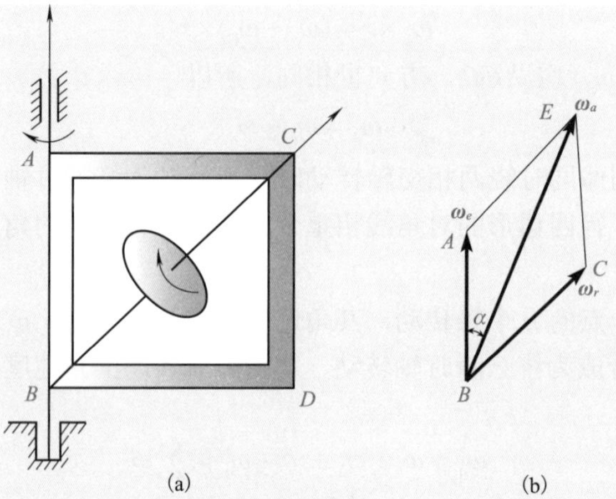

图 10-12

$$\omega_e = \frac{n\pi}{30} = \frac{2\pi}{30} = 0.21(\text{rad/s}) \quad (\text{转向如图示})$$

圆盘绕动轴 BC 转动的角速度为相对角速度，其大小为

$$\omega_r = \frac{n\pi}{30} = \frac{2\pi}{30} = 0.21(\text{rad/s})$$

转向如图 10-12 所示。

以 $\boldsymbol{\omega}_e$ 和 $\boldsymbol{\omega}_r$ 为两邻边，作平行四边形 $BCEA$(图 10-12(b))，由式(10-5)得绝对角速度的大小为

$$\omega_a = \sqrt{\omega_e^2 + \omega_r^2 - 2\omega_e\omega_r\cos135^\circ} = 0.388\text{rad/s}$$

$\boldsymbol{\omega}_e$ 与 $\boldsymbol{\omega}_a$ 的夹角 $\alpha = 22.5^\circ$。

10-12

10.1.3 刚体平动与转动的合成

设刚体绕动坐标系 $O'x'y'z'$ 的 z' 轴转动，角速度为 $\boldsymbol{\omega}$(沿 z' 轴的正向)，而动系相对于静系 $Oxyz$ 做平动，其速度为 $\boldsymbol{u}$。现按 $\boldsymbol{\omega}$ 与 $\boldsymbol{u}$ 之间夹角的不同分别进行以下三种情况讨论：

1. $\boldsymbol{u} \perp \boldsymbol{\omega}$

刚体以角速度 $\boldsymbol{\omega}$ 绕 $O'z'$ 轴转动，同时该轴又以速度 $\boldsymbol{u}$ 在垂直于 $\boldsymbol{\omega}$ 的方向做平动(图 10-13)，显然，这种情况下的刚体做平面运动。

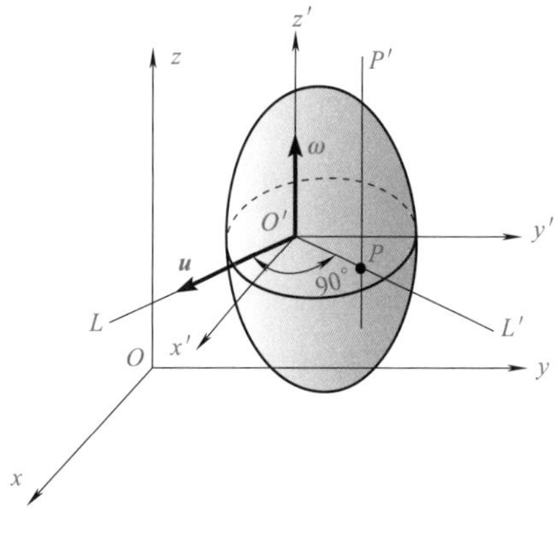

图 10-13

10-13

过动系原点 O' 沿速度矢 $\boldsymbol{u}$ 的正方向作半直线 $O'L$，并将 $O'L$ 在垂直于 $\boldsymbol{\omega}$ 的平面内顺 $\boldsymbol{\omega}$ 的转向转过 $\frac{\pi}{2}$，得半直线 $O'L'$。在 $O'L'$ 上取一点 P，使 $O'P = \frac{u}{\omega}$，即 P 为速度瞬心，过 P 作直线 $PP' \parallel \omega$，PP' 上各点的速度与 P 点的速度相同，均为零。则 PP' 为刚体的瞬时转动轴。于是，整个刚体的运动可以看成是绕瞬时轴的转动，绕瞬时轴转动的角速度 $\boldsymbol{\omega}_a$ 就等于刚体绕动轴转动的角速度 $\boldsymbol{\omega}$。

上述分析，可得结论：刚体平动和转动的合成，当平动的速度 $\boldsymbol{u}$ 与绕动轴转动的角速度 ω 互相垂直时，其合成结果是绕某一瞬时轴转动，瞬时轴平行于动轴，且相距为 $\frac{u}{\omega}$，绕瞬轴转动的角速度等于 ω。

2. $\boldsymbol{u} /\!/ \boldsymbol{\omega}$

在这种情况下，刚体绕 z' 轴转动，同时又沿 z' 轴移动（图 10-14），这种运动称为螺旋运动。钻头、丝锥的运动就是螺旋运动。

如果 $\boldsymbol{u}$ 与 $\boldsymbol{\omega}$ 指向相同，称为右螺旋运动；反之，称为左螺旋运动。

为了描述螺旋运动，把平动速度与转动角速度的比值 $\frac{u}{\omega}=P$ 称为螺旋参数（螺旋率）。当 $P=\frac{u}{\omega}=$ 常数时，刚体绕动轴旋转一周所移动的距离 h 也是一个常数，称为螺旋。即

$$h=\frac{u\cdot 2\pi}{\omega}=2\pi P$$

刚体做螺旋运动时，体内每一点都沿螺旋线运动。体内任一点的绝对速度 $\boldsymbol{v}_a$ 等于牵连速度 $\boldsymbol{v}_e$ 和相对速度 $\boldsymbol{v}_r$ 的矢量和，其中，$\boldsymbol{v}_e=\boldsymbol{u}$；$\boldsymbol{v}_r$ 的大小为 $v_r=r\omega$，r 为该点到动轴 z' 的距离；$\boldsymbol{v}_r$ 与 z' 轴垂直，转向与 $\boldsymbol{\omega}$ 的转向一致。

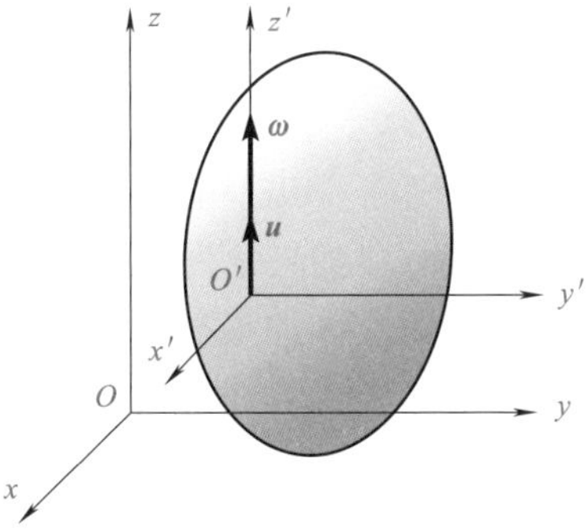

图 10-14

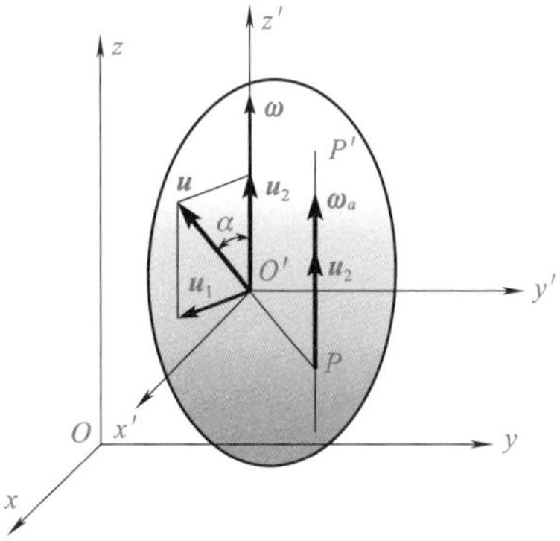

图 10-15

10-14

10-15

3. $\boldsymbol{u}$ 与 ω 成任意角 α

如图 10-15 所示，刚体以角速度 $\boldsymbol{\omega}$ 绕动轴 z' 转动，同时又以速度 $\boldsymbol{u}$ 做平动，而 $\boldsymbol{u}$ 与 $\boldsymbol{\omega}$ 成任意角 α。

将平动速度 $\boldsymbol{u}$ 分解为两个分量：$\boldsymbol{u}_1$ 与 $\boldsymbol{\omega}$ 垂直，$\boldsymbol{u}_2$ 与 $\boldsymbol{\omega}$ 平行。因为 $\boldsymbol{u}_1\perp\boldsymbol{\omega}$，故速度为 $\boldsymbol{u}_1$ 的平动与角速度为 $\boldsymbol{\omega}$ 的转动可合成为绕瞬轴 PP' 的转动。又因为 $\boldsymbol{u}_2$ 与 $\boldsymbol{\omega}$ 平行，故速度为 $\boldsymbol{u}_2$ 的平动与绕瞬轴的转动可进一步合成，合成的结果为绕瞬轴 PP' 的螺旋运动。这种运动称为瞬时螺旋运动。

*10.2　刚体的定点运动

10.2.1　运动方程

刚体运动时，若体内有一点固定不动，则这种运动称为刚体的定点运动。例如，现代技

术广泛应用的一种陀螺仪(图 10-16)，转子 M 的运动是定点运动，因为当转子 M 及环 N、P 转动时，转子内的 O 点始终保持不动。行星锥齿轮的运动(图 10-17)也是刚体定点运动的实例。

10-16、10-17

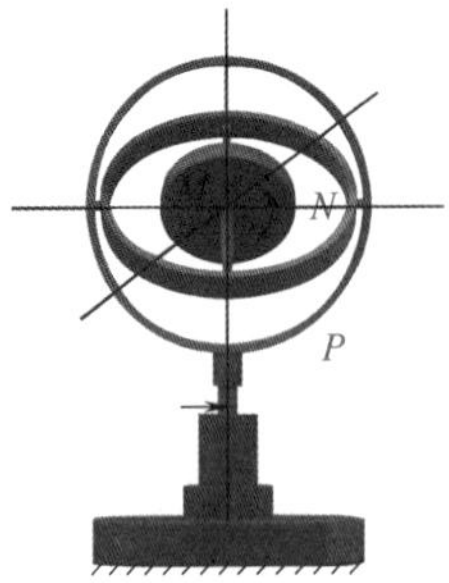

图 10-16

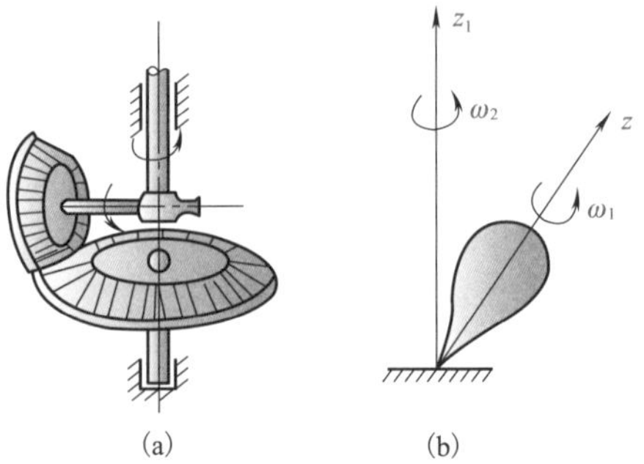

图 10-17

当刚体做定点运动时，刚体上任一点到固定点的距离始终保持不变，因此，任一点都在以固定点为中心而以该点到固定点的距离为半径的球面上运动，所以定点运动也叫做球面运动。

为了描述定点运动刚体在空间的位置，以定点 O 为原点，取静坐标系 $Oxyz$，另取与刚体固结的动坐标系 $Ox'y'z'$ (图 10-18)。显然，若确定了动坐标系的位置，则刚体的位置就完全确定了。至于动坐标系的位置，自然也可采用不同的参量来确定，下面介绍一种常用的方法，即用三个欧拉角来确定。

设在任意位置时，动坐标面 $Ox'y'$ 与静坐标面 Oxy 的交线为 ON，称为节线。显然，节线 ON 垂直于 Oz 和 Oz'，它们的正向如图 10-18 所示。节线 ON 与静坐标轴 Ox 间的夹角为 ψ，称为进动角；节线与动坐标轴 Ox' 的夹角为 φ，称为自转角；动坐标轴 Oz' 和静坐标轴 Oz 间的夹角为 θ，称为章动角。这三个角称为欧拉角，它们是彼此独立的。

10-18

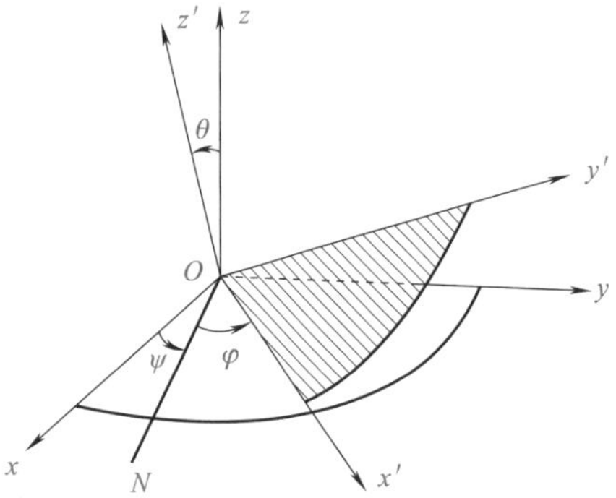

图 10-18

作定点运动的刚体在空间的位置用欧拉角可完全确定。设运动开始瞬时，动坐标系与静坐标系重合，现将动坐标系按图 10-18 所示的箭头方向先绕静坐标轴 Oz 转过 φ 角，再绕节线 ON 转过 θ 角，最后绕动坐标轴 Ox' 转过 ψ 角，于是刚体就运动到图示的确定位置。所以三个欧拉角能唯一地确定动坐标系的位置，从而刚体的位置也就确定了。

刚体运动时，欧拉角 ψ、θ 和 φ 都随时间 t 而变化，且是时间 t 的单值连续函数，即

$$\psi = f_1(t),\quad \theta = f_2(t),\quad \varphi = f_3(t) \tag{10-7}$$

式(10-7)称为刚体定点运动的运动方程。

根据上述三个运动方程，可用解析法来研究刚体的运动及刚体内任一点的运动。但为了对刚体的定点运动有比较清晰的几何概念，我们将采用几何法来研究刚体的定点运动。

10.2.2 位移定理(欧拉定理)

以定点 O 为中心任作一固定球面，并与刚体相交成一球面图形 S (图 10-19)。当刚体绕定点 O 运动时，图形 S 将保持在固定球面上运动。因为刚体上任一点相对于图形 S 的位置是一定

的，所以，确定了图形 S 的位置，其他各点的位置就确定了，于是，刚体的位置也确定了。而球面图形 S 的位置又可用图形上任意两点 A、B 之间的大圆弧 AB 的位置来确定，正如做平面运动的刚体的位置可以用平面图形内的一条线段来表明一样。

设在 t 瞬时，大圆弧位于定球面上 AB，而在 $t+\Delta t$ 瞬时，大圆弧位于 A_1B_1（图 10-20）。现在证明：大圆弧 AB 可绕通过定点 O 的某一轴做一次转动而到达 A_1B_1。

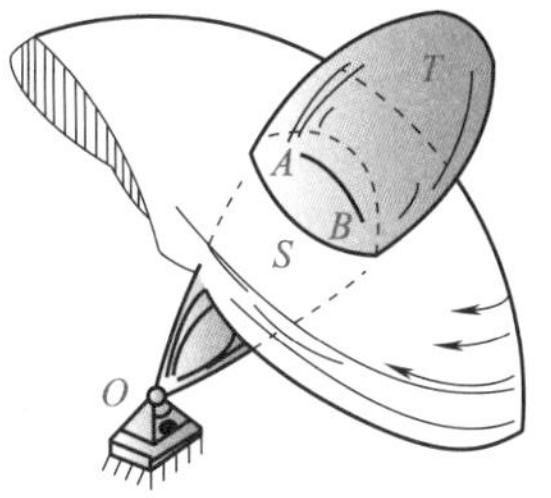

图 10-19

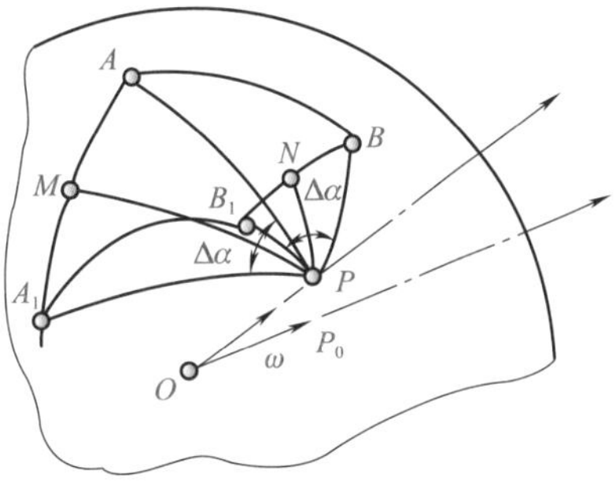

图 10-20

10-19、10-20

通过大圆弧 AA_1 和 BB_1 的中点 M 和 N 分别作与这两段大圆弧相垂直的大圆弧 MP 和 NP，它们相交于球面上的 P 点。再作大圆弧 AP、BP、A_1P 和 B_1P，得球面三角形 ABP 和 A_1B_1P。由于该两个三角形所对应的弧长相等，因此，这两个球面三角形全等，于是得

$$\angle APB = \angle A_1PB_1$$

将上面等式两边各加以 $\angle APB_1$，即得

$$\angle BPB_1 = \angle APA_1 = \Delta\alpha$$

以直线连接 O、P 两点。若将三角形 ABP 绕 OP 转过角 $\Delta\alpha$，则必定与球面三角形 A_1B_1P 完全重合，亦即刚体由 AB 所表示的位置到达由 A_1B_1 所表示的位置，于是上述结果可用定理表述如下：

绕定点运动的刚体，从一个位置到达另一位置的任一位移，可绕着通过该定点的某一轴做一次转动来实现。

这就是做定点运动刚体的**位移定理**，也叫做**达朗贝尔——欧拉定理**。

10.2.3　描述刚体运动的几何量

1. 瞬时转动轴

事实上，如图 10-20，刚体从大圆弧 AB 所表示的位置到达 A_1B_1 所表示的位置的运动，并非真绕 OP 轴做一次转动来实现，因此，位移定理描述的刚体绕定点运动与实际情况有差别的，位移定理只是表明了运动的结果，而不能表明位移过程中的实际运动情况。但是，当 $\Delta t \to 0$ 时，$\Delta\alpha$ 也趋近于零，轴 OP 趋近于某一极限位置 OP_0。轴 OP_0 称为刚体在该瞬时的**瞬时转动轴**，简称**瞬时轴**。这样，刚体在任一瞬时的运动，可视为绕通过固定点的瞬时轴的转动，刚体在不同的瞬时，瞬时轴的位置是不同的，所以，刚体的定点运动可视为依次绕不同的瞬时轴转动的结果。就类似于刚体做平面运动时，平面图形的运动在任一瞬时视为绕瞬心转动，而在不同的瞬时，平面图形依次绕不同的瞬心转动的结果一样。

2. 角速度

如图 10-20，设绕定点 O 运动的刚体在 t 瞬时绕瞬时轴 OP_0 转动，经过微小时间间隔 Δt，

刚体转过微小角位移 $\Delta\alpha$，则由角速度的定义，刚体在 t 瞬时的角速度为

$$\boldsymbol{\omega} = \lim_{\Delta t\to 0}\frac{\Delta\boldsymbol{\alpha}}{\Delta t} \tag{10-8}$$

角速度矢量 $\boldsymbol{\omega}$ 的方向与 $\Delta t\to 0$ 时 $\Delta\boldsymbol{\alpha}$ 的极限方向相同，即沿瞬时转动轴，指向由右手螺旋法则确定。

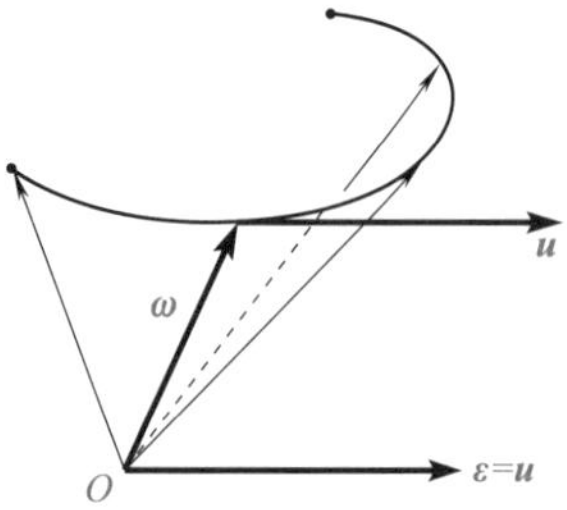

图 10-21

10-21

3. **角加速度**

由于瞬时转动轴的位置随时间 t 不断地变化，所以角速度矢 $\boldsymbol{\omega}$ 的大小和方向也随时间 t 而变化。角速度矢 $\boldsymbol{\omega}$ 的变化率，即 $\boldsymbol{\omega}$ 对时间 t 的一阶导数，称为刚体绕定点运动的角加速度，用 $\boldsymbol{\varepsilon}$ 表示，即

$$\boldsymbol{\varepsilon} = \lim_{\Delta t\to 0}\frac{\Delta\boldsymbol{\omega}}{\Delta t} = \frac{\mathrm{d}\boldsymbol{\omega}}{\mathrm{d}t} \tag{10-9}$$

式(10-9)虽在形式上与刚体定轴转动时 $\boldsymbol{\omega}$ 与 $\boldsymbol{\varepsilon}$ 的关系相同，但必须注意，在这里，矢量 $\boldsymbol{\varepsilon}$ 与 $\boldsymbol{\omega}$ 不是沿着同直线，它的方向沿着角速度矢 $\boldsymbol{\omega}$ 的矢端曲线的切线(图 10-21)，其大小等于角速度矢端的速度。

10.2.4 描述刚体内任一点运动的几何量

1. **速度**

设做定点运动的刚体在某瞬时绕瞬轴 OP_0 转动的角速度为 $\boldsymbol{\omega}$，角加速度为 $\boldsymbol{\varepsilon}$ (图 10-22)。

10-22

刚体内任一点 M 相对于固定点 O 的矢径为 $\boldsymbol{r}$，它到 $\boldsymbol{\omega}$ 和 $\boldsymbol{\varepsilon}$ 的垂直距离分别为 h_1 和 h_2，则 M 的速度为

$$\boldsymbol{v} = \boldsymbol{\omega}\times\boldsymbol{r} \tag{10-10}$$

$\boldsymbol{v}$ 的大小为

$$v = \omega r\sin(\boldsymbol{\omega},\boldsymbol{r}) = \omega h_2$$

$\boldsymbol{v}$ 垂直于平面 MOP_0，指向与刚体绕瞬轴 OP_0 转动的转向一致(图 10-22)。

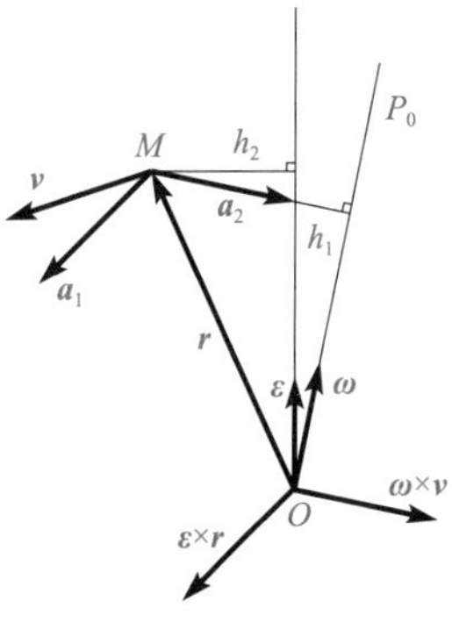

图 10-22

在瞬轴上的各点，因 $h_1 = 0$，所以 $v = 0$。可见，某瞬时的瞬轴，是该瞬时各点速度等于零的连线。由此可知，在某瞬时，刚体上某一点的速度等于零，则该点与固定点 O 的连线就是刚体在该瞬时的瞬时转动轴。

2. **加速度**

根据加速度的定义，点 M 的加速度为

$$\boldsymbol{a} = \frac{\mathrm{d}\boldsymbol{v}}{\mathrm{d}t} = \frac{\mathrm{d}}{\mathrm{d}t}(\boldsymbol{\omega}\times\boldsymbol{r}) = \frac{\mathrm{d}\boldsymbol{\omega}}{\mathrm{d}t}\times\boldsymbol{r}\times\boldsymbol{\omega}\times\frac{\mathrm{d}\boldsymbol{r}}{\mathrm{d}t} = \boldsymbol{\varepsilon}\times\boldsymbol{r} + \boldsymbol{\omega}\times\boldsymbol{v} = \boldsymbol{a}_1 + \boldsymbol{a}_2 \tag{10-11}$$

式中，$\boldsymbol{a}_1 = \boldsymbol{\varepsilon}\times\boldsymbol{r}, \boldsymbol{a}_2 = \boldsymbol{\omega}\times\boldsymbol{v}$。

而 $\boldsymbol{a}_1$ 的大小为

$$a_1 = \varepsilon r\sin(\boldsymbol{\varepsilon},\boldsymbol{r}) = \varepsilon h_2$$

$\boldsymbol{a}_1$ 垂直于 $\boldsymbol{\varepsilon}$ 和 $\boldsymbol{r}$ 所决定的平面，指向按右手法则确定(图 10-22)。矢量 $\boldsymbol{a}_2$ 的大小为

$$a_2 = \omega v\sin 90^\circ = \omega v = h_1\omega^2$$

$\boldsymbol{a}_2$ 的方向垂直于 $\boldsymbol{\omega}$ 和 $\boldsymbol{v}$ 所的决定的平面，指向瞬时轴(图 10-22)。

$\boldsymbol{a}_1$和$\boldsymbol{a}_2$分别称为转动加速度和向心加速度。于是得结论：**刚体做定点运动时，刚体内任一点的加速度等于转动加速度与向心加速度的矢量和。这一结论称为里瓦茨定理。**

【例 10-5】　行星锥齿轮的轴OO_1通过固定的平面支座齿轮的中心O(图 10-23(a))。已知锥齿轮在支座齿轮上做纯滚动，锥齿轮AB面的中心O_1以匀速率v绕通过O点的铅垂轴z做圆周运动，其速度的方向为：从z轴的正方向往下看，O_1点绕z轴为顺时针向。试求锥齿轮上最高点A的速度和加速度。

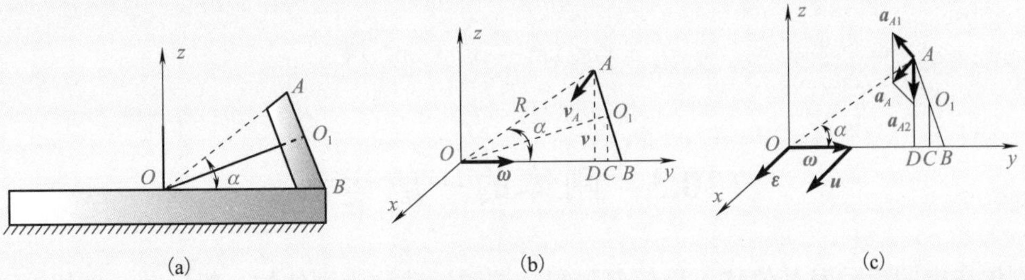

图 10-23

10-23

解　行星锥齿轮在固定齿轮上做纯滚动时，是绕O点做定点运动。行星锥齿轮与固定齿轮相啮合的一点B的速度为零，所以OB线为瞬时转动轴(图 10-23(b))。

设y轴沿OB线，过O_1、A点分别作O_1C和AD垂直于y轴。由图 10-23(b)可知

$$O_1C=\frac{1}{2}AD=\frac{1}{2}R\sin\alpha$$

令锥齿轮绕瞬轴转动的角速度为$\boldsymbol{\omega}$，则由式(10-10)，O_1点速度的大小为

$$v=O_1C\cdot\omega$$

由此可得

$$\omega=\frac{v}{O_1C}=\frac{2v}{R\sin\alpha}$$

$\boldsymbol{\omega}$的方位沿y轴，其指向可由$\boldsymbol{v}$的方向确定为沿y轴的正方向。

A点速度的大小为

$$v_A=AD\cdot\omega=R\sin\alpha\cdot\frac{2v}{R\sin\alpha}=2v$$

$\boldsymbol{v}_A$的方向与$\boldsymbol{v}$一致。

下面求A点的加速度。

欲求A点的加速度，须先求锥齿轮的角加速度$\boldsymbol{\varepsilon}$。而角加速度$\boldsymbol{\varepsilon}$等于角速度$\boldsymbol{\omega}$矢端的速度。锥齿轮在滚动过程中，$\boldsymbol{\omega}$在水平面内绕z轴转动，其转动角速度与点O_1绕z轴转动的角速度相等。由以上分析知，该角速度的大小是不变的，于是角加速度$\boldsymbol{\varepsilon}$的大小为

$$\varepsilon=\omega\cdot\frac{v}{OC}=\omega\frac{O_1C\cdot\omega}{OC}=\omega^2\tan\frac{\alpha}{2}$$

$\boldsymbol{\varepsilon}$的方向垂直于$\boldsymbol{\omega}$，且与$\boldsymbol{\omega}$绕z轴的转向一致(图 10-23(c))，即$\boldsymbol{\varepsilon}$沿x轴的正向。

由式(10-11)知，A点的加速度为

$$\boldsymbol{a}_A=\boldsymbol{a}_{A1}+\boldsymbol{a}_{A2}$$

式中，$\boldsymbol{a}_{A1}$的大小为

$$a_{A1} = OA \cdot \varepsilon = R\omega^2 \tan\frac{\alpha}{2}$$

$\boldsymbol{a}_{A1}$ 的方位为垂直于 ε 和 OA 所组成的平面，指向由右手螺旋法则确定(图 10-23(c))。

$\boldsymbol{a}_{A2}$ 的大小为

$$a_{A2} = \omega^2 AD = \omega^2 R \sin\alpha$$

$\boldsymbol{a}_{A2}$ 的方向垂直于 OB 并指向 OB，如图 10-23(c)所示。

现以 $\boldsymbol{a}_{A1}$ 和 $\boldsymbol{a}_{A2}$ 为邻边作加速度平行四边形，可求出

$$a_A = R\omega^2 \tan\frac{\alpha}{2} \cdot \sqrt{1+\sin^2\alpha}$$

*10.3 刚体的一般运动

刚体在空间运动时其位移不受任何限制，这种运动称为刚体的一般运动。例如，飞机、火箭、宇宙飞船在空中的运动，就属于这种运动；圆球在固定面(平面或曲面)上做任意滚动，也属于这种情况。

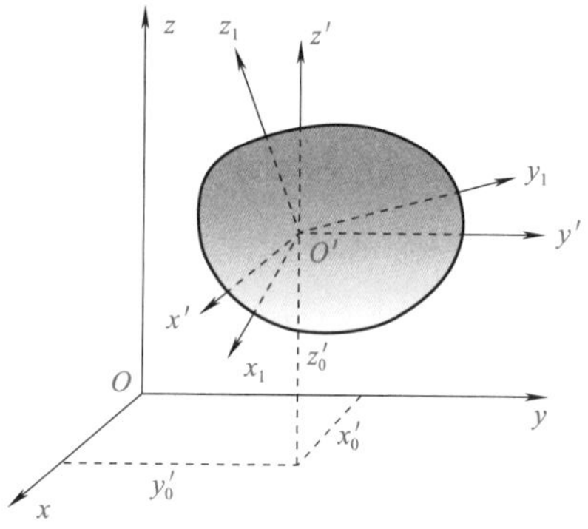

图 10-24

10-24

10.3.1 运动方程

为了描述刚体做一般运动时刚体在空间的位置，取静坐标系 $Oxyz$ 和与刚体固结的动坐标系 $O'x_1y_1z_1$ (图 10-24)。只要动坐标系的位置确定了，那么刚体的位置就确定了。

动坐标系的原点 O' 是任意取的，称为基点。以基点 O' 为原点作坐标系 $O'x'y'z'$，该坐标系的三个轴始终保持与静坐标轴平行，即坐标系 $O'x'y'z'$ 随同基点 O' 平动。

显然，欲确定刚体的位置，只需确定动坐标系原点 O' 的位置以及动坐标系 $O'x_1y_1z_1$ 在平动坐标系 $O'x'y'z'$ 中的相对位置。基点 O' 在静坐标系位置用坐标 x_0'、y_0'、z_0' 来确定，动坐标系 $O'x_1y_1z_1$ 相对于平动坐标系 $O'x'y'z'$ 的位置则可用三个欧拉角 ψ、θ 和 φ 来确定，于是刚体在空间的位置完全由这六个参变量来确定。当刚体运动时，x_0'、y_0'、z_0' 及 ψ、θ、φ 都是时间 t 的单值连续函数，即

$$\left.\begin{aligned} x_0' = f_1(t),\quad y_0' = f_2(t),\quad z_0' = f_3(t) \\ \psi = f_4(t),\quad \theta = f_5(t),\quad \varphi = f_6(t) \end{aligned}\right\} \tag{10-12}$$

式(10-12)就是刚体一般运动的运动方程。

方程(10-12)中的前三个方程描述基点 O' 的运动，即动坐标系 $O'x'y'z'$ 的平动；后三个方程描述刚体相对于动坐标系 $O'x'y'z'$ 的运动。于是，刚体的一般运动可视为两种运动的合运动：一种是刚体随动坐标系 $O'x'y'z'$ 的平动，在这种运动中，刚体内各点的运动与基点 O' 的运动完全相同；另一种是刚体相对于动坐标系 $O'x'y'z'$ 的运动，这是刚体绕基点 O' 的运动，在每一瞬时，可视为绕通过基点 O' 点的瞬时轴转动。

应该注意，刚体平动部分的运动情况与基点的选择是有关的，而刚体转动部分的运动情况与基点选择是无关的。这一特点，与刚体做平面运动时的情况一样。

10.3.2　速度

下面分析刚体做一般运动时，体内任一点的速度。为此，取动坐标系 $O'x'y'z'$ 为动系，则牵连运动为平动，于是刚体上任一点随同刚体在 $O'x'y'z'$ 中的运动为相对运动，根据点的速度合成定理，刚体上 M 点的速度为

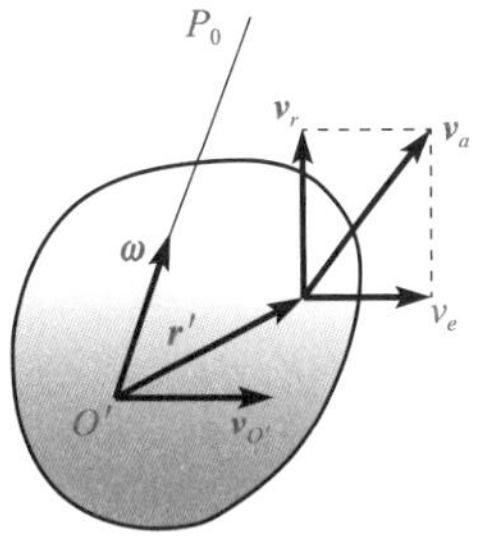

图 10-25

10-25

$$\boldsymbol{v}_a = \boldsymbol{v}_e + \boldsymbol{v}_r$$

式中，$\boldsymbol{v}_e = \boldsymbol{v}_{O'}$。设动点 M 在动坐标系 $O'x'y'z'$ 中的矢径为 $\boldsymbol{r}'$（图 10-25），转动角速度为 $\boldsymbol{\omega}$（沿瞬轴 $O'P_0$），则 M 点的相对速度为

$$\boldsymbol{v}_r = \boldsymbol{\omega} \times \boldsymbol{r}'$$

于是，刚体一般运动时，体内任一点的速度公式为

$$\boldsymbol{v}_a = \boldsymbol{v}_{O'} + \boldsymbol{\omega} \times \boldsymbol{r}' \tag{10-13}$$

即刚体做一般运动时，体内任一点的速度，等于基点的速度与该点随刚体绕基点的转动的速度的矢量和。

10.3.3　加速度

刚体做一般运动时，刚体内任一点的加速度按照牵连运动为平动时的加速度合成定理来分析，即

$$\boldsymbol{a}_a = \boldsymbol{a}_e + \boldsymbol{a}_r$$

设基点 O' 的加速度为 $\boldsymbol{a}_{O'}$，刚体绕 O' 点的角加速度为 $\boldsymbol{\varepsilon}$（图 10-26），则

$$\boldsymbol{a}_e = \boldsymbol{a}_{O'}, \quad \boldsymbol{a}_r = \boldsymbol{\varepsilon} \times \boldsymbol{r}' + \boldsymbol{\omega} \times \boldsymbol{v}_r = \boldsymbol{\varepsilon} \times \boldsymbol{r}' + \boldsymbol{\omega} \times (\boldsymbol{\omega} \times \boldsymbol{r}')$$

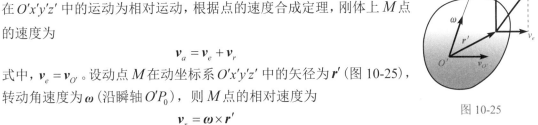

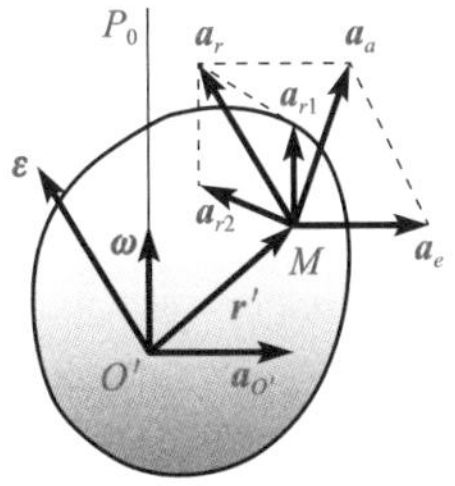

图 10-26

式中，$\boldsymbol{\varepsilon} \times \boldsymbol{r}' = \boldsymbol{a}_{r1}$ 及 $\boldsymbol{\omega} \times \boldsymbol{v}_r = \boldsymbol{a}_{r2}$ 分别为刚体在相对运动中的转动加速度和向心加速度。

10-26

于是，任一点的加速度公式为

$$\left.\begin{aligned} &\boldsymbol{a}_a = \boldsymbol{a}_{O'} + \boldsymbol{a}_{r1} + \boldsymbol{a}_{r2} \\ &\boldsymbol{a}_{r1} = \boldsymbol{\varepsilon} \times \boldsymbol{r}' \\ &\boldsymbol{a}_{r2} = \boldsymbol{\omega} \times \boldsymbol{v}_r = \boldsymbol{\omega} \times (\boldsymbol{\omega} \times \boldsymbol{r}') \end{aligned}\right\} \tag{10-14}$$

即刚体做一般运动时，体内任一点的加速度，等于基点的加速度与绕基点转动的加速度的矢量和。

前面所讨论过的刚体的各种运动都可以视为一般运动的特例。若方程(10-12)中前三式恒为零，则刚体做定点运动；若后三式恒等于零，则刚体做平动。

10.3.4　牵连运动为一般运动时点的加速度合成定理

在第 8 章讨论点的合成运动时，只讨论了牵连运动为平动及定轴转动两种情况下点的加速度，在这一章中进一步讨论牵连运动为一般运动时的加速度合成定理。例如，确定人造卫星上某一零件上某一点的加速度时，就是属于这种情况。

设 $Oxyz$ 为静坐标系，动坐标系 $O'x'y'z'$ 相对于静坐标系做一般运动；动点 M 相对于动坐标系运动的运动方程为

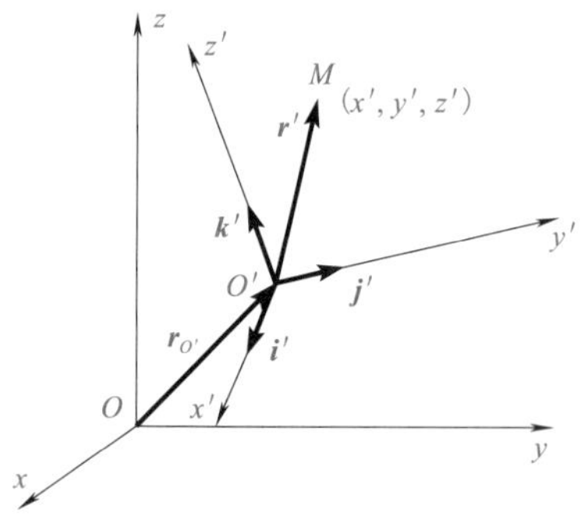

图 10-27

10-27

$$x' = f_1(t),\quad y' = f_2(t),\quad z' = f_3(t) \tag{1}$$

现在要确定 M 点相对于静坐标系运动的加速度，即绝对加速度(图 10-27)。

由方程组(1)，可确定 M 点相对于动坐标系 $O'x'y'z'$ 的相对速度及相对加速度分别为

$$\boldsymbol{v}_r = \frac{\mathrm{d}x'}{\mathrm{d}t}\boldsymbol{i}' + \frac{\mathrm{d}y'}{\mathrm{d}t}\boldsymbol{j}' + \frac{\mathrm{d}z'}{\mathrm{d}t}\boldsymbol{k}' \tag{2}$$

$$\boldsymbol{a}_r = \frac{\mathrm{d}^2x'}{\mathrm{d}t^2}\boldsymbol{i}' + \frac{\mathrm{d}^2y'}{\mathrm{d}t^2}\boldsymbol{j}' + \frac{\mathrm{d}^2z'}{\mathrm{d}t^2}\boldsymbol{k}' \tag{3}$$

由速度合成定理，有

$$\boldsymbol{v}_a = \boldsymbol{v}_e + \boldsymbol{v}_r \tag{4}$$

式中，牵连速度 $\boldsymbol{v}_e$ 是动坐标系上与动点 M 相重合的一点的速度，由式(10-13)，$\boldsymbol{v}_e$ 应为

$$\boldsymbol{v}_e = \boldsymbol{v}_{O'} + \boldsymbol{\omega}\times\boldsymbol{r}' \tag{5}$$

式中，$\boldsymbol{v}_{O'} = \dfrac{\mathrm{d}\boldsymbol{r}_{O'}}{\mathrm{d}t}$ 是动坐标系原点 O' 的速度；$\boldsymbol{\omega}$ 为动坐标系绕 O' 点转动的角速度。

将式(2)、式(5)代入式(4)，得动点 M 的绝对速度为

$$\boldsymbol{v}_a = \boldsymbol{v}_{O'} + \boldsymbol{\omega}\times\boldsymbol{r}' + \boldsymbol{v}_r$$

即

$$\boldsymbol{v}_a = \frac{\mathrm{d}\boldsymbol{r}_{O'}}{\mathrm{d}t} + \boldsymbol{\omega}\times(x'\boldsymbol{i}' + y'\boldsymbol{j}' + z'\boldsymbol{k}') + \left(\frac{\mathrm{d}x'}{\mathrm{d}t}\boldsymbol{i}' + \frac{\mathrm{d}y'}{\mathrm{d}t}\boldsymbol{j}' + \frac{\mathrm{d}z'}{\mathrm{d}t}\boldsymbol{k}'\right) \tag{10-15}$$

将式(10-15)对时间 t 求导，即得 M 点的绝对加速度为

$$\begin{aligned}
\boldsymbol{a}_a &= \frac{\mathrm{d}\boldsymbol{v}_a}{\mathrm{d}t} = \frac{\mathrm{d}^2\boldsymbol{r}_{O'}}{\mathrm{d}t^2} + \frac{\mathrm{d}\boldsymbol{\omega}}{\mathrm{d}t}\times(x'\boldsymbol{i}' + y'\boldsymbol{j}' + z'\boldsymbol{k}') + \boldsymbol{\omega}\times\frac{\mathrm{d}}{\mathrm{d}t}(x'\boldsymbol{i}' + y'\boldsymbol{j}' + z'\boldsymbol{k}')\\
&\quad + \left(\frac{\mathrm{d}^2x'}{\mathrm{d}t^2}\boldsymbol{i}' + \frac{\mathrm{d}^2y'}{\mathrm{d}t^2}\boldsymbol{j}' + \frac{\mathrm{d}^2z'}{\mathrm{d}t^2}\boldsymbol{k}'\right) + \left(\frac{\mathrm{d}x'}{\mathrm{d}t}\cdot\frac{\mathrm{d}i'}{\mathrm{d}t} + \frac{\mathrm{d}y'}{\mathrm{d}t}\cdot\frac{\mathrm{d}j'}{\mathrm{d}t} + \frac{\mathrm{d}z'}{\mathrm{d}t}\cdot\frac{\mathrm{d}k'}{\mathrm{d}t}\right)\\
&= \boldsymbol{a}_{O'} + \boldsymbol{\varepsilon}\times\boldsymbol{r}' + \boldsymbol{\omega}\times\left[\left(\frac{\mathrm{d}x'}{\mathrm{d}t}\boldsymbol{i}' + \frac{\mathrm{d}y'}{\mathrm{d}t}\boldsymbol{j}' + \frac{\mathrm{d}z'}{\mathrm{d}t}\boldsymbol{k}'\right) + \left(x'\frac{\mathrm{d}\boldsymbol{i}'}{\mathrm{d}t} + y'\frac{\mathrm{d}\boldsymbol{j}'}{\mathrm{d}t} + z'\frac{\mathrm{d}k'}{\mathrm{d}t}\right)\right] + \boldsymbol{a}_r\\
&\quad + \left[\frac{\mathrm{d}x'}{\mathrm{d}t}(\boldsymbol{\omega}\times\boldsymbol{i}') + \frac{\mathrm{d}y'}{\mathrm{d}t}(\boldsymbol{\omega}\times\boldsymbol{j}') + \frac{\mathrm{d}z'}{\mathrm{d}t}(\boldsymbol{\omega}\times\boldsymbol{k}')\right]\\
&= \boldsymbol{a}_{O'} + \boldsymbol{\varepsilon}\times\boldsymbol{r}' + \boldsymbol{\omega}\times\boldsymbol{v}_r + \boldsymbol{\omega}\times[x'(\boldsymbol{\omega}\times\boldsymbol{i}') + y'(\boldsymbol{\omega}\times\boldsymbol{j}') + z'(\boldsymbol{\omega}\times\boldsymbol{k}')] + \boldsymbol{a}_r + \boldsymbol{\omega}\times\boldsymbol{v}_r\\
&= \boldsymbol{a}_{O'} + \boldsymbol{\varepsilon}\times\boldsymbol{r}' + \boldsymbol{\omega}\times\boldsymbol{v}_r + \boldsymbol{\omega}\times(\boldsymbol{\omega}\times\boldsymbol{r}') + \boldsymbol{a}_r + \boldsymbol{\omega}\times\boldsymbol{v}_r\\
&= \boldsymbol{a}_{O'} + \boldsymbol{\varepsilon}\times\boldsymbol{r} + \boldsymbol{\omega}\times(\boldsymbol{\omega}\times\boldsymbol{r}') + \boldsymbol{a}_r + 2\boldsymbol{\omega}\times\boldsymbol{v}_r
\end{aligned} \tag{10-16}$$

式(10-16)运算中，应用到泊松公式、$\dfrac{\mathrm{d}\boldsymbol{i}'}{\mathrm{d}t} = \boldsymbol{\omega}\times\boldsymbol{i}'$ 等。式(10-16)的前三项为动坐标系上与动点 M 相重合的一点的加速度，即 M 点的牵连加速度 $\boldsymbol{a}_e$；最后一项 $2\boldsymbol{\omega}\times\boldsymbol{v}_r = \boldsymbol{a}_k$ 称为科里奥利加速度(科氏加速度)，于是式(10-16)可表示为

$$\boldsymbol{a}_a = \boldsymbol{a}_e + \boldsymbol{a}_r + \boldsymbol{a}_k \tag{10-17}$$

即当牵连运动为一般运动时点的加速度合成定理为：某瞬时动点的绝对加速度等于牵连加速度、相对加速度和科氏加速度的矢量和。

本章小结

1. 刚体的合成运动可分解为几种简单的运动。

(1) 刚体同时绕两平行轴转动时，其合成运动为绕瞬时轴的转动。瞬轴与该两轴平行，并在同一平面内，瞬轴的位置在较大的角速度的一侧。绕瞬轴转动的角速度等于绕两平行轴转动角速度的代数和。

(2) 刚体同时绕相交于一点的几个轴转动时，其合成运动为绕通过该点的瞬时轴的转动，绕瞬轴转动的角速度等于绕各轴转动角速度的矢量和。

(3) 刚体的运动由平动和转动合成时，常有以下几种情况：

①平动速度矢与转动角速度矢垂直时，刚体做平面运动；②平动速度矢与转动角速度矢平行时，刚体做螺旋运动；③平动速度矢与转动角速度矢成任意角 α 时，刚体绕瞬轴做螺旋运动。

2. 刚体运动时，若体内有一点固定不动，则这种运动称为刚体的定点运动。

(1) 绕定点运动的刚体具有三个自由度，其位置常用三个欧拉角决定，所以刚体绕定点运动的运动方程为

$$\psi = f_1(t),\quad \theta = f_2(t),\quad \varphi = f_3(t)$$

式中，ψ 为进动角；θ 为章动角；φ 为自转角。

(2) 绕定点运动的刚体，每瞬时可视为绕通过其定点的某瞬时轴的转动。瞬时角速度矢 $\boldsymbol{\omega}$ 与瞬时轴重合，指向按右手螺旋法则确定。瞬时轴的位置在运动过程中是不断变化的。

(3) 绕定点运动的刚体的角加速度矢是其角速度矢对时间的一阶导数，即 $\boldsymbol{\varepsilon} = \dfrac{\mathrm{d}\boldsymbol{\omega}}{\mathrm{d}t}$。$\boldsymbol{\varepsilon}$ 与 $\boldsymbol{\omega}$ 一般不重合，$\boldsymbol{\varepsilon}$ 的方向可由瞬时角速度矢的矢端速度来确定。

(4) 绕定点运动的刚体其体内任一点 M 的速度和加速度分别为

$$\boldsymbol{\omega}_M = \boldsymbol{\omega} \times \boldsymbol{r},\quad \boldsymbol{a}_M = \boldsymbol{a}_1 + \boldsymbol{a}_2$$

其中

$$\boldsymbol{a}_1 = \boldsymbol{\varepsilon} \times \boldsymbol{r} \quad \text{（转动加速度）}$$

$$\boldsymbol{a}_2 = \boldsymbol{\omega} \times \boldsymbol{v}_M \quad \text{（向心加速度）}$$

式中，$\boldsymbol{\omega}$ 为瞬时角速度矢；$\boldsymbol{\varepsilon}$ 为瞬时角加速度矢；$\boldsymbol{r}$ 为点 M 相对于定点的矢径。

3. 刚体在空间运动时其位移不受任何限制，这种运动称为刚体的一般运动。

(1) 刚体的一般运动可分解为随基点 O' 的平动和绕基点 O' 的转动。它具有六个自由度，其运动方程为

$$x_0' = f_1(t),\ y_0' = f_2(t),\ z_0' = f_3(t)$$

$$\psi = f_4(t),\ \theta = f_5(t),\ \varphi = f_6(t)$$

(2) 刚体做一般运动时其体内任一点 M 的速度和加速度可表示为

$$\boldsymbol{v}_M = \boldsymbol{v}_{O'} + \boldsymbol{\omega} \times \boldsymbol{r}'$$

$$\begin{aligned}\boldsymbol{a}_M &= \boldsymbol{a}_{O'} + \boldsymbol{a}_{r_1} + \boldsymbol{a}_{r_2}\\ &= \boldsymbol{a}_{O'} + \boldsymbol{\varepsilon} \times \boldsymbol{r}' + \boldsymbol{\omega} \times \boldsymbol{v}_r\end{aligned}$$

式中，$\boldsymbol{v}_{O'}$ 和 $\boldsymbol{a}_{O'}$ 为基点的速度和加速度；$\boldsymbol{r}'$ 为点 M 相对于基点的矢径；$\boldsymbol{\omega}$ 为刚体绕基点转动的瞬时角速度矢；$\boldsymbol{\varepsilon}$ 为刚体绕基点转动的瞬时角加速度矢。

4. 牵连运动为一般运动时，动点的绝对加速度等于牵连加速度、相对加速度和科氏加速度的矢量和，即

$$\begin{aligned}\boldsymbol{a}_a &= \boldsymbol{a}_e + \boldsymbol{a}_r + \boldsymbol{a}_k\\ &= \boldsymbol{a}_{O'} + \boldsymbol{\varepsilon} \times \boldsymbol{r}' + \boldsymbol{\omega} \times (\boldsymbol{\omega} \times \boldsymbol{r}') + \boldsymbol{a}_r + 2\boldsymbol{\omega} \times \boldsymbol{v}_r\end{aligned}$$

思 考 题

10.1 是非题(判断下列说法正确与否)

(1)刚体运动时，只要其上每一点到一个固定点的距离保持不变，则此刚体一定做定点运动。

(2)定点运动刚体某瞬时角速度$\omega \neq 0$，则刚体上必有唯一的一条通过固定点的直线，在该直线上各点的速度均为零。

(3)定点运动刚体由一个位置到另一个位置的有限位移，可以绕过定点的某一轴做一次转动来实现。

(4)确定定点运动刚体位置的三个欧拉角是固连于三根直角坐标轴与静参考系的三根对应坐标轴之间的夹角。

(5)定点运动刚体上过定点O并与角加速度矢$\boldsymbol{\varepsilon}$重合的直线上各点的加速度一定为零。

(6)刚体做定点运动时，其上任一点的速度方向和刚体做定轴转动时其在任一点的速度方向都沿该点绝对轨迹的切线方向。

(7)刚体做定轴转动时，其在任一点的加速度可分解为两个正交分量：切向加速度和法向加速度，而刚体绕定点运动时，其上任一点的加速度为$\boldsymbol{a}=\boldsymbol{a}_1+\boldsymbol{a}_2$，其中$\boldsymbol{a}_1$和$\boldsymbol{a}_2$也是两个正交的分量。

(8)当刚体做两个平动时，其合成运动一定为平动。

(9)当刚体做平动和转动时，其合成运动一定是转动。

(10)当刚体做两个转动时，其合成运动一定是转动。

10.2 选择填空题(将正确的答案的标号填在括号内)

(1)定点运动刚体上除交点之外，各点都在一个________面上运动。

(A)平面 (B)球面 (C)抛物面

(2)确定定点运动刚体在空间的位置需要________个独立的参数。一般运动刚体需要________个独立的参数。

(A)2 (B)3 (C)4 (D)5 (E)6

(3)刚体做定点运动时的角速度矢量与角加速度矢量，与刚体做定轴转动时的角速度矢量与角加速度矢量________。

(A)完全相同 (B)完全不同 (C)不完全相同

(4)刚体做定点运动时，若$\omega \neq 0, \varepsilon \neq 0$，$\boldsymbol{\omega}$与$\boldsymbol{\varepsilon}$不重合，则刚体上必存在________为零的点组成的直线；若$\omega = 0, \varepsilon \neq 0$，则刚体上必存在________为零的点组成的直线。

(A)速度 (B)加速度

(5)点在半径为R的球面上匀速运动，点的加速度________等于v^2/R，方向________指向球心。

(A)一定 (B)不一定 (C)一定不

(6)欧拉位移定理的适用范围是________。

(A)仅适用于无限小位移

(B)不但适用于无限小位移，而且适用于有限(非无限小)位移

(C)对无限小位移，该定理是正确的，而对有限位移，该定理结果是近似的

(7) 刚体做定点运动时，其上任一点的向心加速度与该点的速度关系为________。

(A) $a_2 = h_1\omega^2$，h_1为任一点到瞬时转动轴的距离

(B) $\boldsymbol{a}_2$垂直于该点的速度方向，即沿该点绝对轨迹的法线方向

(C) $\boldsymbol{a}_2$指向瞬时转动轴

(8) 刚体做定轴转动时，某点的切向加速度$\boldsymbol{a}_\tau$与该点的速度$\boldsymbol{v}$之间的关系为$\boldsymbol{a}_\tau = \dfrac{\mathrm{d}\boldsymbol{v}}{\mathrm{d}t}$；而在刚体做定点运动时，刚体上任一点的转动加速度$\boldsymbol{a}_1$与该点的速度关系为________。

(A) $\boldsymbol{a}_1$沿速度方向　(B) $\boldsymbol{a}_1 = \dfrac{\mathrm{d}\boldsymbol{v}}{\mathrm{d}t}$　(C) $\boldsymbol{a}_1$不沿该点轨迹切线方向，即不沿该点速度方向

(D) $\boldsymbol{a}_1$沿以ε为轴的转动方向

(9) 刚体做定轴转动时，其上任一点的加速度

$$\boldsymbol{a} = \boldsymbol{a}_\tau + \boldsymbol{a}_n = \boldsymbol{\varepsilon}\times\boldsymbol{r} + \boldsymbol{\omega}\times\boldsymbol{v}$$

式中，$\boldsymbol{a}_\tau = \boldsymbol{\varepsilon}\times\boldsymbol{r}, \boldsymbol{a}_n = \boldsymbol{\omega}\times\boldsymbol{v}$。

而刚体做定点运动时，其上任一点的加速度

$$\boldsymbol{a} = \boldsymbol{a}_1 + \boldsymbol{a}_2 = \boldsymbol{\varepsilon}\times\boldsymbol{r} + \boldsymbol{\omega}\times\boldsymbol{v}$$

式中，$\boldsymbol{a}_1 = \boldsymbol{\varepsilon}\times\boldsymbol{r}, \boldsymbol{a}_2 = \boldsymbol{\omega}\times\boldsymbol{v}$。

由此得出如下结论，其正确的结论为________。

(A) 因为$\boldsymbol{a}_1 = \boldsymbol{\varepsilon}\times\boldsymbol{r}, \boldsymbol{a}_\tau = \boldsymbol{\varepsilon}\times\boldsymbol{r}$，所以$\boldsymbol{a}_1 = \boldsymbol{a}_\tau$

(B) 因为$\boldsymbol{a}_2 = \boldsymbol{\omega}\times\boldsymbol{v}, \boldsymbol{a}_n = \boldsymbol{\omega}\times\boldsymbol{v}$，所以$\boldsymbol{a}_2 = \boldsymbol{a}_n$

(C) $\boldsymbol{a}_1 \neq \boldsymbol{a}_\tau$，$\boldsymbol{a}_2 \neq \boldsymbol{a}_n$　(D) $\boldsymbol{a}_2 = \boldsymbol{a}_n$，$\boldsymbol{a}_1 \neq \boldsymbol{a}_\tau$

(E) $\boldsymbol{a}_2 \neq \boldsymbol{a}_n$，$\boldsymbol{a}_1 = \boldsymbol{a}_\tau$

习　题

10-1　如题 10-1 图所示，在周转传动装置中，半径为R的主动齿轮以匀角速度ω_0做逆时针方向转动，长为$l = 3R$的曲柄OA以相同的角速度绕O轴做顺时针方向转动。试求从动轮III的绝对角速度。

10-2　如题 10-2 图所示，系杆OA以匀角速度ω_0绕固定齿轮 I 的轴O转动，同时在A端带有另一同样大小的齿轮II的轴，两齿轮用链条相连接。设系杆长$OA = l$，试求齿轮II的角速度和角加速度及其上任一点M的速度和加速度。

10-3　一行星轮系，各齿轮啮合如题 10-3 图所示，其中齿轮II、III固结在一起。已知$Z_1 = 180$，$Z_2 = 45$，$Z_3 = 135$，$Z_4 = 360$，齿轮 I 的转速$n_1 = 800\mathrm{r/min}$，试求齿轮III的转速。

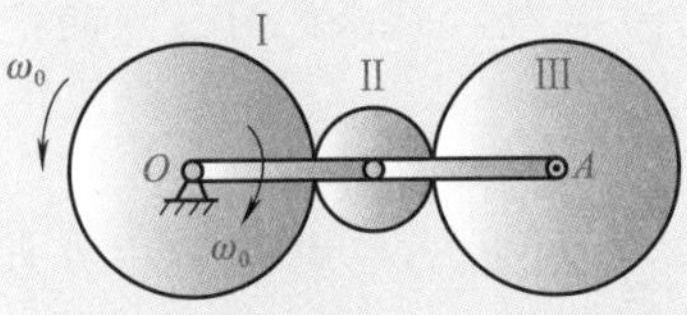

题 10-1 图

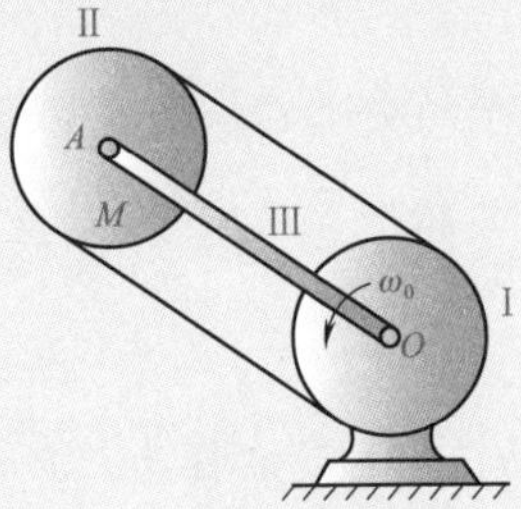

题 10-2 图

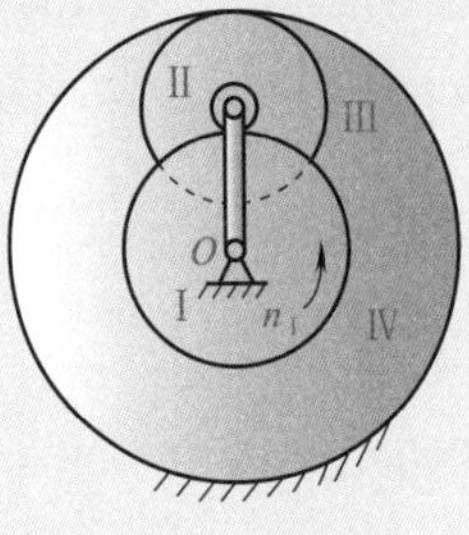

题 10-3 图

10-4 如题 10-4 图所示的周转传动装置中，半径为R的主动齿轮以角速度ω_0和角加速度ε_0做逆时针方向转动，而长为$3R$的曲柄OA以相同的角速度和角加速度绕轴O做顺时针方向转动。点M位于半径为R的从动轮上，在垂直于曲柄的直径末端。试求点M的速度和加速度。

10-5 如题 10-5 图所示，陀螺以匀角速度ω_1绕轴OB转动，而轴OB等速地画出一圆锥。如陀螺的中心轴OB每分钟的转数为n，$\angle BOC=\alpha$（常量），试求陀螺的角速度ω和角加速度ε。

10-6 如题 10-6 图所示，锥齿轮的轴通过平面支座齿轮的中心。锥齿轮每分钟在支座齿轮上滚动 5 次。已知支座齿轮的半径等于锥齿轮半径的两倍，即$R=2r$，试求锥齿轮绕其本身轴转动的角速度ω_r和绕瞬时轴转动的角速度ω_a。

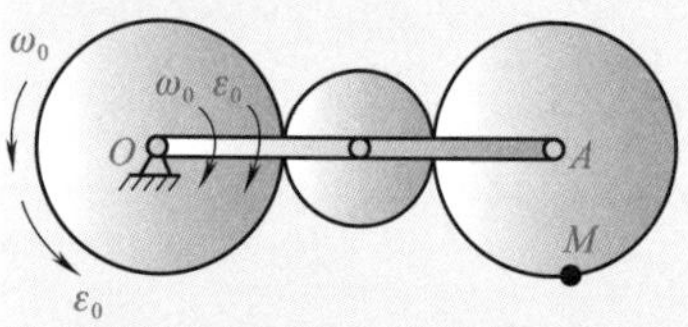

题 10-4 图

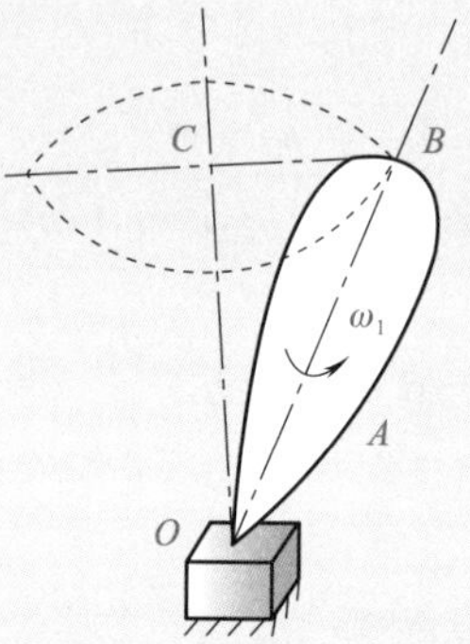

题 10-5 图

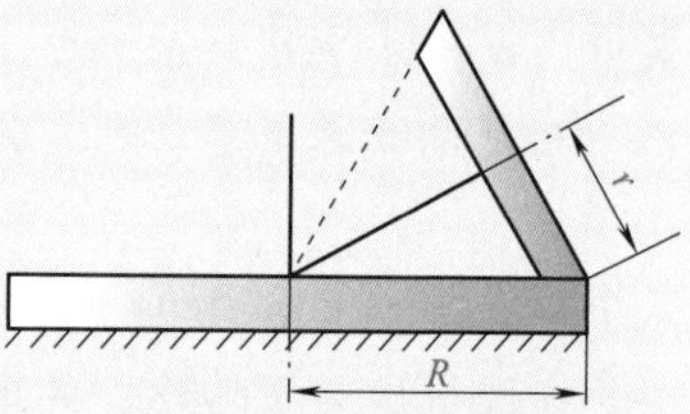

题 10-6 图

10-7 如题 10-7 图所示，物体以角速度$\omega_1=\sqrt{3}\text{rad/s}$与$\omega_2=3\text{rad/s}$绕相交轴转动，同时两轴的交点又以速度$v=60\text{mm/s}$移动，$\boldsymbol{\omega}_1$、$\boldsymbol{\omega}_2$、$\boldsymbol{v}$三矢量共面。设$\alpha=30^\circ$，$\beta=60^\circ$，试求物体的合成运动。

10-8 在题 10-7 中，若$\boldsymbol{\omega}_1$与图示指向相反，其他条件相同，试求物体的合成运动。

10-9 半径为r的螺栓，其螺纹与螺栓轴线夹角为α。设螺栓在螺母中以角速度ω转动，试求螺栓移动的速度$\boldsymbol{v}$。

10-10 如题 10-10 图所示，固定齿轮 I 和动齿轮III的半径相等，齿轮 II 的半径为任意值。试证明当系杆OB绕轴O转动时，齿轮III做平动。

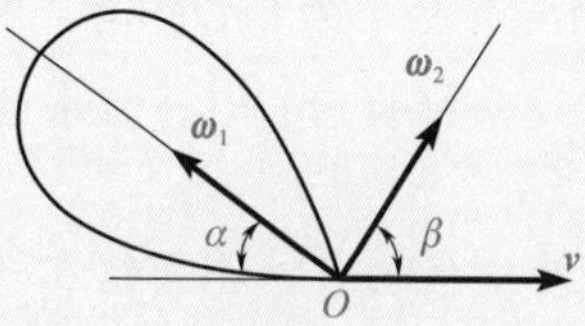

题 10-7 图

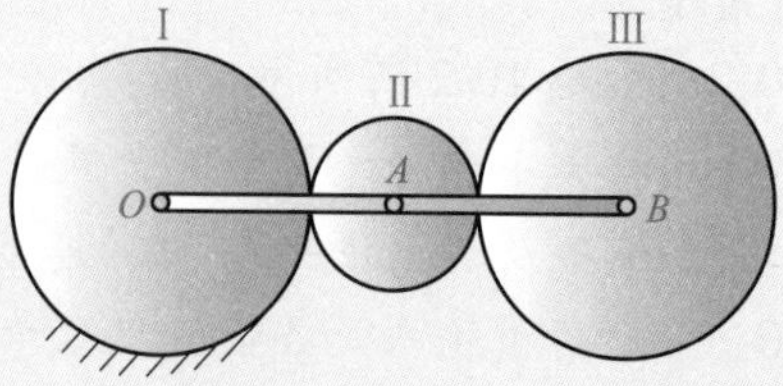

题 10-10 图

***10-11** 如题 10-11 图所示，轮子的中心O以匀速$\boldsymbol{v}$沿直线轨道做纯滚动，一动点M以匀速率$\boldsymbol{v}_r$沿轮子某一直径向外运动。某瞬时，M点运动至轮心O为$\dfrac{R}{2}$处，试求此时该点的绝对加速度。

***10-12** 设有一刚体做定点运动，其运动方程为：$\psi=\dfrac{\pi}{2},\varphi=\dfrac{\pi}{3},\theta=\pi t$（其中$\psi$、$\varphi$、$\theta$为欧拉角，以 rad 计，$t$以 s 计），试求其角速度和角加速度在静坐标系$Oxyz$轴上的投影。

*10-13 如题 10-13 图所示，半径 $R=40\text{mm}$ 的圆盘 AB，其盘心铰连于顶角 $\alpha=60^\circ$ 的固定锥体的顶点 O，圆盘可绕 O 点运动，盘面与锥面无相对滑动。已知圆盘上 A 点的加速度的大小为一常量且 $a_A=360\sqrt{3}\text{mm}/\text{s}^2$，试求圆盘绕其垂直盘面的对称轴转动的角速度。

*10-14 如题 10-14 图所示，动圆锥 A 在固定圆锥 B 内匀速滚动。已知圆锥 A 的斜高 $OC=20\text{cm}$，其底面边缘上的一点 C 在图示位置时的加速度 $a_C=50\text{cm}/\text{s}^2$。试求此瞬时 D 点的加速度。

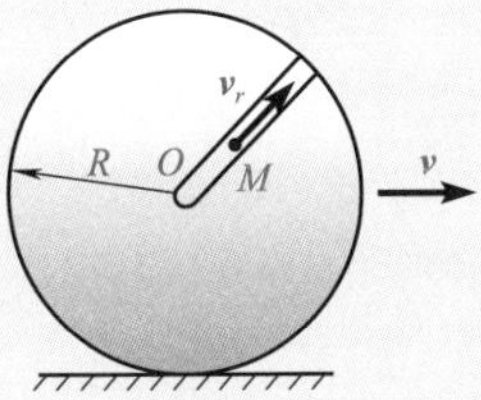

题 10-11 图

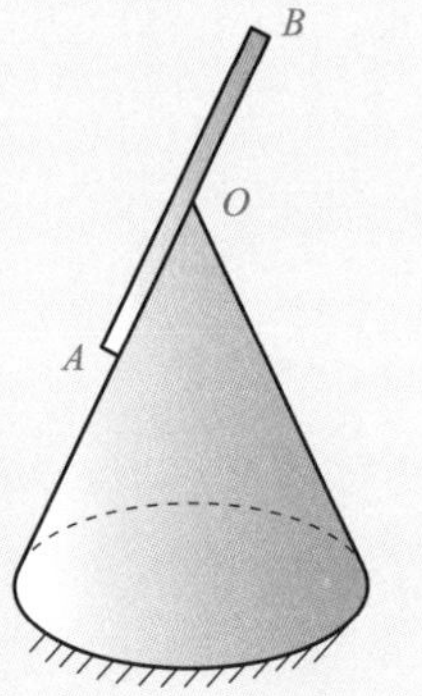

题 10-13 图

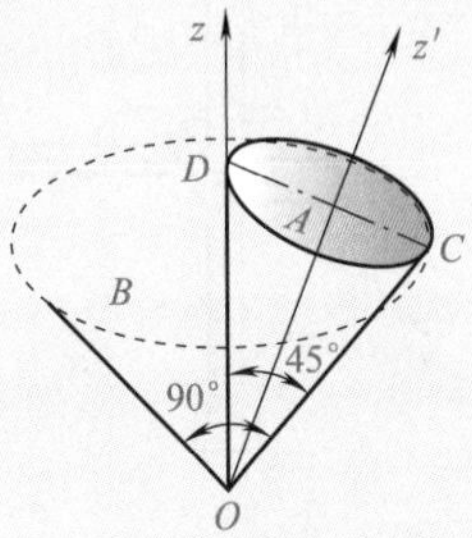

题 10-14 图

*10-15 如题 10-15 图所示，顶角 $\Phi=90^\circ$ 的圆锥体在水平面上做纯滚动(顶点 O 的位置不变)。已知圆锥高 $OC=18\text{cm}$，底面中心 C 做匀速圆周运动，每秒钟转一圈。试求：①圆锥的角速度和角加速度；②圆锥底面上 A、B 两点在图示位置时的加速度。

*10-16 上题中，若将圆锥的运动分解为绕其几何回转轴 z' 的自转以及 z' 轴绕固定铅垂轴 z 进动，用点的加速度合成定理计算 A、B 两点的加速度。

*10-17 如题 10-17 图所示，已知四连杆机构中，各杆长度分别为 $O_1A=l, AB=O_2B=2l$，O_1A 以匀角速度 ω_0 转动；套筒 C 在 AB 杆上以匀速 $\boldsymbol{v}_r$ 运动。在图示瞬时，$O_1A\,//\,O_2B$，$\varphi=60^\circ$，套筒 C 运动至 AB 的中点，试求此时套筒 C 的速度和加速度。

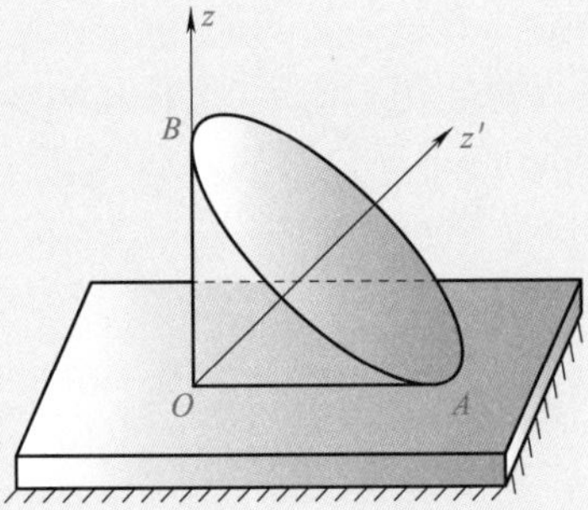

题 10-15 图

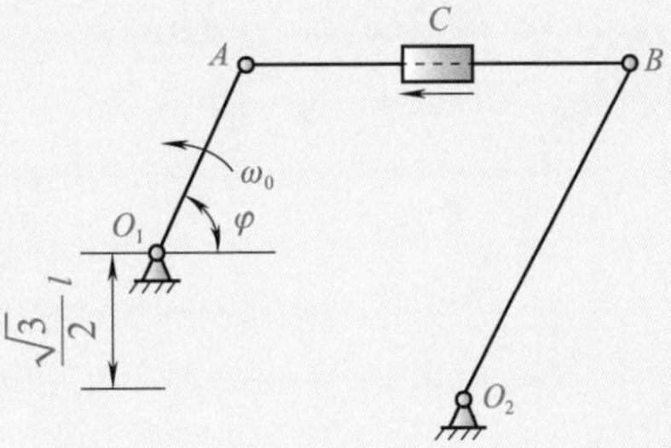

题 10-17 图

*10-18 如题 10-18 图所示，圆盘绕杆 OA 以匀角速度 $\Omega=100\text{rad}/\text{s}$ 转动，圆盘半径 $R=14\text{cm}$，铅垂轴则以匀角速度 $\omega=10\text{rad}/\text{s}$ 转动。图示瞬时 $\theta=90^\circ$，$\dot{\theta}=2\text{rad}/\text{s}$，$\ddot{\theta}=0$，试求该瞬时圆盘上 C 点的速度和加速度。

*10-19 如题 10-19 图所示，动圆锥沿固定圆锥面做纯滚动。动圆锥顶点 O_1 不动，底面中心 C 点的速度 $v_C = 20\text{cm/s}$ = 常数。已知两锥顶角均等于 $2\alpha = \dfrac{\pi}{2}$，动圆锥底面半径 $r = 20\text{cm}$，今有一动点 M 以大小不变的相对速度 $v_r = 10\text{cm/s}$ 相对动圆锥底边做圆周运动。试求当动点 M 到达圆锥的最高位置时，M 点的绝对加速度。

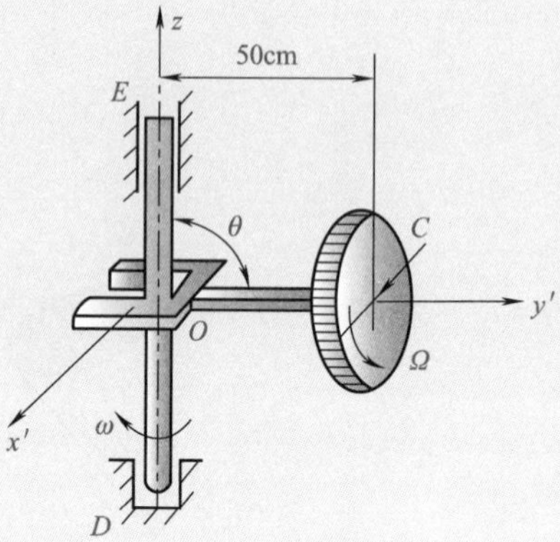

题 10-18 图

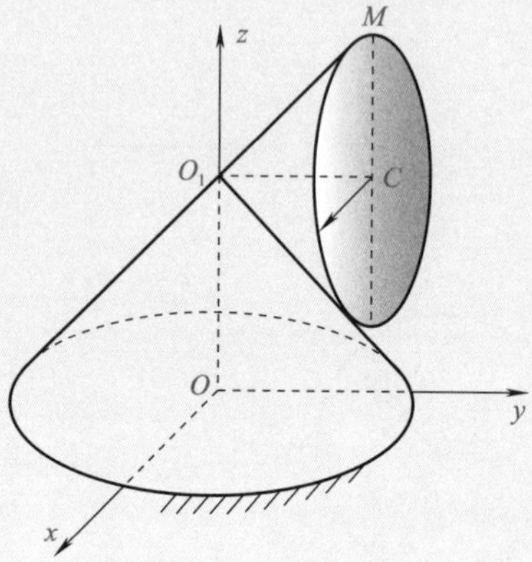

题 10-19 图

第3篇 动力学

在静力学中，研究了作用于物体上力系的简化和平衡条件，但没有研究物体在不平衡的力系作用下将会怎样运动；在运动学中只研究了物体运动的几何性质，而没有考虑物体在什么样的力作用下才会发生这样的运动。上述两个未研究的问题将在动力学中讨论。动力学是研究物体的机械运动与作用力之间关系的科学。静力学研究的平衡问题，可以看成动力学问题的特例。而运动学则是学习动力学不可缺少的基础。静力学和运动学都各自研究了物体机械运动的一个方面，而动力学中要用到物体受力分析和运动分析的方法，所以，只有动力学才把两者联系了起来。

随着生产及科学技术的发展，动力学的知识得到越来越广泛的应用。不但在动力机械设计、结构动力分析、火箭和卫星的轨迹计算等工程问题中存在着大量的动力学问题；而且在厂房结构、桥梁和水坝在动荷载作用下的振动，各类建筑物的抗震，动力基础的隔振与减振等问题中提出了越来越多的动力学问题。理论力学的动力学建立了物体机械运动的普遍规律，为解决各专业的动力学问题提供了基本理论和基本方法。

在动力学所研究的问题中，按照已知条件及需要求的问题来分，大致可分为两大类：①已知物体的运动，求作用在物体上的力，称为动力学第一类问题；②已知作用于物体上的力和运动的初始条件，求物体的运动，称为动力学第二类问题。较复杂的问题是这两类问题的交叉，多为已知主动力，再由运动求约束反力，也存在已知部分力、部分运动，求另一部分力、部分运动的综合性问题。

动力学中所建立的力学模型有质点和质点系(包括刚体)。

质点是具有一定质量而几何形状和尺寸大小可以忽略不计的物体。例如，研究地球绕太阳的运行而不涉及地球自转时，由于地球半径远小于太阳到地球的距离，可将地球视为质点。物体做平动时，因物体各点的运动情况是完全相同的，也可以不考虑此物体的形状和大小，而将它抽象为一个质点来研究。刚体是由无数质点所组成(质量连续分布)的几何形状不变的系统，而其中任意两质点间的距离都保持不变的系统，称为不变质点系。当物体的形状和大小在所研究的问题中不可忽略，但可略去其变形的影响时，可将该物体抽象为刚体。质点系是由有限个(质量分布是离散)或无限个(质量分布是连续的)质点所组成的系统。当物体的形状和大小在所研究的问题中不可忽略，或刚体的运动不是平动时，则应抽象为质点系。质点系是力学中最普遍的抽象化模型，它包括刚体、弹性体和流体。例如，质点系中各质点的运动不受约束的限制，称为自由质点系；反之称为非自由质点系。

从研究对象来看，动力学可分为质点动力学和质点系动力学。质点动力学是质点系动力学的基础。下面将从质点动力学开始研究动力学问题。

第 11 章 质点运动微分方程

11.1 质点运动微分方程形式

将动力学基本方程（$ma=\sum F$）表示为微分形式的方程称为质点运动微分方程。把动力学方程中的加速度$\boldsymbol{a}$用质点位置参数的导数表示成投影形式，即根据运动学中介绍的加速度可表示成矢径形式、直角坐标形式和自然形式，就可建立相应的三种不同形式的质点运动微分方程，通过运动微分方程的求解，从而解决动力学的两类问题。

1. 矢径形式

设有一质点M，其质量为m，在力$\boldsymbol{F}_1,\boldsymbol{F}_2,\cdots,\boldsymbol{F}_n$作用下产生加速度$\boldsymbol{a}$，设质点所受的合力为$\boldsymbol{F}=\sum \boldsymbol{F}_i$，根据动力学基本方程及力的独立作用原理，有

$$m\boldsymbol{a}=\sum \boldsymbol{F}_i \tag{11-1}$$

加速度的矢径形式为$\boldsymbol{a}=\dfrac{\mathrm{d}\boldsymbol{v}}{\mathrm{d}t}=\dfrac{\mathrm{d}^2\boldsymbol{r}}{\mathrm{d}t^2}$，于是得

$$m\frac{\mathrm{d}\boldsymbol{v}}{\mathrm{d}t}=\boldsymbol{F} \quad 或 \quad m\frac{\mathrm{d}^2\boldsymbol{r}}{\mathrm{d}t^2}=\boldsymbol{F} \tag{11-2}$$

这就是矢径形式的质点运动微分方程。

2. 直角坐标形式

将式(11-2)分别投影到直角坐标系$Oxyz$各轴上得

$$m\frac{\mathrm{d}^2x}{\mathrm{d}t^2}=X,\quad m\frac{\mathrm{d}^2y}{\mathrm{d}t^2}=Y,\quad m\frac{\mathrm{d}^2z}{\mathrm{d}t^2}=Z \tag{11-3}$$

11-1

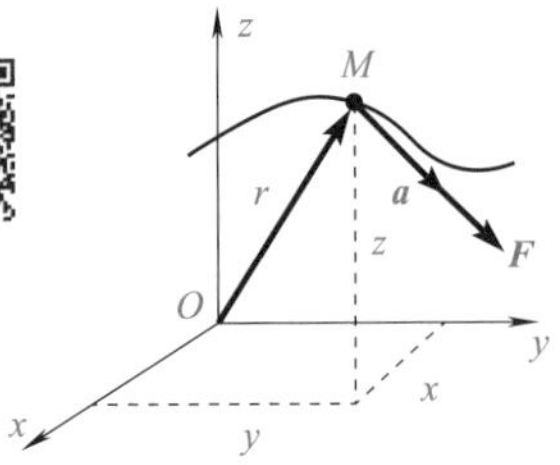

图 11-1

这就是直角坐标形式的质点运动微分方程。其中，X、Y、Z为作用于质点上的各力在各轴上的投影；x、y、z为质点的坐标(图 11-1)。

如果质点做平面曲线运动，取运动平面为$Oxyz$平面，则方程(11-3)成为

$$m\frac{\mathrm{d}^2x}{\mathrm{d}t^2}=X,\quad m\frac{\mathrm{d}^2y}{\mathrm{d}t^2}=Y \tag{11-4}$$

如果质点做直线运动，则只需一个坐标，可取x轴沿该直线，方程(11-3)成为

$$m\frac{\mathrm{d}^2x}{\mathrm{d}t^2}=X \tag{11-5}$$

3. 自然形式

设已知质点运动的轨迹曲线(图 11-2)，以轨迹曲线上质点所在处为原点，取自然轴系 τ、n、b。由加速度的自然表示法知，动点的加速度在切向、主法向和副法向上的投影为

$$a_\tau = \frac{\mathrm{d}^2 s}{\mathrm{d}t^2},\quad a_n = \frac{v^2}{\rho},\quad a_b = 0$$

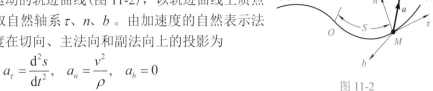

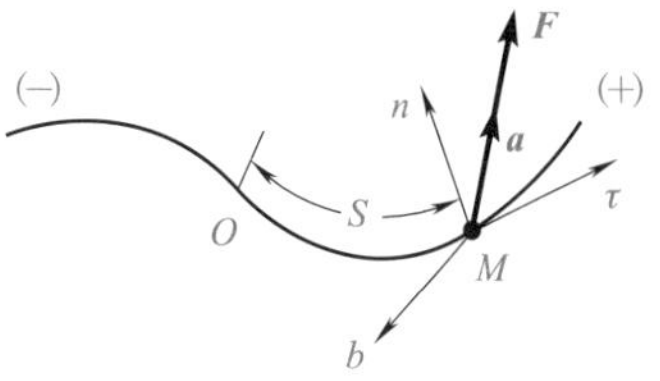

图 11-2

11-2

于是有

$$ma_\tau = m\frac{\mathrm{d}^2 s}{\mathrm{d}t^2} = F_\tau,\quad ma_n = m\frac{v^2}{\rho} = F_n,\quad ma_b = 0 = F_b \tag{11-6}$$

这就是自然坐标形式的质点运动微分方程。

质点运动微分方程除以上三种基本形式外，还可有极坐标形式、柱坐标形式等。

11.2　质点动力学两类问题

质点动力学问题大致可分为以下两类。

第一类问题：已知质点的运动，求作用在质点上的力。在这类问题中，质点的运动方程或速度的函数式是已知的，将其对时间求二次或一次导数后，即得质点的加速度，将加速度代入质点运动微分方程，便可求得未知的作用力。这一类问题的运算过程为求导过程，一般较简单。但对于受约束的非自由质点，微分方程中应包括质点所受的约束力，质点的运动还必须满足约束对它施加的限制条件。关于约束力的方向，按静力学中约束的性质决定，而约束力的大小由动力学方程求得。

第二类问题：已知作用在质点上的力，求质点的运动。在这类问题中，已知的作用力可能是常力，也可能是变力，如为变力还必须建立力的表达式，即建立力与时间、位置、速度或者同时是上述几种变量的函数。求质点的运动，可以是求质点的速度，亦可求质点的运动方程。在数学上是解微分方程式或求积分的问题。每积分一次，需要确定一个积分常数。积分常数由质点运动的初始条件确定。因此，要完整地解决质点动力学的第二类问题，除了要给定作用力的函数关系外，还必须知道质点运动的初始条件。由于第二类问题涉及积分问题，所以比第一类问题往往要麻烦一些，特别是力的函数关系复杂时，积分运算就变得非常困难，以致得不到解析解，只能求出近似的数值解。对于质点系，原则上可以就每个质点写出运动微分方程，但是要得到质点系的联立微分方程组的精确解是非常困难的。因此，对于质点系的问题，只有在最简单的情况下才用本节的方法求解，一般则应用以后各章讲述的定理求解。

如果质点做直线运动，并且作用力仅为一个变量的函数，则微分方程的积分可求得解析解。由于力函数的类型不同，方程的积分方法也将不同，以下讨论微分方程的积分问题：

(1) 力是常数。$F = C$ (常数)，运动微分方程为

$$m\frac{\mathrm{d}v_x}{\mathrm{d}t} = F_x = C$$

则

$$\int_{v_{0x}}^{v_x} \mathrm{d}v_x = \frac{1}{m}\int_0^t F_x(t)\mathrm{d}t$$

当初始条件 v_{0x} 已知时，上式可积为

$$v_x = v_{0x} + \frac{F_x}{m}t$$

相当于物理中匀变速运动的速度公式，将上式分离变量再积分

$$\int_{x_0}^{x} \mathrm{d}x = \int_0^t \left(v_{0x} + \frac{F_x}{m}t \right) \mathrm{d}t$$

有

$$x = x_0 + v_{0x}t + \frac{1}{2}\frac{F_x}{m}t^2$$

此求解过程一般不困难。

(2) 力是时间的函数。运动微分方程为

$$m\frac{\mathrm{d}v_x}{\mathrm{d}t} = F(t)$$

则

$$\int_{v_{0x}}^{v_x} m\mathrm{d}v_x = \int_0^t F(t)\mathrm{d}t$$

当初始条件 v_{0x} 已知时，$F(t)$ 可积，其积分方法与力是常数时大致相同，以后求解一般不困难。

(3) 力是位置的函数。例如，弹簧的作用力，运动微分方程为

$$m\frac{\mathrm{d}v_x}{\mathrm{d}t} = F(x)$$

式中有三个变量 v、t、x，只有将三个变量变换成两个变量才能进行积分，因为力是位置坐标的函数，一般要使该方程中不显含时间 t，为此利用循环求导的变换

$$\frac{\mathrm{d}v_x}{\mathrm{d}t} = \frac{\mathrm{d}v_x}{\mathrm{d}x} \cdot \frac{\mathrm{d}x}{\mathrm{d}t} = v_x \frac{\mathrm{d}v_x}{\mathrm{d}x}$$

则有

$$mv_x \frac{\mathrm{d}v_x}{\mathrm{d}x} = F(x)$$

分离变量后，$F(x)$ 可积，有

$$\int_{v_{0x}}^{v_x} mv_x \mathrm{d}v_x = \int_0^x F(x)\mathrm{d}x$$

只要知道初始条件，已知 $t=0$ 时的 x_0 及 v_0，上式的积分便可实现，以后再分离变量积分便不困难了。

(4) 力是速度的函数。运动微分方程为

$$m\frac{\mathrm{d}v}{\mathrm{d}t} = F(v)$$

只有 v、t 两个变量，直接分离变量积分

$$\int_{v_0}^{v} \frac{m}{F(v)}\mathrm{d}v = \int_0^t \mathrm{d}t$$

当初始条件 v_0 已知时，上式积分不难求解。

如果质点所受的力是几个变量的函数，这种情况将在振动理论中出现。

【例 11-1】 电梯以匀加速度 $\boldsymbol{a}$ 上升，求放在底板上重为 $\boldsymbol{G}$ 的物体 M 对底板的压力，如图 11-3 所示。

解 此题属于已知运动求力的动力学第一类问题，取物体 M 为研究对象，物体 M 随电梯一起运动，视为质点。加速度 $\boldsymbol{a}$ 已知，代入质点运动微分方程并求解

$$m\frac{\mathrm{d}^2 y}{\mathrm{d}t^2}=\sum Y,\quad \frac{G}{g}a=N-G$$

解得
$$N=G+\frac{G}{g}a=G\left(1+\frac{a}{g}\right)$$

物体 M 对底板压力 $\boldsymbol{N}'$ 与 $\boldsymbol{N}$ 等值反向，即

$$N'=G\left(1+\frac{a}{g}\right)$$

该式表明，压力 $\boldsymbol{N}'$ 由两部分组成，一部分等于物体的重量，称为静压力；另一部分是由加速度引起的，称为附加动压力。全部压力 $\boldsymbol{N}'$ 称为动压力。

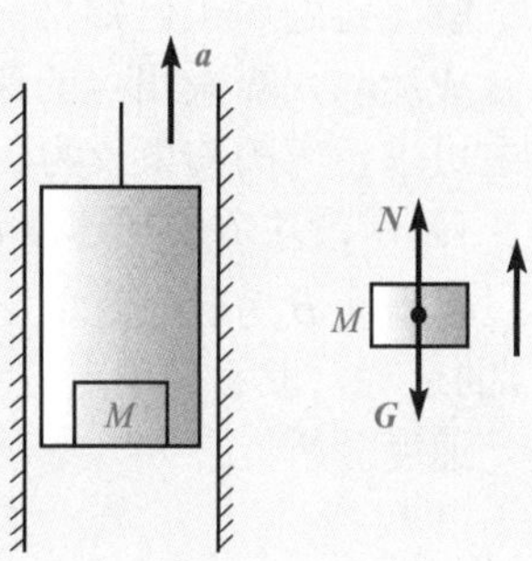

图 11-3

11-3

【例 11-2】　桥式起重机跑车吊挂一重为 $\boldsymbol{G}$ 的重物，沿水平横梁做匀速运动，其速度 $\boldsymbol{v}_0$，重物的重心至悬挂点的距离为 l，由于突然刹车，重物因惯性绕悬挂点 O 向前摆动，求钢丝绳的最大拉力(图 11-4)。

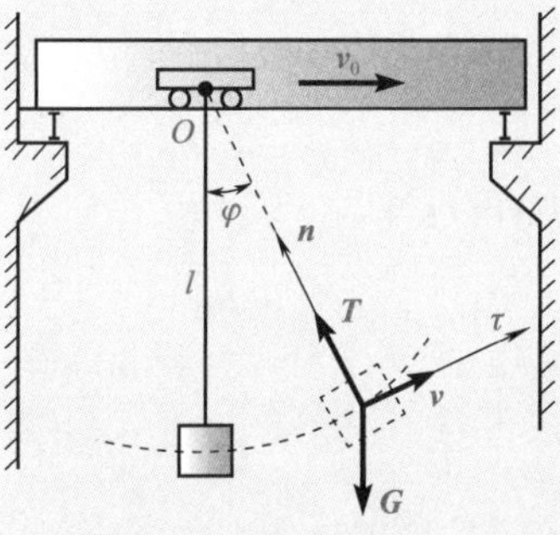

图 11-4

解　此题属于动力学第一类问题，因研究对象轨迹已知，可采用自然形式的质点运动微分方程。将重物视为质点，作用于其上有重力 $\boldsymbol{G}$ 和拉力 $\boldsymbol{T}$，由于刹车，重物将沿以悬挂点 O 为圆心，l 为半径的圆弧摆动。设绳与铅垂线成 φ 角，故取自然轴如图 11-4，列运动微分方程：

11-4

$$ma^{\tau}=\sum F^{\tau},\quad \frac{G}{g}\frac{\mathrm{d}v}{\mathrm{d}t}=-G\sin\varphi \tag{1}$$

$$ma^{n}=\sum F^{n},\quad \frac{G}{g}\frac{v^2}{l}=T-G\cos\varphi \tag{2}$$

由式(2)得
$$T=G\left(\cos\varphi+\frac{v^2}{gl}\right)$$

式中，v 和 φ 均为变量。由式(1)可知，重物做减速运动，故可知在初始位置 $\varphi=0$ 时绳子拉力最大，即

$$T_{\max}=G\left(1+\frac{v_0^2}{gl}\right)$$

所以减少绳子拉力的途径：一是减小跑车速度，二是增加绳子长度。

【例 11-3】　滑块 B 重 $G=9.80\mathrm{N}$，通过固结在滑块上的销钉由摇杆 OA 带动，如图 11-5(a)所示。图示瞬时，$\alpha=30°$，摇杆的角速度 $\omega=2\mathrm{rad/s}$，角加速度 $\varepsilon=2\mathrm{rad/s^2}$，试求导槽的约束反力及销钉与摇杆间的压力(设摇杆质量不计，所有摩擦不计)。

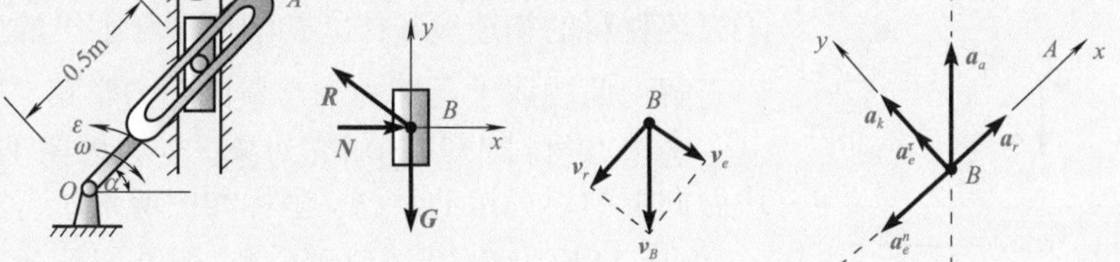

图 11-5

11-5

解 此题属于已知部分运动，求部分力的动力学第一类问题，由于研究对象(滑块 B)参与合成运动，需采用点的速度合成定理及加速度合成定理求出绝对加速度，再代入动力学方程中可求相应的约束反力。

(1)求滑块 B 的加速度 $\boldsymbol{a}_B$。

以滑块 B 为研究对象，受力有 $\boldsymbol{G}$、$\boldsymbol{N}$、$\boldsymbol{R}$，如图 11-5(b)所示。分析销钉 B（固结在滑块上)的运动，取 B 为动点，动系固结在摇杆 OA 上。

速度分析：

$$\boldsymbol{v}_a = \boldsymbol{v}_e + \boldsymbol{v}_r$$

作速度矢量图(11-5(c))，有

$$v_r = v_e \tan\alpha = OB\omega\tan\alpha = 0.5\times 2\times\frac{\sqrt{3}}{3} = \frac{\sqrt{3}}{3}(\mathrm{m/s})$$

加速度分析(图 11-5(d))：

$$\boldsymbol{a}_a = \boldsymbol{a}_e^n + \boldsymbol{a}_e^\tau + \boldsymbol{a}_r + \boldsymbol{a}_k$$

将上式向 y 轴投影得

$$a_a\cos\alpha = a_e^\tau + a_k \tag{1}$$

式中，$a_e^\tau = OB\cdot\varepsilon = 0.5\times 2 = 1(\mathrm{m/s^2})$；$a_k = 2\omega v_r = 2\times 2\times\frac{\sqrt{3}}{3} = \frac{4}{3}\sqrt{3}(\mathrm{m/s^2})$。

将上述关系代入式(1)，解得滑块(销钉) B 的加速度

$$a_B = a_a = \frac{a_e^\tau + a_k}{\cos\alpha} = \frac{1+\frac{4}{3}\sqrt{3}}{0.866} = 3.82(\mathrm{m/s^2})$$

(2)求光滑面约束反力 $\boldsymbol{R}$、$\boldsymbol{N}$。

由动力学方程

$$ma_y = \sum F_y \quad 或 \quad \frac{G}{g}a_B = R\cos\alpha - G$$

则销钉所受的压力为

$$R = \frac{G}{\cos\alpha}\left(1+\frac{a_B}{g}\right) = \frac{9.8}{0.866}\left(1+\frac{3.82}{9.8}\right) = 15.73(\mathrm{N})$$

由动力学方程

$$ma_x = \sum F_x \quad 或 \quad 0 = N - R\sin\alpha$$

则槽的约束反力

$$N = R\sin\alpha = 15.73\times 0.5 = 7.87(\mathrm{N})$$

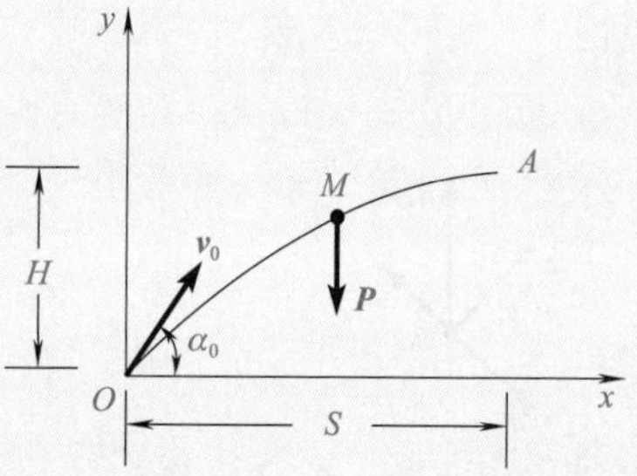

图 11-6

11-6

【例 11-4】 图 11-6 所示煤矿用充填机进行充填，为保证充填材料抛到距离为 $S=5\mathrm{m}$、$H=1.5\mathrm{m}$ 的顶板 A 处。求①充填材料的初速度 $\boldsymbol{v}_0$；②初速度 $\boldsymbol{v}_0$ 与水平的夹角 α_0。

解 此题属于已知力为常量的动力学第二类问题。

选填充材料 M 块为研究对象，受力如图 11-6 所示。M 块做向上的斜抛运动。Oxy 坐标如图所示，选坐标原点 O 为 $t=0$ 时 M 块抛射的初位置。即 $t=0$ 时，$x_0=0, y_0=0$；v_{0x}、v_{0y}、α_0 待求。

t 瞬时 M 块抛至顶板 A 处时 $x=S$， $y=H$ ，设此时速度为 v_x、v_y。

建立直角坐标形式的质点运动微分方程，因为 $P_x=0, P_y=-mg$ ，所以有

$$m\frac{\mathrm{d}v_x}{\mathrm{d}t}=0, \quad m\frac{\mathrm{d}v_y}{\mathrm{d}t}=-mg \tag{1}$$

将式(1)积分一次得

$$\frac{\mathrm{d}x}{\mathrm{d}t}=C_1, \quad \frac{\mathrm{d}y}{\mathrm{d}t}=-gt+C_2 \tag{2}$$

再积分一次得

$$x=C_1t+C_3, \quad y=-\frac{1}{2}gt^2+C_2t+C_4 \tag{3}$$

式中，C_1、C_2、C_3、C_4 为积分常量，可由运动的初始条件决定，将初始条件代入式(2)、式(3)，得

$$C_1=v_0\cos\alpha_0, \quad C_2=v_0\sin\alpha_0, \quad C_3=C_4=0$$

则运动方程为

$$x=v_0t\cos\alpha_0, \quad y=v_0t\sin\alpha_0-\frac{1}{2}gt^2 \tag{4}$$

从式(4)的两方程中消去 t 得轨迹方程

$$y=x\tan\alpha_0-\frac{1}{2}g\frac{x^2}{v_0^2\cos^2\alpha_0} \text{（抛物线）}$$

当 M 块抛至顶板 A 处时，将 $x=S$、$y=H$ 代入式(4)，得

$$S=v_0t\cos\alpha_0, \quad H=v_0t\sin\alpha_0-\frac{1}{2}gt^2 \tag{5}$$

方程(5)中 v_0、α_0、t 未知，需先求 M 块抛至 A 点所需时间 t。

M 块在最高点 A 时，由式(2) $\frac{\mathrm{d}y}{\mathrm{d}t}=-gt+v_0\sin\alpha_0$，有 $\frac{\mathrm{d}y}{\mathrm{d}t}=0$，即

$$v_0\sin\alpha_0-gt=0$$

则

$$t=\frac{v_0\sin\alpha_0}{g} \tag{6}$$

将式(5)、式(6)联立解得

$$v_{0y}=\sqrt{2gH}, \quad v_{0x}=\frac{Sg}{\sqrt{2gH}}$$

M 块抛到顶板 A 处，其需发射初速度大小为

$$v_0=\sqrt{v_{0x}^2+v_{0y}^2}=\sqrt{\frac{S^2g}{2H}+2gH}=10.5\text{m/s}$$

初发射角可由下式确定：

$$\tan\alpha_0=\frac{v_{0y}}{v_{0x}}=\frac{2H}{S}=0.6$$

则

$$\alpha_0=31^\circ$$

由此题可见，利用求得的运动方程或轨迹方程的一般结果可求得其中的某些初始的运动量，如初速度、初位置等。

【例 11-5】 图 11-7 所示重 $W=1960\text{N}$ 的物块起始静止，受水平力 $P=98t$（t 以 s 计，P 以 N 计）。设该物块与水平面间的静滑动摩擦系数 f 与动滑动摩擦系数 f' 相等，即 $f=f'=0.1$，试求 10s 内物块所走的路程。

11-7

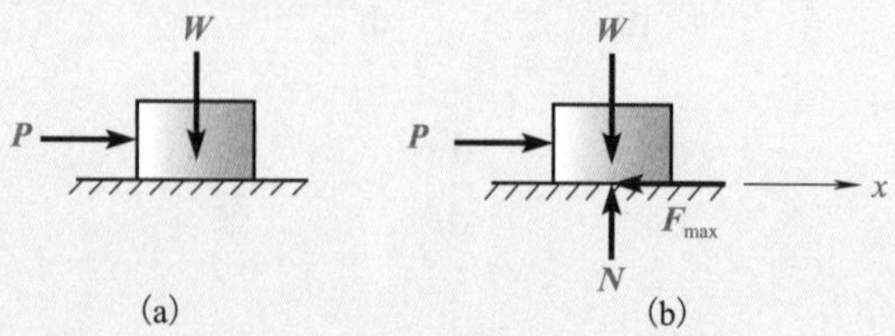

图 11-7

解 此题属于已知力是时间的函数求其运动的动力学第二类问题。

取物块为研究对象，在临界状态或已经滑动时其受力如图 11-7(b)所示。由平衡条件，有

$$\sum Y=0,\quad N-W=0,\quad N=W$$

由静滑动摩擦定律，有

$$F_{\max}=fN=0.1\times1960=196(\text{N})$$

$$\sum X=0,\quad P-F_{\max}=0 \quad 或 \quad 98t-196=0$$

物块开始滑动的时间为 $$t=\frac{196}{98}=2(\text{s})$$

物块已经发生滑动后有 $$m\ddot{x}=\sum X$$

或 $$\frac{W}{g}\frac{\mathrm{d}^2x}{\mathrm{d}t^2}=P-F_{\max}$$

即 $$\frac{1960}{9.8}\frac{\mathrm{d}\dot{x}}{\mathrm{d}t}=98t-196 \tag{1}$$

将式(1)分离变量积分，利用初始条件 $t=2\text{s}$ 时 $v_{0x}=0, t=10\text{s}$ 时设速度为 v_x，有

$$\int_0^{\dot{x}}\mathrm{d}\dot{x}=\int_2^t(0.49t-0.98)\mathrm{d}t \tag{2}$$

将式(2)积分后得

$$\dot{x}=\frac{\mathrm{d}x}{\mathrm{d}t}=\frac{0.49}{2}t^2-0.98t+0.98$$

将上式分离变量得 $$\int_0^x\mathrm{d}x=\int_2^t\left(\frac{0.49}{2}t^2-0.98t+0.98\right)\mathrm{d}t$$

解得物块的运动方程为

$$x=0.0817t^2-0.49t^2+0.98t-0.653 \quad (t\geqslant 2\text{s})$$

物块在 10s 内所走的路程 $x=41.8\text{m}$。

可见，当力是时间的函数时，其初始条件已知，$F(t)$ 可积，其解法与力为常数的情况相同，也是直接分离变量积分。

【例 11-6】　图 11-8 所示系统为向上垂直发射一火箭，求火箭在地球引力作用下的运动速度，并求第二宇宙速度(不计空气阻力及地球自转的影响)。

解　此题属于已知力是位置的函数 $F(x)$ 求其运动的动力学第二类问题。

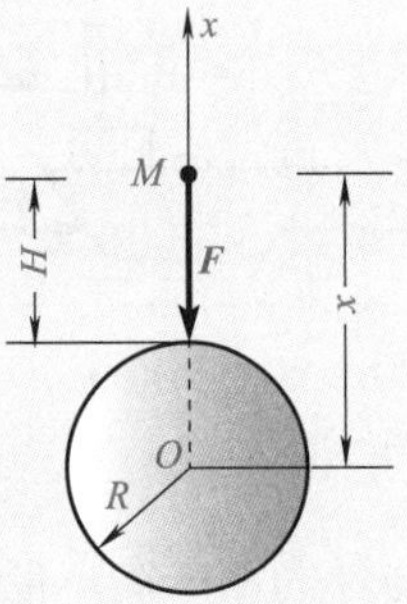

图 11-8

11-8

取火箭(质点)为研究对象，以地心 O 为坐标原点，x 轴铅垂向上，受力如图 11-8 所示。火箭在任意位置 x 处受地球引力 $\boldsymbol{F}$ 作用，$F=f\dfrac{mM}{x^2}$，其中 f 为万有引力常数，m 为火箭质量，M 为地球质量。由于火箭在地球表面时受到的引力为重力，有 $mg=f\dfrac{mM}{R^2}$，所以 $f=\dfrac{gR^2}{M}$，因此有火箭离开地球表面后受到的引力为

$$F=\frac{mgR^2}{x^2}$$

建立质点运动微分方程为

$$m\frac{\mathrm{d}^2x}{\mathrm{d}t^2}=-\frac{mgR^2}{x^2} \tag{1}$$

做代换

$$\frac{\mathrm{d}^2x}{\mathrm{d}t^2}=\frac{\mathrm{d}v_x}{\mathrm{d}t}=\frac{\mathrm{d}v_x}{\mathrm{d}x}\cdot\frac{\mathrm{d}x}{\mathrm{d}t}=v_x\frac{\mathrm{d}v_x}{\mathrm{d}x} \tag{2}$$

将式(2)代入式(1)后有

$$mv_x\frac{\mathrm{d}v_x}{\mathrm{d}x}=-\frac{mgR^2}{x^2} \tag{3}$$

将式(3)分离变量积分，并代入初始条件：$t=0$ 时 $v=v_0$，空中任意位置 x 处速度为 v_x，有

$$\int_{v_0}^{v}mv_x\mathrm{d}v_x=\int_R^x-mgR^2\frac{\mathrm{d}x}{x^2}$$

解得，火箭在任意位置的速度

$$v=\sqrt{(v_0^2-2gR)+\frac{2gR^2}{x}} \tag{4}$$

可见：① $\boldsymbol{v}$ 将随 x 增加而减小，若 $v_0^2<2gR$，则在某一位置 $x=R+H$ 时速度将减小为零(其中 R 为地球半径，H 为发射后的最大高度)，此后火箭将往回落；②当火箭达最大高度时，$x=R+H$，$v=0$，将其代入式(4)得 $H=\dfrac{Rv_0^2}{2gR-v_0^2}$，若 $v_0^2>2gR$，则不论 x 为多大，甚至为无限大时，速度 $\boldsymbol{v}$ 都不会减小为零；③如果火箭脱离地球引力而一去不复返时 $H\to\infty$，相应的最小初速度

$$v_0=\sqrt{2gR}=\sqrt{2\times 9.8\times 10^{-3}\times 6370}=11.2(\mathrm{km/s})$$

这就是火箭脱离地球引力不再返回地面所需的最小速度，称为第二宇宙速度。

11-9

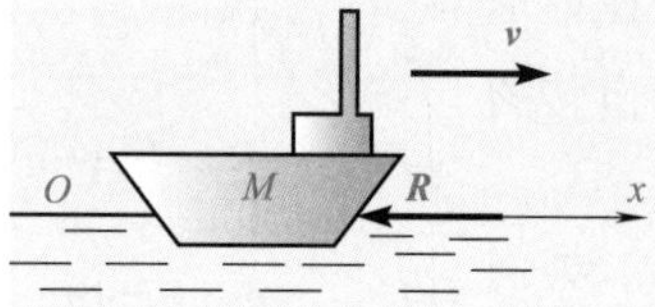

图 11-9

【例 11-7】 重为 $P=2000\text{N}$ 的小船以速度 1.5m/s 沿直线运动，如图 11-9 所示。设水的阻力 $R=-50v$，问：①在多少时间内船的速度减小到原来速度的二分之一？②在这段时间内船航行的距离是多少？

解 此题是已知力是速度的函数的动力学第二类问题。

取小船 M 为研究对象，受力有阻力 $\boldsymbol{R}$，船在铅垂方向重力与浮力相平衡，船沿水平方向做直线运动，$t=0$ 时初速 $v_0=1.5\text{m/s}$，末速 $v=\dfrac{v_0}{2}$。选 Ox 轴向右为正。

建立小船的运动微分方程：

(1) 求 t。

$$\frac{P}{g}\frac{\mathrm{d}v}{\mathrm{d}t}=-50v \quad (\text{只含 } v、t \text{ 两个变量})$$

将上式直接分离变量有

$$\frac{\mathrm{d}v}{v}=-\frac{50g}{P}\mathrm{d}t$$

两边积分，由已知条件 $t=0$ 时 $v_0=1.5\text{m/s}$，$v=\dfrac{v_0}{2}$，于是定积分可写成

$$\int_{v_0}^{v}\frac{\mathrm{d}v}{v}=-\frac{50g}{P}\int_0^t\mathrm{d}t$$

积分后得

$$\ln\frac{v}{v_0}=-\frac{50g}{P}t$$

由上式解得

$$t=\frac{P}{50g}\ln\frac{v_0}{v}$$

当 $v=\dfrac{v_0}{2}$ 时，所经过的时间

$$t=\frac{P}{50g}\ln\frac{v_0}{\frac{1}{2}v_0}=\frac{2000}{50\times 9.8}\ln 2=2.83(\text{s})$$

(2) 求 S。

当求速度随位置变化 $v(x)$ 的关系时，需对加速度做代换，即

$$\frac{\mathrm{d}v}{\mathrm{d}t}=\frac{\mathrm{d}v}{\mathrm{d}x}\frac{\mathrm{d}x}{\mathrm{d}t}=v\frac{\mathrm{d}v}{\mathrm{d}x} \tag{1}$$

将式(1)代入小船的运动微分方程中，有

$$\frac{P}{g}v\frac{\mathrm{d}v}{\mathrm{d}x}=-50v \quad \text{或} \quad \frac{P}{g}\mathrm{d}v=-50\mathrm{d}x$$

由初始条件 $x=0$ 时，$v=v_0$，于是有

$$\int_{v_0}^{v}\mathrm{d}v=-\frac{50g}{P}\int_0^x\mathrm{d}x$$

将上式积分后得

$$x = \frac{P}{50g}(v_0 - v)$$

当$v = \frac{v_0}{2}$时，船航行距离

$$S = \frac{2000}{50 \times 9.8} \times \left(1.5 - \frac{1.5}{2}\right) = 3.1(\text{m})$$

【例 11-8】 图 11-10 所示一物块自A点静止释放，沿半径为R的圆弧形光滑导槽滑下，落到传送带B上。求导槽对物块的法向反力。如果物块落到传送带上不发生任何滑动，试确定半径为r的传送轮的角速度ω。

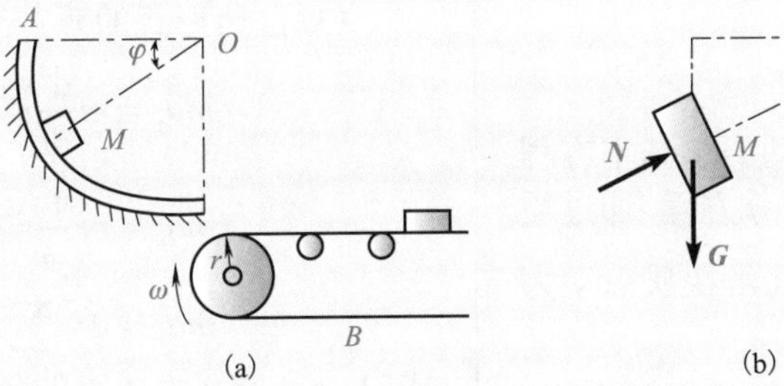

图 11-10

11-10

解　此题属于既求运动，又求力的动力学两类问题的综合问题。

取物块M为研究对象，任一瞬时，在位置角为φ时，受力如图 11-10(b)，物块M沿导槽做圆弧运动，其加速度为：$a_\tau = \frac{\mathrm{d}v}{\mathrm{d}t}$，$a_n = \frac{v^2}{R}$。由于轨迹已知，采用自然坐标形成的质点运动微分方程。即

$$m\frac{\mathrm{d}v}{\mathrm{d}t} = G\cos\varphi \tag{1}$$

$$m\frac{v^2}{R} = N - G\sin\varphi \tag{2}$$

将式(1)中$\frac{\mathrm{d}v}{\mathrm{d}t}$做变量代换，有

$$\frac{\mathrm{d}v}{\mathrm{d}t} = \frac{\mathrm{d}v}{\mathrm{d}\varphi}\frac{\mathrm{d}\varphi}{\mathrm{d}t} = \frac{\mathrm{d}v}{\mathrm{d}\varphi}\frac{\mathrm{d}s}{\mathrm{d}t}\frac{1}{R} = \frac{v}{R}\frac{\mathrm{d}v}{\mathrm{d}\varphi} \tag{3}$$

将式(3)代入式(1)后，分离变量有$v\mathrm{d}v = gR\cos\varphi\mathrm{d}\varphi$，将上式积分得

$$v^2 = 2gR\sin\varphi + C \tag{4}$$

由初始条件$t = 0$时，$\varphi_0 = 0$，$v_0 = 0$代入上式确定积分常量，得$C = 0$，于是式(4)成为

$$v^2 = 2gR\sin\varphi \tag{5}$$

将式(5)代入式(2)得导槽对物块的法向反力

$$N = 2mg\sin\varphi + G\sin\varphi = 3G\sin\varphi$$

当$\varphi = \frac{\pi}{2}$时，由式(5)解得$v = \sqrt{2gR}$。

速度$\boldsymbol{v}$为物块落到传送带上不发生任何滑动时随带一起运动的速度，此时必须$v = r\omega$，

因此传送轮的角速度

$$\omega=\frac{v}{r}=\frac{\sqrt{2gR}}{r}$$

本章小结

1．质点动力学基本方程。

牛顿第二定律的数学表达式 $m\boldsymbol{a}=\sum\boldsymbol{F}$ 称为质点动力学的基本方程，该方程建立了质点的加速度、质量和作用于质点上的力三种物理量之间的定量关系。

2．质点运动微分方程。

本章研究的方法：根据动力学基本方程 $m\boldsymbol{a}=\sum\boldsymbol{F}$ 建立质点的运动微分方程，通过质点运动微分方程的求解，从而解决质点动力学的两类基本问题。

(1) 矢量形式的质点运动微分方程为

$$m\frac{\mathrm{d}^2\boldsymbol{r}}{\mathrm{d}t^2}=\sum\boldsymbol{F}$$

式中，$\boldsymbol{r}=\boldsymbol{r}(t)$ 为质点矢径形式的运动方程。常用于理论推导，若将上式投影到不同的坐标系上，即得到各种不同投影形式的质点运动微分方程。

(2) 直角坐标形式的质点运动微分方程为

$$m\frac{\mathrm{d}^2x}{\mathrm{d}t^2}=\sum X$$

$$m\frac{\mathrm{d}^2y}{\mathrm{d}t^2}=\sum Y$$

$$m\frac{\mathrm{d}^2z}{\mathrm{d}t^2}=\sum Z$$

式中，$x=f_1(t)$，$y=f_2(t)$，$z=f_3(t)$ 为质点直角坐标形式的运动方程。

(3) 自然形式的质点运动微分方程为

$$ma_\tau=m\frac{\mathrm{d}^2s}{\mathrm{d}t^2}=\sum F_\tau$$

$$ma_n=m\frac{v^2}{\rho}=\sum F_n$$

$$ma_b=0=\sum F_b$$

式中，$s=f(t)$ 为质点的弧坐标形式的运动方程；F_τ、F_n、F_b 分别为力 $\boldsymbol{F}$ 在自然轴系 τ、n、b 三轴上的投影。

若能对上述各种形式的质点运动微分方程进行求解，即可解决质点动力学的两类问题。

3．质点动力学的两类问题。

第一类是已知质点的运动，求作用于质点上的力，在数学上属于微分问题。第二类是已知作用于质点上的力求质点的运动，在数学上属于积分问题，求解需给定初始条件来确定积分常数。

思 考 题

11.1 质点动力学的基本方程适用于什么坐标系统？一个匀速运动的车厢中是否可直接应用质点动力学的基本方程？

11.2 “质点的运动方向，就是质点上所受合力的方向”这种说法对吗？为什么？

11.3 列车沿水平直线开行。乘客不看窗外，有什么办法知道车的运动状态(匀速运动、加速运动、减速运动)？

11.4 两个质量相同的质点，在相同力的作用下运动，问该两质点的轨迹、速度及加速度是否相同？为什么？

11.5　设起重机起吊重 W 的重物时，先后经过加速度 $a>0$、$a=0$ 及 $a<0$ 三个阶段。问在这个过程中，钢丝绳对重物的拉力如何变化？

11.6　一质点在空中运动时，只受重力作用。问该质点是否一定做直线运动？

11.7　若不计阻力，自由下落的一个小球与向下扔的另一个小球，哪一个速度较大？为什么？

习　题

11-1　吊车启动后，在半秒钟内把重量为 5kN 的物体由静止开始匀加速至 0.4m/s，然后匀速上升了 3s，随后在 0.2s 内匀减速制动停止。求在各个过程中钢丝绳所受的拉力(不计钢丝绳的质量)。

11-2　如题 11-2 图所示，在曲柄滑道连杆机构中，活塞和活塞杆质量共 50kg。曲柄 OA 长 $r=30\text{cm}$，绕 O 轴做匀速转动，转速 $n=120\text{r}/\text{min}$，求当曲柄在 $\varphi=0$ 及 $\varphi=90°$ 两个位置时，滑块分别作用在滑槽上的水平力。

11-3　质量为 m 的球 M 用两根各长 l 的杆支持，如题 11-3 图所示，球和杆一起以匀角速度 ω 绕铅垂轴 AB 转动。$AB=2a$，杆的两端均为铰接，杆重忽略不计，求杆的内力。

11-4　如题 11-4 图所示，质量为 $m=1\text{kg}$ 的小球用两根细绳系住，两绳的另一端分别连接在固定点 A、B 处，已知小球以速度 $v=2.5\text{m}/\text{s}$ 在水平面内做匀速圆周运动，圆的半径 $R=0.5\text{m}$，求两绳的拉力。

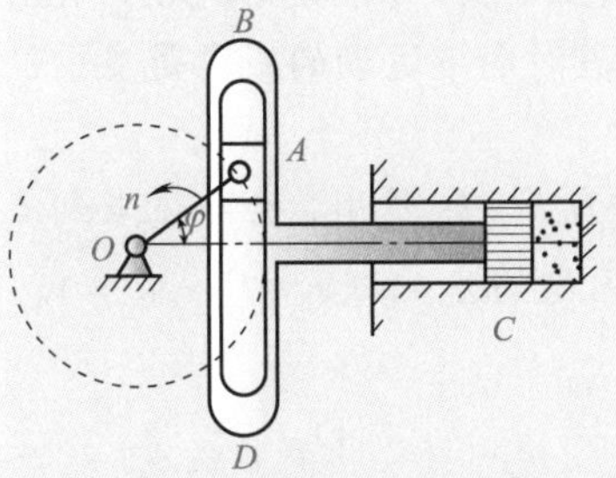

题 11-2 图

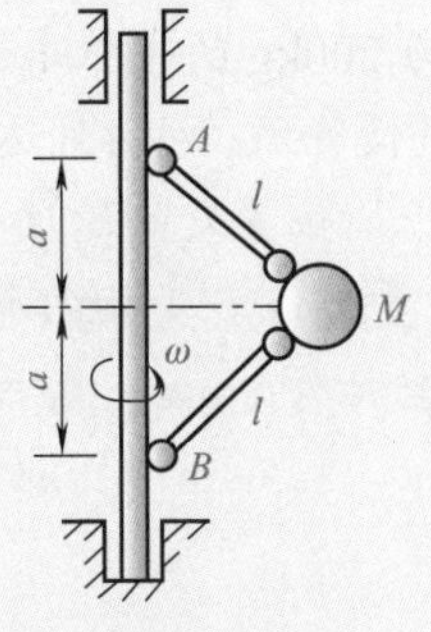

题 11-3 图

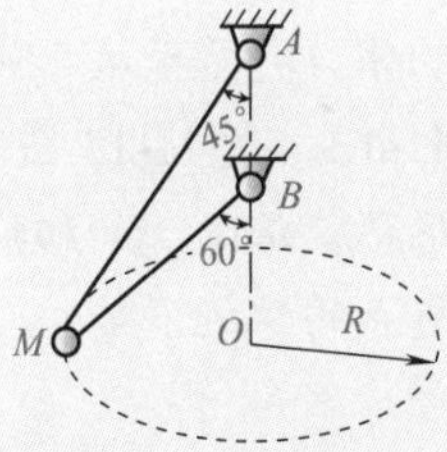

题 11-4 图

11-5　汽车重 P，以等速 v 驶过拱桥，桥面 ACB 为一抛物线，其尺寸如题 11-5 图所示。求汽车过点 C 时对桥的压力。

11-6　一游乐园的车辆轨迹如题 11-6 图所示，从 A 点到右连接一部分轨迹在同一平面，且为一抛物线，其方程为 $(y-30)^2=30x$，式中 x、y 以 m 计。设车辆的重量为 900N，当车辆到达离地面 18m 处时，其速度 $v=12\text{m}/\text{s}$，求车辆所受到的法向反力。

11-7　小球重 W，由两根绳子挂起，如题 11-7 图所示，若将绳 AB 突然剪断，则小球开始运动。求小球开始运动的瞬时 AC 绳的拉力，又小球运动到铅垂位置时，绳中拉力为多少？

11-8　煤块随皮带运输机运行如题 11-8 图所示，煤块以初速度 $\boldsymbol{v}_0$ 脱离皮带。设 $\boldsymbol{v}_0$ 与水平线夹角为 α，求煤块脱离胶带后，在重力作用下的运动方程。

11-9　如题 11-9 图所示，质量为 2kg 的滑块在力 $\boldsymbol{F}$ 作用下沿杆 AB 运动，杆 AB 在铅垂平面内绕轴 A 转动，已知 $S=0.4t$，$\varphi=0.5t$（S 的单位为 m，φ 的单位为 rad，t 的单位为 s)，滑块与杆 AB 的摩擦系数为 0.1，求 $t=2s$ 时力 $\boldsymbol{F}$ 的大小。

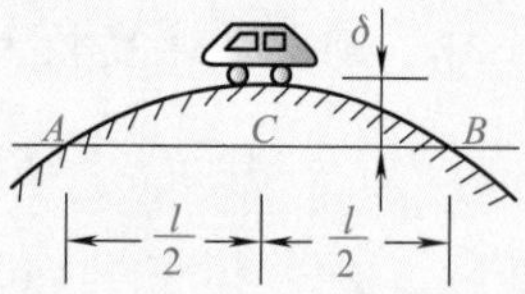

题 11-5 图

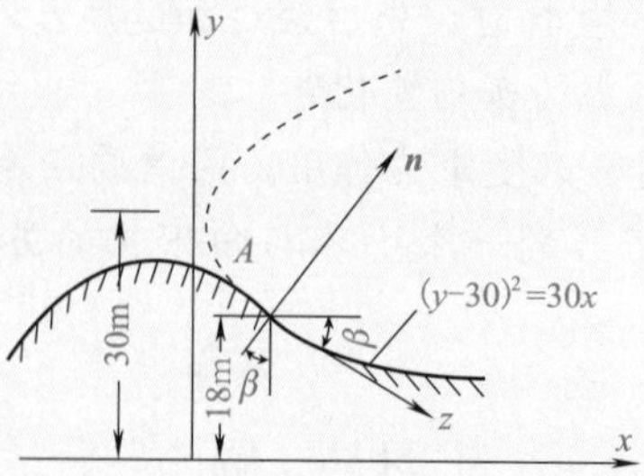

题 11-6 图

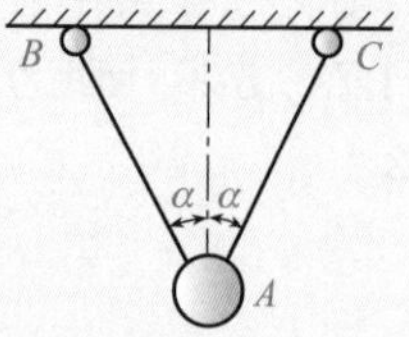

题 11-7 图

11-10 如题 11-10 图所示，一个物体重 $P=10\text{N}$，在变力 $F=10(1-t)$ 的作用下做水平直线运动（t 以 s 计，F 以 N 计）。设在初瞬时物体的速度大小为 200mm/s，方向与力的方向相同。问经过几秒钟物体速度变为零？并求从开始至速度为零这段时间内经过的路程。

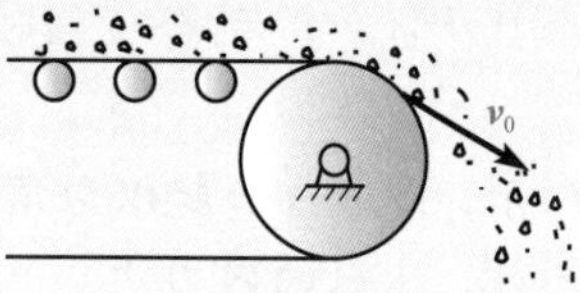

题 11-8 图

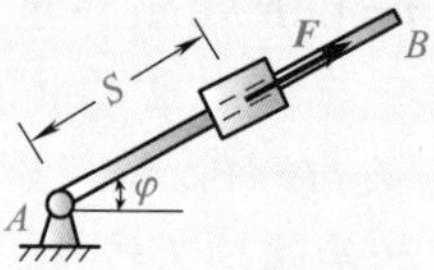

题 11-9 图

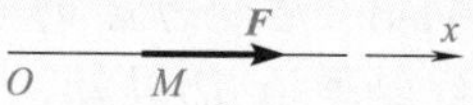

题 11-10 图

11-11 如题 11-11 图所示，一物块沿斜面下滑，滑动摩擦系数 $f=0.05$。若物块滑到斜面底部的速度 $v=9\text{m/s}$，问物块应在斜面上多远处释放及下滑所需的时间为多少？

11-12 如题 11-12 图所示，质量为 200kg 的手推车放在斜面上，与弹簧常数 $k=50\text{N/mm}$ 的未变形的弹簧刚好接触。若物体 A 慢慢释放，问 A 到达平衡位置时向下运动的距离是多少？若使物体 A 突然释放，问当物体 A 到平衡位置处的速度是多少？

11-13 题 11-13 图所示质点的质量为 m，受指向原点 O 的力 $F=kr$ 作用，力与质点到点 O 的距离成正比。如初瞬时，质点的坐标为 $x=x_0$，$y=0$，而速度的分量为 $v_x=0$，$v_y=v_0$。试求质点的轨迹。

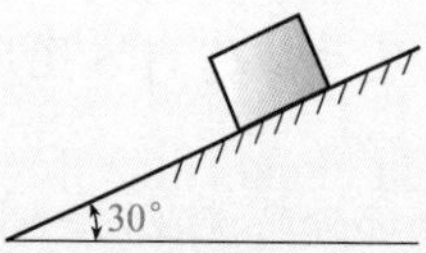

题 11-11 图

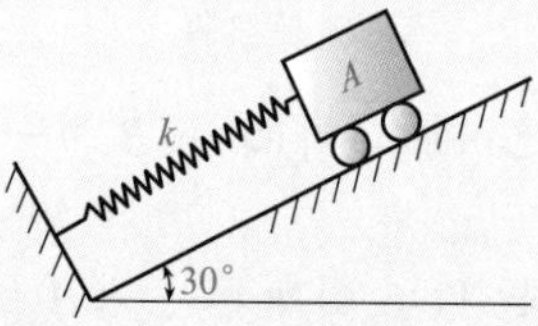

题 11-12 图

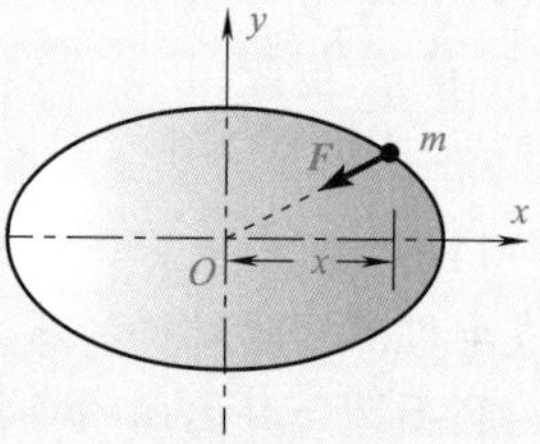

题 11-13 图

11-14 如题 11-14 图所示，质量 $m=1\text{kg}$ 的小球由长 $l=0.5\text{m}$ 的细绳悬挂于固定点 O，M_0 为小球的初始位置，细绳 OM_0 与铅垂线成 60° 角。设小球在铅垂平面内有一初速度 $v_0=3.5\text{m/s}$，方向如图所示。求①细绳的张力为零时小球的位置 M 以及在该位置时小球的速度 $\boldsymbol{v}$；②求此后小球的运动轨迹。

11-15 如题 11-15 图所示，设一跳伞员连同装备重 $P=765\text{N}$，自高空自由降落，设空气阻力与速度的平方成正比，即 $R=kS\rho^2$，$k=0.6$ 为阻力常数，S 为与速度 $\boldsymbol{v}$ 垂直方向的横断面积，开伞前 $S=0.4\text{m}^2$，开伞后 $S=50\text{m}^2$，$\rho=0.0128\text{kg/m}^3$ 为空气密度，求极限速度。

11-16　如题 11-16 图所示，重量为 $Q=30\text{kN}$ 的物体悬于钢索下端，以匀速 $v_0=2\text{m/s}$ 下降，若卷筒突然刹车，求钢索的最大伸长(设钢索每伸长 10mm 需力 20kN)。

11-17　如题 11-17 图所示，一质点质量为 m，受指向固定中心 O 的引力 $\boldsymbol{F}$ 作用，在 Oxy 平面内运动。已知 $\boldsymbol{F}=-k^2m\boldsymbol{r}$，其中 k 为常量。质点的初位置在 A，而 $OA=a$；初速度为 $\boldsymbol{v}_0$，$\boldsymbol{v}_0 \perp Ox$ 轴。求该质点的运动方程。

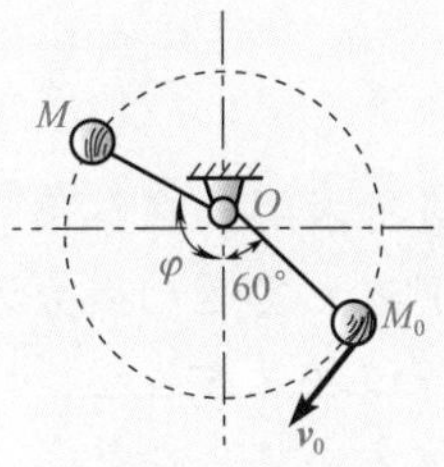

题 11-14 图

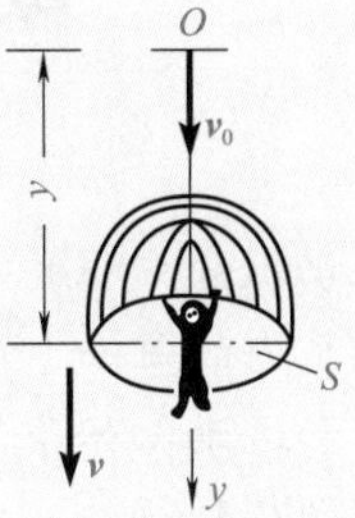

题 11-15 图

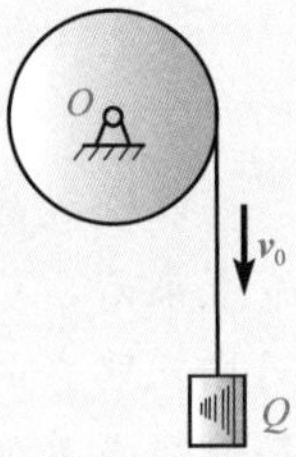

题 11-16 图

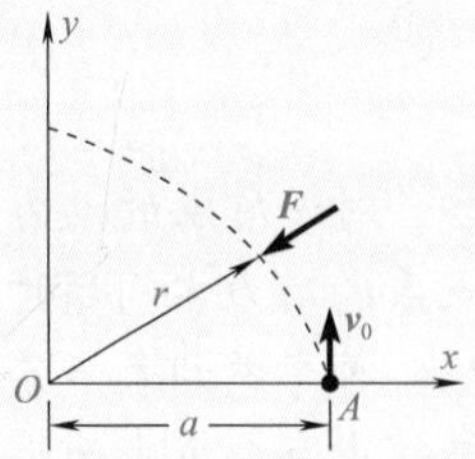

题 11-17 图

第 12 章 动量定理

对于质点的动力学问题，可以通过建立质点运动微分方程的方法来进行求解。在解决质点系的动力学问题时，从理论上来看，可以对质点系内的每一个质点分别建立其运动微分方程，再考虑到表示各质点之间相互联系的约束方程和运动初始条件，求解该联立方程组，则可得出每个质点的运动，从而使质点系的动力学问题得到解决。但采用该方法将会在数学上遇到难以克服的困难。

对于在工程中大量存在着的质点系的动力学问题，往往并不需要了解每一个质点的运动，而仅需要研究质点系整体的运动情况，如刚体质心的运动和绕质心的转动等。这时，采用动力学普遍定理可以更有效地解决质点系的动力学问题。

动力学普遍定理包括动量定理、动量矩定理、动能定理及由此推导出来的其他一些定理，它建立了描述质点或质点系运动的运动特征量(如动量、动量矩和动能等)与表示力的作用量(如冲量、力矩和功等)之间的关系，并从不同侧面对物体的机械运动进行了深入的研究。学习和掌握动力学普遍定理，能够使我们更深刻地认识机械运动的普遍规律，并且在一定条件下可以使质点系的动力学问题的求解得到极大的简化。

在本章中研究质点和质点系的动量定理，它建立了动量的改变与力的冲量之间的关系，并研究质点系动量定理的另一重要形式——质心运动定理。

12.1 质点系的质心与内力和外力

1. 质点系的质心

在某力系的作用下，质点系的运动不仅与各质点的质量大小有关，而且与质量分布情况有关。质点系的质量中心称为质心，它是表征质点系质量分布情况的一个重要概念。

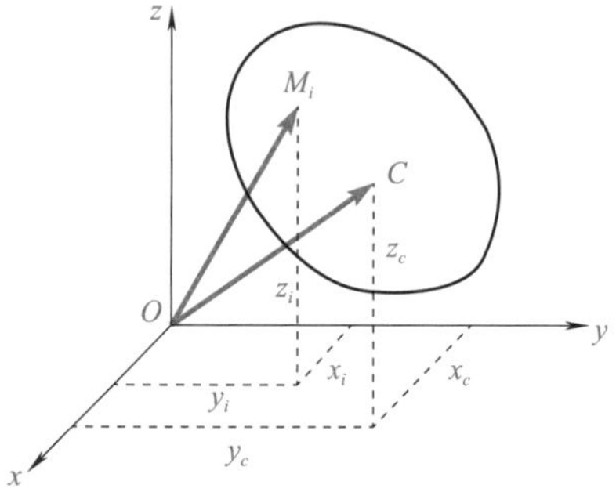

图 12-1

12-1

设质点系由 n 个质点组成，其中第 i 个质点 M_i 的质量为 m_i，它在固定直角坐标系 $Oxyz$ 中的位置由矢径 $\boldsymbol{r}_i = x_i\boldsymbol{i} + y_i\boldsymbol{j} + z_i\boldsymbol{k}$ 表示，如图 12-1 所示，则质点系质心的位置 C 可由矢径 $\boldsymbol{r}_C = x_C\boldsymbol{i} + y_C\boldsymbol{j} + +z_C\boldsymbol{k}$ 来确定，表示为

$$\boldsymbol{r}_C = \frac{\sum m_i \boldsymbol{r}_i}{\sum m_i} = \frac{\sum m_i \boldsymbol{r}_i}{M} \tag{12-1}$$

或

$$M\boldsymbol{r}_C = \sum m_i \boldsymbol{r}_i$$

式中，$M = \sum m_i$，即质点系的质量等于所有各质点的质量之和。

将式(12-1)分别在直角坐标系 $Oxyz$ 的三个轴上投影，可得质心的位置坐标计算公式：

$$x_C = \frac{\sum m_i x_i}{M}, \quad y_C = \frac{\sum m_i y_i}{M}, \quad z_C = \frac{\sum m_i z_i}{M} \tag{12-2}$$

在地球表面附近，即在重力场内，质点系的质心与重心的位置是重合的。例如，在重心的位置坐标计算公式(参见静力学重心一节)中，令 $F_i = m_i g$，$P = \sum F_i = \sum m_i g = Mg$，在分子分母中消去 g 就可得到式(12-2)。因此，可采用静力学中确定重心的各种方法来确定质心的位置。但是应注意，质心与重心是两个不同的概念，质心与作用在其上的力无关，它完全取决于质点系内各质点的质量大小及质量分布情况，而重心是由作用在各质点上的重力构成的平行力系的中心。由于重心只有在重力场中才存在，所以质心比重心具有更加广泛的力学意义。

若质点系是由若干个刚体组成的刚体系统，可以采用与组合法求重心相似的方法，先求出各个刚体的质心后，再确定整个系统的质心。

2．质点系的内力与外力

作用在质点系上的力，可区分为外力与内力。所考察的质点系外部的物体作用在该质点系中各质点上的力称为外力，在所考察的质点系内部各质点之间相互作用的力称为内力。用 $\boldsymbol{F}_i^{(e)}$ 表示外力，用 $\boldsymbol{F}_i^{(i)}$ 表示内力。

外力与内力的区分具有相对性，它取决于质点系的选取。当所选取的考察对象不同时，某一个力可能是外力，也可能是内力。例如，有两个小球发生对心正碰撞时，若以两个小球为考察对象，则两球之间相互作用的力是内力，若分别考察每个小球，则此内力就成为外力了。

在质点系内部各质点之间相互作用的力构成一个内力系，由于内力必然成对出现，且每一对力都是大小相等、方向相反且作用线相同，如图12-2所示，因此，质点系的内力系的主矢(内力系中所有各力的矢量和)恒等于零，内力系对任一点(或轴)的主矩(内力系中所有各力对任一点(或轴)之矩的和)恒等于零。即

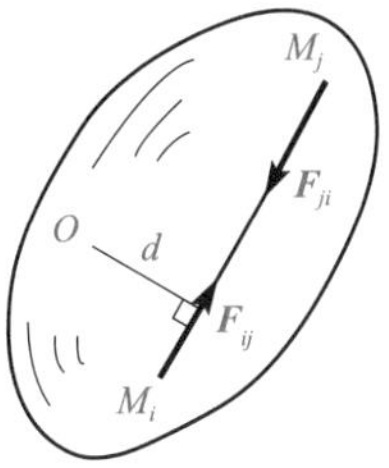

图 12-2

12-2

$$\left.\begin{aligned} &\boldsymbol{R}^{(i)} = \sum \boldsymbol{F}_i^{(i)} = 0 \\ &\boldsymbol{M}_O^{(i)} = \sum \boldsymbol{m}_O(\boldsymbol{F}_i^{(i)}) = 0 \ \text{或}\ M_x^{(i)} = \sum m_x(\boldsymbol{F}_i^{(i)}) = 0 \end{aligned}\right\} \tag{12-3}$$

但应注意，从上述内力系的性质并不能认为由于内力互相平衡而不会影响质点系内部各个质点的运动，因为内力是分别作用在不同的质点上的，它可以引起质点间的相互位移。只有所考察的质点系为刚体时，内力才互相平衡而不影响整个刚体的运动。

12.2　动量与冲量

12.2.1　动量

1．质点的动量

设质点 M 的质量为 m，在某瞬时 t 的速度为 v，则质点的质量与速度的乘积称为质点在该瞬时的动量，表示为

$$\boldsymbol{K} = m\boldsymbol{v} \tag{12-4a}$$

质点的动量是矢量，其方向与 $\boldsymbol{v}$ 相同，大小等于 mv，如图 12-3 所示。一般来说，质点的速度 $\boldsymbol{v}$ 是随时间变化的，在各瞬时它的动量也是不相同的。动量的单位在国际单位制中是 kg・m/s。

任取固定直角坐标系 $Oxyz$，将式(12-4a)投影到各轴上，则得到质点的动量在坐标轴上的投影，即

$$K_x = mv_x = m\dot{x},\quad K_y = mv_y = m\dot{y},\quad K_z = mv_z = m\dot{z} \tag{12-4b}$$

动量是度量物体机械运动强弱程度的一个物理量。例如，子弹的质量虽小，但速度很大，当它遇到障碍物时，所产生的冲击力足以穿入或穿透障碍；轮船靠岸时，速度虽小，但质量很大，若船与岸相撞，往往撞坏船或码头。所以，可以用质点的质量与速度的乘积来描述质点机械运动的特征。

2. 质点系的动量

设质点系由 n 个质点组成，第 i 个质点 M_i 的质量为 m_i，在某瞬时 t 的速度为 $\boldsymbol{v}_i$，则质点系中所有各质点的动量的矢量和称为质点系在该瞬时的动量，表示为

$$\boldsymbol{K} = \sum m_i \boldsymbol{v}_i \tag{12-5a}$$

将式(12-1)对时间 t 求导，因为 $\dfrac{\mathrm{d}\boldsymbol{r}_C}{\mathrm{d}t} = \boldsymbol{v}_C$，$\dfrac{\mathrm{d}\boldsymbol{r}_i}{\mathrm{d}t} = \boldsymbol{v}_i$，所以质点系的动量又可表示为

$$\boldsymbol{K} = \sum m_i \boldsymbol{v}_i = M\boldsymbol{v}_C \tag{12-5b}$$

即质点系的质量与其质心速度的乘积等于质点系的动量。可以这样设想，对于任一个质点系，不论它做什么形式的运动，若把整个质点系的质量都集中在质心这个点上，则质心的动量就等于质点系的动量(图 12-4)。

12-3

12-4

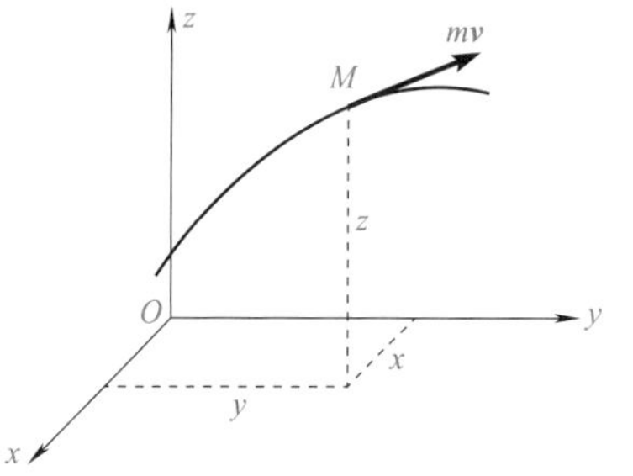

图 12-3

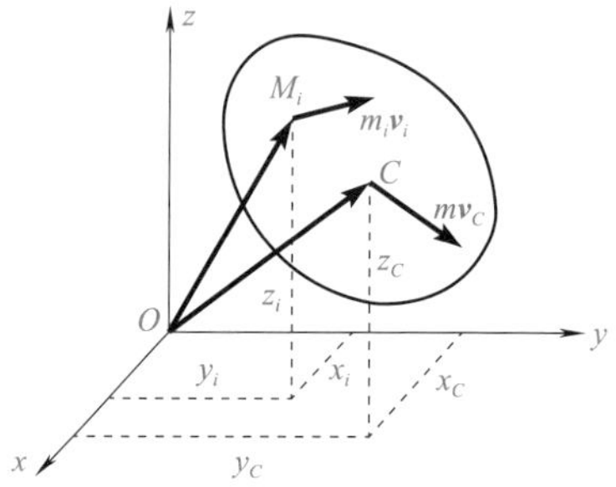

图 12-4

任取固定直角坐标系 $Oxyz$，将式(12-5b)投影到各轴上，则得到质点系的动量在坐标轴上的投影，即

$$K_x = mv_{C_x} = m\dot{x}_C,\quad K_y = mv_{C_y} = m\dot{y}_C,\quad K_z = mv_{C_z} = m\dot{z}_C \tag{12-5c}$$

3. 刚体系统的动量

设刚体系统由 n 个刚体组成，第 i 个刚体的质量为 m_i，在某瞬时 t 该刚体质心 C_i 的速度为 $\boldsymbol{v}_{C_i}$，则整个系统在该瞬时的动量为

$$\boldsymbol{K} = \sum m_i \boldsymbol{v}_{C_i} \tag{12-6a}$$

并同样可得

$$\left.\begin{aligned} K_x &= \sum m_i v_{C_i x} = \sum m_i \dot{x}_{C_i} \\ K_y &= \sum m_i v_{C_i y} = \sum m_i \dot{y}_{C_i} \\ K_z &= \sum m_i v_{C_i z} = \sum m_i \dot{z}_{C_i} \end{aligned}\right\} \tag{12-6b}$$

【例 12-1】 椭圆规如图 12-5 所示，已知曲柄 OC 的质量为 m，规尺 AB 的质量为 $2m$，滑块 A 与 B 的质量均为 m'，$OC = CA = CB = l$。求在图示位置曲柄以角速度 ω 转动时椭圆规的动量。

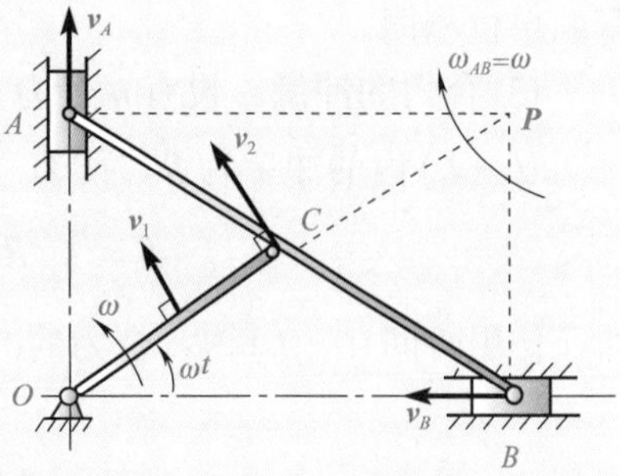

图 12-5

12-5

解 取整个刚体系统为研究对象。曲柄 OC 做定轴转动，其质心的速度为 $v_1 = \dfrac{l}{2}\omega$，规尺 AB 做平面运动，其质心的速度为 $v_2 = l\omega$，瞬心在点 P，且 $\omega_{AB} = \omega$，滑块 A、B 做平动，$v_A = AP\omega_{AB} = 2l\omega\cos(\omega t)$，$v_B = BP\omega_{AB} = 2l\omega\sin(\omega t)$。则整个系统的动量为

$$K_x = -mv_1\cos(90° - \omega t) - 2mv_2\cos(90° - \omega t) - m'v_B = -\frac{1}{2}(5m + 4m')l\omega\sin(\omega t)$$

$$K_y = mv_1\sin(90° - \omega t) + 2mv_2\sin(90° - \omega t) + m'v_A = \frac{1}{2}(5m + 4m')l\omega\cos(\omega t)$$

$$K = \sqrt{K_x^2 + K_y^2} = \frac{1}{2}(5m + 4m')l\omega$$

$$\tan\alpha = \left|\frac{K_y}{K_x}\right| = \cot(\omega t)$$

即 $\alpha = 90° - \omega t$，可见 $\boldsymbol{K}$ 与 $\boldsymbol{v}_2$ 的方向相同。

12.2.2 冲量

在力的作用下，物体运动状态的改变，不仅与力的大小和方向有关，而且与力作用的时间历程有关。力越大，力对物体作用的时间越长，则物体运动状态的改变也越大。例如，人推矿车，推力虽小，但若作用时间较长，可使矿车达到一定的速度；如果用机车牵引矿车，只需很短的时间就能达到相同的速度。作用在质点上的力与其作用时间的乘积称为力的冲量。

(1) 力 $\boldsymbol{F}$ 是常矢量。若力 $\boldsymbol{F}$ 的作用时间为 $(t_2 - t_1)$，则常力的冲量为

$$\boldsymbol{S} = \boldsymbol{F}(t_2 - t_1) \tag{12-7}$$

(2) 力 $\boldsymbol{F}$ 是变矢量(包括大小和方向的变化)。这时可把力 $\boldsymbol{F}$ 的作用时间 $(t_2 - t_1)$ 分割成无数个微小时间间隔 $\mathrm{d}t$，在每一个 $\mathrm{d}t$ 内，力 $\boldsymbol{F}$ 可近似地看成不变，则把力 $\boldsymbol{F}$ 在微小时间间隔 $\mathrm{d}t$ 内的冲量称为力的元冲量，表示为

$$\mathrm{d}\boldsymbol{S} = \boldsymbol{F}\mathrm{d}t \tag{12-8}$$

则力 $\boldsymbol{F}$ 在作用时间 $(t_2 - t_1)$ 内的冲量

$$\boldsymbol{S} = \int_{t_1}^{t_2} \boldsymbol{F}\mathrm{d}t \tag{12-9a}$$

力的冲量也可在三个直角坐标轴上投影，即

$$S_x = \int_{t_1}^{t_2} F_x \mathrm{d}t, \quad S_y = \int_{t_1}^{t_2} F_y \mathrm{d}t, \quad S_z = \int_{t_1}^{t_2} F_z \mathrm{d}t \tag{12-9b}$$

一般来说，当力是常量或力是时间的函数时，可通过积分来计算力的冲量。冲量也是矢量。冲量的单位是力的单位与时间单位的乘积，即 $\mathrm{N \cdot s = kg \cdot m / s^2 \cdot s = kg \cdot m / s}$，可见它与动量的单位相同。

(3) 合力的冲量。设有 n 个力 $\boldsymbol{F}_1, \boldsymbol{F}_2, \cdots, \boldsymbol{F}_n$ 作用在质点上，其合力 $\boldsymbol{R} = \sum \boldsymbol{F}_i$，设 $\boldsymbol{R}$ 在作用时间 $(t_2 - t_1)$ 内的冲量为 $\boldsymbol{S}$，则有

$$\boldsymbol{S} = \int_{t_1}^{t_2} \boldsymbol{R} \mathrm{d}t = \int_{t_1}^{t_2} \sum \boldsymbol{F}_i \mathrm{d}t = \sum \int_{t_1}^{t_2} \boldsymbol{F}_i \mathrm{d}t = \sum \boldsymbol{S}_i \tag{12-10}$$

即在作用时间 $(t_2 - t_1)$ 内，合力的冲量等于所有各分力冲量的矢量和。

12.3 动 量 定 理

12.3.1 质点的动量定理

设质量为 m 的质点 M 在力 $\boldsymbol{F}$ 的作用下运动，如图 12-6 所示。由质点运动微分方程，有

$$m\boldsymbol{a} = m\frac{\mathrm{d}\boldsymbol{v}}{\mathrm{d}t} = \boldsymbol{F}$$

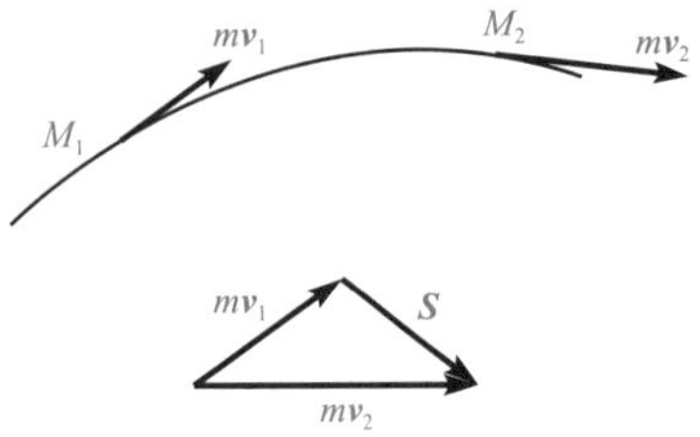

图 12-6

12-6

注意到质量 m 为常量，上式可改写为

$$\frac{\mathrm{d}}{\mathrm{d}t}(m\boldsymbol{v}) = \boldsymbol{F} \tag{12-11a}$$

这就是质点的动量定理，即质点的动量对时间的导数等于作用在质点上的力。式(12-11a)又可写为

$$\mathrm{d}(m\boldsymbol{v}) = \boldsymbol{F}\mathrm{d}t = \mathrm{d}\boldsymbol{S} \tag{12-12}$$

式(12-12)称为质点动量定理的微分形式，即质点动量的微分等于作用在质点上的力的元冲量。再求式(12-12)两边对应的积分，时间从 t_1 到 t_2，速度从 $\boldsymbol{v}_1$ 到 $\boldsymbol{v}_2$，就得到

$$m\boldsymbol{v}_2 - m\boldsymbol{v}_1 = \int_{t_1}^{t_2} \boldsymbol{F} \mathrm{d}t = \boldsymbol{S} \tag{12-13a}$$

式(12-13a)称为质点动量定理的积分形式，即在某一时间间隔内，质点动量的改变量等于作用在质点上的力在同一时间间隔内的冲量。

将式(12-11a)和式(12-13a)投影到固定直角坐标系 $Oxyz$ 的各轴上，并注意到矢量导数的投影等于矢量投影的导数，于是得到质点动量定理的投影形式，即

$$\frac{\mathrm{d}}{\mathrm{d}t}(mv_x) = F_x, \quad \frac{\mathrm{d}}{\mathrm{d}t}(mv_y) = F_y, \quad \frac{\mathrm{d}}{\mathrm{d}t}(mv_z) = F_z \tag{12-11b}$$

$$\left.\begin{aligned} mv_{2x} - mv_{1x} &= S_x = \int_{t_1}^{t_2} F_x \mathrm{d}t \\ mv_{2y} - mv_{1y} &= S_y = \int_{t_1}^{t_2} F_y \mathrm{d}t \\ mv_{2z} - mv_{1z} &= S_z = \int_{t_1}^{t_2} F_z \mathrm{d}t \end{aligned}\right\} \tag{12-13b}$$

从式(12-13)可见，冲量是作用在物体上的力在一段时间间隔内对物体的运动所产生的累积效应。当质点做曲线运动时，在运动过程中，由于力的连续作用使质点的运动状态不断地发生改变。另外，若已知质点在初始瞬时 t_1 和终了瞬时 t_2 的动量，便可直接求出在此时间间隔 (t_2-t_1) 内的冲量，而不必考虑在运动过程中质点的运动状态是如何变化的。

质点的动量守恒 在质点的运动过程中，若作用在质点上的力恒等于零，即 $F=0$，则质点动量的大小和方向始终保持不变，即 $m\boldsymbol{v}=$常矢量，质点做惯性运动；若作用在质点上的力在 x 轴上的投影恒等于零，即 $F_x=0$，则质点的动量在 x 轴上的投影始终保持不变，即 $mv_x=$常量，质点沿 x 轴做惯性运动。例如，炮弹在真空中运动时，因重力在水平轴上的投影为零，则炮弹的动量在水平轴上的投影不变，其水平速度保持不变。

【例 12-2】 质量 $m=3000\text{kg}$ 的锻锤，从高度 $H=1.5\text{m}$ 处自由下落到锻件上，如图 12-7 所示，锻件发生变形历时 $t=0.01\text{s}$，求锻锤对锻件的平均压力。

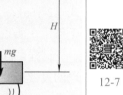

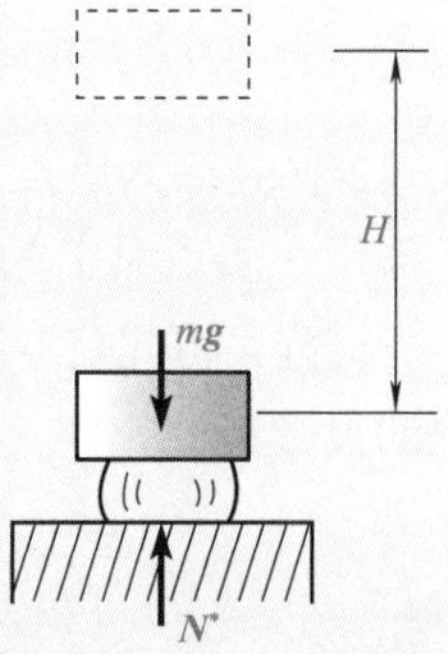

图 12-7

12-7

解 取锻锤为研究对象。打击锻件时，作用在锻锤上的力有重力 $m\boldsymbol{g}$ 和锻件的反力 $\boldsymbol{N}$，由于 $\boldsymbol{N}$ 是变力，在极短的时间间隔 t 内迅速变化，往往用平均反力 $\boldsymbol{N}^*$ 来代替。

令锤自由下落 H 的时间为 T，由运动学可知

$$T=\sqrt{\frac{2H}{g}}$$

取铅直轴 y 向上为正，根据动量定理有

$$mv_2-mv_1=S$$

由题意知，当锻锤由静止开始自由下落到锻件完成变形的过程中，$v_1=0$，经过时间 $(T+t)\text{s}$ 后，$v_2=0$，重力 $m\boldsymbol{g}$ 的冲量为 $-mg(T+t)$，平均反力 $\boldsymbol{N}^*$ 的冲量为 N^*t，于是有

$$S=-mg(T+t)+N^*t=0$$

即

$$N^*=mg\left(1+\frac{T}{t}\right)=mg\left(1+\frac{1}{t}\sqrt{\frac{2H}{g}}\right)$$

代入已知数据得 $N^*=1656\text{kN}$，平均压力是锻锤自重的 56 倍，可见锻锤对锻件的压力是非常大的。

12.3.2 质点系的动量定理

设质点系由 n 个质点组成，其中第 i 个质点 M_i 的质量为 m_i，在某瞬时 t 的速度为 $\boldsymbol{v}_i$，作用在该质点上的外力为 $\boldsymbol{F}_i^{(e)}$，内力为 $\boldsymbol{F}_i^{(i)}$。对于质点 M_i，根据质点的动量定理即式(12-11a)有

$$\frac{\mathrm{d}}{\mathrm{d}t}(m_i\boldsymbol{v}_i)=\boldsymbol{F}_i^{(e)}+\boldsymbol{F}_i^{(i)}\quad(i=1,2,\cdots,n)$$

将这 n 个方程相加，有

$$\sum\frac{\mathrm{d}}{\mathrm{d}t}(m_i\boldsymbol{v}_i)=\sum\boldsymbol{F}_i^{(e)}+\sum\boldsymbol{F}_i^{(i)}$$

在上面等式左边交换求和与导数运算的顺序，而 $\boldsymbol{K}=\sum m_i\boldsymbol{v}_i$ 为质点系的动量，即

$$\sum\frac{\mathrm{d}}{\mathrm{d}t}(m_i\boldsymbol{v}_i)=\frac{\mathrm{d}}{\mathrm{d}t}\sum m_i\boldsymbol{v}_i=\frac{\mathrm{d}\boldsymbol{K}}{\mathrm{d}t}$$

且注意到内力系的主矢 $\boldsymbol{R}^{(i)}=\sum \boldsymbol{F}_i^{(i)}=0$，而外力系的主矢 $\boldsymbol{R}^{(e)}=\sum \boldsymbol{F}_i^{(e)}$，得

$$\frac{\mathrm{d}\boldsymbol{K}}{\mathrm{d}t}=\boldsymbol{R}^{(e)}=\sum \boldsymbol{F}_i^{(e)} \tag{12-14a}$$

这就是质点系的动量定理，即质点系的动量对时间的导数等于作用在质点系上的所有外力的矢量和(或外力系的主矢)。式(12-14a)又可写为

$$\mathrm{d}\boldsymbol{K}=\sum \boldsymbol{F}_i^{(e)}\mathrm{d}t=\sum \mathrm{d}\boldsymbol{S}_i^{(e)} \quad 或 \quad \mathrm{d}\boldsymbol{K}=\boldsymbol{R}^{(e)}\mathrm{d}t \tag{12-15}$$

式(12-15)称为质点系动量定理的微分形式，即质点系动量的微分等于作用在质点系上的所有外力元冲量的矢量和(或外力系主矢的元冲量)。再求式(12-15)两边对应的积分，时间从 t_1 到 t_2，质点系的动量从 $\boldsymbol{K}_1$ 到 $\boldsymbol{K}_2$，并在等式右边交换积分与求和运算的顺序，即

$$\int_{t_1}^{t_2}\sum \boldsymbol{F}_i^{(e)}\mathrm{d}t=\sum\int_{t_1}^{t_2}\boldsymbol{F}_i^{(e)}\mathrm{d}t=\sum \boldsymbol{S}_i^{(e)}$$

得

$$\boldsymbol{K}_2-\boldsymbol{K}_1=\sum \boldsymbol{S}_i^{(e)} \tag{12-16a}$$

式(12-16a)称为质点系动量定理的积分形式，即在某一时间间隔内，质点系动量的改变量等于作用在质点系上的所有外力在同一时间间隔内的冲量的矢量和。

同样，将式(12-14a)和式(12-16a)投影到固定的三个直角坐标轴上，则得到质点系动量定理的投影形式，即

$$\frac{\mathrm{d}K_x}{\mathrm{d}t}=R_x^{(e)}=\sum F_{ix}^{(e)},\quad \frac{\mathrm{d}K_y}{\mathrm{d}t}=R_y^{(e)}=\sum F_{iy}^{(e)},\quad \frac{\mathrm{d}K_z}{\mathrm{d}t}=R_z^{(e)}=\sum F_{iz}^{(e)} \tag{12-14b}$$

$$\left.\begin{aligned}K_{2x}-K_{1x}&=\sum S_{ix}^{(e)}=\sum\int_{t_1}^{t_2}F_{ix}^{(e)}\mathrm{d}t\\K_{2y}-K_{1y}&=\sum S_{iy}^{(e)}=\sum\int_{t_1}^{t_2}F_{iy}^{(e)}\mathrm{d}t\\K_{2z}-K_{1z}&=\sum S_{iz}^{(e)}=\sum\int_{t_1}^{t_2}F_{iz}^{(e)}\mathrm{d}t\end{aligned}\right\} \tag{12-16b}$$

式(12-14b)表明，质点系的动量在任一固定轴上的投影对时间的导数，等于作用在质点系上的所有外力在同一轴上投影的代数和。式(12-16b)表明，在某一时间间隔内，质点系的动量在任一固定轴上投影的改变量，等于作用在质点系上的所有外力的冲量在同一轴上投影的代数和。

质点系的动量守恒定律 在质点系的运动过程中，若作用在质点系上的所有外力的矢量和恒等于零，即 $\boldsymbol{R}^{(e)}=\sum \boldsymbol{F}_i^{(e)}=0$，则质点系的动量始终保持不变，即

$$\boldsymbol{K}=\sum m_i\boldsymbol{v}_i=常矢量 \tag{12-17a}$$

若作用在质点系上的所有外力在 x 轴上投影的代数和恒等于零，即 $R_x^{(e)}=\sum F_{ix}^{(e)}=0$，则质点系的动量在该轴上的投影始终保持不变，即

$$K_x=\sum m_i v_{ix}=常量 \tag{12-17b}$$

从以上讨论可知，要使质点系的动量发生改变，必须要有外力的作用，而内力是不能改变整个质点系的动量的。例如，汽车发动机的驱动力是内力，地面作用在后轮上向前的摩擦力是外力，在此外力的作用下，才可能使汽车的动量发生改变，如果地面绝对光滑，不论发动机的功率有多大，也不会改变汽车的运动。另外，在保持质点系内各质点动量之和不变的条件下，内力可以引起系统内各质点动量的传递，例如，枪炮的“后坐”、火箭和喷气式飞机的反推作用，都可以由动量守恒定律来研究。

【例 12-3】　电动机的外壳固定在水平基础上，定子的质量为 m_1，转子的质量为 m_2，如图 12-8 所示。转子的轴通过定子的质心 O_1，但由于制造误差，转子的质心 O_2 到 O_1 的距离为 e。求转子以角速度 ω 做匀速转动时，基础作用在电动机底座上的约束反力。

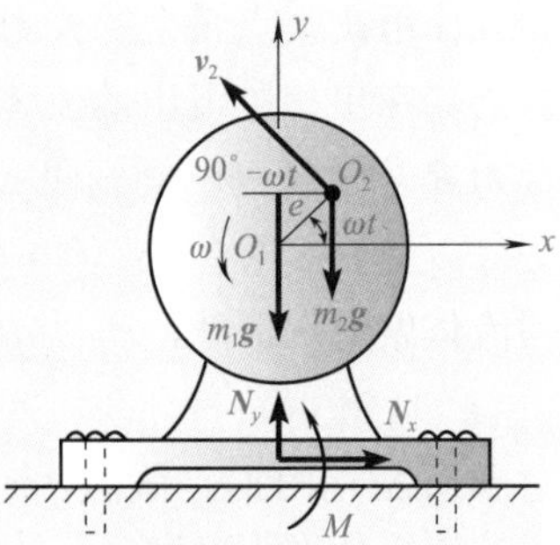

图 12-8

12-8

解　取整个电动机为研究对象，这样可以不考虑使转子转动的内力。作用在电动机上的外力有定子和转子的重力 $m_1\boldsymbol{g}$、$m_2\boldsymbol{g}$，基础的反力 $\boldsymbol{N}_x$、$\boldsymbol{N}_y$ 和约束反力偶 M。

取直角坐标系 O_1xy。在运动过程中，定子静止不动，其质心 O_1 的速度 $v_1=0$，转子做定轴转动，其质心 O_2 的速度 $v_2=e\omega$，$\boldsymbol{v}_2\perp O_1O_2$，它在坐标轴上的投影为

$$v_{2x}=-e\omega\cos\left(\frac{\pi}{2}-\omega t\right)=-e\omega\sin(\omega t),\quad v_{2y}=e\omega\cos(\omega t)$$

整个系统的动量为

$$K_x=-m_2e\omega\sin(\omega t),\quad K_y=m_2e\omega\cos(\omega t)$$

根据质点系的动量定理有

$$\frac{\mathrm{d}}{\mathrm{d}t}(-m_2e\omega\sin(\omega t))=N_x,\quad \frac{\mathrm{d}}{\mathrm{d}t}(m_2e\omega\cos(\omega t))=N_y-m_1g-m_2g$$

得

$$N_x=-m_2e\omega^2\cos(\omega t),\quad N_y=m_1g+m_2g-m_2e\omega^2\sin(\omega t)$$

可见，基础作用在电动机上的反力 $\boldsymbol{N}_x$、$\boldsymbol{N}_y$ 是随时间而变化的周期函数，由于转子偏心将会引起电动机与基础发生振动。另外还可计算出：

当 $\omega t=2k\pi$ 时，　$N_{x\min}=-m_2e\omega^2$

当 $\omega t=(2k+1)\pi$ 时，　$N_{x\max}=m_2e\omega^2$

当 $\omega t=2k\pi+\dfrac{1}{2}\pi$ 时，　$N_{y\min}=m_1g+m_2g\left(1-\dfrac{e\omega^2}{g}\right)$

当 $\omega t=2k\pi+\dfrac{3}{2}\pi$ 时，　$N_{y\max}=m_1g+m_2g\left(1+\dfrac{e\omega^2}{g}\right)$

【例 12-4】　流体在变截面弯曲管道中流动，如图 12-9 所示。设流体不可压缩，且流体的流动是恒定的或定常的，即流体中各质点流经管内某点时的速度不随时间而变化，因此流量(单位时间内流经任一截面流体的体积) Q ($\mathrm{m^3/s}$) 为常量。已知流体的密度(单位体积的质量)为 $\rho(\mathrm{kg/m^3})$，在截面 A 与 B 处平均流速为 $\boldsymbol{v}_1$ 与 $\boldsymbol{v}_2(\mathrm{m/s})$。求流体对弯管产生的动压力。

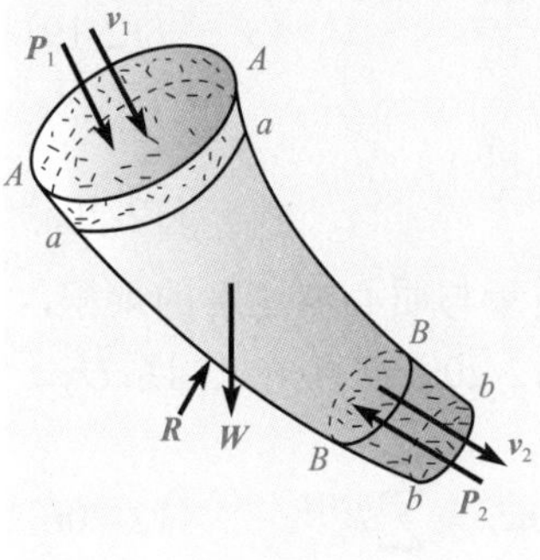

图 12-9

12-9

解　取截面 A 与 B 之间的流体作为研究的质点系。因流体在变截面管道中流动时流经不同截面的流速的大小是变化的，又因流体在弯曲管道中流动时流速的方向也是变化的，这样流体的动量将随时间而变化，所以可采用动量定理来求解。

作用在质点系上的外力有这部分流体的重力$\boldsymbol{W}$，在入口处将要流入的流体对截面A的压力$\boldsymbol{P}_1$，在出口处流出的流体对截面B的压力$\boldsymbol{P}_2$，还有管壁作用在此部分流体上的约束反力的合力$\boldsymbol{R}$。设经过时间间隔Δt后，流体由位置AB运动到位置ab，质点系动量的改变量为

$$\Delta \boldsymbol{K}=\boldsymbol{K}_{ab}-\boldsymbol{K}_{AB}=[(\boldsymbol{K}_{aB})_2+\boldsymbol{K}_{Bb}]-[\boldsymbol{K}_{Aa}+(\boldsymbol{K}_{aB})_1]$$

因流体做定常流动，所以aB部分的流体在两瞬时的动量相等，即

$$(\boldsymbol{K}_{aB})_1=(\boldsymbol{K}_{aB})_2$$

由于当$\Delta t\to 0$时，截面a趋近于截面A，截面b趋近于截面B，所以在Aa之间和Bb之间流体的流速分别为$\boldsymbol{v}_1$和$\boldsymbol{v}_2$。又因流量Q为常量，故在Δt内流经截面A和B流体的体积都是$Q\Delta t$，质量m都是$\rho Q\Delta t$，这也就是Aa及Bb两部分流体的质量。于是

$$\Delta \boldsymbol{K}=\boldsymbol{K}_{Bb}-\boldsymbol{K}_{Aa}=\rho Q\Delta t\cdot \boldsymbol{v}_2-\rho Q\Delta t\cdot \boldsymbol{v}_1=\rho Q(\boldsymbol{v}_2-\boldsymbol{v}_1)\Delta t$$

根据质点系的动量定理，有

$$\frac{\mathrm{d}\boldsymbol{K}}{\mathrm{d}t}=\lim_{\Delta t\to 0}\frac{\Delta \boldsymbol{K}}{\Delta t}=\rho Q(\boldsymbol{v}_2-\boldsymbol{v}_1)=\boldsymbol{W}+\boldsymbol{P}_1+\boldsymbol{P}_2+\boldsymbol{R}$$

即

$$\boldsymbol{R}=-(\boldsymbol{W}+\boldsymbol{P}_1+\boldsymbol{P}_2)+\rho Q(\boldsymbol{v}_2-\boldsymbol{v}_1)$$

将管壁作用在流体上的约束反力$\boldsymbol{R}$分为静反力$\boldsymbol{R}'$与动反力$\boldsymbol{R}''$两部分，即得

$$\boldsymbol{R}'=-(\boldsymbol{W}+\boldsymbol{P}_1+\boldsymbol{P}_2)$$

得

$$\boldsymbol{R}''=\rho Q(\boldsymbol{v}_2-\boldsymbol{v}_1) \tag{12-18a}$$

计算动反力$\boldsymbol{R}''$时常采用投影形式，即

$$\left.\begin{aligned}R''_x=\rho Q(v_{2x}-v_{1x})\\R''_y=\rho Q(v_{2y}-v_{1y})\end{aligned}\right\} \tag{12-18b}$$

式(12-18)可表述为：作用在流体上的动反力，等于在单位时间内出口处流出的流体所具有的动量与入口处流入的流体所具有的动量之差。显然，与$\boldsymbol{R}''$相反的力就是流体作用在管壁上的动压力。

12.4 质心运动定理

由式(12-5b)知，质点系的动量$\boldsymbol{K}=m\boldsymbol{v}_C$，将其代入质点系的动量定理即式(12-14a)，有

$$\frac{\mathrm{d}}{\mathrm{d}t}(m\boldsymbol{v}_C)=\boldsymbol{R}^{(e)}=\sum \boldsymbol{F}_i^{(e)} \tag{12-19}$$

当质点系的质量m为常量时，因$\boldsymbol{v}_C=\dot{\boldsymbol{r}}_C$，$\dot{\boldsymbol{v}}_C=\ddot{\boldsymbol{r}}_C=\boldsymbol{a}_C$，则可得

$$m\boldsymbol{a}_C=\boldsymbol{R}^{(e)}=\sum \boldsymbol{F}_i^{(e)}\quad 或\quad m\ddot{\boldsymbol{r}}_C=\boldsymbol{R}^{(e)}=\sum \boldsymbol{F}_i^{(e)} \tag{12-20a}$$

式(12-20a)称为质心运动定理(或质心运动微分方程)，质点系的质量与质心加速度的乘积，等于作用在质点系上的所有外力的矢量和(外力系的主矢)。将式(12-20a)在直角坐标系$Oxyz$的三个轴上投影，有

$$ma_{C_x}=m\ddot{x}_C=\sum F_{ix}^{(e)},\quad ma_{C_y}=m\ddot{y}_C=\sum F_{iy}^{(e)},\quad ma_{C_z}=m\ddot{z}_C=\sum F_{iz}^{(e)} \tag{12-20b}$$

如果已知质心的运动轨迹，可将式(12-20a)在自然轴上投影，有

$$ma_{C_\tau}=m\frac{\mathrm{d}v_C}{\mathrm{d}t}=\sum F_{i\tau}^{(e)},\quad ma_{C_n}=m\frac{v_C^2}{\rho}=\sum F_{in}^{(e)},\quad \sum F_{ib}^{(e)}=0 \tag{12-20c}$$

对于刚体系统，由式(12-6a)，系统的动量为 $\boldsymbol{K}=\sum m_i\boldsymbol{v}_{C_i}$，其中 m_i 为系统中第 i 个刚体的质量，$\boldsymbol{v}_{C_i}$ 为其质心 C_i 的速度。由质点系的动量定理即式(12-14a)，因为 $\boldsymbol{v}_{C_i}=\dot{\boldsymbol{r}}_{C_i}$，$\dot{\boldsymbol{v}}_{C_i}=\ddot{\boldsymbol{r}}_{C_i}=\boldsymbol{a}_{C_i}$，可得

$$\sum m_i\boldsymbol{a}_{C_i}=\boldsymbol{R}^{(e)}=\sum\boldsymbol{F}_i^{(e)}\quad 或\quad \sum m_i\ddot{\boldsymbol{r}}_{C_i}=\boldsymbol{R}^{(e)}=\sum\boldsymbol{F}_i^{(e)} \tag{12-21a}$$

式(12-21a)的投影形式为

$$\left.\begin{aligned}\sum m_i a_{C_i x}=\sum m_i\ddot{x}_{Ci}=\sum F_{ix}^{(e)}\\ \sum m_i a_{C_i y}=\sum m_i\ddot{y}_{Ci}=\sum F_{iy}^{(e)}\\ \sum m_i a_{C_i z}=\sum m_i\ddot{z}_{Ci}=\sum F_{iz}^{(e)}\end{aligned}\right\} \tag{12-21b}$$

质心运动定理是质点系动量定理的另一重要表现形式，由于它与质点运动微分方程 $m\boldsymbol{a}=\boldsymbol{F}$ 相似，因此该定理又可表述为：**对于任一质点系，不论它做什么形式的运动，质点系质心的运动可以看成一个质点的运动，并设想把整个质点系的质量都集中在质心这个点上，所有外力也集中作用在质心这个点上。**

质心运动守恒定律　在质点系的运动过程中，若作用在质点系上的所有外力的矢量和恒等于零，即 $\sum\boldsymbol{F}_i^{(e)}=0$，则可知 $\boldsymbol{a}_C=0,\boldsymbol{v}_C=$ 常矢量，质心做匀速直线运动；如果开始时系统处于静止，即 $\boldsymbol{v}_{C_0}=0$，则 $\boldsymbol{r}_C=$ 常矢量，质心的位置始终保持不变。若作用在质点系上的所有外力在 x 轴上投影的代数和恒等于零，即 $\sum F_{ix}^{(e)}=0$，则可知 $a_{C_x}=0$，$v_{C_x}=$ 常量，质心沿 x 轴的速度保持不变；如果开始时系统处于静止，即 $v_{C_{x0}}=0$，则 $x_C=$ 常量，质心在 x 轴的位置坐标始终保持不变。

下面推导质点系质心的位置坐标 x_C 守恒时的一般解。

设刚体系统由 n 个刚体组成，物体 1 放置在光滑水平面上，其中第 i 个物体相对于物体 1 有相对运动(图 12-10)。因为在运动过程中，作用在系统上的所有外力，即各物体的重力及水平面的法向反力满足质心运动守恒条件 $\sum F_{ix}^{(e)}=0$，且在运动开始时整个系统处于静止，所以质心的位置坐标 x_C 始终保持不变。设物体 $i(i=2,3,\cdots,n)$ 相对于物体 1 沿 x 轴方向的相对位移为 Δx_{ir}(视为代数量，与 x 轴正向相同为正，反之为负)，下面确定物体 1 和物体 i 的位移。

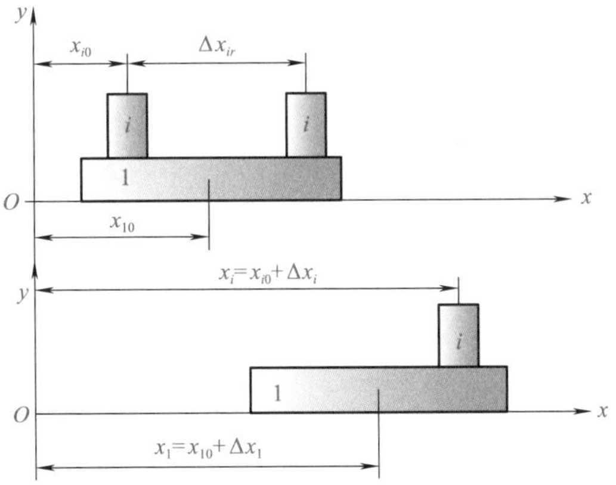

图 12-10

12-10

取固定坐标系 Oxy。在运动开始瞬时 t_0，整个系统处于静止，物体 1 和物体 i 的坐标为 x_{10} 和 x_{i0}，在运动过程中的任一瞬时 t，由于物体 i 相对于物体 1 有相对位移 Δx_{ir}，所以物体 1 的坐标改变为 $x_1=x_{10}+\Delta x_1$，物体 i 的坐标改变为 $x_i=x_{i0}+\Delta x_i$，其中 Δx_1 与 Δx_i 是物体 1 和物体 i 在 $(t-t_0)$ 内沿 x 轴方向的绝对位移。根据质心运动守恒定律，在瞬时 t_0 和 t 质心的位置坐标 x_{C_0} 和 x_C 应相等，即

$$x_{C_0}=x_C$$

或
$$\frac{\sum_{i=1}^{n}m_i x_{i0}}{\sum_{i=1}^{n}m_i}=\frac{\sum_{i=1}^{n}m_i x_i}{\sum_{i=1}^{n}m_i}=\frac{\sum_{i=1}^{n}m_i(x_{i0}+\Delta x_i)}{\sum_{i=1}^{n}m_i}$$

得
$$\sum_{i=1}^{n}m_i\Delta x_i=m_1\Delta x_1+\sum_{i=2}^{n}m_i\Delta x_i=0 \tag{1}$$

因物体 i 沿 x 轴向的绝对位移 Δx_i 等于物体 1 的牵连位移 Δx_1 和物体 i 的相对位移 Δx_{ir} 之和，即
$$\Delta x_i=\Delta x_1+\Delta x_{ir}\quad (i=2,3,\cdots,n) \tag{2}$$

将式(2)代入式(1)后，有
$$m_1\Delta x_1+\sum_{i=2}^{n}m_i(\Delta x_1+\Delta x_{ir})=\sum_{i=1}^{n}m_i\cdot\Delta x_1+\sum_{i=2}^{n}m_i\Delta x_{ir}=0 \tag{3}$$

得
$$\Delta x_1=-\frac{\sum_{i=2}^{n}m_i\Delta x_{ir}}{\sum_{i=1}^{n}m_i} \tag{12-22}$$

将式(12-22)代入式(2)，便可求出物体 i 的绝对位移。

根据以上分析可知，只要能够确定物体 i 相对于物体 1 的相对位移 $\Delta x_{ir}(i=2,3,\cdots,n)$，就可以方便地确定出系统内任一个物体的绝对位移。

由质心运动定理可知，只有外力才能改变质心的运动，而内力不能影响质心的运动(但内力可以改变质点系内各个质点的运动)。例如，跳水运动员在空中完成跳水动作时，整个质点系——人体的质心是在重力的作用下沿一条抛物线运动的，虽然人体内力(如肌肉力等)可以改变运动员在空中的姿态，并在空中做出各种高难动作，但不可能影响人体质心的运动规律。在定向爆破施工中，要求采用一次爆破的方法将某处的土石抛掷到指定区域(图 12-11)，这时可把将被炸掉的土石看成质点系，在不计空气阻力时，爆破出来的土石只受到重力的作用，质心运动定理表明，其质心的运动如同一个质点在重力的作用下沿抛物体轨迹运动，在爆破时，只要能够控制好质心的初始速度 $\boldsymbol{v}_0$ 的大小和方向，使质心的运动轨迹通过指定区域内的适当位置，就可以使大部分土石被炸落在预定集中的区域内。又如，船停在静止水面上，当一人由船尾向船头行走时，船必向后移动，其原因在于，不计水的阻力时，作用在质点系——人和船上的重力和浮力均沿铅垂方向，整个系统的质心沿水平方向的运动是守恒的，因此船的移动方向必与人的移动方向相反，以使质心的位置保持不变。

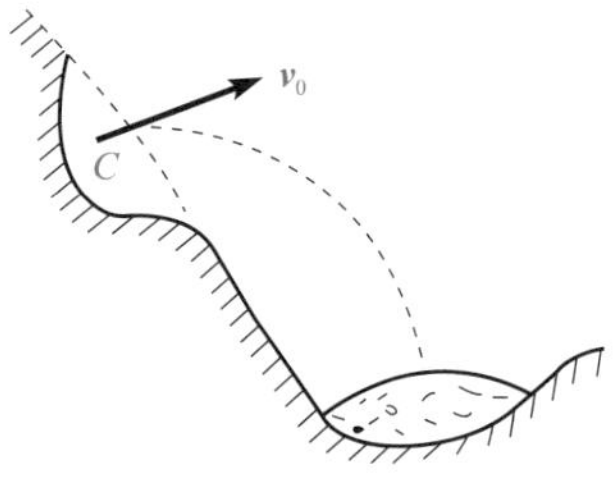

图 12-11

12-11

质心运动定理在理论上具有重要的意义。当刚体做平动时，只要知道了质心的运动，整个刚体的运动就可得到确定，这样可直接采用质点动力学理论来求解有关刚体平动的问题；当质点系做复杂运动时，由于可将它的运动分解为随同质心的平动和相对于质心的运动(相对于随同质心做平动的坐标系的运动)，根据质心运动定理，知道了质心的运动后，质点系随同质心的平动也就得到了确定，而质点系相对于质心的运动将在第 13 章“动量矩定理”中加以研究。

质心运动定理适用于求解已知质点系质心的运动求外力(包括约束反力)，或已知作用在质点系上的外力求质心的运动规律。对于许多动力学问题，内力往往是未知的，由于应用质心运动定理时不需要考虑这些内力，因此可使问题的求解得到简化。

【例 12-5】 曲柄连杆滑块机构，如图 12-12 所示。设曲柄 OA 与连杆 AB 的质量均为 m_1，长度均为 $2l$，滑块 B 的质量为 m_2，在其上作用有水平向左的常力 $\boldsymbol{P}$，各处摩擦略去不计，曲柄在力偶 M 作用下以角速度 ω 做匀速转动。求在曲柄轴 O 处沿水平方向的约束反力。

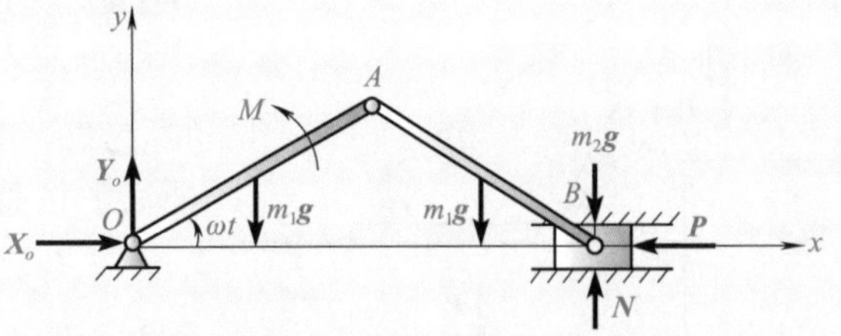

图 12-12

12-12

解　取曲柄连杆滑块机构整体为研究对象。作用在系统上的外力如图 12-12 所示，沿 x 轴方向的外力有 $\boldsymbol{X}_O$ 与 $\boldsymbol{P}$，由质心运动定理来求解，先计算整个系统质心的位置坐标 x_C，即

$$x_{C_1} = l\cos(\omega t),\quad x_{C_2} = 3l\cos(\omega t),\quad x_{C_3} = 4l\cos(\omega t)$$

$$x_C = \frac{\sum m_i x_{C_i}}{\sum m_i} = \frac{m_1 l\cos(\omega t) + m_1 3l\cos(\omega t) + m_2 4l\cos(\omega t)}{m_1 + m_1 + m_2} = \frac{4(m_1+m_2)}{2m_1+m_2} l\cos(\omega t)$$

将上式对时间 t 求二阶导数，有

$$\ddot{x}_C = -\frac{4(m_1+m_2)}{2m_1+m_2} l\omega^2\cos(\omega t)$$

根据质心运动定理，即 $m\ddot{x}_C = \sum F_{ix}^{(e)}$，知 $m = 2m_1 + m_2$，有

$$-4(m_1+m_2)l\omega^2\cos(\omega t) = X_O - P$$

得

$$X_O = P - 4(m_1+m_2)l\omega^2\cos(\omega t)$$

若采用同样的方法，不能求出 Y_O，而只能求出 $\boldsymbol{Y}_O$ 与 $\boldsymbol{N}$ 的合力。

【例 12-6】 用质心运动定理求解例 12-3。

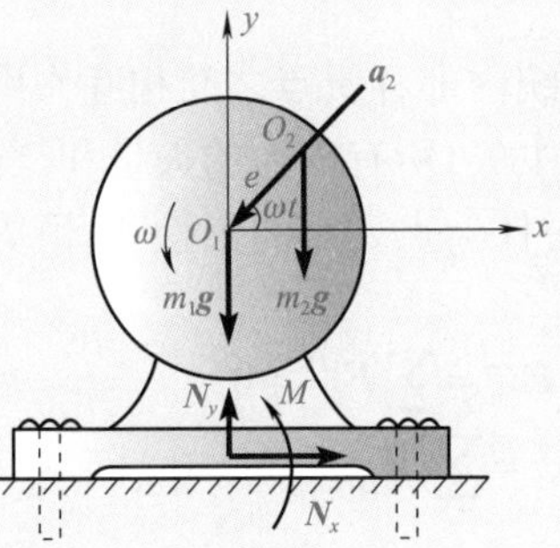

图 12-13

解　仍取整个电动机为研究对象，如图 12-13 所示，由于在运动过程中，定子质心 O_1 的加速度 $a_1 = 0$，转子质心 O_2 的加速度为 $a_2 = e\omega^2$，$\boldsymbol{a}_2$ 沿 O_1O_2 且指向 O_1，它在坐标轴上的投影为

12-13

$$a_{2x} = -e\omega^2\cos\omega t$$
$$a_{2y} = -e\omega^2\sin\omega t$$

根据质心运动定理，即 $\sum m_i \boldsymbol{a}_{Ci} = \sum F_i^{(e)}$，有

$$m_2 a_{2x} = -m_2 e\omega^2\cos\omega t = N_x$$

$$m_2 a_{2y} = -m_2 e\omega^2\sin\omega t = N_y - m_1 g - m_2 g$$

由以上两式可得与例 12-3 相同的结果。

【例 12-7】 浮动起重船，船的重量 $P_1 = 200\text{kN}$，起重杆的重量 $P_2 = 10\text{kN}$，长 $l = 8\text{m}$，起吊物体的重量 $P_3 = 20\text{kN}$。设开始起吊重物时，整个系统处于静止，起重杆 OA 与铅直位置

的夹角 $\alpha_1=60^\circ$，如图 12-14 所示。不计水的阻力，求起重杆 OA 与铅直位置成角 $\alpha_2=30^\circ$ 时船的位移。

12-14

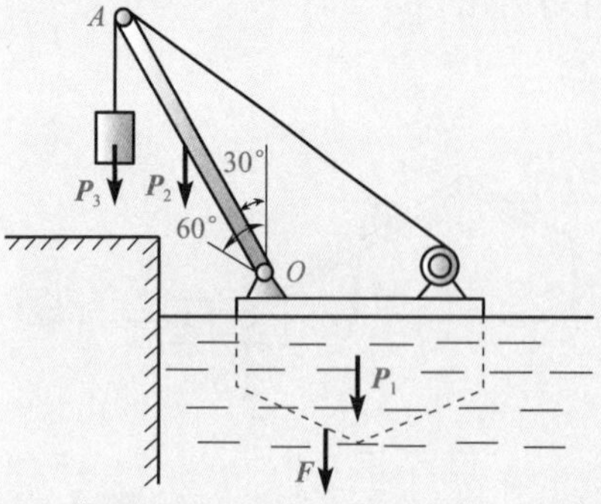

图 12-14

解 取起重船、起重杆和重物组成的质点系为研究对象。因不计水的阻力，在起吊重物的过程中，作用在系统上的重力 $\boldsymbol{P}_1$、$\boldsymbol{P}_2$、$\boldsymbol{P}_3$ 及水的浮力 $\boldsymbol{F}$，满足质心运动定恒条件 $\sum F_{ix}^{(e)}=0$，且在开始时整个系统处于静止，所以系统质心的位置坐标 x_C 保持不变。

先分别计算起重杆 OA 从角 α_1 转动到 α_2 时，杆与重物相对于船的相对位移，即

$$\Delta x_{2r}=\frac{l}{2}(\sin\alpha_1-\sin\alpha_2),$$
$$\Delta x_{3r}=l(\sin\alpha_1-\sin\alpha_2)$$

由于相对位移 Δx_{2r} 与 Δx_{3r} 与 x 轴正向相同，所以取正号。根据式(12-22)，可直接求出船的位移

$$\begin{aligned}\Delta x_1&=-\frac{m_2\Delta x_{2r}+m_3\Delta x_{3r}}{m_1+m_2+m_3}=-\frac{P_2\Delta x_{2r}+P_3\Delta x_{3r}}{P_1+P_2+P_3}\\&=-\frac{P_2+2P_3}{2(P_1+P_2+P_3)}l(\sin\alpha_1-\sin\alpha_2)\\&=-\frac{10+2\times20}{2(200+10+20)}\times8(\sin60^\circ-\sin30^\circ)\\&=-0.318(\text{m})\end{aligned}$$

计算结果为负值，表明船的位移与 x 轴正向相反，即 Δx_1 水平向左。

本章小结

1．质点系的质心。

质点系运动不仅与作用在质点系上的外力有关，而且与系统内各质点的质量大小和分布情况有关。质心是表征质点系的质量大小及其分布的一个重要概念。它的位置可由下式确定：

$$\boldsymbol{r}_C=\frac{\sum m_i\boldsymbol{r}_i}{m}$$

式中，$m=\sum m_i$。

2．质点系的外力和内力。

作用在质点系上的力分为外力和内力。外力是系统外部的物体作用在质点系上的力，内力是系统内部各质点之间相互作用的力。内力系的主矢(所有内力的矢量和)与主矩(所有内力对任一点之矩的矢量和)恒等于零，即

$$\boldsymbol{R}^{(i)}=\sum\boldsymbol{F}_i^{(i)}=0$$
$$\boldsymbol{M}_O^{(i)}=\sum\boldsymbol{M}_O(\boldsymbol{F}_i^{(i)})=0$$

3．动量。

度量质点或质点系在任一瞬时机械运动的强弱程度。动量是矢量，也是瞬时量。

质点的动量：$\boldsymbol{K}=m\boldsymbol{v}$

质点系的动量：$\boldsymbol{K}=\sum m_i\boldsymbol{v}_i=m\boldsymbol{v}_C$

刚体系统的动量：$\boldsymbol{K}=\sum m_i\boldsymbol{v}_{C_i}$

4．力的冲量。

度量力在一段时间间隔内对物体作用效应的强弱程度。冲量是矢量，它与力作用的时间历程有关。

力的元冲量：$\mathrm{d}\boldsymbol{S}=\boldsymbol{F}\mathrm{d}t$

常力的冲量：$\boldsymbol{S}=\boldsymbol{F}(t_2-t_1)$

变力的冲量：$\boldsymbol{S}=\int_{t_1}^{t_2}\boldsymbol{F}\mathrm{d}t$

合力的冲量：

$$\boldsymbol{S}=\int_{t_1}^{t_2}\sum\boldsymbol{F}\mathrm{d}t=\sum\int_{t_1}^{t_2}\boldsymbol{F}_i\mathrm{d}t=\sum\boldsymbol{S}_i$$

5．动量定理。

它建立了质点或质点系动量的改变与作用力的冲量之间的关系。适用于求解具有复杂内力的有关质点系的动力学问题。

质点的动量定理：

$$\frac{\mathrm{d}}{\mathrm{d}t}(m\boldsymbol{v})=\boldsymbol{F},\quad m\boldsymbol{v}_2-m\boldsymbol{v}_1=\boldsymbol{S}=\int_{t_1}^{t_2}\boldsymbol{F}\mathrm{d}t$$

动量守恒：若 $\boldsymbol{F}=0$，则 $m\boldsymbol{v}=$常矢量。

质点系的动量定理：

$$\frac{\mathrm{d}\boldsymbol{K}}{\mathrm{d}t}=\boldsymbol{F}_i^{(e)}$$

$$\boldsymbol{K}_2-\boldsymbol{K}_1=\sum\boldsymbol{S}_i^{(e)}=\sum\int_{t_1}^{t_2}\boldsymbol{F}_i^{(e)}\mathrm{d}t$$

动量守恒：若 $\sum\boldsymbol{F}_i^{(e)}=0$，则 $\boldsymbol{K}=$常矢量。

6．质心运动定理。

它建立了质点系质心的运动与外力系的主矢(作用于质点系上所有外力的矢量和)之间的关系。

$$m\boldsymbol{a}_C=m\ddot{\boldsymbol{r}}_C=\boldsymbol{R}^{(e)}=\sum\boldsymbol{F}_i^{(e)}$$

质心运动守恒。若 $\sum\boldsymbol{F}_i^{(e)}=0$，则 $\boldsymbol{a}_C=0$，$\boldsymbol{v}_C=$常矢量；又若 $\boldsymbol{v}_{C_0}=0$，则 $\boldsymbol{r}_C=$常矢量。在质点系质心的位置坐标 x_C 守恒时，做牵连运动的物体及其他物体的绝对位移，可由下式确定：

$$\Delta x_1=-\frac{\sum_{i=2}^{n}m_i\Delta x_{ir}}{\sum_{i=1}^{n}m_i}=-\frac{\sum_{i=2}^{n}m_i\Delta x_{ir}}{m}$$

$$\Delta x_i=\Delta x_1+\Delta x_{ir}\quad (i=2,3,\cdots,n)$$

式中，$m=\sum_{i=1}^{n}m_i$。

思 考 题

12.1 判断下列陈述是否正确。

(1) 动量是瞬时量，冲量也是瞬时量。

(2) 质点的动量等于力的冲量。

(3) 内力不能改变质点系的动量，也不能改变质点系内各质点的动量。

(4) 质点系的动量守恒时，质点系中各质点的动量也一定守恒。

(5) 由质心运动定理，可以确定质点系质心的运动，也可以确定作用在质点系上的约束反力。

12.2 动量定理的微分形式和质心运动定理的公式为什么可以在任何轴上投影？动量定理的积分形式是否也可以在自然轴上投影？为什么？

12.3 在图 12-15 中各均质杆的长度均为 l，质量均为 m。试问：在哪种情形时杆的动量为最大？

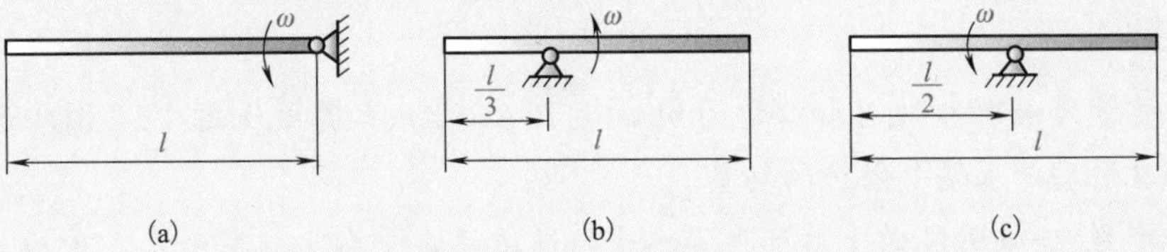

图 12-15

12.4 质量为m半径为R的均质圆轮，所受外力作用如图 12-16(a)、(b)所示。试问：当地面为光滑或有摩擦时，圆轮的质心C将如何运动？

12.5 长度相同质量为m_1与m_2的两均质杆AC与BC，用中间铰链C相连接，两杆位于铅直平面且放置在光滑水平面上，如图 12-17 所示。若两杆分开倒向地面，试问：在$m_1=m_2$或$m_1=2m_2$的条件下，点C的运动轨迹是否相同？为什么？

12.6 质量为m、半径为R的均质圆盘置放在光滑水平面上，在力偶的作用下圆盘由静止开始运动，如图 12-18 所示。试问：盘心将如何运动？为什么？

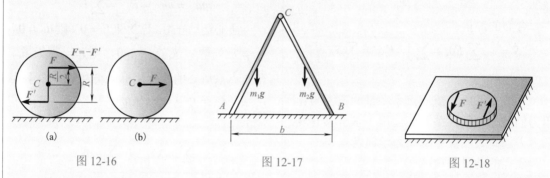

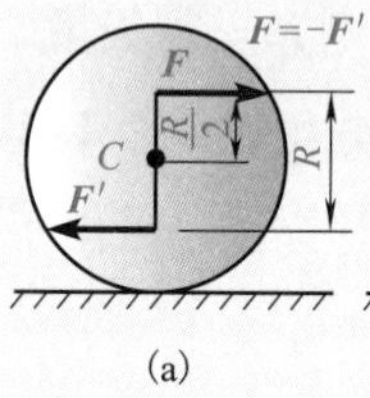

图 12-16

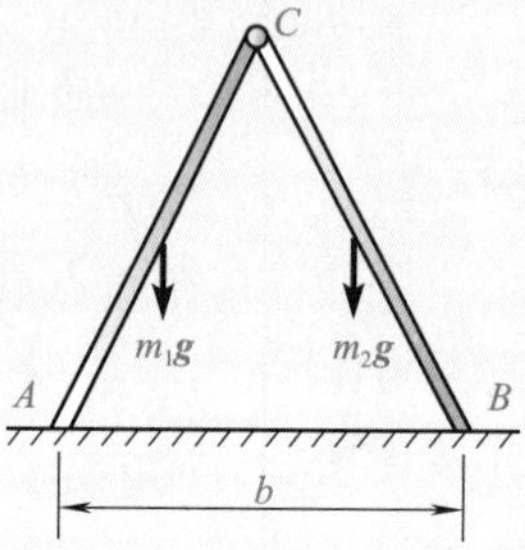

图 12-17

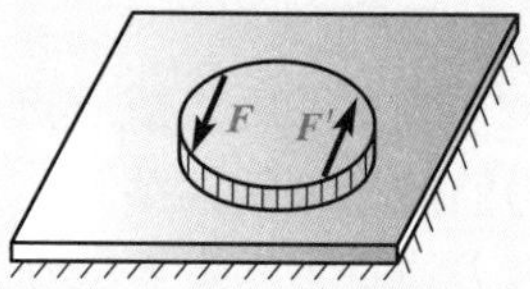

图 12-18

12.7 炮弹飞出炮膛后，若不计空气阻力，其质心沿一条抛物线运动。由质心运动定理可知，炮弹爆炸后，质心的运动规律不变。试问：若有一块碎片落地后，质心是否还沿抛物线运动？为什么？

12.8 在静止于水面的小船上，一人自船头走到船尾。设船长为l，船与人的质量分别为m_1与m_2。若不计水的阻力时，由人与船构成质点系质心的位置坐标x_C保持不变，试问：只要能够确定出人相对于船的相对位移，就能够确定人和船的绝对位移，这种说法正确否？

12.9 水在等截面直管中流动时，水对管壁有没有动压力？为什么？

习　题

12-1 试计算题 12-1 图中各刚体的动量。设均质圆盘的质量均为m，半径均为R。各均质杆的质量均为m，长度均为l。

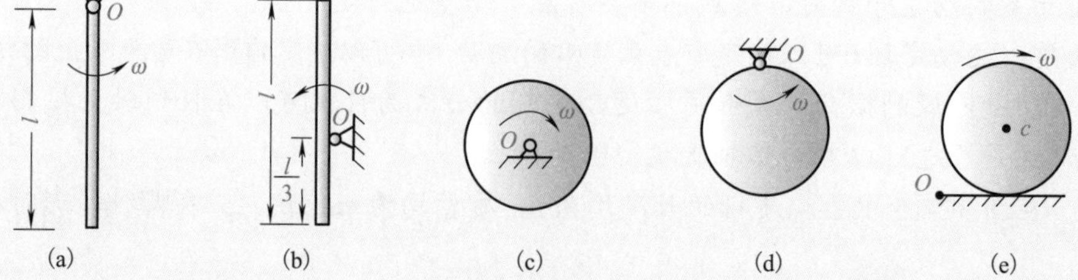

题 12-1 图

12-2 质量为m_1的楔块A和质量为m_2的直杆BC组成的系统如题 12-2 图所示。楔块以匀速$\boldsymbol{v}_1$水平向左运动，求整个系统的动量。

12-3 重为$P=4.9\text{kN}$的平台车可沿水平轨道运动，平台上站有一人，重$Q=686\text{N}$。车与人以共同速度$\boldsymbol{v}_0$向右运动。如人相对于车以速度$\boldsymbol{u}=2\text{m/s}$向左方跳出，问平台增加的速度为多少？

12-4 如题 12-4 图所示，重为 W 的电动机用螺栓固定在基础上，重为 $\boldsymbol{P}$ 长为 l 的均质杆，其一端固连在电动机轴上，另一端刚连重为 $\boldsymbol{Q}$ 的小球，且杆与电动机轴相垂直。设电动机轴以匀角速度 ω 转动，求螺栓和基础作用在电动机上的最大总水平力及铅直力。

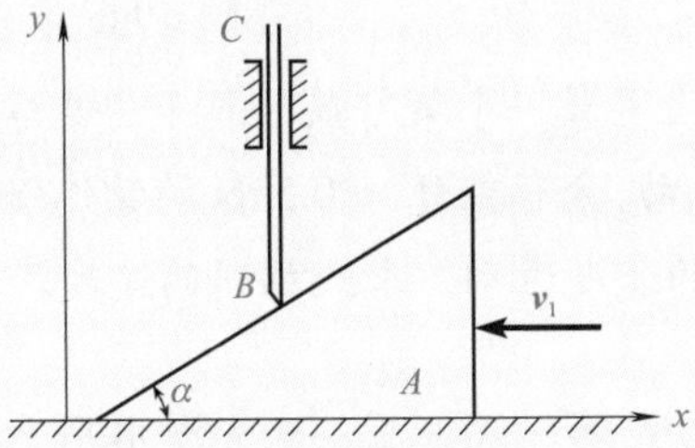

题 12-2 图

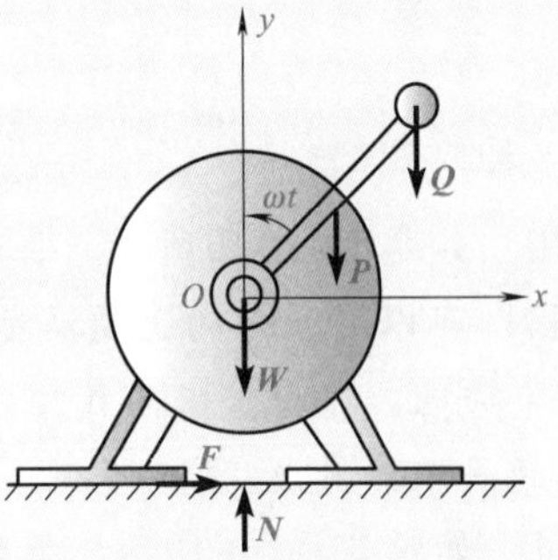

题 12-4 图

12-5 如题 12-5 图所示，均质圆盘绕偏心轴 O 以匀角速度 ω 转动，夹板借右端弹簧的推压而顶在圆盘上，当圆盘转动时，夹板做水平往复运动。设夹板重 $\boldsymbol{P}$，圆盘重 $\boldsymbol{Q}$，半径为 r，偏心距为 e。求在任一瞬时作用在基础和螺栓上的动反力。

12-6 在题 12-6 图所示曲柄滑杆机构中，均质曲柄 OA 以匀角速度 ω 绕轴 O 转动，并带动 T 字型滑杆做水平往复运动。曲柄重 $\boldsymbol{P}_1$，长 $l=OA$，滑块 A 重 $\boldsymbol{P}_2$，T 字型滑杆重 $\boldsymbol{P}_3$ 且重心在点 C，点 C 至 BD 的距离为 $\dfrac{l}{2}$。运动开始时，曲柄 OA 在点 O 右侧水平位置。不计各处摩擦。求机构质心的运动方程和作用在轴 O 处的最大水平力。

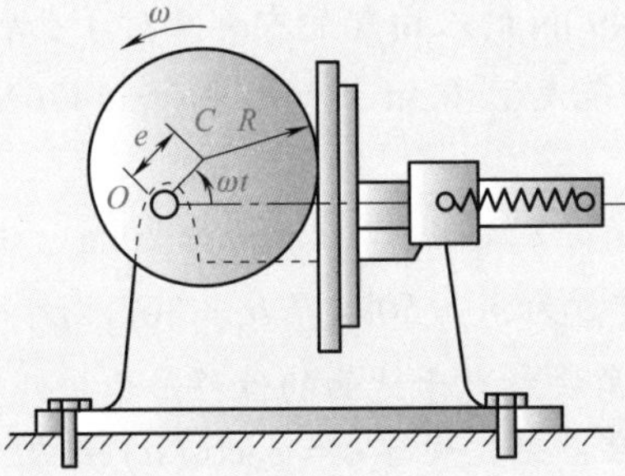

题 12-5 图

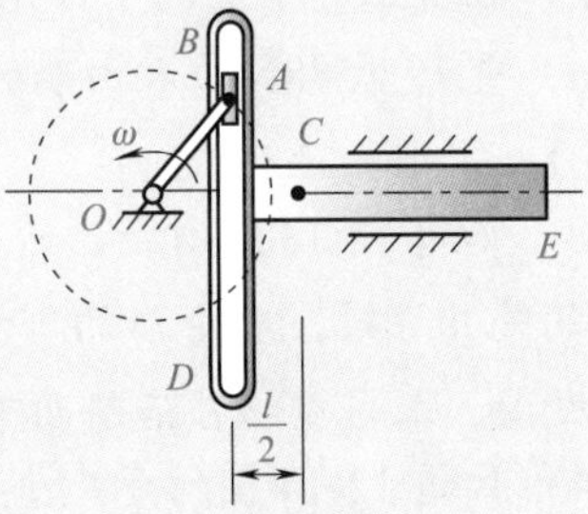

题 12-6 图

12-7 如题 12-7 图所示，重 $\boldsymbol{P}$ 长 $2l$ 的均质杆 OA 绕通过 O 端的水平轴在铅直平面内转动。已知在角 φ 时，杆的角速度为 ω，角加速度为 ε。求在该位置时 O 端的反力。

12-8 如题 12-8 图所示的压实土壤的振动器由两个相同的偏心块和机座组成。机座重 $\boldsymbol{Q}$，每个偏心块重 $\boldsymbol{P}$，偏心矩为 e，两偏心块以相同的匀角速度 ω 作反向转动，转动时两偏心块对称于振动器的对称轴。求振动器在图示位置时对土壤的压力。

12-9 如题 12-9 图所示，质量为 m_2 的滑块 B 在重力作用下沿质量为 m_1 的三角块 A 的斜面无初速下滑。求三角块 A 的加速度及地面的约束反力。设接触处均为光滑。

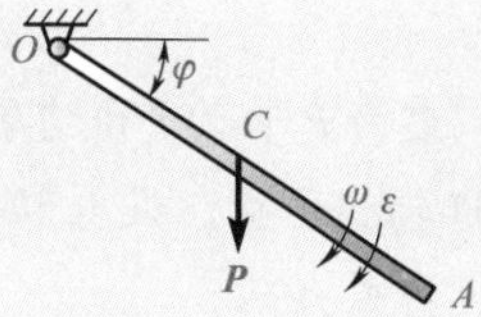

题 12-7 图

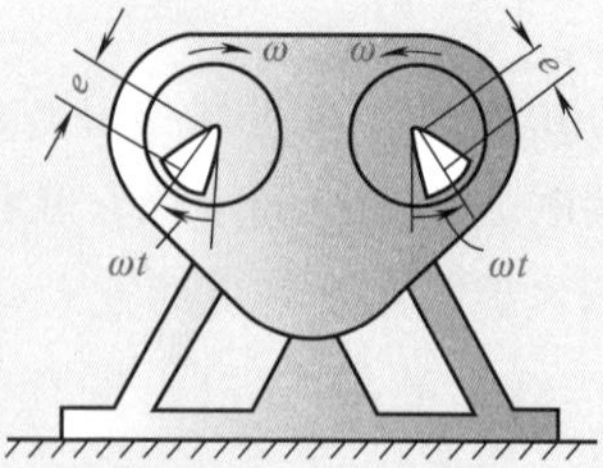

题 12-8 图

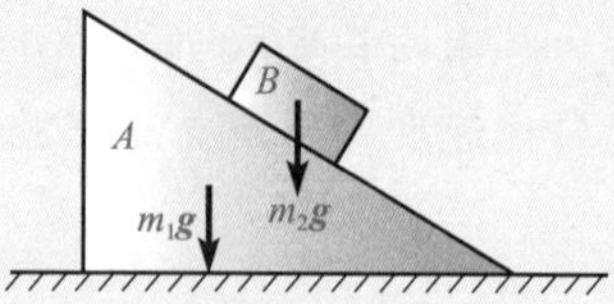

题 12-9 图

12-10 如题 12-10 图所示，小车重 $\boldsymbol{W}_1 = 2\text{kN}$，车上置放一个装有煤的箱子，煤与箱子共重 $\boldsymbol{W}_2 = 1\text{kN}$，车以 1.5m/s 的速度沿光滑水平直线轨道运动。今有重 $\boldsymbol{W}_3 = 0.5\text{kN}$ 的物体以 0.4m/s 的速度铅垂地落入箱内。历时 0.2s 后，箱与车以相同的速度运动。求此相同的速度，并求箱与车之间的平均作用力。

12-11 如题 12-11 图所示，长为 $2l$ 的均质细杆 AB，其一端 B 置放在光滑水平上，并与水平成角 α_0。求当杆倒下时，杆上点 A 的轨迹方程。

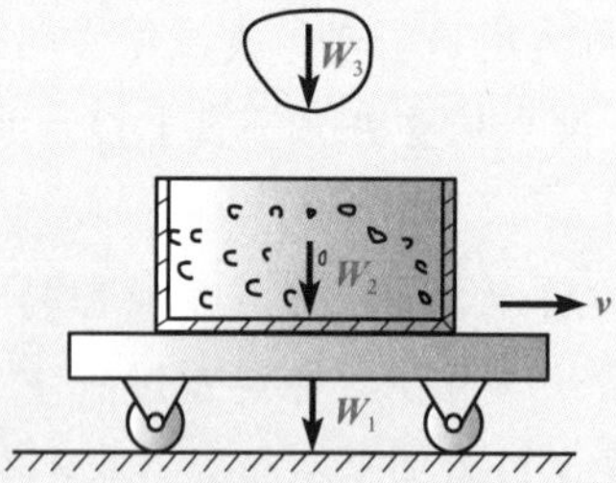

题 12-10 图

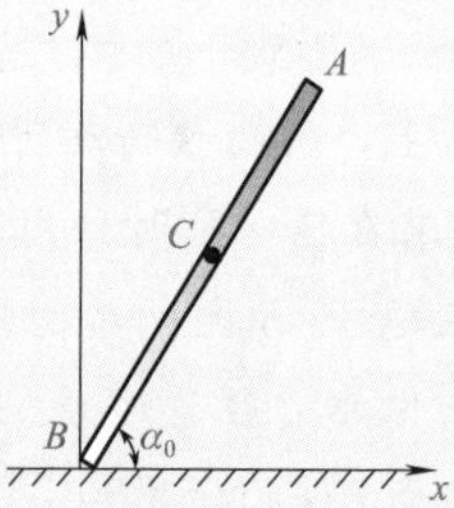

题 12-11 图

12-12 在静止的小船的中部站着两个人，重 $P_1 = 490\text{N}$ 的人由船的中部相对于船朝船首走动 1.5m，重 $P_2 = 588\text{N}$ 的人由船的中部相对于船朝船尾走动 0.5m。如船重 $Q = 1470\text{N}$，不计水的阻力，求船的位移。

12-13 如题 12-13 图所示，两个重物 B 与 C 的质量分别为 $m_2 = 10\text{kg}, m_3 = 20\text{kg}$，由绕过定滑轮 D 的绳相连接。滑轮 D 的质量不计，三角块的质量为 $m_1 = 50\text{kg}$，$\alpha_1 = 30°$，$\alpha_2 = 45°$，不计各处摩擦。求当重物 B 沿斜面下滑 $l = 1.5\text{m}$ 时，三角块相对于地面的位移。

12-14 如题 12-14 图所示，小车 A 下方悬挂一个摆。摆按规律 $\varphi = \varphi_0 \cos(kt)$ 摆动。设车的重量为 Q，摆锤的重量为 P，摆长为 l。摆杆的重量及各处摩擦均忽略不计，求小车的运动方程。

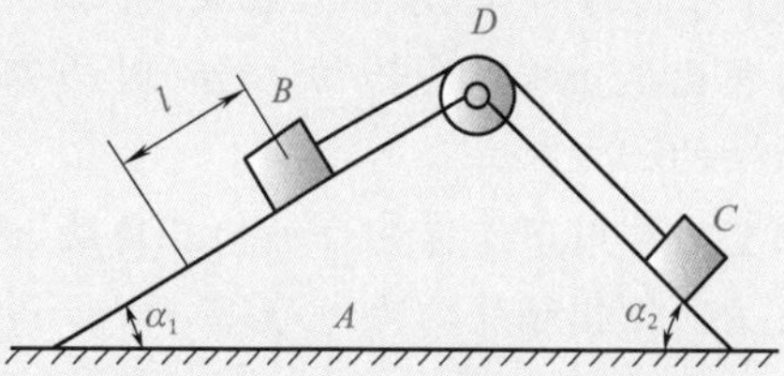

题 12-13 图

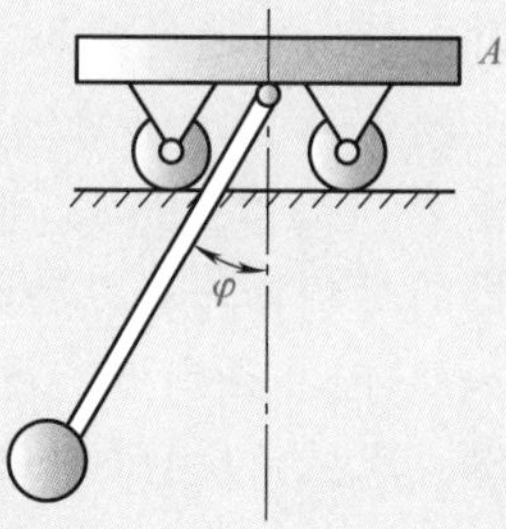

题 12-14 图

12-15　如题 12-15 图所示，重量为 P 的平台 AB 置放在光滑水平面上，系统开始时处于静止，开动绞车 C 使重量为 Q 的小车 D 在平台上以匀速度 $\boldsymbol{v}_r$ 向右运动。求平台的速度，并求经过时间 T_s 后平台的位移。绞车重量略去不计。

12-16　如题 12-16 图所示，重量为 P 的平板置放在光滑水平面上，其上用铰链连接平行四连杆机构 $OCDO_1$，$\overline{OC}=\overline{O_1D}=l,\overline{CD}=\overline{OO_1}$，两侧杆的重量均为 P_1，水平杆 CD 的重量为 P_2，各杆均为均质杆。当杆 OC 从与铅直位置夹角为 α 由静止开始转到水平位置时，求板 AB 的位移。

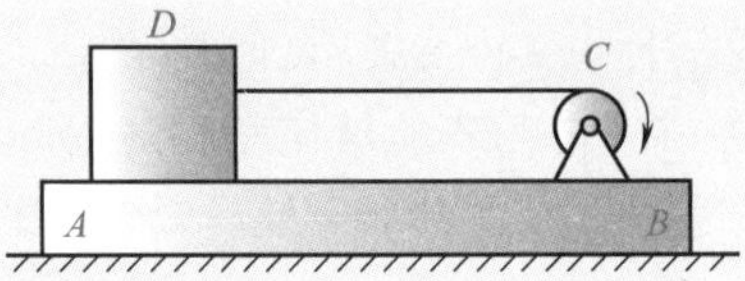

题 12-15 图

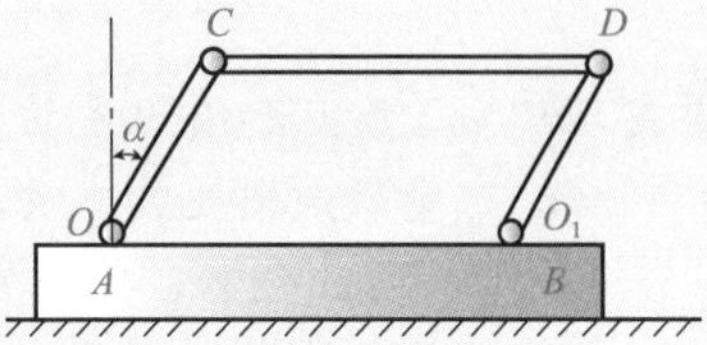

题 12-16 图

12-17　如题 12-17 图所示，水力采煤是利用水枪在高压下喷射的强力水流采煤的。已知水枪水柱的直径为 30mm，水速为 56m/s，求作用在煤层上的动水压力。

12-18　如题 12-18 图所示，皮带运输机的运煤量恒为 20kg/s，皮带速度恒为 1.5m/s。求皮带对煤作用的水平总推力。

12-19　如题 12-19 图所示，用移动式皮带输送机堆积砂子。输送机的输送量为 $109\text{m}^3/\text{h}$，砂子的密度为 1400kg/m^3，输送带的速度为 1.6m/s。设砂子在入口处的速度 $\boldsymbol{u}$ 为铅直向下，在出口处的速度 $\boldsymbol{v}$ 为水平向右。问：地面沿水平方向的阻力至少为多大时才能使输送机的位置保持不动。

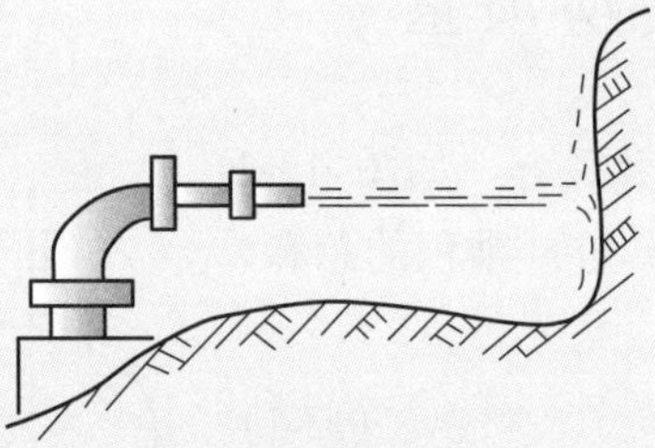

题 12-17 图

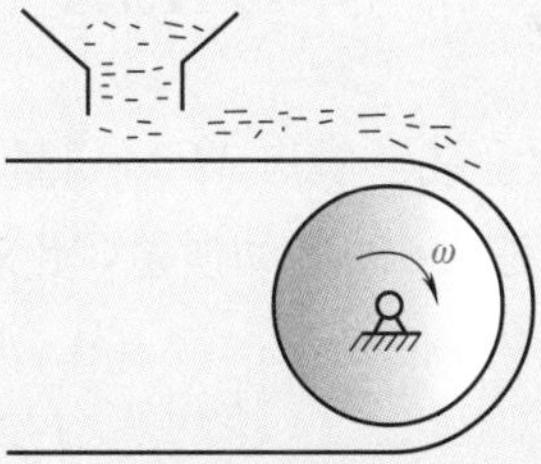

题 12-18 图

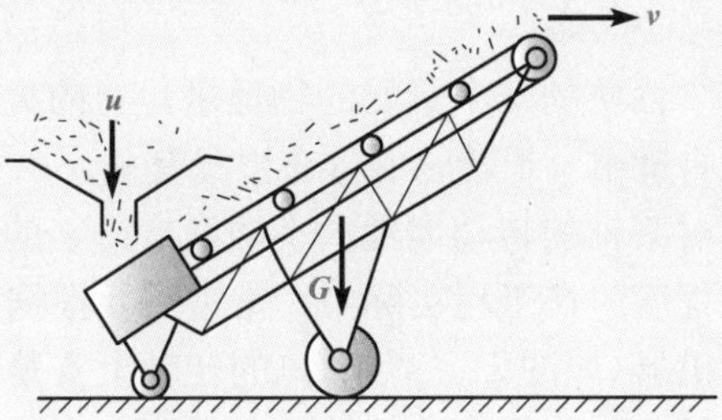

题 12-19 图

第 13 章 动量矩定理

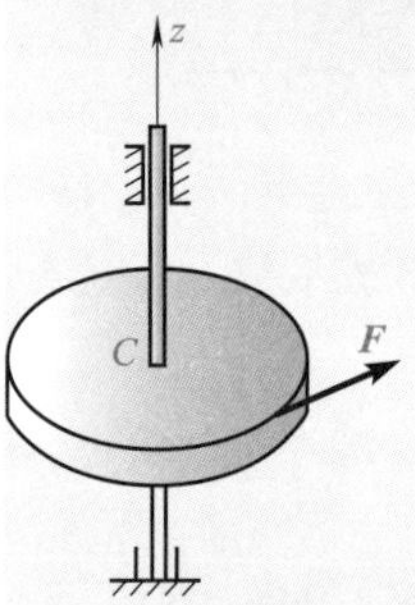

图 13-1

13-1

动量定理建立了质点和质点系动量的改变与外力(或外力系的主矢)之间的关系，但是动量只是描述物体运动特征的运动量之一，它并不能够完全描述物体的运动状态。例如，刚体在力 $\boldsymbol{F}$ 的作用下绕通过质心 C 的轴 z 做转动时(图 13-1)，不论刚体的转动状态如何变化，由于质心的速度 $\boldsymbol{v}_C = 0$，因此它的动量 $\boldsymbol{K} = m\boldsymbol{v}_C$ 恒等于零，且力 $\boldsymbol{F}$ 与轴承处的约束反力之和也恒等于零，但由于力 $\boldsymbol{F}$ 对转轴之矩 $m_z(\boldsymbol{F}) \neq 0$ (不计摩擦的影响)，刚体将越转越快。可见，在这里不能用动量来表征刚体的这种运动状态，而必须用其他理论来解决这个问题。

动量矩定理建立了质点和质点系相对于某固定点(或固定轴)的动量矩的改变与外力对同一点(或轴)之矩两者之间的关系，该定理特别适用于研究有关质点和质点系转动的动力学问题。

13.1 刚体对轴的转动惯量

设刚体上任一质点 M_i，质量为 m_i，到转轴 z 的距离为 r_i，如图 13-2 所示。**刚体对轴 z 的转动惯量，定义为刚体内各质点的 m_i 与 r_i^2 乘积的总和**，用 I_z 表示，即

13-2

$$I_z = \sum m_i r_i^2 \tag{13-1}$$

若刚体的质量是连续分布的，则式(13-1)可写为

$$I_z = \int_m r^2 \mathrm{d}m \tag{13-2}$$

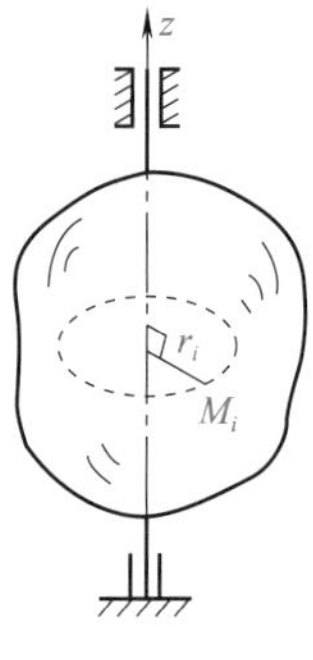

图 13-2

转动惯量是表征刚体力学性质的一个重要的物理量，它的大小不仅与刚体质量的大小有关，还与质量相对于转轴的分布情况有关。

刚体的转动惯量是刚体对某轴的转动惯性大小的度量，它的大小表现了刚体转动状态改变的难易程度。在工程实际中，常常需要根据某构件的工作状态来确定它的转动惯量。例如，在某些机器(如冲床、剪床等)的转轴上安装有飞轮，设计飞轮时往往将轮缘加厚或者把中间挖去一部分，使得飞轮的转动惯量比较大，当机器受到冲击性载荷时，使其获得比较平稳的运转状态；相反，在设计仪表中的转动构件时，则必须使其具有尽可能小的转动惯量，以提高仪表的精确度和灵敏性。

转动惯量恒为正值，它的单位在国际单位制中为 kg·m^2。

下面介绍计算刚体转动惯量的几种方法。

13.1.1　具有规则几何形状的均匀刚体

1. 均质细直杆

设有等截面的均质细直杆 AB，质量为 m，长为 l，如图 13-3 所示。沿 x 轴方向在杆上 x 处取微段 $\mathrm{d}x$，其质量 $\mathrm{d}m=\dfrac{m}{l}\mathrm{d}x$，则杆对通过其质心 C 且与杆相垂直的轴 z 的转动惯量为

$$I_z=2\int_0^{l/2}\frac{m}{l}\mathrm{d}x\cdot x^2=\frac{1}{12}ml^2$$

2. 均质薄圆环

设有等截面的均质薄圆环，质量为 m，半径为 R，如图 13-4 所示。在圆环上取微段 $\mathrm{d}s=R\mathrm{d}\theta$，其质量 $\mathrm{d}m=\dfrac{m}{2\pi R}\mathrm{d}s=\dfrac{m}{2\pi}\mathrm{d}\theta$，则圆环对垂直于圆环平面且过中心 O 的轴 z 的转动惯量为

$$I_z=\int_0^{2\pi}\mathrm{d}m\cdot R^2=\int_0^{2\pi}\frac{m}{2\pi}R^2\mathrm{d}\theta=mR^2$$

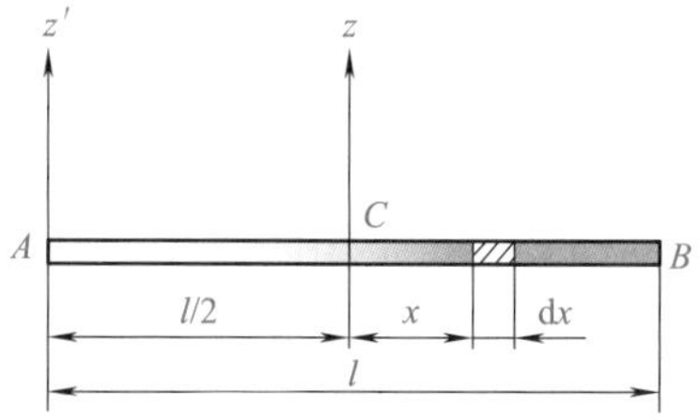

图 13-3

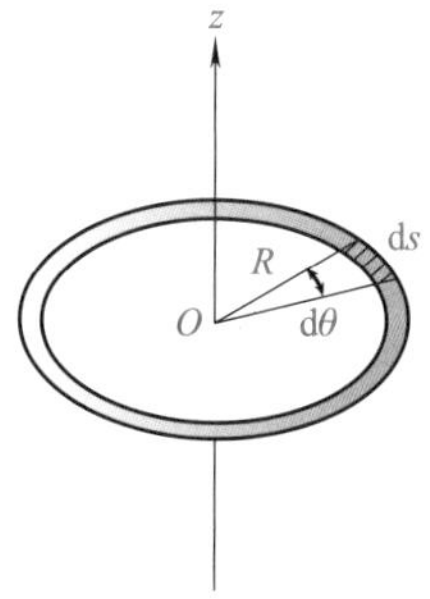

图 13-4

13-3

13-4

3. 均质薄圆盘

设有均质薄圆盘，质量为 m，半径为 R，如图 13-5 所示。可将其分为无数个同心的细圆环，任一圆环的半径为 r，宽度为 $\mathrm{d}r$，其质量 $\mathrm{d}m=\dfrac{m}{\pi R^2}\cdot 2\pi r\cdot\mathrm{d}r=\dfrac{2m}{R^2}r\mathrm{d}r$，它对轴 z 的转动惯量为 $\mathrm{d}m\cdot r^2=\dfrac{2m}{R^2}r^3\mathrm{d}r$，则圆盘对垂直于圆盘平面且过中心 O 的轴 z 的转动惯量为

$$I_z=\int_0^R\frac{2m}{R^2}r^3\mathrm{d}r=\frac{1}{2}mR^2$$

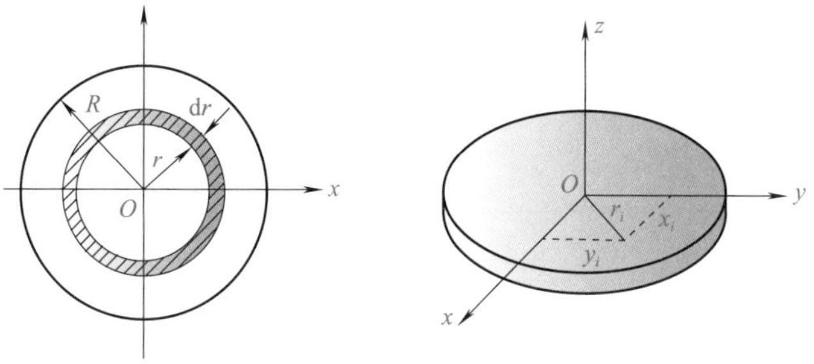

(a)　(b)

图 13-5

13-5

利用 I_z 还可以求出均质薄圆盘对直径轴 x 和 y 的转动惯量 I_x 和 I_y。根据转动惯量的定义

$$I_x = \sum m_i y_i^2, \quad I_y = \sum m_i x_i^2$$

由均质圆盘的对称性知 $I_x = I_y$，而

$$I_z = \sum m_i r_i^2 = \sum m_i (x_i^2 + y_i^2) = I_x + I_y$$

故得

$$I_x = I_y = \frac{1}{2} I_z = \frac{1}{4} m R^2$$

13.1.2 回转半径

设刚体的质量为 m，它对轴 z 的转动惯量为 I_z，则有

$$\rho_z = \sqrt{\frac{I_z}{m}} \tag{13-3}$$

所定义的长度 ρ_z 称为刚体对轴 z 的回转半径。例如：

均匀直杆 $$\rho_z = \frac{1}{2\sqrt{3}} l = 0.289 l$$

均质圆环 $$\rho_z = R$$

均质圆盘 $$\rho_z = \frac{1}{\sqrt{2}} R = 0.707 R$$

由此可见，对于均质刚体来说，ρ_z 仅与其几何形状有关，而与刚体的密度无关。这样，对于几何形状相同而材料不同(密度不同)的均质刚体，其回转半径是相同的。对于用不同材料制成的零件，已知 ρ_z 时，则 I_z 可由式(13-4)计算：

$$I_z = m \rho_z^2 \tag{13-4}$$

式(13-4)表明均质刚体对轴 z 的转动惯量等于刚体的质量与其对轴 z 的回转半径平方的乘积。该式说明，若把刚体全部质量集中于一点，使该质点对轴 z 的转动惯量等于刚体的转动惯量，则该质点到轴 z 的垂直距离就是回转半径。

在机械工程设计手册中，可以查阅简单几何形状或几何形状已标准化的零件的转动惯量和回转半径。在表 13-1 中列出几种常见均质刚体的 I_z 和 ρ_z，以供参考。

13.1.3 平行移轴定理

从式(13-1)可见，同一个刚体对不同轴的转动惯量一般是不相同的。下面研究刚体对两平行轴的转动惯量之间的关系。

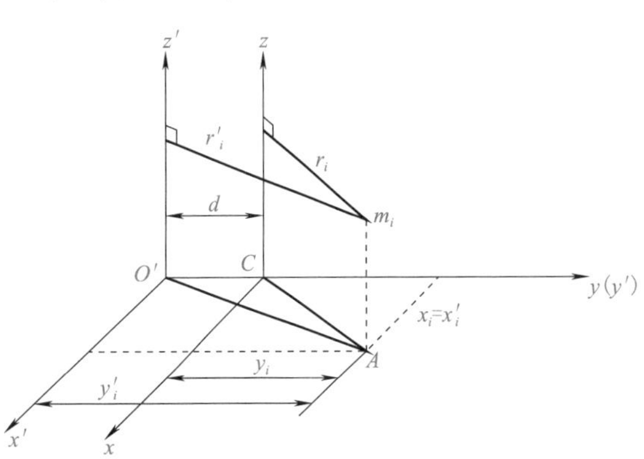

图 13-6

13-6

设质量为 m 的刚体，其质心为点 C，过点 C 取轴 z，再取轴 z' 平行于轴 z，两轴间的距离为 d，作直角坐标系 $Cxyz$ 和 $O'x'y'z'$，且使轴 y 与 y' 相重合，如图 13-6 所示。根据定义，刚体对轴 z 与轴 z' 的转动惯量分别为

$$I_{zC} = \sum m_i r_i^2 = \sum m_i (x_i^2 + y_i^2)$$

$$I_{z'} = \sum m_i r_i'^2 = \sum m_i (x_i'^2 + y_i'^2)$$

表 13-1　简单形状均质物体的转动惯量

物体形状	转动惯量	回转半径	物体形状	转动惯量	回转半径
细长杆 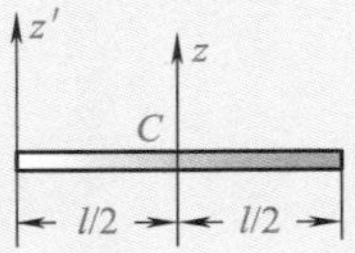	$J_z = \frac{1}{12}Ml^2$ $J'_z = \frac{1}{3}Ml^2$	$\rho_z = \frac{l}{2\sqrt{3}} = 0.289l$ $\rho_{z'} = \frac{l}{\sqrt{3}} = 0.577l$	细圆环 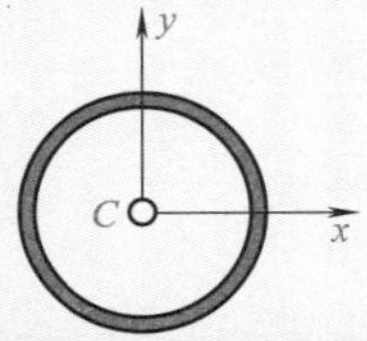	$J_x = J_y = \frac{1}{2}MR^2$ $J_z = MR^2$	$\rho_x = \rho_y = \frac{R}{\sqrt{2}}$ $\rho_z = R$
薄圆板 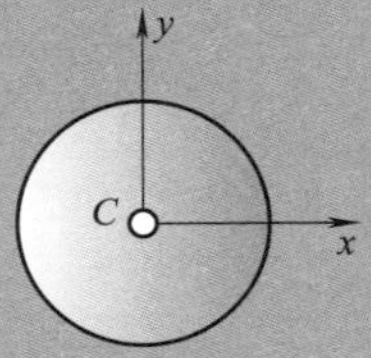	$J_x = J_y = \frac{1}{4}MR^2$ $J_z = \frac{1}{2}MR^2$	$\rho_x = \rho_y = \frac{R}{2}$ $\rho_z = \frac{R}{\sqrt{2}}$	矩形薄板 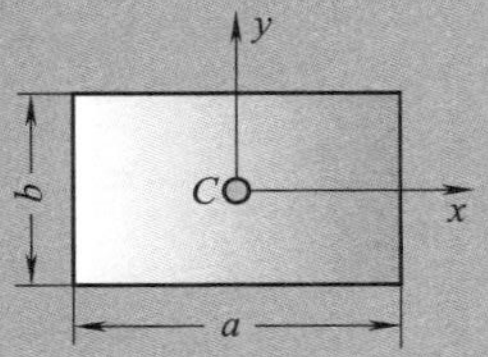	$J_x = \frac{1}{12}Mb^2$ $J_y = \frac{1}{12}Ma^2$ $J_z = \frac{1}{12}M(a^2+b^2)$	$\rho_x = \frac{b}{2\sqrt{3}} = 0.289b$ $\rho_y = \frac{a}{2\sqrt{3}} = 0.289a$ $\rho_z = \frac{\sqrt{a^2+b^2}}{2\sqrt{3}}$ $= 0.289\sqrt{a^2+b^2}$
圆柱 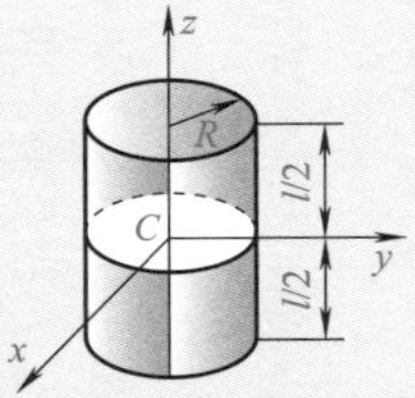	$J_x = J_y = \frac{M}{12}(l^2+3R^2)$ $J_z = \frac{1}{2}MR^2$	$\rho_x = \rho_y = \sqrt{\frac{l^2+3R^2}{12}}$ $\rho_z = \frac{R}{\sqrt{2}}$	长方体 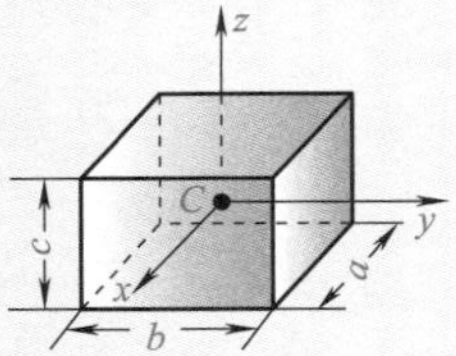	$J_x = \frac{M}{12}(b^2+c^2)$ $J_y = \frac{M}{12}(c^2+a^2)$ $J_z = \frac{M}{12}(a^2+b^2)$	$\rho_x = \sqrt{\frac{b^2+c^2}{12}}$ $\rho_y = \sqrt{\frac{c^2+a^2}{12}}$ $\rho_z = \sqrt{\frac{a^2+b^2}{12}}$
厚壁圆筒 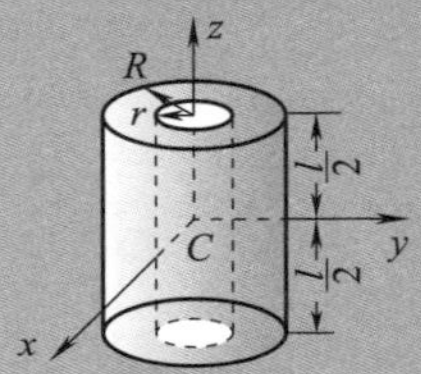	$J_x = J_y$ $= \frac{M}{12}[l^2+3(R^2+r^2)]$ $J_z = \frac{1}{2}M(R^2+r^2)$	$\rho_x = \rho_y$ $= \sqrt{\frac{L^2+3(R^2+r^2)}{12}}$ $\rho_z = \sqrt{\frac{R^2+r^2}{2}}$	实心球 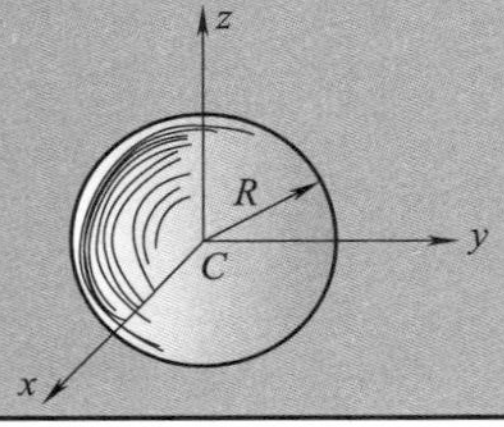	$J_x = J_y = J_z = \frac{2}{5}MR^2$	$\rho = \sqrt{\frac{2}{5}}R = 0.632R$

因为 $$x_i' = x_i,\quad y_i' = y_i + d$$

于是 $$I_{z'} = \sum m_i[x_i^2 + (y_i + d)^2] = \sum m_i(x_i^2 + y_i^2) + \left(\sum m_i\right)d^2 + 2d\sum m_i y_i$$

式中，$\sum m_i = m$ 为刚体的质量，因坐标系 $Cxyz$ 的原点为质心 C，即 $y_C = 0$，故 $\sum m_i y_i = m y_C = 0$，即得

$$I_{z'} = I_{zC} + md^2 \tag{13-5}$$

式(13-5)称为**转动惯量的平行移轴定理，表明刚体对某轴的转动惯量，等于刚体对通过其质心且与该轴相平行的轴的转动惯量，加上刚体的质量与两轴间距离的平方之乘积**。并可知，刚体对通过质心轴的转动惯量具有最小值。

在图 13-3 中，杆对轴 z' 的转动惯量为

$$I_{z'} = I_z + m\left(\frac{l}{2}\right)^2 = \frac{1}{12}ml^2 + \frac{1}{4}ml^2 = \frac{1}{3}ml^2$$

13.1.4 计算转动惯量的组合法

当物体由几个规则几何形状的物体组成时，可先计算每一部分(物体)的转动惯量，再加起来就是整个物体的转动惯量。若物体有空心部分，要把此部分的转动惯量视为负值来处理。

【例 13-1】 钟摆由质量为 m_1、长为 l 的均质直杆和质量为 m_2、半径为 R 的均质圆盘组成，如图 13-7 所示。求钟摆对通过悬挂点 O 的水平轴的转动惯量。

解 钟摆对水平轴 O 的转动惯量为

$$I_O = I_{O杆} + I_{O盘}$$

式中，$I_{O杆} = \frac{1}{3}m_1 l^2$。设 I_C 为圆盘对其中心 C 的转动惯量，由平行移轴定理得

$$I_{O盘} = I_C + m_2(l+R)^2 = \frac{1}{2}m_2R^2 + m_2(l+R)^2 = \frac{1}{2}m_2(3R^2 + 2l^2 + 4lR)$$

最后得 $$I_O = \frac{1}{2}m_1 l^2 + \frac{1}{2}m_2(3R^2 + 2l^2 + 4lR)$$

13-7

13-8

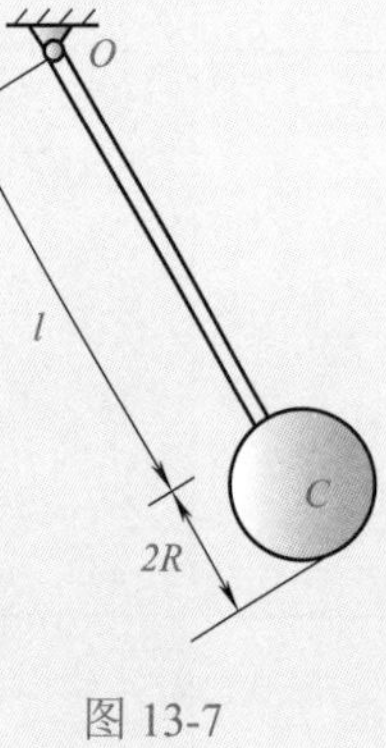

图 13-7

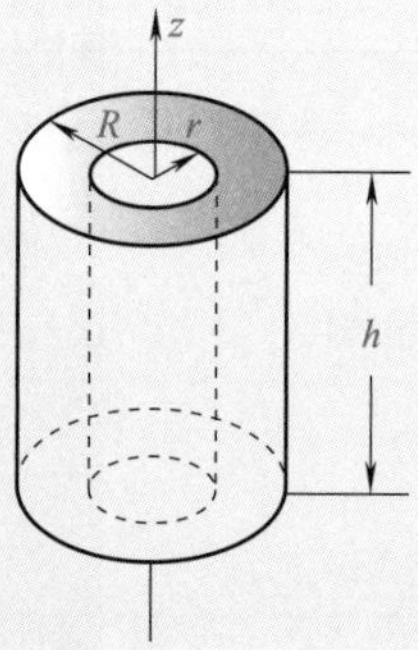

图 13-8

【例 13-2】 均匀空心圆柱体，质量为 m，内径和外径分别为 r 和 R，如图 13-8 所示。求它对中心轴 z 的转动惯量。

解 空心圆柱可视为由两个质量分别为 m_1 和 m_2 的实心圆柱组成，外圆柱的转动惯量 I_1 取正值，而内圆柱的转动惯量 I_2 取负值，即

$$I_z = I_1 - I_2$$

式中，$I_1 = \dfrac{1}{2}m_1R^2$，$I_2 = \dfrac{1}{2}m_2r^2$。

设空心圆柱的高度为h，单位体积质量为ρ，则它的质量为

$$m = m_1 - m_2 = \rho\pi R^2h - \rho\pi r^2h = \rho\pi h(R^2 - r^2)$$

而空心圆柱对中心轴z的转动惯量

$$I_z = \frac{1}{2}m_1R^2 - \frac{1}{2}m_2r^2 = \frac{1}{2}\rho\pi h(R^4 - r^4) = \frac{1}{2}\rho\pi h(R^2 - r^2)(R^2 + r^2) = \frac{1}{2}m(R^2 + r^2)$$

对于非均质刚体或几何形状复杂的均质刚体，可以通过实验的方法，测定一些必要的数据后，再计算其转动惯量(例 13-10)。

13.2　质点和质点系的动量矩

13.2.1　质点的动量矩

设质量为m的质点M在力$\boldsymbol{F}$的作用下运动，在某瞬时的动量为$m\boldsymbol{v}$，任取固定点O，用矢径$\boldsymbol{r}$表示质点M的位置，如图 13-9 所示，则质点在某瞬时的动量对点O之矩定义为质点在该瞬时对点O的动量矩，表示为

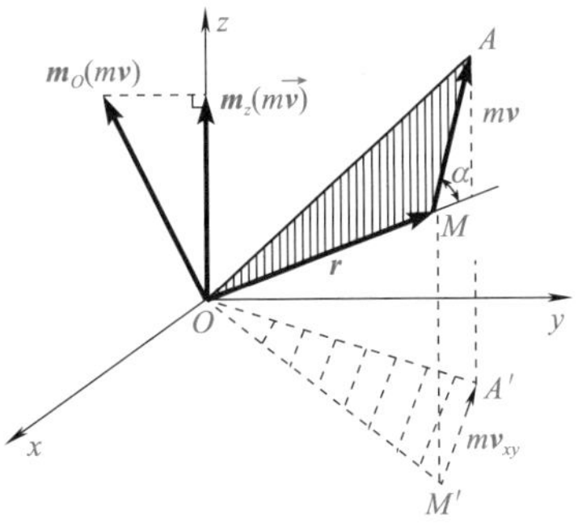

图 13-9

$$\boldsymbol{m}_O(m\boldsymbol{v}) = \boldsymbol{r} \times m\boldsymbol{v} \tag{13-6}$$

13-9

动量矩$\boldsymbol{m}_O(m\boldsymbol{v})$是矢量，其方位垂直于由$\boldsymbol{r}$与$m\boldsymbol{v}$构成的平面，其指向由右手螺旋法则来确定，它的大小为

$$|\boldsymbol{m}_O(m\boldsymbol{v})| = mvr\sin\alpha = 2S_{\triangle OMA}$$

式中，$S_{\triangle OMA}$为$\triangle OMA$的面积。

质点的动量$m\boldsymbol{v}$在Oxy平面上的投影($m\boldsymbol{v}_{xy}$)对点O之矩称为质点对轴z的动量矩，表示为

$$m_z(m\boldsymbol{v}) = \pm 2S_{\triangle OM'A'}$$

动量矩$m_z(m\boldsymbol{v})$是代数量，其正负号的规定与力对轴之矩正负号的规定相同，式中$S_{\triangle OM'A'}$为$\triangle OM'A'$的面积。

质点对点O的动量矩与对轴z的动量矩两者间的关系，同力对点之矩与力对轴之矩两者间的关系相似，即质点对点O的动量矩在通过点O的任一轴上的投影，等于质点对该轴的动量矩，即

$$\left.\begin{aligned}
[\boldsymbol{m}_O(m\boldsymbol{v})]_x &= m_x(m\boldsymbol{v}) \\
[\boldsymbol{m}_O(m\boldsymbol{v})]_y &= m_y(m\boldsymbol{v}) \\
[\boldsymbol{m}_O(m\boldsymbol{v})]_z &= m_z(m\boldsymbol{v})
\end{aligned}\right\} \tag{13-7}$$

动量矩是度量物体在任一瞬时绕固定点(或轴)转动的强弱程度的物理量。动量矩的单位在国际单位制中为 kg·m^2/s。

13.2.2 质点系的动量矩

设质点系由n个质点组成，任取固定点O，其中第i个质点M_i在某瞬时t对点O的动量矩为$\boldsymbol{m}_O(m_i\boldsymbol{v}_i)$，则质点系中所有质点对点$O$的动量矩的矢量和称为质点系对该点的动量矩，表示为

$$\boldsymbol{L}_O=\sum\boldsymbol{m}_O(m_i\boldsymbol{v}_i)=\sum\boldsymbol{r}_i\times m_i\boldsymbol{v}_i \tag{13-8}$$

将$\boldsymbol{L}_O$在通过固定点O的三个直角坐标轴上投影，则质点系中所有质点对任一轴的动量矩的代数和称为质点系对该轴的动量矩，表示为

$$\left.\begin{aligned}L_x&=[\boldsymbol{L}_O]_x=\sum m_x(m_i\boldsymbol{v}_i)\\L_y&=[\boldsymbol{L}_O]_y=\sum m_y(m_i\boldsymbol{v}_i)\\L_z&=[\boldsymbol{L}_O]_z=\sum m_z(m_i\boldsymbol{v}_i)\end{aligned}\right\} \tag{13-9}$$

下面讨论刚体的动量矩的计算公式：

1. **平动刚体**

刚体做平动时，在某瞬时其上各质点的速度都相同，即各质点的速度等于质心的速度，有$\boldsymbol{v}_i=\boldsymbol{v}_C$，由式(13-8)，有

$$\boldsymbol{L}_O=\sum\boldsymbol{r}_i\times m_i\boldsymbol{v}_i=(\sum m_i\boldsymbol{r}_i)\times\boldsymbol{v}_C=\boldsymbol{r}_C\times m\boldsymbol{v}_C=\boldsymbol{m}_O(m\boldsymbol{v}_C) \tag{13-10a}$$

式中，$\sum m_i\boldsymbol{r}_i=m\boldsymbol{r}_C$；$m=\sum m_i$为刚体的质量；$\boldsymbol{r}_C$为质心$C$对于点$O$的矢径；$\boldsymbol{v}_C$为质心的速度；$\boldsymbol{K}=m\boldsymbol{v}_C$为刚体的动量(即质心的动量)。同理，平动刚体对轴$z$的动量矩为

$$L_z=m_z(m\boldsymbol{v}_C) \tag{13-10b}$$

表明平动刚体对固定点(或固定轴)的动量矩等于刚体质心的动量对该点(或轴)的动量矩。

2. **定轴转动刚体**

设刚体以角速度ω绕轴z做定轴转动，其对转轴的转动惯量$I_z=\sum m_ir_i^2$，刚体内任一质点M_i的速度$\boldsymbol{v}_i$在垂直于转轴z的平面内，且$v_i=r_i\omega$(图 13-10)，该质点对轴z的动量矩为$m_z(m_i\boldsymbol{v}_i)=m_iv_ir_i=m_ir_i^2\omega$，由式(13-9)，有

$$L_z=\sum m_z(m_i\boldsymbol{v}_i)=\sum m_ir_i^2\omega=I_z\omega \tag{13-11}$$

表明定轴转动刚体对转轴的动量矩等于刚体对该轴的转动惯量与角速度的乘积。

3. **平面运动刚体**

若平面运动刚体具有质量对称平面，取该平面为平面图形S，则刚体的运动可由S的运动来表示，且质心C位于S内。设刚体的质量为m，其对通过质心且垂直于质量对称平面的轴(质心轴)z_C的转动惯量为I_C，在某瞬时质心的速度为$\boldsymbol{v}_C$，角速度为ω，如图 13-11 所示。由于可将刚体的平面运动分解为随同质心的平动和绕质心轴的转动，因此刚体对垂直于质量对称平面的任一固定轴z的动量矩可表示为

$$L_z=m_z(m\boldsymbol{v}_C)+I_C\omega \tag{13-12}$$

即平面运动刚体对垂直于质量对称平面的固定轴的动量矩，等于刚体随同质心做平动时质心的动量对该轴的动量矩与绕质心轴做转动时的动量矩之和。式(13-12)的推导参见 13.5 节中的式(13-18)与式(13-20)。

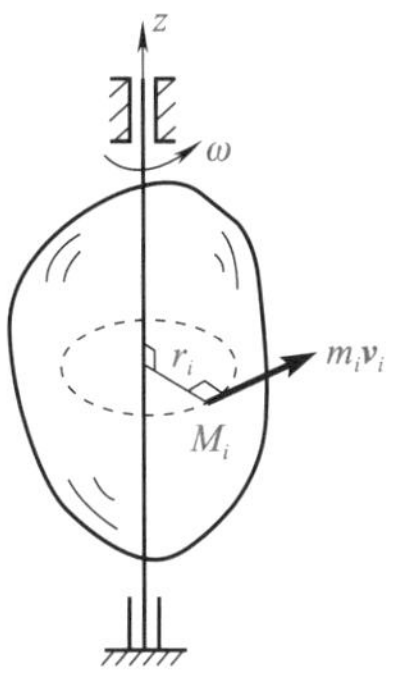

图 13-10

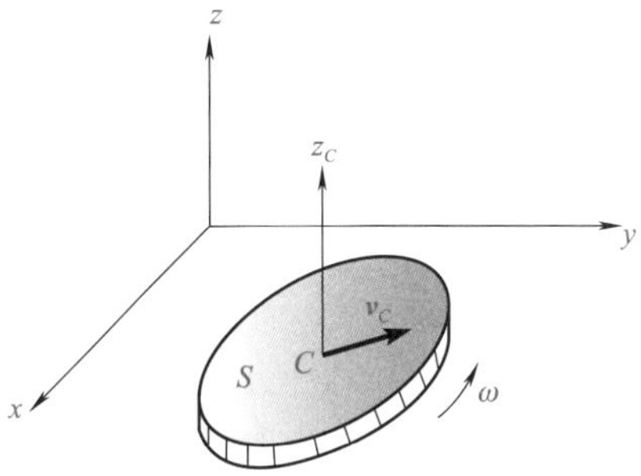

图 13-11

【例 13-3】　滑轮 A 与 B 的质量分别为 m_1 与 m_2，半径分别为 R_1 与 R_2，且 $R_1 = 2R_2$，物体 C 的质量为 m_3，如图 13-12 所示。设滑轮 A 与 B 为均质圆盘，求整个系统对于点 O 的动量矩。

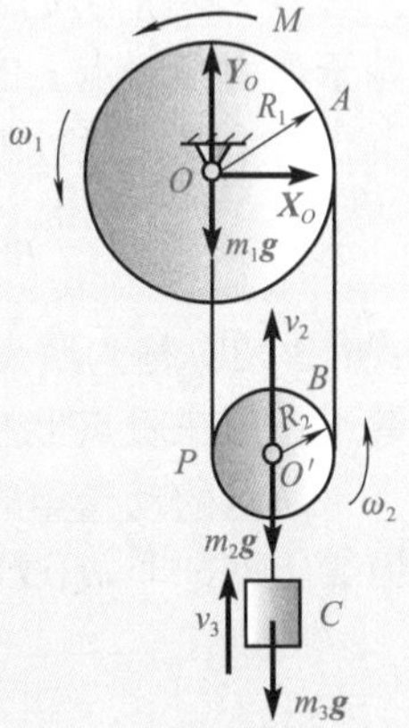

图 13-12

解　研究对象取定滑轮 A、动滑轮 B 和物体 C 组成的刚体系统为质点系。其中定滑轮绕点 O 做定轴转动，动滑轮做平面运动，物体做平动。设系统运动到图示位置时，轮 A 的角速度为 ω_1，轮 B 轮心 O' 的速度为 v_2，角速度为 ω_2，重物 C 的速度为 v_3，可计算整个系统对固定点 O 的动量矩(取逆时针转向为正)为

$$L_O = L_{OA} + L_{OB} + L_{OC} = I_1\omega_1 + (I_2\omega_2 + m_2 v_2 R_2) + m_3 v_3 R_2$$

式中，$I_1 = \frac{1}{2}m_1 R_1^2$，$I_2 = \frac{1}{2}m_2 R_2^2$，并注意到动滑轮上点 P 为速度瞬心，再由运动学关系有

$$v_3 = v_2 = R_2\omega_2 = \frac{1}{2}R_1\omega_1$$

即

$$\omega_1 = \frac{2v_3}{R_1},\quad \omega_2 = \frac{v_3}{R_2},\quad v_2 = v_3$$

将以上各式代入 L_O 的表达式中，得

$$L_O = \frac{1}{2}(4m_1 + 3m_2 + 2m_3)R_2 v_3$$

13.3　动量矩定理

13.3.1　质点的动量矩定理

设质量为 m 的质点 M 在力 $\boldsymbol{F}$ 的作用下运动，在某瞬时的速度为 $\boldsymbol{v}$，质点对固定点 O 的矢径为 $\boldsymbol{r}$，如图 13-13 所示。由质点运动微分方程，有

$$m\frac{\mathrm{d}\boldsymbol{v}}{\mathrm{d}t} = \boldsymbol{F}$$

在上面等式两边叉乘矢径 $\boldsymbol{r}$，并注意到质量 m 为常量，有

13-10
13-11
13-12

$$\boldsymbol{r}\times\frac{\mathrm{d}}{\mathrm{d}t}(m\boldsymbol{v})=\boldsymbol{r}\times\boldsymbol{F}$$

上式左边可写为

$$\boldsymbol{r}\times\frac{\mathrm{d}}{\mathrm{d}t}(m\boldsymbol{v})=\frac{\mathrm{d}}{\mathrm{d}t}(\boldsymbol{r}\times m\boldsymbol{v})-\frac{\mathrm{d}\boldsymbol{r}}{\mathrm{d}t}\times m\boldsymbol{v}$$

13-13

因 $\frac{\mathrm{d}\boldsymbol{r}}{\mathrm{d}t}\times m\boldsymbol{v}=\boldsymbol{v}\times m\boldsymbol{v}=0$，而 $\boldsymbol{r}\times\boldsymbol{F}=\boldsymbol{m}_O(\boldsymbol{F})$，故得

$$\left.\begin{aligned}&\frac{\mathrm{d}}{\mathrm{d}t}(\boldsymbol{r}\times m\boldsymbol{v})=\boldsymbol{r}\times\boldsymbol{F}\\&\frac{\mathrm{d}}{\mathrm{d}t}\boldsymbol{m}_O(m\boldsymbol{v})=\boldsymbol{m}_O(\boldsymbol{F})\end{aligned}\right\}\qquad(13\text{-}13\mathrm{a})$$

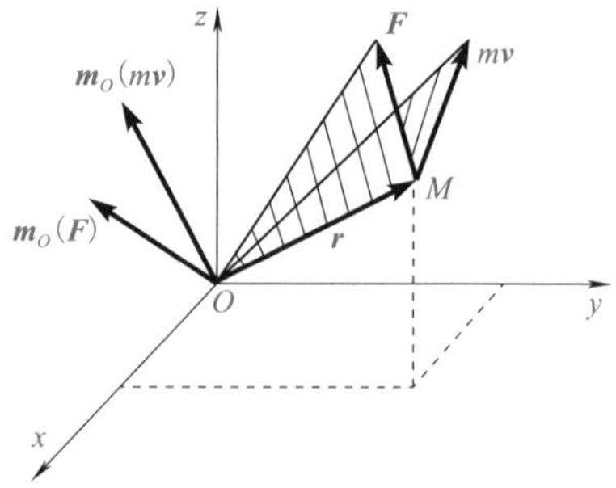

图 13-13

式(13-13a)称为质点对固定点的动量矩定理，即质点对任一固定点的动量矩对时间的导数，等于作用在质点上的力对同一点之矩。该式也称质点动量矩定理的矢量形式。

将上式在通过固定点 O 的三个直角坐标轴上投影，又得

$$\frac{\mathrm{d}}{\mathrm{d}t}m_x(m\boldsymbol{v})=m_x(\boldsymbol{F}),\quad \frac{\mathrm{d}}{\mathrm{d}t}m_y(m\boldsymbol{v})=m_y(\boldsymbol{F}),\quad \frac{\mathrm{d}}{\mathrm{d}t}m_z(m\boldsymbol{v})=m_z(\boldsymbol{F})\qquad(13\text{-}13\mathrm{b})$$

式(13-13b)称为质点对固定轴的动量矩定理，即质点对任一固定轴的动量矩对时间的导数，等于作用在质点上的力对同一轴之矩。该式也称质点动量矩定理的投影形式。

质点的动量矩守恒　在质点的运动过程中，若作用在质点上的力对某固定点(或轴)之矩恒等于零，即 $\boldsymbol{m}_O(\boldsymbol{F})=0$（或 $m_z(\boldsymbol{F})=0$），则质点对该点(或轴)的动量矩始终保持不变，即

$$\boldsymbol{m}_O(m\boldsymbol{v})=\text{常矢量}\quad(\text{或 } m_z(m\boldsymbol{v})=\text{常量})\qquad(13\text{-}14)$$

【例 13-4】　单摆将质量为 m 的小球用长为 l 的线悬挂于水平轴上，使其在重力作用下绕悬挂轴 O 在铅直平面内摆动(图 13-14)。线自重不计且不可伸长，摆线由偏角 φ_0 时从静止开始释放，求单摆的运动规律。

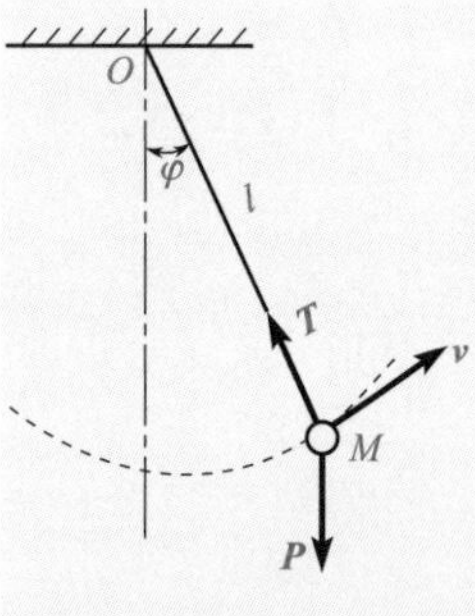

图 13-14

13-14

解　将小球视为质点，当单摆运动时，质点 M 的运动轨迹是以点 O 为圆心，摆长 l 为半径的圆弧。在任意瞬时 t，摆的位置可由摆线与铅直线的夹角 φ 来确定，并取 φ 增大时的转向即逆时针转向为正方向。作用在质点上的力有重力 $m\boldsymbol{g}$ 和拉力 $\boldsymbol{T}$。由图 13-14 可知，质点的速度为 $v=l\dot{\varphi}$ 且垂直于摆线，摆对轴 O 的动量矩为

$$m_0(m\boldsymbol{v})=ml\dot{\varphi}\cdot l=ml^2\dot{\varphi}$$

因 $m_O(\boldsymbol{T})=0$，则外力对轴 O 之矩为

$$m_O(\boldsymbol{F})=-mgl\sin\varphi$$

注意，在计算动量矩与力矩时，符号规定应一致(在本题中规定逆时针转向为正)。根据动量矩定理，得

$$\frac{\mathrm{d}}{\mathrm{d}t}(ml^2\dot{\varphi})=-mgl\sin\varphi\qquad \text{即}\qquad \ddot{\varphi}+\frac{g}{l}\sin\varphi=0\qquad(1)$$

当单摆做微幅摆动时，$\sin\varphi\approx\varphi$，并令 $\omega_n^2=\frac{g}{l}$，则式(1)成为

$$\ddot{\varphi}+\omega_n^2\varphi=0\qquad(2)$$

解此微分方程，并将运动初始条件代入，即当 $t=0$ 时，$\varphi=\varphi_0$，$\dot{\varphi}_0=0$，得单摆微幅摆动时

的运动方程为

$$\varphi = \varphi_0 \cos \omega_n t \tag{3}$$

由此可知，单摆的运动是做简谐振动，其振动周期为

$$T = \frac{2\pi}{\omega_n} = 2\pi\sqrt{\frac{l}{g}} \tag{4}$$

13.3.2　质点系的动量矩定理

设质点系由 n 个质点组成，其中第 i 个质点 M_i 的质量为 m_i，在某瞬时 t 的速度为 $\boldsymbol{v}_i$，对固定点 O 的矢径为 $\boldsymbol{r}_i$，作用在该质点上的外力为 $\boldsymbol{F}_i^{(e)}$，内力为 $\boldsymbol{F}_i^{(i)}$。对于质点 M_i，根据质点的动量矩定理即式(13-13a)，有

$$\frac{\mathrm{d}}{\mathrm{d}t}\boldsymbol{m}_O(m_i\boldsymbol{v}_i) = \boldsymbol{m}_O(\boldsymbol{F}_i^{(e)}) + \boldsymbol{m}_O(\boldsymbol{F}_i^{(i)}) \quad (i = 1, 2, \cdots, n)$$

将这 n 个方程相加，有

$$\sum \frac{\mathrm{d}}{\mathrm{d}t}\boldsymbol{m}_O(m_i\boldsymbol{v}_i) = \sum \boldsymbol{m}_O(\boldsymbol{F}_i^{(e)}) + \sum \boldsymbol{m}_O(\boldsymbol{F}_i^{(i)})$$

在上面等式左边交换求和与导数运算的顺序，而 $\boldsymbol{L}_O = \sum \boldsymbol{m}_O(m_i\boldsymbol{v}_i)$ 为质点系对固定点 O 的动量矩，即

$$\sum \frac{\mathrm{d}}{\mathrm{d}t}\boldsymbol{m}_O(m_i\boldsymbol{v}_i) = \frac{\mathrm{d}}{\mathrm{d}t}\sum \boldsymbol{m}_O(m_i\boldsymbol{v}_i) = \frac{\mathrm{d}\boldsymbol{L}_O}{\mathrm{d}t}$$

并有内力系对点 O 的主矩 $\boldsymbol{M}_O^{(i)} = \sum \boldsymbol{m}_O(\boldsymbol{F}_i^{(i)}) = 0$，而外力系对点 O 的主矩 $\boldsymbol{M}_O^{(e)} = \sum \boldsymbol{m}_O(\boldsymbol{F}_i^{(e)})$，得

$$\frac{\mathrm{d}\boldsymbol{L}_O}{\mathrm{d}t} = \boldsymbol{M}_O^{(e)} = \sum \boldsymbol{m}_O(\boldsymbol{F}_i^{(e)}) \tag{13-15a}$$

式(13-15a)称为质点系对固定点的动量矩定理，即质点系对任一固定点的动量矩对时间的导数，等于作用在质点系上的所有外力对同一点之矩的矢量和(外力系对同一点的主矩)。该式也称质点系动量矩定理的矢量形式。

将式(13-15a)在通过固定点 O 的三个直角坐标轴上投影，又得

$$\frac{\mathrm{d}L_x}{\mathrm{d}t} = M_x^{(e)} = \sum m_x(\boldsymbol{F}_i^{(e)}),\quad \frac{\mathrm{d}L_y}{\mathrm{d}t} = M_y^{(e)} = \sum m_y(\boldsymbol{F}_i^{(e)}),\quad \frac{\mathrm{d}L_z}{\mathrm{d}t} = M_z^{(e)} = \sum m_z(\boldsymbol{F}_i^{(e)}) \tag{13-15b}$$

式(13-15b)称质点系对固定轴的动量矩定理，即质点系对任一固定轴的动量矩对时间的导数，等于作用在质点系上的所有外力对同一轴之矩的代数和。该式也称质点系动量矩定理的投影形式。

质点系的动量矩守恒定律　在质点系的运动过程中，若作用在质点系上的所有外力对某固定点(或轴)之矩的矢量和(或代数和)恒等于零，即 $\boldsymbol{M}_O^{(e)} = \sum m_O(\boldsymbol{F}_i^{(e)}) = 0$（或 $M_z^{(e)} = \sum m_z(\boldsymbol{F}_i^{(e)}) = 0$），则质点系对该点(或轴)的动量矩始终保持不变，即

$$\boldsymbol{L}_O = \sum m_O(m_i\boldsymbol{v}_i) = 常矢量 \quad （或\ L_z = \sum m_z(m_i\boldsymbol{v}_i) = 常量） \tag{13-16}$$

从以上讨论可知，质点系的动量矩对时间的改变率只与外力有关，而内力是不可能改变整个质点系的动量矩的。例如，人坐在转椅上，双脚离地，仅用两手转动扶手是不可能使整个质点系——人体与转椅对转轴的动量矩发生改变的。当花样滑冰运动员绕通过足尖的铅直轴旋转时，若不计冰刀与冰面间的摩擦力矩，由于人体重力及冰面的法向反力对转轴之矩为

零，故人体对转轴的动量矩 $L_z = I_z\omega =$ 常量，所以当手足伸展时，转动惯量 I_z 增大，而角速度 ω 减小，反之手足合拢时，I_z 减小，而 ω 增大。

13-15

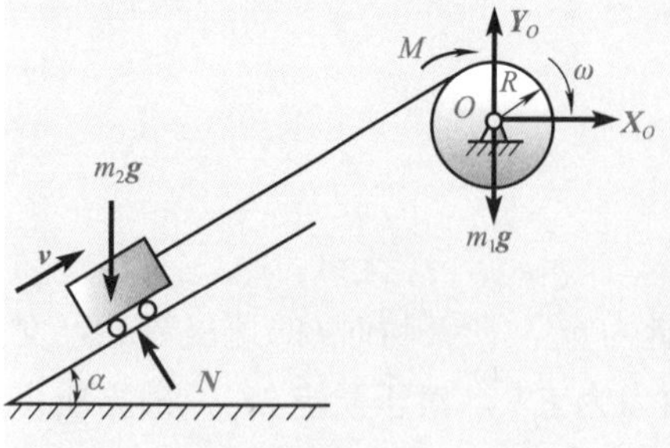

图 13-15

【例 13-5】 运送煤炭的卷扬机如图 13-15 所示。已知鼓轮的质量为 m_1，半径为 R，回转半径为 ρ，在其上作用有力偶矩 M 为常量的力偶，矿车与煤炭的总质量为 m_2，轨道倾角为 α，不计绳子重量及各处摩擦。求矿车的加速度。

解 研究对象取由鼓轮和矿车组成的质点系。鼓轮绕轴 O 做定轴转动，矿车做平动。作用在系统上的外力有力偶矩 M，重力 $m_1\boldsymbol{g}$、$m_2\boldsymbol{g}$，轨道对矿车的法向反力 $\boldsymbol{N}$ 及轴承 O 处的反力 $\boldsymbol{X}_O$、$\boldsymbol{Y}_O$。

设系统运动到图 13-15 所示位置时，矿车的速度为 $\boldsymbol{v}$，鼓轮的角速度为 $\omega = v/R$，并知它对轴 O 的转动惯量 $I_O = m_1\rho^2$，则整个系统对轴 O 的动量矩(可取顺时针转向为正)为

$$L_O = I_O\omega + m_2 vR = \frac{1}{R}(m_1\rho^2 + m_2R^2)v$$

轴承处反力 $\boldsymbol{X}_O$、$\boldsymbol{Y}_O$ 及重力 $m_1\boldsymbol{g}$ 对轴 O 之矩为零，而法向反力 $N = m_2 g\cos\alpha$，知 $\boldsymbol{N}$ 与 $m_2\boldsymbol{g}$ 沿斜面法线方向的分力对轴 O 之矩大小相等、转向相反，则作用在整个系统上的外力对轴 O 之矩为

$$M_O^{(e)} = \sum m_O(\boldsymbol{F}_i^{(e)}) = M - m_2 g\sin\alpha\cdot R$$

根据动量矩定理

$$\frac{\mathrm{d}L_O}{\mathrm{d}t} = \frac{\mathrm{d}}{\mathrm{d}t}\left[\frac{1}{R}(m_1\rho^2 + m_2R^2)v\right] = M - m_2 g\sin\alpha\cdot R$$

得

$$a = \frac{\mathrm{d}v}{\mathrm{d}t} = \frac{R(M - m_2 gR\sin\alpha)}{m_1\rho^2 + m_2R^2} = \text{常量}$$

【例 13-6】 在例 13-3 中，若在定滑轮 A 上作用力偶矩为 M 的力偶，如图 13-12 所示，求重物 C 上升的加速度 $\boldsymbol{a}_3$。

解 前面已计算出整个系统对固定轴 O 的动量矩为

$$L_O = \frac{1}{2}(4m_1 + 3m_2 + 2m_3)R_2 v_3$$

在计算作用在整个系统上的外力对轴 O 之矩时，不必考虑 O 处的约束反力及绳的内力，因此有

$$M_O^{(e)} = \sum m_O(\boldsymbol{F}_i^{(e)}) = M - m_2 gR_2 - m_3 gR_2 = M - (m_2 + m_3)gR_2$$

根据动量矩定理

$$\frac{\mathrm{d}L_O}{\mathrm{d}t} = \frac{\mathrm{d}}{\mathrm{d}t}\left[\frac{1}{2}(4m_1 + 3m_2 + 2m_3)R_2 v_3\right] = M - (m_2 + m_3)gR_2$$

得

$$a_3 = \frac{\mathrm{d}v_3}{\mathrm{d}t} = \frac{2[M - (m_2 + m_3)gR_2]}{(4m_1 + 3m_2 + 2m_3)R_2} = \text{常量}$$

【例 13-7】 摩擦离合器如图 13-16 所示。在离合器接合前，转动惯量为 I_1 的飞轮 I 以角速度 ω_1 转动，转动惯量为 I_2 的摩擦盘 II 静止不动。求离合器接合后，飞轮与摩擦轮绕转轴转动的共同的角速度 ω。

解　研究对象取飞轮和摩擦轮组成的质点系。离合器接合后，飞轮与摩擦轮相互之间的作用力是内力而不影响整个系统的动量矩，系统所受的重力与轴承反力对转轴之矩等于零，因此整个系统对转轴的动量矩守恒。由式(13-16)知，离合器在接合前、后的动量矩应相等，即

$$I_1\omega_1+0=(I_1+I_2)\omega$$

得

$$\omega=\frac{I_1}{I_1+I_2}\omega_1$$

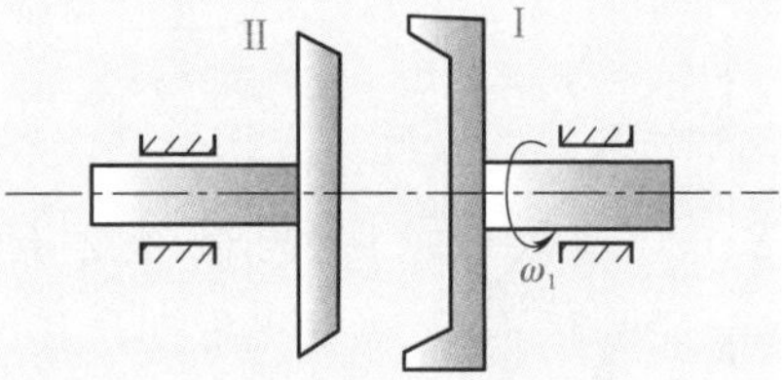

图 13-16

13-16

13.4　刚体定轴转动微分方程

设刚体在主动力 $\boldsymbol{F}_1,\boldsymbol{F}_2,\cdots,\boldsymbol{F}_n$ 的作用下绕固定轴 z 转动，轴承处的约束反力如图 13-17 所示。刚体对转轴的转动惯量为 I_z，在某瞬时 t 角速度为 ω。由式(13-11)知，刚体对轴 z 的动量矩为 $L_z=I_z\omega$，根据质点系的动量矩定理即式(13-15b)的第三式，且注意到轴承处的约束反力对转轴的力矩为零，有

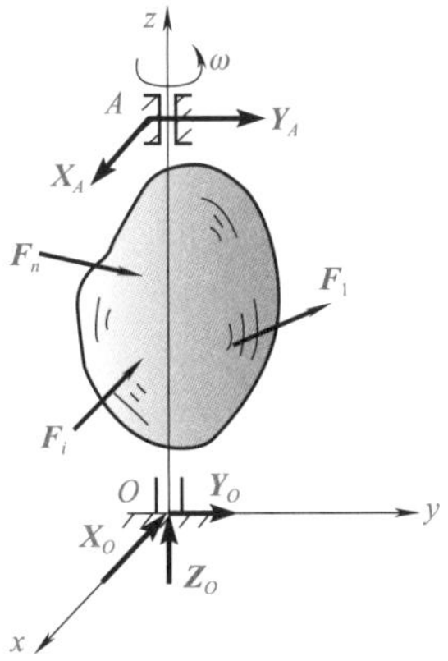

图 13-17

$$\frac{\mathrm{d}}{\mathrm{d}t}(I_z\omega)=\sum m_z(F_i^{(e)}) \tag{13-17a}$$

因刚体对转轴的转动惯量 I_z 为常量，且 $\omega=\dot{\varphi}$，$\dot{\omega}=\ddot{\varphi}=\varepsilon$，则可得

$$I_z\varepsilon=\sum m_z(\boldsymbol{F}_i^{(e)})\quad 或\quad I_z\ddot{\varphi}=\sum m_z(\boldsymbol{F}_i^{(e)}) \tag{13-17b}$$

13-17

式(13-17b)称为**刚体定轴转动微分方程，即刚体对转轴的转动惯量与角加速度的乘积，等于作用在刚体上的所有外力对转轴之矩的代数和。**

由式(13-17b)可见，若作用在刚体上的外力对转轴之矩为常量，则转动惯量越大，角加速度越小，即刚体的转动状态变化越小，反之，转动惯量越小，角加速度越大，即刚体的转动状态变化越大。这就是说，刚体转动惯量的大小反映了刚体转动状态改变的难易程度，因此转动惯量是刚体的转动惯性大小的度量。另外，当 $\sum m_z(\boldsymbol{F}_i^{(e)})=$ 常量时，刚体做匀变速转动，而当 $\sum m_z(\boldsymbol{F}_i^{(e)})=0$ 时，刚体做匀速转动，其转动状态保持不变。将式(13-17)与质点运动微分方程比较，由于它们在数学形式上完全相似，所以，应用刚体定轴转动微分方程可以求解定轴转动时的动力学两类问题，即已知刚体的转动规律，求作用在其上的主动力，或已知作用在刚体上的主动力，求刚体的转动规律。但不能求出轴承处的约束反力，轴承处的约束反力需由质心运动定理来求解。

【例 13-8】　将质量为 m 的刚体悬挂于水平轴 O，使其在重力作用下绕轴 O 做微幅摆动(图 13-18)。不计空气阻力及轴承处摩擦，求复摆的运动规律。

解　设刚体的质心 C 至悬挂轴 O 的距离 $d=OC$，在任意瞬时 t，刚体的位置可由 OC 与铅直线的夹角 φ 来确定，并取 φ 增大时的转向即逆时针转向为正方向。作用在刚体上的外力有重力 $m\boldsymbol{g}$ 及轴 O 处反力 $\boldsymbol{X}_O$、$\boldsymbol{Y}_O$。设刚体对轴 O 的转动惯量为 I_O，且注意到在微幅摆动时，$\sin\varphi\approx\varphi$，根据定轴转动微分方程，有

$$I_O\ddot{\varphi}=-mgd\sin\varphi\approx-mgd\varphi \tag{1}$$

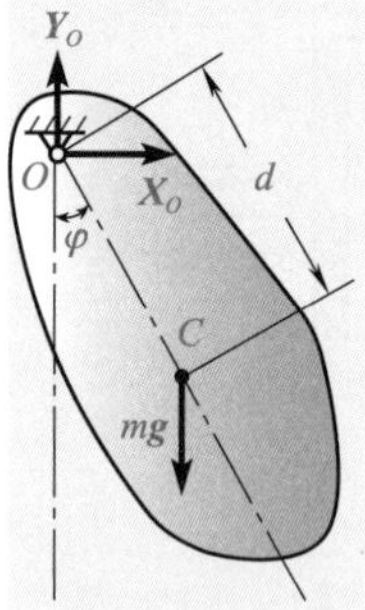

图 13-18

13-18

令 $\omega_n^2 = \dfrac{mgd}{I_O}$，则式(1)成为

$$\ddot{\varphi} + \omega_n^2 \varphi = 0 \tag{2}$$

上式与例 13-4 中单摆的微分方程具有相同的数学形式，由此可知，复摆也是做简谐振动，其振动周期为

$$T = \frac{2\pi}{\omega_n} = 2\pi\sqrt{\frac{I_O}{mgd}} \tag{3}$$

前面已计算出单摆的周期为 $2\pi\sqrt{\dfrac{l}{g}}$，今设有一个单摆，若取其摆长为

$$l = \frac{I_O}{md} \tag{4}$$

则可使单摆与复摆的振动周期相同，将此单摆的摆长 l 称为复摆的简化长度。

另外，在工程实际中可利用式(3)来测定形状复杂或不规则零件的转动惯量。若已知某物体的质量及质心的位置，将它悬挂起来作为复摆，测定出微幅摆动的周期 T 后，则可以计算出该物体对悬挂轴的转动惯量，即由式(3)可得

$$I_O = \frac{T^2 mgd}{4\pi^2} \tag{5}$$

再由平行移轴定理，还可以求出该刚体对通过质心且与悬挂轴平行的轴的转动惯量，这就是确定转动惯量的一种实验方法。

【例 13-9】 双轴传动系统中，传动轴 Ⅰ 与 Ⅱ 对各自转轴的转动惯量为 I_1 与 I_2，两齿轮的节圆半径分别为 R_1 与 R_2，齿数分别为 z_1 与 z_2，在轴 Ⅰ 上作用有主动力矩 M_1，在轴 Ⅱ 上作用有阻力矩 M_2，如图 13-19(a)所示。求轴 Ⅰ 的角加速度 ε_1。

13-19

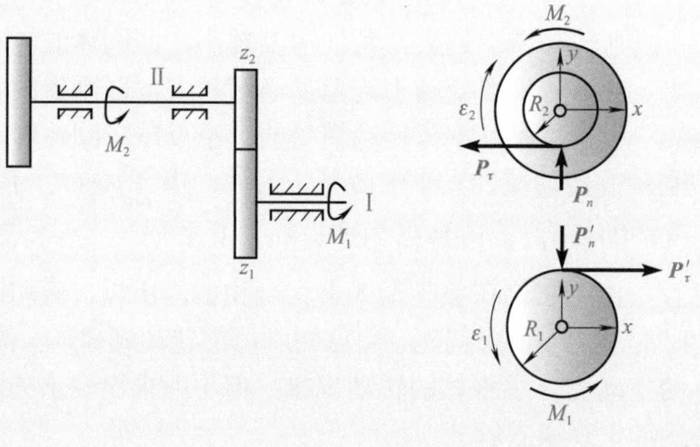

(a) (b)

图 13-19

解 在该系统中，两传动轴分别绕各自的固定轴做转动，为了使在动力学方程中不包含未知的轴承反力，应单独取传动轴 Ⅰ 与 Ⅱ 为研究对象(其受力图如图 13-19(b)所示)，并分别以 ε_1 与 ε_2 的转向为正方向，列出轴 Ⅰ 与轴 Ⅱ 的定轴转动微分方程，即

$$I_1\varepsilon_1 = M_1 - P_\tau R_1 \tag{1}$$

$$I_2\varepsilon_2 = -M_2 + P_\tau R_2 \tag{2}$$

补充运动学条件，即传动比为

$$i = \frac{R_2}{R_1} = \frac{\varepsilon_1}{\varepsilon_2} = \frac{z_2}{z_1} \tag{3}$$

以上三式联立求解，得

$$\varepsilon_1 = \frac{M_1 - M_2 / i}{I_1 + I_2 / i^2} \tag{4}$$

式(4)可改写为

$$(I_1 + I_2 / i^2)\varepsilon_1 = M_1 - M_2 / i \tag{5}$$

令 $I_{e1} = I_1 + I_2 / i^2$， $M_{e1} = M_1 - M_2 / i$，则有

$$I_{e1}\varepsilon_1 = M_{e1} \tag{6}$$

将 I_{e1} 称为双轴系统对 I 轴的等效转动惯量，其中 I_2 / i^2 是 II 轴转化到 I 轴上的转动惯量；将 M_{e1} 称为系统对 I 轴的等效力矩，其中 $(-M_2 / i)$ 是 II 轴转化到 I 轴上的外力矩，这样可以把双轴系统简化为单轴的动力学问题来处理。

13.5　质点系相对于质心的动量矩定理与刚体平面运动微分方程

前面在计算动量矩和推导动量矩定理时，特别强调矩心(或矩轴)是固定点(或固定轴)。但下面将证明，若取质点系的质心为矩心，则质点系相对于质心的动量矩定理与式(13-15a)具有完全相似的数学形式。

在任取的固定点 O 处建立静坐标系 $Oxyz$，在质点系的质心 C 处建立随同质心做平动的动坐标系 $Cx'y'z'$。设质点系中任一质点 M_i 对于固定点 O 的矢径为 $\boldsymbol{r}_i$，对于质心 C 的矢径为 $\boldsymbol{\rho}_i$，质心 C 对于点 O 的矢径为 $\boldsymbol{r}_C$。由图 13-20 可见，有

$$\boldsymbol{r}_i = \boldsymbol{r}_C + \boldsymbol{\rho}_i \tag{1}$$

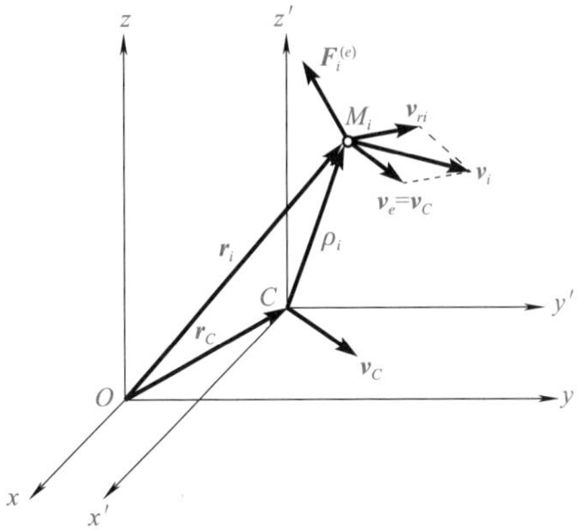

图 13-20

13-20

将质点系的运动分解为随同质心的平动和相对于质心(即相对于平动坐标系 $Cx'y'z'$)的运动。由点的速度合成定理，因牵连运动是质点系随同质心的平动，所以质点 M_i 的绝对速度 $\boldsymbol{v}_i$ 等于牵连速度 $\boldsymbol{v}_e = \boldsymbol{v}_C$ (即质心 C 的速度)与相对速度 $\boldsymbol{v}_{ri}$ 的矢量和，有

$$\boldsymbol{v}_i = \boldsymbol{v}_C + \boldsymbol{v}_{ri} \tag{2}$$

根据动量矩的定义，设质点系对于固定点 O 的动量矩为 $\boldsymbol{L}_O$，对于质心 C 的绝对动量矩(质点系相对于静坐标系 $Oxyz$ 运动时对质心 C 的动量矩)为 $\boldsymbol{L}_C$，对于质心 C 的相对动量矩(质点系相对于随同质心 C 做平动的动坐标系 $Cx'y'z'$ 运动时对质心 C 的动量矩)为 $\boldsymbol{L}_{Cr}$，分别表示为

$$\boldsymbol{L}_O = \sum \boldsymbol{m}_O(m_i\boldsymbol{v}_i) = \sum \boldsymbol{r}_i \times m_i\boldsymbol{v}_i \tag{3}$$

$$\boldsymbol{L}_C = \sum \boldsymbol{m}_C(m_i\boldsymbol{v}_i) = \sum \boldsymbol{\rho}_i \times m_i\boldsymbol{v}_i \tag{4}$$

$$\boldsymbol{L}_{Cr} = \sum \boldsymbol{m}_C(m_i\boldsymbol{v}_{ri}) = \sum \boldsymbol{\rho}_i \times m_i\boldsymbol{v}_{ri} \tag{5}$$

将式(1)代入式(3)，有

$$\boldsymbol{L}_O=\sum(\boldsymbol{r}_C+\boldsymbol{\rho}_i)\times m_i\boldsymbol{v}_i=\boldsymbol{r}_C\times\sum m_i\boldsymbol{v}_i+\sum\boldsymbol{\rho}_i\times m_i\boldsymbol{v}_i$$

因 $\sum m_i\boldsymbol{v}_i=m\boldsymbol{v}_C$，$m=\sum m_i$ 为整个质点系的质量，并注意到式(4)，有

$$\boldsymbol{L}_O=\boldsymbol{r}_C\times m\boldsymbol{v}_C+\boldsymbol{L}_C=\boldsymbol{m}_O(m\boldsymbol{v}_C)+\sum\boldsymbol{m}_C(m_i\boldsymbol{v}_i) \tag{6}$$

再将式(2)代入式(4)，有

$$\boldsymbol{L}_C=\sum\boldsymbol{\rho}_i\times m_i(\boldsymbol{v}_C+\boldsymbol{v}_{ri})=\sum m_i\boldsymbol{\rho}_i\times\boldsymbol{v}_C+\sum\boldsymbol{\rho}_i\times m_i\boldsymbol{v}_{ri}$$

因质心 C 是动坐标系 $Cx'y'z'$ 的原点，所以 $\boldsymbol{\rho}_C=0$，即 $\sum m_i\boldsymbol{\rho}_i=m\boldsymbol{\rho}_C=0$，并注意到式(5)，有

$$\boldsymbol{L}_C=\boldsymbol{L}_{Cr}\quad\text{或}\quad\sum\boldsymbol{m}_C(m_i\boldsymbol{v}_i)=\sum\boldsymbol{m}_C(m_i\boldsymbol{v}_{ri}) \tag{7}$$

将式(7)代入式(6)，得

$$\boldsymbol{L}_O=\boldsymbol{r}_C\times m\boldsymbol{v}_C+\boldsymbol{L}_{Cr}=\boldsymbol{m}_O(m\boldsymbol{v}_C)+\sum\boldsymbol{m}_C(m_i\boldsymbol{v}_{ri}) \tag{13-18}$$

式(13-18)表明，质点系对于固定点的动量矩等于质心的动量对该点的动量矩与质点系对于质心的相对动量矩的矢量和。

根据质点系对固定点的动量矩定理，即

$$\frac{\mathrm{d}\boldsymbol{L}_O}{\mathrm{d}t}=\boldsymbol{M}_O^{(e)}=\sum\boldsymbol{m}_O(\boldsymbol{F}_i^{(e)}) \tag{8}$$

将式(13-18)对 t 求导，有

$$\frac{\mathrm{d}\boldsymbol{L}_O}{\mathrm{d}t}=\frac{\mathrm{d}}{\mathrm{d}t}(\boldsymbol{r}_C\times m\boldsymbol{v}_C+\boldsymbol{L}_{Cr})=\frac{\mathrm{d}\boldsymbol{L}_{Cr}}{\mathrm{d}t}+\boldsymbol{v}_C\times m\boldsymbol{v}_C+\boldsymbol{r}_C\times m\boldsymbol{a}_C=\frac{\mathrm{d}\boldsymbol{L}_{Cr}}{\mathrm{d}t}+\boldsymbol{r}_C\times\sum\boldsymbol{F}_i^{(e)} \tag{9}$$

式中，$\boldsymbol{v}_C=\dfrac{\mathrm{d}\boldsymbol{r}_C}{\mathrm{d}t}$，$\boldsymbol{v}_C\times m\boldsymbol{v}_C=0$，$\boldsymbol{a}_C=\dfrac{\mathrm{d}\boldsymbol{v}_C}{\mathrm{d}t}$，且由质心运动定理有 $m\boldsymbol{a}_C=\sum\boldsymbol{F}_i^{(e)}$。

设作用在质点系上的所有外力对固定点 O 和质心 C 的力矩分别为

$$\boldsymbol{M}_O^{(e)}=\sum\boldsymbol{m}_O(\boldsymbol{F}_i^{(e)})=\sum\boldsymbol{r}_i\times\boldsymbol{F}_i^{(e)} \tag{10}$$

$$\boldsymbol{M}_C^{(e)}=\sum\boldsymbol{m}_C(\boldsymbol{F}_i^{(e)})=\sum\boldsymbol{\rho}_i\times\boldsymbol{F}_i^{(e)} \tag{11}$$

将式(1)代入式(10)，有

$$\begin{aligned}\sum\boldsymbol{m}_O(\boldsymbol{F}_i^{(e)})&=\sum(\boldsymbol{r}_C+\boldsymbol{\rho}_i)\times\boldsymbol{F}_i^{(e)}=\sum\boldsymbol{\rho}_i\times\boldsymbol{F}_i^{(e)}+\boldsymbol{r}_C\times\sum\boldsymbol{F}_i^{(e)}\\&=\sum\boldsymbol{m}_C(\boldsymbol{F}_i^{(e)})+\boldsymbol{r}_C\times\sum\boldsymbol{F}_i^{(e)}\end{aligned} \tag{12}$$

将式(9)与(12)代入式(8)，得

$$\frac{\mathrm{d}\boldsymbol{L}_{Cr}}{\mathrm{d}t}=\boldsymbol{M}_C^{(e)}=\sum\boldsymbol{m}_C(\boldsymbol{F}_i^{(e)}) \tag{13-19}$$

式(13-19)称为质点系相对于质心的动量矩定理，即质点系在相对于随同质心做平动的动坐标系的运动中，相对于质心的动量矩对时间的导数，等于作用在质点系上的所有外力对质心之矩的矢量和(外力系对质心的主矩)。由式(13-19)与式(13-15a)所表述的质点系相对于质心和固定点的动量矩定理，具有完全相似的数学形式，而对于质心以外的其他动点，一般并不存在这种简单的关系，由此可见质心这个几何点在力学中的特殊性。

从式(13-19)中可以看出，质点系相对于质心的动量矩的改变，只与作用在质点系上的外力有关，而与内力无关。例如，直线航行中的轮船，为了转弯，可以使舵产生一个偏角，水流作用在舵上的推力对质心的力矩使船对质心的动量矩发生改变，从而引起转弯的角加速度。跳水运动员在腾空状态时，只受到重力的作用，由于重力对质心轴的力矩恒为零，因此人体

对质心轴的动量矩守恒，即 $I_C\omega=$ 常量，当运动员在空中蜷曲身体时，可使转动惯量 I_C 较小，从而获得较大的角速度 ω，反之，在落水前，应打开身体，使 I_C 较大而 ω 较小，从而有利于落水动作的完成。

下面应用质心运动定理和质点系相对于质心的动量矩定理来研究刚体的平面运动。

设平面运动刚体具有质量对称平面，且作用在刚体上的力 $\boldsymbol{F}_1,\boldsymbol{F}_2,\cdots,\boldsymbol{F}_n$ 可以简化为在该平面的一个力系，取质量对称平面为平面图形 S，可知质心 C 一定位于 S 内，如图 13-21 所示。选取质心 C 为基点，由于可以把平面运动分解为随同质心的平动与绕通过质心且垂直于质量对称平面的轴(质心轴)的转动，因此，可由质心运动定理来描述刚体随同质心的平动，而由质点系相对于质心的动量矩定理来描述刚体绕质心轴的转动，这样，可以通过两个定理来研究刚体的平面运动。

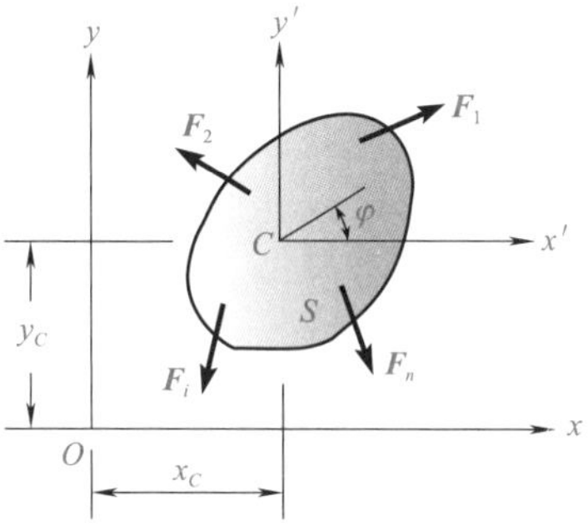

图 13-21

13-21

设平面运动刚体对质心轴的转动惯量为 I_C，某瞬时的角速度为 ω，则刚体对于质心轴的动量矩可表示为

$$L_{Cr}=I_C\omega \tag{13-20}$$

而 $\dfrac{\mathrm{d}L_{Cr}}{\mathrm{d}t}=I_C\varepsilon=I_C\ddot{\varphi}$，则最后可得

$$m\boldsymbol{a}_C=\boldsymbol{R}^{(e)}=\sum\boldsymbol{F}_i^{(e)},\quad I_C\varepsilon=M_C^{(e)}=\sum m_C(\boldsymbol{F}_i^{(e)}) \tag{13-21a}$$

或

$$ma_{Cx}=R_x^{(e)}=\sum\boldsymbol{F}_{ix}^{(e)},\quad ma_{Cy}=R_y^{(e)}=\sum\boldsymbol{F}_{iy}^{(e)},\quad I_C\varepsilon=M_C^{(e)}=\sum m_C(\boldsymbol{F}_i^{(e)}) \tag{13-21b}$$

$$m\ddot{x}_C=R_x^{(e)}=\sum F_{ix}^{(e)},\quad m\ddot{y}_C=R_y^{(e)}=\sum F_{iy}^{(e)},\quad I_C\ddot{\varphi}=M_C^{(e)}=\sum m_C(\boldsymbol{F}_i^{(e)}) \tag{13-21c}$$

式(13-21)称为刚体平面运动微分方程。式中 m、I_C 分别为刚体的质量和刚体对质心轴的转动惯量。从式(13-21)可见，刚体做平面运动时，随同质心的平动取决于外力系的主矢，而绕质心的转动取决于外力系对质心的主矩。这样，我们就把外力系的主矢与主矩同刚体的平面运动建立起联系。下面举例说明平面运动微分方程的应用。

【例 13-10】 质量为 m、半径为 R 的均质圆轮置放在倾角为 α 的斜面上，在重力的作用下由静止开始运动(图 13-22)。设轮与斜面间的静、动滑动摩擦系数分别为 f、f'，不计滚动摩阻。试分析轮的运动。

解　取轮为研究对象，作用在轮上的外力有重力 $m\boldsymbol{g}$、法向反力 $\boldsymbol{N}$ 及摩擦力 $\boldsymbol{F}$ (假设 $\boldsymbol{F}$ 方向如图所示)。取直角坐标系 Oxy，并注意到 $a_{Cy}=0$，$a_C=a_{Cx}$。在一般情形下轮做平面运动，下面分别以 $\boldsymbol{a}_C$ 的方向与 ε 的转向为正方向，根据平面运动微分方程，有

$$ma_C=mg\sin\alpha-F \tag{1}$$

$$0=-mg\cos\alpha+N \tag{2}$$

$$I_C\varepsilon=FR \tag{3}$$

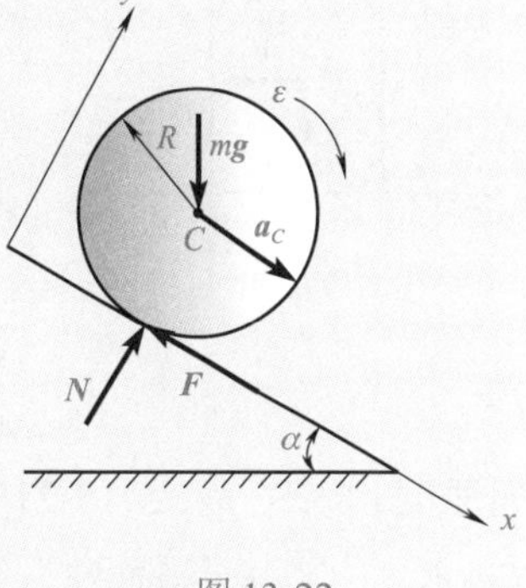

图 13-22

13-22

由式(2)得

$$N = mg\cos\alpha \tag{4}$$

在式(1)、式(3)中包含 a_C、ε 及 F 三个未知数，需补充一个附加条件才能求解。下面根据接触处不同的光滑情况来进行求解。

(1) 设接触处绝对光滑。此时 $F=0$，由式(1)、式(3)，可得

$$a_C = g\sin\alpha,\quad \varepsilon = 0 \tag{5}$$

由 $\varepsilon=0$，可得 $\omega=$常量，因为轮由静止开始运动，故 $\omega=0$，表明轮沿斜面平动下滑。

(2) 设接触处足够粗糙。轮做纯滚动，此时 $\boldsymbol{F}$ 为静滑动摩擦力，大小、方向均未知。需补充运动学条件

$$a_C = R\varepsilon \tag{6}$$

求解式(1)、式(3)、式(6)，得

$$a_C = \frac{2}{3}g\sin\alpha,\quad \varepsilon = \frac{2}{3R}g\sin\alpha,\quad F = \frac{1}{3}mg\sin\alpha \tag{7}$$

F 的计算结果为正值，表明原假设方向正确。

(3) 设轮与斜面间有滑动。轮又滚又滑，此时 $\boldsymbol{F}$ 为动滑动摩擦力，因轮与斜面的接触点向下滑动，故 $\boldsymbol{F}$ 应向上。须补充动滑动摩擦定律(动摩擦系数为 f')

$$F = f'N \tag{8}$$

求解式(1)、式(3)、式(8)，得

$$a_C = (\sin\alpha - f'\cos\alpha)g,\quad \varepsilon = \frac{2f'g}{R}\cos\varphi,\quad F = f'mg\cos\varphi \tag{9}$$

从以上分析可见，当轮做纯滚动时，需满足静滑动摩擦定律 $F \leqslant F_{\max} = fN$，由式(7)有

$$F = \frac{1}{3}mg\sin\alpha \leqslant F_{\max} = fN = fmg\cos\alpha$$

得

$$f \geqslant \frac{1}{3}\tan\alpha \tag{10}$$

以上分析表明，当静滑动摩擦系数 $f < \frac{1}{3}\tan\alpha$ 时，轮沿斜面又滚又滑，解答(9)适用；当 $f \geqslant \frac{1}{3}\tan\alpha$ 时，轮做纯滚动，解答(7)适用；当 $f=0$ 时，轮做平动，解答(5)适用。

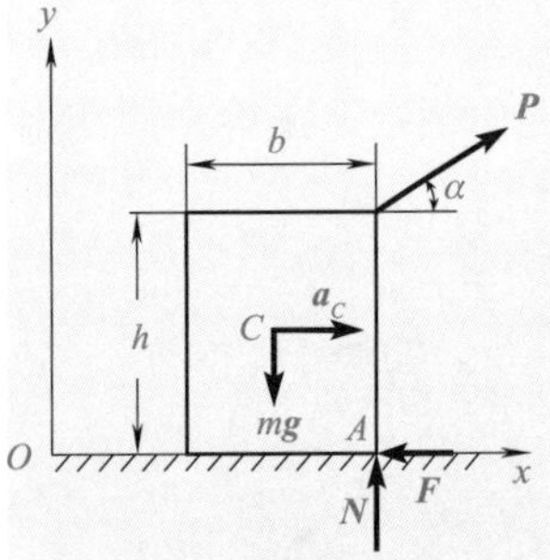

13-23

图 13-23

【例 13-11】 质量为 m 的物块在力 $\boldsymbol{P}$ 作用下向右滑动(图 13-23)，物块与地面间的动滑动摩擦系数为 f'。求使物块不翻倒时的最大力 $\boldsymbol{P}_{\max}$ 及此时物块的加速度 $\boldsymbol{a}_C$。

解 取物块为研究对象，作用在物块上的力有重力 $m\boldsymbol{g}$、力 $\boldsymbol{P}$、法向反力 $\boldsymbol{N}$ 及动摩擦力 $\boldsymbol{F}$。物块在 $\boldsymbol{P}$ 作用下做平动，其质心做直线运动。将平动看成平面运动的特殊情形，此时物块的角加速度 $\varepsilon=0$，故式(13-21b)中的第三个方程成为平衡方程，即 $\sum m_C(\boldsymbol{F}_i^{(e)})=0$。另外，当 $P=P_{\max}$ 且物块不翻倒时，$\boldsymbol{N}$ 的作用线将偏移到右端点 A 的位置，设此时质心的加速度为 $\boldsymbol{a}_C$。根据平面运动微分方程，有

$$ma_C = P_{\max}\cos\alpha - F,\quad 0 = -mg + N + P\sin\alpha$$

$$0 = -P_{\max}\cos\alpha\cdot\frac{h}{2} + P_{\max}\sin\alpha\cdot\frac{b}{2} + N\cdot\frac{b}{2} - F\cdot\frac{h}{2}$$

补充动滑动摩擦定律

$$F = f'N$$

以上四式联立求解，得

$$P_{\max} = \frac{b - f'h}{(\cos\alpha - f'\sin\alpha)h}mg,\quad N = \frac{h\cos\alpha - b\sin\alpha}{(\cos\alpha - f'\sin\alpha)h}mg$$

$$a_C = \frac{b(\cos\alpha + f'\sin\alpha) - 2f'h\cos\alpha}{(\cos\alpha - f'\sin\alpha)h}g$$

【例 13-12】　在例 13-6 中，已求出重物 C 的加速度 a_3，现在求该系统中绳 1、2 与 3 的拉力及轴承 O 处的约束反力。

解　在求解系统中各段绳的内力及轴承 O 处的反力时，需将整个系统分开。在例 13-6 中已计算出

$$a_3 = \frac{2[M - (m_2 + m_3)gR_2]}{(4m_1 + 3m_2 + 2m_3)R_2}$$

由运动学关系，有

$$\varepsilon_1 = \frac{2a_3}{R_1},\quad \varepsilon_2 = \frac{a_3}{R_2},\quad a_2 = a_3$$

(1) 研究对象取重物 C（图 13-24(a)），由质点运动微分方程，有

$$m_3a_3 = T_3 - m_3g$$

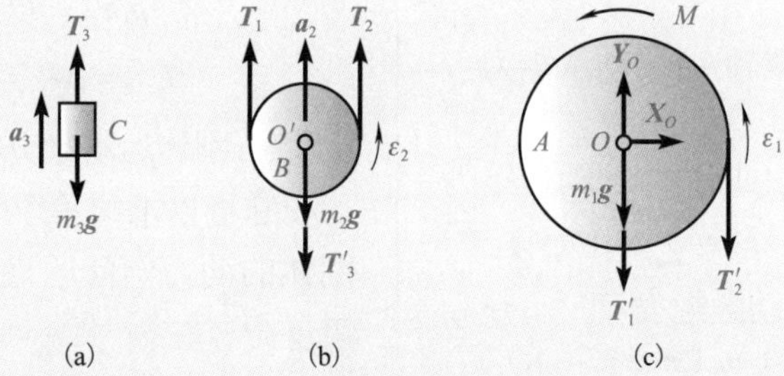

13-24

图 13-24

(2) 研究对象取动滑轮 B（图 13-24(b)），由平面运动微分方程，有

$$m_2a_2 = T_1 + T_2 - T_3 - m_2g,\quad I_2\varepsilon_2 = -T_1R_2 + T_2R_2$$

(3) 研究对象取定滑轮 A（图 13-24(c)），由定轴转动微分方程和质心运动定理，有

$$m_1a_{1x} = 0 = X_O,\quad m_1a_{1y} = 0 = Y_O - T_1 - T_2 - m_1g,\quad I_1\varepsilon_1 = M - T_2R_1$$

以上各式联立求解，得

$$T_1 = \frac{1}{2R_2^2}[MR_2 + (I_1 - 2I_2)a_3],\quad T_2 = \frac{1}{2R_2^2}(MR_2 + I_1a_3),\quad T_3 = m_3g + m_3a_3$$

$$X_O = 0,\quad Y_O = \frac{1}{R_2^2}[MR_2 + (I_1 - I_2)a_3] + m_1g$$

本章小结

1. 刚体对轴 z 的转动惯量 I_z。

I_z 是刚体绕轴 z 转动时转动惯性的度量，它取决于质量的大小及其相对于转轴的分布情况，而与刚体的运动无关，其大小表现了刚体转动状态改变的难易程度。I_z 的计算公式为

$$I_z=\sum m_i r_i^2=m\rho^2$$

式中，ρ 为刚体对轴 z 的回转半径。

刚体对某轴和对过质心且与该轴相平行的轴的转动惯量之间的关系，可由平行轴定理表示为

$$I_{z'}=I_{zC}+md^2$$

2. 动量矩。

动量矩度量质点、质点系在任一瞬时绕某固定点(或轴)转动的强弱程度。质点、质点系对固定点(或轴)的动量矩是矢量(或代数量)，也是瞬时量。

质点对固定点 O (或轴 z)的动量矩为

$\boldsymbol{L}_O=\boldsymbol{m}_O(m\boldsymbol{v})$， $L_z=m_z(m\boldsymbol{v})$

质点系对固定点 O (或轴 z)的动量矩为

$\boldsymbol{L}_O=\sum\boldsymbol{m}_O(m_i\boldsymbol{v}_i)$， $L_z=\sum m_z(m_i\boldsymbol{v}_i)$

刚体对固定轴 z 的动量矩为

平动刚体： $L_z=m_z(m\boldsymbol{v}_C)$

定轴转动刚体： $L_z=I_z\omega$

平面运动刚体： $L_z=m_z(m\boldsymbol{v}_C)+I_C\omega$

3. 动量矩定理。

它建立了质点、质点系对某固定点(或轴)的动量矩的改变与作用力矩之间的关系。适用于求解具有复杂内力的有关质点系转动的动力学问题。

质点对固定点 O (或轴 z)的动量矩定理：

$$\frac{\mathrm{d}}{\mathrm{d}t}\boldsymbol{m}_O(m\boldsymbol{v})=\boldsymbol{m}_O(\boldsymbol{F})$$

$$\frac{\mathrm{d}}{\mathrm{d}t}m_z(\boldsymbol{m}v)=m_z(\boldsymbol{F})$$

质点系对固定点 O (或轴 z)的动量矩定理：

$$\frac{\mathrm{d}\boldsymbol{L}_O}{\mathrm{d}t}=\boldsymbol{M}_O^{(e)}=\sum\boldsymbol{m}_O(\boldsymbol{F}_i^{(e)})$$

$$\frac{\mathrm{d}L_z}{\mathrm{d}t}=M_z^{(e)}=\sum m_z(\boldsymbol{F}_i^{(e)})$$

质点系相对于质心 C (或质心轴 z_C)的动量矩定理：

$$\frac{\mathrm{d}\boldsymbol{L}_{Cr}}{\mathrm{d}t}=\boldsymbol{M}_C^{(e)}=\sum\boldsymbol{m}_C(\boldsymbol{F}_i^{(e)})$$

$$\frac{\mathrm{d}L_{z_C r}}{\mathrm{d}t}=M_{z_C}^{(e)}=\sum m_{z_C}(\boldsymbol{F}_i^{(e)})$$

4. 刚体平面运动微分方程。

它建立了平面运动刚体随同质心的平动和绕质心的转动与外力系的主矢和外力系对质心的主矩之间的关系。

$$m\boldsymbol{a}_C=\boldsymbol{R}^{(e)}=\sum\boldsymbol{F}_i^{(e)}$$

$$I_C\varepsilon=M_C^e=\sum m_C(\boldsymbol{F}_i^{(e)})$$

5. 刚体运动微分方程组。

它可以求解单个刚体或刚体系统内每个刚体的动力学问题(包括求解运动学量和约束反力)。

平面运动刚体：

$$m\ddot{x}_C=\sum F_{ix},\quad m\ddot{y}_C=\sum F_{iy}$$

$$I_C\varepsilon=\sum m_C(\boldsymbol{F}_i^{(e)})$$

定轴转动刚体：

$$m\ddot{x}_C=\sum F_{ix},\quad m\ddot{y}_C=\sum F_{iy}$$

$$I_z\varepsilon=\sum m_z(\boldsymbol{F}_i^{(e)})$$

平动刚体：

$$m\ddot{x}_C=\sum F_{ix},\quad m\ddot{y}_C=\sum F_{iy}$$

$$\sum m_C(\boldsymbol{F}_i^{(e)})=0$$

思　考　题

13.1　判断下列陈述是否正确。

(1) 质点对某固定点的动量矩等于质点的动量对该点之矩，而质点系对某固定点的动量矩等于质点系质心的动量对该点之矩。

(2) 若质点的动量矩守恒时，其动量也守恒，反之也成立。

(3) 质点系对某固定点的动量矩等于作用在系统上的所有外力对该点之矩的矢量和。

(4) 刚体做平面运动时，随同质心的平动取决于外力系的主矢，而绕质心的转动取决于外力系对质心的主矩。

(5) 内力不能改变质点系的动量矩，但能改变质点系内各质点的动量矩。

13.2　设 I_A 与 I_B 为均质杆 AB 对两平行轴 Az 与 Bz' 的转动惯量，如图 13-25 所示。由平行轴定理可得 $I_B = I_A + ml^2$，对否？

13.3　如图 13-26 所示，两相同的均质滑轮上绕以细绳，在图 13-26(a) 中，绳的一端悬挂重量为 P 的物体，在图 13-26(b) 中，绳的另一端作用铅直向下的力 $\boldsymbol{F}$，设 $F = P$。问这两个滑轮的角加速度是否相同？为什么？

13.4　在图 13-27 所示传动系统中，两轮对轴 O_1、O_2 的转动惯量分别为 I_1 和 I_2，角速度分别为 ω_1 和 ω_2。试问：整个系统对固定轴 O_1 的动量矩 $L_{O1} = I_1\omega_1 + I_2\omega_2$，是否正确？

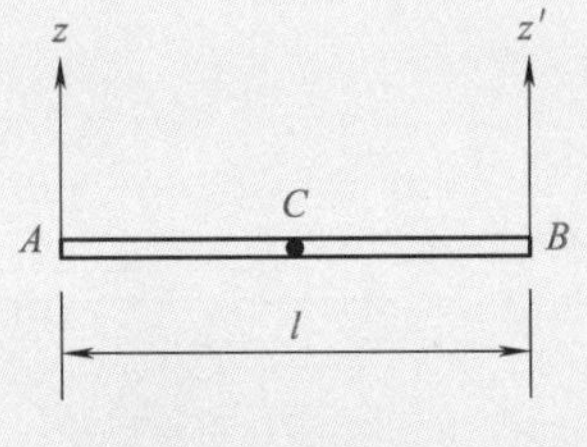

图 13-25

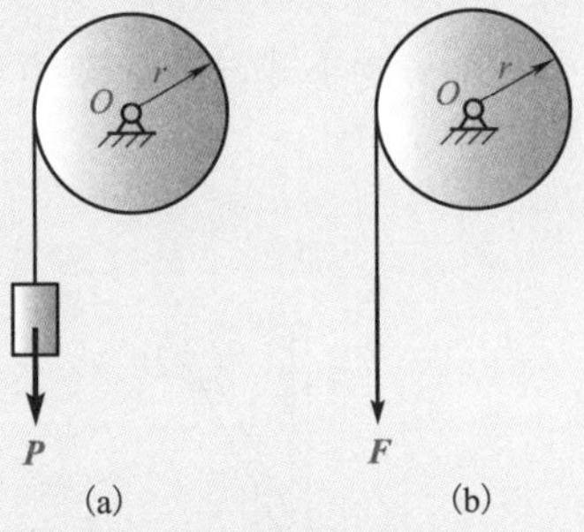

图 13-26

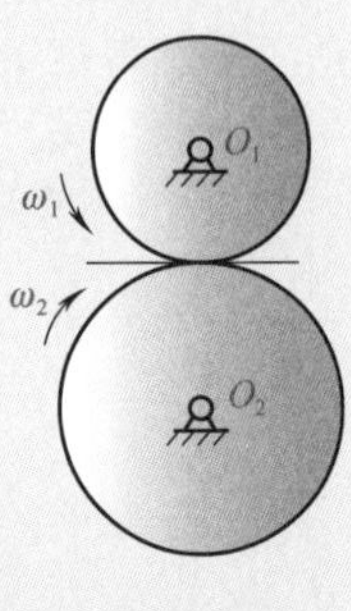

图 13-27

13.5　半圆环以角速度 ω 绕轴 z 转动，质量为 m 的小环 M 相对半圆环以速度 $\boldsymbol{v}_r$ 滑动，如图 13-28 所示。试问：在图示位置 $\boldsymbol{v}_r$ 平行于轴 z 时，小环对轴 z 的动量矩是否等于零？

13.6　一根不可伸长的绳子绕过不计重量的定滑轮，绳子的一端悬挂物块 A，另一端有一个与物块重量相等的人，如图 13-29 所示。设人从静止开始沿绳子向上爬，其相对速度为 $\boldsymbol{u}$。试问：物块 A 是向下运动还是保持不动？为什么？

13.7　如图 13-30 所示，质量为 m_1 长为 l 的均质杆 OC 与质量为 m_2、半径为 R 的均质圆盘相固连，且可绕水平轴 O 转动。设系统从静止由水平位置开始释放，运动到图示位置时，$\alpha = 60^\circ$，角速度为 ω。试问：如何计算整个系统对水平轴 O 的动量矩？

13.8　在上题中，若杆与圆盘用光滑铰链连接，条件相同，如图 13-31 所示。试问：如何计算整个系统对水平轴 O 的动量矩？

13.9　人坐在转椅上且双脚离地，是否可用双手将转椅转动，为什么？

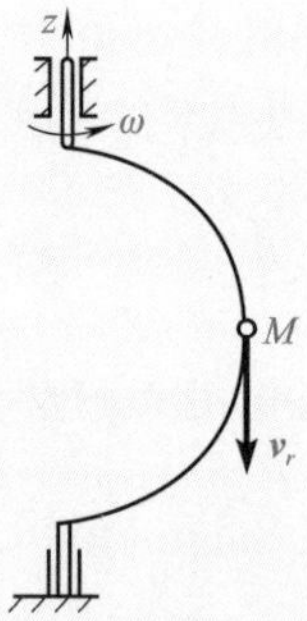

图 13-28

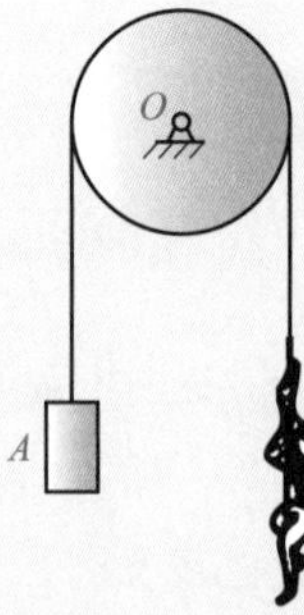

图 13-29

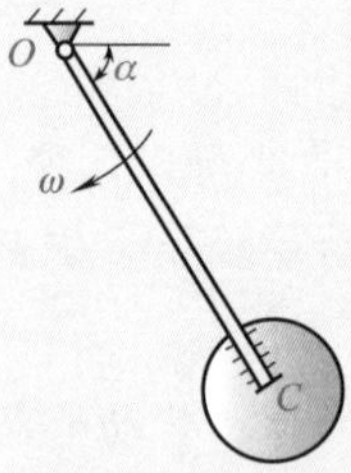

图 13-30

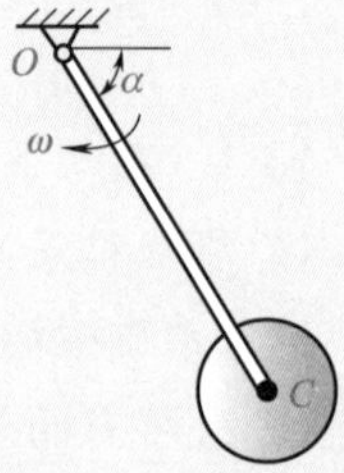

图 13-31

习 题

13-1 如题 13-1 图所示，连杆的质量为 m，质心在点 C，$AC=a$，$BC=b$，连杆对轴 B 的转动惯量为 I_B。求连杆对轴 A 的转动惯量 I_A。

13-2 试计算题 13-1 中各刚体对通过固定点 O 且垂直于图面的轴 z 的动量矩。设均匀圆盘的质量均为 m，半径均为 R。

13-3 如题 13-3 图所示，两小球 C 和 D 各重 P，用长为 $2l$ 的直杆 CD 连接，并将其中点 O 固结在铅直轴 AB 上，杆与轴的交角为 α。当此杆绕轴 AB 以角速度 ω 做匀速转动时，求：杆的重量忽略不计时，还有杆的重量为 $2Q$ 且视为均质杆时，质点系对轴 AB 的动量矩。

13-4 如题 13-4 图所示，小球重 P，系于绳子的一端，绳子另一端穿过光滑水平面上的一个小孔，并以匀速 $\boldsymbol{u}$ 向下拉动。设开始时小球与孔的距离为 r，与绳垂直的速度分量为 $\boldsymbol{v}_0$，求经过一段时间 τ 后，小球的速度为多少。

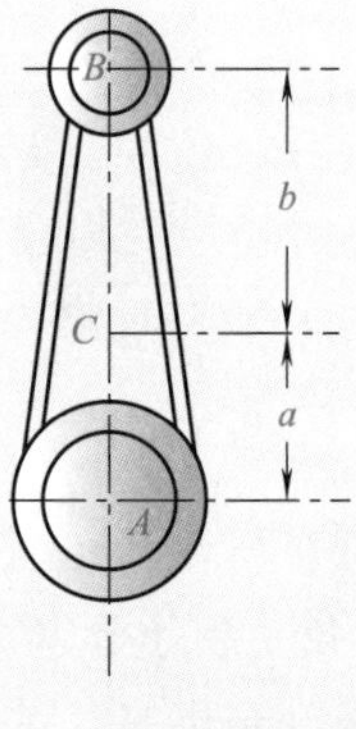

题 13-1 图

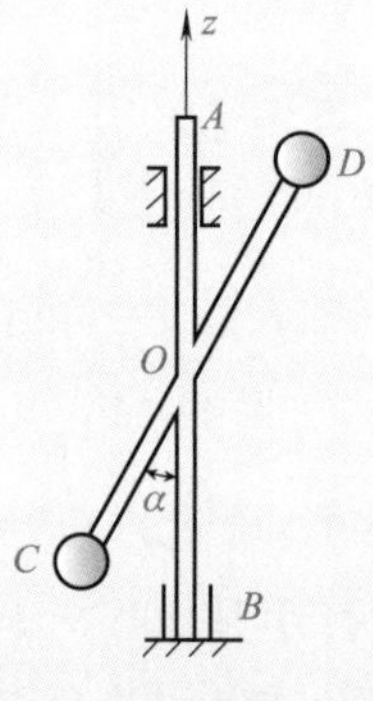

题 13-3 图

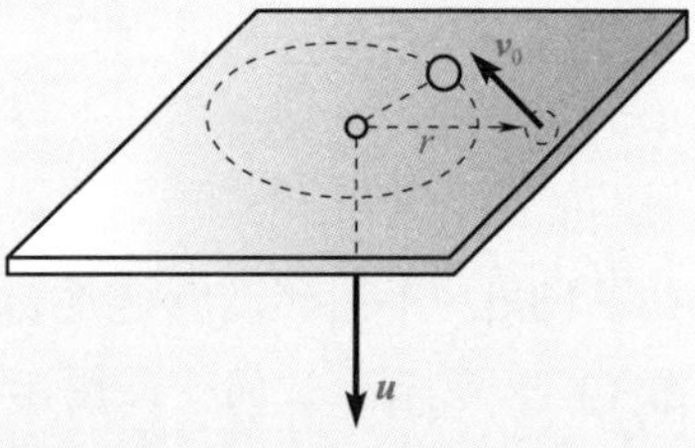

题 13-4 图

13-5 如题 13-5 图所示，塔轮由两个均质轮固连而成，并绕同一轴 O 转动，重量各为 Q_1、Q_2，半径各为 r_1、r_2，两轮上各悬挂一个物体，物体 A 重 P_1，物体 B 重 P_2，且 $P_1r_1>P_2r_2$。求塔轮绕轴 O 转动的角加速度 ε 及绳的张力。

13-6 如题 13-6 图所示，为求半径 $R=50\text{cm}$ 的飞轮 A 对于通过其质心轴的转动惯量，在飞轮上绕以细绳，绳的末端系有重为 $P_1=80\text{N}$ 的重锤，重锤自高度 $h=2\text{m}$ 处落下，测得落下时间为 $t_1=16\text{s}$。为消除轴承处摩擦的影响，再用重为 $P_2=40\text{N}$ 的重锤作第二次试验，此重锤自同一高度落下的时间为 $t_2=25\text{s}$。假定轴承处摩擦力矩为常量，且与重锤的重量无关。求飞轮的转动惯量和轴承处的摩擦力矩。

13-7　如题 13-7 图所示，滑轮 A 与 B 的质量分别为 m_1 与 m_2，半径分别为 R_1 与 R_2，且 $R_1 = 2R_2$，物体 C 与 D 的质量分别为 m_3 与 m_4。设定滑轮 A 与动滑轮 B 均为均质圆盘，且在定滑轮 A 上作用力偶矩为 M 的常力偶，求重物 D 下降的加速度。

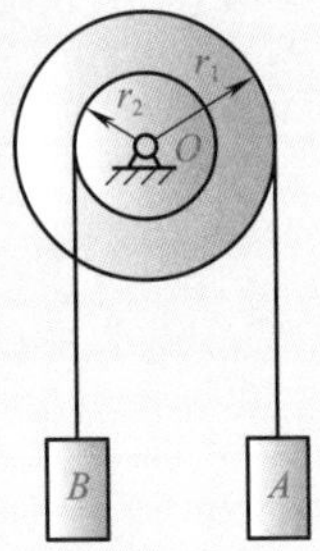

题 13-5 图

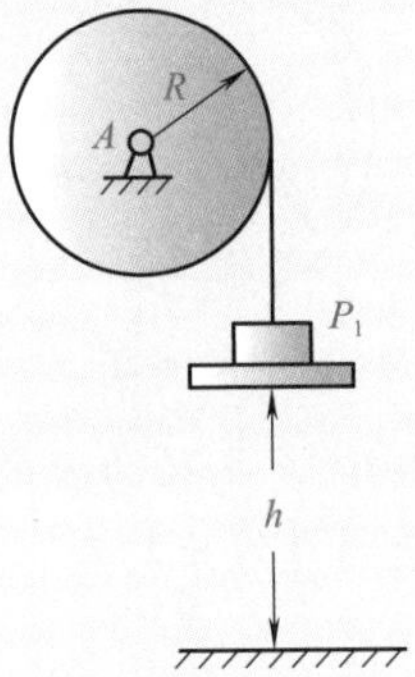

题 13-6 图

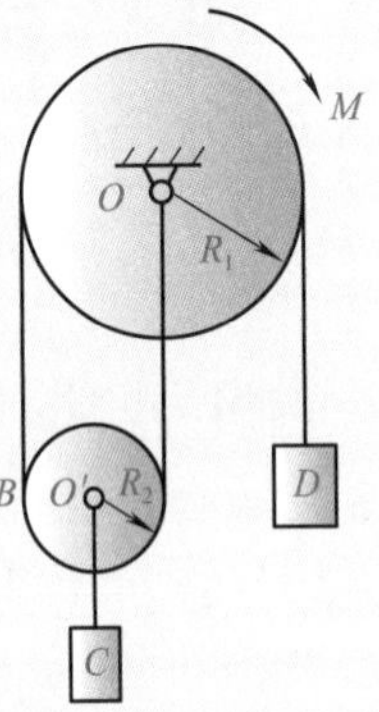

题 13-7 图

13-8　如题 13-8 图所示，在重为 P、长为 l 的均质杆 AB 的 B 端固连重为 Q 的小球(小球可看作质点)，杆上 D 点连接弹簧常数为 k 的弹簧，使杆在水平位置保持平衡。设给小球 B 微小初始位移 δ_0，而初始速度 $v_0 = 0$。求杆 AB 的运动规律。

13-9　如题 13-9 图所示，质量为 m_1、长为 $2l$ 的均质管 AB 内装有质量为 m_2、长度为 $2l$ 的均质杆 DE，系统开始时以角速度 ω_0 绕铅直轴 z 转动。当杆中心稍微偏离管中心时，杆开始沿管滑动。求杆的质心 C 滑动到管端 B 时管的角速度。

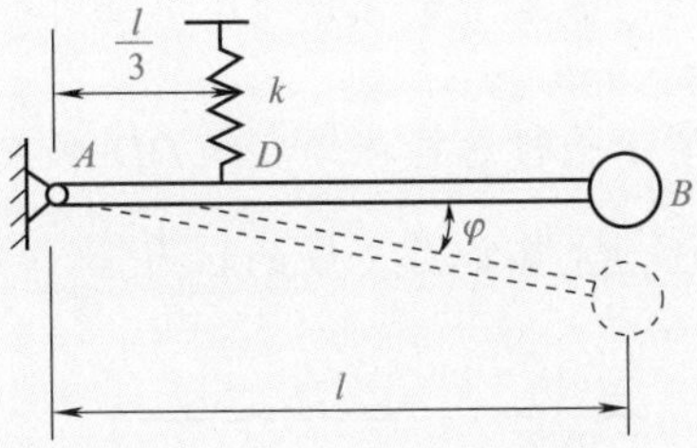

题 13-8 图

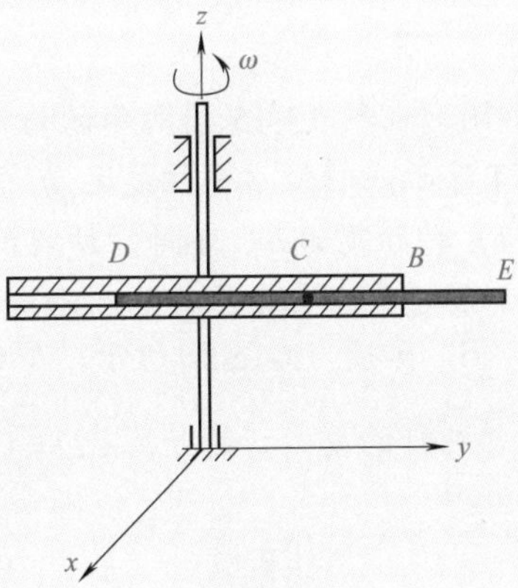

题 13-9 图

13-10　如题 13-10 图所示，在调速器中，除小球 A、B 外，各杆重量均可不计。设各杆铅直时，系统的角速度为 ω_0。求当各杆与铅直线成 α 角时系统的角速度。

13-11　如题 13-11 图所示，通风机的转动部分对转轴的转动惯量为 I，以初角速度 ω_0 转动，空气阻力矩 $M = \alpha\omega^2$，α 为比例系数。问经过多少时间其角速度减少为初角速度的一半？在此时间内共转了多少转？

13-12　如题 13-12 图所示，两个摩擦轮重量各为 $\boldsymbol{P}_1$、$\boldsymbol{P}_2$，在同一平面内分别以角速度 ω_{01} 与 ω_{02} 转动。用离合器使两轮啮合，求此后两轮的角速度。(设两轮为均质圆盘)

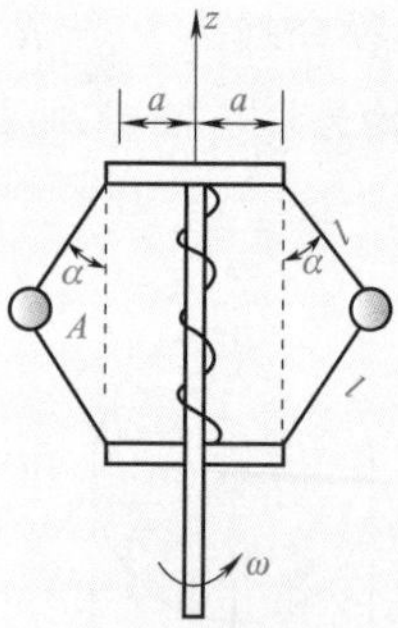

题 13-10 图

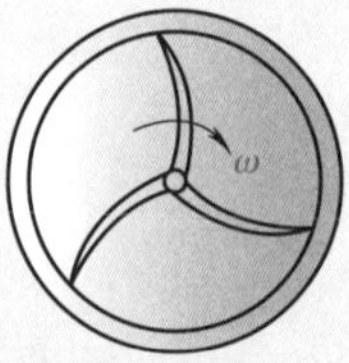

题 13-11 图

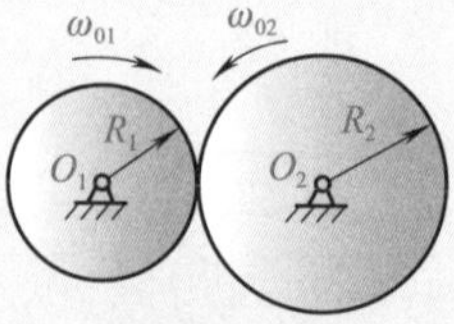

题 13-12 图

13-13 如题 13-13 图所示，重为 $\boldsymbol{W}$、半径为 R 的均质圆盘以角速度 ω 绕水平轴转动。今在制动杆的一端作用铅直力 $\boldsymbol{P}$，以使圆盘停止转动。设杆与盘之间的动滑动摩擦系数为 f，问圆盘转过多少周后才停止转动？

13-14 题 13-14 图所示的提升装置中，轮 A、B 的重量分别为 $\boldsymbol{P}_1$、$\boldsymbol{P}_2$，半径分别为 r_1、r_2，对水平轴的转动惯量分别为 I_1、I_2，物体 C 的重量为 $\boldsymbol{P}_3$，在轮 A 上作用常力矩 M_1。求物体 C 上升的加速度及两段绳的拉力。

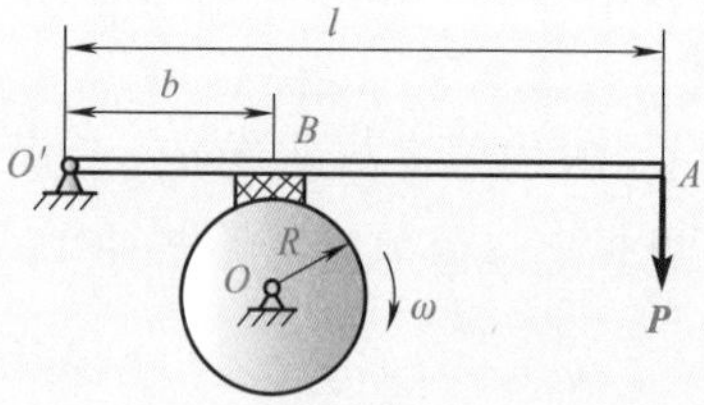

题 13-13 图

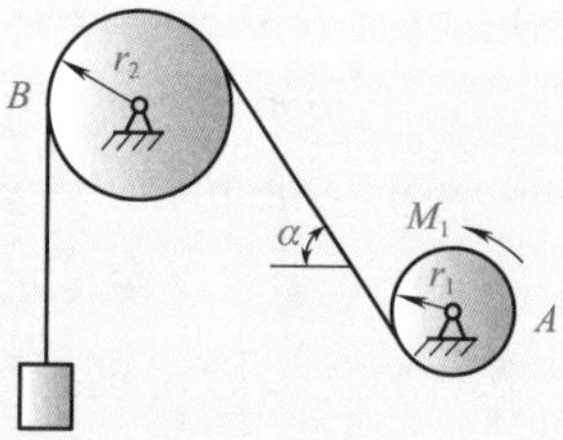

题 13-14 图

13-15 在题 13-15 图所示的曲柄滑杆机构中，均质曲柄 OA 以匀角速度 ω 绕轴 O 转动，并带动 T 字形滑杆做水平往复运动。曲柄重 $\boldsymbol{P}_1$，长 $r = OA$，T 字形滑杆重 $\boldsymbol{P}_2$ 且重心在点 C，点 C 至 BE 的距离为 b。不计滑块 A 的重量及各处的摩擦。求整个系统在图示位置时，①T 字形滑杆的加速度；②轴承 O 处的动反力；③作用在曲柄上的力矩 M。

13-16 如题 13-16 图所示，重为 Q、长为 l 的均质水平杆悬挂在铅直线 DD_1 和 EE_1 上。点 D 和 E 到杆的重心 C 的距离 $CD = CE = \dfrac{b}{2}$。求在剪断线 EE_1 瞬时线 DD_1 的拉力。

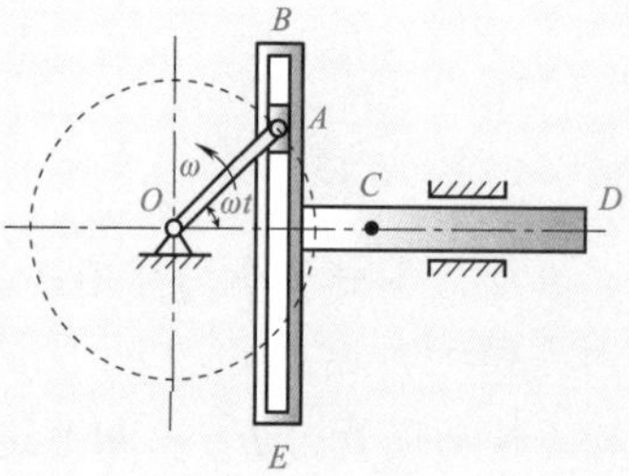

题 13-15 图

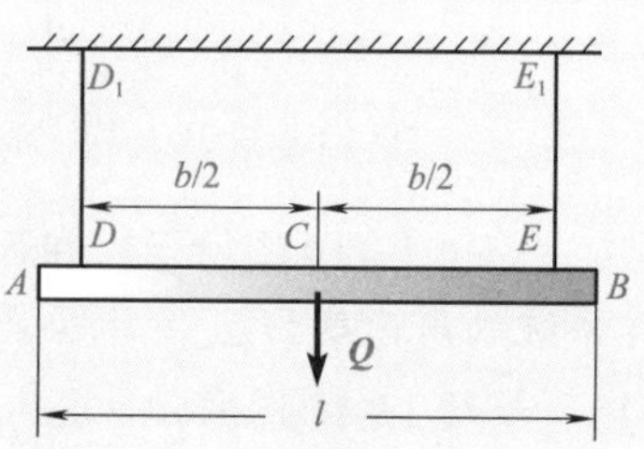

题 13-16 图

13-17 如题 13-17 图所示，重为 P、半径为 r 的均质圆柱体置放在倾角 $\alpha = 60^\circ$ 的斜面上，细绳缠绕在圆柱体上，其另一端固定于点 A，绳与点 A 相连部分与斜面平行。若圆柱体与斜面间的摩擦系数 $f = \dfrac{1}{3}$，求圆柱体沿斜面下滑的加速度。

13-18 如题 13-18 图所示，轮子无初速度地沿倾角为 $\alpha = 20^\circ$ 的轨道滚下，设轮子做无滑动的纯滚动，在 5s 内滚过的距离 $S = 3\text{m}$，知轮轴的直径 $d = 5\text{cm}$。求轮子对轮心的回转半径。

13-19 如题 13-19 图所示，质量为 m 的滑块 A 可在铅垂导槽内滑动。铅垂向上的偏心力 $\boldsymbol{F}$ 推动滑块运动。设滑块与导槽的动摩擦系数为 f，力 $\boldsymbol{F}$ 偏离质心的距离为 d。求滑块的加速度。

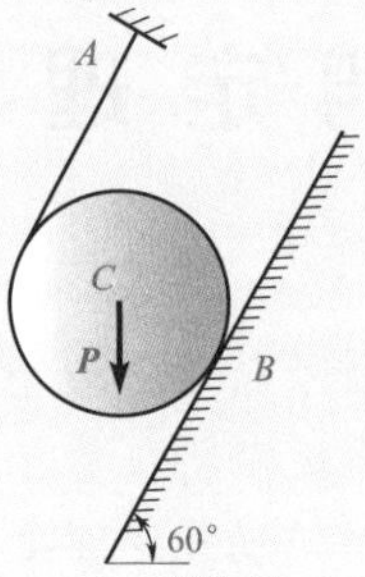

题 13-17 图

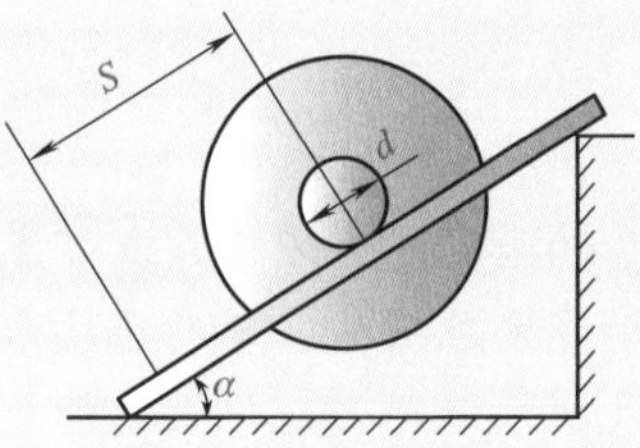

题 13-18 图

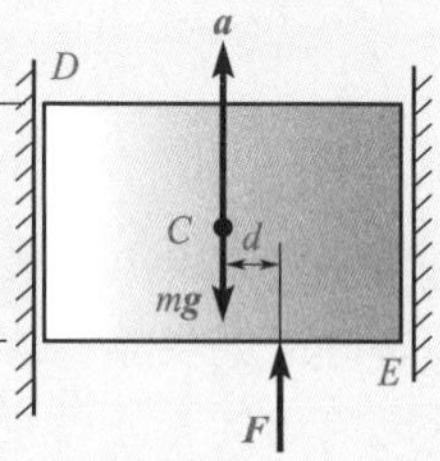

题 13-19 图

13-20 如题 13-20 图所示，均质实心圆柱 A 和圆环 B 的重量均为 $\boldsymbol{W}$，半径均为 r，两者用杆 AB 相连，沿倾角为 α 的斜面做无滑动的纯滚动。不计杆的重量，求杆 AB 的加速度和杆的内力。

13-21 如题 13-21 图所示，物体 A 重 P，系在绳上，绳跨过定滑轮 D，并绕在鼓轮 B 上。由于重物下降，带动了轮 C 沿水平轨道做纯滚动。设鼓轮 B 的半径为 r，轮 C 的半径为 R，两者固连在一起，总重为 Q，对于过其质心的水平轴 O 的回转半径为 ρ。求重物 A 的加速度。

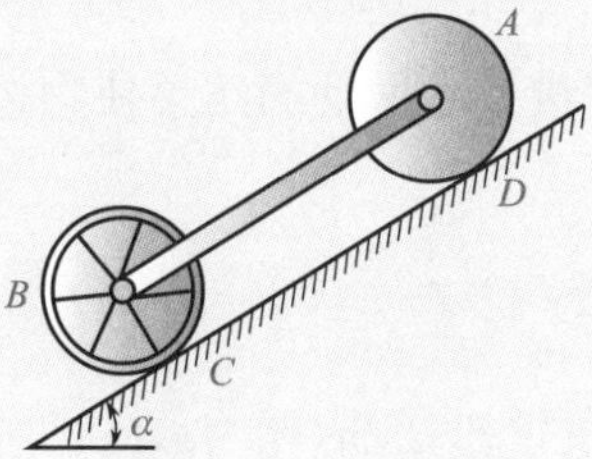

题 13-20 图

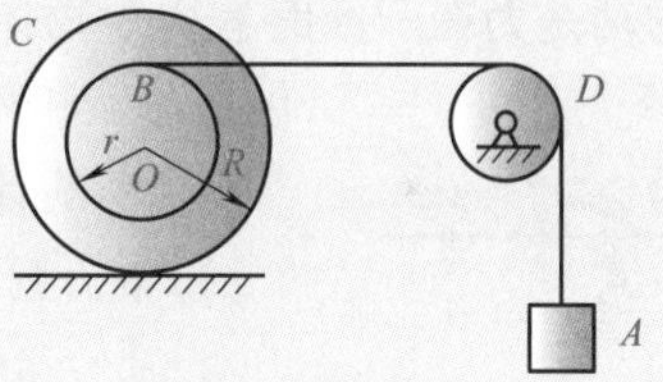

题 13-21 图

13-22 如题 13-22 图所示，均质圆柱体 A 和 B 重量均为 P，半径均为 r，一绳缠在绕固定轴 O 转动的圆柱 A 上，绳的另一端绕在圆柱 B 上。绳自重不计且不可伸长，不计轴 O 处摩擦。求①圆柱 B 下落时其质心的加速度；②若在圆柱 A 上作用一个逆时针转向的转矩 M，试问在什么条件下圆柱 B 的质心将上升。

13-23 如题 13-23 图所示，滑轮 A 与 B 的质量分别为 m_1 与 m_2，半径分别为 R_1 与 R_2，转动惯量分别为 I_1 与 I_2，物体 C 与物体 D 的质量分别为 m_3 与 m_4。求重物 D 下降的加速度。

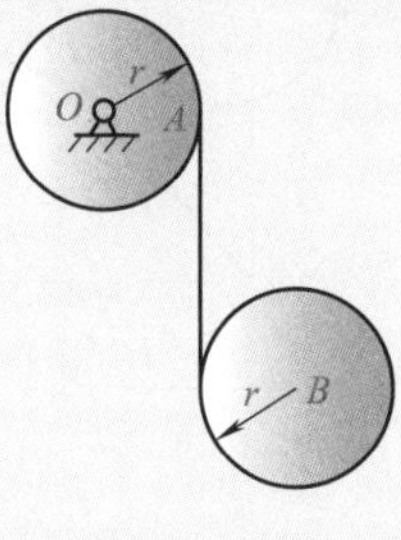

题 13-22 图

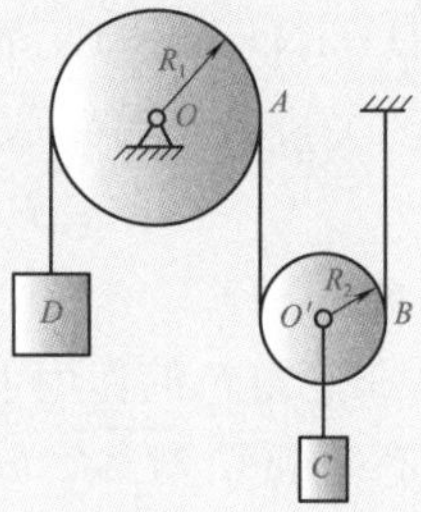

题 13-23 图

第 14 章 动能定理

动量定理和动量矩定理从矢量的角度建立了质点或质点系运动特征量的变化与外力及外力作用时间的关系。本章所述的动能定理则从能量的角度来揭示质点系运动特征量与力系作用量之间的关系。特别是解决涉及机械能与其他形式的能量转化问题时，动能定理更具有广泛的应用。

功和能是力学中两个重要的基本概念，在讲述动能定理之前，需要对功和能的概念与计算做进一步的阐述。

14.1 力的功与功率

14.1.1 力的功

力的功是力在一段路程内对物体作用的累积效应的度量。力做功的结果使物体的机械能(包括动能和势能)发生变化。

14-1

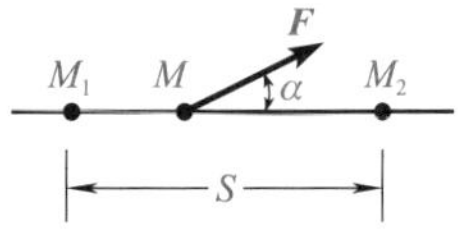

图 14-1

1. 功的计算

1)常力的功

设质点 M 在常力 $\boldsymbol{F}$ 的作用下沿直线运动(图 14-1)。质点的位移 $\overline{M_1M_2}$，路程为 S，力 $\boldsymbol{F}$ 在这段路程上所做的功 W 定义为

$$W = F\cos\alpha \cdot S \tag{14-1}$$

式中，W 称为常力 $\boldsymbol{F}$ 在这一直线位移 $\boldsymbol{S}$ 中的功；α 为力 $\boldsymbol{F}$ 与位移 $\boldsymbol{S}$ 之间的夹角。当 $\alpha < \dfrac{\pi}{2}$ 时，力的功为正；当 $\alpha = \dfrac{\pi}{2}$ 时，力的功为零；当 $\alpha > \dfrac{\pi}{2}$ 时，力的功为负。可见力的功是代数量。

在国际单位制中，功的单位是焦耳(J)，有

$$1\text{J} = 1\text{N} \times 1\text{m} = 1\text{N} \cdot \text{m} = 1\text{kg} \cdot \text{m}^2 \cdot \text{s}^{-2}$$

14-2

式(14-1)的矢量形式可写成

$$W = \boldsymbol{F} \cdot \boldsymbol{S} \tag{14-2}$$

2)变力的功

设质点 M 在变力 $\boldsymbol{F}$ 的作用下沿曲线运动，如图 14-2 所示。把质点走过的有限弧长 $\overset{\frown}{M_1M_2}$ 分成许多微小弧段，每一微小弧段 $\mathrm{d}s$ 可视为直线位移，在这微小弧段上力 $\boldsymbol{F}$ 可视为常

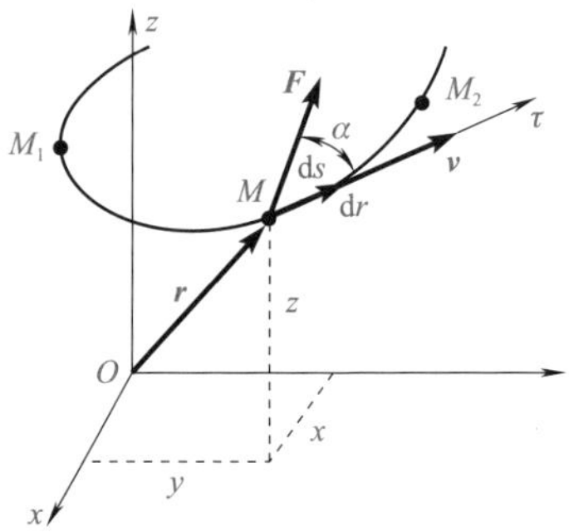

图 14-2

力，力 $\boldsymbol{F}$ 在微小弧段上所做的功称为力的元功，记为 δW ，于是有

$$\delta W = F\cos\alpha \mathrm{d}s = F_\tau \cdot \mathrm{d}s \tag{14-3}$$

式(14-3)为元功的自然形式表达式。式中，F_τ 为力 $\boldsymbol{F}$ 在质点轨迹切线上的投影，在整个路程 $\overset{\frown}{M_1M_2}$ 中力 $\boldsymbol{F}$ 所做的功为

$$W = \int_{M_1}^{M_2} F\cos\alpha \cdot \mathrm{d}s = \int_{M_1}^{M_2} F_\tau \mathrm{d}s \tag{14-4}$$

式(14-4)为功的自然形式表达式。

设对应于微小弧段 $\mathrm{d}s$ 的微小位移 $\mathrm{d}\boldsymbol{r}$ ，由式(14-2)可得力的元功的矢量表示式为

$$\delta W = \boldsymbol{F} \cdot \mathrm{d}\boldsymbol{r} \tag{14-5}$$

力 $\boldsymbol{F}$ 在整个曲线路程 $\overset{\frown}{M_1M_2}$ 中所做的功为

$$W = \int_{M_1}^{M_2} \boldsymbol{F} \cdot \mathrm{d}\boldsymbol{r} \tag{14-6}$$

式(14-6)为力的功的矢量式。

力的功可表示为直角坐标式。建立直角坐标系 $Oxyz$ ，将力 $\boldsymbol{F}$ 和微小位移 $\mathrm{d}\boldsymbol{r}$ 分别表示为

$$\boldsymbol{F} = X\boldsymbol{i} + Y\boldsymbol{j} + Z\boldsymbol{k}, \quad \mathrm{d}\boldsymbol{r} = \mathrm{d}x\boldsymbol{i} + \mathrm{d}y\boldsymbol{j} + \mathrm{d}z\boldsymbol{k}$$

根据矢量标积的运算法则，元功的直角坐标表达式为

$$\delta W = X\mathrm{d}x + Y\mathrm{d}y + Z\mathrm{d}z \tag{14-7a}$$

于是，变力 $\boldsymbol{F}$ 在 $\overset{\frown}{M_1M_2}$ 路程中的总功为

$$W = \int_{M_1}^{M_2} X\mathrm{d}x + Y\mathrm{d}y + Z\mathrm{d}z \tag{14-7b}$$

式(14-7b)为力的功的直角坐标表达式。

3)合力的功

如果质点 M 受 n 个力。这 n 个力的合力为 $\boldsymbol{R} = \sum \boldsymbol{F}_i$ ，则质点在合力 $\boldsymbol{R}$ 作用下沿曲线 $\overset{\frown}{M_1M_2}$ 所做的功为

$$\begin{aligned} W &= \int_{M_1}^{M_2} \boldsymbol{R} \cdot \mathrm{d}\boldsymbol{r} = \int_{M_1}^{M_2} (\boldsymbol{F}_1 + \boldsymbol{F}_2 + \cdots + \boldsymbol{F}_n) \cdot \mathrm{d}\boldsymbol{r} \\ &= \int_{M_1}^{M_2} \boldsymbol{F}_1 \cdot \mathrm{d}\boldsymbol{r} + \int_{M_1}^{M_2} \boldsymbol{F}_2 \cdot \mathrm{d}\boldsymbol{r} + \cdots + \int_{M_1}^{M_2} \boldsymbol{F}_n \cdot \mathrm{d}\boldsymbol{r} \\ &= W_1 + W_2 + \cdots + W_n \end{aligned}$$

即

$$W = \sum W_i \tag{14-8}$$

式(14-8)表明，在任一路程中，合力的功等于各分力的功的代数和。

以上讨论的是功的一般计算公式。下面将用上述方法来分析几种常见力的功的计算。

2. 常见力的功

1)重力的功

(1)质点的重力功。

设质点的质量为 m ，在重力作用下沿某一轨迹由位置 M_1 运动到 M_2 ，建立如图 14-3 所示的直角坐标系，应用功的直角坐标表达式，重力在三轴上的投影为

$$x = 0, \quad Y = 0, \quad Z = -mg$$

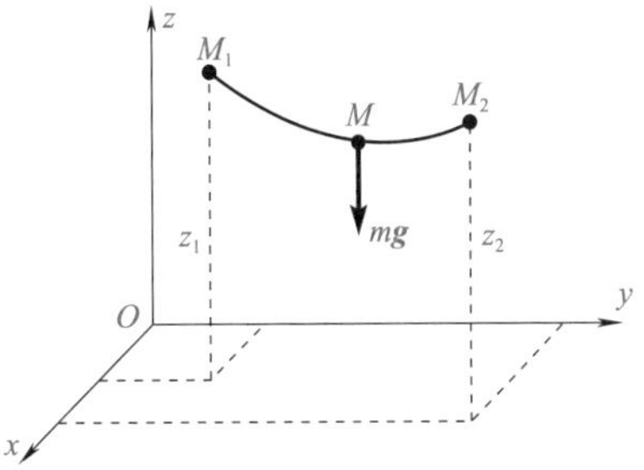

图 14-3

14-3

有
$$W = \int_{z_1}^{z_2} -mg\mathrm{d}z = mg(z_1 - z_2) \tag{14-9}$$

可见，重力的功等于质点的重量与其起始位置和终了位置的高度差的乘积，而与质点运动的路径无关。

重力功的正负：质点下降$(z_1 > z_2)$，重力做正功；质点上升$(z_1 < z_2)$，重力做负功。

(2)质点系的重力功。

$$\begin{aligned} W &= \sum W_i = \sum m_i g(z_{i1} - z_{i2}) = \left(\sum m_i z_{i1} - \sum m_i z_{i2}\right) g \\ &= (MZ_{C1} - MZ_{C2})g = Mg(Z_{C1} - Z_{C2}) \end{aligned} \tag{14-10}$$

式中，M为质点系的总质量；Z_{C1}、Z_{C2}为质点系在始、末位置处Z方向的重心坐标。

可见，**质点系的重力的功，等于质点系的重量与其在始末位置重心的高度差的乘积，而与各质点的路径无关。**

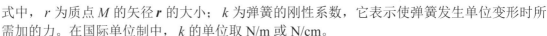

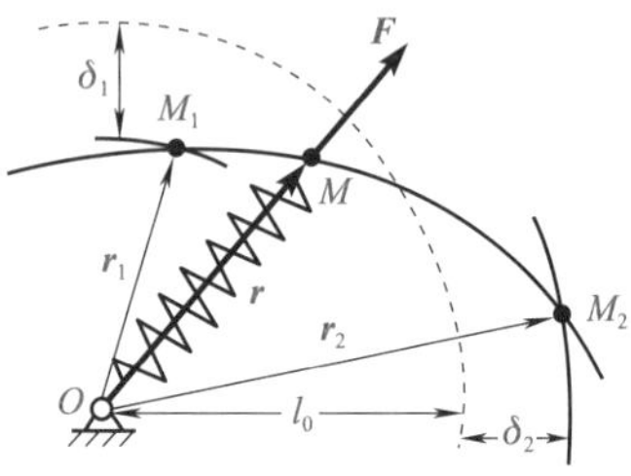

图 14-4

14-4

2)弹性力的功

设质点M在弹性力作用下沿轨迹$\overset{\frown}{M_1M_2}$运动，如图 14-4 所示。

设弹簧原长为l_0，当质点做任意曲线运动时，弹簧将变形，因而对质点作用有弹性力$\boldsymbol{F}$，在弹性极限内，弹性力的大小可由胡克定律确定，即

$$F = k\delta = k(r - l_0)$$

式中，r为质点M的矢径$\boldsymbol{r}$的大小；k为弹簧的刚性系数，它表示使弹簧发生单位变形时所需加的力。在国际单位制中，k的单位取 N/m 或 N/cm。

下面计算质点M沿任意曲线$\overset{\frown}{M_1M_2}$运动时弹性力$\boldsymbol{F}$做的功。

在弹簧的弹性极限内，弹性力$\boldsymbol{F}$的大小与弹簧的变形量δ成正比，方向沿弹簧的轴线恒指向弹簧变形为零的点(弹簧自然位置)。以O为原点，作M点的矢径$\boldsymbol{r}$，$\boldsymbol{r}$的单位矢量用$\boldsymbol{r}_0$表示，则弹性力$\boldsymbol{F}$的矢量表示为

$$\boldsymbol{F} = -k(r - l_0)\boldsymbol{r}_0$$

式中，$\boldsymbol{r}_0 = \dfrac{\boldsymbol{r}}{r}$。当$r > l_0$时弹簧被拉长，弹性力$\boldsymbol{F}$与$\boldsymbol{r}_0$反向；当$r < l_0$时弹簧被压缩，弹性力$\boldsymbol{F}$与$\boldsymbol{r}_0$同向。可见，无论弹簧伸长还是缩短，上式右边恒带负号。

于是，弹性力的功

$$W = \int_{M_1}^{M_2} \boldsymbol{F} \cdot \mathrm{d}\boldsymbol{r} = \int_{M_1}^{M_2} -k(r - l_0)\boldsymbol{r}_0 \cdot \mathrm{d}\boldsymbol{r}$$

因为
$$\boldsymbol{r}_0 \cdot \mathrm{d}\boldsymbol{r} = \frac{\boldsymbol{r}}{r} \cdot \mathrm{d}\boldsymbol{r} = \frac{1}{2r}\mathrm{d}(\boldsymbol{r} \cdot \boldsymbol{r}) = \frac{1}{2r}\mathrm{d}(r^2) = \mathrm{d}r$$

得
$$W = \int_{r_1}^{r_2} -k(r - l_0)\mathrm{d}r = -\int_{r_1}^{r_2} \frac{k}{2}\mathrm{d}(r - l_0)^2 = \frac{k}{2}[(r_1 - l_0)^2 - (r_2 - l_0)^2]$$

或
$$W = \frac{k}{2}(\delta_1^2 - \delta_2^2) \tag{14-11}$$

式中，$\delta_1 = (r_1 - l_0)$、$\delta_2 = (r_2 - l_0)$分别为质点在始末位置时弹簧的变形量。

可见，**弹性力的功只与弹簧的起始变形和终了变形有关，而与质点运动的路径无关。**

3)万有引力的功

设位于固定点O且质量为m_0的质点对于质量为m的质点M的引力为$\boldsymbol{F}$(图 14-5)，则由万有引力公式可知其引力为

$$F = -G\frac{mm_0}{r^2}\boldsymbol{r}_0 = -G\frac{mm_0}{r^3}\boldsymbol{r}$$

式中，G 为万有引力常数（$G = 6.667\times10^{-11}\mathrm{m}^3/\mathrm{kg}\cdot\mathrm{s}^2$）；$r$ 为质点 M 到引力中心 O 的距离，即质点 M 的矢径 $\boldsymbol{r}$ 的大小。当质点从 M_1 运动到 M_2 时，引力 $\boldsymbol{F}$ 所做的功可由功的点积式得

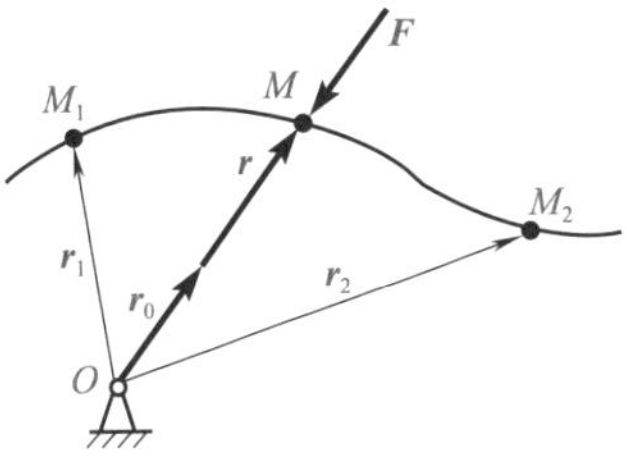

图 14-5

14-5

$$W = \int_{M_1}^{M_2}\boldsymbol{F}\cdot\mathrm{d}\boldsymbol{r} = \int_{r_1}^{r_2}-\frac{Gmm_0}{r^3}\boldsymbol{r}\cdot\mathrm{d}\boldsymbol{r} = \int_{r_1}^{r_2}-\frac{Gmm_0}{r^3}\mathrm{d}\left(\frac{\boldsymbol{r}\cdot\boldsymbol{r}}{2}\right)$$

$$= \int_{r_1}^{r_2}-\frac{Gmm_0}{r^3}\mathrm{d}\left(\frac{r^2}{2}\right) = \int_{r_1}^{r_2}-\frac{Gmm_0}{r^2}\mathrm{d}r = \int_{r_1}^{r_2}Gmm_0\mathrm{d}\left(\frac{1}{r}\right)$$

即
$$W = Gmm_0\left(\frac{1}{r_2}-\frac{1}{r_1}\right) \tag{14-12}$$

可见，万有引力所做的功只与质点始末位置有关，而与路径无关。

4) 作用于转动刚体上的力的功与力偶的功

设在绕 z 轴转动的刚体上的 M 点作用力为 $\boldsymbol{F}$（图 14-6），现计算刚体转过一角度 φ 时力 $\boldsymbol{F}$ 所做的功。

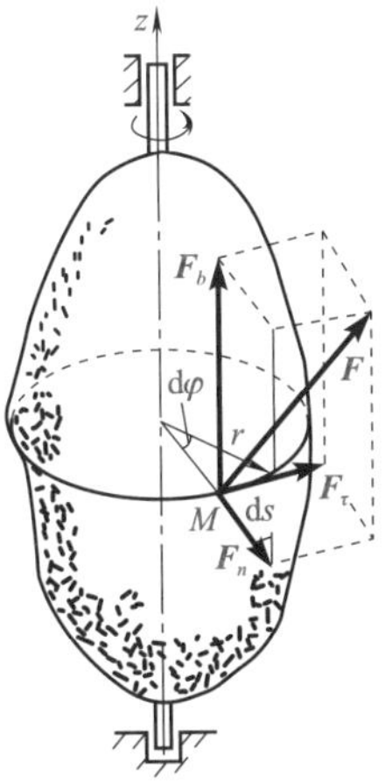

图 14-6

14-6

由于 M 点的轨迹已知，因此将力 $\boldsymbol{F}$ 按自然轴的三个方向分解为 $\boldsymbol{F}_\tau$、$\boldsymbol{F}_n$、$\boldsymbol{F}_b$ 三个正交的分力，若刚体转动一微小转角 $\mathrm{d}\varphi$，则 M 点有一微小路程 $\mathrm{d}s = r\mathrm{d}\varphi$，力 $\boldsymbol{F}$ 在微小路程 $\mathrm{d}s$ 中的元功

$$\delta W = F_\tau\mathrm{d}s = F_\tau r\mathrm{d}\varphi$$

因 $\boldsymbol{F}_n$、$\boldsymbol{F}_b$ 对 z 轴的力矩为零，只有 $\boldsymbol{F}_\tau$ 对 z 轴有矩，记作 $M_z(\boldsymbol{F})$。又有

$$M_z(\boldsymbol{F}) = F_\tau r$$

则元功
$$\delta W = M_z\mathrm{d}\varphi \tag{14-13}$$

当刚体转过一角度 $\varphi = \varphi_2 - \varphi_1$ 时将式(14-13)积分，得力 $\boldsymbol{F}$ 所做的功为

$$W = \int_{\varphi_1}^{\varphi_2}M_z\mathrm{d}\varphi \tag{14-14}$$

如果力偶 m 作用在转动刚体上，而力偶的作用面与转轴 z 垂直时，则力偶所做的功仍可用式(14-14)计算，即

$$W = \int_{\varphi_1}^{\varphi_2}m\mathrm{d}\varphi \tag{14-15}$$

若力偶矩是常量，则式(14-15)可表示为

$$W = m(\varphi_2 - \varphi_1) \tag{14-16}$$

5) 摩擦力的功

(1) 质点摩擦力的功。

设质点 M 的质量为 m，在粗糙的水平面 Oxy 上运动(图 14-7)，受动摩擦力 $\boldsymbol{F}'$ 作用，由于动摩擦力 $\boldsymbol{F}'$ 的方向恒与质点运动的方向相反，所以摩擦力做负功。当质点从 M_1 运动到 M_2 时，摩擦力 $\boldsymbol{F}'$ 所做的功由功的自然形式表达式为

$$W = \int_{\widehat{M_1M_2}}-F_\tau\mathrm{d}S = -\int_{\widehat{M_1M_2}}f'N\mathrm{d}S \tag{14-17}$$

式中，f' 为动滑动摩擦系数，根据动摩擦定律，有 $F' = f'N$。

可见，动摩擦力的功恒为负值，它不仅取决于质点的始末位置，而且还与质点的运动路径有关。

当$N=$常量时，有

$$W=-f'NS \tag{14-18}$$

式中，S为质点运动所经过的路径$\overset{\frown}{M_1M_2}$的曲线长度，而沿不同路径从M_1到M_2所走的曲线长度是不同的。

(2)圆轮沿固定面做纯滚动时滑动摩擦力的功。

设轮的半径为R，因正压力$\boldsymbol{N}$和滑动摩擦力$\boldsymbol{F}$作用在轮的瞬心C上(图 14-8)。由于瞬心的速度为零，所以瞬心的元位移$\mathrm{d}\boldsymbol{r}=\boldsymbol{v}_C\mathrm{d}t=0$，即瞬心没有元位移，则滑动摩擦力不做功，即

$$\delta W=\boldsymbol{F}\cdot\mathrm{d}\boldsymbol{r}=\boldsymbol{F}\cdot\boldsymbol{v}_C\mathrm{d}t=0 \tag{14-19}$$

可见，**刚体沿固定面纯滚动时滑动摩擦力的功恒等于零。**

14-7

14-8

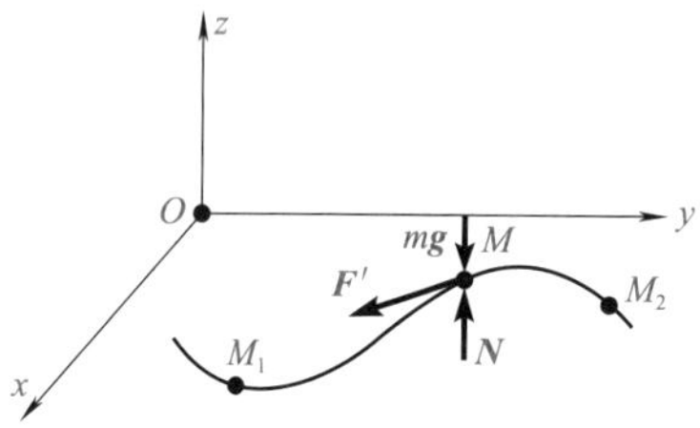

图 14-7

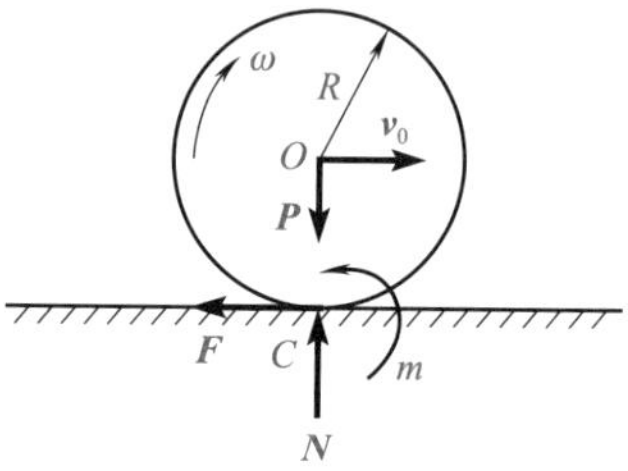

图 14-8

(3)滚动摩擦力偶m的功。

图 14-8 所示圆轮O转过的角度$\varphi=\dfrac{S}{R}$时，若滚动摩擦力偶m为常量，根据常力偶矩功的公式有

$$W=-m\varphi=-m\frac{S}{R} \tag{14-20}$$

可见，**刚体沿固定面纯滚动时滚动摩擦力偶矩的功不为零。**

【例 14-1】 重$W=9.8\text{N}$的物块放在光滑水平槽内，一端与一刚性系数$k=0.5\text{N}/\text{cm}$的弹簧连接，同时被一绕过定滑轮C的绳子拉住(图 14-9(a))，绳的一端以$T_0=20\text{N}$的拉力牵拉，物块在位置A时，弹簧具有拉力 2.5N。当物块从位置A运动到B时，试求作用于物块上的所有力的功之和。

14-9

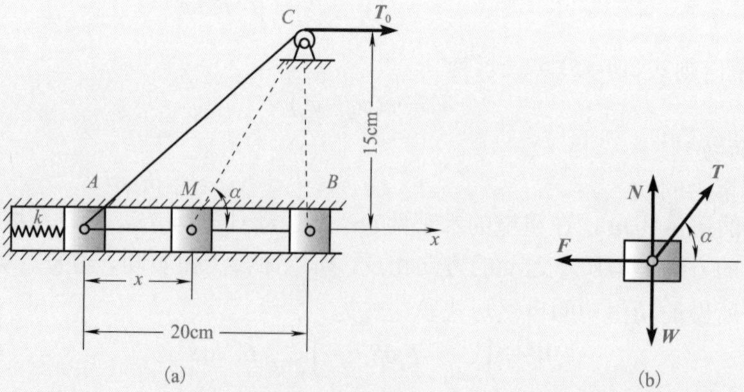

图 14-9

解　取物块为研究对象，在任一瞬时，设物块在 M 处距 A 点距离为 x，其受力如图 14-9(b) 所示，做功的力只有弹性力 $\boldsymbol{F}$ 和绳子拉力 $\boldsymbol{T}$。$\boldsymbol{N}$、$\boldsymbol{W}$ 不做功。

设 δ_1、δ_2 分别为物块在位置 A、B 时弹簧的变形量，即

$$\delta_1=\frac{F}{k}=\frac{2.5}{0.5}=5(\mathrm{cm}),\quad \delta_2=5+20=25(\mathrm{cm})$$

弹性力 $\boldsymbol{F}$ 在该路程中的功为

$$W_F=\frac{1}{2}k(\delta_1^2-\delta_2^2)=\frac{1}{2}\times0.5\times(5^2-25^2)=-150(\mathrm{N\cdot cm})$$

拉力 $\boldsymbol{T}$ 与 x 轴的夹角余弦为

$$\cos\alpha=\frac{20-x}{\sqrt{(20-x)^2+15^2}}$$

拉力 $\boldsymbol{T}$ 在该路程中的功为

$$W_T=\int_0^{20}T\cos\alpha\mathrm{d}x=\int_0^{20}20\cdot\frac{20-x}{\sqrt{(20-x)^2+15^2}}\mathrm{d}x$$

$$=20\left[-\sqrt{(20-x)^2+15^2}\right]_0^{20}=200(\mathrm{N\cdot cm})$$

物块由位置 A 平动到 B 时作用于物块上的所有力的功之和为

$$W=\sum W_i=W_F+W_T=-150+200=50(\mathrm{N\cdot cm})$$

【例 14-2】　如图 14-10 所示，与弹簧相连的滑块 M 可沿固定的光滑圆环滑动，圆环和弹簧都在同一铅直平面内，已知滑块 M 的重量 $P=100\mathrm{N}$，圆环的半径 $R=10\mathrm{cm}$，弹簧原长 $l_0=15\mathrm{cm}$，弹簧常数 $k=400\mathrm{N/m}$，求滑块从位置 C 运动到位置 B 的过程中，滑块上各力所做的总功。

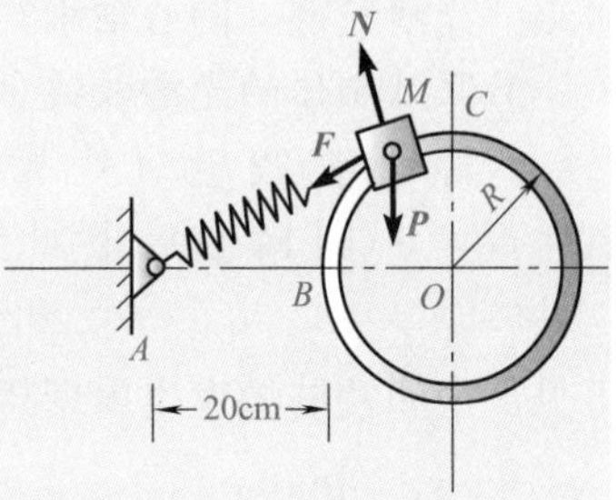

图 14-10

14-10

解　以滑块 M 为研究对象，画受力图如图 14-10 所示，重力 $\boldsymbol{P}$，弹性力 $\boldsymbol{F}$，反力 $\boldsymbol{N}$。

计算滑块由 C 到 B 位置时的重力及弹性力的功为

$$W_P=Ph=100\times0.1=10(\mathrm{J}),\quad W_k=\frac{k}{2}(\delta_1^2-\delta_2^2)$$

式中，$\delta_1=AC-l_0=\sqrt{(AO)^2+(OC)^2}-l_0=\sqrt{(0.3)^2+(0.1)^2}-0.15=0.166(\mathrm{m})$；$\delta_2=AB-l_0=0.2-0.15=0.05(\mathrm{m})$。将 δ_1、δ_2 代入 W_k 中得

$$W_k=5\mathrm{J}$$

滑块 M 上各力的总功为

$$W=W_P+W_F=10+5=15(\mathrm{J})$$

3. 质点系的内力功

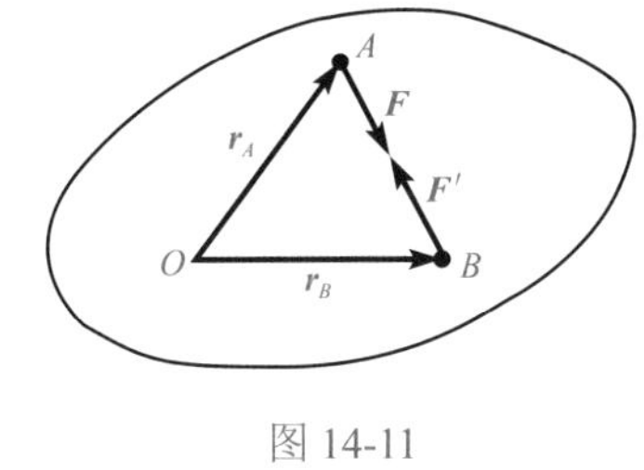

图 14-11

设质点系中任意两质点 A、B 之间相互作用力为 $\boldsymbol{F}$ 及 $\boldsymbol{F}'$（图 14-11），由牛顿第三定律有 $\boldsymbol{F}=-\boldsymbol{F}'$。当质点 A 及 B 分别发生位移 $\mathrm{d}\boldsymbol{r}_A$ 及 $\mathrm{d}\boldsymbol{r}_B$ 时，内力 $\boldsymbol{F}$、$\boldsymbol{F}'$ 的元功之和为

14-11

$$\delta W=\boldsymbol{F}\cdot\mathrm{d}\boldsymbol{r}_A+\boldsymbol{F}'\cdot\mathrm{d}\boldsymbol{r}_B=\boldsymbol{F}\cdot\mathrm{d}\boldsymbol{r}_A-\boldsymbol{F}\cdot\mathrm{d}\boldsymbol{r}_B$$

$$=\boldsymbol{F}\cdot(\mathrm{d}\boldsymbol{r}_A-\mathrm{d}\boldsymbol{r}_B)=\boldsymbol{F}\cdot\mathrm{d}(\boldsymbol{r}_A-\boldsymbol{r}_B)=\boldsymbol{F}\cdot\mathrm{d}(\overrightarrow{BA})$$

式中，$\mathrm{d}(\overrightarrow{BA})$ 是矢量 $\overrightarrow{BA}$ 的改变量，包括大小、方向的改变。总之，只要 A、B 两点间的距离保持不变，内力的元功和就等于零，即 $\mathrm{d}(\overrightarrow{BA})=0$。任意两质点之间距离始终不变的质点系称为不变质点系，而不变质点系的内力功之和都为零，因此刚体的内力功之和应恒等于零，不可伸长的绳索的内力功之和为零。

由上式可知，若质点系内质点间的距离发生变化，则 $\mathrm{d}(\overrightarrow{BA})\neq 0$，一般情况下可变质点系的内力功之和并不等于零。例如，蒸汽机车汽缸中的蒸汽压力，自行车刹车时闸块对钢圈作用的摩擦力，对机车或自行车来说，都是内力，它们的功之和都不等于零，所以才能使机车加速运动，使自行车减慢到停止运动。

4. 理想约束反力的功

约束反力元功为零或元功之和为零的约束称为理想约束。

1) 光滑固定面约束

因为光滑固定支承面的约束反力沿支承面的法线，始终与该力作用点的微小位移垂直(图 14-12)，故元功

$$\delta W^{(N)}=\boldsymbol{N}\cdot\mathrm{d}\boldsymbol{r}=0$$

可见，光滑固定面约束为理想约束。

2) 向心轴承与活动铰支座

由于它们的约束反力的方向始终与元位移方向垂直(图 14-13)，因此元功为

$$\delta W^{(N)}=\boldsymbol{N}\cdot\mathrm{d}\boldsymbol{r}=0$$

可见，光滑铰链、向心轴承约束为理想约束。

3) 联结刚体的光滑铰链(中间铰链与固定铰支座)

两刚体在铰链 A 处相互作用的约束反力 $\boldsymbol{N}$ 和 $\boldsymbol{N}'$ 大小相等，方向相反，即 $\boldsymbol{N}+\boldsymbol{N}'=0$ (图 14-14)，因此元功为

$$\delta W^{(N)}=\boldsymbol{N}\cdot\mathrm{d}\boldsymbol{r}+\boldsymbol{N}'\cdot\mathrm{d}\boldsymbol{r}=(\boldsymbol{N}+\boldsymbol{N}')\cdot\mathrm{d}\boldsymbol{r}=0$$

可见，中间铰链约束也属理想约束。

14-12～14-14

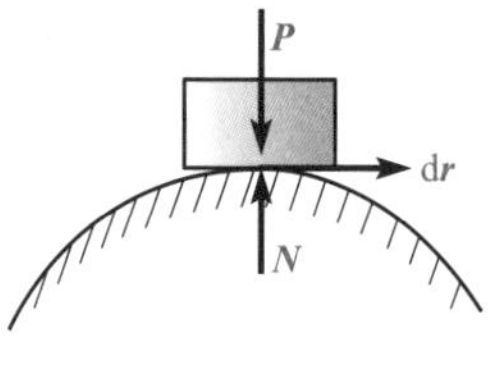

图 14-12

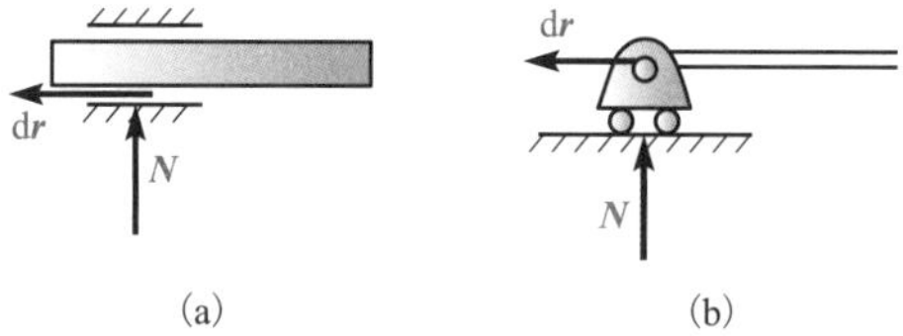

(a) (b)

图 14-13

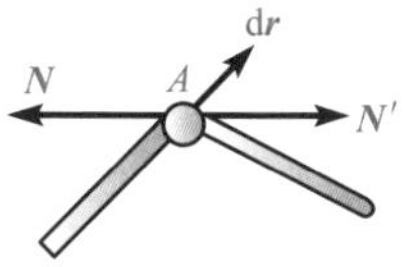

图 14-14

4) 柔索约束(不可伸长的绳索)

柔索仅在拉紧时才受力，对任何一段拉紧的绳子来说，都像刚杆一样，其内部拉力的元功之和恒等于零。

14.1.2 功率

为了表明力做功的快慢，常常需要计算在单位时间内力所做的功即功率，用 N 表示。即

$$N=\frac{\delta W}{\mathrm{d}t} \tag{14-21}$$

由式(14-21)可见，因为功是代数量，所以功率也是代数量，且具有瞬时性，对机器来说，功率是衡量机器工作能力的一个重要指标。

1. **以力和速度表示功率**

$$N=\frac{\delta W}{\mathrm{d}t}=\frac{\boldsymbol{F}\cdot\mathrm{d}\boldsymbol{r}}{\mathrm{d}t}=\boldsymbol{F}\cdot\boldsymbol{v}=F_{\tau}v \tag{14-22}$$

可见，功率等于切向力与力作用点速度的乘积。当功率一定时，F_τ 越大，则 v 越小；反之，F_τ 越小，则 v 越大。例如，汽车上坡时，需要较大的牵引力，驾驶员就使用低速挡，使汽车的速度减小，以便在功率一定的情况下产生较大的牵引力。

2. **以力矩和角速度表示功率**

作用于转动刚体上的转矩为 M_z 的功率，即

$$N=\frac{\delta W}{\mathrm{d}t}=M_z\frac{\mathrm{d}\varphi}{\mathrm{d}t}=M_z\omega \tag{14-23}$$

可见，作用在转动刚体上的转矩的功率等于转矩与刚体角速度的乘积。

功率的量纲为

$$[\text{功率}]=[\text{力}][\text{速度}]=[\mathrm{F}][\mathrm{L}][\mathrm{T}]^{-1}=[\mathrm{M}][\mathrm{L}]^2[\mathrm{T}]^{-3}$$

在国际单位制中，每秒钟所做的功等于 1 焦耳，称为 1 瓦特(W)，即

$$1\mathrm{W}=1\mathrm{J/s}=1\mathrm{N\cdot m/s}=1\mathrm{kg\cdot m^2/s^3}$$

【例 14-3】 图 14-15 所示的胶带输送机，将 2×10^6 kg 的矿石由 A 处输送到 B 处需用 8 小时，胶带速度为 0.75m/s。求用于克服矿石重力所消耗的功率。

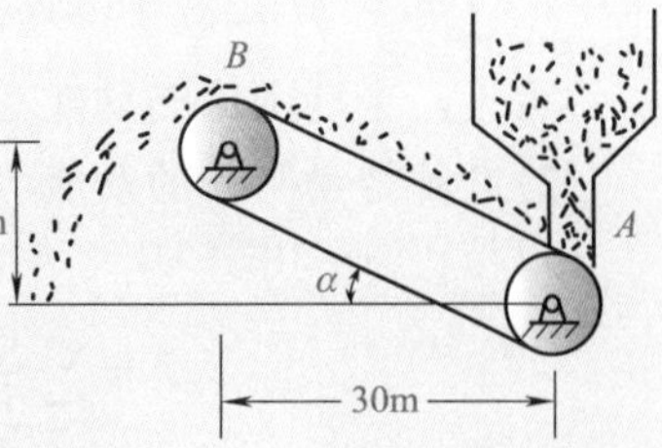

图 14-15

解　输送机输送矿石要克服重力做有用功，故需首先求出矿石的重力。

每秒钟输送的质量为

$$\mu=\frac{2\times10^6}{8\times3600}=69.4(\mathrm{kg/s})$$

矿石由 A 输送到 B 所需时间为

$$t=\frac{AB}{v}=\frac{\sqrt{30^2+1^2}}{0.75}=40(\mathrm{s})$$

由 A 到 B 胶带上矿石的重力为

$$P=9.8\mu t=9.8\times69.4\times40=27204.8(\mathrm{N})$$

输送矿石所需的功率为

$$N=Fv=P\sin\alpha\cdot v=27204.8\times\frac{1}{\sqrt{30^2+1^2}}\times0.75=680.6(\mathrm{W})$$

14.2　动　　能

物体的动能是由于物体运动而具有的能量，是机械运动强弱的又一种度量。

1. **质点的动能**

设质点的质量为 m，在某一瞬时的速度为 v，则质点的动能为

$$T=\frac{1}{2}mv^2 \tag{14-24}$$

可见，动能是瞬时量，是一个与速度方向无关的正标量，它的量纲是

$$[\text{质量}][\text{速度}]^2 = [\mathrm{M}][\mathrm{L}]^2[\mathrm{T}]^{-2}$$

即动能与功的量纲相同，因而单位也相同，也为 J。

2. **质点系的动能**

质点系内的各质点的动能的总和称为质点系的动能，即

$$T = \sum \frac{1}{2} m_i v_i^2 \tag{14-25}$$

式中，m_i、v_i 分别表示质点系中任一质点 M_i 的质量和速度的大小。

3. **刚体的动能**

由于刚体的运动形式不同时，体内各点速度分布亦不相同。下面按刚体不同的运动形式分析其相应动能表达式。

1) 平动刚体的动能

当刚体平动时，刚体内各点的速度都与质心的速度相同，于是平动刚体的动能为

$$T = \sum \frac{1}{2} m_i v_i^2 = \frac{1}{2}\left(\sum m_i\right) v^2 = \frac{1}{2} M v^2 = \frac{1}{2} M v_C^2 \tag{14-26}$$

式中，$\sum m_i = M$ 是整个刚体的质量；v_C 为刚体质心的速度。

可见，平动刚体的动能等于其质心的速度平方与总质量乘积的一半。

2) 定轴转动刚体的动能

设与转轴 z 相距为 r_i、质量为 m_i 的质点的速度为 $v_i = r_i \omega$。于是定轴转动刚体的动能为

$$T = \sum \frac{1}{2} m_i v_i^2 = \sum \frac{1}{2} m_i r_i^2 \omega^2 = \frac{1}{2}(\sum m_i r_i^2)\omega^2 = \frac{1}{2} I_z \omega^2 \tag{14-27}$$

式中，$\sum m_i r_i^2 = I_z$ 是刚体对转轴 z 的转动惯量。因此，绕定轴转动刚体的动能，等于刚体对转动轴的转动惯量与角速度平方乘积的一半。

3) 平面运动刚体的动能

刚体做平面运动时，可视为绕速度瞬心 C' 的瞬时转动，其动能表达式为

$$T = \frac{1}{2} I_{C'} \omega^2 \tag{14-28}$$

式中，$I_{C'}$ 是刚体对于瞬时轴的转动惯量；ω 是刚体的角速度。因平面运动刚体的速度瞬心位置随时间而变化，因此 $I_{C'}$ 随时间而变化，用该式计算动能不太方便。通常情况下，刚体过质心 C 的转动惯量 I_C 是已知的不变量，根据转动惯量的平行轴定理，有

$$I_{C'} = I_C + M d^2$$

式中，d 为质心 C 到瞬心 C' 的两平行轴之间的距离(图 14-16)；M 为刚体的质量。代入式(14-28)中，有

$$T = \frac{1}{2}(I_C + M d^2)\omega^2 = \frac{1}{2} I_C \omega^2 + \frac{1}{2} M (d^2 \omega^2)$$

式中，$d\omega = v_C$，是质心 C 的速度的大小，于是得

$$T = \frac{1}{2} M v_C^2 + \frac{1}{2} I_C \omega^2 \tag{14-29}$$

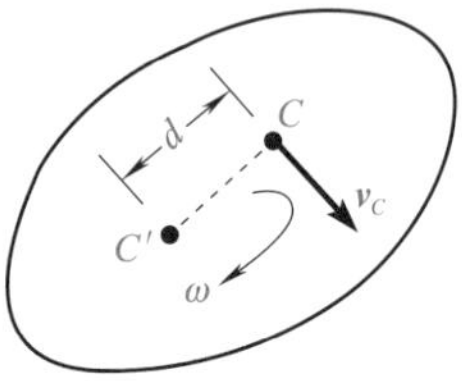

图 14-16

可知平面运动刚体的动能等于随质心平动的动能与绕质心转动的动能之和。

【例 14-4】 图 14-17 所示杆 OA 绕水平轴 O 转动，质量为 2kg 的套筒 M 按规律 $S = 2t^2$(m) 沿杆滑动，当转角 $\varphi = 2t$(rad) 时，试求 $t = 2$s 时套筒 M 的动能。

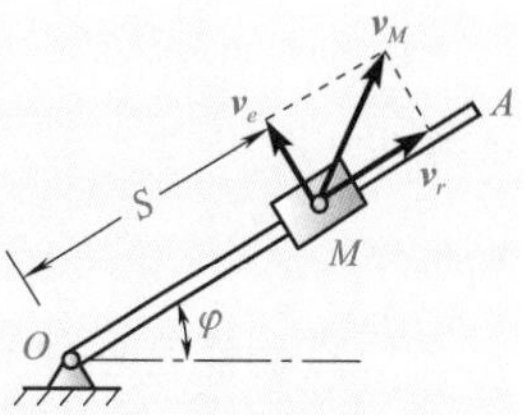

图 14-17

14-17

解 套筒 M 参与合成运动，求 M 的动能需先求套筒的绝对速度。

取套筒 M 为动点，动系固连于杆 OA 上，根据点的速度合成定理，有

$$\boldsymbol{v}_M = \boldsymbol{v}_e + \boldsymbol{v}_r$$

当 $t = 2$s 时，$S = 8$m；$\dot{S} = 4t = 8$m/s；$\dot{\varphi} = 2$rad/s。作速度平行四边形(图 14-17)，则

$$v_r = \dot{S} = 8\text{m/s}, \quad v_e = S \cdot \dot{\varphi} = 16\text{m/s}$$

求得套筒 M 的速度

$$v_M = \sqrt{v_r^2 + v_e^2} = \sqrt{320}\text{m/s}$$

套筒 M 的动能

$$T = \frac{1}{2}Mv_M^2 = \frac{1}{2} \times 2 \times 320 = 320(\text{J})$$

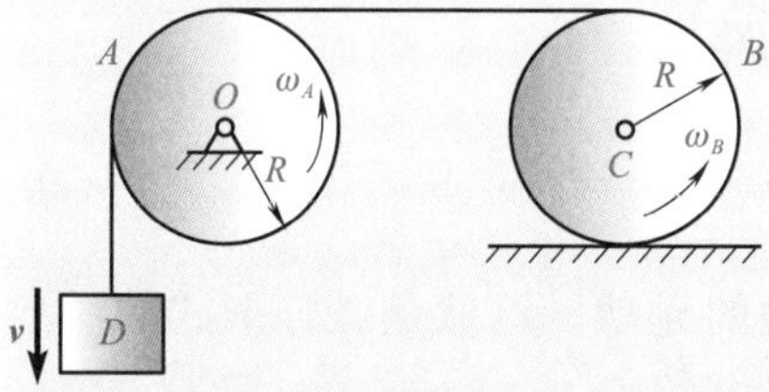

图 14-18

【例 14-5】 图 14-18 所示系统，均质圆盘 A、B 各重 $\boldsymbol{P}$，半径均为 R，盘 A 做定轴转动，盘 B 沿水平面做纯滚动，且两圆盘中心在同一水平线上。重物 D 重 Q，在图示瞬时的速度为 v。绳重不计，求此时系统的动能。

14-18

解 分别求 A、B、D 三物体的动能，其总和为系统的动能。

根据运动学关系可求得盘 A 的角速度 $\omega_A = \dfrac{v}{R}$，盘 B 的角速度为 $\omega_b = \dfrac{v}{2R}$，盘 B 的质心速度 $v_C = \dfrac{v}{2}$。

重物 D 做平动，其动能 T_1 由式(14-26)计算得

$$T_1 = \frac{1}{2}\frac{Q}{g}v^2$$

盘 A 做定轴转动，其动能 T_2 由式(14-27)计算得

$$T_2 = \frac{1}{2}I_0\omega_A^2 = \frac{1}{2}\left(\frac{1}{2}\frac{P}{g}R^2\right)\left(\frac{v}{R}\right)^2 = \frac{P}{4g}v^2$$

盘 B 做平面运动，其动能 T_3 由式(14-29)计算得

$$T_3 = \frac{1}{2}\frac{P}{g}\left(\frac{v}{2}\right)^2 + \frac{1}{2}\left(\frac{1}{2}\frac{P}{g}R^2\right)\left(\frac{v}{2R}\right)^2 = \frac{3P}{16g}v^2$$

则系统的动能

$$T = T_1 + T_2 + T_3 = \frac{Q}{2g}v^2 + \frac{P}{4g}v^2 + \frac{3}{16}\frac{P}{g}v^2 = \frac{v^2}{2g}\left(Q + \frac{7}{8}P\right)$$

14.3 动 能 定 理

质点动能定理建立了质点的动能与其上作用力的功的关系。

14.3.1 质点的动能定理

设质量为m的质点M在合力$\boldsymbol{F}$作用下，沿曲线运动(图 14-19)。由动力学基本方程，有

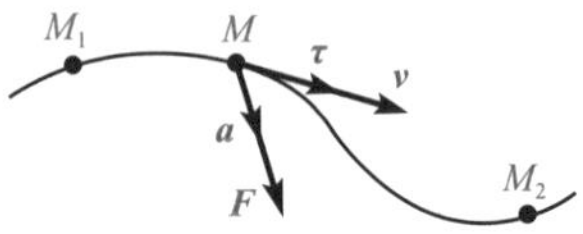

图 14-19

$$m\frac{\mathrm{d}\boldsymbol{v}}{\mathrm{d}t}=\boldsymbol{F} \quad 或 \quad \frac{\mathrm{d}}{\mathrm{d}t}(m\boldsymbol{v})=\boldsymbol{F}$$

将上式两边分别点乘$\mathrm{d}\boldsymbol{r}=\boldsymbol{v}\mathrm{d}t$，得到

$$\frac{\mathrm{d}}{\mathrm{d}t}(m\boldsymbol{v})\cdot\boldsymbol{v}\mathrm{d}t=\boldsymbol{F}\cdot\mathrm{d}\boldsymbol{r}$$

上式等号右端为$\boldsymbol{F}$在$\mathrm{d}\boldsymbol{r}$上的元功δW，左端可改写为

$$\frac{\mathrm{d}}{\mathrm{d}t}(m\boldsymbol{v})\cdot\boldsymbol{v}\mathrm{d}t=\frac{m}{2}\mathrm{d}(\boldsymbol{v}\cdot\boldsymbol{v})=\mathrm{d}\left(\frac{1}{2}mv^2\right)$$

得

$$\mathrm{d}\left(\frac{1}{2}mv^2\right)=\delta W \tag{14-30}$$

式(14-30)表明，质点动能的微分等于作用于质点上的力的元功。这就是微分形式的质点的动能定理。

将式(14-30)沿路径$\overset{\frown}{M_1M_2}$积分，有

$$\int_{v_1}^{v_2}\mathrm{d}\left(\frac{1}{2}mv^2\right)=\int_{M_1}^{M_2}\delta W$$

得

$$\frac{1}{2}mv_2^2-\frac{1}{2}mv_1^2=W \tag{14-31}$$

式(14-31)表明，在任一段路程中，质点动能的变化，等于作用于质点上的力在该路程上所做的功。这就是积分形式的质点动能定理。

【例 14-6】 图 14-20 所示系统，质量为 30kg 的套筒，套在光滑的铅直杆上，并与一弹簧常数为 89.6kN/m 的弹簧连接，同时受不变力$\boldsymbol{Q}$作用，$Q=250\text{N}$，已知套筒在位置A时弹簧没有变形，求套筒从位置A无初速地下降 12.5cm 经过位置B时的速度。

14-20

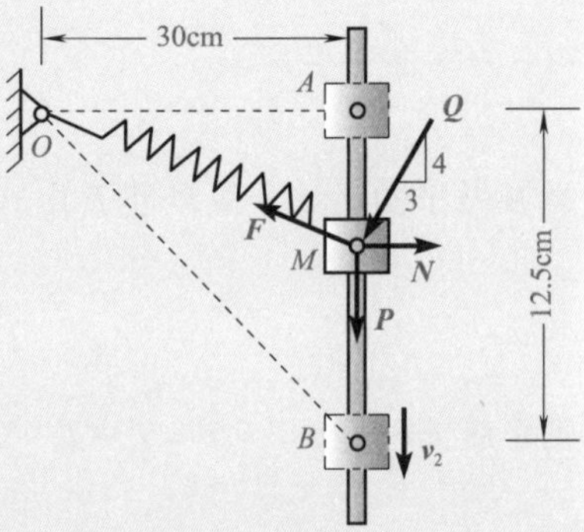

图 14-20

解 取套筒为研究对象。作用于套筒上的力有重力$\boldsymbol{P}$、常力$\boldsymbol{Q}$、弹性力$\boldsymbol{F}$和反力$\boldsymbol{N}$(图 14-20)，用动能定理求解。

$$T_2-T_1=\sum W \tag{1}$$

套筒在初位置A时$v_1=0$，弹簧变形量$\delta_1=0$，弹簧原长$l_0=OA=30\text{cm}$，套筒在终了位置B时，设其末速度为v_2，$\delta_2=\sqrt{(OA)^2+(AB)^2}-OA=0.025\text{m}$。

套筒由A到B的路程上所做的功如下：

重力功 $$W_P = Ph = 30\times 9.8\times 0.125 = 36.75(\text{J})$$

常力功 $$W_Q = Q\cos\alpha\cdot S = 250\times\frac{4}{5}\times 0.125 = 25(\text{J})$$

弹力功 $$W_F = \frac{1}{2}k(\delta_1^2-\delta_2^2) = \frac{1}{2}\times 89600[0^2-(0.025)^2] = -28(\text{J})$$

合力功 $$W = 36.75+25-28 = 33.75(\text{J})$$

套筒在位置 A 时，有 $$T_1 = \frac{1}{2}mv_1^2 = 0$$

套筒在位置 B 时，有 $$T_2 = \frac{1}{2}mv_2^2$$

将上述关系代入动能定理式(1)，有

$$\frac{1}{2}\times 30\times {v_2}^2 - 0 = 33.75$$

得套筒在 B 位置时，$v_2 = 1.5\text{m/s}$。

14.3.2 质点系的动能定理

设有 n 个质点组成的质点系，其中任一质点 M_i 的质量为 m_i，速度为 v_i，根据质点动能定理的微分形式，有

$$\mathrm{d}\left(\frac{1}{2}m_i v_i^2\right) = \delta W_i$$

式中，δW_i 为作用在第 i 个质点上所有力做的元功之和。对于质点系内每一质点都可写出类似的方程，将 n 个方程相加，得

$$\sum\mathrm{d}\left(\frac{1}{2}m_i v_i^2\right) = \sum\delta W_i$$

或 $$\mathrm{d}\sum\frac{1}{2}m_i v_i^2 = \sum\delta W_i$$

即 $$\mathrm{d}T = \sum\delta W_i \tag{14-32}$$

式中，T 为质点系的动能，即 $T = \sum\frac{1}{2}m_i v_i^2$。该式表明：**质点系动能的微分，等于作用于质点系上所有力的元功之和**。这就是微分形式的质点系动能定理。

将式(14-32)沿路径 $\widehat{M_1M_2}$ 积分，得

$$T_2 - T_1 = \sum W \tag{14-33}$$

式(14-33)表明：**质点系在某一段路程中的始末位置动能的改变量等于作用于质点系上所有的力在相应路程中所做功的和**。这就是积分形式的质点系动能定理。

下面将根据作用于质点系上力系的特点，把力的功按不同的方法分类：一种是把功分为内力、外力的功；另一种是把功分为主动力、约束反力的功，动能定理将得出不同的形式。

按内外力分类：设 $\sum\delta W^{(e)}$、$\sum\delta W^{(i)}$ 分别表示作用于质点系上所有外力的元功之和及所有内力的元功之和，即

$$\sum\delta W = \sum\delta W^{(e)} + \sum\delta W^{(i)}$$

质点系的动能定理可写成

$$dT = \sum \delta W^{(e)} + \sum \delta W^{(i)}, \quad T_2 - T_1 = \sum W^{(e)} + \sum W^{(i)}$$

由前面的质点系内力功的讨论知，除刚体、不可伸长的柔索的内力功之和为零外，一般情况下，可变质点的内力功之和不为零。

由于在一般情况下，内力的功之和不一定等于零，并且内力功不易计算，所以将力系做的功按内外力分类不方便，通常将作用于质点系的力按主动力和约束反力分类，即写成

$$dT = \sum \delta W^{(F)} + \sum \delta W^{(N)}, \quad T_2 - T_1 = \sum W^{(F)} + \sum W^{(N)}$$

在理想约束 ($\sum W^{(N)} = 0$) 的条件下，质点系的动能定理便可写成

$$dT = \sum \delta W^{(F)}, \quad T_2 - T_1 = \sum W^{(F)} \tag{14-34}$$

即具有理想约束的质点系，在由初始位置运动到终了位置时其动能的改变等于作用于质点系上所有主动力在该路程中所做的功之和。

【例 14-7】 如图 14-21 所示，弹簧原长 $l_0 = 0.5\text{m}$，弹簧常数 $k = 50\text{N/m}$，已知杆在水平位置 AB_1 时的角速度 $\omega_1 = 2\text{rad/s}$，杆重 $P = 100\text{N}$，求杆经过铅直位置 AB_2 时的角速度。

解 研究 AB 杆，AB 杆做定轴转动，受力如图 14-21 所示，考虑杆由水平位置运动到铅直位置这一过程，用动能定理求解。

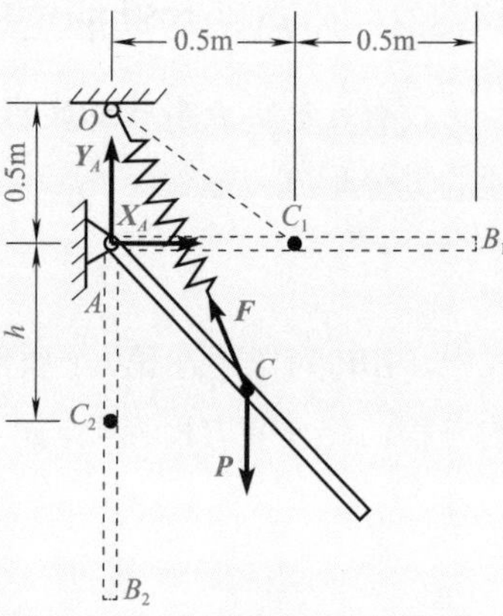

图 14-21

14-21

(1) 求杆由位置 AB_1 到 AB_2 这一过程的功。

弹簧在始末位置变形量

$$\delta_1 = OC_1 - l_0 = \sqrt{0.5^2 + 0.5^2} - 0.5 = 0.207(\text{m})$$

$$\delta_2 = OC_2 - l_0 = (0.5 + 0.5) - 0.5 = 0.5(\text{m})$$

弹力功：
$$W_F = \frac{1}{2}k(\delta_1^2 - \delta_2^2) = \frac{1}{2} \times 50[(0.207)^2 - (0.5)^2] = -5.18(\text{J})$$

重力功：
$$W_P = Ph = 100 \times 0.5 = 50(\text{J})$$

系统总功：$\sum W = W_F + W_P = -5.18 + 50 = 44.82(\text{J})$

(2) AB 杆的动能。

水平位置：$T_1 = \frac{1}{2} I_A \omega_1^2 = \frac{1}{2} \times \frac{1}{3}\frac{P}{g} l^2 \omega_1^2 = \frac{1}{6} \times \frac{100}{9.8} \times 1^2 \times 2^2 = 6.8(\text{J})$

铅垂位置：$T_2 = \frac{1}{2} I_A \omega_2^2 = \frac{1}{6} \times \frac{100}{9.8} \times 1^2 \times \omega_2^2 = 1.7\omega_2^2$

将上述各量代入动能定理 $T_2 - T_1 = \sum W$ 中，有

$$1.7\omega_2^2 - 6.8 = 44.82$$

得杆经过铅直位置时角速度为

$$\omega_2 = 5.51\text{rad/s} \quad (\text{顺时针})$$

【例 14-8】 匀质杆 AB 重 G，长 l，一端靠墙，一端沿地面滑动，如图 14-22 所示。设开始时，杆在铅垂位置，初速度为零。不计摩擦阻力。求杆运动到图示位置时的角速度、角加速度。

解 研究杆 AB，受力如图 14-22 所示，AB 杆做平面运动。杆由铅垂位置到夹角为 θ 位置这一运动过程用动能定理求解。

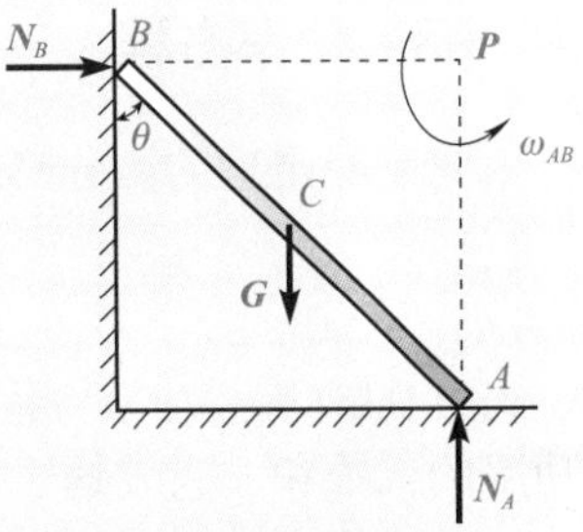

图 14-22

14-22

AB 杆的速度瞬心在 P 点(图 14-22)，其转动惯量为

$$I_P = I_C + m\cdot CP^2 = \frac{1}{12}ml^2 + m\left(\frac{l}{2}\right)^2 = \frac{1}{3}ml^2$$

杆在铅垂位置时，有 $T_1 = 0$；

杆与铅垂夹角为 θ 时，有 $T_2 = \frac{1}{2}\left(\frac{1}{3}ml^2\right)\omega^2$；

重力功 $W_G = G\cdot\frac{l}{2}(1-\cos\theta)$；

将上述各量代入动能定理 $T_2 - T_1 = \sum W$，有

$$\frac{1}{2}\left(\frac{1}{3}ml^2\right)\omega^2 - 0 = G\cdot\frac{l}{2}(1-\cos\theta) \tag{1}$$

解得

$$\omega = \sqrt{\frac{3g}{l}(1-\cos\theta)}$$

将式(1)对 t 求导得

$$\frac{1}{2}\left(\frac{1}{3}ml^2\right)2\omega\frac{\mathrm{d}\omega}{\mathrm{d}t} = G\cdot\frac{l}{2}\cdot\sin\theta\frac{\mathrm{d}\theta}{\mathrm{d}t}$$

解得

$$\varepsilon = \frac{3g}{2l}\sin\theta$$

【例 14-9】 图 14-23 所示系统，均质圆柱体的轮子半径为 r，质量为 m_1。连杆 AB 长为 l，质量为 m_2，可视为均质细杆。滑块 A 质量为 m_3，沿铅垂光滑导轨滑动。滑块在最高位置($\theta = 0$)受到微小挠动后，从静止开始运动。求当滑块到达最低位置时轮子的角速度。(各处摩擦不计)

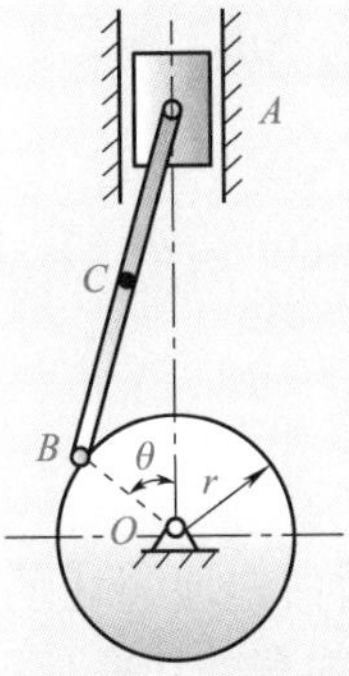

图 14-23

14-23

解　选取轮子、连杆、滑块组成的系统为研究对象，轮子做定轴转动，滑块做平动，连杆做平面运动。滑块由最高位置到最低位置这一过程中的运动量用动能定理求解。

系统属于约束反力不做功的理想情况，因此只有主动力做功，有

$$\sum W^{(F)} = W_{m_2} + W_{m_3} = m_2 g\cdot 2r + m_3 g\cdot 2r = (m_2 + m_3)2rg$$

系统在最高位置时，有 $T_1 = 0$；

系统在最低位置时，有 $T_2 = \frac{1}{2}I_0\omega^2 + \left[\frac{1}{2}m_2 v_C^2 + \frac{1}{2}I_C\omega_{AB}^2\right] + \frac{1}{2}m_3 v_A^2$；

当滑块到达最低位置时，AB 杆的速度瞬心在滑块 A 处，系统运动学量关系为

$$\omega_{AB} = \frac{v_B}{AB} = \frac{r\omega}{l},\quad v_C = \omega_{AB}\cdot\frac{l}{2} = \frac{r\omega}{l}\cdot\frac{l}{2} = \frac{1}{2}r\omega,\quad v_A = 0$$

因此

$$T_2 = \frac{1}{2}\times\frac{1}{2}m_1 r^2\omega^2 + \frac{1}{2}m_2\times\left(\frac{1}{2}r\omega\right)^2 + \frac{1}{2}\times\frac{1}{12}m_2 l^2\left(\frac{r\omega}{l}\right)^2 = \left(\frac{1}{4}m_1 + \frac{1}{6}m_2\right)r^2\omega^2$$

将上述关系代入 $T_2 - T_1 = \sum W^{(F)}$ 中有

$$\left(\frac{1}{4}m_1 + \frac{1}{6}m_2\right)r^2\omega^2 - 0 = (m_2 + m_3)2rg$$

解得

$$\omega = 2\sqrt{\frac{6g(m_2 + m_3)}{(3m_1 + 2m_2)r}}$$

14.3.3 功率方程

将动能定理的微分形式 $\mathrm{d}T=\sum\delta W$ 的两边同除以 $\mathrm{d}t$，得

$$\frac{\mathrm{d}T}{\mathrm{d}t}=\sum\frac{\delta W}{\mathrm{d}t}\qquad 即\qquad \frac{\mathrm{d}T}{\mathrm{d}t}=\sum N \tag{14-35}$$

式(14-35)称为功率方程，即**质点系的动能对时间的一阶导数，等于作用于质点系所有力的功率的代数和**。它表达了质点系动能的变化率与作用在该质点系上各力的功率之间的关系。

功率方程常用来研究机器的能量变化和转化问题。作用于机器上的主动力的功率是正值，称为**输入功率**($N_{输入}$)，如发动机转矩的功率为输入功率。机器加工工件克服阻力所输出的必要的功率是负值，称为**有用功率**($N_{有用}$)，如车床切削工件，切削阻力对机器做负功。另外，由于带传动，齿轮传动和轴承与轴之间都有摩擦，并相互碰撞，会发热、发声，也要损失一部分功率，这些功率都是负值，称为**无用功率**($N_{无用}$)。

每部机器的功率都可分为上述三部分，把它们代入式(14-35)得

$$\frac{\mathrm{d}T}{\mathrm{d}t}=N_{输入}-N_{有用}-N_{无用} \tag{14-36}$$

$$N_{输入}=N_{有用}+N_{无用}+\frac{\mathrm{d}T}{\mathrm{d}t} \tag{14-37}$$

可见，对系统输入的功率等于有用功率、无用功率和系统动能的变化率之和，它表明了 $N_{输入}$、$N_{输出}$ 与机械运动的关系。

启动阶段(加速)：　$\frac{\mathrm{d}T}{\mathrm{d}t}>0$，即　$N_{输入}>N_{有用}+N_{无用}$

制动阶段(减速)：　$\frac{\mathrm{d}T}{\mathrm{d}t}<0$，即　$N_{输入}<N_{有用}+N_{无用}$

稳定阶段(匀速)：　$\frac{\mathrm{d}T}{\mathrm{d}t}=0$，即　$N_{输入}=N_{有用}+N_{无用}$ (功率方程)

14.3.4 机械效率

由于机器运行时的摩擦、碰撞而使一部分机械能转化为热能、声能，从而白白地消耗了一部分功率。为了度量机器对输入功率的有效利用程度，定义机器的机械效率为有效功率(有用功率和系统动能变化率 $\frac{\mathrm{d}T}{\mathrm{d}t}$)与输入功率之比，以 η 表示，即

$$\eta=\frac{有效功率}{输入功率}=\frac{N_{有用}+\frac{\mathrm{d}T}{\mathrm{d}t}}{N_{输入}} \tag{14-38a}$$

当机器稳定运行时 $\frac{\mathrm{d}T}{\mathrm{d}t}=0$，有

$$\eta=\frac{N_{有用}}{N_{输入}} \tag{14-38b}$$

η 是评定机器质量优劣的重要指标之一。由此可见，在一般情况下 $\eta<1$。说明 η 越大，机械对输入能量的有效利用程度越高，但不可能达到 100%。

对于 n 级传动系统，系统的总效率等于各级效率的连乘积，即

$$\eta=\eta_1\eta_2\cdots\eta_n \tag{14-39}$$

【例 14-10】 如图 14-24 所示一单级齿轮减速箱，轴 I 、II 分别为输入轴和输出轴。已知电动机的功率 $N = 7.5\text{kW}$，转速 $n_1 = 1450\text{r/min}$，齿轮的齿数 $z_1 = 20$， $z_2 = 50$，减速箱的机械效率 $\eta = 0.9$，求输出轴 II 所传递的转矩和功率。

解 减速箱稳定运转时，其机械效率 $\eta = \dfrac{N_{\text{有用}}}{N_{\text{输入}}}$。则输出轴 II 的功率

$$N_2 = N_{\text{有用}} = \eta N_{\text{输入}} = 0.9 \times 7.5 = 6.75(\text{kW})$$

按运动学关系，输出轴的转速为

$$n_2 = \frac{z_1}{z_2} n_1 = \frac{20}{50} \times 1450 = 580(\text{r/min})$$

输出轴 II 所传递的转矩为

$$M_2 = \frac{N_2}{\omega_2} = \frac{30N_2}{n_2 \pi} = \frac{30 \times 6750}{580\pi} = 111.13(\text{N} \cdot \text{m})$$

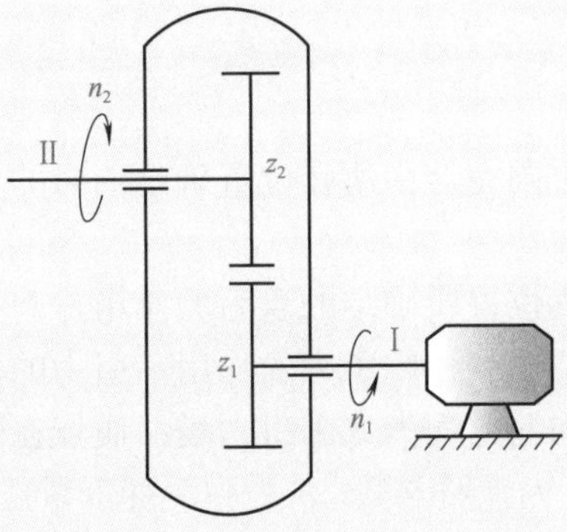

图 14-24

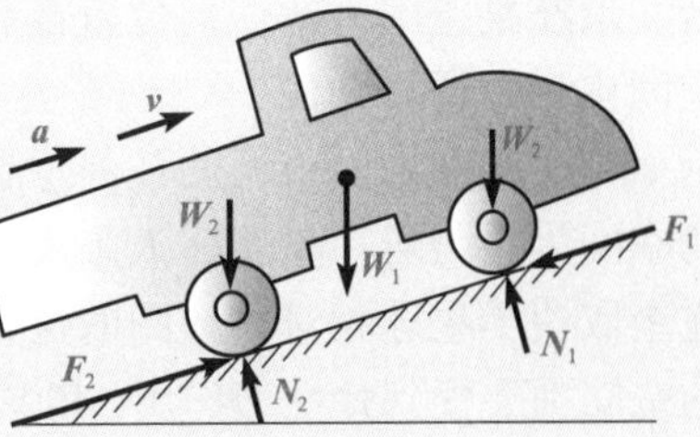

图 14-25

14-24

14-25

【例 14-11】 汽车以匀加速度 $\boldsymbol{a}$ 在倾角为 θ 的斜面上沿直线行驶(图 14-25)。已知汽车的车身重 W_1，前后轮各重均为 W_2，半径为 r，且做纯滚动，空气阻力 $R = kv^2$，k 为常数，当汽车达到速度 v 时，求发动机输给汽车后轮的功率 N。

解 取汽车为研究对象，受力如图 14-25 所示。用功率方程 $\dfrac{\mathrm{d}T}{\mathrm{d}t} = \sum N$ 求解。

汽车车身做平动，车轮做平面运动，当汽车达到速度 v 时， $v = r\omega$， r、ω 分别为轮半径及角速度。汽车此时的总动能为

$$T = \frac{1}{2}\frac{W_1}{g}v^2 + 2 \times \frac{1}{2}\frac{W_2}{g}v^2 + 2 \times \frac{1}{2}I\omega^2$$

对上式求导，有

$$\frac{\mathrm{d}T}{\mathrm{d}t} = \frac{W_1}{g}v\frac{\mathrm{d}v}{\mathrm{d}t} + 2\frac{W_2 v}{g}\frac{\mathrm{d}v}{\mathrm{d}t} + 2I\omega\frac{\mathrm{d}\omega}{\mathrm{d}t}$$

式中， $\dfrac{\mathrm{d}v}{\mathrm{d}t} = a$， $\dfrac{\mathrm{d}\omega}{\mathrm{d}t} = \varepsilon = \dfrac{a}{r}$， $I = \dfrac{1}{2}\dfrac{W_2}{g}r^2$。所以有

$$\frac{\mathrm{d}T}{\mathrm{d}t} = \frac{av}{g}(W_1 + 2W_2) + \frac{W_2}{g}r^2\omega\frac{a}{r} = \frac{av}{g}(W_1 + 3W_2) \tag{1}$$

由于反力 $\boldsymbol{N}_1$、$\boldsymbol{N}_2$ 及摩擦力 $\boldsymbol{F}_2$、$\boldsymbol{F}_2$ 不做功，只有重力、空气阻力及转矩 M 的功率，即

$$\sum N = -(W_1 + 2W_2)\sin\theta \cdot v - R \cdot v + M\omega \tag{2}$$

将式(1)、式(2)代入功率方程$\dfrac{dT}{dt}=\sum N$，得

$$\frac{av}{g}(W_1+3W_2)=-(W_1+2W_2)\sin\theta\cdot v-Rv+M\omega \tag{3}$$

由式(3)得发动机输给汽车后轮的功率

$$N=M\omega=\frac{av}{g}(W_1+3W_2)+v(W_1+2W_2)\sin\theta+kv^3$$

即
$$N=\left[\frac{a}{g}(W_1+3W_2)+(W_1+2W_2)\sin\theta\right]v+kv^3$$

14.4 势能与机械能守恒定律

14.4.1 势力场

1. **力场**

若质点在某空间内的任何位置都受到一个大小和方向完全由所在位置确定的力的作用，则此空间称为**力场**。

例如，质点在地面附近的任何位置都受到一个由其位置所确定的重力的作用，则称地面附近的空间为**重力场**；星球在太阳周围的任何位置都要受到太阳引力的作用，引力的大小和方向完全取决于星球相对于太阳的位置，则称太阳周围的空间为**太阳引力场**；质点在弹性力作用的空间都要受到弹性力作用，其弹性力$\boldsymbol{F}=-k\delta$（k为弹簧常数，δ为弹簧变形量)。可见，弹性力的大小和方向完全由质点的位置决定，因此，在弹簧的弹性极限内，质点所能达到的这部分空间称为**弹性力场**。

重力是重力场中的场力，万有引力是万有引力场中的场力，弹性力是弹性力场中的场力。

2. **势力场**

质点在力场中运动时，如果作用于质点的场力做功只取决于质点始末位置，与运动路径无关，这种力场称为**势力场**(或保守力场)。例如，已知重力场中的场力功$W=mg(z_1-z_2)$，万有引力场中的场力功$W=GMm\left(\dfrac{1}{r_2}-\dfrac{1}{r_1}\right)$，弹性力场中的场力功$W=\dfrac{1}{2}k(\delta_1^2-\delta_2^2)$，且都与路径无关。因此，**重力场、万有引力场、弹性力场都是势力场**。质点在势力场(保守力场)中所受的场力称为**有势力**(保守力)。重力、万有引力、弹性力都是有势力。

14.4.2 势能

物体的高度不同，其落到地面时重力做功的多少也不同。因此，物体在重力场内的位置不同，重力做功的本领也不同。

在势力场中，质点从位置M运动到任选位置M_0，有势力所做的功称为质点在位置M相对于位置M_0的势能，用V表示，即

$$V=\int_M^{M_0}\boldsymbol{F}\cdot d\boldsymbol{r}=\int_M^{M_0}(Xdx+Ydy+Zdz) \tag{14-40}$$

由式(14-40)可见，若任选位置M_0作为基准位置，则该基准位置M_0的势能为零，M_0称为零

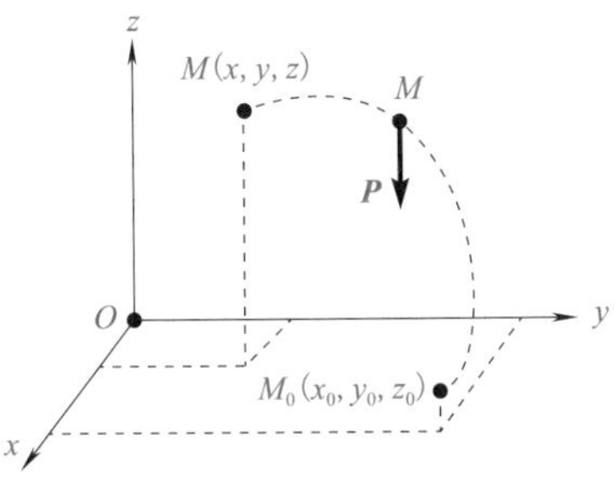

图 14-26

势能点。由于零势能点的位置可以任意选取，所以，即使是在确定位置的同一个质点或质点系，对于不同的零势能点，它的势能一般是不相同的。势能具有相对性，因此，在讨论势能时，必须指明零势能点才有意义。但为了计算方便，所选的零势能位置应使势能的计算简单。下面计算几种常见的势能。

14-26

1. 重力场中的势能

在重力场的情况下，如图 14-26 所示质点 M 沿任一路径 $\overset{\frown}{MM_0}$ 运动。

取图示坐标系，选定零势能点 M_0 的坐标为 (x_0,y_0,z_0)，重力 $\boldsymbol{P}$ 在各轴上的投影 $X=0,Y=0,Z=-P$，则质点在点 $M(x,y,z)$ 处的势能为

$$V=\int_z^{z_0}-P\mathrm{d}z=-P(z_0-z)$$

如果势能零点选在 Oxy 坐标平面上，则

$$V=Pz \tag{14-41}$$

2. 弹性力场中的势能

弹簧的自然位置为零势能点 M_0，弹簧变形量 $\delta_0=0$，质点在 M 处的变形量为 δ，则质点的势能为

$$V=\frac{k}{2}(\delta^2-\delta_0^2)=\frac{1}{2}k\delta^2 \tag{14-42}$$

此时，质点的势能总是正值。

3. 万有引力场中的势能

取与引力中心相距 r_0 处为质点的零势能位置，则与引力中心相距 r 处质点的势能为

$$V=Gm_1m_2\left(\frac{1}{r_0}-\frac{1}{r}\right)$$

若取零势能点在无穷远处，即 $r_0=\infty$，则质点的势能为

$$V=-\frac{Gm_1m_2}{r} \tag{14-43}$$

此时，万有引力场中质点的势能总是负值。

以上是关于一个质点势能的定义及其计算公式。当质点系在势力场中受到 n 个有势力作用时，计算质点系在某位置的势能，必须先选择质点系的“零势能位置”。对应于此零势能位置，各质点的势能均为零，**质点系从某位置运动到零势能位置时，各有势力做功的代数和称为质点系在该位置的势能。**

例如，质点系在重力场中运动，每个质点都受重力 $\boldsymbol{P}_i$ 作用。选取质点系的零势能位置分别为 $M_{01},M_{02},\cdots,M_{0n}$，如图 14-27 所示，则质点系在 $M(M_1,M_2,\cdots,M_n)$ 位置的势能为

$$V=\sum P_i(Z_i-Z_{0i})=\sum P_iZ_i-\sum P_iZ_{0i}$$

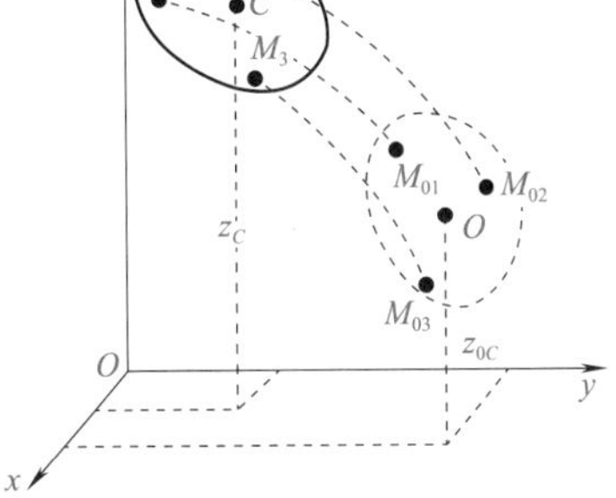

图 14-27

14-27

式中，z_i 为第 i 个质点的坐标；z_{0i} 为该质点的零势能点的坐标。由重心的坐标公式可知

$$\sum P_i Z_i = P z_C, \quad \sum P_i Z_{0i} = P z_{0C}$$

式中，z_C、z_{0C} 分别为质点系在 M 位置和零势能位置 M_0 时 z 方向的重心坐标。质点系在重力场中的势能计算公式为

$$V = P(z_C - z_{0C}) = \pm Ph \tag{14-44}$$

式中，$h = |z - z_0|$ 是给定位置与零位置的高度差。当给定位置在零位置的上方时，势能取正号，当给定位置在零位置的下方时，势能取负号。

14.4.3 有势力的功

质点系在势力场中运动，有势力的功可用势能计算。

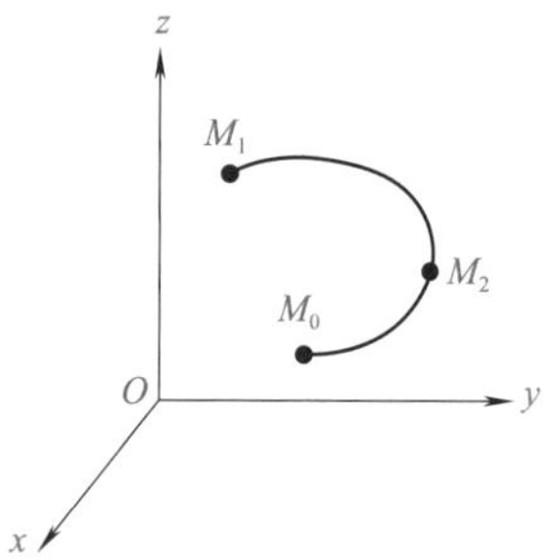

图 14-28

设质点系在有势力的作用下，从位置 M_1 运动到 M_2 时，该有势力所做的功为 W_{12}。选 M_0 为零势能位置，如图 14-28 所示。设质点系从 M_1 到 M_0 有势力的功为 W_{10}，从 M_2 到 M_0 有势力的功为 W_{20}。因有势力做功与路径无关，因此可认为质点系从 M_1 经过 M_2 到 M_0($M_1 \to M_2 \to M_0$) 的功 W_{12}、W_{20} 之和等于质点系从 M_1 到 M_0 有势力的功 W_{10}，即

$$W_{10} = W_{12} + W_{20} \quad 或 \quad W_{12} = W_{10} - W_{20}$$

式中，位置 M_1 和 M_2 处的势能 V_1、V_2 分别等于从该两点到零势能点 M_0 所做的功，即

在 M_1 位置
$$V_1 = \int_{M_1}^{M_0} \boldsymbol{F} \cdot \mathrm{d}\boldsymbol{r} = W_{10}$$

在 M_2 位置
$$V_2 = \int_{M_2}^{M_0} \boldsymbol{F} \cdot \mathrm{d}\boldsymbol{r} = W_{20}$$

于是有
$$W_{12} = W_{10} - W_{20} = V_1 - V_2 \tag{14-45}$$

由式(14-45)可见，有势力的功等于质点系在运动的始末位置的势能之差。

14.4.4 机械能守恒定律

系统的动能与势能的代数和称为系统的机械能。如果质点系在运动过程中只有有势力做功，则机械能保持不变，这一规律称为**机械能守恒定律**。

下面通过动能定理来推导机械能守恒定律。

设质点系只受到有势力(或同时受到不做功的非有势力)的作用，其运动过程的始末位置的动能分别为 T_1 和 T_2，有势力在该过程中所做的功为 W_{12}，根据动能定理，有

$$T_2 - T_1 = W_{12}$$

在势力场中有势力的功可用势能计算，即 $T_2 - T_1 = V_1 - V_2$，于是有

$$T_1 + V_1 = T_2 + V_2 \tag{14-46}$$

此式对于任意两位置都成立，所以也可以写成

$$T + V = 常量 \tag{14-47}$$

式(14-47)表明，**质点或质点系仅在有势力的作用下运动，其机械能始终保持不变**。这样的质

点系称为**保守系统**。有势力又称为**保守力**。

如果质点系还受到非保守力的作用，亦称为**非保守系统**，非保守系统的机械能是不守恒的。

设保守力的功为W_{12}，非保守力的功为W'_{12}，由动能定理有

$$T_2 - T_1 = W_{12} + W'_{12}$$

因为$W_{12} = V_1 - V_2$，于是有

$$T_2 - T_1 = V_1 - V_2 + W'_{12} \quad 或 \quad (T_2 + V_2) - (T_1 + V_1) = W'_{12}$$

可见，当系统受到做功的非有势力作用时，系统的机械能并不守恒，例如，当质点系受到摩擦阻力等力的作用时，W'_{12}是负功，质点系在运动过程中机械能减小，称为**机械能消散**，所损失的机械能与其他形式的能量发生转化，但是，总的能量(机械能与其他形式的能量之和)仍然是守恒的。这就是说能量不能消灭，也不能创造，它只能从一种形式转换为另一种形式，这就是普遍的能量守恒定律。机械能守恒定理只是能量守恒定律的一种特殊情况。

【例 14-12】 图 14-29 所示机构中，已知套筒A的质量$m_1 = 7\text{kg}$，匀质杆AB、AC的质量均为$m_2 = 10\text{kg}$，长度均为$l = 375\text{mm}$；轮B、C(均质圆盘)的质量均为$m_3 = 30\text{kg}$，半径均为$r = 150\text{mm}$。设套筒A自图示位置静止地沿铅垂轴无摩擦地开始下滑，使轮B、C均在水平面上做纯滚动。当杆AB与AC到达水平位置时，套筒A开始与刚度系数$k = 30\text{kN/m}$的弹簧接触，试求在此瞬时套筒A的速度及在以后的运动中弹簧的最大压缩量。

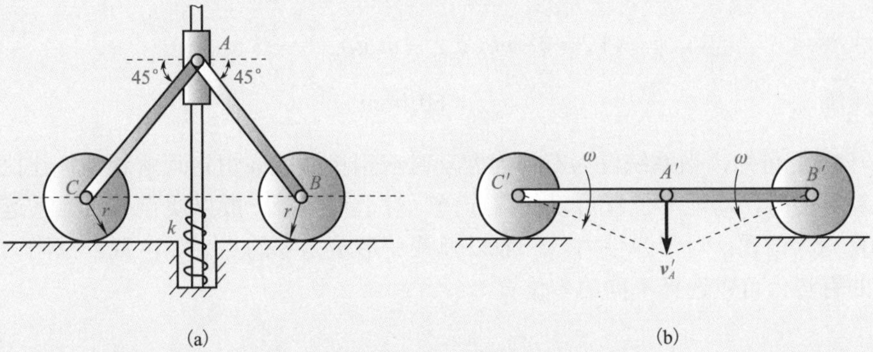

图 14-29

14-29

解 取整个系统为研究对象，已知在初瞬时系统静止，求另一瞬时套筒的速度，用动能定理求解。又因为全部约束反力不做功，而主动力都是有势力，因此，又可用机械能守恒定律$T + V =$常量求解。

取初瞬时位置为位置(1)(图 14-29(a))，杆到达水平位置时为位置(2)(图 14-29(b))，则有

$$T_1 + V_1 = T_2 + V_2 \tag{1}$$

式中，$T_1 = 0$，取通过轮心的水平面为重力的零势能位置，则有

$$V_1 = m_1 g l \cos 45^\circ + 2 m_2 g \frac{l}{2} \cos 45^\circ$$

$$= 7 \times 9.8 \times 0.375 \times \frac{1}{\sqrt{2}} + 2 \times 10 \times 9.8 \times \frac{0.375}{2} \times \frac{1}{\sqrt{2}} = 44.2(\text{J})$$

在位置(2)时，设套筒的速度为$\boldsymbol{v}_{A'}$，杆$A'C'$、$A'B'$的速度瞬心分别为C'、B'(图 14-29(b))，于是角速度$\omega=\dfrac{v_{A'}}{l}$，而轮动能为零。此时系统的动能为

$$T_2=\frac{1}{2}m_1v_{A'}^2+2\times\frac{1}{2}I\omega^2=\frac{1}{2}\times7v_{A'}^2+2\times\frac{1}{2}\times\frac{1}{3}\times10\times(0.375)^2\frac{v_{A'}^2}{(0.375)^2}=6.83v_{A'}^2$$

系统的势能为 $$V_2=0$$

将各动能与势能值代入式(1)，得

$$0+44.2=6.83v_{A'}^2+0$$

即套筒在位置(2)时，$v_{A'}=2.54\text{m/s}$。

套筒在位置(2)与弹簧接触后，继续往下滑动，当到达弹簧的最大压缩位置时，其速度为零，这时弹簧具有最大压缩量$\delta_{\max}$。在从位置(2)到位置(3)的过程中，仍为有势力(重力与弹性力)做功，系统的机械能仍守恒，可见在整个运动过程中都可应用机械能守恒定律。比较位置(1)与(2)得

$$T_1+V_1=T_3+V_3 \tag{2}$$

又$T_1=T_3=0$，$V_1=44.2$，位置(3)时的势能为

$$V_3=-m_1g\delta_{\max}-2m_2g\frac{1}{2}\delta_{\max}+\frac{1}{2}k\delta_{\max}^2$$

将各动能与势能值代入式(2)，得

$$0+44.2=0-m_1g\delta_{\max}-m_2g\delta_{\max}+\frac{1}{2}k\delta_{\max}^2$$

弹簧最大压缩量 $$\delta_{\max}=60.1\text{mm}$$

从例 14-12 可知，当系统仅为有势力做功时应用机械能守恒定理解题，往往比较简单，另外在计算势能时，势能零位置可以任意选择。对于重力，一般以质点或质点系运动过程中的最低位置为零位置；对于弹性力，一般以弹簧变形量为零的点为零位置。在同一问题中，对于不同的有势力可以选择不同的零位置。

14.5 动力学普遍定理及其综合应用

动力学普遍定理包括质点和质点系的动量定理、动量矩定理和动能定理。动量定理和动量矩定理是矢量形式，动能定理是标量形式，它们都可应用于研究机械运动，而动能定理还可以研究其他形式的运动能量转化问题。

动力学普遍定理提供了解决动力学问题的一般方法。表 14-1 列出了动力学普遍定理中各定理的主要内容、特点、区别和应用条件。在求解动力学问题时，需要根据质点、质点系或刚体的运动及受力的特点、给定的条件和要求的未知量，适当选择定理，灵活应用。有的问题只能用一个定理求解，有的问题可按前面分析的方法采用不同的定理求解，还有一些较复杂的问题，却需要同时应用几个定理才能求解全部未知量。因此，要在熟练掌握各个定理的含义及其应用的基础上，进一步掌握这些定理的综合应用。

表 14-1 动力学普遍定理的内容、共同点、区别及其应用比较

定理内容	动量定理	微分形式 $\frac{\mathrm{d}\boldsymbol{K}}{\mathrm{d}t}=\sum \boldsymbol{F}^{(e)}$（矢量式），$\frac{\mathrm{d}K_x}{\mathrm{d}t}=\sum F_x^{(e)}$（投影式，对 y、z 轴类似） 积分形式 $\boldsymbol{K}_2-\boldsymbol{K}_1=\sum \boldsymbol{S}^{(e)}$（矢量式），$K_{2x}-K_{1x}=\sum S_x^{(e)}$（投影式，对 y、z 轴类似） 动量守恒 当$\sum \boldsymbol{F}^{(e)}=0$时，$\boldsymbol{K}$=常矢量；当$\sum F_x^{(e)}=0$时，$K_x$=常量 质心运动定理 $M\boldsymbol{a}_C=\sum \boldsymbol{F}^{(e)}$，$Ma_{Cx}=M\frac{\mathrm{d}v_{Cx}}{\mathrm{d}t}=M\frac{\mathrm{d}^2x_C}{\mathrm{d}t^2}=\sum F_x^{(e)}$（对 y、z 轴类似）
	动量矩定理	微分形式 $\frac{\mathrm{d}\boldsymbol{L}_O}{\mathrm{d}t}=\boldsymbol{M}_O^{(e)}$（矢量式），$\frac{\mathrm{d}L_z}{\mathrm{d}t}=M_z^{(e)}$（对 y、z 轴类似） 动量矩守恒 当$\boldsymbol{M}_O^{(e)}=0$时，$\boldsymbol{L}_O$=常矢量；当$M_z^{(e)}=0$时，L_z=常量（对 x、y 轴类似） 平行轴定理 $I_z=I_{zC}+md^2$
	动能定理	微分形式 $\mathrm{d}T=\sum \delta W^{(F)}$ 积分形式 $T_2-T_1=\sum W^{(F)}$（在理想约束情形下）
共同点		(1) 都可从牛顿第二定律（动力学基本方程）导出 (2) 都表示质点或质点系运动的变化和作用在其上的力之间的关系
区别		(1) 性质不同：动量定理、动量矩定理只限于研究机械运动的规律，而动能定理不仅研究机械运动本身的规律，而且与其他形式的运动建立了能量关系 (2) 内容不同：三个定理反映的是不同的物理量之间的关系。动量定量、动量矩定理仅与外力有关，动能定理仅与做功的力有关，理想约束时，仅与主动力的功有关 (3) 形式不同：动量定量、动量矩定理为矢量形式，有三个投影式；除显含速度（或角速度）、力（或力矩）之外，还显含时间。动能定理为标量形式，除显含速度（或角速度）、力（或力矩）之外，还显含路程 (4) 适用范围不同：动量定量主要阐明物体做平动或平动部分的运动规律；动量矩定理主要阐明物体做转动或转动部分的运动规律；动能定理主要阐明物体做平动、转动、平面运动等的运动规律
应用	动量定理	(1) 已知质点系的运动可求解约束力 (2) 已知外力求质心的运动 (3) 在动量守恒时，已知部分质点的运动可求另一些质点的运动 (4) 常用平动情况，但用质心运动定理求约束力时，可用于转动情况
	动量矩定理	(1) 已知质点系对轴之运动求解对该轴之外力矩 (2) 已知外力对某轴之矩，可求解对该轴的运动 (3) 在动量矩守恒时，已知某一瞬时的运动，可求其另一瞬时的运动 (4) 常用于转动的情况
	动能定理	(1) 只要已知质点系两特定位置的运动，便可在位移及主动力二者中知其一而求另一个，但不能求理想约束力 (2) 已知主动力可求其运动 (3) 已知主动力及运动可求功率，或已知主动力及功率可求运动 (4) 常用于平动、转动、平面运动及三者组合情况
普遍定理的综合应用	已知运动求力	(1) 求约束反力：一般采用动量定理、质心运动定理，约束反力对转轴之矩不为零，可用动量矩定理。质心不在转轴上时，可用对质心的转动微分方程，但不能用动能定理 (2) 求流体动压力：一般用动量定理、动量矩定理
	已知力求运动	(1) 求路程、角位移：多选用动能定理 (2) 求速度、角速度：多选用动能定理（已知力是位置的函数，求系统在某位置的运动），也可用质心运动定理（系统内力复杂时）、动量矩定理（转动问题） (3) 求加速度、角加速度：对质点系多用动量定理、质心运动定理。对转动刚体多用动量矩定理、刚体定轴转动微分方程。对于平面运动刚体，可用平面运动微分方程。对于两个以上转轴的质点系或既有转动刚体，又有平动或平面运动刚体的复杂问题，可用积分形式的动能定理，建立方程后求导求解
	求力求运动	当待求量既有力又有运动量，或多个运动量的综合问题时，就需要按上述分析有针对性地选择几个定理联合求解（无固定模式）

下面举例说明动力学普遍定理的综合应用。

【例 14-13】 皮带运输机装在支承轮 B、C 上(图 14-30(a)),机构由静止开始运动,B 轮上受一不变力矩 M 作用,提升重物 A,重物 A 重为 $\boldsymbol{P}$,两支承轮半径均为 r,重均为 $\boldsymbol{Q}$,均视为均质圆盘,胶带与水平线成 α 角,皮带松边拉力不计。求:①重物 A 移动 S 距离时的加速度;②皮带给重物的摩擦力;③皮带紧边的拉力;④ B 轮轴承 O_1 处的约束反力。

解 (1)求重物 A 的加速度 $\boldsymbol{a}$。

取机构整体为研究对象,受力如图 14-30(a)所示,两轮做定轴转动,求重物 A 提升 S 距离时的加速度用动能定理求解。

据题意知得

$$T_1 = 0$$

$$T_2 = \frac{1}{2}\frac{P}{g}v^2 + \frac{1}{2}I_{O_1}\omega^2 + \frac{1}{2}I_{O_2}\omega^2 = \frac{1}{2}\frac{P}{g}v^2 + 2\left[\frac{1}{2}\left(\frac{1}{2}\frac{Q}{g}r^2\right)\frac{v^2}{r^2}\right] = \frac{1}{2g}(P+Q)v^2$$

重物 A 移动 S 距离时外力的功为

$$\sum W = M\varphi - P\sin\alpha \cdot S = \left(\frac{M}{r} - P\sin\alpha\right)S$$

14-30

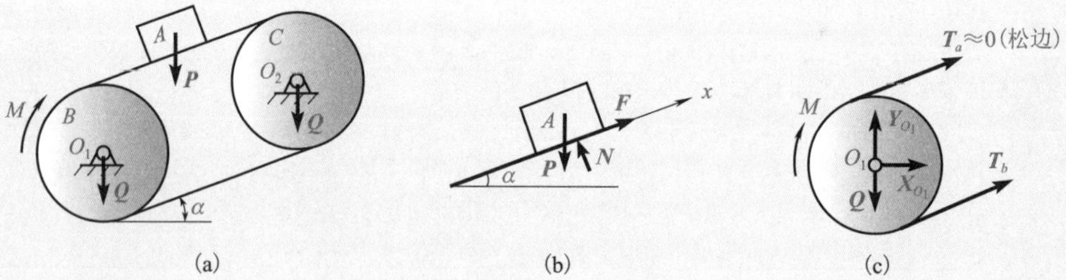

图 14-30

将上述关系代入动能定理 $T_2 - T_1 = \sum W$ 中,有

$$\frac{1}{2g}(P+Q)v^2 - 0 = \left(\frac{M}{r} - P\sin\alpha\right)S \tag{1}$$

将式(1)对 t 求导,解得重物 A 的加速度为

$$a = \frac{\mathrm{d}v}{\mathrm{d}t} = \frac{(M - Pr\sin\alpha)}{(P+Q)r}g \quad (方向沿皮带向上)$$

(2)求摩擦力 $\boldsymbol{F}$。

取重物 A 为研究对象,受力如图 14-30(b)所示,物块做平动,用质点运动微分方程 $m\boldsymbol{a} = \sum \boldsymbol{F}$ 求解。

将上述微分方程沿 x 轴(皮带)方向投影,有

$$\frac{P}{g}a = F - P\sin\alpha \tag{2}$$

将物块 A 的加速度 a 代入式(2),解得

$$F = \frac{P(M + Qr\sin\alpha)}{(Q+P)r}$$

(3)求皮带紧边的拉力 T_b。

取支承轮 B 为研究对象,受力如图 14-30(c)所示(皮带松边拉力 $T_a \approx 0$),鼓轮 B 在常力

矩 M 作用下做匀加速转动，用定轴转动微分方程求解。

$$I_{O_1}\varepsilon = M - T_b r \tag{3}$$

式中，$I_{O_1} = \dfrac{Qr^2}{2g}$，$\varepsilon = \dfrac{a}{r} = \dfrac{M - Pr\sin\alpha}{(P+Q)r^2}g$。

将上述关系代入式(3)，解得皮带紧边拉力为

$$T_b = \frac{MQ + 2MP + PQr\sin\alpha}{2(P+Q)r}$$

(4)求轮 B 轴承 O_1 的约束反力 X_{O_1}、Y_{O_1}。

取轮 B 为研究对象，受力如图 14-30(c)所示，用质心运动定理求解。

$$Ma_{Cx} = \sum F_x^{(e)}\,,\qquad Ma_{Cy} = \sum F_y^{(e)} \tag{4}$$

式中，$a_{Cx} = a_{Cy} = 0$，$\sum F_x^{(e)} = X_{O_1} + T_b\cos\alpha$，$\sum F_y^{(e)} = Y_{O_1} - Q + T_b\sin\alpha$。

将上式关系代入式(4)，有

$$\left.\begin{aligned} X_{O_1} + T_b\cos\alpha = 0 \\ Y_{O_1} - Q + T_b\sin\alpha = 0 \end{aligned}\right\} \tag{5}$$

由式(5)解得 B 轮轴承 O_1 处的约束反力为

$$X_{O_1} = -T_b\cos\alpha = -\frac{MQ + 2MP + PQr\sin\alpha}{2(P+Q)r}\cos\alpha$$

$$Y_{O_1} = Q - T_b\sin\alpha = Q - \frac{MQ + 2MP + PQr\sin\alpha}{2(P+Q)r}\sin\alpha$$

此题除用动力学普遍定理求解外，还可用第 15 章的达朗贝尔原理求解。

【例 14-14】 长 $l = 1.2\text{m}$，质量 $m = 5\text{kg}$ 的均质杆 OA 可绕 O 轴自由转动，其 A 端连一刚度系数 $k = 70\text{N/m}$ 的弹簧 AB，如图 14-31(a)所示，当 OA 铅垂向上时，弹簧未变形，求在图示位置从静止释放，当 OA 转至水平位置 OA' 时的角速度、角加速度及轴承 O 处的约束反力。

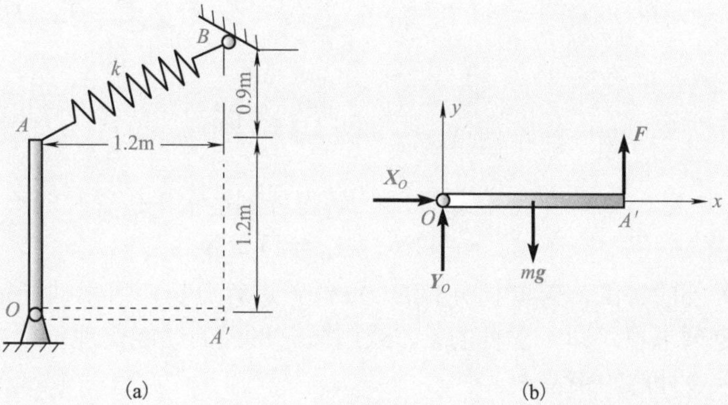

图 14-31

14-31

(1)先用动能定理求 ω。

解　选 OA 杆为研究对象，受力如图 14-31(b)所示，已知运动的始末位置，用动能定理求解杆(做定轴转动)的 ω。

铅垂位置时有 $$T_1 = 0$$

水平位置时有 $$T_2 = \frac{1}{2}I_0\omega^2 = \frac{1}{6}ml^2\omega^2 = 1.2\omega^2$$

杆由铅垂至水平位置时外力功

$$\sum W = mg \cdot \frac{l}{2} + \frac{1}{2}k(\delta_1^2 - \delta_2^2) \tag{1}$$

据题意 $\delta_1 = 0$(因弹簧原长 $l_0 = \sqrt{(0.9)^2 + (1.2)^2} = 1.5(\text{m})$)

$$\delta_2 = A'B - l_0 = 2.1 - 1.5 = 0.6(\text{m})$$

将 δ_1、δ_2 及相应各量代入式(1)中，有

$$\sum W = 5 \times 9.8 \times \frac{1.2}{2} + \frac{1}{2} \times 70 \times [0 - (0.6)^2] = 16.8(\text{J})$$

将上述各量代入动能定理 $T_2 - T_1 = \sum W$ 中，有

$$1.2\omega^2 - 0 = 16.8$$

解得杆转至水平位置时的角速度为

$$\omega = 3.74\text{rad/s} \quad (\text{顺时针})$$

(2)用转动微分方程求 ε。

杆受力如图 14-31(b)所示，列杆的转动微分方程为

$$I_O\varepsilon = M_O^{(e)} \tag{2}$$

式中，$I_O = \frac{1}{3}ml^2$，$M_O^{(e)} = \frac{1}{2}mg - Fl$，弹性力 $F = k\delta = 70 \times (2.1 - 1.5) = 42(\text{N})$。将上述各量代入式(2)中，解得在水平位置时杆的角加速度 $\varepsilon = -8.75\text{rad/s}^2$(逆时针)。

(3)用质心运动定理求轴承 O 处反力(水平位置)。

杆 AB 受力如图 14-31(b)所示，列杆在水平位置的质心运动定理为

$$ma_{Cx} = \sum F_x, \quad ma_{Cy} = \sum F_y \tag{3}$$

式中，$a_{Cx} = -a_{Cn} = -\frac{l}{2}\omega^2$，$a_{Cy} = -a_{Cx} = -\frac{l}{2}\varepsilon$，$\sum F_x = X_O$，$\sum F_y = Y_O - mg + F$。将上述各量代入式(3)，有

$$m\left(-\frac{l}{2}\omega^2\right) = X_O, \quad m\left(-\frac{l}{2}\varepsilon\right) = Y_O - mg + F \tag{4}$$

将 $\omega = 3.74$，$\varepsilon = -8.75$，$F = 42$ 代入式(4)中，解得杆到达水平位置时轴承 O 的约束反力为

$$X_O = -42\text{N}, \quad Y_O = 33.25\text{N}$$

此题还可有另外的解法，若取杆 AB 在一般位置进行分析，可用动能定理求杆的 ω，对积分形式的动能定理求导，即可求杆的 ε，或用微分形式的动能定理直接求杆的 ε。再用质心运动定理求轴承 O 处的约束反力。

【例 14-15】 重 150N 的均质圆盘与重 60N、长 24cm 的均质杆 AB 在 B 处用铰链连接(图 14-32)。系统由图示位置无初速地释放。求系统经过最低位置 B' 点时的速度及支座 A 的约束反力。

(1)求 $\boldsymbol{v}_{B'}$。

解 取系统整体为研究对象，受力如图 14-32(*a*)所示，已知系统运动过程的始末位置，用动能定理

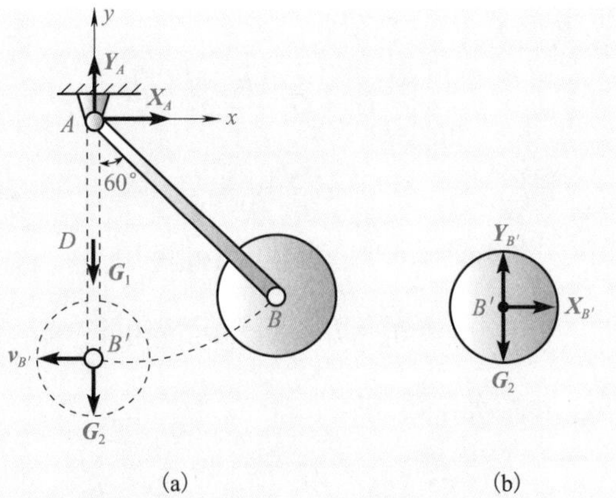

图 14-32

14-32

$$T_2 - T_1 = \sum W \tag{1}$$

求解。杆 AB 做定轴转动，为分析圆盘做何种运动，如图 14-32(b)所示，列圆盘绕质心 B 的转动微分方程为

$$I_B \cdot \varepsilon_B = 0$$

得 $\varepsilon_B = 0$，即 $\omega_B = \omega_0 = 0$，说明杆下摆过程中，圆盘始终不绕质心转动，圆盘做平动。

初瞬时系统动能　$T_1 = 0$

最低位置时系统动能　$T_2 = \dfrac{1}{2} I_A \omega^2 + \dfrac{1}{2}\dfrac{G_2}{g} v_{B'}^2$

$$= \frac{1}{2} \times \frac{1}{3}\frac{G_1}{g} v_{B'}^2 + \frac{1}{2}\frac{G_2}{g} v_{B'}^2 = \frac{G_1 + 3G_2}{6g} v_{B'}^2$$

在最低位置时，外力功为

$$\sum W = G_1\left(\frac{l}{2} - \frac{l}{2}\sin 30°\right) + G_2\left(l - l\sin 30°\right) = \left(\frac{G_1}{2} + G_2\right)\left(l - l\sin 30°\right)$$

将上述关系代入式(1)，有

$$\frac{G_1 + 3G_2}{6g} v_{B'}^2 - 0 = \left(\frac{G_1}{2} + G_2\right)\left(l - l\sin 30°\right)$$

将各已知数据代入上式，解得系统经过最低位置 B' 点时的速度 $v_{B'} = 1.58\text{m/s}$。

(2) 求 $\boldsymbol{X}_A$、$\boldsymbol{Y}_A$。

取系统整体为研究对象，受力如图 14-32(a)，由质心运动定理

$$Ma_{Cx} = \sum F_x^{(e)}, \quad Ma_{Cy} = \sum F_y^{(e)} \tag{2}$$

杆 AB 在系统处于最低位置时的角速度为

$$\omega = \frac{v_{B'}}{l} = \frac{1.58}{0.24} = 6.58(\text{rad/s})$$

再由动量矩定理

$$\frac{\mathrm{d}L_A}{\mathrm{d}t} = M_A^{(e)} \tag{3}$$

式中，$L_A = I_A\omega + \dfrac{G_2}{g} v_{B'} \times l = \dfrac{1}{3}\dfrac{G_1}{g} l^2 \omega + \dfrac{G_2}{g} l^2 \omega = \left(\dfrac{1}{3}G_1 + G_2\right)\dfrac{l^2}{g}\omega$，$M_A^{(e)} = 0$（因系统在最低位置

时外力矩为零)。将上述关系代入式(3)，有

$$\frac{\mathrm{d}}{\mathrm{d}t}\left[\left(\frac{1}{3}G_1+G_2\right)\frac{l^2}{g}\omega\right]=0$$

解得

$$\varepsilon=0$$

杆的质心加速度 $a_D=a_D^n=\frac{l}{2}\omega^2\uparrow \quad (a_D^\tau=0)$

盘的质心加速度 $a_B=a_B^n=l\omega^2\uparrow \quad (a_B^\tau=0)$

对 $r_C=\frac{\sum m_i\boldsymbol{r}_i}{M}$ 式的两边求二次导数，有

$$Ma_{Cx}=\sum m_ia_{ix}=\frac{G_1}{g}a_D^\tau+\frac{G_2}{g}a_B^\tau=0$$

$$Ma_{Cy}=\sum m_ia_{iy}=\frac{G_1}{g}\frac{l}{2}\omega^2+\frac{G_2}{g}l\omega^2=\frac{G_1+2G_2}{2g}l\omega^2$$

$$\sum F_x^{(e)}=X_A,\quad \sum F_y^{(e)}=Y_A-G_1-G_2$$

将上述关系代入式(2)中，解得 $X_A=0$，$Y_A=401\text{N}$。

本章小结

1．力的功。

力的功是力在一段路程中对物体作用的累积效应的度量。功是代数量。

常力的功 $W=F\cos\theta S$

变力的功

$$W=\int_{M_1}^{M_2}F\cos\theta\mathrm{d}S=\int_{M_1}^{M_2}\boldsymbol{F}\cdot\mathrm{d}\boldsymbol{r}$$

$$=\int_{M_1}^{M_2}(X\mathrm{d}x+Y\mathrm{d}y+Z\mathrm{d}z)$$

常见力的功有如下几种。

① 重力功 $W=mg(Z_A-Z_B)$

② 弹性力的功 $W=\frac{1}{2}k(\delta_1^2-\delta_2^2)$

③ 摩擦力的功 $W=\int_{s_1}^{s_2}-f'N\mathrm{d}S$

④ 作用于转动刚体上的力的功：

力矩的功 $W=\int_{\varphi_1}^{\varphi_2}m_z(\boldsymbol{F})\mathrm{d}\varphi$

力偶的功 $W=\int_{\varphi_1}^{\varphi_2}m\mathrm{d}\varphi$

常力矩的功 $W=m(\varphi_2-\varphi_1)$

⑤ 万有引力的功 $W_{12}=Gmm_0\left(\frac{1}{r_2}-\frac{1}{r_1}\right)$

⑥ 合力的功 $W=W_1+W_2+\cdots+W_i$

2．力的功率。

功率是力在单位时间内所做的功，即

$$N=\frac{\mathrm{d}W}{\mathrm{d}t}=\boldsymbol{F}\cdot\boldsymbol{v}=F_\tau v$$

$$N=M_z\frac{\mathrm{d}\varphi}{\mathrm{d}t}=M_z\omega$$

功率方程 $\frac{\mathrm{d}T}{\mathrm{d}t}=N_{\text{输入}}-N_{\text{有用}}-N_{\text{无用}}$

机械效率 $\eta=\frac{\text{有效功率}}{\text{输入功率}}$

其中，有效功率 $=N_{\text{有用}}+\frac{\mathrm{d}T}{\mathrm{d}t}=N_{\text{输入}}-N_{\text{无用}}$

3．动能。

动能是物体机械运动的一种度量。动能是标量，而且恒为正值。

质点的动能 $T=\frac{1}{2}mv^2$

质点系的动能 $T=\sum\frac{1}{2}mv^2$

平动刚体的动能 $T=\frac{1}{2}Mv_C^2$

绕定轴转动刚体的动能 $T=\frac{1}{2}I_z\omega^2$

平面运动刚体的动能

$$T=\frac{1}{2}Mv_C^2+\frac{1}{2}I_C\omega^2$$

4．动能定理。

(1)微分形式。

质点动能定理的微分形式 $\mathrm{d}T=\delta W$

质点系动能定理的微分形式

$$\mathrm{d}T=\sum\delta W$$

(2)积分形式。

质点动能定理的积分形式

$$\frac{1}{2}mv_2^2-\frac{1}{2}mv_1^2=W$$

质点系动能定理的积分形式

$$T_2-T_1=\sum W$$

5．势力场。

质点或质点系处在某一力场中，在这力场中的任何位置，都要受到一个大小、方向完全由所在位置确定的力的作用。这力的功只与物体运动的起点和终点的位置有关，而与物体的各点轨迹形状无关，则这力场称为势力场(保守力场)。常见的势力场有重力场、万有引力场和弹性力场。

物体在势力场中受到的力称为有势力(保守力)。

6．势能。

物体在势力场中某位置的势能等于有势力从该位置到另一任选零位置所做的功。

重力场中的势能 $V=P(z-z_0)$

弹性力场中的势能 $V=\frac{k}{2}(\delta_1^2-\delta_2^2)$

万有引力场中的势能 $V=Gmm_0\left(\frac{1}{r_0}-\frac{1}{r}\right)$

7．机械能守恒。

机械能＝动能＋势能（$E=T+V$）

机械能守恒定律：质点或质点系只在有势力作用下运动，则机械能保持不变。

思考题

14.1 下面的说法是否正确？为什么？

(1)力的功总是等于 $FS\cos\theta$，θ 为力 $\boldsymbol{F}$ 与位移 $\boldsymbol{S}$ 间的夹角。

(2)力偶的功的正负号取决于力偶的转向，逆时针为正，顺时针为负。

(3)弹性力的功总是等于 $-\frac{1}{2}k\delta^2$，δ 是弹簧的变形量。

(4)元功的解析式为 $\delta W=X\mathrm{d}x+Y\mathrm{d}y+Z\mathrm{d}z$，它在直角坐标轴 x、y、z 上投影分别为 $X\mathrm{d}x$、$Y\mathrm{d}y$、$Z\mathrm{d}z$。

(5)由于质点系的内力成对出现，所以内力的功之和恒等于零。

(6)一旦摩擦力做功，一定是负功。

14.2 当质点 M 在竖直的粗糙的圆槽中从 A 点开始运动一周又回到 A 点时，如图 14-33 所示，作用在质点上的重力所做的功等于多少？作用在质点上的摩擦力的功是否等于零？为什么？

14.3 设作用在质点系上的外力系的主矢和主矩都等于零，试问该质点系的动能和质心的运动状态会不会改变？质点系中各质点的运动状态会不会改变？为什么？

14.4 质点系的动能越大，是否该质点系的动量也一定越大？作用在该质点系上的力所做功的和也越大吗？为什么？

14.5 当质点做匀速圆周运动时，它的动量、对圆心 O 点的动量矩、动能会不会改变？

14.6　如图 14-34 所示，质量为M的楔块的A面向右移动速度为v_1，质量为m的物块B沿斜面下滑，相对于楔块的速度为v_2，故物块的动能为$\frac{m}{2}v_1^{\ 2}+\frac{m}{2}v_2^{\ 2}$，对吗？为什么？

14.7　质量为m的均质圆盘做平面运动，如图 14-35 所示，无论轮子是只滚动不滑动还是又滚动又滑动，它的动能总是等于$\frac{1}{2}I_P\omega^2$，对吗？I_P为圆盘对通过圆盘与地面接触点P而垂直于图平面的轴的转动惯量。

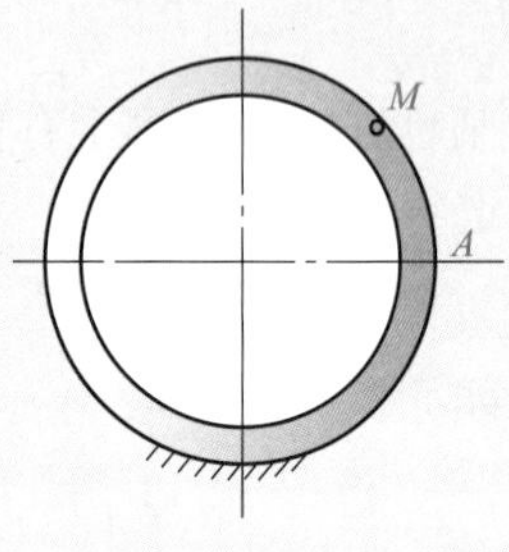

图 14-33

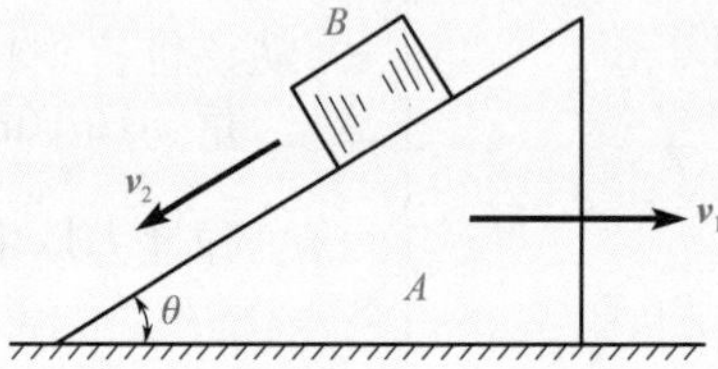

图 14-34

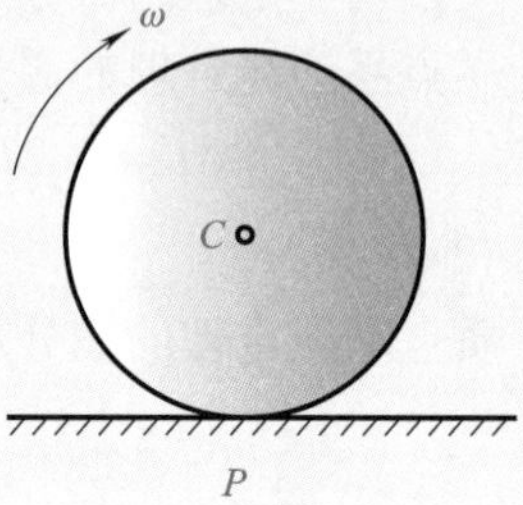

图 14-35

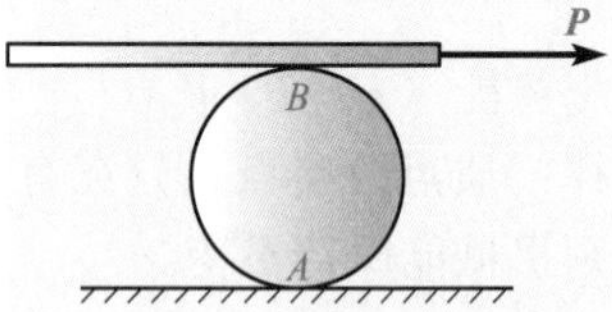

图 14-36

14.8　刚体平面运动时，可以取平面图形上任一点A为基点，分解为随同点A的平动和绕点A的转动，因此它的动能$T=\frac{1}{2}mv_A^2+\frac{1}{2}I_A\omega^2$，对吗？

14.9　一铁板压住半径为r的圆柱体，拖动铁板使圆柱体沿水平面做无滑动的滚动，如图 14-36 所示，问圆柱体上A、B两处的滑动摩擦力做不做功？如果做功？是做正功还是负功？

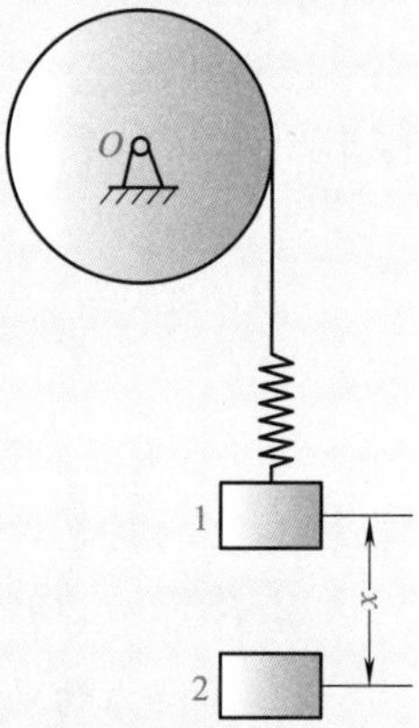

图 14-37

14.10　质点在势力场中某一确定位置处的势能是否只能是某确定值？质点的势能与零势能点位置的选取有无关系？

14.11　质点为m的重物，悬挂在刚度系数为k的弹簧上，弹簧的另一端与缠绕在鼓轮上的绳子连接，如图 14-37 所示。问重物匀速下降时，重力势能和弹性力势能有无改变？若有改变，改变了多少？

习　题

14-1　在题 14-1 图所示系统中，弹簧的自然长度为OA，弹簧刚度系数为k，O端固定，A端沿半径为R的圆弧运动，求在由A到B及由B到D的过程中，弹性力所做的功。

14-2　在题 14-2 图所示系统中，绳索的B端固定在天花板上，C端绕过一微小的滑轮并受到拉力$\boldsymbol{T}$的作用，力T的大小始终为 100N。求当重物由图示位置上升 52.5cm 的过程中，拉力$\boldsymbol{T}$所做的功。

14-3　题 14-3 图所示系统中卷筒B，重量为Q，半径为R，作用一变力偶$M=a\varphi$，a为常量，φ为卷筒的转角。重为$\boldsymbol{P}$的重物A沿倾角为α的光滑斜面运动，弹簧常数为k，卷筒转角$\varphi=0$时，绳索对物块的拉力为零，物块A处于静平衡状态，试求卷筒转过φ角时作用于系统上所有力做的功的总和。

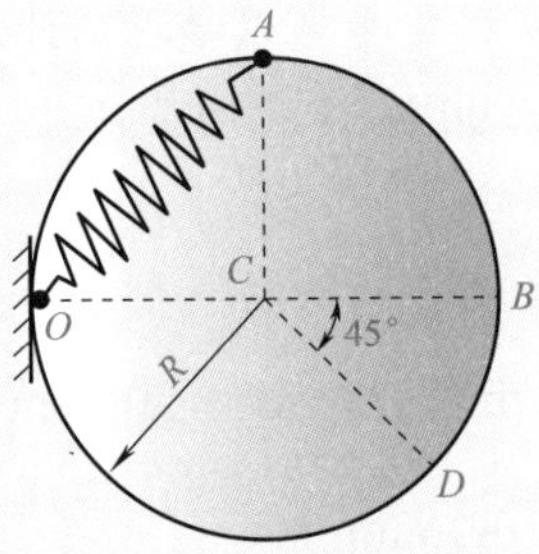

题 14-1 图

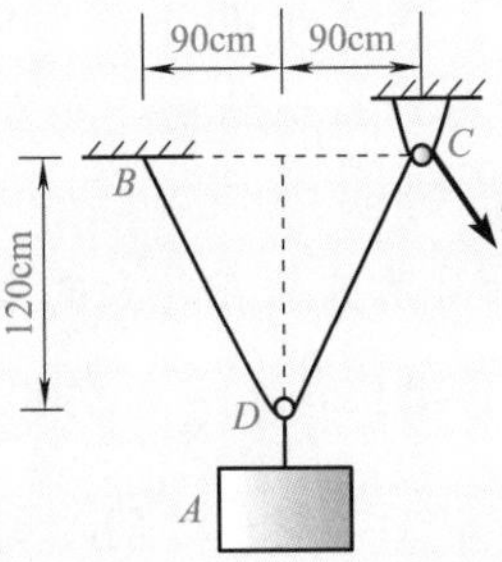

题 14-2 图

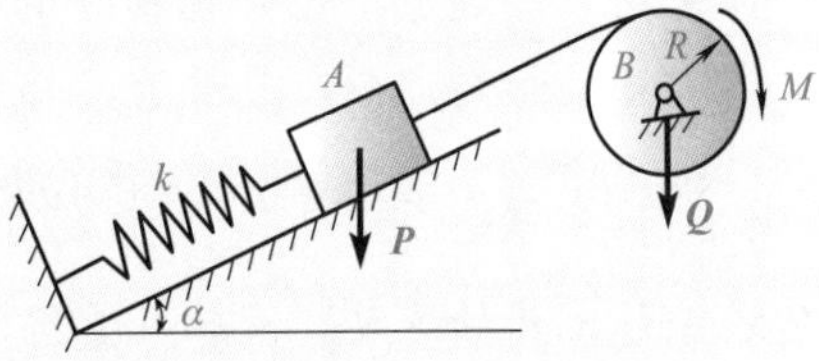

题 14-3 图

14-4　如题 14-4 图所示，各均质物体的质量都是m，物体的尺寸以及绕轴转动的角速度、质心的速度等均如图示。试分别计算在各种情况下物体的动能。

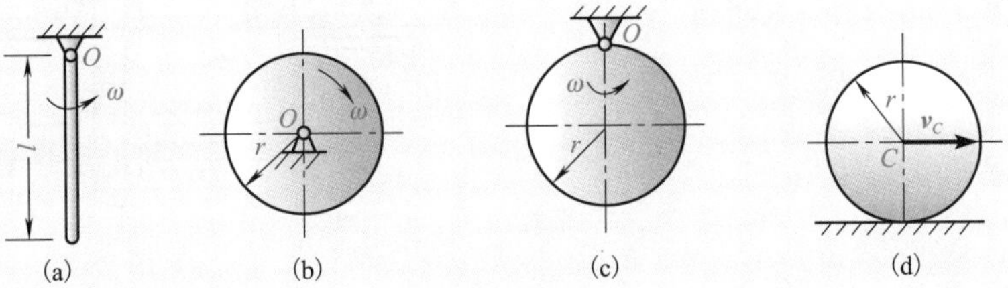

题 14-4 图

14-5　如题 14-5 图所示各机构中，已知各机构的半径都是r，角速度都是ω，质量都是m，试计算各机构的动能。

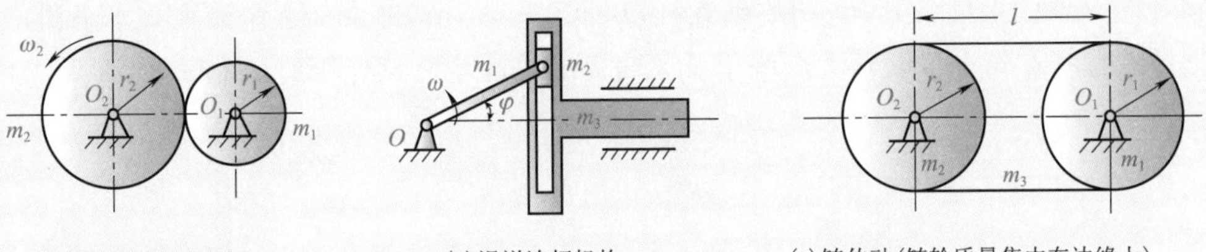

(a) 圆柱齿轮外啮合　(b) 滑道连杆机构　(c) 链传动（链轮质量集中在边缘上）

题 14-5 图

14-6　如题 14-6 图所示，长为l、重为P的均质杆OA以匀角速度ω绕铅直轴Oz转动，并与Oz轴的夹角α保持不变，求杆OA的动能。

14-7　如题 14-7 图所示，矿车在水平距离为l_1、高为h的斜坡上无初速地下滑，至水平段又滑行距离l_2后停止，试求矿车与地面的摩擦系数f。

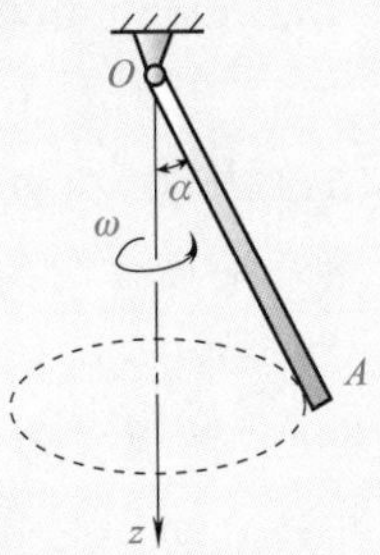

题 14-6 图

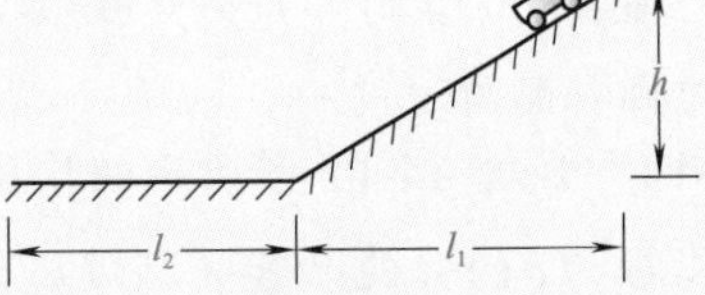

题 14-7 图

14-8 如题 14-8 图所示，均质三角板重量为 400N，三角板由两根重量可以略去不计的平行连杆支承，连杆长度 $2l = 240\text{cm}$。开始时系统的初速度为零，$\theta = 90°$，求运动至 $\theta = 60°$ 时，重物 A 的速度，已知重物 A 的重量为 800N。

14-9 如题 14-9 图所示，轴 I 、轴 II 及安装在其上的带轮和齿轮等的转动惯量分别为 $I_1 = 5\text{kg}\cdot\text{m}^2$ 与 $I_2 = 4\text{kg}\cdot\text{m}^2$。已知齿轮的传动比 $\dfrac{\omega_2}{\omega_1} = \dfrac{3}{2}$，作用于轴 I 上的力矩 $M_1 = 50\text{N}\cdot\text{m}$，系统由静止开始运动。问轴 II 要经过多少转后，转速才能达到 $n_2 = 120\text{r/min}$。

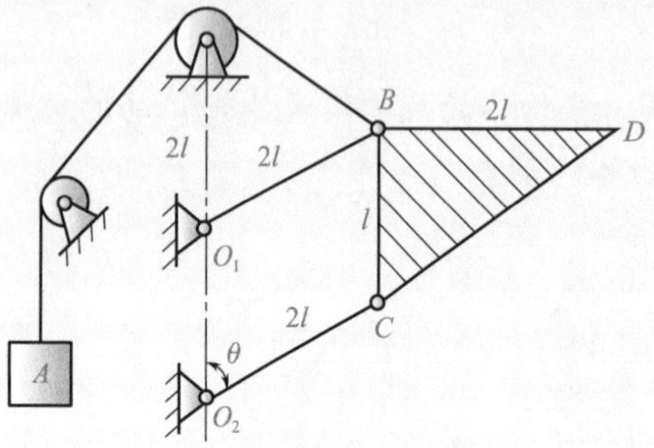

题 14-8 图

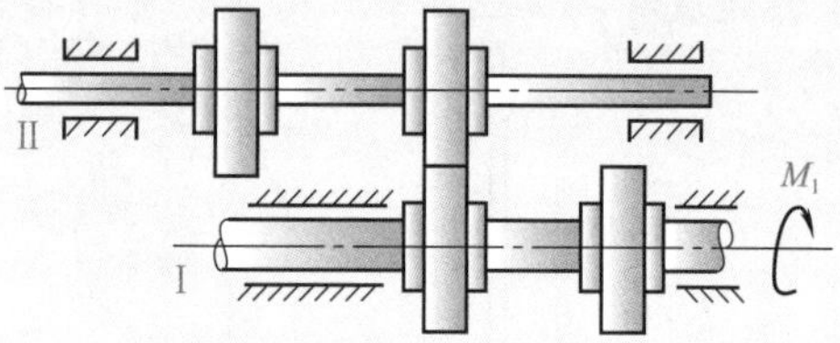

题 14-9 图

14-10 直角曲杆，单位长度重量 $q = 2\text{N/cm}$，AB 段长度为 120cm，BC 段长段为 180cm，可绕水平轴 A 在铅垂平面内转动，若杆在题 14- 10 图所示位置由静止开始转动，求转过 90° 时杆的角速度。

14-11 如题 14-11 图所示，均质细直杆 OA 长 $l = 3.27\text{m}$，可在铅直平面内绕水平固定轴 O 自由转动。当杆在铅垂位置时，应给予多大的角速度，才能使杆转到水平位置。

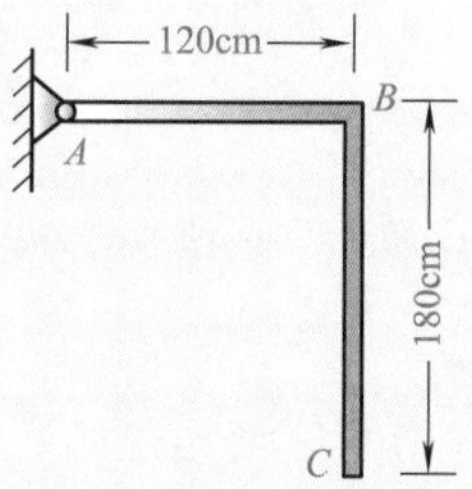

题 14-10 图

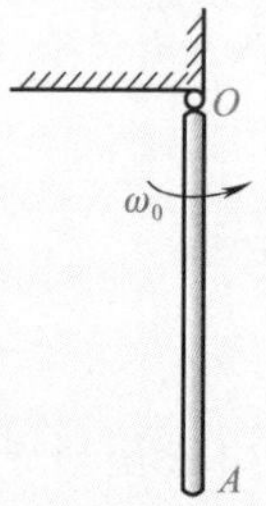

题 14-11 图

14-12 如题 14-12 图所示，均质杆 OA 的质量为 30kg，杆在铅垂位置时弹簧处于自然状态。设弹簧常数 $k = 3\text{kN/m}$，为使杆能由铅直位置 OA 转到水平位置 OA'，在铅直位置时的角速度至少应为多少？

14-13 如题 14-13 图所示，均质圆柱半径为 R，可绕水平轴 O 转动。在初瞬时，直径 OA 在铅垂位置。若 OA 向右并突然释放，求 α 角等于多少时，O 点沿半径方向的反力恰为零，并求此时圆柱的角速度。

14-14 如题 14-14 图所示的均质圆轮的质量为 m_1，半径为 r，一质量为 m_2 的质点固结在离圆心 O 为 e 的 A 处。若 A 稍偏离最高位置，使圆轮由静止开始滚动。求当 A 运动至最低位置时，圆轮滚动的角速度(设圆轮只滚动不滑动)。

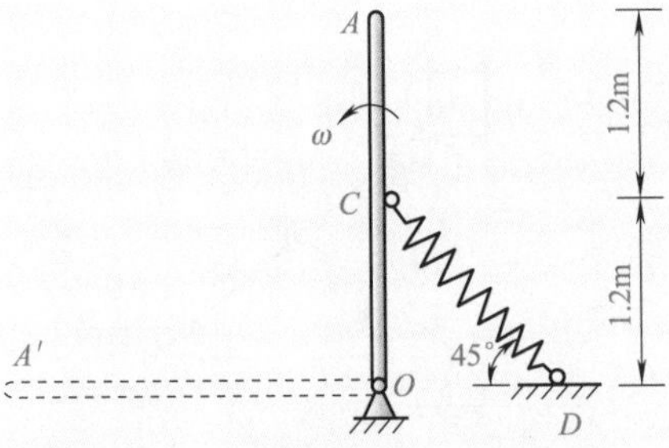

题 14-12 图

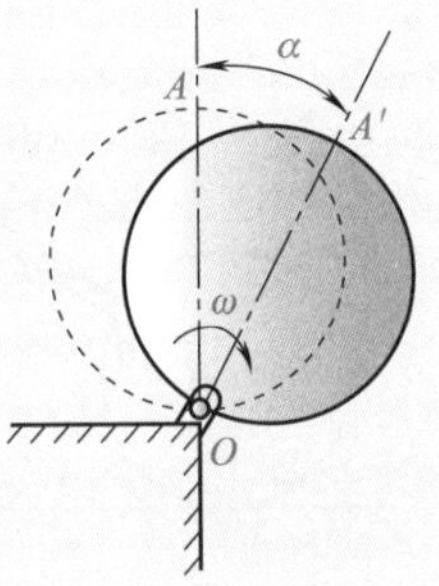

题 14-13 图

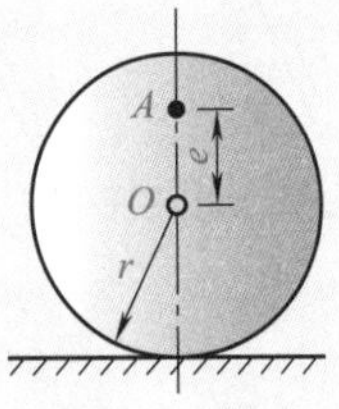

题 14-14 图

14-15 如题 14-15 图所示滑轮组悬挂着两个重物，其中 M_1 重 P，M_2 重 Q。定滑轮 O_1 的半径为 r_1、重 W_1，动滑轮 O_2 的半径为 r_2、重 W_2，两轮都视为均质圆盘，如绳重和摩擦略去不计，并设 $P > 2Q - W_2$，求重物 M_1 由静止下降距离 h 时的速度。

14-16 如题 14-16 图所示，两均质杆 AC 和 BC 各重 P，长均为 l，在点 C 由铰链相连接，放在光滑的水平面上，由于 A 和 B 端的滑动，杆在其铅直面内落下，求铰链 C 与地面相碰时 C 点的速度 v。点 C 的初始高度为 h，开始时杆静止。

14-17 行星齿轮传动机构，放在水平面内，如题 14-17 图所示，已知动齿轮半径为 r，重 P，可看成均质圆盘；曲柄 OA 重 Q，可看成均质杆；定齿轮半径为 R。今曲柄上作用一不变的力偶，其矩为 M，使此机构由静止开始运动。求曲柄转过 φ 角后的角速度和角加速度。

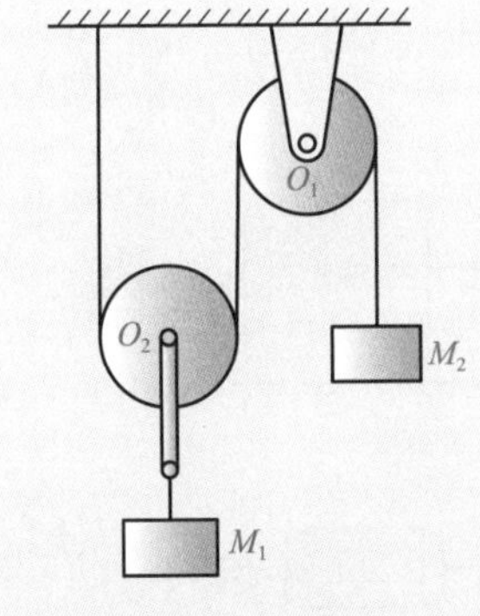

题 14-15 图

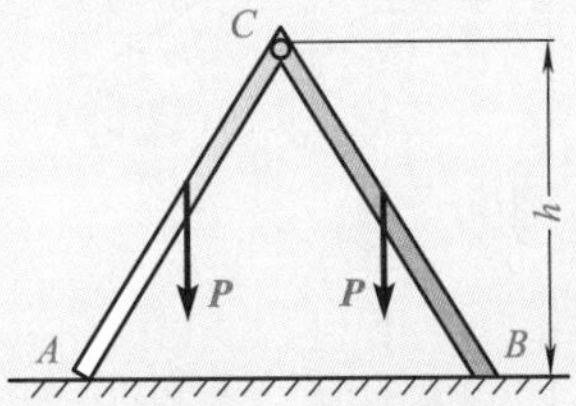

题 14-16 图

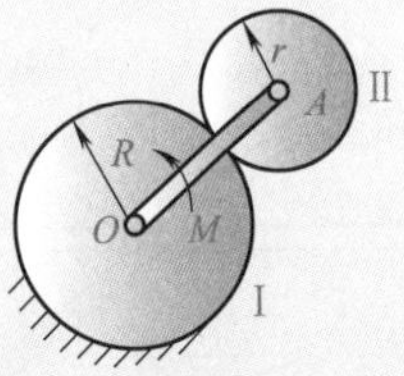

题 14-17 图

14-18 如题 14-18 图所示，等长等重的三根均质细直杆用铰链连接，可在铅垂平面内摆动。求自 $\alpha = 45^\circ$ 位置无初速地运动到 $\alpha = 0$ 位置时，AB 杆中点 C 的速度。设三杆长均为 $l = 1\text{m}$。

14-19 如题 14-19 图所示，均质细杆长 l，重 Q，其上端 B 靠在光滑的墙上，下端 A 以铰链与圆柱的中心相连。圆柱重 P，半径为 R，放在粗糙的地面上，自图示位置由静止开始滚动而不滑动。杆与水平线的夹角 $\theta = 45^\circ$。求点 A 在初瞬时的加速度。

14-20 椭圆规位于水平面内，由曲柄 OC 带动规尺 AB 运动，如题 14-20 图所示。曲柄和椭圆规尺均为均质杆，重量分别为 P 和 $2P$，且 $OC = AC = BC = l$，滑块 A 和 B 重量均为 Q。若作用在曲柄上的力偶为 M 时，$\varphi = 0$，系统静止。忽略摩擦，求曲柄的角速度(以转角 φ 的函数表示)和角加速度。

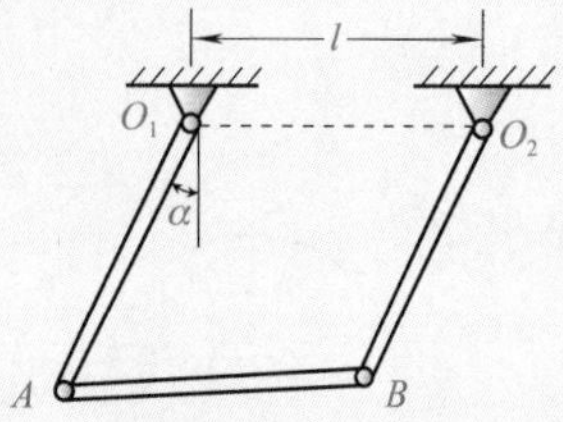

题 14-18 图

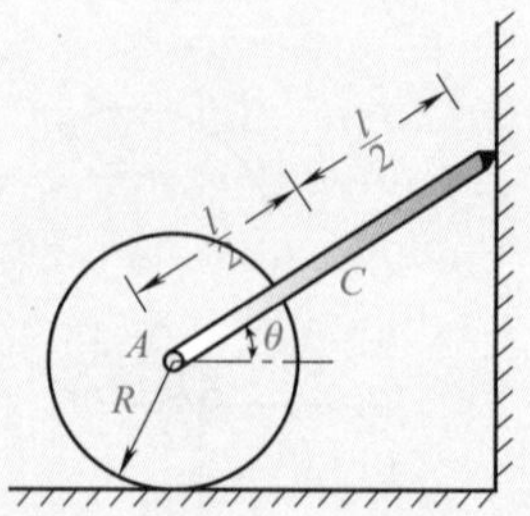

题 14-19 图

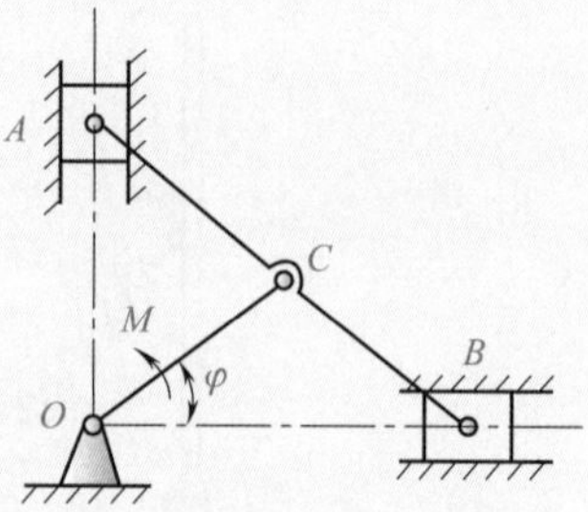

题 14-20 图

14-21 如题 14-21 图所示，均质杆 AC 的质量为 m，长为 $2l$。开始时 $\theta=180^\circ$，杆 AC 静止。设在 A 端作用一大小不变且始终垂直于杆的力 $\boldsymbol{P}$，试求 B 点到达 O 点时（$\theta=0$ 时）杆的角速度。杆 OC 和滑块 B 的质量不计，摩擦也不计。

14-22 如题 14-22 图所示，矿井升降带挂有重为 P_1 和 P_2 的两重物，绞车 I 由电动机带动。开始时，重物 P_1 被提升并有加速度 a，当速度达到 $v_{\max}$ 时，即保持等速不变。已知绞车的半径为 r_1，其对轴的转动惯量为 I_1。轮Ⅱ、轮Ⅲ的半径分别为 r_2 和 r_3，其对轴转动惯量分别为 I_2 和 I_3。升降带单位长度的重量为 q，全长为 l。求在变速和等速两个阶段时，电动机所输出的功率。

14-23 如题 14-23 图所示，车床上车削直径 $D=48\text{mm}$ 的工件，主切削力 $Q_x=7.84\text{kN}$。若主轴转速为 240r/min，电动机转速为 1420r/min，主传动系统的总效率 $\eta=0.75$，求机床主轴、电动机主轴分别受的力矩和电动机的功率。

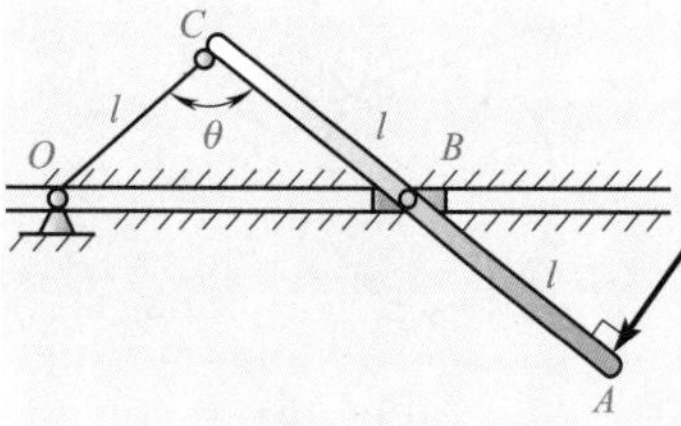

题 14-21 图

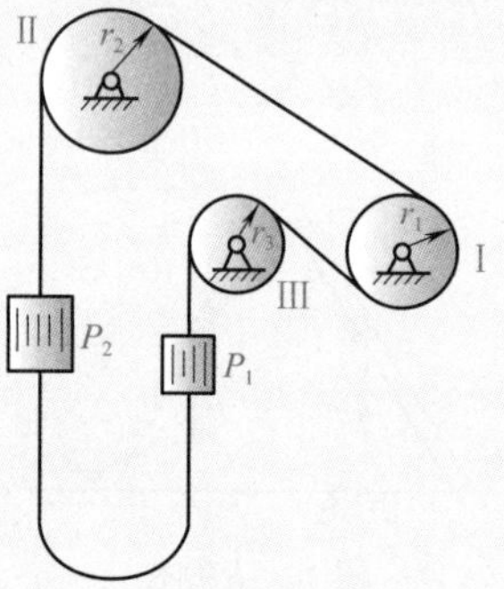

题 14-22 图

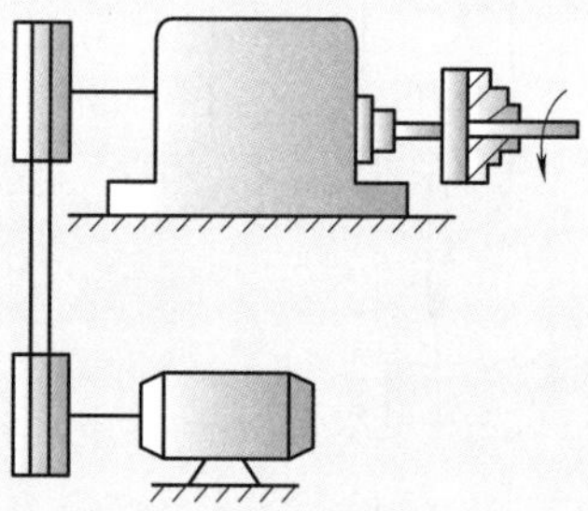

题 14-23 图

14-24 如题 14-24 图所示小环 M 套在位于铅直面内的大圆环上，并与固定于点 A 的弹簧连接。小环不受摩擦地沿大圆环滑下，欲使小环在最低点时对大圆环的压力为零，弹簧刚度应多大？大圆环的半径 $r=20\text{cm}$，小环所受重力 $P=49\text{N}$，在初瞬时 $AM=20\text{cm}$，为弹簧的原长，小环初速度为零，弹簧重量略去不计。

14-25 如题 14-25 图所示，试求释放瞬时的角加速度和铰链 O 的约束反力：图(a)为质量为 m，半径为 r 的圆环；图(b)为质量为 m，半径为 r 的薄圆盘。它们都在铅垂平面内，当 OC 连线（C 为质心）水平时由静止释放。

14-26 如题 14-26 图所示，重 W、长 l 的均质细直杆质心距铰支座 A 的距离为 b，若把 B 端支承突然去掉，求杆转动 90° 能获得最大角速度时的 b 值及角加速度。

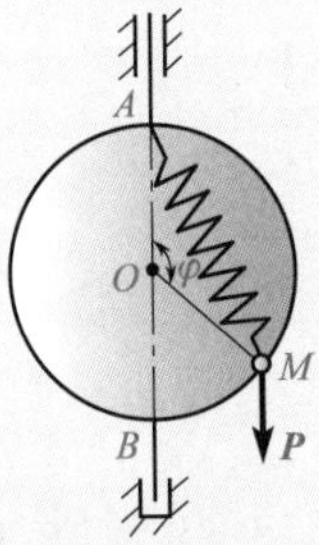

题 14-24 图

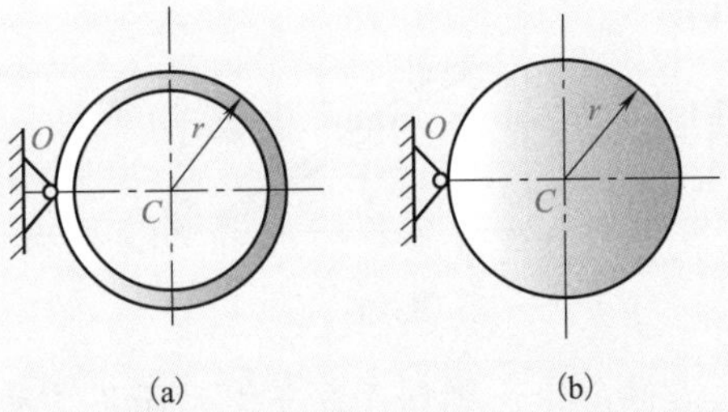

题 14-25 图

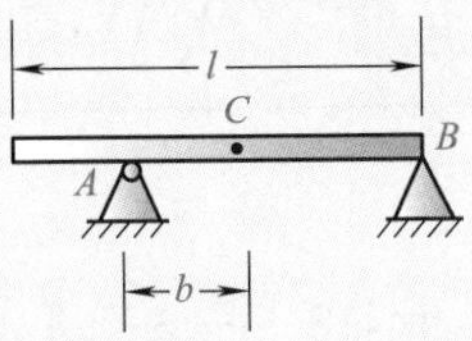

题 14-26 图

14-27 题 14-27 图所示三棱柱 A 沿三棱柱 B 的光滑斜面滑动，A 和 B 各重 P 和 Q，三棱柱 B 的斜面与水平面成 α 角，如开始时物系静止，求运动时三棱柱 B 的加速度。(忽略摩擦)

14-28 如题 14-28 图所示，圆环以角速度 ω 绕铅直轴 AC 自由转动。圆环半径为 R，对轴转动惯量为 I_0，在环中的点 A 放一质量为 m 的小球。设由于微小的干扰，小球离开点 A，求当小球到达点 B 和点 C 时，圆环的角速度和质点的速度。

14-29 如题 14-29 图所示的曲柄滑槽机构，均质曲柄 OA 绕水平轴 O 做匀角速度转动。已知曲柄长为 r、重为 P，滑槽 BC 重 P_2(重心在点 D)，滑块 A 的重量和各处摩擦不计。求当曲柄转至图示位置时，滑槽 BC 的加速度、轴承 O 的动反力以及作用在曲柄上的力矩 M。

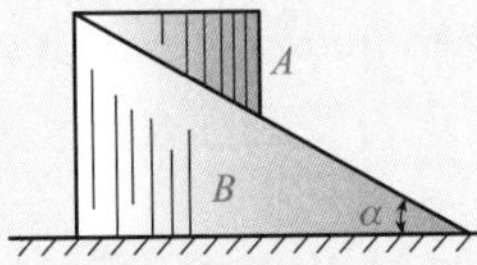

题 14-27 图

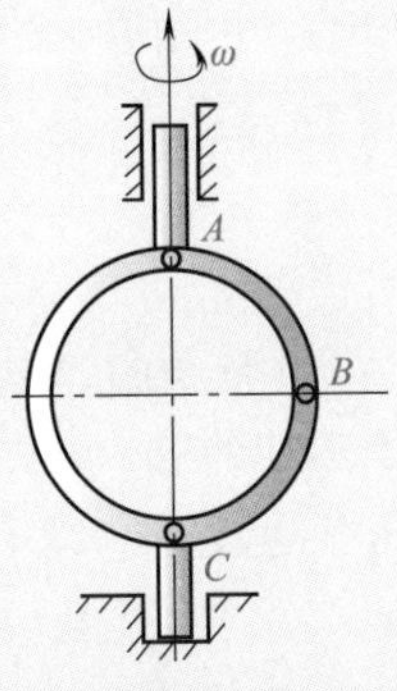

题 14-28 图

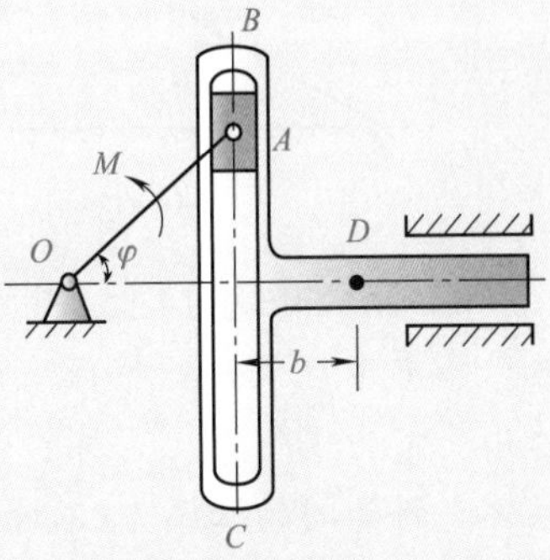

题 14-29 图

14-30 如题 14-30 图所示，弹簧两端各系以重物 A、B，放在光滑的水平面上，其中重物 A 重 P，重物 B 重 Q。弹簧原长为 l_0，刚性系数为 k。若将弹簧拉长到 l 然后无初速地释放。问当弹簧回到原长时，重物 A 和 B 的速度各为多少？

14-31 如题 14-31 图所示，均质细杆长 l，由直立位置开始滑动，上端 A 沿墙壁向下滑，下端 B 沿地面向右滑。不计摩擦。求细杆在任一位置 φ 时的角速度 ω、角加速度 ε 及 A、B 处的反力。

14-32 如题 14-32 图所示，三棱柱体 ABC 重 P，放在光滑的水平面上，可以无摩擦地滑动。重量为 Q 的均质圆柱体 O 由静止沿斜面 AB 向下滚动而不滑动。如斜面的倾角为 α，求三棱柱体的加速度。

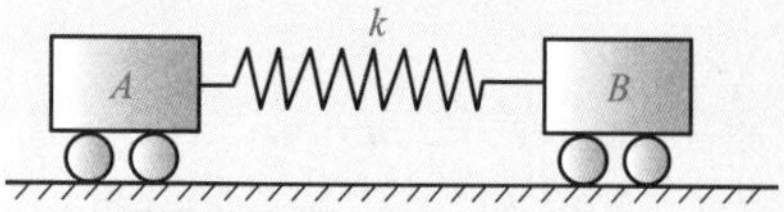

题 14-30 图

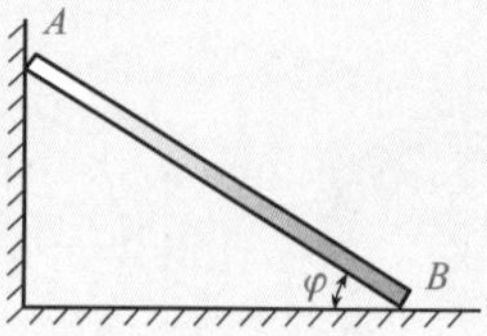

题 14-31 图

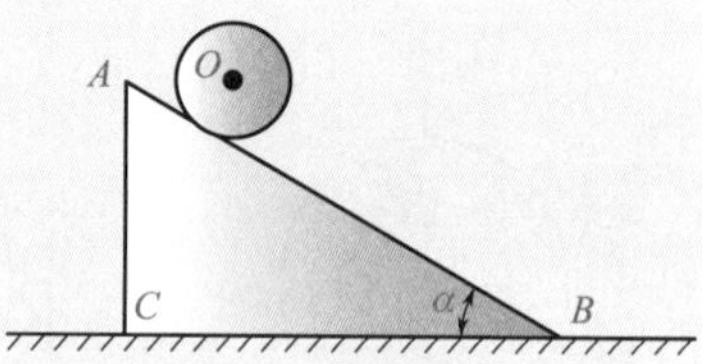

题 14-32 图

14-33 一滚子 A 重 Q，沿倾角为 α 的斜面向下滚动而不滑动，如题 14-33 图所示。滚子借一跨过滑轮 B 的绳提升一重为 P 的物体，同时滑轮 B 绕 O 轴转动。滚子 A 与滑轮 B 的重量相等，半径相等，且都为均质圆盘。求滚子重心的加速度和系在滚子上绳的张力。

14-34 两根均质直杆组成的机构及尺寸如题 14-34 图所示。OA 杆的质量是 AB 杆质量的两倍，各处摩擦均不计。如机构在图示位置从静止释放，求当 OA 杆转到铅垂位置时，AB 杆 B 端的速度。

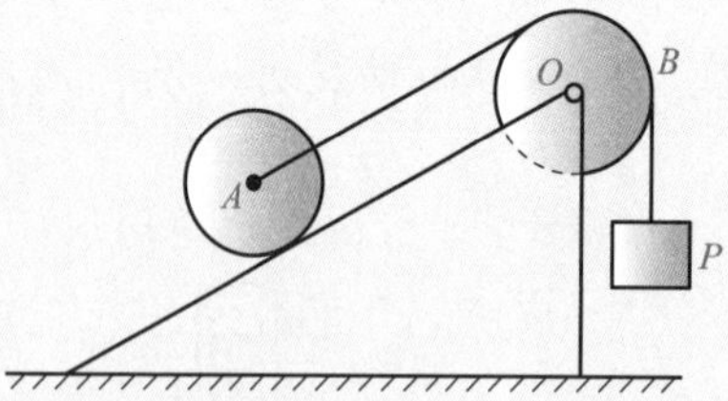

题 14-33 图

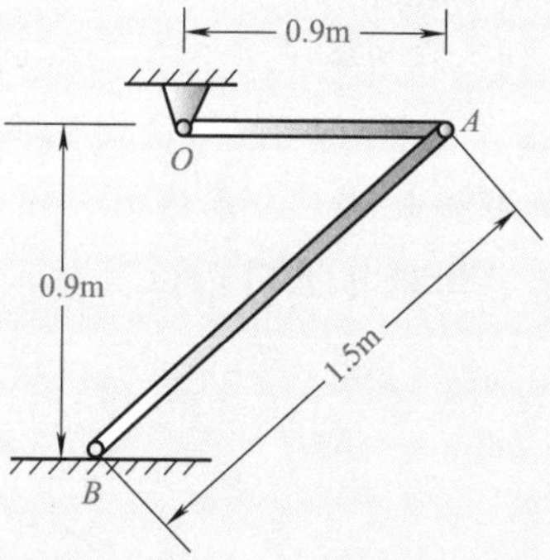

题 14-34 图

14-35 如题 14-35 图所示机构中，沿斜面向上做纯滚动的圆柱体和鼓轮 O 均为均质物体，各重为 P 和 Q，半径均为 R，绳子不可伸长，其质量不计，斜面倾角为 α，如在鼓轮上作用一常力偶矩 M，试求：①鼓轮的角加速度；②绳子的拉力；③轴承 O 处的支反力；④圆柱体与斜面间的摩擦力(不计滚动摩擦)。

14-36 如题 14-36 图所示，匀质杆 AB 长为 l，质量为 m，铰接于滑块 A 点上，处于光滑面上的滑块质量为 m，开始时系统静止，杆 AB 从图示位置无初速地下落。求 AB 杆经铅垂位置时的角速度、角加速度和铰 A 处的约束反力。

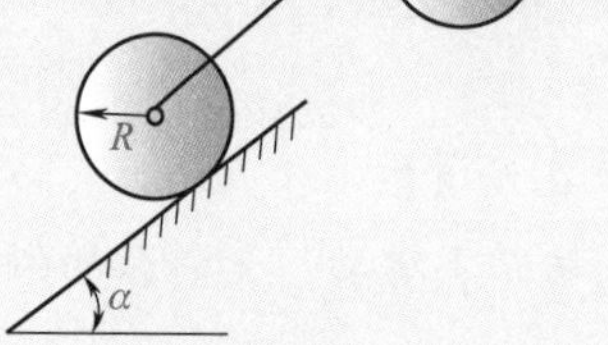

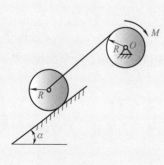

题 14-35 图

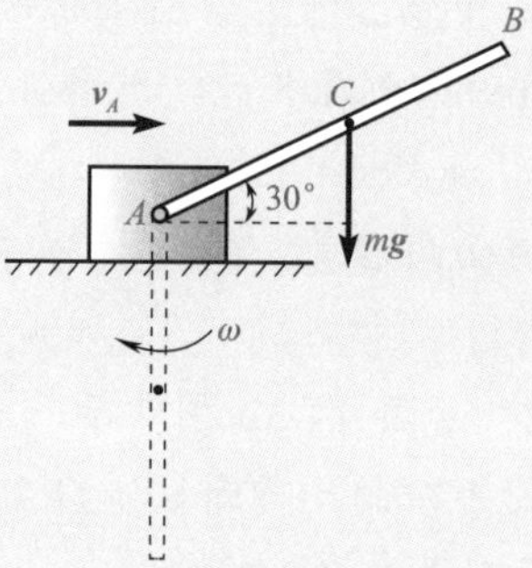

题 14-36 图

第 15 章 达朗贝尔原理

在牛顿定律的基础上，引入惯性力的概念，可以导出研究非自由质点系的另一种方法——动静法。动静法以静力学方法研究非自由质点系的动力学问题，使动力学问题求解较之动力学方法更易于掌握。并且方法上的改进使得“动”“静”相通，产生了理论上的飞跃。动静法的基本思想是法国科学家达朗贝尔(d'Alembert) 1743 年在其著作《动力学教程》中首先提出的，因此，动静法的基本原理又称为达朗贝尔原理。

15.1 惯性力与质点的达朗贝尔原理

15.1.1 惯性力

应用动静法解决非自由质点系动力学问题时，惯性力是一个重要的概念。当人用手推动质量为 m 的小车沿水平直线轨道运动时，小车获得加速度 $\boldsymbol{a}$，如图 15-1 所示。不计轨道对小车的阻力，根据牛顿第二定律，人手施加于小车上的力 $\boldsymbol{F}=m\boldsymbol{a}$，又根据牛顿第三定律(作用力与反作用力定律)，同时人手感到的压力就是小车给人手的反作用力 $\boldsymbol{F}'$。且有

$$\boldsymbol{F}'=-\boldsymbol{F}=-m\boldsymbol{a} \tag{15-1}$$

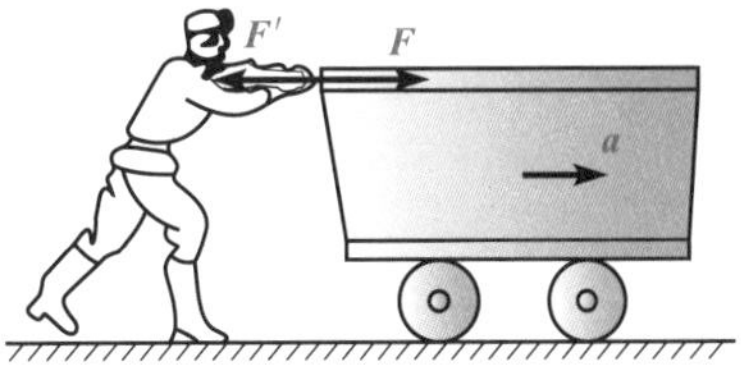

图 15-1

15-1

力 $\boldsymbol{F}'$ 是由于小车具有惯性，力图保持其原有的运动状态，对于施力物体(人手)产生的反抗力，称为小车的惯性力。必须注意，小车的惯性力并不作用在小车上，而是作用在迫使小车产生加速运动的物体上(本例作用在人手上)，如图 15-1 所示。

另一个例子是用手握住绳的一端、另一端系着小球使其在水平面内做匀速圆周运动。此时质点在水平面内所受的力只有绳的拉力 $\boldsymbol{T}$。若小球的质量为 m，速度为 v，圆半径为 r，由牛顿第二定律可知：$\boldsymbol{T}=m\boldsymbol{a}=m\boldsymbol{a}_n=m\dfrac{v^2}{r}\boldsymbol{n}$，即所谓向心力，而小球由于惯性必然给绳以反作用力 $\boldsymbol{T}'$，此即小球的惯性力。$\boldsymbol{T}'=-\boldsymbol{T}=-m\boldsymbol{a}_n$，称为离心力。人手感到有拉力就是这个力引起的。

综上所述，质点惯性力的定义为：加速运动的质点，对迫使其产生加速运动的物体的惯性反抗的总和，称为质点的惯性力。质点惯性力的大小等于质点的质量与其加速度的乘积，方向与加速度的方向相反。常用符号 $\boldsymbol{Q}$ 表示。即

$$\boldsymbol{Q}=-m\boldsymbol{a} \tag{15-2}$$

式(15-2)是矢量式，工程应用中常常是它的投影式。惯性力在直角坐标轴上的投影为

$$\left.\begin{aligned}Q_x&=-ma_x=-m\frac{\mathrm{d}^2x}{\mathrm{d}t^2}\\Q_y&=-ma_y=-m\frac{\mathrm{d}^2y}{\mathrm{d}t^2}\\Q_z&=-ma_z=-m\frac{\mathrm{d}^2z}{\mathrm{d}t^2}\end{aligned}\right\}\tag{15-3}$$

惯性力在自然坐标轴上的投影为

$$\left.\begin{aligned}Q_\tau&=-ma_\tau=-m\frac{\mathrm{d}^2s}{\mathrm{d}t^2}\\Q_n&=-ma_n=-m\frac{v^2}{\rho}\\Q_b&=-ma_b=0\end{aligned}\right\}\tag{15-4}$$

15.1.2 质点的达朗贝尔原理

设一质量为m的质点M，在主动力$\boldsymbol{F}$和约束反力$\boldsymbol{N}$作用下产生加速度$\boldsymbol{a}$，如图 15-2 所示。根据牛顿第二定律，有

$$\boldsymbol{R}=\boldsymbol{F}+\boldsymbol{N}=m\boldsymbol{a}\tag{15-5}$$

若将式(15-5)右端的$m\boldsymbol{a}$移到左端，可得

$$\boldsymbol{F}+\boldsymbol{N}+(-m\boldsymbol{a})=0\tag{15-6a}$$

引入质点的惯性力$\boldsymbol{Q}=-m\boldsymbol{a}$，则有

$$\boldsymbol{F}+\boldsymbol{N}+\boldsymbol{Q}=0\tag{15-6b}$$

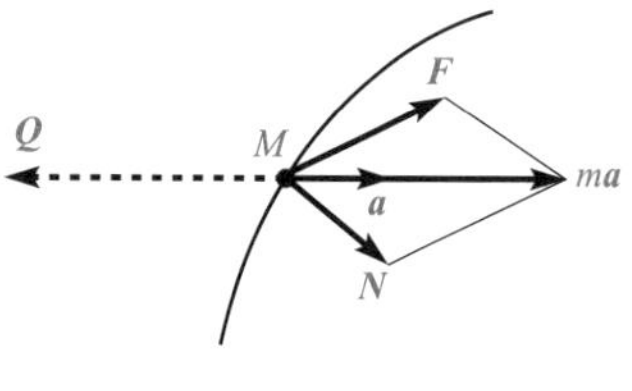

图 15-2

15-2

如果将惯性力$\boldsymbol{Q}$假想地加在质点上，则式(15-6b)表明，作用在质点上的主动力和约束反力以及虚加的惯性力组成平衡力系。这种借助于在质点上虚加上惯性力$\boldsymbol{Q}$，而将动力学方程(15-5)在形式上变成汇交力系平衡方程(15-6b)的方法，称为质点的动静法。动静法提供了一种研究非自由质点动力学问题的新方法。

式(15-6b)是矢量和等于零，汇交力系平衡方程也是这个形式。然而，这个方程对动力学问题来说只是形式上的平衡，因为惯性力$\boldsymbol{Q}$是虚拟的，而绝对不是作用于质点上的。质点上实际作用的力仍然是主动力$\boldsymbol{F}$和约束反力$\boldsymbol{N}$，而且是在这些力作用下产生加速度$\boldsymbol{a}$。如果质点平衡，也就不存在惯性力；既然给质点上加上惯性力，质点则处在不平衡即加速运动状态中。采用动静法解决动力学问题的最大优点，就是可以利用静力学提供的解题方法，给动力学问题一种统一的解题格式。

必须指出，动静法中的惯性力与非惯性坐标系中的惯性力是不一样的。动静法中的惯性力完全是虚假的，它并非是质点本身受到的力，而是质点给施力物体的力。但是在非惯性坐标系中的惯性力——虚拟力却具有真实性。为了区分这两种惯性力，在力学中通常将动静法中的惯性力，称为达朗贝尔惯性力。

【例 15-1】　重为 P 的小球 M 系于长为 l 的软绳下端，并以匀角速度绕铅垂线回转，如图 15-3 所示。如绳与铅垂线成 α 角，求绳中的拉力和小球的速度。

解　以小球 M 为研究对象。在任一瞬时其上所受的力有重力 $\boldsymbol{P}$ 和绳子的拉力 $\boldsymbol{T}$ 。根据动静法，在质点上虚加上惯性力 $\boldsymbol{Q}$ 。依题意，质点在平面内做匀速圆周运动，所以只有法向加速度 $\boldsymbol{a}_n=\dfrac{v^2}{l\sin\alpha}\boldsymbol{n}$ ，故惯性力 $\boldsymbol{Q}=-\dfrac{P}{g}\dfrac{v^2}{l\sin\alpha}\boldsymbol{n}$ 。将这个惯性力虚加在质点上之后认为重力 $\boldsymbol{P}$ 、$\boldsymbol{T}$ 和 $\boldsymbol{Q}$ 组成平衡力系。这是一个平面汇交力系，取 b 轴和 n 轴作为投影轴，列平衡方程

$$\sum F_n=0,\quad T\sin\alpha-\frac{P}{g}\frac{v^2}{l\sin\alpha}=0$$

$$\sum F_b=0,\quad T\cos\alpha-P=0$$

解得

$$T=\frac{P}{\cos\alpha},\quad v=\sqrt{gl\sin^2\alpha/\cos\alpha}$$

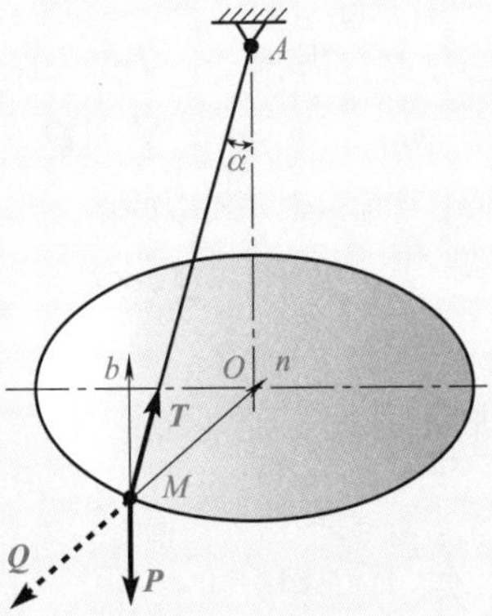

图 15-3

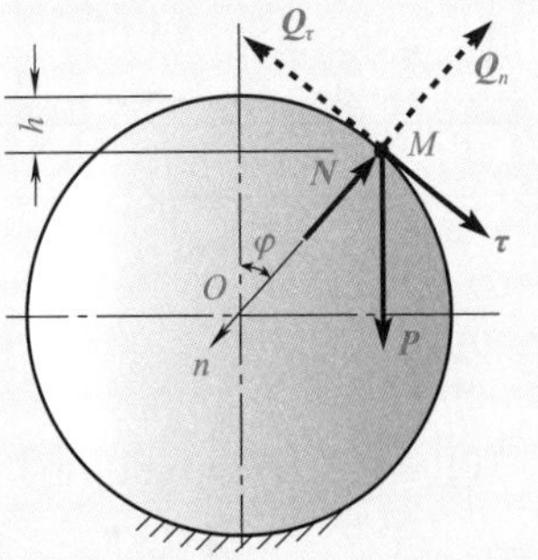

图 15-4

15-3

15-4

【例 15-2】　在半径为 R 的光滑球顶上放一小物块，如图 15-4 所示。设物块沿铅垂面内的大圆自球面顶点静止滑下，求此物块脱离球面时的位置。

解　以物块为研究对象。物块在任意瞬时的位置以 φ 角表示，所受的力有重力 $\boldsymbol{P}$ 和球面的约束反力 $\boldsymbol{N}$ 。设物块在任意位置的切向和法向加速度分别为

$$\boldsymbol{a}_\tau=\frac{\mathrm{d}v}{\mathrm{d}t}\boldsymbol{\tau},\quad \boldsymbol{a}_n=\frac{v^2}{R}\boldsymbol{n}$$

于是切向惯性力和法向惯性力分别为

$$\boldsymbol{Q}_\tau=-\frac{P}{g}\frac{\mathrm{d}v}{\mathrm{d}t}\boldsymbol{\tau},\quad \boldsymbol{Q}_n=-\frac{P}{g}\frac{v^2}{R}\boldsymbol{n}$$

将其加在物块上，与 $\boldsymbol{P}$ 和 $\boldsymbol{N}$ 组成平衡力系。

取 n 轴为投影轴，列平衡方程

$$\sum F_n=0,\quad P\cos\varphi-N-\frac{P}{g}\frac{v^2}{R}=0 \tag{1}$$

由动能定理得

$$\frac{1}{2}\frac{P}{g}v^2-0=PR(1-\cos\varphi),\quad v^2=2gR(1-\cos\varphi) \tag{2}$$

将式(2)代入式(1)，解得 $N=P(3\cos\varphi-2)$ 。

可见，约束反力 $\boldsymbol{N}$ 随 φ 的增大而减小。当球面对物块的约束反力 $\boldsymbol{N}$ 等于零时，物块即开始与球面脱离，此时的位置 φ_0 可由下式确定：

$$\cos\varphi_0 = \frac{2}{3}\text{；}\qquad \varphi_0 = 48^\circ 11'$$

若以物块下降距离 h 表示脱离位置，由图 15-4 可知

$$\cos\varphi_0 = \frac{R-h}{R} = \frac{2}{3}\text{；}\qquad h = \frac{1}{3}R$$

即物块沿球面下滑的铅垂高度等于半径的 1/3 时，物块开始脱离球面。

【例 15-3】 列车沿水平轨道行驶，在车厢内悬挂一单摆。当车厢向右做匀加速运动时，单摆向左偏斜与铅直线成 α 角，相对于车厢静止，如图 15-5 所示。试求车厢的加速度 $\boldsymbol{a}$。

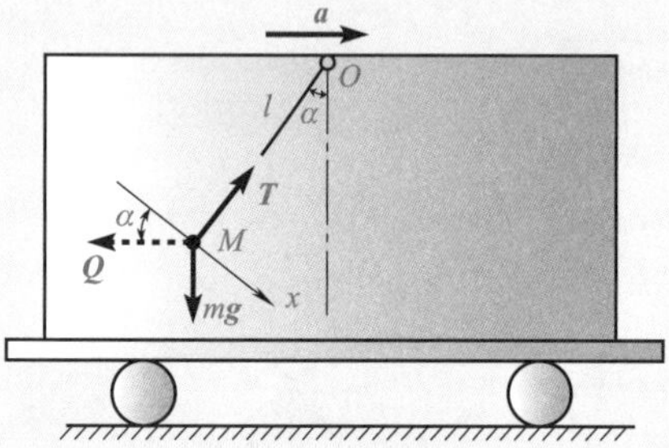

图 15-5

15-5

解 取单摆的摆锤为研究对象，设它的质量为 m。摆锤与车厢一样，有向右的加速度 $\boldsymbol{a}$。它受两个力作用：重力 $m\boldsymbol{g}$ 和悬线的拉力 $\boldsymbol{T}$。根据动静法，如在重锤上假想地加上惯性力 $\boldsymbol{Q} = -m\boldsymbol{a}$，则 $m\boldsymbol{g}$、$\boldsymbol{N}$ 和 $\boldsymbol{Q}$ 成为共点平衡力系。取 x 轴为投影轴，列平衡方程

$$\sum X = 0\text{，}\qquad mg\sin\alpha - Q\cos\alpha = 0$$

解得

$$a = g\tan\alpha$$

根据另外一个平衡方程，还可以求出绳子的拉力。

15.2 质点系的达朗贝尔原理

设一质点系由 n 个质点组成，根据质点的动静法可知，如果在该质点系的每个质点上假想在加上惯性力，则作用于每个质点上的主动力 $\boldsymbol{F}_i$、约束反力 $\boldsymbol{N}_i$ 和惯性力 $\boldsymbol{Q}_i$ 在形式上组成平衡力系。则有

$$\boldsymbol{F}_i + \boldsymbol{N}_i + \boldsymbol{Q}_i = 0 \quad (i = 1, \cdots, n) \tag{15-7}$$

从表面上看，式(15-7)是质点系中每个质点平衡的条件，但实质上它给出了整个质点系的平衡条件。这是因为，质点系中每个质点平衡与整个质点系的平衡是相通的。

这就表明，在质点系运动的任一瞬时，在质点系中的每一个质点上都假想地加上相应的惯性力，则作用于质点系上所有主动力、约束反力和所有虚加的惯性力在形式上构成一平衡力系。这就是质点系的动静法。质点系平衡意味着可以在质点系中随意取研究对象，建立相应的平衡方程。然而，由静力学可知，力系的平衡条件是力系向任一点简化的主矢和主矩都等于零，即

$$\left.\begin{aligned} &\sum \boldsymbol{F}_i + \sum \boldsymbol{N}_i + \sum \boldsymbol{Q}_i = 0 \\ &\sum \boldsymbol{m}_O(\boldsymbol{F}_i) + \sum \boldsymbol{m}_O(\boldsymbol{N}_i) + \sum \boldsymbol{m}_O(\boldsymbol{Q}_i) = 0 \end{aligned}\right\} \tag{15-8}$$

当把作用于质点系上的力按内力和外力划分时，式(15-8)可写成

$$\left.\begin{aligned} &\sum \boldsymbol{F}_i^{(e)} + \sum \boldsymbol{F}_i^{(i)} + \sum \boldsymbol{Q}_i = 0 \\ &\sum m_O(\boldsymbol{F}_i^{(e)}) + \sum m_O(\boldsymbol{F}_i^{(i)}) + \sum m_O(\boldsymbol{Q}_i) = 0 \end{aligned}\right\}$$

式中，$\sum \boldsymbol{F}_i^{(e)}$、$\sum \boldsymbol{F}_i^{(i)}$ 分别表示质点系所受的外力和内力。考虑到质点系的内力总是成对出现，且彼此等值、反向、共线，因而有 $\sum \boldsymbol{F}_i^{(i)} = 0$，$\sum m_O(\boldsymbol{F}_i^{(i)}) = 0$，于是上面两式可写成

$$\left.\begin{aligned}&\sum \boldsymbol{F}_i^{(e)} + \sum \boldsymbol{Q}_i = 0\\&\sum m_O(\boldsymbol{F}_i^{(e)}) + \sum m_O(\boldsymbol{Q}_i) = 0\end{aligned}\right\} \tag{15-9}$$

这表明，对整个质点系来说，动静法给出的平衡方程只是质点系的惯性力系与其外力的平衡，而与质点系内力无关。式(15-9)给出的方程，其动力学实质并不陌生，因为惯性力系的主矢和对 O 点之主矩分别为

$$\sum \boldsymbol{Q}_i = \sum -m_i\boldsymbol{a}_i = -M\boldsymbol{a}_c = -\frac{\mathrm{d}}{\mathrm{d}t}\left(\sum m\boldsymbol{v}_i\right)$$

$$\sum \boldsymbol{m}_O(\boldsymbol{Q}_i) = -\sum \frac{\mathrm{d}}{\mathrm{d}t}\boldsymbol{m}_O(m\boldsymbol{v}_i) = -\frac{\mathrm{d}}{\mathrm{d}t}\sum \boldsymbol{m}_O(m\boldsymbol{v}_i)$$

即动量主矢和动量对 O 点的主矩对时间的导数冠以负号，所以，式(15-9)实质上是质心运动定理和动量矩定理。

在应用质点系的达朗贝尔原理求解动力学问题时，若取直角坐标系下的平衡方程，则对于平面任意力系，有

$$\left.\begin{aligned}&\sum X_i^{(e)} + \sum Q_{ix} = 0\\&\sum Y_i^{(e)} + \sum Q_{iy} = 0\\&\sum m_O(\boldsymbol{F}_i^{(e)}) + \sum m_O(\boldsymbol{Q}_i) = 0\end{aligned}\right\} \tag{15-10}$$

对于空间任意力系，有

$$\left.\begin{aligned}&\sum X_i^{(e)} + \sum Q_{ix} = 0,\ \sum m_x(\boldsymbol{F}_i^{(e)}) + \sum m_x(\boldsymbol{Q}_i) = 0\\&\sum Y_i^{(e)} + \sum Q_{iy} = 0,\ \sum m_y(\boldsymbol{F}_i^{(e)}) + \sum m_y(\boldsymbol{Q}_i) = 0\\&\sum Z_i^{(e)} + \sum Q_{iz} = 0,\ \sum m_z(\boldsymbol{F}_i^{(e)}) + \sum m_z(\boldsymbol{Q}_i) = 0\end{aligned}\right\} \tag{15-11}$$

式中，$X_i^{(e)}$、$Y_i^{(e)}$、$Z_i^{(e)}$ 与 $\boldsymbol{Q}_{ix}$、$\boldsymbol{Q}_{iy}$、$\boldsymbol{Q}_{iz}$ 分别表示外力和惯性力在直角坐标轴上的投影；$\sum m_x(\boldsymbol{F}^{(e)})$、$\sum m_x(\boldsymbol{Q}_i)$ 分别表示外力和惯性力对于 x 轴的矩；其余符号的意义类似。

必须指出，质点系动静法的方便之处在于给质点系假想地加上惯性力系之后，可随意地取任何研究对象建立相应的平衡方程。取研究对象的随意性，会使同一个质点系的问题具有各种解法，当然会在解法上有简单与复杂之分。式(15-8)或式(15-9)仅是取整体所写的方程，切不可将它理解为质点系动静法的唯一方法；式(15-7)才给出质点系动静法的全部思想，并明确地表明：任何质点系的动力学问题，应用质点系的动静法都是可以求解的。应用动静法求解具体问题时，同应用其他矢量形式的方程一样，应该写出类似于式(15-10)和式(15-11)投影的和对轴之矩的代数方程。

【例 15-4】 在绕过定滑轮的绳子两端，分别悬挂质量为 m_1、m_2 的两个重物 M_1 和 M_2，如图 15-6 所示，若略去滑轮和绳子的质量，求两重物的加速度和轴承 O 的反力以及绳子的拉力。

解 设 M_1 的加速度为 $\boldsymbol{a}$，方向向下，则 M_2 的加速度为 $-\boldsymbol{a}$，方向向上，于是，可根据式(15-2)在 M_1、M_2 上分别加惯性力 $\boldsymbol{Q}_1 = -m_1\boldsymbol{a}$ 和 $\boldsymbol{Q}_2 = -m_2\boldsymbol{a}$。根据题意，先取整体作为研究对象，作用于整体上的外力有 $\boldsymbol{X}_O$、$\boldsymbol{Y}_O$、$m_1\boldsymbol{g}$、$m_2\boldsymbol{g}$。根据动静法可知，这些外力与惯性力系 $\boldsymbol{Q}_1$、

15-6

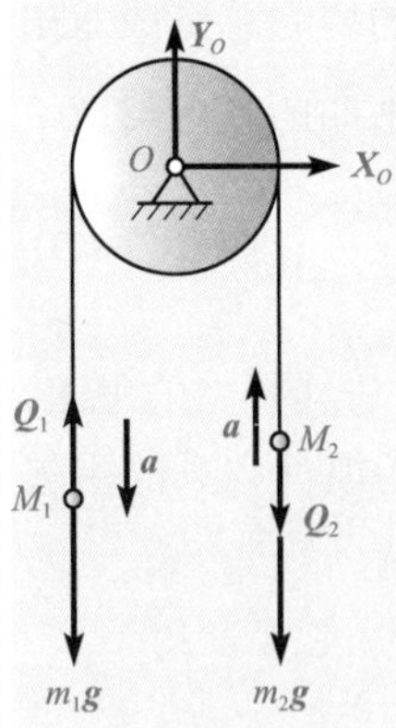

图 15-6

$\boldsymbol{Q}_2$组成平衡力系。这是一个平面任意力系，可写出三个平衡方程：

$$\sum X = 0, \quad X_O = 0$$

$$\sum Y = 0, \quad Y_O + Q_1 - Q_2 - (m_1 + m_2)g = 0$$

$$\sum m_O(\boldsymbol{F}) = 0, \quad r(Q_1 + Q_2) + r(m_2 - m_1)g = 0$$

将$Q_1 = m_1 a$和$Q_2 = m_2 a$代入上式，联立求解得

$$a = \frac{m_1 - m_2}{m_1 + m_2} g, \quad X_O = 0, \quad Y_O = \frac{4m_1 m_2}{m_1 + m_2} g$$

当$m_1 > m_2$时，M_1的加速度方向向下，反之向上。

再取M_1作为研究对象，其上作用有重力$m_1\boldsymbol{g}$、绳子拉力$\boldsymbol{T}$和$\boldsymbol{Q}_1$，列平衡方程：

$$\sum Y = 0, \quad T + Q_1 - m_1 g = 0$$

将$Q_1 = m_1 a$代入上式可得

$$T = \frac{2m_1 m_2}{m_1 + m_2} g$$

15.3 刚体惯性力系的简化

应用动静法来求解动力学问题时，首要的一步就是在质点系上假想地加上惯性力。对于由有限个质点组成的质点系，可直接在每个质点上加上相应的惯性力，形成一个惯性力系。对于刚体则必须将加在刚体各点上的惯性力系进行简化。简化刚体惯性力系所采用的方法就是静力学中对力系的简化理论。但它完全是形式上的相同，对于虚拟的惯性力系来说，并没有力的等效代换(力线平移定理)的物理本质，这里只是将虚拟的惯性力系视为力系向任一点O简化，从而得到一个惯性力$\boldsymbol{R}_Q$和一个惯性力偶$\boldsymbol{M}_{QO}$，惯性力等于惯性力系的主矢。即

$$\boldsymbol{R}_Q = \sum \boldsymbol{Q} = \sum -m\boldsymbol{a} = -M\boldsymbol{a}_C \tag{15-12}$$

它与简化中心无关；惯性力矩等于惯性力系对简化中心的主矩，它与简化中心有关。取O点为简化中心，则惯性力偶矩为

$$\boldsymbol{M}_{QO} = \sum \boldsymbol{m}_O(Q) \tag{15-13}$$

下面针对刚体的几种常见运动形式来讨论其惯性力系的简化。

15.3.1 刚体做平动时的简化

刚体做平动时，由于各点的加速度相同，所以，加在各点上的惯性力形成同向平行惯性力系，各点惯性力的大小与各点的质量成正比，如同刚体上分布的重力系一样(图 15-7)。根据重力系的简化结果可知，**刚体做平动时惯性力系合成为一个作用于质心C上的合惯性力**

$$\boldsymbol{R}_Q = \sum \boldsymbol{Q}_i = \sum -m_i \boldsymbol{a}_i = -\sum m_i \boldsymbol{a}_i = -M\boldsymbol{a}_C \tag{15-14}$$

式中，M为平动刚体质量；$\boldsymbol{a}_C$为刚体质心C的加速度。事实上，无论刚体做什么运动，惯性力系的主矢都等于刚体的质量与质心加速度的乘积，方向与质心加速度方向相反，而平动刚体的惯性力系向C点简化时，惯性力系的主矩等于零，即

$$\boldsymbol{M}_{QC} = \sum \boldsymbol{m}_C(\boldsymbol{Q}_i) = \sum \boldsymbol{r}_i \times (-m_i \boldsymbol{a}_C) = -\sum m_i \boldsymbol{r}_i \times \boldsymbol{a}_C = -M\boldsymbol{r}_C \times \boldsymbol{a}_C = 0$$

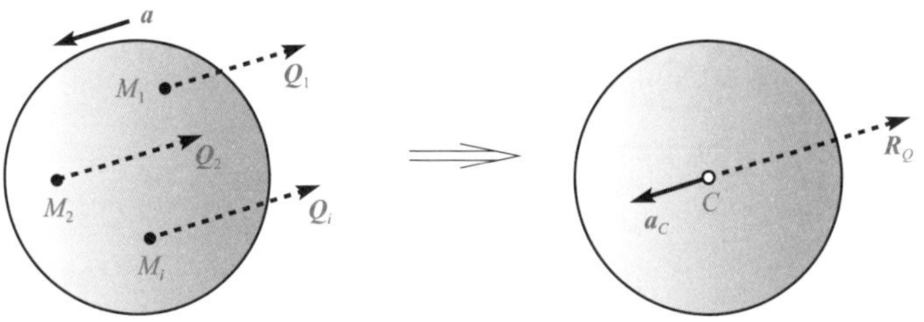

图 15-7

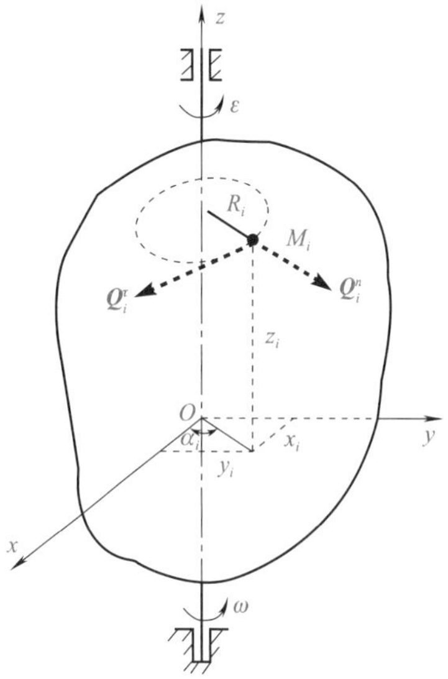

图 15-8

15-7

15-8

15.3.2　定轴转动刚体的简化

如图 15-8 所示，设刚体绕固定轴 Oz 以角速度 ω 、角加速度 ε 转动。刚体的质量为 M ，刚体内任一质点的质量为 m_i ，到转轴的距离为 R_i 。质点的惯性力

$$\boldsymbol{Q}_i = \boldsymbol{Q}_i^n + \boldsymbol{Q}_i^\tau = -m_i\boldsymbol{a}_i^n - m_i\boldsymbol{a}_i^\tau \tag{15-15}$$

而

$$a_i^n = R_i\omega^2,\quad a_i^\tau = R_i\varepsilon$$

故

$$Q_i^n = m_iR_i\omega^2,\quad Q_i^\tau = m_iR_i\varepsilon \tag{15-16}$$

以转动轴上 O (不动点)为刚体惯性力系的简化中心，则惯性力系的主矢

$$\boldsymbol{R}_Q' = \sum\boldsymbol{Q}_i = -\sum m_i\boldsymbol{a}_i$$

由质心公式有

$$\boldsymbol{r}_C = \frac{\sum m_i\boldsymbol{r}_i}{M},\quad \sum m_i\boldsymbol{r}_i = M\boldsymbol{r}_C$$

即

$$\sum m_i\boldsymbol{a}_i = M\boldsymbol{a}_C$$

故

$$\boldsymbol{R}_Q' = -\sum m_i\boldsymbol{a}_i = -M\boldsymbol{a}_C \tag{15-17}$$

惯性力系对 O 点的主矩为

$$\boldsymbol{M}_Q = \sum r_i\times\boldsymbol{Q}_i = \sum m_O(\boldsymbol{Q}_i) \tag{15-18}$$

M_Q 在 x、y、z 轴上的投影分别为

$$M_{Qx} = \sum m_x(\boldsymbol{Q}_i),\quad M_{Qy} = \sum m_y(\boldsymbol{Q}_i),\quad M_{Qz} = \sum m_z(\boldsymbol{Q}_i)$$

注意到式(15-15)及式(15-16)有

$$\begin{aligned} M_{Qx} &= \sum m_x(\boldsymbol{Q}_i) = \sum m_x(\boldsymbol{Q}_i^n) + \sum m_x(\boldsymbol{Q}_i^\tau) = -\sum z_im_ia_i^n\sin\alpha_i + \sum z_im_ia_i^\tau\cos\alpha_i \\ &= -\sum m_iz_iR_i\omega^2\sin\alpha_i + \sum m_iz_iR_i\varepsilon\cos\alpha_i \end{aligned}$$

而

$$\sin\alpha_i = y_i/R_i,\quad \cos\alpha_i = x_i/R_i$$

故

$$M_{Qx} = \sum m_iz_ix_i\varepsilon - \sum m_iy_iz_i\omega^2 = \left(\sum m_iz_ix_i\right)\varepsilon - \omega^2\left(\sum m_iy_iz_i\right) \tag{15-19}$$

式中，$\sum m_i z_i x_i$ 和 $\sum m_i y_i z_i$ 取决于刚体质量相对坐标轴的分布情况。具有转动惯量的量纲，分别称为刚体对于 z、x 轴和 y、z 轴的惯性积，记为

$$I_{zx} = \sum m_i z_i x_i \, , \quad I_{yz} = \sum m_i z_i y_i \tag{15-20}$$

显然，$I_{zx} = I_{xz}$，$I_{yz} = I_{zy}$，而且，惯性积与转动惯量(恒为正量)所不同的是惯性积为代数量。于是，惯性力系对于 x 轴的矩为

$$M_{Qx} = I_{zx}\varepsilon - I_{yz}\omega^2 \tag{15-21}$$

同理，惯性力系对于 y 轴的矩为

$$\begin{aligned} M_{Qy} &= \sum m_y(\boldsymbol{F}_i) = \sum m_y(\boldsymbol{Q}_i^n) + \sum m_y(\boldsymbol{Q}_i^\tau) \\ &= \sum m_i a_i^n z_i \cos\alpha_i + \sum m_i a_i^\tau z_i \sin\alpha_i \\ &= \sum m_i z_i x_i \omega^2 + \sum m_i y_i z_i \varepsilon \end{aligned}$$

$$M_{Qy} = I_{zx}\omega^2 + I_{yz}\varepsilon \tag{15-22}$$

惯性力系对于 z 轴的矩为

$$M_{Qz} = \sum m_z(\boldsymbol{Q}_i) = \sum m_z(\boldsymbol{Q}_i^n) + \sum m_z(\boldsymbol{Q}_i^\tau)$$

由于各质点的法向惯性力 $\boldsymbol{Q}_i^n$ 过 z 轴，故 $\sum m_z(\boldsymbol{Q}_i^n) = 0$，于是，$M_{Qz} = \sum m_z(\boldsymbol{Q}_i^\tau) = -\sum m_i a_i^\tau R_i = -(\sum m_i R_i^2)\varepsilon$。已知 $I_z = \sum m_i R_i^2$ 是刚体对 z 轴的转动惯量，因而

$$M_{Qz} = -I_z\varepsilon \tag{15-23}$$

式中，负号表示惯性力矩 M_{Qz} 的转向与刚体角加速度 ε 的转向相反。

可见，刚体定轴转动时，惯性力系向转轴上一点简化后，可得一个力和一个力偶。这个力的大小等于刚体的质量与质心加速度的乘积，方向与质心加速度相反；这个力偶的矩矢在三个坐标轴上的投影，分别等于惯性力系对三个坐标轴之矩，由式(15-21)、式(15-22)、式(15-23)确定。

如果定轴转动刚体具有垂直于转轴的质量对称平面 S，如图 15-9 所示，则该刚体的惯性力系可简化为在对称平面 S 内的平面力系。将坐标轴 x、y 取在对称平面 S 内，有

$$I_{zx} = I_{yz} = 0$$

故

$$\left.\begin{aligned} M_{Qx} &= M_{Qy} = 0 \\ M_Q &= M_{Qz} = -I_z\varepsilon \\ \boldsymbol{R}_Q' &= -m\boldsymbol{a}_C \end{aligned}\right\} \tag{15-24}$$

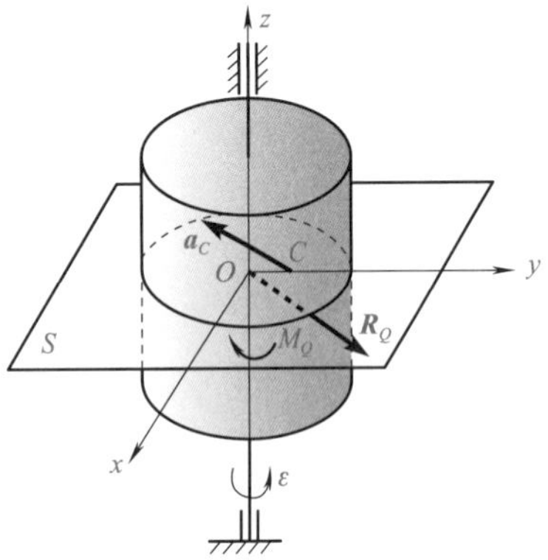

图 15-9

15-9

即有质量对称平面的刚体绕垂直于对称平面的轴做定轴转动时，惯性力系可简化为在对称平面内的一个力和一个力偶。

如果定轴转动刚体有垂直于转轴的质量对称平面 S，如图 15-9 所示。并且若转轴与对称平面的交点 O 与刚体的质心 C 重合，则由于 $\boldsymbol{a}_C = 0$，故 $\boldsymbol{R}_Q' = 0$，惯性力系简化为一个在对称平面 S 内的力偶 $M_Q = -I_z \cdot \varepsilon$，若此时刚体是绕 Oz 以匀角速度转动，即 $\varepsilon = 0$，则刚体惯性力系的主矩 $M_Q = -I_z \cdot \varepsilon = 0$，此时刚体的惯性力系主矢、主矩均为零。

15.3.3　刚体做平面运动时的简化

为简便起见，假设刚体具有质量对称平面，并且平行于该平面做平面运动。这时，刚体的惯性力系可先简化为对称平面内的平面力系。在工程实际中，做平面运动的刚体一般都满足上述要求。

将刚体平面运动图形取在对称面内，如图 15-10 所示。平面图形的运动可分解为随质心 C（基点）的平动和相对于质心 C（基点）的转动。设刚体质心的加速度为 $\boldsymbol{a}_C$，刚体转动的角加速度为 ε。则简化到对称面内的惯性力系可分为两部分：一是刚体随质心平动的惯性力系简化为一个通过质心的力（惯性力系的主矢）；二是刚体绕质心转动的惯性力系简化为一个力偶（惯性力系的主矩），即

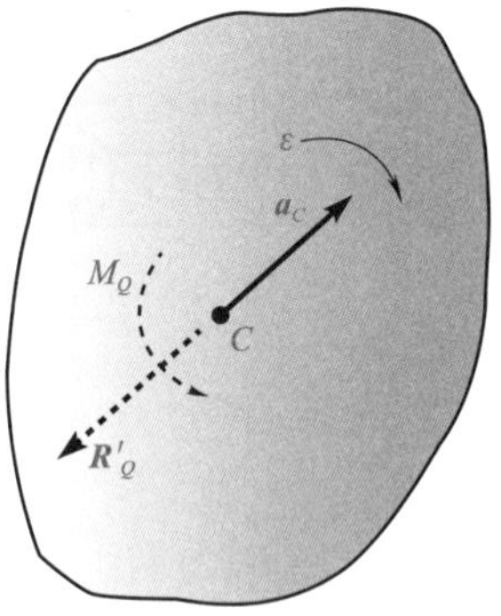

图 15-10

15-10

$$\left.\begin{aligned} \boldsymbol{R}_Q &= \sum \boldsymbol{Q} = -M\boldsymbol{a}_C \\ M_{QC} &= \sum m_C(\boldsymbol{Q}) = -I_C\varepsilon \end{aligned}\right\} \tag{15-25}$$

式中，负号分别表示惯性力系的主矢和主矩分别与刚体质心 C 的加速度方向和与刚体角加速度的转向相反，I_C 为刚体对过质心 C 且垂直于对称平面的转轴的转动惯量。

于是，有对称平面的刚体，平行于对称平面运动时，刚体的惯性力系向质心 C 简化可得作用在对称面内的一个力和一个力偶。这个力的大小等于刚体质量与质心加速度的乘积，方向与质心加速度方向相反；这个力偶的矩的大小等于刚体对通过质心且垂直于对称平面的转轴的转动惯量与刚体角加速度的乘积，转向与刚体角加速度的转向相反，如式(15-25)。

由前面讨论的动静法可知，具有质量对称平面的平面运动刚体可列三个动平衡方程，即

$$\sum X = 0,\quad \sum X^{(e)} + R_{Qx} = 0$$
$$\sum Y = 0,\quad \sum Y^{(e)} + R_{Qy} = 0$$
$$\sum m_C(\boldsymbol{F}) = 0,\quad \sum m_C(\boldsymbol{F}^{(e)}) + M_{QC} = 0$$

若写成动力学方程，则为

$$M\frac{\mathrm{d}^2 x_C}{\mathrm{d}t^2} = \sum X^{(e)},\quad M\frac{\mathrm{d}^2 y_C}{\mathrm{d}t^2} = \sum Y^{(e)},\quad I_C\frac{\mathrm{d}^2\varphi}{\mathrm{d}t^2} = \sum m_C(\boldsymbol{F}^{(e)}) \tag{15-26}$$

式(15-26)称为**刚体的平面运动微分方程**，$\sum X^{(e)}$、$\sum Y^{(e)}$、$\sum m_C(\boldsymbol{F}^{(e)})$ 分别为作用于刚体上的外力在轴 x、y 上投影和对于通过质心 C 垂直于对称平面的轴之矩。

【例 15-5】　汽车连同货物的总质量为 $M = 5.5t$，其质心离前后轮的水平距离 $l_1 = 2.6\text{m}$，$l_2 = 1.4\text{m}$，距离地面的高度 $h = 2\text{m}$，如图 15-11 所示。汽车紧急刹车时，前、后轮停止转动，沿路面滑行。设轮胎与路面的动摩擦系数 $f' = 0.6$，求汽车所获得的减速度值 $\boldsymbol{a}$，以及地面的法向反力 $\boldsymbol{N}_1$、$\boldsymbol{N}_2$。

解　汽车刹车时做平动，选取汽车作为研究对象，可以求出 $\boldsymbol{a}$ 和 $\boldsymbol{N}_1$、$\boldsymbol{N}_2$。汽车受的力有：重力 $M\boldsymbol{g}$、$\boldsymbol{N}_1$和$\boldsymbol{N}_2$，还有动滑动摩擦力 $\boldsymbol{F}_1$ 和 $\boldsymbol{F}_2$。按照平动刚体惯性力系的简化结果，在质心 C 加一个惯性力 $\boldsymbol{R}_Q$，有

$$\boldsymbol{R}_Q = -m\boldsymbol{a}$$

15-11

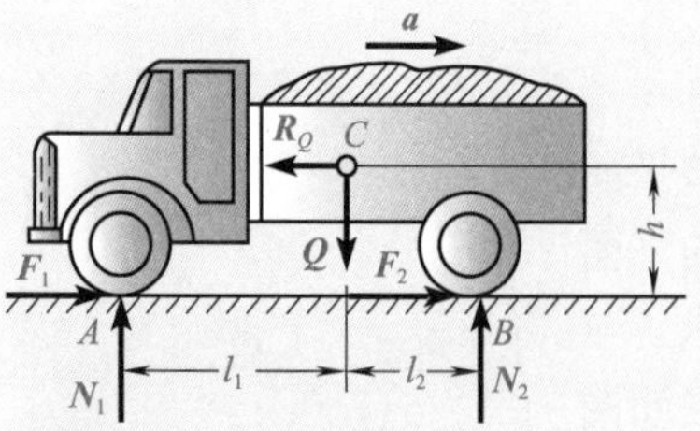

图 15-11

所以，作用于汽车上的力系和惯性力系组成平衡力系。这是一个平面任意力系，可以列出三个平衡方程，选坐标如图 15-11 所示。

$$\left.\begin{aligned}&\sum X=0,\quad F_1+F_2-Ma=0\\&\sum Y=0,\quad N_1+N_2-Mg=0\\&\sum m_B(\boldsymbol{F})=0,\quad l_2Mg+hMa-N_1(l_1+l_2)=0\end{aligned}\right\}\tag{1}$$

式中

$$F_1=f'N_1,\ F_2=f'N_2\tag{2}$$

将(1)和(2)两组方程联立解得

$$a=f'g=5.884\mathrm{m/s^2},\ N_1=\frac{l_2+f'h}{l_1+l_2}Mg=35.06\mathrm{kN}$$

$$N_2=\frac{l_1-f'h}{l_1+l_2}Mg=18.88\mathrm{kN}$$

讨论：(1) 若汽车静止或匀速前进，则前后轮法向反力的大小分别为 $Mgl_2/(l_1+l_2)$ 和 $Mgl_1/(l_1+l_2)$；可见刹车时前轮反力增大而后轮反力减小。对于这一现象，利用动静法可在形式上解释为“惯性力有使汽车向前翻转的趋势，从而使前轮反力增大而后轮反力减小”。当小轿车紧急刹车时，可以明显地看到车头下沉、车尾上抬的现象。

(2) 如果汽车的尺寸设计不当，汽车在紧急刹车时有可能绕前轮翻转。为使汽车不致翻车，应保证后轮地面的法向反力大于或等于零。由 $N_2>0$ 可得如下条件：

$$l_1/h\geqslant f'$$

如果上述条件不能满足，汽车后轮就要离开地面，可能出现翻车。

15-12

【例 15-6】 电动绞车安装在梁上，梁的两端搁在支座上，如图 15-12 所示。绞盘与电机转子固结为一整体，其转动惯量为 I。重物重量为 P，绞盘半径为 R。当绞车以加速度 $\boldsymbol{a}$ 提升重物时，求由于加速提升重物而对支座 A、B 产生的附加压力。

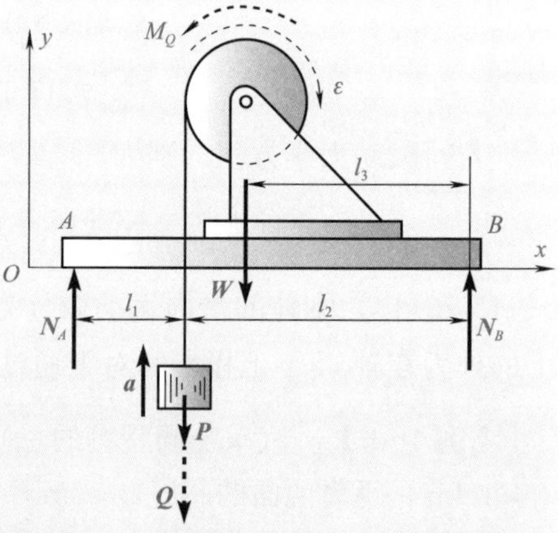

图 15-12

解 研究重物，绞车和梁组成的质点系。作用在质点系上的力有重力 $\boldsymbol{P}$，绞车与梁的重力合力 $\boldsymbol{W}$ 及约束反力 $\boldsymbol{N_A}$、$\boldsymbol{N_B}$。重物做平动，其惯性力大小为 $Q=\dfrac{P}{g}a$，若绞盘质心与轴心重合，则惯性力偶大小为 $M_Q=I\varepsilon=I\dfrac{a}{R}$，系统受力分析如图 15-12 所示。由达朗贝尔原理有

$$\sum m_B=0,\quad N_A(l_1+l_2)-M_Q-Wl_3-(P+Q)l_2=0$$

$$\sum Y=0,\quad N_A+N_B-Q-P-W=0$$

解得
$$N_A = \frac{l}{l_1 + l_2}\left[Pl_2 + Wl_3 + a\left(\frac{P}{g}l_2 + \frac{I}{R}\right)\right]$$
$$N_B = \frac{1}{l_1 + l_2}\left[Pl_1 + W(l_1 + l_2 - l_3) + a\left(\frac{P}{g}l_1 - \frac{I}{R}\right)\right]$$

若 $a=0$，即匀速提重时，以上两式中与加速度 $\boldsymbol{a}$ 有关的各项不出现，这时，所得 $\boldsymbol{N}_A$、$\boldsymbol{N}_B$ 为静约束反力。可见当以加速度 $\boldsymbol{a}$ 提升重物时，$\boldsymbol{N}_A$、$\boldsymbol{N}_B$ 由两部分组成：一部分是静反力 $\boldsymbol{N}_A^s$、$\boldsymbol{N}_B^s$，另一部分是由惯性力引起的附加动反力 $\boldsymbol{N}_A^d$、$\boldsymbol{N}_B^d$，即
$$N_A = N_A^s + N_A^d, \quad N_B = N_B^s + N_B^d$$

当 $a=0$ 时，有
$$N_A^s = \frac{Pl_2 + Wl_3}{l_1 + l_2}, \quad N_B^s = W + \frac{Pl_1 - Wl_3}{l_1 + l_2}$$

因此，当 $a \neq 0$ 时，A、B 处的附加动反力
$$N_A^d = \frac{a}{l_1 + l_2}\left(\frac{P}{g}l_2 + \frac{I}{R}\right), \quad N_B^d = \frac{a}{l + l_2}\left(\frac{P}{g}l_1 - \frac{I}{R}\right)$$

可见，附加动反力 $\boldsymbol{N}_A^d$、$\boldsymbol{N}_B^d$ 只与系统的惯性力有关，它们是由惯性力系引起的。在只求解附加动反力时，可以只将 $\boldsymbol{N}_A^d$、$\boldsymbol{N}_B^d$ 与惯性力系主矢 $\boldsymbol{Q}$、主矩 M_Q 一起作为平衡力系处理而简化计算过程。

【例 15-7】 车辆的主动轮如图 15-13 所示，设轮的半径为 R，重为 G，对轮轴的回转半径为 ρ，车身对轮的作用力可分解为作用于轴上的 $\boldsymbol{T}$ 和 $\boldsymbol{P}$ 及驱动力偶矩 M，轮与轨道间的摩擦系数为 f，不计滚动摩阻的影响，求轮心的加速度。

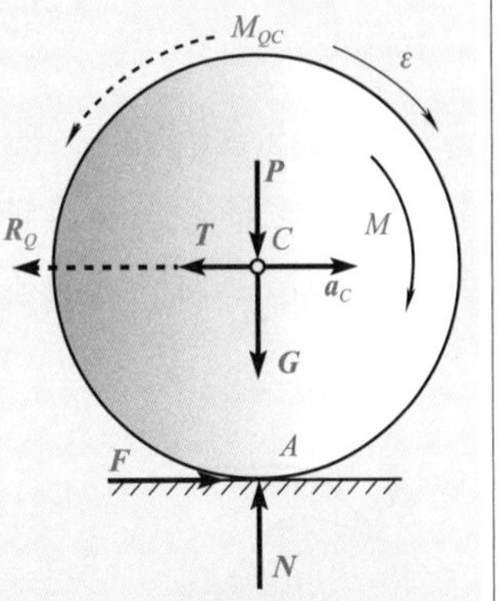

图 15-13

15-13

解　取主动轮为研究对象，作用于轮上的主动力有重力 $\boldsymbol{G}$，车身的作用力 $\boldsymbol{T}$、$\boldsymbol{P}$ 以及驱动力偶矩 M，约束反力有轨道的法向反力 $\boldsymbol{N}$ 和摩擦力 $\boldsymbol{F}$，轮做平面运动的惯性力系可简化为惯性力 $\boldsymbol{R}_Q = \frac{G}{g}\boldsymbol{a}_C$ 和惯性力偶 $M_{QC} = I_C\varepsilon$。根据动静法可知，这些主动力、约束反力和惯性力组成平衡力系。这是一个平面任意力系，可列出三个平衡方程。

(1) 若车轮只滚动不滑动，摩擦力为静摩擦力，则有
$$a_C = R\varepsilon$$

列平衡方程：
$$\sum X = 0, \quad F - T - R_Q = 0 \tag{1}$$
$$\sum Y = 0, \quad N - G - P = 0 \tag{2}$$
$$\sum m_A(\boldsymbol{F}) = 0, \quad (T + R_Q)R - M + M_{QC} = 0 \tag{3}$$

由式(3)可得
$$a_C = \frac{M - TR}{G(R^2 + \rho^2)}Rg \tag{4}$$

将式(4)代入式(1)得摩擦力
$$F = \frac{MR + T\rho^2}{R^2 + \rho^2}$$

由式(2)得
$$N = G + P \tag{5}$$
车轮做纯滚动的条件为
$$F \leqslant fN$$
将F和N代入后得
$$M \leqslant f(G+P)\frac{(R^2+\rho^2)}{R} - T\frac{\rho^2}{R}$$
可见，当主动力偶矩M一定时，静摩擦力系数f越大，则车轮越不易滑动，因此，雨雪天行车需装上防滑链，或向轨道上撒砂土以增大摩擦系数就是这个道理。

(2)若车轮有滑动，则摩擦力为动摩擦力，这时
$$F = f'N$$
将该式代入式(1)中，因为由式(2)解得的式(5)不变，所以可解得
$$a_C = \frac{f'(G+P)-T}{G}g \tag{6}$$
将式(6)代入式(3)解得
$$\varepsilon = \frac{g}{P\rho^2}(M - f'R(G+P))$$

从上述结果可以看出，当不满足做纯滚动的条件时，车轮就要滑动。滑动时的轮心加速度与力偶矩M无关。它不像纯滚动时的加速度式(4)给出的那样，M越大，a_C就越大。这表明，克服滑动不能依靠提高驱动力矩M来实现。

15.4 定轴转动刚体的轴承动反力

当质点系运动时，质点系的惯性力系能在质点系的约束上产生附加动反力。在工程实际中，高速定轴转动刚体轴承的附加动反力可达静反力的几十倍乃至几百倍以上。巨大的附加动反力常常使机械损坏或产生强烈振动，有时甚至是造成严重事故的主要原因。因此，研究高速定轴转动刚体产生巨大附加动反力的原因和消除或减小其附加动反力，在工程实际中具有重大意义。

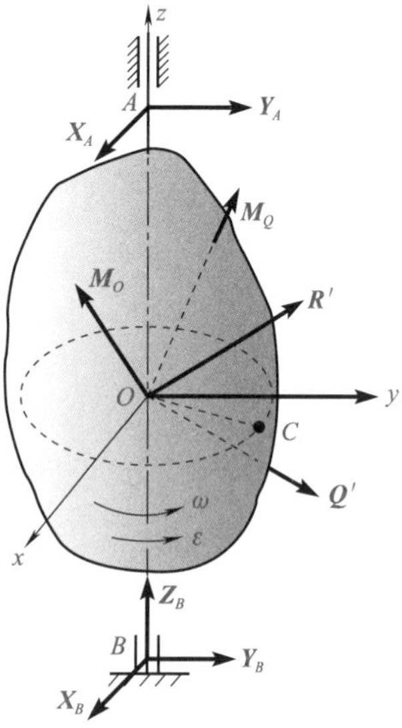

图 15-14

设刚体绕AB轴做定轴转动，刚体的角速度为ω，角加速度为ε，作用于刚体的主动力系向转轴上任意点O简化的主矢为$\boldsymbol{R}'$，主矩为$\boldsymbol{M}_O$，将刚体的惯性力系也向O点简化，可得惯性主矢$\boldsymbol{Q}'$及惯性主矩$\boldsymbol{M}_Q$，如图15-14所示，建立如图坐标系，可设轴承如图坐标系，可设轴承A、B处反力为$\boldsymbol{X}_A$、$\boldsymbol{Y}_A$、$\boldsymbol{X}_B$、$\boldsymbol{Y}_B$、$\boldsymbol{Z}_B$。

根据达朗贝尔原理，可列出求解支座反力的方程如下：
$$\left.\begin{aligned}
&X_A + X_B + R'_x + Q'_x = 0\\
&Y_A + Y_B + R'_y + Q'_y = 0\\
&Z_B + R'_z = 0\\
&M_x + M_{Qx} + Y_B\cdot OB - Y_A\cdot OA = 0\\
&M_y + M_{Qy} + X_A\cdot OA - X_B\cdot OB = 0\\
&M_z + M_{Qz} = 0
\end{aligned}\right\} \tag{15-27}$$
式(15-27)中，前五个式与约束反力有关，设$AB = l, OA = l_1, OB = l_2$，可得

$$\left.\begin{aligned}
X_A &= \frac{-1}{l}[(M_y + R_x' l_2) + (M_{Qy} + Q_x' l_2)] \\
Y_A &= \frac{1}{l}[(M_z - R_y' l_2) + (M_{Qx} - Q_x' l_2)] \\
Y_B &= -\frac{1}{l}[(M_x + R_y' l_1) + (M_{Qx} + Q_y' l_1)] \\
X_B &= \frac{1}{l}[(M_y - R_x' l_1) + (M_{Qy} - Q_x' l_1)] \\
Z_B &= -R_z'
\end{aligned}\right\} \tag{15-28}$$

式(15-28)中，约束反力 $\boldsymbol{X}_A$、$\boldsymbol{Y}_A$、$\boldsymbol{X}_B$、$\boldsymbol{Y}_B$ 由两部分组成，一部分是由主动力引起的静反力，另一部分是由惯性力引起的动反力，由于惯性力系分布在垂直于转轴的各平面内，因此沿 z 轴的约束反力 $\boldsymbol{Z}_B$ 只与主动力有关。

由式(15-28)可知，欲使 $\boldsymbol{X}_A$、$\boldsymbol{Y}_A$、$\boldsymbol{X}_B$、$\boldsymbol{Y}_B$ 中的附加动反力为零，必须有

$$M_{Qx} = M_{Qy} = 0, \quad Q_x' = Q_y' = 0$$

即轴承动反力等于零的条件是惯性力系的主矢为零，惯性力系对 x 轴和 y 轴的矩为零。由式(15-17)、式(15-21)和式(15-22)知

$$Q_x' = Ma_{Cx} = 0, \quad Q_y' = Ma_{Cy} = 0 \tag{15-29}$$

$$\left.\begin{aligned}
M_{Qx} &= I_{xz}\varepsilon - I_{yz}\omega^2 = 0 \\
M_{Qy} &= I_{yz}\varepsilon + I_{xz}\omega^2 = 0
\end{aligned}\right\} \tag{15-30}$$

由式(15-29)可知，当 $Q_x' = 0$，$Q_y' = 0$ 时，必须有 $a_{Cx} = 0$，$a_{Cy} = 0$，而 a_{Cx}、a_{Cy} 如图 15-15 所示，可表达为

$$a_{Cx} = -a_C^n \cos\alpha - a_C^\tau \sin\alpha$$

$$a_{Cy} = -a_C^n \sin\alpha + a_C^\tau \cos\alpha$$

而
$$a_C^n = r_C\omega^2, \quad a_C^\tau = r_C\varepsilon, \quad \cos\alpha = \frac{x_C}{r_C}, \quad \sin\alpha = \frac{y_C}{r_C}$$

$$a_{Cx} = -x_C\omega^2 - y_C\varepsilon, \quad a_{Cy} = -y_C\omega^2 + x_C\varepsilon \tag{15-31}$$

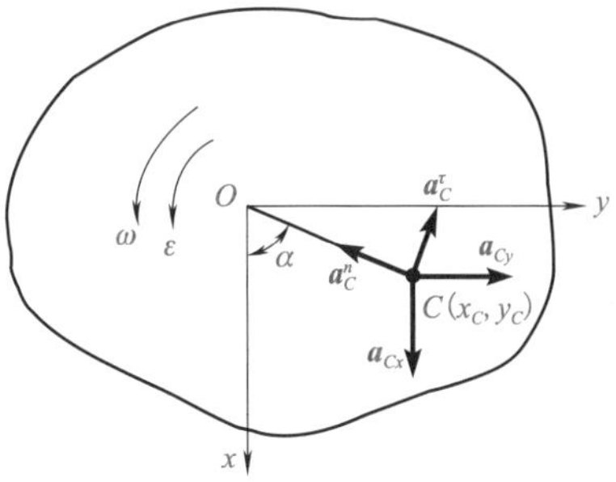

图 15-15

15-14、15-15

将式(15-31)代入式(15-29)得

$$\left.\begin{aligned}
Q_x' &= Ma_{Cx} = -M(x_C\omega^2 + y_C\varepsilon) = 0 \\
Q_y' &= Ma_{Cy} = -M(y_C\omega^2 - x_C\varepsilon) = 0
\end{aligned}\right\} \tag{15-32}$$

由式(15-32)、式(15-30)可见，当 $Q_x' = Q_y' = 0$，$M_{Qx} = M_{Qy} = 0$ 时，必有

$$\left.\begin{aligned}
x_C\omega^2 + y_C\varepsilon = 0 \\
y_C\omega^2 - x_C\varepsilon = 0
\end{aligned}\right\} \tag{15-33}$$

$$I_{xz}\varepsilon - I_{yz}\omega^2 = 0, \quad I_{yz}\varepsilon + I_{xz}\omega^2 = 0 \tag{15-34}$$

刚体定轴转动过程中，必有

$$\begin{vmatrix} \omega^2 & \varepsilon \\ -\varepsilon & \omega^2 \end{vmatrix} \neq 0 \quad 或 \quad \begin{vmatrix} \varepsilon & -\omega^2 \\ \omega^2 & \varepsilon \end{vmatrix} \neq 0$$

即
$$\varepsilon^2+\omega^4\neq 0$$
因此，式(15-33)、式(15-34)成立时，必有
$$x_C=y_C=0,\quad I_{xz}=I_{yz}=0 \tag{15-35}$$

于是可得结论：**当刚体绕定轴转动时避免轴承出现附加动反力的条件是转轴通过刚体质心，刚体对转轴的惯性积为零。**

刚体对过O点的z轴惯性积I_{xz}、I_{yz}皆为零时，称z轴为刚体在O点处的**惯性主轴**，当惯性主轴通过刚体的质心时，称该惯性主轴为刚体的**中心惯性主轴**。于是，式(15-35)表达的轴承附加动反力为零的条件可表述为：**当刚体的转轴为中心惯性主轴时，定轴转动刚体的轴承附加动反力为零。**

当刚体的转轴通过其质心时，转动刚体上除重力外，不再受其他主动力的作用，则它可使其在任何转动位置处于平衡(随遇平衡)。此时，刚体满足**静平衡**。当刚体定轴转动时，若在轴承处不出现附加动反力，则刚体满足**动平衡**。满足静平衡的转子不一定实现动平衡，但实现了动平衡的转子一定满足静平衡。

动平衡问题是工程实际中的一个很重要的问题。事实上，转子材料的不均匀或制造误差、安装误差等都可能使转子的转轴偏离中心惯性主轴。为了确保机器运行安全可靠，避免过大的危及安全和寿命的动反力，对于高速转动的转子需要在专门的试验机上进行动平衡调试，使转子达到动平衡。关于动平衡的试验方法，可参阅有关的技术书籍。

【例 15-8】 如图 15-16 所示，涡轮转盘由于安装不当而使转轴与转盘垂线$O\xi$之间的夹角$\gamma=1^\circ$(实际允许误差远小于此值)。已知转子总重$P=200\text{N}$，半径$R=20\text{cm}$，重心(质心)在转轴上O点，设轮盘为均质圆盘，距离$OA=OB=0.5\text{m}$，轴做匀速转动，转速$n=12000\text{r}/\min$，求轴承的动反力。

15-16

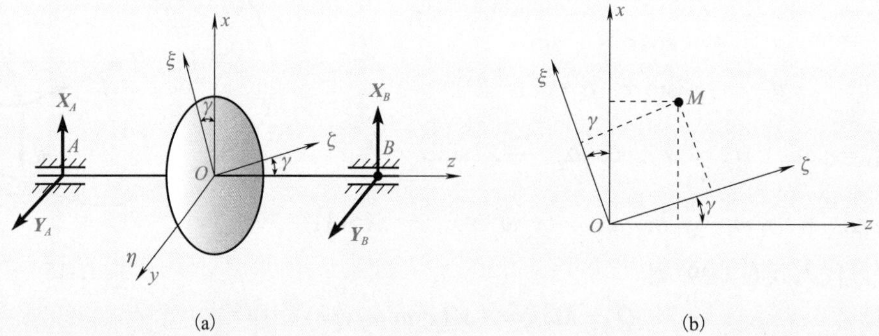

图 15-16

解 取定坐标系$Oxyz$如图 15-16(a)，以轮盘和轴为研究对象，作用于其上的外力有过质心O点的重力$\boldsymbol{P}$，在A、B处的约束反力$\boldsymbol{X}_A$、$\boldsymbol{Y}_A$、$\boldsymbol{X}_B$、$\boldsymbol{Y}_B$。圆盘的惯性力系向质心O点简化后为
$$Q=Ma_C=0,\quad M_{Qx}=-I_{yx}\omega^2=0,\quad M_{Qy}=I_{xz}\omega^2\neq 0$$
式中，$M_{Qx}=0$，是因为圆盘上各点的y坐标对于z轴是对称的，于是
$$I_{yz}=\sum m_i y_i x_i=0$$
为求I_{xz}，作圆盘的中心惯性主轴$O\zeta$及与$O\zeta$垂直的$O\xi$、$O\eta$轴，并设该瞬时$O\eta$与Oy重

合，如图 15-16(a) 所示，由图 15-16(b) 可见

$$x=\xi\cos\gamma+\zeta\sin\gamma,\quad z=-\xi\sin\gamma+\xi\cos\gamma$$

$$I_{xz}=\sum mxz=\sum m(\xi\cos\gamma+\zeta\sin\gamma)(-\xi\sin\gamma+\zeta\cos\gamma)$$
$$=\sin\gamma\cos\gamma\sum m(\zeta^2-\xi^2)+(\cos^2\gamma-\sin^2\gamma)\sum m\zeta\xi$$

因为 ζ 是轮盘的对称轴，故 $\sum m\zeta\xi=0$，又

$$\sum m(\zeta^2-\xi^2)=\sum m(\zeta^2+\eta^2)-\sum m(\xi^2+\eta^2)=I_\xi-I_\zeta$$

式中，I_ξ 与 I_ζ 分别是轮盘对 ξ 轴和 ζ 轴的转动惯量，且

$$I_\xi=\frac{1}{12}\frac{P}{g}(3R^2+h^2),\quad I_\zeta=\frac{1}{2}\frac{P}{g}R^2$$

式中，h 为轮盘厚度，若 h 忽略不计，则

$$I_\xi=\frac{1}{4}\frac{P}{g}R^2,\quad I_\zeta=\frac{1}{2}\frac{P}{g}R^2$$

故

$$I_{xz}=\sin\gamma\cos\gamma(I_\xi-I_\zeta)=\frac{1}{2}(I_\xi-I_\zeta)\sin 2\gamma$$

当 $\gamma=1^\circ$ 时，$\sin 2\gamma\approx 2\gamma$，有

$$I_{xz}\approx(I_\xi-I_\zeta)\gamma=-\frac{1}{4}\frac{P}{g}R^2\gamma$$

根据式 (15-28)，轴承的动反力

$$X_{A动}=-\frac{1}{AB}M_{Qy}=-\frac{1}{AB}I_{xz}\omega^2=-5.6\text{kN},\quad Y_{A动}=\frac{1}{AB}M_{Qx}=\frac{1}{AB}I_{yz}\omega^2=0$$

$$X_{B动}=\frac{1}{AB}M_{Qy}=\frac{1}{AB}I_{xz}\omega^2=5.6\text{kN},\quad Y_{B动}=\frac{1}{AB}M_{Qx}=-\frac{1}{AB}I_{yz}\omega^2=0$$

轴承 A、B 处的静反力 $X_{A静}=X_{B静}=100\text{N}$，动反力是静反力的 56 倍，远远大于静反力。

本例求得的动反力是图示瞬时的数值。由于坐标系 $Oxyz$ 固定，当轮盘转动时，y 轴与 η 轴一般不重合，I_{xz} 和 I_{yz} 均为变量，因此，动反力也是变量。

如果将坐标系 $Oxyz$ 因连于轮盘上，则 I_{xz} 与 I_{yz} 不变，$\boldsymbol{X}_A$、$\boldsymbol{Y}_A$、$\boldsymbol{X}_B$、$\boldsymbol{Y}_B$ 的大小亦不变，但它们的方向随刚体的转动而变化。

由本例可见，当刚体满足静平衡条件(主动力过质心，且质心在转轴上)时，转动刚体未必达到动平衡，即轴承动反力不一定为零。只有满足式 (15-35) 时，刚体才能达到动平衡。

本章小结

1．运动质点的惯性力：质点的质量与其运动加速度的乘积，惯性力的方向与加速度的方向相反，即

$$\boldsymbol{Q}=-m\boldsymbol{a}$$

2．质点的达朗贝尔原理：作用在质点上的主动力和约束反力与假想地虚加在质点上的惯性力组成形式上的平衡力系后，可应用静力学平衡方法处理质点的动力学问题，即

$$\boldsymbol{F}+\boldsymbol{N}+\boldsymbol{Q}=0$$

3．质点系的达朗贝尔原理：在质点系的每个质点上都假想地虚加惯性力后，则作用于质点系的外力(包括主动力与约束反力)与

惯性力系在形式上组成平衡力系，可用静力学平衡方法求解质点系的动力学问题，即

$$\sum \boldsymbol{F}^{(e)}+\sum \boldsymbol{Q}=0$$

$$\sum \boldsymbol{m}_O(\boldsymbol{F}^{(e)})+\sum \boldsymbol{m}_O(\boldsymbol{Q})=0$$

4．常见运动形式的刚体惯性力系简化结果。

(1)刚体平动时，简化为一个通过质心的合力，即

$$\boldsymbol{Q}=-M\boldsymbol{a}_C$$

(2)刚体做绕定轴转动时，惯性力系向转轴上一点简化，可得一个力和一个力偶，该力为惯性力系的主矢，该力偶的矩为惯性力系的主矩，即

$$\boldsymbol{Q}=-M\boldsymbol{a}_C,\quad M_Q=\sqrt{M_{Qx}^2+M_{Qy}^2+M_{Qz}^2}$$

式中，$M_{Qx}=I_{xz}\varepsilon-I_{yz}\omega^2$；$M_{Qy}=I_{yz}\varepsilon+I_{xz}\omega^2$；$M_{Qz}=-I_z\varepsilon$。

若刚体有质量对称平面，且对称平面与轴 z 垂直时，则惯性力系向对称平面与转轴交点简化，可得该平面内的一个力和一个力偶，即

$$\boldsymbol{Q}=-M\boldsymbol{a}_C,\quad M_Q=-I_z\varepsilon$$

(3)刚体做平面运动时，若刚体有质量对称平面，且刚体的运动平面与对称平面平行，则惯性力系向质心简化后，可得作用于对称平面内的一个力和一个力偶，即

$$\boldsymbol{Q}=-M\boldsymbol{a}_C,\quad M_Q=-I_C\varepsilon$$

5．刚体绕定轴 z 转动时，在轴承处能引起附加动反力，附加动反力为零的条件是：刚体的转轴必是中心惯性主轴。即①转轴过质心；②对于转轴 z 的惯性积 $I_{xz}=I_{yz}=0$。

思考题

15.1 什么是惯性力？物体的惯性力与作用在物体上的一般力有何不同？

15.2 在直线轨道上加速行驶的一列火车中，哪一节车厢挂钩受力最大？为什么？匀速行驶时，各挂钩的受力情况又如何？

15.3 如图 15-17 所示，物体系统由质量均为 m 的两物块 A 和 B 组成，放在光滑水平面上，物体 A 上作用一水平力 $\boldsymbol{F}$，试用动静法说明 A 物体对 B 物体作用力的大小是否等于 F？

15.4 均质圆盘质量为 m，半径为 R，由两个无重杆 O_1A、O_2B 及绳 O_1B 维持在铅垂面内平衡，如图 15-18 所示，已知 α，$O_1A=O_2B=l$，$O_1A\,//\,O_2B$。问剪断绳子 O_1B 的瞬时，圆盘 C 的惯性力如何计算？

15.5 质量为 M 的三棱柱体 A 以加速度 $\boldsymbol{a}_1$ 向右移动，质量为 m 的滑块 B 以加速度 $\boldsymbol{a}_2$ 相对三棱柱体的斜面滑动，如图 15-19 所示。试问滑块 B 的惯性力的大小和方向如何？

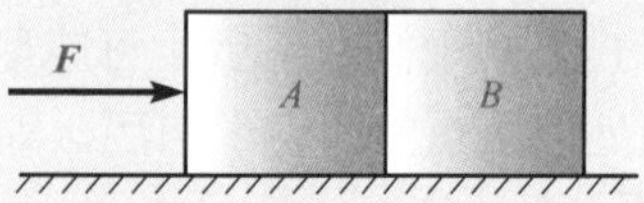

图 15-17

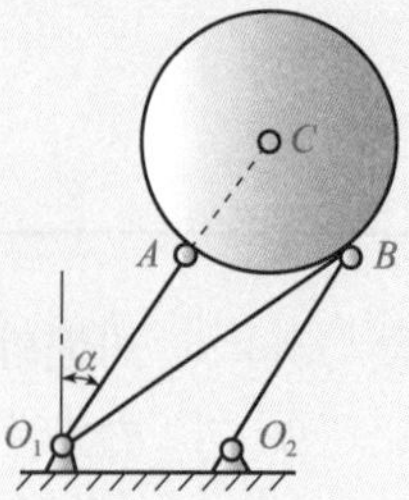

图 15-18

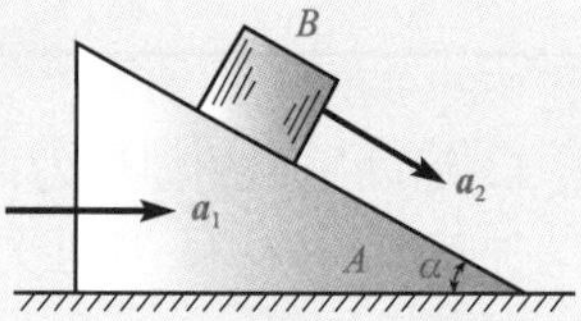

图 15-19

15.6 在图 15-20(a)、(b)、(c)所示的三种情况下，将质量为 m 的各均质物体的惯体力系分别向点 C 和点 O 简化，结果如何？试计算出来并进行比较。

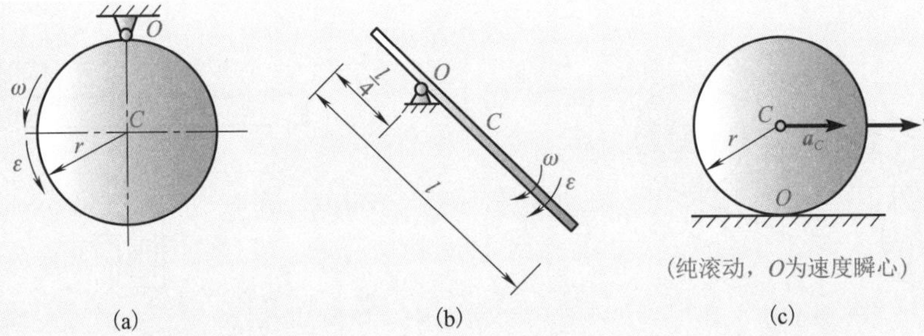

图 15-20

15.7 一半径为 R 的轮子沿水平面只滚动不滑动，试问在下列两种情况下，如图 15-21 所示，轮心 C 的加速度是否相等？接触面的摩擦力是否相等？

(1) 在轮上作用一顺时针转向的力偶，力偶矩为 M。

(2) 在轮心 C 上作用一水平向右的力 $\boldsymbol{P}$，其大小为 $P=\dfrac{M}{R}$。

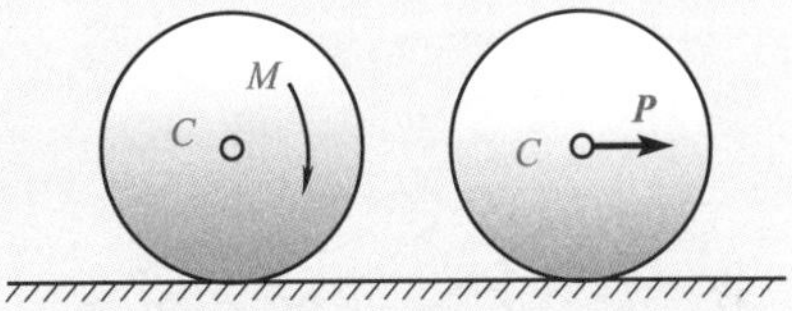

图 15-21

15.8 质量为 m 的汽车以速度 v 过桥，试比较在下述三种桥面上，汽车对桥面的压力。①在水平桥上行驶；②在向下凹的桥面上行驶(曲率半径为 ρ，经过最低点时)；③在向上凸的桥面上行驶(曲率半径为 ρ，以过最高点时)。

15.9 什么是附加动反力？对绕定轴转动的一般刚体，怎样才能消除附加动反力？

15.10 质量不计的刚性轴以角速度 ω 做匀速转动，其上固结着两个质量均为 m 的小球 A 和 B，如图 15-22 所示。试指出在图示各系统中哪些是静平衡的？哪些是动平衡的？

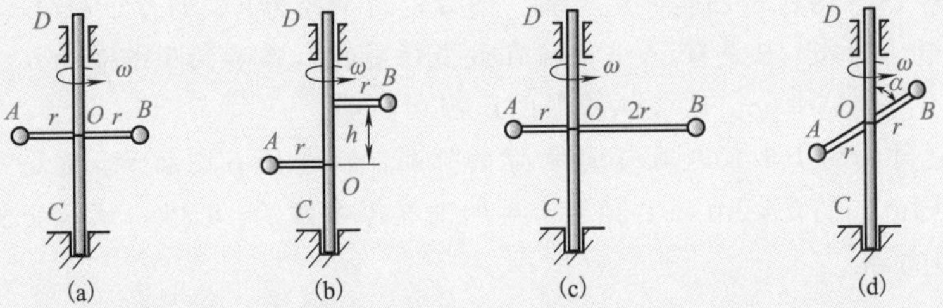

图 15-22

习 题

15-1 如题 15-1 图所示，提升矿石用的传递带与水平成倾角 α，设传送带以匀加速度 $\boldsymbol{a}$ 运动，为保持矿石不在带上滑动，求所需的摩擦系数。

15-2 如题 15-2 图所示，物体质量为 M，放在匀速转动的水平台上，它与转台表面的摩擦系数为 f，物体距转轴的距离为 r，求转台转动时，物体不会滑动的最大转速。

15-3 矿车重 P 以速度 v 沿倾角为 α 的斜坡匀速下降，运动总阻力系数为 f，尺寸如题 15-3 图所示；不计轮对的转动惯量，求钢丝绳的拉力；当制动时，矿车做匀减速运动，制动时间为 t，求此时钢丝绳的拉力和轨道法向反力。

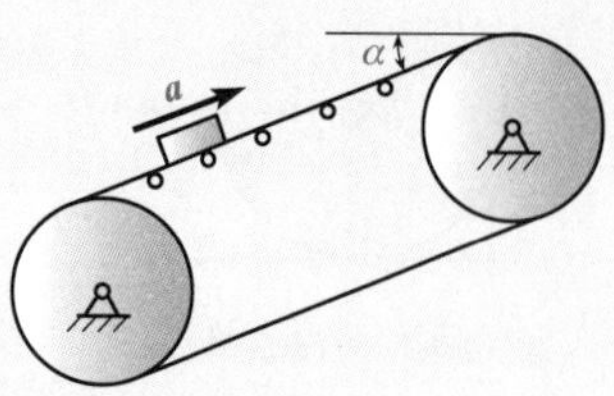

题 15-1 图

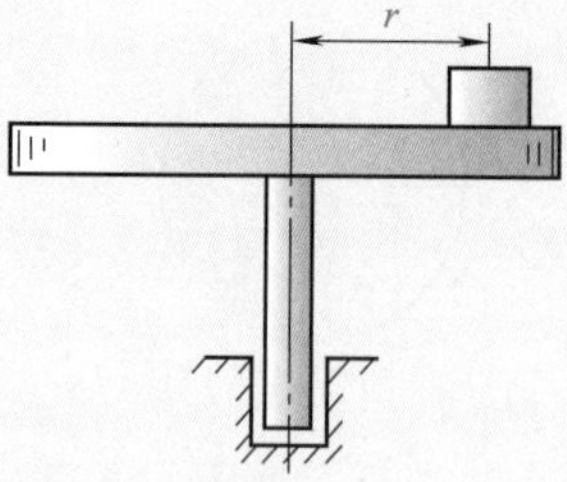

题 15-2 图

15-4 绞车装在梁上，梁的两端放在支座上，梁的质量为 800kg，当绞车以 1m/s^2 的加速度提升质量为 $2t$ 的工件时，求支座 C 和 D 的反力，尺寸如题 15-4 图所示，绞车与绳的质量不计。

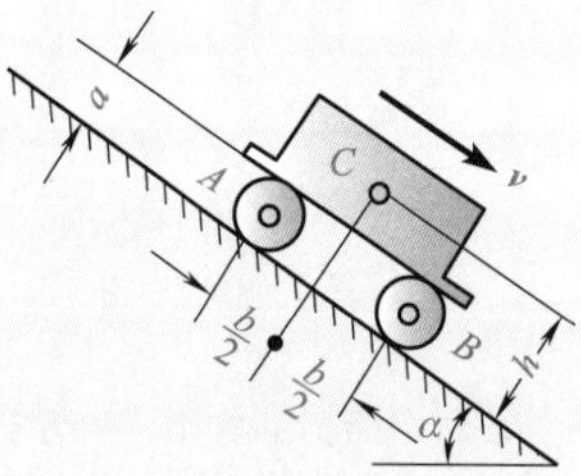

题 15-3 图

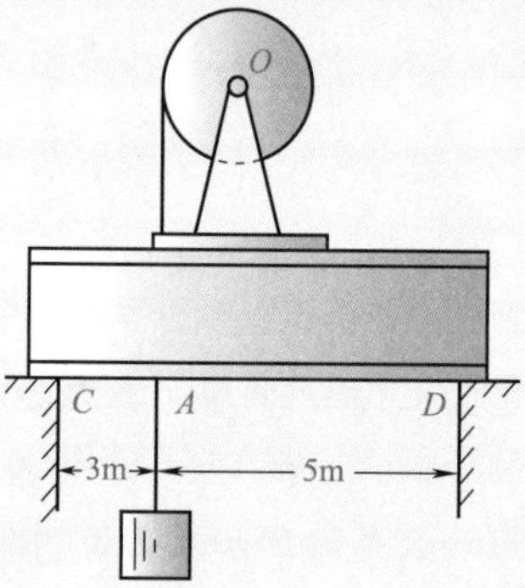

题 15-4 图

15-5 如题 15-5 图所示凸轮导板机构，偏心轮的半径为 r，偏心距 $O_1O = e$，以角速度 ω 绕 O_1 轴匀速转动。导板 AB 重 $\boldsymbol{W}$，当导板在最低位置时，弹簧的压缩量为 b。要使导板在运动过程中始终不离开偏心轮，试求弹簧刚度 k 应为多大。

15-6 运送货物的小车装载着质量为 M 的货箱，如题 15-6 图所示，货箱可视为均质长方体，侧面宽 $D = 1\text{m}$，高 $h = 2\text{m}$，货箱与小车间的摩擦系数 $f = 0.35$，试求安全运送时所许可的小车的最大加速度。

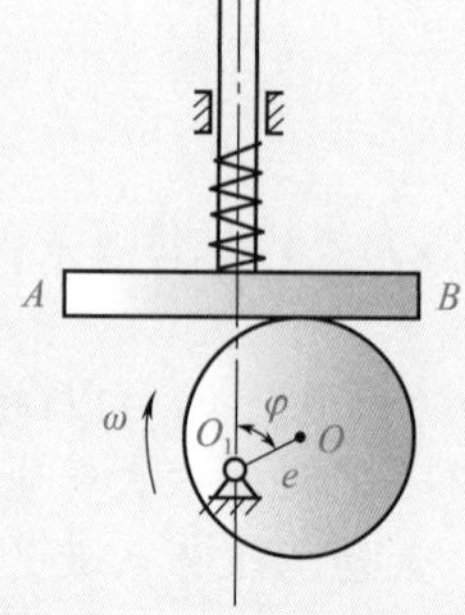

题 15-5 图

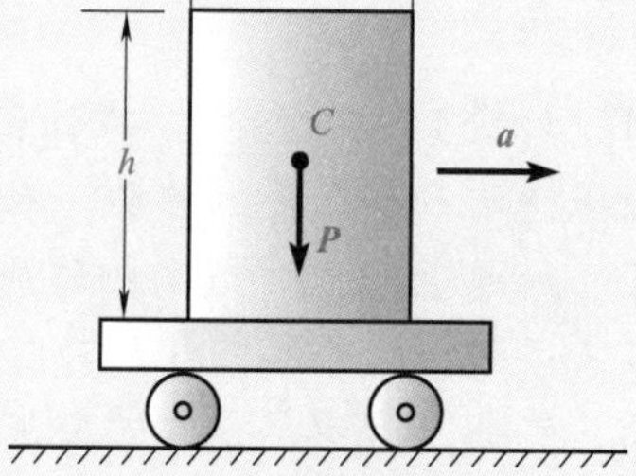

题 15-6 图

15-7 球磨机的滚筒绕水平轴做匀角速转动，滚筒中装入需要磨碎的物料和工作钢球，利用滚筒内壁与钢球之间的摩擦力作用，将钢球带到一定高度，如题 15-7 图所示的 A 点处，然后钢球沿抛物线轨迹下落，借以粉碎物料，若滚筒的转速过高，则钢球将筒带过筒内最高点C而不能脱离筒壁，此时，球磨机就失去粉碎物料的作用，设筒的内径为R，筒壁和钢球间有足够的摩擦系数，使钢球对筒壁不致发生相对滑动。若滚筒的角速度为ω，试求钢球脱离滚筒内壁时的角α及滚筒的临界转速。

15-8　如题 15-8 图所示一摩擦离合器，当转轴 1 达到一定转速时，滑块C和D压在空心的从动轴 2 的内缘上，由此产生摩擦力带动轴 2 转动。设每个滑块的质量m均为 0.3kg，从动轴 2 内缘半径$R = 100\text{mm}$，当滑块压在从动轴内缘上时，弹簧拉力$T = 200\text{N}$，滑块与内缘间的摩擦系数$f = 0.2$，试求当轴 1 转速$n = 1500\text{r/min}$时，滑块传给从动轴的最大摩擦力矩。

15-9　离心调速器的主轴以角速度ω绕z轴匀速转动。如题 15-9 图所示，试求杆OA、OB的张角α。设重锤C的质量为M，小球A、B的质量均为m，OA、OB、CA、CB各杆的重量不计，长度均为l。

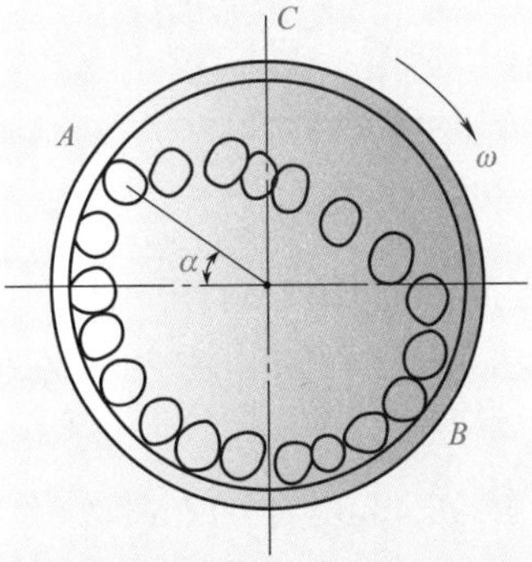

题 15-7 图

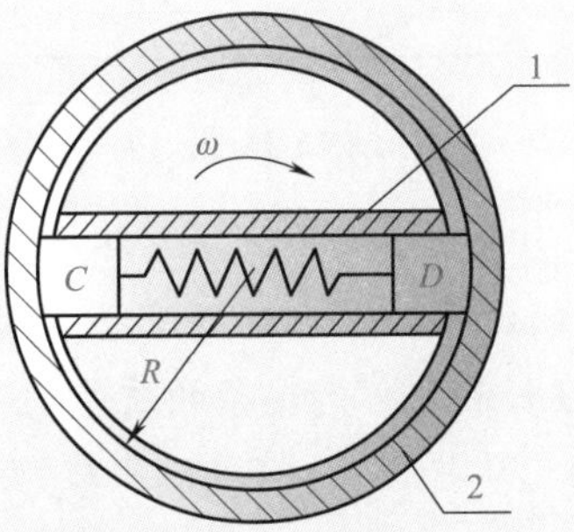

题 15-8 图

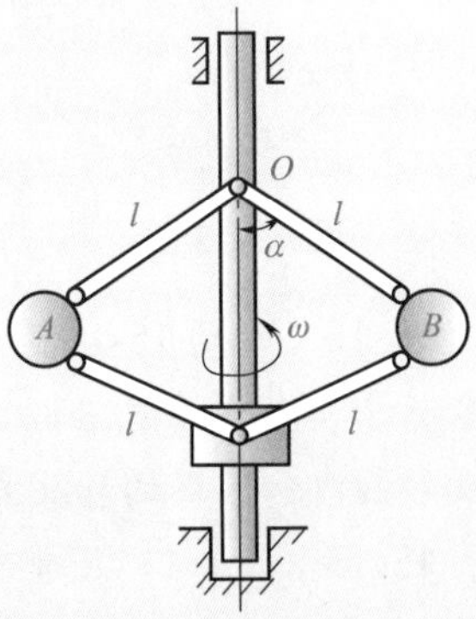

题 15-9 图

15-10　如题 15-10 图所示，调速器由两个重$\boldsymbol{P}_1$的均质圆盘所构成，圆盘偏心地悬于距转轴为a的两方，圆盘中心至悬挂点的距离为l。调速器的外壳重$\boldsymbol{P}_2$，放在这两个圆盘上并与调速装置相连。如不计摩擦，求调速器的匀角速度ω与圆盘离垂线的偏角φ之间的关系。

15-11　如题 15-11 图所示振动器用于压实土壤表面，已知机座重$\boldsymbol{G}$，对称的偏心锤重$P_1 = P_2 = P$，偏心距为e；两锤以相同的匀角速度ω相向转动，求振动器对地面压力的最大值。

15-12　如题 15-12 图所示长方形均质平板长$l = 200\text{mm}$，宽$b = 150\text{mm}$，质量为 27kg，悬挂于两个销子A和B上，如果突然撤去销子B，试求在该瞬时平板的角加速度和销子A的约束反力。

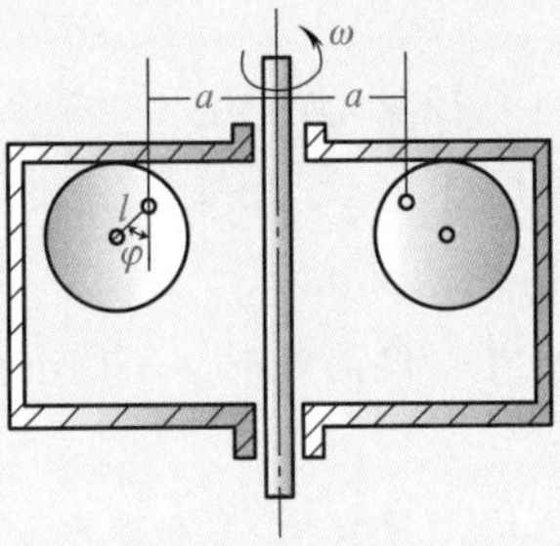

题 15-10 图

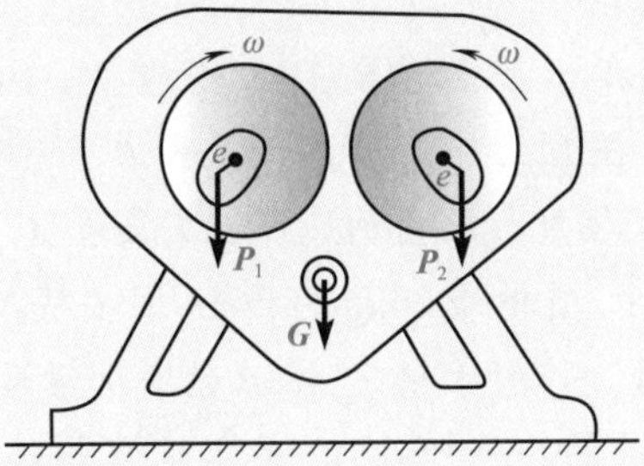

题 15-11 图

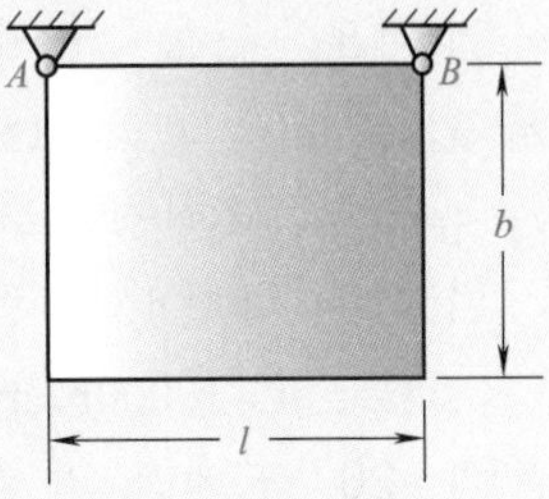

题 15-12 图

15-13 半径为R、质量$m=30\text{kg}$的均质半圆盘，用两根绳索悬挂如题 15-13 图所示。$AC=BD$，$AB=CD$，将系统在$\alpha=45°$处从静止释放，试求初瞬时两根绳索中的张力。

15-14 如题 15-14 图所示，均质圆柱重$\boldsymbol{P}$，半径为R，在常力$\boldsymbol{T}$作用下沿水平面做纯滚动，求轮心加速度及地面的约束反力。

15-15 如题 15-15 图所示，绕线轮重P，半径为R及r，对质心O转动惯量为I_O，在与水平成α角的常力$\boldsymbol{T}$作用下纯滚动，不计滚阻，求：①轮心的加速度，并分析运动；②纯滚动的条件。

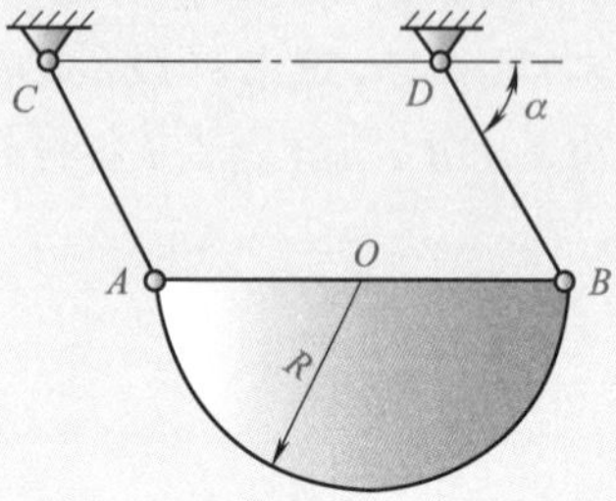

题 15-13 图

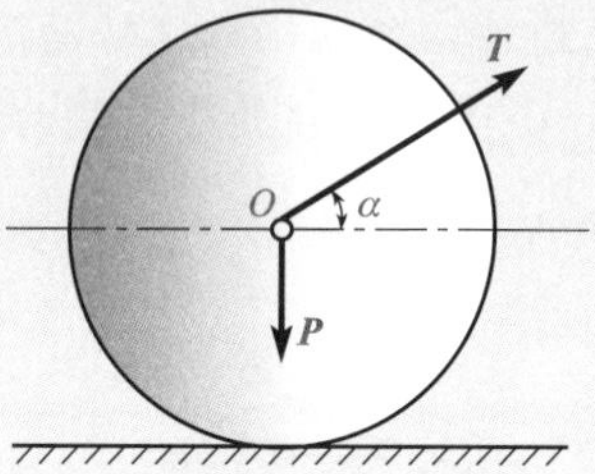

题 15-14 图

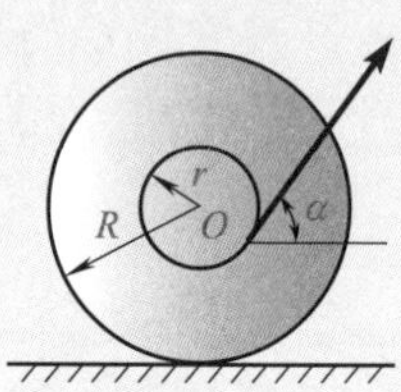

题 15-15 图

15-16 如题 15-16 图所示，均质圆盘和均质薄圆环质量都是M，外径相同，用细杆AB铰接于中心，设系统沿倾角为α的斜面做无滑动的滚动，试求AB杆的加速度、杆的内力及斜面对圆盘和圆环的动反力。AB杆和圆环的辐条的质量均不计。

15-17 长为l、质量为m的均质杆OA，可绕水平轴O自由转动，如题 15-17 图所示。当OA杆静止于铅垂位置时，一水平力$\boldsymbol{F}$突然作用到B点。试求初瞬时轴承O的水平反力。又当距离d为何值时，轴承O的水平反力为零。

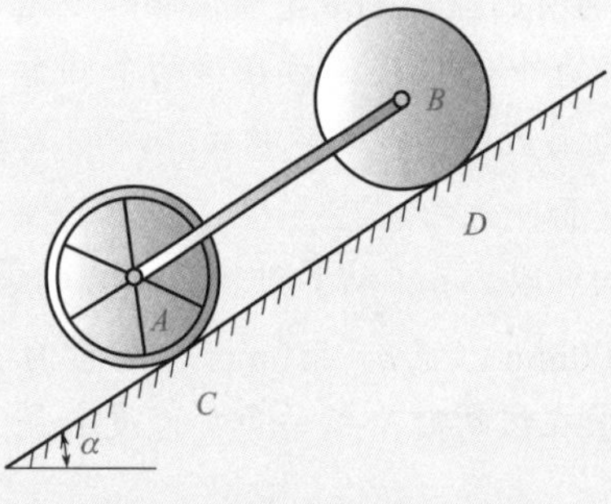

题 15-16 图

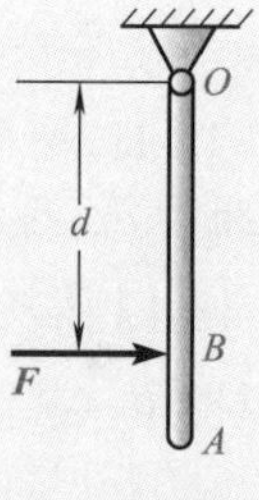

题 15-17 图

15-18 一偏心轮固结在水平轴AB上，轮重$P=196\text{N}$，半径$r=0.25\text{m}$，偏心距$OC=0.125\text{m}$，在题 15-18 图所示位置时一水平力$T=10\text{N}$作用于轮之上缘，角速度$\omega=4\text{rad/s}$，不计轴承摩擦及轴重，求角加速度ε及轴承A、B处的约束反力。

15-19 如题 15-19 图所示，质量为 20kg 的砂轮，因安装不正，使重心偏离转轴$e=0.1\text{mm}$，试求当转速$n=10000\text{r/min}$时，作用于轴承A、B的附加动反力。

15-20 长为l、质量为m的均质杆AB，其上端A与一滑块铰接，滑块可沿光滑水平导槽运动，如题 15-20 图所示。试求AB杆在图示位置从静止释放时，其初瞬时的角加速度和A处的约束反力。滑块的质量不计。

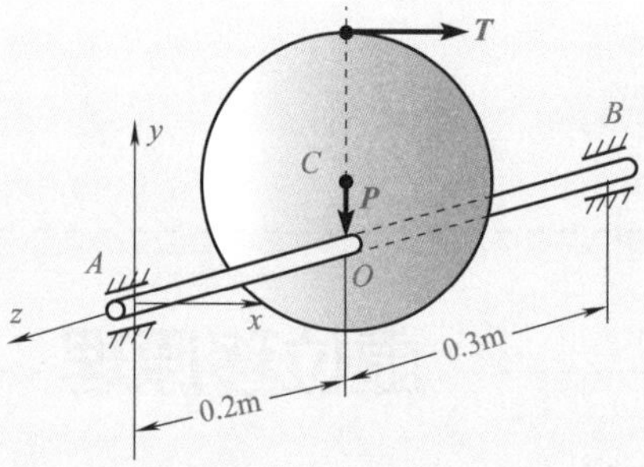

题 15-18 图

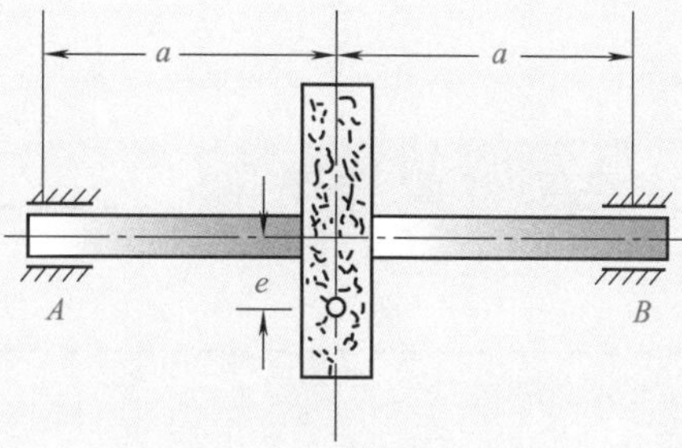

题 15-19 图

15-21　半径为 R、质量为 m 的均质圆盘用绳子悬挂于 A 点，如题 15-21 图所示。试求圆盘下落时，其中心 C 的加速度和绳子的张力。

15-22　某传动轴上安装有两个齿轮，质量分别为 m_1 和 m_2，偏心距分别是 e_1 和 e_2，在题 15-22 图示瞬时，C_1D_1 平行于 z 轴，D_2C_2 平行于 x 轴，轴的转速为 $n(\mathrm{r/min})$。试求该瞬时轴承 A 和 B 的附加动反力。

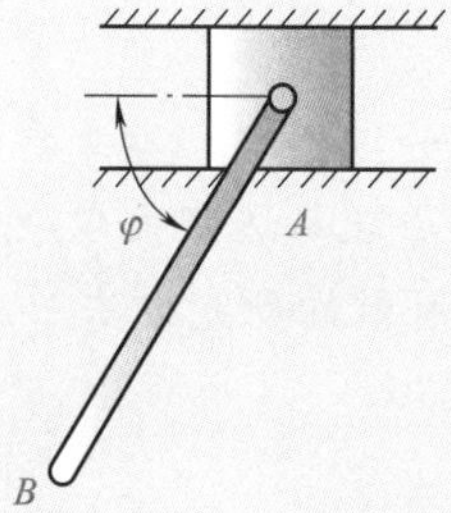

题 15-20 图

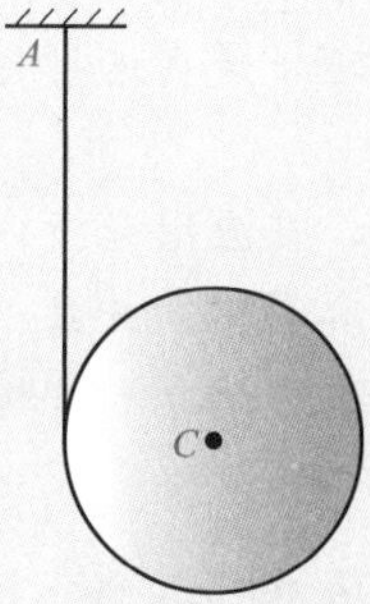

题 15-21 图

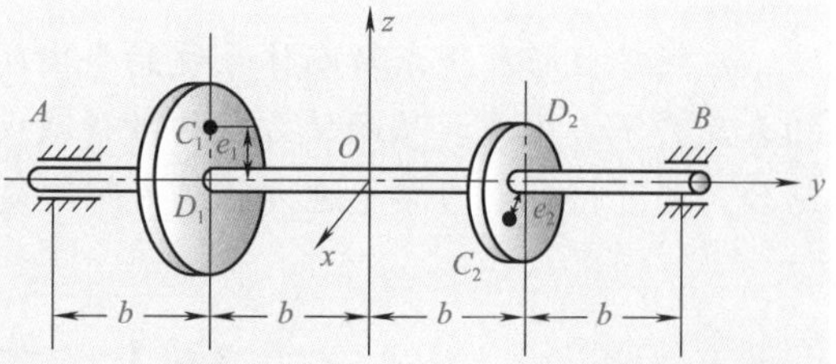

题 15-22 图

15-23　如题 15-23 图所示，均质薄圆盘重 $\boldsymbol{P}$、半径为 r，装在水平轴中部，圆盘与轴线成交角 $(90^\circ-\alpha)$，且偏心距 $OC=e$；求当圆盘与轴以匀角速度 ω 转动时，轴承 A、B 处的附加动反力。两轴承间的距离 $AB=2a$。

15-24　三个圆盘 A、B 和 C 各重 120N，共同固结在 x 轴上，其位置如题 15-24 图所示，若 A 盘质心距 G 轴 5mm，而 B 和 C 盘的质心在轴上。若将两个均重 10N 的质点分别放在 B 和 C 盘上，问应如何放置可使系统达到动平衡？图中长度的单位为 mm。

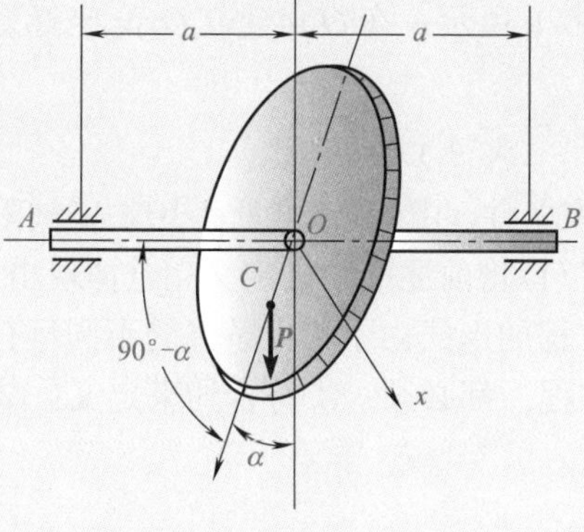

题 15-23 图

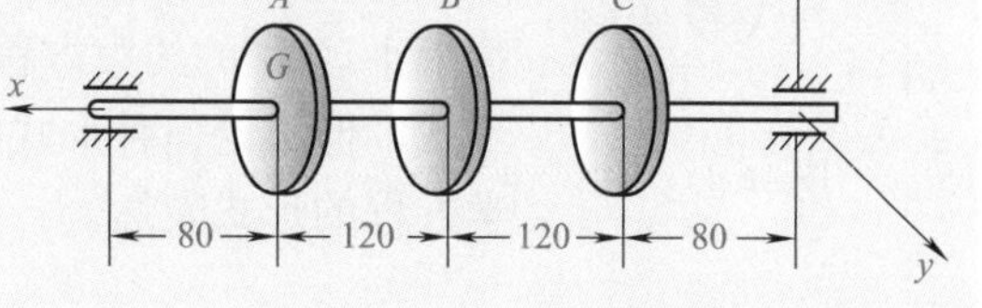

题 15-24 图

第 16 章 虚位移原理

在静力学中，刚体或刚体系统的平衡问题是以静力学公理为基础进行研究的。由于静力学平衡方程是由矢量方法导出的，因此这种方法又称为几何静力学。应用几何静力学研究复杂系统的平衡问题时，涉及的未知量数目多，方程数目大，通常运算十分烦琐。在工程中，对于复杂刚体系统，往往对主动力之间的关系更感兴趣，至于约束反力一般情况下并不需要求出。有时虽然要求约束反力，但在求出主动力后，也可将约束反力转化为主动力来求解。因此，需要找出一种求解复杂刚体平衡问题的新方法，这种方法应当使计算过程尽可能地简便，方程数尽可能地降低到最小数目。虚位移原理正是在这种背景下产生的以分析为基础的方法。

应用虚位移原理求解刚体系统的平衡问题时，在应用分析方法所列的方程中，不必要的约束反力不再出现，从而使方程的数目减少，运算简化。并且，虚位移原理与达朗贝尔原理结合，还可得到动力学普遍方程，为解决复杂系统的动力学问题提供更有效的研究方法。

16.1 约束及其分类

1. 约束及约束方程

在静力学中，约束是指限制被研究的物体移动的阻碍物体，并将约束按其工程形式进行分类。今后，为研究上的方便，将约束定义为：**限制质点或质点系运动的各种条件称为约束**。这样的约束定义就更广泛、更抽象，也更具有普遍意义。

将约束的限制条件以数学方程来表示则称为**约束方程**。如图 16-1 所示平面单摆，设摆杆是刚性的，长度为l，按其工程方法，摆球M受到链杆约束，若不计摆杆重量，则摆杆是二力杆，O处为铰链。这样表述的约束就不能与前面给出的约束定义相吻合。如图 16-1 所示，在O点建立$Oxyz$坐标系，则小球M的约束条件可表示为

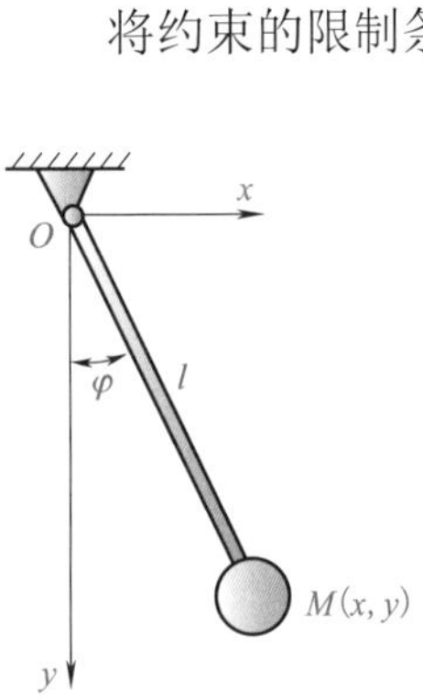

图 16-1

16-1

$$x^2 + y^2 = l^2 \tag{1}$$

式(1)即是用分析形式表达的约束条件。由式(1)可见，小球M被限制在半径为l的圆周上运动。这样，式(1)将前述的约束定义完全体现出来了，称为小球M的约束方程。约束方程的形式由于约束条件的不同可有多种形式，但不论何种形式的约束方程，都必须：①符合约束定义；②以数学方程的形式表达。

2. **约束的分类**

根据约束的形式和性质。可将约束划分为不同的类型，通常按如下分类：

1) 几何约束和运动约束

限制质点或质点系在空间几何位置的条件称为几何约束。如图 16-1 所示单摆，小球 M 必须在以 O 点为圆心、l 为半径的圆周上运动。如图 16-2 所示曲柄连杆机构，曲柄与连杆的连接点 A 被限制在以 O 点为中心、r 为半径的圆周上运动，滑块 B 被限制在水平直槽中运动，连杆长为 l，则其约束方程为

$$x_A^2 + y_A^2 = r^2, \quad (x_A - x_B)^2 + (y_A - y_B)^2 = l^2, \quad y_B = 0 \tag{2}$$

上述例子中的限制条件都是几何约束。显然，几何约束的约束方程建立了质点间几何位置的相互联系。

当约束对质点或质点系的运动情况进行限制时，这种约束条件称为运动约束。例如，图 16-3 所示车轮沿直线轨道做纯滚动时，车轮除须满足轮心 A 始终与地面保持距离 r 的几何约束 $y_A = r$ 外，还受到只滚动不滑动的运动学条件的限制，即车轮在每一瞬时，必须满足

$$v_A - r\omega = 0 \tag{3}$$

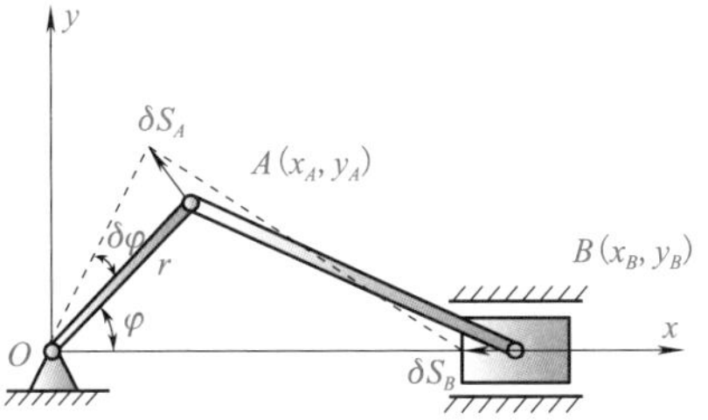

图 16-2

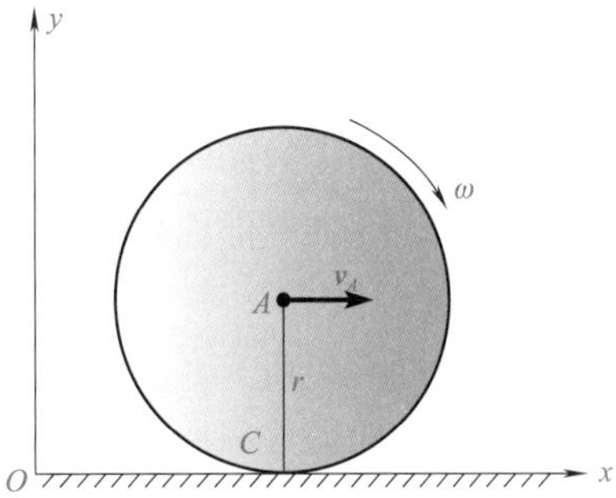

图 16-3

16-2

16-3

式(3)即图 16-3 所示运动约束的约束方程。设 x_A、y_A、φ 分别为 A 点的坐标和刚体的转角，则

$$v_A = \dot{x}_A, \quad \omega = \dot{\varphi}$$

图 16-3 所示的约束为

$$y_A = r, \quad \dot{x} - r\dot{\varphi} = 0 \tag{4}$$

2) 定常约束和非定常约束

当约束条件与时间有关并随时间变化时称为非定常约束，而约束条件不随时间改变的约束称为定常约束。如图 16-4 所示的摆长 l 随时间变化的单摆。设重物 M 由一条穿过固定圆环的细绳系住，初始时摆长为 l_0，随后以匀速 $\boldsymbol{v}$ 拉动绳的另一端。在瞬时 t，该单摆的约束方程为

$$x^2 + y^2 = (l_0 - vt)^2 \tag{5}$$

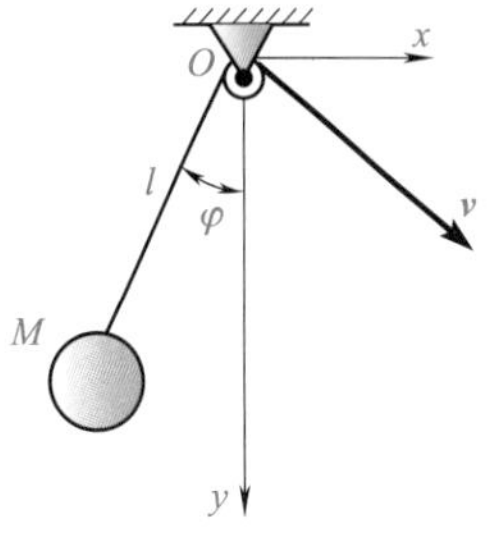

图 16-4

16-4

这是一个非定常约束方程。图 16-1 所示单摆及图 16-2 所示曲柄连杆机构的约束条件皆不随时间变化，它们都是定常约束。

3) 完整约束和非完整约束

如果在约束方程中含有坐标对时间的导数(如运动约束)，而且方程中的这些导数不能经过积分运算消除，即约束方程中含有的坐标导数项不是某一函数全微

分，从而不能将约束方程积分为有限形式，这类约束称为非完整约束。一般地，非完整约束方程只能以微分形式表达。如果约束方程中不含有坐标对时间的导数，或者约束方程中虽有坐标对时间的导数，但这些导数可以经过积分运算化为有限形式，则这类约束称为完整约束。例如，图 16-3 所示车轮沿直线轨道做纯滚动，其运动约束方程 $\dot{x}_A - r\dot{\varphi} = 0$ 虽然是微分方程，但经过积分后，可得有限形式的约束方程 $x_A - r\varphi = C$（常数），所以该约束仍为完整的。

比较以上几类约束可看出，几何约束必定是完整约束，但完整约束未必是几何约束，完整约束的外延大于几何约束，如式(4)亦为完整约束，但式(4)中第二式不是几何约束。非完整约束一定是运动约束，但运动约束未必是非完整约束，非完整约束的外延小于运动约束，如式(4)中第二式是运动约束，但不是非完整约束。

4)单面约束和双面约束

图 16-1 所示单摆，其摆杆为一刚杆，因此小球 M 被限制在以 O 点为圆心、l 为半径的圆周上运动。小球 M 既不能在以 O 点为圆心、l 为半径的圆域内部运动，也不能在其外部运动。即小球 M 在圆周曲线的正负法向两面皆受到摆杆的约束。这种在两个相对的方向上同时对质点或质点系进行限制的约束称为双面约束(其约束方程见式(1))。若单摆是用绳子系住，则绳子将不能限制小球在圆域内部的运动。这种只能限制质点或质点系单一方向运动的约束称为单面约束。

在数学表达式上，双面约束以等式表达，如图 16-1 所示单摆的约束方程式(1)。单面约束则以不等式表达，如单面约束单摆，其约束方程为

$$x^2 + y^2 \leqslant l^2 \tag{6}$$

以上对约束的分类研究，有两个目的：①认识各种约束的分析性质；②并不是所有约束都能满足下面给出的虚位移原理的应用条件。因此，有必要对约束进行详细的分析研究。

在本章中，只讨论质点或质点系受定常、双面、完整约束的情况，其约束方程的一般形式为

$$f_j(x_1, y_1, z_1; \cdots; x_n, y_n, z_n) = 0 \quad (j = 1, 2, \cdots, S) \tag{16-1}$$

式中，S 为质点系所受的约束数目；n 为质点系的质点个数。

16.2 虚位移和虚功

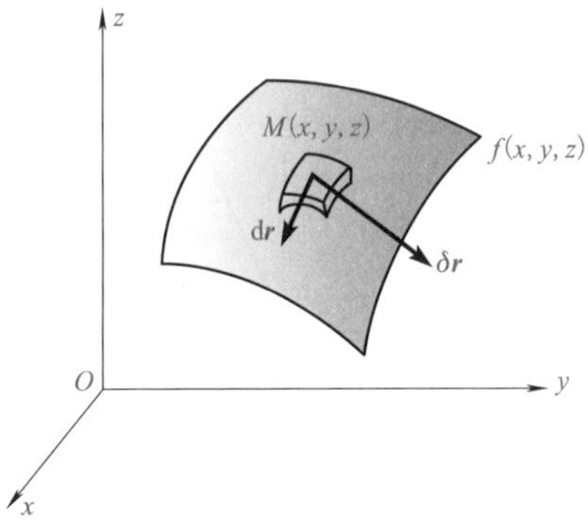

图 16-5

当质点系受到约束时，质点系内的各质点受到限制，不可能完全自由运动，这种质点系称为非自由质点系。如图 16-2 所示曲柄连杆机构，A 点只能在以 O 为圆心、r 为半径的圆周上运动，而滑块只能沿导轨做直线运动，AB 杆的长度保持不变，由于这些限制，系统内各质点的运动只能在遵守约束的前提下运动。

当非自由质点系处于静止平衡状态时，质点系中各质点均静止不动。为研究质点系中各质点的平衡情况，可在质点系约束允许的条件下，使质点系中的质点发生一个任意的微小位移。例如，图 16-5 所示质点 M，可设想质点 M 在约束曲面上沿 M 点处的切平面某个方向发生一微

小位移 $\delta \boldsymbol{r}$。如图 16-2 所示曲柄连杆机构，可设想曲柄在平衡位置转过任一极小的角位移 $\delta\varphi$，这时 A 点沿圆弧切线方向有相应的极小位移 δS_A，在点 B 沿导轨方向也有相应的小位移 δS_B。上述两例中的位移 $\delta \boldsymbol{r}$、$\delta\varphi$、δS_A、δS_B 都是约束允许的微小位移，称为系统在该瞬时的一组虚位移或可能位移。于是虚位移可定义为：**在质点系运动过程的某瞬时，质点系中的质点发生的约束允许的、可能的任意的无限小位移。**

虚位移可以是线位移，也可以是角位移。通常用变分符号 δ 表示虚位移。

虚位移与实际位移(简称实位移)是不同的概念。实位移是质点满足初始条件和约束条件后，在主动力作用下产生的真实运动位移。而虚位移仅是质点满足约束条件，不必考虑主动力及运动初始条件发生的空间位移的变更。实位移是对运动的真实描述，因此既可以是无限小位移，也可以是有限位移。而虚位移不是真实运动的描述，它只是对系统在某瞬时可能运动情况的一种假设，因此虚位移只能采用无限小位移。虚位移若为有限量，则非自由质点系将因此而改变该处的受力状态和约束条件。当运动初始条件和系统约束条件确定后，在主动力的作用下，实位移是唯一的。虚位移则是只需满足当时的约束条件的一切可能位移，因而可能有不止一个，有时甚至可以有无穷多个，如图 16-5 所示质点 M 的虚位移就可沿 M 处切平面的任意方向发生。这就是虚位移的任意性，实位移显然不具有这种任意性。

关于虚位移的任意性，有必要加以进一步的说明。受约束的非自由质点系，在发生虚位移时，各质点的虚位移之间存在着依赖于约束条件的相互关系，各质点的虚位移并不是完全独立的。如图 16-2 所示曲柄连杆机构，当曲柄 OA 发生虚位移 $\delta\varphi$ 时，A 点及滑块 B 的虚位移 δS_A 和 δS_B 也就确定了，并不能任意独立发生，δS_A 和 δS_B 通过 OA 杆及 AB 杆的约束依赖于 $\delta\varphi$。因此，非自由质点系各质点的虚位移之间具有符合约束条件的任意性，并不具有不受任何限制的任意性。

在定常约束条件下，虚位移中包含了实位移，实位移是众多的虚位移中的一个，如图 16-5 中 M 点的实位移 $\mathrm{d}\boldsymbol{r}$。但在非定常约束的条件下，虚位移与实位移则是完全不同的。因为依照定义，虚位移是系统中的质点发生在某瞬时满足当时约束条件的微小位移，因此虚位移可以理解为与时间无关的位移，实质上是在时间固定的情况下发生的。而实位移则是系统在运动过程中各质点产生的位移，实位移与时间有关，它是在时间过程中发生的。当约束是非定常时，约束也随时间发生变化，实位移随着约束的变化过程进行，而虚位移则是将约束固定在某瞬时发生。因此在非定常约束下，实位移不同于虚位移，如图 16-6 所示的变长摆，设系统的约束条件与图 16-4 相同。在 $t=t_1$ 瞬时，小球位于 M_1，$t=t_2$ 瞬时，小球位于 M_2。因此小球在 $\mathrm{d}t=t_2-t_1$ 的时间中，真实位移 $\mathrm{d}\boldsymbol{r}=\overrightarrow{M_1M_2}$。而小球在 t_1 瞬时的虚位移为 $\delta\boldsymbol{r}_1$，t_2 瞬时的虚位移为 $\delta\boldsymbol{r}_2$。显然 $\mathrm{d}\boldsymbol{r}$ 与 $\delta\boldsymbol{r}_1$、$\delta\boldsymbol{r}_2$ 皆不相同。对于无限小的实位移，一般用微分符号 d 表示，如图 16-6、图 16-5 中的 $\mathrm{d}\boldsymbol{r}$，也可根据需要表示为 $\mathrm{d}s$、$\mathrm{d}x$、$\mathrm{d}y$ 等。

设质点受到力 $\boldsymbol{F}$ 作用，若质点发生虚位移 $\delta\boldsymbol{r}$，如图 16-7 所示，则力 $\boldsymbol{F}$ 在虚位移 $\delta\boldsymbol{r}$ 上所做的功称为虚功，记为 δW，根据功的定义有

$$\delta W=\boldsymbol{F}\cdot\delta\boldsymbol{r} \tag{16-2}$$

在图 16-7 所示坐标系 $Oxyz$ 中，力 $\boldsymbol{F}\cdot\delta\boldsymbol{r}$ 可表示为

$$\boldsymbol{F}=X\boldsymbol{i}+Y\boldsymbol{j}+Z\boldsymbol{k},\quad \delta\boldsymbol{r}=\delta x\boldsymbol{i}+\delta y\boldsymbol{j}+\delta z\boldsymbol{k}$$

则

$$\delta W=X\delta x+Y\delta y+Z\delta z \tag{16-3}$$

称为虚功的解析表达式。

由于虚位移是假想的，因此由式(16-2)及式(16-3)确定的虚功 δW 也是假想的，并且虚功与虚位移是同阶无穷小。这里需指出，虽然力在实位移上的元功和在虚位移上的虚功都用 δW 表示，但元功与虚功之间有本质区别，它们分别对应于实位移与虚位移。

16-6

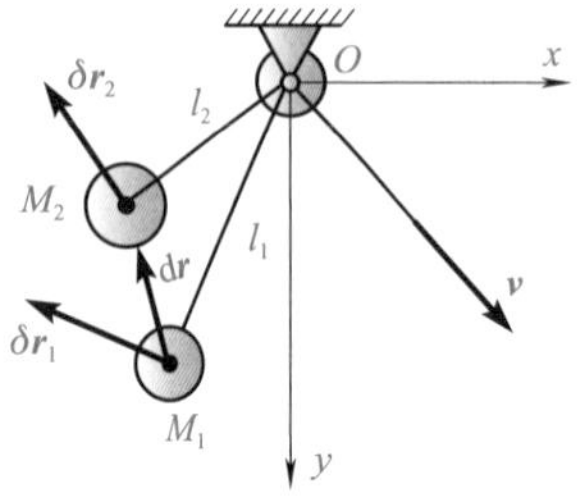

图 16-6

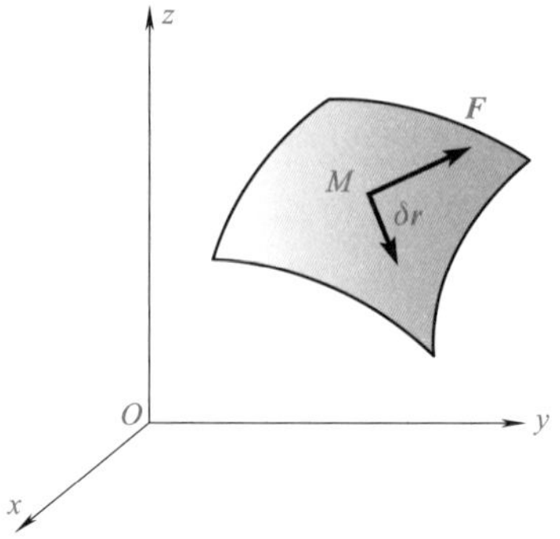

图 16-7

16.3 广义坐标与自由度

设非自由质点系由 n 个质点组成，受到了 S 个完整约束。在空间中，确定 n 个质点的坐标 $(x_i, y_i, z_i)(i=1,2,\cdots,n)$ 共有 $3n$ 个。由于受到了 S 个约束，这些坐标不完全独立，质点系的独立坐标数目只有 $k=3n-S$ 个。选择满足约束条件并且能描述质点系运动的 $k=3n-S$ 个独立变化参数 $q_1,q_2,\cdots,q_k$，可将质点系中各质点的坐标表示为

$$\left.\begin{aligned} x_i &= x_i(q_1,q_2,\cdots,q_k) \\ y_i &= y_i(q_1,q_2,\cdots,q_k) \\ z_i &= z_i(q_1,q_2,\cdots,q_k) \end{aligned}\right\} \quad (i=1,2,\cdots,n) \tag{16-4}$$

这种满足约束并能描述质点系运动位置的独立变化参数 $q_1,q_2,\cdots,q_k$ 称为质点系的一组广义坐标。

在符合上述定义的前提下，质点系广义坐标的选择不是唯一的。广义坐标既可取线位移，如 x、y、z、s 等，也可取角位移，如 φ、α、β、γ 等。

如图 16-1 所示平面单摆：小球 M 受摆杆的约束，因此小球的运动位置需要 $k=2\times1-1=1$ 个独立参数即可确定。通常取 φ 为广义坐标，也可取 x 或 y 为广义坐标，且

$$x=r\cos\varphi, \quad y=r\sin\varphi, \quad x^2+y^2=r^2$$

又如图 16-2 所示曲柄连杆机构，确定 A、B 两点的位置需 4 个坐标 x_A、y_A、x_B、y_B，但系统受到三个完整约束，约束方程为 16.1 节中式(2)，因此，系统只需 $k=2\times2-3=1$ 个广义坐标。一般可取 OA 的转角 φ，也可取为 x_B 或 x_A。

如上所述，当质点系受到的约束全是完整约束时，确定质点系运动位置的广义坐标虽然不是唯一的，但每组广义坐标的数目却是相同的，均为 $k=3n-S$ 个，并且各组广义坐标之间可以相互表出，即各组广义坐标是等价的，可以互相替换。如果质点系中每个质点都是自由的，那么确定质点系的空间位置需要 $3n$ 个独立参数，即空间自由质点系有 $3n$ 个自由度，但

当质点系受 S 个完整的约束后，确定质点系空间位置的独立参数就只需 $k=3n-S$ 个，即该非自由质点系有 k 个自由度。可见，确定质点系的空间位置所需的独立参数数目就是该质点系的自由度。因此，**在完整约束条件下，确定非自由质点系运动位置所需的广义坐标数目就是质点系的自由度。**

若质点系的质点坐标由式(16-4)确定，则各点的虚位移也可由广义坐标的变分 $\delta q_j(j=1,2,\cdots,k)$ 表示如下：

$$\delta x_i=\sum_{j=1}^{k}\frac{\partial x_i}{\partial q_j}\cdot\delta q_j\ ,\quad \delta y_i=\sum_{j=1}^{k}\frac{\partial y_i}{\partial q_j}\cdot\delta q_j\ ,\quad \delta z_j=\sum_{j=1}^{k}\frac{\partial z_i}{\partial q_j}\cdot\delta q_j\ ,\quad (i=1,2,\cdots,n) \qquad (16\text{-}5)$$

式(16-5)中，广义坐标 q_j 的变分 δq_j 也称为广义虚位移。式(16-5)的运算规则与微分规则相同，只需将微分符号 d 用变分符号 δ 替换即可，但需指明一点，在求变分 δx_i、δy_i、δz_i 时，如果 δx_i、δy_i、δz_i 与时间有关，$\delta t\equiv 0$，其原因是虚位移与时间无关。

在 16.2 节曾指出，非自由质点系各点的虚位移不完全独立，它们之间通过约束存在相互依赖的关系。本节建立了自由度概念后，即可进一步了解非自由质点系各点虚位移间的关系。在完整约束的条件下，非自由质点系的独立虚位移数目与自由度数目相同，也与广义坐标数目相同。

非自由质点系各点虚位移之间的关系，可以在判明系统自由度的基础上，选择与自由度数目相同的独立虚位移，再根据系统所受约束的特点直接用几何分析法求出。也可以选择适当的广义坐标，建立直角坐标系，由式(16-4)和式(16-5)的方法求出。前一种方法称为**几何法**，其特点是物理意义明确，具有几何直观性；后一种方法称为**解析法**，其特点是方法规范，步骤统一，具有普遍的适应性，并且在理论上具有很高的价值。以下举例说明应用广义坐标和自由度确定虚位移的方法。

【例 16-1】　如图 16-8 所示的配气系统，已知 $DC=BC$，$OB=3OA$，CD、BC 与水平线夹角为 α，求系统中各点虚位移之间的关系，若在 DC 杆上作用力偶矩 M，滑块 H 上作用水平力 $\boldsymbol{P}$，并求 M 和 $\boldsymbol{P}$ 在各自对应的虚位移上所做的虚功。

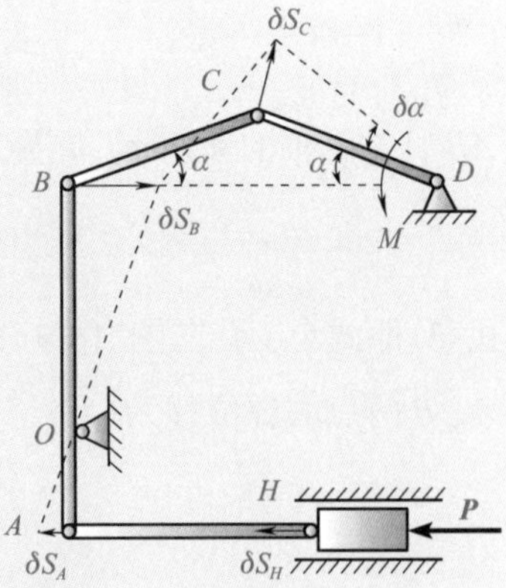

图 16-8

16-8

解　系统所受约束都是几何约束，因此都是完整约束。系统中 C、B、A、H 四个动点，由于平面机构每点只有两个坐标，因此共需 8 个坐标确定其位置。系统所受的约束为 CD 杆绕 D 点定轴转动，BC 杆、AB 杆、AH 杆长度不变，A、B 均绕 O 点运动，滑块 H 只能在水平导轨内运动，共有 7 个约束，故系统的自由度

$$k=8-7=1$$

即系统为单自由度系统。因此只需 1 个独立坐标，各点的虚位移皆可用其表达，选择 DC 杆的转角 α 为独立坐标后，由分析得知 CD 杆、AB 杆做定轴转动，BC 杆做平面运动，而 AH 杆瞬时平动，滑块 H 做直线平动，各点的虚位移如图 16-8 所示。由 CD 杆绕 D 做定轴转动有

$$\delta S_C=CD\cdot\delta\alpha \qquad (1)$$

由速度投影定理：δS_C、δS_B 在 BC 连线上投影相同，有

$$\delta S_B \cdot \cos\alpha = \delta S_C \cdot \cos\left(\frac{\pi}{2} - 2\alpha\right) = \delta S_C \cdot \sin(2\alpha) = 2\delta S_C \cdot \sin\alpha\cos\alpha$$

$$\delta S_B = 2\delta S_C \cdot \sin\alpha = 2CD\sin\alpha \cdot \delta\alpha \tag{2}$$

$$\frac{\delta S_B}{\delta S_A} = \frac{OB}{OA} = 3,\quad \delta S_A = \frac{1}{3}\delta S_B = \frac{2}{3}CD\sin\alpha \cdot \delta\alpha \tag{3}$$

AH 杆平动，故

$$\delta S_H = \delta S_A = \frac{2}{3}CD\sin\alpha \cdot \delta\alpha \tag{4}$$

式(1)、式(2)、式(3)、式(4)即为 C、B、A、H 各点虚位移与 $\delta\alpha$ 之间的关系。力矩 M 在 $\delta\alpha$ 上的虚功

$$\delta W_M = -M \cdot \delta\alpha \tag{5}$$

式(5)中负号表示力矩 M 的转向与 $\delta\alpha$ 的增大方向相反。

力 $\boldsymbol{P}$ 在 δS_H 上的虚功

$$\delta W_P = P \cdot \delta S_H = \frac{2}{3}P \cdot CD \cdot \sin\alpha \cdot \delta\alpha \tag{6}$$

本例在计算 δS_C、δS_B、δS_A、δS_H 时，根据图 16-8 所示系统的约束与运动特点直接求出，是典型的几何法。

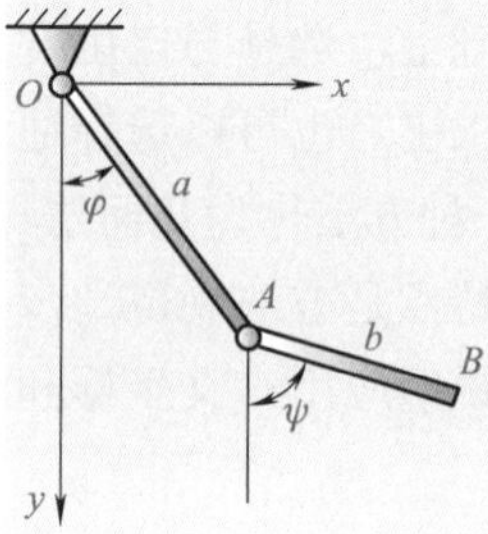

图 16-9

16-9

【例 16-2】 杆 OA 和 AB 铰接，B 端自由，如图 16-9 所示，设 $OA=a$，$AB=b$，求 A、B 两点的虚位移。

解 系统受到两个几何约束，即

$$\left.\begin{aligned} x_A^2 + y_A^2 &= a^2 \\ (x_B - x_A)^2 + (y_B - y_A)^2 &= b^2 \end{aligned}\right\} \tag{1}$$

而确定系统位置在图示 Oxy 坐标系中需要 x_A、y_A、x_B、y_B 四个坐标。因此，系统的自由度为

$$k = 4 - 2 = 2 \tag{2}$$

可见系统为二自由度，可以用两个广义坐标确定其位置。选 OA 杆、AB 杆与 y 轴的夹角 φ、ψ 为广义坐标，有

$$\begin{aligned} x_A &= a\sin\varphi,\quad x_B = a\sin\varphi + b\sin\psi \\ y_A &= a\cos\varphi,\quad y_B = a\cos\varphi + b\cos\psi \end{aligned} \tag{3}$$

式(3)即式(16-4)在图 16-9 系统中以 φ、ψ 为广义坐标时的具体形式，根据式(16-5)，可得 A、B 两点的虚位移为

$$\left.\begin{aligned} \delta x_A &= a\cos\varphi \cdot \delta\varphi \\ \delta y_A &= a\sin\varphi \cdot \delta\varphi \\ \delta x_B &= a\cos\varphi \cdot \delta\varphi + b\cos\psi \cdot \delta\psi \\ \delta y_B &= -a\sin\varphi \cdot \delta\varphi - b\sin\psi \cdot \delta\psi \end{aligned}\right\} \tag{4}$$

当然，对于本例，也可取 x_A、x_B 或别的参数为广义坐标，求出 δx_A、δx_B、δy_A、δy_B，但其他参数为广义坐标时，计算出虚位移表达式 δx_A、δx_B、δy_A、δy_B 都没有以 φ、ψ 为广义坐标的虚位移式(4)简明。由此可见，虽然广义坐标的选择不唯一，但对应于不同的广义坐标，表示虚位移以及建立在虚位移上的虚功计算的简繁程度是不同的。通常，根据系统运动特征确定的广义坐标往往就是较简明的广义坐标。

16.4　理 想 约 束

在静力学中，约束对物体运动的限制是通过约束反力实现的。既然约束中存在约束反力，当系统发生虚位移时，约束反力的虚功是否为零？如果约束反力的虚功为零，在计算系统中所有力的虚功时，就可以不考虑这些约束反力，这样肯定会给研究非自由质点系的问题带来极大的方便。

如果在质点系的任何虚位移上，质点系的所有约束反力的虚功之和等于零，则称这种约束为理想约束。

若以 $\boldsymbol{N}_i$ 表示作用在质点上的约束反力，$\delta\boldsymbol{r}_i$ 表示该质点的虚位移，δW_N 表示 $\boldsymbol{N}_i$ 在 $\delta\boldsymbol{r}_i$ 上所做的虚功，根据上述定义，则质点受有理想约束的条件是

$$\sum\delta W_N=\sum\boldsymbol{N}_i\cdot\delta\boldsymbol{r}_i=0 \tag{16-6}$$

关于理想约束，需要强调指出：理想约束是对质点系整体的一种约束，是指质点系所受的全部约束的总和。质点系是否受到理想约束，必须在考察过质点系受到的全部约束后才能确定，不能只分析质点的某个局部约束情况就武断确定。

下面介绍一些理想约束的典型例子。

1. 光滑支承面

如图 16-10 所示，光滑支承面的约束反力 $\boldsymbol{N}$ 沿支承面的法线方向，若面上有质点，则质点的虚位移 $\delta\boldsymbol{r}$ 必须沿支承面的切线方向，故有

$$\delta W_N=\boldsymbol{N}_i\cdot\delta\boldsymbol{r}=0$$

2. 光滑铰链

(1) 若铰链固定在支座上，由于固定支座不发生虚位移，$\delta\boldsymbol{r}=0$，故 $\delta W_N=\boldsymbol{N}_i\cdot\delta\boldsymbol{r}=0$。

(2) 若铰链为两物体的连接点，如图 16-11 所示的杆 OA 与杆 OB，铰接于 O 点，两杆通过铰链互相作用，根据作用与反作用定律，两杆在 O 点的相互作用力 $\boldsymbol{N}$ 与 $\boldsymbol{N}'$ 大小相等、方向相反，即 $\boldsymbol{N}=-\boldsymbol{N}'$，$O$ 点发生虚位移 $\delta\boldsymbol{r}$，则 $\boldsymbol{N}$ 和 $\boldsymbol{N}'$ 的虚功之和为

$$\sum\delta W_N=\boldsymbol{N}\cdot\delta\boldsymbol{r}+\boldsymbol{N}'\cdot\delta\boldsymbol{r}=(\boldsymbol{N}+\boldsymbol{N}')\cdot\delta\boldsymbol{r}=0$$

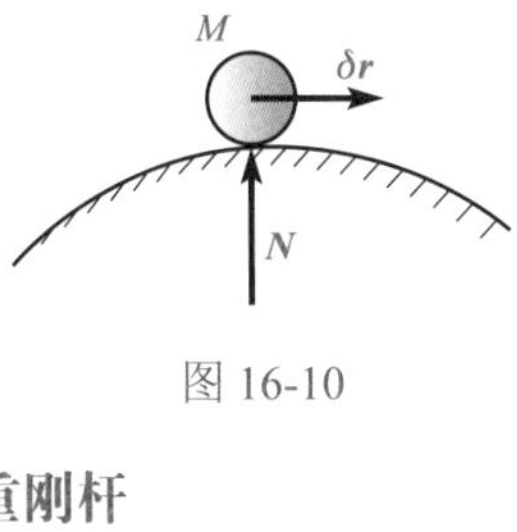

图 16-10

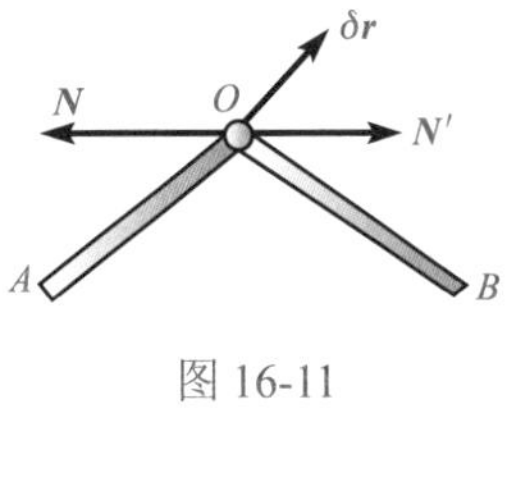

图 16-11

3. 无重刚杆

设 A、B 两质点受到刚杆的约束，则 A、B 之间的距离在运动中始终不变。A、B 两点受到的约束反力分别为 $\boldsymbol{N}_A$、$\boldsymbol{N}_B$，如图 16-12 所示，它们的虚位移分别是 $\delta\boldsymbol{r}_A$ 和 $\delta\boldsymbol{r}_B$。AB 为二力杆，故 $\boldsymbol{N}_A=-\boldsymbol{N}_B$。刚杆长度不变，故 $\delta\boldsymbol{r}_A$ 与 $\delta\boldsymbol{r}_B$ 在 AB 连线上的投影应相等，即

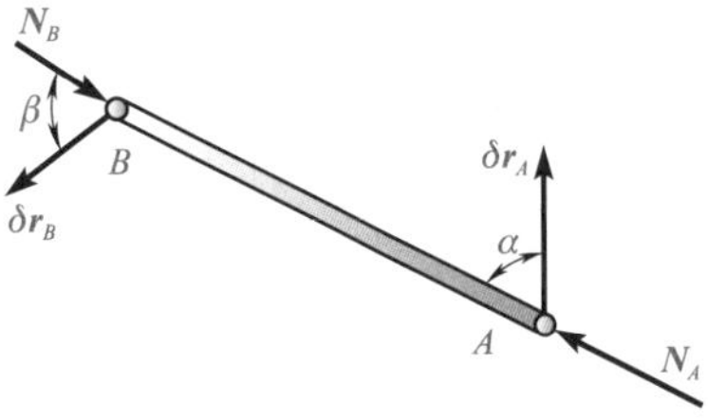

图 16-12

$$|\delta\boldsymbol{r}_A|\cos\alpha=|\delta\boldsymbol{r}_B|\cos\beta$$

约束反力 $\boldsymbol{N}_A$、$\boldsymbol{N}_B$ 在虚位移 $\delta\boldsymbol{r}_A$、$\delta\boldsymbol{r}_B$ 上的虚功之和为

$$\sum\delta W_N=\boldsymbol{N}_A\cdot\delta\boldsymbol{r}_A+\boldsymbol{N}_B\cdot\delta\boldsymbol{r}_B=\boldsymbol{N}_A\left|\delta\boldsymbol{r}_A\right|\cos\alpha-\boldsymbol{N}_B\left|\delta\boldsymbol{r}_B\right|\cos\beta=0$$

4. 不可伸长的柔索

设质点 *A*、*B* 用不可伸长的柔索连接，如图 16-13 所示，柔索穿过光滑的圆环 *O*。柔索作用于 *A*、*B* 两质点的约束反力分别为 $\boldsymbol{T}_A$ 和 $\boldsymbol{T}_B$，不计柔索质量，有 $\boldsymbol{T}_A=\boldsymbol{T}_B$。由于柔索不可伸长，因此两质点的虚位移 $\delta\boldsymbol{r}_A$、$\delta\boldsymbol{r}_B$ 沿柔索方向的投影相等，即

$$\left|\delta\boldsymbol{r}_A\right|\cos\alpha=\left|\delta\boldsymbol{r}_B\right|\cos\beta$$

于是，$\boldsymbol{T}_A$、$\boldsymbol{T}_B$ 在虚位移 $\delta\boldsymbol{r}_A$、$\delta\boldsymbol{r}_B$ 上的虚功和为

$$\sum\delta W_N=\boldsymbol{T}_A\cdot\delta\boldsymbol{r}_A+\boldsymbol{T}_B\cdot\delta\boldsymbol{r}_B=T_A\left|\delta\boldsymbol{r}_A\right|\cos\alpha-T_B\left|\delta\boldsymbol{r}_B\right|\cos\beta$$

5. 刚体在粗糙面上的纯滚动

设刚体在一固定面上只滚动不滑动，则刚体受到固定面的约束反力有法向反力 $\boldsymbol{N}$ 和切向反力(摩擦力) $\boldsymbol{F}$，如图 16-14 所示。根据运动学，刚体纯滚动时，刚体与固定面的接触点 *C* 为速度瞬心，即刚体上 *C* 点该瞬时的速度为 0，因此该瞬时刚体上 *C* 点处的虚位移 $\delta\boldsymbol{r}_C=\boldsymbol{v}_C\cdot\mathrm{d}t=0$，而 $\boldsymbol{F}$ 和 $\boldsymbol{N}$ 皆作用于刚体上 *C* 点，故 $\boldsymbol{N}$ 和 $\boldsymbol{F}$ 的虚功和为

$$\sum\delta W_N=(\boldsymbol{N}+\boldsymbol{F})\cdot\delta\boldsymbol{r}_C=0$$

16-10～16-14

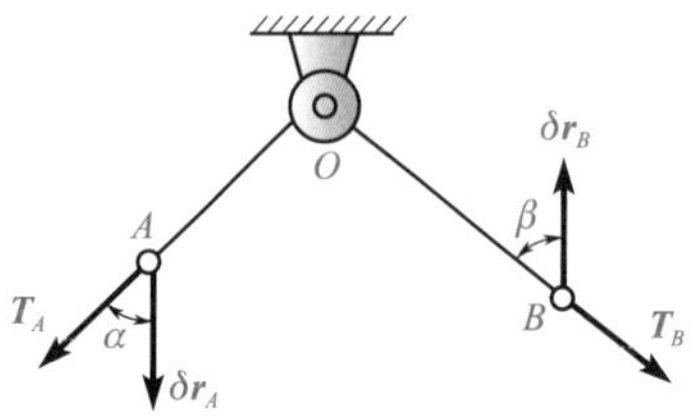

图 16-13

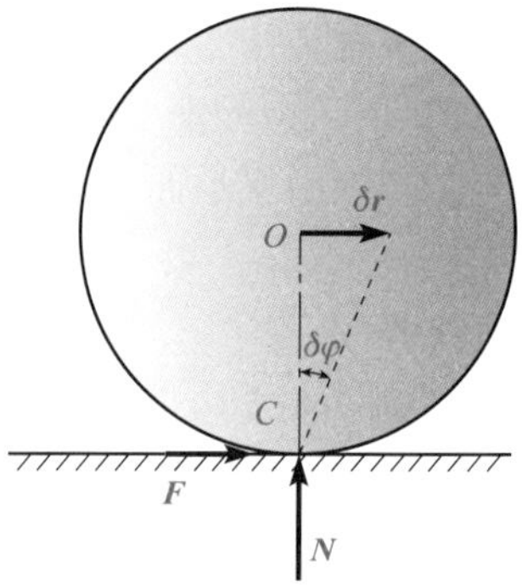

图 16-14

16.5 虚位移原理

引入了虚位移、虚功和理想约束的概念后，即可建立用于解决非自由质点系平衡问题的虚位移原理。**虚位移原理可叙述为：具有定常、理想约束的质点系，平衡的必要与充分条件是：作用于质点系的所有主动力在任何虚位移上所做的虚功之和等于零。**即

$$\sum\boldsymbol{F}_i\cdot\delta\boldsymbol{r}_i=0 \tag{16-7}$$

式(16-7)也可表示为

$$\sum(X_i\delta x_i+Y_i\delta y_i+Z_i\delta z_i)=0 \tag{16-8}$$

式(16-8)为虚位移原理的解析表达式。式中，X_i、Y_i、Z_i 是作用在质点 M_i 上的主动力 $\boldsymbol{F}_i$ 在三个坐标轴上的投影；δx_i、δy_i、δz_i 是质点 M_i 的虚位移在三个坐标轴上的投影。由于 $\boldsymbol{F}_i\cdot\delta\boldsymbol{r}_i$ 是 $\boldsymbol{F}_i$ 在 $\delta\boldsymbol{r}_i$ 上所做的虚功，因此式(16-7)及式(16-8)也称为**虚功方程**，虚位移原理也称为**虚功原理**。虚位移原理可以如下证明。

(1) 必要性：质点系处于平衡时，必有 $\sum \boldsymbol{F}_i \cdot \delta \boldsymbol{r}_i = 0$。

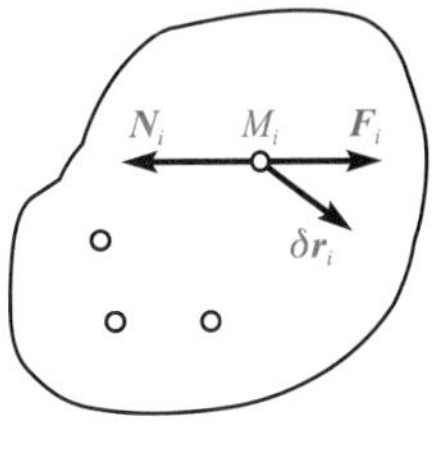

图 16-15

当质点系平衡时，任一质点 M_i 上的主动力的合力 $\boldsymbol{F}_i$ 与约束反力的合力 $\boldsymbol{N}_i$ 也应平衡，如图 16-15 所示，有

$$\boldsymbol{F}_i + \boldsymbol{N}_i = 0$$

若质点 M_i 发生虚位移 $\delta \boldsymbol{r}_i$，则作用于质点 M_i 上的力 $\boldsymbol{F}_i$ 与 $\boldsymbol{N}_i$ 的虚功之和为

$$(\boldsymbol{F}_i + \boldsymbol{N}_i) \cdot \delta \boldsymbol{r}_i = \boldsymbol{F}_i \cdot \delta \boldsymbol{r}_i + \boldsymbol{N}_i \cdot \delta \boldsymbol{r}_i = 0$$

对每个质点都写出上述虚功方程并相加，得

$$\sum \boldsymbol{F}_i \cdot \delta \boldsymbol{r}_i + \sum \boldsymbol{N}_i \cdot \delta \boldsymbol{r}_i = 0$$

因为质点系所受约束是理想约束，故

$$\sum \boldsymbol{N}_i \cdot \delta \boldsymbol{r}_i = 0$$

因此，当质点系受理想约束平衡时，必有

$$\sum \boldsymbol{F}_i \cdot \delta \boldsymbol{r}_i = 0$$

(2) 充分性：当质点系的主动力满足式 (16-7) 时，质点系一定平衡。

若质点系满足式 (16-7)，并不处于平衡状态，质点系中必有不平衡质点存在。设质点 M_i 为一不平衡质点，则当 M_i 发生虚位移 $\delta \boldsymbol{r}_i$ 时，有

$$(\boldsymbol{F}_i + \boldsymbol{N}_i) \cdot \delta \boldsymbol{r}_i \neq 0$$

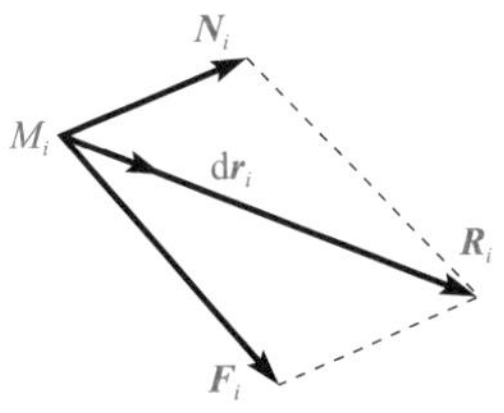

图 16-16

由于质点系受定常约束，因此，M_i 的真实位移 $\mathrm{d}\boldsymbol{r}_i$ 包含在 $\delta \boldsymbol{r}_i$ 中，此时，可取 $\delta \boldsymbol{r}_i = \mathrm{d}\boldsymbol{r}_i$，若系统原先处于静止状态，则由于不平衡，质点 M_i 必然在 $\boldsymbol{R}_i = \boldsymbol{F}_i + \boldsymbol{N}_i$ 的作用下由静止进入运动状态，并且 $\mathrm{d}\boldsymbol{r}_i$ 的方向与 $\boldsymbol{R}_i$ 的方向重合，如图 16-16 所示，因此，取 $\delta \boldsymbol{r}_i = \mathrm{d}\boldsymbol{r}_i$，必有

$$(\boldsymbol{F}_i + \boldsymbol{N}_i) \cdot \delta \boldsymbol{r}_i = \boldsymbol{R}_i \cdot \delta \boldsymbol{r}_i > 0$$

将质点系中所有不平衡质点都加起来，有

$$\sum \boldsymbol{R}_i \cdot \delta \boldsymbol{r}_i = \sum (\boldsymbol{F}_i + \boldsymbol{N}_i) \cdot \delta \boldsymbol{r}_i = \sum \boldsymbol{F}_i \cdot \delta \boldsymbol{r}_i + \sum \boldsymbol{N}_i \cdot \delta \boldsymbol{r}_i > 0$$

由于质点系受理想约束，故 $\sum \boldsymbol{N}_i \cdot \delta \boldsymbol{r}_i = 0$，得

$$\sum \boldsymbol{F}_i \cdot \delta \boldsymbol{r}_i > 0$$

上式 $\sum \boldsymbol{F}_i \cdot \delta \boldsymbol{r}_i > 0$ 与条件 (16-7) 即 $\sum \boldsymbol{F}_i \cdot \delta \boldsymbol{r}_i = 0$ 矛盾，这说明具有定常、理想约束的质点系，若系统原先处于静止状态，则质点系在受到满足 $\sum \boldsymbol{F}_i \cdot \delta \boldsymbol{r}_i = 0$ 的主动力系作用后，质点系仍然保持静止状态，不会由静止进入运动状态。

虚位移原理建立了求解非自由质点系平衡问题的普遍方法，在理论上具有重大意义。因此式 (16-7) 及式 (16-8) 也称为静力学普遍方程。应当指出，虽然虚位移原理要求质点系具有理想约束，但对于非理想约束系统，只要将非理想约束反力作为主动力处理，同样可以应用虚功方程式 (16-7) 或式 (16-8) 来求解。

虚位移原理不仅可以解决非自由质点系的平衡问题，它与达朗贝尔原理结合，还可解决非自由质点系的动力学问题。达朗贝尔原理与虚位移原理共同构成了分析力学的基础。达朗贝尔原理是以静力学方法研究动力学问题，而虚位移原理可理解为以动力学观点处理静力学问题。达朗贝尔原理“以静制动”“静中求动”，虚位移原理则是“以动制静”“动中求静”。这两个原理在思想方法上相辅相成、相映成趣，都达到了“动静相通”的境界。

16-17

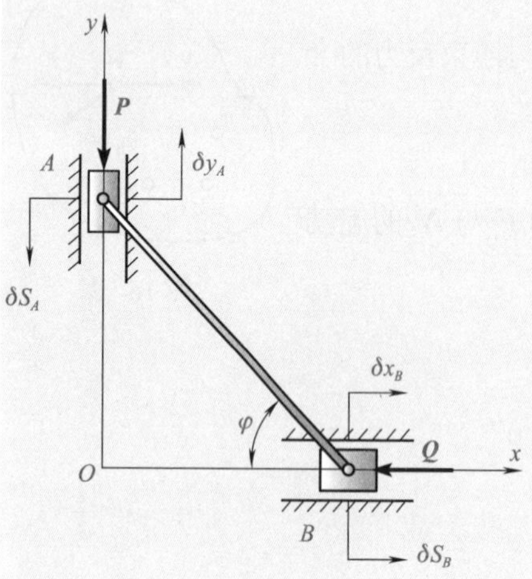

图 16-17

【例 16-3】 图 16-17 所示椭圆规机构，连杆 AB 长为 l，杆重和滑道摩擦不计，铰链光滑。求在图示位置平衡时，主动力 $\boldsymbol{P}$ 和 $\boldsymbol{Q}$ 之间关系。

解 研究整个机构。系统的所有约束都是完整、定常理想的。使 A 发生虚位移 δS_A，则 B 的虚位移应为 δS_B，如图 16-17 所示。由虚位移原理，得虚功方程

$$P\cdot\delta S_A - Q\cdot\delta S_B = 0 \tag{1}$$

由于 AB 杆是刚性杆，故 δS_A 与 δS_B 在 AB 上的投影相等，即

$$\delta S_A\sin\varphi = \delta S_B\cos\varphi$$

$$\delta S_B = \delta S_A\cdot\tan\varphi \tag{2}$$

将式(2)代入式(1)有

$$(P - Q\tan\varphi)\delta S_A = 0 \tag{3}$$

系统为单自由度系统，只有一个独立虚位移 δS_A，由于 δS_A 为任意的，故式(3)成立必须有

$$P = Q\tan\varphi \tag{4}$$

本题也可用解析法求解，由于系统为单自由度，可取 φ 为广义坐标，在如图 16-17 所示坐标系中，有

$$x_B = l\cos\varphi,\quad y_A = l\sin\varphi \tag{5}$$

得

$$\delta x_B = -l\sin\varphi\cdot\delta\varphi,\quad \delta y_A = l\cos\varphi\cdot\delta\varphi \tag{6}$$

而

$$\boldsymbol{P} = -P\boldsymbol{j},\quad \boldsymbol{Q} = -Q\boldsymbol{i} \tag{7}$$

因而虚功方程为

$$-P\cdot\delta y_A - Q\cdot\delta x_B = 0 \tag{8}$$

式(6)、式(8)中的 δy_A、δx_B 的正向皆与坐标轴正向相同，如图 16-17 所示，将式(6)代入式(8)有

$$(Q\sin\varphi - P\cos\varphi)l\cdot\delta\varphi = 0 \tag{9}$$

由于 $\delta\varphi$ 任意，故

$$P = Q\tan\varphi \tag{10}$$

由例 16-3 可见，第一种求解方法——几何法具有直观性强的优点，而第二种方法——解析法却必须按公式逐步求解，并且所有的力及虚位移的投影正向皆应与坐标正向相同，对于本例这种简单问题，当然是几何法简便，但对于复杂系统，则以解析法求解方便。

【例 16-4】 求例 16-1 机构在图 16-8 所示位置平衡时，力偶矩 M 与水平力 $\boldsymbol{P}$ 的关系，设 $CD = l$。

解 例 16-1 已求得图 16-8 中的各点虚位移，其中，有

$$\delta S_H = \frac{2}{3}CD\sin\alpha\cdot\delta\alpha = \frac{2}{3}l\sin\alpha\cdot\delta\alpha \tag{1}$$

且

$$\delta W_P = P\cdot\delta S_H = \frac{2}{3}Pl\sin\alpha\cdot\delta\alpha$$

$$\delta W_M = -M\cdot\delta\alpha \tag{2}$$

故由虚位移原理有

$$P\cdot\delta S_H - M\cdot\delta\alpha = \left(\frac{2}{3}Pl\sin\alpha - M\right)\delta\alpha = 0 \tag{3}$$

图 16-8 所示机构为单自由度，故只有一个独立虚位移 $\delta\alpha$ 。由于 $\delta\alpha$ 任意，故由式(3)有

$$M = \frac{2}{3}Pl\sin\alpha \tag{4}$$

由例 16-3 与例 16-4 可见，若以几何法应用虚位移原理求解系统与平衡问题，关键在于正确确定各主动力作用点处虚位移之间的关系。另外，需要特别指出，在列虚功方程时，每一项的正负号不是投影符号，而是力在对应虚位移上所做虚功的正负。

【例 16-5】 应用虚位移原理推导刚体在平面力系作用下的平衡方程。

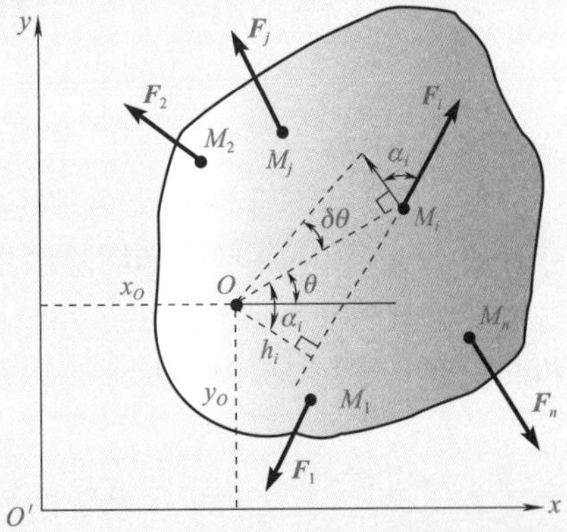

图 16-18

16-18

解 设一自由刚体受平面力系作用，如图 16-18 所示。令刚体在力系作用平面内发生虚位移，则刚体在此平面内做平面运动。取刚体上 O 点为基点，刚体上任一外力 $\boldsymbol{F}_i$ 作用点 M_i 的虚位移等于基点 O 的虚位移 $\delta\boldsymbol{r}_O$ 与该点绕基点 O 转动的虚位移 $\delta\boldsymbol{r}_{M_i}$ 的矢量和，即

$$\delta\boldsymbol{r}_i = \delta\boldsymbol{r}_O + \delta\boldsymbol{r}_{M_i} \tag{1}$$

由虚位移原理，刚体平衡时有

$$\sum\boldsymbol{F}_i\cdot\delta\boldsymbol{r}_i = \sum\boldsymbol{F}_i\cdot\delta\boldsymbol{r}_O + \sum\boldsymbol{F}_i\cdot\delta\boldsymbol{r}_{M_i} = 0 \tag{2}$$

如图所示，有

$$\boldsymbol{F}_i\cdot\delta\boldsymbol{r}_{M_i} = F_i\delta r_{M_i}\cdot\cos\alpha_i$$

而

$$\delta r_{M_i} = OM_i\cdot\delta\theta\,,\quad \boldsymbol{F}_i\cdot\delta\boldsymbol{r}_{M_i} = F_iOM_i\cos\alpha_i\cdot\delta\theta$$

又

$$OM_i\cos\alpha_i = h_i$$

得

$$\boldsymbol{F}_i\cdot\delta\boldsymbol{r}_{M_i} = F_ih_i\cdot\delta\theta \tag{3}$$

根据力矩的定义，知

$$m_O(\boldsymbol{F}_i) = F_ih_i \tag{4}$$

$$\boldsymbol{F}_i\cdot\delta\boldsymbol{r}_{M_i} = F_i\cdot h_i\cdot\delta\theta = m_O(\boldsymbol{F}_i)\delta\theta \tag{5}$$

又

$$\left.\begin{aligned}\boldsymbol{F}_i &= X_i\boldsymbol{i} + Y_i\boldsymbol{j}\\ \delta\boldsymbol{r}_O &= \delta x_O\boldsymbol{i} + \delta y_O\boldsymbol{j}\end{aligned}\right\} \tag{6}$$

将式(5)、式(6)代入式(2)有

$$\sum\boldsymbol{F}_i\cdot\delta\boldsymbol{r}_i = \sum X_i\cdot\delta x_O + \sum Y_i\cdot\delta y_O + \sum m_O(\boldsymbol{F}_i)\delta\theta = 0 \tag{7}$$

当刚体做平面运动时，具有三个自由度，若取 x_O、y_O、θ 为广义坐标，则 δx_O、δy_O、$\delta\theta$ 皆是独立虚位移，因此式(7)成立时，必有

$$\sum X_i = 0\,,\quad \sum Y_i = 0\,,\quad \sum m_O(\boldsymbol{F}_i) = 0 \tag{8}$$

式(8)即静力学中已经讨论过的平面任意力系的平衡方程。

由例 16-5 可见，虚功方程(16-7)或(16-8)表示的实际是一个方程组。这个方程组的独立方程个数等于质点系的自由度数目，也等于独立广义坐标的数目。

16-19

【例 16-6】 如图 16-19(a)所示结构，各杆均以光滑铰链连接，且有 $AC = CE = BC = CD = DF = FE = l$，在点 F 处作用一铅垂力 $\boldsymbol{P}$，求支座 B 处的水平约束反力 $\boldsymbol{X}_B$。

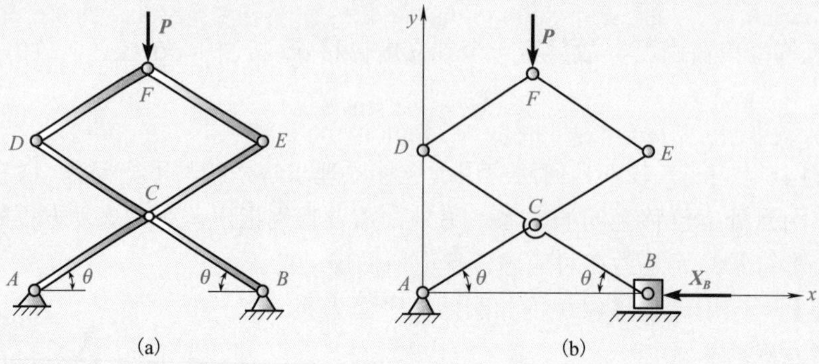

图 16-19

解 本例系统所受约束为理想约束，且为自由度等于零的结构。若利用虚位移原理求 B 处水平反力 $\boldsymbol{X}_B$，首先应适当解除约束，以约束反力 $\boldsymbol{X}_B$ 代替 B 处的水平移动约束，将 $\boldsymbol{X}_B$ 作为主动力处理。在解除约束后，系统由结构变为机构。如图 16-19(b)所示，该机构为单自由度机构。建立如图 16-19 坐标系，以 θ 为广义坐标，有

$$y_F = 3l\sin\theta, \quad x_B = 2l\cos\theta \tag{1}$$

$$\delta y_F = 3l\cos\theta\cdot\delta\theta, \quad \delta x_B = -2l\sin\theta\cdot\delta\theta \tag{2}$$

又

$$\boldsymbol{P} = -P\boldsymbol{j}, \quad \boldsymbol{X}_B = -X_B\boldsymbol{i} \tag{3}$$

由虚位移原理可得

$$-P\cdot\delta y_F - X_B\cdot\delta x_B = 0 \tag{4}$$

将式(2)代入式(4)得

$$(2X_B\sin\theta - 3P\cos\theta)l\cdot\delta\theta = 0 \tag{5}$$

由于 $\delta\theta$ 任意，故有

$$2X_B\sin\theta - 3P\cos\theta = 0$$

即

$$X_B = \frac{3}{2}P\cot\theta \tag{6}$$

16-20

【例 16-7】 多跨静定连续梁如图 16-20(a)所示，试求支座 D 的约束反力，图中长度单位为 m。

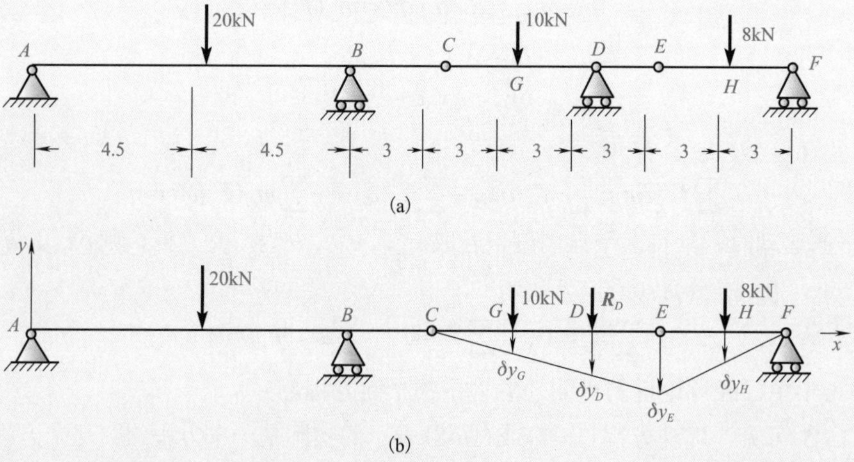

图 16-20

解　与例 16-6 类似，解除 D 处约束，以反力 $\boldsymbol{R}_D$ 代替，将 $\boldsymbol{R}_D$ 作为图 16-20(b)机构上的主动力，系统发生的虚位移如图 16-20(b)所示，由虚位移原理，有

$$10\delta y_G - R_D \cdot \delta y_D + 8 \cdot \delta y_H = 0 \quad (1)$$

由图 16-20(b)可见
$$\frac{\delta y_G}{\delta y_D}=\frac{3}{6}=\frac{1}{2},\quad \frac{\delta y_H}{\delta y_D}=\frac{\delta y_H}{\delta y_E}\cdot\frac{\delta y_E}{\delta y_D}=\frac{3}{6}\cdot\frac{9}{6}=\frac{3}{4} \quad (2)$$

由式(1)得
$$\left(10\frac{\delta y_G}{\delta y_D}-R_D+8\frac{\delta y_H}{\delta y_D}\right)\delta y_D=0 \quad (3)$$

将式(2)代入式(3)，并注意到 δy_D 的任意性，有

$$R_D=\frac{1}{2}\times 10+8\times\frac{3}{4}=11(\text{kN}) \quad (4)$$

由例 16-6 及例 16-7 可见，在应用虚位移原理求解结构的约束反力时，只要将欲求反力处的约束解除，并以相应的约束反力代替约束，将约束反力作为主动力处理即可，但是要注意，在解除某个约束时，不要破坏结构的其他约束条件。一般在求解约束反力时，应用虚位移原理列出的虚功方程中应只含有一个未知的约束反力，这样可使计算过程大为简化。这是应用虚位移原理求解复杂机构平衡问题的一大优点。

通过求解以上例题，应用虚位移原理解决质点系平衡问题的方法和步骤，大致可归纳为：

(1) 确定质点系的自由度，对于受完整约束的系统，其自由度与所需广义坐标的个数相同。

(2) 适当选取广义坐标。由于广义坐标的选择不唯一，因此，通常是根据所研究系统的约束情况及运动特征选取。

(3) 考察系统的约束是否满足理想约束的条件，由于理想约束是针对系统整体定义的，因此在应用虚位移原理时，应将整个系统取为研究对象。

(4) 使系统发生虚位移，将各主动力作用点的虚位移用独立虚位移或广义虚位移表示出。在计算虚位移时，应根据系统的特点灵活选用几何法或解析法。

(5) 列出虚功方程并求解未知量。

另外，当系统所受的约束中有非理想约束时，可将非理想约束反力作为主动力看待，使系统约束化为满足虚位移原理要求的理想约束后再按上述步骤求解。再者，若系统为结构，则在求约束反力时，应将欲求反力处的约束解除，以约束反力替代约束，并将约束反力作为主动力，将系统转化为机构后求解。

16.6　广义力及广义坐标下的质点系的平衡条件

在虚功方程式(16-7)及式(16-8)中，虚位移是由质点矢径变分 $\delta \boldsymbol{r}_i$ 或质点的直角坐标变分 δx_i、δy_i、δz_i 表示的。这些虚位移在非自由质点系中并不全是独立的。

由 n 个质点组成的质点系，在受到 S 个完整约束时，其独立虚位移只有 $k=3n-S$ 个。数目 k 也是质点系的自由度数。若取 k 个独立广义坐标 $q_1,q_2,\cdots,q_k$，则各质点的坐标可表示为式(16-4)，即

$$\left.\begin{aligned} x_i &= x_i(q_1, q_2, \cdots, q_k) \\ y_i &= y_i(q_1, q_2, \cdots, q_k) \\ z_i &= z_i(q_1, q_2, \cdots, q_k) \end{aligned}\right\} \quad (i=1,2,\cdots,n)$$

各坐标的变分可表示为式(16-5)，即

$$\delta x_i = \sum_{j=1}^{k} \frac{\partial x_i}{\partial q_j} \delta q_j, \quad \delta y_i = \sum_{j=1}^{k} \frac{\partial y_i}{\partial q_j} \delta q_j, \quad \delta z_i = \sum_{j=1}^{k} \frac{\partial z_i}{\partial q_j} \delta q_j \quad (j=1,2,\cdots,n)$$

将δx_i、δy_i、δz_i代入式(16-8)，得

$$\begin{aligned} &\sum_{i=1}^{n}(X_i \cdot \delta x_i + Y_i \cdot \delta y_i + Z_i \cdot \delta z_i) \\ &= \sum_{i=1}^{n}\left(X_i \sum_{j=1}^{k} \frac{\partial x_i}{\partial q_j} \cdot \delta q_j + Y_i \sum_{j=1}^{k} \frac{\partial y_i}{\partial q_j} \cdot \delta q_j + z_i \sum_{j=1}^{k} \frac{\partial z_i}{\partial q_j} \cdot \delta q_j \right) \\ &= \sum_{j=1}^{k}\left[\sum_{i=1}^{n}\left(X_i \frac{\partial x_i}{\delta q_j} + Y_i \frac{\partial y_i}{\partial q_j} + Z_i \frac{\partial z_i}{\partial q_j} \right) \right] \delta q_j = 0 \end{aligned} \tag{16-9}$$

如果令

$$Q_j = \sum_{i=1}^{n}\left(X_i \frac{\partial x_i}{\partial q_j} + Y_i \frac{\partial y_i}{\partial q_j} + Z_i \frac{\partial z_i}{\partial q_j} \right) \quad (j=1,2,\cdots,k) \tag{16-10}$$

则式(16-9)简化为

$$\sum_{i=1}^{n}(X_i \delta x_i + Y_i \delta y_i + Z_i \delta z_i) = \sum_{j=1}^{k} Q_j \cdot \delta q_j = 0 \tag{16-11}$$

式中，δq_j为广义虚位移，且$Q_j \delta q_j$具有功的量纲，所以将在广义虚位移δq_j上做虚功的作用因子Q_j称为对应于广义坐标q_j的广义力。广义力的量纲由它所对应的广义虚位移确定，当δq_j是线位移时，Q_j的量纲是力；当δq_j是角位移时，Q_j具有力矩的量钢。

由于广义坐标$q_1, q_2, \cdots, q_k$互相独立，广义虚位移$\delta q_1, \delta q_2, \cdots, \delta q_k$是任意的，因此，式(16-11)成立时，必有

$$Q_1 = Q_2 = \cdots = Q_k = 0 \quad (j=1,2,\cdots,k) \tag{16-12}$$

式(16-12)说明：**质点系的平衡条件为所有的广义力都等零。**式(16-12)即为广义坐标表示的质点系平衡条件。

用广义坐标表示的质点系平衡条件是一个方程组，方程组中方程个数等于质点系的广义坐标数目。在应用广义坐标表示的平衡条件解决实际问题时，关键在于广义力的计算。

计算广义力的方法通常有两种：一种是按照式(16-10)直接计算；另一种是利用广义虚位移δq_j的独立性及任意性，取一组特殊的广义虚位移，即

$$\left.\begin{aligned} &\delta q_j \neq 0 \quad (j=1,2,\cdots,k) \\ &\delta q_l = 0 \quad (l \neq j) \end{aligned}\right\} \tag{16-13}$$

在广义虚位移式(16-13)中，质点系所有主动力所做的虚功为

$$\delta W_F^j = \sum_{m=1}^{k} Q_m \cdot \delta q_m = Q_j \cdot \delta q_j \quad (j=1,2,\cdots,k) \tag{16-14a}$$

由此可得

$$Q_j = \frac{\delta W_F^j}{\delta q_j} \quad (j = 1, 2, \cdots, k) \qquad (16\text{-}14b)$$

在解决实际问题时，往往应用第二种方法计算广义力较为简便。

【例 16-8】 杆 OA 和 AB 铰接，B 端自由，如图 16-21 所示。设 $OA = a$，$AB = b$，在例 16-2 中曾计算过 A、B 两点的虚位移。在 A、B 两点处分别作用铅垂向下的力 $\boldsymbol{P}$ 和 $\boldsymbol{Q}$，试求在图示位置的广义力。

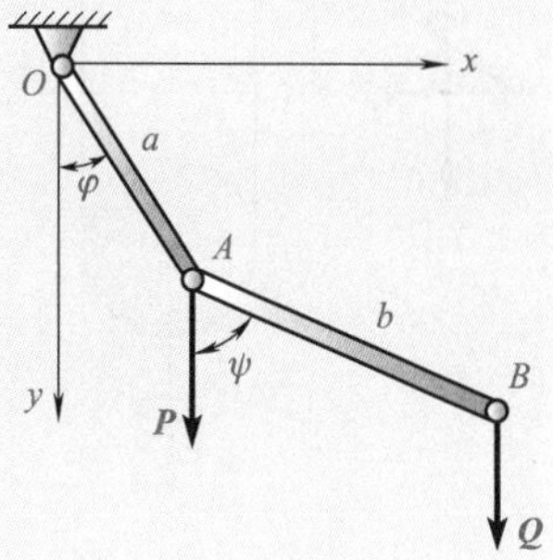

图 16-21

16-21

解 系统为二自由度，与例 16-2 相同，取 φ、ψ 为广义坐标。对应于广义坐标 φ、ψ 的广义力，按照式(16-10)为

$$\left.\begin{aligned} Q_\varphi &= P\frac{\partial y_A}{\partial \varphi} + Q\frac{\partial y_B}{\partial \varphi} \\ Q_\psi &= P\frac{\partial y_A}{\partial \psi} + Q\frac{\partial y_B}{\partial \psi} \end{aligned}\right\} \qquad (1)$$

而

$$y_A = a\cos\varphi, \quad y_B = a\cos\varphi + b\cos\psi \qquad (2)$$

$$\left.\begin{aligned} &\frac{\partial y_A}{\partial \varphi} = -a\sin\varphi, \quad \frac{\partial y_B}{\partial \varphi} = -a\sin\varphi \\ &\frac{\partial y_A}{\partial \psi} = 0, \quad \frac{\partial y_B}{\partial \psi} = -b\sin\psi \end{aligned}\right\} \qquad (3)$$

将式(3)代入式(1)，得

$$\left.\begin{aligned} Q_\varphi &= -(P+Q)a\cdot\sin\varphi \\ Q_\psi &= -Qb\sin\psi \end{aligned}\right\} \qquad (4)$$

以上是利用解析公式(16-10)计算 Q_φ、Q_ψ，下面用第二种方法求 Q_φ、Q_ψ，在图 16-21 的坐标系 Oxy 中，有

$$\delta W_F = P\cdot\delta y_A + Q\cdot\delta y_B \qquad (5)$$

由式(2)有

$$\left.\begin{aligned} \delta y_A &= -a\sin\varphi\cdot\delta\varphi \\ \delta y_B &= -a\sin\varphi\cdot\delta\varphi - b\sin\psi\cdot\delta\psi \end{aligned}\right\} \qquad (6)$$

将式(6)代入式(5)，有

$$\delta W_F = -(P+Q)a\sin\varphi\cdot\delta\varphi - Qb\sin\psi\cdot\delta\psi \qquad (7)$$

令式(7)中，$\delta\varphi \neq 0$，$\delta\psi = 0$，得

$$\delta W^{(\varphi)} = -(P+Q)a\sin\varphi\cdot\delta\varphi \qquad (8)$$

$$Q_\varphi = \frac{\delta W^{(\varphi)}}{\delta\varphi} = -(P+Q)a\sin\varphi \qquad (9)$$

同理，在式(7)中，令 $\delta\varphi = 0$，$\delta\psi \neq 0$，则有

$$\delta W^{(\psi)} = -Qb\sin\psi\cdot\delta\psi \qquad (10)$$

$$Q_\psi = \frac{\delta W^{(\psi)}}{\delta\psi} = -Qb\sin\psi \qquad (11)$$

比较式(4)与式(10)、式(11)，可见两种方法结论相同。

16-22

【例 16-9】 如图 16-22 所示，重物 A、B 系在细绳两端，分别放在倾角为 α、β 的光滑斜面上，绳子绕过两定滑轮与一动滑轮相连，动滑轮的轴上挂一重 $\boldsymbol{W}$ 的重物 C。如不计所有摩擦，忽略滑轮与绳子重量，试求系统平衡时，重物 A、B 的重量 P、Q 值。

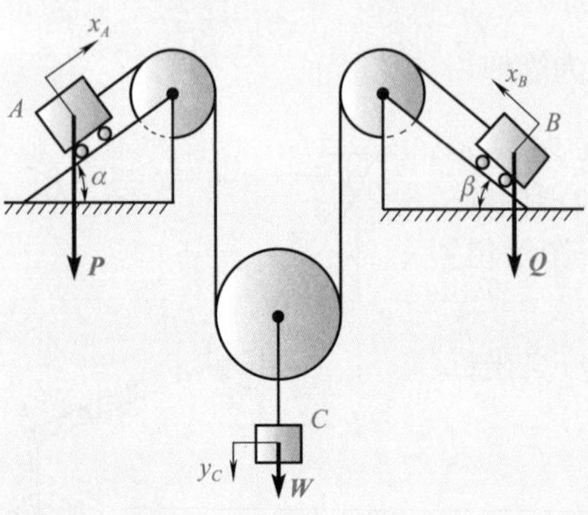

图 16-22

解 图示系统中，A、B、C 三个重物，只要任意两个位置确定时，第三个的位置即可确定，因此，该系统有两个自由度。取重物 A、重物 B 分别上升的路程 x_A、x_B 为广义坐标，如图 16-22，则有

$$2y_C = x_A + x_B \tag{1}$$

即

$$2\delta y_C = \delta x_A + \delta x_B \tag{2}$$

令 $\delta x_A \neq 0$，$\delta x_B = 0$，有

$$\delta W^{(A)} = -P\sin\alpha \cdot \delta x_A + W \cdot \delta y_C = \left(\frac{1}{2}W - P\sin\alpha\right)\delta x_A$$

$$Q_A = \frac{\delta W^{(A)}}{\delta x_A} = \frac{1}{2}W - P\sin\alpha \tag{3}$$

同理，令 $\delta x_B \neq 0, \delta x_A = 0$，有

$$\delta W^{(B)} = -Q\sin\beta \cdot \delta x_B + W \cdot \delta y_C = \left(\frac{1}{2}W - Q\sin\beta\right)\delta x_B$$

$$Q_B = \frac{1}{2}W - Q\sin\beta \tag{4}$$

由式(16-12)知，当 $Q_A = Q_B = 0$ 时，系统平衡，故

$$P = \frac{W}{2\sin\alpha}, \quad Q = \frac{W}{2\sin\beta} \tag{5}$$

在例 16-9 中，再次应用式(16-13)及式(16-14)的方法计算广义力。本例若用解析法求解就显得烦琐。

如果作用在质点系上的主动力皆为有势力，则系统势能为

$$U = U(x_1, y_1, z_1, \cdots, x_n, y_n, z_n)$$

那么，各主动力在坐标轴方向的投影即为

$$X_i = \frac{\partial U}{\partial x_i}, \quad Y_i = -\frac{\partial U}{\partial y_i}, \quad Z_i = -\frac{\partial U}{\partial z_i} \quad (i = 1, 2, \cdots, n)$$

于是主动力的虚功可表示为

$$\sum(X_i\delta x_i + Y_i\delta y_i + Z_i\delta z_i) = -\sum\left(\frac{\partial U}{\partial x_i}\delta x_i + \frac{\partial U}{\partial y_i}\delta y_i + \frac{\partial U}{\partial z_i}\delta z_i\right) = -\delta U$$

因此，虚位移原理的表达式(16-8)在主动力皆为有势力时成为

$$\delta U = 0 \tag{16-15}$$

式(16-15)说明：在有势力场中，具有定常、理想约束的质点系的平衡条件是质点系的势能在平衡位置处一阶变分为零，或者质点系的势能在平衡位置取驻值。

若以广义坐标 $q_1,q_2,\cdots,q_k$ 表示质点系的位置，则质点系的势能也可用广义坐标的函数表达，即

$$U=U(q_1,q_2,\cdots,q_k)$$

根据广义力的表达式(16-10)，可将广义力用势能表示如下：

$$Q_j=\sum_{i=1}^{n}\left(X_i\frac{\partial x_i}{\partial q_j}+Y_i\frac{\partial y_i}{\partial q_j}+Z_i\frac{\partial z_i}{\partial q_j}\right)=-\sum\left(\frac{\partial U}{\partial x_i}\frac{\partial x_i}{\partial q_j}+\frac{\partial U}{\partial y_i}\frac{\partial y_i}{\partial q_j}+\frac{\partial U}{\partial z_i}\frac{\partial z_i}{\partial q_j}\right)$$

$$Q_j=-\frac{\partial U}{\partial q_j}\quad (j=1,2,\cdots,k) \tag{16-16}$$

这样，用广义坐标表示的平衡条件(16-12)成为

$$Q_j=-\frac{\partial U}{\partial q_j}=0\quad (j=1,2,\cdots,k) \tag{16-17}$$

即在有势力场中，具有定常、理想约束的质点系的平衡条件为势能对于每个广义坐标的一阶偏导数都等于零。在数学上，式(16-17)与式(16-15)是等价的，都是表示势能的一阶变分为零，在此位置势能取得驻值。

当质点系势能满足式(16-15)或式(16-17)时，质点系处于平衡状态，势能也取得驻值。但势能的驻值可能是势能极小值，也可能是势能极大值；使质点系平衡状态可能是稳态平衡状态，也可能是不稳定平衡状态。对于工程系统存在着三种平衡状态，一种是稳定平衡状态，一种是不稳定平衡状态，还有一种是随遇平衡状态。这三种平衡状态，可用图 16-23 所示的小球表示。图 16-23(a)表示稳定平衡状态，因为小球受到外界的微小干扰时，小球能在自身重力的作用下回到原先的最低平衡位置。图 16-23(b)表示不稳定平衡状态，当小球受到任何微小的干扰时，小球能在自身重力作用下滚离平衡位置(最高位置)，若无外界的作用，小球不会自己再回到平衡位置。图 16-23(c)表示随遇平衡状态，小球在新的位置上依然保持平衡状态，也就是说在随遇平衡状态下，小球原始平衡位置的周围存在着一个平衡区域，在此区域内，小球随时都能平衡。系统的这三种平衡状态都满足式(16-15)或式(16-17)。由图 16-23 可以看出，在稳定平衡位置上，当系统受到扰动后，在新的位置上，系统的势能都大于平衡位置处的势能，因此，在稳定平衡位置上，系统势能取极小值。系统可以自动从高势能位置回到低势能位置。相反，在不稳定平衡位置，系统势能具有极大值。没有外力作用，系统不能由低势能位置回到高势能位置。当系统处于随遇平衡状态时，在原始平衡位置的附近区域系统势能保持不变，因此系统原始平衡位置附近都是平衡位置。

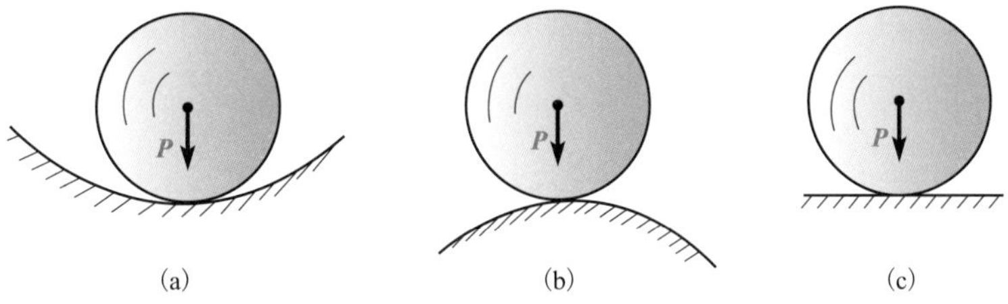

图 16-23

对于单自由度系统，只需一个广义坐标 q 即可确定系统的位置，因此系统的势能是 q 的一元函数，即 $U=U(q)$，当系统平衡时，根据式(16-17)，在平衡位置处，有

$$\frac{\mathrm{d}U}{\mathrm{d}q}=0$$

若系统处于稳定平衡，系统势能取极小值，因此有

$$\frac{\mathrm{d}^2U}{\mathrm{d}q^2}>0 \tag{16-18}$$

式(16-18)是单自由度系统的稳定平衡状态判别式。对于多自由度系统，其稳定判别方法可参阅有关的书籍。

16-24

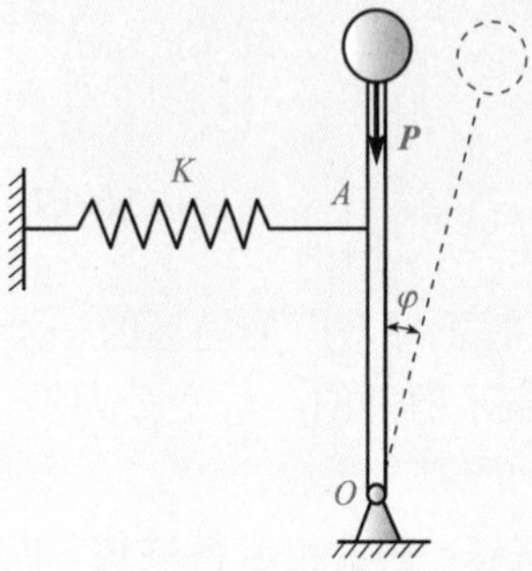

图 16-24

【例 16-10】 图 16-24 所示的倒置摆，摆锤重 $\boldsymbol{P}$，摆杆长为 l，在摆杆上 A 点连有一刚度系数为 k 的水平弹簧，摆杆铅垂时，弹簧为原长。设 $OA=a$，摆杆重量不计，试求系统的平衡条件。

解 系统为单自由度，取摆杆偏出铅垂位置的转角 φ 为广义坐标，摆处于铅垂位置时为重力与弹簧力的零势点。系统在任一位置处的势能为摆锤重力势能与弹簧弹性势能之和，即

$$U=-Pl(1-\cos\varphi)+\frac{1}{2}ka^2\varphi^2=-2Pl\sin^2\frac{\varphi}{2}+\frac{1}{2}ka^2\varphi^2 \tag{1}$$

微幅摆动时，由于 $\varphi\ll 1$，故有 $\sin\frac{\varphi}{2}\approx\frac{\varphi}{2}$，因此有

$$U=-\frac{1}{2}Pl\varphi^2+\frac{1}{2}ka^2\varphi^2=\frac{1}{2}(ka^2-Pl)\varphi^2 \tag{2}$$

将势能 U 对 φ 求一阶导数，即

$$\frac{\mathrm{d}U}{\mathrm{d}\varphi}=(ka^2-Pl)\varphi \tag{3}$$

由式(3)可见，当 $\varphi=0$ 时，$\frac{\mathrm{d}U}{\mathrm{d}\varphi}=0$，而 U 的二阶导数为

$$\frac{\mathrm{d}^2U}{\mathrm{d}\varphi^2}=ka^2-Pl \tag{4}$$

由式(4)可见，$\frac{\mathrm{d}^2U}{\mathrm{d}\varphi^2}$ 与 φ 无关，若欲使系统在 $\varphi=0$ 处获得稳定平衡，必须满足

$$\frac{\mathrm{d}^2U}{\mathrm{d}\varphi^2}=ka^2-Pl>0 \qquad 即 \qquad a>\sqrt{\frac{Pl}{k}} \tag{5}$$

式(5)即为图 16-24 所示倒置摆的稳定平衡条件。

本章小结

1. 质点在约束允许条件下可能实现的任意无限小位移称为虚位移，作用在质点系上的力在虚位移上做的功称为虚功。

2. 若在质点系的任何虚位移上，质点系所受约束的约束反力所做的虚功之和为零，则这种约束称为理想约束。理想约束满足

$$\sum \boldsymbol{N}_i\cdot\delta\boldsymbol{r}_i=0$$

3. 具有定常、理想约束的质点系，其平衡的必要与充分条件是：作用于质点系上的主动力在任何虚位移上所做的虚功之和为零，即

$$\sum \boldsymbol{F}_i \cdot \delta \boldsymbol{r}_i = 0$$

或

$$\sum (X_i \cdot \delta x_i + Y_i \cdot \delta y_i + Z \cdot \delta z_i) = 0$$

虚位移原理是解决静力学问题的普遍原理，上式也称为静力学普遍方程。

4. 应用虚位移原理求解问题的一般步骤如下：

(1) 确定系统的自由度。

(2) 适当选择广义坐标。

(3) 求出各主动力作用点处的虚位移。

(4) 列出虚功方程或求出广义力。

(5) 求解方程，求出未知数。

以上为应用虚位移原理的一般步骤。

另外虚位移原理还可做如下推广：

(1) 若系统中存在非理想约束，可将非理想约束的反力作为主动力处理，使系统约束条件满足虚位移原理所需条件后，再按上述步骤求解。

(2) 虚位移原理一般应用于机构系统，若系统为结构，则可适当解除结构的约束，代之以相应的约束反力，将此约束反力作为主动力处理，使系统由结构转化为机构，并可按上述步骤用虚位移原理求出该约束反力。

5. 对于受完整约束的质点系，系统具有 $k = 3n - S$ 个自由度，其中 n 为质点数，S 为约束数目。决定系统位置的独立变化参数称为广义坐标。在完整约束的条件下，系统广义坐标的个数与自由度相同。广义坐标的变分称为广义虚位移，在广义虚位移上做虚功的作用因子称为广义力。

6. 广义坐标下，虚位移原理为系统的所有广义力为零，即

$$Q_j = 0 \quad (j = 1, 2, \cdots, k)$$

上式也称为广义坐标下的平衡条件。

7. 达朗贝尔原理是应用静力学方法研究动力学问题，可以认为是以静观动；而虚位移原理则是应用动力学方法研究静力学问题，可以认为是由动入静。

思 考 题

16.1　什么是虚位移？它与实位移有何不同？

16.2　应用虚位移原理的条件是什么？用它解决平衡问题与用静力学平衡方程比较有什么优点？

16.3　什么是自由度？试分析图 16-25 中各系统的自由度数目。

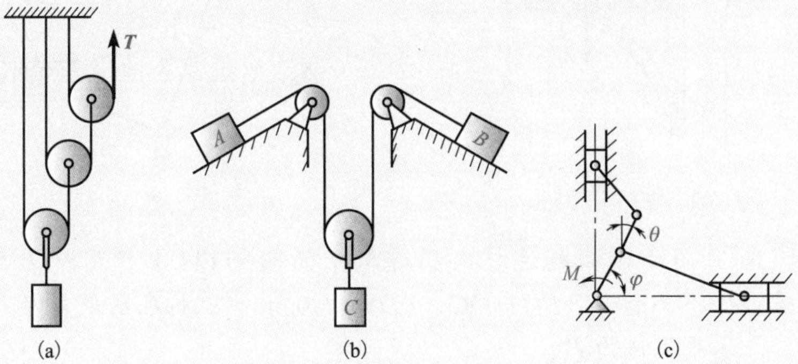

图 16-25

16.4　自由度等于零的结构能不能应用虚位移原理求约束反力？怎样求结构的约束反力？

习　题

16-1 在曲柄式压榨机的中间铰链 B 上作用水平力 $\boldsymbol{P}$，如 $AB=BC$，$\angle ABC=2\alpha$，求在题 16-1 图所示平衡位置时，压榨机对于物体的压力。

16-2 题 16-2 图所示连杆机构中，当曲柄 OC 绕 O 轴摆动时，滑块 A 沿曲柄自由滑动，从而带动 AB 杆在铅垂导槽 K 内移动。已知 $OC=a$，$OK=l$，在 C 点垂直于曲柄作用一力 $\boldsymbol{Q}$，而在 B 点沿 BA 方向作用一力 $\boldsymbol{P}$。求机构平衡时力 $\boldsymbol{P}$ 与 $\boldsymbol{Q}$ 的关系。

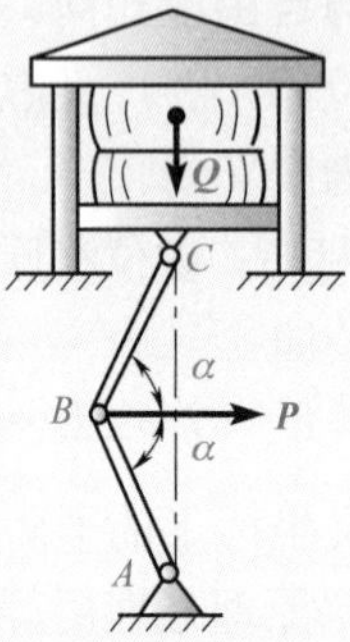

题 16-1 图

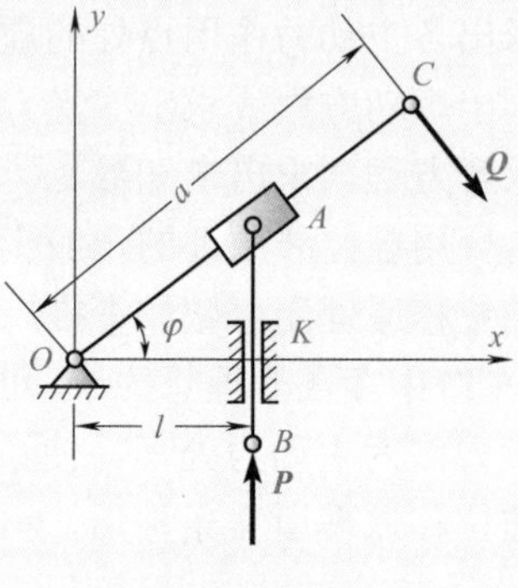

题 16-2 图

16-3 题 16-3 图为地秤简图，AB 为杠杆，可绕 O 轴转动，BCF 为台面。求平衡时，砝码质量 m 与被称物体质量 M 之间的关系。O、C、D 为铰链，各构件质量均忽略不计，$\boldsymbol{W}_1=m\boldsymbol{g}$，$\boldsymbol{W}_2=M\boldsymbol{g}$。

16-4 机构如题 16-4 图所示，曲柄 OA 上作用一矩为 M 的力偶，在滑块 D 上作用水平力 $\boldsymbol{P}$。求当机构平衡时，力 $\boldsymbol{P}$ 与力偶矩 M 的关系。

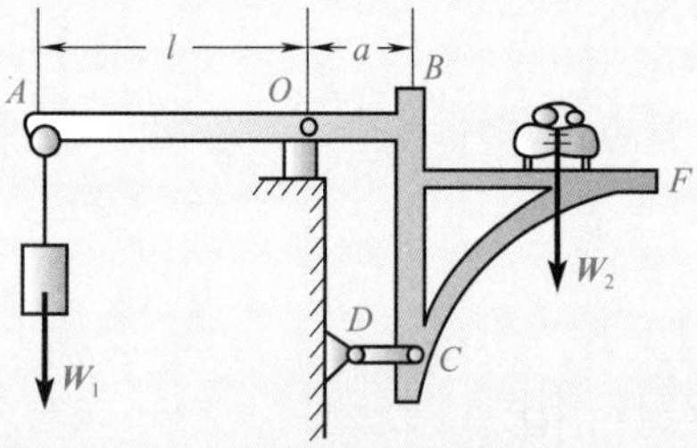

题 16-3 图

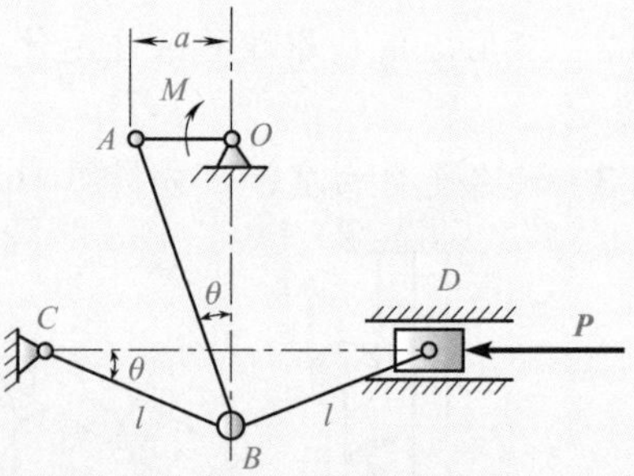

题 16-4 图

16-5 在题 16-5 图所示曲柄连杆式压榨机中的曲柄 OA 上作用一力偶，其力偶矩 $M=500\text{N}\cdot\text{m}$。若 $OA=r=0.1\text{m}$，$BD=DC=ED=l=0.3\text{m}$，机构在水平面内，$\angle OAB=90^\circ$，$\angle EDC=\alpha=15^\circ$，求水平压榨力 $\boldsymbol{P}$。

16-6 机构如题 16-6 图所示，$AB=BC=l$，$BD=BE=b$，弹簧的刚性系数为 C，当 $AC=a$ 时，弹簧内拉力为零。设在 C 处作用一水平力 $\boldsymbol{F}$，机构处于平衡，求 A、C 间的距离 x。

16-7 重物 A、B、C 通过绳索滑轮联结，如题 16-7 图所示，A 重 $2\boldsymbol{P}$，B 重 $\boldsymbol{P}$，求平衡时重物 C 的重量 Q 以及重物 A 与水平面间的滑动摩擦系数 f。

16-8 已知连续梁如题 16-8 图所示。试用虚位移原理求支座 B 的约束反力。

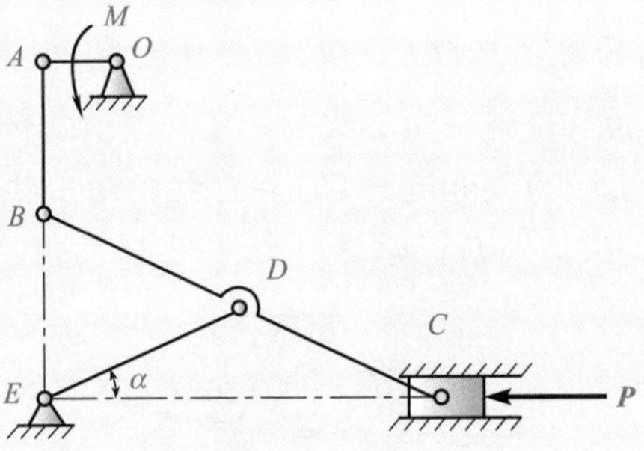

题 16-5 图

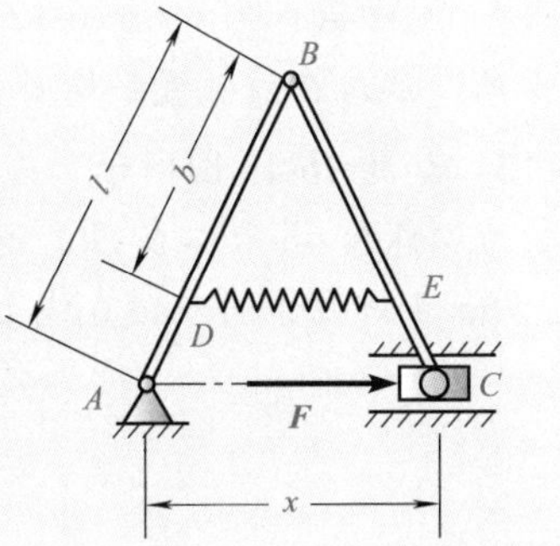

题 16-6 图

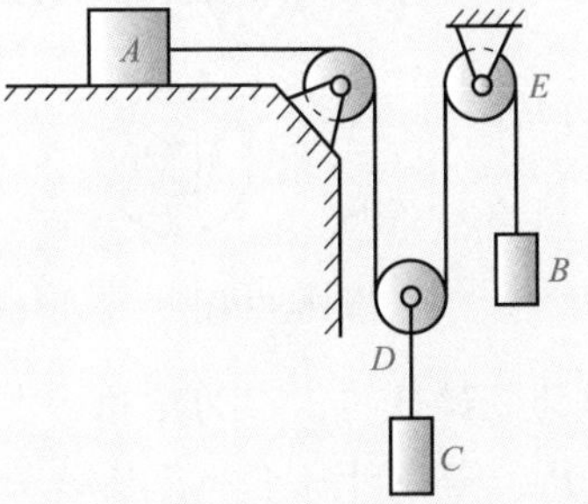

题 16-7 图

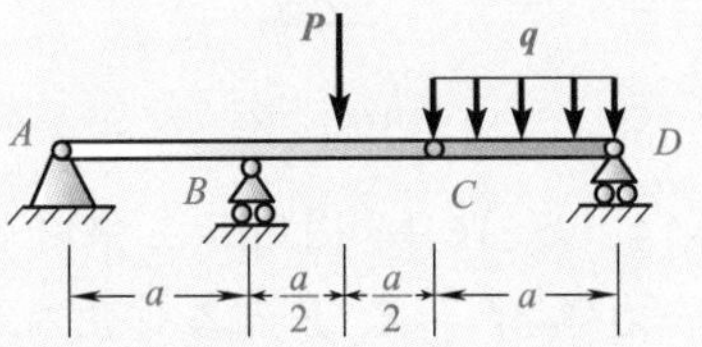

题 16-8 图

16-9　求题 16-9 图所示的三铰拱在水平力 $\boldsymbol{P}$ 的作用下支座 A 和 B 的约束力。拱的质量略去不计。

16-10　如题 16-10 图所示，已知 $P = 2\text{kN}$，$Q = 4\text{kN}$，A、B、C 均为铰链，不计 AC、BC 杆重，求 B 点的约束力。

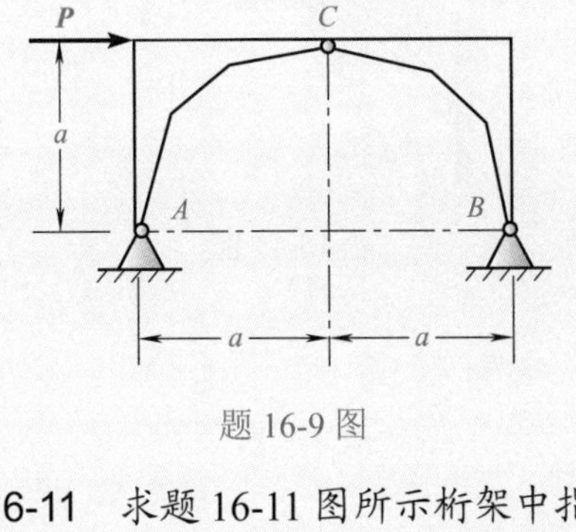

题 16-9 图

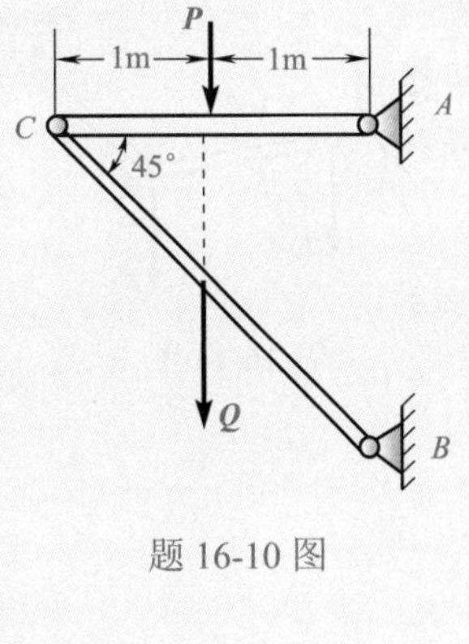

题 16-10 图

16-11　求题 16-11 图所示桁架中指定杆件的内力。

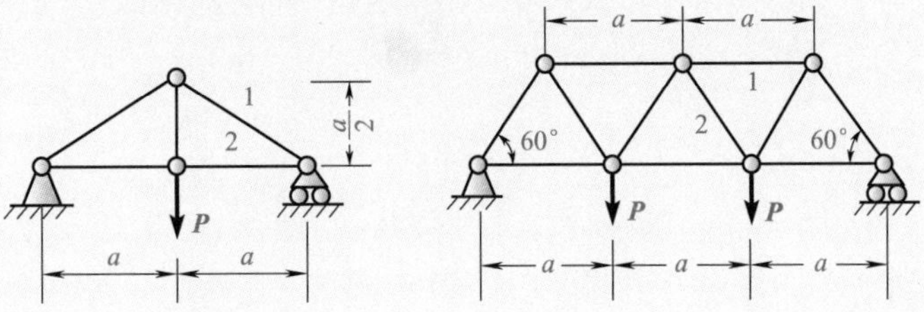

(a)　(b)

题 16-11 图

16-12 发动机机构如题 16-12 图所示。当连杆 AB 水平时，摇杆 O_2C 铅垂。曲柄 O_1A 与水平成 α 角。试求在该位置平衡时力 $\boldsymbol{Q}$ 与力矩 M 间的关系。$O_2B = BC$，曲柄长为 r。

16-13 如题 16-13 图所示，当飞机起飞后，它的前轮将会向上收起。已知臂 AO 和轮的共同质量为 45kg，其质心在 G。通过加在曲柄 BC 上的力偶和连杆 CD 即可把轮向上收起，当 B、D 两点正好位于同一铅直线上时，$\theta = 30^\circ$，且 $BC \,//\, AD$，求这时力偶矩 M 的值。

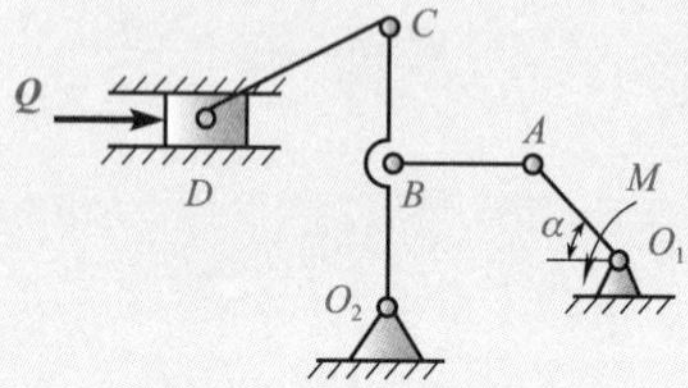

题 16-12 图

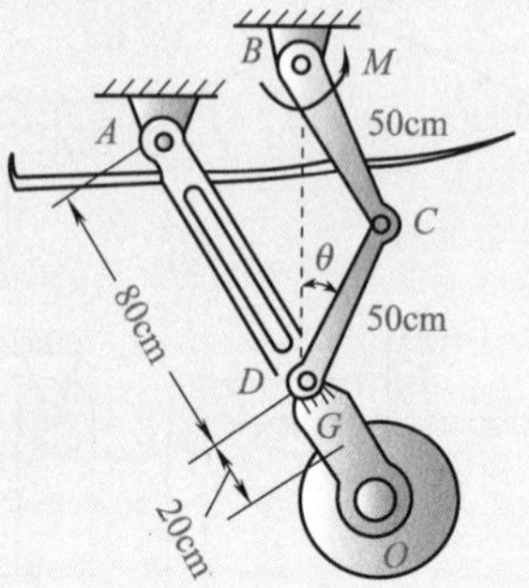

题 16-13 图

16-14 题 16-14 图所示三根杆长均为 l，O、A、B 为铰链连接，C 为滚轮，在杆 OA 上作用的一力偶 M，A、B 点各作用有铅直向下的力 $\boldsymbol{P}_1$、$\boldsymbol{P}_2$。若不计杆重和各接触点的摩擦，求对应于广义坐标 φ_1、φ_2 的广义力。

16-15 题 16-15 图所示均质杆 AB，长为 $2l$，其下端靠在光滑的铅直墙上，同时又被支承在光滑的钉 C 上。若钉到墙的垂直距离为 a，求平衡的角度 φ，并讨论平衡的稳定性。

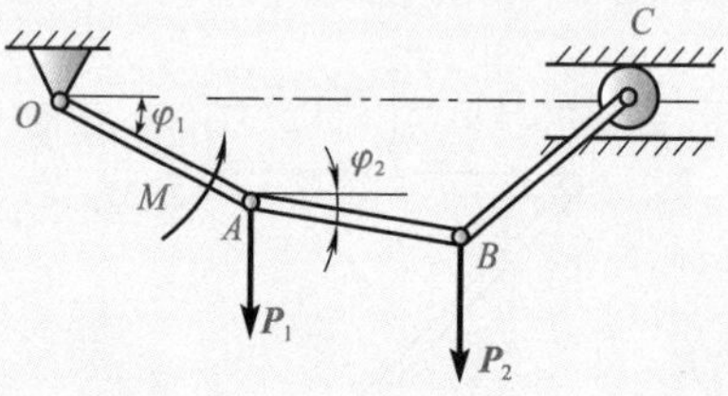

题 16-14 图

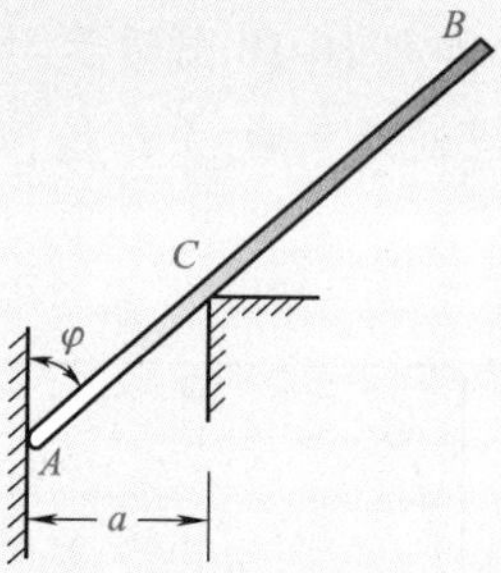

题 16-15 图

第 17 章 拉格朗日方程

在第 15 章中引入惯性力后，提出了以静力学方法解决动力学问题的达朗贝尔原理。在第 16 章中介绍了虚位移和虚功，导出了解决静力学问题的普遍方法——虚位移原理。本章将在以上两章的基础上进一步导出动力学普遍方程和拉格朗日第二类方程(简称拉格朗日方程)。动力学普遍方程和拉格朗日方程是研究动力学问题的有力手段，在解决非自由质点系的动力学问题时十分简捷、规范。

17.1 动力学普遍方程

设质点系中有 n 个质点，第 i 个质点 M_i 的质量为 m_i，M_i 在主动力 $\boldsymbol{F}_i$ 及约束反力 $\boldsymbol{N}_i$ 的作用下，其加速度为 $\boldsymbol{a}_i$。若在质点 M_i 上假想地加上惯性力 $\boldsymbol{Q}_i=-m_i\boldsymbol{a}_i$，根据达朗贝尔原理，$\boldsymbol{F}_i$、$\boldsymbol{N}_i$、$\boldsymbol{Q}_i$ 组成平衡力系，即 $\boldsymbol{F}_i+\boldsymbol{N}_i+\boldsymbol{Q}_i=0$。对质点系的每个质点都同样处理，则作用于质点系的所有主动力、约束反力和惯性力也应形成平衡力系。若质点系受到理想约束，将惯性力 $\boldsymbol{Q}_i$ 也作为主动力，则根据虚位移原理有

$$\sum_{i=1}^{n}(\boldsymbol{F}_i+\boldsymbol{Q}_i)\cdot\delta\boldsymbol{r}_i=0 \tag{17-1}$$

写成解析表达式为

$$\sum_{i=1}^{n}[(X_i-m_i\ddot{x}_i)\delta x_i+(Y_i-m_i\ddot{y}_i)\delta y_i+(Z_i-m_i\ddot{z}_i)\delta z_i]=0 \tag{17-2}$$

上述方程表明：**在理想约束的条件下，质点系的各质点在任一瞬时受到的主动力与惯性力在任意虚位移上所做的虚功之和为零**。式(17-1)及式(17-2)称为质点系的**动力学普遍方程**。

动力学普遍方程是综合应用达朗贝尔原理与虚位移原理得到的，它可以解决质点系的动力学问题，特别适合于求解非自由质点系的动力学问题。以下举例说明动力学普遍方程式(17-1)或式(17-2)的应用方法。

【例 17-1】 如图 17-1 所示滑轮系统中，动滑轮上悬挂重为 $\boldsymbol{P}$ 的重物 A，绳子绕过定滑轮后悬挂重为 $\boldsymbol{Q}$ 的重物 B。设 $2Q<P$，滑轮和绳子的重量以及摩擦都忽略不计，求重物 B 下降的加速度。

解 取系统整体为研究对象，系统受理想约束。系统受的主动力为 $\boldsymbol{P}$、$\boldsymbol{Q}$。若 A、B 分别以图示加速度 $\boldsymbol{a}_A$、$\boldsymbol{a}_B$ 运动，则 A、B 的惯性力分别为

$$Q_A=\frac{P}{g}a_A,\quad Q_B=\frac{Q}{g}a_B \tag{1}$$

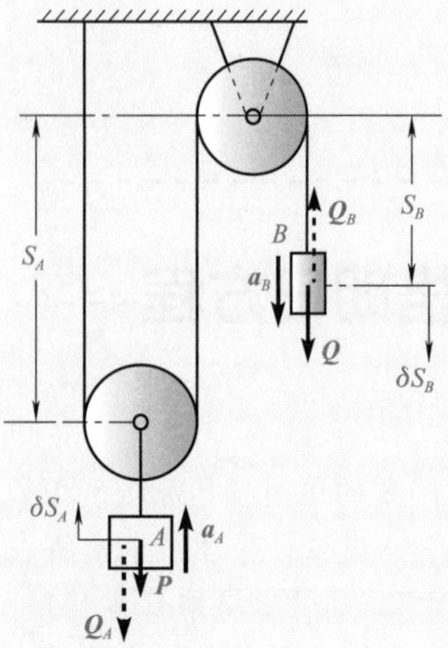

图 17-1

设 A、B 的虚位移为 δS_A、δS_B。根据动力学普遍方程，得

$$\left(Q-\frac{Q}{g}a_B\right)\delta S_B-\left(P+\frac{P}{g}a_A\right)\delta S_A=0 \tag{2}$$

17-1

该系统只有一个自由度，所以 δS_A 与 δS_B 只有一个是独立的，由于绳子长度保持不变，故约束方程为

$$2S_A+S_B=C\,(\text{常数}),\quad 2\delta S_A+\delta S_B=0 \tag{3}$$

即

$$\delta S_A=-\frac{1}{2}\delta S_B \tag{4}$$

将式(3)对时间 t 求二阶导数，得

$$2a_A+a_B=0$$

即

$$a_A=-\frac{1}{2}a_B \tag{5}$$

式(4)、式(5)中的负号说明 A、B 两重物的位移、加速度的方向均相反，在式(2)中，这一点已经考虑，故可将式(4)、式(5)中的虚位移、加速度以绝对值代入式(2)，得

$$\left[\left(Q-\frac{1}{2}P\right)-\left(\frac{Q}{g}+\frac{P}{4g}\right)a_B\right]\delta S_B=0 \tag{6}$$

由于 δS_B 独立且任意，故由式(6)有

$$a_B=\frac{2(2Q-P)}{4Q+P}g \tag{7}$$

在应用动力学普遍方程时，需要指出，在列方程式(2)时，式中各项的负号不是投影符号，各项的正负号标志着该力在所对应的虚位移上所做虚功的正负，这一点与虚位移原理是一致的。

17-2

【例 17-2】 三棱柱 B 沿三棱柱 A 的光滑斜面滑动，三棱柱 A 置于光滑水平面上，如图 17-2 所示。A、B 的质量分别为 M 和 m，斜面倾角为 α。试求三棱柱 A 的加速度。

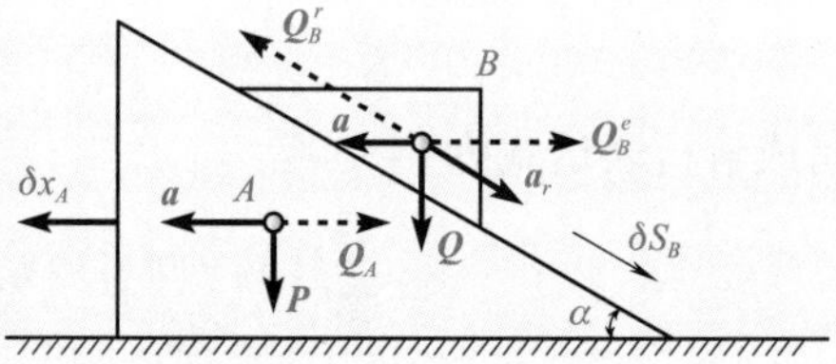

图 17-2

解 研究两三棱柱组成的系统。该系统受理想约束，具有两个自由度。系统所受主动力 $\boldsymbol{P}$、$\boldsymbol{Q}$ 皆为重力。当 A 以加速度 $\boldsymbol{a}$ 运动时，B 的加速度应由随 A 平动的加速度 $\boldsymbol{a}$ 和相对 A 运动的加速度 $\boldsymbol{a}_r$ 合成，即 B 的加速度 $\boldsymbol{a}_B=\boldsymbol{a}+\boldsymbol{a}_r$。因此，三棱柱 A 的惯性力

$$Q_A=Ma \tag{1}$$

三棱柱 B 的惯性力

$$\boldsymbol{Q}_B=-m(\boldsymbol{a}+\boldsymbol{a}_r)=-m\boldsymbol{a}-m\boldsymbol{a}_r=\boldsymbol{Q}_B^e+\boldsymbol{Q}_B^r$$

且

$$Q_B^e=ma,\quad Q_B^r=ma_r \tag{2}$$

当 A 发生如图 17-2 所示虚位移 δx_A，B 发生相对于 A 的虚位移 δS_B 时，由动力学普遍方程有

$$(-Q_A-Q_B^e+Q_B^r\cos\alpha)\delta x_A+(Q_B^e\cos\alpha+Q\sin\alpha-Q_B^r)\delta S_B=0 \tag{3}$$

系统为二自由度，故可取互不相关的 δx_A、δx_B 为独立虚位移。将式(1)、式(2)代入式(3)，

并注意 $Q = mg$，由式(3)可得

$$\left.\begin{aligned} Ma + ma - ma_r \cos\alpha = 0 \\ ma\cos\alpha - ma_r + mg\sin\alpha = 0 \end{aligned}\right\} \tag{4}$$

由式(4)得

$$a = \frac{m\sin 2\alpha}{2(M + m\sin^2\alpha)} g \tag{5}$$

由例 17-2 可见，与虚位移原理一样，动力学普遍方程式(17-1)或式(17-2)实际上是一个方程组，其方程的个数取决于质点系的独立虚位移个数。

17.2　拉格朗日第二类方程

动力学普遍方程一般采用直角坐标表达，当系统中存在约束时，各坐标的变分即各质点的虚位移可能不全是相互独立的，它们之间通过约束存在相互联系。因此，应用动力学普遍方程时，一般需与约束方程联立求解，在有些情况下显得很不方便。

在虚位移原理一章中，采用广义坐标表示虚位移原理时，可得到一组广义虚位移表示的形式统一的独立方程。那么，用广义坐标表示动力学普遍方程，是否也可得类似的结论？回答是肯定的，下面的推导将给出以广义坐标表示的动力学普遍方程的形式。

设质点系由 n 个质点组成，若系统受到 s 个完整约束，且设系统所受的约束是理想约束，则质点系为具有 $k = 3n - s$ 个自由度的系统。设质点 M_i 的质量为 m_i，其矢径为 $\boldsymbol{r}_i$。取 $q_1, q_2, \cdots, q_k$ 为系统的广义坐标，则矢径 $\boldsymbol{r}_i$ 可表示为广义坐标和时间的函数，即

$$\boldsymbol{r}_i = \boldsymbol{r}_i(q_1, q_2, \cdots, q_k, t) \quad (i = 1, 2, \cdots, n) \tag{17-3}$$

因此质点 M_i 的速度为

$$\boldsymbol{v}_i = \frac{\mathrm{d}\boldsymbol{r}_i}{\mathrm{d}t} = \sum_{j=1}^{k} \frac{\partial \boldsymbol{r}_i}{\partial q_j}\dot{q}_j + \frac{\partial \boldsymbol{r}_i}{\partial t} \quad (i = 1, 2, \cdots, n) \tag{17-4}$$

式中，$\dot{q}_j = \dfrac{\mathrm{d}q_j}{\mathrm{d}t}$ 为广义坐标对时间的导数，称为广义速度。式(17-4)表明，系统内任意一点 M_i 的速度 $\boldsymbol{v}_i$ 可表示为广义速度 $\dot{q}_j$ 的线性函数。由式(17-3)可见，$\dfrac{\partial \boldsymbol{r}_i}{\partial t}$ 和 $\dfrac{\partial \boldsymbol{r}_i}{\partial q_j}$ 仍是广义坐标 q_j 及时间 t 的函数，而与广义速度 $\dot{q}_j$ 无关。将式(17-3)两端变分，得质点 M_i 的虚位移为

$$\partial \boldsymbol{r}_i = \sum_{j=1}^{k} \frac{\partial \boldsymbol{r}_i}{\partial q_j}\delta q_j \quad (i = 1, 2, \cdots, n) \tag{17-5}$$

式(17-5)即式(16-5)。式(17-5)为矢量形式，而式(16-5)则是虚位移 $\delta \boldsymbol{r}_i$ 在直角坐标中的投影形式。

质点系的动力学普遍方程为

$$\sum_{i=1}^{n} (\boldsymbol{F}_i - m_i\boldsymbol{a}_i)\cdot\delta\boldsymbol{r}_i = \sum_{i=1}^{n} \boldsymbol{F}_i\cdot\delta\boldsymbol{r}_i - \sum_{i=1}^{n} m_i\boldsymbol{a}_i\cdot\delta\boldsymbol{r}_i \tag{17-6}$$

注意到式(17-5)、式(17-6)中的主动力 $\boldsymbol{F}_i$ 的虚功之和为

$$\sum_{i=1}^{n}\boldsymbol{F}_i\cdot\delta\boldsymbol{r}_i = \sum_{i=1}^{n}\boldsymbol{F}_i\cdot\left(\sum_{j=1}^{k}\frac{\partial \boldsymbol{r}_i}{\partial q_j}\cdot\delta q_j\right) = \sum_{j=1}^{k}\left(\sum_{i=1}^{n}\boldsymbol{F}_i\cdot\frac{\partial \boldsymbol{r}_i}{\partial q_j}\right)\delta q_j = \sum_{j=1}^{k}\left[\sum_{i=1}^{n}\left(X_i\frac{\partial x_i}{\partial q_j} + Y_i\frac{\partial y_i}{\partial q_j} + Z_i\frac{\partial z_i}{\partial q_j}\right)\right]\delta q_j$$

由式(16-10)可见，上式中括号中的表达式即广义力Q_j，因此

$$\sum_{i=1}^{n}\boldsymbol{F}_i\cdot\delta\boldsymbol{r}_i=\sum_{j=1}^{k}Q_j\cdot\delta q_j \tag{17-7}$$

由于作用于质点系的主动力系不一定是平衡力系，因此式(17-7)中的广义力Q_j一般不全为零。将式(17-7)及式(17-5)代入质点系动力学普遍方程式(17-6)中，可得

$$\begin{aligned}\sum_{i=1}^{n}(\boldsymbol{F}_i-m_i\boldsymbol{a}_i)\delta\boldsymbol{r}_i&=\sum_{j=1}^{k}Q_j\delta q_j-\sum_{i=1}^{n}m_i\boldsymbol{a}_i\cdot\left(\sum_{j=1}^{k}\frac{\partial\boldsymbol{r}_i}{\partial q_j}\delta q_j\right)\\&=\sum_{j=1}^{k}\left(Q_j-\sum_{i=1}^{n}m_i\frac{\mathrm{d}\boldsymbol{v}_i}{\mathrm{d}t}\cdot\frac{\partial\boldsymbol{r}_i}{\partial q_j}\right)\delta q_j\end{aligned} \tag{17-8}$$

由于广义坐标是独立的，要使式(17-8)成立，必有

$$Q_j-\sum_{i=1}^{n}m_i\frac{\mathrm{d}\boldsymbol{v}_i}{\mathrm{d}t}\cdot\frac{\partial\boldsymbol{r}_i}{\partial q_j}=0\quad(j=1,2,\cdots,k) \tag{17-9}$$

式(17-9)为有k个方程的方程组，式中第二项与加速度及质量有关，且与广义力Q_j对应，因此可将其称为**广义惯性力**。式(17-8)与式(17-6)为质点系的动力学普遍方程的两种不同的表达形式，它们的最大差异在于式(17-6)中的n个虚位移$\delta\boldsymbol{r}_i$不是完全相互独立的，而式(17-8)中的k个广义虚位移δq_j，则是完全互相独立的。因此，式(17-8)可利用广义虚位移δq_j的任意性，等价地得到式(17-9)，但式(17-6)不能这样处理。

由于式(17-9)中广义惯性力的计算相当烦琐，因此需将广义惯性力进行如下变换：

$$\sum_{i=1}^{n}m_i\frac{\mathrm{d}\boldsymbol{v}_i}{\mathrm{d}t}\cdot\frac{\partial\boldsymbol{r}_i}{\partial q_j}=\sum_{i=1}^{n}m_i\frac{\mathrm{d}}{\mathrm{d}t}\left(\boldsymbol{v}_i\cdot\frac{\partial\boldsymbol{r}_i}{\partial q_j}\right)-\sum_{i=1}^{n}m_i\boldsymbol{v}_i\cdot\frac{\mathrm{d}}{\mathrm{d}t}\left(\frac{\partial\boldsymbol{r}_i}{\partial q_j}\right) \tag{17-10}$$

为简化式(17-10)，必须将$\dfrac{\partial\boldsymbol{r}_i}{\partial q_j}$及$\dfrac{\mathrm{d}}{\mathrm{d}t}\left(\dfrac{\partial\boldsymbol{r}_i}{\partial q_j}\right)$用质点的速度$\boldsymbol{v}_i$表达。为此，将式(17-4)两端对广义速度$\dot{q}_j$求偏导数，注意到$\dfrac{\partial\boldsymbol{r}_i}{\partial q_j}$和$\dfrac{\partial\boldsymbol{r}_i}{\partial t}$与$\dot{q}_j$无关，故

$$\frac{\partial\boldsymbol{r}_i}{\partial\dot{q}_j}=\frac{\partial\boldsymbol{r}_i}{\partial q_j} \tag{17-11}$$

将式(17-4)两端对某一广义坐标q_l求偏导数，有

$$\frac{\partial\boldsymbol{v}_i}{\partial q_l}=\sum_{j=1}^{k}\frac{\partial}{\partial q_l}\left[\left(\frac{\partial\boldsymbol{r}_i}{\partial q_j}\right)\dot{q}_j+\frac{\partial\boldsymbol{r}_i}{\partial t}\right]=\sum_{j=1}^{k}\frac{\partial^2\boldsymbol{r}_i}{\partial q_l\partial q_j}\dot{q}_j+\frac{\partial^2\boldsymbol{r}_i}{\partial q_l\partial t}$$

由于广义坐标也是时间t的函数，故$\dfrac{\partial\boldsymbol{r}_i}{\partial q_l}$对时间$t$求全导为

$$\frac{\mathrm{d}}{\mathrm{d}t}\frac{\partial\boldsymbol{r}_i}{\partial q_l}=\sum_{j=1}^{k}\frac{\partial}{\partial q_j}\left(\frac{\partial\boldsymbol{r}_i}{\partial q_l}\right)\dot{q}_j+\frac{\partial}{\partial q_l}\left(\frac{\partial\boldsymbol{r}_i}{\partial t}\right)=\sum_{j=1}^{k}\frac{\partial^2\boldsymbol{r}_i}{\partial q_l\partial q_j}\dot{q}_j+\frac{\partial^2\boldsymbol{r}_i}{\partial q_l\partial t}$$

比较以上两式，得

$$\frac{\mathrm{d}}{\mathrm{d}t}\frac{\partial\boldsymbol{r}_i}{\partial q_j}=\frac{\partial\boldsymbol{v}_i}{\partial q_j} \tag{17-12}$$

将式(17-11)及式(17-12)代入式(17-10)，得广义惯性力为

$$\sum_{i=1}^{n} m_i \frac{\mathrm{d}\boldsymbol{v}_i}{\mathrm{d}t} \cdot \frac{\partial \boldsymbol{r}_i}{\partial q_j} = \sum_{i=1}^{n} m_i \frac{\mathrm{d}}{\mathrm{d}t}\left(\boldsymbol{v}_i \cdot \frac{\partial v_i}{\partial \dot{q}_j}\right) - \sum_{i=1}^{n} m_i \boldsymbol{v}_i \cdot \frac{\partial v_i}{\partial q_j}$$

$$= \frac{\mathrm{d}}{\mathrm{d}t}\left[\frac{\partial}{\partial \dot{q}_j}\left(\sum_{i=1}^{n} \frac{1}{2} m_i \boldsymbol{v}_i \cdot \boldsymbol{v}_i\right)\right] - \frac{\partial}{\partial q_j}\left(\sum_{i=1}^{n} \frac{1}{2} m_i \boldsymbol{v}_i \cdot \boldsymbol{v}_i\right)$$

$$= \frac{\mathrm{d}}{\mathrm{d}t}\left[\frac{\partial}{\partial \dot{q}_j}\left(\sum_{i=1}^{n} \frac{1}{2} m_i v_i^2\right)\right] - \frac{\partial}{\partial q_j}\left(\sum_{i=1}^{n} \frac{1}{2} m_i v_i^2\right)$$

质点系的动能 $T = \sum_{i=1}^{n} \frac{1}{2} m_i v_i^2$，因此广义惯性力可用质点系动能表示为

$$\sum_{i=1}^{n} m_i \frac{\mathrm{d}r_i}{\mathrm{d}t} \cdot \frac{\partial \boldsymbol{r}_i}{\partial q_j} = \frac{\mathrm{d}}{\mathrm{d}t}\left(\frac{\partial T}{\partial \dot{q}_j}\right) - \frac{\partial T}{\partial q_j} \quad (j = 1, 2, \cdots, k) \tag{17-13}$$

将式(17-13)代入式(17-9)，得

$$\frac{\mathrm{d}}{\mathrm{d}t}\left(\frac{\partial T}{\partial \dot{q}_j}\right) - \frac{\partial T}{\partial q_j} = Q_j \quad (j = 1, 2, \cdots, k) \tag{17-14}$$

式(17-14)称为质点系的**拉格朗日第二类动力学方程，简称拉格朗日方程**。方程组(17-14)的方程个数与质点系的自由度数相同，并且每个方程都是广义坐标的二阶常微分方程。应用拉格朗日方程(17-14)求解系统的运动时，需要 $2k$ 个运动初始条件：$t = 0$ 时，$q_j = q_j(0)$，$\dot{q}_j = \dot{q}_j(0) (j = 1, 2, \cdots, k)$，才能决定由 k 个广义坐标表示的系统运动方程 $q_j = q_j(t)$ $(j = 1, 2, \cdots, k)$。

若作用于质点系的主动力都是有势力(保守力)时，由式(16-16)知，广义力 Q_j 可用质点系的势能表达为

$$Q_j = -\frac{\partial U}{\partial q_j} \quad (j = 1, 2, \cdots, k)$$

此时，质点系的拉格朗日方程(17-14)可表达为

$$\frac{\mathrm{d}}{\mathrm{d}t}\left(\frac{\partial T}{\partial \dot{q}_j}\right) - \frac{\partial T}{\partial q_j} = -\frac{\partial U}{\partial q_j} \quad (j = 1, 2, \cdots, k) \tag{17-15}$$

注意到势能只是广义坐标 q_j 的函数，即与广义速度 $\dot{q}_j$ 无关，式(17-15)可化为

$$\frac{\mathrm{d}}{\mathrm{d}t}\left(\frac{\partial}{\partial \dot{q}_j}(T - U)\right) - \frac{\partial}{\partial q_j}(T - U) = 0 \quad (j = 1, 2, \cdots, k)$$

令 $L = T - U$，则上式可表示为

$$\frac{\mathrm{d}}{\mathrm{d}t}\left(\frac{\partial L}{\partial \dot{q}_j}\right) - \frac{\partial L}{\partial q_j} = 0 \quad (j = 1, 2, \cdots, k) \tag{17-16}$$

式(17-16)是质点系主动力皆为有势力时的**保守系统的拉格朗日方程**。式中 L 称为质点系的**拉格朗日函数**，或**动势**，它是广义坐标、广义速度及时间的函数，即

$$L = L(q_1, q_2, \cdots, q_k; \dot{q}_1, \dot{q}_2, \cdots, \dot{q}_k; t) \tag{17-17}$$

拉格朗日方程是解决具有完整、理想约束质点系的动力学问题的普遍方程，它给出了这类系统在广义坐标下动力学方程的统一形式。由于拉格朗日方程数学形式上的统一性，在处理非自由质点系动力学问题时的步骤相当规范，因此，给求解复杂系统动力学问题带来了极大方便。

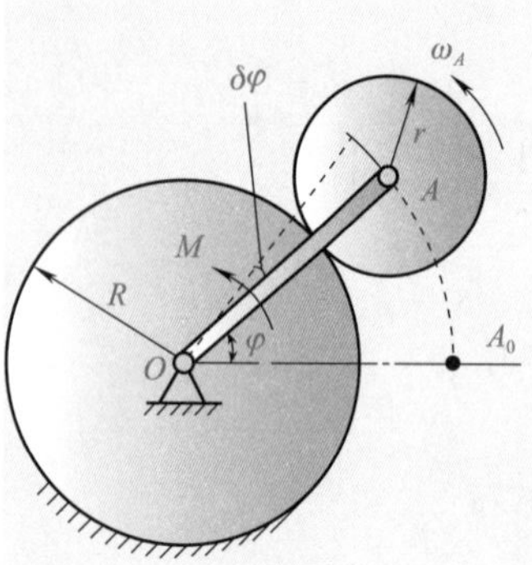

图 17-3

17-3

【例 17-3】 在水平面内运动的行星齿轮机构如图17-3所示。均质杆 OA 的重量为 P，可绕端点 O 转动，另一端装有重量为 Q、半径为 r 的均质小齿轮。小齿轮沿半径为 R 的固定大齿轮滚动。设系统初始静止，系杆 OA 位于图示 OA_0 位置。当系杆 OA 受大小不变的力偶 M 作用后，求系杆 OA 的运动方程。

解 图示机构只有一个自由度，所受约束皆为完整、理想、定常的，可取系杆 OA 的转角 φ 为广义坐标。当系统运动时，小齿轮中心 A 的绝对速度大小为

$$v_A=(R+r)\dot{\varphi} \tag{1}$$

若小齿轮绝对角速度为 ω_A，则

$$\omega_A=\frac{v_A}{r}=\frac{R+r}{r}\dot{\varphi} \tag{2}$$

系统运动时的动能为系杆 OA 的动能与小齿轮动能之和，有

$$\begin{aligned}T&=\frac{1}{2}I_O\dot{\varphi}^2+\frac{1}{2}\frac{Q}{g}v_A^2+\frac{1}{2}I_A\omega_A^2=\frac{1}{2}\times\frac{1}{3}\frac{P}{g}(R+r)^2\dot{\varphi}^2+\frac{1}{2}\frac{Q}{g}v_A^2+\frac{1}{2}\times\frac{1}{2}\frac{Q}{g}r^2\frac{v_A^2}{r^2}\\&=\frac{1}{6}\frac{P}{g}(R+r)^2\dot{\varphi}^2+\frac{3}{4}\frac{Q}{g}(R+r)^2\dot{\varphi}^2=\frac{1}{12}\frac{2P+9Q}{g}(R+r)^2\dot{\varphi}^2\end{aligned} \tag{3}$$

给系统以虚位移 $\delta\varphi$，在 $\delta\varphi$ 上主动力偶 M 的虚功为

$$\delta W^{(\varphi)}=M\cdot\delta\varphi$$

故广义力为

$$Q_\varphi=\frac{\delta W^{(\varphi)}}{\delta\varphi}=M \tag{4}$$

由式(3)得

$$\frac{\partial T}{\partial\dot{\varphi}}=\frac{1}{6}\frac{2P+9Q}{g}(R+r)^2\dot{\varphi},\quad \frac{\mathrm{d}}{\mathrm{d}t}\left(\frac{\partial T}{\partial\dot{\varphi}}\right)=\frac{1}{6}\frac{2P+9Q}{g}(R+r)^2\ddot{\varphi},\quad \frac{\partial T}{\partial\varphi}=0 \tag{5}$$

将式(4)、式(5)代入拉格朗日方程(17-14)有

$$\frac{1}{6}\frac{2P+9Q}{g}(R+r)^2\ddot{\varphi}=M,\quad \ddot{\varphi}=\frac{6M}{(2P+9Q)(R+r)^2}g \tag{6}$$

积分式(6)得

$$\varphi=\frac{3M}{(2P+9Q)(k+r)^2}gt^2+c_1t+c_2 \tag{7}$$

图示机构由静止开始运动，故其运动初始条件为

$$\varphi=\varphi_0=0,\quad \dot{\varphi}=\dot{\varphi}_0=0\quad（当 t=0 时） \tag{8}$$

由式(8)得 $c_1=c_2=0$，故

$$\varphi=\frac{3M}{(2P+9Q)(R+r)^2}gt^2 \tag{9}$$

式(9)即系杆 OA 的运动方程。

17-4

【例 17-4】 与刚度为 k 的弹簧相连的滑块 A，质量为 m_1，可在光滑的水平面上滑动。在滑块 A 上又连一单摆，如图 17-4 所示。设摆长为 l，摆锤 B 的质量为 m_2。试列出该系统的运动微分方程。

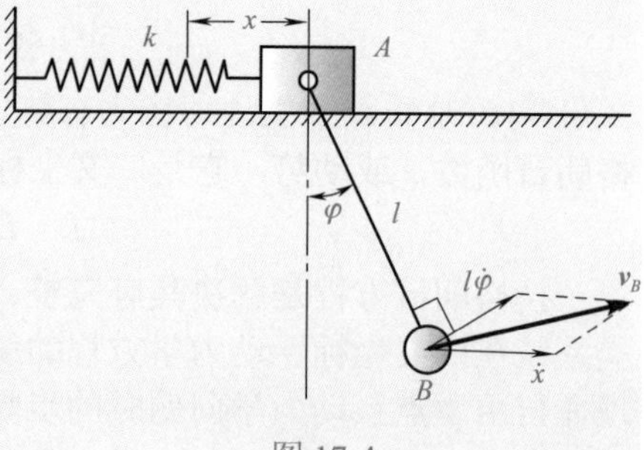

图 17-4

解　将弹簧对滑块 A 的作用力作为主动力，则系统成为具有理想完整约束的二自由度系统。取图 17-4 所示 x、φ 为广义坐标，x 的原点位于弹簧的自然长度位置，φ 为逆时针转向，当摆杆与铅垂线重合时，$\varphi=0$。系统的动能为

$$T=T_A+T_B=\frac{1}{2}m_1\dot{x}^2+\frac{1}{2}m_2v_B^2 \tag{1}$$

如图 17-4 所示，有

$$v_B^2=(\dot{x}+l\dot{\varphi}\cos\varphi)^2+(l\dot{\varphi}\sin\varphi)^2=\dot{x}^2+l^2\dot{\varphi}^2+2\dot{x}l\dot{\varphi}\cos\varphi \tag{2}$$

$$T=\frac{1}{2}(m_1+m_2)\dot{x}^2+\frac{1}{2}m_2l^2\dot{\varphi}^2+m_2\dot{x}l\dot{\varphi}\cos\varphi \tag{3}$$

系统受到的主动力有：弹簧的弹性力，滑块 A 及摆锤 B 的重力，皆为有势力。可见系统为保守系统，以弹簧原长为弹性零势点，以滑块 A 所在平面为重力零势点，得系统势能为

$$U=\frac{1}{2}kx^2-m_2gl\cos\varphi \tag{4}$$

由式(3)、式(4)可得系统的拉格朗日函数为

$$L=T-U=\frac{1}{2}(m_1+m_2)\dot{x}^2+\frac{1}{2}m_2l^2\dot{\varphi}^2+m_2\dot{x}l\dot{\varphi}\cos\varphi-\frac{1}{2}kx^2+m_2gl\cos\varphi \tag{5}$$

$$\left.\begin{aligned}&\frac{\partial L}{\partial\dot{x}}=(m_1+m_2)\dot{x}+m_2l\dot{\varphi}\cos\varphi\\&\frac{\mathrm{d}}{\mathrm{d}t}\left(\frac{\partial L}{\partial\dot{x}}\right)=(m_1+m_2)\ddot{x}+m_2l\ddot{\varphi}\cos\varphi-m_2l\dot{\varphi}^2\sin\varphi\\&\frac{\partial L}{\partial x}=-kx,\quad\frac{\partial L}{\partial\dot{\varphi}}=m_2l^2\dot{\varphi}+m_2\dot{x}l\cos\varphi\\&\frac{\mathrm{d}}{\mathrm{d}t}\left(\frac{\partial L}{\partial\dot{\varphi}}\right)=m_2l^2\ddot{\varphi}+m_2\ddot{x}l\cos\varphi-m_2\dot{x}l\dot{\varphi}\sin\varphi\\&\frac{\partial L}{\partial\varphi}=-m_2\dot{x}l\dot{\varphi}\sin\varphi-m_2gl\sin\varphi\end{aligned}\right\} \tag{6}$$

将式(6)代入保守系统拉格朗日方程(17-16)，并适当化简，有

$$\left.\begin{aligned}&(m_1+m_2)\ddot{x}+m_2l\ddot{\varphi}\cos\varphi-m_2l\dot{\varphi}^2\sin\varphi+kx=0\\&\ddot{x}\cos\varphi+l\ddot{\varphi}+g\sin\varphi=0\end{aligned}\right\} \tag{7}$$

式(7)即图 17-4 所示系统的运动微分方程。若系统在平衡位置附近做微幅运动，此时 $x\ll1$，$\varphi\ll1^\circ$，则有 $\cos\varphi\approx1$，$\sin\varphi\approx\varphi$，略去二阶以上无穷小量，则式(7)化为

$$(m_1+m_2)\ddot{x}+m_2l\ddot{\varphi}+kx=0,\quad\ddot{x}+l\ddot{\varphi}+g\varphi=0 \tag{8}$$

式(8)为系统在平衡位置（$x=0,\varphi=0$）附近做微幅运动的微分方程。比较式(7)与式(8)可见，当系统微幅运动时，系统微分方程为线性方程组(8)。

【例 17-5】　如图 17-5 所示，绕在圆柱 A 上的绳子，跨过质量为 M 的均质轮 O，与一质量为 m_2 的重物 B 相连。圆柱体质量为 m_1，半径为 r，对于轴心 C 的回转半径为 ρ。若绳与滑轮之间无滑动，问回转半径 ρ 满足什么条件时，物体 A 向上运

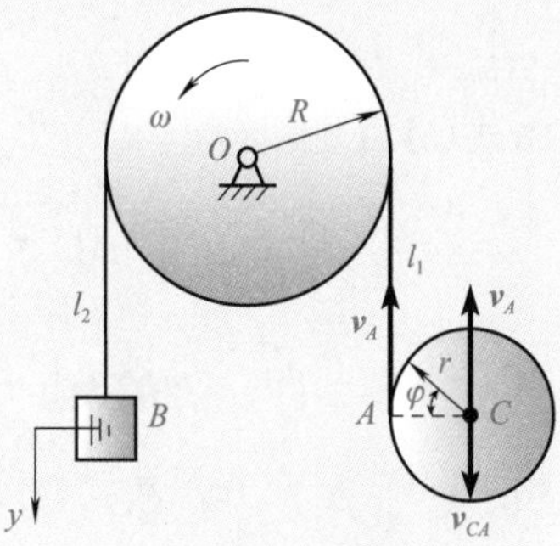

图 17-5

17-5

动？设系统初始时静止。

解 系统受理想、完整约束，有两个自由度，取重物 B 向下的位移 y，圆柱体 A 的转角 φ 为广义坐标，y 的原点在运动起始位置，φ 如图所示，系统的动能

$$\begin{aligned}T&=T_A+T_B+T_0\\&=\frac{1}{2}m_1v_C^2+\frac{1}{2}m_1\rho^2\dot{\varphi}^2+\frac{1}{2}m_2\dot{y}^2+\frac{1}{2}\times\frac{1}{2}MR^2\omega^2\end{aligned}$$

而
$$\omega=\frac{\dot{y}}{R},\quad v_C{}^2=(v_{CA}-v_A)^2=(r\dot{\varphi}-\dot{y})^2$$

$$\begin{aligned}T&=\frac{1}{2}m_1(r\dot{\varphi}-\dot{y})^2+\frac{1}{2}m_1\rho^2\dot{\varphi}^2+\frac{1}{2}m_2\dot{y}^2+\frac{1}{4}M\dot{y}^2\\&=\frac{1}{2}m_1(r^2+\rho^2)\dot{\varphi}^2+\frac{1}{2}\left(m_1+m_2+\frac{1}{2}M\right)\dot{y}^2-m_1r\dot{\varphi}\dot{y}\end{aligned}\tag{1}$$

系统中的主动力为轮 O、圆柱 A、重物 B 的重力，皆为有势力，故系统为保守系统。以 O 为零势点，系统的势能

$$U=-m_1g(l_1+r\varphi-y)-m_2g(l_2+y)\tag{2}$$

式中，l_1、l_2 为定滑轮 O 两侧绳子的初始长度。由式(1)、式(2)得系统的拉格朗日函数

$$\begin{aligned}L&=T-U\\&=\frac{1}{2}m_1(r^2+\rho^2)\dot{\varphi}^2+\frac{1}{2}\left(m_1+m_2+\frac{1}{2}M\right)\dot{y}^2-m_1r\dot{\varphi}\dot{y}+m_1g(l_1+r\varphi-y)+m_2g(l_2+y)\end{aligned}\tag{3}$$

将式(3)代入式(17-16)，得系统运动的微分方程为

$$\left(m_1+m_2+\frac{1}{2}M\right)\ddot{y}-m_1r\ddot{\varphi}=(m_2+m_1)g,\quad (r^2+\rho^2)\ddot{\varphi}-r\ddot{y}=rg\tag{4}$$

由式(4)得
$$\ddot{y}=\frac{m_2(r^2+\rho^2)-m_1\rho^2}{m_1\rho^2+\left(m_2+\frac{1}{2}M\right)(r^2+\rho^2)}g,\quad r\ddot{\varphi}=\frac{r^2}{r^2+\rho^2}(\ddot{y}+g)\tag{5}$$

在系统初始静止的条件下，使 A 向上运动，即使 A 的中心 C 向上运动，必须有

$$\ddot{y}-r\ddot{\varphi}>0,\quad \ddot{y}-r\ddot{\varphi}=\ddot{y}-\frac{r^2}{r^2+\rho^2}(\ddot{y}+g)=\frac{\rho^2\ddot{y}-r^2g}{r^2+\rho^2}$$

可见，$\ddot{y}-r\ddot{\varphi}>0$，即 $\rho^2\ddot{y}-r^2g>0$，由式(5)知

$$\rho^2\ddot{y}-r^2g=\frac{\rho^2[m_2(r^2+\rho^2)-m_1\rho^2]-r^2\left[m_1\rho^2+\left(m_2+\frac{1}{2}M\right)(r^2+\rho^2)\right]}{m_1\rho^2+\left(m_1+\frac{1}{2}M\right)(r^2+\rho^2)}g\tag{6}$$

由式(6)可见，有

$$\rho^2[m_2(r^2+\rho^2)-m_1\rho^2]-r^2\left[m_1\rho^2+\left(m_2+\frac{1}{2}M\right)(r^2+\rho^2)\right]>0$$

$$m_2\rho^2(r^2+\rho^2)-m_1\rho^2(\rho^2+r^2)-\left(m_2+\frac{1}{2}M\right)r^2(r^2+\rho^2)>0\tag{7}$$

由于 $(r^2+\rho^2)>0$，故式(7)即

$$m_2\rho^2 - m_1\rho^2 - \left(m_2 + \frac{1}{2}M\right)r^2 > 0, \quad \rho^2 > \frac{m_2 + \frac{1}{2}M}{m_2 - m_1}r^2 \tag{8}$$

欲使式(8)成立，还须

$$m_2 - m_1 > 0, \quad 即 \quad m_2 > m_1 \tag{9}$$

当系统满足式(8)与式(9)后，物体 A 的中心即可向上运动。

通过以上例题，可见应用拉格朗日方程的求解步骤如下：

(1) 以系统整体为研究对象，确定系统约束是否满足理想、完整的约束条件。

(2) 当系统满足式(1)时，判断系统的自由度，并选择与自由度数目相同的广义坐标。

(3) 分析系统的运动情况，并计算系统以广义坐标和广义速度表达的动能。

(4) 计算 $\dfrac{\partial T}{\partial \dot{q}_j}$、$\dfrac{\mathrm{d}}{\mathrm{d}t}\left(\dfrac{\partial T}{\partial \dot{q}_j}\right)$、$\dfrac{\partial T}{\partial q_j}$。

(5) 计算对应于所选坐标的广义力 Q_j。

(6) 根据拉格朗日方程，列出系统运动微分方程，并求解。

(7) 若欲求出系统的运动方程 $q_j = q_j(t)$，则须根据运动初始条件：$t=0$ 时，$q_j = q_j(0)$，$\dot{q}_j = \dot{q}_j(0)$。确定积分常数。如果系统的主动力都为有势力，系统为保守的，则上述步骤中的(4)、(5)应为：

(4)′ 计算系统的广义坐标表达的势能。

(5)′ 求出拉格朗日函数 L，并计算 $\dfrac{\partial L}{\partial \dot{q}_j}$、$\dfrac{\mathrm{d}}{\mathrm{d}t}\left(\dfrac{\partial L}{\partial \dot{q}_j}\right)$、$\dfrac{\partial L}{\partial q_j}$。

其他步骤与非保守系统相同。

17.3　拉格朗日第二类方程的积分

拉格朗日方程是一个以广义坐标表达的二阶微分方程组，如果要求出系统的运动规律，则需对其进行积分。对于保守系统，可以得到拉格朗日方程的某些统一形式的首次积分，使得保守系统动力学问题的求解过程进一步简化。

保守系统拉格朗日方程的首次积分有能量积分与循环积分两类。

17.3.1　能量积分

由式(17-4)知，质点系各质点的速度为

$$\boldsymbol{v}_i = \frac{\mathrm{d}\boldsymbol{r}_i}{\mathrm{d}t} = \sum_{j=1}^{k}\frac{\partial \boldsymbol{r}_i}{\partial q_j}\dot{q}_j + \frac{\partial \boldsymbol{r}_i}{\partial t} \quad (i=1,2,\cdots,n)$$

因此，质点系的动能为

$$\begin{aligned} T &= \sum_{i=1}^{n}\frac{1}{2}m_i v_i^2 = \sum_{i=1}^{n}\frac{1}{2}m_i \boldsymbol{v}_i\cdot\boldsymbol{v}_i \\ &= \sum_{i=1}^{n}\frac{1}{2}m_i\left(\sum_{j=1}^{k}\frac{\partial \boldsymbol{r}_i}{\partial q_j}\dot{q}_j + \frac{\partial \boldsymbol{r}_i}{\partial t}\right)\cdot\left(\sum_{l=1}^{k}\frac{\partial \boldsymbol{r}_i}{\partial q_l}\dot{q}_l + \frac{\partial \boldsymbol{r}_i}{\partial t}\right) \end{aligned}$$

令
$$\left.\begin{aligned}T_0&=\sum_{i=1}^{n}\frac{1}{2}m_i\frac{\partial \boldsymbol{r}_i}{\partial t}\cdot\frac{\partial \boldsymbol{r}_i}{\partial t}\\T_1&=\sum_{i=1}^{n}\frac{1}{2}m_i\left(\sum_{j=1}^{k}\frac{\partial \boldsymbol{r}_i}{\partial q_j}\cdot\frac{\partial \boldsymbol{r}_i}{\partial t}\dot{q}_j+\sum_{l=1}^{k}\frac{\partial \boldsymbol{r}_i}{\partial q_l}\cdot\frac{\partial \boldsymbol{r}_i}{\partial t}\dot{q}_l\right)\\T_2&=\sum_{i=1}^{n}\frac{1}{2}m_i\sum_{j=1}^{k}\sum_{l=1}^{k}\frac{\partial \boldsymbol{r}_i}{\partial q_j}\cdot\frac{\partial \boldsymbol{r}_i}{\partial q_l}\dot{q}_j\dot{q}_l\end{aligned}\right\}\tag{17-18}$$

可得质点系的动能为
$$T=T_2+T_1+T_0\tag{17-19}$$
式中，T_0 为广义速度 $\dot{q}_j$ 的零次多项式（T_0 中不含有 $\dot{q}_j$）；T_1 为 $\dot{q}_j$ 的一次齐次式；T_2 为 $\dot{q}_j$ 的二次齐次式。

保守系统具有形如式(17-17)的拉格朗日函数，故
$$\frac{\mathrm{d}L}{\mathrm{d}t}=\sum_{j=1}^{k}\left(\frac{\partial L}{\partial q_j}\dot{q}_j+\frac{\partial L}{\partial \dot{q}_j}\frac{\mathrm{d}\dot{q}_j}{\mathrm{d}t}\right)+\frac{\partial L}{\partial t}\tag{17-20}$$
由保守系统的拉格朗日方程(17-16)可得
$$\frac{\partial L}{\partial q_j}=\frac{\mathrm{d}}{\mathrm{d}t}\left(\frac{\partial L}{\partial \dot{q}_j}\right)\tag{17-21}$$
将式(17-21)代入式(17-20)，有
$$\begin{aligned}\frac{\mathrm{d}L}{\mathrm{d}t}&=\sum_{j=1}^{k}\left[\frac{\mathrm{d}}{\mathrm{d}t}\left(\frac{\partial L}{\partial \dot{q}_j}\right)\dot{q}_j+\frac{\partial L}{\partial \dot{q}_j}\frac{\mathrm{d}\dot{q}_j}{\mathrm{d}t}\right]+\frac{\partial L}{\partial t}\\&=\sum_{j=1}^{k}\frac{\mathrm{d}}{\mathrm{d}t}\left(\frac{\partial L}{\partial \dot{q}_j}\dot{q}_j\right)+\frac{\partial L}{\partial t}=\frac{\mathrm{d}}{\mathrm{d}t}\left(\sum_{j=1}^{k}\frac{\partial L}{\partial \dot{q}_j}\dot{q}_j\right)+\frac{\partial L}{\partial t}\end{aligned}$$
即
$$\frac{\mathrm{d}}{\mathrm{d}t}\left(\sum_{j=1}^{k}\frac{\partial L}{\partial \dot{q}_j}\dot{q}_j-L\right)=-\frac{\partial L}{\partial t}\tag{17-22}$$

若保守系统的拉格朗日函数不显含时间 t，则
$$\frac{\partial L}{\partial t}=0\tag{17-23}$$
此时，式(17-22)成为
$$\frac{\mathrm{d}}{\mathrm{d}t}\left(\sum_{j=1}^{k}\frac{\partial L}{\partial \dot{q}_j}\dot{q}_j-L\right)=0\tag{17-24}$$
积分式(17-24)得
$$\sum_{j=1}^{k}\frac{\partial L}{\partial \dot{q}_j}\dot{q}_j-L=C\ (\text{常数})\tag{17-25}$$

由于拉格朗日函数是由保守系统的动能与势能构成，且拉格朗日函数具有能量的量纲，因此，式(17-25)左端的表达式称为保守系统的广义能量。式(17-25)称为广义能量积分。由式(17-24)及式(17-25)可见，当保守系统的拉格朗日函数不显含时间 t 时，保守系统的广义能量守恒。

如果保守系统的全部约束为理想、完整、定常的，各质点的矢径将不含时间 t，各质点的速度为

$$\boldsymbol{v}_i = \frac{\mathrm{d}\boldsymbol{r}_i}{\mathrm{d}t} = \sum_{j=1}^{k} \frac{\partial \boldsymbol{r}_i}{\partial \dot{q}_j} \dot{q}_j \quad (i = 1, 2, \cdots, n) \tag{17-26}$$

由式(17-18)可见，此时，$T_0 = T_1 = 0$，各质点系的动能变为

$$T = T_2 = \sum_{i=1}^{n} \frac{1}{2} m_i \sum_{j=1}^{k} \sum_{l=1}^{k} \frac{\partial \boldsymbol{r}_i}{\partial q_j} \cdot \frac{\partial \boldsymbol{r}_i}{\partial q_l} \dot{q}_j \dot{q}_l = \sum_{j=1}^{k} \sum_{l=1}^{k} \frac{1}{2} \left(\sum_{i=1}^{n} m_i \frac{\partial \boldsymbol{r}_i}{\partial q_j} \cdot \frac{\partial \boldsymbol{r}_i}{\partial q_l} \right) \dot{q}_j \dot{q}_l$$

记

$$\bar{m}_{jl} = \sum_{i=1}^{n} m_i \frac{\partial \boldsymbol{r}_i}{\partial q_j} \cdot \frac{\partial \boldsymbol{r}_i}{\partial q_l} \tag{17-27}$$

$\bar{m}_{jl}$ 称为系统在广义坐标 $q_1, q_2, \cdots, q_k$ 下的广义质量。因此，系统的动能可表示为

$$T = \sum_{j=1}^{k} \sum_{l=1}^{k} \frac{1}{2} \bar{m}_{jl} \dot{q}_j \dot{q}_l \tag{17-28}$$

由式(17-28)可见，在理想、完整、定常约束下，系统动能是广义速度 $\dot{q}_j$ 的二次齐次式，因此，由式(17-28)可得

$$\sum_{j=1}^{k} \frac{\partial T}{\partial \dot{q}_j} \dot{q}_j = \sum_{j=1}^{k} \sum_{l=1}^{k} \bar{m}_{jl} \dot{q}_j \dot{q}_l = 2T$$

注意到势能与广义速度 $\dot{q}$ 无关，即 $\dfrac{\partial U}{\partial \dot{q}} = 0$，故有

$$\sum_{j=1}^{k} \frac{\partial T}{\partial \dot{q}_j} \dot{q}_j = \sum_{j=1}^{k} \left(\frac{\partial T}{\partial \dot{q}_j} - \frac{\partial U}{\partial \dot{q}_j} \right) \dot{q}_j = \sum_{j=1}^{k} \frac{\partial L}{\partial \dot{q}_j} \dot{q}_j = 2T \tag{17-29}$$

将式(17-29)代入式(17-25)，有

$$\sum_{j=1}^{k} \frac{\partial T}{\partial \dot{q}_j} \dot{q}_j - L = 2T - (T - U) = T + U = C \text{（常数）} \tag{17-30}$$

式(17-30)即为保守系统的机械能守恒方程。可见，**当保守系统的约束是理想、完整、定常时，系统的广义能量积分式(17-25)就是系统的机械能守恒方程式(17-30)**。

17.3.2　循环积分

在保守系统的拉格朗日函数中，一定显含所有的广义速度 $\dot{q}_j$，但可能不显含某些广义坐标 $q_r (r \leqslant k)$。如果拉格朗日函数 L 中不显含某一广义坐标 q_r，则该坐标称为保守系统的**循环坐标或可遗坐标**。当 $q_r (r \leqslant k)$ 为系统的循环坐标时，必有

$$\frac{\partial L}{\partial q_r} = 0 \quad (r \leqslant k) \tag{17-31}$$

将式(17-31)代入式(17-21)，有

$$\frac{\mathrm{d}}{\mathrm{d}t} \left(\frac{\partial L}{\partial \dot{q}_r} \right) = \frac{\partial L}{\partial q_r} = 0$$

故

$$\frac{\partial L}{\partial \dot{q}_r} = C \text{（常数）} \quad (r \leqslant k) \tag{17-32}$$

式(17-32)称为保守系统对应于循环坐标 q_r 的**循环积分**。如果系统的循环坐标不止一个，则系统的循环积分也不止一个，并且，每个循环坐标必然对应一个循环积分。

由于系统的势能与广义速度无关，故由式(17-32)有

$$\frac{\partial L}{\partial \dot{q}_r}=\frac{\partial}{\partial \dot{q}_r}(T-U)=\frac{\partial T}{\partial \dot{q}_r}=P_r=C\ (\text{常数}) \tag{17-33}$$

式(17-33)中的 $P_r=\dfrac{\partial T}{\partial \dot{q}_r}$，称为系统对应于广义坐标 q_r 的广义动量。因此，循环积分也可称为系统的广义动量积分。由式(17-33)可知，保守系统对应于循环坐标的广义动量守恒。

能量积分和循环积分都是由保守系统拉格朗日方程积分一次得到的，它们都是比拉格朗日方程低一阶的微分方程。因此，在应用拉格朗日方程时，对于保守系统，应首先分析系统是否存在能量积分与循环积分。若存在上述积分，则可直接求出系统的首次积分，使问题得到简化。

由保守系统拉格朗日方程能量积分与循环积分的推导过程可见，保守系统拉格朗日函数 L 绝不仅仅是为得到方程(17-16)而引入的数学记号。由式(17-25)与式(17-33)可见，保守系统的广义能量及广义动量与拉格朗日函数 L 有关。这说明拉格朗日函数 $\boldsymbol{L}$ 是描述保守系统固有动力学性质的一个特征量，拉格朗日函数 $\boldsymbol{L}$ 的性质决定了保守系统的动力学行为。

17-6

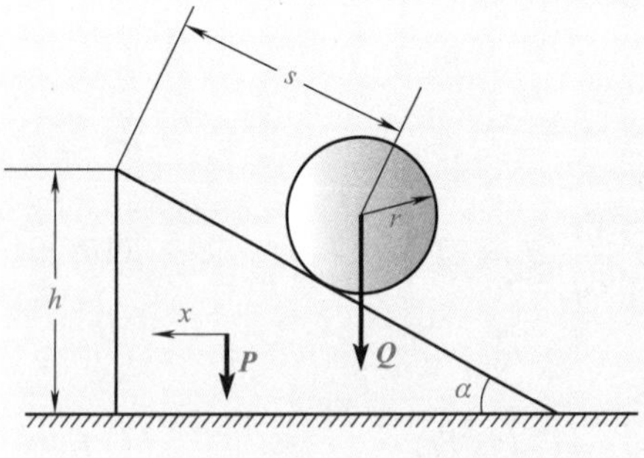

图 17-6

【例 17-6】 楔形体重为 $\boldsymbol{P}$，斜面倾角为 α，置于光滑水平面上。均质圆柱体重为 $\boldsymbol{Q}$，半径为 r，在楔形体的斜面上只滚动不滑动，如图 17-6 所示。初始系统静止，且圆柱体位于斜面最高点。试求：①系统的运动微分方程；②楔形体的加速度；③系统的能量积分与循环积分。

解 研究楔形体与圆柱体组成的系统。系统受理想、完整约束，具有两个自由度。取楔形体的水平位移 x，圆柱体中心相对斜面的位移 s 为广义坐标，各坐标的原点均在初始位置，如图 17-6 所示。

系统的动能为

$$T=\frac{1}{2}\times\frac{P}{g}\dot{x}^2+\frac{1}{2}\times\frac{Q}{g}(\dot{x}^2+\dot{s}^2-2\dot{x}\dot{s}\cos\alpha)+\frac{1}{2}\times\frac{1}{2}\times\frac{Q}{g}r^2\left(\frac{\dot{s}}{r}\right)^2$$

$$=\frac{P+Q}{2g}\dot{x}^2+\frac{3Q}{4g}\dot{s}^2-\frac{Q}{g}\dot{x}\dot{s}\cos\alpha \tag{1}$$

系统所受主动力 $\boldsymbol{P}$、$\boldsymbol{Q}$ 均为重力，取水平面为零势点，得系统的势能为

$$U=\frac{1}{3}Ph+Q(h-s\sin\alpha) \tag{2}$$

式中，h 为楔形体的高，如图 17-6 由式(1)、式(2)可得系统拉格朗日函数为

$$L=T-U=\frac{P+Q}{2g}\dot{x}^2+\frac{3Q}{4g}\dot{s}^2-\frac{Q}{g}\dot{x}\dot{s}\cos\alpha-\frac{1}{3}Ph-Q(h-s\sin\alpha) \tag{3}$$

将式(3)代入式(17-6)，得系统的运动微分方程为

$$(P+Q)\ddot{x}-Q\ddot{s}\cos\alpha=0,\quad 3\ddot{s}-2\ddot{x}\cos\alpha=2g\sin\alpha \tag{4}$$

由式(4)得楔形体的加速度为

$$\ddot{x}=\frac{Q\sin 2\alpha}{3P+Q+2Q\sin^2\alpha}g \tag{5}$$

由式(3)可见，L中不显含时间t，故系统存在能量积分

$$\sum\frac{\partial L}{\partial\dot{q}_j}\dot{q}_j-L=\frac{P+Q}{2g}\dot{x}^2+\frac{3Q}{4g}\dot{s}^2-\frac{Q}{g}\dot{x}\dot{s}\cos\alpha+\frac{1}{3}Ph+Q(h-s\sin\alpha)=c_1$$

当$t=0$时，$\dot{x}=\dot{s}=0$，$x=s=0$，故上式中，$c_1=\frac{1}{3}Ph+Qh$，得

$$\frac{P+Q}{2g}\dot{x}+\frac{3Q}{4g}\dot{s}^2-\frac{Q}{g}\dot{x}\dot{s}\cos\alpha-Qs\sin\alpha=0\tag{6}$$

由式(3)亦可见，L中不显含广义坐标x，故x为系统的循环坐标，故有循环积分为

$$P_x=\frac{\partial L}{\partial\dot{x}}=\frac{\partial T}{\partial\dot{x}}=\frac{P+Q}{g}\dot{x}-\frac{Q}{g}\dot{s}\cos\alpha=c_2$$

当$t=0$时，$\dot{x}=\dot{s}=0$，故上式中$c_2=0$，得

$$P_x=\frac{\partial L}{\partial\dot{x}}=\frac{\partial T}{\partial\dot{x}}=\frac{P+Q}{g}\dot{x}-\frac{Q}{g}\dot{s}\cos\alpha=0$$

即
$$(P+Q)\dot{x}-Q\dot{s}\cos\alpha=0\tag{7}$$

上述式(6)、式(7)即为系统的能量积分和循环积分。由推导式(6)的过程可见，由于系统的约束是定常的，因此式(6)其实是由$T+U=c_1$变换而来的，即式(6)是系统的机械能守恒方程。由式(7)的推导过程可知，广义动量$P_x=\frac{\partial L}{\partial\dot{x}}=\frac{\partial T}{\partial\dot{x}}$，实际上是系统动量在$x$方向的投影，式(7)实质是系统的动量在$x$方向守恒。

本章小结

1．虚位移原理与达朗贝尔原理相结合，可以得到非自由质点系的动力学普遍方程为

$$\sum_{i=1}^{n}(\boldsymbol{F}_i-m_i\boldsymbol{a}_i)\cdot\delta\boldsymbol{r}_i=0$$

动力学普遍方程与系统的约束方程联立，即可求解非自由质点系动力学问题。

2．以广义坐标表达动力学普遍方程，可得非自由质点系的拉格朗日方程为

$$\frac{\mathrm{d}}{\mathrm{d}t}\left(\frac{\partial T}{\partial\dot{q}_j}\right)-\frac{\partial T}{\partial q_j}=Q_j\quad(j=1,2,\cdots,k)$$

在保守系统中拉格朗日方程为

$$\frac{\mathrm{d}}{\mathrm{d}t}\left(\frac{\partial L}{\partial\dot{q}_j}\right)-\frac{\partial L}{\partial q_j}=0\quad(j=1,2,\cdots,k)$$

式中，$L=T-U$称为拉格朗日函数，是描述保守系统动力学性质的一个特征量。

3．当系统具有完整、理想约束，且为保守系统时，存在系统拉格朗日方程的两个首次积分。

(1)能量积分。

若L中不显含时间t，则有

$$\sum_{j=1}^{k}\frac{\partial L}{\partial\dot{q}_j}\dot{q}_j-L=C$$

当系统约束为定常时，上式即

$$T+U=C$$

(2)循环积分。

当L中不显含广义坐标q_r时，q_r称为系统的循环坐标，且有

$$P_r=\frac{\partial L}{\partial\dot{q}_r}=\frac{\partial T}{\partial\dot{q}_r}=C$$

上式即对应于循环坐标q_r的循环积分。P_r称为系统的广义动量，故上式也称为系统的广义动量积分。

思考题

17.1 动力学普遍方程的实质是什么？

17.2 拉格朗日函数的力学意义是什么？

17.3 具有完整、理想约束的保守系统的运动是否完全取决于拉格朗日函数？为什么？

17.4 拉格朗日方程与动力学基本方程(牛顿第二定律)比较具有哪些优点？

17.5 对于非理想约束系统能否应用拉格朗日方程？

17.6 下列选取的广义坐标是否正确？为什么？

(1)如图17-7所示，选择θ、x为系统的广义坐标。

(2)如图17-8所示，选x_C、y_C、z_C为空间摆杆的广义坐标($OA=l$)。

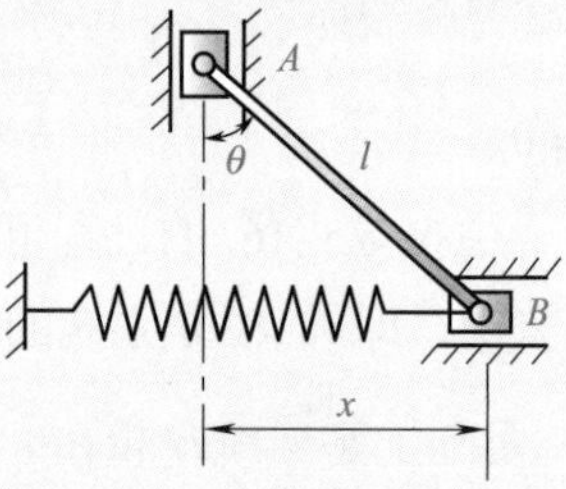

图17-7

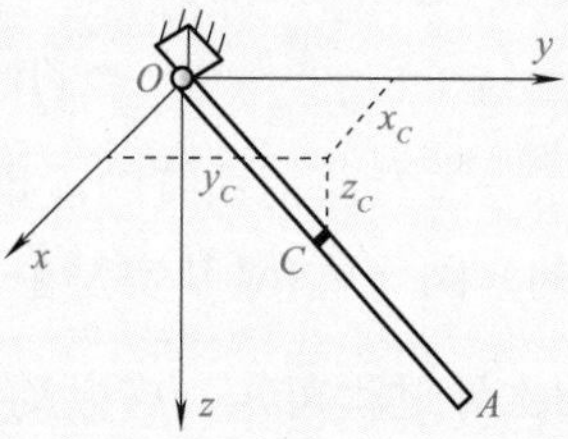

图17-8

17.7 下列系统有几个自由度？怎样选择广义坐标？

(1)一圆形管绕O点转动，管中有一质点M在运动(图17-9)。

(2)小车向右运动，其上有两个复摆被弹簧相连接(图17-10)。

(3)直角三角块可沿光滑水平面滑动，在三角块的光滑斜面上放置一个均质圆柱B，其上绕有不可伸长的绳索，绳索通过理想滑轮C悬挂一个重物D，如图17-11所示。

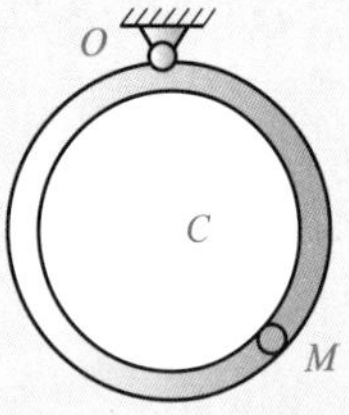

图17-9

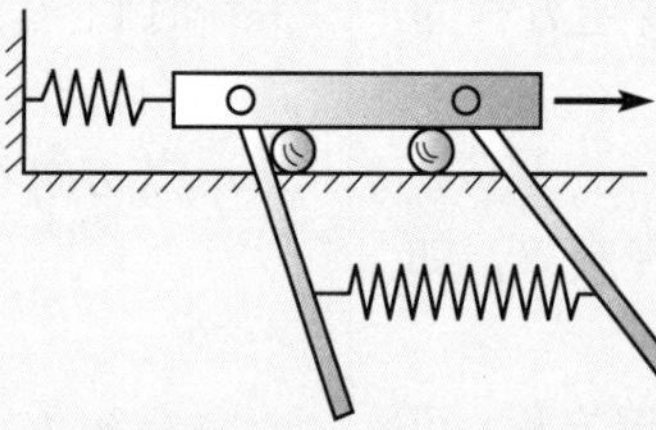

图17-10

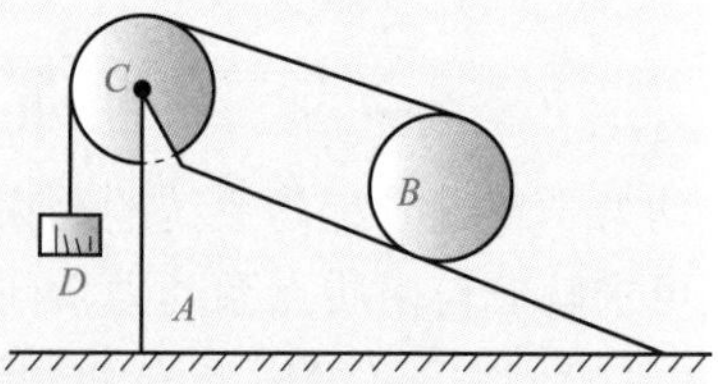

图17-11

习题

17-1 如题17-1图所示，铰接平行四连杆机构O_1O_2AB位于铅直平面内，三杆O_1A、AB、O_2B各重P，长均为l，都是均质杆，O_1A上作用一力矩M，求φ为任意值时O_1A杆的角加速度。

17-2 如题17-2图所示，重量P、半径为r的三个均质轮上各作用一个力矩M，绕其固定中心转动，三轮中心在同一水平线上。一重量为Q的均质平板放在轮上，设平板与圆轮无相对滑动，且不计轴承中的摩擦。求平板的加速度。

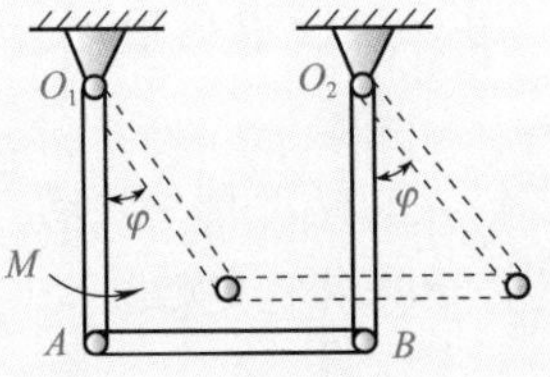

题 17-1 图

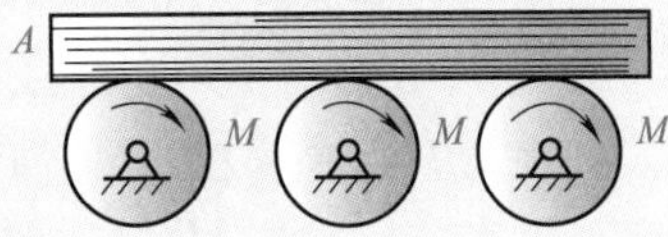

题 17-2 图

17-3　如题 17-3 图所示，有两个半径皆为 r 的均质轮子，中心用连杆相连，在倾角为 α 的斜面上做纯滚动。设轮子皆重为 $\boldsymbol{P}$，对轮心的转动惯量皆为 I，连杆重为 $\boldsymbol{Q}$，求连杆运动的加速度。

17-4　如题 17-4 图所示，离心调速器以匀速度 ω 绕铅垂轴转动，每个球的重量为 P，套筒重 W，杆重略去不计。$OC = EC = OD = AC = BD = DE = a$，求稳定旋转时，两臂 OA 与 OB 和铅垂轴的交角 α。

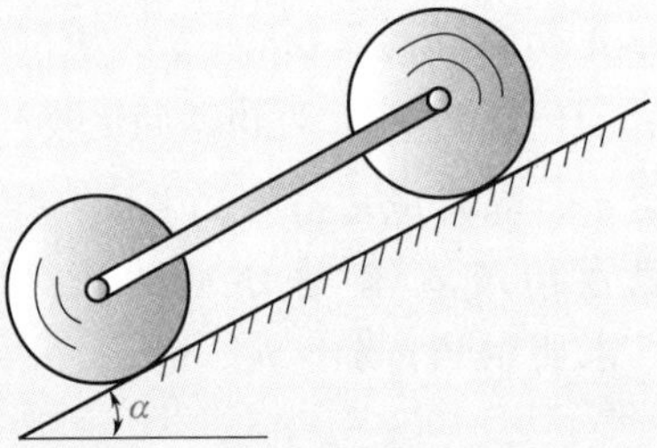

题 17-3 图

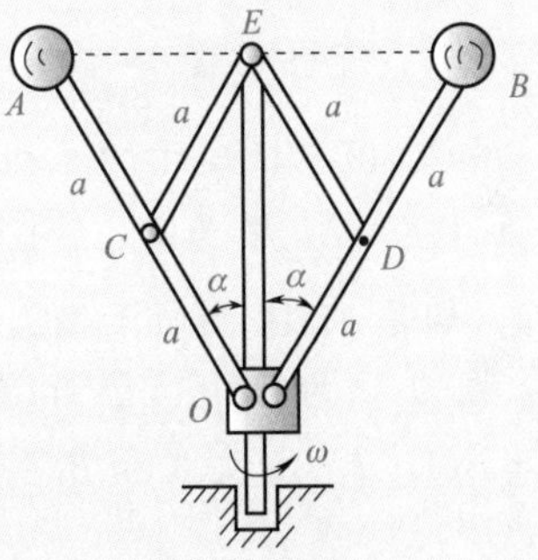

题 17-4 图

17-5　如题 17-5 图所示，一绳跨过两个定滑轮 A、B 并吊起一动滑轮 C，不在滑轮上的各段绳子都是铅垂的，动滑轮上挂有质量 $m = 4\text{kg}$ 的重物，绳的两端则挂有质量各为 $m_1 = 2\text{kg}$ 和 $m_2 = 3\text{kg}$ 的重物，如滑轮与绳的质量及轴上的摩擦均略去不计，试求这三个重物的加速度。

17-6　一质量为 m 的重物悬于细绳上，细绳跨进滑轮后与一铅垂弹簧相连如题 17-6 图所示，设滑轮的质量为 M，均匀分布于其边缘上，滑轮的半径为 R，弹簧的刚度为 k。若细绳和滑轮间有足够摩擦使之无相对滑动，试求系统的运动微分方程和它的微幅运动周期。

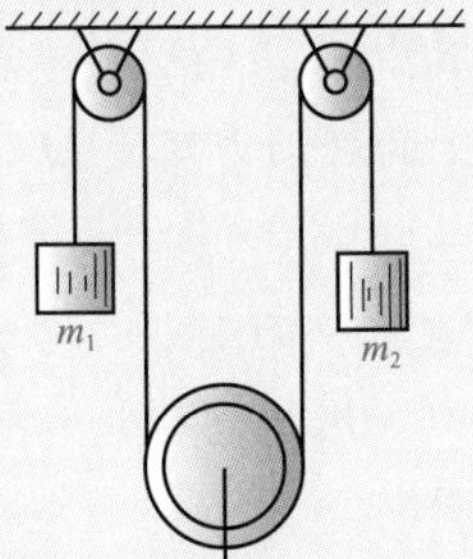

题 17-5 图

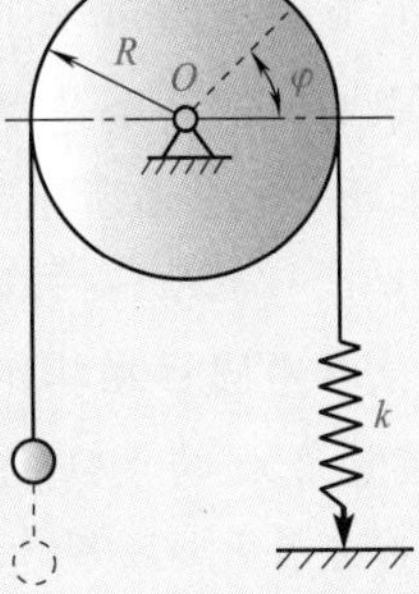

题 17-6 图

17-7 如题17-7图所示，均质圆柱体半径为r，重$\boldsymbol{P}$，在半径为R的固定圆柱面内滚动而不滑动，求圆柱体在其平衡位置附近做微幅振动的周期。

17-8 如题17-8图所示，连杆AB质心为G点，只能在铅直的光滑槽中运动，连杆OA的质量不计，刚度为k的弹簧在$\theta=0°$时无变形。求平衡位置并讨论其稳定性。

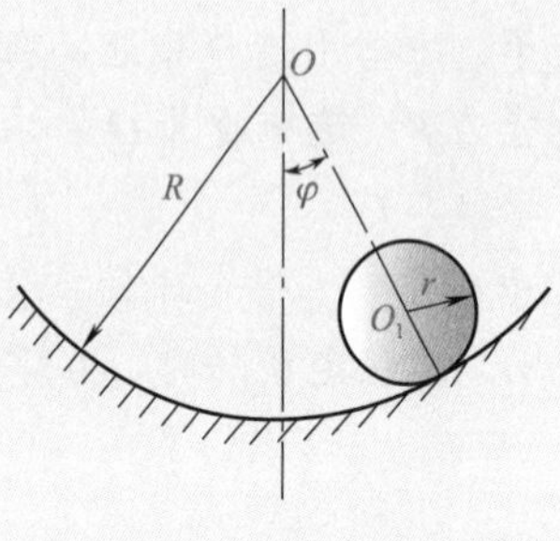

题17-7图

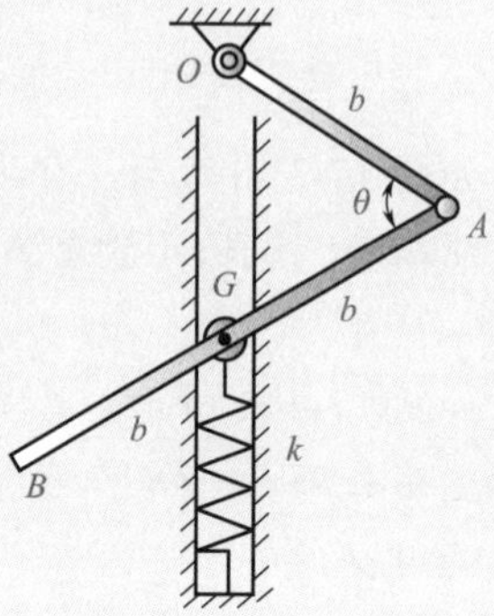

题17-8图

17-9 如题17-9图所示的运动系统中，可沿光滑水平面移动的重物M_1重为$\boldsymbol{P}_1$，可沿铅直面内摆动的摆锤M_2重为$\boldsymbol{P}_2$，两个物体用无重杆连接，杆长为l。求两物体的运动规律。

17-10 如题17-10图所示椭圆规机构在水平面内运动，椭圆规尺由曲柄带动，作用在曲柄上的转动力矩为M_0，已知曲柄和椭圆规尺皆为均质，重量分别为P和$2P$；$OC=AC=BC=a$；滑块A和B各重Q，如不计摩擦，求曲柄的角加速度。

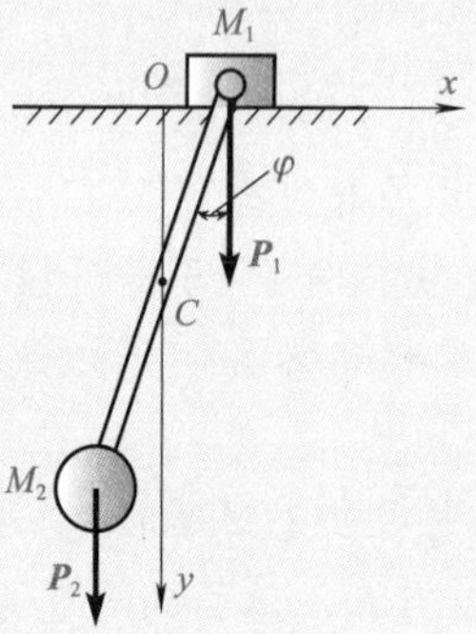

题17-9图

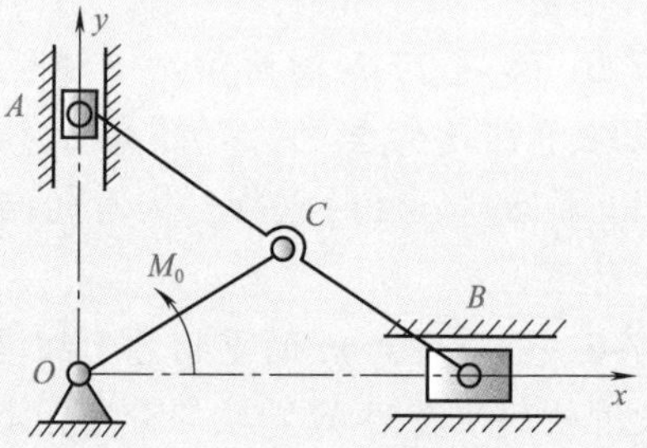

题17-10图

17-11 如题17-11图所示行星轮机构，位于水平面内，其中O_1齿轮固定不动，各齿轮可视为均质圆盘，质量均为m，半径为r。如作用在曲柄O_1O_2上的转动力矩为M，不计曲柄的质量及摩擦。求曲柄的角加速度。

17-12 如题17-12图所示，一半径为r、重W的半圆柱在水平面上来回摆动，质心C至O点的距离为d，对过质心与图平面垂直的轴的回转半径为ρ。设接触处有足够的摩擦防止半圆柱滑动，试求半圆柱在其铅垂平衡位置附近做微摆动的周期。

17-13 质量为m的单摆绕在一半径为r的固定圆柱体上如题17-13图所示，设在平衡位置时绳的下垂部分长l，且不计绳的质量。求摆的运动微分方程。

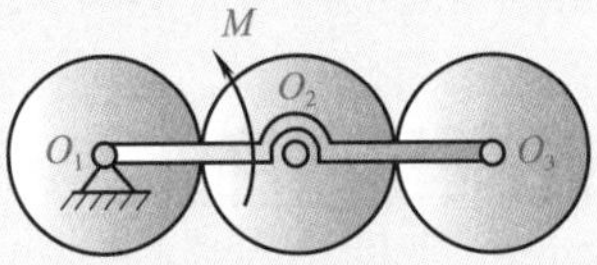

题 17-11 图

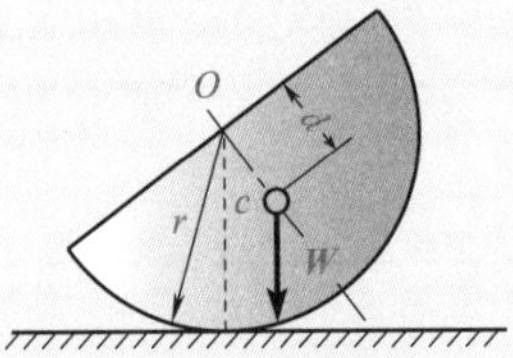

题 17-12 图

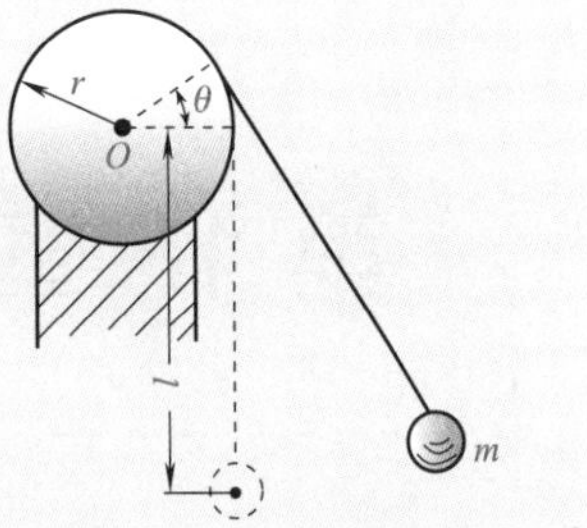

题 17-13 图

17-14　滑轮可绕水平轴 O 转动，如题 17-14 图所示，滑轮对 O 轴的转动惯量为 J，半径为 r；在滑轮上跨过一不可伸长的绳，绳的一端连接在铅垂弹簧上，另一端也与弹簧相连并悬挂一质量为 m 的重物；两弹簧的系数分别为 k_1 和 k_2。设绳与滑轮间无滑动，试建立系统的运动微分方程。

17-15　如题 17-15 图所示，质量为 m 的质点在一半径为 a 的圆环内运动，要求此圆环在力矩 M 的作用下以等角速度 ω 绕铅直轴 AB 转动，它对该轴的转动惯量为 I，求质点的运动微分方程和力矩 M。

17-16　如题 17-16 图所示，车厢的振动可以简化为支承于两个弹簧上的物体在铅直面内的振动。设支承于弹簧上的车厢质量为 m，相对于质心的转动惯量为 $m\rho^2$，两弹簧的刚度系数分别为 k_1 和 k_2，质心距前后两轮轴的距离分别为 l_1 和 l_2，试列出车厢振动的微分方程。

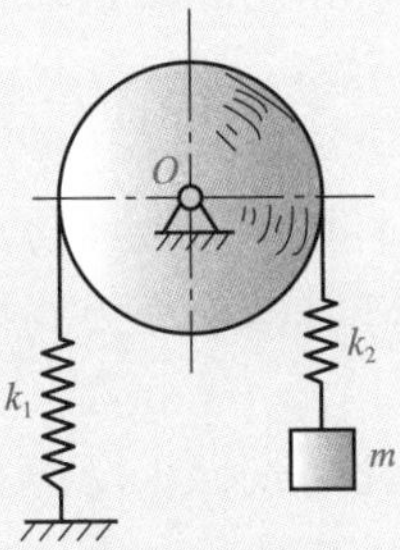

题 17-14 图

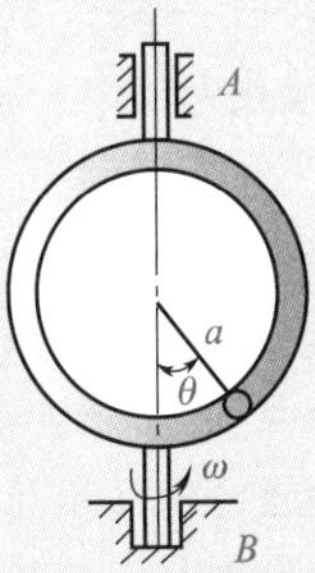

题 17-15 图

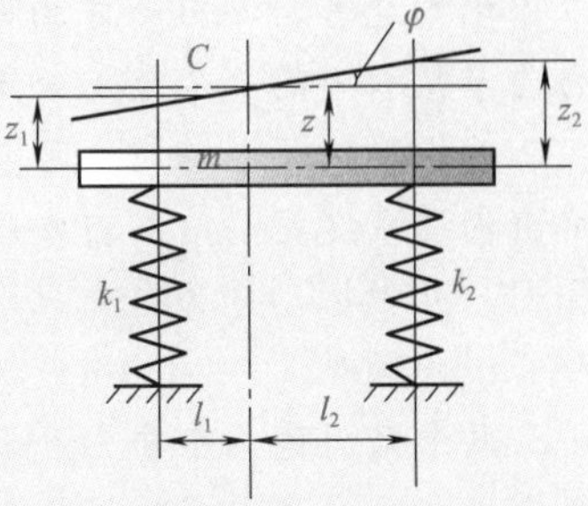

题 17-16 图

17-17　如题 17-17 图所示，扭振系统由一沿水平方向的圆截面钢轴和固结于轴的左右两端的两个圆盘所组成。设轴长为 l，质量可略去不计，轴的抗扭刚度为 GJ_p，圆盘的转动惯量分别为 J_1 和 J_2。试建立扭振系统的运动微分方程。

17-18　如题 17-18 图所示，滑块 A 与小球 B 重均为 $\boldsymbol{P}$，系于绳子的两端，绳长 l。滑块 A 放在光滑的水平面上。用手托住 B 球，并使其偏离铅直位置一微小角度，然后放手，设滑轮的大小不计，求 A、B 的运动微分方程。

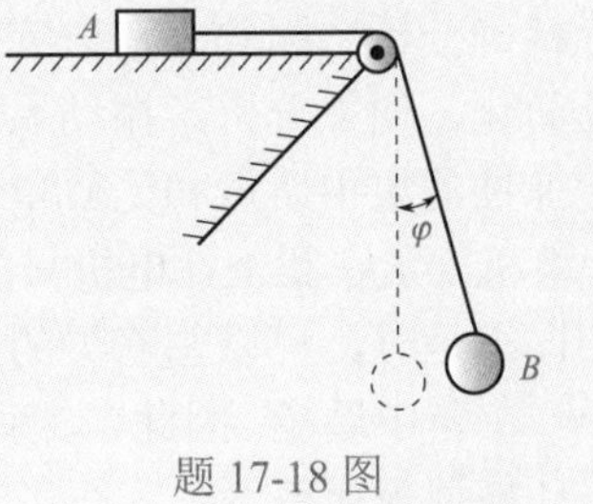

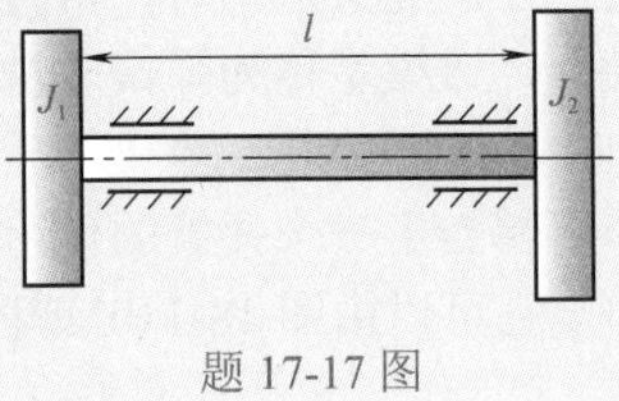

题 17-17 图

题 17-18 图

第 18 章 机械振动基础

振动是日常生活和工程实际中常见的现象。例如，车辆在颠簸不平的路面上行驶时所引起的振动；机器设备运转时引起的基础的振动；地震时引起的建筑物的振动；船舶或飞机航行时的振动；钟摆的往复摆动；等等。所谓振动，就是系统在平衡位置附近做往复运动。

在很多情况下，振动是有害的。剧烈的振动可以引起结构物的破坏；振动影响精密仪器的灵敏度或机械加工的精度；振动要消耗能量而降低机器效率；振动还会产生噪声，使工作环境恶化；交通工具的振动可以影响乘员的身体健康；而严重的地震会引起建筑物的倒塌破坏，造成生命财产的巨大损失；等等。然而，在另一方面，振动却是有益的。当人们掌握了振动的规律以后，利用振动原理制造了各种机械或仪表来为人类服务。例如，振动打桩机、混凝土振捣器、振动筛、振动给料机、振动夯土机、振子示波仪、地震仪等都是利用振动原理来达到提高工作效率或记录振动的目的。因此，我们研究振动的目的，一方面是避免或减轻振动的危害，而另一方面可利用振动理论解决工程实际问题。现在，振动理论已经发展成为力学学科中的一个重要分支，并在继续发展着。

按振动的不同特征，可以将它进行不同的分类。按振动系统的自由度数，可把振动分为单自由度系统振动、多自由度系统振动和无限多自由度系统即弹性体的振动。按振动产生的原因，可把振动分为自由振动和强迫振动。按振动系统的参数特性，可将振动分为线性振动和非线性振动。

本章只讨论一个自由度系统(单自由度系统)和简单的两自由度系统的线性振动问题。单自由度系统的振动反映了振动的最基本的规律，而两自由度系统的振动又是多自由度系统的最简单的情形，它的振动特点可推广到多自由度系统。

18.1 单自由度系统无阻尼自由振动

18.1.1 自由振动的概念

发生振动的机器或结构物等都称为振动系统。实际的振动系统往往很复杂，常常难以对它们进行精确分析。因此，在研究振动问题时，必须先将振动系统抽象为物理模型来研究，以使问题简化，便于分析。振动系统都是由弹性体组成的，在研究其振动时，常将其简化为有限个无弹性的集中质量和无质量的弹簧所组成的振动模型，该模型称为弹簧质量系统。例如，一个电机安装在梁上，电机只能在铅直方向振动，如图 18-1(a)所示。当梁的质量与电机的质量相比很小时，可以忽略梁的质量，而它对电机的作用相当于一个弹簧的作用，电机本身相当于一个集中质量。因此，该系统可视为弹簧质量系统。它可以由图 18-1(b)或图 18-1(c)所示的振动模型来代替。

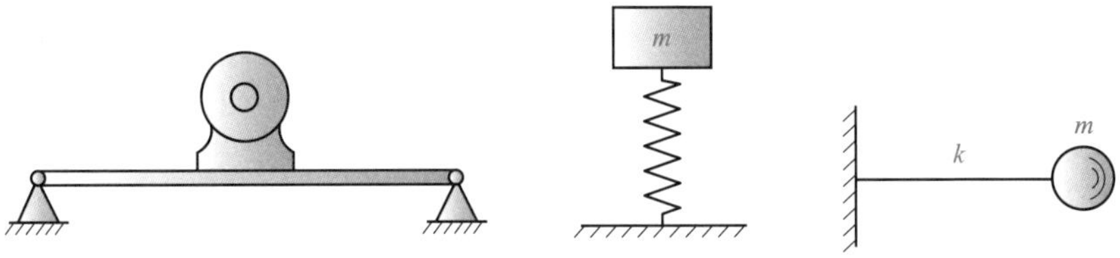

(a)　(b)　(c)

图 18-1

18-1

下面就以振动模型来讨论单自由度系统的自由振动。如图 18-2(a)所示的弹簧质量系统，在没有外界干扰时，物块在位置 O 保持平衡，O 点称为静平衡位置(图 18-2(a)所示平衡位置是弹簧没产生变形时物块的位置)。若给物块以初干扰(初位移或初速度)，则物块就会以平衡位置为中心做往复运动。若阻尼不计(不计介质阻力、摩擦力等其他阻力)，物块在运动过程中只受弹性力 $\boldsymbol{F}$ 的作用，不论物块在何位置，力 $\boldsymbol{F}$ 总是指向平衡位置。如图 18-2(b)所示。我们把在运动过程中总指向物体平衡位置的力称为恢复力。物体受到初干扰后，仅在系统的恢复力作用下，在其平衡位置附近的振动称为无阻尼自由振动。

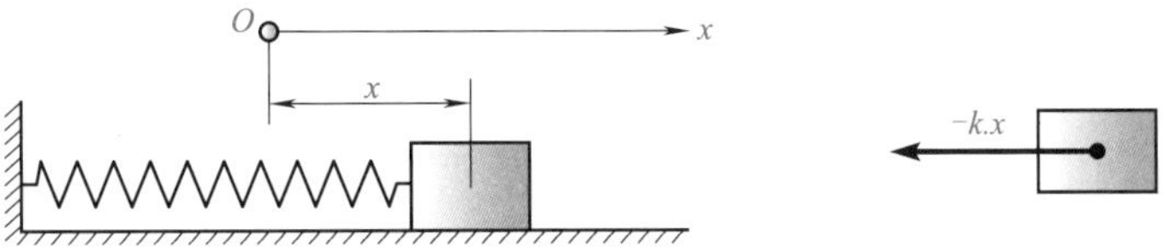

(a)　(b)

图 18-2

18-2

振动系统的恢复力，多数是由物体的弹性造成的，称为弹性恢复力，简称弹性力。在变形很小的情况下，弹性恢复力与变形关系可看成线性关系，这种情况下的恢复力则称为线性恢复力。这样弹性力的大小与弹簧变形的大小成正比。

如果取物块平衡位置 O 为坐标原点，x 轴水平向右，则弹簧的变形等于物体的位移(或坐标) x，弹性力 $\boldsymbol{F}$ 在 x 轴上的投影为 F_x，则有

$$F_x = -kx \tag{18-1}$$

式中，k 为常数，称为弹簧常数或弹簧的刚度系数(也称弹簧刚度)。在式(18-1)中的负号表示 F_x 的符号总是与坐标 x 的符号相反，即表示力 $\boldsymbol{F}$ 总是指向平衡位置 O。

18.1.2　单自由度系统无阻尼自由振动微分方程及其解

设物块的质量为 m，则物块的运动微分方程为

$$m\frac{\mathrm{d}^2x}{\mathrm{d}t^2} = F_x, \quad 或 \quad m\frac{\mathrm{d}^2x}{\mathrm{d}t^2} = -kx \tag{18-2}$$

将式(18-2)两端除以质量 m，并设

$$\omega_n^2 = \frac{k}{m} \tag{18-3}$$

移项后得

$$\frac{\mathrm{d}^2x}{\mathrm{d}t^2} + \omega_n^2 x = 0 \tag{18-4}$$

式(18-4)为一个二阶常系数齐次线性微分方程，它是无阻尼自由振动微分方程的标准形式。其通解

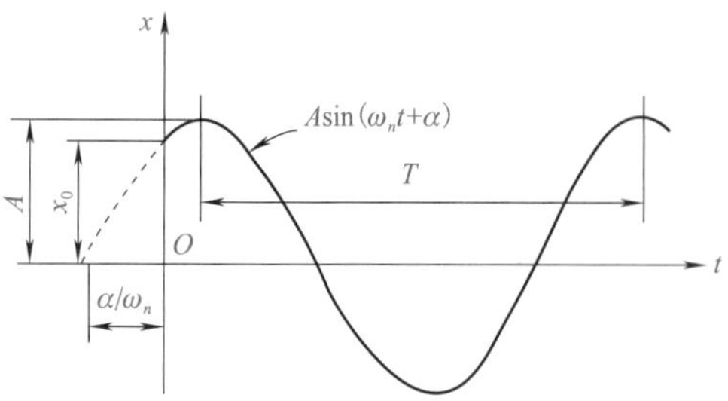

图 18-3

18-3

$$x = c_1\cos\omega_n t + c_2\sin\omega_n t \qquad (18\text{-}5)$$

式(18-5)即为自由振动的运动规律，其中 c_1 和 c_2 是积分常数，由运动的初始条件确定。

如果设 $A=\sqrt{c_1^2+c_2^2}$，$\alpha=\arctan\dfrac{c_1}{c_2}$

则式(18-5)可改写为 $x = A\sin(\omega_n t+\alpha)$ (18-6)

由式(18-6)的自由振动方程可知，物块在线性恢复力的作用下的自由振动是简谐振动，其运动图如图 18-3 所示。

18.1.3 自由振动的特点

在振动方程式(18-6)中，A 表示物块离开平衡位置 O 的最大位移称为振幅。$(\omega_n t+\alpha)$ 称为相位，相位决定了质点在某瞬时 t 的位置，它具有角度的量纲。而 α 是 $t=0$ 时的相位称为初相位，它决定了质点运动的起始位置。

自由振动的振幅 A 和初相位 α 是两个待定常数，它们由运动的初始条件确定。将式(18-6)对时间 t 求一阶导数，得物块的速度为

$$v=\frac{\mathrm{d}x}{\mathrm{d}t}=\dot{x}=A\omega_n\cos(\omega_n t+\alpha)$$

设 $t=0$ 时，$x=x_0$ 和 $\dot{x}=\dot{x}_0$，然后将以上初始条件分别代入式(18-6)和上式，有

$$x_0 = A\sin\alpha,\quad \dot{x}=A\omega_n\cos\alpha$$

由上述两式，可求出 A 和 α 为

$$A=\sqrt{x_0^2+\frac{\dot{x}_0{}^2}{\omega_n^2}} \qquad (18\text{-}7)$$

$$\alpha=\arctan\frac{x_0\omega_n}{\dot{x}_0} \qquad (18\text{-}8)$$

由式(18-7)和式(18-8)可知，**自由振动的振幅和初相位都与运动的初始条件有关。**

无阻尼自由振动是简谐振动而简谐振动是一种周期振动。因此，在任一瞬时 t，其运动方程 $x(t)$ 总可以表示为

$$x(t)=x(t+T) \qquad (18\text{-}9)$$

式(18-9)表明，每经过时间 T，运动就重复一次，其中 **T 称为周期，即每振动一次所经历的时间**，其单位为秒(s)。因自由振动是简谐函数，经过一个周期 T，相位增加 2π 弧度。因此有

$$[\omega_n(t+T)+\alpha]-(\omega_n t+\alpha)=2\pi$$

可得自由振动的周期

$$T=\frac{2\pi}{\omega_n} \qquad (18\text{-}10)$$

从而

$$\omega_n=2\pi\frac{1}{T}=2\pi f \qquad (18\text{-}11)$$

式中，$f=\dfrac{1}{T}$ 称为振动**频率**，表示每秒钟的振动次数，其单位为 1/秒(1/s)或称赫兹(Hz)。

因为 $\omega_n=2\pi f$，所以 ω_n 表示的是 2π 秒内振动的次数，因此称其为圆频率(角频率)。由式(18-3)知

$$\omega_n = \sqrt{\frac{k}{m}} \tag{18-12}$$

式(18-12)表明，自由振动的圆频率只与系统本身的固有参数质量 m 和刚度 k 有关，而与运动的初始条件无关。或者说，ω_n 反映了振动系统的固有特性，所以称 ω_n 为固有圆频率，简称固有频率，它反映了振动系统的动力学特性，因此，它是振动理论中的重要概念，而计算或测定振动系统的固有频率是研究振动问题的重要课题之一。

综上可知，无阻尼自由振动的特点是：①振动的规律为简谐振动；②自由振动的振幅 A 和初相位 α 取决于运动的初始条件，即初位移和初速度；③自由振动的周期 T、固有频率 ω_n 仅取决于系统本身的固有参数质量 m 和刚度 k。

18.1.4　各种类型的单自由度振动系统

1. 常力作用下的弹簧质量系统

在图 18-4 所示的弹簧质量系统中，设物块的质量为 m，弹簧原长为 l_0，弹簧刚度为 k。物块在自由振动过程中，除受弹性力 $\boldsymbol{F}$ 外，还受重力 $m\boldsymbol{g}$ 的作用。重力 $m\boldsymbol{g}$ 在振动过程中是一个常力。

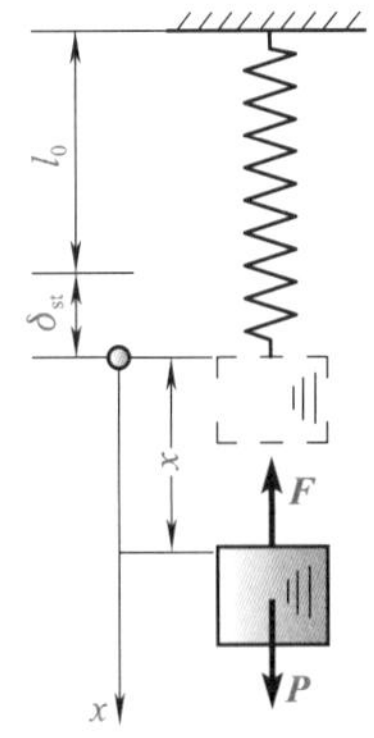

图 18-4

18-4

在重力 $m\boldsymbol{g}$ 的作用下，弹簧的变形为 δ_{st}，称为静变形，而这一位置为平衡位置。由平衡时重力 $m\boldsymbol{g}$ 与弹性力 $\boldsymbol{F}$ 大小相等的条件可得

$$mg = k\delta_{st} \tag{18-13}$$

由此有

$$\delta_{st} = \frac{mg}{k} \tag{18-14}$$

取物块平衡位置 O 为坐标原点，取 x 轴正向铅直向下，则物块在任意位置 x 处弹性力 $\boldsymbol{F}$ 在 x 轴上的投影为

$$F_x = -k\delta = -k(\delta_{st} + x)$$

则由动力学基本方程列出物块的运动微分方程

$$m\ddot{x} = mg - k(\delta_{st} + x)$$

将式(18-13)代入，则上式变为

$$m\ddot{x} = -kx$$

将上式两端除以 m，并设 $\omega_n^2 = \dfrac{k}{m}$，则可得

$$\ddot{x} + \omega_n^2 x = 0 \tag{1}$$

所得微分方程与式(18-4)的自由振动微分方程标准形式完全相同，物块的运动规律也是以静平衡位置 O 为中心的谐振动，它的固有频率

$$\omega_n = \sqrt{\frac{k}{m}} \tag{2}$$

从式(1)和式(2)可知，如果系统在振动方向上受到某个常力的作用，该常力只影响静平衡点 O 的位置，而不影响系统的振动规律，如振动频率、振幅和相位等。我们只要将坐标原点取在静平衡位置，就可以直接列出振动微分方程。

如果将 $k = \dfrac{mg}{\delta_{st}}$ 代入式(2)，则有

$$\omega_n = \sqrt{\frac{g}{\delta_{\mathrm{st}}}} \tag{18-15}$$

式(18-15)表明，对于上述的振动系统，只要知道重力作用下的静变形δ_{st}，就可以求出系统的固有频率ω_n，这种求固有频率的方法称为静变形法。

2. 合力或合力矩作用下的摆振、扭振系统

摆振、扭振系统和弹簧质量系统，这些系统形式上虽然不同，但它们的运动微分方程却具有相同的形式。

下面首先讨论摆振。如图 18-5(a)、(b)及(c)所示，它们分别是单摆、复摆及杠杆摆，且都是单自由度系统自由振动的例子。在这些例子里，当振动物体偏离平衡位置时，作用其上的合力(或合力矩)有使其回到平衡位置的趋势，这样它们就在其平衡位置附近往复运动。

18-5

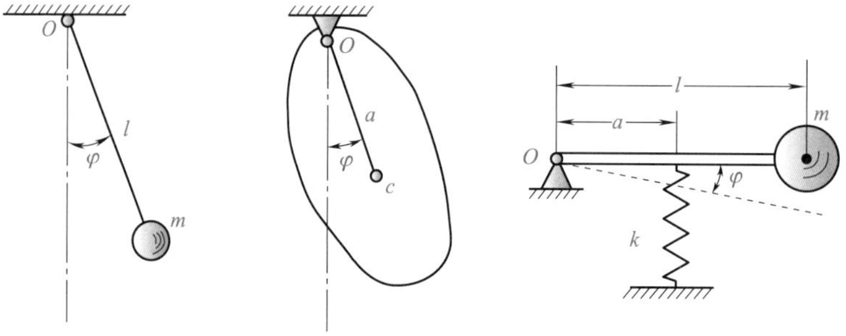

(a) (b) (c)

图 18-5

对单摆和复摆，取铅直位置为平衡位置，如果它们的质量均为m，尺寸如图 18-5(a)、(b)所示。根据质点的动量矩定理，单摆的振动微分方程为

$$ml^2\ddot{\varphi} = -mgl\varphi$$

式中，φ为摆绳偏离平衡位置的转角。若令$\omega_n^2 = \dfrac{g}{l}$，则可得微分方程的标准形式

$$\ddot{\varphi} + \omega_n^2\varphi = 0 \tag{1}$$

而复摆的振动微分方程，由刚体定轴转动微分方程得

$$I_0\ddot{\varphi} = -mga\varphi$$

式中，φ为偏离平衡位置的转角。设$\omega_n^2 = \dfrac{mga}{I_0}$，微分方程的标准形式为

$$\ddot{\varphi} + \omega_n^2\varphi = 0 \tag{2}$$

对杠杆摆，如图 18-5(c)所示，其中摆杆长为l，弹簧刚度为k，弹簧和铰O距离为a，质量为m的小球和摆杆对O轴的转动惯量为I_0，设水平位置为平衡位置，则由刚体定轴转动微分方程建立的振动微分方程为

$$I_0\ddot{\varphi} = gk(\delta_0 + a\varphi)a + mgl$$

式中，φ为摆杆偏离平衡位置的转角；$\delta_0 = \dfrac{mgl}{ka}$为弹簧的静平衡位置的变形，代入上式则有

$$I_0 = \ddot{\varphi} = -ka^2\varphi$$

如果设$\omega_n^2 = \dfrac{ka^2}{I_0}$，则上式成为

$$\ddot{\varphi}+\omega_n^2\varphi=0 \tag{3}$$

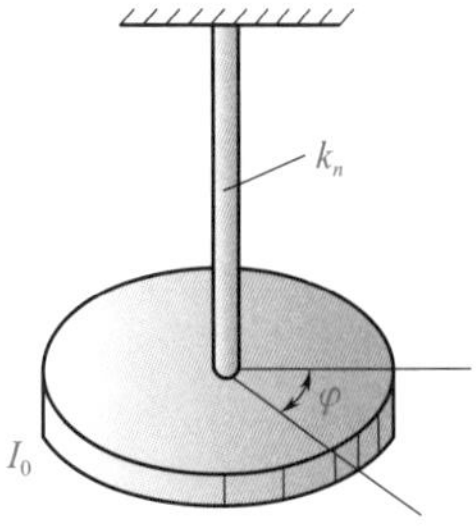

图 18-6

18-6

最后再讨论扭振。如图 18-6 所示的扭转振动系统称为扭摆，其中对中心轴转动惯量为 I_0 的圆盘刚性固连于扭杆的一端。扭杆的另一端固定，其扭转刚度为 k_n，它表示使圆盘产生单位扭转角所需的力矩。研究该系统，可由刚体定轴转动微分方程建立其运动微分方程

$$I_0\ddot{\varphi}=-M=-k_n\varphi$$

设 $\omega_n^2=\dfrac{k_n}{I_0}$，上式可化为

$$\ddot{\varphi}+\omega_n^2\varphi=0 \tag{4}$$

式中，φ 为圆盘的扭角。

从以上讨论可知，摆振、扭振系统的振动微分方程(1)～(4)都与弹簧质量系统的振动微分方程(18-4)具有相同的形式，因此其解和振动规律也具有相同的形式。

3. 弹簧并联系统和弹簧串联系统

两弹簧的刚度分别为 k_1 和 k_2，下面讨论该两弹簧并联和串联两种情况下系统固有频率和等效弹簧刚度。设弹簧悬挂的物体质量为 m。

1) 弹簧并联系统

如图 18-7(a)所示，在物块重力 $m\boldsymbol{g}$ 的作用下，两并联弹簧每个所受的拉力一般并不相等，设它们分别为 $\boldsymbol{F}_1$ 和 $\boldsymbol{F}_2$，但两弹簧的静变形相同，都为 δ_{st}，于是有

$$\delta_{\text{st}}=\frac{F_1}{k_1}=\frac{F_2}{k_2}$$

或

$$F_1=k_1\delta_{\text{st}},\quad F_2=k_2\delta_{\text{st}}$$

又

$$mg=F_1+F_2=(k_1+k_2)\delta_{\text{st}}$$

如果用另一弹簧刚度为 k_{eq} 的弹簧(图 18-7(b))来代替原来的两个并联弹簧，使其悬挂同一物块时也有 δ_{st} 的静变形，则有

$$\delta_{\text{st}}=\frac{mg}{k_{\text{eq}}}=\frac{mg}{k_1+k_2}$$

于是可得

$$k_{\text{eq}}=k_1+k_2 \tag{18-16}$$

k_{eq} 称为两并联弹簧的等效弹簧刚性系数，因此该并联系统的固有频率为

$$\omega_n=\sqrt{\frac{k_{\text{eq}}}{m}}=\sqrt{\frac{k_1+k_2}{m}}$$

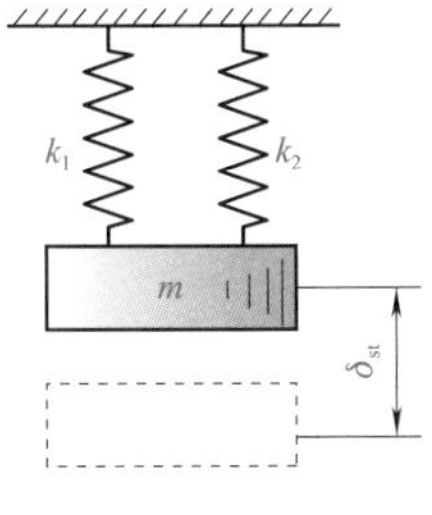

(a)

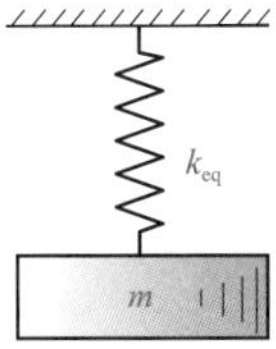

(b)

图 18-7

18-7

由此可知，当两弹簧并联时，其等效弹簧刚性系数等于该两个弹簧刚性系数的和。该结论可推广到多个弹簧并联的情况。

2)弹簧串联系统

如图 18-8(a)所示，在两弹簧串联时，每个弹簧所受的拉力都等于所悬挂物块的重力 mg，故两个弹簧的静变形分别为

$$\delta_{st1}=\frac{mg}{k_1},\quad \delta_{st2}=\frac{mg}{k_2}$$

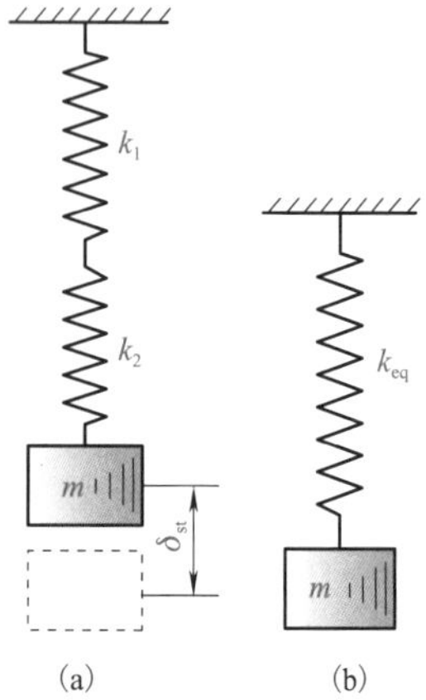

图 18-8

而两串联弹簧的总静变形为 δ_{st}，它应等于两个弹簧的静变形之和，即

$$\delta_{st}=\delta_{st1}+\delta_{st2}=mg\left(\frac{1}{k_1}+\frac{1}{k_2}\right)$$

如果用另一个刚性系数为 k_{eq} 的弹簧(图 18-8(b))来代替原来的两个串联弹簧，使其悬挂同一物块时也有 δ_{st} 的静变形，则有

$$\delta_{st}=\frac{mg}{k_{eq}}=mg\left(\frac{1}{k_1}+\frac{1}{k_2}\right)$$

于是得

$$\frac{1}{k_{eq}}=\frac{1}{k_1}+\frac{1}{k_2} \tag{18-17a}$$

即串联弹簧的等效刚性系数

$$k_{eq}=\frac{k_1k_2}{k_1+k_2} \tag{18-17b}$$

串联弹簧系统的固有频率

$$\omega_n=\sqrt{\frac{k_{eq}}{m}}=\sqrt{\frac{k_1k_2}{m(k_1+k_2)}}$$

由此可知，当两个弹簧串联时，其等效弹簧刚性系数的倒数等于该两个弹簧刚性系数的倒数的和。该结论可推广至多个弹簧串联的情况。

18-8

【例 18-1】 图 18-9 所示一槽型钢悬臂梁，其自由端安装一质量为 m 的电机，钢的弹性模量为 E，梁截面对中性轴的惯性矩为 I_y，梁长为 l，不计梁的质量，求系统的振动规律。

解 因不计梁的质量，故系统可简化为一弹簧质量系统，梁对电机的作用相当于一弹簧，其静挠度相当于弹簧的静变形，则梁的刚性系数 $k=\dfrac{mg}{\delta_{st}}$，电机在梁上振动时，所受的力有重力 mg 和梁的弹性力 $\boldsymbol{F}$，若取其静平衡位置为坐标原点，x 轴指向铅直向下，可列出运动微分方程为

$$m\ddot{x}=mg-k(\delta_{st}+x)=-kx$$

设 $\omega_n^2=\dfrac{k}{m}$，则上式改写为

$$\ddot{x}+\omega_n^2x=0$$

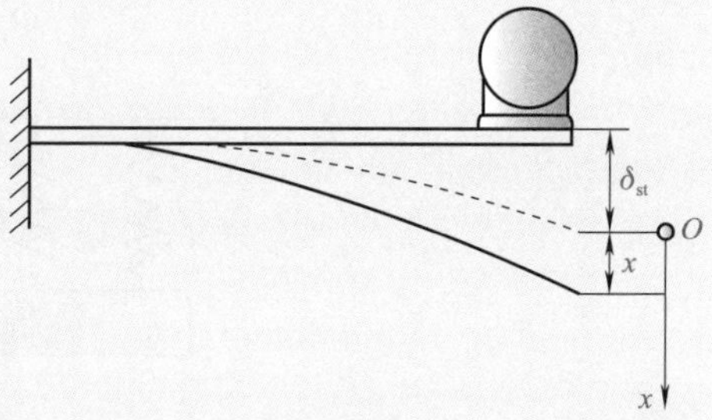

图 18-9

振动微分方程的解为 $x=A\sin(\omega_nt+\alpha)$

固有频率为

$$\omega_n=\sqrt{\frac{k}{m}}=\sqrt{\frac{g}{\delta_{st}}}$$

根据材料力学悬臂梁挠度公式，在 mg 静力作用下，自由端 A 的静挠度

18-9

$$\delta_{st}=\frac{mgl^3}{3EI_y}$$

则
$$\omega_n=\sqrt{\frac{g}{\delta_{st}}}=\sqrt{\frac{3EI_y}{ml^3}}$$

若设初瞬时（$t=0$）电机在未变形梁的自由端，其坐标 $x_0=-\delta_{st}=-\dfrac{mgl^3}{3EI_y}$，电机初速度 $\dot{x}=0$，则电机振幅 $A=\sqrt{{x_0}^2+\dfrac{{\dot{x}_0}^2}{\omega_n^2}}=\dfrac{mgl^3}{3EI_y}$，初相位 $\alpha=\arctan\dfrac{kx_0}{\dot{x}_0}=\arctan(-\infty)=\dfrac{3\pi}{2}$，则系统的自由振动规律为

$$x=\frac{mgl^3}{3EI_y}\sin\left(\sqrt{\frac{3EI_y}{ml^3}}t+\frac{3}{2}\pi\right)$$

【例 18-2】　倒置摆由质量为 m 的小球和长为 l 的刚性杆 OA 组成，可绕 O 轴在铅直平面内摆动，支撑杆的两水平弹簧到 O 点的距离为 a，弹簧刚度为 k，杆和弹簧质量可以忽略不计。试建立系统自由振动微分方程，并求系统的固有频率。

解　倒置摆在振动时，摆若偏离平衡位置一个微小角度 φ（图 18-10），则因两侧安置的水平弹簧相当于并联弹簧，其等效刚度为 $2k$，所以弹性力 $F=2ka\varphi(\sin\varphi\approx\varphi)$。

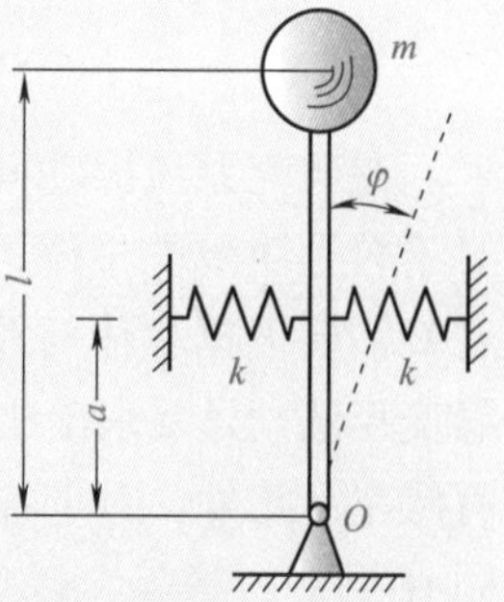

图 18-10

18-10

根据刚体定轴转动微分方程可建立系统的振动微分方程

$$ml^2\ddot{\varphi}=mgl\varphi-2ka^2\varphi$$

整理后得振动微分方程为　$$\ddot{\varphi}+\left(\frac{2ka^2}{ml^2}-\frac{g}{l}\right)\varphi=0$$

而系统的固有频率为　$$\omega_n=\sqrt{\frac{2ka^2}{ml^2}-\frac{g}{l}}$$

【例 18-3】　如图 18-11(a)所示系统。设轮子无侧向摆动，且轮子与绳子间无滑动，不计绳子和弹簧的质量，轮子是均质的，半径为 R，质量为 M，所悬重物质量为 m。试列出系统微幅振动微分方程，求出其固有频率。

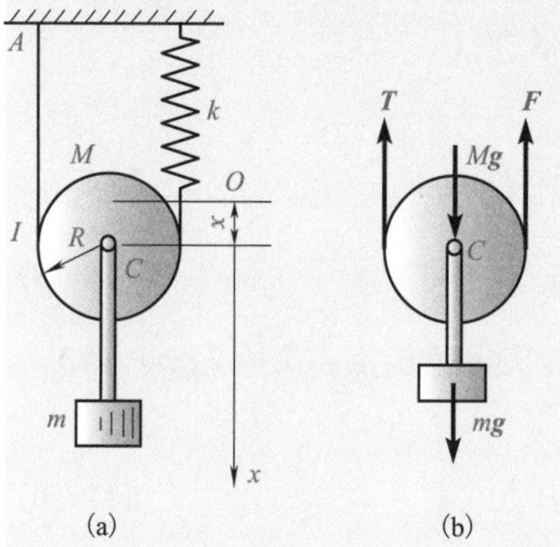

图 18-11

18-11

解　取轮心的静平衡位置为坐标原点，x 轴铅直向下。当轮心有向下的位移 x 时，系统受力如图 18-11(b)所示。其中有轮的重力 $M\boldsymbol{g}$、重物的重力 $m\boldsymbol{g}$、绳子的张力 $\boldsymbol{T}$、弹簧的弹性力 $\boldsymbol{F}$。平衡时有

$$(M+m)gR=k\delta_{st}\cdot 2R$$

故弹簧的静变形为　$$\delta_{st}=\frac{(M+m)g}{2k}$$

弹簧的弹性力为　$$F=k(\delta_{st}+2x)=\frac{(M+m)g}{2}+2kx$$

应用动量矩定理建立运动微分方程。系统对 A 点的动量矩为

$$L_A = m\dot{x}R + M\dot{x}R + \frac{1}{2}MR^2\frac{\dot{x}}{R} = \left(\frac{3}{2}M + m\right)R\dot{x}$$

所有外力对 A 点之矩为

$$\sum m_A(\boldsymbol{F}^e) = (M+m)gR - F\cdot 2R = -4kxR$$

由质点系的动量矩定理 $\frac{\mathrm{d}L_A}{\mathrm{d}t} = \sum m_A(\boldsymbol{F}^e)$，则有

$$\frac{3}{2}(M+m)R\ddot{x} = -4kxR$$

整理后得振动微分方程为

$$\ddot{x} + \frac{8k}{3M+2m}x = 0$$

因此，固有频率为

$$\omega_n = \sqrt{\frac{8k}{3M+2m}}$$

18.2 求系统固有频率的方法

在研究系统振动问题时，确定系统的固有频率具有很重要的意义。由前面的讨论可知，对于较为简单的系统，确定其固有频率最通常的方法，是通过建立运动微分方程来实现的。这就需要根据具体问题的性质，采用不同的形式来建立运动微分方程。而采用较多的方法是静变形法，只要求出集中质量在全部重力作用下的静变形 δ_{st}，再代入式(18-15)，即可求出固有频率；此外，对于各种形式的弹簧并联和串联系统，可先求出其等效刚度 k_{eq}，再由公式求固有频率，等等。以上各种方法对解决较简单的振动问题是适用的。

下面，我们重点介绍另外一种计算固有频率的方法，即能量法。能量法是从机械能守恒定律出发，对于计算较复杂的振动系统固有频率来得更为简便的一种方法。

如图 18-4 所示的无阻尼振动系统，系统做自由振动，物块的运动为简谐运动，前面已求出其运动规律和速度为

$$x = A\sin(\omega_n t + \alpha), \quad \dot{x} = A\omega_n\cos(\omega_n t + \alpha)$$

在某瞬时 t，系统的动能和势能分别为

$$T = \frac{1}{2}m\dot{x}^2 = \frac{1}{2}mA^2\omega_n^2\cos^2(\omega_n t + \alpha)$$

$$U = \frac{1}{2}k[(x+\delta_{\mathrm{st}})^2 - {\delta_{\mathrm{st}}}^2] - mgx \tag{18-18}$$

式(18-18)为系统弹性势能与重力势能之和，且知平衡位置 O 为零势能点。又因为 $mg = k\delta_{\mathrm{st}}$，代入式(18-18)则有

$$U = \frac{1}{2}kx^2 = \frac{1}{2}kA^2\sin^2(\omega_n t + \alpha) \tag{18-19}$$

当物块经过平衡位置时，势能 $U = 0$，而其速度最大，因而此时有最大的动能为

$$T_{\max} = \frac{1}{2}m\omega_n^2A^2 \tag{18-20}$$

当物块达到最大位移 $x = \pm A$ 时，动能 $T = 0$，此时系统有最大的势能为

$$U_{\max} = \frac{1}{2}kA^2 \tag{18-21}$$

在无阻尼自由振动中，系统仅受重力和恢复力作用，它们都是有势力，因此振动系统是保守系统，系统的机械能守恒，即有

$$T + U = \text{常量} \tag{18-22}$$

物块在平衡位置时，系统的势能为零，其动能为 $T_{\max}$ 就是全部机械能。而当物块达到最大位移时，系统的动能为零，其势能为 $U_{\max}$ 就是全部机械能。由机械能守恒定律式(18-22)，有

$$T_{\max} = U_{\max}$$

即

$$\frac{1}{2}m\omega_n^2 A^2 = \frac{1}{2}kA^2$$

所以有系统的固有频率为

$$\omega_n = \sqrt{\frac{k}{m}} \tag{18-23}$$

这就是计算固有频率的能量法，下面举例说明能量法的应用。

【例 18-4】 测振仪如图 18-12 所示。已知物块质量为 m，下端由刚度为 k_1 的弹簧支持，上端铰接在直角曲杆 AOB 的 B 点，杠杆与外壳之间通过刚度为 k_2 的弹簧相连，曲杆对 O 点的转动惯量为 I_0，试求系统的固有频率。

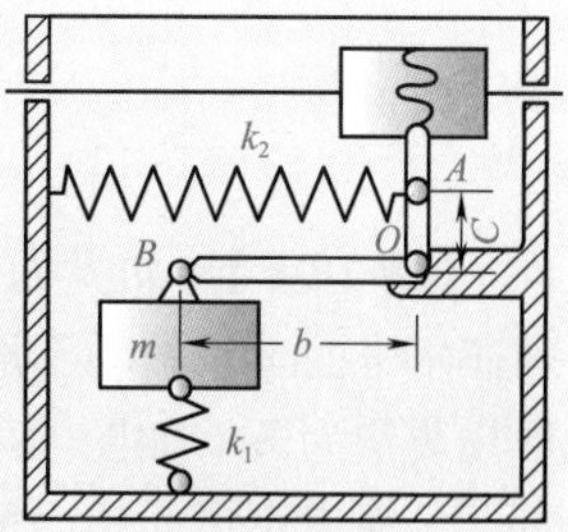

图 18-12

18-12

解 设 OB 水平时为平衡位置，B 为坐标原点，x 轴铅直向下，在静平衡位置，物块有最大的速度 $\dot{x}_{\max}$，杠杆 AOB 的角速度为 $\frac{\dot{x}_{\max}}{b}$，于是在平衡位置时系统最大动能为

$$T_{\max} = \frac{1}{2}m\dot{x}_{\max}^2 + \frac{1}{2}I_0\left(\frac{\dot{x}_{\max}}{b}\right)^2 \tag{1}$$

当系统有最大位移时，设物块的铅垂位移为 $x_{\max}$，弹簧 k_2 的变形为 $\frac{c}{b}x_{\max}$，系统最大势能为

$$U_{\max} = \frac{1}{2}k_1 x_{\max}^2 + \frac{1}{2}k_2\left(\frac{c}{b}\right)^2 x_{\max}^2 \tag{2}$$

又设 $x = A\sin(\omega_n t + \alpha)$，则有

$$x_{\max} = A, \quad \dot{x}_{\max} = A\omega_n$$

则系统最大动能和最大势能可分别表示为

$$T_{\max} = \frac{1}{2}\omega_n^2 A^2\left(m + \frac{I_0}{b^2}\right), \quad U_{\max} = \frac{1}{2}A^2\left[k_1 + k_2\left(\frac{c}{b}\right)^2\right]$$

由 $T_{\max} = U_{\max}$ 解得

$$\omega_n = \sqrt{\frac{k_1 b^2 + k_2 c^2}{mb^2 + I_0}}$$

【例 18-5】 图 18-13 所示均质杆 AB，质量为 M，长为 l，B 端刚性连接一质量为 m 的物体，其大小不计，杆 AB 在 A 端铰支。两弹簧刚度均为 k，尺寸如图 18-13 所示。求系统的固有频率和微幅振动周期。

解 设 AB 水平时为平衡位置，取 AB 偏离平衡位置的转角 φ 为广义坐标，杆 AB 运动至

平衡位置时，系统有最大的角速度$\dot{\varphi}_{\max}$，系统此时最大的动能为

$$T_{\max}=\frac{1}{2}I_A\dot{\varphi}_{\max}^2$$

当系统有最大角位移时，系统的最大势能为

$$U_{\max}=\frac{1}{2}k\left(\frac{l}{4}\varphi_{\max}\right)^2+\frac{1}{2}k\left(\frac{l}{2}\varphi_{\max}\right)^2=\frac{5}{32}kl^2\varphi_{\max}^2$$

又设$\varphi=\Phi\sin(\omega_n t+\alpha)$则有

$$\varphi_{\max}=\Phi,\quad \dot{\varphi}_{\max}=\Phi\omega_n$$

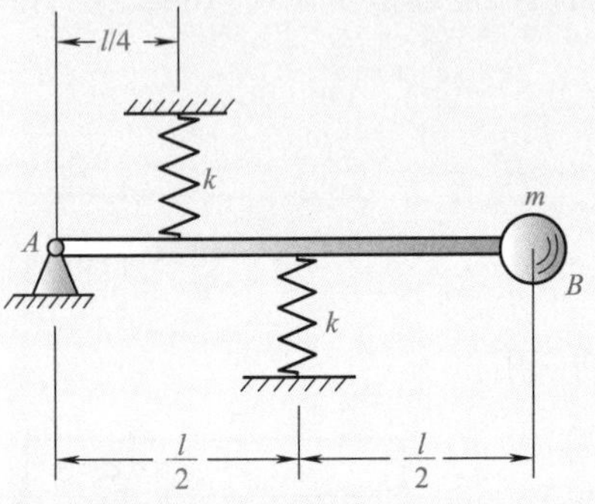

图 18-13

18-13

则系统的最大动能和最大势能可分别表示为

$$T_{\max}=\frac{1}{2}I_A\omega_n^2\Phi^2=\frac{1}{2}\left(\frac{1}{3}M+m\right)l^2\omega_n^2\Phi^2$$

$$U_{\max}=\frac{5}{32}kl^2\Phi^2$$

由$T_{\max}=U_{\max}$解得 $\omega_n=\frac{1}{4}\sqrt{\frac{15k}{M+3m}}$

而微振动周期为 $T=\frac{2\pi}{\omega_n}=8\pi\sqrt{\frac{M+3m}{15k}}$

【例 18-6】 质量为M、大轮半径为R、小轮半径为r的鼓轮，其对轮心的回转半径为ρ，可在水平面上只滚动不滑动。弹簧的刚度为k_1、k_2，重物质量为m，如图 18-14 所示。不计轮D和弹簧质量，且绳索不可伸长。求系统微振动的固有频率。

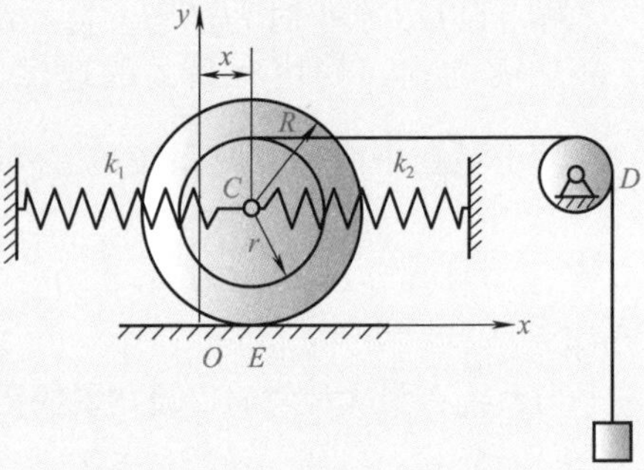

图 18-14

18-14

解 取静平衡位置O为坐标原点，取C偏离平衡位置x为广义坐标，轮心运动至平衡位置时速度有最大值$\dot{x}_{\max}$，系统此时最大的动能为

$$T_{\max}=\frac{1}{2}M(\dot{x}_{\max})^2+\frac{1}{2}M\rho^2\left(\frac{\dot{x}_{\max}}{R}\right)^2+\frac{1}{2}m\left(\frac{R+r}{R}\dot{x}_{\max}\right)^2$$

$$=\frac{1}{2R^2}[M(\rho^2+R^2)+m(R+r)^2]\dot{x}_{\max}^2$$

当轮心有最大位移$x_{\max}$时，系统有最大势能为

$$U_{\max}=\frac{1}{2}(k_1+k_2)[(x_{\max}+\delta_{st})^2-\delta_{st}^2]-mg\frac{R+r}{R}x_{\max}$$

式中，$\delta_{st}=\frac{mg(R+r)}{(k_1+k_2)R}$。即有

$$U_{\max}=\frac{1}{2}(k_1+k_2)x_{\max}^2$$

设$x=A\sin(\omega_n t+\alpha)$，则有

$$x_{\max}=A,\quad \dot{x}_{\max}=A\omega_n$$

系统最大动能和最大势能可分别表示为

$$T_{\max}=\frac{1}{2R^2}[M(\rho^2+R^2)+m(R+r)^2]\omega_n^2A^2,\quad U_{\max}=\frac{1}{2}(k_1+k_2)A^2$$

根据 $T_{\max}=U_{\max}$ 解得

$$\omega_n=\sqrt{\frac{(k_1+k_2)R^2}{M(\rho^2+R^2)+m(R+r)^2}}$$

18.3 单自由度系统的有阻尼自由振动

18.3.1 阻尼的概念

在前面的讨论中曾假定振动系统除受有恢复力作用外，不再受其他力的作用。因此，当物体由于初干扰离开平衡位置后，将在平衡位置附近按固有频率做简谐运动。由于机械能保持不变，振动过程将随时间无限地进行下去。但是，这个结论与实际情况是不一致的，实际的振动系统总是存在着某种影响振动的阻力，由于这种阻力的存在，能量一定会被逐渐消耗，使振幅减小，直到完全停止振动。

在振动的过程中，系统所受的阻力称为阻尼。产生阻尼的原因很多，如系统在介质中振动时的介质阻尼，由于接触处的摩擦而产生的干摩擦阻尼，由于材料的变形而形成的内阻尼等。有时还会有几种阻力同时作用，情况较为复杂。但在很多情况下，当振动物体速度不大时，由于介质黏性引起的阻尼可以认为阻力与速度的一次方成正比，这种阻尼称为黏性阻尼。设振动质点的运动速度为 $\boldsymbol{v}$，则黏性阻尼力 $\boldsymbol{R}$ 可以表示为

$$\boldsymbol{R}=-c\boldsymbol{v} \tag{18-24}$$

应用时采用投影式，例如，向 x 轴投影，则有

$$R_x=-c\dot{x} \tag{18-25}$$

式中，比例常数 c 为黏性阻尼系数，简称阻尼系数，负号表示阻力与速度的方向相反。当物体沿润滑了的表面滑动，或物体在流体中低速运动时所遇到的阻力都属于这一类情况。

在振动系统中存在着黏性阻尼时，我们经常用一个阻尼器力学模型来表示它，如图 18-15 所示，这个符号表示阻尼元件，符号旁的 c 表示阻尼系数。一般的振动系统都由惯性元件（m）、弹性元件（k）和阻尼元件（c）组成。

18.3.2 有阻尼自由振动微分方程及其解

图 18-15 表示一个有黏性阻尼的弹簧质量系统，下面建立其运动微分方程。系统受力有自身的重力，但重力是常力，对振动特性无影响，建立振动微分方程时可以不计重力作用。在振动过程中物块受力还有弹性恢复力 $\boldsymbol{F}$，方向指向平衡位置 O，其在 x 轴上投影为 F_x，且 $F_x=-kx$；此外，还有黏性阻尼力 $\boldsymbol{R}$，方向与速度方向相反，大小与速度成正比，其在 x 轴上投影为 R_x，且 $R_x=-c\dot{x}$。

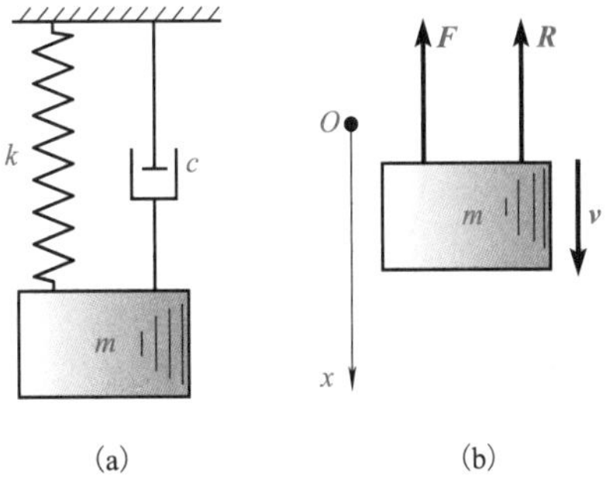

图 18-15

18-15

因此，物块的运动微分方程为

$$m\ddot{x}=-kx-c\dot{x}$$

将上式两端除以 m，且设

$$\omega_n^2 = \frac{k}{m}, \quad n = \frac{c}{2m} \tag{18-26}$$

前式整理后，可得

$$\ddot{x} + 2n\dot{x} + \omega_n^2 x = 0 \tag{18-27}$$

式(18-27)即为有阻尼自由振动微分方程的标准形式，这仍是一个二阶齐次常系数线性微分方程，它具有如下形式的解

$$x = \mathrm{e}^{rt}$$

将其代入式(18-27)，得特征方程为

$$r^2 + 2nr + \omega_n^2 = 0 \tag{18-28}$$

该方程的两个根为$r_1 = -n + \sqrt{n^2 - \omega_n^2}$，$r_2 = -n - \sqrt{n^2 - \omega_n^2}$，因此方程(18-27)的通解为

$$x = c_1 \mathrm{e}^{r_1 t} + c_2 \mathrm{e}^{r_2 t} \tag{18-29}$$

在式(18-29)中，特征根为实数和复数时，运动规律有很大的不同。即对不同的n值，微分方程通解的形式将不同，现分别进行讨论。

1. 小阻尼情形

当$n < \omega_n$时，由式(18-26)知，阻尼系数$c < 2\sqrt{mk}$，这时阻尼较小，称为小阻尼情形。此时，r_1与r_2是两个共轭复根，即

$$r_1 = -n_1 + \mathrm{i}\sqrt{\omega_n^2 - n^2}, \quad r_2 = -n_1 - \mathrm{i}\sqrt{\omega_n^2 - n^2}$$

式(18-29)的通解形式变为

$$x = \mathrm{e}^{-nt}\left(c_1 \cos\sqrt{\omega_n^2 - n^2}\,t + c_2 \sin\sqrt{\omega_n^2 - n^2}\,t\right) \tag{18-30}$$

将$c_1 = A\sin\alpha$、$c_2 = A\cos\alpha$代入式(18-30)后，得

$$x = A\mathrm{e}^{-nt}\sin\left(\sqrt{\omega_n^2 - n^2}\,t + \alpha\right) \tag{18-31}$$

或

$$x = A\mathrm{e}^{-nt}\sin(\omega_d t + \alpha) \tag{18-32}$$

式中，A和α为两个积分常数，由运动初始条件确定，$\omega_d = \sqrt{\omega_n^2 - n^2}$称为有阻尼自由振动的圆频率。

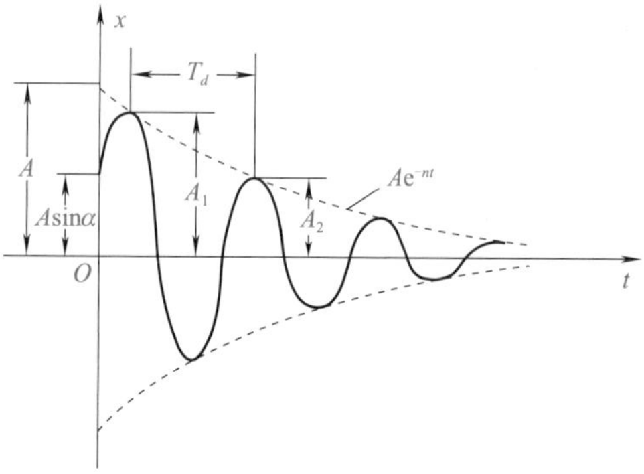

图 18-16

18-16

设$t = 0$时，$x = x_0$，$\dot{x} = \dot{x}_0$，代入式(18-31)，可确定有阻尼自由振动中的振幅和初相位，即

$$A = \sqrt{x_0^2 + \frac{(\dot{x}_0 + nx_0)^2}{\omega_n^2 - n^2}} \tag{18-33}$$

$$\alpha = \arctan\frac{x_0\sqrt{\omega_n^2 - n^2}}{\dot{x}_0 + nx_0} \tag{18-34}$$

式(18-31)或式(18-32)就是小阻尼条件下自由振动的规律，其运动图如图 18-16 所示。

在式(18-31)中，$\sin\left(\sqrt{\omega_n^2 - n^2}\,t + \alpha\right)$的值只能在±1之间变化，物块的坐标$x$就只限于在$\pm A\mathrm{e}^{-nt}$两条曲线所包含的范围内，这时的振动已不再是等幅的了，随着时间的增加，振动将逐渐衰减，将这种振动称为**衰减振动**。由此可见，在$n < \omega$的情形下，振动具有衰减的特性。而小阻

尼对自由振动的影响表现为两个方面。

1) 振动周期变大，频率减小

衰减振动已不再是周期运动，但是物块在运动过程中 x 坐标反复地改变着符号，所以有振动的性质。为了研究问题的方便，将质点从一个最大偏离位置到下一个最大偏离位置所需的时间称为衰减振动的周期，记为 T_d，由式(18-31)知

$$T_d = \frac{2\pi}{\omega_d} = \frac{2\pi}{\sqrt{\omega_n^2 - n^2}} \tag{18-35a}$$

或记为

$$T_d = \frac{2\pi}{\omega_n\sqrt{1-\left(\dfrac{n}{\omega_n}\right)^2}} = \frac{2\pi}{\omega_n\sqrt{1-\zeta^2}} \tag{18-35b}$$

其中

$$\zeta = \frac{n}{\omega_n} = \frac{c}{2\sqrt{mk}} \tag{18-36}$$

ζ 称为阻尼比，在小阻尼的情况下，$\zeta<1$。由式(18-35b)可以得到有阻尼自由振动的周期 T_d、频率 f_d 和圆频率 ω_d 与相应的无阻尼自由振动的 T、f 和 ω_n 的关系为

$$T_d = \frac{T}{\sqrt{1-\zeta^2}} \tag{18-37}$$

从而有

$$f_d = f\sqrt{1-\zeta^2} \tag{18-38}$$

$$\omega_d = \omega_n\sqrt{1-\zeta^2} \tag{18-39}$$

由以上三式可以看到，由于阻尼的作用，振动的周期增大了，相应地频率变小了。然而衰减振动是发生在小阻尼情况，一般 $n \ll \omega_n$，所以对周期影响不大，例如，当 $n=0.03\omega_n$ 时，$T_d = 1.00045T$，即周期仅仅增加了 0.045%，一般这种影响不计，可以认为 $\omega_d=\omega_n$，$T_d = T$。

2) 振幅按几何级数衰减

衰减振动的振幅，即在每次往复运动中，质点距离振动中心的最大偏离值可近似认为

$$A_d = A\mathrm{e}^{-nt}$$

设在某瞬时 t_i，振幅为 A_i，则有

$$A_i = A\mathrm{e}^{-nt_i}$$

经过一个周期 T_d，其振幅为 A_{i+1}，则有

$$A_{i+1} = A\mathrm{e}^{-n(t_i+T_d)}$$

则该相邻两次振幅之比为

$$\frac{A_i}{A_{i+1}} = \frac{A\mathrm{e}^{-nt_i}}{A\mathrm{e}^{-n(t_i+T_d)}} = \mathrm{e}^{nT_d} \tag{18-40}$$

该比值称为**振幅减缩率**。如仍以 $n=0.03\omega_n$ 为例，可算得

$$\mathrm{e}^{nT_d} = \mathrm{e}^{0.06\pi} = 1.207, \qquad A_{i+1} = \frac{A_i}{1.207} = 0.828A_i$$

即每振动一次，振幅就减小了 17.2%。因而可知，任意两个相邻振幅之比为一常数，所以衰减振动的振幅按几何级数衰减。

振幅减缩率的自然对数称为**对数减缩率**，以 δ 表示，则有

$$\delta = \ln \frac{A_i}{A_{i+1}} = \ln e^{nT_d} = nT_d \tag{18-41}$$

将式(18-35b)和式(18-36)代入式(18-41)，可以建立对数减缩率与阻尼比的关系式

$$\delta = \frac{2\pi\zeta}{\sqrt{1-\zeta^2}} \approx 2\pi\zeta \tag{18-42}$$

式(18-42)表明，对数减缩率δ是阻尼比ζ的2π倍，因此δ也是反映阻尼特性的一个参数。

2. 临界阻尼情形

当$n=\omega_n(\zeta=1)$时，称为临界阻尼情形。此时，系统的阻尼系数用c_c表示，c_c称为临界阻尼系数。由式(18-36)可知

$$c_c = 2\sqrt{mk} \tag{18-43}$$

在临界阻尼情况下，特征方程的根是两个相等的实根，即$r_1=r_2=-n$，式(18-27)的通解为

$$x = e^{-nt}(C_1 + C_2 t) \tag{18-44}$$

当$t=0$时，$x=x_0$，$\dot{x}=\dot{x}_0$，代入式(18-44)可确定两个积分常数，$C_1=x_0$，$C_2=\dot{x}_0+nx_0$，则式(18-44)可写为

$$x = e^{-nt}[x_0 + (\dot{x}_0 + nx_0)t] \tag{18-45}$$

从式(18-44)可知，这时物体的运动是随时间的增长而无限地趋向平衡位置，因此，运动已不具备振动的特性。图18-17所示为相同的x_0及不同的$\dot{x}_0$临界阻尼下的运动图。

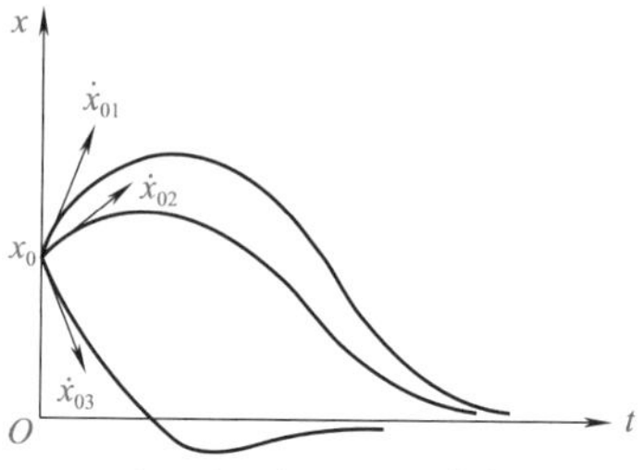

$\dot{x}_{01}>\dot{x}_{02}$；$\dot{x}_{03}<0$，$|\dot{x}_{03}|$较大

图 18-17

3. 过阻尼(大阻尼)情形

当$n>\omega_n(\zeta>1)$时，称为过阻尼情形。此时阻尼系数$c>c_c$。在该种情况下，特征方程有两个不等的实根，且都为负值，即

$$r_1 = -n + \sqrt{n^2-\omega_n^2}, \quad r_2 = -n - \sqrt{n^2-\omega_n^2}$$

则微分方程(18-27)的通解为

$$x = e^{-nt}\left(C_1 e^{\sqrt{n^2-\omega_n^2}\,t} + C_2 e^{\sqrt{n^2-\omega_n^2}\,t}\right) \tag{18-46}$$

其中，C_1、C_2为两个积分常数，由运动初始条件确定。将$t=0$，$x=x_0$，$\dot{x}=\dot{x}_0$代入式(18-46)，可得

$$C_1 = \frac{\dot{x}_0 + (n+\sqrt{n^2-\omega_n^2})x_0}{2\sqrt{n^2-\omega_n^2}}, \quad C_2 = \frac{(-n+\sqrt{n^2-\omega_n^2})x_0 - \dot{x}_0}{2\sqrt{n^2-\omega_n^2}}$$

显然方程(18-46)所示规律已不是周期性的了，而且随时间增大，x逐渐趋于零，运动也不具备振动特性。其运动图与图18-17相似。

【例 18-7】 如图18-18所示弹簧质量阻尼系统。物块重$W=150\text{N}$，此时弹簧静变形为1cm。系统在衰减振动过程中，经过20个周期，振幅由0.8cm减为0.16cm，求阻尼系数c。

解 由式(18-40)得

$$\frac{A_1}{A_{21}} = (e^{nT_d})^{20}$$

即

$$\frac{0.8}{0.16} = (e^{\zeta\omega_n T_d})^{20}$$

两边取自然对数，则有

$$\ln 5 = 20\zeta\omega_n T_d$$

由于振动衰减很慢，ζ 值很小，所以

$$\ln 5 = 20\zeta\omega_n T_d = \frac{20\zeta\omega_n 2\pi}{\omega_n\sqrt{1-\zeta^2}} \approx 40\pi\zeta$$

图 18-18

18-18

而

$$\zeta = \frac{c}{c_c} = \frac{c}{2\sqrt{km}} = \frac{c}{2\sqrt{\dfrac{W}{\delta_{st}}\cdot\dfrac{W}{g}}}$$

从而有

$$c = \zeta\cdot 2\sqrt{\frac{W^2}{\delta_{st}g}} = \frac{\ln 5}{40\pi}\cdot 2\sqrt{\frac{150^2}{1\times 980}} = 0.122(\mathrm{N\cdot s/cm})$$

【例 18-8】 如图 18-19 所示减振系统中，已知 $k = 87.5\mathrm{N/cm}$，$m = 22.7\mathrm{kg}$，$c = 3.5\mathrm{N\cdot s/cm}$，系统开始静止。在给物块 m 一个冲击以后，它以初速度 $v_0 = 12.7\mathrm{cm/s}$ 沿 x 轴正向运动，试求该系统衰减振动周期 T_d 和对数减缩率 δ 及物块离开平衡位置的最大距离 $x_{\max}$。

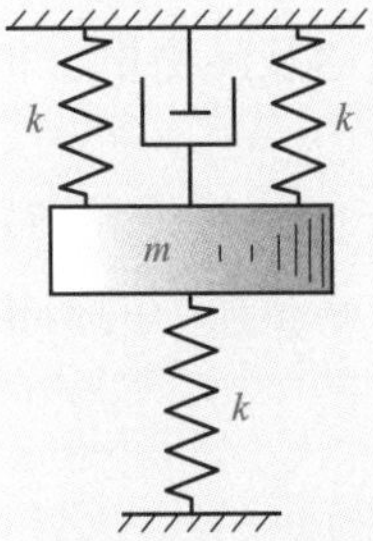

图 18-19

18-19

解　系统的固有频率为

$$\omega_n = \sqrt{\frac{k_{eq}}{m}} = \sqrt{\frac{3\times 87.5\times 100}{22.7}} = 34.0(\mathrm{rad/s})$$

临界阻尼系数为

$$c_c = 2\sqrt{mk_{eq}} = 2m\omega_n = 2\times 22.7\times 34 = 1543(\mathrm{N\cdot s/m}) = 15.43(\mathrm{N\cdot s/cm})$$

阻尼比为

$$\zeta = \frac{c}{c_c} = \frac{3.5}{15.43} = 0.227$$

得衰减振动周期为

$$T_d = \frac{2\pi}{\omega_n\sqrt{1-\zeta^2}} = \frac{2\pi}{34\sqrt{1-0.227^2}} = 0.19(\mathrm{s})$$

对数减缩率为

$$\delta = nT_d = \zeta\omega_n T_d = 0.227\times 34\times 0.19 = 1.47$$

物块偏离平衡位置的最大距离 $x_{\max}$ 发生在 $\sin(\omega_d t+\alpha)=1$ 的第一个瞬时 t_1，此时 $x_{\max} = A\mathrm{e}^{-nt_1}$，于是有

$$\omega_d t_1 + \alpha = \frac{\pi}{2}$$

由题意知，$t=0$，$x_0=0$，$\dot{x}_0 = 12.7\mathrm{cm/s}$，则由式(18-34)有 $\alpha = \arctan\dfrac{x_0\sqrt{\omega_n^2-n^2}}{\dot{x}_0+nx_0} = 0$，得

$$t_1 = \frac{\pi}{2\omega_d} = \frac{\pi}{2\sqrt{\omega_n^2-n^2}} = \frac{\pi}{2\omega_n\sqrt{1-\xi^2}} = \frac{\pi}{2\times 34\times 0.974} = 0.047(\mathrm{s})$$

又

$$n = \frac{c}{2m} = \frac{350}{2\times 22.7} = 7.71(1/\mathrm{s})$$

因此

$$nt_1 = 0.365$$

再由式(18-33)得

$$A = \frac{\dot{x}_0}{\sqrt{\omega_n^2-n^2}} = \frac{12.7}{33.1} = 0.384(\mathrm{cm})$$

于是得物块偏离平衡位置最大距离

$$x_{\max} = A\mathrm{e}^{-nt_1} = 0.384\cdot\mathrm{e}^{-0.365} = 0.267(\mathrm{cm})$$

18.4 单自由度系统的无阻尼强迫振动

第 18.3 节研究了有阻尼的自由振动。由于阻尼的影响，振幅按几何级数衰减，经过较短的时间，振动就完全停止了，这是由于没有外界能量输入的原因。在工程实际中，有很多振动系统由于受到外界激振力的作用而做持续的振动。这种**在外加激振力作用下的振动称为强迫振动**。例如，偏心电机在基础上的振动，机器运转时或在地震荷载的作用下厂房和基础的振动等。在工程实际中能够加以应用或力图消除和防止的也常是这种振动。

作用在系统的外界激振力有的随时间作周期性变化，有的作非周期性变化。周期性变化的激振力是工程实际中较多见的，一般往复式机械、回转机械等都会引起周期性变化的激振力；而地震荷载、风荷载、冲击荷载等都属非周期性变化的激振力。

简谐激振力是一种典型的周期性变化的激振力，在它的作用下的强迫振动是最简单、也是最基本的强迫振动。简谐激振力可表示为

$$S = H\sin(\omega t+\delta) \tag{18-47}$$

式中，H 称为激振力的**力幅**，即激振力的最大值；ω 是激振力的圆频率；δ 是激振力的初相位。它们都是定值。

18.4.1 无阻尼强迫振动微分方程及其解

18-20

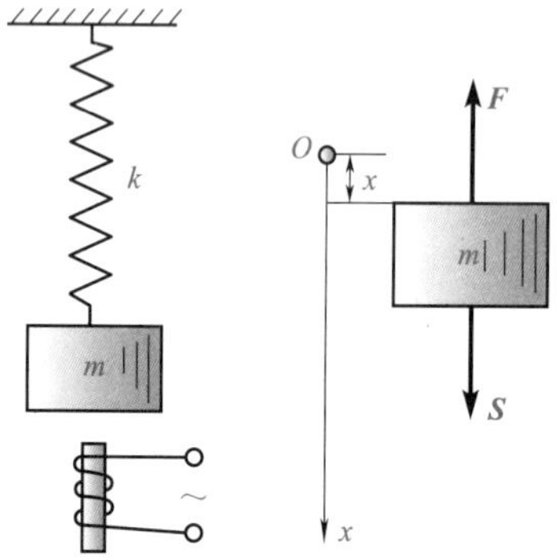

图 18-20

如图 18-20 所示弹簧质量系统，设物块的质量为 m，弹簧刚度系数为 k。取物块静平衡位置 O 为坐标原点，x 轴铅直向下，物块在振动过程中所受力有弹性恢复力 $\boldsymbol{F}$ 和激振力 $\boldsymbol{S}$，恢复力 $\boldsymbol{F}$ 在 x 轴上投影为

$$F_x = -kx$$

$\boldsymbol{S}$ 为简谐激振力，它在 x 轴上的投影为

$$S_x = H\sin(\omega t+\delta)$$

物块的运动微分方程为

$$m\ddot{x} = -kx + H\sin(\omega t+\delta)$$

如果设

$$\omega_n^2 = \frac{k}{m},\quad h=\frac{H}{m} \tag{18-48}$$

则可得

$$\ddot{x}+\omega_n^2 x = h\sin(\omega t+\delta) \tag{18-49}$$

式(18-49)为无阻尼强迫振动微分方程的标准形式，是一个二阶常系数非齐次线性微分方程，其解由两部分组成，即

$$x = x_1 + x_2$$

式中，x_1 是齐次方程 $\ddot{x}+\omega_n^2 x=0$ 的通解；x_2 是非齐次方程(18-49)的一个特解。由 18.1 节已求出齐次方程的通解

$$x_1 = A\sin(\omega t+\alpha)$$

设方程(18-49)的特解形式为

$$x_2 = b\sin(\omega t+\delta) \tag{18-50}$$

式中，b 是待定常数。为了确定该常数，将上式代入方程(18-49)得

$$-b\omega^2\sin(\omega t+\delta)+b\omega_n^2\sin(\omega t+\delta)=h\sin(\omega t+\delta)$$

由此消去任意的$\sin(\omega t+\delta)$，解得

$$b=\frac{h}{\omega_n^2-\omega^2} \tag{18-51}$$

将式(18-51)代入式(18-50)，则微分方程(18-49)的特解为

$$x_2=\frac{h}{\omega_n^2-\omega^2}\sin(\omega t+\delta) \tag{18-52}$$

特解x_2与齐次方程通解x_1之和，即为无阻尼强迫振动微分方程(18-49)的全解，即

$$x=A\sin(\omega_n t+\alpha)+\frac{h}{\omega_n^2-\omega^2}\sin(\omega t+\delta) \tag{18-53}$$

从式(18-53)可知，无阻尼强迫振动的运动规律是由两个谐振动合成的，第一部分谐振动是频率为固有频率的自由振动，第二部分谐振动是频率为激振力频率的强迫振动。由于实际上存在着阻尼，自由振动部分随时间增大将迅速衰减以至消失，系统的振动由第二部分谐振动决定，此时系统的运动称为稳态强迫振动。下面讨论稳态强迫振动的一些特性。

18.4.2 强迫振动的主要特性

(1) 从稳态强迫振动方程(18-52)可知，在简谐激振力作用下，单自由度系统强迫振动亦为简谐运动。

(2) 强迫振动的频率等于简谐激振力的频率，与振动系统的质量及刚度系数无关。

(3) 强迫振动的振幅的大小与运动初始条件无关，而与振动系统的固有频率、激振力的频率及激振力的力幅有关。下面研究强迫振动的振幅。由式(18-51)知：

① 若$\omega=0$，则激振力周期等于无穷，激振力为一恒力，设此时振幅为b_0，它表示弹簧在一个大小等于激振力力幅H的静力作用下的静变形，即有

$$b_0=\frac{h}{\omega_n^2}=\frac{H}{k} \tag{18-54}$$

② 若$\omega<\omega_n$，振幅b随ω增大而增大；当$\omega\to\omega_n$时，$b\to\infty$。

③ 若$\omega>\omega_n$，此时振幅为负值，振动的相位与激振力的相位相反，即相差180°。由于习惯上把振幅取为正值，则b取绝对值，即

$$|b|=\frac{h}{|\omega_n^2-\omega^2|}$$

这样，振幅b随ω的增大而减小；当$\omega=\sqrt{2}\omega_n$时，$b=b_0$；当$\omega\to\infty$时，$b\to 0$。

图 18-21 中的曲线表示了振幅b和激振力频率ω之间的关系。该曲线是以$\beta=\dfrac{b}{b_0}$为纵轴、$\lambda=\dfrac{\omega}{\omega_n}$为横轴所描绘的曲线，称为**振幅频率曲线**或**共振曲线**。其中β称为**振幅比**或**动力系数**(**放大系数**)，λ称为**频率比**。β和λ都是无量纲的量。

④ 共振现象。由图 18-21 可见，当$\omega=\omega_n$时，强迫振动振幅b在理论上应趋向无穷大，这种现象称为**共振**。实际上在这种情况下，式(18-52)所表示的特解失去了实际意义。根据微分方程理论可知，此时微分方程(18-49)的特解可表示为

$$x_2=Bt\cos(\omega_n t+\delta) \tag{18-55}$$

将式(18-55)代入微分方程(18-49)后，可得

$$B=-\frac{h}{2\omega_n}$$

再将 B 值代入后得到共振时的运动方程为

$$x_2=-\frac{h}{2\omega_n}t\cos(\omega_n t+\delta) \tag{18-56}$$

共振时强迫振动的振幅为

$$b=\frac{h}{2\omega_n}t \tag{18-57}$$

从式(18-57)可知，共振时强迫振动振幅随着时间的增加而无限增大。也就是共振时振幅的增大与系统在共振点($\omega=\omega_n$)停留的时间有关，如果在共振点停留的时间很短，则振幅不会立即变得很大。其运动图如图 18-22 所示。

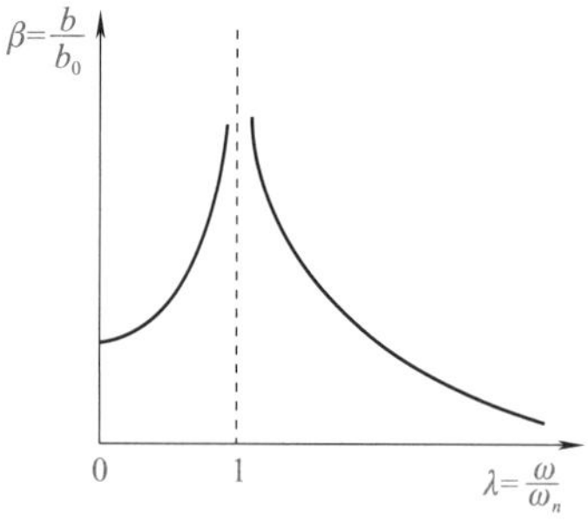

图 18-21

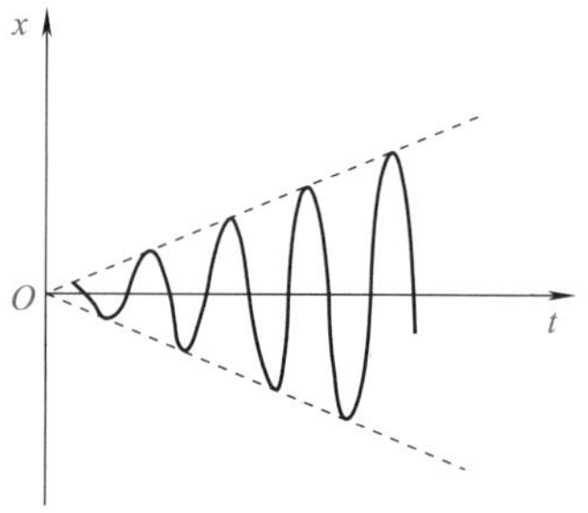

图 18-22

另一方面，由于实际系统存在着阻尼，振幅不可能无限增大，但共振时的振幅总是比一般情况下大得多，振动非常剧烈，往往使机械和结构物产生过大变形或发生破坏，如不预先防止，则极易在工程上造成危害。我们有时也利用共振现象，如共振筛、振动送料机、振动打夯机等，以提高工作效率。

【例 18-9】 质量为 m 的物块，悬挂在两个串联弹簧上，弹簧刚度分别为 k_1 和 k_2，激振力 $S=H\sin(\omega t)$，作用在两个串联弹簧的连接处。如图 18-23 所示，求物块的强迫振动。

解 取平衡位置为坐标原点，x 轴铅直向下，设物块偏离平衡位置 x 时，弹簧连接处也偏离原位置 x_1。由于物块重力 mg 是常力，不影响系统的振动规律，物块只在弹簧 k_2 的弹性力作用下运动。其弹性力在 x 轴上投影为 $F_x=-k_2(x-x_1)$。

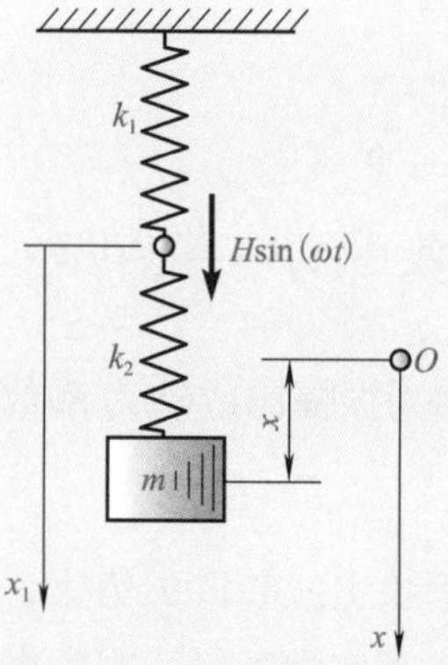

图 18-23

18-23

物块的运动微分方程为

$$m\ddot{x}=-k_2(x-x_1) \tag{1}$$

再在两弹簧连接处虚加一质量 m_0，且设 $m_0=0$，即有连接处的运动微分方程为

$$m_0\ddot{x}_1=-k_1x_1+H\sin(\omega t)+k_2(x-x_1) \tag{2}$$

由式(2)解出

$$x_1=\frac{k_2x+H\sin(\omega t)}{k_1+k_2} \tag{3}$$

将式(3)代入式(1)则有

$$m\ddot{x}=-k_2x+\frac{k_2^2x}{k_1+k_2}+\frac{k_2H\sin(\omega t)}{k_1+k_2}$$

将上式整理后得物块强迫振动微分方程为

$$\ddot{x}+\frac{k_1k_2}{m(k_1+k_2)}x=\frac{k_2H}{m(k_1+k_2)}\sin(\omega t) \tag{4}$$

其中

$$\omega_n^2=\frac{k_1k_2}{m(k_1+k_2)},\quad h=\frac{k_2H}{m(k_1+k_2)}$$

于是物块的振动方程为

$$x=\frac{h}{\omega_n^2-\omega^2}\sin(\omega t)$$

当 $\omega<\omega_n$ 时，有

$$x=\frac{k_2H}{k_1k_2-m\omega^2(k_1+k_2)}\sin(\omega t)$$

当 $\omega>\omega_n$ 时，有

$$x=\frac{k_2H}{m\omega^2(k_1+k_2)-k_1k_2}\sin(\omega t+\pi)$$

【例 18-10】　电动机装置固连在由弹簧支承的平台上，如图 18-24 所示。电机与平台总质量 $M=100\text{kg}$，弹簧当量刚度系数 $k=686000\text{N/m}$，电机转子质量 $m=1\text{kg}$，偏心距 $e=100\text{mm}$，电机转速 $n=2000\text{r/min}$。求平台做强迫振动时，平台受到弹簧的最大动反力。并求电机转速等于何值时系统将发生共振。

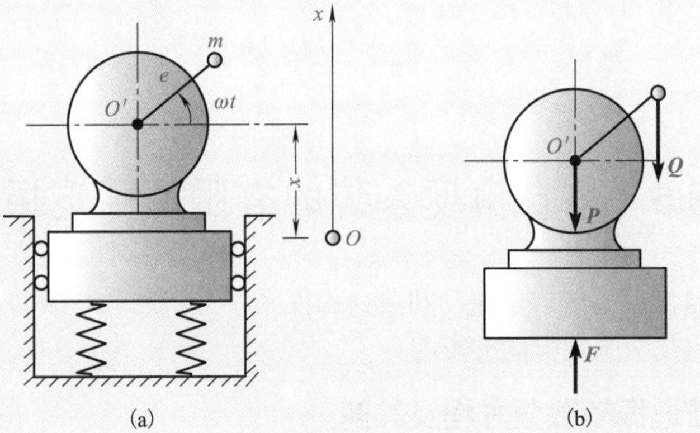

图 18-24

18-24

解　将电机与平台看成一质点系。以平衡位置为坐标原点，取 x 轴铅直向上。在任意位置 x 处，系统所受影响其运动规律的外力只有弹性力 $\boldsymbol{F}$，其在 x 轴上的投影为 $F_x=-kx$。

系统的动量在 x 轴上的投影为

$$K_x=(M-m)\dot{x}+m(\dot{x}+e\omega\cos(\omega t))=M\dot{x}+me\omega\cos(\omega t)$$

由质点系动量定理可知 $\dfrac{\mathrm{d}K_x}{\mathrm{d}t}=\sum X^e$，则可得

$$M\ddot{x}-me\omega^2\sin(\omega t)=-kx$$

将上式整理即得电机与平台的运动微分方程

$$\ddot{x}+\frac{k}{M}x=\frac{m}{M}e\omega^2\sin(\omega t) \tag{1}$$

将式(1)与强迫振动微分方程的标准形式比较，得到如下两个量

$$\omega_n=\sqrt{\frac{k}{M}},\quad h=\frac{m}{M}e\omega^2$$

将已知量代入上两式有

$$\omega_n=\sqrt{\frac{686000}{100}}=82.8(\text{rad}/\text{s}),\quad h=\frac{1}{100}\times0.1\times\left(\frac{2000\pi}{30}\right)^2=43.8(\text{m}/\text{s}^2)$$

激振力频率ω即电机角速度为

$$\omega=\frac{n\pi}{30}=\frac{2000\pi}{30}=209(\text{rad}/\text{s})$$

强迫振动的振幅为

$$b=\frac{h}{\left|\omega_n^2-\omega^2\right|}=\frac{43.8}{\left|82.8^2-209.4^2\right|}=0.0012(\text{m})$$

由于$\omega>\omega_n$，强迫振动与激振力反向，其振动方程为

$$x_2=\frac{h}{\left|\omega_n^2-\omega^2\right|}\sin(\omega t+\pi)=-0.0012\sin(209t+\pi)\text{m}$$

平台受到最大动力为

$$F_{\max}=k|b|=686000\times0.0012=823.2(\text{N})$$

共振时电机的角速度ω_c应等于系统的固有频率ω_n，即

$$\omega_c=\omega_n=82.8\text{rad}/\text{s}$$

临界转速

$$n_c=\frac{30\omega_c}{\pi}=791\text{r}/\text{min}$$

18.5 单自由度系统的有阻尼强迫振动

前面讨论了单自由度系统自由振动和单自由度系统无阻尼强迫振动，在此基础上，本节将进一步研究黏性阻尼对强迫振动的影响。

18.5.1 有阻尼强迫振动微分方程及其解

如图 18-25 所示，一个具有黏性阻尼的弹簧质量系统。设物块的质量为m，振动时作用在物块上的力有恢复力$\boldsymbol{F}$、黏性阻尼力$\boldsymbol{R}$和简谐激振力$\boldsymbol{Q}$。取平衡位置为坐标原点，x轴铅直向下，则各力在坐标轴上的投影为

$$F_x=-kx,\quad R_x=-c\dot{x},\quad Q_x=H\sin(\omega t)$$

物块的运动微分方程为

$$m\ddot{x}=-kx-c\dot{x}+H\sin(\omega t)$$

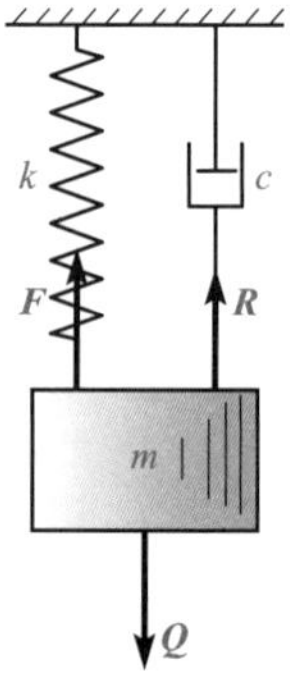

18-25

图 18-25

将上式两端除以m，并设

$$\omega_n^2=\frac{k}{m},\quad 2n=\frac{c}{m},\quad h=\frac{H}{m}$$

整理得

$$\ddot{x}+2n\dot{x}+\omega_n^2x=h\sin(\omega t)\tag{18-58}$$

这就是有阻尼强迫振动微分方程的标准形式，它是一个二阶常系数非齐次线性微分方程，其通解由两部分组成，即

$$x=x_1+x_2$$

式中，x_1是齐次方程$\ddot{x}+2n\dot{x}+\omega_n^2x=0$的通解，由 18.3 节已知在小阻尼$n<\omega_n$情况下，有

$$x_1 = Ae^{-nt}\sin\left(\sqrt{\omega_n^2-\omega^2}\,t+\alpha\right) \tag{18-59}$$

而 x_2 是方程(18-58)的特解，设其为

$$x_2 = b\sin(\omega t-\varepsilon) \tag{18-60}$$

其中，b、ε 是两个待定常数。将式(18-60)代入式(18-58)得

$$-b\omega^2\sin(\omega t-\varepsilon)+2nb\omega\cos(\omega t-\varepsilon)+\omega_n^2 b\sin(\omega t-\varepsilon)=h\sin(\omega t) \tag{1}$$

将等式右端改写为

$$h\sin(\omega t)=h\sin(\omega t-\varepsilon+\varepsilon)=h\cos\varepsilon\cdot\sin(\omega t-\varepsilon)+h\sin\varepsilon\cos(\omega t-\varepsilon)$$

代入式(1)并整理后得

$$[b(\omega_n^2-\omega^2)-h\cos\varepsilon]\sin(\omega t-\varepsilon)+[2nb\omega-h\sin\varepsilon]\cos(\omega t-\varepsilon)=0$$

对任意瞬时 t，上式为恒等式，于是得

$$\left.\begin{aligned}&b(\omega_n^2-\omega^2)-h\cos\varepsilon=0\\&2nb\omega-h\sin\varepsilon=0\end{aligned}\right\} \tag{2}$$

解以上联立方程得

$$b=\frac{h}{\sqrt{(\omega_n^2-\omega^2)^2+4n^2\omega^2}} \tag{18-61}$$

$$\tan\varepsilon=\frac{2n\omega}{\omega_n^2-\omega^2} \tag{18-62}$$

b 称为有阻尼强迫振动的振幅，ε 是强迫振动的相位落后于激振力的相位角。将这两个常数代入式(18-60)，即得微分方程(18-58)的特解。从而得微分方程(18-58)的全解为

$$x = Ae^{-nt}\sin(\sqrt{\omega_n^2-n^2}\,t+\alpha)+b\sin(\omega t-\varepsilon) \tag{18-63}$$

式中，A 和 α 为积分常数，由运动初始条件确定。

由式(18-63)知，有阻尼强迫振动由两部分组成：衰减振动和强迫振动。其中衰减振动部分，经过短暂的时间即逐步消失，而只剩下强迫振动部分。振动开始后二者同时存在的过程称为**瞬态过程**，仅剩下强迫振动部分的过程称为**稳态过程**，如图 18-26 所示。下面着重讨论稳态过程的强迫振动。

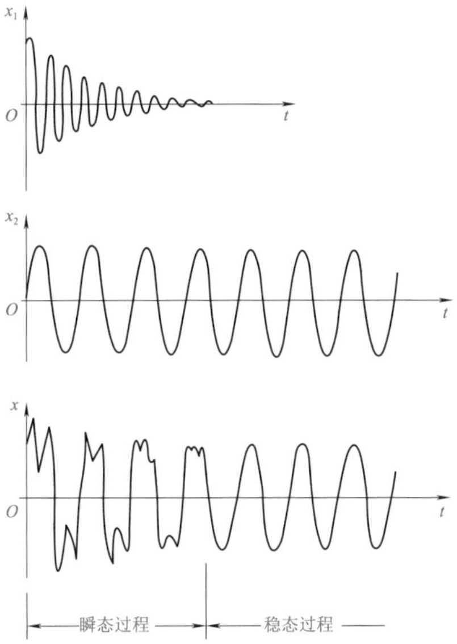

图 18-26

18.5.2 阻尼对强迫振动的影响

1. **振动方程**

$$x_2 = b\sin(\omega t - \varepsilon)$$

从上式可知，受简谐激振力作用的有阻尼强迫振动仍然是简谐振动。

2. **频率**

有阻尼强迫振动的频率，等于激振力的频率。

3. **振幅**

强迫振动的振幅表达式为式(18-61)。从式中可知，它的振幅不仅与激振力的振幅有关，还与激振力的频率，以及振动系统的参数 m 、 k 和阻尼系数 c 有关。为了便于讨论它们之间的关系，我们将式(18-61)等式右端的分子、分母同除以 ω_n^2，并设 $\lambda = \dfrac{\omega}{\omega_n}$ 、 $\beta = \dfrac{b}{b_0}$ 和 $\zeta = \dfrac{c}{c_c} = \dfrac{n}{\omega_n}$， λ、β 和 ζ 分别称为频率比、振幅比和阻尼比。这样，式(18-61)和式(18-62)可分别写为

$$\beta = \frac{b}{b_0} = \frac{1}{\sqrt{(1-\lambda^2)^2 + 4\zeta^2\lambda^2}} \tag{18-64}$$

$$\tan\varepsilon = \frac{2\zeta\lambda}{1-\lambda^2} \tag{18-65}$$

为了便于分析，取 ζ 为参变量，以 λ 和 β 为横、纵坐标轴，由式(18-64)可得出不同 ζ 值的一系列的 β - λ 曲线，即称为振幅频率曲线或共振曲线，如图 18-27 所示。下面结合式(18-64)和图 18-27 来讨论阻尼对强迫振动振幅的影响：

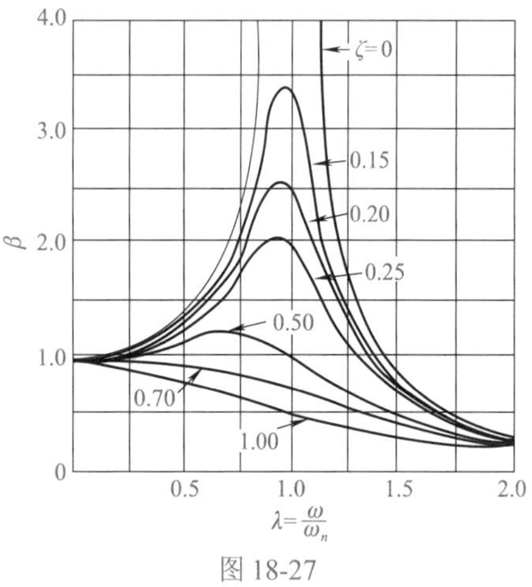

图 18-27

(1) 当 $\lambda \ll 1$ 即 $\omega \ll \omega_n$ 时，各条曲线的振幅比都接近于 1，即强迫振动的振幅 b 接近于静力力幅 H 作用下的静变形 b_0，阻尼对振幅的影响甚微，可不计系统阻尼，将系统作为无阻尼系统处理。

(2) 当 $\lambda \gg 1$ 即 $\omega \gg \omega_n$ 时，各条曲线的 β 值都趋近于零，即当激振力变化极为迅速时，物块由于惯性几乎来不及振动。此时阻尼对强迫振动的振幅影响亦很小，又可忽略阻尼，将系统作为无阻尼系统处理。

(3) 当 $\lambda \to 1$ 即 $\omega \to \omega_n$ 时，若取 ω 为定值，则对 $\zeta < 0.70$ 的各条曲线的振幅而言，它们都显著地增大。因为各条曲线所代表的阻尼不同，所以它们对振幅的影响也不同，因此当阻尼增大时，振幅则显著下降。

为求振幅最大值 $b_{\max}$，只要对式(18-61)进行极值运算，即由 $\dfrac{db}{d\omega} = 0$ 可求得

$$\omega = \sqrt{\omega_n^2 - 2n^2} = \omega_n\sqrt{1-2\zeta^2}$$

即当 ω 为上式时，振幅 b 具有最大值 $b_{\max}$，这时的频率 ω 称为共振频率。在共振频率下的振幅为

$$b_{\max}=\frac{h}{2n\sqrt{\omega_n^2-n^2}} \quad 或 \quad b_{\max}=\frac{b_0}{2\zeta\sqrt{1-\zeta^2}} \tag{18-66}$$

当阻尼比 $\zeta\ll 1$ 时，这时可认为共振频率 $\omega=\omega_n$，即当激振力频率等于系统固有频率时，系统发生共振。共振的振幅为

$$b_{\max}\approx\frac{b_0}{2\zeta} \tag{18-67}$$

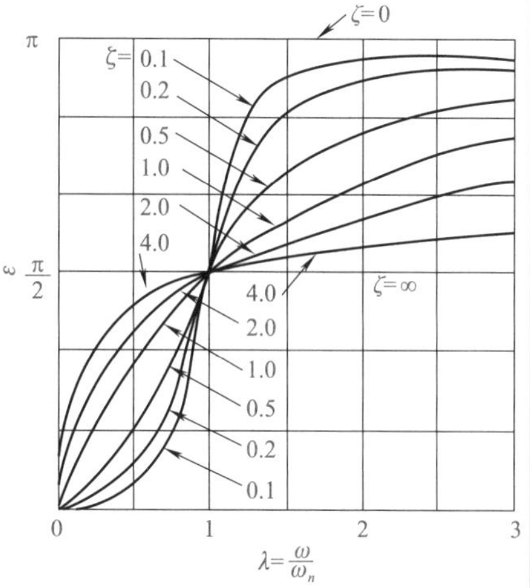

图 18-28

4. 相位差

由式(18-60)知，有阻尼强迫振动相位角总比激振力落后一个相位角 ε，ε 称为相位差。它可由式(18-62)或式(18-65)计算。根据式(18-65)，有

$$\tan\varepsilon=\frac{2\zeta\lambda}{1-\lambda^2}$$

ε 随激振力频率的变化曲线称为相频曲线，如图 18-28 所示。从图中可见相位差的变化规律：

(1) 相位差总是在 0 至 π 区间内变化。

(2) 相频曲线是一条单调上升的曲线，相位差随着频率比的增大而增大。

(3) 在共振时，$\lambda=1$，$\varepsilon=\dfrac{\pi}{2}$，这时曲线上升最快，而且阻尼值不同的曲线都交于这一点。

(4) 当越过共振区之后，随着 λ 的增大，ε 也增大，当 $\lambda\gg 1$ 时，$\varepsilon\approx\pi$，这时强迫振动的位移与激振力反相。

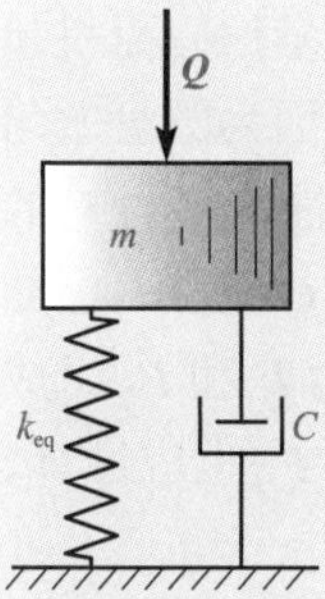

图 18-29

【例 18-11】 一台机器重 $P=3500\text{N}$，由两根弹簧支承，每个弹簧的刚度系数 $k=20000\text{N/m}$，作用于机器上的简谐激振力最大值 $H=100\text{N}$，其频率 $f=2.5\text{Hz}$，且阻尼系数 $c=1600\text{N}\cdot\text{s/m}$，简化模型如图 18-29 所示。求机器稳态强迫振动的振幅、相位差、强迫振动方程。

18-29

解 根据已知条件可求得系统固有频率为

$$\omega_n=\sqrt{\frac{k_{\text{eq}}}{m}}=\sqrt{\frac{2k}{m}}=\sqrt{\frac{2kg}{P}}=\sqrt{\frac{2\times 20000\times 9.8}{3500}}=10.58(\text{rad/s})$$

激振力幅值作用下的弹簧静变形为

$$b_0=\frac{H}{k_{\text{eq}}}=\frac{H}{2k}=\frac{100}{2\times 20000}=2.5\times 10^{-3}(\text{m})$$

阻尼系数与质量二倍的比值为

$$n=\frac{c}{2m}=\frac{1600}{2\times\dfrac{3500}{9.8}}=2.24(\text{rad/s})$$

阻尼比

$$\zeta=\frac{n}{\omega_n}=\frac{2.24}{10.58}=0.212$$

频率比

$$\lambda=\frac{\omega}{\omega_n}=\frac{2\pi f}{\omega_n}=\frac{2\pi\times 2.5}{10.58}=1.485$$

振幅比

$$\beta=\frac{b}{b_0}=\frac{1}{\sqrt{(1-\lambda^2)^2+4\zeta^2\lambda^2}}$$

$$=\frac{1}{\sqrt{(1-1.485^2)^2+4\times0.212^2\times1.485^2}}=0.736$$

稳态强迫振动振幅

$$b=\beta b_0=0.736\times2.5=1.84(\text{mm})$$

相位差

$$\varepsilon=\arctan\frac{2\zeta\lambda}{1-\lambda^2}=\arctan(-0.522)=0.847\pi(\text{rad})$$

因此有强迫振动方程

$$x_2=b\sin(\omega t-\varepsilon)=1.84\sin(5\pi t-0.847\pi)$$

18.6 临界转速与隔振

18.6.1 转子的临界转速

机器的转动部件如电机转子、汽轮机涡轮转子等，在运转时由于质量偏心而引起它们的转轴发生横向弯曲振动。特别是当转速在某个特定值时，振幅会显著增大，振动非常剧烈，往往导致转轴和轴承的破坏，而当转速在该特定值之外时，运转即趋平稳。这些引起转子激烈振动的特定转速称为临界转速。这种现象是由共振引起的，在轴的设计中对于高速轴应进行该项验算。

如图 18-30(a)所示的单圆盘转子。圆盘被安装在铅直转轴中间，它的质量对称面垂直于转轴，这样转轴弯曲后圆盘仍在原来的平面内运动。设圆盘的质量为m，质心在C点，转轴过盘的几何中心A点，偏心距$AC=e$。盘和轴共同以匀角速度ω转动。由于质量偏心而引起的惯性力将使轴产生弯曲变形，因此轴将偏离其原几何轴线Oz发生弓状回转。因为圆盘做匀角速转动，所以其上不受转矩作用。由于转轴的变形，所以圆盘受到转轴的弹性恢复力$\boldsymbol{F}$的作用，力$\boldsymbol{F}$的作用点为A，方向指向平衡位置点O，因此力$\boldsymbol{F}$的作用线过A、O两点。虚加在圆盘上的惯性力系的合力$\boldsymbol{F}_Q$应过其质心C点。由达朗贝尔原理，弹性恢复力$\boldsymbol{F}$和$\boldsymbol{F}_Q$组成形式上的平衡力系，又根据二力平衡公理知，该两力应在同一条直线上，所以力$\boldsymbol{F}_Q$也应过A、O两点，因此O、A、C三点必共线。

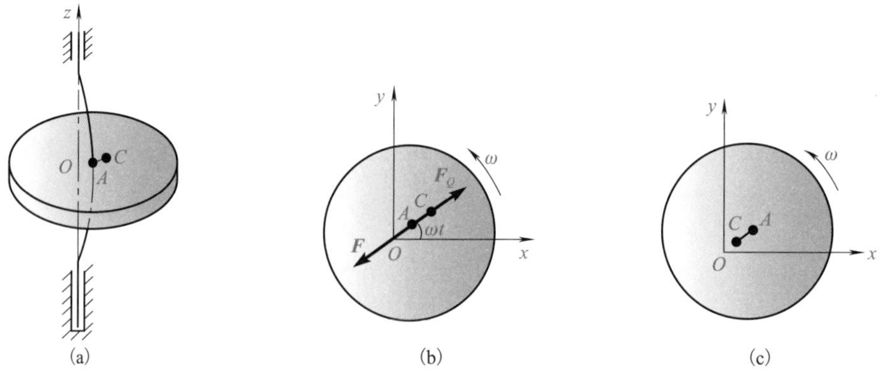

18-30

图 18-30

设在任意瞬时 t，直线 OAC 转过的角度为 ωt，如图 18-30(b)所示。此时 A 点和 C 点在静坐标系 Oxy 中的位置坐标分别为 x_A、 y_A 和 x_C、 y_C。轴 A 点处的挠度为 f_A，则弹性恢复力 $F=-kf_A$，它在 x、y 轴上的投影为

$$F_x=-kx_A,\quad F_y=-ky_A$$

式中，k 为转轴的相当刚度系数，可由材料力学的挠度公式求出。由质心运动定理可得

$$m\ddot{x}_C=-kx_A,\quad m\ddot{y}_C=-ky_A$$

又因 $x_C=x_A+e\cos(\omega t)$， $y_C=y_A+e\sin(\omega t)$，代入以上两式，则有

$$\begin{matrix} m(\ddot{x}_A-e\omega^2\cos(\omega t))=-kx_A \\ m(\ddot{y}_A-e\omega^2\sin(\omega t))=-ky_A \end{matrix}\quad 或 \quad \left.\begin{matrix} \ddot{x}_A+\omega_n^2x_A=e\omega^2\cos(\omega t) \\ \ddot{y}_A+\omega_n^2y_A=e\omega^2\sin(\omega t) \end{matrix}\right\} \tag{18-68}$$

式中，$\omega_n^2=\dfrac{k}{m}$ 为系统横向振动的固有频率。上两式与无阻尼强迫振动的微分方程相同，它们的特解为

$$x_A=\frac{e\omega^2}{\omega_n^2-\omega^2}\cos(\omega t),\quad y_A=\frac{e\omega^2}{\omega_n^2-\omega^2}\sin(\omega t) \tag{18-69}$$

式(18-69)表示轴心 A 点的轨迹是一个圆，其半径即为强迫振动振幅 b，也就是轴的挠度 f_A，即有

$$f_A=b=\sqrt{x_A^2+y_A^2}=\frac{e\omega^2}{\omega_n^2-\omega^2} \tag{18-70}$$

式(18-70)可改写为

$$\frac{b}{e}=\frac{\omega^2}{\omega_n^2-\omega^2}=\frac{\lambda^2}{1-\lambda^2} \tag{18-71}$$

以 b 为纵轴、ω 为横轴，由式(18-70)所得关系曲线如图 18-31 所示。由此可见：

(1) 当 $\lambda<1$，即 $\omega<\omega_n$ 时，b 随着 ω 的增大而增大，此时 b 和 e 的符号相同，说明圆盘的质心在转轴挠曲线的外侧，如图 18-30(b)所示。而当 $\omega=0$ 时， $b=0$。

(2) 当 $\lambda>1$，即 $\omega>\omega_n$ 时，b 随着 ω 的增大而减小，此时 b 和 e 的符号相反，说明圆盘质心在转轴挠曲线内侧，如图 18-30(c)所示。而当 $\omega\to\infty$ 时， $b\to -e$，这时质心 C 与 O 点重合，圆盘绕过质心的轴转动，这种现象称为**自动定心现象**。

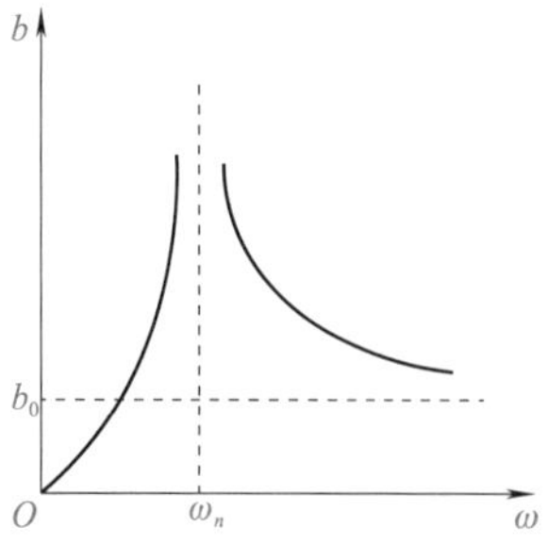

图 18-31

(3) 当 $\lambda\to 1$，即 $\omega\to\omega_n$ 时，b 将迅速增大，即发生共振。使转轴挠度异常增大的角速度 ω 称为**临界角速度**，记为 ω_c。此时的转速称为**临界转速**，记为 n_c，即轴的临界角速度等于系统的横向振动固有频率，即

$$\omega_c=\omega_n=\sqrt{\frac{k}{m}}$$

或临界转速

$$n_c=\frac{30}{\pi}\omega_c=\frac{30}{\pi}\sqrt{\frac{k}{m}}=\frac{30}{\pi}\sqrt{\frac{g}{\delta_{\mathrm{st}}}} \tag{18-72}$$

可见，轴的临界转速取决于它的相当刚度系数 k 和圆盘的质量 m，而与偏心距无关。

在工程实际中，当转轴以临界转速转动时机器将发生剧烈的振动。所以在一般情况下不允许转子在临界转速附近运转，以防止机器因剧烈的振动而损坏。

18.6.2 隔振

机器设备在运转时，由于某些激振力的作用而引起振动，这不仅妨碍机器本身正常工作，而且使周围的其他机器设备受到影响。因此在工程实际中，对这些振动需要采取一些有效的措施进行减小或隔离，使振动物体的振动减弱的措施称为减振。将振源与需要防振的物体之间用弹性元件和阻尼元件进行隔离，该措施称为隔振。

减小振动的措施很多，目前常采用的大致有如下几种：

(1) 减弱或消除振源。如果振动是由转动构件不均衡引起的，可以用提高静平衡和动平衡精度的办法来减小离心惯性力。

(2) 避开共振区。根据实际情况，尽可能改变系统的固有频率或改变机器的工作转速，使机器不在共振区内工作。

(3) 远离振源。这是一种消极防护措施，如精密仪器或设备要尽可能远离具有大型动力机械的工厂或车间，以及运输繁忙的铁路、公路等。

(4) 提高机器结构的动刚度。动刚度在数值上等于机器结构产生单位振幅所需的动态力。动刚度越大，机器结构在动态力作用下的振动量越小。

(5) 适当地增加阻尼。阻尼吸收系统振动的能量，使自由振动的振幅迅速衰减，使强迫振动的振幅也有所抑制。

(6) 采取隔振措施。减小由一处传播到另一处的振动。

下面主要介绍隔振的基本理论。隔振可分为两种形式。

1. **主动隔振**

如果将振源隔离起来，不使其振动向周围传播，这种隔振称为主动隔振。例如，在机器或机器连同基础与地基间垫软木块或橡胶块以及毛毡、螺旋弹簧等，都是为了减小振动对周围地基和建筑物等的影响。软木块或橡胶块等弹性支承，称为隔振器，如图 18-32 所示，隔振器可用弹性元件和阻尼元件两者来表示，如图 18-33 所示。

18-32、18-33

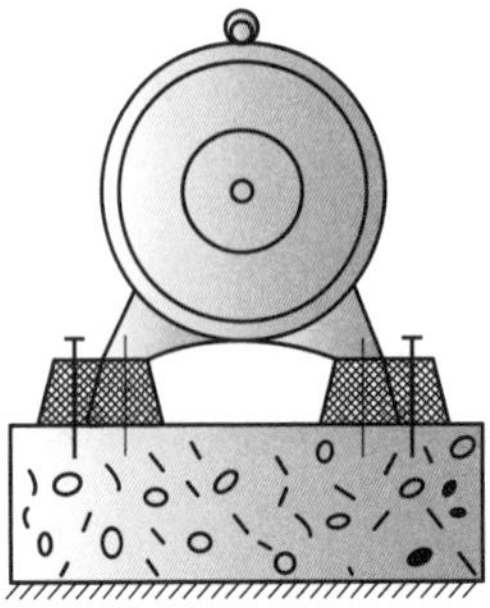

图 18-32

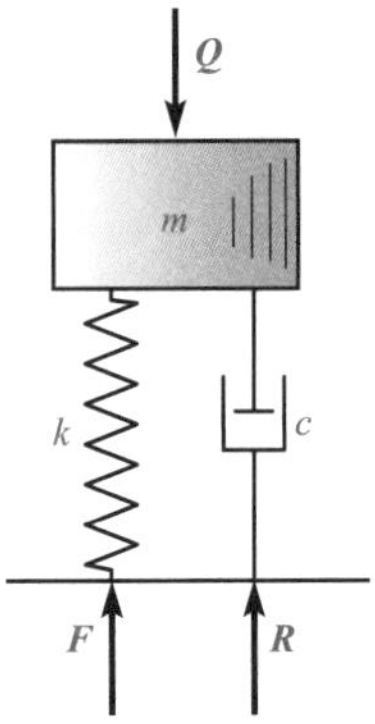

图 18-33

在图 18-33 中，m 为机器或机器连同基础的质量，机器所产生的激振力 $Q = H\sin(\omega t)$。在物块 m 与地基间用刚度系数为 k 的弹簧和阻尼系数为 c 的阻尼元件进行隔离，以防止激振力由地基传出去。此时物块的强迫振动方程为

$$x = b\sin(\omega t - \varepsilon)$$

式中，b 为物块的振幅，有

$$b = \frac{h}{\sqrt{(\omega_n^2 - \omega^2)^2 + 4n^2\omega^2}} = \frac{b_0}{\sqrt{(1-\lambda^2)^2 + 4\zeta^2\lambda^2}}$$

物块振动时传到地基上的力由两部分组成，一部分是弹簧作用于其上的力，即

$$F = kx = kb\sin(\omega t - \varepsilon)$$

另一部分是通过阻尼元件作用于其上的力，即

$$R = c\dot{x} = cb\omega\cos(\omega t - \varepsilon)$$

因此，这两部分的合力

$$N = F + R = kx + c\dot{x} = kb\sin(\omega t - \varepsilon) + cb\omega\cos(\omega t - \varepsilon)$$

设
$$kb = A\cos\beta,\quad cb\omega = A\sin\beta$$

则有
$$A = \sqrt{(kb)^2 + (cb\omega)^2},\quad \beta = \arctan\frac{c\omega}{k}$$

则合力 N 值可表示为

$$N = A\sin(\omega t - \varepsilon + \beta) = \sqrt{(kb)^2 + (cb\omega)^2}\sin(\omega t - \varepsilon + \beta)$$

所以有合力的最大值
$$N_{\max} = \sqrt{(kb)^2 + (cb\omega)^2}$$

或改写为
$$N_{\max} = kb\sqrt{1 + 4\zeta^2\lambda^2}$$

如果没有隔振器，物块直接放在地基上，则作用在地基上力的最大值等于激振力的最大值 H 。由 $b_0 = \dfrac{H}{k}$ 可知

$$H = kb\sqrt{(1-\lambda^2)^2 + 4\zeta^2\lambda^2}$$

振动时传递到地基上的合力最大值 $N_{\max}$ 与激振力的力幅 H 之比

$$\eta = \frac{N_{\max}}{H} = \sqrt{\frac{1 + 4\zeta^2\lambda^2}{(1-\lambda^2)^2 + 4\zeta^2\lambda^2}} \tag{18-73}$$

式中，η 称为**动力传递率**或**隔振系数**。式(18-73)表明，力的传递率与阻尼和激振频率有关。对应于不同的阻尼比 ζ 的值，可由该式得出一系列 η 随 λ 变化的曲线，如图 18-34 所示。从图中可以看出：

(1) 不论阻尼大小如何，只有当 $\eta < 1$ 时，隔振才有意义，即必须 $\lambda = \dfrac{\omega}{\omega_n} > \sqrt{2}$ 时，才能使 $\eta < 1$，从而达到隔振的目的。

(2) 由 $\lambda > \sqrt{2}$ 可得

$$\sqrt{\frac{k}{m}} < \frac{\omega}{\sqrt{2}}$$

因此，采用刚度系数较小的隔振器或适当加大机器及其底座的质量，或取较大的 λ 值，都能取得较好的隔振效果。

(3) 对阻尼而言，当 $\lambda > \sqrt{2}$ 时，阻尼越大反而使振幅越大，所以加大阻尼反而使隔振效果降低。但是如果阻尼太小，机器在越过共振区时将产生很大振动。因此，在采取隔振措施时，要选择恰当的阻尼值。

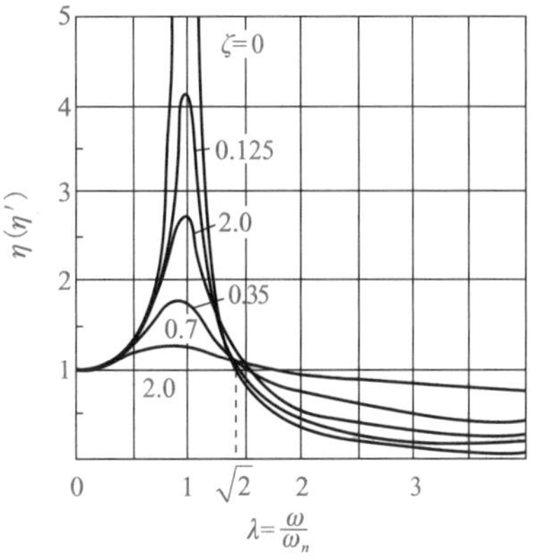

图 18-34

18-35

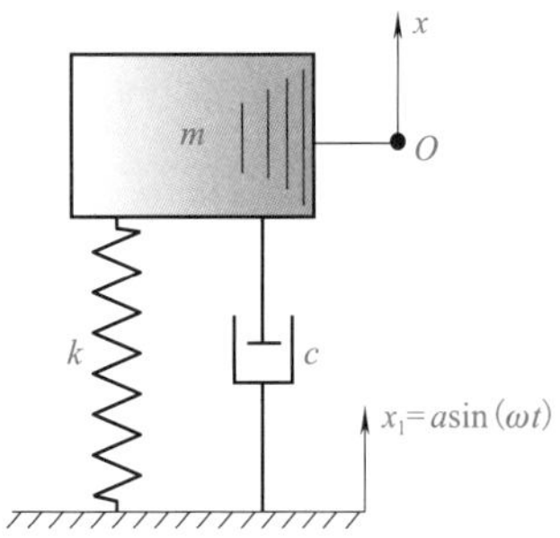

图 18-35

2. 被动隔振

如果将需要防振的物体如精密仪器等用隔振材料与振动的地基等隔离起来，使其不受周围振源的影响，这种隔振称为被动隔振。

如图 18-35 所示为一被动隔振模型。质量为 m 的物块表示被隔振的物体，弹簧和阻尼器表示隔振器，设弹簧的刚度系数为 k，阻尼器阻尼系数为 c。假设外界传来的振动是简谐振动，即地基的振动规律为

$$x_1 = a\sin(\omega t)$$

取静平衡位置为坐标原点，且设物块的位移为 x，则弹性恢复力 $F=-k(x-x_1)$，阻尼力 $R=-c(\dot{x}-\dot{x}_1)$，被隔振物块的运动微分方程为

$$m\ddot{x} = -k(x-x_1) - c(\dot{x}-\dot{x}_1)$$

将 $x_1 = a\sin(\omega t)$ 和 $\dot{x}_1 = a\omega\cos(\omega t)$ 代入上式，得

$$m\ddot{x} + c\dot{x} + kx = ka\sin(\omega t) + ca\omega\cos(\omega t)$$

将上式右端同频率的谐振动合成为一项，得

$$m\ddot{x} + c\dot{x} + kx = A_1\sin(\omega t + \beta_1) \tag{18-74}$$

其中

$$A_1 = a\sqrt{k^2 + c^2\omega^2},\quad \beta_1 = \arctan\frac{c\omega}{k}$$

设式(18-74)的特解为 $x = b\sin(\omega t - \varepsilon)$，代入式(18-74)中，可得

$$b = a\sqrt{\frac{k^2 + c^2\omega^2}{(k-m\omega^2)^2 + c^2\omega^2}} \tag{18-75}$$

即有无量纲形式

$$\eta' = \frac{b}{a} = \sqrt{\frac{1+4\zeta^2\lambda^2}{(1-\lambda^2)^2 + 4\zeta^2\lambda^2}} \tag{18-76}$$

式中，η' 是振动物体的位移与地基激振位移之比，称为位移的传递率，亦称隔振系数。可以看出，式(18-76)与式(18-73)完全相同，所以主动隔振与被动隔振的规律是完全相同的。图 18-34 中 η 与 λ 的关系曲线对两种隔振都适用。因此，在被动隔振问题中，对隔振器的要求也与主动隔振一样，即要求其刚度尽量地小，以使系统的固有频率远小于激振频率，同时也要有适当的阻尼。

*18.7 两个自由度系统无阻尼自由振动

在工程实际中，根据研究问题性质的不同，同一物体的振动可以简化为不同的振动模型。例如，图 18-36(a)所示电机与基础，如果把电机和基础看成一个物体，它在弹性的地基上上下振动，那么只要简化为一个自由度系统就可以了。如果把电机和基础各当成一个物体，且考虑它们间的隔振器的弹性力，那么就必须简化为如图 18-36(b)所示的两个自由度系统的振动模型。又如，研究车辆在铅垂平面内的振动时，如图 18-37(a)所示，可以将系统简化为一平板支承在两个弹簧上。平板的位置可以由质心 C 偏离其平衡位置的铅垂位移 y 及平板的转

角 θ 来确定，如图 18-37(b)所示，这也是一个具有两个自由度系统的振动模型。

本节将研究如何建立两个自由度系统的自由振动微分方程并确定其固有频率。

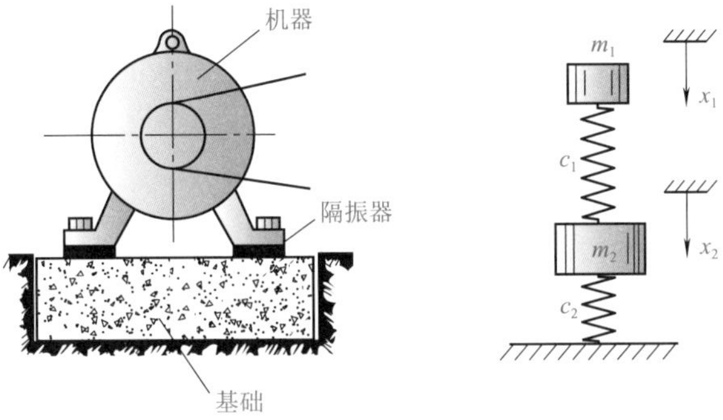

(a)　　(b)

图 18-36

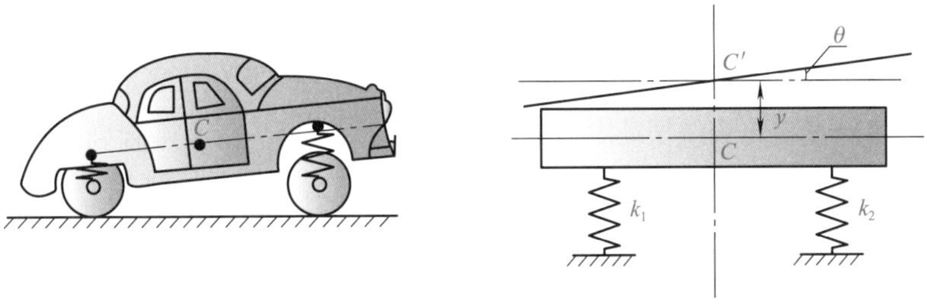

(a)　　(b)

图 18-37

18.7.1　自由振动微分方程

如图 18-38(a)所示的两个自由度的振动系统，两物块的质量分别为 m_1 和 m_2，质量 m_1 与一端固定的刚度为 k_1 的弹簧连接，质量 m_2 用刚度为 k_2 的弹簧与 m_1 连接。物块在水平方向振动，各种阻力不计。

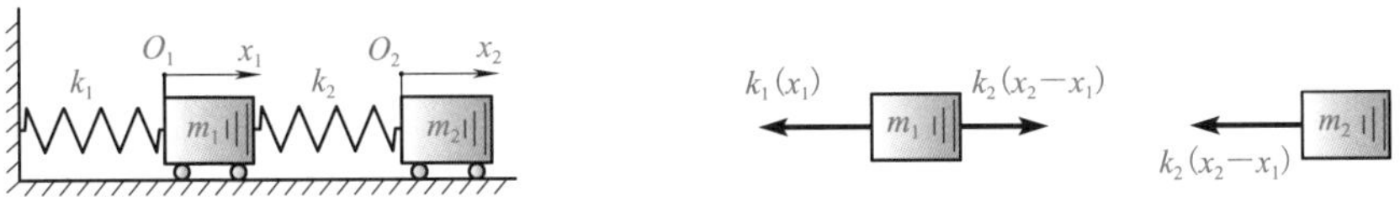

(a)　　(b)

图 18-38

取两物块的平衡位置 O_1、O_2 分别为两物块的坐标原点，两物块偏离平衡位置的位移 x_1 和 x_2 为系统的坐标，它们的受力情况如图 18-38(b)所示，应用牛顿定律得两物块的运动微分方程为

$$m_1\ddot{x}_1 = -k_1x_1 + k_2(x_2 - x_1)$$

$$m_2\ddot{x}_2 = -k_2(x_2 - x_1)$$

整理后可得

$$\left.\begin{aligned} m_1\ddot{x}_1 + (k_1 + k_2)x_1 - k_2x_2 = 0 \\ m_2\ddot{x}_2 - k_2x_1 + k_2x_2 = 0 \end{aligned}\right\} \tag{18-77}$$

它是一个二阶常系数线性齐次微分方程组，其中刚度系数 k_2 在两个方程中均出现，刚度为 k_2 的弹簧连接了 m_1 和 m_2，称为**耦联弹簧**。

为了计算的方便，需将式(18-77)简化，设

$$a = \frac{k_1 + k_2}{m_1}, \quad b = \frac{k_2}{m_1}, \quad c = \frac{k_2}{m_2} \tag{18-78}$$

从而式(18-77)表示为

$$\left.\begin{aligned} \ddot{x}_1 + ax_1 - bx_2 = 0 \\ \ddot{x}_2 - cx_1 + cx_2 = 0 \end{aligned}\right\} \tag{18-79}$$

设以上方程组的解为

$$\left.\begin{aligned} x_1 = A_1 \sin(\omega t + \alpha) \\ x_2 = A_2 \sin(\omega t + \alpha) \end{aligned}\right\} \tag{18-80}$$

其中，A_1、A_2 为振幅；ω 为圆频率；α 为初相位。将式(18-80)代入式(18-79)，且消掉 $\sin(\omega t + \alpha)$，则有

$$\left.\begin{aligned} (a - \omega^2)A_1 - bA_2 = 0 \\ -cA_1 + (c - \omega^2)A_2 = 0 \end{aligned}\right\} \tag{18-81}$$

这是关于 A_1、A_2 的一组二元一次线性齐次方程。显然 $A_1 = A_2 = 0$ 是它的解，这是对应于系统静止平衡状态的特殊情况。系统振动时，方程有非零解，此时方程系数行列式必须等于零，即

$$\begin{vmatrix} a - \omega^2 & -b \\ -b & c - \omega^2 \end{vmatrix} = 0 \tag{18-82}$$

该行列式称为系统的**特征行列式**，展开此行列式，得到一个关于 ω^2 的一元二次代数方程

$$\omega^4 - (a + c)\omega^2 + c(a - b) = 0 \tag{18-83}$$

这个方程称为**频率方程**或**特征方程**。可解出它的两个根为

$$\omega_{1,2}^2 = \frac{a + c}{2} \mp \sqrt{\left(\frac{a + c}{2}\right)^2 - c(a - b)} \tag{18-84}$$

或整理为

$$\omega_{1,2}^2 = \frac{a + c}{2} \mp \sqrt{\left(\frac{a - c}{2}\right)^2 + bc} \tag{18-85}$$

从式(18-85)知，ω^2 是两个实根，又从式(18-84)知，ω^2 一定是两个正根。因此，ω^2 一定是两个正实根，其中 ω_1 较小，称为**第一阶固有频率**，或**基本频率**，ω_2 较大，称为**第二阶固有频率**。由此可得出结论，**两个自由度系统具有两个固有频率。这两个固有频率只与系统的质量和刚度等参数有关，而与振动的初始条件无关，因而与振幅无关。**

18.7.2 主振动与主振型

下面我们研究自由振动的振幅，将 ω_1 和 ω_2 的值代入式(18-81)的每个方程中，解出对应于 ω_1 的振幅 $A_1^{(1)}$、$A_2^{(1)}$ 的比值，对应于 ω_2 的振幅 $A_1^{(2)}$、$A_2^{(2)}$ 的比值，称为振幅比，对应于 ω_1 的振幅比用 γ_1 表示，对应于 ω_2 的振幅比用 γ_2 表示，则有

$$\gamma_1 = \frac{A_2^{(1)}}{A_1^{(1)}} = \frac{a - \omega_1^2}{b} = \frac{c}{c - \omega_1^2} \tag{18-86}$$

$$\gamma_2 = \frac{A_2^{(2)}}{A_1^{(2)}} = \frac{a - \omega_2^2}{b} = \frac{c}{c - \omega_2^2} \tag{18-87}$$

从式(18-86)和式(18-87)可见，振幅比 γ_1 和 γ_2 都是定值。我们将对应于固有频率 ω_1 的振动称为**第一阶主振动**，其振动规律为

$$\left.\begin{aligned} x_1^{(1)} &= A_1^{(1)}\sin(\omega_1 t+\alpha_1) \\ x_2^{(1)} &= \gamma_1 A_1^{(1)}\sin(\omega_1 t+\alpha_1) \end{aligned}\right\} \tag{18-88}$$

对应于固有频率 ω_2 的振动称为**第二阶主振动**，其振动规律为

$$\left.\begin{aligned} x_1^{(2)} &= A_1^{(2)}\sin(\omega_2 t+\alpha_2) \\ x_2^{(2)} &= \gamma_2 A_1^{(2)}\sin(\omega_2 t+\alpha_2) \end{aligned}\right\} \tag{18-89}$$

将式(18-85)分别代入式(18-86)和式(18-87)，则振幅比变为

$$\gamma_1=\frac{A_2^{(1)}}{A_1^{(1)}}=\frac{a-\omega_1^2}{b}=\frac{1}{b}\left[\frac{a-c}{2}+\sqrt{\left(\frac{a-c}{2}\right)^2+bc}\right]>0 \tag{18-90}$$

$$\gamma_2=\frac{A_2^{(2)}}{A_1^{(2)}}=\frac{a-\omega_2^2}{b}=\frac{1}{b}\left[\frac{a-c}{2}-\sqrt{\left(\frac{a-c}{2}\right)^2+bc}\right]<0 \tag{18-91}$$

式(18-90)和式(18-91)表明，系统的第一阶主振动的振幅比 γ_1 始终大于零，表示 m_1 和 m_2 总是同相位，即做同向振动；系统的第二阶主振动的振幅比 γ_2 始终小于零，表示 m_1 和 m_2 总是反相位，即做反向振动。第一阶主振动的振动形状称为**第一阶主振型**，如图 18-39(b)所示；第二阶主振动的振动形状称为**第二阶主振型**，如图 18-39(c)所示。在第二阶主振动中，m_1 和 m_2 始终反向振动，而 $A_2^{(2)}$ 和 $A_1^{(2)}$ 的比值($x_2^{(2)}$ 和 $x_1^{(2)}$ 的比值)为确定的比值，所以在弹簧 k_2 上始终有一点不发生振动，这一点称为**节点**，或称图 18-39(c)中的点 C 为节点。

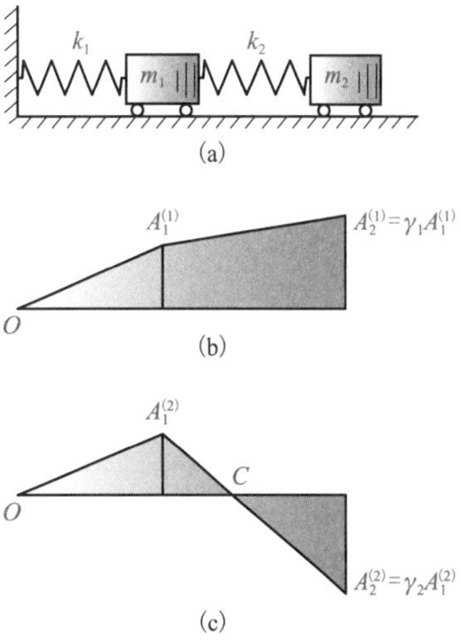

图 18-39

18-39

对于一个确定的系统，振幅比 γ_1 和 γ_2 只与系统的参数有关，是一个确定的值，所以它们的主振型也具有确定的形状，即主振型和固有频率一样都只与系统本身的参数有关，而与振动的初始条件无关，因此主振型也称为**固有振型**。

式(18-88)和式(18-89)是自由振动微分方程组的两组特解，其通解即系统的运动方程是两个特解之和，也就是第一阶主振动和第二阶主振动的叠加，即

$$\left.\begin{aligned} x_1 &= A_1^{(1)}\sin(\omega_1 t+\alpha_1)+A_1^{(2)}\sin(\omega_2 t+\alpha_2) \\ x_2 &= \gamma_1 A_1^{(1)}\sin(\omega_1 t+\alpha_1)+\gamma_2 A_1^{(2)}\sin(\omega_2 t+\alpha_2) \end{aligned}\right\} \tag{18-92}$$

式中，$A_1^{(1)}$、$A_1^{(2)}$、α_1、α_2 是积分常数，可由运动初始条件确定。式(18-92)所表示的运动一般是非周期振动，只有当 ω_1 和 ω_2 之比是有理数时，它们才是周期振动，但仍是非简谐振动。

【例 18-12】 求图 18-40 所示两自由度系统的自由振动的解，系统由两个相同的物块 m 和三根相同刚度的弹簧组成。

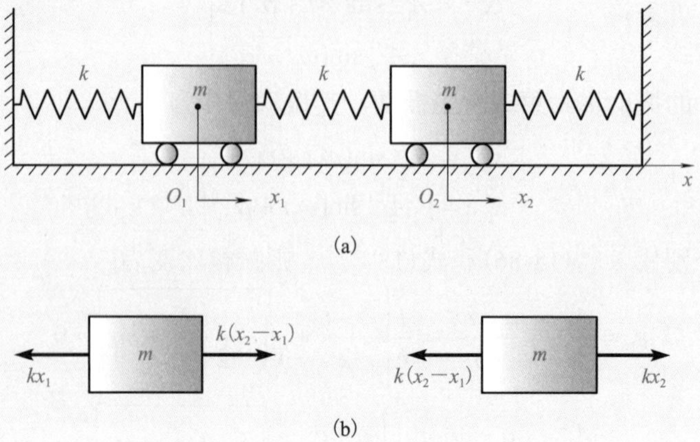

图 18-40

解 分别取 O_1、O_2 为坐标原点，各物块位移和受力如图 18-40 所示。系统的运动微分方程为

$$\left.\begin{aligned} m\ddot{x}_1 + 2kx_1 - kx_2 = 0 \\ m\ddot{x}_2 - kx_1 + 2kx_2 = 0 \end{aligned}\right\} \tag{1}$$

设系统的主振动为

$$x_1 = A_1 \sin(\omega t + \alpha)$$
$$x_2 = A_2 \sin(\omega t + \alpha)$$

式中，A_1、A_2、α 为待定常数。将上式代入式(1)，则得下列代数方程组

$$\left.\begin{aligned} (2k - m\omega^2)A_1 - kA_2 = 0 \\ -kA_1 + (2k - m\omega^2)A_2 = 0 \end{aligned}\right\} \tag{2}$$

若 A_1、A_2 有非零解，则必有系数行列式为零，即

$$\Delta(\omega^2) = \begin{vmatrix} 2k - m\omega^2 & -k \\ -k & 2k - m\omega^2 \end{vmatrix} = 0$$

得频率方程为

$$\omega^4 - \frac{4k}{m}\omega^2 + \frac{3k^2}{m^2} = 0 \tag{3}$$

从上式中解得系统的两个固有频率

$$\omega_1 = \sqrt{\frac{k}{m}}, \quad \omega_2 = \sqrt{\frac{3k}{m}}$$

由式(2)得振幅比

$$\gamma_1 = \frac{A_2^{(1)}}{A_1^{(1)}} = \frac{2k - m\omega_1^2}{k} = 1, \quad \gamma_2 = \frac{A_2^{(2)}}{A_1^{(2)}} = \frac{2k - m\omega_2^2}{k} = -1$$

第一主振型表示两个物块以频率 ω_1 和相同的振幅做同相振动，如图 18-41(a)所示。第二主振型表示两物块以 ω_2 的固有频率和相同的振幅做反相振动，其节点为 C，如图 18-41(b)所示。

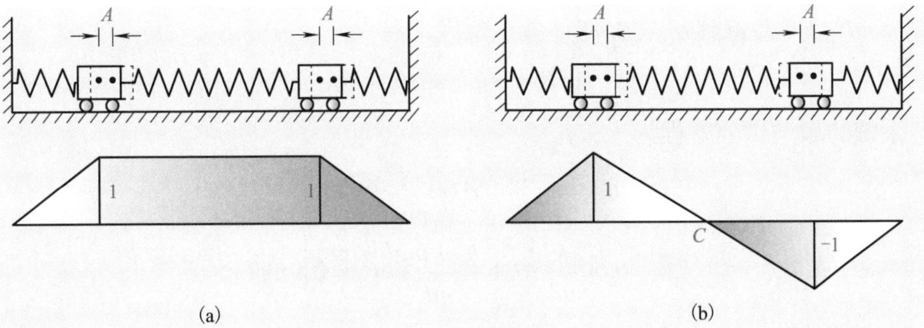

图 18-41

18-40
18-41

系统由两个主振动叠加而成的振动方程为

$$x_1 = A_1^{(1)}\sin(\omega_1 t+\alpha_1)+A_1^{(2)}\sin(\omega_2 t+\alpha_2)$$
$$x_2 = \gamma_1 A_1^{(1)}\sin(\omega_1 t+\alpha_1)+\gamma_2 A_1^{(2)}\sin(\omega_2 t+\alpha_2)$$

式中，积分常数 $A_1^{(1)}$、$A_1^{(2)}$、α_1、α_2 可由运动初始条件确定。例如，给定初始条件 $x_{10}=x_{20}=A$，$\dot{x}_{10}=\dot{x}_{20}=0$，则可确定 $A_1^{(1)}=A$，$A_1^{(2)}=0$，$\alpha_1=\alpha_2=\dfrac{\pi}{2}$，系统振动为单纯的第一主振动，即

$$x_1 = x_2 = A\sin\left(\sqrt{\frac{k}{m}}t+\frac{\pi}{2}\right)$$

又如，给定初始条件 $x_{10}=A$，$x_{20}=-A$，$x_{10}=x_{20}=A$，$\dot{x}_{10}=\dot{x}_{20}=0$，则可确定 $A_1^{(1)}=0$，$A_1^{(2)}=A$，$\alpha_1=\alpha_2=\dfrac{\pi}{2}$，系统为单纯的第二主振动，即

$$x_1 = A\sin\left(\sqrt{\frac{3k}{m}}t+\frac{\pi}{2}\right),\quad x_2 = -A\sin\left(\sqrt{\frac{3k}{m}}t+\frac{\pi}{2}\right)$$

【例 18-13】　两个质量相同、摆长相等的摆，用一根橡胶管连接，可绕 x 轴做微幅转动，如图 18-42 所示，今使其中左边一个摆离开平衡位置有一个微小的偏角 $\varPhi_0$，两摆的初角速度均为零。求系统绕 x 轴摆动的微分方程、固有频率及运动规律。已知橡胶管的扭转刚度为 k_n，摆长为 l，摆锤质量为 m，摆杆及橡胶管质量均不计。

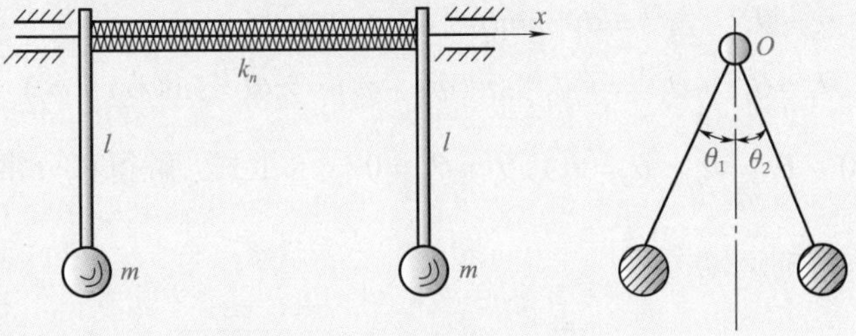

图 18-42

18-42

解　整个系统的位置可由两摆杆绕 x 轴偏离平衡位置的夹角 θ_1 及 θ_2 来确定，它是一个两自由度系统。由定轴转动微分方程，则有

$$\left.\begin{aligned} I_O\ddot{\theta}_1 &= -k_n(\theta_1+\theta_2)-mgl\sin\theta_1 \\ I_O\ddot{\theta}_2 &= -k_n(\theta_1+\theta_2)-mgl\sin\theta_2 \end{aligned}\right\}$$

式中，$I_O = ml^2$，并注意到θ_1、θ_2都是微小角度，则

$$\sin\theta_1 \approx \theta_1, \quad \sin\theta_2 \approx \theta_2$$

整理后，系统的运动微分方程为

$$\left.\begin{aligned}\ddot{\theta}_1 + \frac{k_n + mgl}{ml^2}\theta_1 + \frac{k_n}{ml^2}\theta_2 = 0\\ \ddot{\theta}_2 + \frac{k_n}{ml^2}\theta_1 + \frac{k_n + mgl}{ml^2}\theta_2 = 0\end{aligned}\right\} \tag{1}$$

令$a = d = \dfrac{k_n + mgl}{ml^2}$，$b = c = \dfrac{k_n}{ml^2}$，将上两式代入式(1)则有

$$\ddot{\theta}_1 + a\theta_1 + b\theta_2 = 0, \ \ddot{\theta}_2 + c\theta_1 + d\theta_2 = 0 \tag{2}$$

设微分方程组(2)的解为

$$\theta_1 = \varPhi_1\sin(\omega t + \varphi), \quad \theta_2 = \varPhi_2\sin(\omega t + \varphi)$$

将上式代入式(2)且消掉$\sin(\omega t + \varphi)$，则有方程

$$(a - \omega^2)\varPhi_1 + b\varPhi_2 = 0, \ c\varPhi_1 + (d - \omega^2)\varPhi_2 = 0 \tag{3}$$

使$\varPhi_1$、$\varPhi_2$存在非零解的充要条件为式(3)的系数行列式等于零，即

$$\varDelta(\omega^2) = \begin{vmatrix} a - \omega^2 & b \\ c & d - \omega^2 \end{vmatrix} = 0 \tag{4}$$

展开式(4)，则有特征方程

$$\omega^4 - (a + d)\omega^2 + (ad - bc) = 0 \tag{5}$$

解得
$$\omega_{1,2}^2 = \frac{a + d}{2} \mp \sqrt{\left(\frac{a + d}{2}\right)^2 - (ad - bc)} = \frac{k_n + mgl}{ml^2} \mp \frac{k_n}{ml^2}$$

故得固有频率
$$\omega_1 = \sqrt{\frac{g}{l}}, \quad \omega_2 = \sqrt{\frac{g}{l} + \frac{2k_n}{ml^2}}$$

振幅比
$$\gamma_1 = \frac{\varPhi_2^{(1)}}{\varPhi_1^{(1)}} = \frac{a - \omega_1^2}{b} = 1, \quad \gamma_2 = \frac{\varPhi_2^{(2)}}{\varPhi_1^{(2)}} = \frac{a - \omega_2^2}{b} = -1$$

又由
$$\begin{aligned}\theta_1 &= \theta_1^{(1)} + \theta_1^{(2)} = \varPhi_1^{(1)}\sin(\omega_1 t + \varphi_1) + \varPhi_1^{(2)}\sin(\omega_2 t + \varphi_2)\\ \theta_2 &= \theta_2^{(1)} + \theta_2^{(2)} = \gamma_1\varPhi_1^{(1)}\sin(\omega_1 t + \varphi_1) + \gamma_2\varPhi_1^{(2)}\sin(\omega_2 t + \varphi_2)\end{aligned}$$

将运动初始条件$t = 0$，$\theta_1 = \varPhi_0$，$\theta_2 = 0$，$\dot{\theta}_1 = \dot{\theta}_2 = 0$代入上式，解得积分常数$\varPhi_1^{(1)} = \varPhi_1^{(2)} = \dfrac{\varPhi_0}{2}$，$\varphi_1 = \varphi_2 = \dfrac{\pi}{2}$，即有系统的运动方程

$$\begin{aligned}\theta_1 &= \frac{\varPhi_0}{2}\sin\left(\sqrt{\frac{g}{l}}t + \frac{\pi}{2}\right) + \frac{\varPhi_0}{2}\sin\left(\sqrt{\frac{g}{l} + \frac{2k_n}{ml^2}}t + \frac{\pi}{2}\right)\\ \theta_2 &= \frac{\varPhi_0}{2}\sin\left(\sqrt{\frac{g}{l}}t + \frac{\pi}{2}\right) - \frac{\varPhi_0}{2}\sin\left(\sqrt{\frac{g}{l} + \frac{2k_n}{ml^2}}t + \frac{\pi}{2}\right)\end{aligned}$$

*18.8 两个自由度系统无阻尼强迫振动

18.8.1 振动微分方程

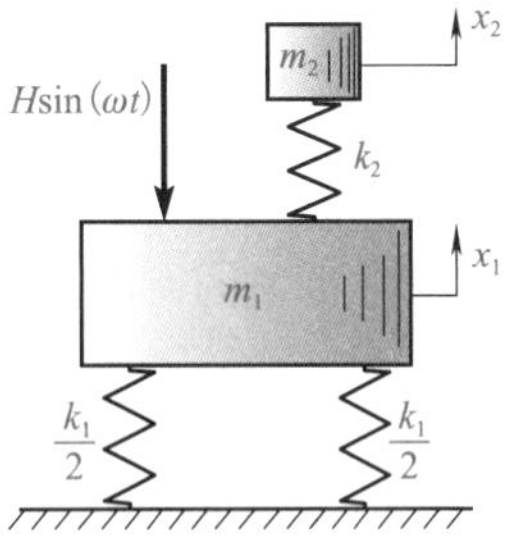

图 18-43

18-43

首先讨论一个无阻尼强迫振动的实例。设图 18-43 所表示的为一动力减振器力学模型，它由两物块用弹簧支承。其中 m_1 称为系统的主质量，在主质量上作用有激振力 $H\sin(\omega t)$，因此质量 m_1 将发生强迫振动。为减轻 m_1 的振动，在其上用弹簧 k_2 连接一动力减振器，其质量为 m_2，称为附加质量。用 x_1、x_2 表示 m_1 和 m_2 相对各自平衡位置的位移，则系统的运动微分方程为

$$\left.\begin{aligned} m_1\ddot{x}_1 &= -k_1x_1 + k_2(x_2 - x_1) + H\sin\omega t \\ m_2\ddot{x}_2 &= -k_2(x_2 - x_1) \end{aligned}\right\}$$

设

$$a = \frac{k_1 + k_2}{m_1}, \quad b = \frac{k_2}{m_1}, \quad c = \frac{k_2}{m_2}, \quad h = \frac{H}{m_1} \tag{18-93}$$

则式(18-93)简化为

$$\ddot{x}_1 + ax_1 - bx_2 = h\sin(\omega t), \quad \ddot{x}_2 - cx_1 + cx_2 = 0 \tag{18-94}$$

设上述方程组的特解为

$$x_1 = A_1\sin(\omega t), \quad x_2 = A_2\sin(\omega t) \tag{18-95}$$

将式(18-95)代入方程(18-94)，得

$$(a-\omega^2)A_1 - bA_2 = h, \quad -cA_1 + (c-\omega^2)A_2 = 0$$

解以上方程组可得 A_1 和 A_2，即

$$A_1 = \frac{h(c-\omega^2)}{(a-\omega^2)(c-\omega^2)-bc}, \quad A_2 = \frac{hc}{(a-\omega^2)(c-\omega^2)-bc} \tag{18-96}$$

由式(18-95)及式(18-96)可知，系统的主质量和减振器质量的强迫振动都是简谐振动，它们的振动频率都等于激振力的频率 ω。两个质量的振幅都与激振力的大小、激振力的频率和系统的参数有关。

18.8.2 振幅与激振力频率间关系

1. 系统主质量的静位移

当激振力频率 $\omega = 0$ 时，此时振动周期为无穷大。可从式(18-96)解得

$$A_1 = A_2 = \frac{h}{a-b} = \frac{H}{k_1} = b_0 \tag{18-97}$$

式中的 b_0 相当于在大小等于力幅 H 的静力作用下系统主质量的静位移。且此时两个质量有相同的位移。

2. 系统的固有频率及共振

系统的频率方程为

$$\begin{vmatrix} a-\omega^2 & -b \\ -c & c-\omega^2 \end{vmatrix} = (a-\omega^2)(c-\omega^2) - bc = 0 \tag{18-98}$$

由式(18-98)解得
$$\omega_{1,2}^2=\frac{a+c}{2}\mp\sqrt{\left(\frac{a+c}{2}\right)^2-c(a-b)} \tag{18-99}$$
从式(18-98)知，式(18-96)的分母正和其多项式相同，因此，当$\omega=\omega_1$或$\omega=\omega_2$时，振幅A_1和A_2就成为无穷大，即系统发生共振。由此可见两个自由度系统有两个共振频率。

下面讨论系统的振幅和激振力频率间的关系。为了清楚了解它们之间的关系，可绘出两个质量的振幅频率曲线。为此设$k_1=k_2=k$，$m_1=2m$，$m_2=m$，又知在设有减振器附加质量时，主质量固有频率$\omega_0=\sqrt{\dfrac{k_1}{m_1}}=\sqrt{\dfrac{k}{2m}}$，则有$a=2\omega_0^2$，$c=2\omega_0^2$，$b=\omega_0^2$，代入式(18-99)可得系统的固有频率为
$$\omega_1=0.765\omega_0,\quad \omega_2=1.848\omega_0$$
再由式(18-96)和式(18-97)计算出振幅比为
$$\left.\begin{aligned}\beta_1&=\frac{A_1}{b_0}=\frac{(a-b)(1-\omega^2/c)}{a(1-\omega^2/a)(1-\omega^2/c)-b}=\frac{1-\omega^2/2\omega_0^2}{2(1-\omega^2/2\omega_0^2)^2-1}\\ \beta_2&=\frac{A_2}{b_0}=\frac{1}{2(1-\omega^2/2\omega_0^2)^2-1}\end{aligned}\right\} \tag{18-100}$$

振幅比β_1、β_2随频率比ω/ω_0变化的关系曲线如图18-44所示。图中表明，当$\omega=0$时，$\beta_1=\beta_2=1$，即$A_1=A_2=b_0$。当ω增大时，β_1、β_2也随之增大且都取正值，即振动的位移与激振力同相位，当$\omega=\omega_1$时，β_1、β_2均趋于无穷大，即发生一阶共振。当ω稍大于ω_1时，β_1、β_2仍很大，但均为负值，即振动的位移与激振力反相位。随着ω值的进一步增加，β_1、β_2的绝对值减小，直到$\omega=\sqrt{2}\omega_0$时，即激振力频率等于减振器附加质量的固有频率时，β_1=0，$\beta_2=-1$，即$A_1=0,A_2=b_0$，m_2的位移与激振力反相位。动力减振器就是利用了这个特点。当$\omega>\sqrt{2}\omega_0$时，$\beta_1>0,\beta_2<0$，即两质量振动反相位，但m_1的位移与激振力同相位。当ω趋近于ω_2时，β_1、β_2又一次趋近于无穷大，出现了第二阶共振。当$\omega>\omega_2$，且ω比ω_2大得多时，β_1、β_2都趋于零，在此过程中两振动反相位。

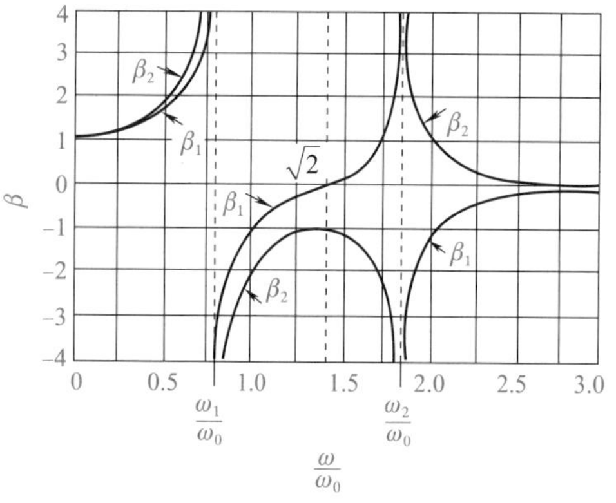

图 18-44

特别值得指出的是，当$\omega=\sqrt{2}\omega_0=\sqrt{\dfrac{k_2}{m_2}}$时，系统主质量振幅$A_1$等于零具有实际意义，可以利用这一特性来达到减振的目的。如果一个振动系统受到一个频率不变的激振力作用而发生振动，则可以在这个系统上安装一个动力减振器来减小，甚至消除这个振动。动力减振器的固有频率$\sqrt{\dfrac{k_2}{m_2}}$应设计得与激振力频率ω相等。

如图18-45所示的梁上，有一个机器。设机器的质量为m_1，梁的质量不计，梁相当于弹簧刚度为k_1的弹簧。由于机器的转动部件不均衡，将产生频率为ω的铅直激振力，从而产生强迫振动，为了消除强迫振动引起的不利影响，可在机器上用弹簧刚度为k_2的弹簧悬挂一质

量为m_2的物块，且使$\sqrt{\dfrac{k_2}{m_2}}=\omega$，这样可使机器的强迫振动振幅为零，达到了消除振动的目的。应该注意的是，减振器的固有频率只有一个固定的值$\sqrt{\dfrac{k_2}{m_2}}$，只能消除频率与它相等的激振力所产生的振动。当机器的转速ω改变时，激振力的频率也改变，此减振器不能再消振。对于频率可变的激振力所产生的强迫振动，可采用有阻尼减振器来消振，有兴趣可参阅其他振动理论专著中关于有阻尼强迫振动的理论，这里不再赘述。

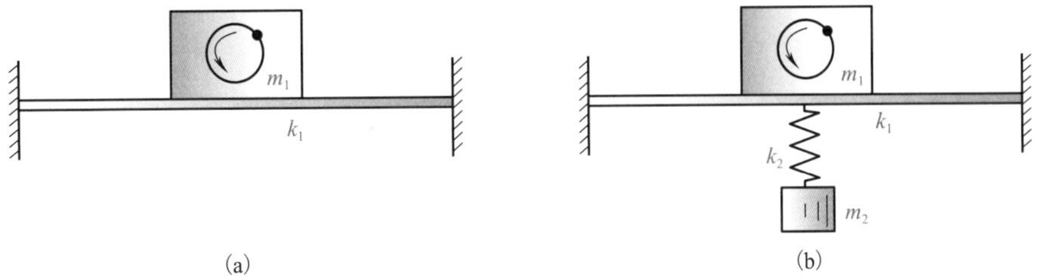

图 18-45

18-45

【例 18-14】　一机器系统如图 18-46 所示。已知机器质量$m_1=90\text{kg}$，减振器质量$m_2=2.25\text{kg}$，若机器上有一偏心块质量为 0.5kg，偏心距$e=1\text{cm}$，机器转速$n=1800\ \text{r/min}$。求使机器振幅为零时减振器弹簧的刚度和此时减振器的振幅及使减振器的振幅不超过 2mm 时减振器的参数。

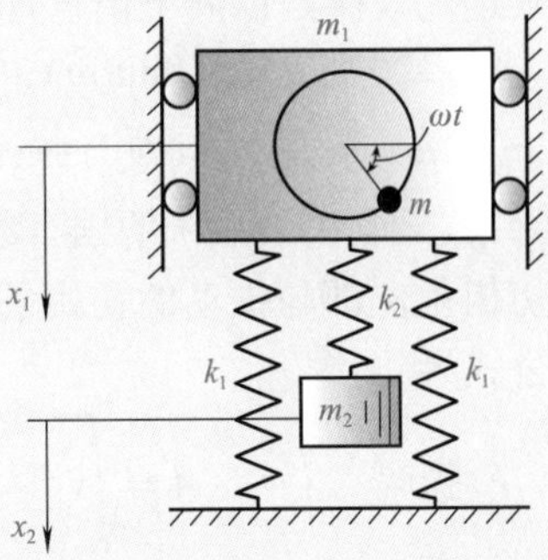

图 18-46

18-46

解　质量m_1和m_2相对平衡位置的位移分别为x_1和x_2，则由动量定理，可列出系统的运动微分方程组

$$\left.\begin{aligned}&\ddot{x}_1+\frac{2k_1+k_2}{m_1}x_1-\frac{k_2}{m_1}x_2=\frac{me\omega^2}{m_1}\sin(\omega t)\\&\ddot{x}_2-\frac{k_2}{m_2}x_1+\frac{k_2}{m_2}x_2=0\end{aligned}\right\}\tag{1}$$

上式中，设　$a=\dfrac{2k_1+k_2}{m_1}$，$b=\dfrac{k_2}{m_1}$，$c=\dfrac{k_2}{m_2}$，$h=\dfrac{me\omega^2}{m_1}$

若使机器振幅为零，则由式(18-96)知

$$A_1=\frac{h(c-\omega^2)}{(a-\omega^2)(c-\omega^2)-bc}=0\tag{2}$$

式(2)中$h\neq0$，则有

$$c-\omega^2=0\tag{3}$$

将$c=\dfrac{k_2}{m_2}$，$\omega=\dfrac{n\pi}{30}$代入式(3)，解得

$$k_2=m_2\omega^2=2.25\times\left(\frac{1800\times\pi}{30}\right)^2=79943.8(\text{N}/\text{m})$$

又由式(18-96)知，此时减振器的振幅为

$$A_2=\frac{hc}{(a-\omega^2)(c-\omega^2)-bc}$$

其中，$c-\omega^2=0$，则有

$$A_2=-\frac{h}{b}=-\frac{me\omega^2}{k_2}=\frac{-0.5\times0.01\times(60\pi)^2}{79943.8}=-2.22\times10^{-3}(\text{m})=-2.22(\text{mm})$$

若使减振器振幅不超过 2mm，则有$|A_2|\leqslant 2\text{mm}$，即

$$\frac{me\omega^2}{k_2}\leqslant 2\text{mm}$$

则参数k_2变为

$$k_2\geqslant\frac{me\omega^2}{2\times10^{-3}}=88826\text{N}/\text{m}$$

取$k_2=88826\text{N}/\text{m}$可解得

$$m_2=\frac{k_2}{\omega^2}=\frac{88826}{(60\pi)^2}=2.49\text{kg}$$

本章小结

1．单自由度系统。

(1) 单自由度系统无阻尼自由振动。

质点仅在线性恢复力作用下的运动称为质点的自由振动。

自由振动微分方程的标准形式为

$$\ddot{x}+\omega_n^2x=0$$

其运动规律是以静平衡位置为中心的谐振动

$$x=A\sin(\omega_nt+\alpha)$$

振动周期T和固有频率ω_n与初始条件无关，只取决于系统的固有参数，而振幅A和初相角α都与振动的初始条件有关，其计算公式为

振幅 $A=\sqrt{{x_0}^2+\frac{{v_0}^2}{\omega_n^2}}$

初相角 $\tan\alpha=\frac{\omega_nx_0}{v_0}$

固有频率 $\omega_n=\sqrt{\frac{k}{m}}$

周期 $T=\frac{2\pi}{\omega_n}$

频率 $f=\frac{1}{T}=\frac{\omega_n}{2\pi}$

(2) 单自由度系统有阻尼自由振动。

如果质点还受到黏滞阻力$\boldsymbol{R}=-c\boldsymbol{v}$作用，$c$为黏滞阻力系数，则质点将发生阻尼振动。

阻尼振动微分方程的标准形式为

$$\ddot{x}+2n\dot{x}+\omega_n^2x=0$$

小阻尼($n<\omega_n$)时，有阻尼振动是一种振幅随时间逐渐减小的衰减振动，其振动规律为

$$x=A\text{e}^{-nt}\sin(\omega_nt+\alpha)$$

其中

$$A=\sqrt{x_0^2+\frac{(v_0^2+nx_0)^2}{\omega_n^2-n^2}}$$

$$\tan\alpha=\frac{x_0\sqrt{\omega_n^2-n^2}}{v_0+nx_0}$$

固有频率 $\omega_d=\sqrt{\omega_n^2-n^2}$

周期 $T_d=\frac{2\pi}{\omega_d}=\frac{2\pi}{\sqrt{\omega_n^2-n^2}}$

一般来说，小阻尼对衰减振动的频率和周期的影响很小，可以忽略不计，但对振幅的影响很大，按几何级数递减。

在临界阻尼($n=\omega_n$)和大阻尼($n>\omega_n$)的情况下，质点的运动很快衰减，不再具有振动的特征。

(3) 单自由度系统的有阻尼强迫振动。

当质点受到简谐激振力$Q=H\sin(\omega t)$时，将发生强迫振动。

单自由度系统强迫振动微分方程的标准形式为

$$\ddot{x}+2n\dot{x}+\omega_n^2x=H\sin(\omega t)$$

质点的运动包括衰减振动和强迫振动两部分。其衰减振动部分由于阻尼的影响很快随时间而衰减了，所以，通常只考虑强迫振

动部分。

系统在简谐激振力作用下的强迫振动是谐振动，其振动规律为

$$x = b\sin(\omega t - \varepsilon)$$

振幅　$b = \dfrac{h}{\sqrt{(\omega_n^2 - n^2)^2 + 4n^2\omega^2}}$

相角　$\tan\varepsilon = \dfrac{2n\omega}{\omega_n^2 - \omega^2}$

强迫振动的频率等于激振力的频率，振幅与激振力和振动系统的参数有关。当激振力的频率等于或接近系统的固有频率时，其振幅显著增大，此时，系统将产生共振。共振振幅为

$$b_{\max} = \frac{h}{2n\sqrt{\omega_n^2 - n^2}}$$

可见，由于阻尼的存在，受迫振动的振幅不会无限增大。由幅频曲线知，只有在共振区，阻尼才会对振幅起明显抑制作用。另外，阻尼的存在使相角滞后 ε 角。

2．两个自由度系统。

(1) 两个自由度系统的振动一般具有两个固有频率，固有频率只与系统的质量和刚度等参数有关，而与振幅等其他条件无关。对应于两个固有频率存在着两个主振型，主振型的形状只与系统的质量和刚度等方面的参数有关。系统的固有频率和主振型是振动的两个重要特性。

(2) 两个自由度系统的自由振动是两个主振动的叠加，每个主振动的振幅和相角都与运动的初始条件有关。两个不同频率谐振动的叠加一般不是谐振动。

(3) 两个自由度系统的强迫振动的频率等于激振力的频率，其振幅与激振力和系统固有参数有关。

思 考 题

18.1　求图 18-47 所示各系统的固有频率。

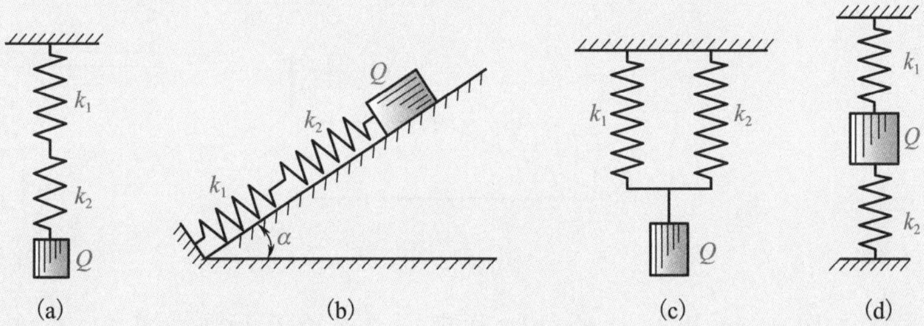

图 18-47

18.2　如图 18-48 所示，两个摆都处于重力场中，摆锤的质量、摆长和弹簧刚度都相同，试问两个摆的固有频率是否相同？为什么？

18.3　单自由度系统做自由振动时，试证明其机械能可表示为 $T + U = \dfrac{1}{2}kA^2$，式中 k 为刚度系数，A 为振幅。

18.4　同一个单摆在空中和水中振动的周期是否相同？设单摆在水中振动时，只计水的浮力，不计水的阻力。

18.5　图 18-49 所示装置，重物 M 可在螺杆上上下滑动，重物的上方和下方都装有弹簧。问是否可以通过螺帽调节弹簧的压缩量来调节系统的固有频率？

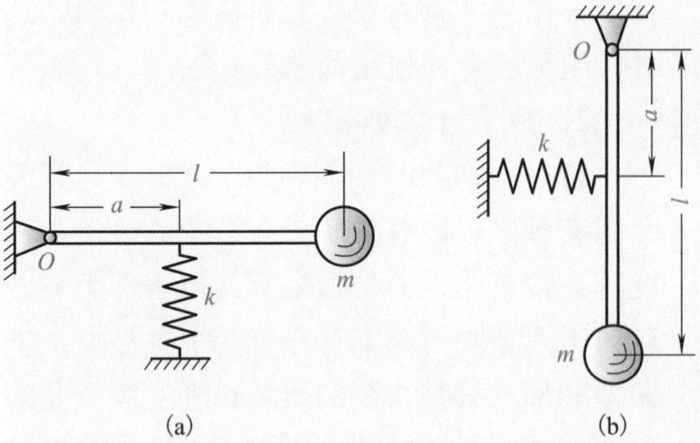

图 18-48

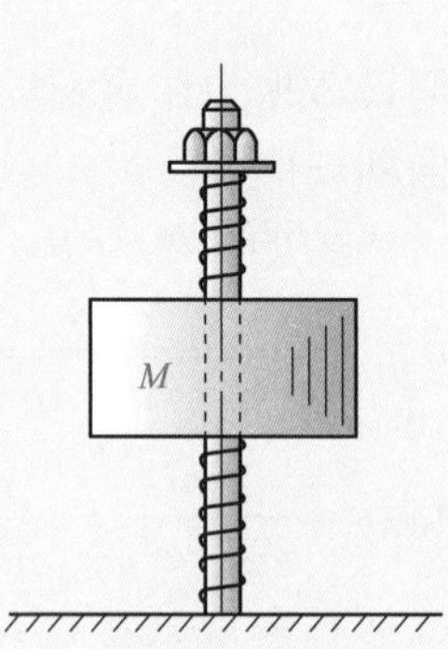

图 18-49

习 题

18-1 一托盘悬挂在弹簧上，如题 18-1 图所示，当盘上放重为 $\boldsymbol{P}$ 的物体时，托盘做微幅振动，测得周期为 T_1；当盘上换一重为 $\boldsymbol{Q}$ 的物体时，测得振动周期为 T_2。求弹簧的刚度 k。

18-2 重为 $\boldsymbol{P}$ 的小车 M 在斜面上自高度 h 处滑下，与缓冲器相碰，如题 18-2 图所示。缓冲弹簧的刚度系数为 k，斜面倾角为 α。求小车碰到缓冲器后做自由振动的周期与振幅。

18-3 一振动系统如题 18-3 图所示。杆 AB 质量不计，重物 M 质量为 m，弹簧刚度分别为 k_1、k_2、k_3，且知 $AC = BC$。试求 M 的运动微分方程和微幅振动的固有频率。

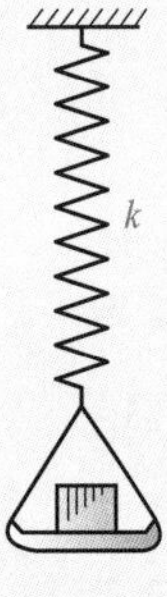

题 18-1 图

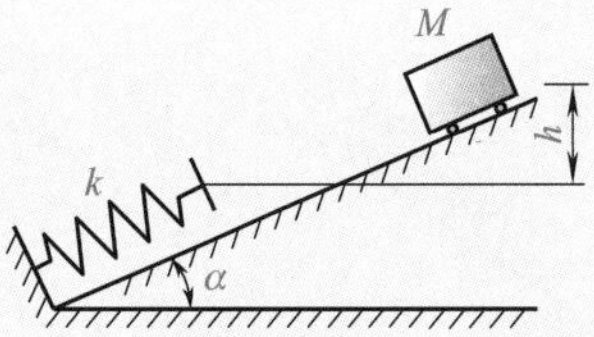

题 18-2 图

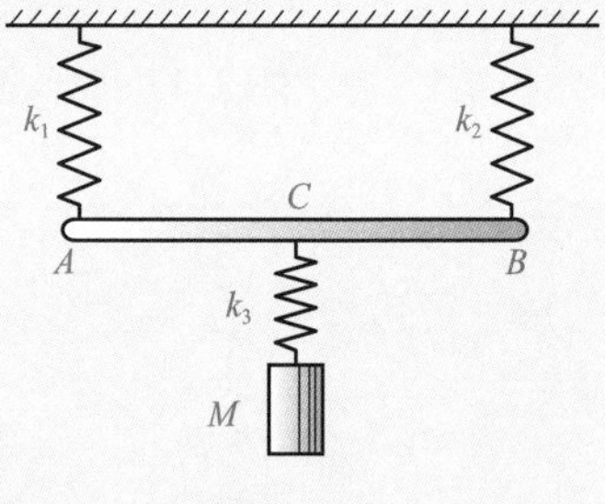

题 18-3 图

18-4 如题 18-4 图所示，重为 $\boldsymbol{Q}$ 的物块自高 $h=1\text{m}$ 处无初速地落下，打在水平梁的中部。梁的两端固定，在荷重 $\boldsymbol{Q}$ 作用下，梁中点的静挠度 $\delta_{\text{st}}=0.5\text{cm}$。如以重物在梁上的静止平衡位置 O 为原点，取 y 轴铅直向下，梁重不计。试写出重物的运动方程。

18-5 如题 18-5 图所示，重 $Q=2\text{kN}$ 的重物在吊索上以速度 $v=5\text{m/s}$ 匀速下降。吊索的刚度系数 $k=4\text{kN/cm}$，吊索重不计。试求吊索上端突然被卡住时，此后重物的振动方程和吊索的最大张力。

18-6 质量为 m 的物体悬挂如题 18-6 图所示。若杆的质量不计，两弹簧的弹簧常数分别为 k_1 及 k_2，又 $AC=a, AB=b$，求物体的固有频率。

18-7 如题 18-7 图所示，一角尺由长度各为 l 及 $2l$ 的两均质杆构成，两杆夹角为 90°，此角尺可绕水平轴 O 转动。求角尺在平衡位置附近作微幅摆动的固有频率。

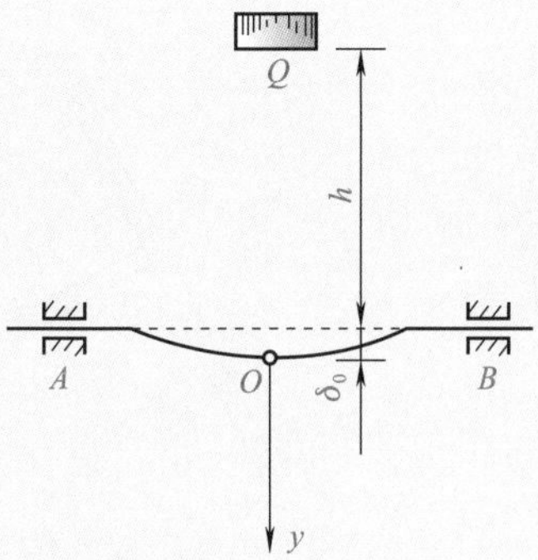

题 18-4 图

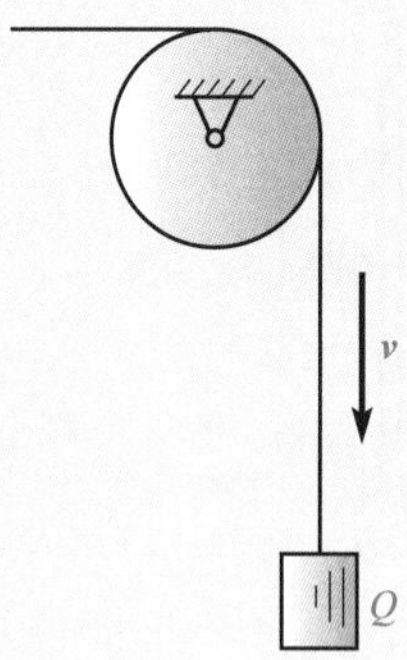

题 18-5 图

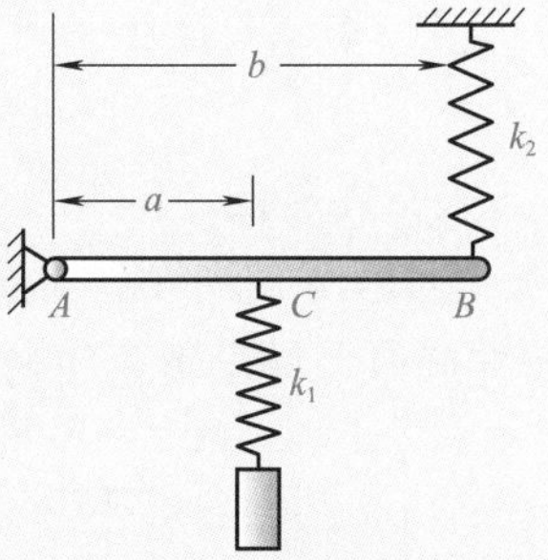

题 18-6 图

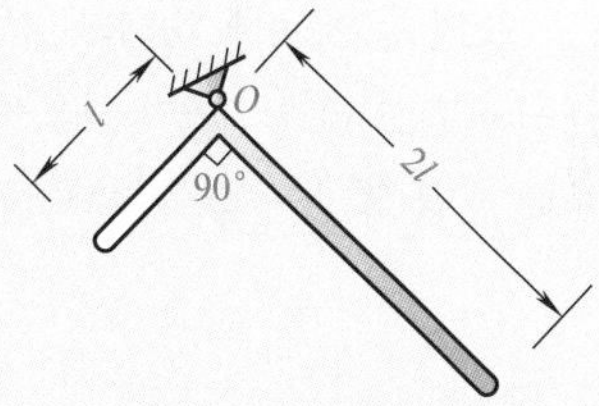

题 18-7 图

18-8　如题 18-8 图所示均质杆 AB，质量为 M，长为 $3l$，B 端刚性连接一质量为 m 的物体，不计其大小。杆 AB 在 O 处铰支，两弹簧刚度均为 k，约束见题 18-8 图。求系统的固有频率。

18-9　均质杆 AB 长为 l，质量为 M，在点 D 挂以倾斜弹簧，弹簧刚度为 k。杆的尺寸如题 18-9 图所示。求杆微幅振动的固有频率。

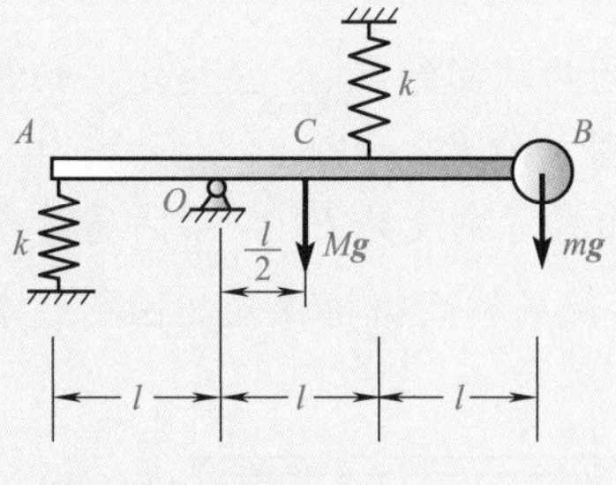

题 18-8 图

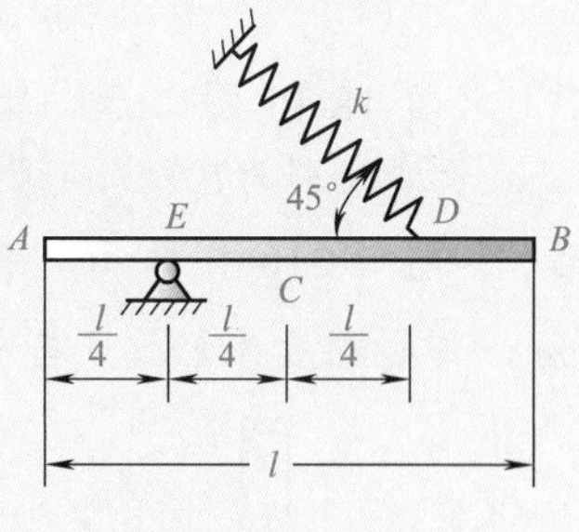

题 18-9 图

18-10　均质杆长 l，质量为 M，一端刚连质量为 m 的小球，另一端用铰链支承于 B。在杆的中点 A 的两边各连接一弹簧刚度为 k 的弹簧，如题 18-10 图所示。求系统的固有频率。小球大小略去不计。

18-11　均质细杆 OA 长为 l，重为 $\boldsymbol{P}$，均质圆盘 D 焊接于杆 OA 的中点 B，圆盘重为 $\boldsymbol{Q}$，半径为 R，如题 18-11 图所示。杆 OA 的一端铰支，一端挂在弹簧 AE 上，弹簧刚度为 k，质量不计。静平衡时 OA 处于水平位置。求系统微幅振动的周期。

18-12　题 18-12 图所示为地震记录仪中的物理摆，其摆的悬挂轴与铅直轴线成 α 角，悬挂轴与摆的重心距离为 l，摆重为 $\boldsymbol{P}$。试求物理摆做微幅振动的周期。

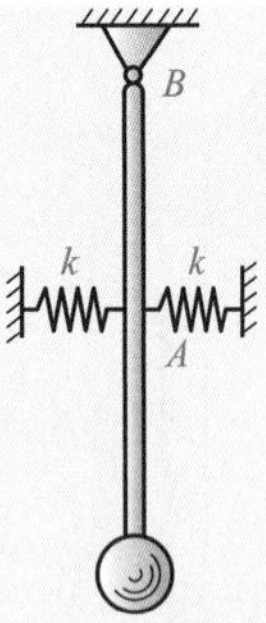

题 18-10 图

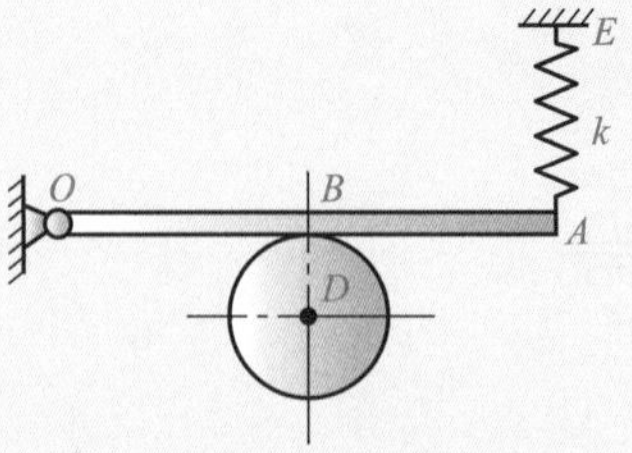

题 18-11 图

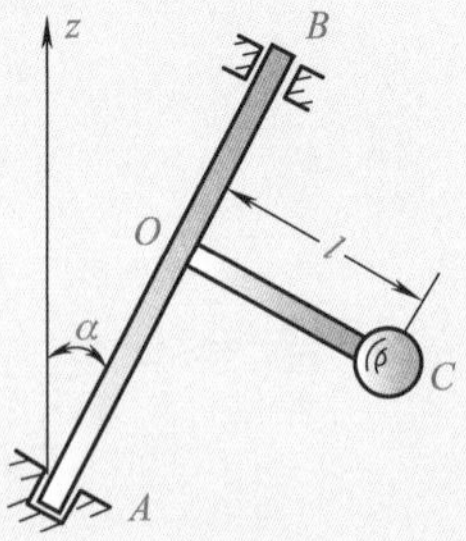

题 18-12 图

18-13 如题 18-13 图所示一飞轮，质量为 20kg，内外径尺寸如图示，单位为 cm。为了测定其对几何中心 C 的转动惯量，将飞轮置于刀口上，如同一复摆，若测得其振动周期为 1.2s，求飞轮对几何中心的转动惯量。要求用能量法求解。

18-14 三线悬挂法求物体的转动惯量。已知重物用三根等长线悬挂，各线间距离相等，即 $\triangle abc$ 为一等边三角形，重物的重心在三角形的中心 O，如题 18-14 图所示。测量出系统的固有频率，便可计算出重物的转动惯量。求系统微振动的固有频率与转动惯量间的关系。

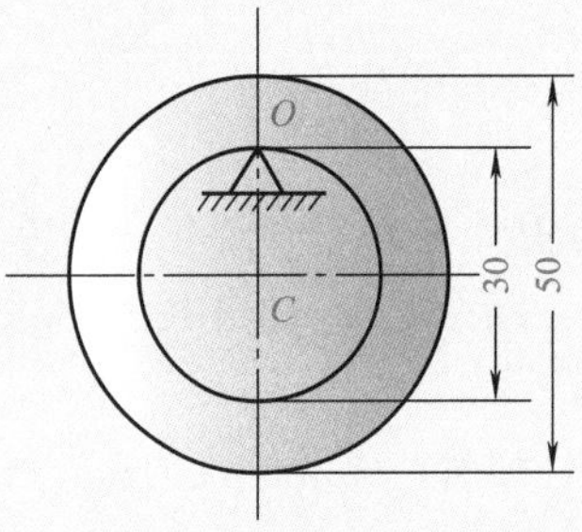

题 18-13 图

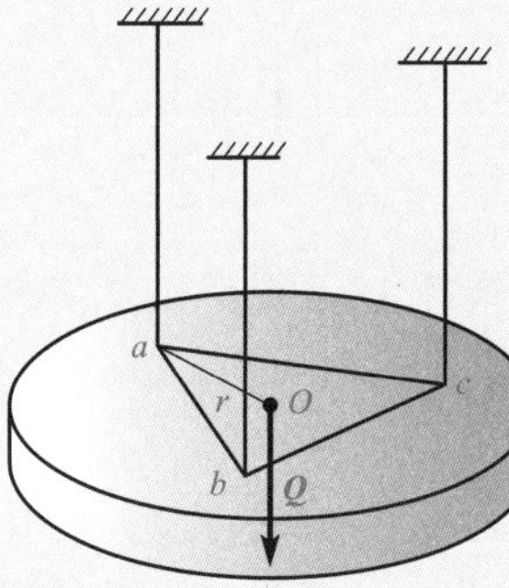

题 18-14 图

18-15 求题 18-15 图所示圆盘的扭振频率。钢轴的两端固结在 A、B 两处，轴的两部分直径皆为 d，长度分别为 l_1 和 l_2，圆盘对轴中心线转动惯量为 I_0。

18-16 如题 18-16 图所示，悬臂梁长度为 l，截面抗弯刚度为 EI_z，梁的质量不计，质点质量为 m，弹簧刚度为 k，且与水平成 45° 角。求系统的横向微幅振动的固有频率。

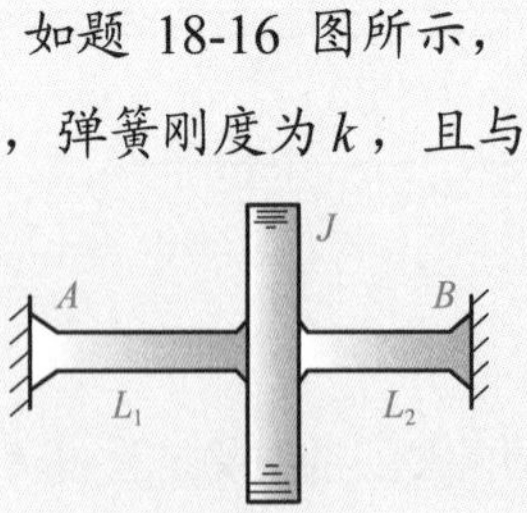

题 18-15 图

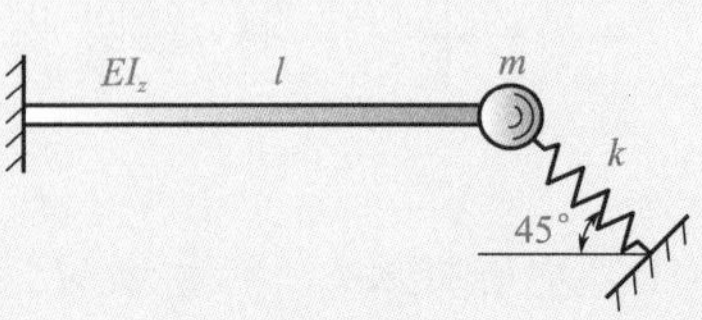

题 18-16 图

18-17 题 18-17 图所示一等截面悬臂梁 OA，长为 l，抗弯刚度为 EI_z，当其自由端 A 承受质量为 m 的荷载时，A 端的静挠度 $\delta_{st}=\dfrac{mgl^3}{3EI_z}$。求此系统的固有频率：①当梁的质量不计时；②当梁的单位长度质量为 γ 时(提示：梁的挠曲线方程为 $y=\dfrac{3lx^2-x^3}{2l^3}y_{\max}$)。

18-18 一圆柱体直径为d，质量为m，可在水平面上做纯滚动，如题 18-8 图所示。两个刚性系数为k的弹簧与圆柱体连接如图示。求圆柱体微小振动的周期。

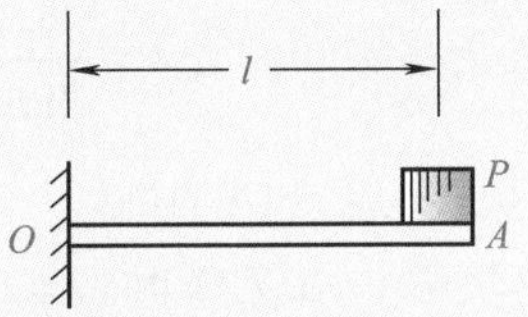

题 18-17 图

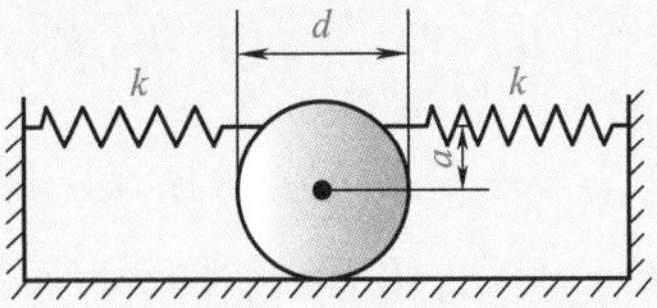

题 18-18 图

18-19 题 18-19 图中一重为$\boldsymbol{W}$、半径为r的圆柱体，在一半径为R的圆弧槽上做无滑滚动。求圆柱体在平衡位置附近做微小振动的固有频率。

18-20 如题 18-20 图所示重为$\boldsymbol{P}$的物体A悬挂在不可伸长的绳子上，绳子跨过重也为$\boldsymbol{P}$的均质滑轮与固定弹簧相连，弹簧刚度为k。且知滑轮半径为r，能绕轴O转动。求系统的固有频率。

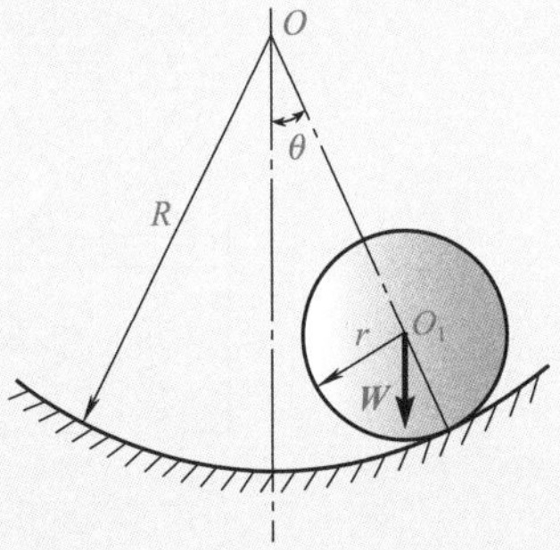

题 18-19 图

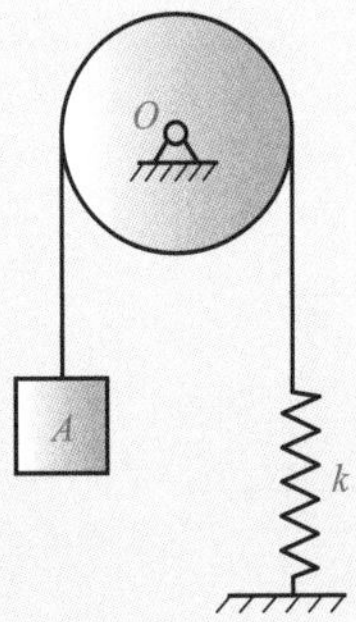

题 18-20 图

18-21 如题 18-21 图所示，均质轮A的质量为m_1，半径为R，放置在水平面上。一不能伸长的绳一端绕在其上，另一端跨过定滑轮D并悬挂质量为m_2的物块。轮心C与墙之间以一刚度为k的弹簧连接。设轮A只滚动不滑动，滑轮D质量及轴承处摩擦不计，求系统的固有频率。

18-22 计算如题 18-22 图所示系统的固有频率ω_n和有阻尼自由振动的频率ω_d。已知弹簧刚度为k，阻尼系数为c，物体B的质量为m，且大小不计，杆AB的质量忽略不计。

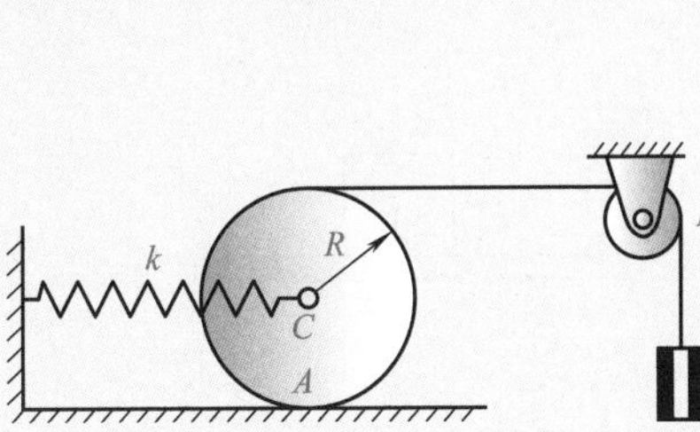

题 18-21 图

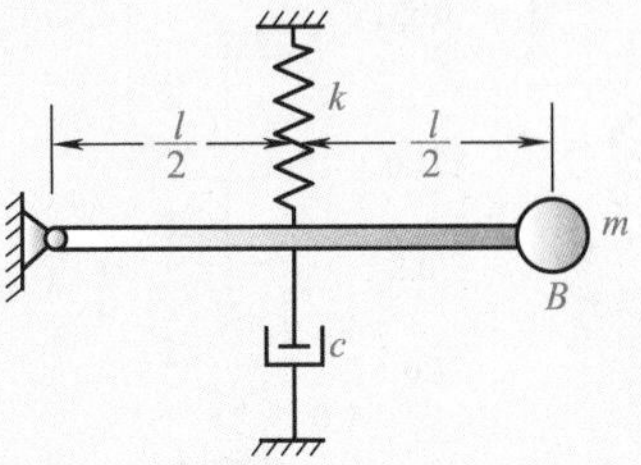

题 18-22 图

18-23 用以下方法测定液体的阻尼系数。在弹簧上悬一薄板A，如题 18-23 图所示。测定它在空气中的自由振动周期T_1，然后再将其放入欲测阻尼系数的液体中，令其振动，测定周期T_2。液体与板间的阻力等于$2Scv$，其中$2S$是薄板的表面积，v是其速度，而c为阻尼系数。如薄板重$\boldsymbol{P}$，试根据实验数据T_1与T_2求阻尼系数c。板与空气间阻力略去不计。

18-24 汽车的质量 $m=2450\text{kg}$，压在四个车轮的弹簧上，可使每个弹簧的压缩量 $\delta_{\text{st}}=15\text{cm}$，为了减小振动，每个弹簧都装一个减振器，使汽车上下振动减小，经两次振动后，振幅减到 0.1 倍，即 $\dfrac{A_1}{A_3}=10$。试求：①振幅减缩率 η 和对数减缩率 δ；② $n=\dfrac{c}{2m}$ 和衰减振动周期 T_d；③如果要求汽车不振动，即要求减振器有临界阻尼，求临界阻尼 c_c。

18-25 如题 18-25 图所示，车轮上装置一重为 $\boldsymbol{P}$ 的物块 B，在某瞬时 $(t=0)$ 驶入曲线路面，并继续以等速 $\boldsymbol{v}$ 行驶。路面曲线方程为 $y_1=d\sin\dfrac{\pi}{l}x_1$。且知 $t=0$ 时物块在铅直方向的速度为零。设弹簧刚度为 k。求：①物块 B 的强迫振动方程；②轮 A 的临界速度。

18-26 如题 18-26 图所示，电动机及底板共重 2500N，由四个弹簧刚度 $k=300\text{N/cm}$ 的弹簧支持，在电动机转子上装有一重 2N 的物体，距转轴 $e=1\text{cm}$。已知电机被限制在铅直方向运动，求：①发生共振的转速；②当转速为 1000r/min 时，稳定振动的振幅。

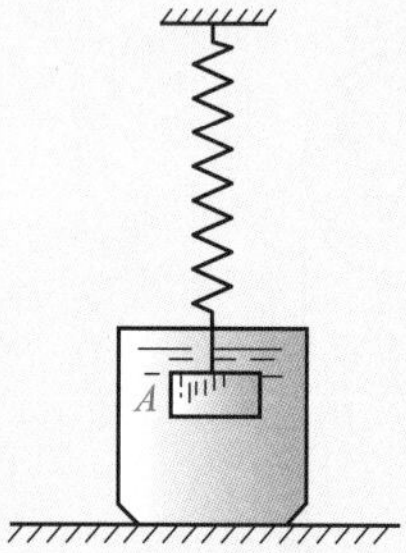

题 18-23 图

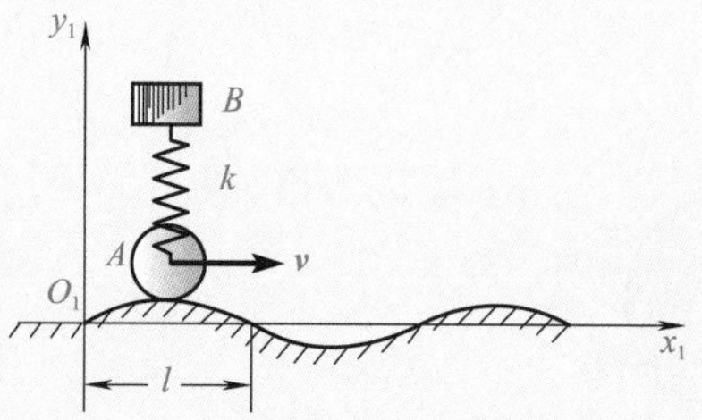

题 18-25 图

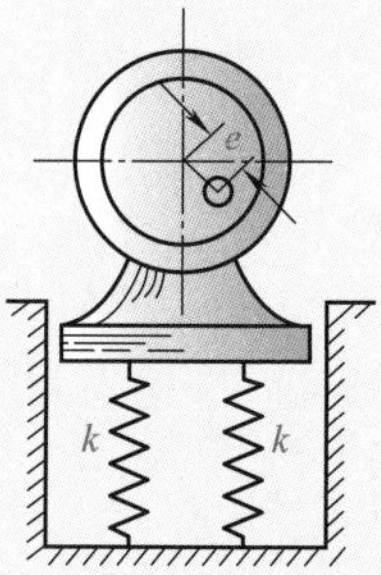

题 18-26 图

18-27 电动机的转速 $n=1200\text{r/min}$，重 980N，今将此电动机安装在隔振装置上，欲使传到地基的干扰力达到不装隔振装置的 1/10，求隔振装置的弹簧常数。阻尼不计。

18-28 如题 18-28 图所示两个振动系统，其质量为 M，弹簧刚度为 k，阻尼系数为 c。设干扰位移 $x_1=a\sin(\omega t)$，试推导它们的强迫振动公式。

18-29 如题 18-29 图所示，精密仪器使用时应避免地面振动的干扰。为了隔振，在 AB 两端下边安装了 8 个弹簧，设地面振动可表示为 $y_1=0.1\sin(10\pi t)(\text{cm})$，仪器重为 8kN，容许振幅为 0.01cm，求每个弹簧应有的刚度系数。

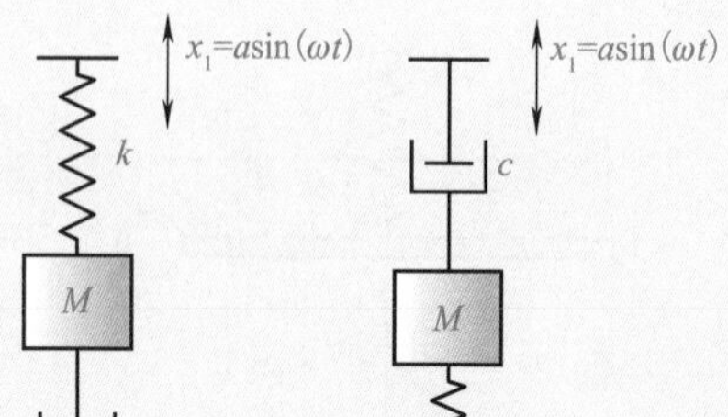

题 18-28 图

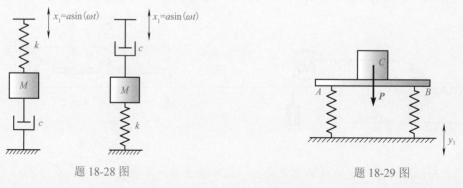

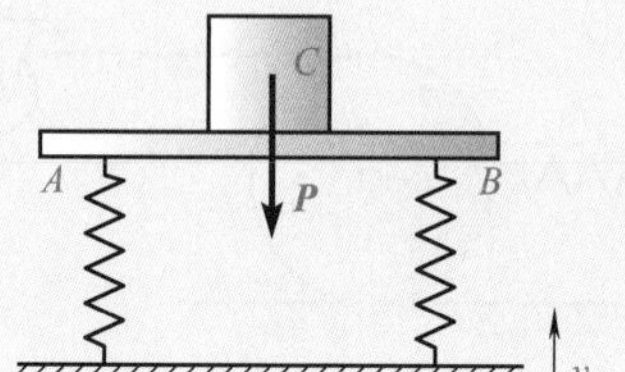

题 18-29 图

18-30 电动机由于机轴偏心，相当于在基础上作用了一干扰力 $S=500\sin(15t)(\text{N})$。设基础的质量 $m=100\text{kg}$。为了使地面受到的动反力的最大值小于干扰力幅值的 30%，在基础下垫以弹簧常数 $k=10\text{N/mm}$ 的垫层。问放上几层才能达到上述要求。

18-31　如题 18-31 图所示，一物体重 800N，悬挂在弹簧刚度为 20N/mm 的弹簧上，在物体上作用一周期激振力 S，其幅值为 20N，其频率 $f = 3\text{Hz}$。已知阻尼系数为 1N · s/mm。求稳态强迫振动振幅。

***18-32**　如题 18-32 图所示，扭振系统由不计质量的阶梯轴和两圆盘所组成。已知圆盘的转动惯量为 $I_1 = 2I_2 = I$，轴的直径 $d_1 = 1.2d_2 = d$，轴的长度 $l_1 = 2l_2 = l$。求系统的固有频率和主振型。

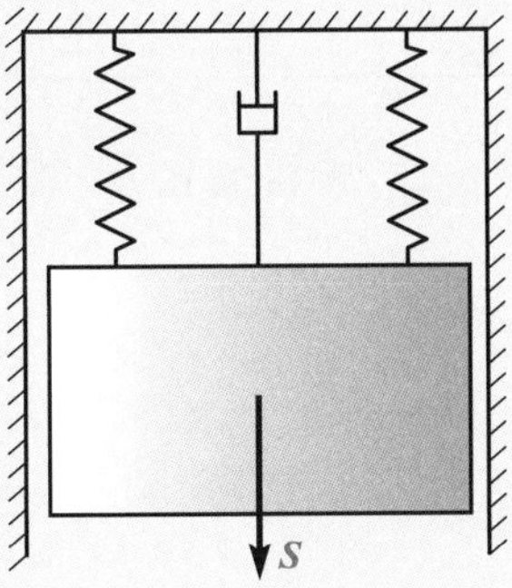

题 18-31 图

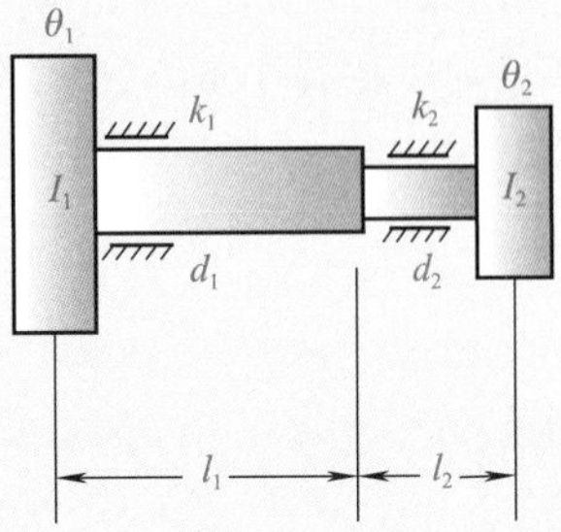

题 18-32 图

***18-33**　如题 18-33 图所示，二层楼房可简化为集中质量的两自由度系统。设 $m_2 = 2m_1$，$k_2 = 2k_1$。求系统的固有频率和主振型。

***18-34**　题 18-34 图所示一简支梁，距 A 端 a 处有一集中质量 m_1，距 B 端 C 处有一集中质量 m_2，梁的质量不计。试用影响系数法求系统的固有频率和主振型。设 $m_1 = m_2 = m$，$a = c = \dfrac{l}{4}$，$b = \dfrac{l}{2}$。

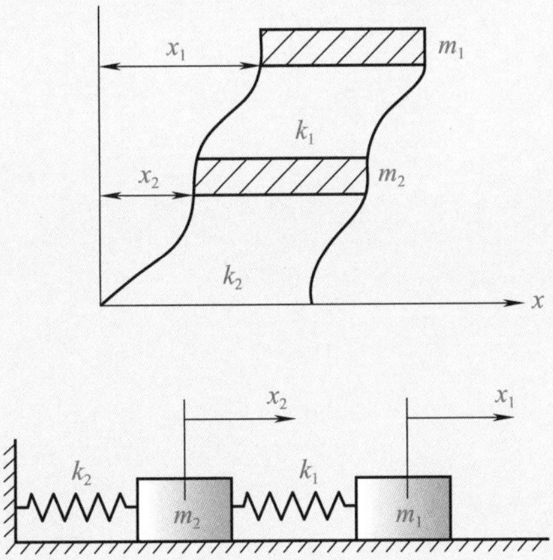

题 18-33 图

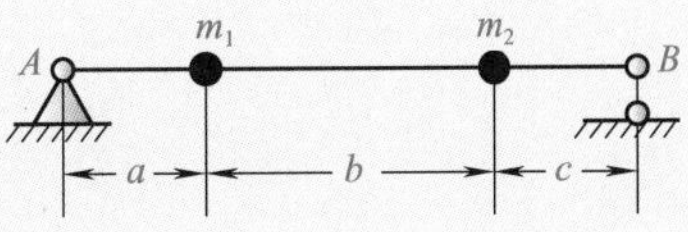

题 18-34 图

***18-35**　已知如题 18-35 图所示两个自由度系统，其中 A 和 B 的质量分别为 M 和 m，弹簧刚度为 k，摆长为 l。求系统的运动方程和固有频率。

*18-36　张紧的弦中张力为 F (设为常量)，上面挂两质量，受激振力作用如题 18-36 图所示，且 $\omega^2=\dfrac{3F}{2ml}$。求系统的强迫振动。

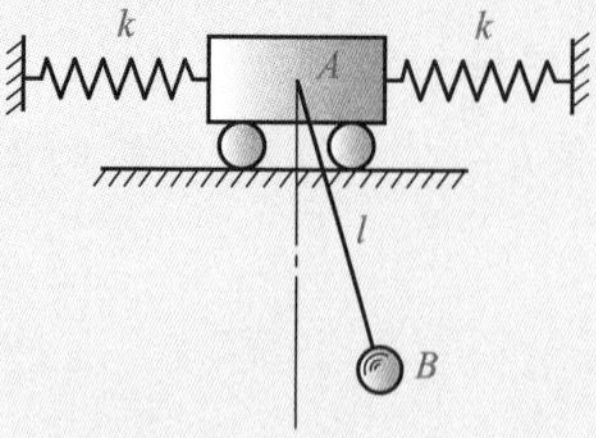

题 18-35 图

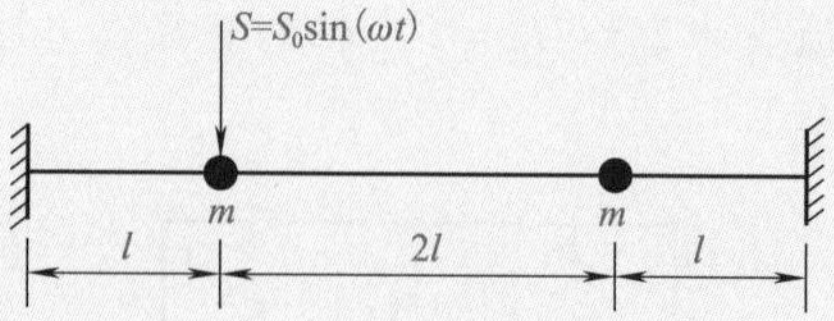

题 18-36 图

第 19 章

碰　撞

在前面讨论的问题中，物体在力的作用下，运动速度都是连续地、逐渐地改变的。本章研究另一种力学现象——碰撞，物体发生碰撞时，会在非常短促的时间内，运动速度突然发生有限的改变。本章研究的主要内容有碰撞现象的特征、用于碰撞过程的基本定理、碰撞过程中的动能损失、撞击中心。

19.1　碰撞现象及其基本特征与碰撞力

碰撞是工程实际中经常遇到的一种现象。运动着的物体在突然受到冲击(包括突然受到约束或解除约束)时，其运动速度发生急剧的变化，这种现象称为**碰撞**。例如，飞机着陆时，跑道与轮胎发生撞击，迫使飞机在铅垂方向的运动停止。另外，如打桩、锤锻、打乒乓球等都是碰撞的例子。

碰撞现象的基本特征，在于物体的运动速度或动量在极短的时间内发生有限的改变，碰撞时间之短往往以千分之一或万分之一或万分之几秒来计算，因此加速度必然很大，作用力也就相当大，由于这种作用力只有在碰撞的瞬间存在，故称为**碰撞力(或瞬时力)**。

现以榔头打铁为例来说明碰撞力的特征。设榔头重 10N，以速度 $v_1 = 6\text{m}/\text{s}$ 撞击铁块，碰撞时间 $\tau = 1/1000\text{s}$，碰撞后榔头得到 $v_2 = 1.5\text{m}/\text{s}$ 的速度，所以可用动量定理求解。以榔头作为研究对象，根据动量定理

$$m\boldsymbol{v}_2 - m\boldsymbol{v}_1 = \boldsymbol{S}$$

的投影形式得 $10(1.5+6)/g = S$，从而求得 $S = 7.65\text{N}\cdot\text{s}$。

碰撞力不仅数值很大，而且随时间而变化，其变化的大致情况如图 19-1 所示，由于瞬时力变化规律复杂，很难精确测定，更难以用精确的数学表达式来描述，所以工程实际中一般只考虑瞬时力的平均值。以 F 表示榔头所受碰撞力(榔头的打击力)的平均值，则有 $F = S/\tau = 7650\text{N}$。可见，平均打击力是榔头重的 765 倍。

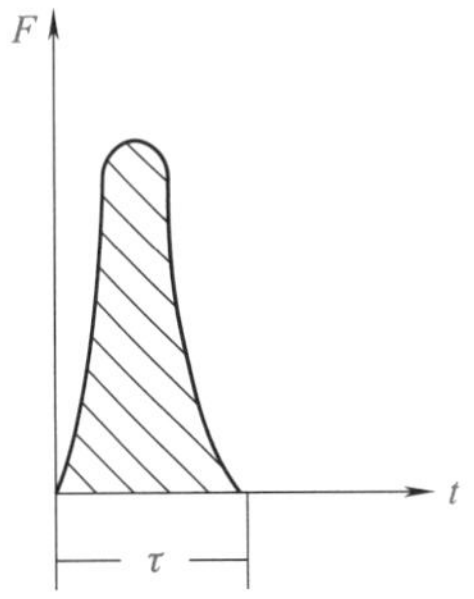

图 19-1

19-1

由此例不难想到，即使是很小的物体，当运动速度很高时，碰撞力也可以达到惊人的程度。一只小小的飞鸟可以毁灭一架高速飞行的飞机，其原因就在于此。实际上，由于碰撞力数值很大，所以在工程实际和日常生活中由于碰撞造成机械、仪器及其他物品损坏的例子是常见的，这是碰撞现象有害的一面；另一方面，我们又常常利用碰撞来进行某些工作，如锻打金属、用锤打桩等。研究碰撞问题，就是为了掌握其规律，以利用其有利的一面，而避免其危害的一面。

19.2 用于碰撞过程的基本定理

根据碰撞的特点——瞬时力大而作用时间短，在研究碰撞问题时，为了简化计算，总是假设：

(1)在碰撞过程中，重力、弹性力等普通力与碰撞力相比小得多，其冲量可以忽略不计。但必须注意，在碰撞前和碰撞后，普通力对物体运动状态的改变作用不可忽略。

(2)由于碰撞时间极短，而速度又是有限量，所以物体在碰撞过程的位移很小，可以忽略不计，即认为物体在碰撞开始时和碰撞结束时的位置相同。

由于碰撞力的变化规律非常复杂，想根据力的变化规律来研究物体在碰撞过程中的运动是难以实现的，所以一般不用力来度量碰撞的作用，也不用运动微分方程来研究碰撞问题。另外，碰撞将使物体产生变形，碰撞过程中还伴随有发声、发热甚至发光等其他物理现象，所以碰撞过程中一般都伴随有机械能损失，由于这种能量损失的计算比较复杂，因此对于碰撞问题，除特殊情况外，一般也不用动能定理。

在理论力学中，我们关心的主要是由于碰撞冲量的作用而使物体运动速度发生的变化。因此，动量定理和动量矩定理就成了研究碰撞问题的主要工具。

1. 用于碰撞过程的动量定理——冲量定理

设质点的质量为 m，碰撞开始瞬时的速度为 $\boldsymbol{v}$，结束瞬时的速度为 $\boldsymbol{u}$，碰撞冲量为 $\boldsymbol{S}$，不计普通力的冲量，则质点动量定理的积分形式为

$$m\boldsymbol{u}-m\boldsymbol{v}=\boldsymbol{S} \tag{19-1}$$

对于质点系，将作用于第 i 个质点上的碰撞冲量分为外碰撞冲量 $\boldsymbol{S}_i^{(e)}$ 和内碰撞冲量 $\boldsymbol{S}_i^{(i)}$，按式(19-1)有

$$m_i\boldsymbol{u}_i-m_i\boldsymbol{v}_i=\boldsymbol{S}_i^{(e)}+\boldsymbol{S}_i^{(i)}$$

设质点系由 n 个质点组成，显然上述形式的方程共有 n 个，将这 n 个方程相加，注意到内碰撞冲量总是成对存在，它们的和等于零，所以有

$$\sum_{i=1}^{n}m_i\boldsymbol{u}_i-\sum_{i=1}^{n}m_i\boldsymbol{v}_i=\sum_{i=1}^{n}\boldsymbol{S}_i^{(e)} \tag{19-2}$$

式(19-2)称为**冲量定理**，它在形式上与普通的质点系动量定理相同，所不同的是，式(19-2)中不计普通力的冲量。

利用质心运动定理，可将质点系的动量表示为质点系总质量 M 与质心速度的乘积，于是可将式(19-2)写成

$$M\boldsymbol{u}_c-M\boldsymbol{v}_c=\sum\boldsymbol{S}^{(e)} \tag{19-3}$$

式中，$\boldsymbol{u}_c$ 和 $\boldsymbol{v}_c$ 分别为碰撞结束和碰撞开始时质心的速度。

式(19-3)表明，**碰撞时质点系动量的改变等于作用在质点系上所有外碰撞冲量的矢量和**。式(19-1)、式(19-2)和式(19-3)都可写成投影形式。

2. 用于碰撞过程的动量矩定理——冲量矩定理

根据前面的假设(2)，碰撞时质点的矢径 $\boldsymbol{r}$ 保持不变，则由方程(19-1)得

$$\boldsymbol{r}\times m\boldsymbol{u}-\boldsymbol{r}\times m\boldsymbol{v}=\boldsymbol{r}\times\boldsymbol{s}$$

但$\boldsymbol{r}\times m\boldsymbol{v}=\boldsymbol{l}_{O1}$，$\boldsymbol{r}\times m\boldsymbol{u}=\boldsymbol{l}_{O2}$。$\boldsymbol{l}_{O1}$和$\boldsymbol{l}_{O2}$分别是碰撞开始和碰撞结束时质点对$O$点的动量矩，而$\boldsymbol{r}\times\boldsymbol{S}=\boldsymbol{m}_O(\boldsymbol{S})$是碰撞冲量对$O$点之矩，于是上式可写成

$$\boldsymbol{l}_{O2}-\boldsymbol{l}_{O1}=\boldsymbol{m}_O(\boldsymbol{S}) \tag{19-4}$$

即在碰撞时，质点对任一固定点的动量矩的改变，等于作用于该质点的碰撞冲量对同一点之矩。

对于质点系，由于内碰撞冲量对任一点的矩之和也等于零，于是有

$$\boldsymbol{L}_{O2}-\boldsymbol{L}_{O1}=\sum\boldsymbol{m}_O(\boldsymbol{S}^{(e)}) \tag{19-5}$$

式(19-5)称为冲量矩定理，它表明，在碰撞过程中，质点系对任一固定点的动量矩的改变，等于作用于质点系的外碰撞冲量对同一点之矩的矢量和。式中不计普通力的冲量矩。

同样，式(19-4)、式(19-5)也可写成在三个坐标轴上的投影形式。

19.3　质点对固定面的碰撞与恢复系数

设一小球(可视为质点)沿铅直方向落到水平的固定平面上，如图 19-2 所示。其碰撞过程为：碰撞开始时，小球的速度为$\boldsymbol{v}$，在固定面碰撞冲量的作用下，小球速度逐渐减小，物体变形逐渐增大，直至速度为零时变形量达到最大值。此后弹性变形逐渐恢复，小球开始获得反向速度，当小球与固定面脱离接触的瞬时，小球的速度为$\boldsymbol{u}$，此时碰撞过程结束。

由此可见，碰撞过程可分为两个阶段：第一阶段，由开始接触到变形达到最大，该阶段中，小球动能减小，变形增大。设此阶段小球受到的碰撞冲量为$\boldsymbol{S}_1$，应用冲量定理在y轴上的投影式，则有

$$0-(-mv)=S_1$$

第二阶段，由弹性变形开始恢复到脱离接触，该阶段中，小球动能增大，弹性变形逐渐恢复。设此阶段小球受到的碰撞冲量为$\boldsymbol{S}_2$，则由冲量定理的投影式有

$$mu-0=S_2$$

于是得

$$\frac{u}{v}=\frac{S_2}{S_1} \tag{19-6}$$

由于碰撞过程中有能量损失，所以碰撞结束时的速度$|u|$一般都小于碰撞开始时的速度$|v|$。牛顿在研究碰撞规律时发现，对于给定的材料，$|u|$与$|v|$的比值是不变的，该比值称为**恢复系数**，用k表示，即

$$k=\left|\frac{u}{v}\right| \tag{19-7}$$

恢复系数需要通过实验来测定。实验时，用待测恢复系数的材料制成小球和质量很大的平板。将平板固定，让小球自高h_1处自由落下，与平板碰撞后，小球返跳，记下小球达到最高点的高度h_2，如图 19-3 所示。小球与平板碰撞开始和碰撞结束时速度分别为

$$v=\sqrt{2gh_1},\quad u=\sqrt{2gh_2}$$

则

$$k=\sqrt{h_2/h_1} \tag{19-8}$$

显然，对于各种实际材料，均有$0<k<1$，各种材料的恢复系数列于表 19-1 中。

19-2、19-3

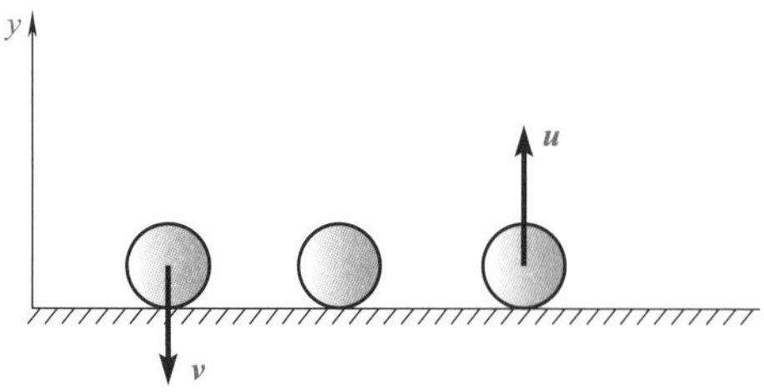

图 19-2

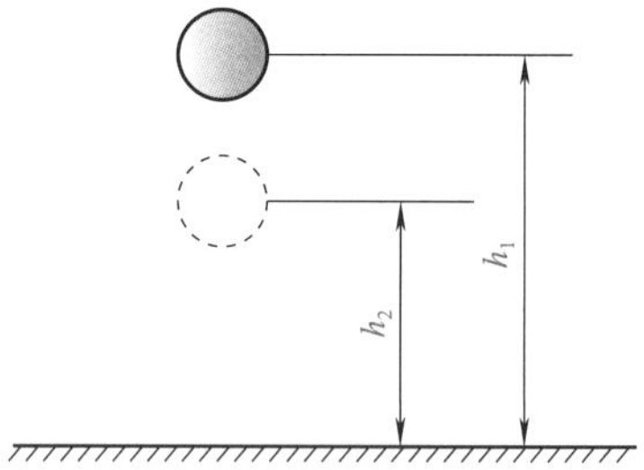

图 19-3

表 19-1 常见材料碰撞时的恢复系数

碰撞物材料	铁对铅	铅对铅	木对胶木	木对木	钢对钢	铁对铁	玻璃对玻璃
恢复系数	0.14	0.20	0.26	0.50	0.56	0.66	0.94

$k=1$为理想情况，表示物体在碰撞结束后变形完全恢复，没有机械能损失，这种碰撞称为**完全弹性碰撞**。$k=0$为极限情况，碰撞引起的变形丝毫没有恢复，这种碰撞称为**非弹性碰撞**或**塑性碰撞**。

【例 19-1】 设小球与固定面做斜碰撞(图 19-4)，碰撞开始时的速度$\boldsymbol{v}$与接触点法线的夹角为α，碰撞结束时的返跳速度$\boldsymbol{u}$与法线的夹角为β，设固定面是光滑的，试计算其恢复系数。

19-4

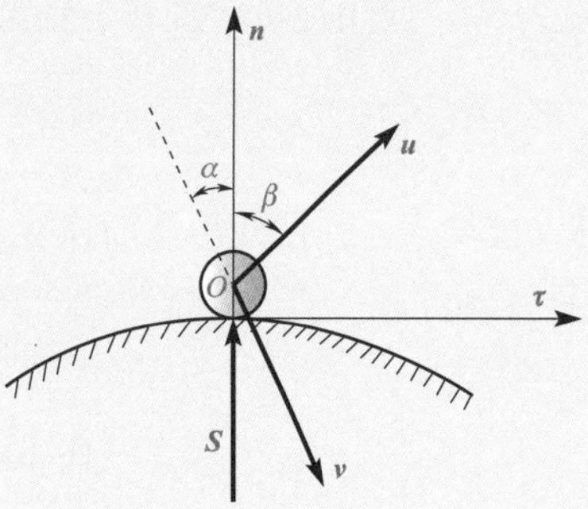

图 19-4

解 因固定面是光滑的，即没有摩擦，故小球碰撞前后的速度$\boldsymbol{v}$和$\boldsymbol{u}$的切向分量相同，即

$$u_\tau = v_\tau \quad 或 \quad u\sin\beta = v\sin\alpha \tag{1}$$

由于碰撞只发生在法线方向，于是材料的恢复系数应为$\boldsymbol{u}$、$\boldsymbol{v}$在法线方向的投影u_n、v_n的比值，即

$$k = \left|\frac{u_n}{v_n}\right| = \frac{u\cos\beta}{v\cos\alpha} \tag{2}$$

利用式(1)可得
$$k = \frac{\tan\alpha}{\tan\beta} \tag{3}$$

可知，当$k=1$，即完全弹性碰撞时，$\alpha=\beta$；而当$k<1$时，总有$\alpha<\beta$。

19.4 两物体的对心正碰撞与动能损失

19-5

若碰撞时两物体质心的连线与接触点公法线重合，则称为**对心碰撞**；如果碰撞前两质心的速度也都沿两质心连线方向，则称为**对心正碰撞**(或**正碰撞**)，否则称为**对心斜碰撞**(或**斜碰撞**)。本节只讨论两物体的正碰撞问题。

设两物体的质量分别为m_1和m_2，碰撞开始时两质心的速度分别为$\boldsymbol{v}_1$和$\boldsymbol{v}_2$(图 19-5)。现在求碰撞结束时两质心的速度和碰撞过程中的动能损失。

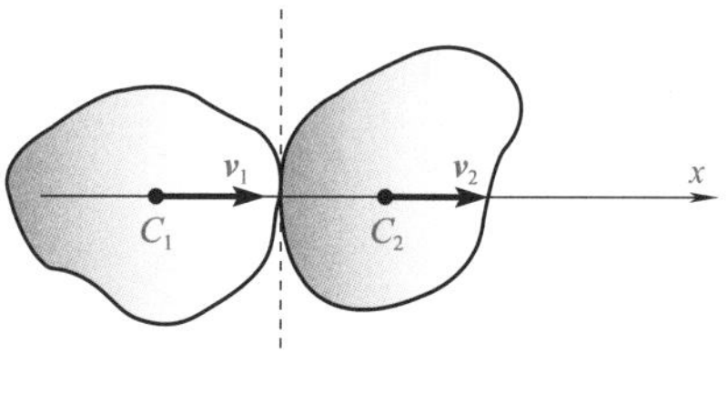

图 19-5

19.4.1 正碰撞结束时两质心的速度

由图 19-5 显然可见，只有当 $v_1 > v_2$ 时两物体才有可能发生碰撞。设碰撞结束时两质心的速度分别为 $\boldsymbol{u}_1$ 和 $\boldsymbol{u}_2$，分别以两物体为研究对象，注意到在垂直于两质心连线的方向上没有碰撞冲量存在，根据动量定理，速度 $\boldsymbol{u}_1$ 和 $\boldsymbol{u}_2$ 必沿质心连线。

取两物体为研究的质点系，因无外碰撞冲量，由冲量定理式(19-2)在质心连线上的投影式，得

$$(m_1u_1 + m_2u_2) - (m_1v_1 + m_2v_2) = 0 \tag{19-9}$$

方程(19-9)中含有两个未知数，不能求解，可根据物体在碰撞后的速度与材料恢复系数的关系列一个补充方程。

由式(19-6)和式(19-7)知，恢复系数等于碰撞过程中第二阶段和第一阶段物体所受冲量 $\boldsymbol{S}_1$、$\boldsymbol{S}_2$ 的比值，即 $k=\dfrac{S_2}{S_1}$。设第一阶段结束时两物体的共同速度为 $\boldsymbol{u}$，其方向与 $\boldsymbol{v}_1$、$\boldsymbol{v}_2$ 相同。分别以两物体为研究对象，应用动量定理在质心连线上的投影式，对于第一阶段，有

$$m_1(u - v_1) = -S_1,\quad m_2(u - v_2) = S_1$$

对于第二阶段，有

$$m_1(u_1 - u) = -S_2,\quad m_2(u_2 - u) = S_2$$

由以上四式可得

$$\frac{S_2}{S_1} = \frac{u_2 - u}{u - v_2} = \frac{u_1 - u}{u - v_1} = \frac{u_2 - u_1}{v_1 - v_2}$$

于是得

$$k = \frac{u_2 - u_1}{v_1 - v_2} \tag{19-10}$$

式(19-10)表明，对于两物体正碰撞的情况，恢复系数等于两物体在碰撞结束与碰撞开始时质心的相对速度大小的比值。

方程(19-9)与方程(19-10)联立，解得

$$\left.\begin{aligned} u_1 &= v_1 - (1+k)\frac{m_2}{m_1+m_2}(v_1 - v_2) \\ u_2 &= v_2 + (1+k)\frac{m_1}{m_1+m_2}(v_1 - v_2) \end{aligned}\right\} \tag{19-11}$$

对于完全弹性碰撞，$k=1$，有

$$u_1 = v_1 - \frac{2m_2}{m_1+m_2}(v_1 - v_2),\quad u_2 = v_2 + \frac{2m_1}{m_1+m_2}(v_1 - v_2)$$

在 $m_1 = m_2$ 的特殊情况下，由上式得 $u_1 = v_2$，$u_2 = v_1$，即碰撞后两物体交换速度。

对于塑性碰撞，$k = 0$，即在第一阶段两物体获得共同速度后不再分开，故有

$$u_1 = u_2 = u = \frac{m_1v_1 + m_2v_2}{m_1 + m_2}$$

对于一般情况，由式(19-11)可见，当 $v_1 > v_2$ 时，$u_1 < v_1$，$u_2 > v_2$。

19.4.2 正碰撞过程中的动能损失

碰撞不仅会使物体的动量发生变化，而且一般情况下还会发生动能损失。设 T_1、T_2 分别代表两物体在碰撞开始和结束时的总动能，则

$$T_1=\frac{1}{2}m_1v_1^2+\frac{1}{2}m_2v_2^2,\quad T_2=\frac{1}{2}m_1u_1^2+\frac{1}{2}m_2u_2^2$$

故在碰撞过程中两物体的动能损失为

$$\Delta T=T_1-T_2=\frac{1}{2}m_1(v_1^2-u_1^2)+\frac{1}{2}m_2(v_2^2-u_2^2)$$
$$=\frac{1}{2}m_1(v_1-u_1)(v_1+u_1)+\frac{1}{2}m_2(v_2-u_2)(v_2+u_2)$$

将式(19-11)代入，得

$$\Delta T=T_1-T_2=\frac{1}{2}(1+k)\frac{m_1m_2}{m_1+m_2}(v_1-v_2)[(v_2+u_1)-(v_2+u_2)]$$

由式(19-10)得

$$u_1-u_2=-k(v_1-v_2)$$

于是得

$$\Delta T=T_1-T_2=\frac{m_1m_2}{2(m_1+m_2)}(1-k^2)(v_1-v_2)^2 \tag{19-12}$$

当$k<1$时，ΔT恒为正值，表示动能确有损失。在式(19-12)中，令$k=1$和$k=0$，就得到完全弹性碰撞和塑性碰撞两种情况下的动能损失。

完全弹性碰撞时，$k=1$，$\Delta T=T_1-T_2=0$。可见，完全弹性碰撞时，系统的动能没有损失，因此对于这种情况，也可以利用机械能守恒定律来求碰撞后的速度。

对于塑性碰撞，$k=0$，动能损失为

$$\Delta T=T_1-T_2=\frac{m_1m_2}{2(m_1+m_2)}(v_1-v_2)^2$$

或

$$\Delta T=\frac{1}{2}m_1(v_1-u_1)^2+\frac{1}{2}m_2(v_2-u_2)^2$$

上式表明，塑性碰撞时损失的动能等于速度损耗的动能。

对于塑性碰撞，若第二个物体在碰撞开始时处于静止，即$v_2=0$，则动能损失为

$$\Delta T=\frac{m_1m_2}{2(m_1+m_2)}v_1^2=\frac{1}{2}m_1v_1^2\frac{m_2}{2m_1+m_2}=\frac{1}{1+\frac{m_1}{m_2}}T_1$$

可见，在塑性碰撞过程中损失的动能与两物体的质量比有关。

对打桩来说，我们总是希望碰撞后能使桩获得尽可能大的动能去克服阻力前进，这就要求动能损失尽可能小，因此在工程实际中要使锤的质量远远大于桩的质量，即$m_1\gg m_2$，以使$\Delta T\approx 0$。

反之，当锻压金属时，我们希望锤的动能尽可能多地转化为工件的变形能，即使动能损失尽可能大，这就要求砧座的质量远远大于锤的质量，即$m_2\gg m_1$。

【例 19-2】 打桩机的锤质量为m_1，桩的质量为m_2，锤头的下落高度为h，下落打桩时使桩下沉δ。设锤与桩的碰撞是塑性的。求碰撞后桩的速度和泥土对桩的平均阻力。

解 锤与桩碰撞时，锤的速度$v_1=\sqrt{2gh}$，而桩的速度$v_2=0$。由于碰撞是塑性的，所以碰撞结束后锤与桩一起运动，设其共同速度为u，则

$$u=\frac{m_1}{m_1+m_2}\sqrt{2gh}$$

碰撞结束后，锤与桩一同下降，直至最后停止，这一过程已不是碰撞过程，而是常规运

动过程，根据动能定理，有

$$0-\frac{m_1+m_2}{2}\left(\frac{m_1}{m_1+m_2}\sqrt{2gh}\right)^2=(m_1g+m_2g-R)\delta$$

式中，R 为泥土平均阻力。由此解得

$$R=m_1g+m_2g+\frac{m_1^2gh}{(m_1+m_2)\delta}$$

上式右端前两项一般远比第三项小，往往可以忽略不计，于是上式可简化为

$$R=\frac{m_1^2gh}{(m_1+m_2)\delta}$$

【例 19-3】 汽锤质量 $m_1=1000\text{kg}$，锻件与砧块的总质量 $m_2=15000\text{kg}$，恢复系数 $k=0.6$，求汽锤的效率。

解 汽锤与锻件碰撞过程中损失的动能绝大部分被锻件的永久变形所吸收，因此汽锤的效率定义为

$$\eta=\frac{\Delta T}{T_1}$$

因 $v_2=0$，$T_1=\frac{1}{2}m_1v_1^2$，由式(19-12)得

$$\Delta T=\frac{m_2}{m_1+m_2}(1-k^2)T_1$$

于是

$$\eta=\frac{m_2}{m_1+m_2}(1-k^2)=\frac{15000}{1000+15000}\times(1-0.6^2)=0.6=60\%$$

如果将锻件加热，增加其流动性，使 k 减小，可以提高锤锻效率。当加热到一定温度时，可使锤不回跳，此时可近似地认为 $k=0$，于是汽锤的效率为

$$\eta=\frac{m_2}{m_1+m_2}=0.94=94\%$$

19.5 碰撞冲量对绕定轴转动刚体的作用与撞击中心

当刚体绕固定轴 z 转动时，如果受到外碰撞冲量的作用，刚体的角速度会发生急剧变化。该角速度的变化可由冲量矩定理求得。

取冲量矩定理(19-5)在 z 轴上的投影式，有

$$L_{z2}-L_{z1}=\sum_{i=1}^{n}m_z(\boldsymbol{S}_i^{(e)})$$

式中，L_{z1}、L_{z2} 分别代表刚体在碰撞开始和碰撞结束时对 z 轴的动量矩。设这两个瞬时刚体的角速度分别为 ω_1 和 ω_2，刚体对 z 轴的转动惯量为 I_z，则上式可写成

$$I_z\omega_2-I_z\omega_1=\sum_{i=1}^{n}m_z(\boldsymbol{S}_i^{(e)})$$

由此得

$$\omega_2-\omega_1=\frac{\sum m_z(\boldsymbol{S}_i^{(e)})}{I_z} \tag{19-13}$$

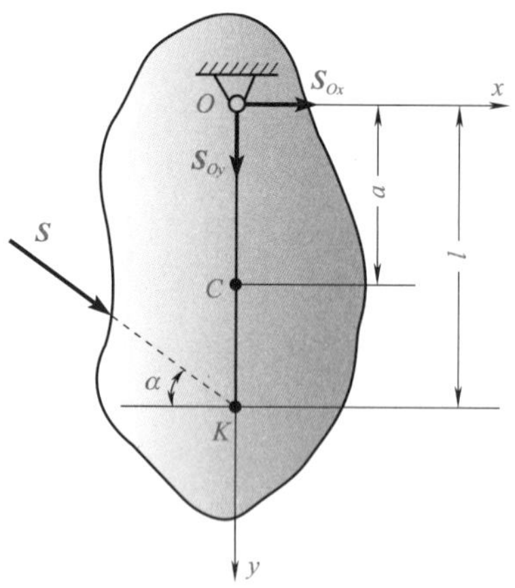

19-6

图 19-6

式(19-13)表明，**碰撞时刚体角速度的改变，等于作用于刚体的外碰撞冲量对转轴之矩的代数和除以刚体对该轴的转动惯量**。

必须指出，由于轴承约束的存在，当刚体受到外碰撞冲量 $\boldsymbol{S}$ 的作用时，在轴承处必然受到轴承反力碰撞冲量 $\boldsymbol{S}_O$ 的作用，虽然 $\boldsymbol{S}_O$ 对刚体角速度的变化没有影响（$m_z(\boldsymbol{S}_O)=0$），但在工程中对机件的寿命会产生严重的损害，所以应尽量减小或消除。下面来研究碰撞时轴承反力的碰撞冲量 $\boldsymbol{S}_O$ 的计算及其消除条件。

如图 19-6 所示，设刚体有对称面，刚体绕垂直于此平面的固定轴 Oz 转动，刚体的质量为 M，其质心 C 到转轴的距离 $OC=a$，碰撞冲量 $\boldsymbol{S}$ 作用在对称面内并通过 K 点，$OK=l$，则由式(19-13)得

$$\omega_2-\omega_1=\frac{Sl\cos\alpha}{I_z} \tag{19-14}$$

设轴承对刚体的碰撞冲量 $\boldsymbol{S}_O$ 沿 x、y 轴的分量分别为 S_{Ox} 和 S_{Oy}，则应用冲量定理在 x、y 轴上的投影式，有

$$S_{Ox}+S\cos\alpha=M(u_{cx}-v_{cx})=Ma(\omega_2-\omega_1)$$
$$S_{Oy}+S\sin\alpha=0$$

于是

$$\left.\begin{aligned}S_{Ox}&=Ma(\omega_2-\omega_1)-S\cos\alpha\\S_{Oy}&=-S\sin\alpha\end{aligned}\right\} \tag{19-15}$$

要使刚体在轴承处不受碰撞冲量作用，即使 $S_{Ox}=0$，$S_{Oy}=0$，则须

$$S_{Ox}=Ma(\omega_2-\omega_1)-S\cos\alpha=0$$
$$S_{Oy}=-S\sin\alpha=0$$

由上面第二式解得 $\alpha=0$，即要求外碰撞冲量 $\boldsymbol{S}$ 与 y 轴垂直。

将式(19-14)代入式(19-15)，得

$$\frac{Ma}{I_z}Sl\cos\alpha=S\cos\alpha$$

故

$$l=\frac{I_z}{Ma} \tag{19-16}$$

满足式(19-16)的点 K 称为**撞击中心**。同时该式表明，**欲使转动刚体(具有与转轴垂直的对称面)的轴承处不产生碰撞冲量，必须使碰撞冲量(作用在刚体对称面内)垂直于转轴 O 与质心的连线，并作用于撞击中心**。

撞击中心的概念在实践中有许多应用，如在材料冲击试验机上进行材料冲击试验，用冲击摆测定枪弹速度等都需利用撞击中心的概念。实际上，凡是用于转动碰撞的机械或仪器，都应尽可能使碰撞冲量满足上面的结论，以避免因轴承处的碰撞冲量而导致机械的损坏。

【例 19-4】 冲击摆质量为 M，对转动轴的转动惯量为 I_O，质心 C 到转轴的距离为 a，质量为 m 的枪弹射入冲击摆后，摆偏离铅直线的最大角度为 θ，如图 19-7 所示。设枪弹射入冲击摆时与转轴的距离为 l，求枪弹速度 v。

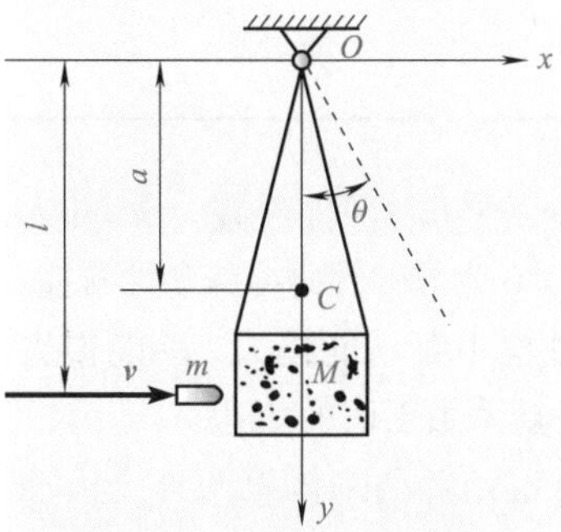

图 19-7

解 将冲击摆与枪弹作为一个质点系，则碰撞前质点系对转轴的动量矩为

$$L_{O1} = mvl$$

设碰撞结束时摆的角速度为ω，则此时质点系对转轴的动量矩为

$$L_{O2} = I_O\omega + ml^2\omega = (I_O + ml^2)\omega$$

因外碰撞冲量对转轴之矩等于零，所以有

$$(I_O + ml^2)\omega = mvl$$

解得
$$v = \frac{I_O + ml^2}{ml}\omega$$

碰撞结束后是普通运动过程，应用动能定理，有

$$0 - \left(\frac{1}{2}I_O\omega^2 + \frac{1}{2}ml^2\omega^2\right) = -Mg(a - a\cos\theta) - mg(l - l\cos\theta)$$

整理得
$$\frac{1}{2}(I_O + ml^2)\omega^2 = (Ma + ml)(1 - \cos\theta)g$$

由此解得
$$v = \frac{\sqrt{2(I_O + ml^2)(Ma + ml)(1 - \cos\theta)g}}{ml}$$

19-7

【例 19-5】 均质杆质量为M，长为$2a$，可绕通过O点且垂直于图面的轴转动(图 19-8)。杆由水平位置无初速地落下，撞到一质量为m的固定物块。设恢复系数为k，求碰撞后杆的角速度、碰撞时轴承的碰撞冲量及撞击中心的位置。

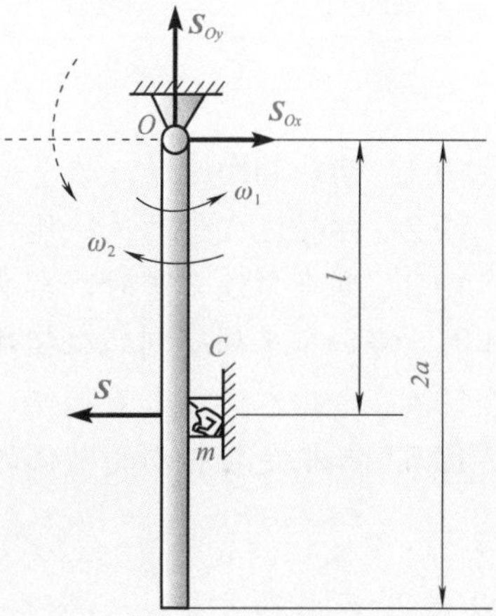

图 19-8

19-8

解 设杆在碰撞开始和结束时的角速度分别为ω_1、ω_2。因碰撞前杆自水平位置自由下落，应用动能定理，有

$$Mga = \frac{1}{2}I_0\omega_1^2 - 0 = \frac{1}{2}\times\frac{1}{3}M(2a)^2\omega_1^2$$

求得
$$\omega_1 = \sqrt{\frac{3g}{2a}}$$

由恢复系数的定义可得
$$\omega_2 = k\omega_1 = k\sqrt{\frac{3g}{2a}}$$

根据式(19-13)，有
$$\omega_2 - (-\omega_1) = \frac{Sl}{I_0}$$

于是
$$S = \frac{I_0}{l}(\omega_1 + \omega_2) = \frac{4Ma^2(1+k)}{3l}\sqrt{\frac{3g}{2a}}$$

根据冲量定理，有

$$M(-a\omega_2 - a\omega_1) = S_{Ox} - S, \quad S_{Oy} = 0$$

或
$$S_{Ox} = -Ma(\omega_1 + \omega_2) + S = M(\omega_1 + \omega_2)\left(\frac{4a^2}{3l} - a\right)$$

令$S_{Ox} = 0$，得撞击中心的位置为

$$l = \frac{4}{3}a$$

本章小结

1. 碰撞现象的主要特征是，碰撞过程时间极短，碰撞力非常大，它使物体的速度在极短的时间内发生有限的变化。

2. 研究碰撞问题的两个基本假设：①在碰撞过程中，普通力远远小于碰撞力，可以忽略不计；②物体在碰撞过程中不发生位移。

3. 研究碰撞问题的两个基本定理是冲量定理和冲量矩定理。

4. 两物体碰撞的恢复系数k等于碰撞结束和开始时两物体接触点沿公法线方向相对速度大小的比值。$0<k<1$为弹性碰撞，$k=1$为完全弹性碰撞，$k=0$为非弹性碰撞或塑性碰撞。

5. 在碰撞过程中有动能损失，动能损失的多少取决于恢复系数k值的大小。

6. 作用于绕定轴转动刚体上的外碰撞冲量将引起刚体角速度的突变，并引起轴承的反碰撞冲量。当外碰撞冲量作用在刚体的垂直于转轴的对称面内的撞击中心，且垂直于质心与轴心的连线时，可使轴承的反碰撞冲量等于零。

思考题

19.1 两球相向运动，质量均为m，恢复系数为k，问碰撞后两球将如何运动？

19.2 碰撞过程中的机械能损失与动能损失是否相等？

19.3 列车匀速前进时，车头受到某一碰撞冲量的作用，问各车厢是否也受到碰撞冲量的作用，哪一节车厢受到的碰撞冲量最大？

19.4 手持木棒敲击某物体，有时会感到震手，这是为什么？怎样避免这种现象？

19.5 如果定轴转动的刚体的质心恰好在转轴上，能否找到撞击中心？

习题

19-1 小球自高32cm处落下，碰到固定的水平钢板后回跳高度为18cm，试求恢复系数。

19-2 小球以速度v倾斜地与光滑固定平面相撞，碰撞后的速度为u，其大小为$u=v/\sqrt{2}$。已知恢复系数$k=1/\sqrt{3}$，求入射角及反射角。

19-3 两球重量相等，用等长细线悬挂，如题19-3图所示。球A由$\theta_1=45^\circ$的位置自由摆下，与球B相撞，使球B升高到$\theta_2=30^\circ$的位置。求恢复系数。

19-4 弹性球自高度h处自由地落到水平板上，球从板上跳起又重新落下，如此连续弹跳，直至最后停止。如恢复系数为k，求小球从开始下落到停止跳动所行的路程和所需的时间。

19-5 如题19-5图所示，物块A自高h处落下，与支承在弹簧上的板B相撞。弹簧刚度为c，A重为P，B重为Q。设碰撞是塑性的，试求弹簧的最大压缩量。

19-6 如题19-6图所示，用打桩机打桩，已知桩的质量为50kg，重锤质量为450kg，下落高度$h=2\text{m}$，初速度为零。经一次锤击后，桩下沉1cm。设恢复系数$k=0$，试求泥土对桩的平均阻力。

19-7 如题19-7图所示，一质量为M的均质杆可绕O轴转动。杆由水平位置无初速下落，到达铅直位置时与一质量为m的物块相撞，使物块沿着粗糙的水平面滑动。设碰撞是非弹性的，动滑动摩擦系数为f'，求碰撞后物块的滑动距离。

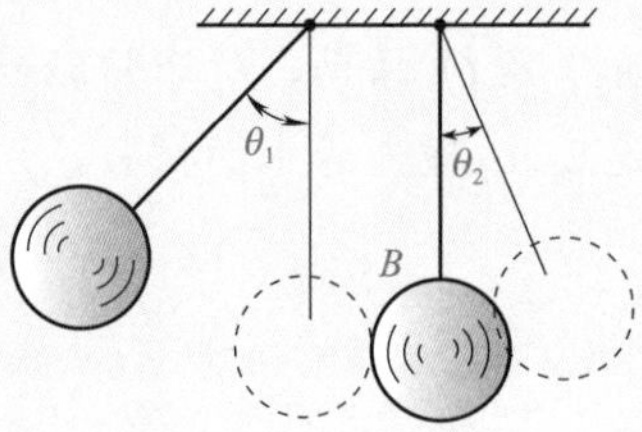

题 19-3 图

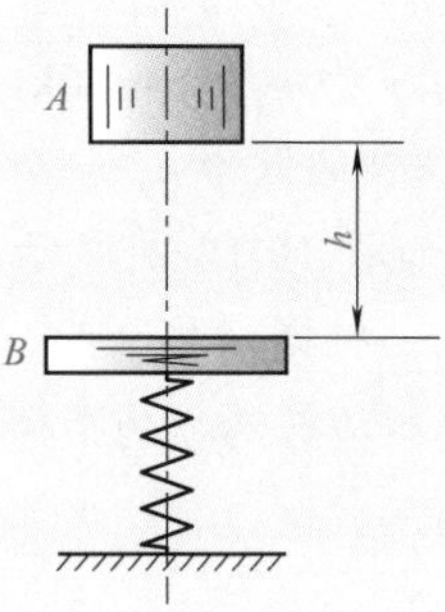

题 19-5 图

19-8　如题 19-8 图所示，矿石从高 2m 处下落到一光滑的钢板上。钢板的倾角为 30°，碰撞的恢复系数为 0.7。求矿石回跳的最大高度 h_{max}。

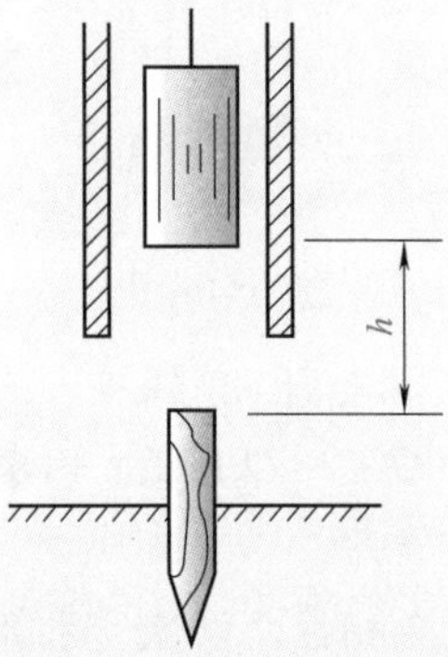

题 19-6 图

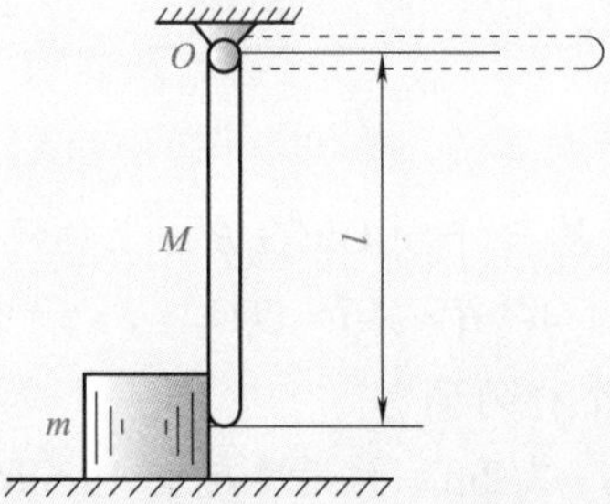

题 19-7 图

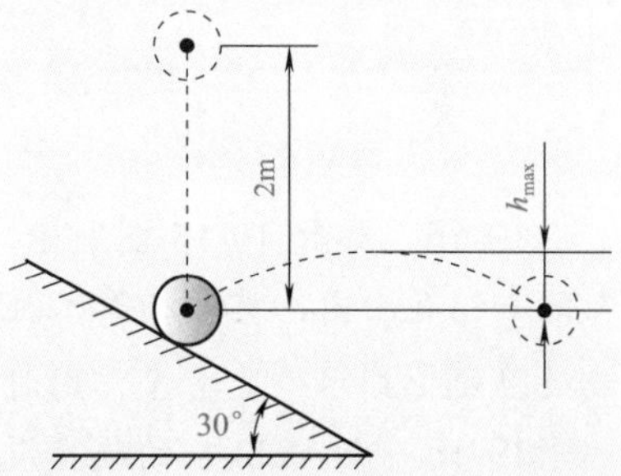

题 19-8 图

9-9　质量为 $m_1, m_2, \cdots, m_n$ 彼此分离的 n 个质点位于同一直线上，第一个质点以沿这一直线的速度 $\boldsymbol{v}_1$ 与第二个质点相撞，从而使每个质点依次同下一个质点相撞，设各点间的碰撞均是塑性的，试求碰撞到最末一个质点后的公共速度。

19-10　如题 19-10 图所示，平台车以速度 v 水平向右运动，车上放置一质量为 m、边长为 a 的均质正方形物块 A。车上靠近物块有一凸棱 B，它能阻止物块向前滑动，但不能阻止它绕棱转动。求当平台车突然停止时物块绕 B 转动的角速度。

19-11　如题 19-11 图所示，质量为 0.2kg 的小球，以速度 $v = 8\text{m/s}$ 撞在质量为 2kg 的滑块上，碰撞的恢复系数为 0.75。不计摩擦，求碰撞后两者的速度。

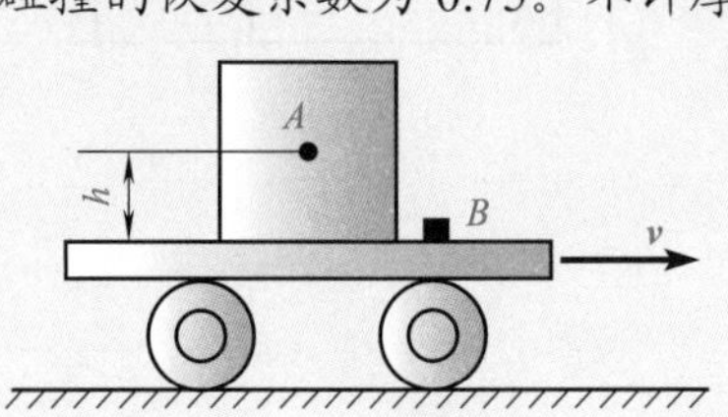

题 19-10 图

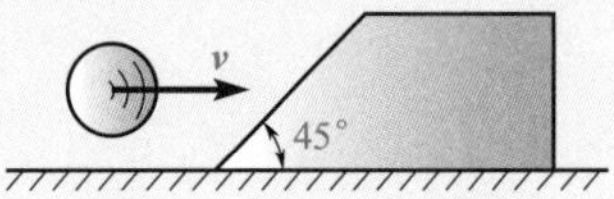

题 19-11 图

19-12　如题 19-12 图所示，质量为 m、长为 l 的均质杆 AB，水平地自由下落距离 h 后，与支座 D 碰撞（$BD = \dfrac{l}{4}$）。设碰撞是塑性的，求碰撞后的角速度 ω 和碰撞冲量 $\boldsymbol{S}$。

19-13 如题 19-13 图所示，汽锤质量 $m_1 = 3000\text{kg}$，以 $v = 5\text{m/s}$ 的速度落到工件上，砧座连同工件的质量 $m_2 = 24000\text{kg}$。设碰撞是塑性的，求工件所吸收的功率 W_1、消耗于基础振动的功 W_2 和汽锤的效率 η。

19-14 如题 19-14 图所示，两复摆可分别绕水平轴 O_1 及 O_2 转动，对于转轴的转动惯量分别为 I_1 和 I_2。将摆 A 拉至某一位置后释放，使其以角速度 ω_0 撞击静止的摆 B。设恢复系数为 k，求首次碰撞后两摆的角速度。

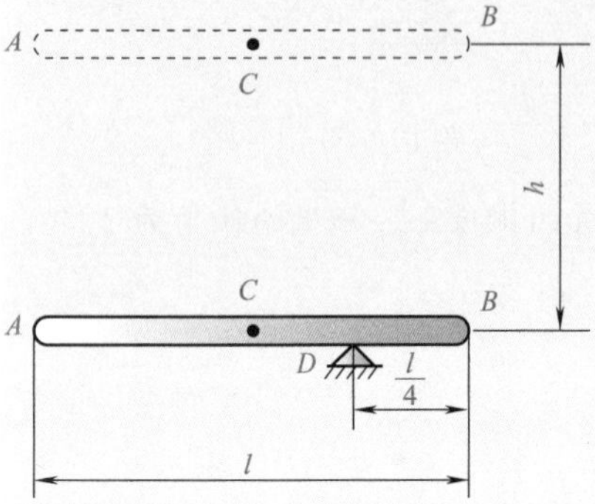

题 19-12 图

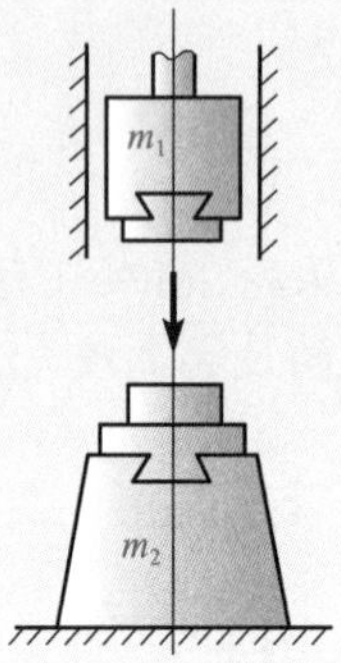

题 19-13 图

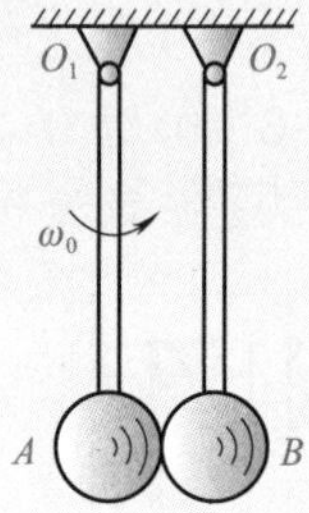

题 19-14 图

19-15 如题 19-15 图所示，两均质杆 O_1A 和 O_2B，上端铰支，下端与杆 AB 铰接，三杆在同一铅直面内，重量相等，且 $O_1A = O_2B = AB = O_1O_2 = l$。开始时杆 O_1A、O_2B 铅直，求当铰链 A 处受到水平冲量 $\boldsymbol{S}$ 作用时每个杆的偏角。

19-16 重 58.8kN 的载重汽车，以 2m/s 的速度与重 19.6kN 的空车相撞。设恢复系数为 0.5，求碰撞后两车的速度和动能损失。

19-17 如题 19-17 图所示，长方形射击靶子高 h，求其撞击中心 A 与转动轴的距离 a。

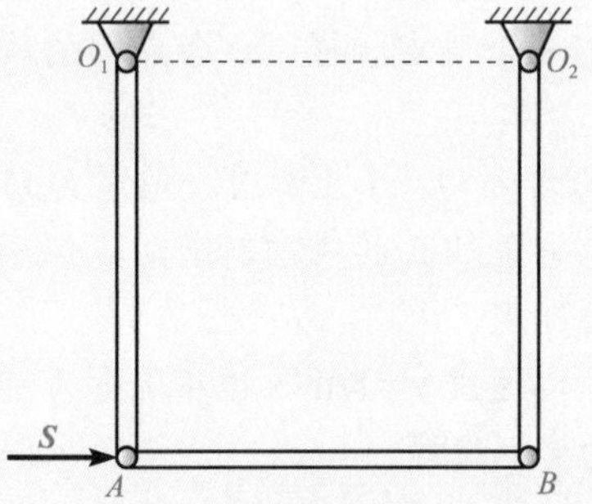

题 19-15 图

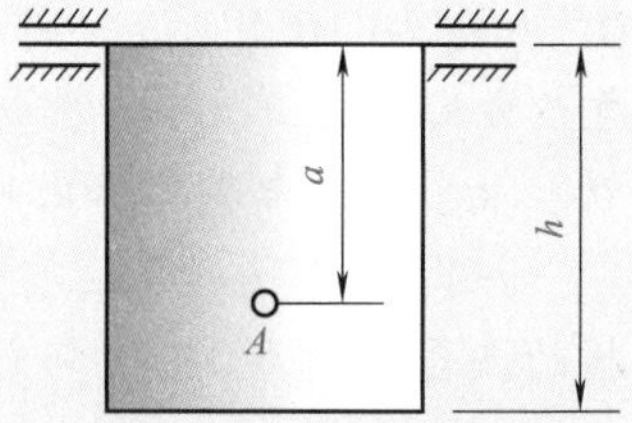

题 19-17 图

习题参考答案

第 2 章　平面特殊力系

2-1　$R=17.13\text{kN}$，$\angle(\boldsymbol{R},x)=40.99^\circ$（第Ⅰ象限）

2-2　合力 $R=2.77\text{kN}$，$\angle(\boldsymbol{R},\boldsymbol{P}_2)=6^\circ10'$（第Ⅳ象限）

2-3　(a) $S_{AB}=0.577W$，$S_{AC}=-1.155W$

(b) $S_{AB}=1.064W$，$S_{AC}=-0.364W$

(c) $S_{AB}=0.5W$，$S_{AC}=-0.866W$

(d) $S_{AB}=S_{AC}=0.577W$

2-4　(a) 15.8 kN，7.1kN

(b) 22.4 kN，10 kN

2-5　$P_{\min}=15\text{kN}$（水平）；方向与 OB 垂直时作用力最小，$P_{\min}=12\text{kN}$

2-6　$S=5\text{kN}$

2-7　$S_{AB}=-7.32\text{kN}$，$S_{BC}=-27.32\text{kN}$

2-8　$\alpha=2\arcsin\dfrac{Q}{W}$，$R_A=W\cos\dfrac{\alpha}{2}$

2-9　$Q=58.8\text{kN}$

2-10　$N_A=29.7\text{N}$，$N_B=18.4\text{N}$，

$N_C=17.5\text{N}$，$N_D=6.7\text{N}$

2-11　$Q/P=0.61$

2-12　$R_A=\dfrac{\sqrt{5}}{2}P$，$R_C=R_E=2P$

2-13　$S_{AC}=1.77\text{kN}$，$R_B=1.77\text{kN}$

2-14　(a) Pl　(b) 0　(c) $P\sin\alpha\cdot l$

(d) $-Pa$　(e) $P(l+r)$　(f) $P\sin\alpha\cdot\sqrt{a^2+b^2}$

2-15　$m_O(\boldsymbol{P})=60\text{N}\cdot\text{m}$

2-16　(a) $N_A=R_B=\dfrac{M}{2a}$　(b) $N_A=R_B=\dfrac{M}{a}$

2-17　$R_A-N_B-400\text{N}$

2-18　$m=-40\text{kN}\cdot\text{m}$，$N_A=N_B=200\text{kN}$

2-19　$R_A=R_C=1.4\text{kN}$

2-20　$R_A=R_B=56.56\text{N}$

2-21　$P=\dfrac{M}{a}\sin\alpha$，$R_O=\dfrac{M}{a}$

2-22　$m_2=3\text{N}\cdot\text{m}$，$S=5\text{N}$

2-23　$65.6\ \text{kN}\cdot\text{m}$

2-24　(a) qa，$-\dfrac{1}{2}qa^2$　(b) $\dfrac{1}{2}ql$，$-\dfrac{1}{3}ql^2$

(c) $\dfrac{1}{2}q(a+b)$，$-\dfrac{1}{6}q(2a^2+3ab+b^2)$

(d) $\dfrac{1}{2}(q_1+q_2)l$，$-\dfrac{1}{6}(q_1+2q_2)l^2$

2-25　$361\text{kN}<Q<375\text{kN}$

2-26　$\dfrac{a}{b}=\dfrac{4P}{3Q}$，$R_C=3P+2Q$

2-27　$R_A=53\text{kN}$，$N_B=37\text{kN}$

2-28　(a) $R_A=22.5\text{kN}$，$N_B=132.5\text{kN}$

(b) $R_A=35\text{kN}$，$N_B=135\text{kN}$

第 3 章　平面一般力系

3-1　①主矢 $R'=466\text{N}$，$\angle(\boldsymbol{R}',x)=200^\circ16'$，

主矩 $M_O=2144\text{N}\cdot\text{cm}$

②合力 $R=466\text{N}$，$\angle(\boldsymbol{R},x)=200^\circ16'$，

合力 $\boldsymbol{R}$ 与原点 O 的垂直距离 $d=4.6\text{cm}$

3-2　$F=40\text{N}$

3-3　合力 $R=4.17\text{kN}$，$\theta=53.13^\circ$（第Ⅲ象限），合力作用线方程　$4x-3y+12=0$

3-4　(a) $X_A=-1.41\text{kN}$，$Y_A=-1.09\text{kN}$，

$N_B=2.50\text{kN}$

(b) $N_B=1.54\text{kN}$，$X_A=0.77\text{kN}$，$Y_A=1.67\text{kN}$

(c) $N_A=0$，$X_B=0$，$Y_B=18\text{kN}$

3-5　(a) $X_A=4\text{kN}$，$Y_A=17\text{kN}$，$M_A=43\text{kN}\cdot\text{m}$

(b) $X_A=Y_A=0$；$X_B=-50\text{kN}$，$Y_B=100\text{kN}$；

$X_C=-50\text{kN}$，$Y_C=0$

3-6　$X_A=-4.18\text{kN}$，$Y_A=-48.4\text{kN}$，$N_B=22.8\text{kN}$

3-7　$X_A=-G\sin\alpha$，$Y_A=G(1+\cos\alpha)$，

$M_A=bG(1+\cos\alpha)$

3-8　$N_C=\dfrac{M}{a}$，$X_A=-\dfrac{M}{a}$，$Y_A=2P$，$M_A=\dfrac{3}{2}Pa$

3-9　$N_C=\dfrac{Q}{2}\cot\alpha$，$X_A=-\dfrac{Q}{2}\cot\alpha$，

$Y_A=Q+P$，$M_A=(2Q+P)a$

3-10　(a) $Y_A=2.5\text{kN}$，$M_A=10\text{kN}\cdot\text{m}$；

$Y_B=2.5\text{kN}$；$N_C=1.5\text{kN}$

(b) $Y_A=-2.5\text{kN}$；$N_B=15\text{kN}$；

$Y_C=2.5\text{kN}$；$N_D=2.5\text{kN}$

3-11　$X_A=0$；$Y_A=-48.3\text{kN}$；$N_B=100\text{kN}$；

$N_D=8.33\text{kN}$

3-12　$P_{\max}=7.41\text{kN}$

3-13 $X_A = 0.3\text{kN}$，$Y_A = 0.538\text{kN}$，$N_B = 3.54\text{kN}$

3-14 $X_A = 10.4\text{kN}$，$Y_A = -8.6\text{kN}$，

$M_A = -1.4\text{kN}\cdot\text{m}$；

$X_C = 10.4\text{kN}$，$Y_C = 12.8\text{kN}$

3-15 $X_C = 500\text{N}$，$Y_C = -750\text{N}$

3-16 $G_{\min} = 2P\left(1 - \dfrac{r}{R}\right)$

3-17 $S = Pa\cos\alpha / 2h$

3-18 $X_A = \dfrac{3}{2}Q + G$，$Y_A = \dfrac{3P - Q}{2}$，

$M_A = Pa - 2aQ - \dfrac{\sqrt{3}}{2}Ga$；

$N_C = Q + \dfrac{P}{2}$，$X_B = \dfrac{\sqrt{3}}{2}Q$，$Y_B = \dfrac{P - Q}{2}$

3-19 $N_A = \dfrac{b + a}{\sqrt{a^2 + b^2}}P$（方向沿 AB），

$N_C = \dfrac{b + a}{\sqrt{a^2 + b^2}}P$（方向沿 CB）

3-20 $P = \dfrac{Q}{20(3 + \sqrt{3})}$

3-21 $X_A = \dfrac{5}{2}Q$，$Y_A = 2Q$；$X_C = -\dfrac{5}{2}Q$，

$Y_C = -Q$；$X_B = -\dfrac{3}{2}Q$，$Y_B = -2Q$

3-22 $X_A = 12\text{kN}$，$Y_A = 1.5\text{kN}$；

$N_B = 10.5\text{kN}$，$S_{BC} = -15\text{kN}$

3-23 $M = 7.61\text{N}\cdot\text{m}$

3-24 $m = 70\text{N}\cdot\text{m}$

3-25 $X_A = -P$, $Y_A = -P$; $X_B = -P$, $Y_B = 0$;

$X_D = 2P$, $Y_D = P$

3-26 $X_A = -\dfrac{M}{L}$，$Y_A = \dfrac{P}{2} + ql$，$M_A = PL + \dfrac{4}{3}qL^2$;

$X_D = \dfrac{M}{L}$，$Y_D = \dfrac{P}{2}$

3-27 ① $X_C = 0$，$Y_C = 12.5\text{kN}$，$N_D = 17.5\text{kN}$

② $X_A = -4.33\text{kN}$，$Y_A = 10\text{kN}$

③ $S_{BD} = 17.5\text{kN}$

3-28 $S_1 = 14.6\text{kN}$，$S_2 = -8.75\text{kN}$，$S_3 = 11.7\text{kN}$

3-29 $S_1 = S_4 = -20\text{kN}$，$S_2 = 42.4\text{kN}$；

$S_3 = -40\text{kN}$，$S_5 = S_9 = 14.14\text{kN}$；

$S_6 = 20\text{kN}$，$S_7 = S_8 = -10\text{kN}$

3-30 $S_1 = -30\text{kN}$，$S_2 = -18.75\text{kN}$，$S_3 = -5\text{kN}$

3-31 $S_1 = -\dfrac{4}{9}P$，$S_2 = 0$

3-32 $S_1 = 0$，$S_2 = 20\text{kN}$，$S_3 = 15\sqrt{2}\text{kN}$

3-33 ① $X_A = -6\text{kN}$，$Y_A = -2.9\text{kN}$；$M_A = 12\text{kN}\cdot\text{m}$

② $S_1 = 0$，$S_2 = -82.5\text{kN}$

第4章 摩 擦

4-1 (a) 68.4N (b) 60N (c) 0

4-2 $-16.7° \leqslant \alpha \leqslant 16.7°$

4-3 (a) 29.6kN，$\theta = 36.3°$ (b) 11.8kN，$\theta = 13.7°$

4-4 重物上升时，$T_1 = 26\text{kN}$；

重物下降时，$T_2 = 20.88\text{kN}$

4-5 ① $F = 2\text{N}$ ② $F = 0.66\text{N}$

4-6 $0.246l \leqslant x \leqslant 0.977l$

4-7 $M = r\omega\dfrac{f + f^2}{1 + f^2}$

4-8 ①平衡 ② $F_A = F_B = 72\text{N}$

4-9 $a < \dfrac{b}{2f}$

4-10 $b \leqslant 0.75\text{cm}$

4-11 $\theta_{\max} = 2\arctan 4$

4-12 $Q = 35.8\text{kN}$

4-13 ① $P = \dfrac{\sin\alpha - f\cos\alpha}{\cos\alpha + f\sin\alpha}Q$

② $P = \dfrac{\sin\alpha + f\cos\alpha}{\cos\alpha - f\sin\alpha}Q$

4-14 $r = 31.6\text{mm}$

4-15 $b \leqslant 11\text{cm}$

4-16 $W_{\min} = 500\text{kN}$

4-17 $Q_{\min} = 222\text{N}$

4-18 ①当 $\tan\alpha > f$ 时，

$\dfrac{r}{a}\dfrac{Q}{\sin\alpha + f\cos\alpha} < Q < \dfrac{r}{a}\dfrac{Q}{\sin\alpha - f\cos\alpha}$

②当 $\tan\alpha \leqslant f$ 时，$P \geqslant \dfrac{r}{a}\dfrac{Q}{\sin\alpha + f\cos\alpha}$

4-19 $P = 5.7\text{kN}$

4-20 $M = Q(R\sin\alpha - r)$; $F = Q\sin\alpha$；

$N = P - Q\cos\alpha$

4-21 $f \geqslant \dfrac{\delta}{2R}$

4-22 ① $f \geqslant \dfrac{\delta}{R}$

② $P_{\max} = Q\left(\sin\alpha + \dfrac{\delta\cos\alpha}{R}\right)$，

$P_{\min} = Q\left(\sin\alpha - \dfrac{\delta\cos\alpha}{R}\right)$

第5章 空间力系

5-1 $Q_x=\dfrac{Q}{\sqrt{3}}$，$Q_y=-\dfrac{Q}{\sqrt{3}}$，$Q_z=\dfrac{Q}{\sqrt{3}}$；

$P_x=\dfrac{\sqrt{2}}{2}$，$P_y=0$，$P_z=\dfrac{\sqrt{2}}{2}P$；

$Q_{xy}=Q_{xz}=Q_{yz}=\dfrac{\sqrt{6}}{3}Q$；

$P_{xy}=P_{yz}=\dfrac{\sqrt{2}}{2}P$，$P_{xz}=P$

5-2 $|\boldsymbol{M}|=7.48\text{kN}\cdot\text{m}$；

$\alpha=74^\circ30'$，$\beta=143^\circ20'$，$\gamma=122^\circ30'$

5-3 $m_x(\boldsymbol{F})=7071\text{N}\cdot\text{cm}$，$m_y(\boldsymbol{F})=-11401\text{N}\cdot\text{cm}$，

$m_z(\boldsymbol{F})=1168\text{N}\cdot\text{cm}$

5-4 $x=6\text{m}$，$y=4\text{m}$

5-5 $R_x'=418\text{N}$，$R_y'=-289\text{N}$，$R_z'=996\text{N}$；

$m_x=996\text{N}\cdot\text{m}$，$m_y=-289\text{N}\cdot\text{m}$，$m_z=-707\text{N}\cdot\text{m}$，

最终结果是一个力螺旋

5-6 $m_x(\boldsymbol{F})=-2.8\text{kN}\cdot\text{m}$，$m_{x1}(\boldsymbol{F})=-1.62\text{kN}\cdot\text{m}$，

$m_{x2}(\boldsymbol{F})=0.28\text{kN}\cdot\text{m}$

5-7 $S_A=S_B=31.6\text{kN}$（压），$S_C=1.5\text{kN}$（压）

5-8 $S_A=7.5\text{kN}$（压），$S_B=S_C=2.9\text{kN}$

5-9 $S_1=-5\text{kN}$，$S_2=-5\text{kN}$，$S_3=-7.07\text{kN}$，

$S_4=5\text{kN}$，$S_5=5\text{kN}$，$S_6=-10\text{kN}$

5-10 $P=50\text{N}$，$\alpha=143^\circ08'$

5-11 $N_A=1.2\text{kN}$，$N_B=0.64\text{kN}$，$N_D=1.1\text{kN}$

5-12 $m_1=\dfrac{b}{a}m_2+\dfrac{c}{a}m_3$；$R_{Ay}=\dfrac{m_3}{a}$，$R_{Az}=\dfrac{m_2}{a}$；

$R_{Dx}=0$，$R_{Dy}=-\dfrac{m_3}{a}$，$R_{Dz}=-\dfrac{m_2}{a}$

5-13 $T=\dfrac{a}{b}P$；$R_{Bx}=0$，$R_{Bz}=P\left(1+\dfrac{c}{d}-\dfrac{ac}{bd}\right)$；

$R_{Ax}=0$，$R_{Az}=P\left(\dfrac{a}{b}-\dfrac{c}{d}+\dfrac{ac}{bd}\right)$

5-14 $a_{\max}=35\text{cm}$

5-15 $R_{Ox}=150\text{N}$，$R_{Oy}=75\text{N}$，$R_{Oz}=500\text{N}$；

$m_x=100\text{N}\cdot\text{m}$，$m_y=-37.5\text{N}\cdot\text{m}$，

$m_z=-29.44\text{N}\cdot\text{m}$

5-16 $T=200\text{N}$；$R_{Bx}=R_{Bz}=0$；

$R_{Ax}=86.6\text{N}$，$R_{Ay}=150\text{N}$，$R_{Az}=100\text{N}$

5-17 $L=10\text{cm}$；$R_{Az}=300\text{N}$，$R_{Bz}=950\text{N}$

5-18 $T_1=10\text{kN}$，$T_2=5\text{kN}$；

$R_{Ax}=-5.2\text{kN}$，$R_{Az}=6\text{kN}$；

$R_{Bx}=-7.8\text{kN}$，$R_{Bz}=1.5\text{kN}$

*5-19 $\alpha=\arctan\dfrac{fa}{\sqrt{L^2-a^2}}$

5-20 $R_{Ax}=17.32\text{kN}$，$R_{Ay}=0$，$R_{Az}=0.5\text{kN}$；

$S_{BD}=S_{BE}=7.43\text{kN}$（压）

*5-21 $N_B=\dfrac{P+Q}{2}$；$R_{Cx}=R_{Cy}=0$，$R_{Cz}=\dfrac{Q}{2}$；

$R_{Ax}=0$，$R_{Ay}=-\dfrac{P+1}{2}$，$R_{Az}=P+\dfrac{Q}{2}$

*5-22 $S_1=P$，$S_2=-\sqrt{2}P$，$S_3=-P$，

$S_4=\sqrt{2}P$，$S_5=\sqrt{2}P$，$S_6=-P$

5-23 $P=150\text{N}$，$N_{By}=3.75\text{kN}$，$N_{Bx}=0$；

$N_{Ay}=1.25\text{kN}$，$N_{Az}=1\text{kN}$，$N_{Ax}=0$

*5-24 $S_1=Q$，$S_2=-\sqrt{2}Q$，$S_3=-\sqrt{2}Q$，

$S_4=-\sqrt{6}Q$，$S_5=-(P+\sqrt{2}Q)$，$S_6=Q$

5-25 (a) $x_C=0$，$y_C=15.1\text{cm}$

(b) $x_C=0$，$y_C=50\text{cm}$

(c) $x=10\text{cm}$，$y_C=5.1\text{cm}$

(d) $x_C=3\text{cm}$，$y_C=29\text{cm}$

5-26 (a) $x_C=27.6\text{cm}$ (b) $x_C=-0.4\text{cm}$

(c) $x_C=-19.1\text{cm}$

5-27 $x_C=z_C=31\text{cm}$，$y_C=49\text{cm}$

5-28 (a) $x_C=2.05\text{m}$，$y_C=1.15\text{m}$，$z_C=0.95\text{m}$

(b) $x_C=0.51\text{m}$，$y_C=1.41\text{m}$，$z_C=0.72\text{m}$

5-29 (a) $x_C=26.8\text{mm}$，$y_C=0$，$z_C=62.2\text{mm}$

(b) $x_C=-14.7\text{mm}$，$y_C=0$，$z_C=15.2\text{mm}$

第6章 点的运动学

6-1 ① 半直线 $3x-2y=18$，$x\geqslant 4$，$y\geqslant -3$

② 椭圆 $x^2/2a^2+y^2/2b^2=1$

6-2 椭圆 $\dfrac{(x-a)^2}{(b+l)^2}+\dfrac{y^2}{l^2}=1$

6-3 运动方程 $x_B=l\cos(\omega t)$，

$y_B=(l-2a)\sin(\omega t)$；

轨迹方程 $\dfrac{x_B^2}{l}+\dfrac{y_B^2}{(l-2a)^2}=1$

6-4 运动方程 $x_B=(l-r)\sin(\omega t)$，

$y_B=(l+r)\cos(\omega t)$；

轨迹方程 $\dfrac{x_c^2}{(l-r)^2}+\dfrac{y_c^2}{(l+r)^2}=1$

6-5 $v=5.66\text{m/s}$；$a=10\text{m/s}^2$

6-6 $y=\sqrt{64+t^2}-8$；$v_y=\dfrac{t}{\sqrt{64+t^2}}$；$t=15\text{s}$

6-7 $a=2.04\text{m/s}^2$，与法线夹角 $\theta=65.2^\circ$

6-8 $y_B = AB + \sqrt{64-t^2}$；

$v_y = \dfrac{t}{\sqrt{64-t^2}}$，方向铅垂向下

6-9 $AB = 160\text{m}$

6-10 $x_C = \dfrac{al}{\sqrt{l^2+(ut)^2}}$， $y_C = \dfrac{aut}{\sqrt{L^2+(ut)^2}}$；

$S_C = a\varphi$; $\varphi = \arctan\dfrac{ut}{L}$； $\varphi = \dfrac{\pi}{4}$ 时， $v_C = \dfrac{au}{2L}$

6-11 $y = a\sin(\omega t) + \sqrt{R^2 - a^2\cos^2(\omega t)}$

6-12 $y = b\tan(kt)$; $v = bk\sec^2(kt)$；

$a = 2bk^2\tan(kt)\sec^2(kt)$；

$\theta = \dfrac{\pi}{6}$ 时， $v = \dfrac{4}{3}bk$， $a = \dfrac{8\sqrt{3}}{9}bk^2$；

$\theta = \dfrac{\pi}{3}$ 时， $v = 4bk$， $a = 8\sqrt{3}bk^2$

6-13 $v_B = \dfrac{l\omega(1+3\cos(\omega t))}{(3+\cos(\omega t))^2}$；

$a_B = \dfrac{l\omega^2(3\cos(\omega t)-7)\sin(\omega t)}{(3+\cos(\omega t))^2}$

6-14 $v = \dfrac{h\omega}{\cos^2(\omega t)}$; $v_r = \dfrac{h\omega\sin(\omega t)}{\cos^2(\omega t)}$

6-15 $\alpha = 84.15^\circ$; $x = 0.051t$； $y = -0.497t - 4.9t^2$

6-16 $t = 0$ 时， $v = 6.28\text{cm/s}$;

$a_\tau = 0$， $a_n = 0.395\text{cm/s}^2$

$t = 1\text{s}$ 时， $v = -6.28\text{cm/s}$;

$a_\tau = 0$， $a_n = 0.395\text{cm/s}^2$

6-17 $a = 3.12\text{m/s}^2$

6-18 $l = 14.64\text{m}$

第7章 刚体的基本运动

7-2 $v_M = \dfrac{R\pi n}{30}$; $a_M = \dfrac{R\pi^2 n^2}{900}$

7-3 $\varphi = 2\text{rad}$; $v = 89.4\text{cm/s}$；

$a_\tau = 89.4\text{cm/s}^2$， $a_n = 357.6\text{cm/s}^2$

7-4 $v_{\max} = 0.4\text{m/s}$， $h = 7.2\text{m}$

7-5 $t = 12\text{s}$； $\varepsilon = 5.2\text{r/s}^2$

7-6 ① 30000 圈 ② $\varphi = \dfrac{\pi}{450}t^3$

7-7 $\theta = \arctan\dfrac{v_0 t}{b}$; $\omega = \dfrac{bv_0}{b^2 + v_0^2 t}$

7-8 $v = 168\text{cm/s}$； $a_{CD} = 0$； $a_{DF} = 1320\text{cm/s}$

7-9 ① $v = 524\text{mm/s}$， $a = 0$ ② $a = 2740\text{mm/s}^2$

7-10 $\varphi = \arctan\dfrac{r\sin(\omega_0 t)}{b + r\cos(\omega_0 t)}$，

$\omega = \dfrac{r\omega_0 + br\omega\cos(\omega t)}{h^2 + r^2 + 2h\cos(\omega t)}$

7-11 $v_A = \dfrac{3}{2}v$ （方向垂直向上），

$v_B = \dfrac{1}{2}v$（方向垂直向上）；

$a_A^\tau = \dfrac{3}{2}a$， $a_A^n = \dfrac{3}{4b}v^2$； $a_B^\tau = \dfrac{1}{2}a$， $a_B^n = \dfrac{1}{4b}v^2$

7-12 $s = R + e\cos(\omega t)$; $v = -e\omega\sin(\omega t)$；

$a = e\omega^2\cos(\omega t)$

7-13 $v = 1\text{m/s}$; $a^\tau = 0.6\text{m/s}^2$， $a^n = 5\text{m/s}^2$；

$\varphi = 6.83\text{rad}$

7-14 $t = 3\text{s}$， $\varphi = 2.15r = 13.5\text{rad}$

7-15 ① $\varepsilon_2 = \dfrac{50\pi}{d^2}\text{rad/s}^2$

② $a = 59220\text{cm/s}^2$

7-16 $\varphi = 4\text{rad}$

7-17 $v = \dfrac{400(1+2\cos 5t)}{(2+\cos 5t)^2}$，

$a = \dfrac{4000\sin 5t(\cos 5t - 1)}{(2+\cos 5t)^3}$， $v_m = -400\text{cm/s}$

第8章 点的合成运动

8-1 $v_r = 0.544\text{m/s}$，与胶带纵轴的夹角 $\beta = 12^\circ 52'$

8-2 $l = 200\text{m}$， $u = 20\text{m/min}$， $v = 12\text{m/min}$

8-3 $v_a = 306\text{cm/s}$

8-4 $v_r = 3.98\text{m/s}$，当传送带 B 的速度

$v_2 = 1.04\text{m/s}$ 时， v_r 才与带垂直

8-5 $\omega_2 = 3.15\text{rad/s}$

8-6 $v_{CD} = \dfrac{2}{3}l\omega$

8-7 $v_a = \dfrac{2\sqrt{3}}{3}e\omega$

8-8 $\omega = \sqrt{3}r\omega_0 / r_0$

8-9 $v_e = \dfrac{\sqrt{3}}{4}l\omega$

8-10 $v_a = 1.98\text{m/s}$; $a_a = 0.425\text{m/s}^2$

8-11 $\omega_1 = 2.67\text{rad/s}$

8-12 ① $\omega_{O_1D} = \dfrac{\omega}{2}\cos\alpha$ ② $v_{BC} = 2r\omega\cdot\cos\alpha/\sin\beta$

8-13 $v = \dfrac{1}{\sin\alpha}\sqrt{v_1^2 + v_2^2 - 2v_1v_2\cos\alpha}$

8-14 $a_A = 74.6\text{cm/s}^2$

8-15 $v = 10\text{cm/s}$； $a = 34.6\text{cm/s}^2$

8-16 $x = 10t^2\text{cm}$； $y = h - 5t^2\text{cm}$； $y = h - \dfrac{x}{2}$；

$v = 10\sqrt{5}t\text{cm/s}$； $a = 10\sqrt{5}\text{cm/s}^2$

8-17 $v = 0.173\text{m/s}$， $a = 0.05\text{m/s}^2$

8-18 $a_a = 7.07\text{m/s}^2$，a_a 与 a_e 的夹角 $\alpha = 45^\circ$

8-19 $v_A = a\omega_0$，$a_A = -a\omega_0^2$

8-20 $v_1 = 60\text{cm/s}$，$a_1 = 363\text{cm/s}^2$；

$v_2 = 82.5\text{cm/s}$，$a_2 = 345\text{cm/s}^2$

8-21 当 $\theta = 0^\circ$ 时，$v_r = 40\text{m/s}$，$a_r \approx 0.044\text{m/s}^2$；

当 $\theta = 20^\circ$ 时，$v_r = 6.92\text{m/s}$，$a_r = 0.164\text{m/s}^2$

8-22 $a_M = 35.55\text{cm/s}^2$

8-23 ① $\varphi = 0$ 时，$\omega_1 = 2.63\text{rad/s}$（顺时针），

$\varepsilon_1 = 0$

② $\varphi = 90^\circ$ 时，$\omega_1 = 1.86\text{rad/s}$（顺时针），

$\varepsilon_1 = 10.2\text{rad/s}$（逆时针）

8-24 $v_B = \dfrac{\sqrt{3}}{3}R\omega$，$a_B = R\omega_2$

8-25 $\omega = 1.8\text{rad/s}$，$\varepsilon = 12.87\text{rad/s}^2$

8-26 $\omega = \dfrac{\sqrt{3}u}{2R}$，$\varepsilon = -\dfrac{u^2}{4R^2}(\sqrt{3}-1)$

8-27 $\omega_1 = 0.6282\text{rad/s}$，$v_B = 471.1\text{mm/s}$；

$\varepsilon_1 = 2.368\text{rad/s}^2$；$a_B = 1480\text{mm/s}^2$

*8-28 $\omega = \dfrac{\sqrt{3}}{6}\omega$，$\varepsilon_1 = 1.36\omega^2$

*8-29 $v_a = \sqrt{2l^2\omega^2 + 2v_1^2 - 2\sqrt{2}v_1 l\omega}$；

$\alpha = \arctan\left|\dfrac{l\omega}{\sqrt{2}v_1 - l\omega}\right|$；$a_a = 2\sqrt{2}\omega(\sqrt{2}v_1 - l\omega)$

第 9 章 刚体的平面运动

9-1 $\omega_{AD} = \dfrac{v_A}{R}\sin\theta\tan\theta$

9-2 $x_A = (R+r)\cos\dfrac{1}{2}\varepsilon t^2$，$y_A = (R+r)\cdot\sin\left(\dfrac{1}{2}\varepsilon t^2\right)$，

$\varphi_A = \dfrac{1}{2r}(R+r)\varepsilon t^2$

9-3 $x_A = 0$，$y_A = \dfrac{1}{3}gt^2$，$\varphi = \dfrac{g}{3r}t^2$

9-4 $\omega_{AB} = 3\text{rad/s}$，$\omega_1 = 5.2\text{rad/s}$

9-5 $v_A = 60\text{cm/s}$，$v_B = 20\text{cm/s}$，$v_C = 20\sqrt{10}\text{cm/s}$；

$\omega_{ABC} = \dfrac{4}{3}\text{rad/s}$，$\omega_{BD} = 0.5\text{rad/s}$

9-6 $v_A = 15\pi\text{cm/s}$，$v_B = 15\sqrt{3}\pi\text{cm/s}$，

$v_C = 15\sqrt{13}\pi\text{cm/s}$，$v_D = 15\sqrt{7}\pi\text{cm/s}$

9-7 $v_B = 12.93\text{m/s}$，$\omega_C = 40\text{rad/s}$，

$\omega_{AB} = 14.14\text{rad/s}$

9-8 $\omega = 1.85\text{rad/s}$

9-9 $v_C = v_D = 29.2\text{cm/s}$

9-10 $\omega_{DE} = 0.5\text{rad/s}$

9-11 $v_{BC} = 2.5\text{m/s}$

9-12 $\omega = 2\sqrt{3}\text{rad/s}$，$v_0 = 4\sqrt{3}\text{cm/s}$，$v_B = 18.3\text{cm/s}$

9-13 $v_C = 20\sqrt{10}\text{cm/s}$

9-14 $v_C = 3r\omega_0(\sqrt{5}\sin\varphi + \cos\varphi)$

9-15 $\omega_{O_1D} = 6.19\text{rad/s}$

9-16 $v = 1.15a\omega_0$

9-17 $\alpha = 0^\circ$、180°，$v_{DE} = 400\text{cm/s}$；

$\alpha = 90^\circ$、270°，$v_{DE} = 0$

9-18 $v_{CD} = \dfrac{20}{3}\sqrt{3}\text{cm/s}$

9-19 $\omega_{EF} = 1.33\text{rad/s}$，$v_F = 46.2\text{cm/s}$

9-20 $\omega_{O_2D} = 0.577\text{rad/s}$

9-21 $\omega = 2\text{rad/s}$

9-22 $\omega_4 = \dfrac{v_1 y - v_2 x}{x^2 + y^2}$，$v_3 = \dfrac{x-a}{x}v_2 + \dfrac{ay}{x^2}v_1$

9-23 $v_{DF} = \dfrac{\sqrt{3}}{6}(v_0 + l\omega_0)$

9-24 $v_D = \sqrt{2}v_C$，$a_D = \sqrt{\left(a_C + \dfrac{v_C^2}{r}\right)^2 + a_C^2}$，

$v_P = 0$，$a_P = \dfrac{v_C^2}{r}$

9-25 $v_C = 1.41u$，$a_C = 1.58\dfrac{u}{r}$

9-26 $\omega = 1.28\text{rad/s}$，$\varepsilon = 2.46\text{rad/s}^2$

9-27 $v_B = 0.8\text{m/s}$，$a_B = 2.96\text{m/s}^2$

9-28 $\omega_{AC} = 0.749\dfrac{v_A}{R}$，$\varepsilon_{AC} = 1.08\dfrac{v_A^2}{R^2}$

9-29 $\omega_0 = 2\text{rad/s}, \varepsilon = 2\text{rad/s}^2$，$v_A = 2\text{m/s}$，

$a_A = 2\sqrt{2}\text{m/s}^2$，$\omega_{AB} = 1\text{rad/s}$，$\varepsilon_{AB} = 0$

9-30 $\omega_{OB} = 1.5\text{rad/s}$，$\varepsilon_{OB} = 1.44\text{rad/s}^2$

9-31 $\omega_{CD} = \omega\cos\alpha$，

$\varepsilon_{CD} = \omega^2(\sin(2\alpha) + \sin\alpha) - \dfrac{R}{r}\omega^2\cos^2\alpha$

9-32 $v_D = 4\text{cm/s}$，$a_A = 2.88\text{cm/s}^2$

第 10 章 刚体的一般运动

10-1 $\omega_{\text{III}} = \omega_0$

10-2 $\omega_{\text{II}} = 0$，$\varepsilon_{\text{II}} = 0$，$v_M = l\omega_0$，$a_M = l\omega_0^2$

10-3 $\omega_{\text{III}} = 8\omega\ \text{r/min}$，

10-4 $v_M = \sqrt{10}R\omega_0$，$a_M = R\sqrt{10(\omega_0^4 + \varepsilon_0^2) - 12\omega_0^2\varepsilon_0}$

10-5 $\omega=\left[\left(\frac{n\pi}{30}\right)^2+\omega_1^2+2\left(\frac{n\pi}{30}\right)^2\omega_1\cos\alpha\right]^{\frac{1}{2}}$，

$\varepsilon=\frac{n\pi}{30}\omega_1\sin\alpha$

10-6 $\omega_r=0.1047\text{rad/s}$， $\omega_a=0.907\text{rad/s}$

10-9 $v=r\omega\tan\alpha$

*10-11 $a=\frac{v}{2R}\sqrt{v^2+16v_r^2}$

*10-12 $\boldsymbol{\omega}=\pi\cos\left(\frac{\pi}{2}t\right)\boldsymbol{i}+\pi\left(\sin\frac{\pi}{2}t\right)\boldsymbol{j}+\frac{\pi}{2}\boldsymbol{k}$；

$\boldsymbol{\varepsilon}=-\frac{\pi^2}{2}\left(\sin\frac{\pi}{2}t\right)\boldsymbol{i}+\frac{\pi^2}{2}\left(\cos\frac{\pi}{2}t\right)\boldsymbol{j}$

*10-13 $\omega_r=3\text{rad/s}$

*10-14 $a_D=38.3\text{cm/s}^2$

*10-15 $\omega=2\pi\text{rad/s}$，$\varepsilon=4\pi^2\text{rad/s}$；

$a_A=72\sqrt{2}\pi^2\text{cm/s}^2$， $a_B=144\pi^2\text{cm/s}^2$

*10-17 $v_C=\sqrt{v_r^2+l^2\omega_0^2+\sqrt{3}v_r l\omega_0}$； $a_C=0.764l\omega_0^2$

*10-18 $\boldsymbol{v}_C=19\boldsymbol{i}+0.28\boldsymbol{j}-\boldsymbol{k}\ \text{m/s}$；

$\boldsymbol{a}_C=5.6\boldsymbol{i}-332\boldsymbol{j}-1800\boldsymbol{k}\ \text{mm/s}^2$

*10-19 $\boldsymbol{a}_M=-40\boldsymbol{j}-5\boldsymbol{k}\ \text{cm/s}^2$

第 11 章 质点运动微分方程

11-1 $T_1=5.41\text{kN}$，$T_2=5\text{kN}$， $T_3=3.98\text{kN}$

11-2 $\varphi=0$，$F=2368\text{N}$；$\varphi=90°$，$F=0$

11-3 $S_{AM}=\frac{ml}{2a}(\omega^2a+g)$， $S_{BM}=\frac{ml}{2a}(\omega^2a-g)$

11-4 $T_A=8.65\text{N}$，$T_B=7.38\text{N}$

11-5 $R=P\left(1-\frac{8\delta}{9l^2}v^2\right)$

11-6 $P_n=982\text{N}$

11-7 ① $T=W\cos\alpha$ ② $T=W(3-2\cos\alpha)$

11-8 $y=\frac{1}{2}gt^2+v_0t\sin\alpha$

11-9 $F=17.24\text{N}$

11-10 $t=2.02\text{s}$，$L=6.92\text{m}$

11-11 $T=2.01\text{s}$，$S=9.05\text{m}$

11-12 $x_0=0.01962\text{m}$，$v=0.31\text{m/s}$

11-13 椭圆 $\frac{x^2}{x_0^2}+\frac{k}{m}\frac{y^2}{v_0^2}=1$

11-14 ① $\varphi=120°$， $v=1.57\text{m/s}$

② $y=1.732x-1.6x^2$（抛物线）

11-15 $v_L=4.46\text{m/s}$

11-16 $\delta_{\max}=93.3\text{mm}$

11-17 $x=a\cos(kt)$，$y=\frac{v_0}{k}\sin(kt)$

第 12 章 动量定理

12-1 (a) $K=0$ (b) $K=mr\omega$

(c) $K=mv_C$，$K=mv_C$

12-2 $K_x=-m_1v_1$，$K_y=m_2v_1\tan\alpha$，

$K=v_1\sqrt{m_1^2+m_2\tan^2\alpha}$

12-3 $\Delta v=0.246\text{m/s}$

12-4 $N_{x\max}=W+P+Q+\frac{P+2Q}{g}l\omega^2$，

$N_{y\max}=\frac{P+2Q}{g}l\omega^2$

12-5 $N_x=-\frac{Q+P}{g}e\omega^2\cos(\omega t)$，$N_y=-\frac{Q}{g}e\omega^2\sin(\omega t)$

12-6 $x_C=\frac{P_3l}{2(P_1+P_2+P_3)}+\frac{P_1+2P_2+2P_3}{2(P_1+P_2+P_3)}l\cos(\omega t)$；

$y_C=\frac{P_1+2P_2}{2(P_1+P_2+P_3)}l\sin(\omega t)$；

$N_{Ox\max}=\frac{P_1+2P_2+2P_3}{2(P_1+P_2+P_3)}l\omega^2$

12-7 $X_O=\frac{P}{g}(l\omega^2\cos\varphi-l\varepsilon\sin\varphi)$；

$Y_O=P+\frac{P}{g}(l\omega^2\sin\varphi-l\varepsilon\cos\varphi)$

12-8 $N=2P+Q+\frac{2P}{g}\omega^2e\cos(\omega t)$

12-9 $a_A=-\frac{m_2\sin(2\alpha)}{2(m_2\sin(2\alpha)+m_1)}g$；

$N=\frac{m_1(m_1+m_2)}{m_1+m_2\sin^2\alpha}g$

12-10 $u=1.29\text{m/s}$，$N=1.60\text{kN}$， $F=0.22\text{kN}$

12-11 $(x_A-l\cos\alpha_0)^2+\left(\frac{y_A}{2}\right)^2=l^2$

12-12 $\Delta l=17.3\text{cm}$

12-13 $\Delta l=0.428\text{m}$

12-14 $x=\frac{P}{Q+P}l\sin(\varphi\cos(kt))$

12-15 $v=-\frac{Q}{P+Q}v_r$，$l=-\frac{Q}{P+Q}v_rT$

12-16 $\Delta l=\frac{P_1+P_2}{P+2P_1+P_2}l(1-\sin\alpha)$

12-17 $R_x=2.216\text{kN}$

12-18 $R_x=30\text{N}$

12-19 $R_x=67.8\text{N}$

第 13 章 动量矩定理

13-1 $I_A = I_B + m(a^2 - b^2)$

13-2 (a) $L_O = \frac{1}{2}mR^2\omega$ (b) $L_O = \frac{3}{2}mR^2\omega$

(c) $L_O = -\frac{3}{2}mRv_C$ (d) $L_O = -\frac{3}{2}mRv_C$

13-3 ① $L_z = 2\frac{P}{g}\omega l^2 \sin^2\alpha$

② $L_z = \frac{2}{3}\frac{Q+3P}{g}\omega l^2 \sin^2\alpha$

13-4 $v = \sqrt{\frac{r^2 v_0^{\ 2}}{(r-ut)^2} + u^2}$

13-5 $\varepsilon = \frac{2g(P_1r_1 - P_2r_2)}{Q_1r_1^2 + Q_2r_2^2 + 2P_1r_1^2 + 2P_2r_2^2}$；

$T_A = P_1\left[1 - \frac{2r_1(P_1r_1 - P_2r_2)}{r_1^2(Q_1+2P_1) + r_2^2(Q_2+2P_2)}\right]$，

$T_B = P_2\left[1 + \frac{2r_2(P_1r_1 - P_2r_2)}{r_1^2(Q_1+2P_1) + r_2^2(Q_2+2P_2)}\right]$

13-6 $I = 1080\text{kg}\cdot\text{m}^2$，$M_f = 6.05\text{N}\cdot\text{m}$

13-7 $a = \frac{4[M - (m_2 + m_3 - 2m_4)gR_2]}{4m_1 + 3m_2 + 2m_3 + 8m_4}$

13-8 $\varphi = \frac{\delta_0}{l}\sin\left(\sqrt{\frac{gk}{3(P+3Q)}}t + \frac{\pi}{2}\right)$；

$T = 2\pi\sqrt{\frac{3(P+3Q)}{kg}}$

13-9 $\omega = \frac{m_1 + m_2}{m_1 + 4m_2}\omega_0$

13-10 $\omega = \frac{a^2}{(a + l\sin\alpha)^2}\omega_0$

13-11 $T = I/\alpha\omega_0$， $n = (I\cdot\ln 2)/2\pi\alpha$（转）

13-12 $\omega_1 = \frac{P_1R_1\omega_{01} + P_2R_2\omega_{02}}{(P_1+P_2)R_1}$； $\omega_2 = \frac{P_1R_1\omega_{01} + P_2R_2\omega_{02}}{(P_1+P_2)R_1}$

13-13 $n = \frac{WRb\omega^2}{8g\pi lfp}$

13-14 $a_3 = \frac{-P_3 + M_1/r_1}{I_1/r_1^2 + I_2/r_2^2 + P_3/g}$；

$T_1 = P_3 + (P_3/g + I_2/r_2^2)a_3$， $T_2 = m_3g + m_3a_3$

13-15 $a = -r\omega^2\cos(\omega t)$；

$X_O = -\frac{r\omega^2}{g}\left(\frac{P_1}{2} + P_2\right)\cos(\omega t)$，

$Y_O = P_1\left(1 - \frac{r\omega^2}{2g}\sin(\omega t)\right)$；

$M = r\left(\frac{P_1}{2} + \frac{P_2}{g}r\omega^2\sin\omega t\right)\cos(\omega t)$

13-16 $T = \frac{l^2}{3b^2 + l^2}Q$

13-17 $a_C = 0.356g$

13-18 $\rho = 9\text{cm}$

13-19 $a_C = \frac{l - 2fd}{ml}F - g$

13-20 $a = \frac{4}{7}g\sin\alpha$，$S_{AB} = -\frac{1}{7}W\sin\alpha$

13-21 $a_A = \frac{Pg(R+r)^2}{P(R+r)^2 + Q(\rho^2 + R^2)}$

13-22 ① $a = \frac{4}{5}g$ ② $M > 2\text{Pr}$

13-23 $a = \frac{2(2m_4 - m_3 - m_2)}{4m_4 + m_3 + m_2 + 4I_1/R_1^2 + I_2/R_2^2}$

第 14 章 动能定理

14-1 $W_{AB} = -0.171kR^2$； $W_{BD} = 0.077kR^2$

14-2 $W = 37.5\text{J}$

14-3 $W = \frac{1}{2}(a - kR^2)\varphi^2$

14-4 (a) $\frac{1}{6}ml^2\omega^2$ (b) $\frac{1}{4}mr^2\omega^2$

(c) $\frac{3}{4}mr^2\omega^2$ (d) $\frac{3}{4}mv_C^2$

14-5 (a) $\frac{1}{4}r^2\omega_2^2(m_1 + m_2)$ (b) $\frac{1}{6}r^2\omega^2(m_1 + 3m_2\sin^2\omega t)$

(c) $\frac{1}{2}r^2\omega_1^2(m_1 + m_2 + m_3)$

14-6 $T = \frac{pl^2}{6g}\omega^2\sin^2\alpha$

14-7 $f' = \frac{S_1\sin\alpha}{S_1\cos\alpha + S_2}$

14-8 $v = 213\text{cm/s}$

14-9 $N_2 = 2.34$ 转

14-10 $\omega = 0.22\text{r/s}$

14-11 $\omega = 3\text{rad/s}$

14-12 $\omega = 3.67\text{rad/s}$

14-13 $\alpha = \arccos\frac{4}{7}$，$\omega = \sqrt{\frac{4g}{7R}}$

14-14 $\omega = \sqrt{\frac{8m_2eg}{3m_1r^2 + 2m_2(r-e)^2}}$

14-15 $v_1 = \sqrt{\frac{4gh(P - 2Q + W_2)}{2P + 8Q + 4W_1 + 3W_2}}$

14-16 $v = \sqrt{2gh}$

14-17 $\omega = \frac{2}{R+r}\sqrt{\frac{3gM}{9P+2Q}\varphi}$；

$$\varepsilon=\frac{6gM}{(R+r)^2(9P+2Q)}$$

14-18 $v=2.62\text{m/s}$

14-19 $a=\dfrac{3Q}{9P+4Q}g$

14-20 $\omega=\sqrt{\dfrac{2gM\varphi}{(3P+4Q)l^2}}$， $\varepsilon=\dfrac{gM}{(3P+4Q)l^2}$

14-21 $\omega=\sqrt{\dfrac{6\pi P}{13ml}}$

14-22 在变速运动时：

$$N=\left[\frac{P_1+P_2+P_3}{g}+\left(\frac{I_1}{r_1^2}+\frac{I_2}{r_2^2}+\frac{I_3}{r_3^2}\right)\right.$$
$$\left.+a+P_1-P_2\right]at;$$

在等速运动时： $N=(P_1-P_2)v_{\max}$

14-23 $M_{主}=188\text{N}\cdot\text{m}$； $M_{电}=42.7\text{N}\cdot\text{m}$；

$N_{电}=6.35\text{kN}$

14-24 $k=4.9\text{N/cm}$

14-25 (a) $\varepsilon=\dfrac{g}{2r}$, $X_O=0$, $Y_O=\dfrac{3}{2}mg$

(b) $\varepsilon=\dfrac{2}{3}\dfrac{g}{r}$, $X_O=0$, $Y_O=\dfrac{1}{3}mg$

14-26 $b=\dfrac{\sqrt{3}}{6}l$, $\varepsilon=0$

14-27 $a=\dfrac{P\sin(2\alpha)}{2(Q+P\sin^2\alpha)}$

14-28 $\omega_B=\dfrac{I\omega}{I+mR^2}$，

$$v_B=\sqrt{\frac{2mRg-I\omega^2\left(\dfrac{I^2}{I+mR^2}-1\right)}{m}};$$

$\omega_C=\omega$, $v_C=\sqrt{4gR}$

14-29 $a_{BC}=-r\omega^2\cos(\omega t)$，

$$R_x=-\frac{r\omega^2}{g}\left(P_2+\frac{P_1}{2}\right)\cos(\omega t),$$

$$R_y=P_1\left(1-\frac{r\omega^2}{2g}\sin(\omega t)\right);$$

$$M=r\left(\frac{P_1}{2}+\frac{P_2}{g}r\omega^2\sin(\omega t)\right)\cos(\omega t)$$

14-30 $v_A=\dfrac{\sqrt{kgQ}(l-l_0)}{\sqrt{P(P+Q)}}$， $v_B=\dfrac{\sqrt{kgP}(l-l_0)}{\sqrt{Q(P+Q)}}$

14-31 $\omega=\sqrt{\dfrac{3g}{l}(1-\sin\varphi)}$， $\varepsilon=\dfrac{3g}{2l}\cos\varphi$，

$$N_A=\frac{9}{4}mg\cos\varphi\left(\sin\varphi-\frac{2}{3}\right);$$

$$N_B=\frac{1}{4}mg\left[1+9\sin\varphi\left(\sin\varphi-\frac{2}{3}\right)\right]$$

14-32 $a=\dfrac{Q\sin(2\alpha)}{3P+Q+2Q\sin^2\alpha}g$

14-33 $a=\dfrac{Q\sin\alpha-P}{2Q+P}g$；

$$T=\frac{3PQ+(2PQ+Q^2)\sin\alpha}{2(2Q+P)}$$

14-34 $v_B=3.948\text{m/s}$

14-35 ① $\varepsilon=\dfrac{2(M-RP\sin\alpha)}{(Q+3P)R^2}g$

② $T=\dfrac{P(3M+RQ\sin\alpha)}{(Q+3P)R}$

③ $X_O=-\dfrac{P(3M+RQ\sin\alpha)}{(Q+3P)R}\cos\alpha$，

$Y_O=\dfrac{P(3M+RQ\sin\alpha)}{(Q+3P)R}\sin\alpha+Q$

④ $F=\dfrac{P(M-RP\sin\alpha)}{R(Q+3P)}+P\sin\alpha$

14-36 $\omega=6\sqrt{\dfrac{g}{5l}}$; $\varepsilon=0$; $X_A=0$， $Y_A=-4.6mg$

第15章 达朗贝尔原理

15-1 $f\geqslant\dfrac{a}{g\cos\alpha}+\tan\alpha$

15-2 $\omega_{\max}=\sqrt{fg/r}$

15-3 ① $T=P(\sin\alpha-f\cos\alpha)$

② $T=P\left(\sin\alpha-f\cos\alpha+\dfrac{v}{gt}\right)$，

$N_A=P\cos\alpha-N_B$，

$$N_B=\frac{P}{b}\left[(h-d)\left(\sin\alpha+\frac{v}{gt}\right)+\left(\frac{b}{2}+fd\right)\cos\alpha\right]$$

15-4 $N_C=17430\text{N}$， $N_D=12000\text{N}$

15-5 $k\geqslant\dfrac{W(e\omega^2-g)}{(2e+b)g}$

15-6 $a_{\max}=3.43\text{m/s}^2$

15-7 $\alpha=\arcsin\dfrac{R\omega^2}{g}$， $\omega_C=\sqrt{g/R}\text{rad/s}$

15-8 $M_j=21.6\text{N}\cdot\text{m}$

15-9 $\alpha=\arccos\dfrac{M+m}{ml\omega^2}g$

15-10 $\omega^2=\dfrac{2P_1+P_2}{2P_1(a+l\sin\varphi)}g\tan\varphi$

15-11 $N_{\max}=G+2P\left(1+\dfrac{e\omega^2}{g}\right)$

15-12 $\varepsilon = 47\text{rad/s}^2$； $X_A = 95.2\text{N}$， $Y_A = 137.6\text{N}$

15-13 $T_A = 148.1\text{N}$，$T_B = 59.8\text{N}$

15-14 $a_O = \dfrac{2T\cos\alpha}{3P}$， $N = P - T\sin\alpha$，$F = \dfrac{T}{3}\cos\alpha$

15-15 ① $a_O = \dfrac{TR(R\cos\alpha - r)}{I_O + \dfrac{P}{g}R^2}$

② $f \geqslant \dfrac{T\left(\dfrac{P}{g}Rr + I_O\cos\alpha\right)}{(P - T\sin\alpha)\left(I_O + \dfrac{P}{g}R^2\right)}$

15-16 $a = \dfrac{4}{7}g\sin\alpha$; $S_{AB} = \dfrac{1}{7}Mg\sin\alpha$（压）；

$N_C = N_D = M_g\cos\alpha$，$F_C = \dfrac{4}{7}Mg\sin\alpha$，

$F_D = \dfrac{2}{7}\sin\alpha$

15-17 $\left(\dfrac{3d}{2l} - 1\right)F$; $d = \dfrac{2}{3}l$

15-18 $\varepsilon = 4\text{rad/s}^2$，$X_A = 0$，$Y_A = 93.7\text{N}$；

$X_B = 0$，$Y_B = 62.5\text{N}$

15-19 $N_A = N_B = 1098\text{N}$

15-20 $\varepsilon = \dfrac{6g\cos\varphi}{l(3\cos^2\varphi + 1)}$； $N = \dfrac{mg}{3\cos^2\varphi + 1}$

15-21 $a_C = \dfrac{2}{3}g$， $T = \dfrac{1}{3}mg$

15-22 $X_A = -\dfrac{1}{4}m_2e_2\left(\dfrac{n\pi}{30}\right)^2$， $X_B = -\dfrac{3}{4}m_2e_2\left(\dfrac{n\pi}{30}\right)^2$；

$Z_A = -\dfrac{3}{4}m_1e_1\left(\dfrac{n\pi}{30}\right)^2$，$Z_B = -\dfrac{1}{4}m_1e_1\left(\dfrac{n\pi}{30}\right)^2$

15-23 $Y_A = \dfrac{P\omega^2}{2g}\left(e\cos\alpha + \dfrac{r^2 + 4e^2}{8a}\sin(2\alpha)\right)$；

$Y_B = \dfrac{P\omega^2}{2g}\left(e\cos\alpha - \dfrac{r^2 + 4e^2}{8a}\sin(2\alpha)\right)$

15-24 $y_1 = y_2 = 0$， $z_1 = -0.12\text{m}$， $z_2 = 0.06\text{m}$

第 16 章 虚位移原理

16-1 $Q = \dfrac{P}{2}\tan\alpha$

16-2 $Q = \dfrac{Pl}{a\cos^2\varphi}$

16-3 $M = lm/a$

16-4 $P = M\cdot\cot(2\theta)/a$

16-5 $P = 18.66\text{kN}$

16-6 $x = a + \dfrac{F}{c}\left(\dfrac{l}{b}\right)^2$

16-7 $Q = 2P$，$f = 0.5$

16-8 $N_B = \dfrac{3}{2}P + aq$

16-9 $R_A = R_B = \dfrac{P}{\sqrt{2}}$

16-10 $X_B = 3\text{kN}$，$Y_B = 5\text{kN}$

16-11 ① $S_1 = -\dfrac{\sqrt{5}}{2}P$， $S_2 = P$

② $S_1 = -\dfrac{2}{\sqrt{3}}P$，$S_2 = 0$

16-12 $\dfrac{M}{Q} = 2r\sin\alpha$

16-13 $M = 137.8\text{N}\cdot\text{m}$

16-14 $Q_1 = (P_1 + P_2)l\cos\varphi_1 - M$； $Q_2 = P_2l\cos\varphi_2$

16-15 $\sin = \sqrt[3]{a/l}$，不稳定平衡

第 17 章 拉格朗日方程

17-1 $\varepsilon = \dfrac{3(M - Pl\sin\varphi)}{5Pl^2}g$

17-2 $\dfrac{6Mg}{(3\rho + 2Q)r}$

17-3 $a = \dfrac{(2P + Q)r^2\sin\alpha}{(2P + Q)r^2 + 2Ig}g$

17-4 $\cos\alpha = \dfrac{W}{4aP\omega^2}g$

17-5 $a = -\dfrac{1}{11}g$，$a_1 = -\dfrac{1}{11}g$，$a_2 = \dfrac{3}{11}g$

17-6 $\ddot{\varphi} + \dfrac{k}{M + m}\varphi = 0$，$T = 2\pi\sqrt{\dfrac{M + m}{k}}$

17-7 $T = 2\pi\sqrt{\dfrac{3(R - r)}{2g}}$

17-8 $\theta = \pi$， $k > \dfrac{mg}{2b}$，为不稳定的；

$k < \dfrac{mg}{2b}$，为稳定的

$\theta = 2\arcsin\dfrac{mg}{2kb}$， $k > \dfrac{mg}{2b}$，为稳定的

17-9 摆动很小时，

$\left.\begin{aligned}(P_1 + P_2)\ddot{x} - P_2l\ddot{\varphi} = 0\\ l\ddot{\varphi} - \ddot{x} = -g\varphi\end{aligned}\right\}$ 或 $\ddot{\varphi} + \dfrac{P_1 + P_2}{P_1}\dfrac{g}{l}\varphi = 0$

17-10 $\varepsilon = \dfrac{M_0g}{a^2(3P + 4Q)}$

17-11 $\varepsilon = \dfrac{M}{22mr^2}$

17-12 $T = 2\pi\sqrt{\dfrac{\rho^2 + (r - d)^2}{dg}}$

17-13 $(l + r\theta)\ddot{\theta} + r\dot{\theta}^2 + g\sin\theta = 0$

17-14 $m\ddot{x}+k_1x-k_2r\varphi=0$

$J\ddot{\varphi}-k_2rx+(k_1+k_2)\varphi r^2=0$

17-15 $\ddot{\theta}-\frac{\dot{\theta}^2}{2}\sin(2\theta)+\frac{g}{a}\sin\theta=0$

$M=ma^2\dot{\theta}\dot{\varphi}\sin(2\theta)$

17-16 $m\ddot{z}=-k_1(z-l_1\varphi)-k_2(z+l_2\varphi)$

$m\rho^2\ddot{\varphi}=k_1l_1(z-l_1\varphi)-k_2l_2(z+l_2\varphi)$

17-17 $J_1\ddot{\varphi}_1-\frac{GJ_P}{l}(\varphi_2-\varphi_1)=0$

$J_2\ddot{\varphi}_2+\frac{GJ_P}{l}(\varphi_2-\varphi_1)=0$

17-18 $\frac{2}{g}\ddot{x}+\frac{1}{g}(l-x)\dot{\varphi}^2+\cos\varphi=0$

$\frac{1}{g}(l-x)\ddot{\varphi}-\frac{2}{g}\dot{\varphi}+\sin\varphi=0$

第 18 章 机械振动基础

18-1 $k=\frac{4\pi^2(P-Q)}{g(T_1^2-T_2^2)}$

18-2 $T=2\pi\sqrt{\frac{P}{gk}}$，$A=\sqrt{\frac{P}{k}\left(\frac{P\sin^2\alpha}{k}+2h\right)}$

18-3 $\ddot{x}+\frac{4k_1k_2k_3}{m(4k_1k_2+k_1k_3+k_2k_3)}x=0$，

$\omega_n=\sqrt{\frac{4k_1k_2k_3}{m(4k_1k_2+k_1k_3+k_2k_3)}}$

18-4 $y=(-0.5\cos 44.3t+10\sin 44.3t)\text{cm}$

18-5 $x=A\sin(\omega t+\alpha)=(11.3\sin 44.3t)\text{cm}$，

$T_{\max}=47.2\text{kN}$

18-6 $\omega_n=b\sqrt{\frac{k_1k_2}{m(k_1a^2+k_2b^2)}}$

18-7 $\omega_n=0.83\sqrt{\frac{g}{l}}$

18-8 $\omega_n=\sqrt{\frac{2k}{M+4m}}$

18-9 $\omega_n=\sqrt{\frac{12k}{7m}}$

18-10 $\omega_n=\sqrt{\frac{3(M+2m)g+kl}{2(M+3m)l}}$

18-11 $T=2\pi\sqrt{\frac{1}{12gk}\left[4P+3Q+18Q\left(\frac{R}{l}\right)^2\right]}$

18-12 $T=2\pi\sqrt{\frac{l}{g\sin\alpha}}$

18-13 $I_C=0.623\text{kg}\cdot\text{m}^2$

18-14 $I_O=\frac{Qr^2}{l\omega^2}$

18-15 $\omega_n=\sqrt{\frac{G\pi^4(l_1+l_2)}{32I_Ol_1l_2}}$

18-16 $\omega_n=\sqrt{\frac{1}{m}\left(\frac{3EI_z}{l^3}+\frac{k}{2}\right)}$

18-17 ① $\omega_n=\sqrt{\frac{3EI_z}{l^3m}}$

② $\omega_n=\left[\frac{3EI_z}{l^3\left(m+\frac{33}{140}\gamma l\right)}\right]^{\frac{1}{2}}$

18-18 $T=\frac{\sqrt{3}\pi}{1+2a/d}\sqrt{\frac{m}{k}}$

18-19 $\omega_n=\sqrt{\frac{2g}{3(R-r)}}$

18-20 $\omega_n=\sqrt{\frac{2kg}{3p}}$

18-21 $\omega_n=\sqrt{\frac{2k}{3m_1+8m_2}}$

18-22 $\omega_n=\sqrt{\frac{k}{4m}}$, $\omega_d=\sqrt{\frac{k}{4m}-\frac{c^2}{4m^2}}$

18-23 $c=\frac{2\pi P}{gsT_1T_2}\sqrt{T_2^2-T_1^2}$

18-24 ① $\eta=3.162$，$\delta=1.151$

② $n=1.459\text{s}^{-1}$，$T_d=0.788\text{s}$

③ $c_c=396\text{N}\cdot\text{s}/\text{cm}$

18-25 ① $y=\frac{kgdl^2}{kgl^2-\pi pv^2}\sin\left(\frac{\pi}{l}vt\right)$ ② $v_C=\frac{l}{\pi}\sqrt{\frac{kg}{p}}$

18-26 ① $\omega=21.7\text{rad}/\text{s}$ ② $b=0.00084\text{cm}$

18-27 $k=143\text{kN}/\text{m}$

18-28 $x=\frac{a}{\sqrt{(1-\lambda^2)^2+(2\zeta\lambda)^2}}\sin(\omega t-\varphi)$；

$x'=\frac{c\omega a/k}{\sqrt{(1-\lambda^2)^2+(2\zeta\lambda)^2}}\cos(\omega t-\varphi)$；

$\varphi=\arctan\frac{2\zeta\lambda}{1-\lambda^2}$

18-29 $k=11.2\text{kN}/\text{m}$

18-30 2 层

18-31 $b=0.957\text{mm}$

*18-32 $\omega_1=0$，$\omega_2=\frac{I_1+I_2}{I_1I_2}\frac{GI_{p1}I_{p2}}{l_1I_{p2}+l_2I_{p1}}$；

$\gamma_1=\frac{A_2^{(1)}}{A_1^{(1)}}=1$，$\gamma_2=\frac{A_2^{(2)}}{A_1^{(2)}}=-2$

*18-33 $\omega_1=\sqrt{\dfrac{k_1}{2m_1}}$，$\omega_2=\sqrt{\dfrac{2k_1}{m_1}}$；

$\gamma_1=\dfrac{A_2^{(1)}}{A_1^{(1)}}=2$，$\gamma_2=\dfrac{A_2^{(2)}}{A_1^{(2)}}=-1$

*18-34 $\omega_1=6.928\sqrt{\dfrac{EI_z}{ml^3}}$，$\omega_2=19.596\sqrt{\dfrac{EI_z}{ml^3}}$；

$\gamma_1=\dfrac{A_2^{(1)}}{A_1^{(1)}}=1$，$\gamma_2=\dfrac{A_2^{(2)}}{A_1^{(2)}}=-1$

*18-35 $(M+m)\ddot{x}+ml\ddot{\varphi}+2kx=0$，$\ddot{x}+l\ddot{\varphi}+g\varphi=0$

$$\omega_{1,2}^2=\frac{(M+m)g+2kl}{2Ml}\mp\sqrt{\left[\frac{(M+m)g+2kl}{2Ml}\right]^2-\frac{2kg}{Ml}}$$

*18-36 $x_{左}=0$，$x_{右}=-\dfrac{2S_0l}{F}\sin(\omega t)$

第19章 碰 撞

19-1 $k=0.75$

19-2 $\alpha=\dfrac{\pi}{6}$，$\beta=\dfrac{\pi}{4}$

19-3 $k=0.352$

19-4 $S=\dfrac{1+k^2}{1-k^2}h$，$t=\dfrac{1+k}{1-k}\sqrt{2h/g}$

19-5 $\delta_{\max}=\dfrac{Q}{k}+\dfrac{P}{k}\left(1+\sqrt{1+\dfrac{2kh}{P+Q}}\right)$

19-6 $R=798.7\text{kN}$

19-7 $S=\dfrac{3l}{2f'}\dfrac{M^2}{(M+3m)^2}$

19-8 $h_{\max}=0.151\text{m}$

19-9 $u_n=m_1v_1/(m_1+m_2+\cdots+m_n)$

19-10 $\omega=\dfrac{3v}{4a}$

19-11 $u_{小球}=6.8\text{m/s}$，$u_{物块}=0.666\text{m/s}$

19-12 $\omega=\dfrac{12}{7}\dfrac{\sqrt{2gh}}{l}$，$S=\dfrac{4}{7}m\sqrt{2gh}$

19-13 $\sin\dfrac{\varphi}{2}=\dfrac{\sqrt{3}S}{2m\sqrt{10gl}}$

19-14 $\omega_1=\dfrac{I_1-kI_2}{I_1+I_2}\omega_0$，$\omega_2=\dfrac{I_1(1+k)}{I_1+I_2}\omega_0$

19-15 $W_1=33400\text{J}$，$W_2=4100\text{J}$，$\eta=89\%$

19-16 $u_1=1.25\text{m/s}$，$u_2=2.25\text{m/s}$，

$\Delta T=2254\text{J}$

19-17 $a=\dfrac{2}{3}h$

参 考 文 献

程靳，2006．理论力学名师大课堂．北京：科学出版社

范钦珊，2000．理论力学．北京：高等教育出版社

哈尔滨工业大学理论力学教研室，1987．理论力学(Ⅰ、Ⅱ册)．6版．北京：高等教育出版社

郝桐生，1993．理论力学．3版．北京：高等教育出版社

和兴锁，2005．理论力学(Ⅰ)．北京：科学出版社

洪嘉振，杨长俊，2002．理论力学．北京：高等教育出版社

黄安基，1981．理论力学(上、下册)．北京：人民教育出版社

贾书惠，李万琼，2002．理论力学．北京：高等教育出版社

李俊峰，2001．理论力学．北京：清华大学出版社

刘巧伶，2005．理论力学．北京：科学出版社

刘延柱，杨海兴，朱本华，2001．理论力学．北京：高等教育出版社

罗远祥等，1983．理论力学(上、中、下册)．北京：人民教育出版社

梅凤翔，2003．工程力学(上、下册)．北京：高等教育出版社

南京工学院等，1979．理论力学(上、下册)．北京：人民教育出版社

王铎，程靳，2005．理论力学解题指导及习题集．北京：高等教育出版社

王永岩，1993．理论力学．北京：煤炭工业出版社

王永岩，1997．理论力学．北京：煤炭工业出版社

武清玺，冯奇，2003．理论力学．北京：高等教育出版社

西北工业大学，1983．理论力学(上、下册)．北京：人民教育出版社

谢传锋，2004a．动力学．北京：高等教育出版社

谢传锋，2004b．静力学．北京：高等教育出版社

浙江大学理论力学教研室，1999．理论力学．北京：高等教育出版社